GRUNDRISS

DER

PHYSIKALISCHEN

KRYSTALLOGRAPHIE

VON

DR. THEODOR LIEBISCH,

O. Ö. PROFESSOR DER MINERALOGIE AN DER UNIVERSITÄT GÖTTINGEN.

MIT 898 FIGUREN IM TEXT.

LEIPZIG,

VERLAG VON VEIT & COMP.

1896.

Druck von Metzger & Wittig, Leipzig.

Vorwort.

Das vorliegende Lehrbuch ist vorzugsweise dazu bestimmt, Studierenden zur Einführung in das Gebiet der Krystallographie zu dienen. Die Auswahl und die Anordnung des Stoffes entsprechen den Vorlesungen, die ich über diesen Wissenszweig an der hiesigen Universität gehalten habe.

Da ich specifische Vorkenntnisse nicht voraussetze, so beginne ich mit den einfachsten Erfahrungen über die äußeren Formen der Krystalle, die den Anstoß zur Erforschung des krystallisierten Zustandes fester Körper gegeben haben. Daraus leite ich auf elementarem Wege die Symmetriegesetze ab, welche die Vorgänge des Wachstums und der Auflösung der Krystalle beherrschen. Das Ergebnis dieser Betrachtung ist die Einteilung der krystallisierten Körper in 32 Gruppen, deren Eigenschaften nun im einzelnen untersucht und an ausgewählten Beispielen erläutert werden.

Der zweite Teil des Buches ist der physikalischen Krystallographie im engeren Sinne gewidmet. Einleitende Bemerkungen weisen auf die Abhängigkeit hin, in der erfahrungsgemäß die physikalischen Vorgänge in krystallisierten Körpern von der Symmetrie des Wachstums stehen. Für die Reihenfolge, in der darauf die einzelnen Vorgänge besprochen werden, war in erster Linie der Grad ihrer Symmetrie maßgebend. Diese Anordnung gewährt den Vorteil, daß Analogieen in den Gesetzen verschiedener Erscheinungen hervortreten, die den Überblick wesentlich erleichtern.

Mit Rücksicht auf die große Bedeutung der optischen Eigenschaften für die Untersuchung krystallisierter Körper habe ich die Gesetze und die wichtigsten Beobachtungsmethoden der Krystalloptik ausführlich zu erläutern versucht. Der dabei eingeschlagene Weg wird, wie ich hoffe, geeignet erscheinen, das Studium dieses Gegenstandes zu fördern.

Für die erfolgreiche Entwickelung der Krystallographie in den beiden letzten Jahrzehnten ist charakteristisch, daß der Entdeckung neuer Erscheinungen unmittelbar theoretische Überlegungen folgen, die sofort wieder befruchtend auf die experimentelle Forschung zurückwirken. Denn sie zeigen, wie die Erscheinungen messend verfolgt werden müssen, um die Tragfähigkeit der zu Grunde gelegten Vorstellungen für den weiteren Ausbau der Wissenschaft zu prüfen. Ihr Einfluß ist namentlich in der Aufdeckung der Beziehungen zwischen dem elastischen, thermischen, elektrischen und optischen Verhalten der Krystalle hervorgetreten. Obwohl die Darstellung dieser Theorieen durch den Zweck des vorliegenden Buches ausgeschlossen war, habe ich doch nicht versäumt, durch reichliche Citate dem Leser Anregungen zu tiefer eindringenden Studien zu geben. Wo ich mich darauf beschränken mußte, die Ergebnisse von Untersuchungen anzuführen, die in einem vor mehreren Jahren von mir herausgegebenen Handbuche der physikalischen Krystallographie eingehender behandelt wurden, habe ich auf dieses Werk verwiesen.

Göttingen, Weihnachten 1895.

Th. Liebisch.

Inhalt.

Seite

I. **Das geometrische Grundgesetz der Krystallpolyëder und die Einteilung der krystallisierten Körper in 32 Gruppen** . . . . . 1—176

Einleitung. — Der Ausgangspunkt der Krystallographie 1. — Homogene Krystalle 1. — Beständigkeit der Flächenwinkel der Krystallpolyëder 2. — Symmetrische Krystallpolyëder 4. — Ableitung der Formen eines krystallisierten Körpers aus einer Grundform 4. — Die Hypothese von R. J. HAÜY über die Struktur der Krystalle 6.

Das geometrische Grundgesetz der Krystallpolyëder. — Das Gesetz der rationalen Indices 8. — Reflexionsgoniometer 12. — Einfache rationale Indices 18. — Transformation der Indices bei einer Veränderung der Fundamentalflächen 19. — Die Polfigur eines Krystallpolyëders 20. — Berechnung der Axenelemente 21. — Das Gesetz der Zonen 22. — Ableitung des Gesetzes der rationalen Indices aus dem Gesetze der Zonen 27. — Das Gesetz der rationalen Doppelverhältnisse 31. — Indirekte Bestätigung des Grundgesetzes 33.

Die Symmetrieeigenschaften der Vorgänge des Wachstums und der Auflösung. — Beschreibung symmetrischer Krystallpolyëder 34. — Vorbereitende Bemerkungen über Symmetrieeigenschaften 36. — Ermittelung der geometrischen Symmetrie 37. — Ableitung einfacher Formen mit gegebenen Symmetrieeigenschaften 38. — Unterscheidung von geometrischer und krystallographischer Symmetrie 41. — Prüfung der Symmetrie des Wachstumsvorganges mit Hilfe des Auflösungsvorganges 43. — Unterscheidung von Deckoperationen erster und zweiter Art 48. — Die Perioden der Deckbewegungsaxen 52. — Die Richtungen gleichberechtigter Deckbewegungsaxen 54. — Die Anordnungen ungleicher Deckbewegungsaxen 57. — Gewendete Krystallpolyëder; Enantiomorphie 62. — Erweiterung der Anordnungen von Deckbewegungsaxen durch Symmetrieelemente zweiter Art 62. — Charakteristik der Symmetrieaxen 68. — Die Einteilung der krystallisierten Körper in Krystallsysteme 68. — Bezeichnung der Gruppen 70. — Gesetzliche Gruppierungen von Krystallen 71.

1. **Reguläres System** 77. — Holoëdrie 79. — Tetraëdrische Hemiëdrie 86. — Plagiëdrische Hemiëdrie 91. — Pentagonale Hemiëdrie 93. — Tetartoëdrie 96.

2. **Hexagonales System** 100. — Holoëdrie 101. — Hemimorphe Hemiëdrie 103. — Trapezoëdrische Hemiëdrie 105. — Pyramidale Hemiëdrie 107. — Erste hemimorphe Tetartoëdrie 109. — Trigonale Hemiëdrie 112. — Trigonale Tetartoëdrie 113. — Rhomboëdrische Hemiëdrie 114. — Zweite hemimorphe Tetartoëdrie 121. — Trapezoëdrische Tetartoëdrie 125. — Rhomboëdrische Tetartoëdrie 131. — Ogdoëdrie 135.

Seite

3. **Tetragonales System** 137. — Holoëdrie 137. — Hemimorphe Hemiëdrie 141. — Trapezoëdrische Hemiëdrie 142. — Pyramidale Hemiëdrie 144. — Hemimorphe Tetartoëdrie 146. — Sphenoidische Hemiëdrie 148. — Sphenoidische Tetartoëdrie 150.

4. **Rhombisches System** 151. — Holoëdrie 151. — Hemiëdrie 156. — Hemimorphie 159.

5. **Monoklines System** 162. — Holoëdrie 162. — Hemimorphie 167. — Hemiëdrie 171.

6. **Triklines System** 172. — Holoëdrie 172. — Hemiëdrie 176.

II. **Physikalische Vorgänge in krystallisierten Körpern** . . . . 177—494

Einleitung. — Physikalische Definition des krystallisierten Zustandes 177. — Die Abhängigkeit der physikalischen Vorgänge in krystallisierten Körpern von der Symmetrie der Wachstumserscheinungen 178.

1. **Thermische Ausdehnung.** — Homogene Deformation 183. — Deformationsellipsoid 184. — Einteilung der Krystalle in fünf Klassen 187. — Verbindung des Reflexionsgoniometers mit einem heizbaren Luftbade 193. — Abhängigkeit der thermischen Dilatationen von der Temperatur 193. — Das Dilatometer von H. Fizeau 194. — Das Dilatometer von E. Abbe 197. — Ausdehnungskoeffizienten regulärer Krystalle 197. — Ausdehnungskoeffizienten hexagonaler und tetragonaler Krystalle 198. — Ausdehnungskoeffizienten rhombischer Krystalle 200. — Ausdehnungskoëffizienten monokliner Krystalle 201.

2. **Wärmeleitung.** — Isothermen auf Krystallflächen 201. — Innere Wärmeleitungsfähigkeit in einem isotropen Körper 203. — Innere Wärmeleitungsfähigkeiten in Krystallen 204. — Symmetrieeigenschaften 205. — Strömungskurven 206. — Hauptaxen der Leitungsfähigkeit 207. — Normale Leitungsfähigkeit 207. — Lineare Leitungsfähigkeit 209. — Isotherme Flächen 210.

3. **Elektrische Leitungsfähigkeit in metallisch leitenden Krystallen.** — Flächen gleichen Potentials in einem homogenen unbegrenzten krystallinischen Körper 212. — Normale und lineare Leitungsfähigkeiten 212.

4. **Thermoelektrische Ströme.** — Erregung elektromotorischer Kräfte in metallisch leitenden Krystallen durch ungleichmäßige Verteilung der Temperatur 215. — Umkehrbare Wärmeeffekte, die durch elektrische Ströme in gleichförmig erwärmten leitenden Krystallen hervorgerufen werden 217.

5. **Induzierter Magnetismus.** — Magnetisierung einer Kugel 218. — Gesetz der magnetischen Induktion 220. — Gleichgewichtsstellungen einer Kugel 222.

6. **Dielektrische Polarisation.** — Gleichgewichtsstellungen einer Kugel in einem gleichförmigen elektrischen Felde 225. — Einfluß der Leitungsfähigkeit 226. — Bestimmung von Dielektricitätskonstanten aus ponderomotorischen Wirkungen in einem ungleichförmigen elektrischen Felde 227. — Ermittelung von Dielektricitätskonstanten durch Vergleichung von Kapazitäten 230. — Leitungsfähigkeit dielektrischer Krystalle 232.

7. **Optische Eigenschaften.** — Einteilung der Krystalle nach der Symmetrie der optischen Eigenschaften 233. — Strahlenflächen 234. — Einhüllende Wellen 235. — Die Strahlenfläche des Kalkspats 238. — Unterscheidung von Strahl und Wellennormale 240. — Normalenflächen 242. — Brechung ebener Wellen durch Prismen 242. — Spektrometer 245. — Normale und anormale Dispersion 245. — Indexflächen 250. — Streifender Eintritt

ebener Wellen 251. — Totale Reflexion ebener Wellen 253. — Totalreflektometer 254. — Polarisation des Lichtes 259. — NICOL'sches Doppelprisma 263. — Die physikalische Natur des polarisierten Lichtes 264. — Gleichung einer geradlinig polarisierten Welle 267.

Interferenzerscheinungen im senkrecht einfallenden polarisierten Lichte 270. — Polarisationsapparat 270. — Intensität der austretenden Welle 271. — Normalstellungen und Diagonalstellungen einer Platte und eines Keiles 274. — Bestimmung der Orientierung der Polarisationsebenen 275. Interferenzfarben an Platten und Keilen 276. — Spektralanalyse der Interferenzfarben 278. — Komplementäre Interferenzfarben 279. — Krystallzwillinge 280. — Zwei übereinander liegende Platten 281. — Messung von Gangunterschieden 284. — Elliptische und zirkulare Polarisation 285.

Optisches Drehungsvermögen 288. — Interferenzfarben 290. — Spektralanalyse der Interferenzfarben 291. — FRESNEL's Erklärung des optischen Drehungsvermögens 292. — Beziehung des optischen Drehungsvermögens zur Krystallform 296.

Interferenzerscheinungen im konvergenten polarisierten Lichte 296. — Kurven gleichen Gangunterschiedes und Kurven gleicher Polarisationsrichtung 298. — Die Symmetrie der Interferenzbilder 299. — Polarisationsapparate für konvergentes Licht 301. — Numerische Apertur des Kondensors und des Objektivs 305. — Immersionsflüssigkeiten 307. — Drehapparate 307.

Absorption des Lichtes 308. — Pleochroismus 309. — Spektrophotometer 312. — Absorptionsindex und Absorptionskoëffizient 313.

Einfluß der Krystallflächen auf das reflektierte Licht 314. — Metallreflexion 316. — Oberflächenfarben 319.

Fluorescenz 321.

Emissionsvermögen und Absorptionsvermögen 322.

A. **Optisch isotrope Krystalle.** (Reguläres System.)

I. Isotrope und einfach brechende Krystalle 323.

II. Isotrope Krystalle mit optischem Drehungsvermögen 326.

B. **Optisch anisotrope Krystalle mit einer Axe der Isotropie.** Optisch einaxige Krystalle. (Hexagonales und tetragonales System.)

III. Optisch einaxige Krystalle ohne Drehungsvermögen. — Strahlenflächen und Normalenflächen 328. — Prismen 330. — Totale Reflexion 331. — Dispersion 335. — Oberfläche gleichen Gangunterschiedes 336. — Interferenzerscheinungen im senkrecht einfallenden Lichte 337. — Interferenzerscheinungen im konvergenten Lichte 337. — Absorption 342.

IV. Optisch einaxige Krystalle mit Drehungsvermögen. — Strahlenflächen und Normalenflächen 343. — Interferenzerscheinungen im konvergenten Lichte 346. — Zwillinge enantiomorpher Krystalle 348. — Beispiele 349.

C. **Optisch anisotrope Krystalle ohne Axe der Isotropie.** Optisch zweiaxige Krystalle. — Die Entdeckung des FRESNEL'schen Gesetzes 355. — Die FRESNEL'sche Strahlenfläche 357. — Normalenfläche 360. — Charakter der Doppelbrechung 361. — Dispersion der optischen Symmetrieaxen 362. — Dispersion der Strahlenaxen und der optischen Axen 363. — Orientierung der Polarisationsebenen 363. — Innere und äußere konische Refraktion 365. — Prismen 369. — Indexfläche 371. — Totale Reflexion 372. — Oberfläche gleichen Gangunterschieds 375. — Interferenzerscheinungen im senkrecht eintretenden Lichte 377. — Interferenzerscheinungen im konvergenten einfarbigen Lichte 378. — Bestimmung des Charakters der Doppelbrechung 384. — Messung des Winkels der optischen Axen 385. — Axenwinkelapparate 389. — Absorption 393.

V. Rhombisches System. — Symmetrie 397. — Interferenzerscheinungen im senkrecht eintretenden Lichte 397. — Interferenzerscheinungen im konvergenten Lichte 397. — Einfluß der Temperatur 400. — Dielektricitätskonstanten 403.

VI. Monoklines System. — Symmetrie 407. — Interferenzerscheinungen im senkrecht eintretenden Lichte 407. — Interferenzerscheinungen im konvergenten Lichte 408. — A. Geneigte Dispersion 408. — B_1. Horizontale Dispersion 412. — B_2. Gekreuzte Dispersion 414. — Dielektricitätskonstanten 415.

VII. Triklines System 418.

Optisch zweiaxige Krystalle mit Drehungsvermögen 421. — Gemeinsame Wirkung von Cirkularpolarisation und Doppelbrechung 421. — Das optische Verhalten des einseitig komprimierten Quarzes 424.

Erhaltung des optischen Drehungsvermögens in physikalisch verschiedenen Zuständen desselben Stoffes 426. — Die Struktur der Krystalle mit optischem Drehungsvermögen 428.

8. **Elasticität.** — Symmetrieeigenschaften 431. — Oberfläche des Dehnungskoeffizienten 431. — Bestimmung von Dehnungskoeffizienten durch Biegung dünner prismatischer Stäbchen 432. — Biegungsapparate 433. — Beispiele 434. — Homogene Deformationen der Krystalle unter allseitig gleichem Druck 442.

9. **Festigkeit, Härte, Sprödigkeit, Plasticität.** — Zerreißungsfestigkeit 444. — Härte 446.

10. **Einfache Schiebungen nach Gleitflächen.** — Kalkspat 449. — Hexagonale Krystalle 453. — Rhombische Krystalle 454. — Monokline Krystalle 454. — Trikline Krystalle 455. — Translationen 456.

11. **Einfluß elastischer Deformationen auf das optische Verhalten der Krystalle.** — Amorphe Körper 457. — Krystallisierte Körper 458. — Reguläre Krystalle 459. — Hexagonale Krystalle 461.

12. **Pyroelektricität und Piëzoelektricität.** — Entdeckung der Pyroelektricität 462. — Bestäubungsverfahren 462. — Symmetrieeigenschaften 462. — Pyroelektrische Erregungen durch gleichförmige Änderungen der Temperatur 463. — Quantitative Bestimmungen der Pyroelektricität des Turmalins 464. — Pyroelektrische Erregungen durch ungleichförmige Änderungen der Temperatur 468. — Entdeckung der Piëzoelektricität 471. — Theorie der Pyroelektricität und der Piëzoelektricität 475.

Thermodynamische Eigenschaften dielektrischer Krystalle. — Deformationen piëzoelektrischer Krystalle im elektrischen Felde 479. — Erwärmung oder Abkühlung eines pyroelektrischen Krystalls im elektrischen Felde 483.

13. **Elektrooptische Erscheinungen.** — Qualitative Beobachtungen am Quarz 483. — Quantitative Untersuchung elektrooptischer Erscheinungen 485.

14. **Umkehrbare Umwandlungen krystallisierter Körper.** — Analogie mit den Änderungen der Aggregatzustände 487. — Abhängigkeit der Umwandlungstemperatur vom Druck 487. — Bestimmung der Umwandlungstemperatur 490. — Bestimmung der Umwandlungswärme 493.

Anhang: **Projektionsapparat** von R. Fuess 494.

Berichtigungen 500. — Sach-Register 501.

I. Das geometrische Grundgesetz der Krystallpolyëder und die Einteilung der krystallisierten Körper in 32 Gruppen.

Einleitung.

Der Ausgangspunkt der Krystallographie. — Den Anstoß zur Erforschung des krystallisierten Zustandes fester Körper gaben die polyëdrischen Formen der vollkommen ausgebildeten Krystalle. Jeder einfache Krystall, der schwebend und ungestört entstanden ist, wird von ebenen Flächen begrenzt, die ein im gewöhnlichen Sinne konvexes Polyëder bilden, nämlich ein Polyëder, das von einer Geraden im allgemeinen und höchstens in zwei Punkten geschnitten wird. Nachdem an unkrystallinischen Stoffen erkannt war, daß ein Körper von konstanter chemischer Zusammensetzung unter bestimmten äußeren Bedingungen auch ganz bestimmte physikalische Eigenschaften besitzt, die zur Wiedererkennung des Körpers dienen, häuften sich die Versuche, die krystallisierten Körper schärfer zu charakterisieren. Allein ein gesetzmäßiges Verhalten schien gerade dem augenfälligsten Merkmale des krystallisierten Zustandes, den polyëdrischen Krystallformen, zu fehlen. Weit verbreitete Mineralien, wie Kalkspat, Schwerspat, Eisenkies u. a., treten in verschieden gestalteten Krystallen auf, ohne daß eine Änderung der übrigen physikalischen Eigenschaften dieser Stoffe wahrzunehmen ist. Der Mangel einer Beziehung zwischen geometrisch verschiedenen Polyëdern eines krystallisierten Körpers mußte der Bestimmung und der Wiedererkennung dieses Körpers wesentliche Schwierigkeiten entgegenstellen. Als es im letzten Viertel des vorigen Jahrhunderts gelang diese Schwierigkeiten zu überwinden und jene Beziehung in klar definierten Worten auszusprechen, begann die Entwickelung der wissenschaftlichen Krystallographie, deren Aufgabe die Erforschung der physikalischen Eigenschaften der Krystalle und die Ermittelung des Zusammenhanges zwischen der chemischen Zusammensetzung und den physikalischen Eigenschaften der krystallisierten Körper bildet.

Homogene Krystalle. — Frühzeitig wurde festgestellt (z. B. am Gyps durch Romé de l'Isle 1772), daß unter den Krystallen eines Stoffes homogene Individuen und gesetzliche Gruppierungen mehrerer Individuen auftreten können. Für den natürlichen Zustand eines homogenen Krystalls ist charakteristisch, daß keine Stelle im Inneren vor den übrigen Stellen physikalisch ausgezeichnet ist. Jedes Bruchstück eines homogenen Krystalls, von welcher Stelle es auch entnommen sein mag, hat dieselben physikalischen Eigenschaften wie der ganze Krystall. Unter dem unmittelbaren Einflusse oder unter der Nachwirkung eines Zwanges kann die Homogeneïtät verloren gehen. Wir wollen diese Zwangszustände zunächst außer Acht lassen. Daher müssen wir von vornherein hervorheben, daß die folgenden Darlegungen nur dann zutreffen, wenn äußere Agentien, die eine Störung der natürlichen homogenen Beschaffenheit der Krystalle erzeugen können, nicht einwirken. Vor allem setzen wir eine gleichförmig verteilte und konstante Temperatur und einen allseitig gleichen und konstanten äußeren Druck voraus. Mit diesen Einschränkungen gelten für die polyëdrischen Formen homogener Krystalle fundamentale geometrische Gesetze, die nun in ihrem Zusammenhange dargestellt werden sollen.

Beständigkeit der Flächenwinkel der Krystallpolyëder. — Wenn ein polyëdrisch begrenzter Krystall in einer geeigneten Lösung eine Vergrößerung seines Volumens erfährt, so ändert sich oft die Gestalt der begrenzenden Polygone. Ein Alaunkrystall, der anfänglich die in Fig. 1 dargestellte, von gleichseitigen Dreiseiten gebildete Form besitzt, kann nach seiner Vergrößerung Flächen mit vier-, fünf- oder sechsseitigen Begrenzungen darbieten (Fig. 2). In solchen Fällen hat die Stoffzufuhr nicht auf allen Flächen gleichmäßig stattgefunden.

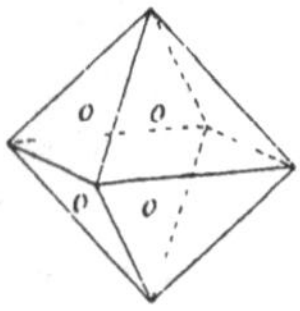

Fig. 1.

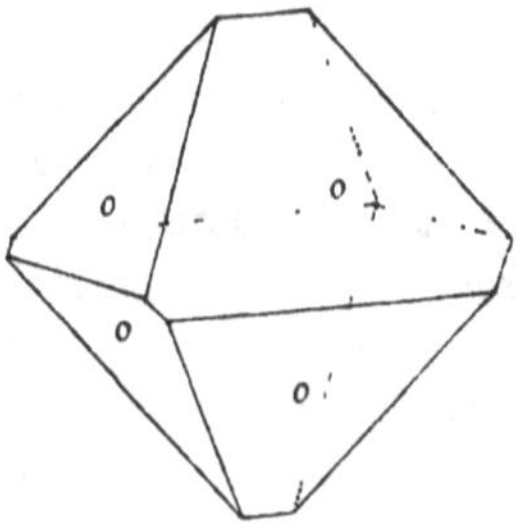

Fig. 2.

Haben sich nebeneinander mehrere Krystalle derselben Substanz gebildet, so nehmen wir oft wahr, z. B. am Quarz Fig. 3—5, daß die Formen

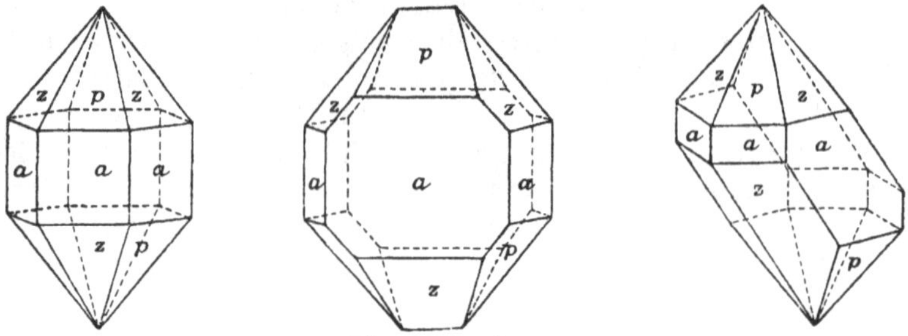

Fig. 3—5. Quarz.

nur in der Zahl und der Anordnung ihrer Flächen übereinstimmen, während sie in der Beschaffenheit der Polygone entsprechender Flächen mannigfach voneinander abweichen.

Eine nähere Untersuchung ergiebt, daß bei dem Vorgange des Wachstums eines Krystalls die neuen Begrenzungsebenen den alten parallel bleiben, und daß inmitten der Variationen, deren die polyëdrischen Formen eines krystallisierten Körpers fähig sind, doch die von entsprechenden Flächen eingeschlossenen Winkel konstant bleiben. Diese Schlüsse zog schon NICOLAUS STENO (1669) aus seinen Beobachtungen am Quarz. Zuweilen findet man Quarzkrystalle, in denen aufeinander folgende Phasen der Entwickelung angedeutet werden durch Einschlüsse fremder Körper, die nach älteren Begrenzungsebenen angeordnet sind (Fig. 6). Andererseits zeigen Querschnitte senkrecht zu den Kanten der Flächen *a* (Fig. 7—9) und Längsschnitte senkrecht zu den Kanten *p a* (Fig. 10—12) trotz der wechselnden Gestalt unveränderliche Winkel. Aber erst ROMÉ DE L'ISLE (1783)

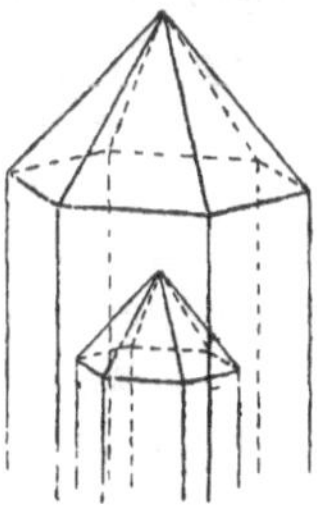

Fig. 6. Quarz.

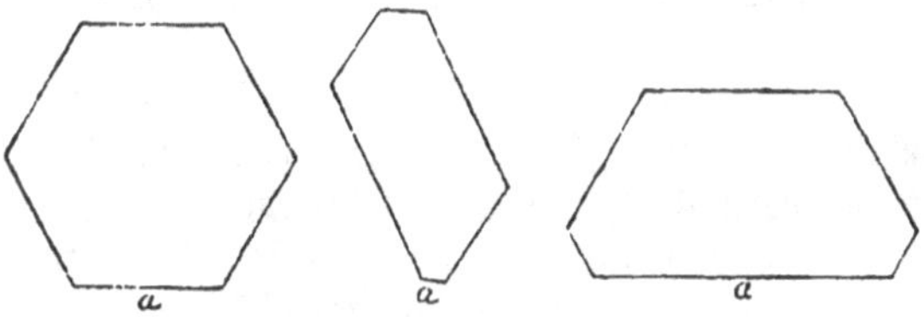

Fig. 7—9. Querschnitte.

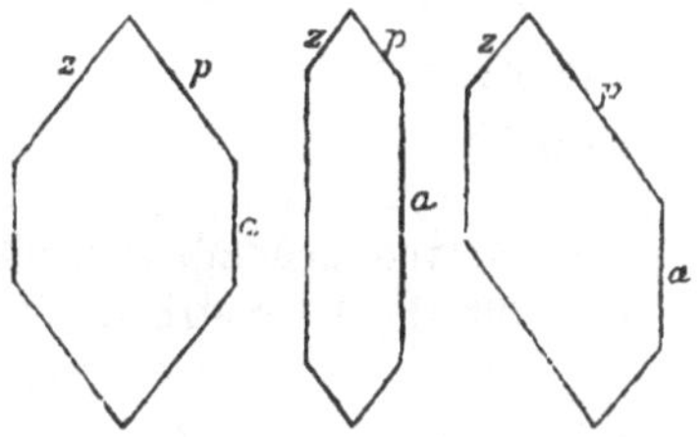

Fig. 10—12. Längsschnitte.

hat die Beständigkeit der Flächenwinkel der Krystallpolyëder durch Messungen nachgewiesen, wenigstens bis zu dem Grade der Genauigkeit, der sich mit Hilfe des Anlegegoniometers von CARANGEOT erreichen ließ. Dadurch wurde festgestellt, daß für die geometrische Untersuchung der Krystallpolyëder nur die *Richtungen* der Krystallflächen in Betracht kommen. *Der geometrische Zusammenhang der Flächen eines Krystallpolyëders ist also unter konstanten äußeren Bedingungen vollständig bekannt, wenn die Winkel der Flächen gemessen sind.*

Eine zweckmäßige Form des Anlegegoniometers ist von R. FUESS konstruiert worden. Das Instrument besteht aus zwei Linealen, von denen das eine (in Fig. 13 rechts) mit einem geteilten Quadranten, das andere mit einer Kreisbogenschiene verbunden ist. Die Lineale können in diametraler Richtung bis zum Mittelpunkte zurückgezogen werden. Die Teilung ist mit einer doppelten Bezifferung versehen: die obere bezieht sich auf die linke, die untere auf die um 90° davon abstehende rechte Marke an dem äußeren Rande der Kreisbogenschienen. Sind die Krystallflächen hinreichend groß, so beträgt die mit diesem Instrument zu erreichende Genauigkeit etwa $^1/_4{}^0$.

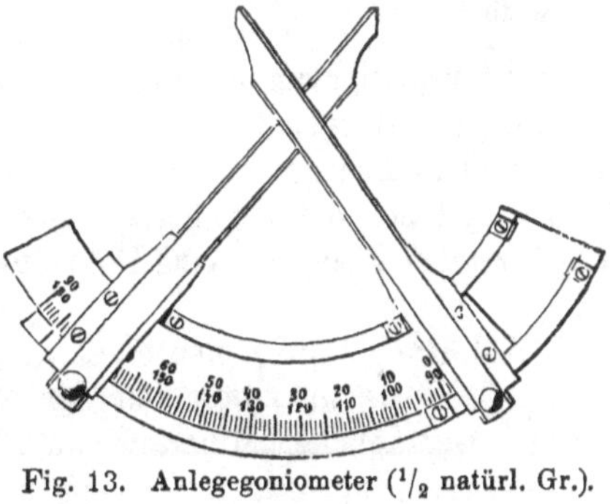

Fig. 13. Anlegegoniometer ($^1/_2$ natürl. Gr.).

Symmetrische Krystallpolyëder. — Schon beim Beginn krystallographischer Studien mußte die Erscheinung auffallen, daß in der Begrenzung ungestört wachsender Krystallpolyëder häufig Grenzflächen mit übereinstimmenden geometrischen und physikalischen Eigenschaften auftreten. Wir werden solche Flächen hinfort *gleichberechtigt* nennen; bei der völlig ungestörten Bildung eines in schwebender Lage fortwachsenden Krystalls wird von einer Schar gleichberechtigter Flächen niemals eine ohne die anderen auftreten. Allmählich wurde die für die Entwickelung der Krystallographie ungemein folgenreiche Erkenntnis gewonnen, daß der Vorgang des Wachstums eines jeden krystallisierten Körpers durch ein bestimmtes *Symmetriegesetz* beherrscht wird. Diesem Gesetze sind alle Krystallpolyëder jenes Körpers unterworfen, trotz der scheinbaren Abweichungen, die sich in zufälligen Unregelmäßigkeiten der Ausbildung geltend machen. Es waren namentlich die grundlegenden Arbeiten von Romé de l'Isle und R. J. Haüy, die zu der Einsicht führten, daß die Untersuchung eines krystallisierten Körpers mit der Ermittelung der Symmetrieeigenschaften seiner Formen beginnen müsse.

In einem ideal gestalteten Krystallpolyëder werden gleichberechtigte Flächen von dem Mittelpunkte des Krystalls gleich weit entfernt sein. Da aber für die geometrische Untersuchung doch nur die Richtungen der Begrenzungsebenen in Betracht kommen, so ist in jedem Falle die Vorstellung gestattet, daß gleichberechtigte Flächen von einem Punkte im Inneren des Krystalls, der sich übrigens physikalisch in keiner Weise von anderen Punkten im Krystall unterscheidet, gleich weit entfernt seien. Diese Auffassung führt zu einer außerordentlichen Vereinfachung der Krystallbeschreibung. Man nennt jede Schar gleichberechtigter Flächen eine *einfache Krystallform.* Ein Krystallpolyëder, das von den Flächen mehrerer einfacher Formen gebildet wird, heißt eine *Kombination* dieser Formen. In diesem Sinne ist z. B. das in Fig. 14 dargestellte Krystallpolyëder des Magnesiumplatincyanürs eine Kombination von drei einfachen Formen. Es bilden die vier lebhaft grün metallisch glänzenden Flächen *a* für sich ein vertikales Prisma mit quadratischem Querschnitt, die beiden matten dunkelroten Endflächen *c* ein horizontales Flächenpaar und die acht dunkelblau erglänzenden Flächen *o* eine Doppelpyramide mit quadratischer Grundfläche.

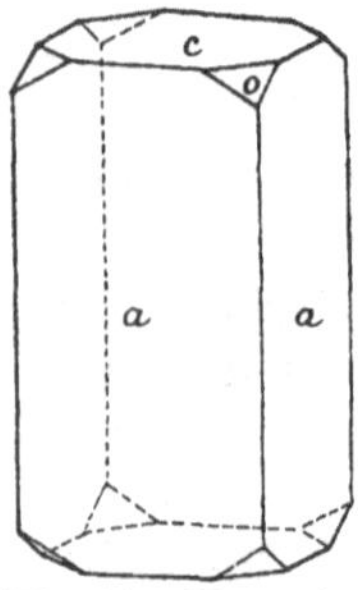

Fig. 14. Magnesiumplatincyanür.

Ableitung der Formen eines krystallisierten Körpers aus einer Grundform. — Romé de l'Isle war der erste, der in umfassender Weise an den damals zugänglichen Mineralien den Versuch unternahm, die geometrischen Beziehungen zwischen verschiedenen Formen eines krystallisierten Körpers auszudrücken. Er suchte für jeden Körper eine Grundform zu ermitteln und aus ihr die übrigen Formen abzuleiten. Zu diesem Zwecke modifizierte er die Kanten und Ecken der Grundform durch abstumpfende oder zuschärfende Flächen in der Weise, daß für die Anordnung der neu hinzutretenden Flächen jedesmal die Symmetrieeigenschaften der Grundform maßgebend waren.

Wird z. B. eine der acht gleichberechtigten Ecken des Hexaëders durch eine Fläche abgestumpft, die von den drei in der Ecke zusammenstoßenden Kanten gleiche Stücke abschneidet, so muß diese Operation auch an allen übrigen Ecken ausgeführt werden (Fig. 15). Die acht neuen Flächen bilden für sich das Oktaëder (Fig. 16). Am Flußspat kann dieses Verfahren der Ableitung des Oktaëders aus dem Hexaëder leicht mit Hilfe der Spaltbarkeit nach den Oktaëderflächen durchgeführt werden.

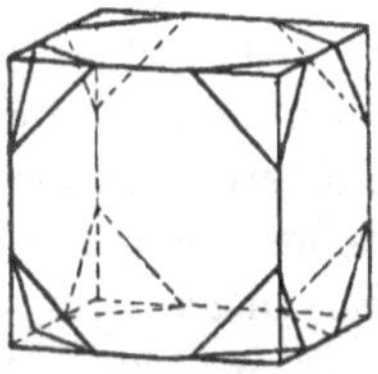

Fig. 15.

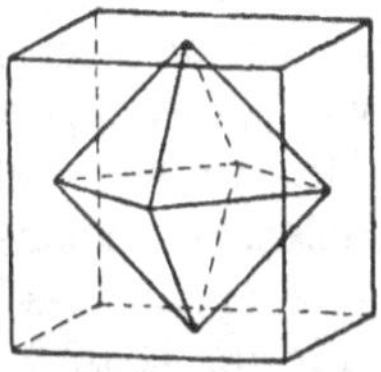

Fig. 16.

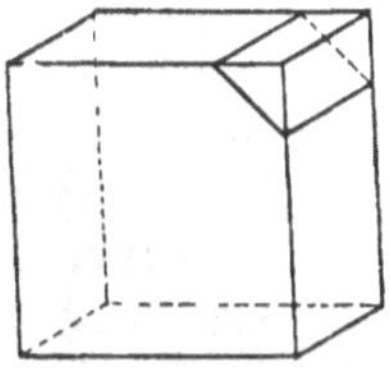

Fig. 17.

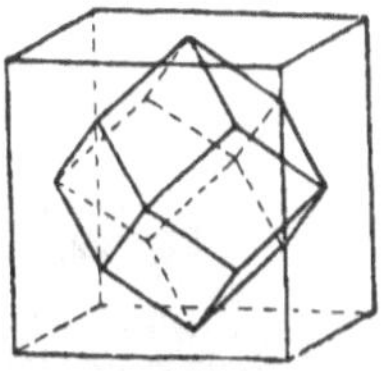

Fig. 18.

Andererseits kann jede der zwölf gleichberechtigten Kanten des Hexaëders durch eine Fläche, welche gegen die beiden an der Kante zusammenstoßenden Hexaëderflächen gleich geneigt ist, gerade abgestumpft werden (Fig. 17). Dann erhalten wir zwölf neue Flächen, die für sich das Dodekaeder (Fig. 18) bilden.

Auf diesem Wege können wir die Ableitung neuer Formen noch weiter fortsetzen, indem wir die gleichberechtigten Flächen, Kanten und Ecken der Grundform stets gleichzeitig und in gleicher Weise verändern. Da z. B. die in den Fig. 19—21 dargestellten Veränderungen des Hexaëders offenbar der

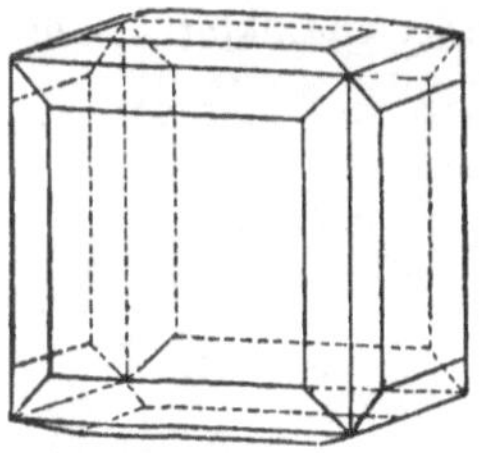

Fig. 19.

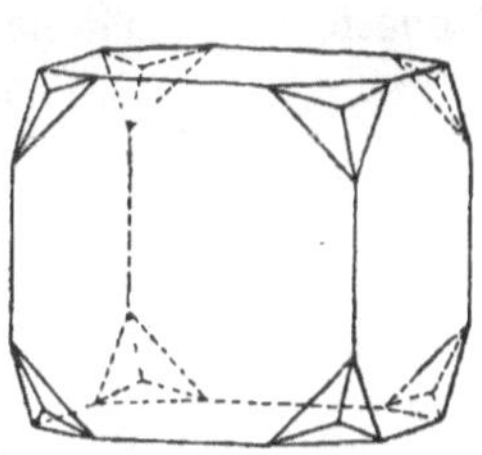

Fig. 20.

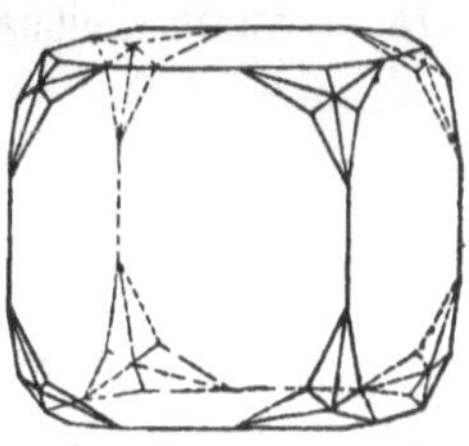

Fig. 21.

Symmetrie dieser Grundform entsprechen, so müssen wir nach dem von Romé de l'Isle aufgestellten Prinzip erwarten, daß sie uns gestatten zwei neue einfache Formen mit je 24 Flächen und eine neue Form mit 48 Flächen abzuleiten.

Beachten wir aber den wesentlichen Unterschied zwischen diesen Fällen und den vorhergehenden. Bei der Ableitung des Oktaëders und des Dodekaeders handelte es sich um Veränderungen des Hexaëders durch Flächen von ganz bestimmter Lage; die neuen Gestalten waren einzig in ihrer Art. Im Gegensatze hierzu sehen wir, daß in den folgenden Fällen die Symmetriebetrachtungen zur eindeutigen Bestimmung der Flächenlage nicht mehr ausreichen. In dem allgemeinsten durch Fig. 21 veranschaulichten Falle schneidet jede der 48 zum Hexaëder hinzutretenden Flächen auf drei in einer Ecke zusammenstoßenden Hexaëderkanten ungleiche Stücke ab; darunter tritt z. B. eine Fläche mit den in Fig. 22 dargestellten Abschnitten OA, OB, OC auf. Es erhebt sich daher die Frage: Können diese Abschnitte ganz willkürlich gewählt werden oder besteht zwischen ihnen ein gesetzlicher Zusammenhang?

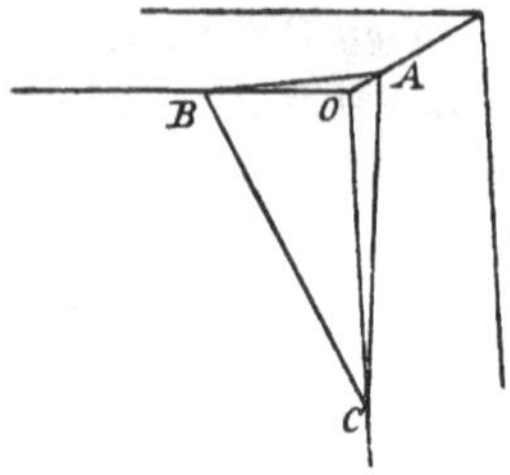

Fig. 22.

Nur aus der Erfahrung, also nur aus den Messungen der Flächenwinkel der Krystallpolyëder kann die Antwort geschöpft werden. Allein im letzten Viertel des vorigen Jahrhunderts, vor der Erfindung des Reflexionsgoniometers, hätte eine Entscheidung auf diesem direkten Wege nicht herbeigeführt werden können. In der That wurde die Einsicht in das herrschende Gesetz von R. J. Haüy (1784) nicht mit Hilfe genauester Messungen, sondern durch eine kühne und fruchtbare Hypothese über den regelmäßigen Bau der Krystalle und die Art ihres Wachstums gewonnen.

Die Hypothese von R. J. Haüy über die Struktur der Krystalle. — Den Ausgangspunkt der Haüy'schen Hypothese bildet eine Beziehung, die an zahlreichen krystallisierten Körpern zwischen der äußeren Form und der mehr oder minder vollkommenen *Spaltbarkeit* nach ebenen Flächen beobachtet wird. Krystalle derselben Substanz, die in der polyëdrischen Begrenzung kein Anzeichen einer geometrischen Analogie darzubieten scheinen, verraten durch gleiche Spaltungsformen, daß sie in einer charakteristischen

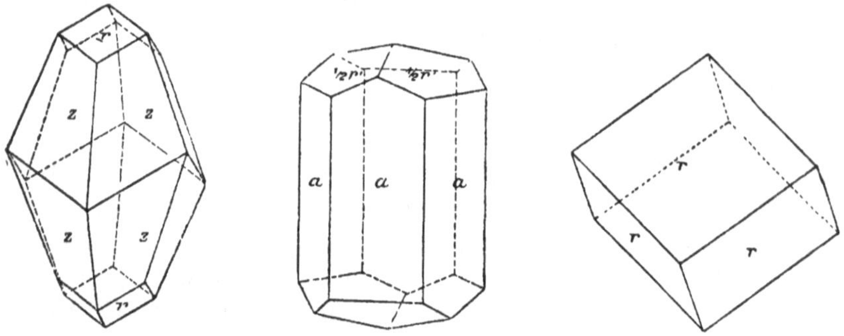

Fig. 23—25. Kalkspat.

Kohäsionseigenschaft übereinstimmen. So liefern die in Fig. 23 und 24 abgebildeten Kalkspatkrystalle trotz der großen Verschiedenheit ihrer äußeren

Formen genau übereinstimmende Spaltungsrhomboëder (Fig. 25). Wie weit auch die mechanische Teilung eines Krystalls nach Spaltflächen fortschreiten möge, stets bleiben die Winkel zwischen den Flächen und Kanten der Spaltungsform unverändert. Die Spaltungsform bleibt also sich selbst geometrisch ähnlich, wie sehr auch ihr Volumen vermindert werden mag. Aus dieser Erfahrungsthatsache zog nun Haüy den Schluß, daß die Spaltungskerne, in die ein krystallisierter Körper zerfallen kann, die kleinsten Teilchen dieses Körpers repräsentieren, die nicht weiter geteilt werden können ohne chemisch zerlegt zu werden.

Indem Haüy zunächst krystallisierte Körper mit parallelepipedischen Spaltungsformen untersuchte, gelang es ihm in diesem einfachsten Falle den geometrischen Zusammenhang zwischen verschieden gestalteten Polyedern aufzudecken. Von der durch die Spaltbarkeit gegebenen Primitivform eines Körpers ausgehend, konstruierte er abgeleitete oder sekundäre Polyëder, die den Krystallformen dieses Körpers entsprechen. Er dachte sich die Primitivform in der Weise wachsend, daß sich auf die bereits vorhandenen Flächen planparallele Schichten lagern, die um einfache oder mehrfache Reihen von parallelepipedisch gestalteten subtraktiven Molekülen abnehmen.

So entwickelte er, um ein möglichst einfaches Beispiel zu wählen, aus dem Hexaëder, welches als Spaltungsform am Bleiglanz PbS und Steinsalz NaCl beobachtet wird, das Dodekaëder (Fig. 26). Er bedeckte die Flächen eines Hexaëders, das selbst aus kongruenten und lückenlos nebeneinander liegenden kleinen Hexaëdern aufgebaut war, mit quadratischen aus eben solchen Hexaëdern zusammengesetzten Schichten, deren Dicke gleich der Höhe eines kleinen Hexaëders gewählt wurde. Alsdann wurde an jeder Seite einer Schicht eine Reihe von Hexaëdern weggenommen. Darauf wurde auf jede in solcher Weise modifizierte Schicht eine zweite ihr gleiche Schicht gelegt und diese wieder an jeder Seite um eine Reihe von Hexaëdern verkleinert. Dieses Verfahren wurde fortgesetzt, bis sich über jeder Fläche der Primitivform eine vierseitige Pyramide mit treppenförmigen Seitenflächen erhob. Stellen wir uns nun vor, daß die Schichten hinreichend dünn gewählt werden, so können wir von der treppenförmigen Beschaffenheit der Seitenflächen ganz absehen. Die Begrenzung des Aufbaues bildet dann das Dodekaëder. — Verändern wir die Art der Verkleinerung der Schichten (loi de décroissement), so entstehen neue sekundäre Formen. Wir gewinnen z. B. ein Tetrakishexaëder (Fig. 27), indem wir jede Schicht an jeder Seite um zwei Reihen von Hexaëdern verkleinern.

Fig. 26. Ableitung des Dodekaëders.

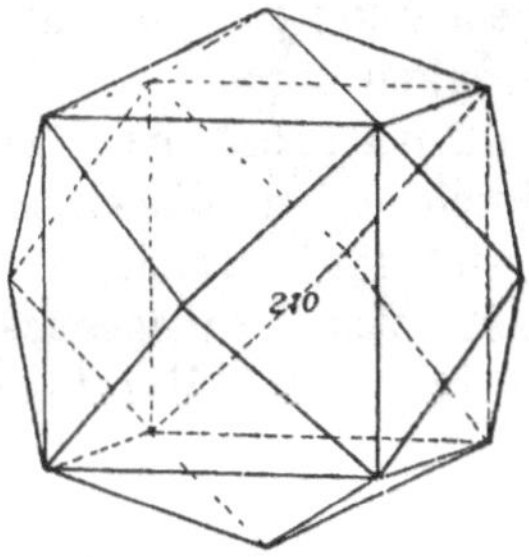

Fig. 27. Tetrakishexaëder.

In ähnlicher Weise lassen sich die überaus mannigfachen Formen des Kalkspats aus dem Spaltungsrhomboëder ableiten. Ein Blick auf Fig. 28 lehrt, wie es HAÜY gelang, das in Fig. 23 mit *z* bezeichnete Skalenoëder durch Aufschichtung von kleinen Rhomboëdern aufzubauen.

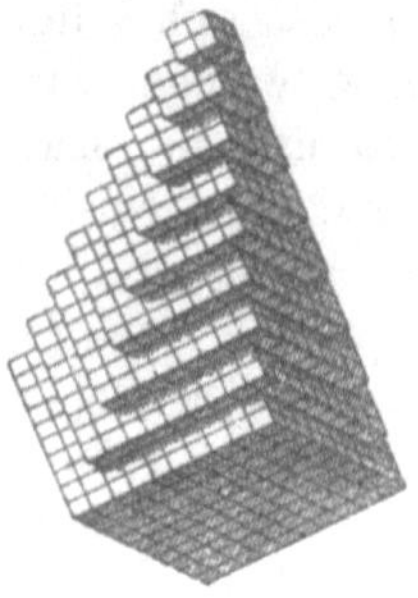

Fig. 28. Kalkspat. Ableitung des Skalenoeders *z*.

Dieses Verfahren des Aufbaues sekundärer Formen aus kongruenten, parallel und lückenlos nebeneinander liegenden Molekülen von parallelepipedischer Gestalt, deren Flächen übrigens nicht, wie in den angeführten Beispielen, gleichberechtigt zu sein brauchen, übertrug HAÜY auch auf solche krystallisierte Körper, die durch Spaltung nicht in parallelepipedische Teilchen zerfallen. Hier sind nach seiner Auffassung die kleinsten Bausteine der Moleküle (molécules intégrantes) verschieden von den parallelepipedisch gestalteten subtraktiven Molekülen (molécules soustractives), die zur Ableitung sekundärer Formen aus der Primitivform nach den Dekrescenzgesetzen dienen.

Auf diesem Wege vermochte HAÜY nicht nur den Zusammenhang der an einem krystallisierten Körper schon beobachteten Polyëder darzulegen, sondern er konnte darüber hinaus die Gesamtheit der an diesem Körper möglichen Polyëder voraussagen. Trotzdem kann die HAÜY'sche Hypothese nicht aufrecht erhalten werden. Wohl gelingt es stets aus parallelepipedischen Molekülen die Formen der Krystalle aufzubauen. Aber die physikalische Bedeutung der subtraktiven Moleküle ist von HAÜY nicht konsequent festgehalten worden. Die Wahl des subtraktiven Moleküls ist sogar vollkommen willkürlich bei einem Körper, der keine deutliche Spaltbarkeit besitzt. Dadurch verliert die HAÜY'sche Hypothese ihre physikalische Grundlage. Es bleibt ihr aber das unvergängliche Verdienst, zur Entdeckung des geometrischen Grundgesetzes der Krystallpolyëder geführt und die Anregung zu erweiterten Hypothesen über die Krystallstruktur gegeben zu haben.

Das geometrische Grundgesetz der Krystallpolyëder.

Das Gesetz der rationalen Indices. — Noch erfolgreicher in der Aufsuchung der geometrischen Eigenschaften der Krystallformen war die von CHR. S. WEISS begründete Forschungsrichtung, welche auf eine Hypothese über die unbekannte molekulare Struktur der Krystalle vollständig verzichtete. Die charakteristische Eigenschaft der Krystallpolyëder, die uns gestattet, diese Formen von allen übrigen geometrisch konstruierbaren Polyedern zu unterscheiden, läßt sich, wie WEISS entdeckte, in sehr einfacher

Weise ausdrücken, wenn die Richtungen der Krystallflächen auf geeignete Koordinatenaxen bezogen werden. Nach dieser Methode fand WEISS die zur Beschreibung der Krystallpolyëder notwendigen und ausreichenden Größen.

An einem gegebenen Krystallpolyëder wählen wir zu Koordinatenaxen die Durchschnittsgeraden π_1, π_2, π_3 von drei Flächen p_1, p_2, p_3 des Polyëders, die eine Ecke O bilden. Im allgemeinen sind diese Axenebenen nicht gleichberechtigte Flächen und ihre Schnittlinien stehen im allgemeinen nicht aufeinander senkrecht. Die Richtung einer beliebigen Fläche $E_1 E_2 E_3$ des Polyëders ist vollkommen bestimmt durch die *Verhältnisse ihrer Axenabschnitte* $OE_1 : OE_2 : OE_3$. Denn diese Verhältnisse bleiben ungeändert bei einer Parallelverschiebung der Fläche nach $F_1 F_2 F_3$. In der That ist, wie aus Fig. 29 hervorgeht:

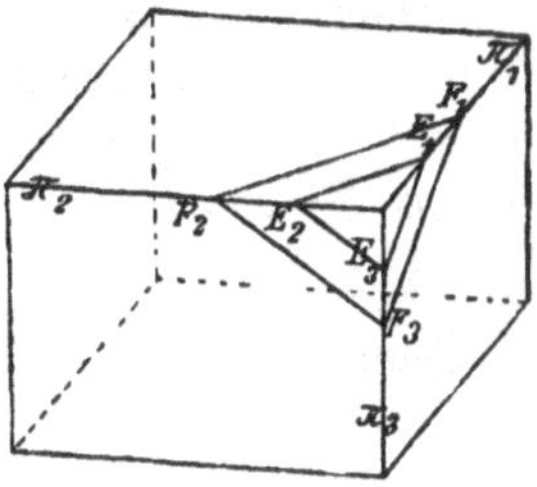

Fig. 29.

$$OF_1 : OF_2 : OF_3 = OE_1 : OE_2 : OE_3.$$

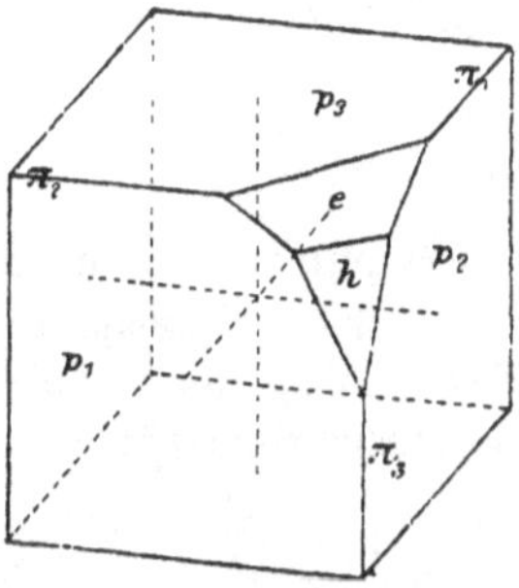

Fig. 30.

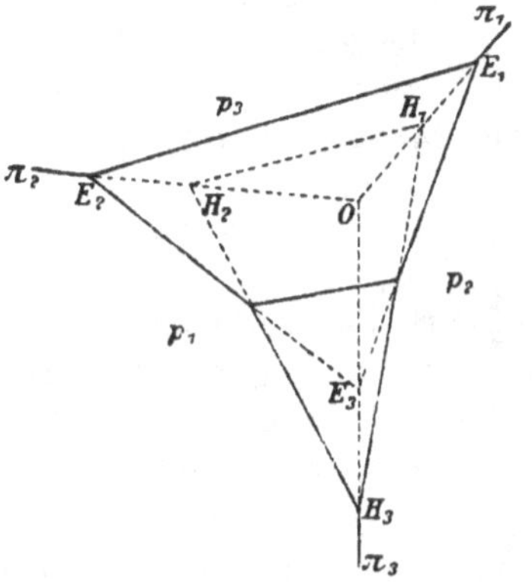

Fig. 31.

Es seien nun die Axenabschnitte zweier Flächen e und h des Polyëders Fig. 30 bezeichnet mit $OE_1 : OE_2 : OE_3$ und $OH_1 : OH_2 : OH_3$ (Fig. 31). Dann besteht jene charakteristische Eigenschaft darin, *daß die Quotienten entsprechender Abschnitte:*

$$(1) \qquad \frac{OE_1}{OH_1} : \frac{OE_2}{OH_2} : \frac{OE_3}{OH_3}$$

sich verhalten wie ganze Zahlen, die Null mit einbegriffen.

In der That ist dieses der wesentliche geometrische Inhalt der HAÜY'schen Hypothese. Denn alle Polyëder, die aus kongruenten, parallel und lückenlos nebeneinander liegenden Molekülen von parallelepipedischer Gestalt aufgebaut werden können, haben folgende Eigenschaft gemein: Legt man durch einen Eckpunkt eines Moleküls Koordinatenaxen nach den in diesem Punkte zusammenstoßenden Kanten des Moleküls, so sind die von irgend einer Begrenzungsfläche erzeugten Abschnitte ganze Vielfache der Kantenlängen des Moleküls, und die Quotienten dieser Kantenlängen und der entsprechenden Axenabschnitte müssen sich wie ganze Zahlen verhalten. Betrachten wir z. B. das nach der Vorschrift von Haüy aufgebaute Tetrakishexaëder Fig. 27. Die Kantenlängen eines subtraktiven Hexaëders seien bezeichnet mit $OE_1 = OE_2 = OE_3 = a$. Die Axen seien durch O parallel zu den Hexaëderkanten gelegt (Fig. 32). Dann erzeugt die rechts vorn liegende Fläche m des Tetrakishexaëders Abschnitte, deren Verhältnisse

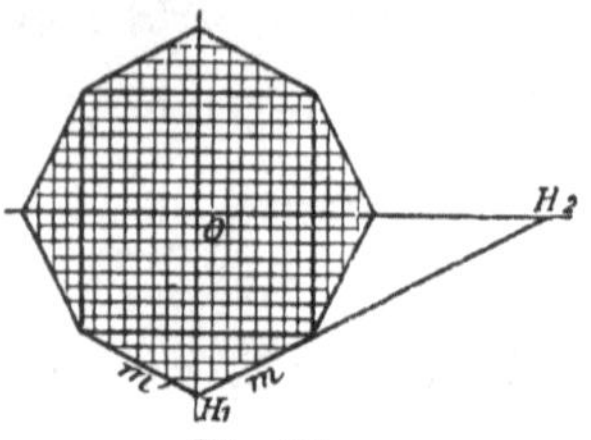

Fig. 32.

$$OH_1 : OH_2 : OH_3 = a : 2a : \infty a$$

sind. Folglich verhalten sich die Quotienten:

$$\frac{OE_1}{OH_1} : \frac{OE_2}{OH_2} : \frac{OE_3}{OH_3} = 1 : \frac{1}{2} : \frac{1}{\infty} = 2 : 1 : 0$$

d. h. wie ganze Zahlen.

Werden die Abschnitte der Fläche e zu Axeneinheiten gewählt, so nennt man die durch die Quotienten (1) definierten Zahlen die Indices der Fläche h. *Demnach sind die Indices h_1, h_2, h_3 einer Fläche h gegeben durch die Quotienten aus den Axeneinheiten und den Axenabschnitten dieser Fläche:*

$$(2) \qquad h_1 : h_2 : h_3 = \frac{OE_1}{OH_1} : \frac{OE_2}{OH_2} : \frac{OE_3}{OH_3}.$$

Da nur die Verhältnisse der Indices bestimmt werden können, so genügt es zu sagen, daß die Indices einer Krystallfläche *rationale Zahlen* seien; denn man kann dann ihre Verhältnisse auch durch die Verhältnisse von drei ganzen Zahlen ohne gemeinschaftlichen Divisor darstellen.

Nennen wir die Gesamtheit der Flächen, welche an den Krystallen einer und derselben Substanz auftreten können, den Krystallflächencomplex dieser Substanz, so läßt sich jetzt das Gesetz der rationalen Indices in folgender Weise aussprechen: *Die Indices der in einem Krystallflächenkomplex möglichen Flächen erhalten rationale Zahlenwerte, wenn die Richtungen der Axen π_1, π_2, π_3 und die Verhältnisse der Axeneinheiten $OE_1 : OE_2 : OE_3$ durch vier Flächen p_1, p_2, p_3, e des Komplexes bestimmt werden.*

Die Zusammenstellung der Indices h_1, h_2, h_3 wird nach einem Vorschlage von W. Whewell (1825) zur *Bezeichnung* der Fläche h benutzt und das Symbol von h genannt. Dieselbe Methode der Flächenbezeichnung haben J. G. Grassmann und M. L. Frankenheim im Jahre 1829 und bald darauf auch C. Fr. Gauss ersonnen und angewandt; eine weitere Verbreitung erlangte sie erst durch die krystallographischen und mineralogischen Schriften von W. H. Miller.

Aus (2) folgt, *daß die Axenabschnitte einer Fläche h sich wie die Quotienten aus den Axeneinheiten und den Indices dieser Flächen verhalten:*

$$(3) \qquad OH_1 : OH_2 : OH_3 = \frac{OE_1}{h_1} : \frac{OE_2}{h_2} : \frac{OE_3}{h_3}.$$

Sind die Axenabschnitte einer Fläche als Vielfache der Axeneinheiten gegeben, so gewinnt man die Indices, indem man die Faktoren, mit denen die Axeneinheiten multipliziert erscheinen, auf die Form von Brüchen mit dem Zähler Eins bringt. Die *Nenner* dieser Brüche sind nach (3) die Indices der Fläche. So hat die Fläche mit den Axenabschnitten:

$$OE_1 : \frac{3}{2}\cdot OE_2 : 3.OE_3 \quad \text{oder} \quad \frac{1}{3}\cdot OE_1 : \frac{1}{2}\cdot OE_2 : \frac{1}{1}\cdot OE_3$$

die Indices 321.

Um die Indices der Axenebene p_1 zu ermitteln, stellen wir uns vor, daß in Fig. 31 durch E_1 eine zu p_1 parallele Ebene gelegt sei; da sich die Axenabschnitte dieser Ebene verhalten wie:

$$OE_1 : \infty.OE_2 : \infty.OE_3 \quad \text{oder} \quad \frac{1}{1}\cdot OE_1 : \frac{1}{0}\cdot OE_2 : \frac{1}{0}\cdot OE_3,$$

so ist ersichtlich, daß p_1 die Indices 100 besitzt. In analoger Weise erhalten wir für p_2 und p_3 die Indices 010 und 001. Die *vier Fundamentalflächen, welche die Richtungen und die Einheiten der Axen eines beliebigen krystallisierten Körpers bestimmen, sind daher durch folgende Symbole zu bezeichnen:*

$$p_1 = 100, \quad p_2 = 010, \quad p_3 = 001, \quad e = 111.$$

Da nur die Richtungen der Flächen und Kanten eines Krystallpolyëders in Betracht kommen, so können wir die Koordinatenaxen π_1, π_2, π_3 auch durch einen Punkt O im Inneren des Polyëders legen. Dann geht aus Fig. 31 die nebenstehende Fig. 33 hervor. Es ist allgemein üblich π_3 vertikal, π_2 von links nach rechts zu stellen und die positiven Richtungssinne der Axen π_1, π_2, π_3 nach vorn, rechts und oben zu legen.

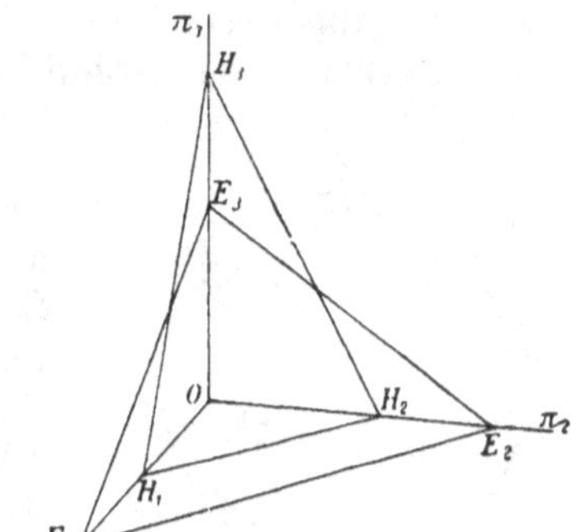

Fig. 33.

Um das Gesetz der rationalen Indices durch ein Beispiel zu erläutern, sollen jetzt die Flächen des *Hexaëders, Oktaëders* und *Dodekaëders*, deren Lage uns schon bekannt ist (vgl. S. 5), durch Indices bezeichnet werden. Wir wählen die Kantenrichtungen des Hexaëders zu Axen und legen ihre positiven Richtungen nach vorn, rechts und oben (Fig. 34). Dann müssen wir, um der Symmetrie des Hexaëders zu genügen, die Axeneinheiten durch die im positiven Oktanten gelegene Oktaëderfläche bestimmen (Fig. 35). An unseren Formen ist zu jeder Fläche eine parallele Gegenfläche vorhanden, deren Symbol dieselben Indices mit entgegengesetzten Vorzeichen enthält. Es ist üblich das negative Zeichen über dem Index anzubringen. Wir erhalten demnach folgende Symbole (Fig. 36):

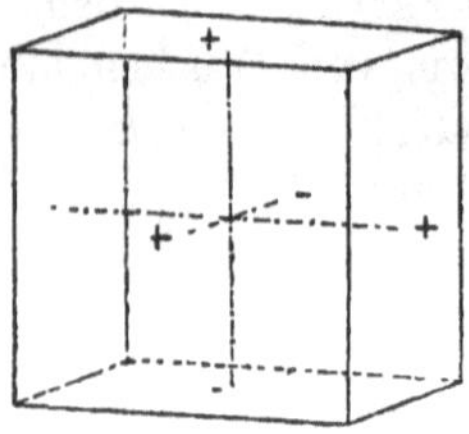
Fig. 34.

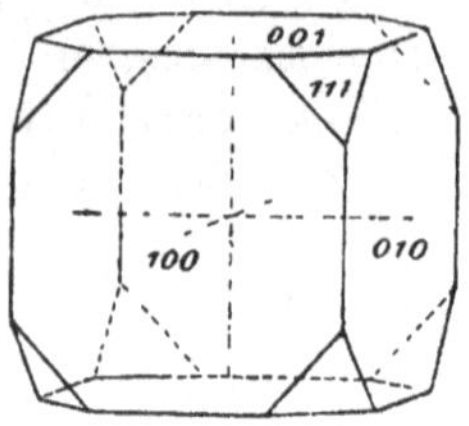

Fig. 35.

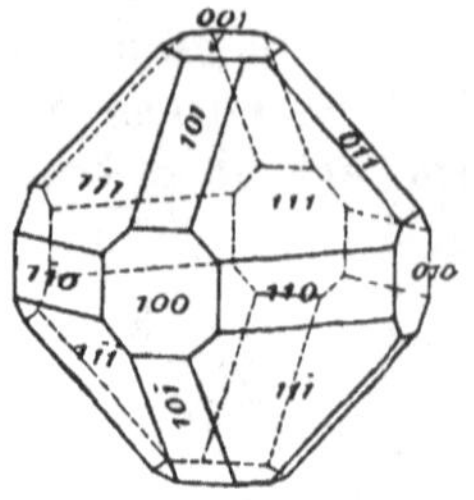
Fig. 36.

Hexaëderflächen . .	{	100	010	001			
		$\bar{1}00$	$0\bar{1}0$	$00\bar{1}$			
Oktaëderflächen . .	{	111	$\bar{1}11$	$1\bar{1}1$	$11\bar{1}$		
		$\bar{1}\bar{1}\bar{1}$	$1\bar{1}\bar{1}$	$\bar{1}1\bar{1}$	$\bar{1}\bar{1}1$		
Dodekaëderflächen .	{	$01\bar{1}$	$\bar{1}01$	$1\bar{1}0$	011	101	110
		$0\bar{1}1$	$10\bar{1}$	$\bar{1}10$	$0\bar{1}\bar{1}$	$\bar{1}0\bar{1}$	$\bar{1}\bar{1}0$.

Aus dem Gesetz der rationalen Indices ergiebt sich, daß zur geometrischen Beschreibung eines Krystallpolyëders zwei Reihen von Größen notwendig sind: **1.** Die *Axenelemente*, nämlich die Winkel zwischen den Axen $\pi_2\pi_3$, $\pi_3\pi_1$, $\pi_1\pi_2$ und die Verhältnisse der Axeneinheiten $OE_1 : OE_2 : OE_3$; **2.** die *Indices der Flächen* des Polyëders. Diese Größen müssen aus Messungen der Flächenwinkel berechnet werden. Da die weit überwiegende Mehrzahl aller Krystallpolyëder spiegelnde Flächen besitzt, so bedienen wir uns zu diesen Messungen des Reflexionsgoniometers.

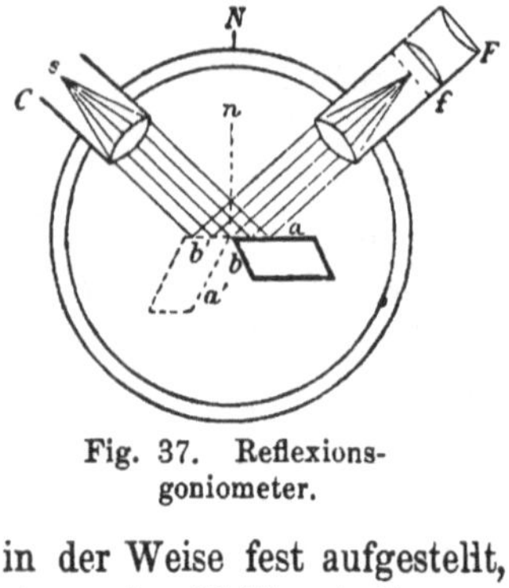

Fig. 37. Reflexionsgoniometer.

Reflexionsgoniometer. — Das Prinzip des von Wollaston (1802) erfundenen und seitdem namentlich von Malus, Rudberg, Babinet, E. Mitscherlich, V. von Lang und M. Websky verbesserten Reflexionsgoniometers ist folgendes. Durch das Centrum eines Teilkreises (Fig. 37) geht eine drehbare Axe, auf welcher ein Krystall so befestigt werden kann, daß die Kante des zu messenden Flächenwinkels ($a\,b$) in der Verlängerung der Drehungsaxe liegt oder ihr wenigstens parallel ist. Ein Kollimator C ist in der Weise fest aufgestellt, daß die von dem Mittelpunkte s in der Brennebene der Kollimatorlinse ausgehenden Strahlen nach ihrem Austritte aus der Linse ein zur Teilkreisebene paralleles Bündel bilden, dessen Axe die

Drehungsaxe des Teilkreises schneidet. Andererseits ist ein mit einem Fadenkreuze f versehenes astronomisches Fernrohr F unter einem beliebig aber fest gewählten Winkel gegen den Kollimator in der Weise aufgestellt, daß die durch den Mittelpunkt des Fadenkreuzes bestimmte Axe ebenfalls zur Teilkreisebene parallel liegt und die Drehungsaxe in demselben Punkte wie die Kollimatoraxe schneidet. Die Messung des Winkels $(a\,b)$ geschieht nun in folgender Weise. Der Krystallträger wird zunächst in die Lage gedreht, daß die Fläche a die von s ausgehenden Strahlen nach dem Mittelpunkte des Fadenkreuzes f reflektiert; dann liegt a senkrecht zur Halbierungsgeraden n des Winkels $(C\,F)$. Darauf werden Teilkreis und Krystallträger gedreht, bis die Fläche b in dieselbe Lage kommt. Der an dem Nonius N abzulesende Drehungswinkel ist das Supplement des inneren Winkels $(a\,b)$.

Eine nähere Überlegung lehrt, daß als *Winkel zweier Flächen eines Krystallpolyëders* der am Reflexionsgoniometer direkt gemessene *äußere* Flächenwinkel zu betrachten ist. Wir müssen an jeder Begrenzungsfläche eines konvexen Polyëders Außenseite und Innenseite unterscheiden. Um nun den Winkel zweier Flächen m und m' (Fig. 38) zu beschreiben, müssen wir die eine dieser Flächen, z. B. m, aus ihrer ursprünglichen Lage um die Kante von m und m' drehen, bis sie nicht nur in ihrer Richtung, sondern auch in der Orientierung von Außenseite und Innenseite mit m' übereinstimmt. Demgemäß drehen wir die Fläche m in dem Sinne, der in Fig. 39 durch einen Pfeil bezeichnet ist, bis sie, ohne das Innere des Polyeders zu bestreichen, in die Verlängerung von m' fällt. Aus der gewöhnlichen Euclidischen Definition eines Flächenwinkels, die für den inneren Winkel gilt, muß man den widersinnigen Schluß ziehen, daß zwei ebene Spiegel, deren Rückseiten einander zugewendet sind, miteinander 0° einschließen, und daß jeder Spiegel mit sich selbst 180° bildet. Der äußere Flächenwinkel $(m\,m')$ ist gleich dem von den Normalen $\mu\ \mu'$ der Flächen $m\ m'$ eingeschlossenen Winkel, wenn als positive Richtung einer Flächennormale die von dem Inneren des Polyëders nach außen gehende festgesetzt wird (Fig. 39). Jeder äußere Flächenwinkel eines konvexen Polyëders ist kleiner als 180°.

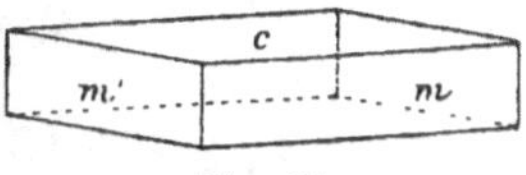

Fig. 38.

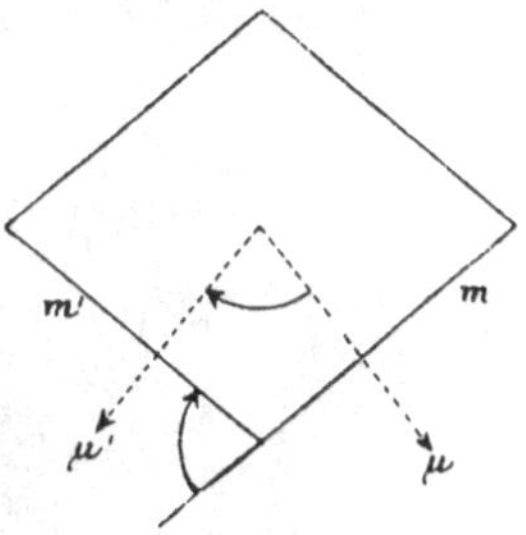

Fig. 39. Definition des äußeren Flächenwinkels.

Sehr zweckmäßig sind die von R. Fuess nach den Vorschlägen von M. Websky konstruierten Reflexionsgoniometer, die zugleich als Spektrometer benutzt werden können. Für die Mehrzahl der krystallographischen Untersuchungen genügt das in Fig. 40 und 41 dargestellte Instrument (Modell II).

Das Stativ besteht aus einem Dreifuß, der eine centrale Büchse o trägt. Die konische Durchbohrung von o dient zur Aufnahme der hohlen Axe b, die an ihrem oberen Ende einen Kreis d mit zwei diametral gegenüberliegenden Nonien trägt.

An dem unteren Ende von *b* ist der Ring *c* mit der Klemm- und Mikrometervorrichtung *αF* befestigt. Über dem Nonienkreise liegt ein Schutzring *K*, der da, wo sich unter ihm die Nonien befinden, Glasfenster besitzt. Um das centrale Lagerstück legt sich zwischen dem Dreifuß und dem Nonienkreise ein Ring, der auf radialen Armen Lupen mit Beleuchtungsspiegeln *s* trägt. In *b* befindet sich eine zweite hohle Axe *e*, mit welcher oben der Teilkreis *f* und unten die Scheibe *g* mit dem Klemm- und Mikrometerwerke *βG* verbunden ist. Zur bequemeren Führung von *g* dient der Ring *g'*. Der Kreis *f* ist in Viertelgrade geteilt; mit Hilfe der Nonien können direkt halbe Minuten abgelesen und Viertelminuten geschätzt werden. Dieser Grad der Genauigkeit ist ausreichend, wenn wir, wie es üblich ist, die

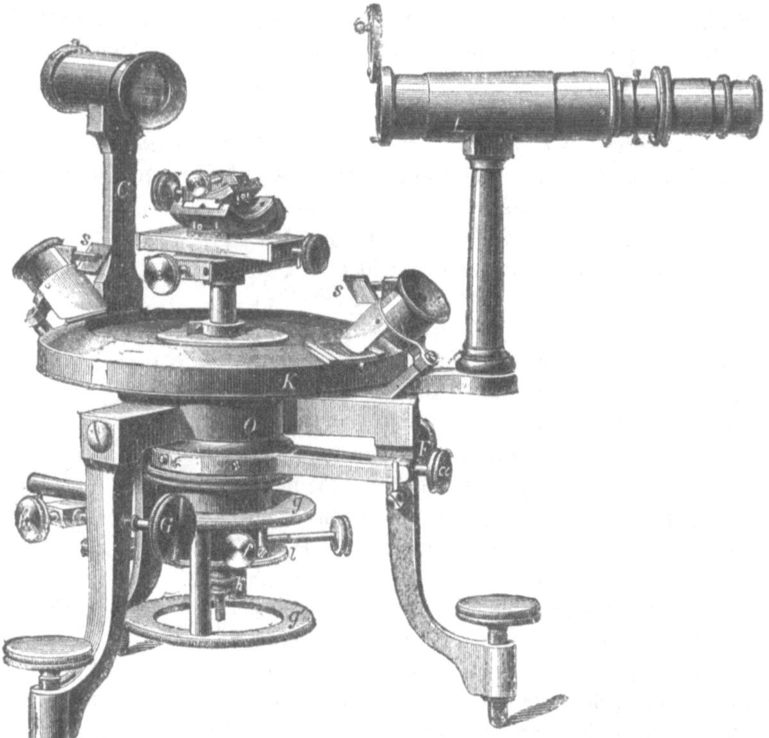

Fig. 40. Reflexionsgoniometer nach M. WEBSKY. (R. FUESS, Modell II.)

Längenwerte der Axeneinheiten bis zur vierten Decimale und die Winkel zwischen den Axen in Graden und Minuten angeben wollen. In *e* steckt eine dritte, cylindrisch durchbohrte Axe *h*, an deren unterem Fortsatze sich die Scheibe *i* mit einer Klemme und einer Mikrometerschraube befindet. Diese Axe *h* dient zur Führung eines Stabes, auf welchem ein Krystallträger sitzt. Mit Hilfe der Schraubenmutter *k* läßt sich der Stab in vertikaler Richtung verschieben.

Wenn der Flächenwinkel eines Krystalls, z. B. der Winkel *a b* Fig. 37, gemessen werden soll, so befestigt man den Krystall mit Wachs auf der Platte *u* (Fig. 41), die mit Hilfe der Schraube *v* auf dem Krystallträger festgeklemmt wird. Alsdann ist der Krystall in die Lage zu bringen, daß die Kante *ab* in die Drehungsaxe *T* des Teilkreises fällt. Der Krystall muß zwei Grade von Bewegungsfreiheit behalten: eine Drehung um *T* und eine Verschiebung in der Richtung *T*. Daraus ergiebt sich nach einem Satze der Kinematik, demzufolge ein starrer Körper sechs Grade von Freiheit besitzt, daß der Krystall aus der beliebig gewählten Anfangslage, in der er auf *u* befestigt wurde, in die für die Messung des Winkels *ab* erforderliche Lage durch vier voneinander unabhängige Bewegungen gebracht werden kann: nämlich durch Drehungen um zwei aufeinander und auf *T* senkrecht stehende Axen (Justierung) und durch Parallelverschiebungen in den Richtungen dieser Axen (Centrierung). Demgemäß besteht der Krystallträger aus zwei Cylinderschlitten *r r'* mit den Schrauben *x y*, welche gestatten, die Kante *a b* parallel zur Axe *T* zu stellen, und aus zwei ebenen Schlitten *m m'* mit den Schrauben *a a'*, durch deren Bewegung jene Kante auf dem sogleich anzugebenden Wege mit *T* zur Deckung geführt werden kann.

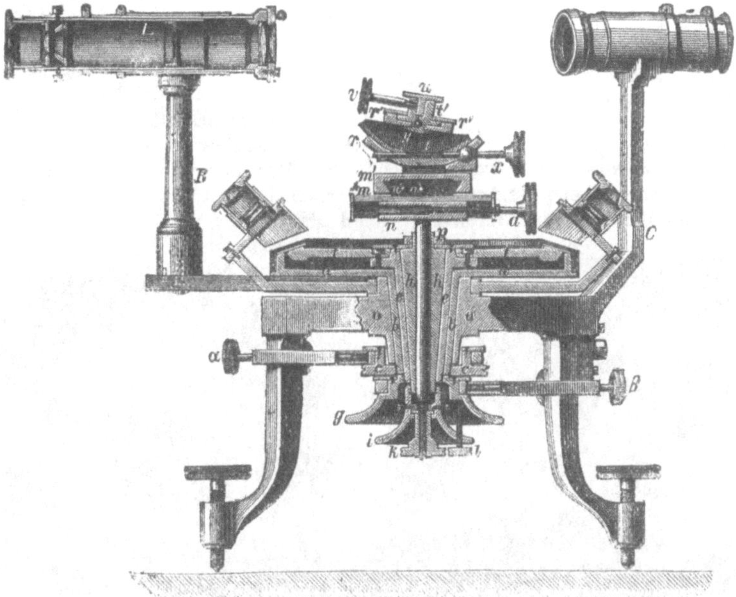

Fig. 41. Reflexionsgoniometer nach M. Websky. (R. Fuess, Modell II.)

Das Beobachtungsrohr *L* ruht auf einer Säule *B*, die von einer mit dem Nonienkreise *d* fest verbundenen Schiene getragen wird. Wir setzen voraus, daß die durch den Schnittpunkt der Fäden im Okularfadenkreuz gegebene optische Axe die Drehungsaxe *T* schneidet und auf ihr senkrecht steht. Außerdem soll der vertikale Faden mit *T* parallel laufen. Vor das Objektiv des auf Unendlich eingestellten Fernrohres kann eine Lupe geschlagen werden, deren Entfernung von *T* gleich ihrer Brennweite ist, so daß man einen auf dem Träger befestigten Krystall durch die Lupe mit dem Fernrohr in umgekehrter Stellung sieht. Wenn die Bedingung erfüllt ist, daß die Kante *a b* mit *T* zusammenfällt, so wird sich das Bild der Kante bei einer Drehung des Krystalls um *T* stets mit dem vertikalen Faden decken. Um nun diese Bedingung zu befriedigen, bringt man den Krystallträger mit Hilfe der Scheibe *i* in die Stellungen, in denen je ein Schlittenpaar *r m* oder *r' m'* rechtwinkelig zur Fernrohraxe steht, und bewirkt durch die Schrauben *x a* oder *y a'*, daß in beiden Stellungen das Bild der Kante auf jenen Faden fällt.

Das Kollimatorrohr ist durch den Träger *C* mit dem Dreifuß fest verbunden. Wären die Krystallflächen stets vollkommen eben und gut spiegelnd, so würde das geeignetste Signal ein in der vorderen Brennebene der Kollimatorlinse angebrachtes Fadenkreuz sein. Allein dieses Signal ist nur sehr selten anzuwenden. Die Fäden erscheinen als sehr schmale dunkle Streifen zwischen breiten Lichtfeldern; es bedarf daher nur einer geringen Dilatation dieser Gebiete, wie sie erfahrungsgemäß auch bei der Reflexion an scheinbar sehr vollkommen ausgebildeten Krystallflächen hervorgerufen wird, um die Bilder der Fäden zum Verschwinden zu bringen. Ein für die Reflexion an breiten Krystallflächen brauchbares Signal liefert ein schmaler gerader vertikal stehender Spalt, der von einer starken Lichtquelle erleuchtet wird; dagegen würde für schmale Flächen ein breiter Spalt vorteilhafter sein. Am zweckmäßigsten ist der von M. Websky konstruierte, *von zwei Kreisscheiben begrenzte Spalt* (Fig. 42). Wird das Bild dieses Spaltes dilatiert und nimmt seine Intensität so stark ab, daß die enge centrale Stelle unsichtbar ist, so kann die spiegelnde Fläche doch noch mit ziemlicher Sicherheit in die Lage gedreht werden, daß der vertikale Faden des Beobachtungsfernrohres die hellen peripherischen Teile des Bildes symmetrisch teilt. Der bemerkenswerte *Einfluß der Breite* vollkommen ebener und gut spiegelnder Flächen auf die Dilatation und die Intensität des Reflexes wird durch Fig. 43 erläutert.

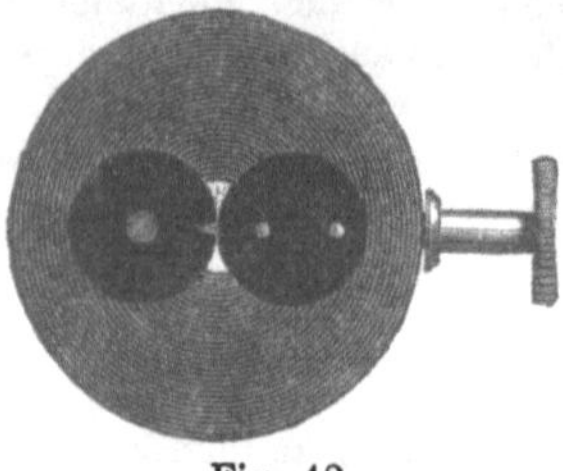

Fig. 42.
Spalt im Kollimatorrohr.

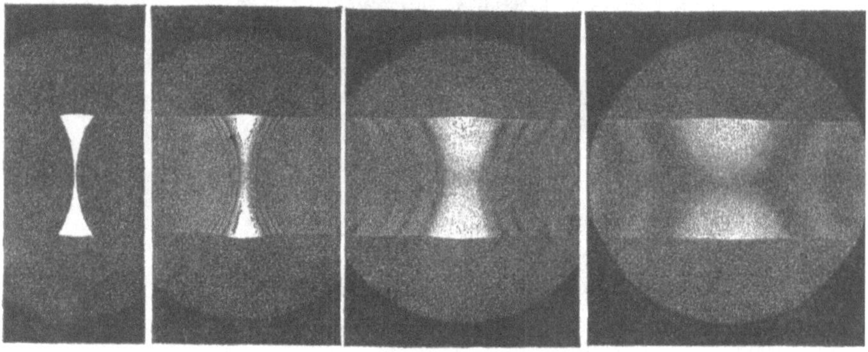

1 mm 0,1 mm 0,05 mm 0,02 mm

Fig. 43. Abhängigkeit des Reflexes von der Breite der spiegelnden Fläche.

Eine ausführliche Anleitung zum Gebrauch dieses Goniometers, in der auch die Methoden zur Einstellung des Okularfadenkreuzes des Beobachtungsfernrohres *F* und der Signale des Kollimators *C* und zur Justierung der optischen Axen von *F* und *C* beschrieben sind, hat M. Websky veröffentlicht (Zeitschr. f. Kryst. **4**, 545; 1880).

Mit Hilfe des Reflexionsgoniometers ist festgestellt worden, daß die Krystalle bei ihrer Entstehung durch den unvermeidlichen Einfluß ihrer Umgebung und durch die Einwirkung äußerer Kräfte, wie der Schwere, mannigfache *Störungen* in ihrer Ausbildung erleiden. Selbst wenn die Flächen äußerst scharfe und durchaus einheitliche Reflexe liefern, sind doch sehr häufig die Bedingungen, die an ideal gestaltete Krystallpolyëder gestellt werden müssen, keineswegs in aller Strenge erfüllt. Oft genug beobachtet man, daß eine Fläche und ihre Gegenfläche einander nicht genau parallel sind. An symmetrischen Krystallpolyëdern stimmen die Werte gleichberechtigter Flächenwinkel nur sehr selten so weit überein, daß die Abweichungen innerhalb der Beobachtungsfehler liegen, die durch die Mängel der Meßinstrumente und die subjektiven Unvollkommenheiten der Beobachter bedingt sind.

In welchem Maße Ausbildungsfehler auch an sehr regelmäßig gestalteten Krystallpolyëdern bei sorgfältigen Prüfungen hervortreten, ergiebt sich z. B. aus den Messungen von J. Strüver an einem Oktaëder von Spinell.[1] Als Mittel von je neun Messungen ergaben sich für die zwölf äußeren Flächenwinkel die Werte a) und für die Winkel der an den Ecken des Oktaëders einander gegenüber liegenden Flächen die Werte b):

a)	b)
70° 31′ 25″	109° 26′ 10″
31 50	30 45
33 40	27 45
31 15	27 30
29 5	28 15
32 35	28 5
31 20	28 55
30 45	28 5
30 30	29 45
32 0	26 55
32 0	32 50
32 50	24 15
Mittel 70° 31′ 36″	Mittel 109° 28′ 16″

Hieraus ist ersichtlich, daß trotz der Winkelschwankungen die Mittelwerte von a) und b) mit den für ein regelmäßiges Oktaëder geltenden Werten: 70° 31′ 44″ und 109° 28′ 16″ sehr gut übereinstimmen. Der Krystall entspricht daher allen billigen Anforderungen, die man an ein physisches Oktaëder stellen kann.

Die durch äußere Einwirkungen hervorgerufene Veränderlichkeit der Flächenwinkel wird an größeren Krystallen, die zu ihrer Bildung einer längeren Zeit bedürfen, stärker hervortreten als an kleineren Krystallen. Daher gilt die alte Regel, bei der Messung der Flächenwinkel kleine Krystalle zu bevorzugen, obwohl der Natur der Sache nach auch bei der Bildung der kleinsten Krystalle störende Einflüsse niemals völlig ausgeschlossen werden können.

Übrigens ist bei der Untersuchung kleiner Krystalle eine Fehlerquelle zu beachten, auf die A. Cornu (Bull. soc. min. de France **1**, 35; 1878) die Aufmerksamkeit gelenkt hat. Die Anwendung eines Kollimators und eines Beobachtungsfernrohres am Reflexionsgoniometer gewährt, wie aus Fig. 37 hervorgeht, den Vorteil, daß es genügt, die Kante des zu messenden Flächenwinkels der Drehungsaxe T des Teilkreises parallel zu stellen. Im allgemeinen ist es daher nicht unbedingt notwendig, daß die Kante mit T zusammenfalle. Wenn aber die Reflexion des Lichtes an einer sehr schmalen Fläche stattfindet, so wird ebenso wie bei dem Durchgang des Lichtes durch

[1] Zeitschr. f. Kryst. **2**, 480; 1878.

eine enge Öffnung eine Diffraktionserscheinung hervorgerufen, die einen der Excentricität der spiegelnden Fläche proportionalen Fehler in der Einstellung dieser Fläche bewirkt. In einem solchen Falle ist eine sorgfältige Centrierung des Krystalls unerläßlich.

Im Jahre 1823 entdeckte E. MITSCHERLICH mit Hilfe des von ihm konstruierten Reflexionsgoniometers, daß die durch gleichmäßige Temperaturänderungen bewirkten Volumenänderungen der Krystalle im allgemeinen auch von Änderungen der Flächenwinkel begleitet sind. Die Krystallpolyëder bleiben also bei Temperaturänderungen im allgemeinen sich selbst nicht geometrisch ähnlich. Auch die durch einen allseitig gleichen Druck erzeugte Kompression eines Krystalls ist im allgemeinen mit einer Änderung seiner Gestalt verbunden. Wir werden später die Gesetze dieser gleichzeitigen Änderungen des Volumens und der Gestalt darlegen. Hier möge nur darauf hingewiesen werden, daß durch derartige Deformationen die Indices der Krystallflächen nicht geändert werden können.

Einfache rationale Indices. — Da die Messungen der Flächenwinkel mit unvermeidlichen Fehlern behaftet sind, die durch Unregelmäßigkeiten in der Ausbildung der Krystalle und durch Unvollkommenheiten der Goniometer und der Sinne der Beobachter hervorgerufen werden, so führt die Berechnung der Indices der Flächen in den meisten Fällen zunächst nicht auf rationale Zahlenwerte. Berücksichtigt man aber, daß nur die Verhältnisse der Indices in Betracht kommen, so wird man stets rationale Zahlen finden können, welche den direkt gefundenen Werten beliebig nahe kommen. Die Willkür, die hiernach in der Ermittelung der wahren Werte der Indices zu herrschen scheint, wird indessen dadurch wesentlich eingeschränkt, daß, wie schon HAÜY bemerkt hat, in der weit überwiegenden Mehrzahl der beobachteten Fälle die Indices nur den ersten Zahlen der natürlichen Zahlenreihe angehören. *Wir legen daher der Krystallberechnung das Gesetz der einfachen rationalen Indices zu Grunde.* Erst in dieser durch vielfältige Erfahrung gesicherten Einschränkung des Gesetzes der rationalen Indices besitzen wir ein praktisches Mittel zur Auswertung der Messungsergebnisse. Denn man kann nur dann nachweisen, daß die Indices rationale Zahlen sind, wenn sie zugleich außerordentlich einfache Zahlen sein müssen.

Die Indices übersteigen nur selten die Zahl 6. Selbst an einem durch die Mannigfaltigkeit der Formen ausgezeichneten Mineral, wie an dem *Anorthit* ($CaAl_2Si_2O_8$) vom Vesuv, erreichen sie nur diesen Betrag. Fig. 44 stellt eine Vereinigung der an verschiedenen Krystallen

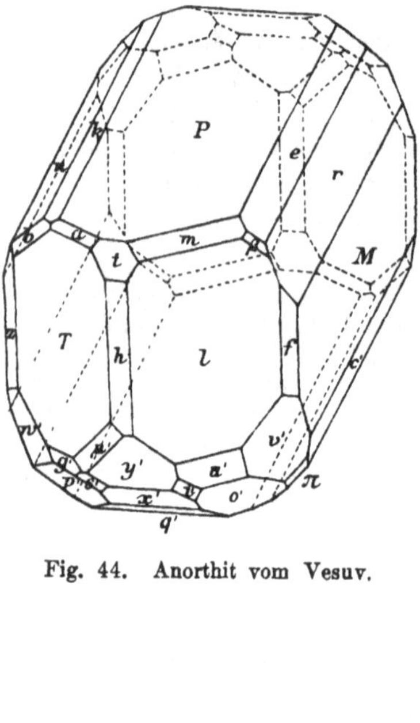

Fig. 44. Anorthit vom Vesuv.

beobachteten Flächen dar.[1] Die Indices der in Fig. 44 mit Buchstaben bezeichneten Flächen sind in der folgenden Tabelle zusammengestellt; die Gegenflächen erhalten dieselben Indices mit entgegengesetzten Vorzeichen.

$h = 100$	$x' = 10\bar{1}$	$m = 111$	$\beta = 241$
$M = 010$	$y' = 20\bar{1}$	$a = 1\bar{1}1$	$b = 241$
$P = 001$	$t = 201$	$o' = 11\bar{1}$	$v' = 24\bar{1}$
$l = 110$	$q' = 20\bar{3}$	$p' = 1\bar{1}\bar{1}$	$w' = 2\bar{4}\bar{1}$
$T = 1\bar{1}0$	$e = 021$	$u' = 22\bar{1}$	$\mu' = 4\bar{2}\bar{1}$
$f = 130$	$n = 0\bar{2}1$	$g' = 2\bar{2}1$	$\iota' = 42\bar{3}$
$\varkappa = 1\bar{3}0$	$k = 0\bar{1}3$	$\pi' = 13\bar{1}$	$s' = 4\bar{2}3$
	$r = 061$		
	$c' = 06\bar{1}$		

Die Reduktion der direkt aus den Messungsresultaten abgeleiteten Zahlenwerte, die sich als Decimalbrüche darstellen, auf die wahren Werte der Indices ist an die Grenzen der Beobachtungsfehler gebunden. Berechnet man also umgekehrt aus den reduzierten Werten der Indices die von den entsprechenden Flächen eingeschlossenen Winkel, so müssen die Differenzen zwischen den gemessenen und den berechneten Winkeln geringer sein als die Winkelgrößen, die als regellose und unvermeidliche Fehler aus den oben genannten Fehlerquellen fließen. Erfahrungsgemäß genügt bei dem Vergleich der direkt aus den Messungen abgeleiteten und der reduzierten Werte der Indices die Übereinstimmung der ersten beiden Stellen des Decimalbruches.

Wenn nur Flächen mit außerordentlich einfachen Indices auftreten, so kann die *Anzahl der Flächen*, die wir an den Polyëdern eines krystallisierten Körpers aus der Reihe der nach dem Gesetz der rationalen Indices möglichen Begrenzungsebenen dieses Körpers wahrnehmen, nicht sehr groß sein. In der That sind die Krystallpolyëder meist nur von einer relativ geringen Anzahl von Flächen begrenzt. Dazu kommt, daß die unter identischen äußeren Umständen entstandenen polyëdrischen Formen eines krystallisierten Körpers auch von übereinstimmenden Flächen begrenzt werden, die durch annähernde Beständigkeit in ihrer relativen Ausdehnung einen bestimmten *Typus* darbieten. Ändern sich aber die Bedingungen der Entstehung, z. B. die Temperatur oder die Beschaffenheit der Lösung, so können andere Größenverhältnisse der Flächen oder neue Begrenzungsebenen erzeugt und dadurch abweichende Krystalltypen geschaffen werden (vgl. die auf S. 6 durch Fig. 23—25 erläuterten Typen des Kalkspats).

Transformation der Indices bei einer Veränderung der Fundamentalflächen. — Wenn wir die Lage der Flächen eines Krystallpolyëders auf drei bestimmte Axenebenen p_1, p_2, p_3 und eine bestimmte Einheitsfläche e bezogen haben, so entsteht die Frage, wie sich die Indices jener Flächen ändern, wenn wir andere Fundamentalflächen wählen. Es ist zuerst von A. T. Kupffer 1826 bewiesen worden, daß eine Veränderung der Fundamentalflächen wieder auf rationale Indices führt.

[1] Nach G. vom Rath, Ann. d. Phys. **147**, 34; 1872.

Erteilen wir nämlich den vier Flächen f^1, f^2, f^3 und k mit den ursprünglichen Indices $f_1^1 f_2^1 f_3^1$, $f_1^2 f_2^2 f_3^2$, $f_1^3 f_2^3 f_3^3$ und $k_1 k_2 k_3$ die neuen Indices 100, 010, 001 und 111, so erhält eine beliebige Fläche h mit den alten Indices $h_1 h_2 h_3$ jetzt die Indices $t_1 t_2 t_3$, welche durch folgende Ausdrücke gegeben sind:[1]

$$t_1 : t_2 : t_3 = \frac{|h f^2 f^3|}{|k f^2 f^3|} : \frac{|f^1 h f^3|}{|f^1 k f^3|} : \frac{|f^1 f^2 h|}{|f^1 f^2 k|} .$$

Hierin wird durch die symbolische Bezeichnung $|h f^2 f^3|$ die Determinante:

$$\begin{vmatrix} h_1 & f_1^2 & f_1^3 \\ h_2 & f_2^2 & f_2^3 \\ h_3 & f_3^2 & f_3^3 \end{vmatrix}$$

dargestellt, deren Zeilen man erhält, indem man den Charakteristiken $h f^2 f^3$ der Reihe nach unten die Zeiger 1, 2, 3 anhängt. Aus der Gestalt dieser Ausdrücke ist ersichtlich, daß die Indices $t_1 t_2 t_3$ rationale Zahlen sein müssen, wenn die ursprünglichen Indices der Flächen f^1, f^2, f^3, k und h, aus denen $t_1 t_2 t_3$ durch Multiplikationen, Additionen und Divisionen hervorgehen, rationale Zahlen waren.

Die Polfigur eines Krystallpolyëders. — Wenn es sich darum handelt, einen für die geometrische Untersuchung bequemen Überblick über die Anordnung der Flächen eines Krystallpolyëders und die Werte seiner Flächenwinkel zu gewinnen, so können wir uns nach einem Vorschlage von F. E. Neumann (1823) vorstellen, daß alle Flächen von einem beliebig aber fest gewählten Punkte O im Inneren des Polyëders gleich weit, etwa um die Strecke r, entfernt seien. Dann umhüllen die Flächen eine um O als Mittelpunkt mit r als Radius beschriebene Kugel. Der Berührungspunkt einer Fläche mit der Kugel wird der *Pol* dieser Fläche genannt. Da der sphärische Abstand zweier Pole ein Maß ist für den auf S. 13 definierten äußeren Winkel der zugehörigen Flächen, so gewährt die Polfigur eines Krystallpolyëders eine auf anderen Wegen nicht erreichbare Übersicht der Flächenwinkel, welche die zweckmäßigste Grundlage für die Ermittelung der Symmetrieeigenschaften, der Axenelemente und der Indices der Flächen darbietet.

Zur Abbildung der Kugeloberfläche auf eine Ebene empfiehlt sich die *stereographische Projektion.* Die Projektionsstrahlen gehen von einem Punkte C der Kugeloberfläche nach den Polen P hin (Fig. 45). Im Schnittpunkt eines Strahles CP mit der zum Radius OC senkrechten Diametralebene erhalten wir die Projektion p des Poles P. In der anschaulichen Sprache der Geographie können wir sagen, daß der Südpol C der Kugel zum Projektionscentrum und die Äquatorebene zur Projektionsebene gewählt wird. Die Abbildung der nördlichen Hälfte der Kugeloberfläche wird vom Äquatorkreise umschlossen. Dagegen fällt die Projektion $\bar{p}$ eines Poles $\bar{P}$ der südlichen Halbkugel außerhalb jenes Kreises. Jeder Punkt des Äquators fällt mit seiner Projektion zusammen.

[1] Th. Liebisch, Geometr. Krystallogr. 1881. Kap. V.

Im allgemeinen wird die Abbildung der dem Projektionscentrum gegenüberliegenden Halbkugel, die sich stets über der Ebene der Zeichnung erheben möge, genügen. In dieser Weise sind z. B. in Fig. 46 und 47 die Pole der vier oberen Flächen des Oktaëders und die Pole der oberen und der vertikalen Flächen *p*, *z*, *a* des Quarzes (Fig. 3) projiziert. Indessen wird

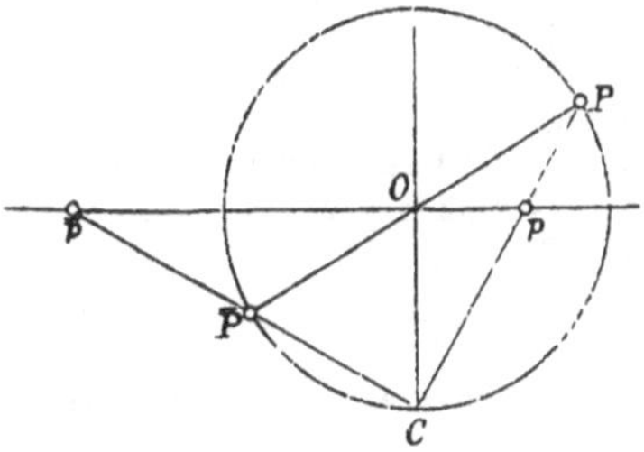

Fig. 45. Stereographische Projektion.

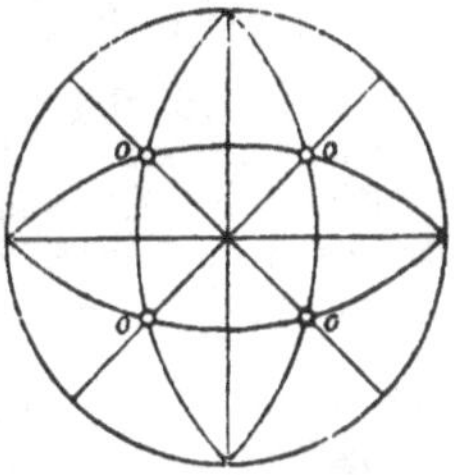

Fig. 46. Polfigur des Oktaeders.

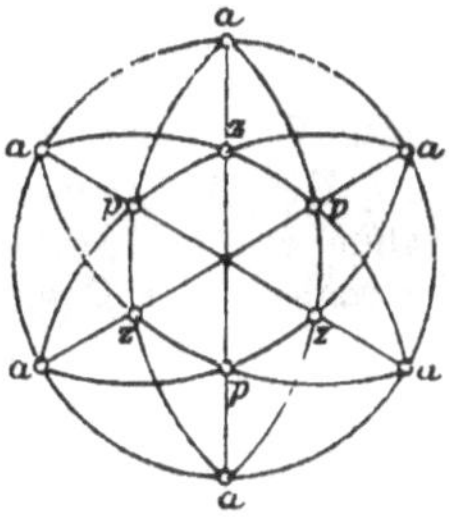

Fig. 47. Polfigur der Flächen *p*, *z*, *a* des Quarzes.

es bei der Untersuchung der Symmetrieeigenschaften zuweilen nützlich sein, die Projektion nicht auf die obere Halbkugel zu beschränken, sondern auf das benachbarte Gebiet der unteren Halbkugel auszudehnen.

Berechnung der Axenelemente. — Um eine Vorstellung von der Verwendung der Polfiguren bei Krystallberechnungen zu geben, soll gezeigt werden, wie man die fünf Axenelemente berechnet, wenn die Winkel zwischen den Axenebenen $p_2 p_3$, $p_3 p_1$, $p_1 p_2$ und zwei der Winkel $e p_1$, $e p_2$, $e p_3$, welche die Einheitsfläche mit den Axenebenen einschließt, gemessen sind (vgl. Fig. 30 und 33). Wir werden sehen, daß hierzu in dem allgemeinsten Falle, wo die Axen nicht aufeinander senkrecht stehen, nur die Auflösung von zwei schiefwinkeligen sphärischen Dreiecken erforderlich ist.

Auf der Konstruktionskugel, Fig. 48, seien π_1, π_2, π_3 die Punkte, in denen die vom Kugelmittelpunkte O ausgehenden Axen die Kugeloberfläche durchstoßen.

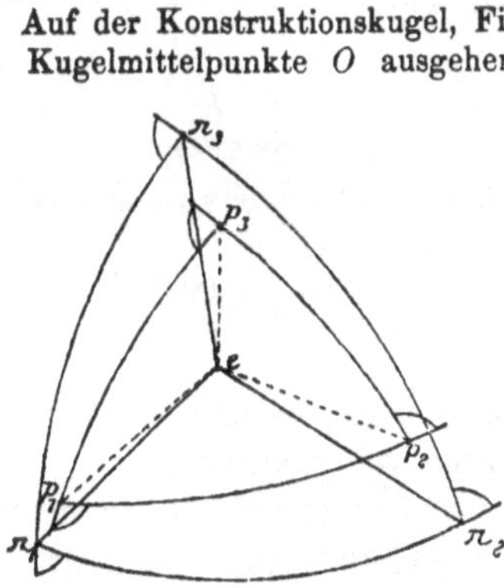

Fig. 48.

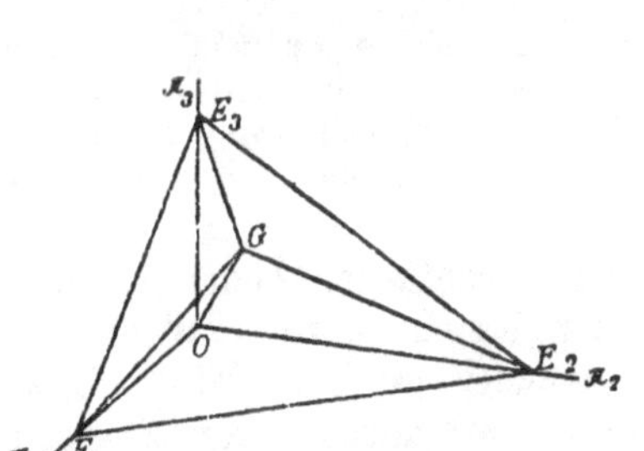

Fig. 49.

Ferner seien p_1, p_2, p_3 die Pole der Axenebenen, d. h. die Radien nach p_1, p_2, p_3 seien die Normalen der Axenebenen $\pi_2 \pi_3$, $\pi_3 \pi_1$, $\pi_1 \pi_2$. Das sphärische Dreieck $p_1 p_2 p_3$ ist also das Polardreieck von $\pi_1 \pi_2 \pi_3$. Demnach ist der sphärische Abstand des Poles p_1 von allen Punkten des Kreises $\pi_2 \pi_3 = 90^0$, z. B. $p_1 \pi_2 = p_1 \pi_3 = 90^0$. Ebenso ist $p_2 \pi_3 = p_2 \pi_1 = 90^0$ und $p_3 \pi_1 = p_3 \pi_2 = 90^0$. Der Außenwinkel an einem

Eckpunkte des Dreiecks $p_1 p_2 p_3$ ist gleich der gegenüberliegenden Seite des Dreiecks $\pi_1 \pi_2 \pi_3$, also sind die inneren Winkel:

$$p_2 p_1 p_3 = 180^0 - \pi_2 \pi_3, \quad p_3 p_2 p_1 = 180^0 - \pi_3 \pi_1, \quad p_1 p_3 p_2 = 180^0 - \pi_1 \pi_2.$$

Demnach liefert uns die Auflösung des Dreiecks $p_1 p_2 p_3$ die *Winkel zwischen den Axen;* z. B. $\pi_2 \pi_3$ nach der Formel:

$$\cot^2 \frac{\pi_2 \pi_3}{2} = \frac{\sin P - p_3 p_1 \cdot \sin P - p_1 p_2}{\sin P \cdot \sin P - p_2 p_3},$$

worin P definiert ist durch $2P = p_2 p_3 + p_3 p_1 + p_1 p_2$.

Um die *Axeneinheiten* zu berechnen beachten wir, daß sich diese Größen verhalten wie die reciproken Werte der Cosinus der Winkel ω_1, ω_2, ω_3, welche die Normale G der Einheitsfläche mit den Axen bildet (Fig. 49):

$$\omega_1 = G O E_1, \quad \omega_2 = G O E_2, \quad \omega_3 = G O E_3.$$

Denn aus den bei G rechtwinkeligen Dreiecken $O G E_1$, $O G E_2$, $O G E_3$ folgt:

$$\cos \omega_1 = \frac{O G}{O E_1}, \quad \cos \omega_2 = \frac{O G}{O E_2}, \quad \cos \omega_3 = \frac{O G}{O E_3},$$

so daß:

$$O E_1 : O E_2 : O E_3 = \frac{1}{\cos \omega_1} : \frac{1}{\cos \omega_2} : \frac{1}{\cos \omega_3}$$

oder:

(1) $$\frac{O E_1}{O E_2} = \frac{\cos \omega_2}{\cos \omega_1}, \quad \frac{O E_2}{O E_3} = \frac{\cos \omega_3}{\cos \omega_2}, \quad \frac{O E_3}{O E_1} = \frac{\cos \omega_1}{\cos \omega_3}.$$

Die Winkel ω_1, ω_2, ω_3 sind nun gleich $e\pi_1$, $e\pi_2$, $e\pi_3$ in Fig. 48 und diese letzteren Winkel lassen sich aus den direkt gemessenen Winkeln in folgender Weise berechnen. In den Dreiecken $e p_3 \pi_1$ und $e p_3 \pi_2$ sind die Seiten $p_3 \pi_1$ und $p_3 \pi_2 = 90^0$ und die Winkel $e p_3 \pi_1 = 90^0 - e p_3 p_2$, $e p_3 \pi_2 = 90^0 - e p_3 p_1$; demnach ist:

(2) $$\begin{aligned} \cos e \pi_1 &= \sin e p_3 \cdot \cos e p_3 \pi_1 = \sin e p_3 \cdot \sin e p_3 p_2 \\ \cos e \pi_2 &= \sin e p_3 \cdot \cos e p_3 \pi_2 = \sin e p_3 \cdot \sin e p_3 p_1 \end{aligned}$$

Aus (1) und (2) ergiebt sich die erste der Gleichungen (3), die beiden anderen werden durch Vertauschung der Zeiger 1, 2, 3 erhalten.

(3) $$\frac{O E_1}{O E_2} = \frac{\sin e p_3 p_1}{\sin e p_3 p_2}, \quad \frac{O E_2}{O E_3} = \frac{\sin e p_1 p_2}{\sin e p_1 p_3}, \quad \frac{O E_3}{O E_1} = \frac{\sin e p_2 p_3}{\sin e p_2 p_1}.$$

Es seien die Winkel $e p_2$ und $e p_3$ gemessen. Dann finden wir aus dem Dreieck $e p_2 p_3$, dessen Seiten bekannt sind, die Winkel $e p_2 p_3$ und $e p_3 p_2$. Daher sind auch die Winkel $e p_2 p_1$ und $e p_3 p_1$ bekannt. Wir können also jetzt nach (3) die Verhältnisse $O E_1 : O E_2$ und $O E_1 : O E_3$ berechnen.

Das Gesetz der Zonen. — Eine auffallende Eigenschaft der Krystallpolyëder besteht darin, daß an ihnen Scharen von Kanten auftreten, die untereinander parallel laufen. Chr. S. Weiss, der zuerst die Bedeutung dieser Eigentümlichkeit für die geometrische Krystallographie erkannt hat, nannte die Gesamtheit der Flächen, die sich in parallelen Kanten schneiden, eine *Zone von Flächen.* Gute Beispiele bieten die in Fig. 50 und 51 dargestellten Granatkrystalle dar, deren Flächen nach vier Zonen angeordnet sind.

An Polyëdern mit spiegelnden Flächen läßt sich der Zonenverband leicht mit Hilfe des Reflexionsgoniometers nachweisen. Hat man einen

Krystall auf dem Träger des Goniometers in die Stellung gebracht, daß zwei seiner Flächen *h*, *h'* der Drehungsaxe des Teilkreises parallel stehen, so wird während einer vollen Umdrehung des Kreises die Spiegelung des aus dem Kollimator austretenden Lichtes der Reihe nach an allen Flächen stattfinden, die mit *h* und *h'* einer Zone angehören.

Eine Fläche, die gleichzeitig *in zwei Zonen* liegt und mit Flächen dieser Zonen zum Durchschnitt gelangt, wird in ihrer Begrenzung zwei

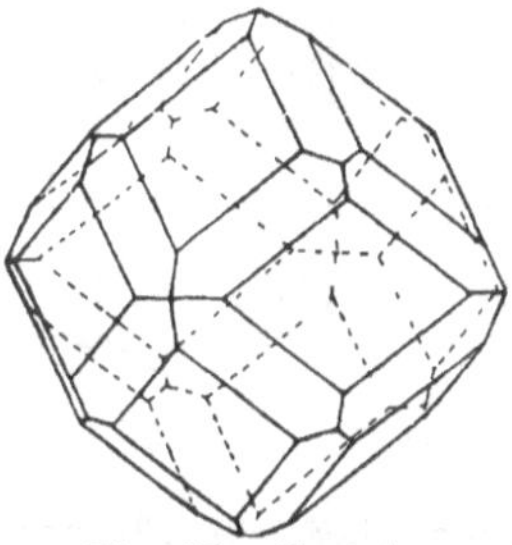

Fig. 50. Granat.

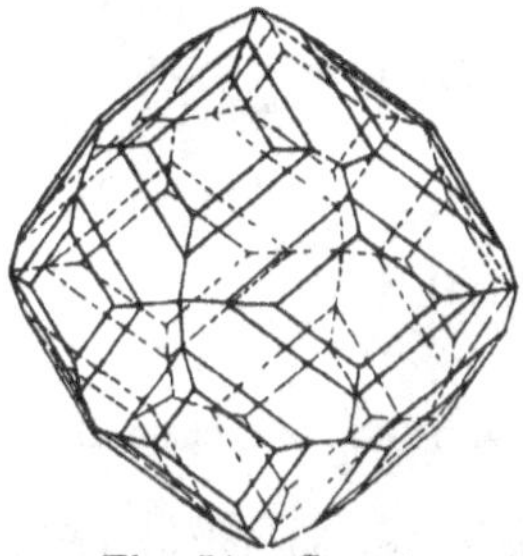

Fig. 51. Granat.

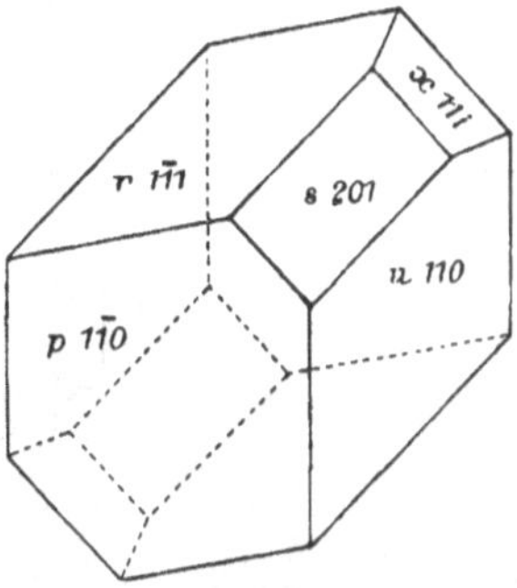

Fig. 52. Axinit.

Paare von parallelen Kanten aufweisen. Dies ist z. B. der Fall bei den durch einen Rhombus begrenzten Dodekaëderflächen des Granats in Fig. 50, 51 und bei der rhombisch begrenzten Fläche *s* des Axinits (Fig. 52), die gleichzeitig den Zonen *u*, *s*, *r* und *p*, *s*, *x* angehört.

Da zwei Kanten von verschiedenen Richtungen eine Ebene bestimmen, die beiden Kantenrichtungen parallel läuft, so läßt sich aus je zwei Zonen eines Krystallpolyëders stets eine neue Ebene ableiten, die beiden Zonen gemeinsam ist. Es erhebt sich nun die Frage: Ist eine auf solche Weise mit schon vorhandenen Flächen in Beziehung stehende Ebene eine mögliche Krystallfläche? Unter diesem Gesichtspunkte hat Chr. S. Weiss (seit 1804) flächenreiche Mineralien untersucht. Indem er eine größere Reihe von Krystallen desselben Minerals nach der Zahl ihrer Flächen ordnete, bemerkte er, daß die an flächenreicheren Krystallen neu hinzutretenden Flächen durch die Zonen der an flächenärmeren Krystallen schon vorhandenen Flächen vollständig bestimmt sind. So beobachtet man am Orthoklas (Fig. 53), daß die zu den Flächen *T*, *M*, *P*, *y* der Reihe nach neu hinzutretenden Flächen *n*, *o*, *x* jedesmal in zwei Zonen der schon vorhandenen Flächen fallen. Zur näheren Erläuterung dieses Zusammenhanges mögen die Fig. 54—57 auf Seite 24 dienen:

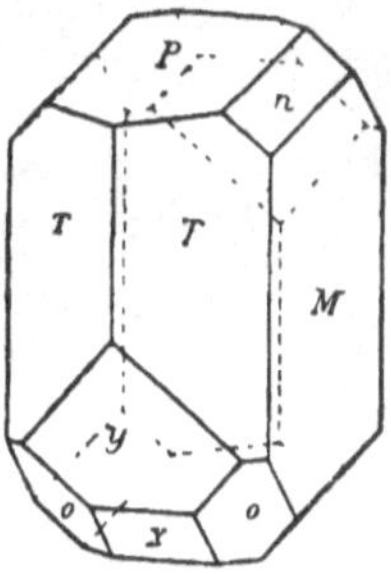

Fig. 53. Orthoklas.

die Zonen *M*, *P* und *y*, *T* bestimmen *n*
„ „ *T'''*, *P* „ *y*, *n*, *T* „ *o*
„ „ *M*, *o* „ *y*, *P* „ *x*.

Wahrnehmungen dieser Art führen notwendig zu folgender *Hypothese:* die möglichen Flächen eines Krystallflächenkomplexes stehen in der Beziehung untereinander, daß sie aus gewissen Fundamentalflächen geometrisch abgeleitet werden können, in der Weise, daß jede neue Fläche durch zwei Zonen der schon vorhandenen Flächen bestimmt wird. Fragen wir uns nun nach der geringsten Zahl von Flächen, die zu einer solchen

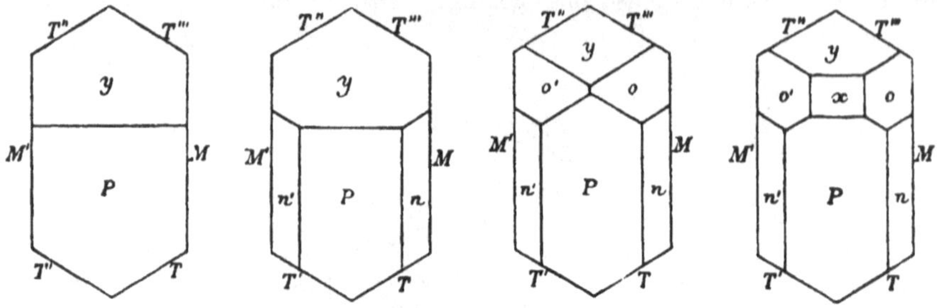

Fig. 54—57. Orthoklas.

Ableitung benutzt werden kann, so ist leicht ersichtlich, daß *vier* Flächen e_0, e_1, e_2, e_3 des Komplexes, die ein im allgemeinen unregelmäßiges Tetraeder bilden, dazu erforderlich und ausreichend sind. In der That gewinnen wir aus drei Flächen, die in einer Ecke zusammenstoßen, noch keine neuen Flächen, dagegen gestatten die sechs Kantenrichtungen $\varepsilon_1, \varepsilon_2 \ldots \varepsilon_6$ eines Tetraëders eine unbegrenzte Reihe von Flächen abzuleiten.

Um die Anordnung dieser Flächen, deren Richtungen allein in Betracht kommen, zu überblicken, wollen wir uns vorstellen, daß parallel zu den Tetraëderflächen (Fig. 58) durch einen beliebig aber fest gewählten Punkt O

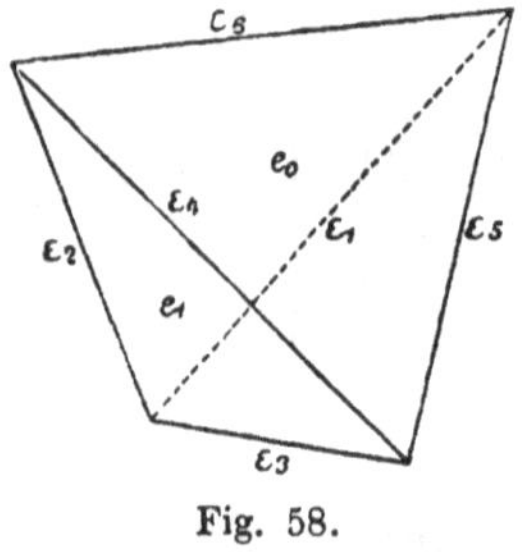

Fig. 58.

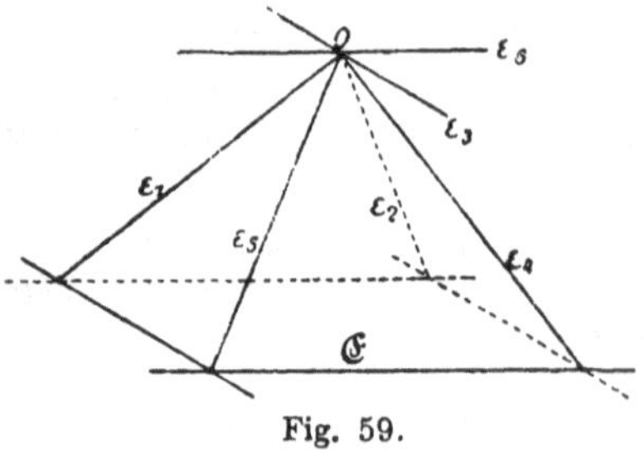

Fig. 59.

des Raumes Ebenen gelegt seien (Fig. 59). Die Schnittgeraden dieser Ebenen gehen den Kanten des Tetraëders parallel; sie seien bezeichnet mit:

$$e_2 e_3 = \varepsilon_1 \qquad e_3 e_1 = \varepsilon_2 \qquad e_1 e_2 = \varepsilon_3$$
$$e_0 e_1 = \varepsilon_4 \qquad e_0 e_2 = \varepsilon_5 \qquad e_0 e_3 = \varepsilon_6.$$

Wir schneiden nun das durch O gelegte Bündel von Ebenen und Geraden durch eine beliebige, den Punkt O nicht enthaltende Ebene $\mathfrak{E}$ und bezeichnen in ihr die Schnittlinien der Ebenen $e_0 \ldots e_3$ und die Schnittpunkte der

Geraden $\varepsilon_1 \ldots . \varepsilon_6$ mit denselben Buchstaben (Fig. 60). Jetzt ist unmittelbar ersichtlich, daß wir in der Ebene 𝔈 die Verbindungsgeraden:

$$\varepsilon_1 \varepsilon_4 = b_1 \qquad \varepsilon_2 \varepsilon_5 = b_2 \qquad \varepsilon_3 \varepsilon_6 = b_3$$

ziehen können. Wenn wir darauf den Punkt O der Reihe nach mit b_1, b_2, b_3 verbinden, so erhalten wir *drei* neue Ebenen, welche nach unserer Hypothese

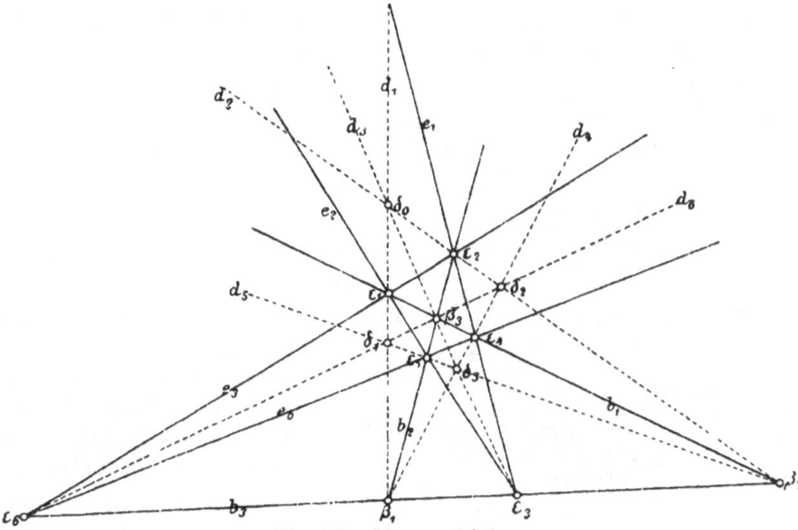

Fig. 60. Linearprojektion.

die Richtungen von möglichen Krystallflächen liefern. Bezeichnen wir die Schnittpunkte von b_1, b_2, b_3 in der Ebene 𝔈 mit:

$$b_2 b_3 = \beta_1, \qquad b_3 b_1 = \beta_2, \qquad b_1 b_2 = \beta_3,$$

so können wir nun jeden Punkt β mit zwei Punkten ε verbinden in folgender Weise:

$$\beta_1 \varepsilon_1 = d_1 \qquad \beta_2 \varepsilon_2 = d_2 \qquad \beta_3 \varepsilon_3 = d_3$$
$$\beta_1 \varepsilon_4 = d_4 \qquad \beta_2 \varepsilon_5 = d_5 \qquad \beta_3 \varepsilon_6 = d_6.$$

Dann werden den Verbindungsebenen des Punktes O mit den Geraden $d_1 \ldots . d_6$ *sechs* mögliche Krystallflächen entsprechen. Auf diesem Wege kann die geometrische Ableitung neuer Flächen offenbar unbegrenzt fortschreiten.

Das Gesetz der Zonen kann demnach so ausgesprochen werden: *Aus vier Flächen eines Krystallflächenkomplexes, die ein Tetraëder bilden, können alle übrigen Flächen der Reihe nach dadurch abgeleitet werden, daß parallel zu jedem Paare von Durchschnittslinien der bereits vorhandenen Flächen eine neue Fläche gelegt wird.* Dieser Satz bezieht sich, wie ausdrücklich betont werden muß, auf die Gesamtheit der möglichen Flächen einer krystallisierten Substanz. Die an einer beschränkten Anzahl von Krystallpolyëdern der Substanz beobachteten und für sich betrachteten Flächen stehen keineswegs in allen Fällen untereinander derart im Zonenzusammenhange, daß man aus irgend vier unter ihnen, die ein Tetraëder bilden, die übrigen direkt ableiten könnte.

Die soeben benutzte graphische Darstellung des Zonenverbandes in einer Ebene ist von F. E. Neumann (1823) in die Krystallographie eingeführt worden. Sie wird nach einem Vorschlage von F. A. Quenstedt die *Linearprojektion* des zugehörigen Krystallflächenkomplexes genannt. Den Flächen einer Zone entsprechen in der Linearprojektion Schnittlinien, die einen Punkt gemein haben; so gehören die Punkte β, ε, δ in Fig. 60 folgenden Linien an:

$$\beta_1 = [b_2\, b_3\, d_1\, d_4] \qquad \varepsilon_1 = [e_2\, e_3\, b_1\, d_1] \qquad \varepsilon_4 = [e_0\, e_1\, b_1\, d_4]$$
$$\beta_2 = [b_3\, b_1\, d_2\, d_5] \qquad \varepsilon_2 = [e_3\, e_1\, b_2\, d_2] \qquad \varepsilon_5 = [e_0\, e_2\, b_2\, d_5]$$
$$\beta_3 = [b_1\, b_2\, d_3\, d_6] \qquad \varepsilon_3 = [e_1\, e_2\, b_3\, d_3] \qquad \varepsilon_6 = [e_0\, e_3\, b_3\, d_6]$$
$$\delta_0 = [d_1\, d_2\, d_3] \qquad \delta_1 = [d_1\, d_5\, d_6] \qquad \delta_2 = [d_2\, d_6\, d_4] \qquad \delta_3 = [d_3\, d_4\, d_5].$$

Diesem Zonenverbande zwischen den Flächen e, b, d begegnen wir z. B. an der Kombination des Hexaëders b, Oktaëders e und Dodekaëders d in Fig. 61 und 62. Eine Linearprojektion dieser Formen auf eine zu b_3 parallele Ebene ist in Fig. 63 ausgeführt. Dabei ist zu beachten, daß eine Fläche und die zu ihr parallele Gegenfläche in dem durch den Punkt O gelegten Bündel von Ebenen stets durch eine einzige Ebene repräsentiert werden.

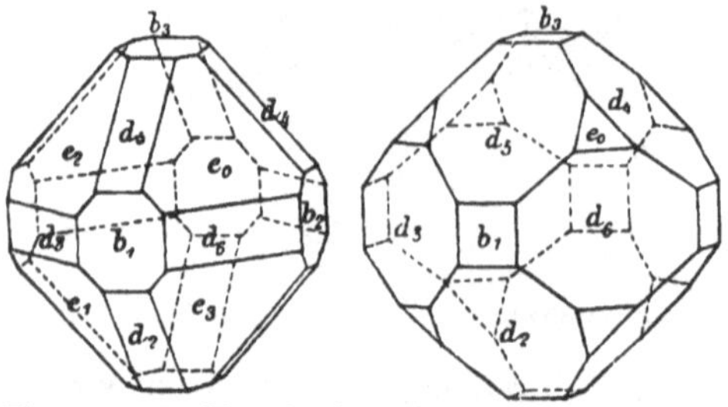

Fig. 61—62. Kombination von Hexaëder, Oktaëder und Dodekaëder.

Auch wenn wir die Lage der Flächen eines Krystallpolyëders durch eine Polfigur auf einer Kugeloberfläche darstellen, tritt der Zonenverband

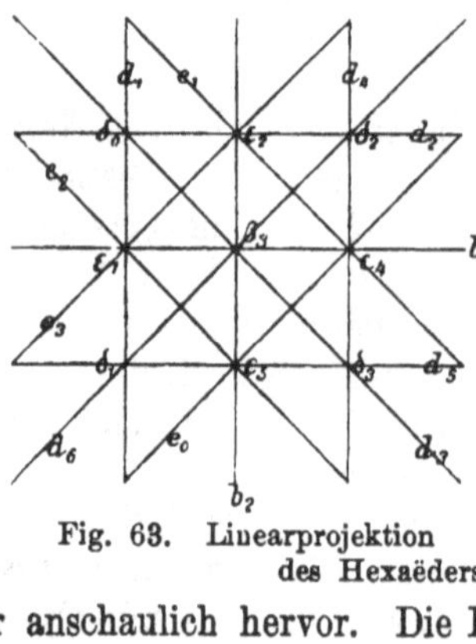

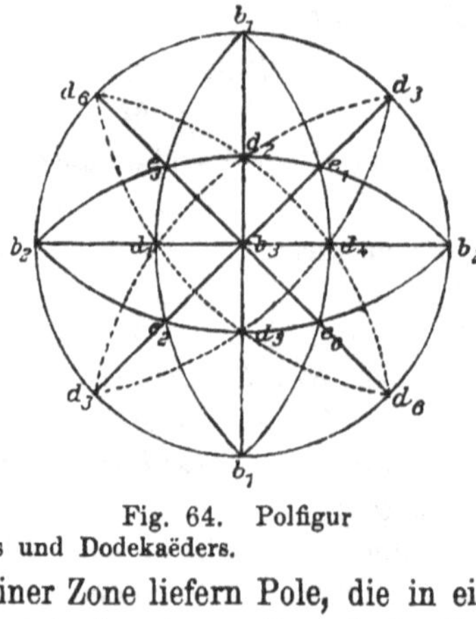

Fig. 63. Linearprojektion Fig. 64. Polfigur des Hexaëders, Oktaëders und Dodekaëders.

sehr anschaulich hervor. Die Flächen einer Zone liefern Pole, die in einem Hauptkreise der Kugel oder, wie man sagt, in einem *Zonenkreise* liegen.

Gehört eine Fläche gleichzeitig mehreren Zonen an, so schneiden sich in ihrem Pole die entsprechenden Zonenkreise. Projizieren wir nun ein System von Polen und Zonenkreisen nach dem auf S. 20 angegebenen Prinzip der stereographischen Projektion auf eine Diametralebene der Kugel, so kommt eine der wichtigsten Eigenschaften dieses Abbildungsverfahrens zur Anwendung. Sie besteht darin, daß die Projektionen aller Kugelkreise, welche nicht durch das Centrum C der Projektionsstrahlen (Fig. 45) gehen, wieder Kreise sind. Die Projektion eines Zonenkreises muß überdies den Äquatorialkreis in zwei einander diametral gegenüberliegenden Punkten schneiden. Die Abbildung eines durch C gehenden Kugelkreises ist eine Gerade, die in die Schnittlinie der Ebene dieses Kreises mit der Projektionsebene fällt. Zur Erläuterung möge die stereographische Projektion der Polfigur des Hexaëders, Oktaeders und Dodekaëders dienen (Fig. 64).

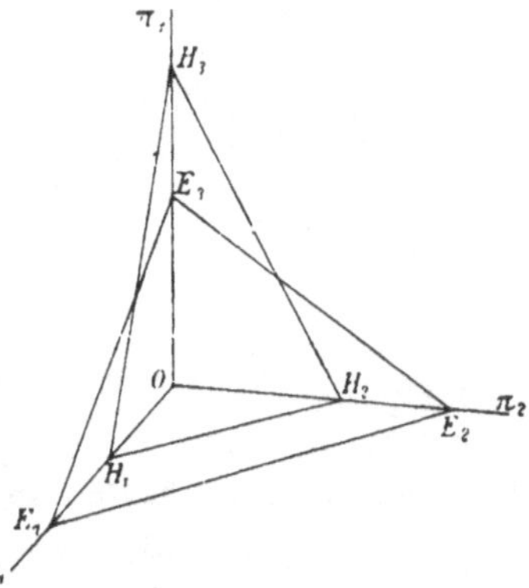

Fig. 65.

Ableitung des Gesetzes der rationalen Indices aus dem Gesetze der Zonen. — Es soll jetzt gezeigt werden, daß Flächen, die im Zonenverbande stehen, rationale Indices besitzen. Von den Flächen p_1, p_2, p_3, e eines Tetraëders, welches zur Ableitung der Flächen eines Komplexes nach dem Gesetze der Zonen dient, wählen wir p_1, p_2, p_3 zu Axenebenen. Ihre Schnittgeraden π_1, π_2, π_3 bilden im allgemeinen ein schiefwinkeliges Axensystem (Fig. 65). Die Fläche e bestimme die Verhältnisse der Axeneinheiten $OE_1 : OE_2 : OE_3$ oder, wie wir kürzer setzen wollen, $a_1 : a_2 : a_3$. In dem Komplex befinde sich die Fläche h mit den Abschnitten $OH_1 : OH_2 : OH_3$. Alsdann ist zu beweisen, daß sich die Indices dieser Fläche:

$$h_1 : h_2 : h_3 = \frac{OE_1}{OH_1} : \frac{OE_2}{OH_2} : \frac{OE_3}{OH_3}$$

wie ganze Zahlen verhalten.

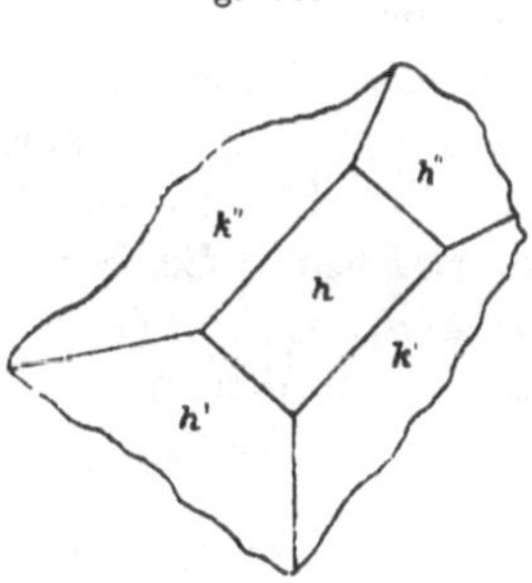

Fig. 66.

Der Beweis beruht auf folgender Relation. Eine Fläche h liege gleichzeitig in den Zonen der Flächen h', h'' und k', k'' (Fig. 66), deren Indices $h_1' \; h_2' \; h_3'$, $h_1'' \; h_2'' \; h_3''$ und $k_1' \; k_2' \; k_3'$, $k_1'' \; k_2'' \; k_3''$ bekannt seien. Bezeichnen wir die aus diesen Indices gebildeten Größen:

$$h_2' h_3'' - h_3' h_2'' = \eta_1 \qquad h_3' h_1'' - h_1' h_3'' = \eta_2 \qquad h_1' h_2'' - h_2' h_1'' = \eta_3$$
$$k_2' k_3'' - k_3' k_2'' = \eta_1' \qquad k_3' k_1'' - k_1' k_3'' = \eta_2' \qquad k_1' k_2'' - k_2' k_1'' = \eta_3',$$

so setzen sich die Indices der Fläche h in folgender Weise zusammen:

$$h_1 : h_2 : h_3 = \eta_2 \eta_3' - \eta_3 \eta_2' : \eta_3 \eta_1' - \eta_1 \eta_3' : \eta_1 \eta_2' - \eta_2 \eta_1'.$$

Um diese Relation abzuleiten, stellen wir zunächst die Gleichung der Fläche h auf. Die Normale ON der Fläche h (Fig. 67) bilde mit den Axen π_1, π_2, π_3 die Winkel (Fig. 68):

$$NOH_1 = \alpha_1, \quad NOH_2 = \alpha_2, \quad NOH_3 = \alpha_3.$$

Es sei Q ein beliebiger Punkt der Fläche h. Wir konstruieren das Parallelepiped, in welchem O und Q einander gegenüberliegende Eckpunkte sind und dessen Kanten den Axen parallel laufen. Die Längen der Kanten

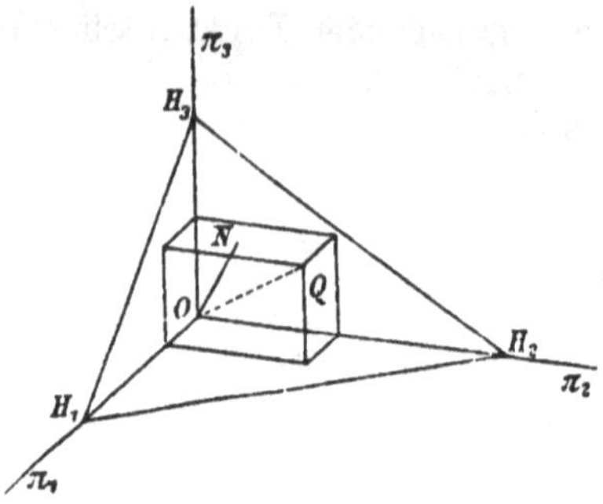

Fig. 67.

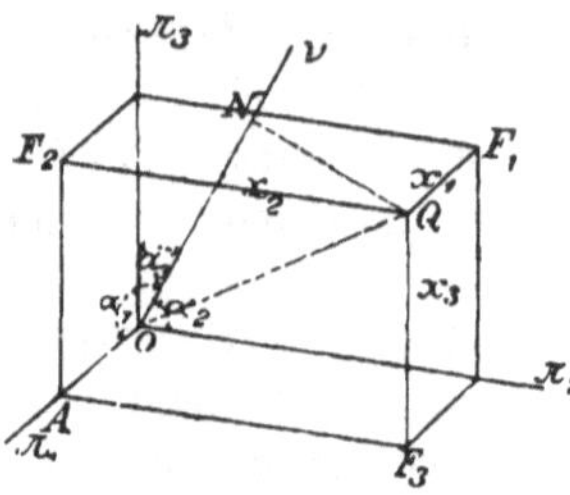

Fig. 68.

seien bezeichnet mit x_1, x_2, x_3. Dann sind die nach den Richtungen der Axen genommenen Entfernungen des Punktes Q von den Axenebenen:

$$QF_1 = x_1, \quad QF_2 = x_2, \quad QF_3 = x_3.$$

In dem bei N rechtwinkeligen Dreiecke ONQ ist ON die senkrechte Projektion der Strecke OQ auf die Normale der Fläche h. Wir können aber von O nach Q auch in der Weise gelangen, daß wir der Reihe nach die Strecken OA, AF_3, F_3Q zurücklegen; demnach muß die Summe der senkrechten Projektionen von $OA = x_1$, $FA_3 = x_2$, $F_3Q = x_3$ auf jene Normale gleich ON sein. Da nun OA, AF_3, F_3Q gegen die Normale unter den Winkeln α_1, α_2, α_3 geneigt sind, so gilt für einen beliebigen Punkt Q der Fläche h die Gleichung:

$$OA \cdot \cos\alpha_1 + AF_3 \cdot \cos\alpha_2 + F_3Q \cdot \cos\alpha_3 = ON$$

oder:

$$x_1 \cdot \cos\alpha_1 + x_2 \cdot \cos\alpha_2 + x_3 \cdot \cos\alpha_3 = ON.$$

Hier kommt es nur auf die *Richtung* der Fläche h, nicht auf ihren Abstand von O an. Daher genügt es, wenn wir hinfort die durch O gelegte Parallelfläche betrachten; die Koordinaten eines beliebigen Punktes dieser Fläche befriedigen die Gleichung:

$$x_1 \cdot \cos\alpha_1 + x_2 \cdot \cos\alpha_2 + x_3 \cdot \cos\alpha_3 = 0,$$

in die wir nun die *Indices* von h einführen können. Aus den bei N rechtwinkeligen Dreiecken ONH_1, ONH_2, ONH_3 ergiebt sich:

$$\cos\alpha_1 = \frac{ON}{OH_1} \qquad \cos\alpha_2 = \frac{ON}{OH_2} \qquad \cos\alpha_3 = \frac{ON}{OH_3}.$$

Folglich ist nach der Definition der Indices auf S. 10:

$$\cos \alpha_1 : \cos \alpha_2 : \cos \alpha_3 = \frac{1}{OH_1} : \frac{1}{OH_2} : \frac{1}{OH_3} = \frac{h_1}{a_1} : \frac{h_2}{a_2} : \frac{h_3}{a_3}.$$

Demnach lautet jetzt die *Gleichung der Fläche h:*

$$(1) \qquad x_1 \cdot \frac{h_1}{a_1} + x_2 \cdot \frac{h_2}{a_2} + x_3 \cdot \frac{h_3}{a_3} = 0.$$

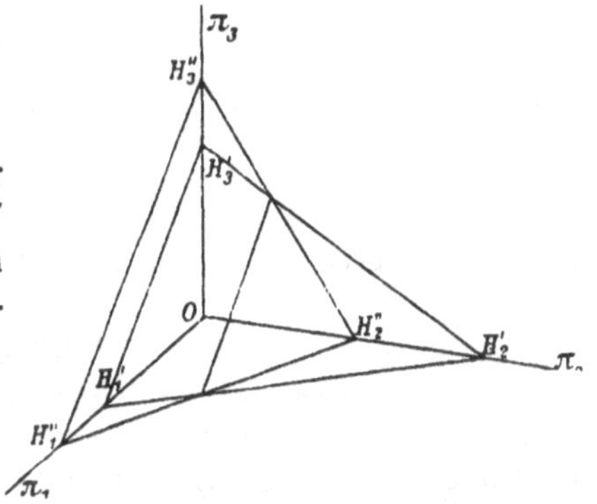

Fig. 69.

Ist Q ein beliebiger Punkt der *Schnittgeraden zweier Flächen* h' und h'' (Fig. 69), so müssen seine Koordinaten x_1, x_2, x_3 nach (1) gleichzeitig die Bedingungen

$$\left| \begin{array}{l} x_1 \dfrac{h_1'}{a_1} + x_2 \dfrac{h_2'}{a_2} + x_3 \dfrac{h_3'}{a_3} = 0 \\ x_1 \dfrac{h_1''}{a_1} + x_2 \dfrac{h_2''}{a_2} + x_3 \dfrac{h_3''}{a_3} = 0 \end{array} \right.$$

erfüllen. Die Auflösung dieser Gleichungen ergiebt die Verhältnisse $x_1 : x_2 : x_3$. Bezeichnen wir:

$$(2) \qquad h_2' h_3'' - h_3' h_2'' = \eta_1 \quad h_3' h_1'' - h_1' h_3'' = \eta_2 \quad h_1' h_2'' - h_2' h_1'' = \eta_3$$

oder in Determinantenform geschrieben:

$$\begin{vmatrix} h_2' & h_3' \\ h_2'' & h_3'' \end{vmatrix} = \eta_1 \qquad \begin{vmatrix} h_3' & h_1' \\ h_3'' & h_1'' \end{vmatrix} = \eta_2 \qquad \begin{vmatrix} h_1' & h_2' \\ h_1'' & h_2'' \end{vmatrix} = \eta_3$$

so gilt also für einen beliebigen Punkt Q der Kante $[h' h'']$:

$$x_1 : x_2 : x_3 = \frac{\eta_1}{a_2 a_3} : \frac{\eta_2}{a_3 a_1} : \frac{\eta_3}{a_1 a_2}$$

oder:

$$x_1 : x_2 : x_3 = a_1 \eta_1 : a_2 \eta_2 : a_3 \eta_3.$$

Wir wollen die Größen $\eta_1 \eta_2 \eta_3$, die in Verbindung mit den Axeneinheiten die Richtung der Kante $[h' h'']$ bestimmen, hinfort die *Indices dieser Kante* nennen.

Liegen *drei Flächen* h, h', h'' *in einer Zone*, so können wir uns vorstellen, daß h parallel mit sich verschoben werde, bis sie durch die Schnittgerade von h' und h'' hindurch geht. Alsdann müssen die Koordinaten eines beliebigen Punktes dieser Geraden die Gleichungen der Flächen h, h', h'' befriedigen:

$$\left| \begin{array}{l} x_1 \dfrac{h_1}{a_1} + x_2 \dfrac{h_2}{a_2} + x_3 \dfrac{h_3}{a_3} = 0 \\ x_1 \dfrac{h_1'}{a_1} + x_2 \dfrac{h_2'}{a_2} + x_3 \dfrac{h_3'}{a_3} = 0 \\ x_1 \dfrac{h_1''}{a_1} + x_2 \dfrac{h_2''}{a_2} + x_3 \dfrac{h_3''}{a_3} = 0. \end{array} \right.$$

Das gleichzeitige Bestehen dieser Gleichungen erfordert, daß die Indices von h, h' und h'' die Bedingung erfüllen:

$$\begin{vmatrix} h_1 & h_2 & h_3 \\ h_1' & h_2' & h_3' \\ h_1'' & h_2'' & h_3'' \end{vmatrix} = 0$$

oder: $h_1(h_2' h_3'' - h_3' h_2'') + h_2(h_3' h_1'' - h_1' h_3'') + h_3(h_1' h_2'' - h_2' h_1'') = 0$
oder:

$$(3) \qquad h_1 \eta_1 + h_2 \eta_2 + h_3 \eta_3 = 0.$$

Es ist bemerkenswert, daß diese Bedingung für die Lage dreier Flächen in einer Zone *nur die Indices* dieser Flächen enthält und von den Werten der Axenelemente vollständig unabhängig ist.

Soll nun eine Fläche h gleichzeitig zwei verschiedenen Zonen angehören, welche durch die Flächenpaare h', h'' und k', k'' bestimmt sind (Fig. 66), so gelten nach (3) die Bedingungen:

$$\left| \begin{array}{l} h_1 \eta_1 + h_2 \eta_2 + h_3 \eta_3 = 0 \\ h_1 \eta_1' + h_2 \eta_2' + h_3 \eta_3' = 0 \end{array} \right. ,$$

worin die Bezeichnung:

$$(2') \quad k_2' k_3'' - k_3' k_2'' = \eta_1' \qquad k_3' k_1'' - k_1' k_3'' = \eta_2' \qquad k_1' k_2'' - k_2' k_1'' = \eta_3'$$

oder:

$$\begin{vmatrix} k_2' & k_3' \\ k_2'' & k_3'' \end{vmatrix} = \eta_1', \qquad \begin{vmatrix} k_3' & k_1' \\ k_3'' & k_1'' \end{vmatrix} = \eta_2', \qquad \begin{vmatrix} k_1' & k_2' \\ k_1'' & k_2'' \end{vmatrix} = \eta_3'$$

benutzt ist. Die Auflösung der beiden letzten Gleichungen liefert uns nun für die gesuchten Indices der Verbindungsebene h der Kanten $[h' h'']$ und $[k' k'']$ folgende Werte:

$$(4) \qquad h_1 : h_2 : h_3 = \eta_2 \eta_3' - \eta_3 \eta_2' : \eta_3 \eta_1' - \eta_1 \eta_3' : \eta_1 \eta_2' - \eta_2 \eta_1'$$

oder:

$$h_1 : h_2 : h_3 = \begin{vmatrix} \eta_2 & \eta_3 \\ \eta_2' & \eta_3' \end{vmatrix} : \begin{vmatrix} \eta_3 & \eta_1 \\ \eta_3' & \eta_1' \end{vmatrix} : \begin{vmatrix} \eta_1 & \eta_2 \\ \eta_1' & \eta_2' \end{vmatrix}.$$

Mit Hilfe der Formeln (2), (2') und (4) können die Indices aller Flächen h berechnet werden, die sich nach dem Gesetze der Zonen aus dem Fundamentaltetraëder p_1, p_2, p_3, e der Reihe nach ableiten lassen. Hieraus ist aber sofort die Beschaffenheit dieser Indices zu erkennen. Da nämlich die Indices der Fundamentalflächen, wie auf S. 11 gezeigt wurde, jedenfalls ganze Zahlen sind: 100, 010, 001, 111, so müssen die nach jenen Formeln berechneten Indices, welche lediglich durch die Operationen der Multiplikation und der Subtraktion aus den Zahlen 1 und 0 entstehen, wieder ganze Zahlen sein. *Die Flächen eines Krystallflächenkomplexes erhalten also ganzzahlige Indices, wenn man, wie es das Gesetz der Zonen verlangt, bei der Bestimmung ihrer Lage von vier Flächen des Komplexes ausgeht, die ein Tetraeder bilden.*

Wie die Relationen (2), (2') und (4) die Berechnung neuer Krystallflächen vereinfachen, wollen wir an der in Fig. 70 dargestellten Kombination erläutern, die z. B. am Rotkupfererz Cu_2O von Gumeschewsk beobachtet wird. Neben dem Hexaëder, Oktaëder und Dodekaëder finden wir noch 24 gleichberechtigte Flächen, deren Lage jedesmal durch zwei Zonen vollständig bestimmt ist. Setzen wir $h' = 100$, $h'' = 111$ und $k' = 110$, $k'' = 101$, so erhalten wir aus (2) und (2') für die Kanten $[h'h'']$ und $[k'k'']$ die Indices $0\bar{1}1$ und $1\bar{1}\bar{1}$; daher empfängt die Verbindungsebene dieser Kanten nach (4) das Symbol 211.

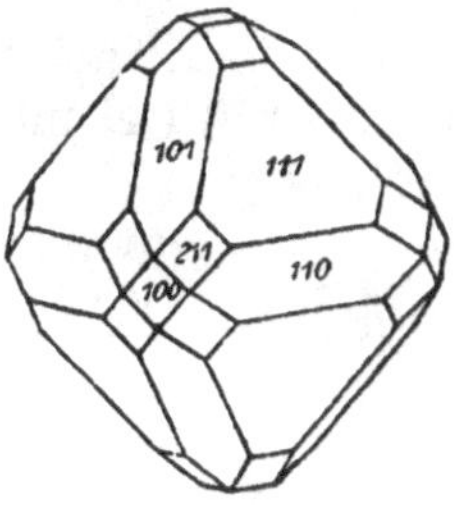

Fig. 70. **Rotkupfererz.**

Dieselben Relationen mögen auf den Orthoklas (Fig. 53—57) angewendet werden. Es seien die Axenrichtungen gegeben durch die Kanten $[PM] = \pi_1$, $[Py] = \pi_2$ und $[TM] = \pi_3$. Die Verhältnisse der Axeneinheiten seien dadurch bestimmt, daß $T = 110$ und $y = \bar{2}01$ gesetzt wird. Dann erhalten wir:

aus den Zonen M, P und y, T für n das Symbol 021,
„ „ „ T''', P „ y, T „ o „ „ $\bar{1}11$,
„ „ „ M, o „ y, P „ x „ „ $\bar{1}01$.

Das Gesetz der rationalen Doppelverhältnisse. — Aus dem Gesetz der rationalen Indices folgt eine von C. Fr. Gauss (1831) entdeckte charakteristische Eigenschaft der Krystallpolyëder. Wir geben dieser Eigenschaft den einfachsten Ausdruck, wenn wir den von A. F. Möbius (1827) eingeführten Begriff des Doppelverhältnisses benutzen. Liegen vier Flächen h, h', h'', h''' in einer Zone, so finden wir das Doppelverhältnis dieser Flächen, indem wir mit Hilfe der Winkel hh'', $h'h''$ und hh''', $h'h'''$ den Quotienten der Sinus-Verhältnisse

$$\frac{\sin h\,h''}{\sin h'\,h''} : \frac{\sin h\,h'''}{\sin h'\,h'''}$$

bilden. Der Satz von Gauss sagt dann aus: *Das Doppelverhältnis von vier Flächen einer Zone ist eine rationale Zahl.*

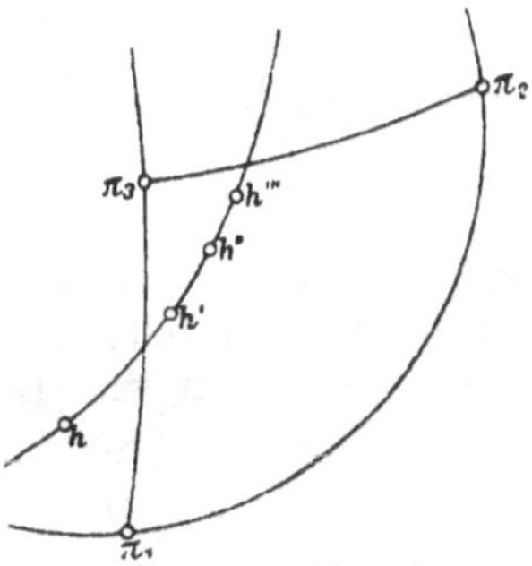

Fig. 71. **Vier Pole auf einem Zonenkreise.**

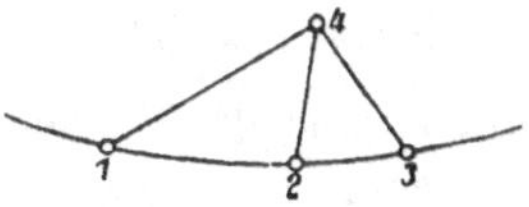

Fig. 72.

Zum Beweise dieses Satzes bedienen wir uns folgender Relation. Bedeuten 1, 2, 3, 4 vier Punkte einer Kugeloberfläche, von denen die drei ersteren auf einem größten Kugelkreise liegen (Fig. 72), so besteht die Beziehung:

(1) $$\cos 41 \cdot \sin 23 + \cos 42 \cdot \sin 31 + \cos 43 \cdot \sin 12 = 0.$$

Wir wenden (1) auf eine Polfigur an, in der auch die Schnittpunkte des durch den Kugelmittelpunkt gelegten Axensystems π_1, π_2, π_3 mit der Kugeloberfläche angegeben sind (Fig. 71). Die Indices der Flächen h, h', ... seien wie bisher bezeichnet mit $h_1\, h_2\, h_3$, $h_1'\, h_2'\, h_3'$, ... Liegen die Flächen h, h', h'' in einer Zone, so gehören ihre Pole, die wir mit denselben Buchstaben bezeichnen, einem Zonenkreise an. Wir können daher die Relation (1) der Reihe nach anwenden auf die Pole h, h', h'' und den Schnittpunkt der Kugel mit je einer der Axen π_1, π_2, π_3. Setzen wir dabei zur Abkürzung:

$$\cos \pi_\lambda h = u_\lambda, \quad \cos \pi_\lambda h' = u'_\lambda, \quad \cos \pi_\lambda h'' = u_\lambda'',$$

worin λ eine der Zahlen 1, 2, 3 bedeutet, so erhalten wir:

$$\left| \begin{aligned} u_1 \cdot \sin h' h'' + u_1' \cdot \sin h'' h + u_1'' \cdot \sin h h' &= 0 \\ u_2 \cdot \sin h' h'' + u_2' \cdot \sin h'' h + u_2'' \cdot \sin h h' &= 0 \\ u_3 \cdot \sin h' h'' + u_3' \cdot \sin h'' h + u_3'' \cdot \sin h h' &= 0. \end{aligned} \right.$$

Lösen wir je zwei dieser Gleichungen auf und benutzen wir die symbolische Bezeichnung:

$$u_2' u_3'' - u_3' u_2'' = (u' u'')_1, \; u_3' u_1'' - u_1' u_3'' = (u' u'')_2, \; u_1' u_2'' - u_2' u_1'' = (u\, u'')_3 \text{u. s. w.},$$

so ergeben sich für die Verhältnisse der Sinus der Winkel $h' h''$, $h'' h$ und $h h'$ folgende Werte:

$$(2) \qquad \begin{aligned} \sin h' h'' : \sin h'' h : \sin h h' &= (u' u'')_1 : (u'' u)_1 : (u\, u')_1 \\ &= (u' u'')_2 : (u'' u)_2 : (u\, u')_2 \\ &= (u' u'')_3 : (u'' u)_3 : (u\, u')_3. \end{aligned}$$

Nun ist nach S. 29:

$$u_1 : u_2 : u_3 = \cos h \pi_1 : \cos h \pi_2 : \cos h \pi_3 = \frac{h_1}{a_1} : \frac{h_2}{a_2} : \frac{h_3}{a_3},$$

worin a_1, a_2, a_3 die Axeneinheiten bedeuten. Bezeichnen wir noch mit ϱ einen Proportionalitätsfaktor, der bei der Bildung der Verhältnisse $u_1 : u_2 : u_3$ fortfällt, so können wir also setzen:

$$u_\lambda = \varrho \cdot \frac{h\lambda}{a\lambda} \text{ und analog } u_\lambda' = \varrho' \cdot \frac{h\lambda'}{a\lambda}, \; u_\lambda'' = \varrho'' \cdot \frac{h\lambda''}{a\lambda}.$$

Demnach können wir jetzt die Relationen (2) auch in folgender Form schreiben:

$$(3) \quad \sin h' h'' : \sin h'' h : \sin h h' = \varrho' \varrho'' (h' h'')_\alpha : \varrho'' \varrho (h'' h)_\alpha : \varrho \varrho' (h h')_\alpha,$$

worin α eine der Zahlen 1, 2 oder 3 bedeutet.

Gehört die Fläche h''' derselben Zone an (Fig. 71), so gelten die analogen Beziehungen:

$$(4) \; \sin h' h''' : \sin h''' h : \sin h h' = \varrho' \varrho''' (h' h''')_\beta : \varrho''' \varrho (h''' h)_\beta : \varrho \varrho' (h h')_\beta,$$

worin $\beta = 1$, 2 oder 3 ist. Aus (3) und (4) folgt:

$$\frac{\sin h\, h''}{\sin h' h''} : \frac{\sin h\, h'''}{\sin h' h'''} = \frac{(h\; h'')_\alpha}{(h'\, h'')_\alpha} : \frac{(h\; h''')_\beta}{(h'\, h''')_\beta}.$$

Auf diese Weise ist *das Doppelverhältnis der Flächen h, h', h'', h''' durch ihre Indices ausgedrückt.* Da die Indices rationale Zahlen sind, und der Ausdruck auf der rechten Seite durch die Operationen der Multiplikation, Subtraktion und Division gebildet wird, so muß auch das Doppelverhältnis eine *rationale Zahl* sein.

Der soeben bewiesene Satz wurde erst im Jahre 1863 aus dem Nachlasse von GAUSS in dem zweiten Bande seiner Werke veröffentlicht.[1] Inzwischen hatte W. H. MILLER 1839 unabhängig von GAUSS erkannt, daß die Beziehung zwischen dem Doppelverhältnisse und den Indices von vier Flächen einer Zone die zweckmäßigste Grundlage für die Krystallberechnung darbietet. Denn sie enthält die Lösungen der beiden fundamentalen Aufgaben: 1) wenn die Winkel zwischen vier Flächen einer Zone und die Indices von drei dieser Flächen gegeben sind, so sollen die Indices der vierten Fläche berechnet werden; 2) wenn die Indices von vier Flächen einer Zone und zwei Winkel zwischen diesen Flächen bekannt sind, so sollen die übrigen Winkel berechnet werden. Die Vorzüge der Methode des englischen Krystallographen wurden in Deutschland erst gewürdigt als V. VON LANG, M. WEBSKY u. a. auf derselben Grundlage weiter bauten.[2]

Indirekte Bestätigung des Grundgesetzes. — Nachdem wir das geometrische Grundgesetz der Krystallpolyëder in drei gleichbedeutenden Ausdrücken kennen gelernt haben, entsteht die Frage, ob dieses Gesetz nur mit einer allerdings sehr weitgehenden Annäherung oder in aller Strenge gültig ist. Messungen der Flächenwinkel und Beobachtungen über den Zonenzusammenhang der Flächen mit Hilfe des Reflexionsgoniometers sind nicht geeignet, eine direkte Entscheidung herbeizuführen, da die Bildung der krystallisierten Körper unvermeidlichen Störungen unterworfen bleibt, die sich auch an den vollkommensten Krystallen bei genauen Messungen durch geringe Winkelschwankungen und durch Abweichungen der Flächen vom Zonenverbande verraten. Um so wichtiger ist die Thatsache, daß ein indirekter Beweis für die Gültigkeit jenes Gesetzes geführt werden kann, der einen wesentlich höheren Grad von Sicherheit besitzt, weil er sich auf die Gesamtheit unserer Erfahrungen über die Eigenschaften der Krystallpolyëder stützt. Dieser Beweis besteht darin, daß die aus dem Grundgesetze entnommenen geometrischen Folgerungen, die uns die möglichen Symmetrieeigenschaften der Krystallpolyëder voraussagen, durch die Beobachtung bestätigt worden sind.

[1] TH. LIEBISCH, Zeitschr. f. Kryst. 3, 25; 1879.
[2] TH. LIEBISCH, Geometrische Krystallographie. 1881. Kap. IV, X, XIV—XVII.

Die Symmetrieeigenschaften der Vorgänge des Wachstums und der Auflösung.

Beschreibung symmetrischer Krystallpolyëder. — Das Grundgesetz der geometrischen Krystallographie stellt an die Beschreibung eines Krystallpolyëders eine erste wesentliche Forderung. Wir müssen zu Koordinatenaxen irgend drei in einer Ecke zusammenstoßende Kanten des Polyëders wählen und darauf die Verhältnisse der Axeneinheiten durch irgend eine die Axen in endlichen Entfernungen schneidende Krystallfläche bestimmen. Sind die Axenelemente auf solche Weise festgelegt, so erhalten alle Begrenzungsflächen ganzzahlige Indices. Hiernach scheint für die Wahl der Axenelemente und die davon abhängige Bezeichnung der Flächen durch Indices bei jedem einzelnen krystallisierten Körper ein weiter Spielraum eröffnet zu sein. Allein diese Mannigfaltigkeit in der Beschreibung wird sofort erheblich eingeschränkt, wenn wir eine zweite unerläßliche Anforderung beachten.

Der Vorgang des Wachstums eines jeden krystallisierten Körpers wird durch ein bestimmtes Symmetriegesetz beherrscht (S. 4). Stellt das Grundgesetz eine geometrische Beziehung dar zwischen den Richtungen von Ebenen, die in der Begrenzung eines ungestört wachsenden Krystalls nebeneinander auftreten können, so erstreckt sich das Symmetriegesetz auf gleichberechtigte Begrenzungsebenen, nämlich auf Ebenen, die an einem vollkommen ausgebildeten Krystall notwendig gleichzeitig auftreten müssen. Wir fassen eine Schar gleichberechtigter Flächen zu einer einfachen Form zusammen (S. 4) und wünschen nun diese Zusammenfassung auch in der Bezeichnung der Flächen durch Indices zum Ausdruck zu bringen.

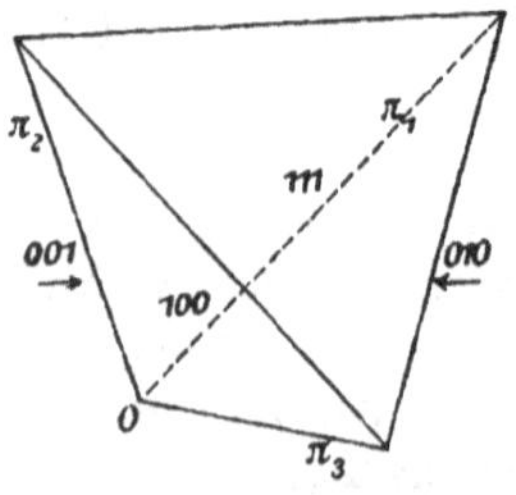

Fig. 73. Reguläres Tetraëder.

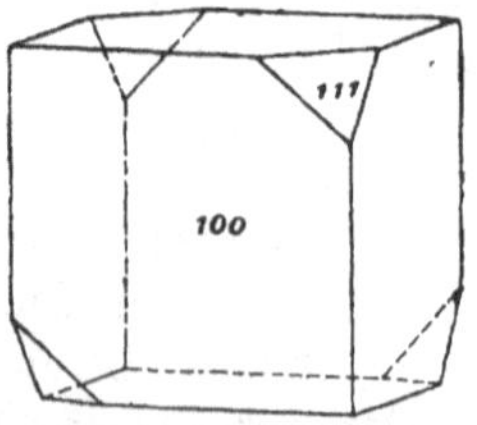

Fig. 74. Kombination von Hexaëder und Tetraëder.

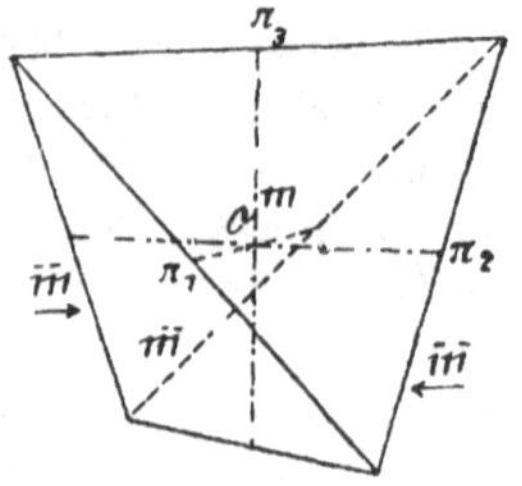

Fig. 75. Krystallographisches Axensystem des Tetraëders.

Bei der Beschreibung etwa des regulären Tetraëders (Fig. 73) würden wir dem Grundgesetze vollständig genügen, wenn wir die in einer Ecke O zusammenstoßenden Kanten zu Axen π_1, π_2, π_3 und die dem Punkte O gegenüberliegende Fläche zur Einheitsfläche wählen. Dann erhalten die Flächen unseres Tetraëders die Indices 100, 010, 001, 111. Allein gegen diese Bezeichnung ist einzuwenden, daß sie der Symmetrie des vorliegenden

Polyëders durchaus nicht entspricht. Die vier Ecken des regulären Tetraëders sind vollkommen gleichberechtigt; gleichwohl haben wir eine Ecke durch die Wahl zum Koordinatenanfangspunkt willkürlich bevorzugt. Unter den sechs gleichberechtigten Kanten des Tetraëders sind drei durch die Wahl zu Koordinatenaxen ausgezeichnet worden. Infolge hiervon erscheinen in dem Symbol der einen Fläche andere Zahlen als in den Symbolen der drei übrigen Flächen, obwohl diese vier Flächen gleichberechtigte Begrenzungsebenen sind, die an einem vollkommen ausgebildeten Tetraëder notwendig gleichzeitig und mit übereinstimmenden geometrischen und physikalischen Eigenschaften auftreten. Von einer naturgemäßen Beschreibung eines Krystallpolyëders müssen wir aber verlangen, daß die Bezeichnung der Flächen durch Indices den Symmetrieverhältnissen des Polyëders nicht widerspreche.

In dem vorliegenden Falle können wir uns dieser Forderung leicht unterwerfen. Betrachten wir einen flächenreicheren Krystall derselben Substanz (z. B. Zinkblende), an welchem das Hexaëder auftritt, dessen Ecken durch Tetraëderflächen abgestumpft sind (Fig. 74). Wir können auch die drei Kantenrichtungen des Hexaëders zu Axenrichtungen π_1, π_2, π_3 wählen und die Axeneinheiten durch eine Tetraëderfläche bestimmen (Fig. 75). Dann erhalten wir für die Hexaëderflächen die Symbole 100, 010, 001, $\bar{1}00$, $0\bar{1}0$, $00\bar{1}$ und für die Tetraëderflächen 111, $1\bar{1}\bar{1}$, $\bar{1}1\bar{1}$, $\bar{1}\bar{1}1$. Der Vorzug dieser neuen Bezeichnung liegt darin, daß jetzt in den Symbolen gleichberechtigter Flächen *dieselben Zahlen* auftreten, nur mit wechselnden Vorzeichen und am Hexaëder auch in anderer Reihenfolge. In der That haben wir nun die Lage der Flächen durch *ein der Symmetrie des Polyëders entsprechendes Axensystem* oder, wie wir hinfort kurz sagen wollen, durch ein *krystallographisches Axensystem* bestimmt.

Die Einführung krystallographischer Axensysteme, die wir Chr. F. Weiss verdanken, befriedigt in hohem Maße das Bedürfnis nach einer möglichst kurzen Charakteristik symmetrischer Krystallpolyëder. Wenn die Flächen einer einfachen Form Symbole erhalten, in denen dieselben Zahlen, nur mit abgeänderten Vorzeichen und im allgemeinen auch in anderer Reihenfolge auftreten, so werden die Indices einer einzigen Fläche ausreichen zur Bezeichnung der ganzen Form. In der That gestatten die allen einfachen Formen eines krystallisierten Körpers gemeinsamen Symmetrieeigenschaften sofort die ganze Schar der Flächen abzuleiten, die mit einer gegebenen Ausgangsfläche gleichberechtigt sind (S. 38). Mit Hilfe der krystallographischen Axensysteme gewinnen wir also die zur Beschreibung der Krystallpolyëder *notwendigen und ausreichenden* Größen.

Bevor wir diesen Gesichtspunkt weiter verfolgen, müssen wir zu einer eingehenden Untersuchung der Symmetrieeigenschaften der Krystallpolyëder schreiten. Es vollzog sich der bedeutendste Fortschritt nach den Entdeckungen von R. J. Haüy und Chr. S. Weiss, als J. Chr. Fr. Hessel im Jahre 1830 aus dem geometrischen Grundgesetze die Folgerung entnahm, *daß nach den Symmetrieeigenschaften der Wachstumsvorgänge die krystallisierten Körper in 32 Gruppen eingeteilt werden müssen, so daß jede Gruppe die Gesamtheit der krystallisierten Körper von übereinstimmenden Symmetrieeigenschaften umfaßt.* Erst vor wenigen Jahren wurde die Pflicht historischer Gerechtigkeit an dem Entdecker dieses fundamentalen, durch die Erfahrung glänzend bestätigten Resultates erfüllt. HESSEL's durchaus folgerichtige aber durch eigenartige Bezeichnungen das Verständnis erschwerende „Krystallometrie" blieb sechs Jahrzehnte hindurch unbeachtet. Inzwischen wurde dasselbe Resultat auf anderen Wegen von A. BRAVAIS (1849), A. GADOLIN (1867) und P. CURIE (1884) gewonnen. Darauf hat B. MINNIGERODE (1886) der Ableitung der 32 Gruppen die kürzeste und durchsichtigste Form gegeben.

J. CHR. FR. HESSEL: Artikel „Krystall" in GEHLER's physikalischem Wörterbuche, Bd. V, 1830; selbständig erschienen unter dem Titel: Krystallometrie oder Krystallonomie und Krystallographie, auf eigentümliche Weise und mit Zugrundelegung neuer allgemeiner Lehren der reinen Gestaltenkunde, sowie mit vollständiger Berücksichtigung der wichtigsten Arbeiten und Methoden anderer Krystallographen bearbeitet. Nebst einem Anhange über Krystallogenie von L. GMELIN. Mit 11 Taf. Leipzig 1831. 8°. XIV und 346 S. — A. BRAVAIS: Mémoire sur les polyèdres de forme symétrique. Journ. de math. **14**, 141—180, 1849. Études cristallographiques. Journ. de l'éc. polyt. Cah. XXXIV, 101—276, 1851. Gesammelt herausgegeben u. d. T.: Études cristallogr. Paris 1866. 4°. — A. GADOLIN: Mémoire sur la déduction d'un seul principe de tous les systèmes cristallographiques avec leurs subdivisions. Acta soc. scient. fennicae. Helsingforsiae 1871, **9**, 1—71. (Lu le 19 Mars 1867). — P. CURIE: Sur les questions d'ordre: répétitions. Bull. soc. min. de France **7**, 89—111, 1884. Sur la symétrie. Ibid. 418—457. — B. MINNIGERODE: Untersuchungen über die Symmetrieverhältnisse der Krystalle. N. Jahrb. f. Min. Beil.-Bd. **5**, 145—166, 1887. (Datiert Juli 1886).

Vorbereitende Bemerkungen über Symmetrieeigenschaften. — Es wird zweckmäßig sein der systematischen Ableitung der Symmetrieeigenschaften einige Bemerkungen vorauszuschicken, durch welche die Begriffe, die uns jetzt interessieren, an einigen leicht zugänglichen Beispielen erläutert werden sollen. Wir beginnen mit den Formen des *Flußspats.* Dabei betrachten wir stets ideale Formen in dem auf S. 4 erläuterten Sinne.

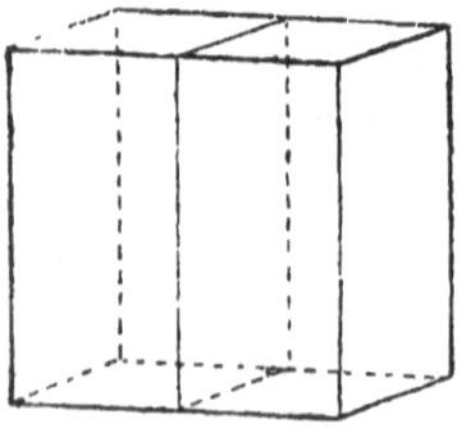

Fig. 76.

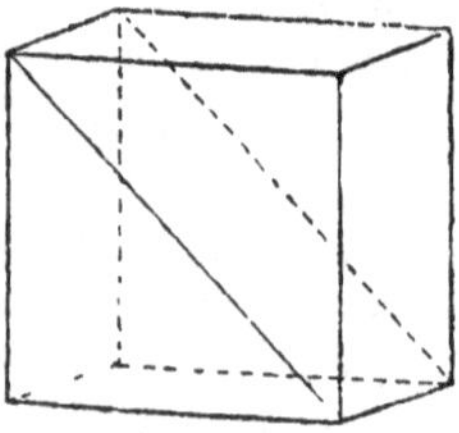

Fig. 77.

Symmetrieebenen des Hexaëders.

An dem Hexaëder, der häufigsten Form des Flußspats, finden wir drei Arten von Symmetrieelementen. Legen wir durch den Mittelpunkt des Hexaëders parallel zu einem Flächenpaar eine Ebene (Fig. 76), so teilt sie das Hexaëder in zwei spiegelbildlich gleiche Teile. Auch die Verbindungsebene gegenüberliegender Kanten des Hexaëders besitzt diese Eigenschaft (Fig. 77). Wir wollen hinfort jede durch den Mittelpunkt eines Krystallpolyëders hindurchgehende Ebene, welche dieses Polyëder in zwei spiegelbildlich gleiche Teile zerlegt, eine *Symmetrieebene* nennen. Demnach besitzt das Hexaëder des Flußspats neun Symmetrieebenen, von denen drei den Flächen dieser Form parallel laufen, während sechs je zwei einander gegenüberliegende Kanten verbinden.

Unter einer *Deckbewegungsaxe* eines Krystallpolyëders verstehen wir eine durch den Mittelpunkt des Polyëders hindurchgehende Gerade, um welche das Polyëder um einen aliquoten Teil einer ganzen Umdrehung derart gedreht werden kann, daß sich die Endlage mit der Anfangslage deckt. Beträgt der kleinste Drehwinkel einer solchen Deckbewegung den n-ten Teil einer ganzen Umdrehung, so heißt die Axe n-zählig. Hiernach können wir durch den Mittelpunkt unseres Hexaëders 13 Deckbewegungsaxen legen (Fig. 78). Drei aufeinander senkrechte gleichberechtigte 4-zählige Axen α_1, α_2, α_3 laufen den Kanten des Hexaëders parallel. Vier gleichberechtigte 3-zählige Axen δ_0, δ_1, δ_2, δ_3 verbinden einander gegenüberliegende Ecken. Sechs gleichberechtigte 2-zählige Axen ε_1, ε_2 . . . ε_6 verbinden die Mitten gegenüberliegender Kanten.

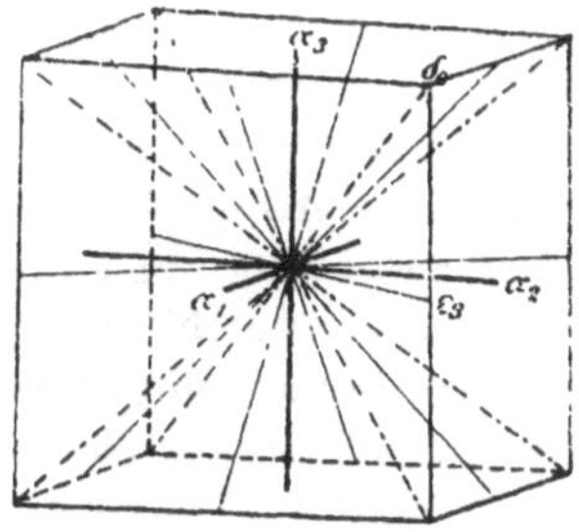

Fig. 78. Deckbewegungsaxen des Hexaëders.

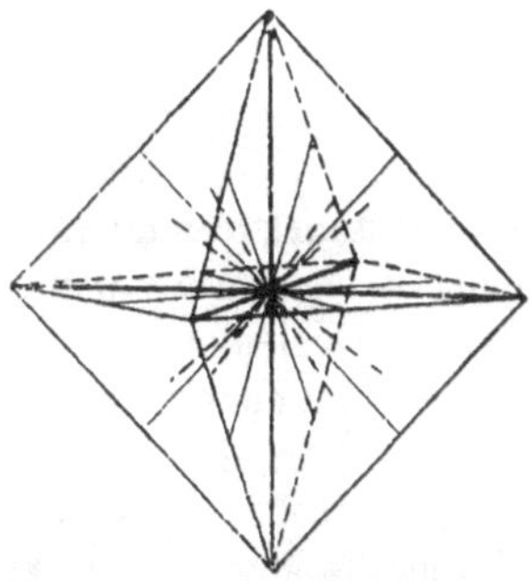

Fig. 79. Deckbewegungsaxen des Oktaëders.

Endlich hat der Mittelpunkt des Hexaëders die Eigenschaft, daß alle durch ihn gelegten und von den Hexaëderflächen begrenzten Geraden in ihm halbiert werden. Dieser Mittelpunkt ist, wie wir sagen wollen, ein *Centrum der Symmetrie.*

Untersuchen wir nun irgend eine andere einfache Form des Flußspats (z. B. das Oktaëder Fig. 79) oder irgend eine Kombination von einfachen Formen dieser Substanz, so überzeugen wir uns, daß stets dieselben Symmetrieeigenschaften vorhanden sind.

Ermittelung der geometrischen Symmetrie. — Zur Feststellung der geometrischen Symmetrie eines Krystallpolyëders, wie es uns in der Natur oder im Laboratorium entgegentritt, dienen in erster Linie die *Messungen der Flächenwinkel.* Sie liefern uns direkt die Polfigur des Polyëders, in der wir vollständig unabhängig sind von allen Zufälligkeiten in der Größe und der polygonalen Begrenzung verschiedener Individuen. Mit Hilfe der Polfigur erkennen wir nun das Vorhandensein einer geometrischen Symmetrieebene daran, daß die Pole sich zu Paaren ordnen lassen, die in Bezug auf jene Ebene spiegelbildlich liegen. Zur Erläuterung dieses

Verfahrens möge die mit Hilfe der Flächenwinkel hergestellte Polfigur des Oktaëders (Fig. 80) dienen.

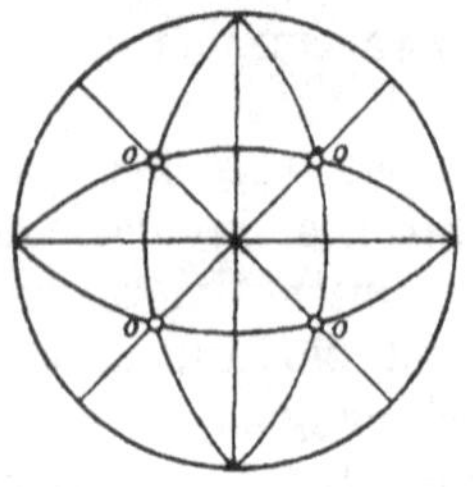

Fig. 80. Ermittelung der geometrischen Symmetrie des Oktaëders mit Hilfe der Polfigur.

Die Richtung einer n-zähligen Deckbewegungsaxe ergiebt sich daraus, daß die Polfigur durch eine Drehung um diese Axe um $360^0/n$ in eine neue Lage geführt wird, die sich mit der Anfangslage deckt. In dieser Weise sind aus Fig. 80 sofort die 13 Deckbewegungsaxen des Oktaëders abzuleiten: Durch die Pole o gehen die 3-zähligen Axen, und die Schnittpunkte der durch jene Pole gelegten größten Kugelkreise (Zonenkreise S. 26) bestimmen die 4-zähligen und die 2-zähligen Axen.

Centrische Symmetrie ist vorhanden, wenn jede Fläche mit ihrer parallelen Gegenfläche gleichberechtigt ist.

Ableitung einfacher Formen mit gegebenen Symmetrieeigenschaften. — Wir wollen jetzt zeigen, wie umgekehrt aus einer gegebenen Anordnung von Symmetrieelementen die mit ihr verträglichen einfachen Formen abgeleitet werden können. Es seien die soeben am Flußspat nachgewiesenen Symmetrieelemente gegeben. Legen wir durch einen Punkt O des Raumes drei aufeinander senkrechte gleichberechtige Symmetrieebenen und halbieren wir die von ihnen eingeschlossenen Winkel durch sechs gleichberechtigte Symmetrieebenen, so erhalten wir an dem Punkte O 48 gleichberechtigte Ecken, die abwechselnd kongruent und spiegelbildlich gleich sind. Die Kanten dieser Ecken werden von den 13 Deckbewegungsaxen α, δ, ε (Fig. 78, 79) gebildet. Um die Übersicht über diese Raumteilung zu erleichtern, beschreiben wir um O als Mittelpunkt eine Konstruktionskugel, deren Oberfläche durch jene Ecken in 48 gleichberechtigte sphärische Dreiecke geteilt wird (Fig. 81). Auch diese Dreiecke sind abwechselnd kongruent und spiegelbildlich gleich. Durch ihre Eckpunkte gehen die 13 Deckbewegungsaxen α, δ, ε in der Weise, daß an einer n-zähligen Axe jedesmal $2n$ Dreiecke zusammenstoßen.

Es sollen uns die drei aufeinander senkrechten und gleichberechtigten 4-zähligen Axen α_1, α_2, α_3 als Koordinatenaxen dienen. Ihre Einheit sei bezeichnet mit a. Wir gehen aus von einer Fläche mit positiven und voneinander verschiedenen Axenabschnitten $a/h : a/k : a/l$. Es sei a/h der kleinste und a/l der größte Abschnitt, so daß $h > k > l$ ist. Stellen wir uns vor, daß diese Fläche gerade im Abstande des Kugelradius von O entfernt liegt, so berührt sie die Kugel in einem Punkte des in Fig. 82 durch stärker ausgezogene Linien hervorgehobenen sphärischen Dreiecks $\alpha_1\ \delta_0\ \varepsilon_3$. Wir bezeichnen den Berührungspunkt durch die Indices der Fläche; in Fig. 82 dient uns als Beispiel die Fläche 321. Da nun die 48 Dreiecke unserer Kugelteilung gleichberechtigt sind, so sind notwendig 47 mit hkl gleichberechtigte Flächen vorhanden, die mit hkl ein *Hexakisoktaëder* bilden (Fig. 83). Dieses ist also die allgemeinste, unter den gegebenen Symmetrieverhältnissen mögliche einfache Form. In solcher Weise entspricht jedem Pole $h\,k\,l$ innerhalb des Dreiecks $\alpha_1\,\delta_0\,\varepsilon_3$ ein Hexakisoktaëder. Da wir ein der Symmetrie entsprechendes Axensystem zu Grunde gelegt haben,

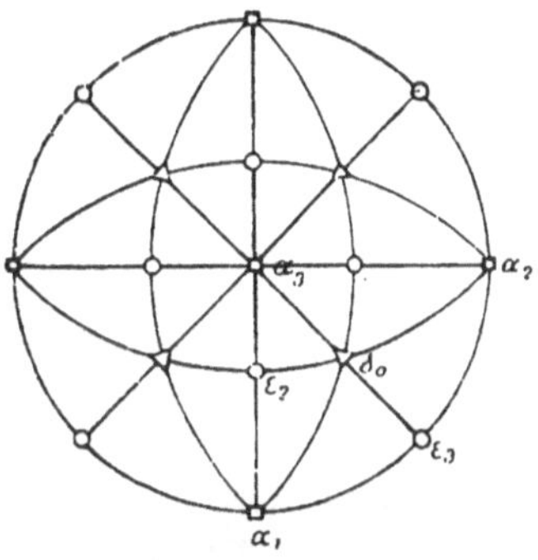

Fig. 81. Kugelteilung durch 9 Symmetrieebenen und 13 Deckbewegungsaxen.

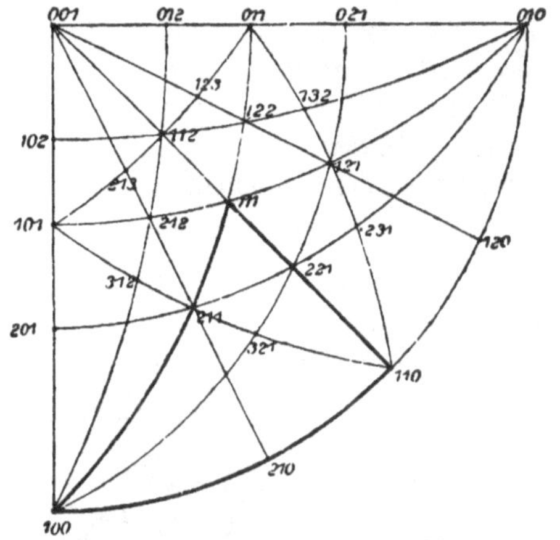

Fig. 82. Positiver Oktant der Polfigur von {321}, {211}, {221}, {210}, {111}, {110}, {100}.

erhalten die Flächen eines Hexakisoktaëders Symbole, in denen dieselben Zahlen $h\,k\,l$, nur in anderer Reihenfolge und mit wechselnden Vorzeichen auftreten (vgl. Fig. 83). Es ist daher nach dem Vorgange von Chr. S. Weiss üblich, die ganze Form kurz in der Weise zu bezeichnen, daß die Indices der Ausgangsfläche in Klammern eingeschlossen werden. Hinfort soll das Symbol $\{h\,k\,l\}$ die einfache Krystallform bedeuten, welche nach den gegebenen Symmetrieelementen von den mit der Fläche $h\,k\,l$ gleichberechtigten Flächen begrenzt wird.

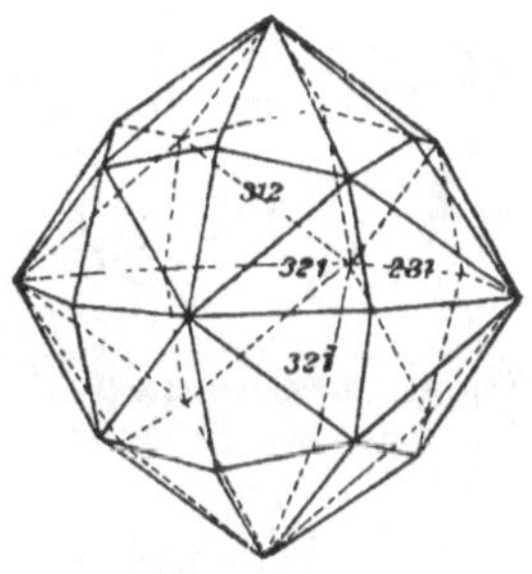

Fig. 83. Hexakisoktaëder {321}.

Jetzt ist leicht zu übersehen, daß *sechs Arten spezieller einfacher Formen* möglich sind. Denn wir können den Pol $h\,k\,l$ insbesondere auch auf eine Seite oder in einen Eckpunkt des Ausgangsdreieckes $\alpha_1\,\delta_0\,\varepsilon_3$ rücken. Alsdann müssen in den drei benachbarten Dreiecken $\alpha_1\,\delta_0\,\varepsilon_2$, $\alpha_2\,\delta_0\,\varepsilon_3$ und $\alpha_1\,\varepsilon_3\,\delta_3$ (auf der unteren Seite der Kugel) die Pole mit den Indices $h\,l\,k$, $k\,h\,l$ und $h\,k\,\bar{l}$ den Symmetrieverhältnissen entsprechende Bewegungen ausführen. Rückt z. B. der Pol hkl auf die Seite $\alpha_1\,\delta_0$, so muß er mit seinem Spiegelbilde $h\,l\,k$ in Bezug auf die durch $\alpha_1\,\delta_0$ hindurchgehende Symmetrieebene zusammenfallen, d. h. es muß $k = l$ werden. In analoger Weise ergeben sich die Bedingungen für die Indices der Pole, die auf eine der beiden anderen Seiten $\delta_0\,\varepsilon_3$ oder $\alpha_1\,\varepsilon_3$ fallen, nämlich $h = k$ oder $l = 0$. Für einen Eckpunkt des Dreiecks bestehen je zwei dieser Bedingungen gleichzeitig.

Gehen wir nun von einem Punkte auf einer Seite des Dreiecks $\alpha_1\,\delta_0\,\varepsilon_3$ aus, so reduziert sich die Anzahl gleichberechtigter Pole auf 24; demnach erhalten wir drei Arten einfacher Formen, die von 24 gleichberechtigten Flächen begrenzt sind: *Ikositetraëder* $\{h\,l\,l\}$, *Triakisoktaëder* $\{k\,k\,l\}$ und *Tetrakishexaëder* $\{h\,k\,0\}$. Eine weitere von der Periodizität der Deckbewegungsaxen abhängige Reduktion tritt ein, wenn die mit einem Eckpunkte des Dreiecks gleichberechtigten Pole zusammengefaßt werden; so erhalten wir drei Formen mit 8, 12 und 6 Flächen, die einzig in ihrer Art sind: *Oktaëder* $\{111\}$, *Dodekaëder* $\{110\}$ und *Hexaëder* $\{100\}$. Das Resultat dieser Ableitung ist in der folgenden Tabelle übersichtlich zusammengestellt:

Der Pol $h\,k\,l$ fällt	Bedingung	Einfache Form	Formensymbol	Beispiel in Fig. 82
in das Dreieck $\alpha_1\,\delta_0\,\varepsilon_3$	$h > k > l$	*Hexakisoktaëder* .	$\{h\,k\,l\}$	$\{321\}$
auf die Seite $\alpha_1\,\delta_0$ . .	$k = l$	*Ikositetraëder* . .	$\{h\,l\,l\}$	$\{211\}$
„ „ „ $\delta_0\,\varepsilon_3$ . .	$h = k$	*Triakisoktaëder* .	$\{k\,k\,l\}$	$\{221\}$
„ „ „ $\alpha_1\,\varepsilon_3$ . .	$l = 0$	*Tetrakishexaëder* .	$\{h\,k\,0\}$	$\{210\}$
in den Eckpunkt δ_0 .	$h = k,\quad k = l$	*Oktaëder* . . .	$\{111\}$	—
„ „ „ ε_3 .	$h = k,\quad l = 0$	*Dodekaëder* . . .	$\{110\}$	—
„ „ „ α_1 .	$k = l,\quad l = 0$	*Hexaëder* . . .	$\{100\}$	—

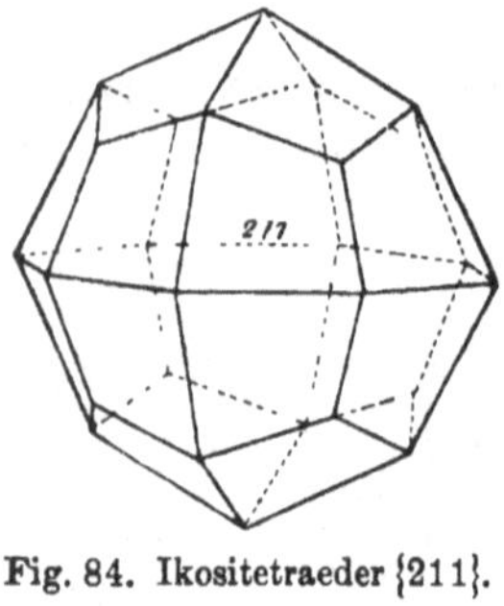

Fig. 84. Ikositetraeder $\{211\}$.

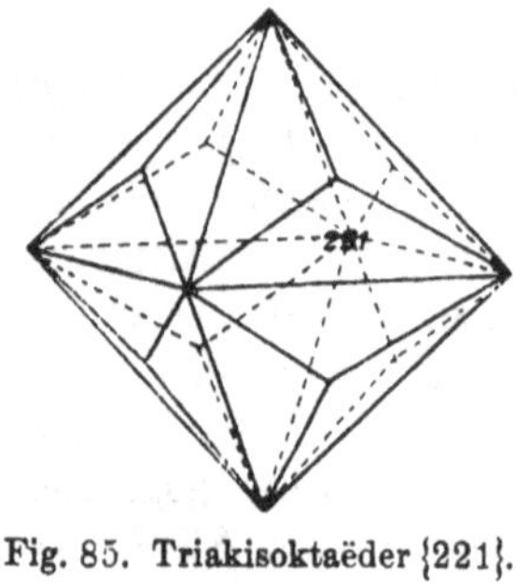

Fig. 85. Triakisoktaëder $\{221\}$.

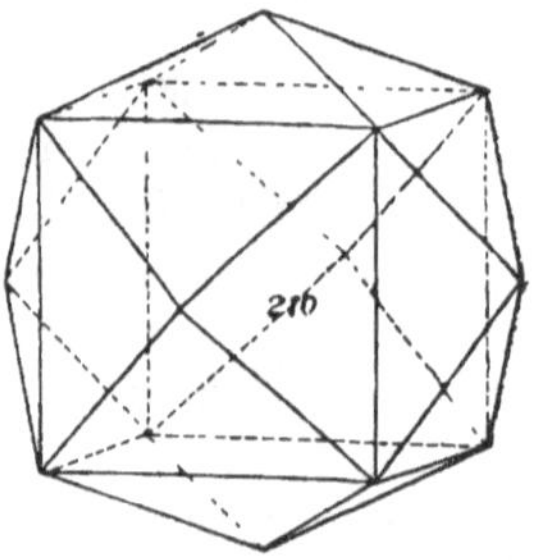

Fig. 86. Tetrakishexaëder $\{210\}$.

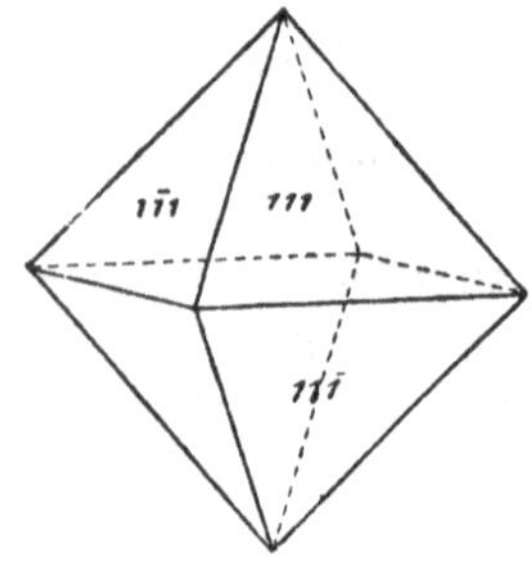

Fig. 87. Oktaëder $\{111\}$.

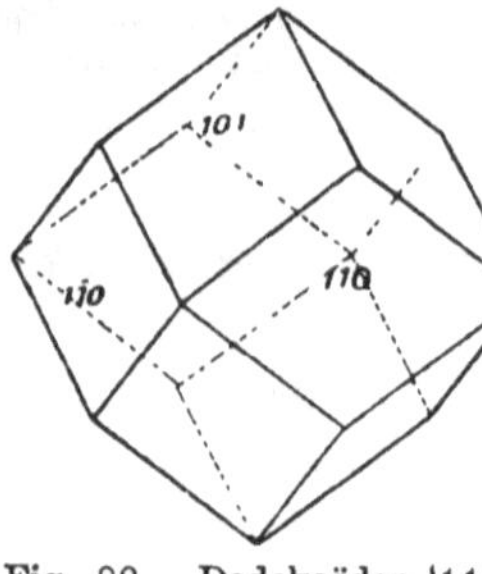

Fig. 88. Dodekaëder $\{110\}$.

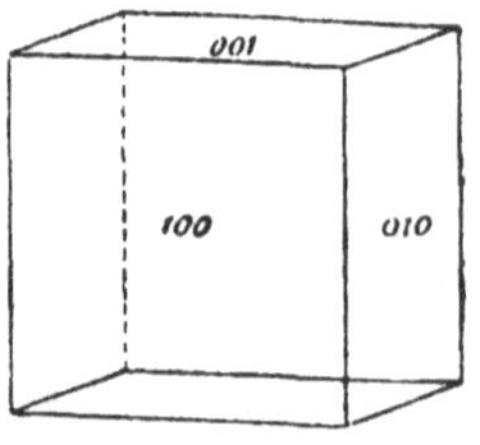

Fig. 89. Hexaëder $\{100\}$.

Erzeugende Symmetrieelemente. — Jede Anordnung von Symmetrieelementen giebt Anlaß zu der Frage nach dem Abhängigkeitsverhältnis, in welchem diese Elemente untereinander stehen. In unserem Falle wird die Antwort durch ein Hilfsmittel anschaulich gemacht, das sich für alle mit Symmetrieebenen ausgestatteten Krystallpolyëder in den *räumlichen Winkelspiegeln* darbietet.

Aus drei ebenen Spiegelstücken setzen wir eine der 48 Ecken zusammen, die von den neun Symmetrieebenen bestimmt werden. Die Spiegelflächen bilden also untereinander dieselben Winkel: 45°, 60°, 90°, welche die Seiten des in Fig. 82 durch dickere Linien bezeichneten sphärischen Dreiecks einschließen. Daher sind die Winkel zwischen den Kanten der Ecke: 35° 15′ 52″, 45°, 54° 44′ 8″. In diese Ecke legen wir ein im Inneren ausgeschnittenes Dreiseit aus leichtem Metall, dessen Begrenzung den Kanten einer über jener Ecke gelegenen Hexakisoktaëderfläche entspricht, z. B. den Kanten der Fläche 321 in Fig. 83 mit den Winkeln 36° 48$^1/_2$′, 56° 15′, 86° 56$^1/_2$′ und den Verhältnissen der Kantenlängen 15,6 : 21,6 : 26.

Sehen wir nun in den Winkelspiegel hinein, so glauben wir das ganze Hexakisoktaëder mit den Verlängerungen seiner Symmetrieebenen und seiner Deckbewegungsaxen zu erblicken. Hieraus ergiebt sich, daß von jenen neun Symmetrieebenen die Ausschnitte dreier Ebenen, welche eine der 48 Ecken bilden, notwendig und ausreichend sind zur Erzeugung des ganzen Polyëders, seiner Symmetrieebenen und Deckbewegungsaxen. Deshalb können wir jene drei Ausschnitte die *erzeugenden Symmetrieelemente* der Hexakisoktaëder und aller übrigen Krystallpolyëder von gleichen Symmetrieeigenschaften nennen.

Unterscheidung von geometrischer und krystallographischer Symmetrie. — Im allgemeinen dürfen wir uns bei der Untersuchung der Symmetrieeigenschaften eines Krystallpolyëders nicht auf die Messung der Flächenwinkel beschränken. Vielmehr müssen wir von vornherein beachten, daß die rein geometrische Symmetrie der idealen Gestalt und der Polfigur eines Krystallpolyëders häufig die wahre Symmetrie des Wachstumsvorganges übertrifft.

Um die Vorstellungen zu fixieren betrachten wir den *Eisenkies* FeS_2. Eine sehr häufig auftretende Form ist das Hexaëder (Fig. 90). Jede Fläche

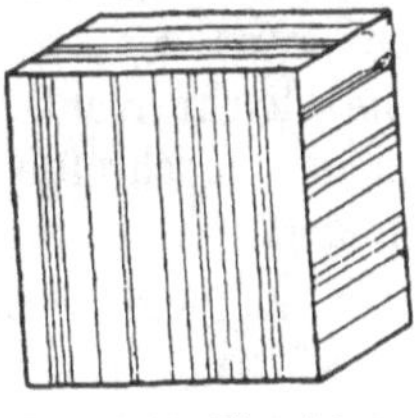

Fig. 90. Eisenkies. Riefung der Hexaederflächen.

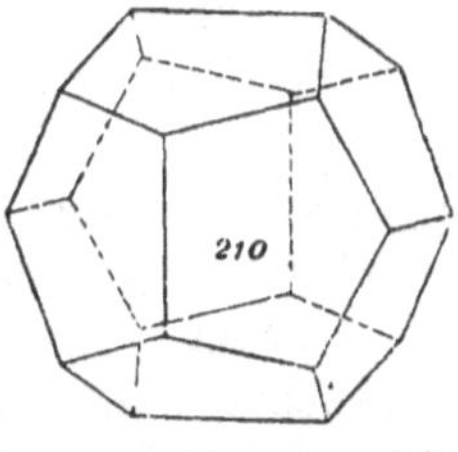

Fig. 91. Pentagondodekaeder {210}.

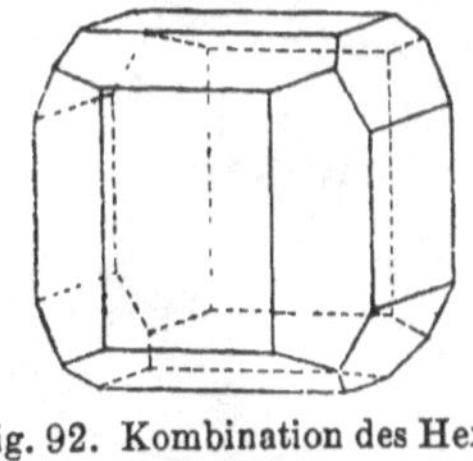

Fig. 92. Kombination des Hexaeders und des Pentagondodekaeders {210}.

zeigt eine Schar von geradlinigen Riefen, die einer Kantenrichtung parallel laufen. Auf benachbarten Flächen stehen die Riefen senkrecht aufeinander.

Aus der Symmetrie dieser Flächen müssen wir schließen, daß die krystallographische Symmetrie des Hexaëders an dem vorliegenden Mineral eine geringere ist als am Flußspat. Das Hexaëder des Eisenkieses besitzt offenbar nicht neun, sondern nur drei Symmetrieebenen parallel den Hexaëderflächen und nicht 13, sondern nur 7 Deckbewegungsaxen, nämlich drei gleichberechtigte 2-zählige parallel den Kanten und vier gleichberechtigte 3-zählige nach den Eckendiagonalen des Hexaëders. Außerdem ist ein Centrum der Symmetrie vorhanden. Untersuchen wir die Riefung genauer, so finden wir, daß sie von sehr schmalen Flächen herrührt, die mit den Hexaëderflächen alternieren. Für sich betrachtet würden die neuen Flächen ein Pentagondodekaëder bilden (Fig. 91). In der That beobachten wir auch häufig genug Krystalle des Eisenkieses, welche diese Form allein oder in Kombination mit dem Hexaëder (Fig. 92) zeigen. Jedesmal stimmen die Symmetrieelemente mit den soeben aus dem gerieften Hexaëder abgeleiteten überein.

Wir wollen jetzt die möglichen einfachen Formen aufsuchen, welche durch diese Symmetrieeigenschaften bedingt sind. Zu Koordinatenaxen wählen wir die drei 2-zähligen Axen α_1, α_2, α_3. Wir gehen wieder aus von einer Fläche mit den Indices hkl, so daß $h > k > l$ ist, z. B. von 321. Da der positive Oktant von einer 3-zähligen Axe δ_0 halbiert wird, so sind mit hkl gleichberechtigt die Flächen klh und lhk, in welche hkl durch Drehung um jene Axe um 120° und 240° übergeführt wird. Drehen wir nun diese Flächengruppe um die 2-zähligen Axen oder spiegeln wir sie an den drei Symmetrieebenen, so erhalten wir die allgemeinste hierher gehörige einfache Form, ein *Dyakisdodekaëder* (Fig. 93). Sie wird von 24 Flächen gebildet, deren Pole in die nicht schraffierten sphärischen Dreiecke der Fig. 94 fallen. Ein kongruentes, aber in der Stellung abweichendes Dyakisdodekaeder würden wir erhalten, wenn wir von der Fläche khl ausgehen; die gleichberechtigten Flächenpole würden dann in den schraffierten Dreiecken der Fig. 94 liegen.

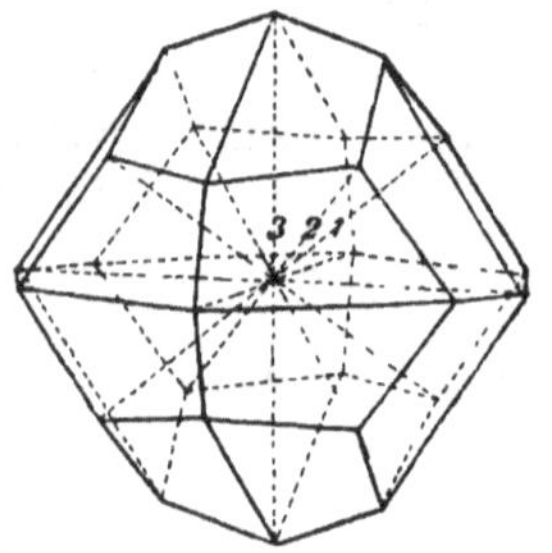

Fig. 93. Dyakisdodekaëder {321}.

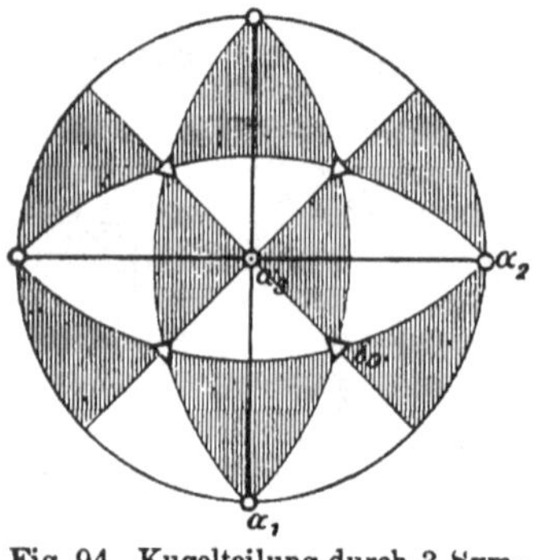

Fig. 94. Kugelteilung durch 3 Symmetrieebenen und 7 Deckbewegungsaxen.

Nun leiten wir, wie in dem vorhergehenden Beispiele S. 39—40 *sechs Arten von speziellen einfachen Formen* ab. Indem wir die Kugelteilungen Fig. 81 und 94 vergleichen, erhalten wir die in der folgenden Tabelle zusammengestellte Formenreihe.

Bedingung	Einfache Form	Formensymbol
$h > k > l$	*Dyakisdodekaeder* . . .	$\{h\,k\,l\}$, $\{k\,h\,l\}$
$k = l$	*Ikositetraeder*	$\{h\,l\,l\}$
$h = k$	*Triakisoktaëder*	$\{k\,k\,l\}$
$l = 0$	*Pentagondodekaëder* . . .	$\{h\,k\,0\}$, $\{k\,h\,0\}$
$h = k$, $k = l$	*Oktaeder*	$\{111\}$
$h = k$, $l = 0$	*Dodekaëder*	$\{110\}$
$k = l$, $l = 0$	*Hexaëder*	$\{100\}$

Das mit $\{h\,k\,0\}$ kongruente Pentagondodekaëder $\{k\,h\,0\}$ entspricht nach seiner Stellung dem Dyakisdodekaëder $\{k\,h\,l\}$.

Das Resultat ist also folgendes. Die Krystallpolyëder von Flußspat und Eisenkies unterscheiden sich von einander durch ihre Symmetrieeigenschaften. Es können aber an ihnen einfache Formen auftreten, die nach ihren Winkeln, also auch nach ihrer geometrischen Symmetrie, identisch sind; dahin gehören die Ikositetraëder, die Triakisoktaëder, das Oktaëder, das Dodekaëder und das Hexaëder. Vor allem stimmen gerade die flächenärmsten und am häufigsten auftretenden Formen, nämlich die beiden Hexaëder, geometrisch überein, während sie nach ihrer krystallographischen Symmetrie wesentlich verschieden voneinander sind.

Es ist daher von fundamentaler Bedeutung, Methoden zu erlangen, welche die wahre Symmetrie des Wachstumsvorganges eines krystallisierten Körpers auch an solchen Formen zu ermitteln gestatten, an denen eine eindeutige Bestimmung geradezu unmöglich sein würde, wenn wir uns auf die Messungen der Winkel beschränken müßten.

Prüfung der Symmetrie des Wachstumsvorganges mit Hilfe des Auflösungsvorganges. — Eine der wichtigsten Methoden zur Untersuchung der Symmetrie der Krystalle besteht in der Erforschung der Wirkungen, die von Lösungsvorgängen auf Flächen oder an Kanten und Ecken der Krystallpolyëder hervorgerufen werden. Läßt man auf eine Krystallfläche ein geeignetes Lösungsmittel, eine Flüssigkeit oder einen Dampf, nicht allzu lange Zeit hindurch und nicht allzu intensiv einwirken, so erfolgt die Auflösung nicht gleichmäßig in der ganzen Ausdehnung der Fläche, sondern sie beginnt an vereinzelten regellos verteilten Stellen und schreitet von den Angriffspunkten nach krystallographisch verschiedenen Richtungen mit verschiedener Geschwindigkeit fort. Wird der Vorgang rechtzeitig unterbrochen, so beobachtet man an der Oberfläche des Krystalls ebenflächig umgrenzte Ätzeindrücke, die im allgemeinen mikroskopisch klein sind. Taucht man z. B. ein Hexaëder des Flußspats 1 Minute hindurch in siedende koncentrierte Salzsäure, so entstehen sehr scharfe pyramidale Ätzeindrücke, die von Ikositetraëderflächen begrenzt sind (Fig. 95). Als F. Becke eine Fläche eines Spaltungshexaëders von Bleiglanz PbS mit einem Tropfen kalter Salzsäure benetzte und nach wenigen Sekunden das ausgeschiedene Chlorblei mit heißem Wasser löste, fand er pyramidale Ätzeindrücke von der in Fig. 96 *a* dargestellten Form. Nach etwas längerer Einwirkung hatten sich die Ätzeindrücke in dem Maße angehäuft, daß nun die ganze Fläche mit Ätzhügeln *b* dicht bedeckt war. Wurde eine mit Wasser verdünnte Salzsäure (20 %) angewendet, so erschien eine Hexaëderfläche mit Ätzhügeln *c* bedeckt, deren Begrenzungsflächen einem Triakisoktaëder oder einem nahestehenden Hexakisoktaëder angehören (vgl. die Abbildung *d*).

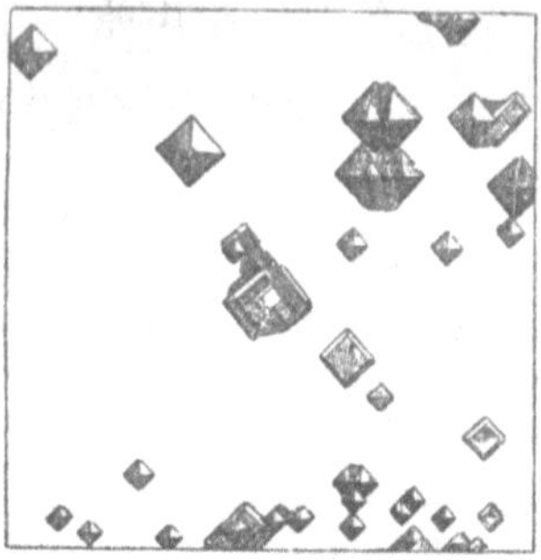

Fig. 95. Flußspat. Ätzeindrücke auf einer Hexaëderfläche. (Vergr. 90.)

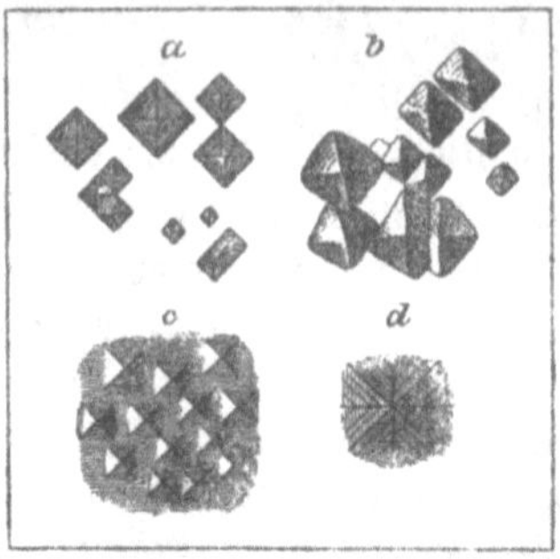

Fig. 96. Bleiglanz. Ätzeindrücke und Ätzhügel auf einer Hexaëderfläche.

Die Untersuchung der Ätzerscheinungen hat zu dem Ergebnis geführt, daß der Widerstand gegen die Auflösung nach verschiedenen Richtungen im allgemeinen verschieden ist und nur nach solchen Richtungen übereinstimmt, die auch bei dem Wachstumsvorgange gleichberechtigt sind. Auf einer ebenen Fläche eines einfachen Krystalls sind daher alle durch denselben Prozeß erzeugten Ätzeindrücke oder Ätzhügel geometrisch ähnlich und ähnlich gelegen. Ihre Symmetrie entspricht stets der krystallographischen Symmetrie der Fläche, auf der sie entstanden sind. Ihre Anordnung auf den Flächen einer einfachen Form gehorcht dem Symmetriegesetz des Wachstumsvorganges.

Obwohl die Bedeutung der Ätzerscheinungen für das Studium der Krystalle schon von Fr. Leydolt 1854 am Quarz eingehend dargelegt wurde, hat sich die Ätzmethode doch erst in den beiden letzten Jahrzehnten zu einem ergiebigen Hilfsmittel krystallographischer Forschung entwickelt. Unentbehrlich ist sie bei der Untersuchung eines Krystallpolyëders, dessen Flächenwinkel noch keinen sicheren Schluß auf die Symmetrieeigenschaften zulassen. Um diese Anwendung zu erläutern, betrachten wir zunächst Auflösungsvorgänge an Hexaëdern von Flußspat, Bleiglanz und Sylvin.

Ein Hexaëder wird von sechs gleichberechtigten Quadraten begrenzt. *Geometrisch* besitzt ein Quadrat zwei Paare von Symmetrielinien: $\alpha\alpha$ parallel den Seiten und $\varepsilon\varepsilon$ nach den Diagonalen (Fig. 97). Drehen wir ein Quadrat in seiner Ebene um seinen Mittelpunkt um $360^0/4$ oder um ein Vielfaches dieses Winkels, so deckt sich die Endlage mit der Anfangslage; der Mittelpunkt ist, wie wir sagen wollen, ein Centrum von der Ordnung vier.

Der Zusammenhang zwischen den geometrischen Symmetrieelementen des Quadrates und des Hexaëders (Fig. 78) ist unmittelbar ersichtlich: Jede Symmetrielinie einer Hexaëderfläche ist eine Schnittlinie dieser Fläche mit einer zu ihr senkrechten Symmetrieebene des Hexaëders, und in dem Centrum c_4 steht auf der Fläche eine 4-zählige Deckbewegungsaxe des Hexaeders senkrecht. Um nun die *krystallographische* Symmetrie eines gegebenen Hexaëders festzustellen, vergleichen wir die Symmetrie der auf seinen Flächen erzeugten Ätzeindrücke oder Ätzhügel mit der geometrischen Symmetrie des Quadrates und ermitteln die *gemeinschaftlichen Symmetrieelemente,* aus denen wir dann auf die wahre Symmetrie des Hexaëders schließen können.

Am *Flußspat* (Fig. 95) und am *Bleiglanz* (Fig. 96) finden wir eine vollständige Übereinstimmung zwischen der geometrischen und der krystallographischen Symmetrie des Hexaëders. Stellen wir uns z. B. vor, daß der Mittelpunkt eines Ätzhügels *d* in Fig. 96 mit dem Mittelpunkte eines Quadrates zusammenfalle (Fig. 98, 99), so besitzt dieses Gebilde dieselben

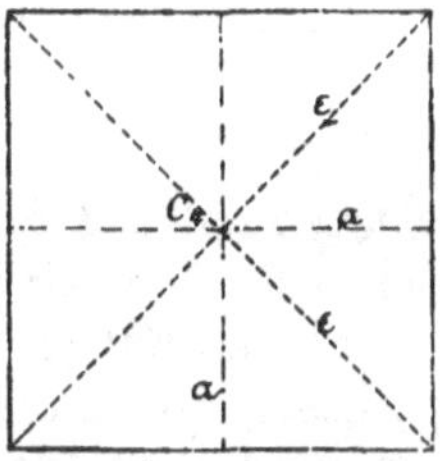

Fig. 97. Symmetrielinien eines Quadrates.

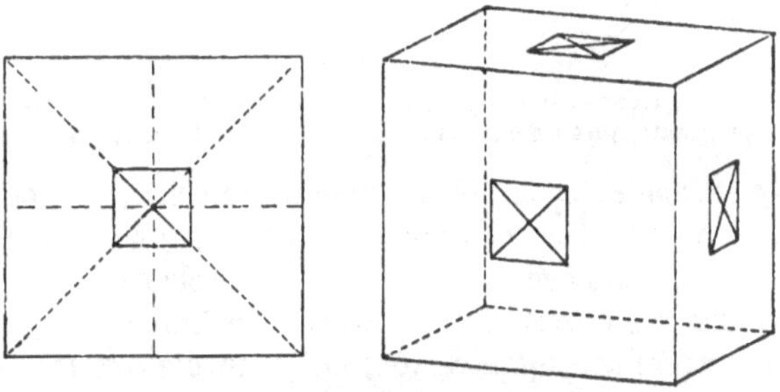

Fig. 98—99. Bleiglanz. Ätzhügel auf den Hexaëderflächen.

Symmetrieelemente wie Fig. 97. Aus diesen Wahrnehmungen müssen wir schließen, daß am Hexaëder und demgemäß auch an allen übrigen Krystallformen des Bleiglanzes 9 Symmetrieebenen, 13 Deckbewegungsaxen und ein Centrum der Symmetrie vorhanden sind.

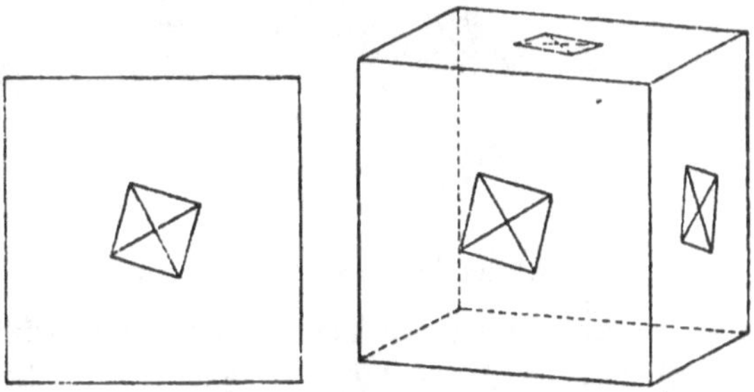

Fig. 100—101. Sylvin. Atzeindrücke auf den Hexaederflächen.

Abweichend verhält sich *Sylvin* KCl. Wird eine Hexaëderfläche dieses Minerals der feuchten Luft ausgesetzt, so entstehen, wie R. Brauns und G. Linck festgestellt haben, pyramidale Ätzeindrücke mit quadratischer Basis. Aber jedes dieser Quadrate hat mit der Begrenzung der Hexaëderfläche nur ein Symmetrieelement, nämlich das Centrum c_4, gemein (Fig. 100). Daher steht auf einer Hexaëderfläche des Sylvins keine Symmetrieebene, sondern nur eine 4-zählige Deckbewegungsaxe senkrecht. Verfolgen wir die Anordnung der Ätzeindrücke auf den an einer Kante oder in einer Ecke zusammenstoßenden Flächen (Fig. 101), so ist ersichtlich, daß der Sylvin außer den in Fig. 78 dargestellten 13 Deckbewegungsaxen kein weiteres Symmetrieelement besitzt.

Wir wenden uns nun zu den Ätzerscheinungen, die auf Spaltungsrhomboëdern von *Kalkspat* $CaCO_3$ und *Dolomit* $CaCO_3.MgCO_3$ durch verdünnte Salzsäure hervorgerufen werden. Geometrisch besitzt ein Rhomboëder (Fig. 102) eine vertikale 3-zählige Deckbewegungsaxe γ, drei 2-zählige

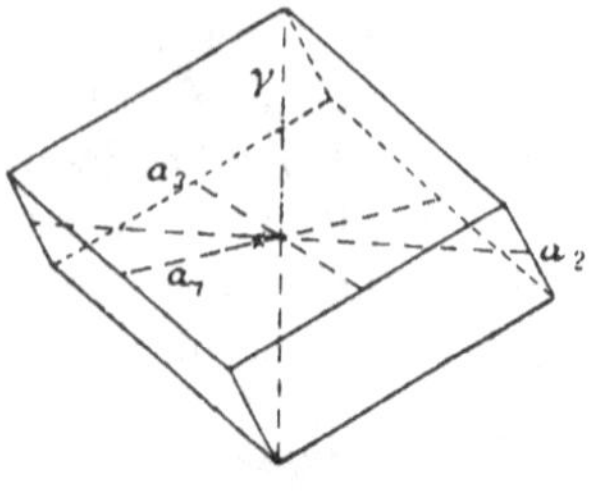

Fig. 102. Geometrische Symmetrieelemente eines Rhomboëders.

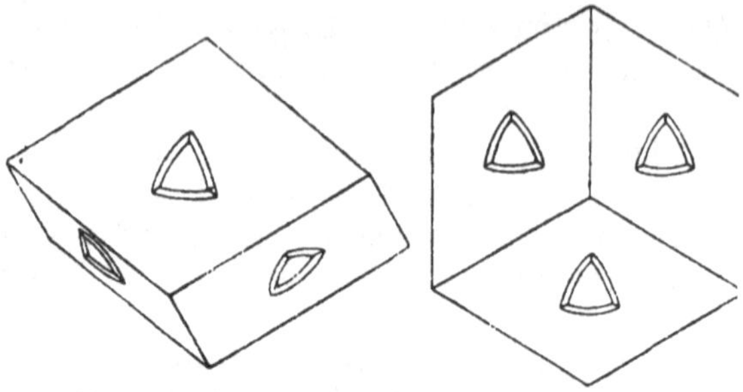

Fig. 103—104. Kalkspat. Atzeindrücke auf den Flächen des Spaltungsrhomboëders.

Queraxen α_1 α_2 α_3, drei Symmetrieebenen, die auf den Queraxen und den Rhomboëderflächen senkrecht stehen, und ein Centrum der Symmetrie. Hiermit stimmen die Symmetrieeigenschaften der Ätzeindrücke des Kalkspats vollkommen überein: Die Symmetrielinien der gleichschenkelig dreiseitigen Vertiefungen (Fig. 103, 104) fallen in die Symmetrieebenen des Rhomboëders

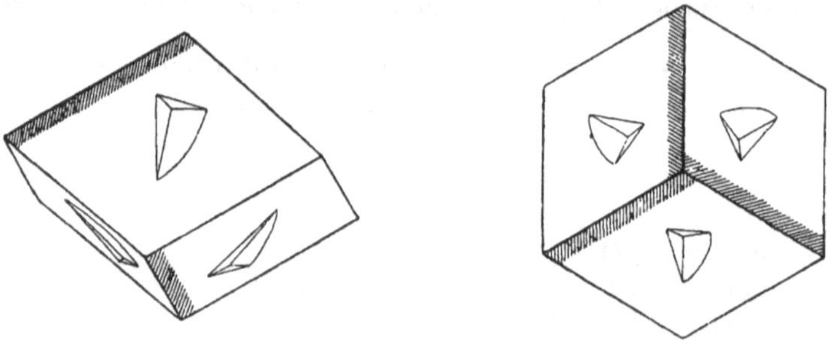

Fig. 105—106. Dolomit. Ätzeindrücke auf den Flächen des Spaltungsrhomboeders.

und die Anordnung der Vertiefungen entspricht den Axen γ α_1 α_2 α_3. Dagegen zeigt das Dolomitrhomboëder, wie G. Tschermak nachgewiesen hat, asymmetrische Ätzeindrücke und an den Endkanten zuweilen Abstumpfungen (Fig. 105, 106), aus deren Anordnung hervorgeht, daß dieses Rhomboëder nur eine 3-zählige Deckbewegungsaxe γ und ein Centrum der Symmetrie besitzt.

Zum Schluß betrachten wir die am *Quarz* durch verdünnte Flußsäure erzeugten Ätzerscheinungen. Die Winkel der flächenarmen, in Fig. 3—5 abgebildeten Formen führten auf eine Polfigur (Fig. 47), die eine weit höhere

Symmetrie darbietet, als dem Quarz in Wirklichkeit zukommt. Wie aus den flächenreicheren Gestalten (Fig. 107, 108) hervorgeht, besitzt dieses Mineral weder eine Symmetrieebene noch ein Centrum der Symmetrie, sondern nur eine 3-zählige Vertikalaxe γ und drei 2-zählige Queraxen α_1 α_2 α_3 in derselben Anordnung wie in Fig. 102. Hiermit stimmen die Ätzeindrücke auf den Rhomboëderflächen *p*, *z* und den Prismenflächen *a* überein, so daß wir mit Hilfe des Auflösungsvorganges imstande sein würden, auch

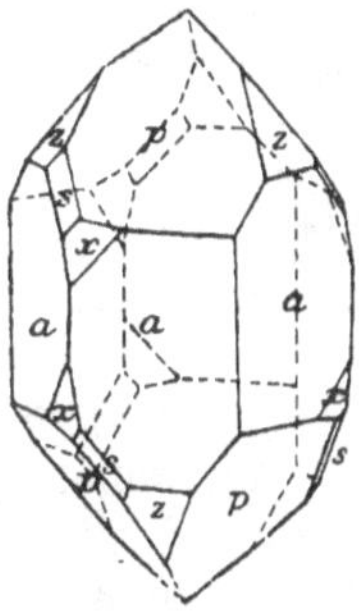

Fig. 107.
Quarz.
Linker Krystall.

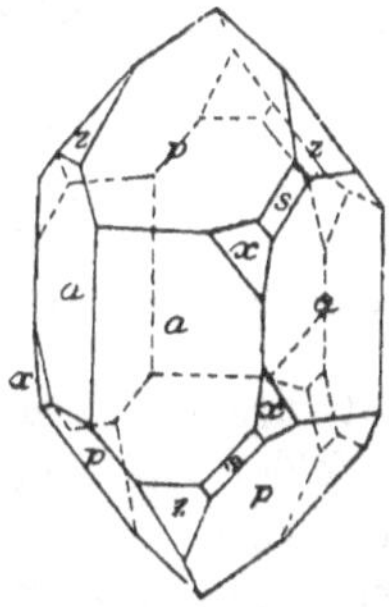

Fig. 108.
Quarz.
Rechter Krystall.

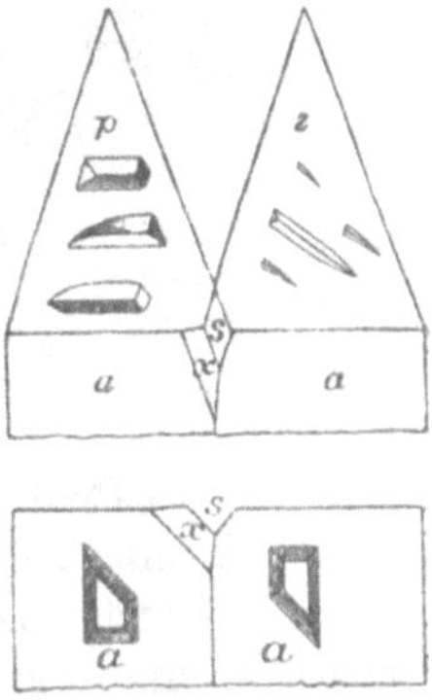

Fig. 109—110. Quarz.
Ätzeindrücke auf *p*, *z*, *a* eines rechten Krystalls.

an jenen flächenarmen Polyëdern die wahre Symmetrie des Quarzes zu ermitteln. Auf *p* entstehen asymmetrische Eindrücke von dreiseitigem oder vierseitigem Umriß, die in der Richtung der Kante $p^\wedge a$ langgestreckt sind und mit ihren Zuspitzungen auf eine Prismenkante weisen, an der die Flächen *s* und *x* nicht auftreten (Fig. 109). Auf *z* bilden sich lange schmale Eindrücke, die gegen die Kante $z^\wedge a$ geneigt liegen und ihre Zuspitzungen dieser Kante zuwenden. Auf *a* werden vierseitige asymmetrische Eindrücke erzeugt, deren Anordnung auf benachbarten Flächen den Queraxen entspricht. Gleichzeitig schreitet der Auflösungsvorgang an den Kanten fort. Es entstehen schmale, mehr oder weniger ebene Abstumpfungen, die nach einem Vorschlage von A. Hamberg als *Prärosionsflächen* bezeichnet werden. Sie zeigen sich namentlich an den Kanten $p^\wedge p$, $p^\wedge z$ über *s*, $p^\wedge s$, $z^\wedge s$ und an den zwischen je zwei übereinander liegenden Flächen *s* auftretenden Kanten $a^\wedge s$, $a^\wedge x$, $a^\wedge a$ (Fig. 111, 112). Sehr anschaulich treten die Unterschiede der Auflösungsgeschwindigkeit nach verschiedenen Richtungen hervor, wenn eine Quarzkugel längere Zeit hindurch der Einwirkung starker Flußsäure ausgesetzt wird. O. Meyer

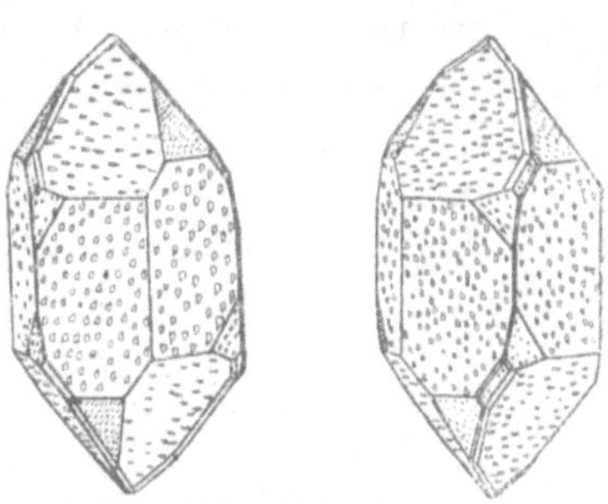

Fig. 111—112. Quarz.
Ätzeindrücke und Prärosionsflächen.

und S. L. Penfield erhielten aus einer Kugel, die einem linken Krystall (entsprechend den Fig. 107, 111) entnommen war, nach Verlauf von sieben Wochen das in Fig. 113, 114 dargestellte Gebilde. Es ist daraus ersichtlich, daß die Auflösung des Quarzes am raschesten in der Richtung der

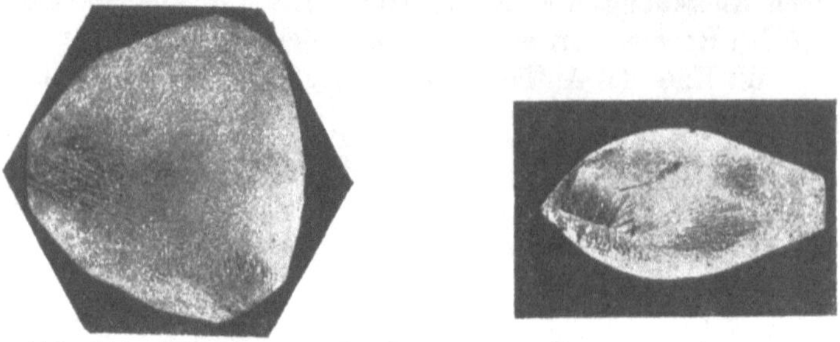

Fig. 113—114. Einwirkung starker Flußsäure auf eine Kugel von Links-Quarz.

3-zähligen Deckbewegungsaxe fortschreitet. Am Äquator der Kugel bilden sich drei rhomboïdisch begrenzte Felder, auf denen der Quarz am wenigsten angegriffen wird. Diese Stellen entsprechen den Kanten des sechsseitigen Prismas *a*, an denen die Flächen *s* und *x* nicht auftreten.

Unterscheidung von Deckoperationen erster und zweiter Art. — Um einen Überblick über die Symmetrie des Flächenkomplexes eines krystallisierten Körpers zu gewinnen betrachten wir die Polfigur Σ dieses Komplexes auf einer Konstruktionskugel. Denken wir uns zu jeder Fläche die von dem Kugelmittelpunkte O nach dem Pole p der Fläche gerichtete Normale hinzu, so erteilen wir dem Radius Op einen bestimmten Richtungssinn. Jeder Durchmesser der Kugel repräsentiert also zwei entgegengesetzt gerichtete gerade Linien, von denen die eine als die *inverse* der anderen bezeichnet werden möge. Die Normalen Op und $O\bar{p}$ einer Fläche h und ihrer parallelen Gegenfläche $\bar{h}$ sind demnach invers.

Wir untersuchen nun eine Polfigur Σ, die Scharen von *gleichberechtigten* Polen enthält. Wir bezeichnen gleichberechtigte Pole mit p_i, p_i', p_i'' . . ., so daß in dem Schema:

$$\begin{matrix} p_1 & p_1' & p_1'' & \ldots \\ p_2 & p_2' & p_2'' & \ldots \\ p_3 & p_3' & p_3'' & \ldots \\ \cdot & \cdot & \cdot & \ldots \end{matrix}$$

jede Zeile eine solche Schar darstellt, während jede Reihe eine Anzahl nicht gleichberechtigter Pole umfaßt. Mit dem Tripel von Polen p_1, p_2, p_3 sind gleichberechtigt die Tripel p_1', p_2', p_3'; p_1'', p_2'', p_3''; . . . Dabei sind folgende Winkel einander gleich:

$$(1) \qquad \begin{aligned} p_1 p_2 &= p_1' p_2' = p_1'' p_2'' = \ldots \\ p_1 p_2 p_3 &= p_1' p_2' p_3' = p_1'' p_2'' p_3'' = \ldots \end{aligned}$$

Betrachten wir jetzt zwei gleichberechtigte Tripel, z. B. p_1, p_2, p_3 und p_1', p_2', p_3', so sind in Bezug auf ihre Anordnung zwei Möglichkeiten vorhanden: p_1', p_2', p_3' können in demselben Sinne angeordnet sein wie p_1, p_2, p_3 oder in dem entgegengesetzten Sinne. Findet also ein Beobachter, der auf der Kugel in dem Dreiecke $p_1 p_2 p_3$ steht, die Punkte p_1, p_2, p_3 im Bewegungssinne des Uhrzeigers angeordnet, so können p_1', p_2', p_3' in demselben oder in dem entgegengesetzten Sinne aufeinander folgen.

Drehungen. — In dem Falle der gleichsinnigen Anordnung (Fig. 115) ist ein Kugeldurchmesser σ vorhanden, um den man die Polfigur Σ derart drehen kann, daß jeder Pol p in die Lage kommt, welche der gleichberechtigte Pol p' bei dieser Bewegung verlassen hat. Um die Drehungsaxe σ zu konstruieren verbinden wir auf der Kugeloberfläche p_1 mit p_1' und p_3 mit p_3' durch größte Kugelkreise und errichten in den Mittelpunkten der Verbindungsbogen die zu diesen Bogen senkrecht stehenden größten Kugelkreise; ihre Schnittpunkte liefern uns die Endpunkte des Durchmessers σ. Führen wir jetzt die Drehung um σ aus, die p_1 und p_3 in die Anfangslagen von p_1' und p_3' überführt, so muß nach (1) auch p_2 in die Anfangslage von p_2' gelangen. Gleichzeitig werden p_i, p_i', p_i'' . . . an die Stellen gebracht, die vorher von p_i', p_i'', p_i''' eingenommen wurden. Durch diese Drehung gelangt also die ganze Polfigur Σ in eine neue Lage, die sich mit der Anfangslage deckt. Daher soll der Durchmesser σ eine *Deckbewegungsaxe* der Polfigur genannt werden. Ist $360°/n$ der kleinste Drehwinkel einer Deckbewegung um σ, so heißt diese Axe *n-zählig* oder von der Periode n. Es muß n eine ganze Zahl, die Drehung um $360°/n$ also ein aliquoter Teil einer ganzen Umdrehung sein; denn sonst würde der Voraussetzung entgegen eine Deckbewegung um σ mit einem kleineren Drehwinkel als $360°/n$ möglich sein. Der Fall $n = 1$ ist auszuschließen, da die Eigenschaft durch eine volle Umdrehung Deckung zu bewirken jedem Durchmesser zukommt. Der Fall $n = \infty$ würde nicht zu Polyëdern, sondern zu Rotationskörpern führen. — Gehen wir jetzt von der Polfigur Σ zu dem entsprechenden Krystallpolyëder über, so können wir sagen: *Eine Deckbewegungsaxe eines Krystallpolyëders ist eine Gerade, um die man das Polyëder um einen aliquoten Teil einer ganzen Umdrehung derart drehen kann, daß es in allen seinen Punkten mit Punkten der Anfangslage zusammenfällt.*

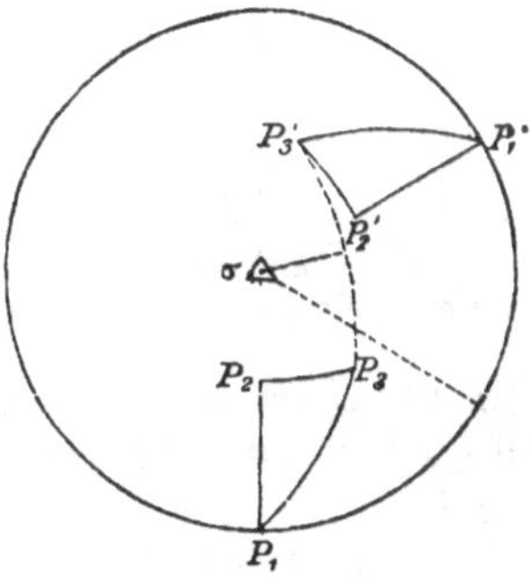

Fig. 115. Polfigur mit einer Deckbewegungsaxe σ.

Deckoperationen zweiter Art. — Sind die Pole p_1, p_2, p_3 und p_1', p_2', p_3' in entgegengesetztem Sinne angeordnet (Fig. 116), so kann man durch eine Drehung um einen Kugeldurchmesser nur bewirken, daß zwei Punkte des Tripels p_1, p_2, p_3 — z. B. p_1, p_2 — an die Stellen gelangen, die vorher von p_1', p_2' eingenommen wurden. Die Drehungsaxe σ ist nach dem soeben angegebenen Verfahren zu konstruieren. Nach Vollendung dieser Drehung stellt p_3 das Spiegelbild der Anfangslage von p_3' in Bezug auf die anfängliche Lage der Diametralebene $p_1' p_2'$ dar. Demnach wird in diesem Falle das eine Tripel im allgemeinen erst durch die Verbindung einer *Drehung* um einen Durchmesser mit einer *Spiegelung* an einer Diametralebene der Kugel in die Lage geführt, die ursprünglich das andere Tripel einnahm. Gleichzeitig wird durch diese Operation die ganze Polfigur mit ihrer Anfangslage zur Deckung gebracht. Eine solche im allgemeinen aus einer Drehung und einer Spiegelung zusammengesetzte Deckoperation soll im Gegensatze zu den einfachen Drehungen als *Deckoperation zweiter Art* (Drehspiegelung) bezeichnet werden.

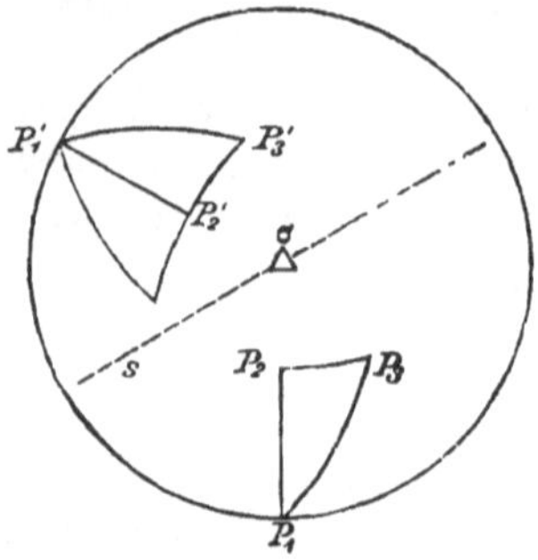

Fig. 116. Verbindung einer Drehung um σ mit einer Spiegelung.

Wir beachten nun, daß eine Deckoperation zweiter Art stets in folgender Weise ausgeführt werden kann. Verlängern wir die Radien $O p_1$, $O p_2$, $O p_3$ über den Kugelmittelpunkt O hinaus, so gelangen wir zu den inversen Polen $\bar{p}_1, \bar{p}_2, \bar{p}_3$. Die Anordnung dieser Pole ist entgegengesetzt zu der Anordnung von p_1, p_2, p_3, also gleichsinnig mit der Anordnung von p_1', p_2', p_3'. Daher muß es möglich sein das neue Tripel $\bar{p}_1, \bar{p}_2, \bar{p}_3$ durch eine Drehung um einen Kugeldurchmesser l, der nicht eine Deckbewegungsaxe in dem vorhin erläuterten Sinne zu sein braucht, in die Anfangslage von p_1', p_2', p_3' zu bringen. Bezeichnen wir die Operation des Überganges von einem Punkte der Kugeloberfläche zu seinem Gegenpunkte als *Inversion*, so gilt jetzt der Satz: *Jede Deckoperation zweiter Art kann erzeugt werden durch die Kombination einer Drehung mit der Inversion.* Die Reihenfolge, in der diese Operationen zusammengesetzt werden, bleibt willkürlich.

Centrum der Symmetrie. — Wenn die Inversion unter den Deckoperationen einer Polfigur selbständig auftritt, so ist jeder Pol p mit dem Gegenpol $\bar{p}$ gleichberechtigt. Daher ist an dem entsprechenden Krystallpolyëder zu jeder Fläche eine parallele und gleichberechtigte Gegenfläche vorhanden. Wir können dann im Innern des Polyëders einen Punkt O angeben, der alle durch ihn gezogenen und von dem Polyëder begrenzten Geraden halbiert. Man nennt O ein Centrum der Symmetrie und kann daher den Satz aussprechen: *ein Krystallpolyëder, an dem jede Fläche mit der parallelen Gegenfläche gleichberechtigt ist, besitzt ein Centrum der Symmetrie.* Dieses Centrum ist gleichzeitig geometrischer Mittelpunkt in dem auf S. 4 angebenen Sinne.

Symmetrieebene. — Wird die Inversion zusammengesetzt mit einer Drehung um einen Kugeldurchmesser l um $360^0/2 = 180^0$, so kann diese Operation ersetzt werden durch eine Spiegelung an der zu l senkrecht stehenden Diametralebene s. Der Beweis ergiebt sich sofort durch Betrachtung der Fig. 117. Ein Pol p werde durch die Inversion nach $\bar{p}$ und darauf durch die Umklappung um l nach p' oder zuerst durch die Umklappung nach $\bar{p}'$ und dann durch die Inversion nach p' geführt. Alsdann ist offenbar p' das Spiegelbild von p in Bezug auf die Ebene s. Umgekehrt kann die Spiegelung an einer Diametralebene s stets ersetzt werden durch die Verbindung der Inversion mit einer Umklappung um den zu s senkrechten Durchmesser l. Ist jeder Punkt einer Polfigur mit seinem Spiegelbilde in Bezug auf eine Ebene s gleichberechtigt, so bezeichnet man diese Ebene als eine *Symmetrieebene*. Die Polfigur deckt sich mit ihrem Spiegelbilde an s. Wir können daher auch sagen: *Ein Krystallpolyëder besitzt eine Symmetrieebene, wenn es sich mit seinem Spiegelbilde an dieser Ebene in Deckung befindet.* In Bezug auf eine Symmetrieebene s sind die Flächen und Kanten des Polyëders paarweise angeordnet, so daß die von einem Flächenpaare oder einem Kantenpaare begrenzten und auf s senkrechten Geraden von s halbiert werden. Es ist bemerkenswert, daß nach dem Gesetze der Zonen jede Symmetrieebene eines Krystallpolyëders die Richtung einer vorhandenen oder möglichen Krystallfläche besitzt, denn sie ist der geometrische Ort der Kanten, in denen spiegelbildlich gleiche Krystallflächen sich schneiden.

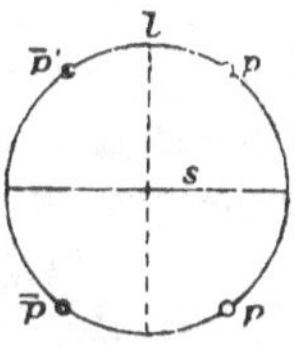

Fig. 117.
Symmetrieebene s.

Allgemeine Definition der Symmetrie. — Aus diesen Entwickelungen entnehmen wir folgende Begriffsbestimmung: *Ein Krystallpolyëder zeigt Symmetrie, wenn es durch Drehungen oder durch Operationen zweiter Art mit sich selbst zur Deckung gebracht werden kann.* Demgemäß unterscheiden wir zwei Arten von Symmetrieelementen. Die Elemente erster Art werden von den Deckbewegungsaxen gebildet. Die Elemente zweiter Art bestehen in den einfachsten Fällen aus dem Centrum der Symmetrie oder aus Symmetrieebenen. Außerdem treten zusammengesetzte Symmetrieelemente zweiter Art auf, welche durch die allgemeinen, aus der Verbindung der Inversion mit Drehungen hervorgehenden Deckoperationen zweiter Art (Drehinversionen) gegeben sind.

Dieser Einteilung entsprechend gliedert sich die folgende Ableitung der möglichen Symmetrieeigenschaften der Krystallpolyëder aus dem geometrischen Grundgesetz dieser Gebilde in zwei Abschnitte. — **A.** Wir werden als eine erste Folgerung den Satz gewinnen, daß die Deckbewegungsaxen der Krystallpolyëder nur 2-, 3-, 4- oder 6-zählig sein können. Daraus schließen wir mit Hilfe des Ausdruckes für den Flächeninhalt eines regelmäßigen sphärischen Polygons auf die verschiedenen Richtungen gleichberechtigter Deckbewegungsaxen und mit Hilfe des Euler'schen Satzes über die Zusammensetzung von Drehungen auf die Richtungen ungleicher Deckbewegungsaxen, die neben einander angetroffen werden können. Auf diesem Wege finden wir zehn verschiedene Anordnungen von Axen. Es giebt demnach 10 Gruppen krystallisierter Körper, deren Krystallpolyëder keine anderen Symmetrieelemente als Deckbewegungsaxen besitzen. — B. Nachdem dieses Ergebnis vorausgeschickt ist, handelt es sich nur noch darum, zu untersuchen, in welchen Fällen jene 10 Anordnungen von Axen ohne Verletzung des geometrischen Grundgesetzes durch Symmetrieelemente zweiter Art erweitert werden können. Wir werden zeigen, daß diese Erweiterung in 21 verschiedenen Fällen eintreten kann. Dadurch steigt mit Einschluß der ersten Gruppe der völlig unsymmetrischen Krystalle (I) die Gesamtzahl der Gruppen auf 32. *Nach den Symmetrieeigenschaften der Vorgänge des Wachstums und der Auflösung sind also 32 Gruppen krystallisierter Körper zu unterscheiden.*

A.

Die Perioden der Deckbewegungsaxen. — Wir beginnen mit dem Nachweise des Satzes, daß Krystallpolyëder nur 2-, 3-, 4- oder 6-zählige Deckbewegungsaxen besitzen können. Es bedeute σ eine n-zählige Deckbewegungsaxe, dann muß ihr kleinster Drehungswinkel ψ ein aliquoter Teil von 360° sein. Ferner seien α_1, α_2, α_3, α_4 und α_5 gleichberechtigte Kanten, so daß α_1 durch wiederholte Drehungen um σ um den Winkel ψ in die Lagen kommt, die vorher von α_2, α_3, α_4, α_5 eingenommen wurden. Durch den Mittelpunkt einer Konstruktionskugel seien Radien parallel zu den Richtungen von σ, α_1, α_5 gelegt (Fig. 118). Bezeichnen wir die Geraden, in denen die Verbindungsebenen $\alpha_1\,\alpha_2$ und $\alpha_2\,\alpha_3$ die Ebene $\alpha_4\,\alpha_5$ schneiden, mit β und γ, so sind β und γ mögliche Krystallkanten. Demnach muß nach dem Gesetz der rationalen Doppelverhältnisse das Doppelverhältnis der vier Kanten β, γ, α_4, α_5 eine rationale Zahl sein. Aus der Symmetrie der Fig. 118 folgt, daß β in die Ebene $\sigma\,\alpha_3$ und γ in die Halbierungsebene des Winkels zwischen den Ebenen $\sigma\,\alpha_3$ und $\sigma\,\alpha_4$ fällt.

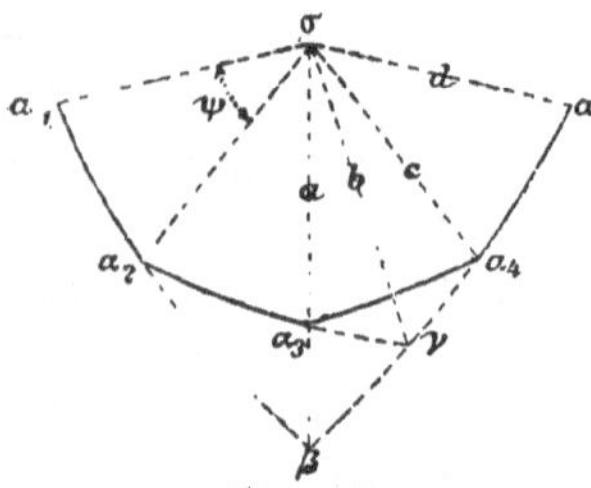

Fig. 118.

Bezeichnen wir nun zur Abkürzung die Ebenen $\sigma\,\alpha_3\,\beta = a$, $\sigma\,\gamma = b$, $\sigma\,\alpha_4 = c$, $\sigma\,\alpha_5 = d$, so steht das Büschel dieser Ebenen über dem Strahlenbüschel $\beta, \gamma, \alpha_4, \alpha_5$. Jetzt erinnern wir uns an folgende Sätze der Geometrie.

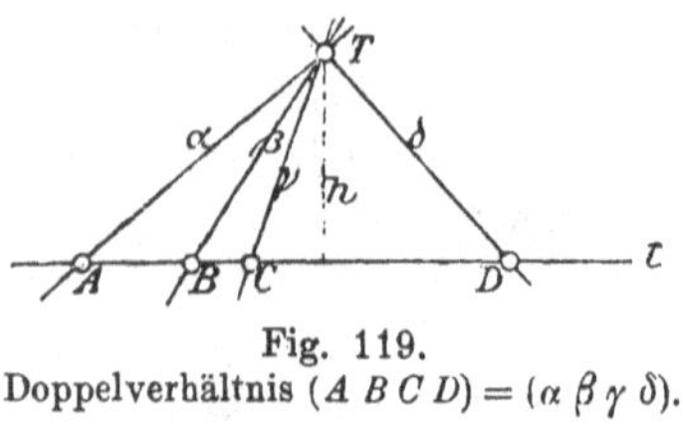

Fig. 119.
Doppelverhältnis $(A\,B\,C\,D) = (\alpha\,\beta\,\gamma\,\delta)$.

Das Doppelverhältnis von vier Punkten A, B, C, D einer geraden Punktreihe τ ist gleich dem gleichgebildeten Doppelverhältnisse der entsprechenden Strahlen α, β, γ, δ eines über der Punktreihe stehenden Strahlenbüschels T:

$$\frac{AC}{BC} : \frac{AD}{BD} = \frac{\sin\alpha\gamma}{\sin\beta\gamma} : \frac{\sin\alpha\delta}{\sin\beta\delta}$$

oder symbolisch $(A\,B\,C\,D) = (\alpha\,\beta\,\gamma\,\delta)$. In der That, bezeichnet man in Fig. 119 mit h die Länge der von T auf τ gefällten Normale, so ist der Inhalt des Dreiecks:

$$ATC = \tfrac{1}{2}AC.h = \tfrac{1}{2}AT.CT.\sin\alpha\gamma$$
$$BTC = \tfrac{1}{2}BC.h = \tfrac{1}{2}BT.CT.\sin\beta\gamma$$
$$ATD = \tfrac{1}{2}AD.h = \tfrac{1}{2}AT.DT.\sin\alpha\delta$$
$$BTD = \tfrac{1}{2}BD.h = \tfrac{1}{2}BT.DT.\sin\beta\delta,$$

woraus sofort jene Relation folgt.

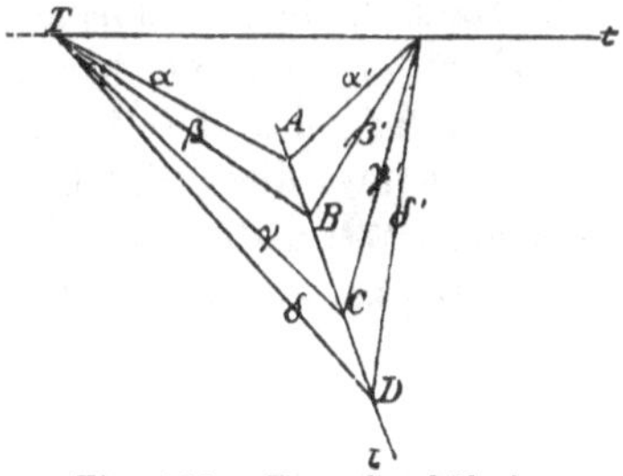

Fig. 120. Doppelverhältnis $(\alpha\,\beta\,\gamma\,\delta) = (a\,b\,c\,d)$.

Ferner ist das Doppelverhältnis von vier Strahlen $\alpha, \beta, \gamma, \delta$ eines Strahlenbüschels T gleich dem gleichgebildeten Doppelverhältnisse der entsprechenden Ebenen a, b, c, d eines über dem Strahlenbüschel stehenden Ebenenbüschels t:

$$\frac{\sin\alpha\gamma}{\sin\beta\gamma} : \frac{\sin\alpha\delta}{\sin\beta\delta} = \frac{\sin ac}{\sin bc} : \frac{\sin ad}{\sin bd}$$

oder symbolisch $(\alpha\,\beta\,\gamma\,\delta) = (a\,b\,c\,d)$. Zum Beweise legen wir einen Normalschnitt durch das Ebenenbüschel, der die Ebenen a, b, c, d in den Geraden α', β', γ', δ' und die Ebene des Büschels T in der Geraden τ schneidet (Fig. 120). Die Schnittpunkte von τ mit α, β, γ, δ seien bezeichnet mit A, B, C, D. Dann ist identisch $(a\,b\,c\,d) = (\alpha'\,\beta'\,\gamma'\,\delta')$ und nach dem vorigen Satze $(\alpha'\,\beta'\,\gamma'\,\delta') = (A\,B\,C\,D) = (\alpha\,\beta\,\gamma\,\delta)$.

Wenden wir dieses Ergebnis auf Fig. 118 an, so folgt die Gleichheit der Doppelverhältnisse $(\beta\,\gamma\,\alpha_4\,\alpha_5) = (a\,b\,c\,d)$. Nun ist Winkel:

$$ac = \psi, \quad bc = \tfrac{1}{2}\psi, \quad ad = 2\psi, \quad bd = \psi + \tfrac{1}{2}\psi.$$

Demnach hat das Doppelverhältnis $(a\,b\,c\,d)$ den Wert:

$$\frac{\sin ac}{\sin bc} : \frac{\sin ad}{\sin bd} = \frac{\sin\psi}{\sin\frac{1}{2}\psi} : \frac{\sin 2\psi}{\sin(\psi + \frac{1}{2}\psi)} = \frac{2\cos\psi + 1}{2\cos\psi}.$$

Dies soll eine rationale Zahl sein. Folglich muß auch der Kosinus des Drehungswinkels ψ einen rationalen Zahlenwert besitzen. Es kommen also für $\cos\psi$ nur die Werte 0, $\pm\frac{1}{2}$ und ± 1 in Betracht. Und daraus ergiebt sich : $\psi = 60^0, 90^0, 120^0, 180^0$, folglich $n = 6, 4, 3, 2$. Wohl haben wir bei dieser Ableitung vorausgesetzt, daß fünf gleichberechtigte Kanten $\alpha_1, \ldots \alpha_5$ vorhanden seien, was für $n = 4, 3, 2$ nicht zutrifft. Da aber für diese Zahlen der Wert von $\cos\psi$ die allgemeine Bedingung, eine rationale Zahl zu sein, befriedigt, so wird auch für $n = 4, 3, 2$ die Gerade σ eine Deckbewegungsaxe eines Krystallpolyëders sein können.

Wir entnehmen hieraus, daß weder das regelmäßige (platonische) *Pentagondodekaëder* (Fig. 121) noch das dual gegenüberstehende *Ikosaëder* (Fig. 122) als Krystallform auftreten kann. Denn diese Polyëder besitzen Deckbewegungsaxen von der Periode 5, die bei dem Pentagondodekaëder auf den durch regelmäßige Fünfseite begrenzten Flächen senkrecht stehen, während sie bei dem Ikosaëder einander gegenüberliegende fünfkantige Ecken verbinden.

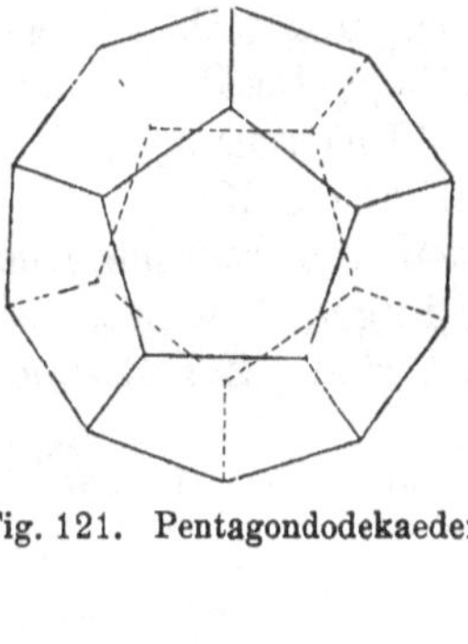
Fig. 121. Pentagondodekaeder.

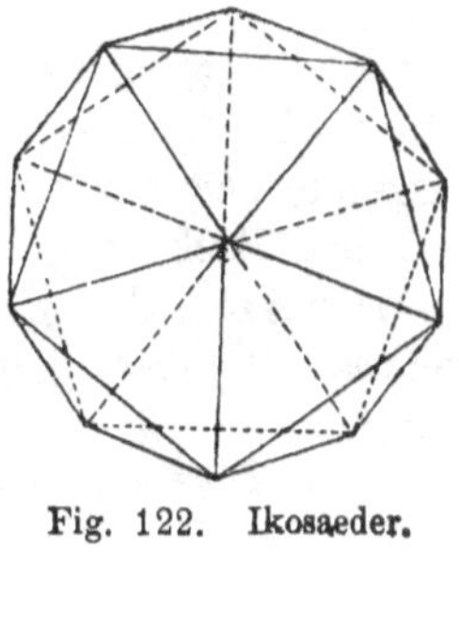
Fig. 122. Ikosaeder.

Aus dem Satze, daß an Krystallpolyëdern nur Deckbewegungsaxen mit den Perioden 2, 3, 4 oder 6 zu erwarten sind, folgt, daß vier Gruppen krystallisierter Körper (II—V) auftreten können, deren Polyëder durch eine einzige Deckbewegungsaxe γ charakterisiert werden. Wir wollen für diese Fälle sogleich die allgemeinsten einfachen Formen aufsuchen. Ist die Axe γ 2-zählig, so erhalten wir zu jeder Fläche eine zweite gleichberechtigte Fläche, derart, daß der Winkel der beiden Flächen durch γ halbiert wird; man bezeichnet diese Form, nach ihrer keilförmigen Gestalt, als einfaches *Sphenoid.* Wenn die Axe γ 3-, 4- oder 6-zählig ist, so ergeben sich einfache *trigonale, tetragonale* oder *hexagonale Pyramiden* (Fig. 123—125).

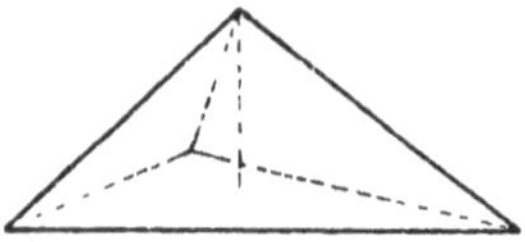

Fig. 123.
Trigonale Pyramide.

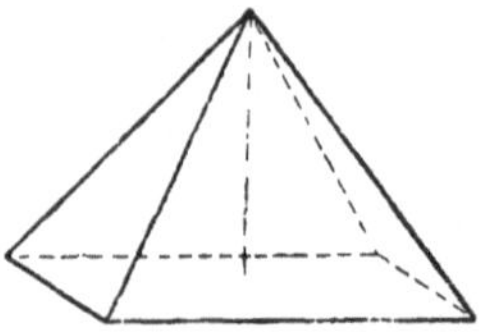

Fig. 124.
Tetragonale Pyramide.

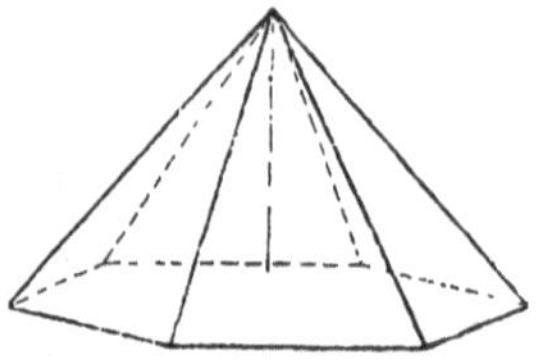

Fig. 125.
Hexagonale Pyramide.

Die Richtungen gleichberechtigter Deckbewegungsaxen. — Wir müssen jetzt die verschiedenen Richtungen bestimmen, welche von gleichberechtigten Deckbewegungsaxen in Krystallpolyëdern angenommen werden können.[1] Es seien σ_1 und σ_2 zwei gleichberechtigte n-zählige Axen eines Polyëders von der Beschaffenheit, daß kein anderes Paar n-zähliger Axen einen kleineren Winkel einschließe als $\sigma_1\,\sigma_2$. Von dem Mittelpunkte einer Konstruktionskugel seien Radien parallel zu σ_1 und σ_2 gelegt (Fig. 126). Durch eine Drehung der Kugel um σ_2 um den Winkel $360^0/n$ gelange σ_1 nach σ_3. Dann muß σ_3 mit σ_1 gleichberechtigt sein; σ_3 ist also ebenfalls eine n-zählige Deckbewegungsaxe. Dasselbe gilt von σ_4, wenn dies die Gerade ist, mit der σ_2 nach einer Drehung der Kugel um σ_3 um den Winkel $360^0/n$ zusammenfällt. Setzt man dieses Verfahren fort, so erhält man eine Gruppe von n-zähligen Axen, die auf der Kugel ein regelmäßiges sphärisches Vieleck bestimmen. Dieses Vieleck muß sich schließen, da sonst, der Voraussetzung entgegen, zwei n-zählige Deckbewegungsaxen vorhanden wären, die miteinander einen kleineren Winkel als $\sigma_1\,\sigma_2$ bilden. Demnach kann der Satz ausgesprochen werden: Besitzt ein Krystallpolyëder zwei gleichberechtigte n-zählige Deckbewegungsaxen von verschiedenen Richtungen, so existieren p solche Axen, die wie die Kugelradien nach den Ecken eines regelmäßigen sphärischen p-Ecks gerichtet sind. Zur Bestimmung dieser Vielecke dient

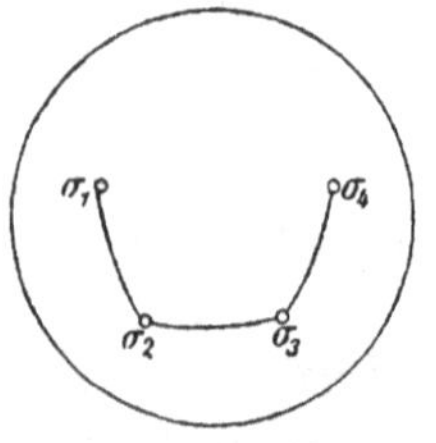

Fig. 126. Gleichberechtigte Deckbewegungsaxen.

[1] L. Sohncke, Entwickelung einer Theorie der Krystallstruktur. Leipzig 1879. S. 41.

der Ausdruck für ihren Flächeninhalt F_p. Bedeutet K den Flächeninhalt der Kugeloberfläche, so ist der Inhalt eines sphärischen Dreiecks mit den Winkeln α, β, γ:

$$[\alpha + \beta + \gamma - \pi] \cdot \frac{K}{4\pi}$$

und der Inhalt eines sphärischen p-Ecks mit den Winkeln α, β, γ . . . :

$$[\alpha + \beta + \gamma + \ldots - (p-2)\pi] \cdot \frac{K}{4\pi}.$$

Demnach ist der Flächeninhalt F_p eines regelmäßigen sphärischen p-Ecks, dessen Winkel gleich $2\pi/n$ sind, gegeben durch:

$$F_p = [p\,\frac{2\pi}{n} - (p-2)\pi] \cdot \frac{K}{4\pi}$$

oder durch:

$$F_p = [2n - p(n-2)] \cdot \frac{K}{4n}.$$

Die Zahlenverbindung $2n - p(n-2)$ möge hinfort kurz mit φ bezeichnet werden, so daß:

$$F_p = \varphi \cdot \frac{K}{4n}.$$

Der Wert $p = 1$ kann nicht in Betracht kommen, weil ein Eineck keine Bedeutung hat. Für $p = 2$ ist die Zahl $\varphi = 4$, also unabhängig von n. Daher kann jede n-zählige Deckbewegungsaxe nach den Ecken eines sphärischen Zweiecks, d. h. nach zwei einander entgegengesetzten Richtungen verlaufen.

Indem wir jetzt in den Ausdruck für F_p die für n zulässigen Werte 2, 3, 4, 6 der Reihe nach einführen, erhalten wir bestimmte Werte für die ganzen Zahlen p, welche uns die Anzahlen der Ecken der gesuchten regelmäßigen sphärischen Vielecke angeben. Da nämlich der Flächeninhalt F_p positiv ist, so müssen die Zahlen p der Bedingung genügen, daß $\varphi = 2n - p(n-2)$ größer als Null ist. Das Resultat ist in der folgenden Tabelle zusammengestellt:

n	φ	p	$F_p = \varphi \dfrac{K}{4n}$
2	4	—	$\frac{K}{2}$
3	$6-p$	2, 3, 4, 5	$\frac{K}{3}, \frac{K}{4}, \frac{K}{6}, \frac{K}{12}$
4	$2(4-p)$	2, 3	$\frac{K}{4}, \frac{K}{8}$
6	$4(3-p)$	2	$\frac{K}{6}$

Hiernach ist zunächst für $n = 2$ der Wert von $\varphi = 4$, also unabhängig von p. Daher bleibt in diesem Falle die Anzahl p der Ecken des Vielecks vorläufig noch unbestimmt. Da aber der Flächeninhalt des Vielecks gleich der halben Kugeloberfläche sein muß ($F_p = K/2$), so ist doch schon ersichtlich, daß die Ecken des Vielecks auf einem größten Kugelkreise liegen müssen. Demnach fallen die nach diesen Ecken gerichteten 2-zähligen Deckbewegungsaxen in eine Ebene. Daher der Satz: Gleichberechtigte 2-zählige Deckbewegungsaxen von verschiedenen Richtungen verlaufen entweder nach zwei einander entgegengesetzten Richtungen oder parallel den Radien nach den Ecken eines regelmäßigen ebenen p-Ecks, dessen Eckenzahl noch zu bestimmen ist (S. 59).

Wir wenden uns jetzt zu den 3-zähligen Axen ($n = 3$). Neben dem sphärischen Zweiecke ($p = 2$, $F_2 = K/3$), von dem wir zunächst absehen wollen, kommen hier folgende Vielecke in Betracht:

Dreiecke ($p = 3$)	mit dem Flächeninhalt	$K/4$
Vierecke ($p = 4$)	„ „ „	$K/6$
Fünfecke ($p = 5$)	„ „ „	$K/12$.

Die nach den Ecken dieser Vielecke gerichteten Kugelradien haben nun dieselben Richtungen, wie die Diagonalen, die von den Mittelpunkten des regelmäßigen Tetraëders, Hexaëders und Pentagondodekaëders nach den Ecken dieser Polyëder gezogen sind. In der That, legen wir um den Mittelpunkt des Tetraëders (Fig. 127) eine Kugel, so bestimmen die vier Diagonalen die Eckpunkte von vier sphärischen Dreiecken, deren Flächeninhalt gleich dem vierten Teile der Kugeloberfläche ist (Fig. 128). In analoger Weise erzeugen die Diagonalen des Hexaëders (Fig. 129) die Eckpunkte von sechs sphärischen Vierecken mit dem Fächeninhalt $K/6$ (Fig. 130). Indem wir den Fall des Pentagondodekaëders nach S. 53 ausschließen, gelangen wir zu dem Satze: Gleichberechtigte 3-zählige Deckbewegungsaxen von verschiedenen Richtungen verlaufen entweder nach zwei einander entgegengesetzten Richtungen oder parallel den Diagonalen, welche die

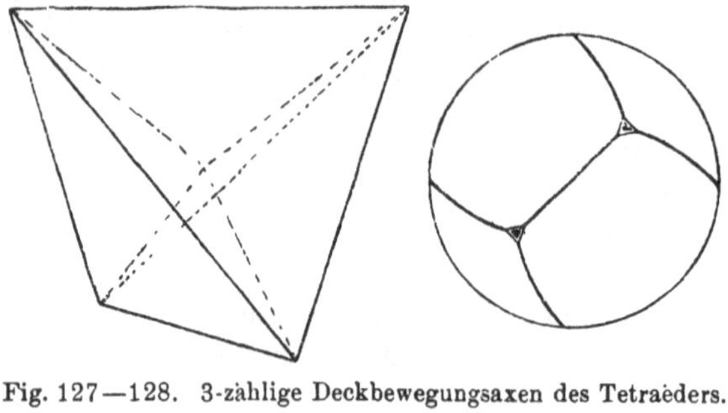

Fig. 127—128. 3-zählige Deckbewegungsaxen des Tetraëders.

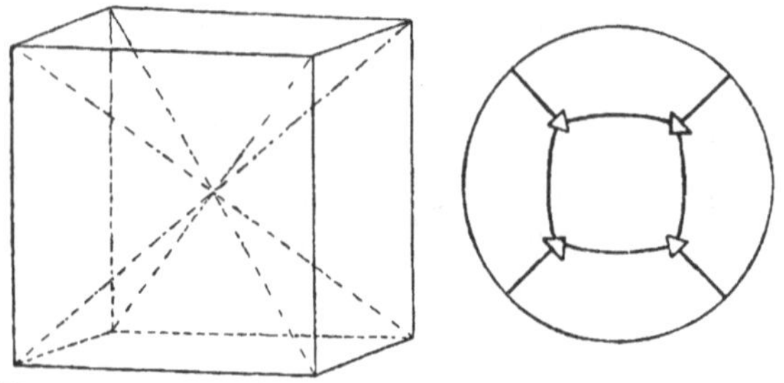

Fig. 129—130. 3-zählige Deckbewegungsaxen des Hexaeders.

Mittelpunkte des regelmäßigen *Tetraëders* und *Hexaëders* mit den Ecken dieser Polyëder verbinden.

Zur Bestimmung 4-zähliger Axen ($n = 4$) erhalten wir nach der Tabelle neben einem sphärischen Zweiecke ($p = 2$, $F_2 = K/4$) noch ein sphärisches Dreieck ($p = 3$), welches einen Kugeloktanten umfaßt ($F_3 = K/8$). Die nach seinen Ecken gezogenen Kugelradien stehen also aufeinander senkrecht und haben die Richtungen der Eckendiagonalen des regelmäßigen Oktaëders (Fig. 131, 132). Mithin besteht der Satz: Gleichberechtigte 4-zählige Deckbewegungsaxen von verschiedenen Richtungen verlaufen entweder nach zwei einander entgegengesetzten Richtungen oder parallel den Eckendiagonalen des regelmäßigen *Oktaëders*.

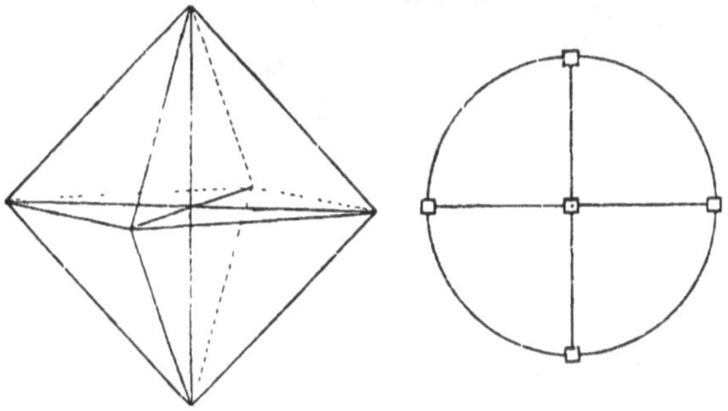

Fig. 131—132. 4-zählige Deckbewegungsaxen des Oktaëders.

Endlich ergiebt sich für $n = 6$ nur ein Zweieck ($p = 2$, $F_2 = K/6$). Gleichberechtigte 6-zählige Deckbewegungsaxen können also nur nach zwei einander entgegengesetzten Richtungen verlaufen.

Die Anordnungen ungleicher Deckbewegungsaxen. — Mit Hilfe der soeben gewonnenen Resultate wollen wir nun die in Krystallpolyëdern möglichen Anordnungen von ungleichen Deckbewegungsaxen aufsuchen. Wir fanden, daß auch die einander entgegengesetzten Richtungen einer Deckbewegungsaxe gleichberechtigt sein können, und fragen jetzt nach der Bedingung, die befriedigt werden muß, damit die Richtung AB und die entgegengesetzte Richtung BA einer Axe insbesondere deckbar gleich sind. Eine Axe von dieser Beschaffenheit nennen wir *zweiseitig*. Wenn ein Polyeder mit einer zweiseitigen Axe AB derart mit sich selbst zur Deckung gebracht werden soll, daß AB in der neuen Lage so verläuft wie vorher AB, so ist dazu erforderlich, daß eine zu AB senkrechte geradzählige, also 2-, 4- oder 6-zählige Deckbewegungsaxe in dem Polyëder vorhanden sei. Demnach ist eine Deckbewegungsaxe nur dann zweiseitig, wenn auf ihr eine geradzählige Deckbewegungsaxe senkrecht steht. Ein Beispiel bieten die drei aufeinander senkrechten 4-zähligen Axen des Oktaëders dar (Fig. 131). Alle Axen, bei denen jene Bedingung nicht erfüllt ist, sind *einseitig*.

Es sei zunächst eine zweiseitige n-zählige Deckbewegungsaxe γ gegeben, die einzig in ihrer Art ist. Dann muß eine auf ihr senkrecht stehende geradzählige Axe α nach jeder Drehung um γ um $360^0/n$ mit einer gleichberechtigten Axe α zusammenfallen. Die so bestimmten Queraxen sind zweiseitig, wenn n eine gerade Zahl (2, 4 oder 6) ist, und einseitig für ein ungerades n, also für $n = 3$. In dem einfachsten Falle werden die Queraxen 2-zählig sein. Wir erhalten dann folgende Anordnungen. Eine zweiseitige 2-zählige Axe $\gamma\bar{\gamma}$ und eine zweiseitige 2-zählige Queraxe $\alpha\bar{\alpha}$ (Fig. 133). Eine zweiseitige 3-zählige Axe $\gamma\bar{\gamma}$ und drei gleichberechtigte unter $360^0/3 = 120^0$ gegeneinander geneigte einseitige 2-zählige Queraxen $\alpha_1, \alpha_2, \alpha_3$ (Fig. 134). Eine zweiseitige 4-zählige Axe $\gamma\bar{\gamma}$ und zwei gleichberechtigte unter $360^0/4 = 90^0$ gegeneinander geneigte zweiseitige 2-zählige Queraxen $\alpha_1\bar{\alpha}_1$, $\alpha_2\bar{\alpha}_2$ (Fig. 135). Eine zweiseitige 6-zählige Axe $\gamma\bar{\gamma}$ und drei gleichberechtigte unter $360^0/6 = 60^0$ gegeneinander geneigte zweiseitige 2-zählige Queraxen $\alpha_1\bar{\alpha}_1$, $\alpha_2\bar{\alpha}_2$, $\alpha_3\bar{\alpha}_3$ (Fig. 136). Allein diese Anordnungen können nicht selbständig bestehen. Das ergiebt sich aus dem Euler'schen Theorem über die Zusammensetzung der Drehungen einer Kugel um Axen, die sich im Kugelmittelpunkte schneiden.

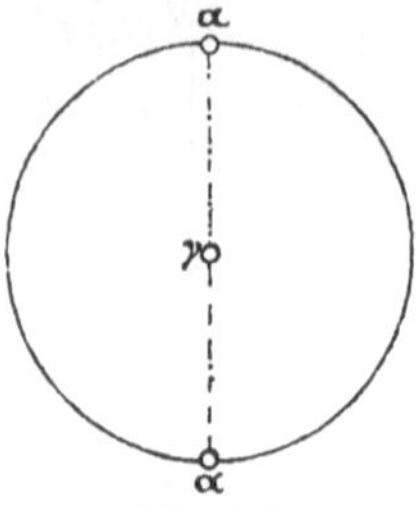

Fig. 133.

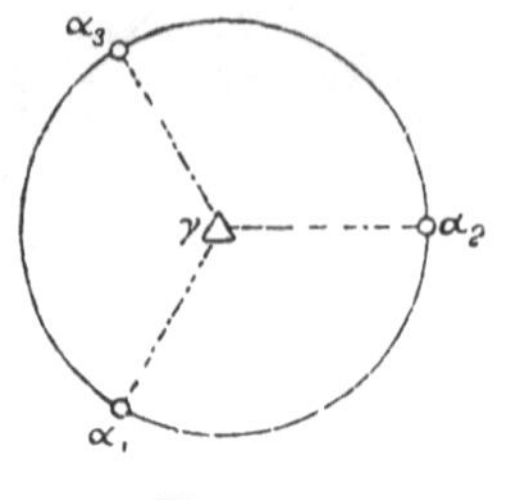

Fig. 134.

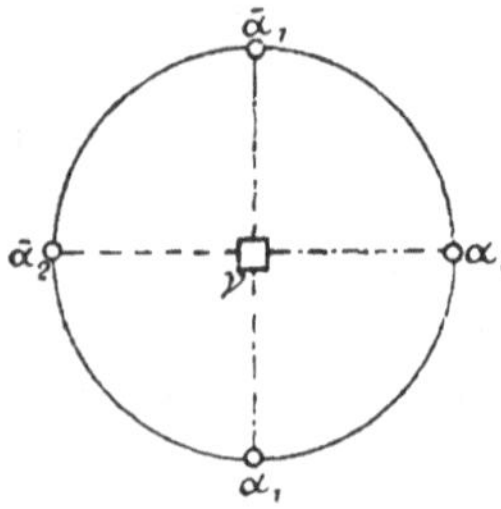

Fig. 135.

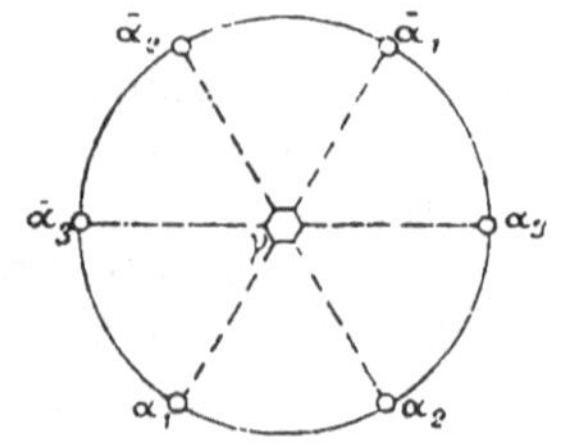

Fig. 136.

Zweiseitige Deckbewegungsaxen γ, die einzig in ihrer Art sind.

Das Euler'sche Theorem. — Zwei nacheinander auszuführende Drehungen einer Kugel um zwei Durchmesser ϱ und σ um die Drehwinkel λ und μ sind zusammen äquivalent einer Drehung um einen Durchmesser τ mit dem Drehwinkel ν (Fig. 137). Wenn ϱ, σ und λ, μ gegeben sind, so werden die Richtungen von τ und der Wert von ν in folgender Weise konstruiert. Dabei kommt von den Schnittpunkten eines jeden Durchmessers mit der Kugelfläche nur je einer, den man beliebig wählen kann, in Betracht. Man ziehe auf der Kugelfläche zwei größte Kreise, indem man einmal im Schnittpunkte ϱ des ersten Durchmessers den halben Drehwinkel λ an den durch ϱ und σ gehenden größten Kreis anträgt und zwar auf der Seite dieses Kreises, von der her die Drehung erfolgt, und indem man andererseits im Schnittpunkt σ des zweiten Durchmessers den halben Drehwinkel μ an denselben Kreis anträgt, jedoch auf der Seite, nach der hin die Drehung auszuführen ist. Dann bestimmen die Schnittpunkte der so gewonnenen größten Kreise die Lage des gesuchten Durchmessers τ und der bei τ liegende Außenwinkel des sphärischen Dreiecks $\varrho\sigma\tau$ ist die Hälfte des gesuchten Drehwinkels ν.

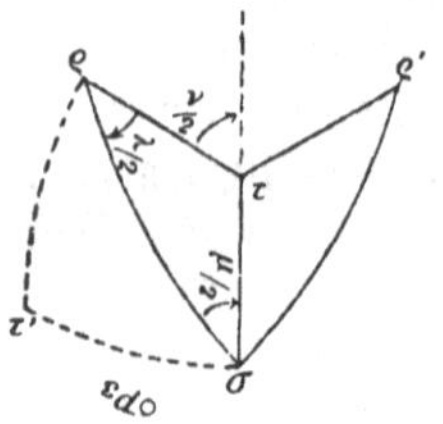

Fig. 137. Zusammensetzung der Drehungen einer Kugel.

Der Beweis ergiebt sich aus folgender Überlegung. Eine Drehung der Kugel um ϱ um den Winkel λ führt τ in die zu der Ebene $\varrho\,\sigma$ symmetrische Lage τ'. Die folgende Drehung um σ um den Winkel μ bringt τ' wieder in die Anfangslage τ zurück. Da sich also die Lage von τ nach Vollendung der beiden Drehungen gar nicht geändert hat, so können diese Drehungen durch eine einzige Drehung um τ ersetzt werden. — Der Durchmesser ϱ ist bei der ersten Drehung unverändert geblieben und durch die zweite Drehung in die zu der Ebene $\sigma\,\tau$ symmetrische Lage ϱ' gelangt. Daher muß er durch die äquivalente Drehung um τ auch nach ϱ' befördert werden. Demnach ist der gesuchte Drehwinkel gegeben durch $\varrho\,\tau\,\varrho'$, und dieser Winkel wird nach der Symmetrie der Figur durch die Verlängerung des Bogens $\sigma\,\tau$ halbiert.

Nach dem Euler'schen Theorem erweitern sich nun die in Fig. 133—136 dargestellten Anordnungen von Axen in folgender Weise. Zu den Axen γ und α in Fig. 133 tritt eine zweiseitige 2-zählige Queraxe $\beta\bar{\beta}$ hinzu (Fig. 138). In die Verlängerungen der Axen $\alpha_1, \alpha_2, \alpha_3$ in Fig. 134 fallen drei gleichberechtigte einseitige 2-zählige Queraxen $\bar{\alpha}_1$, $\bar{\alpha}_2$, $\bar{\alpha}_3$ (Fig. 139). Zu den Queraxen α der Fig. 135 gesellt sich ein zweites Paar gleichberechtigter und zweiseitiger 2-zähliger Queraxen $\beta_1\bar{\beta}_1$, $\beta_2\bar{\beta}_2$, welches die Winkel zwischen den Axen α halbiert (Fig. 140). In analoger Weise treten zu den Queraxen α der Fig. 136 noch drei gleichberechtigte und zweiseitige 2-zählige Queraxen $\beta_1\bar{\beta}_1$, $\beta_2\bar{\beta}_2$, $\beta_3\bar{\beta}_3$, welche die Winkel des ersten Tripels halbieren (Fig. 141).

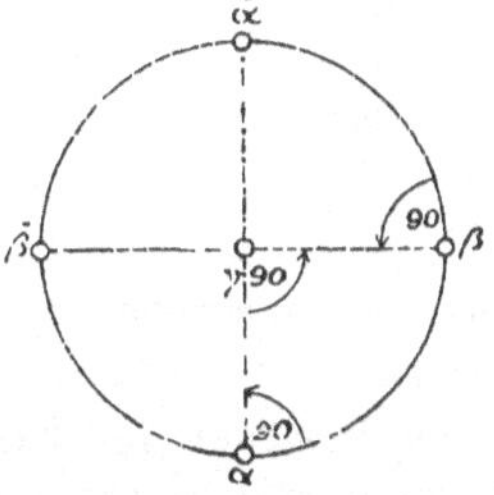

Fig. 138.

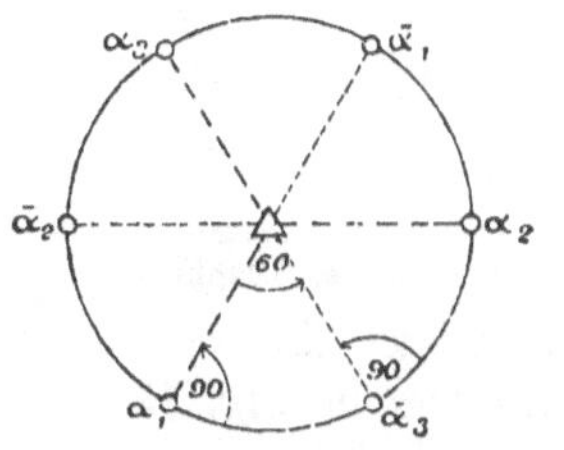

Fig. 139.

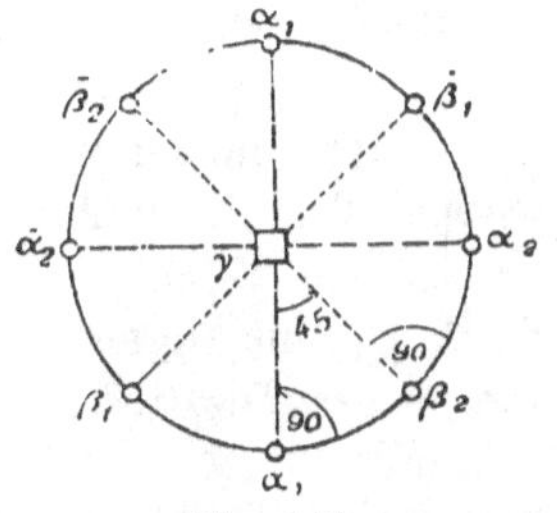

Fig. 140.

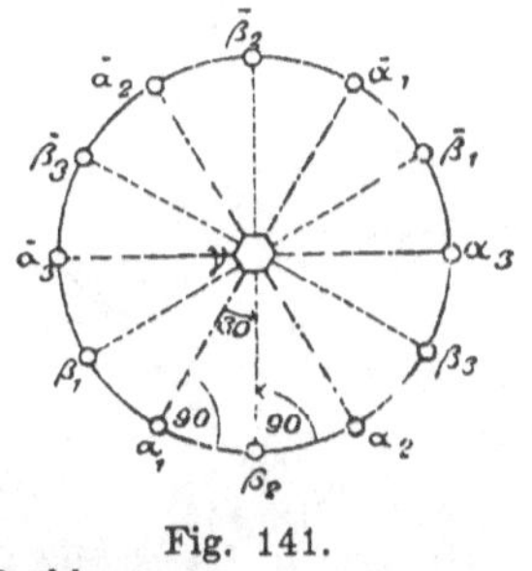

Fig. 141.

Die zu den zweiseitigen Deckbewegungsaxen γ gehörigen Queraxen.

Auf diesem Wege haben wir vier Anordnungen von Deckbewegungsaxen gewonnen, denen vier neue Gruppen krystallisierter Körper entsprechen.

Die Krystallpolyëder der VI. Gruppe sind durch drei aufeinander senkrechte nicht vertauschbare zweiseitige Deckbewegungsaxen α, β, γ von der Periode 2 charakterisiert. Die allgemeinste einfache Form ist ein *Bisphenoid* (Fig. 142), wie man sich sofort überzeugt, wenn man einer die Axen α, β, γ in endlichen Entfernungen schneidenden Fläche die vorgeschriebenen Drehungen erteilt.

Daran schließen sich drei Gruppen mit Krystallformen, in denen eine Deckbewegungsaxe γ ausgezeichnet ist gegenüber den 2-zähligen

Queraxen. Die Polyëder der VII. Gruppe besitzen eine zweiseitige 3-zählige Axe γ und drei einseitige 2-zählige Queraxen α_1, α_2, α_3; die allgemeinste

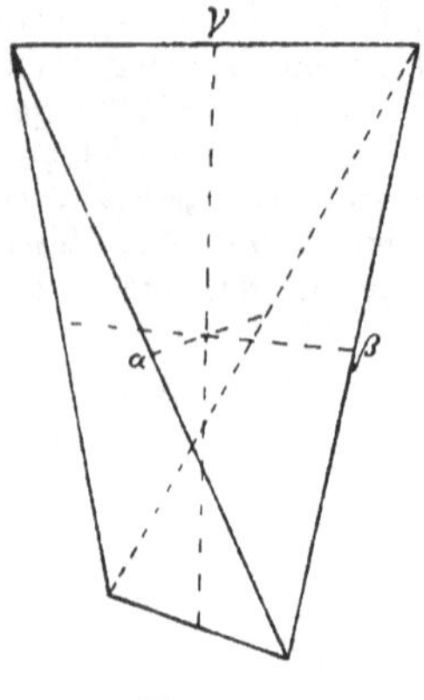

Fig. 142.
Rhombisches Bisphenoid.

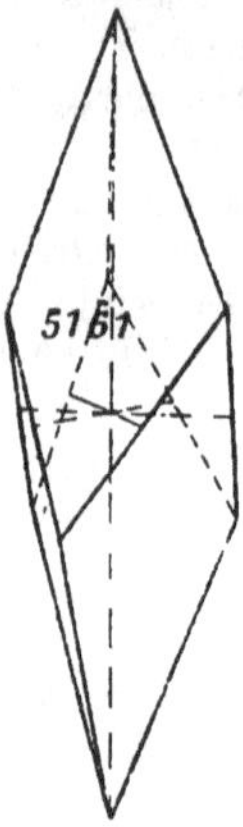

Fig. 143.
Trigonales Trapezoëder.

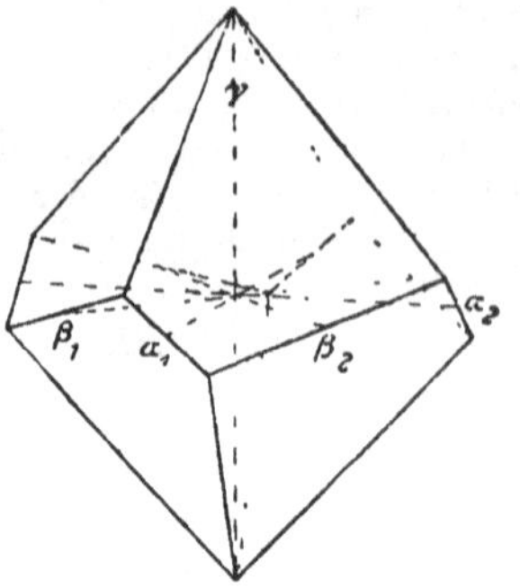

Fig. 144.
Tetragonales Trapezoeder.

Form ist ein *trigonales Trapezoëder* (Fig. 143 entspricht den Flächen x des Quarzes in Fig. 108). Für die Polyëder der VIII. Gruppe sind eine zweiseitige 4-zählige Axe γ und zwei Paare von zweiseitigen 2-zähligen Queraxen α_1, α_2 und β_1, β_2 charakteristisch; die allgemeinste einfache Form ist ein *tetragonales Trapezoëder* (Fig. 144). In der IX. Gruppe finden wir Polyëder mit einer zweiseitigen 6-zähligen Axe γ und zwei Tripeln von zweiseitigen 2-zähligen Queraxen α_1, α_2, α_3 und β_1, β_2, β_3; die allgemeinste einfache Form ist ein *hexagonales Trapezoëder* (Fig. 145).

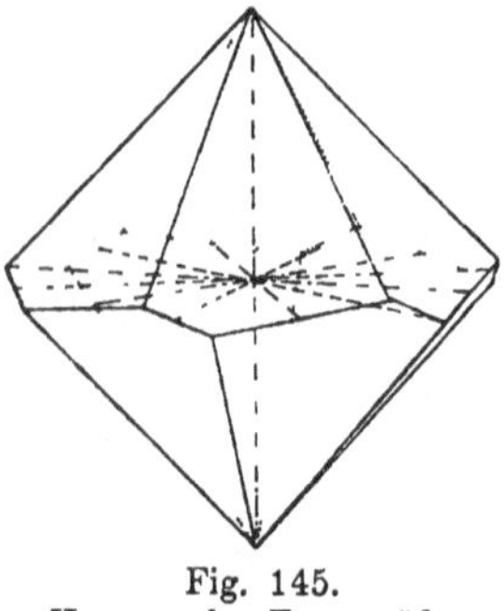

Fig. 145.
Hexagonales Trapezoëder.

Wir müssen jetzt das Euler'sche Theorem noch auf die Deckbewegungsaxen des regelmäßigen Tetraëders, Hexaëders und Oktaëders anwenden. Zu den vier einseitigen 3-zähligen Axen des Tetraëders in Fig. 127, 128 treten, wie aus Fig. 146 hervorgeht, zunächst die entgegengesetzt gerichteten 3-zähligen

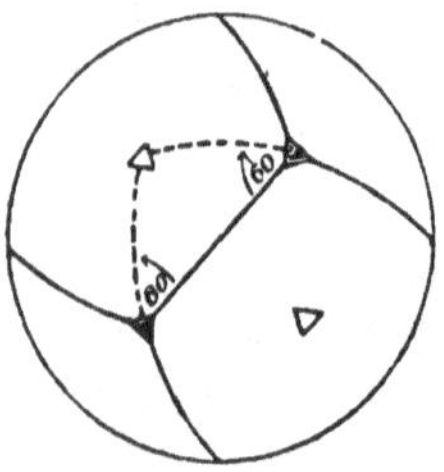

Fig. 146.

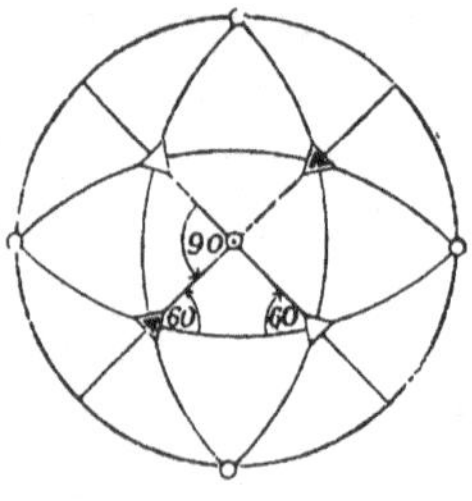

Fig. 147.

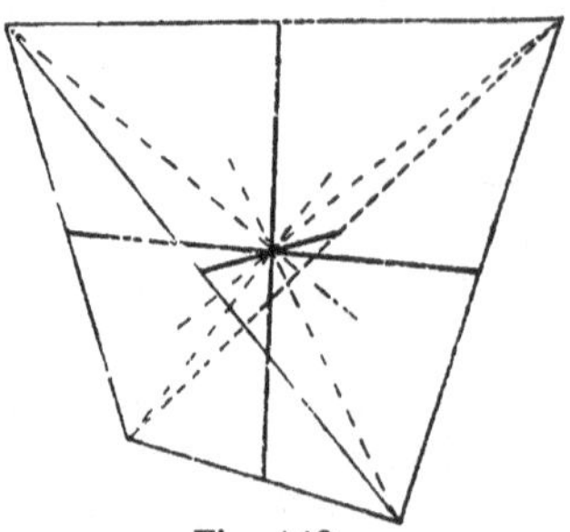

Fig. 148.

Deckbewegungsaxen des Tetraeders.

Axen und darauf nach Fig. 147 noch drei gleichberechtigte und zweiseitige 2-zählige Axen, die aufeinander senkrecht stehen und gegenüberliegende Kantenmitten des Tetraëders verbinden (Fig. 148). — Da die vier Eckendiagonalen des Hexaëders gleichberechtigte und zweiseitige Axen sind (Fig. 129, 130), so werden die von diesen Axen gebildeten Ecken durch drei 4-zählige Deckbewegungsaxen halbiert, welche die Mittelpunkte gegenüberliegender Hexaëderflächen verbinden. Nach dem Euler'schen Theorem erweitert sich diese Anordnung, wie aus der linken Seite von Fig. 149

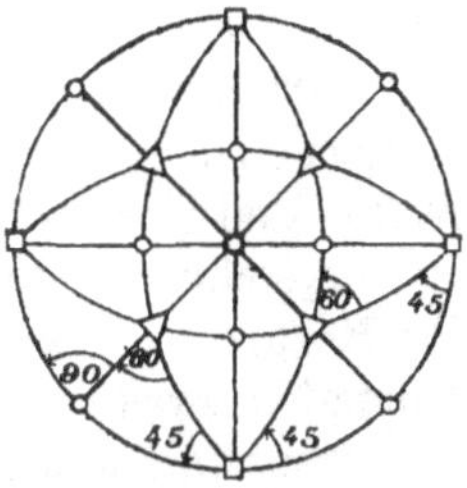

Fig. 149.

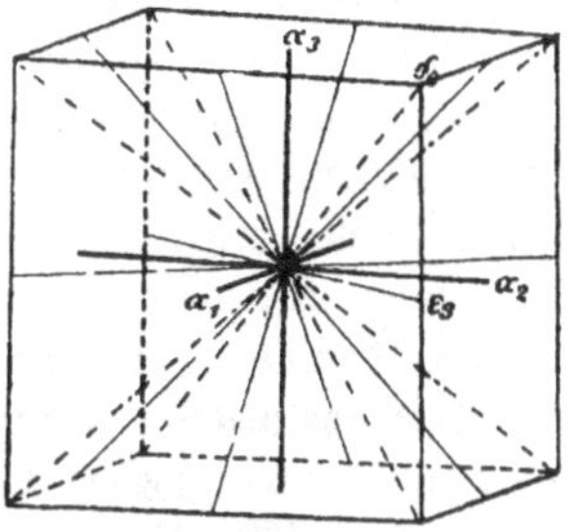

Fig. 150.

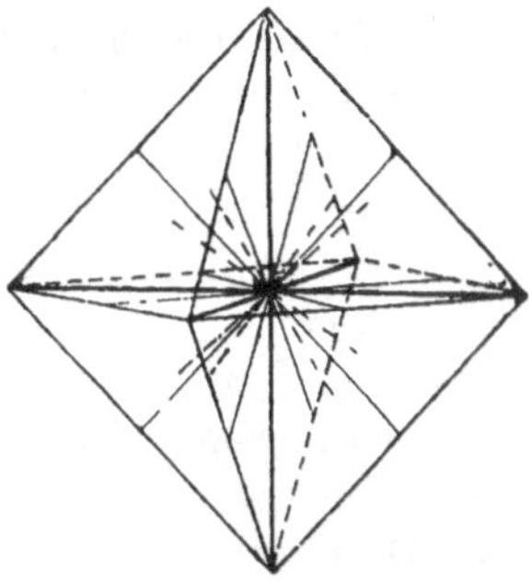

Fig. 151.

Deckbewegungsaxen des Hexaeders und Oktaëders.

ersichtlich ist, noch durch sechs 2-zählige Axen, welche gegenüberliegende Kantenmitten des Hexaëders verbinden (Fig. 150). — Zu derselben Anordnung von 13 Axen gelangen wir nach dem Euler'schen Theorem, wenn wir von den in Fig. 131, 132 abgeleiteten 4-zähligen Axen des Oktaëders ausgehen (Fig. 149, 151).

Wir sind durch diese Betrachtung auf zwei neue Gruppen krystallisierter Körper geführt worden. Die Polyëder der X. Gruppe sind charakterisiert durch 7 Axen, welche den Deckbewegungsaxen des regelmäßigen Tetraëders entsprechen; die allgemeinste einfache Form wird *tetraëdrisches Pentagondodekaëder* genannt (Fig. 152). In der XI. Gruppe finden wir Polyëder mit 13 Deckbewegungsaxen, die mit den Axen des regelmäßigen Hexaëders oder Oktaëders übereinstimmen; die allgemeinste einfache Form ist ein *Pentagonikositetraëder* (Fig. 153).

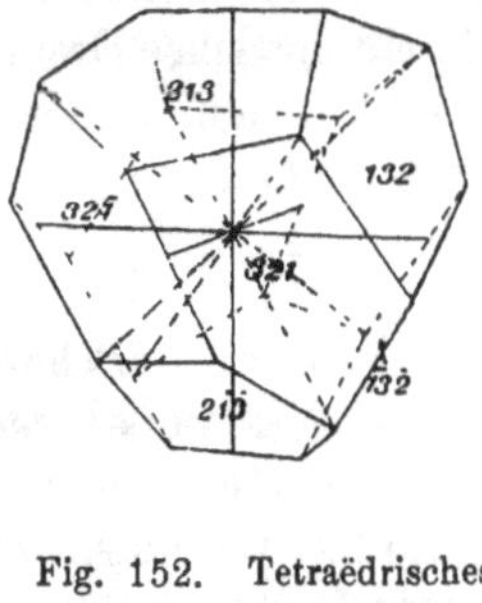

Fig. 152. Tetraëdrisches Pentagondodekaëder.

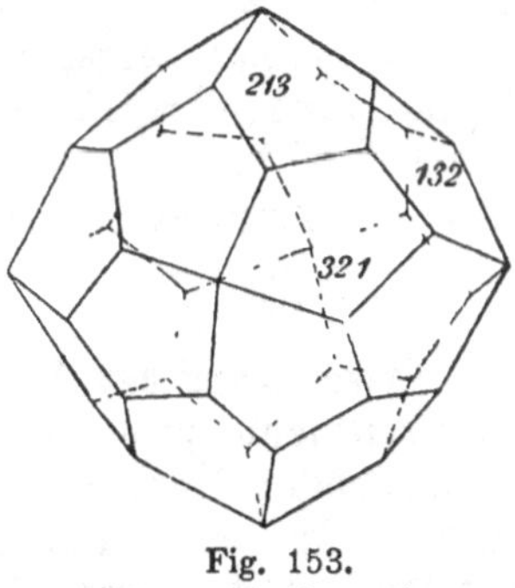

Fig. 153. Pentagonikositetraeder.

Das Ergebnis der Untersuchung in Abschnitt A ist also dieses: Es können 10 Gruppen krystallisierter Körper auftreten, deren Polyëder keine anderen Symmetrieelemente als Deckbewegungsaxen besitzen.

Gewendete Krystallpolyëder. Enantiomorphie. — Die Polyëder der Gruppen I—XI haben eine sehr bemerkenswerte Eigenschaft gemein. Da sie entweder völlig unsymmetrisch sind (I) oder nur solche Deckbewegungen gestatten, die aus Drehungen bestehen (II—XI), so können sie durch Deckoperationen zweiter Art, also durch die Inversion, durch Spiegelung oder durch Drehinversion nicht mit sich selbst zur Deckung gebracht werden. Demnach sind sie mit den durch solche Operationen aus ihnen hervorgehenden Polyëdern nicht kongruent. Ihre Begrenzungselemente sind so angeordnet, daß ein Gegensatz möglich ist, der in dem Spiegelbilde hervortritt. Es ist dieselbe Verschiedenheit, die uns der rechte und der linke Handschuh eines Paares darbieten. H. Marbach hat vorgeschlagen eine Figur (ein System von Punkten, Linien, Flächen oder Körpern) *gewendet* zu nennen, wenn unter ihren Deckoperationen keine Operation zweiter Art vorhanden ist. Als Symmetrieelemente gewendeter Figuren dürfen also nur Deckbewegungsaxen auftreten. Mit Benutzung dieser Bezeichnung können wir sagen: *Die Gruppen I—XI sind durch gewendete Formen ausgezeichnet.*

C. Fr. Naumann nannte zwei Figuren, die symmetrisch gleich aber nicht kongruent sind, *enantiomorph*. Während das Wort Enantiomorphie zur Bezeichnung der Verschiedenheit korrelater Figuren dient, bezieht sich der von Marbach eingeführte Begriff der Wendung auf die Beschaffenheit einer einzelnen Figur. Wir haben schon im Quarz (S. 47) einen Körper mit enantiomorphen Krystallpolyëdern kennen gelernt (vgl. Fig. 107, 111 und 108, 112). Es soll später dargelegt werden, daß zu den durch gewendete Formen ausgezeichneten Körpern insbesondere die Stoffe gehören, die im krystallisierten Zustande ein optisches Drehungsvermögen zeigen, oder die in ihren Lösungen, im dampfförmigen, im geschmolzenen und im festen amorphen Zustande optisch aktiv sind.

B.

Erweiterung der Anordnungen von Deckbewegungsaxen durch Symmetrieelemente zweiter Art. — Wir wollen jetzt die Bedingungen aufsuchen, unter denen Symmetrieelemente zweiter Art an Krystallpolyëdern auftreten können. Zu diesem Zwecke verbinden wir die soeben abgeleiteten Resultate mit dem Satze, daß jede Deckoperation zweiter Art (Drehinversion) zusammengesetzt werden kann aus der Inversion und einer Drehung um eine Axe l, die nicht zu den Deckbewegungsaxen zu gehören braucht (S. 50).

𝔄. Dem Falle, wo neben der Inversion keine andere Deckoperation vorhanden ist, entspricht eine besondere Gruppe krystallisierter Körper (XII), deren Polyëder nur ein Centrum der Symmetrie besitzen (S. 50). Die einfachen Formen sind Paare paralleler Flächen (*Pinakoide*). Beispiele bieten Anorthit (Fig. 44) und Axinit (Fig. 52) dar.

Nun erweitern wir die zehn Anordnungen von Deckbewegungsaxen (II—XI) durch das Centrum der Symmetrie. Dadurch gehen die Ebenen, welche auf den geradzähligen, also 2-, 4- oder 6-zähligen Deckbewegungsaxen senkrecht stehen, in Symmetrieebenen über; in der That sind, wie aus Fig. 154 unmittelbar ersichtlich ist, ein Centrum der Symmetrie C, eine geradzählige Axe σ und die auf σ senkrechte Symmetrieebene s so verbunden, daß zwei dieser Elemente das dritte bedingen. Auf diesem Wege erhalten wir zehn neue Gruppen krystallisierter Körper, welche durch folgende Symmetrieeigenschaften charakterisiert sind.

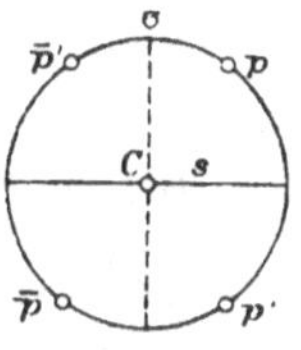

Fig. 154.

XIII. Centrum, eine einseitige 2-zählige Axe und eine zu ihr senkrechte Symmetrieebene; die allgemeinste einfache Form ist ein *vierseitiges Prisma*. Fig. 155 stellt eine am Gyps auftretende Kombination von zwei vierseitigen Prismen f, l mit dem zur Symmetrieebene parallelen Flächenpaar b dar.

XIV. Centrum und eine einseitige 3-zählige Axe γ; die allgemeinste einfache Form ist ein *Rhomboëder* (Fig. 156).

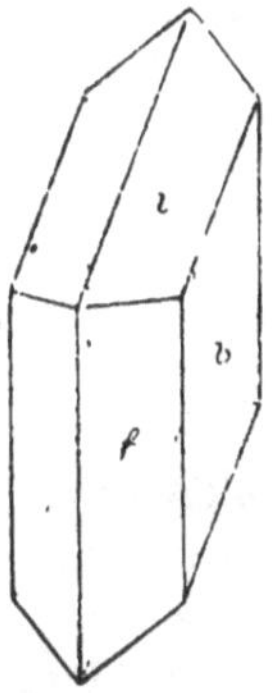

Fig. 155. Gyps.

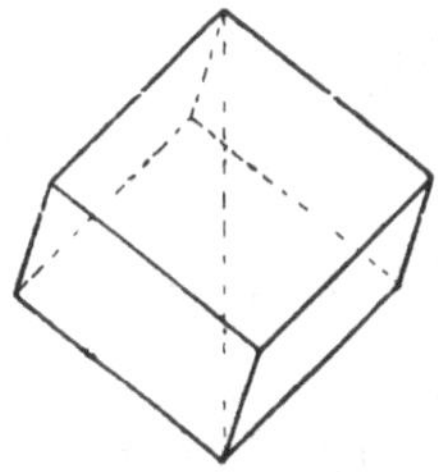
Fig. 156. Rhomboeder.

XV. Centrum, eine einseitige 4-zählige Axe γ und eine zu ihr senkrechte Symmetrieebene; die allgemeinste einfache Form ist eine *tetragonale Bipyramide* (Fig. 157).

XVI. Centrum, eine einseitige 6-zählige Axe γ und eine zu ihr senkrechte Symmetrieebene; die allgemeinste einfache Form ist eine *hexagonale Bipyramide* (Fig. 158).

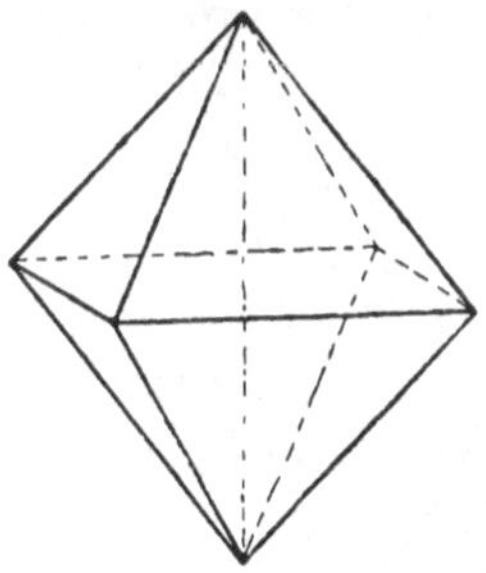
Fig. 157.
Tetragonale Bipyramide.

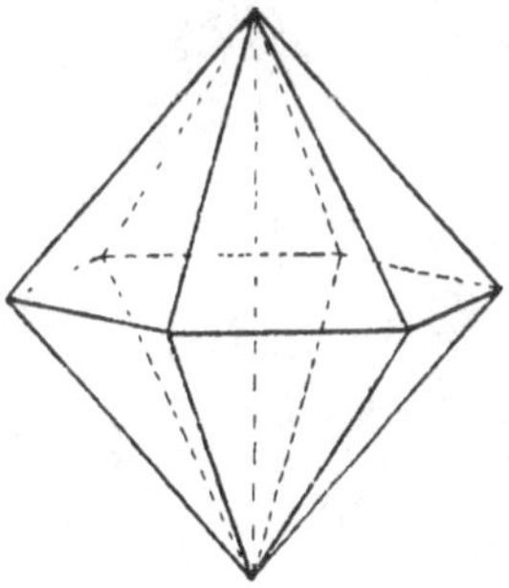
Fig. 158.
Hexagonale Bipyramide.

XVII. Centrum, drei aufeinander senkrechte zweiseitige 2-zählige Axen α, β, γ, deren Verbindungsebenen Symmetrieebenen sind; die allgemeinste einfache Form ist eine *rhombische Bipyramide* (Fig. 159).

XVIII. Centrum, eine zweiseitige 3-zählige Axe γ, drei einseitige 2-zählige Queraxen α_1, α_2, α_3 und drei auf den Queraxen senkrechte Symmetrieebenen; die allgemeinste einfache Form ist ein *ditrigonales Skalenoeder* (Fig. 160).

XIX. Centrum; fünf zweiseitige Axen: nämlich eine 4-zählige Axe γ und zwei Paare gleichberechtigter 2-zähliger Queraxen α_1, α_2 und β_1, β_2; fünf auf den Axen senkrechte Symmetrieebenen. Die allgemeinste einfache Form ist eine *ditetragonale Bipyramide* (Fig. 161).

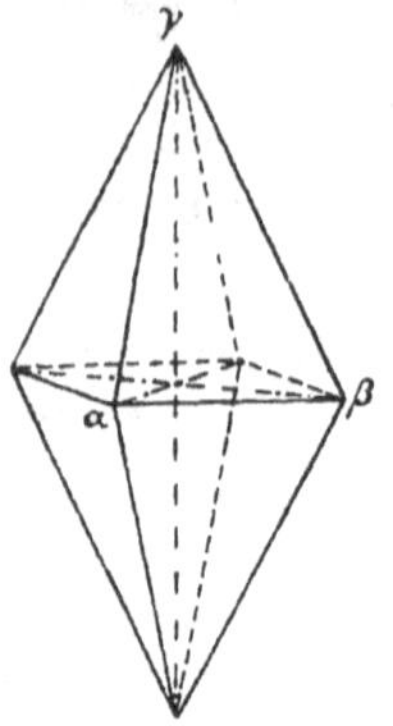

Fig. 159.
Rhombische Bipyramide.

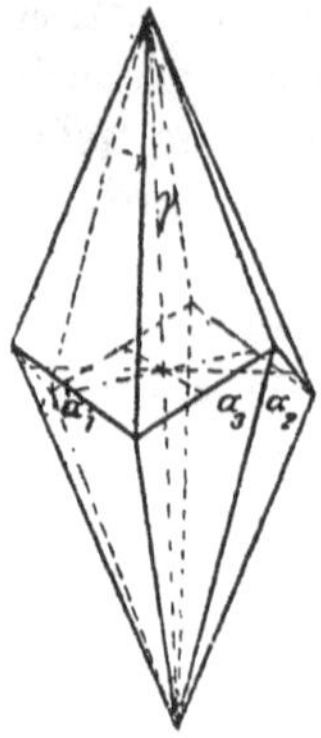

Fig. 160.
Ditrigonales Skalenoëder.

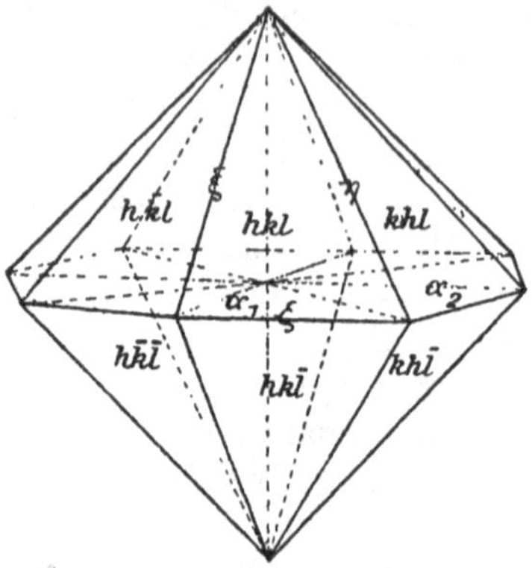

Fig. 161.
Ditetragonale Bipyramide.

XX. Centrum; sieben zweiseitige Axen: nämlich eine 6-zählige Axe γ und zwei Tripel gleichberechtigter 2-zähliger Queraxen α_1, α_2, α_3 und β_1, β_2, β_3; sieben auf den Axen senkrechte Symmetrieebenen. Die allgemeinste einfache Form ist eine *dihexagonale Bipyramide* (Fig. 162).

XXI. Centrum, die sieben Axen des Tetraeders und drei auf den 2-zähligen Axen senkrecht stehende Symmetrieebenen. Die allgemeinste einfache Form ist ein *Dyakisdodekaëder* (Fig. 163).

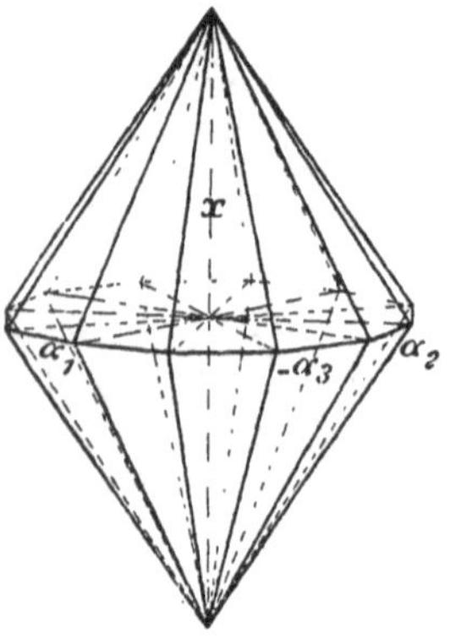

Fig. 162.
Dihexagonale Bipyramide.

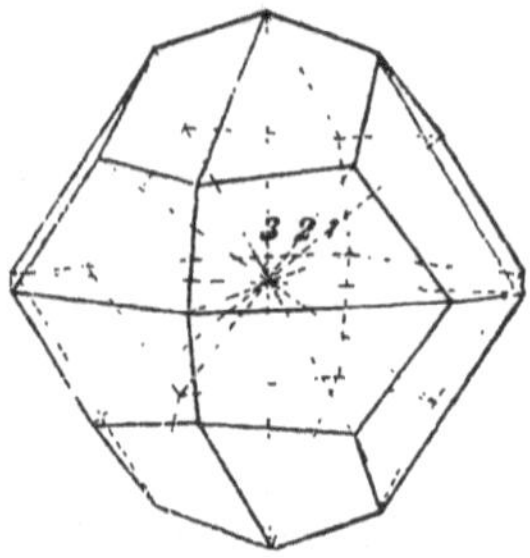

Fig. 163.
Dyakisdodekaëder.

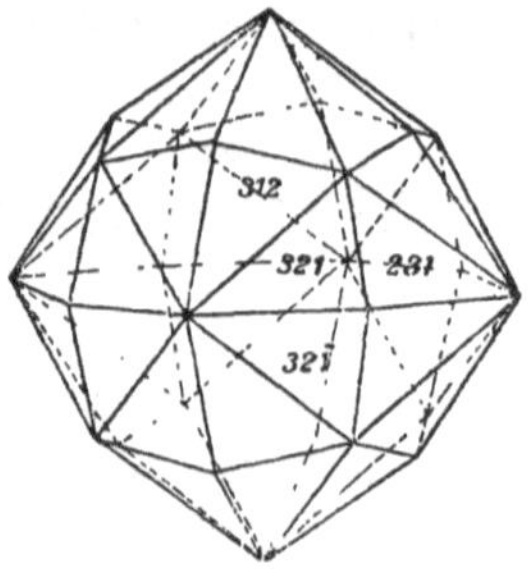

Fig. 164.
Hexakisoktaëder.

XXII. Centrum, die 13 Axen und die 9 Symmetrieebenen des Hexaeders. Die allgemeinste einfache Form ist ein *Hexakisoktaëder* (Fig. 164).

𝔅. Wir müssen nun die Inversion zusammensetzen mit einer Drehung um $360^\circ/2 = 180^\circ$. Wie auf S. 51 gezeigt wurde, ist die Verbindung dieser beiden Operationen äquivalent einer Spiegelung an der zur Drehungsaxe l senkrechten Ebene s (vgl. Fig. 117). Dem Falle, wo nur eine Spiegelungsebene s vorhanden ist, entspricht eine besondere Gruppe krystallisierter Körper (XXIII); hier besteht die allgemeinste einfache Form aus zwei Flächen, deren Winkel durch die Symmetrieebene s halbiert wird (*Doma*).

Wir erweitern jetzt die zehn Anordnungen von Deckbewegungsaxen (II—XI) durch eine mit der Inversion verbundene Umklappung um eine Gerade l, die *nicht* selbst zu den Deckbewegungsaxen gehört. In den vier ersten Fällen muß l jedesmal senkrecht stehen zu der einseitigen 2-, 3-, 4- oder 6-zähligen Deckbewegungsaxe γ; denn sonst würden aus der Einführung von l unendlich viele neue Deckbewegungsaxen hervorgehen. Eine zu γ senkrechte Drehungsaxe l bedingt aber eine durch γ hindurchgehende Spiegelungsebene s. Ist γ geradzählig, so geht, wie Fig. 165 lehrt, gleichzeitig die auf s senkrechte Verbindungsebene von γ und l in eine Spiegelungsebene über. Demnach werden durch diese Erweiterung einer n-zähligen Deckbewegungsaxe n Symmetrieebenen hinzugefügt, die sich in der Axe schneiden. Wir gelangen also zu vier neuen Gruppen krystallisierter Körper mit folgenden Symmetrieelementen.

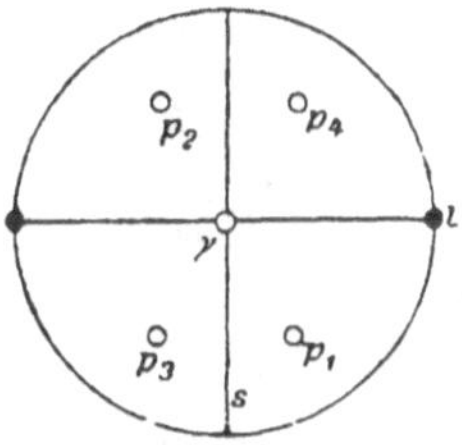

Fig. 165.

XXIV. Eine einseitige 2-zählige Axe γ und zwei durch γ hindurchgehende, aufeinander senkrecht stehende Symmetrieebenen; die allgemeinste einfache Form ist eine *einfache rhombische Pyramide* (Fig. 166).

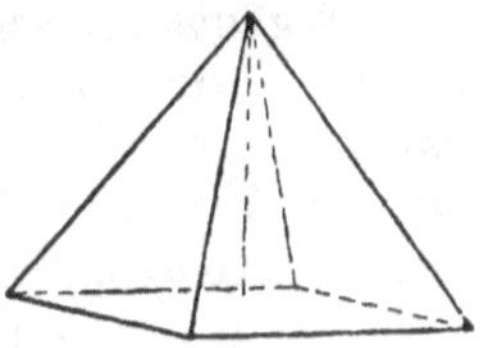
Fig. 166.
Rhombische Pyramide.

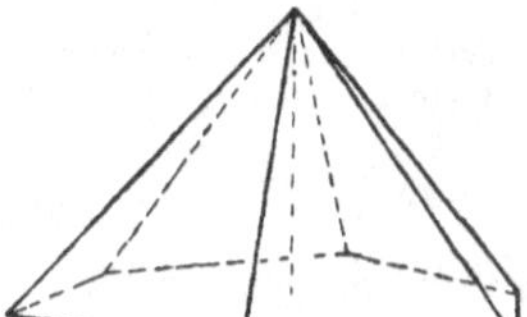
Fig. 167.
Ditrigonale Pyramide.

XXV. Eine einseitige 3-zählige Axe γ und drei durch γ hindurchgehende gleichberechtigte Symmetrieebenen; die allgemeinste einfache Form ist eine *einfache ditrigonale Pyramide* (Fig. 167).

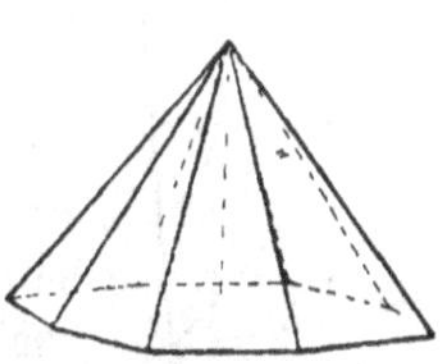
Fig. 168.
Ditetragonale Pyramide.

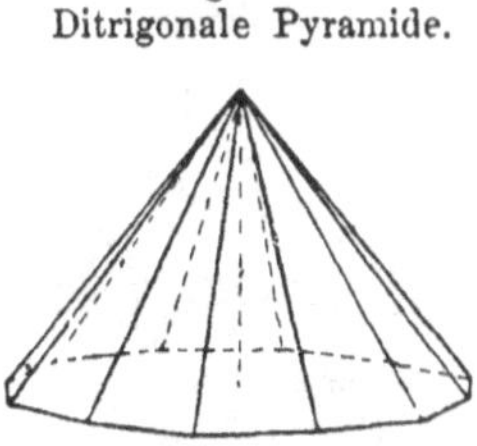
Fig. 169.
Dihexagonale Pyramide.

XXVI. Eine einseitige 4-zählige Axe γ und zwei Paare von gleichberechtigten Symmetrieebenen, die sich in γ schneiden; die allgemeinste einfache Form ist eine *einfache ditetragonale Pyramide* (Fig. 168).

XXVII. Eine einseitige 6-zählige Axe γ und zwei Tripel von gleichberechtigten Symmetrieebenen, die sich in γ schneiden; die allgemeinste einfache Form ist eine *einfache dihexagonale Pyramide* (Fig. 169).

Nach demselben Prinzip liefert nur noch die X. Gruppe eine neue Anordnung von Symmetrieebenen (XXVIII). Zu den sieben Deckbewegungsaxen des Tetraëders treten, wie aus Fig. 147, 148 hervorgeht, sechs Symmetrieebenen hinzu, welche die sechs Kanten des Tetraëders mit den Mittelpunkten der Gegenkanten verbinden. Die allgemeinste einfache Form ist ein *Hexakistetraëder* (Fig. 170).

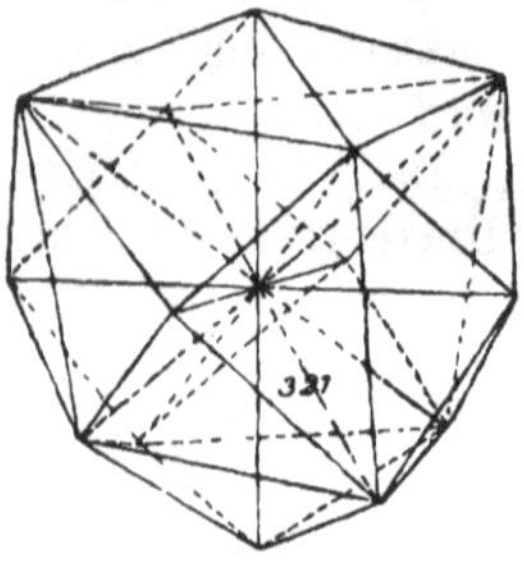

Fig. 170.
Hexakistetraëder.

𝕮. Wir kombinieren nun die Inversion mit einer Drehung um $360^0/3 = 120^0$. Gehen wir auf der Konstruktionskugel Fig. 171 von einem beliebig gelegenen Pole p_1 aus, so haben wir zunächst den Gegenpol $\bar{p}_1$ zu konstruieren (vgl. Fig. 45) und darauf die Drehung um den Durchmesser l um 120^0 auszuführen; auf diese Weise gelangen wir je nach dem Drehungssinne zu den mit p_1 gleichberechtigten Polen $\bar{p}_2$ und $\bar{p}_3$. Setzen wir dieses Verfahren fort, so erhalten wir die in Fig. 171 dargestellte Anordnung von sechs gleichberechtigten Polen. Das entsprechende Krystallpolyëder ist ein Rhomboëder mit einem Centrum der Symmetrie und einer 3-zähligen Deckbewegungsaxe, welches mit der allgemeinsten einfachen Form der XIV. Gruppe (Fig. 156) übereinstimmt.

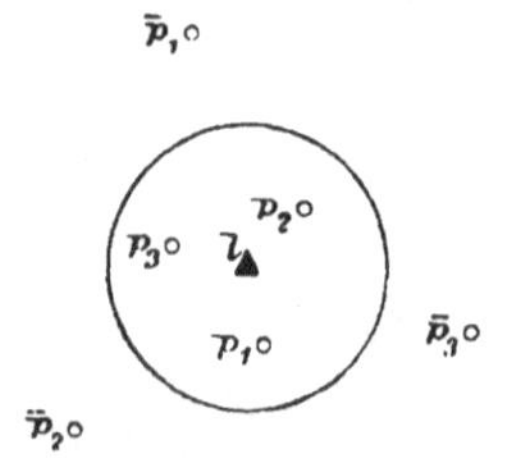

Fig. 171.
Verbindung der Inversion mit einer Drehung um 120°.

𝕯. Wir betrachten jetzt die Verbindung der Inversion mit einer Drehung um $360^0/4 = 90^0$. Auf der Konstruktionskugel (Fig. 172) gelangen wir von einem beliebigen Pole p_1 über den Gegenpol $\bar{p}_1$ nach den mit p_1 gleichberechtigten Polen p'_1 und p'_2. Von hier führt uns die Wiederholung des Verfahrens nur noch zu einem dritten mit p_1 gleichberechtigten Pole p_2. Demnach ist die Drehungsaxe l eine 2-zählige Deckbewegungsaxe von der besonderen Beschaffenheit, daß die Kugel durch eine Drehung um l um 90^0, also um die Hälfte des kleinsten Drehungswinkels einer Deckbewegung, in die Lage kommt, in der sie das Spiegelbild der Anfangslage in Bezug auf die zu l senkrechte Ebene bildet.

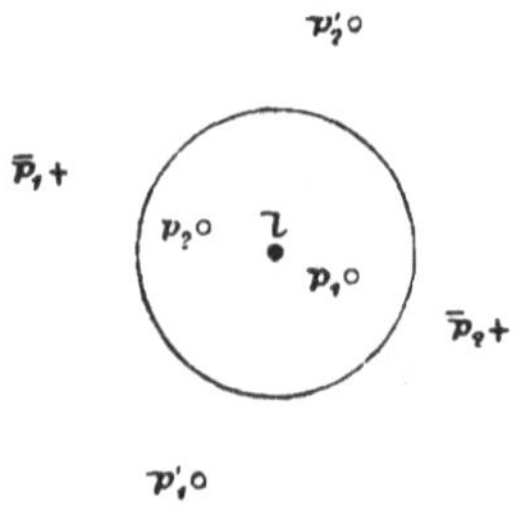

Fig. 172. Verbindung der Inversion mit einer Drehung um 90°.

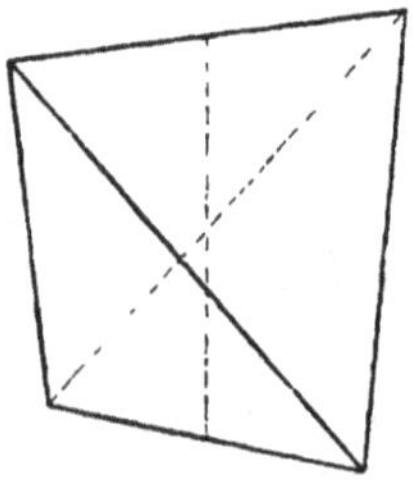

Fig. 173.
Tetragonales Bisphenoid.

Hieraus ergiebt sich, daß wir die Deckbewegungen um eine 2-zählige Axe, die einzig in ihrer Art ist, erweitern dürfen durch die Verbindung der Inversion mit einer Drehung um 90° um jene Axe. Dieses Verfahren läßt sich nur auf die Symmetrieelemente der Gruppen II und VI anwenden. Im ersten Falle erhalten wir das in Fig. 172 dargestellte System von vier gleichberechtigten Polen; das entsprechende Polyeder, ein *tetragonales Bisphenoid* (Fig. 173), ist die allgemeinste einfache Form der XXIX. Gruppe. Behandeln wir im zweiten Falle eine der drei ungleichen Axen α, β, γ (z. B. γ) nach demselben Prinzip, so treten auf der Konstruktionskugel (Fig. 174) zu den schon vorhandenen Polen p_1, p_2, p_3, p_4 noch hinzu p_1', p_2', p_3', p_4'. Dieses System läßt erkennen, daß gleichzeitig α und β in gleichberechtigte 2-zählige Axen übergehen, die auf Symmetrieebenen senkrecht stehen. Die allgemeinste einfache Form der hierdurch abgeleiteten XXX. Gruppe ist ein *tetragonales Skalenoëder* (Fig. 175).

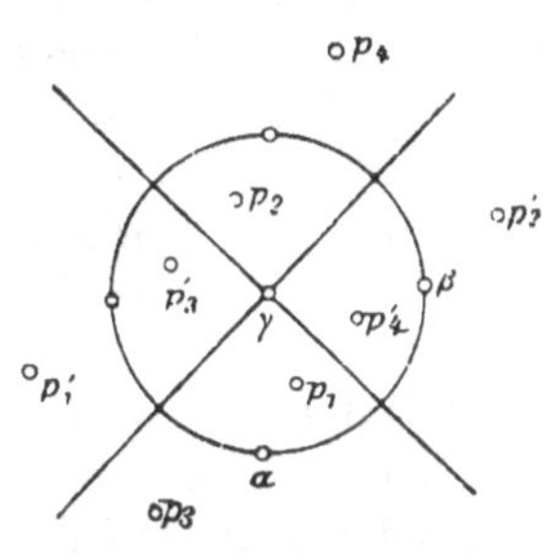

Fig. 174. Verbindung der Inversion mit einer Drehung um 90°.

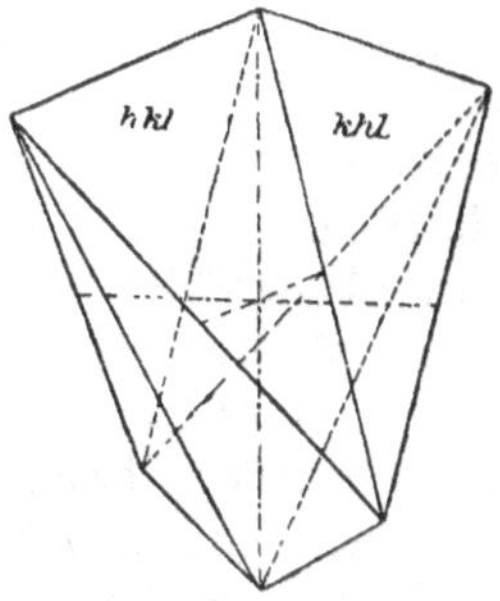

Fig. 175. Tetragonales Skalenoëder.

E. Endlich haben wir die Inversion mit einer Drehung um $360°/6 = 60°$ zusammenzusetzen. Konstruieren wir in Fig. 176 zu einem beliebigen Pole p_1 den Gegenpol $\bar{p}_1$, so führen uns die Drehungen um l um 60° je nach dem Drehungssinne zu den mit p_1 gleichberechtigten Polen p_2' und p_3'. Von hier gelangen wir über $\bar{p}_2$ und $\bar{p}_3$ nach p_2 und p_3 und schliesslich

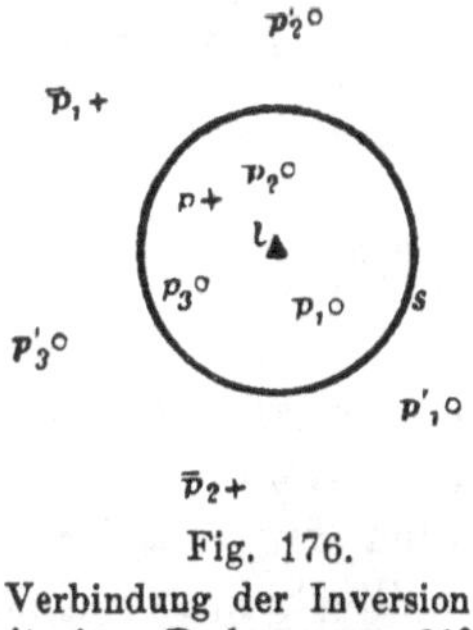

Fig. 176. Verbindung der Inversion mit einer Drehung um 60°.

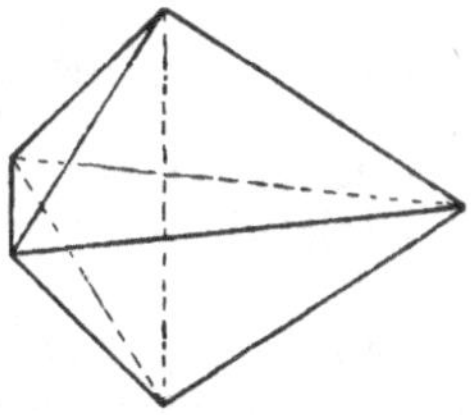
Fig. 177. Trigonale Bipyramide.

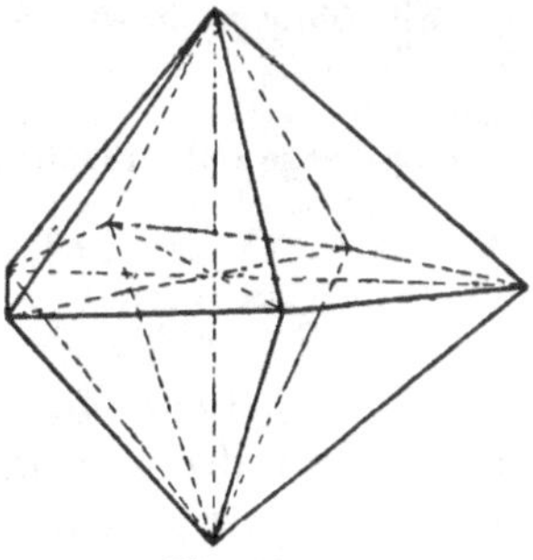
Fig. 178. Ditrigonale Bipyramide.

über p nach p_1'. Das System von sechs gleichberechtigten Polen p_1, p_2, p_3 p_1', p_2', p_3' läßt erkennen, daß l eine 3-zählige Deckbewegungsaxe ist, auf der eine Symmetrieebene s senkrecht steht. Demnach gewinnen wir neue Anordnungen von Symmetrieelementen, wenn wir in den Fällen, wo eine 3-zählige Deckbewegungsaxe auftrat, die einzig in ihrer Art ist (III, VII und XXV), eine zu dieser Axe senkrechte Symmetrieebene hinzufügen. Aus III folgt die soeben betrachtete Verbindung einer einseitigen 3-zähligen Deckbewegungsaxe mit einer zu ihr senkrechten Symmetrieebene (XXXI); die allgemeinste einfache Form ist eine *trigonale Bipyramide* (Fig. 177). Aus VII und XXV ergiebt sich, daß krystallisierte Körper auftreten können, deren Polyëder charakterisiert sind durch eine zweiseitige 3-zählige Axe γ, drei einseitige Queraxen α_1, α_2, α_3 und vier Symmetrieebenen, die jene Axen verbinden (XXXII); die allgemeinste einfache Form ist eine *ditrigonale Bipyramide* (Fig. 178).

Die hiermit abgeschlossene Untersuchung **B.** zeigt, daß nur elf Gruppen krystallisierter Körper (XII—XXII) mit centrisch symmetrischen Polyëdern auftreten können, und daß in zehn Gruppen (XXIII—XXXII) Polyëder zu erwarten sind, die wie die gewendeten Formen kein Centrum der Symmetrie besitzen.

Charakteristik der Symmetrieaxen. — Wenn wir, wie es üblich ist, alle Deckbewegungsaxen als Symmetrieaxen bezeichnen, so haben wir nach S. 57 zunächst zwischen zweiseitigen und einseitigen Axen zu unterscheiden. In der Natur der einseitigen Axen treten indessen noch bemerkenswerte Verschiedenheiten hervor.

Ist die auf einer einseitigen Axe senkrecht stehende Ebene eine Symmetrieebene, sind also die beiden Richtungen dieser Axe spiegelbildlich gleich, so nennen wir die Axe *einseitig von der ersten Art.* Wir finden diese Einseitigkeit an den Symmetrieaxen in Fig. 155, 157, 158, 177 und an den Queraxen in Fig. 160. — Hiervon ist die *Einseitigkeit der zweiten Art* zu unterscheiden, die einer n-zähligen Symmetrieaxe zukommt, wenn das Polyëder durch eine Drehung um diese Axe um $180^\circ/n$, also um die Hälfte des kleinsten zu der Axe gehörigen Drehungswinkels $360^\circ/n$, in eine Lage kommt, in der dieses Polyëder das Spiegelbild der ursprünglichen Lage in Bezug auf die zu jener Axe senkrechte Ebene darstellt. Wir begegnen dieser Einseitigkeit in den Axen γ der Fig. 156, 173 und an den vier 3-zähligen Axen der Fig. 163.

Alle übrigen einseitigen Axen sollen *polar* genannt werden. Es gelingt weder durch Drehungen noch durch Deckoperationen zweiter Art, ein Polyëder in die Lage zu bringen, daß die eine Richtung einer polaren Axe so verläuft, wie vorher die entgegengesetzte Richtung dieser Axe. Durch polare Axen sind 12 Gruppen ausgezeichnet. Eine einzige polare Axe besitzen die Gruppen II, III, IV, V, XXIV, XXV, XXVI, XXVII. Drei polare Queraxen treten in den Gruppen VII und XXXII auf. Vier polare 3-zählige Axen finden wir in den Gruppen X und XXVIII.

Die Einteilung der krystallisierten Körper in Krystallsysteme. — Nachdem wir die in homogenen Krystallen möglichen Anordnungen von Symmetrieelementen und die entsprechenden allgemeinsten einfachen Formen kennen gelernt haben, kommt es darauf an, die zur Beschreibung dieser Formen notwendigen und hinreichenden Größen zu ermitteln. Zu diesem Zwecke müssen wir nach dem auf S. 35 entwickelten Prinzipe jedesmal ein der Symmetrie entsprechendes Axensystem aufsuchen. Dann werden gleichberechtigte Flächen Symbole erhalten, in denen dieselben Zahlen nur mit wechselnden Vorzeichen und im allgemeinen auch in anderer Reihenfolge auftreten, so daß zur Bezeichnung jeder einfachen Form die Indices einer ihrer Flächen ausreichen. Auf solche Weise wird sich die Beschreibung eines Krystallpolyëders reduzieren lassen auf die Angabe der Symmetrieeigenschaften, der Werte der Axenelemente und der Symbole der einfachen Formen.

Bevor wir die hiermit umgrenzte Aufgabe im einzelnen durchführen, wollen wir ein Ergebnis der folgenden Untersuchung voranstellen. Es wird sich zeigen, daß wir bei der Beschreibung der Krystallpolyëder nur *sechs* wesentlich voneinander verschiedene Anordnungen von Koordinatenaxen zu unterscheiden brauchen. Hierauf beruht die Einteilung der 32 Gruppen in sechs Krystallsysteme: *Man stellt in ein System alle Gruppen krystallisierter Körper, in denen übereinstimmende krystallographische Axensysteme gewählt werden können.*

Die folgende Tabelle enthält eine Übersicht der Krystallsysteme und der Eigenschaften ihrer Axen; daran schließt sich eine Aufzählung der zugehörigen Gruppen, die mit dem höchsten Grade der Symmetrie beginnt.

1. Reguläres System. Drei aufeinander senkrechte gleichberechtigte Axen, die mit zweiseitigen Symmetrieaxen von der Periode 4 oder 2 zusammenfallen.

5 Gruppen: XXII, XXVIII, XI, XXI, X.

2. Hexagonales System. Eine 6-zählige oder 3-zählige Vertikalaxe γ und drei unter 120° gegeneinander geneigte gleichberechtigte Queraxen α_1, α_2, α_3.

12 Gruppen: XX, XXVII, IX, XVI, V. — XXXII, XXXI. — XVIII, XXV, VII, XIV, III.

3. Tetragonales System. Eine 4-zählige oder 2-zählige Vertikalaxe γ und zwei aufeinander senkrechte gleichberechtigte Queraxen α_1, α_2.

7 Gruppen: XIX, XXVI, VIII, XV, IV. — XXX, XXIX.

4. Rhombisches System. Drei aufeinander senkrechte, nicht vertauschbare Axen.

3 Gruppen: XVII, VI, XXIV.

5. Monoklines System. Drei Kantenrichtungen π_1, π_2, π_3, von denen π_2 auf der Ebene $\pi_1\,\pi_3$ senkrecht steht, während der Winkel $\pi_1\,\pi_3$ von 90° verschieden ist.

3 Gruppen: XIII, II, XXIII.

6. Triklines System. Drei Kantenrichtungen, deren Winkel von 90° verschieden sind.

2 Gruppen: XII, I.

Während die Einteilung der Krystalle in Gruppen frei von jeder Willkür ist, weil sie auf den für das physikalische Verhalten der Krystalle maßgebenden Symmetrieeigenschaften des Wachstumsvorganges beruht, bleibt in der Aufstellung der Krystallsysteme der individuellen Auffassung ein gewisser

Spielraum offen. In der That wird es sich als zweckmäßig erweisen, unter den Gruppen des hexagonalen und des tetragonalen Systems noch besondere, in der vorstehenden Tabelle schon angedeutete Abteilungen zu unterscheiden, die auch als selbständige Systeme betrachtet werden können.

Bezeichnung der Gruppen. — Die Symmetrieelemente gestatten uns, jede einzelne Gruppe unabhängig von allen übrigen Gruppen vollständig zu charakterisieren. Eben deshalb können sie nicht direkt zu möglichst kurzen und doch hinreichend charakteristischen Benennungen der Gruppen benutzt werden, wie der von J. Chr. Fr. Hessel in seiner Krystallometrie 1830 unternommene Versuch zeigt. Dagegen bieten sich zu einer methodischen und kurzen Bezeichnung der Gruppen zwei andere Wege dar.

Schon vor der schärferen Fassung der Symmetriebegriffe wurden von J. Bernhardi (1807), Chr. S. Weiss (1814), Fr. Mohs (1822) etc. geometrische Beziehungen zwischen den Formen verschiedener Gruppen desselben Systems entdeckt und zur Bezeichnung der Gruppen benutzt. Um die Vorstellungen zu fixieren, betrachten wir die Gruppen XXII und XXI des regulären Systems, deren einfache Formen wir früher abgeleitet haben (S. 38, 42). Unter den Symmetrieelementen der ersten, höher symmetrischen Gruppe sind die Symmetrieelemente der zweiten, weniger symmetrischen Gruppe enthalten. Wie diese letzteren Elemente aus jenen durch eine gesetzliche Auswahl hervorgehen, so stehen auch die einfachen Formen der beiden Gruppen in einer bestimmten geometrischen Beziehung. Wir erhalten z. B. das Dyakisdodekaëder {321} Fig. 163 aus dem Hexakisoktaëder {321} Fig. 164, wenn wir uns vorstellen, daß die in der nachstehenden Fig. 179 schraffierten Flächen sich ausdehen bis zum Verschwinden der weiß gelassenen Flächen. Besitzt eine Form nur die Hälfte der Flächen einer anderen Form, so heißt sie ein *Hemiëder* der letzteren, die dann *Holoëder* genannt wird. Zu jeder

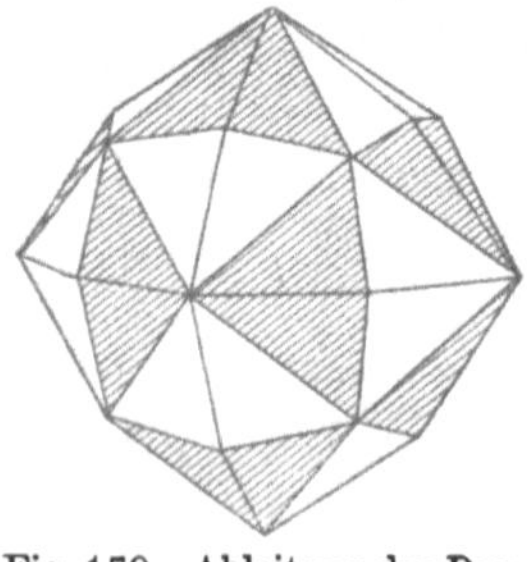

Fig. 179. Ableitung des Dyakisdodekaeders {321} aus dem Hexakisoktaëder {321}.

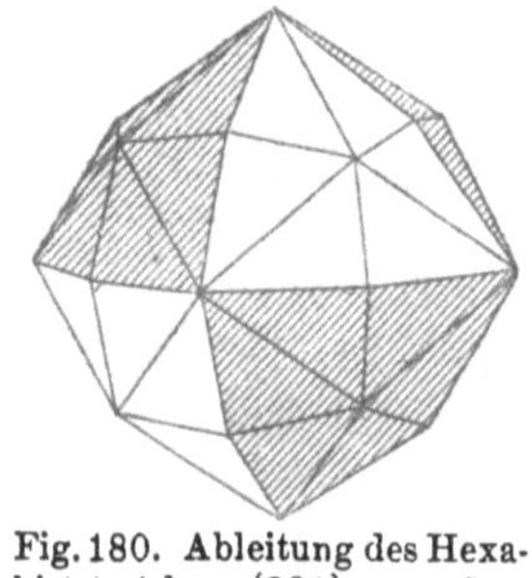

Fig. 180. Ableitung des Hexakistetraëders {321} aus dem Hexakisoktaeder {321}.

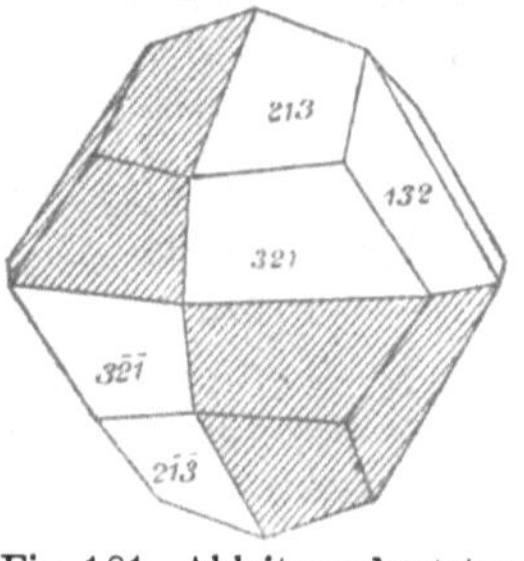

Fig. 181. Ableitung des tetraedrischen Pentagondodekaeders {321} aus dem Dyakisdodekaëder {321}.

hemiëdrischen Form gehört eine korrelate Form, die mit jener vereinigt die holoëdrische Form bildet. Dieser Zusammenhang ist aber ein rein geometrischer. Zwei korrelate Hemiëder verhalten sich wie irgend zwei einfache Formen eines krystallisierten Körpers: Sie treten unabhängig voneinander auf und unterscheiden sich voneinander durch ihre physikalischen

Eigenschaften, vor allem durch ihre Ätzfiguren. — In ähnlicher Weise können wir die allgemeinsten einfachen Formen der Gruppen XXVIII und XI als hemiëdrische Partialformen von Hexakisoktaëdern auffassen. Das Hexakistetraëder {321} Fig. 170 geht aus dem Hexakisoktaëder {321} hervor, wenn wir die in Fig. 180 weiß gelassenen Flächen sich ausdehnen lassen bis zum Verschwinden der schraffierten Flächen. Andererseits entsprechen die Flächen des Pentagonikositetraëders {321} Fig. 153 abwechselnden Flächen jenes Hexakisoktaëders. — Wenden wir uns nun zu der letzten Gruppe X des regulären Systems, so lassen sich geometrische Beziehungen zu den vier soeben betrachteten Gruppen angeben. Das tetraëdrische Pentagondodekaëder {321} Fig. 152 kann, wie aus Fig. 181 hervorgeht, z. B. als ein Hemiëder des Dyakisdodekaëders {321} angesehen werden. Demnach läßt sich jenes Polyëder auch als eine *tetartoëdrische* Partialform des Hexakisoktaëders {321} auffassen. — Mit Rücksicht auf diesen Zusammenhang unterscheidet man im regulären System die holoëdrische Gruppe (XXII), die drei hemiëdrischen Gruppen (XXVIII, XI, XXI) und die tetartoëdrische Gruppe (X). Analog wird in den übrigen Systemen verfahren. Auf diesem Wege gelangt man zu einer Anordnung der 32 Gruppen, die in der Tabelle auf S. 69 schon berücksichtigt worden ist.

Die rein geometrischen Begriffe der Hemiëdrie, Tetartoëdrie etc. haben nur die Bedeutung eines didaktischen Hilfsmittels. Sie werden benutzt, um die Übersicht über die Symmetrieeigenschaften der Gruppen eines Systems zu erleichtern und die Ableitung der einfachen Formen möglichst zu kürzen. Ihr Nachteil besteht darin, daß sie von der bis zu einem gewissen Grade willkürlichen Einteilung der Gruppen in Systeme abhängig bleiben.

Eine zweite Nomenklatur der Gruppen, die vor kurzem von E. von Fedorow[1] durchgeführt wurde, ist von der Wahl der Systeme unabhängig. Sie stützt sich auf die allgemeinsten einfachen Formen, die wir im Vorhergehenden kennen gelernt haben. Nach diesem Prinzip erhalten wir z. B. im regulären System folgende Benennungen: Hexakisoktaëdrische Gruppe (XXII), hexakistetraëdrische Gruppe (XXVIII), pentagonikositetraëdrische Gruppe (XI), dyakisdodekaëdrische Gruppe (XXI), tetraëdrisch-pentagondodekaedrische Gruppe (X). Obwohl diese Nomenklatur schwerfällig und namentlich für den Vortrag sehr unbequem ist, gewährt sie den unverkennbaren Vorteil, daß durch die Angabe der allgemeinsten Formenart indirekt auch der Symmetriecharakter der Gruppe vollständig bezeichnet wird.

Gesetzliche Gruppierungen von Krystallen. — Unter den heterogenen Krystallen eines Stoffes können Gruppierungen homogener Individuen auftreten, die von bestimmten Symmetriegesetzen beherrscht werden. Eine Vereinigung zweier Krystalle desselben Stoffes in gesetzlicher Stellung wird *Krystallzwilling* genannt. Erfahrungsgemäß ist für die überwiegende Mehr-

[1] Zeitschr. f. Kryst. **21**, 574; 1893.

zahl der Zwillinge charakteristisch, daß eine Ebene bezeichnet werden kann, zu der die beiden Individuen symmetrisch liegen. Für die übrigen Krystallzwillinge, deren Individuen sich nicht in der Stellung von Bild und Spiegelbild befinden, kann eine Gerade angegeben werden, die für den Zwilling eine 2-zählige Symmetrieaxe ist.

Krystallzwillinge entstehen nicht durch die Vereinigung von Individuen, deren Wachstum abgeschlossen ist, sondern die gesetzliche Verbindung ist schon im Anfangsstadium der Bildung vorhanden. Im Verlauf des Wachstumsvorganges kann sich die Art der Abgrenzung der beiden Individuen mannigfach ändern, ohne daß dadurch das Symmetriegesetz der Vereinigung eine Änderung erfährt. Fig. 182 stellt zwei Oktaëder dar, die so verbunden sind, daß sie zu einer Oktaëderfläche symmetrisch liegen und sich gleichzeitig in dieser Ebene berühren. Nach demselben Gesetze sind die beiden Dodekaeder in Fig. 183 und die beiden Hexaëder in Fig. 184 vereinigt. In diesen

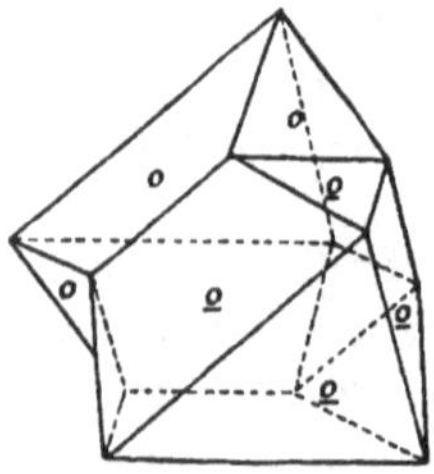
Fig. 182.

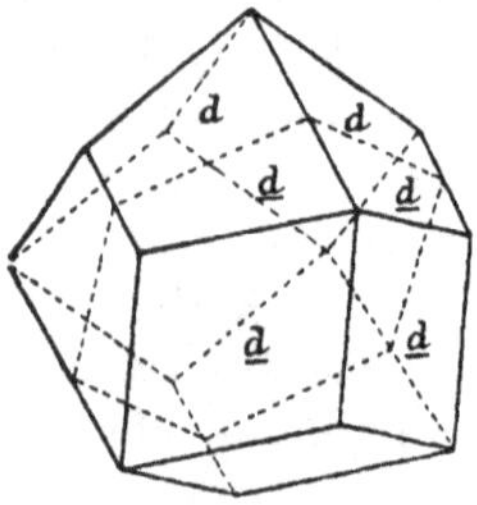
Fig. 183.

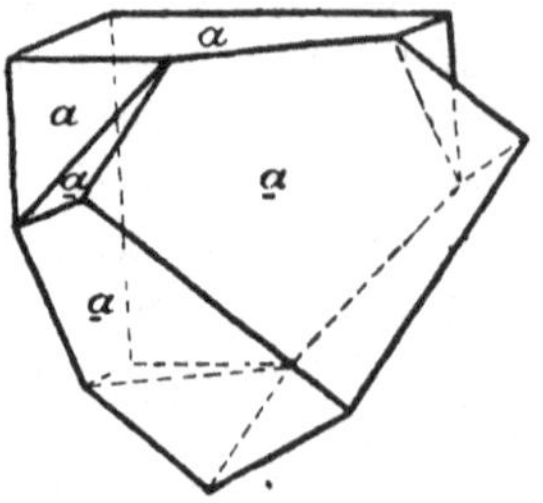
Fig. 184.

Berührungszwillinge.

Fällen ist die Symmetrieebene des Zwillings während des Wachstumsvorganges stets die Grenzebene der beiden Individuen geblieben. Allein die Vergrößerung des Volumens kann auch in der Weise fortschreiten, daß die Grenzfläche eine unregelmäßige Gestalt annimmt. Dann entstehen Durchwachsungszwillinge. Von besonderem Interesse sind gleichmäßige Durch-

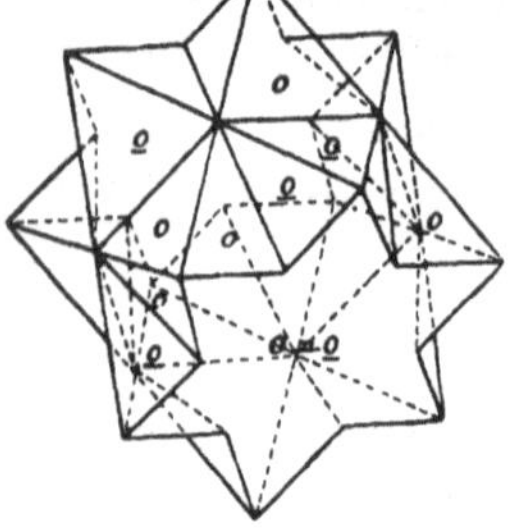
Fig. 185.

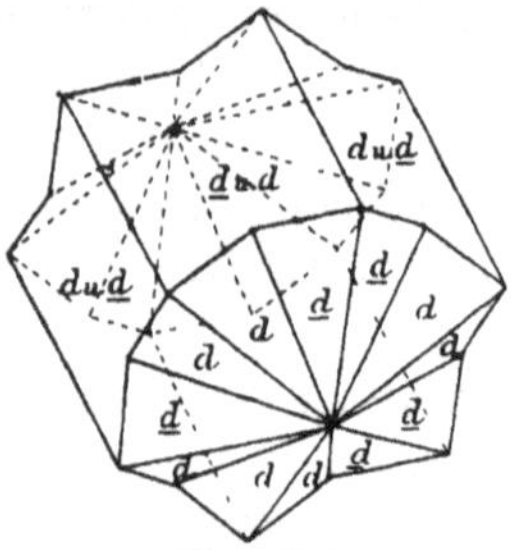
Fig. 186.

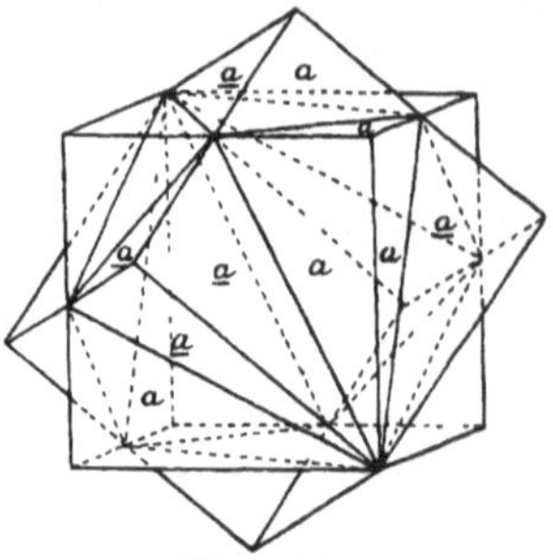
Fig. 187.

Durchdringungszwillinge.

dringungen der beiden Individuen, wie sie in Fig. 185—187 dargestellt sind. Denn hier tritt das vollständige Symmetriegesetz der Zwillingsbildung anschaulich hervor. Wir bemerken zunächst, daß die Normale der Oktaederfläche, zu der die beiden Individuen symmetrisch liegen, für jeden einzelnen Krystall eine 3-zählige und für den Zwilling eine 6-zählige Symmetrieaxe ist. Ferner ist ersichtlich, daß der Zwilling auch symmetrisch ist nach drei durch diese Axe hindurchgehenden Ebenen, deren Normalen 2-zählige Symmetrieaxen für den Zwilling sind. Noch bequemer lassen sich diese Symmetrieverhältnisse an einer Polfigur übersehen. In Fig. 188 sind die drei Symmetrieebenen, die sich in der 6-zähligen Axe schneiden, durch gestrichelte Linien dargestellt; ihre Normalen sind mit *i i* bezeichnet. Da diese Ebenen den Winkel zweier Dodekaëderflächen halbieren, so entsprechen sie drei Flächenrichtungen des Ikositetraëders {211}, dessen Kombination mit dem Dodekaëder in Fig. 50 abgebildet wurde.

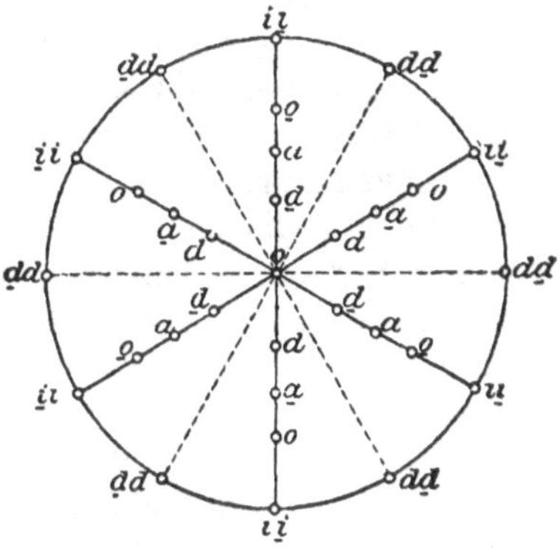

Fig. 188. Polfigur der Durchdringungszwillinge Fig. 185—187.

I. Am häufigsten werden Krystallzwillinge beobachtet, die *nach einer Ebene symmetrisch* sind. Selbstverständlich kann diese Ebene nicht gleichzeitig eine Symmetrieebene der einzelnen Individuen sein. Ihre Richtung entspricht meist einer vorhandenen oder möglichen Krystallfläche, deren Indices gewöhnlich sehr einfache Zahlenwerte besitzen. Oft ist sie zugleich eine Spaltfläche oder eine Gleitfläche. Es sind aber auch Krystallzwillinge bekannt, in denen sich die Lage der Symmetrieebene nicht durch rationale Indices bezeichnen läßt. Alsdann steht diese Ebene gewöhnlich senkrecht auf einer Kantenrichtung mit einfachen Indices. Seltener ist der Fall, wo die Symmetrieebene des Zwillings auf einer Krystallfläche senkrecht steht und einer in dieser Fläche liegenden Kante parallel läuft.

Wenn *centrisch symmetrische* Individuen zu einem Zwilling vereinigt sind, der nach einer Ebene x symmetrisch ist, so muß nach einem früher bewiesenen Satze (S. 63) die Normale ζ dieser Ebene eine geradzählige, also mindestens 2-zählige Symmetrieaxe für den Zwilling sein. Sie darf daher nicht mit einer 2-zähligen Axe der einfachen Krystalle zusammenfallen. Hierfür gewährt das durch die Fig. 185—188 erläuterte Zwillingsgesetz ein Bei-

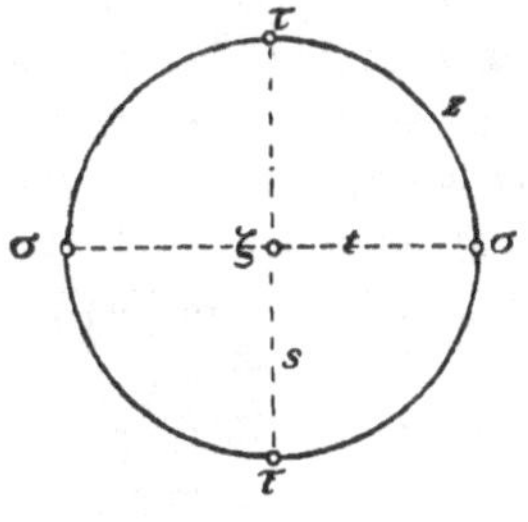

Fig. 189.

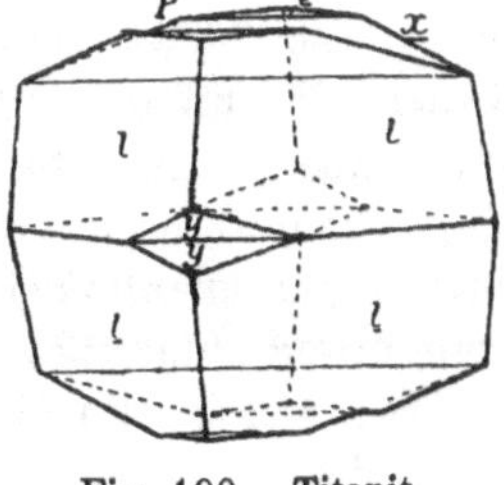

Fig. 190. Titanit. Durchdringungszwilling.

spiel. — Von besonderem Interesse ist der oft beobachtete Fall, daß die Ebene $\varkappa$ auf einer Symmetrieebene s jedes einzelnen Individuums senkrecht steht, also zugleich einer geradzähligen Symmetrieaxe σ parallel läuft (Fig. 189). Alsdann besitzt der Zwilling noch eine zweite Symmetrieebene in der auf $\varkappa$ und s senkrechten Ebene t, deren Normale τ eine 2-zählige Symmetrieaxe des Zwillings ist. Ein Beispiel bietet der Durchdringungszwilling des monoklinen Titanits (Fig. 190) dar; der Ebene $\varkappa$ entspricht hier die zu P und $\underline{P}$ parallele Ebene, die den einspringenden Winkel von y und $\underline{y}$ halbiert. Auch die Fig. 185—188 können zur Erläuterung des in Rede stehenden Zusammenhanges dienen, denn die Oktaederfläche, zu der die beiden Individuen symmetrisch liegen, steht auf drei Symmetrieebenen dieser Individuen senkrecht.

Sind die Individuen eines nach einer Ebene $\varkappa$ symmetrischen Zwillings *nicht centrisch symmetrisch*, so kann die Normale ζ von $\varkappa$ zugleich eine 2-zählige Symmetrieaxe der einfachen Krystalle sein. Dies ist z. B. der Fall bei dem Berührungszwilling des Kieselzinkerzes (Fig. 191) und bei dem Durchdringungszwilling zweier Tetraëder, die zu den Hexaëderflächen

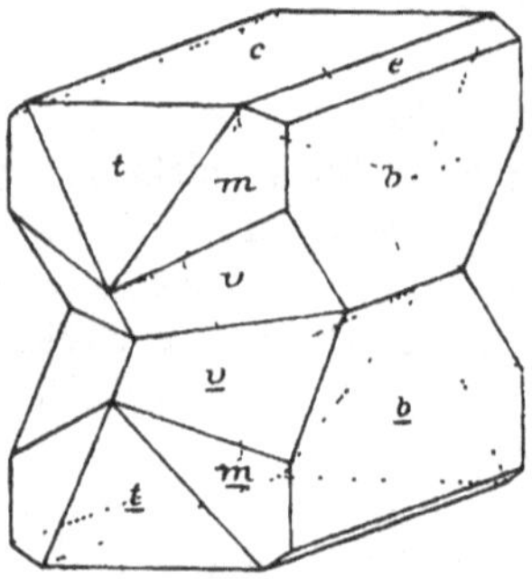

Fig. 191. Kieselzinkerz. Berührungszwilling nach $00\bar{1}$.

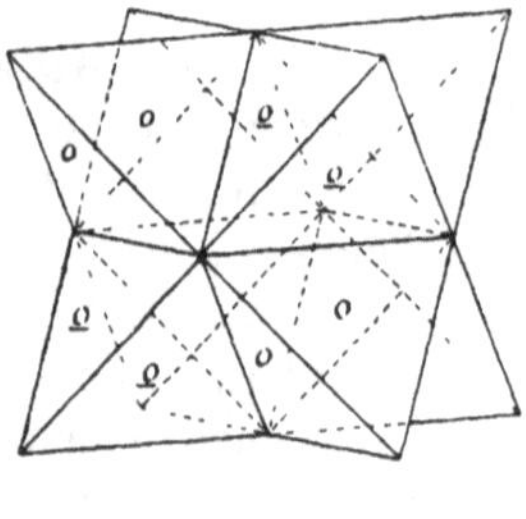

Fig. 192. Durchdringung zweier Tetraëder, die zu {100} symmetrisch liegen.

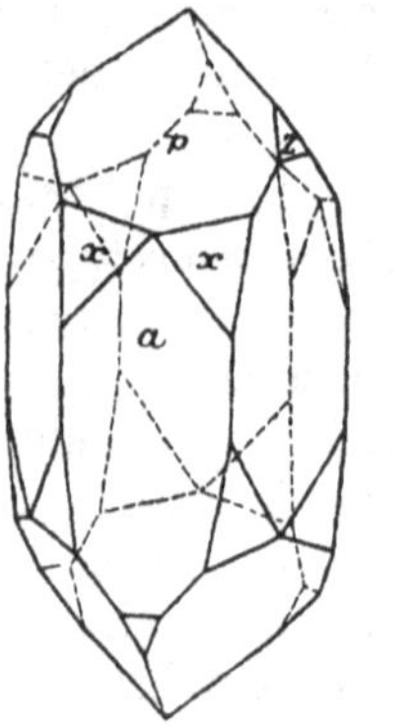

Fig. 193. Quarz. Durchdringungszwilling eines linken und eines rechten Krystalls.

{100} symmetrisch liegen (Fig. 192). Auch der Durchdringungszwilling eines linken und eines rechten Quarzkrystalls (Fig. 193) gehört hierher: Die beiden Individuen sind Spiegelbilder in Bezug auf die drei vertikalen Ebenen, die auf den Prismenflächen a senkrecht stehen, und die Normalen dieser Ebenen sind für die einfachen Krystalle 2-zählige Axen. Gleichzeitig erläutert dieses Beispiel den Satz, daß bei Körpern mit gewendeten Formen nur enantiomorphe Individuen zu Zwillingen, die nach einer Ebene symmetrisch sind, zusammentreten können.

Der in Fig. 194 dargestellte Durchdringungszwilling zweier Tetraëder o und $\underline{o}$ des Fahlerzes besitzt in der 3-zähligen Axe, die den beiden Individuen gemein ist, eine 2- und 6-zählige Symmetrieaxe. Außerdem ist er symmetrisch nach den drei Halbierungsebenen der einspringenden Winkel zwischen benachbarten Flächen o und $\underline{o}$. Diese Ebenen entsprechen wieder den drei in Fig. 188 durch gestrichelte Linien angedeuteten Richtungen {211}; allein ihre Normalen sind hier nicht 2-zählige Symmetrieaxen für den Zwilling. — Dasselbe Symmetriegesetz beherrscht die Berührungszwillinge der Zinkblende (Fig. 195). Die einfachen Krystalle sind Kombinationen des Tetraëders o und des korrelaten Tetraeders o'. Sie berühren sich mit ungleichen Flächen $o', \underline{o}$ und stoßen an der Grenze in einspringenden oder ausspringenden Winkeln mit ungleichen Flächen o und $\underline{o}'$ oder o' und $\underline{o}$ zusammen.

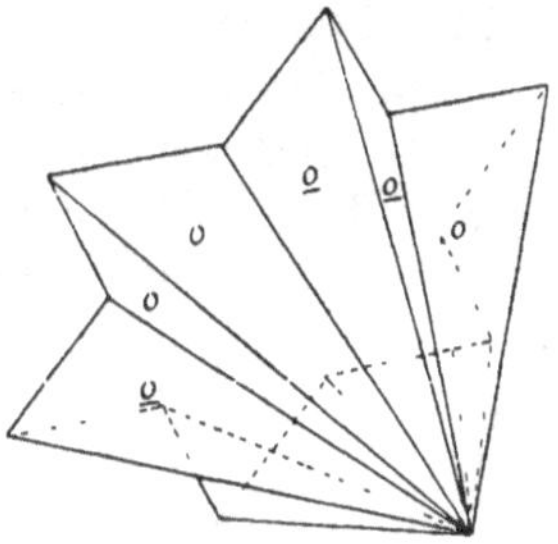

Fig. 194. Fahlerz. Durchdringung zweier Tetraeder, die zu drei Flächen von {211} symmetrisch liegen.

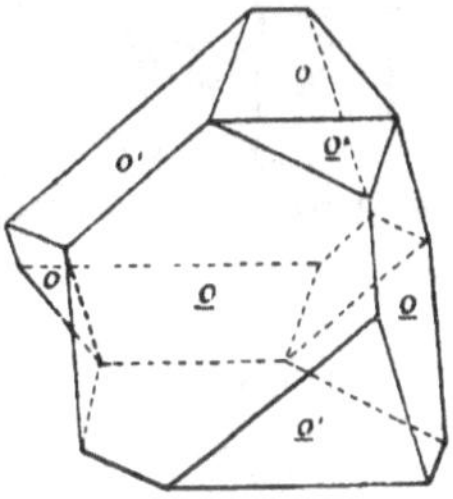

Fig. 195. Zinkblende. Beruhrungszwilling.

II. Für die zweite Klasse der Krystallzwillinge, deren Individuen *nicht nach einer Ebene symmetrisch* liegen, haben wir ein ausgezeichnetes Beispiel in den gewöhnlichen Quarzzwillingen. Zwei linke oder zwei rechte

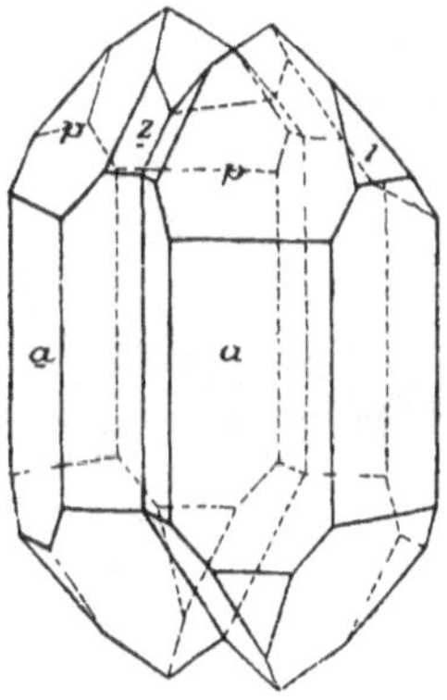

Fig. 196.

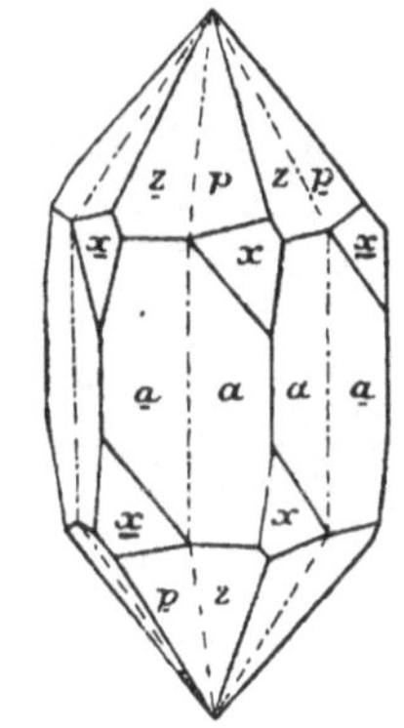

Fig. 197.

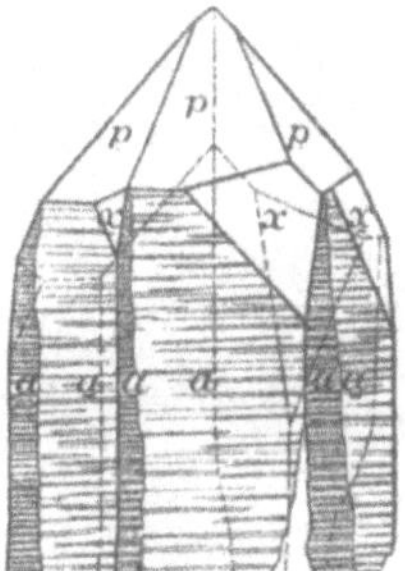

Fig. 198.

Quarz. Zwillinge kongruenter Krystalle.

Krystalle sind in der Weise verbunden, daß die den beiden Individuen gemeinsame Vertikalaxe eine 2-zählige Symmetrieaxe für den Zwilling ist. Zuweilen findet nur eine Berührung der einfachen Krystalle statt (Fig. 196). Meist durchdringen sich die beiden Individuen. Ihre Grenzen verlaufen aber im allgemeinen unregelmäßiger, als in Fig. 197 durch die strichpunktierten Linien angedeutet wird. Oft bedingt die Art der Abgrenzung, daß in der Endigung nur die Rhomboëderflächen p und $\underline{p}$ auftreten, wie in dem von G. Rose naturgetreu abgebildeten Quarzzwilling aus der Schweiz Fig. 198. Da die Vertikalaxe schon für jedes einzelne Individuum eine 3-zählige Symmetrieaxe ist, so bildet sie für den Zwilling nicht nur eine 2-zählige, sondern auch eine 6-zählige Axe.

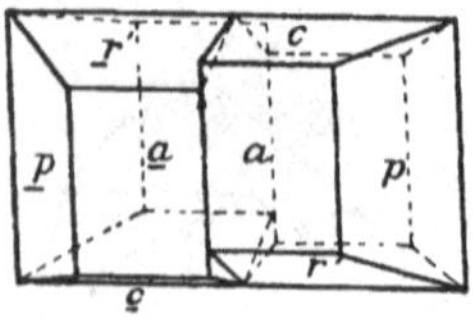

Fig. 199.
Rohrzucker.

Ferner gehört hierher der in Fig. 199 dargestellte Zwilling des Rohrzuckers. Die einfachen Krystalle besitzen nur eine 2-zählige Symmetrieaxe, die den horizontalen Kanten der Flächen *a c r'* parallel läuft. Für den Zwilling sind die Normale der Fläche *a* und die vertikale Kantenrichtung *a p* 2-zählige Axen, so daß die Vereinigung der beiden Individuen zu drei aufeinander senkrechten Geraden symmetrisch ist.

1. Reguläres System.

Das reguläre System umfaßt alle krystallisierten Körper, deren Axensystem von drei aufeinander senkrechten und gleichberechtigten Axen a_1, a_2, a_3 gebildet wird. Diese Axen gehen den Kanten des Hexaëders parallel (Fig. 200) und fallen mit zweiseitigen 4-zähligen oder 2-zähligen Symmetrieaxen zusammen. Die vier gleichberechtigten Halbierungsgeraden ihrer Ecken sind zweiseitige oder einseitige 3-zählige Symmetrieaxen. Da die Axenelemente eines regulären Krystalls unmittelbar durch seine Symmetrieeigenschaften gegeben sind, so besitzen alle regulär krystallisierenden Körper dieselben Axenelemente.

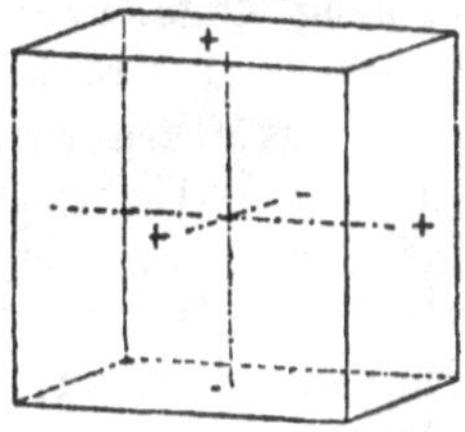

Fig. 200. Axensystem der regulären Krystalle.

Im regulären System ist die Zahl der einfachen Formen, die in ihren Flächenwinkeln übereinstimmen aber in ihrer Symmetrie voneinander abweichen, relativ groß. Wir werden in jeder der fünf Gruppen dieses Systems unter den möglichen einfachen Formen einem Hexaëder {100} und einem Dodekaëder {110} begegnen. Diese fünf verschiedenen Arten werden sich indessen mit Hilfe der besonderen Symmetrieeigenschaften ihrer Flächen, Kanten und Ecken, die bei Auflösungsvorgängen zur Geltung gelangen, voneinander trennen lassen. Andere Polyëder können zwei oder drei verschiedenen Gruppen des Systems angehören. Daher tritt jetzt die Unterscheidung der rein geometrischen und der krystallographischen Symmetrie der Formen, auf deren Bedeutung wir schon an einer früheren Stelle (S. 41) hingewiesen haben, in den Vordergrund des Interesses. Vor allem müssen wir nun die Symmetrie der Krystallflächen beachten. Zu diesem Zwecke werden wir uns folgender Nomenklatur bedienen. Eine Fläche ist asymmetrisch, wenn sie weder auf einer Symmetrieaxe noch auf einer Symmetrieebene senkrecht steht. Liegt eine Fläche senkrecht zu einer Symmetrieaxe von der Periode 2, 3, 4 oder 6, so sagen wir, sie besitze einen Drehungsmittelpunkt c von der Ordnung 2, 3, 4 oder 6. Andererseits wenden wir nach einem Vorschlage von G. Tschermak die Benennungen monosymmetrisch, disymmetrisch, trisymmetrisch, tetrasymmetrisch oder hexasymmetrisch auf Flächen an, die auf 1, 2, 3, 4 oder 6 Symmetrieebenen senkrecht stehen.

Einen wesentlichen Fortschritt in unserer Kenntnis der Vorgänge des Wachstums und der Auflösung der Krystalle verdanken wir den eingehenden Untersuchungen, welche F. Becke über Ätzerscheinungen regulärer Krystalle angestellt hat. Die einzelnen Beispiele können füglich erst im Anschluß an die Darstellung der entsprechenden Gruppen betrachtet werden. Dagegen wird es zweckmäßig sein, vorweg eine Übersicht der wichtigsten allgemeinen Ergebnisse mitzuteilen.

Die Ätzflächen, welche die Ätzeindrücke begrenzen, sind dadurch charakterisiert, daß sie der Auflösung den größten Widerstand entgegensetzen. Wie die Erfahrung lehrt, werden im Anfangsstadium der Bildung eines Ätzeindruckes ebene Ätzflächen erzeugt, die dem Gesetz der einfachen rationalen Indices unterworfen sind. Allein diese *primären Ätzflächen* können sich im Verlaufe des Lösungsvorganges nicht erhalten. Denn in der Tiefe des Eindruckes, wo sich das Lösungsmittel rasch sättigt, wird die Geschwindigkeit der Auflösung abnehmen, während in der Nähe des Randes, wo durch Diffusion neue Mengen des Lösungsmittels zugeführt werden können, der Vorgang ungeschwächt fortschreitet. Infolge solcher Konzentrationsunterschiede wird der Eindruck allmählich flacher. Die neu entstandenen Begrenzungsflächen werden *sekundäre Ätzflächen* genannt. Sie liegen mit den primären Ätzflächen in bestimmten Zonen, den *Ätzzonen*, die für den Krystall und den Lösungsvorgang charakteristisch sind. In der Einwirkung verschiedener Lösungsmittel auf denselben Krystall tritt nur dann ein wesentlicher Unterschied hervor, wenn der chemische Prozeß der Auflösung ein verschiedener ist.

Um die Lösungsgeschwindigkeiten eines Krystalls nach verschiedenen Richtungen zu ermitteln, kann man verschieden orientierte Platten unter übereinstimmenden äußeren Bedingungen einem bestimmten Auflösungsvorgange unterwerfen und die in gleichen Zeiten hervorgerufene Verminderung der Plattendicken messen. Stellt man dann die Lösungsgeschwindigkeiten durch Strecken dar, die von einem gemeinsamen Anfangspunkte nach den Richtungen der Plattennormalen verlaufen, so erfüllen die Endpunkte eine Oberfläche. Diese *Lösungsoberfläche* des Krystalls gewährt uns ein anschauliches Bild von der Abhängigkeit, in der die Lösungsgeschwindigkeit von der Richtung im Krystall steht. Nach den Untersuchungen von F. Becke fallen die kürzesten Radien der Lösungsoberfläche mit den Normalen der primären Ätzflächen zusammen. Die Ätzeindrücke stehen mit dieser Oberfläche in dem Zusammenhange, daß Krystallflächen mit minimaler Lösungsgeschwindigkeit die schärfsten Eindrücke liefern, während auf Flächen mit maximaler Lösungsgeschwindigkeit Ätzhügel erzeugt werden. Endlich ist eine Beziehung anzunehmen zwischen der Gestalt der Lösungsoberfläche und der vorherrschenden Krystallform: Der in einem Lösungsmittel wachsende Krystall ist begrenzt von den Flächen, die der Auflösung in diesem Mittel den größten Widerstand entgegenstellen, also von Flächen kleinster Lösungsgeschwindigkeit. Je nach der Art des Lösungsmittels wird die eine oder die andere Primärform das kleinste Minimum der Lösungsgeschwindigkeit besitzen und sich deshalb während des Wachstumsvorganges am stärksten ausbilden.

1] Holoëdrie.

(Hexakisoktaëdrische Gruppe.)

Centrisch symmetrische Krystalle mit 13 zweiseitigen Symmetrieaxen und 9 Symmetrieebenen, welche den geometrischen Symmetrieelementen des regelmäßigen Hexaëders entsprechen (Fig. 201): Drei 4-zählige Axen parallel

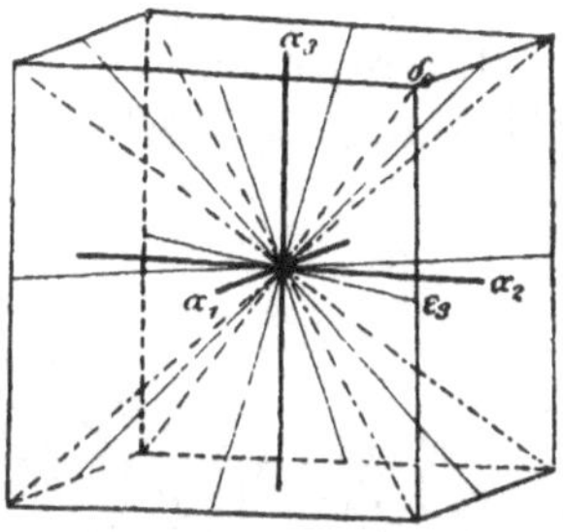

Fig. 201.

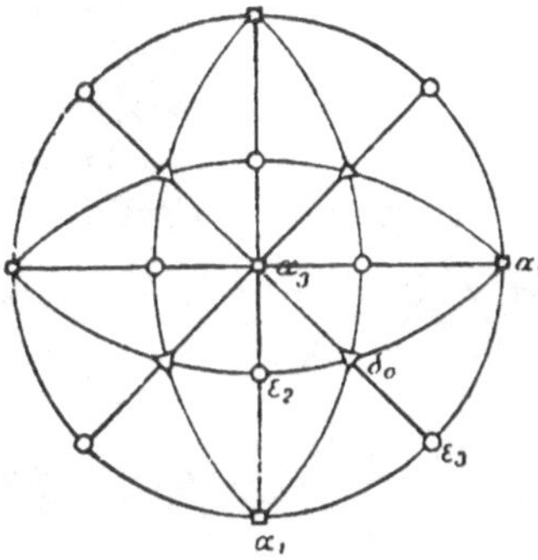

Fig. 202.

zu den Kanten, vier 3-zählige nach den Eckendiagonalen und sechs 2-zählige parallel zu den Flächendiagonalen; drei Symmetrieebenen $p_1\,p_2\,p_3$ parallel zu den Flächen und sechs Symmetrieebenen $d_1 \ldots . d_6$ nach den Verbindungsebenen gegenüberliegender Kanten. Diese Ebenen erzeugen 48 gleichberechtigte, abwechselnd kongruente und symmetrische Ecken, deren Kanten von den Symmetrieaxen gebildet werden. Wenn wir uns diese Raumteilung veranschaulichen wollen mit Hilfe einer Konstruktionskugel, die wir nach dem Prinzip der stereographischen Projektion auf die Horizontalebene $\alpha_1\,\alpha_2$ abbilden, so ist es zweckmäßig, nicht nur wie in

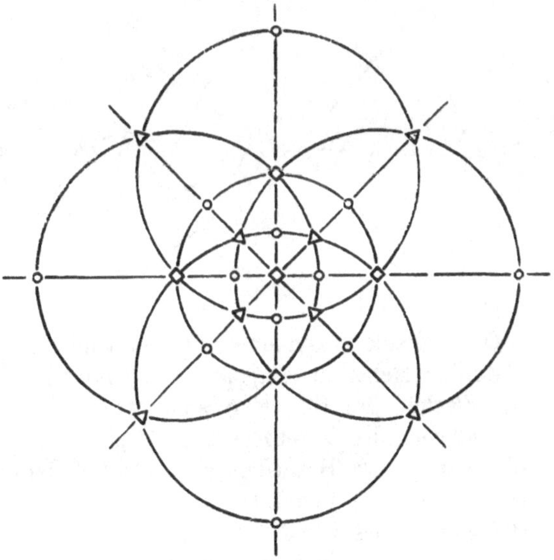

Fig. 203. Kugelteilung durch die Symmetrieelemente der holoëdrischen Gruppe.

Fig. 202 die obere Halbkugel darzustellen, sondern auch das benachbarte Gebiet der unteren Kugelhälfte zu berücksichtigen (Fig. 203).

Die durch diesen höchsten Grad der Symmetrie bedingten 7 Arten von einfachen Formen haben wir schon früher abgeleitet (S. 38). Jetzt müssen wir die Aufmerksamkeit auch auf die Symmetrie der Flächen richten (vgl. Fig. 204—210).

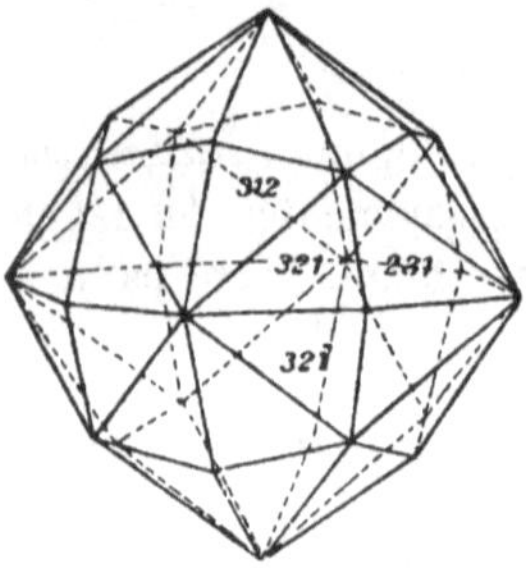

Fig. 204. {321}.

		Symmetrie der Flächen:
Hexakisoktaëder .	{h k l}	asymmetrisch
Ikositetraëder . .	{h l l}	monosymmetrisch nach *d*
Triakisoktaëder .	{k k l}	monosymmetrisch nach *d*
Tetrakishexaëder .	{h k 0}	monosymmetrisch nach *p*
Oktaëder . . .	{111}	trisymmetrisch
Dodekaëder . .	{110}	disymmetrisch
Hexaëder . . .	{100}	tetrasymmetrisch.

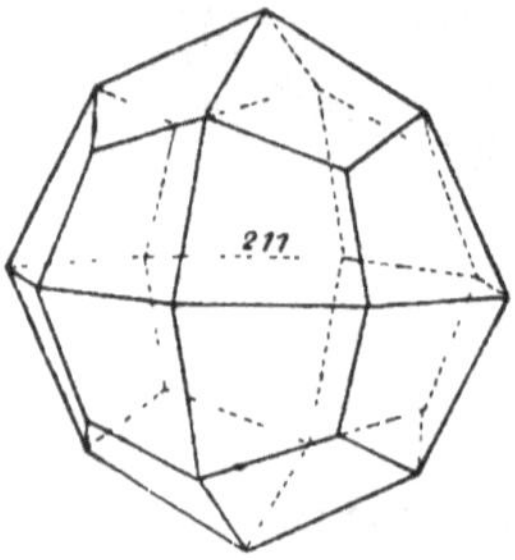

Fig. 205. {211}.

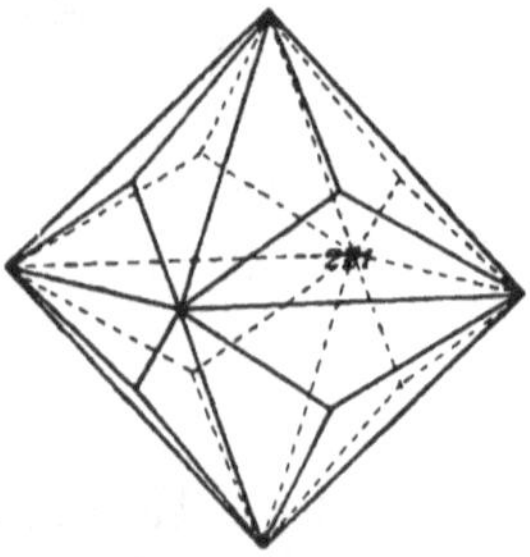

Fig. 206. {221}.

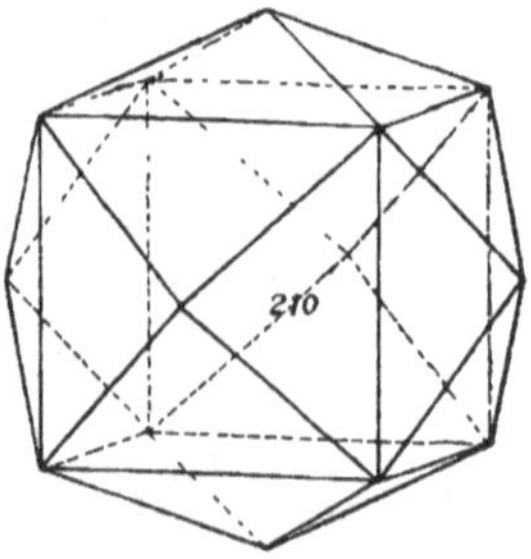

Fig. 207. {210}.

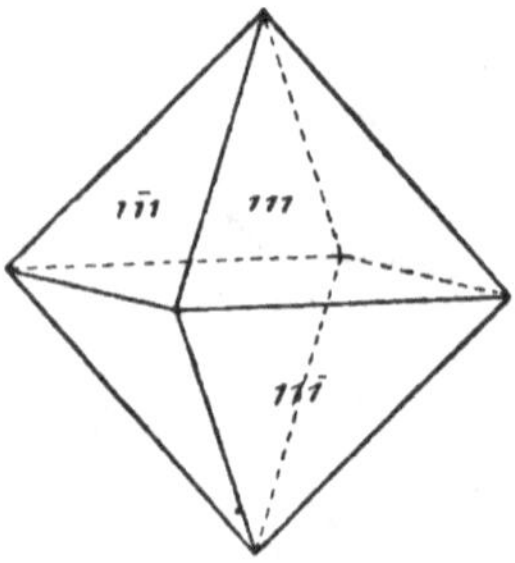

Fig. 208. {111}.

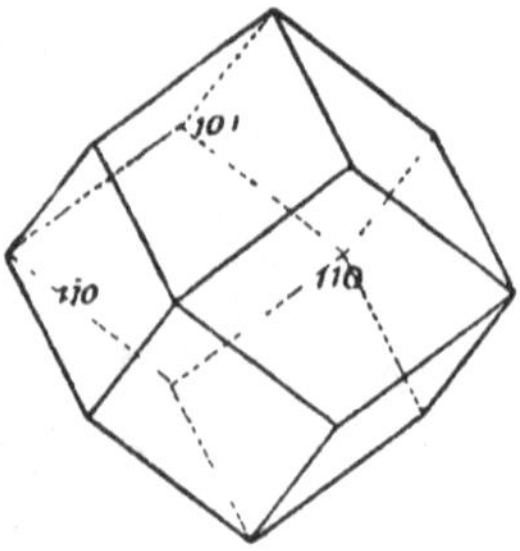

Fig. 209. {110}.

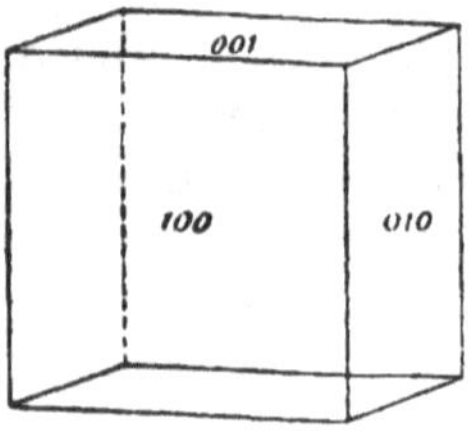

Fig. 210. {100}.

Die drei zuletzt genannten Formen sind einzig in ihrer Art. Ihre Flächen und Kanten stehen in folgender Beziehung zu den Symmetrieelementen:

Die Flächen des Hexaëders sind parallel den Symmetrieebenen *p*.
Die Flächen des Dodekaëders „ „ „ „ *d*.
Die Kanten des Hexaëders sind parallel den 4-zähligen Symmetrieaxen
Die Kanten des Dodekaëders „ „ „ 3-zähligen „
Die Kanten des Oktaëders „ „ „ 2-zähligen „

Zwischen Oktaëder und Dodekaëder besteht die Beziehung, daß jede Fläche der einen Form auf einer Kantenschar der anderen senkrecht steht. Die

Kombination {111}, {110}, {100} tritt häufig auf, z. B. am Flußspat, Bleiglanz, Gold etc. (Fig. 211—213).

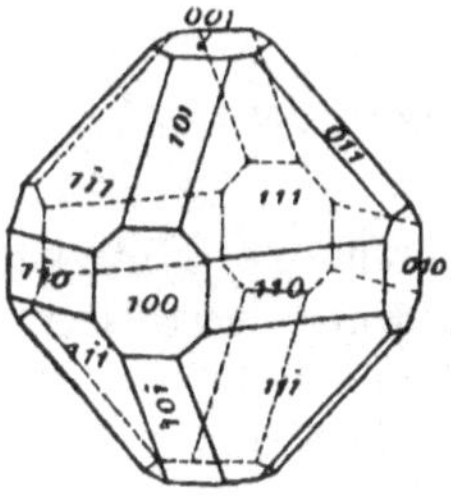

Fig. 211.

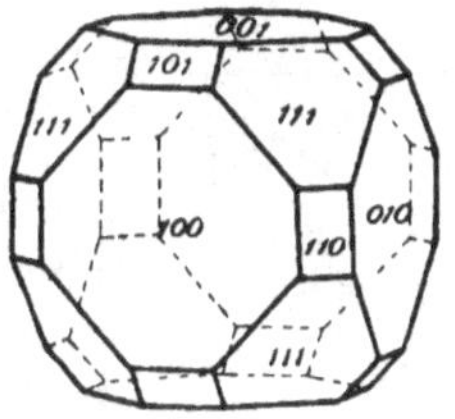

Fig. 212.

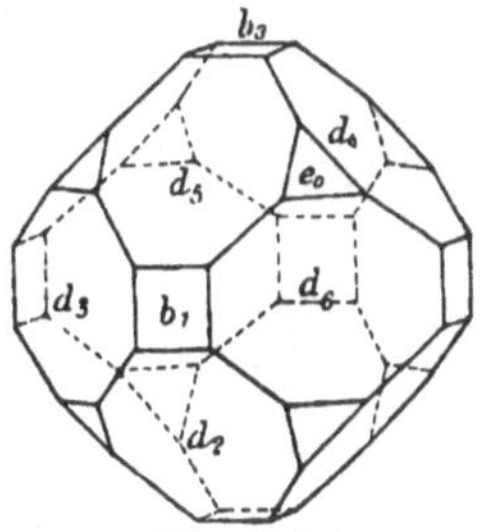

Fig. 213.

Kombinationen von {111}, {110}, {100}.

Die folgenden oft beobachteten Kombinationen (Fig. 214—220) veranschaulichen, daß die wichtigsten *Zonen* von den Flächenscharen gebildet werden, die den Symmetrieaxen parallel laufen.

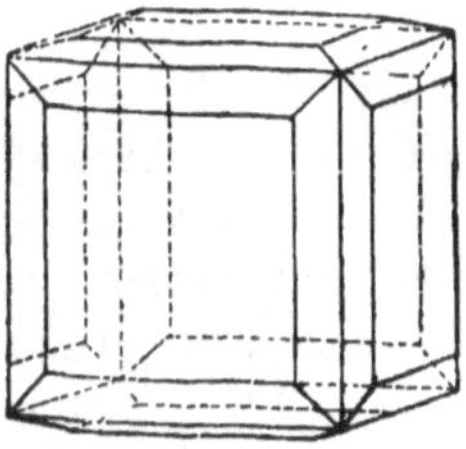

Fig. 214. {100}, {310}. Flußspat.

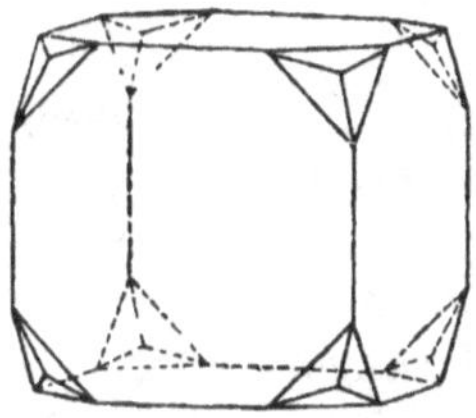

Fig. 215. {100}, {211}. Analcim.

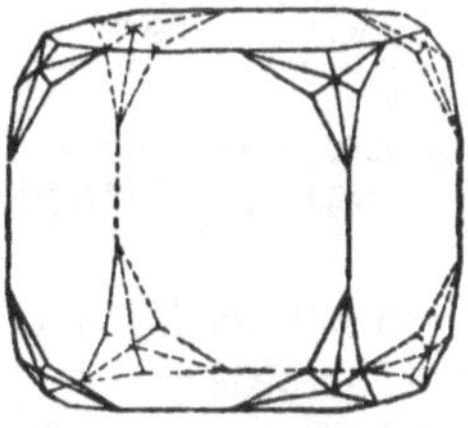

Fig. 216. {100}, {421}. Flußspat.

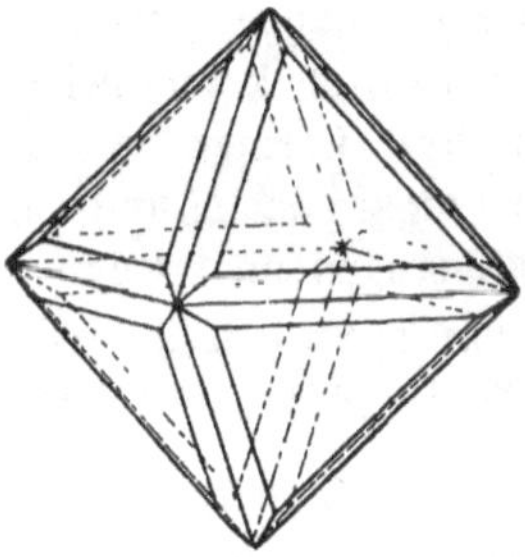

Fig. 217. {111}, {331}. Flußspat.

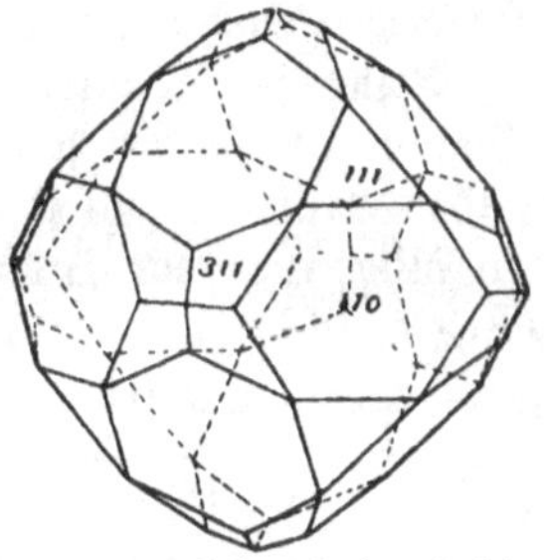

Fig. 218. {110}, {111}, {311}. Magnetit.

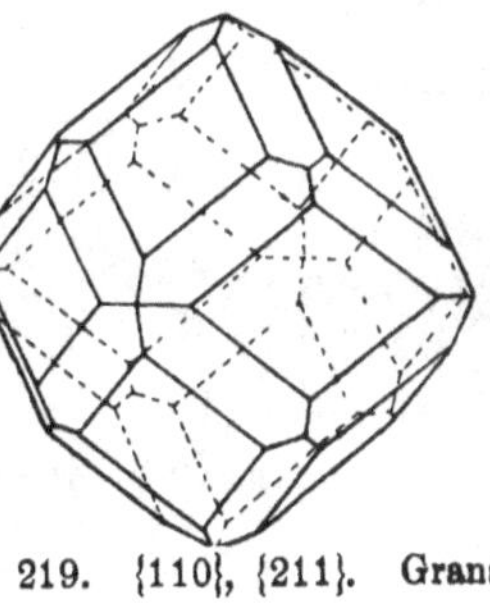

Fig. 219. {110}, {211}. Granat.

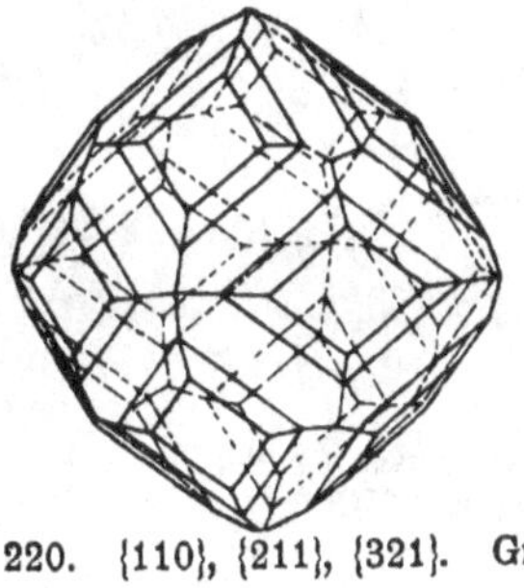

Fig. 220. {110}, {211}, {321}. Granat.

In den Zonen der 4-zähligen Axen können nur solche Flächen liegen, bei denen wenigstens ein Index gleich Null ist; denn es gilt z. B. für die Zone der Vertikalaxe die Bedingung:

$$\begin{vmatrix} 100 \\ 010 \\ h\,k\,l \end{vmatrix} = 0 \text{ oder } l = 0.$$

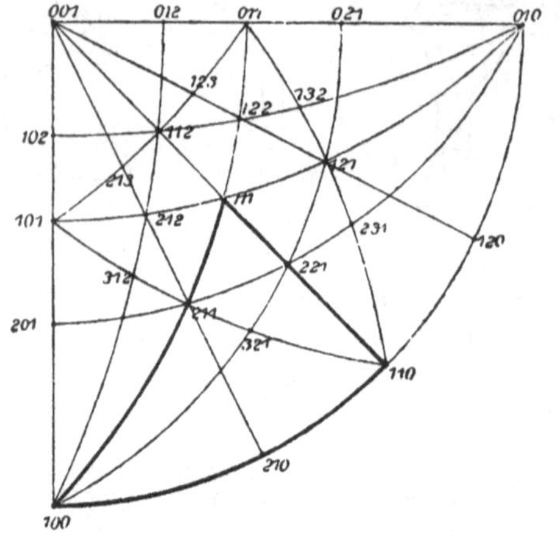

Fig. 221. Positiver Oktant der Polfigur von {321}, {211}, {221}, {210}, {111}, {110}, {100}.

Hierher gehören die Tetrakishexaëder {$h\,k\,0$} und deren Grenzformen {110} und {100}. — Für die Zone der 3-zähligen Axe, die den Dodekaëderflächen 110 und 101 parallel läuft, besteht die Bedingungsgleichung:

$$\begin{vmatrix} 110 \\ 101 \\ h\,k\,l \end{vmatrix} = 0 \text{ oder } k = h - l;$$

daher fallen in die Zonen der 3-zähligen Axen die Hexakisoktaeder {$h\,k\,l$}, bei denen $k = h - l$ ist, und deren Grenzformen: das Ikositetraëder {211} und das Dodekaëder {110}. — Eine Fläche aus der Zone einer Oktaëderkante muß die Bedingung erfüllen, daß zwei ihrer Indices einander gleich sind; demnach liegen in den Zonen der 2-zähligen Axen die Ikositetraeder {$h\,l\,l$}, die Triakisoktaëder {$k\,k\,l$} und die Grenzformen {111}, {110}, {100}.

Die *Zwillingsbildungen* nach 111 wurden schon auf S. 72 erläutert.

Aus der Reihe der Metalle, die regulär holoëdrisch krystallisieren, sind **Kupfer, Silber und Gold** durch den Reichtum ihrer Formen ausgezeichnet. Vor allem aber verdienen die folgenden leicht zugänglichen und eingehend untersuchten Mineralien zur Erläuterung herangezogen zu werden.

Bleiglanz = PbS. Sehr vollkommen spaltbar nach dem Hexaëder {100}. Am häufigsten treten auf {100}, {111}, {110}, {211}, {221}. Bei der Ätzung

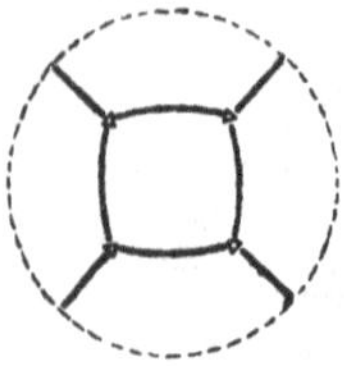

Fig. 222. Ätzzonen bei der Ätzung mit HCl.

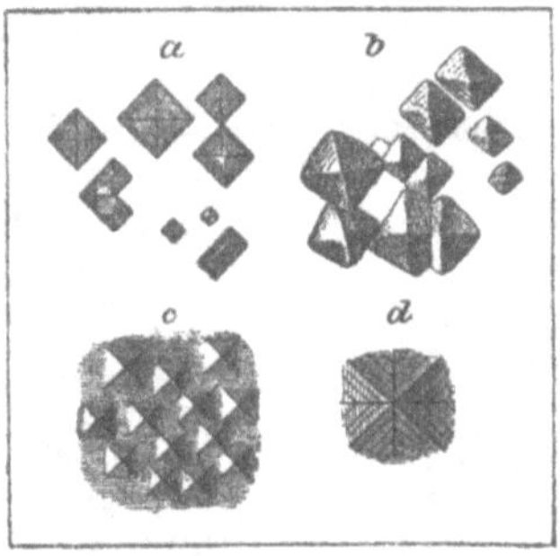

Fig. 223. Ätzhügel auf 100.

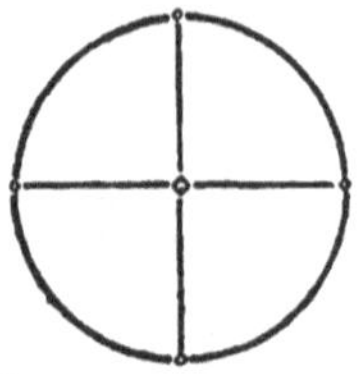

Fig. 224. Ätzzonen bei der Ätzung mit KOH.

Bleiglanz.

mit Salzsäure werden die Ätzzonen von den Flächen der Triakisoktaëder $\{kkl\}$ mit den Grenzformen des Oktaëders und des Dodekaëders gebildet. Die hierdurch bestimmten Zonenstücke sind in der Polfigur 222 durch voll ausgezogene Kreissegmente angedeutet. Die von ihnen eingeschlossenen Gebiete bezeichnet F. Becke als *Ätzfelder*. Flächen, deren Pole diesen Feldern angehören, werden von dem Lösungsmittel rascher angegriffen als die Flächen der Ätzzonen. Am leichtesten angreifbar sind die Hexaëderflächen, deren Pole mit den Mittelpunkten der Ätzfelder zusammenfallen. Auf diesen Flächen entstehen durch Anhäufung von Ätzeindrücken, die nur im Anfangsstadium des Auflösungsvorganges beobachtet werden können (Fig. 223a), die in *b*, *c*, *d* dargestellten tetrasymmetrischen Ätzhügel. Dagegen sind die Hexaëderflächen primäre Ätzflächen bei der Ätzung mit Kaliumhydroxyd. Die Ätzzonen werden jetzt von den Flächen der Tetrakishexaëder $\{hk0\}$ gebildet (Fig. 224), so daß die Ätzfelder den durch die Axenebenen bestimmten Oktanten entsprechen.[1]

Chlornatrium (Steinsalz) = NaCl. Vollkommen spaltbar nach dem Hexaëder {100}. In der Regel sind die Krystalle nur von {100} begrenzt. Dann treten als Prärosionsflächen häufig Tetrakishexaëder hinzu. Im Kainit von Staßfurt wurde die Kombination {111}, {100} gefunden. Auf Klüften des Anhydrits von Neu-Staßfurt kommen Krystalle mit {100}, {111}, {210} vor. — Durch Ätzung mit Wasser entstehen auf {100} treppenförmige Eindrücke, die von Tetrakishexaëderflächen begrenzt werden (Fig. 225). — Treibt man in eine Hexaëderfläche eine Stahlspitze durch einen leichten Schlag ein, so entstehen kurze Sprünge, die auf der Fläche senkrecht stehen und von der Schlagstelle nach den Diagonalen des Quadrats der Hexaëderkanten verlaufen. Das Steinsalz zerreißt also bei diesem Verfahren nach Dodekaederflächen. Schleift man zwei einander gegenüberliegende Kanten eines Spaltstückes gerade ab, und drückt man darauf das Stück in einer Schraubenpresse senkrecht zu den angeschliffenen Flächen, so zerreißt es infolge der unvermeidlichen Unregelmäßigkeit der Druckverteilung nach der Verbindungsebene jener Kanten, also wieder nach einer Dodekaëderfläche.[2]

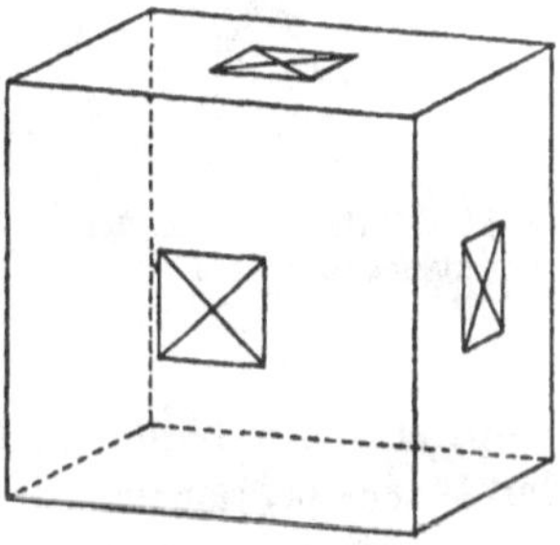

Fig. 225. Chlornatrium. Ätzeindrücke auf {100}.

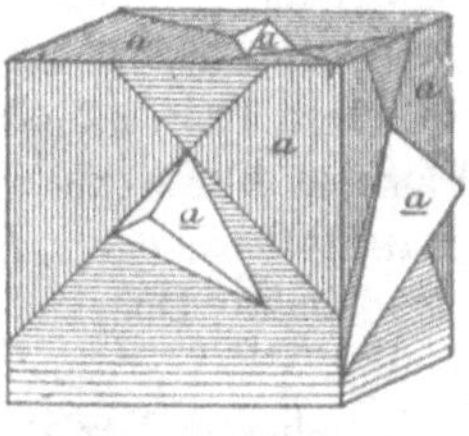

Fig. 226. Flußspat. Vizinale Flächen des Hexaëders.

Flußspat = CaF_2. Vollkommen spaltbar nach dem Oktaëder {111}. Am häufigsten tritt das Hexaeder {100} auf. Aber auch das Oktaëder wird

[1] F. Becke, Min. petr. Mitt. **6**, 237; 1884. **9**, 16; 1887.
[2] E. Reusch, Ann. d. Phys. **132**, 441; 1867.

selbständig beobachtet. In Kombination mit diesen Formen findet man namentlich {110}, {310}, {211}, {331}, {421}. Der in Fig. 226 dargestellte Zwilling nach 111 ist bemerkenswert durch Tetrakishexaëderflächen, die nahezu in die Richtungen der Hexaëderflächen fallen und daher nach einem Vorschlage von M. Websky als *vizinale Flächen* des Hexaëders bezeichnet werden. Die Scheitelpunkte der flachen Pyramiden, die von diesen in der Regel gestreiften Flächen gebildet werden, liegen stets genau an den Stellen, wo eine Hexaëderkante des zweiten Individuums aus dem ersten herausragt.

Bei der Ätzung mit Salzsäure sind die Hexaëder- und Oktaëderflächen primäre Ätzflächen; die Ätzzonen werden von Ikositetraëder- und Triakisoktaëderflächen gebildet (Fig. 227). Daher entstehen auf einer Hexaëderfläche tetrasymmetrische von Ikositetraëderflächen begrenzte Eindrücke (Fig. 228). Auf einer Oktaëderfläche beobachtet man trisymmetrische, dreiseitige oder sechsseitige Eindrücke je nach der Konzentration und der

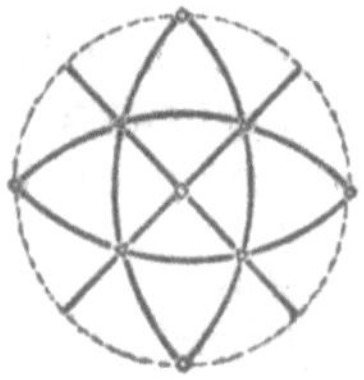

Fig. 227. Ätzzonen bei der Ätzung mit HCl.

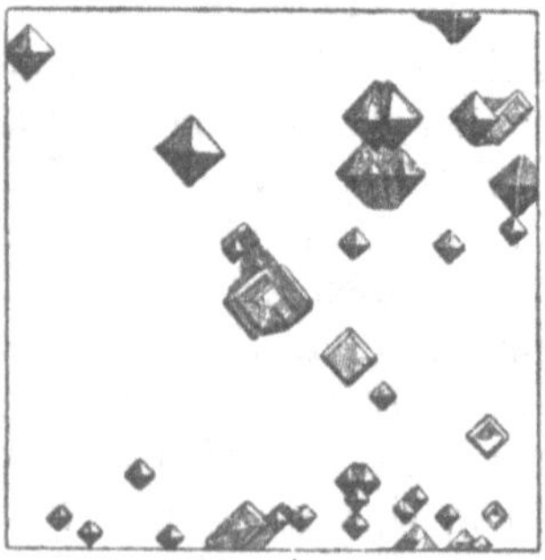

Fig. 228. Ätzeindrücke auf {100}. (Vergr. 90.)

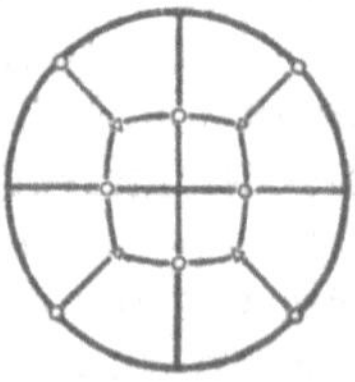

Fig. 229. Ätzzonen bei der Ätzung mit Na_2CO_3.

Flußspat.

Temperatur des Lösungsmittels. Während die dreiseitigen, von Ikositetraederflächen begrenzten Eindrücke durch eine Säure von sehr schwacher Konzentration (5%) erzeugt werden, entstehen die sechsseitigen Eindrücke, an denen zugleich Triakisoktaëderflächen auftreten, bei stärkeren Konzentrationen oder höheren Temperaturen. Die außerhalb der Ätzzonen liegenden Tetrakishexaëderflächen bedecken sich mit Ätzhügeln. Hexaëderkanten werden durch Prärosionsflächen $\{h\,k\,0\}$ ersetzt. — Alkalische Ätzmittel greifen den Flußspat nur wenig an. Am besten wirken heiße konzentrierte Lösungen von Natriumkarbonat. Die primären Ätzflächen gehören jetzt dem Oktaeder und dem Dodekaëder an. Die Ätzzonen werden von Tetrakishexaedern und Triakisoktaëdern gebildet (Fig. 229). Auf dem Hexaëder entstehen bei diesem Verfahren nur sehr undeutliche Eindrücke, deren Seitenflächen aus dem Vizinalbereich des Hexaëders nicht heraustreten.

Aus diesen Beobachtungen geht hervor, daß im Flußspat relative Minima der Lösungsgeschwindigkeit in die Richtungen der Normalen der Hexaëder-, Oktaëder- und Dodekaëderflächen fallen, und daß die nach der

Größe geordnete Reihenfolge der Minima sich umkehrt, wenn an Stelle einer Säure ein Alkalikarbonat als Lösungsmittel angewendet wird. Dieses Verhalten scheint eine Erklärung darzubieten für den Wechsel im Habitus von Flußspatkrystallen, die sich in der Natur aus verschiedenartigen Lösungen ausgeschieden haben.

Zuweilen liefern Flußspathexaëder bei der Ätzung mit Salzsäure anomale Erscheinungen: Die aus der Nähe der Hexaëderecken entnommenen Spaltungsplatten zeigen am Rande drei Felder, deren Ätzeindrücke nicht trisymmetrisch, sondern nur noch monosymmetrisch sind. Die nähere Untersuchung ergiebt, daß dieses abweichende Verhalten an eine besondere Art des Wachstums gebunden ist. Ein anomales Hexaëder erscheint aufgebaut aus sechs Pyramiden, die sich vom Mittelpunkte nach den Hexaëderflächen hin erstrecken und durch Stoffansatz auf diesen Flächen entstanden sind (Fig. 230). In den *Anwachspyramiden* ist die Höhenlinie nicht mehr krystallographisch gleichberechtigt mit den Kanten der Basis, so daß jede einzelne Pyramide nur noch zu zwei durch jene Linie hindurchgehenden Ebenenpaaren symmetrisch ist. Hieraus folgt, daß die Hexaëderflächen tetrasymmetrisch bleiben. An der natürlichen Oberfläche des Krystalls kann also die vorhandene Anomalie nicht wahrgenommen werden. Aber jede andere durch den Krystall gelegte Ebene muß in so viele Sektoren zerfallen als der Zahl der Anwachspyramiden entspricht, die von ihr geschnitten werden.[1]

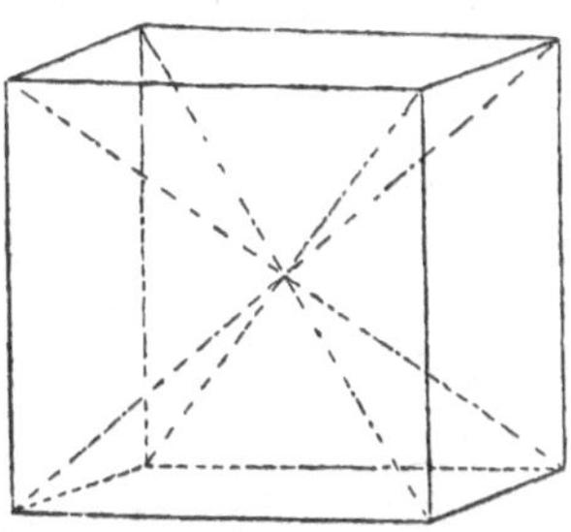

Fig. 230. Anwachspyramiden des Hexaëders.

Magnetit = $FeFe_2O_4$. Am häufigsten tritt das Oktaëder auf; demnächst das Dodekaëder, dessen Flächen meist nach den längeren Diagonalen, also parallel zu den Kanten des Oktaëders gestreift sind. Diese beiden Formen sind bei der Ätzung mit Salzsäure, Schwefelsäure oder Salpetersäure primäre Ätzformen. Wie beim Bleiglanz werden die Ätzzonen von Triakisoktaëdern gebildet (Fig. 231). Daher entstehen auch hier auf dem Hexaëder Ätzhügel, die von Dodekaëderflächen oder diesen vizinalen Flächen begrenzt werden. Eine Magnetitkugel wird von Schwefelsäure in den Richtungen der 4-zähligen Symmetrieaxen stärker angegriffen als in den Richtungen der 3-zähligen und der 2-zähligen Axen; es bilden sich an ihr matte Quadrate, die dem Hexaëder entsprechen, während glänzende Streifen die Zonen der Triakisoktaëder bezeichnen.[2]

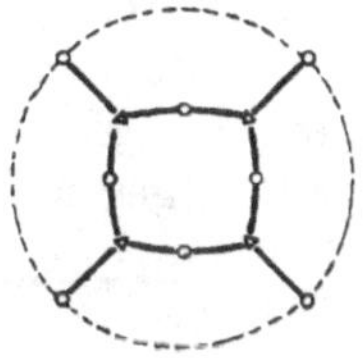

Fig. 231. Magnetit. Ätzzonen bei der Ätzung mit Säuren.

[1] F. Becke, Min. petr. Mitt. **11**, 349; 1890.

[2] F. Becke, Min. petr. Mitt. **7**, 200; 1885. **9**, 19; 1887.

Linnéit = $(Co, Ni, Fe)_3S_4$. Oktaëder. Bei der Ätzung mit Säuren verhält sich dieses Mineral so wie Magnetit. Ganz anders wirkt eine konzentrierte Lösung von Kaliumhydroxyd, die am Magnetit keine Ätzeindrücke hervorruft. Jetzt sind die Flächen des Hexaëders und des Oktaëders primäre Ätzflächen. In den Richtungen, die vorher der Auflösung den geringsten Widerstand entgegensetzten, findet nun der größte Widerstand statt. Die Ätzonen werden, wie Fig. 232 veranschaulicht, nicht von Triakisoktaederflächen, sondern von Ikositetraëderflächen gebildet, die auf dem Oktaëder prachtvolle dreiseitige Ätzeindrücke begrenzen.[1]

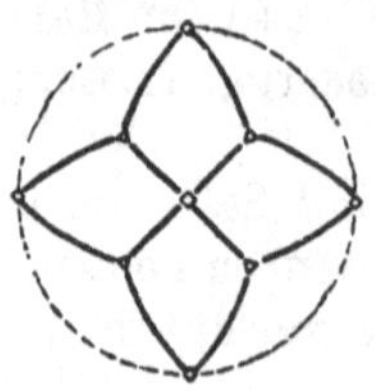

Fig. 232. Linnéit. Ätzzonen bei der Ätzung mit KOH.

Granat = $R_3''R_2'''(SiO_3)_4$, worin $R'' = Ca, Mg, Fe, Mn$ und $R''' = Al, Fe, Cr$ sein kann. Die gewöhnlichsten Formen, das Dodekaëder {110} und das Ikositetraëder {211}, treten selbständig oder in Kombination auf (Fig. 219). Oft beobachtet man neben diesen Formen noch Hexakisoktaëder $\{h\,k\,l\}$, deren Flächen in die Zonen der Dodekaëderkanten fallen, so daß $k = h - l$ ist; vgl. {321} in Fig. 220.

Analcim = $NaAl(SiO_3)_2.H_2O$. Die Krystalle zeigen das Ikositetraëder {211} oder die in Fig. 215 dargestellte Kombination {100}, {211}.

2] Tetraëdrische Hemiëdrie.

(Hexakistetraëdrische Gruppe).

Die hierher gehörigen krystallisierten Körper besitzen alle Symmetrieelemente des regelmäßigen Tetraëders, also *7 Symmetrieaxen und 6 Symmetrieebenen* (Fig. 233, 234). Drei zweiseitige 2-zählige Axen verbinden die Mitten gegenüberliegender Kanten des Tetraëders; vier polare 3-zählige

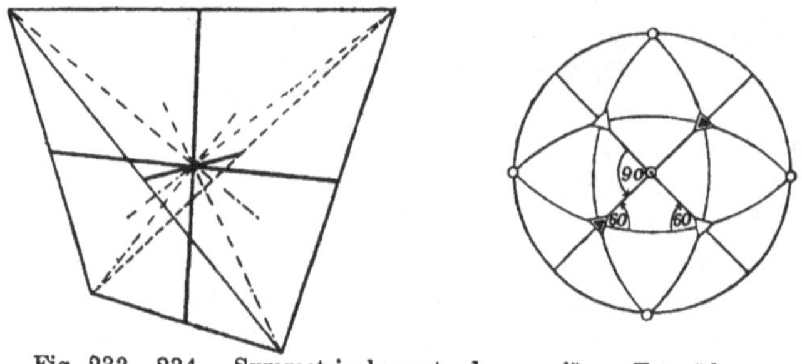

Fig. 233—234. Symmetrieelemente des regulären Tetraëders.

Axen sind durch die Eckendiagonalen des Tetraëders gegeben. Jede der Symmetrieebenen $d_1 \ldots . d_6$ verbindet eine Kante mit der Mitte der Gegen-

[1] F. Becke, Min. petr. Mitt. 7, 225; 1885.

kante. Unter den durch die 2-zähligen Axen bestimmten Oktanten sind nur die abwechselnden gleichberechtigt. Diese Thatsache ist in der durch die Symmetrieelemente erzeugten Kugelteilung (Fig. 235) durch eine Schraffierung der mit dem negativen Oktanten gleichberechtigten Gebiete angedeutet. Einer einfachen Form, deren Flächenpole in die weiß gelassenen Oktanten fallen, entspricht eine korrelate Form, deren Pole in den schraffierten Oktanten liegen; jene soll der Kürze wegen als eine *positive*, diese als eine *negative* Form bezeichnet werden. Geometrisch unterscheiden sich je zwei korrelate Formen nur durch ihre Lage, denn durch eine Drehung der Kugel um eine 2-zählige Axe um 90° vertauschen ungleiche Oktanten ihre Stellungen. Aber physikalisch sind solche Formen total verschieden. Die allgemeinste ein-

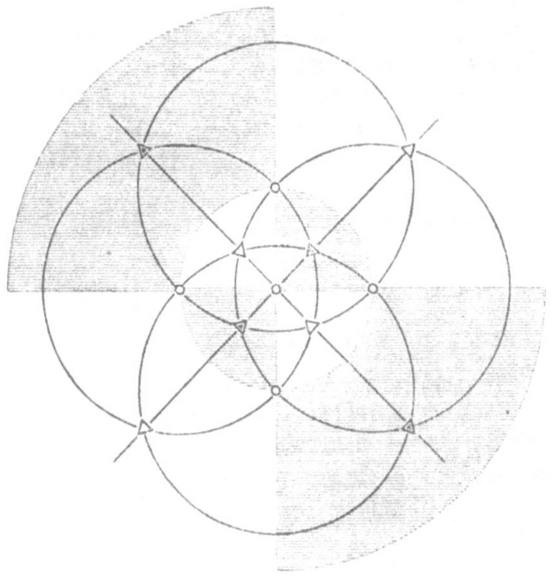

Fig. 235.
Kugelteilung durch 6 Symmetrieebenen und 7 Symmetrieaxen.

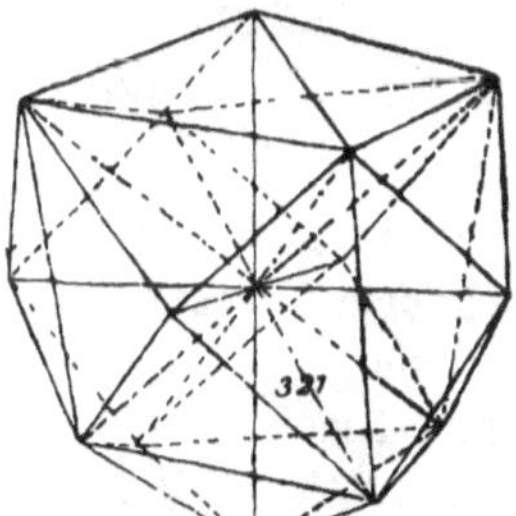

Fig. 236.
Hexakistetraeder {321}.

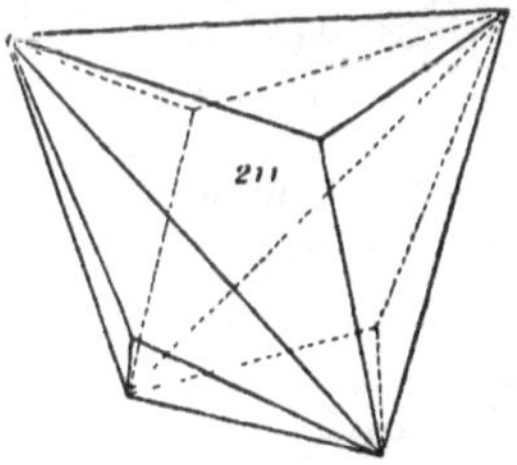

Fig. 237.
Triakistetraeder {211}.

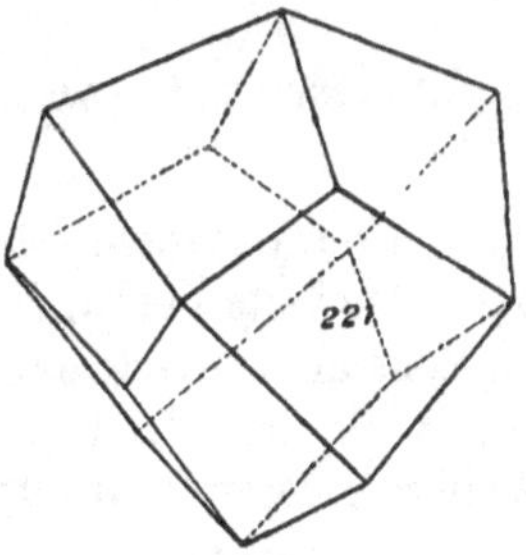

Fig. 238.
Deltoiddodekaëder {221}.

fache Form ist ein *Hexakistetraëder* $\{h\,k\,l\}$ oder $\overline{\{h\,k\,l\}}$. Die Kanten fallen in die Symmetrieebenen, die Ecken in die Symmetrieaxen; die Flächen sind asymmetrisch (Fig. 237). Um die speziellen einfachen Formen abzuleiten, gehen wir der Reihe nach von Flächenpolen aus, die auf die Seiten oder in die Eckpunkte des Dreiecks $\alpha_1\ \delta_0\ \varepsilon_3$ in Fig. 202 fallen. Das Resultat ist in der folgenden Tabelle zusammengestellt:

Bedingung			Symmetrie der Flächen
$h > k > l$	*Hexakistetraëder* .	$\{h\,k\,l\}$, $\{\bar h\,\bar k\,\bar l\}$	asymmetrisch
$k = l$	*Triakistetraëder* .	$\{h\,l\,l\}$, $\{\bar h\,\bar l\,\bar l\}$	monosymmetrisch
$h = k$	*Deltoiddodekaëder* .	$\{k\,k\,l\}$, $\{\bar k\,\bar k\,\bar l\}$	monosymmetrisch
$l = 0$	*Tetrakishexaëder* .	$\{h\,k\,0\}$	asymmetrisch
$h = k,\ k = l$	*Tetraëder* . . .	$\{111\}$, $\{\bar 1\bar 1\bar 1\}$	trisymmetrisch
$h = k,\ l = 0$	*Dodekaëder* . . .	$\{110\}$	monosymmetrisch nach der kürzeren Diagonale des Rhombus
$k = l,\ l = 0$	*Hexaëder* . . .	$\{100\}$	disymmetrisch nach den Diagonalen des Quadrats.

Über die Zwillingsgesetze vgl. S. 74—75.

Diamant. Spaltbar nach dem Oktaëder. Die Mehrzahl der Krystalle ist anscheinend regulär holoëdrisch ausgebildet. Doch sind auch unzweifelhaft tetraëdrisch hemiëdrische Gestalten, z. B. Hexakistetraëder, beobachtet worden. Krümmungen und Streifungen der Flächen erschweren häufig die genaue Bestimmung der Formen. Eine physikalische Unterscheidung be-

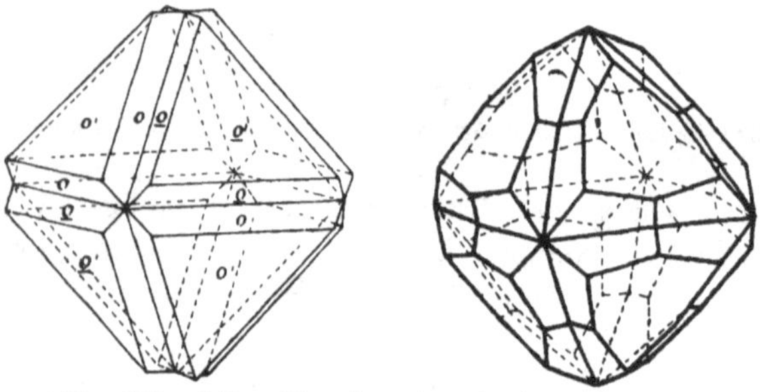

Fig. 239—240. Oktaeder mit gefurchten Kanten. Diamant.

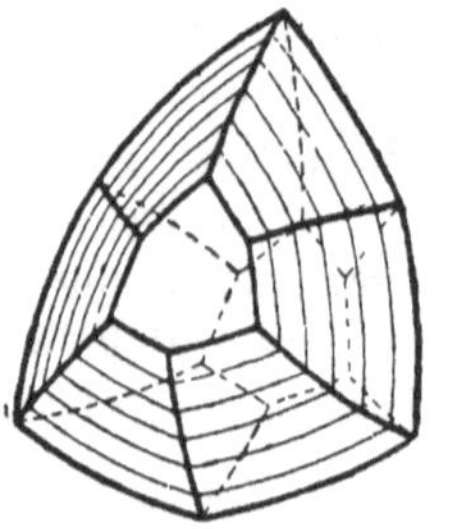

Fig. 241. Zwilling nach 111.

nachbarter Oktanten ist noch nicht gelungen. Die in Fig. 239, 240 dargestellten Oktaëder mit gefurchten Kanten werden nach dem Vorgange von G. Rose als Durchdringungszwillinge gedeutet, deren Individuen symmetrisch liegen zu den Flächen des Hexaëders (vgl. Fig. 192). Nicht selten sind Zwillinge, deren Individuen zu einer Spaltfläche symmetrisch stehen (Fig. 241).[1]

Zinkblende = (Zn, Fe, Mn, Cd)S. Sehr vollkommen spaltbar nach dem Dodekaëder. Die häufigsten Formen sind *a* {100}, *d* {110}, das nur selten fehlende positive Tetraëder *o* {111}, das negative Tetraëder *o'* $\{\bar 1\bar 1\bar 1\}$, das positive Triakistetraëder {311} und das negative Triakistetraëder $\{\bar 2\bar 1\bar 1\}$. Die Verschiedenheit der beiden Tetraëder tritt in ihrer Oberflächenbeschaffenheit deutlich hervor. An den Krystallen von Bottino bei Serravezza in Toskana

[1] A. Sadebeck, Abh. Berlin. Akad. 1876. Chr. E. Weiss, N. Jahrb. f. Min. 1880. II. 1.

(Fig. 242) sind die vorherrschenden Flächen o bedeckt von dreieckigen, an den Seiten von Dodekaëderflächen begrenzten Schalen, während die kleineren Flächen o' vollkommen glatt und glänzend erscheinen. Dagegen sind an den Krystallen vom Binnenthal in der Schweiz (Fig. 243) oft die glänzenden Flächen o' stärker ausgebildet als die matteren, von dreieckigen Schalen

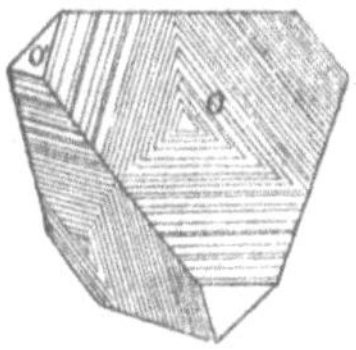

Fig. 242. Bottino.

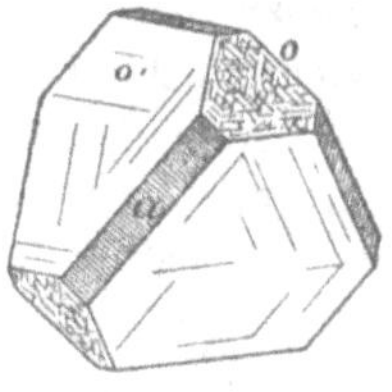

Fig. 243. Binnenthal.

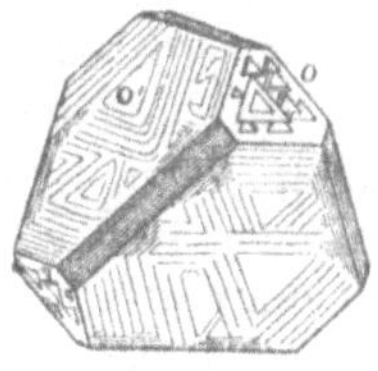

Fig. 244. St. Agnes.

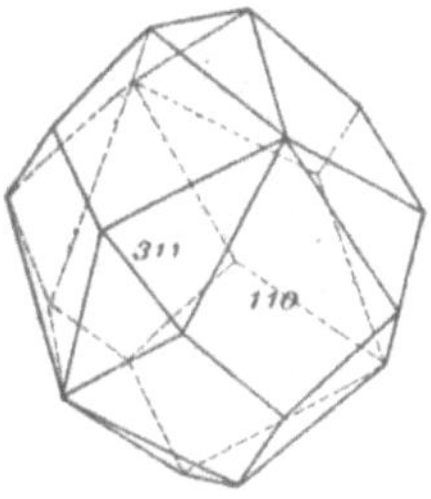

Fig. 245. {110}, {311}.

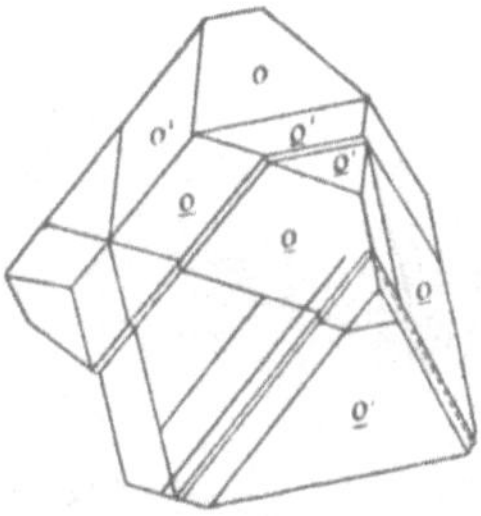

Fig. 246. Wiederholung der Zwillingsbildung.

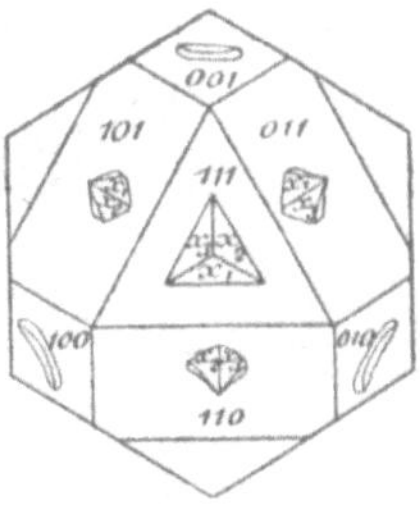

Fig. 247. Ätzung mit Salzsäure.

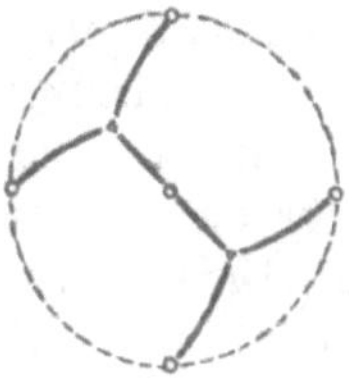

Fig. 248. Ätzzonen. HCl.

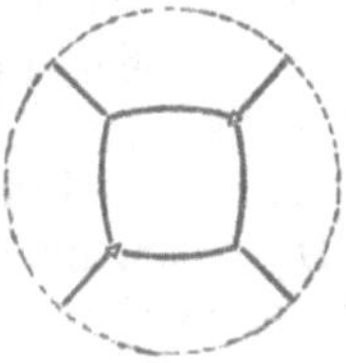

Fig. 249. Ätzzonen. Na_2CO_3.

Zinkblende.

Fig. 250. Ätzhügel auf 101.

bedeckten Flächen o. Wenn beide Tetraëder schaligen Bau zeigen, wie an den Krystallen von St. Agnes in Cornwall (Fig. 244), so sind die Schalen auf o durch ebene, auf o' durch gewölbte Seitenflächen begrenzt. Bei der Ätzung mit heißer Salzsäure entsprechen die primären Ätzflächen dem positiven Tetraëder und dem Hexaëder. Die Ätzzonen werden von den Flächen x der positiven Triakistetraëder mit den Grenzformen {111} und {100} gebildet (Fig. 247, 248). Alle diese Flächen behalten ihr glänzendes Aussehen und zeigen nur einzelne Ätzeindrücke. Dagegen verlieren die außerhalb jener Zonen gelegenen Flächen, z. B. {110} und $\{\overline{111}\}$, ihren Glanz; sie werden rascher angegriffen und tragen nach dem Ätzen kleine Hügel oder erhabene Riefen. Fig. 250 veranschaulicht die monosymmetrischen Ätzhügel auf der Dodekaëderfläche 101, in deren Begrenzung auf der einen Seite flach abfallende Flächen x und auf der anderen Seite steile, dem Hexaëder vizinale Flächen y auftreten. — Das Verhalten der Zinkblende gegenüber alkalischen Ätzmitteln ist aus Fig. 249 ersichtlich. Die Ätzzonen sind jetzt gegeben durch die Zonenstücke zwischen den beiden Tetraëdern, in denen sich auch das Dodekaëder befindet.

Oft beobachtet man an der Zinkblende eine Wiederholung der Zwillingsbildung, deren Symmetriegesetz auf S. 195 erläutert wurde; die einzelnen Individuen sind zum Teil ungemein dünne Lamellen (Fig. 246).[1]

Fahlerz = $(Cu_2, Fe, Zn)_4(As, Sb)_2S_7$. Zwei durch ihren Zonenverband bemerkenswerte Kombinationen werden durch Fig. 251 und 252 veranschaulicht. Über die Zwillingsbildung vgl. S. 195.[2]

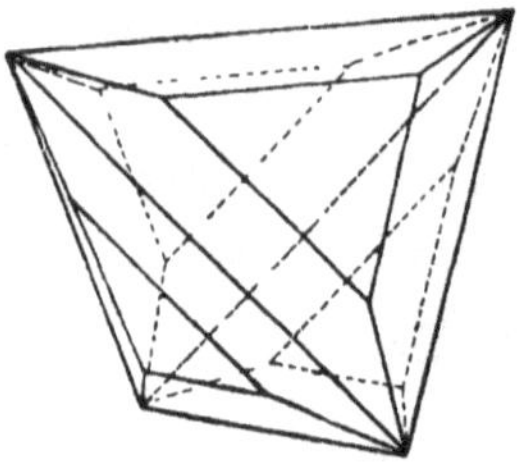

Fig. 251. {111}, {211}.

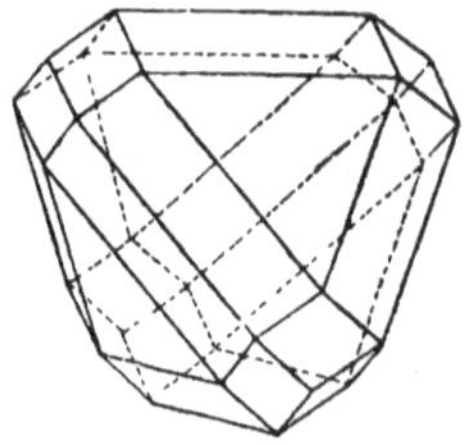

Fig. 252. {111}, {211}, {110}.

Fahlerz.

Boracit = $Cl_2Mg_7B_{16}O_{30}$. Die Substanz dieses Minerals ist dimorph. Unter Atmosphärendruck erleidet sie, wie E. Mallard entdeckt hat, mit überraschender Präzision bei 265° C. eine umkehrbare Umwandelung der rhombischen in die reguläre Modifikation. Ungemein scharf läßt sich der Beginn der Umwandelung an dem Verschwinden der für die rhombische Modifikation charakteristischen Doppelbrechung erkennen. Dieses Verhalten wird später ausführlich beschrieben werden. Hier interessiert uns zunächst

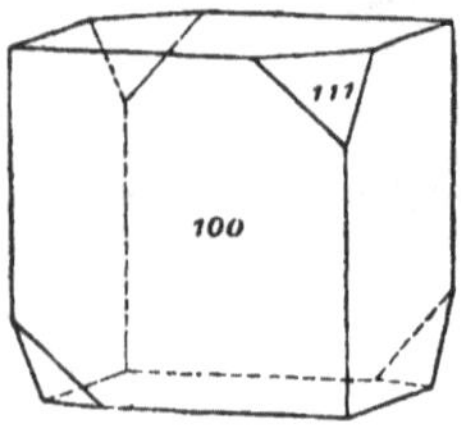

Fig. 253. {100}, {111}.

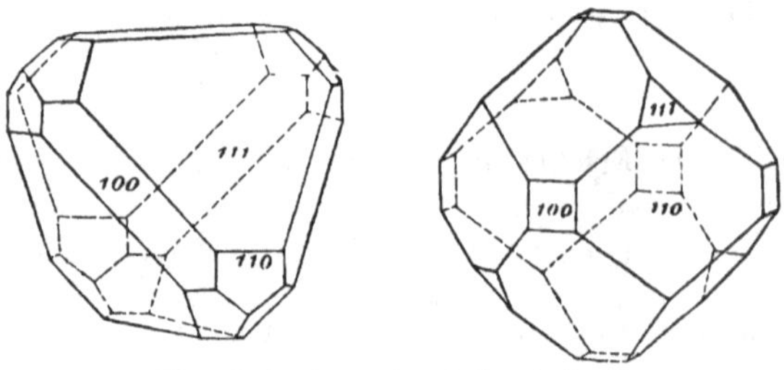

Fig. 254—255. {100}, {110}, {111}.

Boracit.

[1] A. Sadebeck, Zeitschr. deutsch. geol. Ges. **21**, 620; 1869; **24**, 179; 1872. **30**, 567; 1878. F. Becke, Min. petr. Mitt. **5**, 457; 1882. **7**, 226; 1885. **9**, 14; 1887.

[2] A. Sadebeck, Zeitschr. deutsch. geol. Ges. **24**, 427; 1872.

die auffallende Erscheinung, daß die ringsum ausgebildeten Krystalle des Boracits auch bei gewöhnlicher Temperatur, wo sie heterogen sind und in komplizierter Weise aus rhombischen Individuen zusammengesetzt erscheinen, doch in der Anordnung ihrer Flächen und den Werten ihrer Flächenwinkel nicht die geringste Abweichung von regulären, tetraëdrisch hemiedrischen Formen erkennen lassen. Drei oft beobachtete Kombinationen sind in Fig. 254—255 dargestellt.

3] Plagiëdrische Hemiëdrie.
(Pentagenikositetraëdrische Gruppe.)

Die Körper dieser Gruppe besitzen *13 Symmetrieaxen* wie die holoedrischen regulären Krystalle, aber kein Centrum der Symmetrie und keine Symmetrieebene. In der durch jene Axen bedingten Kugelteilung sind nur die abwechselnden sphärischen Dreiecke gleichberechtigt (Fig. 256). Die allgemeinste einfache Form ist ein *Pentagonikositetraëder*, dessen Begrenzungsebenen dieselbe Lage haben wie die abwechselnden Flächen des Hexakisoktaëders mit denselben Indices. Je nachdem die Flächenpole in die schraffierten oder in die weiß gelassenen Dreiecke der Fig. 256

Fig. 256. Kugelteilung durch 13 Symmetrieaxen.

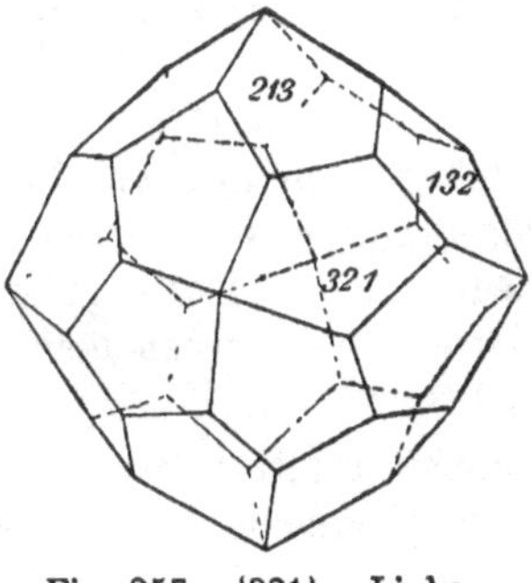

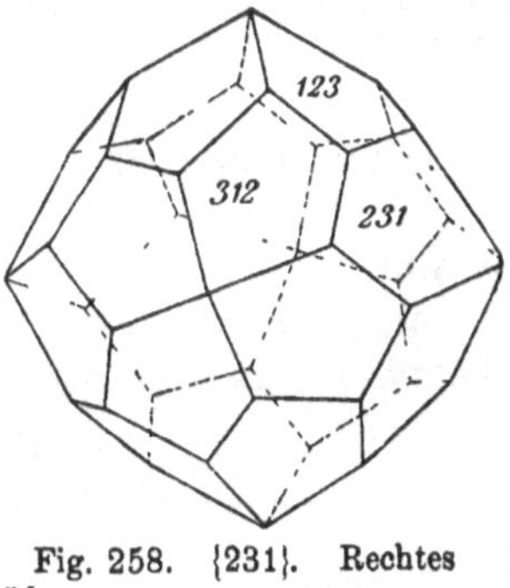

Fig. 257. {321}. Linkes Fig. 258. {231}. Rechtes Pentagonikositetraëder.

fallen, bezeichnen wir die Form als eine *linke* $\{h\,k\,l\}$ oder eine *rechte* $\{k\,h\,l\}$. Korrelate Formen sind *enantiomorph* (Fig. 257, 258). Die übrigen einfachen Formen unterscheiden sich nur durch die Symmetrie ihrer Flächen, Kanten und Ecken von den entsprechenden holoëdrischen Formen. Keine Fläche besitzt eine Symmetrielinie. Die auf Symmetrieaxen senkrecht stehenden Flächen des Oktaëders, Dodekaëders oder Hexaëders sind durch einen Drehungsmittelpunkt c von der Ordnung 3, 2 oder 4 ausgezeichnet.

		Symmetrie der Flächen
Pentagonikositetraëder .	$\{h\,k\,l\}$, $\{k\,h\,l\}$,	asymmetrisch
Ikositetraëder	$\{h\,l\,l\}$	asymmetrisch
Triakisoktaëder . . .	$\{k\,k\,l\}$	asymmetrisch
Tetrakishexaëder . . .	$\{kk0\}$	asymmetrisch
Oktaëder	$\{111\}$	c_3
Dodekaëder	$\{110\}$	c_2
Hexaëder	$\{100\}$	c_4

Chlorammonium (Salmiak) = NH_4Cl. Die Symmetrie des Ikositetraeders $\{211\}$ ergiebt sich aus den Beobachtungen von G. Tschermak über die Riefung der Flächen und die Gestalt der Ätzeindrücke. Feine Furchen und Leisten bewirken eine Riefung, die auf jeder Fläche nur parallel zu einer der beiden Kanten einer dreikantigen Ecke verläuft (Fig. 259). Zuweilen sind diese Kanten schief abgestumpft durch schmale Flächen eines Pentagonikositetraëders p (Fig. 260), dessen Indices angenähert die Werte

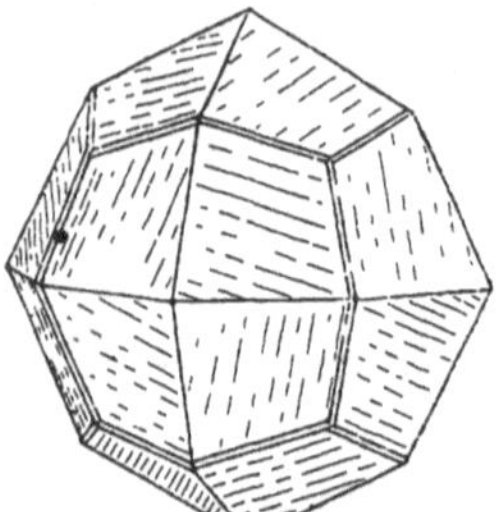

Fig. 259. Riefung des Ikositetraeders $\{211\}$.

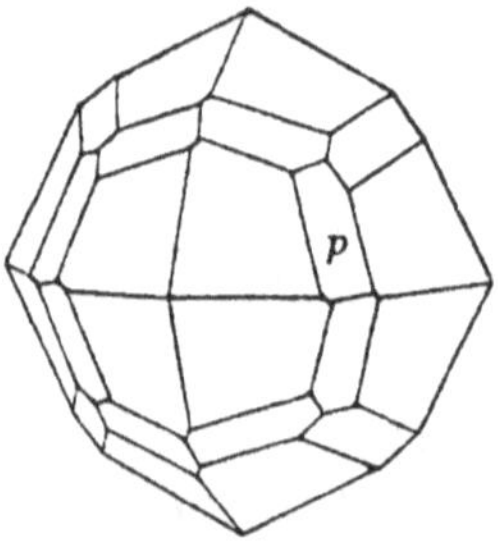

Fig. 260. $\{211\}$, $\{855\}$

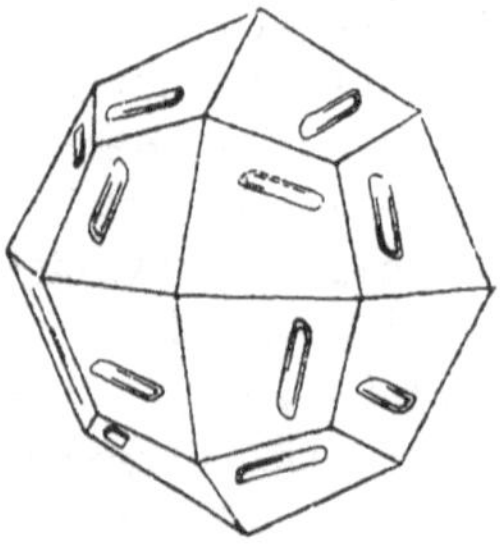

Fig. 261. Ätzeindrücke auf $\{211\}$.

Chlorammonium.

875 zu besitzen scheinen. Vielleicht handelt es sich hier um Prärosionsflächen. An vielen Krystallen wurden Ätzeindrücke wahrgenommen, die für sich hinreichen würden, um die plagiëdrische Hemiëdrie zu erkennen. Es sind langgestreckte asymmetrische Vierseite mit gerundetem Umriß, deren Anordnung in Fig. 261 dargestellt ist.[1]

Chlorkalium (Sylvin) = KCl. Vollkommen spaltbar nach $\{100\}$. In feuchter Luft entstehen auf dem Hexaëder pyramidale Ätzeindrücke mit

[1] G. Tschermak, Min. petr. Mitt. **4**, 531; 1882.

quadratischer Basis (Fig. 262). Die Seiten dieser Quadrate sind gegen die Hexaëderkanten durchschnittlich um 15° nach rechts gedreht. Die Ätzflächen gehören einem Pentagonikositetraëder an.[1]

Kupferoxydul (Cuprit) = Cu_2O. Spaltbar nach {111} und {100}. Die vorherrschende Form ist gewöhnlich {111}, seltener {100} oder {110}. Zuweilen wurde die Kombination dieser Formen mit {211} beobachtet (Fig. 263). An Krystallen von Wheal Phönix in Cornwall fand H. A. Miers ein linkes Pentagonikositetraëder {986} mit glänzenden aber nicht ganz ebenen Flächen, so daß die Werte der Indices nur angenähert bestimmt werden konnten.[2]

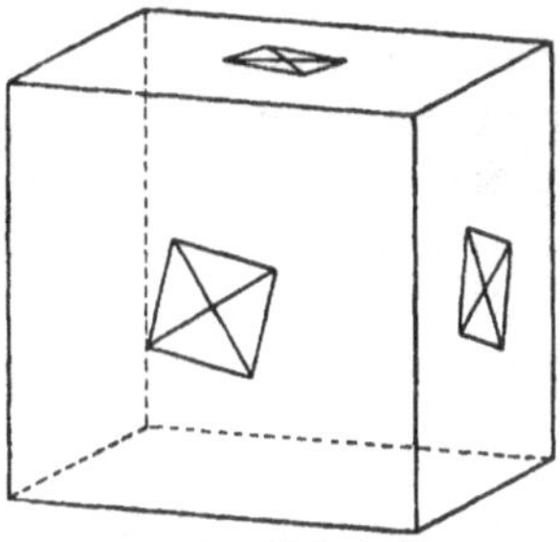

Fig. 262. Chlorkalium. Ätzeindrücke auf {100}.

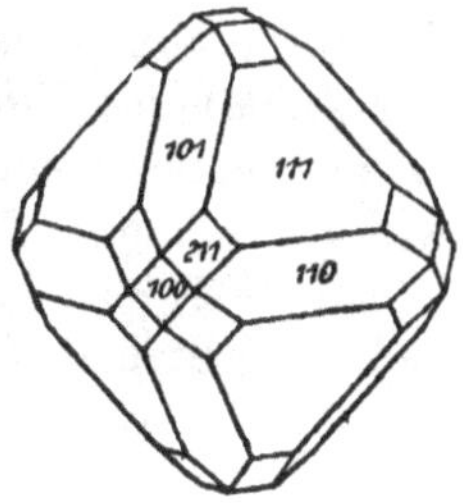

Fig. 263. Kupferoxydul. {111}, {110}, {100}, {211}.

4] Pentagonale Hemiëdrie.

(Dyakisdodekaëdrische Gruppe.)

Centrisch symmetrische Krystalle mit 7 Symmetrieaxen und 3 aufeinander senkrechten gleichberechtigten Symmetrieebenen. Wir haben die durch diese

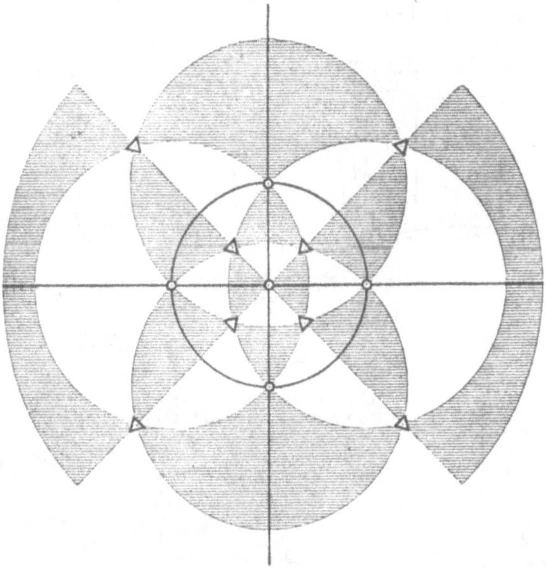

Fig. 264. Kugelteilung durch 3 Symmetrieebenen und 7 Symmetrieaxen.

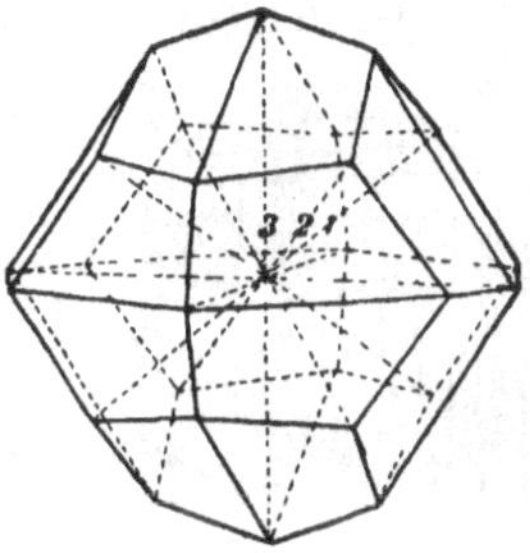

Fig. 265. Linkes Dyakisdodekaëder {321}.

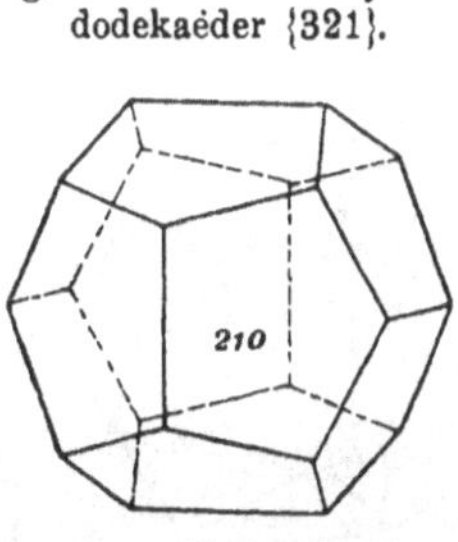

Fig. 266. Linkes Pentagondodekaëder {210}.

[1] R. Brauns, N. Jahrb. f. Min. 1886, I, 224; 1889. I, 113. G. Linck, Min. petr. Mitt. 12, 82; 1891.
[2] H. A. Miers, Phil. Mag. (5) 18, 127; 1884.

Symmetrieelemente bedingte Kugelteilung (Fig. 264) und die daraus abzuleitenden einfachen Formen schon früher betrachtet (S. 42). Unter den allgemeinsten Formen, den *Dyakisdodekaëdern,* unterscheiden wir *linke* $\{h\,k\,l\}$ und *rechte* $\{k\,h\,l\}$, je nachdem die Flächenpole in die weiß gelassenen oder in die schraffierten Dreiecke der Fig. 264 fallen. In analoger Weise müssen dann die Pentagondodekaëder als linke Formen $\{h\,k\,0\}$ oder als rechte $\{k\,h\,0\}$ bezeichnet werden. Demnach stellt Fig. 265 das linke Dyakisdodekaëder $\{321\}$ und Fig. 266 das linke Pentagondodekaëder $\{210\}$ dar. Die folgende Tabelle enthält eine Zusammenstellung der einfachen Formen mit Berücksichtigung der Flächensymmetrie.

		Symmetrie der Flächen
Dyakisdodekaëder . .	$\{h\,k\,l\}$, $\{k\,h\,l\}$	asymmetrisch
Ikositetraëder . . .	$\{h\,l\,l\}$	asymmetrisch
Triakisoktaëder . .	$\{k\,k\,l\}$	asymmetrisch
Pentagondodekaëder .	$\{h\,k\,0\}$, $\{k\,h\,0\}$	monosymmetrisch
Oktaëder	$\{111\}$	c_3
Dodekaëder	$\{110\}$	monosymmetrisch nach der längeren Diagonale des Rhombus
Hexaëder	$\{100\}$	disymmetrisch nach den Richtungen der Kanten.

Eisenkies = FeS_2. Ausgezeichnet durch Schönheit und Formenreichtum der Krystalle. Bei weitem am häufigsten tritt das Hexaëder $\{100\}$ auf.

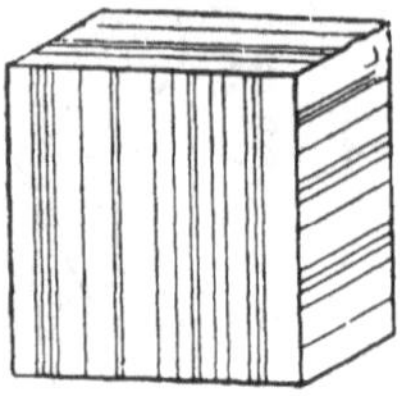
Fig. 267. $\{100\}$.

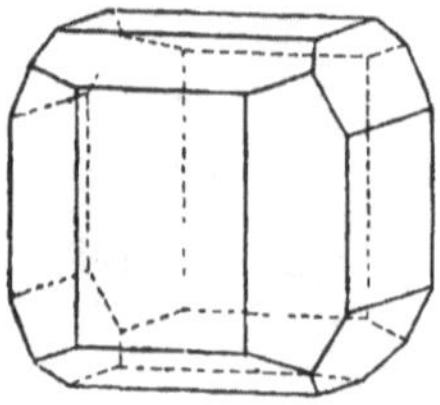
Fig. 268. $\{100\}$, $\{210\}$.

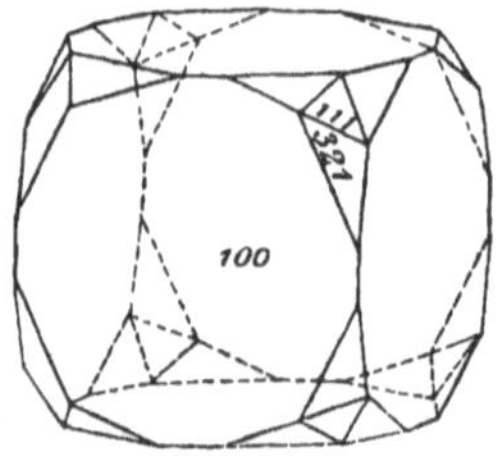

Fig. 269. $\{100\}$, $\{111\}$, $\{321\}$.

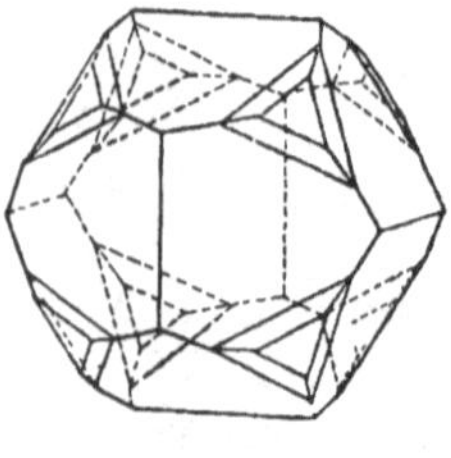
Fig. 270.
$\{210\}$, $\{111\}$, $\{321\}$.

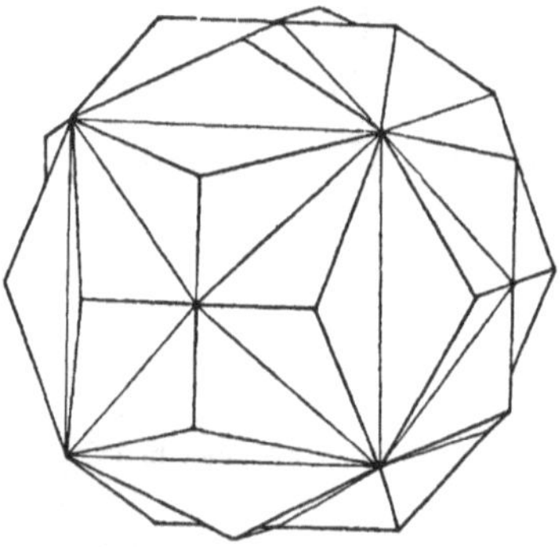
Fig. 271. Durchdringungszwilling nach $\{110\}$.
Eisenkies.

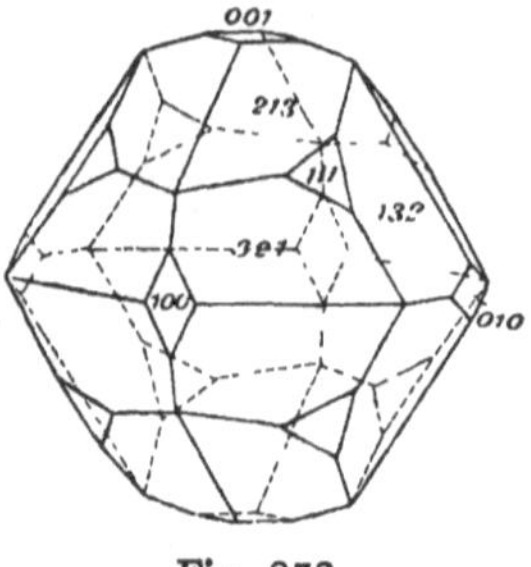

Fig. 272.
$\{321\}$, $\{100\}$, $\{111\}$.

Auch in den Kombinationen spielt es die Hauptrolle. Unter 5603 Krystallen aus Piemont und von Elba fand J. Strüver nur 64, die keine Hexaëderflächen zeigten. Das Oktaëder {111} ist als einfache Form nicht häufig; auch in Kombinationen erscheint es nicht so oft wie das Hexaëder. Äußerst selten ist das Dodekaëder. Dagegen ist das Pentagondodekaëder {210} für sich, namentlich aber in Kombinationen sehr oft zu beobachten; J. Strüver konnte diese Form an 4613 Krystallen nachweisen. Aus der Reihe der Dyakisdodekaëder ist {321} am häufigsten; indessen ist es als einfache Form noch nicht gefunden. Bemerkenswert ist der Zonenverband zwischen {210}, {321} und {111} an den Krystallen von Elba (Fig. 270). Auch {421} ist in Kombinationen nicht selten. Unter den von J. Strüver untersuchten Krystallen waren 5317 nur von dem Hexaëder, dem Pentagondodekaëder {210} und den beiden Dyakisdodekaëdern {321} und {421} umgrenzt. Alle übrigen einfachen Formen traten nur untergeordnet auf. — Interessant ist der Durchdringungszwilling (Fig. 271), dessen Individuen zu den Flächenrichtungen des Dodekaëders {110} symmetrisch liegen, so daß der Zwilling die Symmetrieeigenschaften holoëdrischer Krystalle besitzt.

Bei der Ätzung mit Salpeter-Salzsäure gehören die primären Ätzflächen dem Pentagondodekaëder {210} an. Die in Fig. 273 dargestellten Zonenstücke zwischen {210} und {100} verhalten sich wie Ätzzonen: Ihre Flächen bieten der Auflösung einen größeren Widerstand dar als die außerhalb gelegenen Flächen {111} und {110}. Daher entstehen auf {210} und {100} Ätzeindrücke, auf {111} und {110} Ätzhügel. Der disymmetrische Eindruck auf der Hexaëderfläche 100 in Fig. 275 besteht aus einem tieferen Teil, der die Form eines vertieften Pentagondodekaëders wiedergiebt, und einem flacheren Teil von rhombischem Umriß, der von vier Flächen eines Dyakisdodekaëders gebildet wird. Die Ätzhügel auf den Oktaëderflächen sind

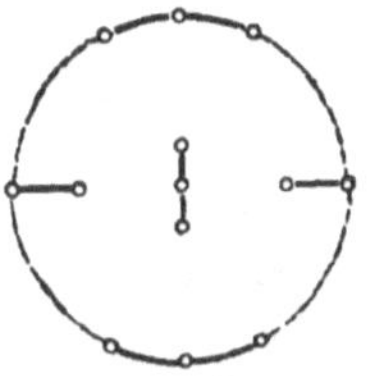

Fig. 273. Ätzzonen. $HNO_3 + HCl$.

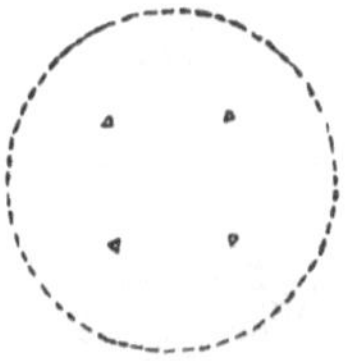

Fig. 274. KOH.

Eisenkies.

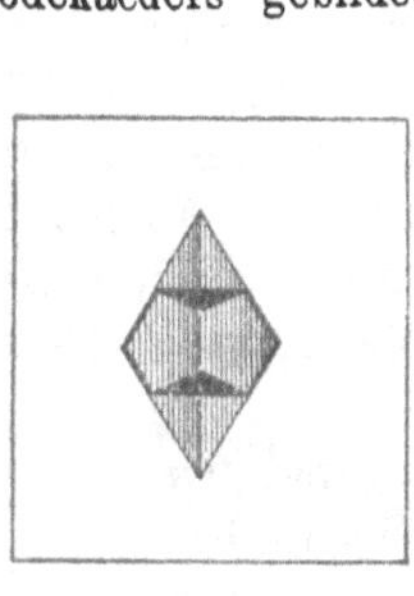

Fig. 275. Ätzeindruck auf 100.

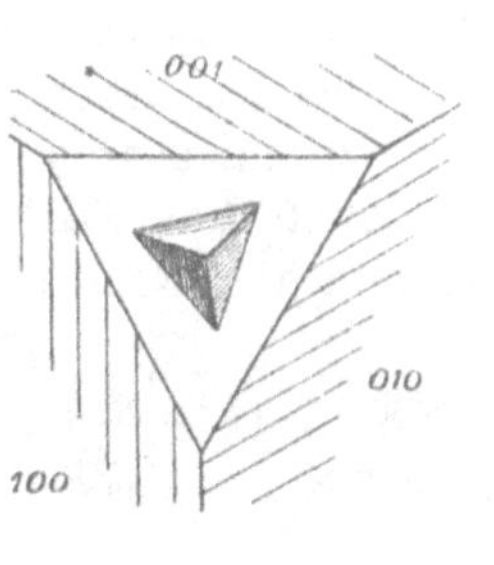

Fig. 276. Ätzhügel auf 111.

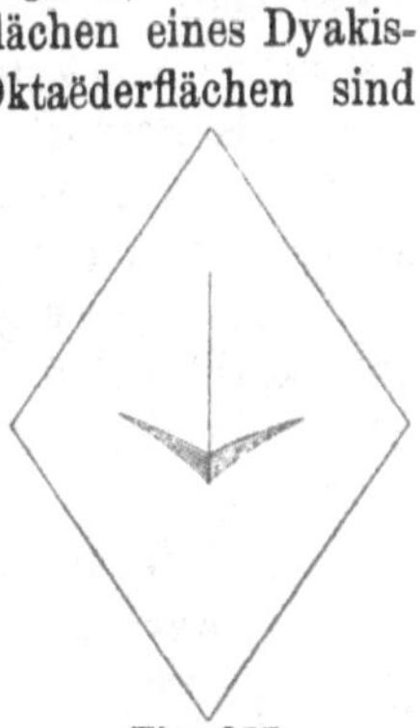

Fig. 277. Ätzhügel auf 101.

Eisenkies.

dreiseitige Pyramiden, deren Begrenzungsebenen einem Pentagondodekaëder entsprechen (Fig. 276). Auf einer angeschliffenen Dodekaëderfläche bilden sich monosymmetrische Ätzhügel von der in Fig. 277 abgebildeten Gestalt. — Bei der Ätzung mit KOH oder NaOH sind die Oktaëderflächen primäre Ätzflächen (Fig. 274). Ätzzonen lassen sich nicht nachweisen.[1]

Kobaltglanz = (Co, Fe)AsS. {100}, {210}, {111} und Kombinationen dieser Formen.

Kaliumaluminiumsulfat (Kalialaun) = $KAl(SO_4)_2.12H_2O$. An den aus wässerigen Lösungen entstandenen Krystallen treten neben dem vorherrschenden Oktaëder {111} zuweilen noch das Hexaëder {100}, das Dodekaëder {110} und das Ikositetraëder {211} auf. Aus salzsauren Lösungen bilden sich Krystalle, die außerdem auch das Pentagondodekaëder {210} zeigen.[2]

β-Methylbenzhydroxamsäure = $C_6H_5C.NOH.OCH_3$. Neben {100} und {111} wurden {211} und das Pentagondodekaëder {210} beobachtet.[3]

5] Tetartoëdrie.

(Tetraëdrisch-pentagondodekaëdrische Gruppe.)

Diese Gruppe umfaßt alle regulär krystallisierenden Körper, die nur 7 *Symmetrieaxen* besitzen, nämlich drei aufeinander senkrechte und gleichberechtigte 2-zählige Axen, deren Ecken von vier polaren 3-zähligen Axen halbiert werden. Führen wir mit einer im positiven Oktanten der 2-zähligen Axen liegenden Fläche $h\,k\,l$, welche der Bedingung $h > k > l$ genügt, die durch jene Symmetrieelemente vorgeschriebenen Drehungen aus, so erhalten wir ein von 12 asymmetrischen Fünfseiten begrenztes Polyëder: ein *tetraëdrisches Pentagondodekaëder*. Als Beispiel sei {321} Fig. 278 gewählt. Eine korrelate Form würde entstehen, wenn wir $k\,h\,l$ zur Ausgangsfläche nehmen; z. B. {231} in Fig. 279. Andererseits können wir auch von den Gegenflächen im negativen Oktanten $\overline{h\,k\,l}$ und $\overline{k\,h\,l}$ ausgehen, so daß im ganzen vier Reihen von Formen zu unterscheiden sind. Die Anordnung ihrer Flächenpole wird durch die Kugelteilung in Fig. 280 veranschaulicht. Nach der Lage der Ausgangsflächen nennt man:

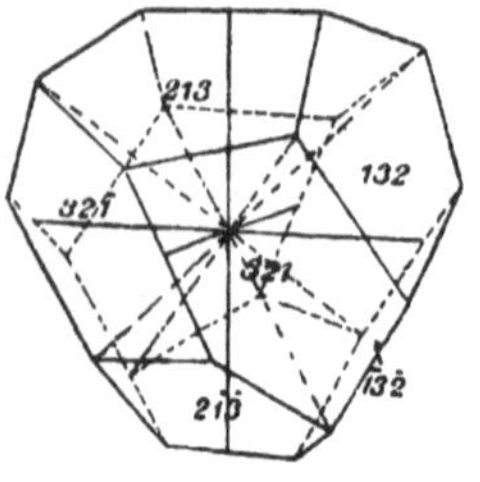

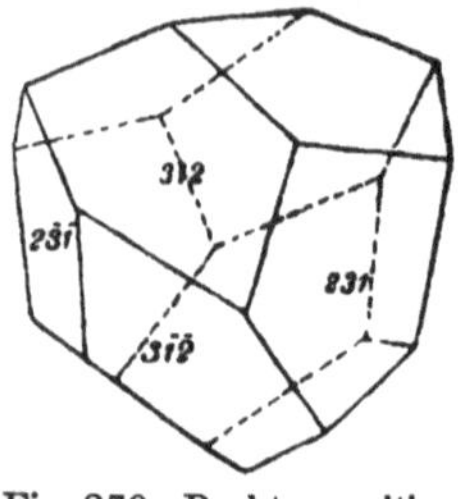

Fig. 278. Linkes positives Fig. 279. Rechtes positives tetraëdrisches Pentagondodekaëder.

$\{h\,k\,l\}$ ein linkes positives,	$\{\overline{h\,k\,l}\}$ ein rechtes negatives,
$\{k\,h\,l\}$ ein rechtes positives,	$\{\overline{k\,h\,l}\}$ ein linkes negatives

[1] F. Becke, Min. petr. Mitt. 8, 239; 1886. 9, 2; 1887.

[2] R. Weber, Ann. d. Phys. 109, 379; 1860. L. Wulff, Zeitschr. f. Kryst. 5, 81; 1881.

[3] B. Hecht, Zeitschr. f. Kryst. 14, 328; 1888.

tetraëdrisches Pentagondodekaëder. Korrelate positive oder korrelate negative Formen sind *enantiomorph.* Die folgende Tabelle enthält eine Übersicht der möglichen einfachen Formen. Wie in der plagiëdrischen Hemiëdrie können auch hier Flächen mit Symmetrielinien nicht auftreten. Dagegen

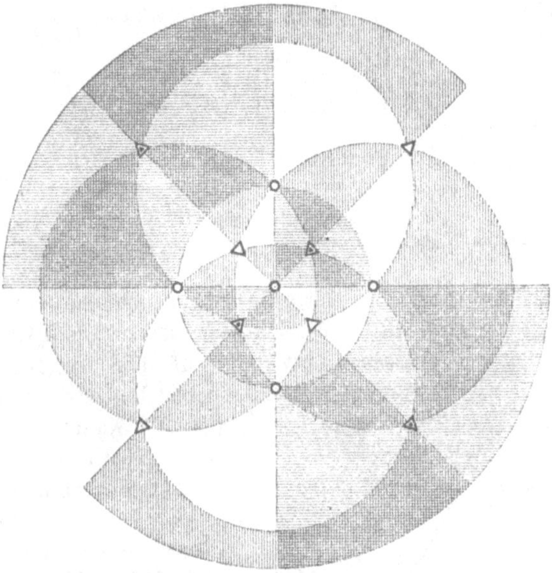

Fig. 280. **Kugelteilung durch 7 Symmetrieaxen.**

müssen die Flächen der beiden Tetraëder einen Drehungsmittelpunkt von der Ordnung 3 und die Flächen des Hexaëders einen Drehungsmittelpunkt von der Ordnung 2 besitzen.

		Symmetrie der Flächen
Tetraëdrische Pentagondodekaëder		
$\{hkl\}$, $\{khl\}$, $\{\bar h \bar k \bar l\}$, $\{\bar k \bar h \bar l\}$		asymmetrisch
Triakistetraëder .	$\{hll\}$, $\{\bar h \bar l \bar l\}$	asymmetrisch
Deltoiddodekaëder .	$\{kkl\}$, $\{\bar k \bar k \bar l\}$	asymmetrisch
Pentagondodekaëder	$\{hk0\}$, $\{kh0\}$	asymmetrisch
Tetraëder . . .	$\{111\}$, $\{\bar 1 \bar 1 \bar 1\}$	c_3
Dodekaëder . . .	$\{110\}$	asymmetrisch
Hexaëder . . .	$\{100\}$	c_2.

Natriumchlorat = $NaClO_3$. C. Rammelsberg entdeckte 1853, daß an den vorherrschend vom Hexaëder begrenzten Krystallen gleichzeitig ein Tetraëder und ein Pentagondodekaëder auftreten. Die Lage dieser Formen und ihre Beziehungen zu dem optischen Drehungsvermögen der Krystalle wurden darauf genauer von H. Marbach 1854 untersucht. Aus derselben Lösung scheiden sich nebeneinander die enantiomorphen Polyëder Fig. 281, 282 ab. Geben wir dem Tetraëder die Stellung $\{\bar 1 \bar 1 \bar 1\}$, so ist das Pentagondodekaëder in Fig. 281 als ein linkes {210}, in Fig. 282 als ein rechtes {120} zu bezeichnen. Bringen wir dagegen die Pentagondodekaëder in übereinstimmende Stellung, so unterscheiden sich die beiden Arten der

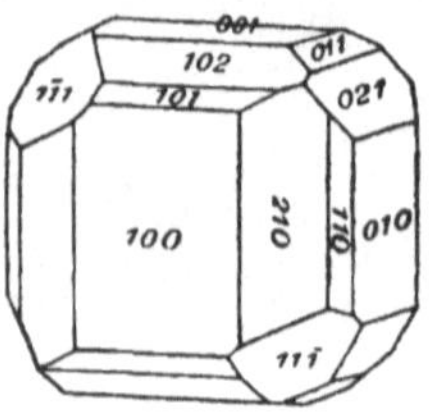

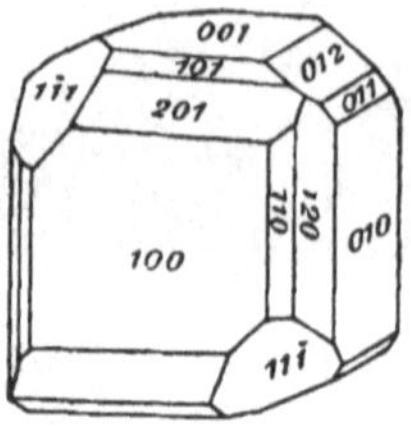

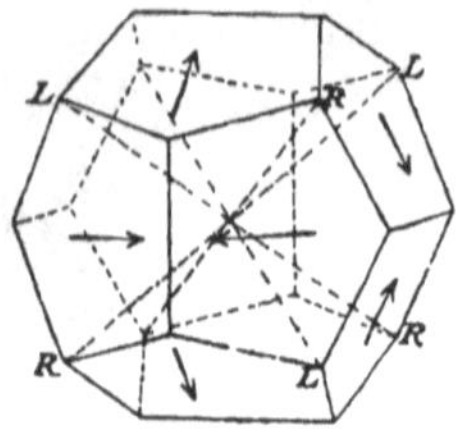

Fig. 281. Linker Fig. 282. Rechter
Krystall von Natriumchlorat.

Fig. 283.

Krystalle durch die Lage der Tetraëderflächen, welche entweder die in Fig. 283 mit L oder die mit R bezeichneten Ecken von {210} abstumpfen. Schon in der Lösung entstehen zuweilen auf dem Tetraëder dreiseitige Ätzeindrücke, die von Pentagondodekaëderflächen begrenzt werden (Fig. 284, 285). Nach der Lage dieser Eindrücke gegen die Kanten zwischen Tetraeder und Hexaëder würden sich linke und rechte Krystalle auch in den Fällen trennen lassen, wo in der äußeren Begrenzung {210} und {120} fehlen. Bringt man in eine Lösung des Salzes ein Bruchstück eines linken oder eines rechten Krystalls, so scheiden sich nur linke oder nur rechte Krystalle aus (D. Gernez). O. Gürke fand, daß sich unter 0° Durchdringungszwillinge bilden, die von Deltoiddodekaëdern oder von Tetraedern (wie in Fig. 194) begrenzt sind; in jedem Zwilling stehen ein linker und ein rechter Krystall symmetrisch zu den Flächenrichtungen des Hexaëders.[1]

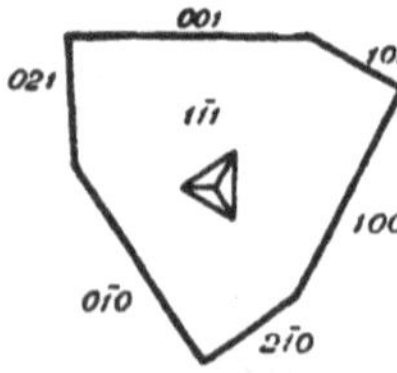

Fig. 284.

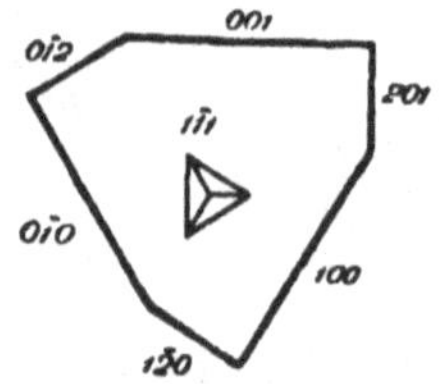

Fig. 285.

Am **Baryumnitrat** = $Ba(NO_3)_2$ und am **Bleinitrat** = $Pb(NO_3)_2$ sind von A. Scacchi, W. J. Lewis und namentlich von L. Wulff flächenreiche Kombinationen beobachtet worden, an denen neben dem Hexaëder {100}, den Tetraëdern {111}, {$\overline{1}\overline{1}\overline{1}$} und dem Pentagondodekaëder {120} auch Triakistetraëder und tetraëdrische Pentagondodekaëder auftreten. Die Polyëder sind zwar gewendet, aber immer von derselben Art. Daher können Zwillinge, die nach einer Ebene symmetrisch sind, an diesen Körpern nicht auftreten. Die beobachteten Zwillinge sind nach zwei Gesetzen gebildet. 1) Eine den

[1] H. Marbach, Ann. d. Phys. **91**, 482; **94**, 412; **99**, 451; 1854—1856. D. Gernez, ib. **134**, 625; 1868. P. Groth, ib. **158**, 216; 1876. H. Baumhauer, N. Jahrb. f. Min. 1876, 606.

beiden Individuen gemeinsame, gleichgerichtete 3-zählige Axe ist für den Zwilling eine 2-zählige Symmetrieaxe. 2) Zwei Individuen sind so verbunden, daß zwei entgegengesetzt gerichtete 3-zählige Axen einander parallel laufen, und daß die Höhenlinien der auf diesen Axen senkrechten Tetraederflächen für den Zwilling 2-zählige Symmetrieaxen sind; diese Höhenlinien sind die Normalen der Flächenrichtungen {211}, welche in die Zonen jener 3-zähligen Axen fallen.[1]

Natriumstrontiumarseniat = $NaSrAsO_4.9\,H_2O$. H. DUFET beobachtete die in Fig. 281, 282 dargestellten Kombinationen.[2]

Coniineisensulfat = $(C_8H_{17}N)HFe(SO_4)_2.12\,H_2O$ und **Coniinaluminiumsulfat** = $(C_8H_{17}N)HAl(SO_4)_2.12\,H_2O$ zeigen meist nur das Oktaëder, zuweilen untergeordnet auch das Hexaëder. Die Symmetrie ergiebt sich aus den Ätzeindrücken, die durch sehr langsame Auflösung in Wasser entstehen.[3]

---

[1] L. WULFF, Zeitschr. f. Kryst. **4**, 129; 1880.
[2] H. DUFET, Bull. soc. franç. de min. **11**, 143; 1888.
[3] H. TRAUBE, N. Jahrb. f. Min. Beil.-Bd. **9**, 625; 1895.

2. Hexagonales System.

Wenn wir an der Forderung festhalten, daß in den Symbolen gleichberechtigter Flächen dieselben Zahlen, nur in anderer Reihenfolge und mit wechselnden Vorzeichen, auftreten sollen, so müssen wir der Beschreibung hexagonaler Formen ein von vier Geraden gebildetes Axensystem zu Grunde legen. Dieses von Chr. S. Weiss (1816) eingeführte System besteht aus einer Vertikalaxe γ und drei gleichberechtigten Queraxen α_1, α_2, α_3. Nach einem Vorschlage von A. Bravais werden die positiven Richtungen der Queraxen so gewählt, daß sie unter 120° gegeneinander geneigt sind (Fig. 286).

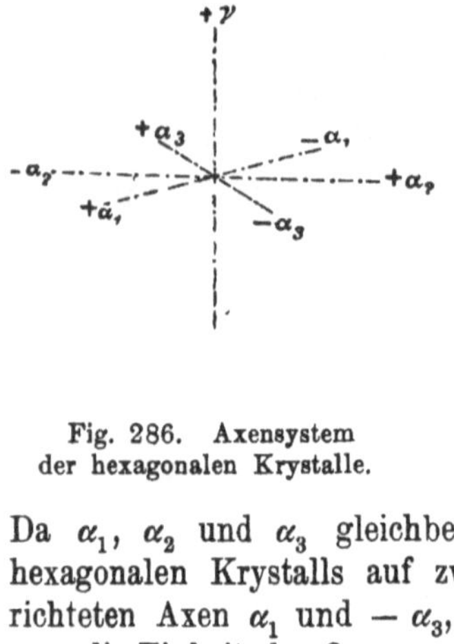

Fig. 286. Axensystem der hexagonalen Krystalle.

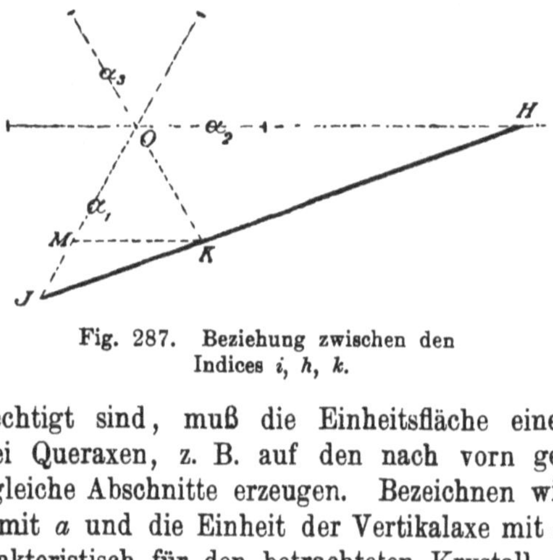

Fig. 287. Beziehung zwischen den Indices i, h, k.

Da α_1, α_2 und α_3 gleichberechtigt sind, muß die Einheitsfläche eines hexagonalen Krystalls auf zwei Queraxen, z. B. auf den nach vorn gerichteten Axen α_1 und $-\alpha_3$, gleiche Abschnitte erzeugen. Bezeichnen wir nun die Einheit der Queraxen mit a und die Einheit der Vertikalaxe mit c, so ist das Verhältnis $a:c$ charakteristisch für den betrachteten Krystall.

Die Axenabschnitte einer Fläche, welche die Queraxen in endlichen Entfernungen vom Mittelpunkte schneidet, seien:

$$OJ : OH : OK : OL = \frac{a}{i} : \frac{a}{h} : -\frac{a}{k} : \frac{c}{l}.$$

Dann ist aus Fig. 287 ersichtlich, daß $OH : MK = OJ : MJ$ oder:

$$\frac{a}{h} : \frac{a}{k} = \frac{a}{i} : \frac{a}{i} - \frac{a}{k}.$$

Folglich besteht zwischen den Indices i, h und k die *Beziehung*:

$$i + h = k.$$

Es ist zweckmäßig die zwölf Gruppen des hexagonalen Systems in drei Abteilungen zu ordnen: 1. Krystalle mit einer 6-zähligen Symmetrieaxe γ. 2. Krystalle mit einer 3-zähligen Symmetrieaxe γ und einer zu γ senkrechten Symmetrieebene. 3. Krystalle mit einer 3-zähligen Symmetrieaxe, die nicht auf einer Symmetrieebene senkrecht steht.

Erste Abteilung.

Hexagonale Krystalle mit einer 6-zähligen Symmetrieaxe γ.

6] Holoëdrie.

(Dihexagonal-bipyramidale Gruppe.)

Centrisch symmetrische Krystalle mit 7 zweiseitigen Symmetrieaxen und 7 Symmetrieebenen, die auf diesen Axen senkrecht stehen. Die zu der 6-zähligen Vertikalaxe γ hinzutretenden drei + drei 2-zähligen Queraxen seien bezeichnet mit α_1, α_2, α_3 und β_1, β_2, β_3. Die Symmetrieebenen erzeugen eine Kugelteilung

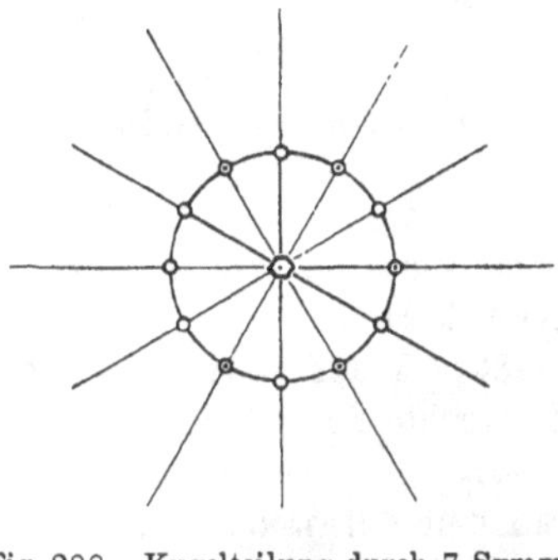

Fig. 288. Kugelteilung durch 7 Symmetrieebenen und 7 Symmetrieaxen.

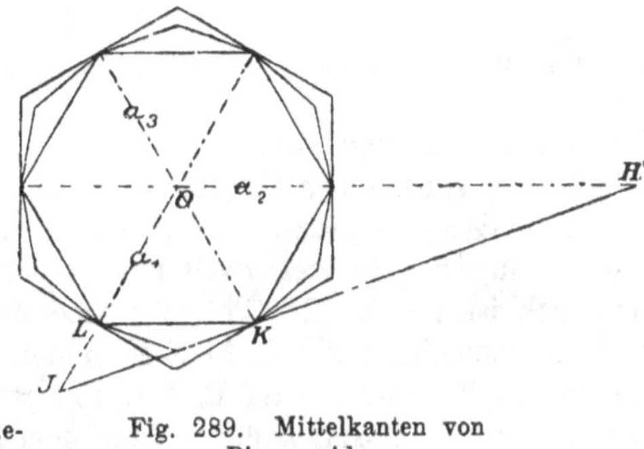

Fig. 289. Mittelkanten von Bipyramiden.

in 24 abwechselnd kongruente und symmetrisch gleiche Dreiecke (Fig. 288). Daher ist die allgemeinste einfache Form eine von 24 asymmetrischen Dreiseiten begrenzte Doppelpyramide, deren Mittelkanten ein symmetrisches Zwölfseit bilden (Fig. 289). Zur Bezeichnung einer solchen *dihexagonalen Bipyramide* soll uns die Fläche $i\,h\,\bar{k}\,l$ dienen, welche die Ebene der Queraxen in der Geraden JH schneidet (Fig. 289), so daß die Abschnitte OJ und OH auf den Axen α_1 und α_2 die Bedingung $\frac{a}{i} < \frac{a}{h}$ oder $i > h$ erfüllen. Dieser Fläche entspricht in der Kugelteilung ein Pol in dem Dreieck, welches in Fig. 291 durch stärker ausgezogene Seiten hervor-

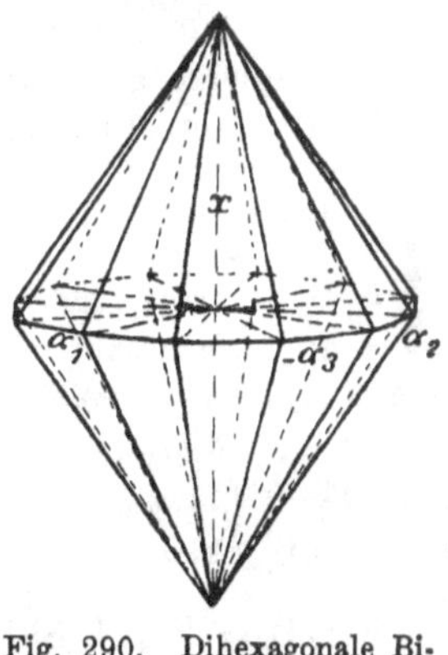

Fig. 290. Dihexagonale Bipyramide x $\{21\bar{3}1\}$ des Berylls.

gehoben ist. Als Beispiel wurde $21\bar{3}1$ für Beryll gewählt. Stellen wir uns vor, daß die Gerade JH um ihren Schnittpunkt K mit der Queraxe $-\alpha_3$ gedreht werde, so kann sie offenbar zwei Grenzlagen annehmen. Die erste Grenzlage wird erreicht, wenn sie der Axe α_2 parallel läuft, so daß $h = 0$ ist.

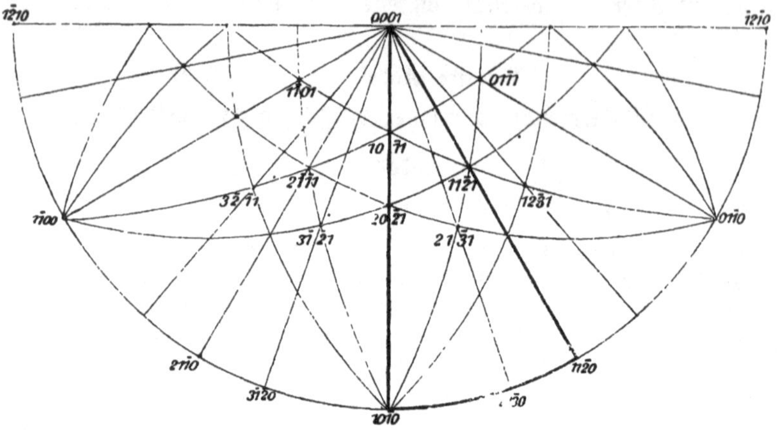

Fig. 291. Polfigur des Berylls mit $\{21\bar{3}1\}$, $\{10\bar{1}1\}$, $\{20\bar{2}1\}$, $\{11\bar{2}1\}$, $\{21\bar{3}0\}$, $\{10\bar{1}0\}$, $\{11\bar{2}0\}$, $\{0001\}$.

Dann liegt der zugehörige Pol auf der linken Seite des in Fig. 291 hervorgehobenen sphärischen Dreiecks. Die gleichberechtigten Flächen bilden eine *hexagonale Bipyramide erster Art* $\{i\,0\,\bar{i}\,l\}$, deren Mittelkanten zu α_1, α_2, α_3 parallel liegen. In der zweiten Grenzlage steht JH auf $-\alpha_3$ senkrecht; demnach ist $i = h$. Der Pol fällt jetzt auf die rechte Seite jenes Dreiecks, und die gleichberechtigten Flächen bilden eine *hexagonale Bipyramide zweiter Art* $\{i.i.2\bar{i}.l\}$. Diesen drei Reihen von Bipyramiden entsprechen für $l = 0$ drei Arten von Prismen, deren Pole dem Horizontalkreise der Kugelteilung angehören, nämlich *dihexagonale Prismen* $\{i\,h\,\bar{k}\,0\}$, das *hexagonale Prisma erster Art* $\{10\bar{1}0\}$ und das *hexagonale Prisma zweiter Art* $\{11\bar{2}0\}$. Endlich erhalten wir für $i = h = 0$ das *basische Flächenpaar* $\{0001\}$. Die Flächen der drei zuletzt genannten Formen, die einzig in ihrer Art sind, liegen parallel zu Symmetrieebenen und stehen senkrecht zu Symmetrieaxen.

			Symmetrie der Flächen
$i > h$	*Dihexagonale Bipyramiden* . . .	$\{i\,h\,\bar{k}\,l\}$	asymmetrisch
$h = 0$	*Hexagonale Bipyramiden I. Art* .	$\{i\,0\,\bar{i}\,l\}$	monosymmetrisch
$i = h$	*Hexagonale Bipyramiden II. Art* .	$\{i.i.2\bar{i}.l\}$	monosymmetrisch
$i > h,\ l = 0$	*Dihexagonale Prismen*	$\{i\,h\,\bar{k}\,0\}$	monosymmetrisch
$h = 0,\ l = 0$	*Hexagonales Prisma I. Art* . .	$\{10\bar{1}0\}$	disymmetrisch
$i = h,\ l = 0$	*Hexagonales Prisma II. Art* . .	$\{11\bar{2}0\}$	disymmetrisch
$i = h = 0$	*Basis*	$\{0001\}$	hexasymmetrisch.

Beryll = $Be_3Al_2(SiO_3)_6$. $a : c = 1 : 0{,}4989$. Oft sind die Krystalle lediglich durch das hexagonale Prisma erster Art $a\,\{10\bar{1}0\}$ und die Basis

$c\,\{0001\}$ begrenzt. Zuweilen tritt in der Zone der Vertikalaxe neben a das hexagonale Prisma zweiter Art $b\,\{11\bar{2}0\}$ auf. Das Verhältnis der Axeneinheiten erhält den angegebenen Wert, wenn der hexagonalen Bipyramide erster Art t in Fig. 292 das Symbol $\{10\bar{1}1\}$ erteilt wird. Alsdann ergeben

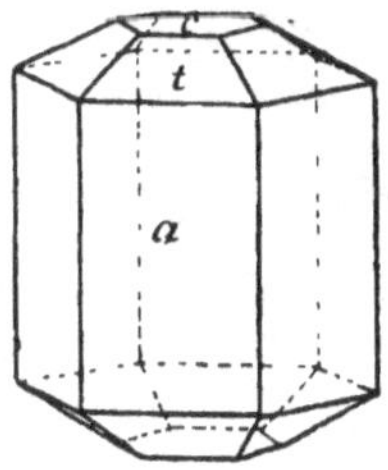

Fig. 292.
$a\,\{10\bar{1}0\}$, $t\,\{10\bar{1}1\}$, $c\,\{0001\}$.

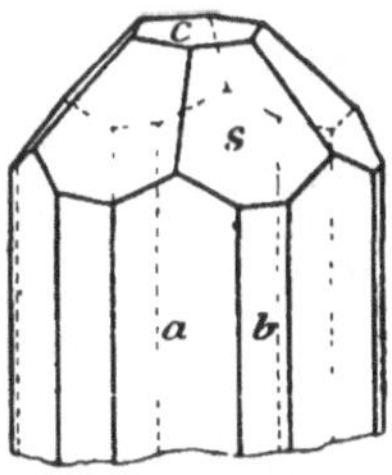

Fig. 293.
$b\,\{11\bar{2}0\}$, $s\,\{11\bar{2}1\}$.

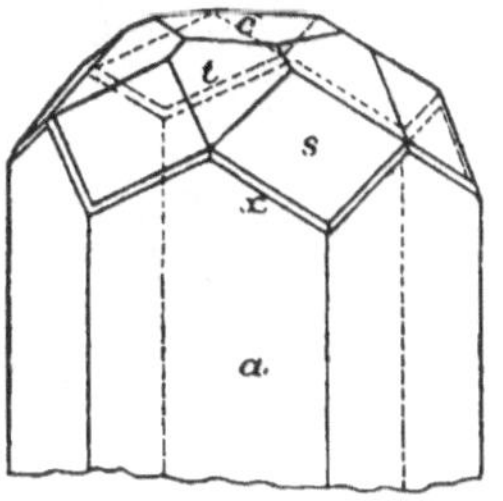

Fig. 294.
$x\,\{21\bar{3}1\}$.

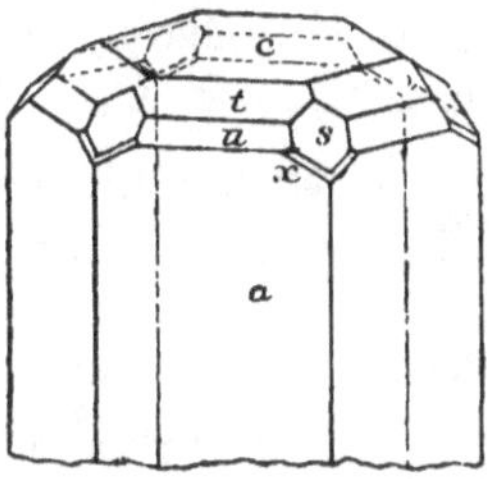

Fig. 295. $u\,\{20\bar{2}1\}$.

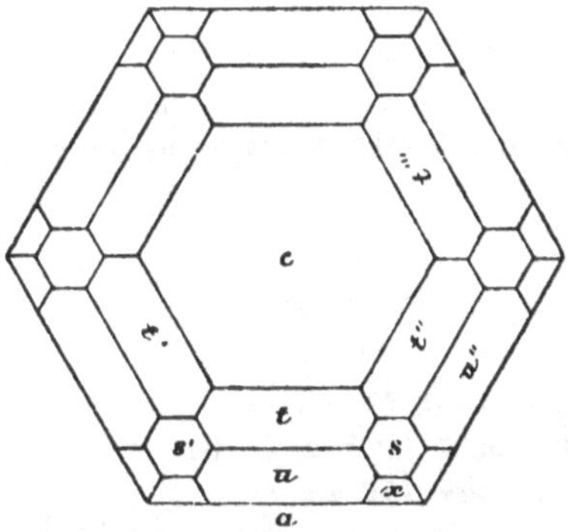

Fig. 296. Zonenverband von a, c, t, s, u, x.

Beryll.

sich die Indices der übrigen in den Fig. 293—296 dargestellten Formen, der hexagonalen Bipyramide zweiter Art s, der hexagonalen Bipyramide erster Art u und der dihexagonalen Bipyramide x, direkt aus dem Zonenverbande (Fig. 296). Denn die Fläche s liegt in den Zonen t, t' und t'', t''', so daß $s = 11\bar{2}1$. Andererseits bildet die Fläche s eine gerade Abstumpfung der Kante u, u''; folglich ist $u = 20\bar{2}1$. Endlich fällt die Fläche x in die Zonen s, a und s', u; daher erhalten wir für x das Symbol $21\bar{3}1$.

7] Hemimorphe Hemiëdrie.

(Dihexagonal-pyramidale Gruppe.)

Eine polare 6-zählige Symmetrieaxe γ und drei + drei durch sie hindurchgehende Symmetrieebenen. Die möglichen Formen sind sofort anzugeben, wenn wir die durch die Symmetrieelemente bedingte Kugelteilung Fig. 297 vergleichen mit Fig. 288. Der Unterschied gegenüber der holoedrischen Gruppe besteht zunächst darin, daß wir an Stelle der Bipyramiden *einfache Pyramiden* erhalten, und daß die obere Basisfläche nicht mit der unteren gleichberechtigt ist. Daher würde z. B. die Kombination einer oberen dihexagonalen Pyramide

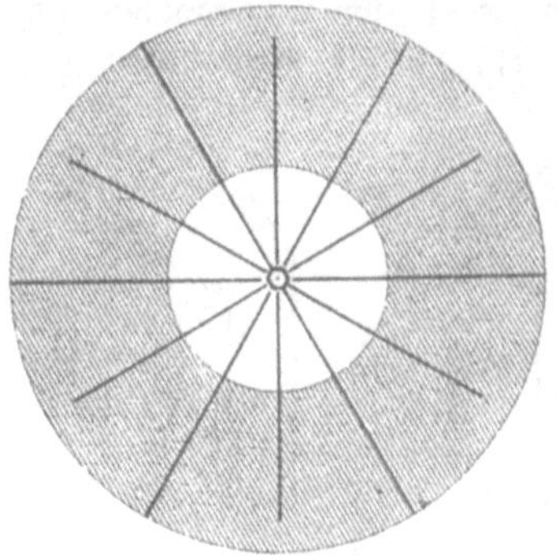

Fig. 297. Kugelteilung durch drei + drei Symmetrieebenen und eine polare 6-zählige Symmetrieaxe.

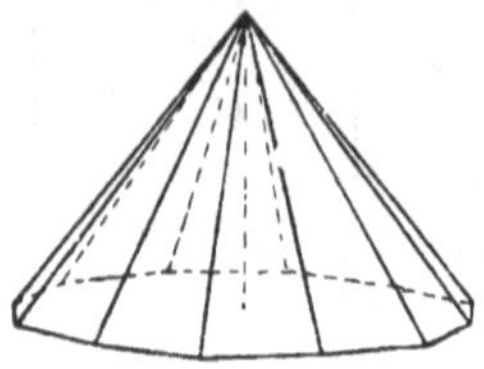

Fig. 298. Dihexagonale Pyramide $\{i\,h\,\bar{k}\,l\}$.

$\{i\,h\,\bar{k}\,l\}$ mit der unteren Basis $\{000\bar{1}\}$ auftreten können (Fig. 298). Hierzu kommt, daß die Symmetrie der Prismenflächen jetzt eine geringere sein muß, da die Horizontalebene nicht gleichzeitig eine Symmetrieebene ist.

		Symmetrie der Flächen
Dihexagonale Pyramiden . . .	$\{i\,h\,\bar{k}\,l\}$, $\{i\,h\,\bar{k}\,\bar{l}\}$	asymmetrisch
Hexagonale Pyramiden I. Art .	$\{i\,0\,\bar{i}\,l\}$, $\{i\,0\,\bar{i}\,\bar{l}\}$	monosymmetrisch
Hexagonale Pyramiden II. Art .	$\{i.i.2\bar{i}.l\}$, $\{i.i.2\bar{i}.\bar{l}\}$	monosymmetrisch
Dihexagonale Prismen	$\{i\,h\,\bar{k}\,0\}$	asymmetrisch
Hexagonales Prisma I. Art . .	$\{10\bar{1}0\}$	monosymmetrisch
Hexagonales Prisma II. Art . .	$\{11\bar{2}0\}$	monosymmetrisch
Basis	$\{0001\}$, $\{000\bar{1}\}$	hexasymmetrisch.

Zinkoxyd = ZnO. $a:c = 1:1{,}6219$. Fig. 299 stellt die Kombination a $\{10\bar{1}0\}$, c $\{0001\}$, c' $\{000\bar{1}\}$, o $\{10\bar{1}1\}$, o' $\{10\bar{1}\bar{1}\}$ dar. Die Hemimorphie ergiebt sich aus den gleichschenkelig dreiseitigen Eindrücken, die durch kalte verdünnte Salzsäure auf dem Prisma m und den Pyramiden o, o' erzeugt werden. Die Spitzen der monosymmetrischen Dreiseite sind nach der stärker entwickelten Basisfläche c' hingewendet. Neben einfachen Krystallen treten Zwillinge nach 0001 auf.[1]

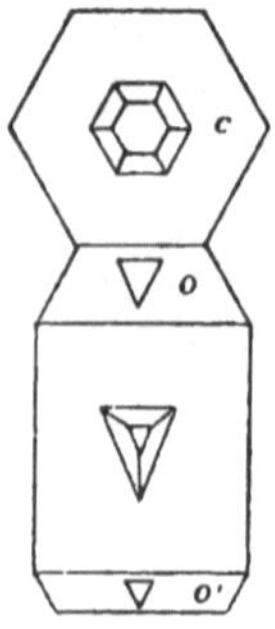

Fig. 299. Zinkoxyd.

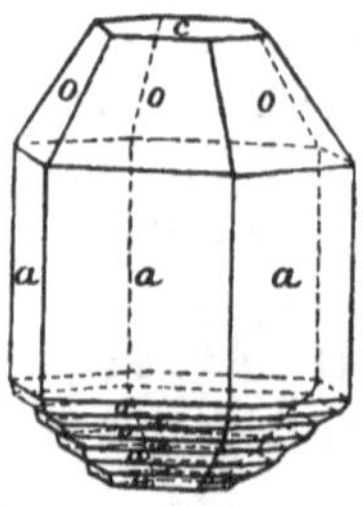

Fig. 300. Zinksulfid.

Zinksulfid (Wurtzit) = ZnS. $a:c = 1:1{,}6004$. Die Kanten zwischen

[1] F. Rinne, N. Jahrb. f. Min. 1884. II. 164.

dem Prisma a $\{10\bar{1}0\}$ und der oberen Basisfläche c $\{0001\}$ in Fig. 300 werden durch die Pyramide o $\{10\bar{1}1\}$ abgestumpft. Am unteren Ende findet zwischen a und c' $\{000\bar{1}\}$ ein wiederholter Wechsel der Pyramiden o' $\{10\bar{1}\bar{1}\}$ und x $\{20\bar{2}\bar{5}\}$ statt.[1]

Cadmiumsulfid (Greenockit) = CdS. $a:c = 1:1{,}6218$. Die Hemimorphie prägt sich sehr deutlich darin aus, daß an dem einen Ende außer einer kleinen Basis $\{0001\}$ eine Reihe von Pyramiden $\{10\bar{1}1\}$, $\{10\bar{1}2\}$, ... auftritt, während an dem entgegengesetzten Ende die Basis $\{000\bar{1}\}$ vorherrscht und daneben nur sehr schmale Pyramidenflächen $\{10\bar{1}\bar{2}\}$ vorkommen.[2]

Jodsilber = AgJ. $a:c = 1:0{,}8196$. Vollkommen spaltbar nach der Basis. Aus jodwasserstoffsaurer Lösung entstehen ausgezeichnet hemimorphe Krystalle von prismatischem oder pyramidalem Habitus (Fig. 301, 302). An dem oberen Ende ist die glänzende Basis $\{0001\}$ vorherrschend ausgebildet, während unten wenig glänzende, oft geriefte und gewölbte Pyramidenflächen μ, ν, π, β auftreten, deren Indices sich nicht mit Sicherheit bestimmen lassen. a $\{11\bar{2}0\}$, o $\{10\bar{1}1\}$, i $\{20\bar{2}1\}$, u $\{40\bar{4}1\}$; o' $\{10\bar{1}\bar{1}\}$, i' $\{20\bar{2}\bar{1}\}$, μ $\{10\bar{1}\bar{2}\}$, ν $\{20\bar{2}\bar{3}\}$, π $\{40\bar{4}\bar{5}\}$.[3]

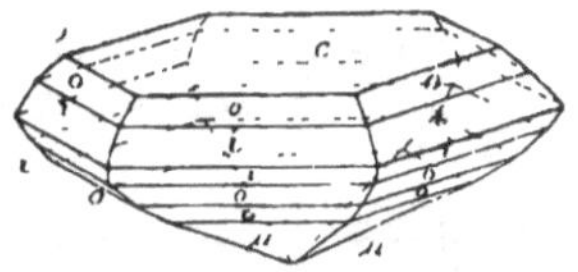
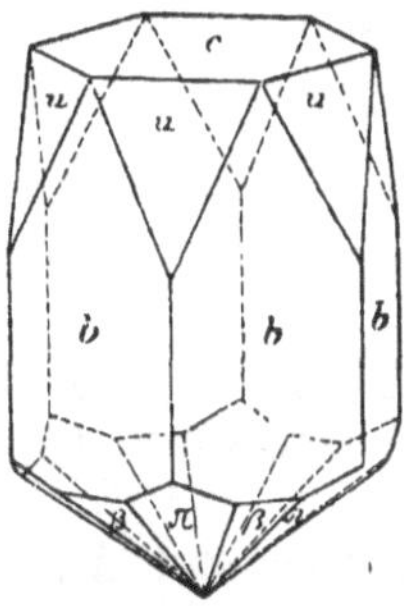

Fig. 301—302. Jodsilber.

8] Trapezoëdrische Hemiëdrie.

(Hexagonal-trapezoëdrische Gruppe.)

Die hierher gehörigen Körper besitzen 7 *zweiseitige Symmetrieaxen* wie die holoëdrischen hexagonalen Krystalle, aber kein Centrum der Symmetrie und keine Symmetrieebene. Daher sind in der Kugelteilung (Fig. 303) nur die kongruenten sphärischen Dreiecke gleichberechtigt. Die allgemeinste einfache Form ist ein *hexagonales Trapezoëder*, dessen Flächenpole entweder den weiß gelassenen oder den schraffierten Dreiecken angehören. Der Pol einer Fläche $ihkl$, deren Indices die Bedingung $i > h$ befriedigen, würde, wie aus Fig. 291 hervorgeht, in das weiße Dreieck fallen, das sich rechts über dem Sextanten zwischen den Queraxen a_1 und $-a_3$ befindet. Daher wird

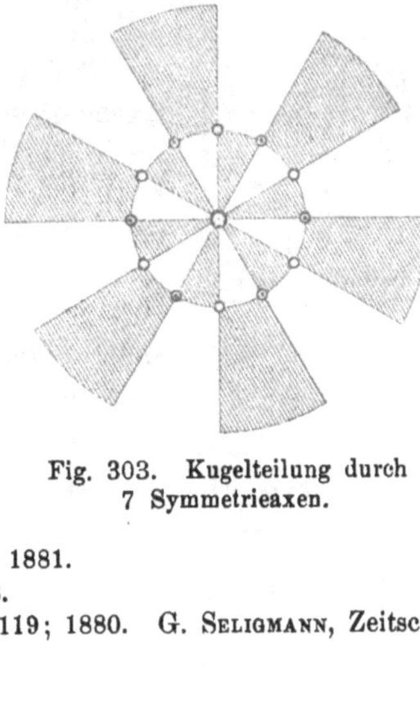

Fig. 303. Kugelteilung durch 7 Symmetrieaxen.

[1] H. Foerstner, Zeitschr. f. Kryst. 5, 363; 1881.

[2] O. Mügge, N. Jahrb. f. Min. 1882. II. 18.

[3] V. v. Zepharovich, Zeitschr. f. Kryst. 4, 119; 1880. G. Seligmann, Zeitschr. f. Kryst. 6, 229; 1882.

die entsprechende Form ein *rechtes* Trapezoëder genannt (Fig. 305). Dagegen liegt der Pol der Fläche $k\bar{h}\bar{i}l$ in dem links benachbarten schraffierten Dreieck, und die zugehörige Form ist ein *linkes* Trapezoëder (Fig. 304). Korrelate Trapezoëder sind *enantiomorph*. Die übrigen einfachen Formen unterscheiden sich nicht in ihrer Gestalt, sondern nur in ihren Symmetrieeigenschaften von den holoëdrischen Formen mit denselben Indices. Keine Fläche kann eine Symmetrielinie besitzen. Dagegen sind die Flächen der hexagonalen Prismen durch einen Drehungsmittelpunkt von der Ordnung 2 und die Basisflächen durch einen Drehungsmittelpunkt von der Ordnung 6 ausgezeichnet.

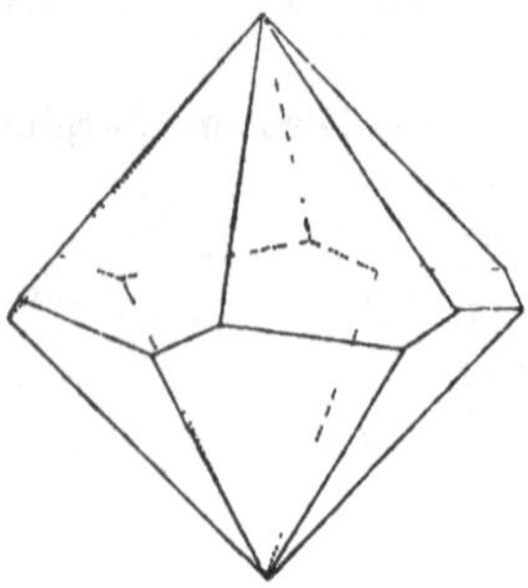

Fig. 304. Linkes hexagonales Trapezoëder $\{k\bar{h}\bar{i}l\}$.

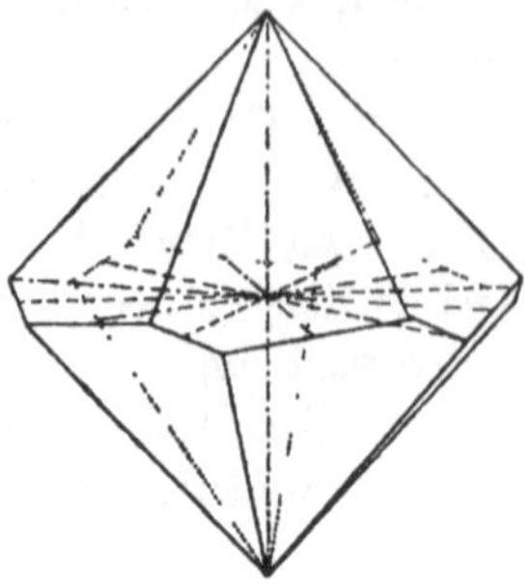

Fig. 305. Rechtes hexagonales Trapezoëder $\{ih\bar{k}l\}$.

		Symmetrie der Flächen
Hexagonale Trapezoëder	$\{ih\bar{k}l\}$, $\{k\bar{h}\bar{i}l\}$	asymmetrisch
Hexagonale Bipyramiden I. Art . .	$\{i0\bar{i}l\}$	asymmetrisch
Hexagonale Bipyramiden II. Art . .	$\{i.i.2\bar{i}.l\}$	asymmetrisch
Dihexagonale Prismen	$\{ih\bar{k}0\}$	asymmetrisch
Hexagonales Prisma I. Art . . .	$\{10\bar{1}0\}$	c_2
Hexagonales Prisma II. Art . . .	$\{11\bar{2}0\}$	c_2
Basis	$\{0001\}$	c_6.

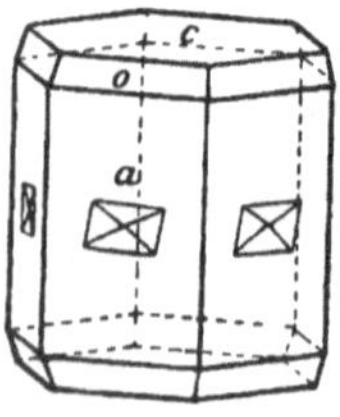

Fig. 306.

Rechtsweinsaures Antimonyl-Blei + Kaliumnitrat = $Pb(SbO)_2(C_4H_4O_6)_2 + KNO_3$. Das Verhältnis der Axeneinheiten ist $a:c = 1:3{,}5927$, wenn die Bipyramide $o = \{10\bar{1}1\}$ gesetzt wird. Auf den Prismenflächen $a\,\{10\bar{1}0\}$ entstehen bei der Ätzung mit Wasser rhomboidisch begrenzte Eindrücke, deren Gestalt und Anordnung darauf schließen läßt, daß keine Symmetrieebenen, sondern nur 7 Symmetrieaxen vorhanden sind. Dieselben Ätzerscheinungen zeigt das isomorphe Baryumsalz:

Rechtsweinsaures Antimonyl-Baryum + Kaliumnitrat = $Ba(SbO)_2(C_4H_4O_6)_2 + KNO_3$. $a:c = 1:3{,}0289$.[1]

---

[1] H. Traube, N. Jahrb. f. Min. 1894. I. 245.

9] Pyramidale Hemiëdrie.

(Hexagonal-bipyramidale Gruppe.)

Centrisch symmetrische Krystalle mit einer einseitigen 6-zähligen Symmetrieaxe γ und einer zu γ senkrechten Symmetrieebene. Die allgemeinste einfache Form ist eine *hexagonale Bipyramide* (Fig. 308). Wir gewinnen leicht eine Übersicht über die möglichen Arten von einfachen Formen, wenn wir die Symmetrieelemente dieser Gruppe vergleichen mit den Symmetrieelementen der holoëdrischen Gruppe. Dann ist zunächst ersichtlich, daß wir die in Fig. 307 dargestellte Kugelteilung bilden können. Fallen die Flächenpole einer hexagonalen Bipyramide in die weißen sphärischen Dreiecke, so kann eine korrelate Form auftreten, deren Flächenpole in den schraffierten Dreiecken

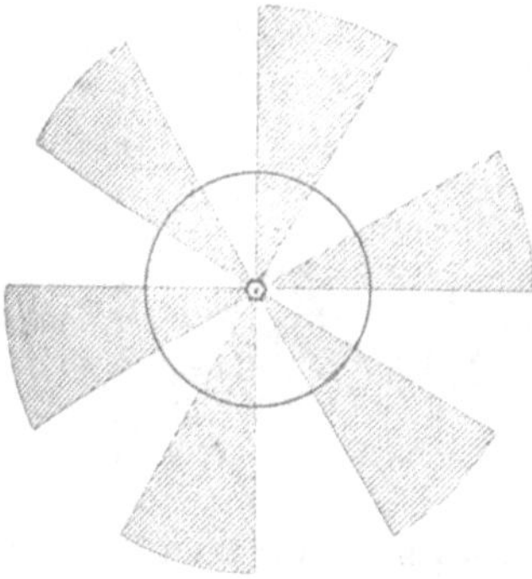

Fig. 307. Kugelteilung durch eine Symmetrieebene und eine 6-zählige Symmetrieaxe.

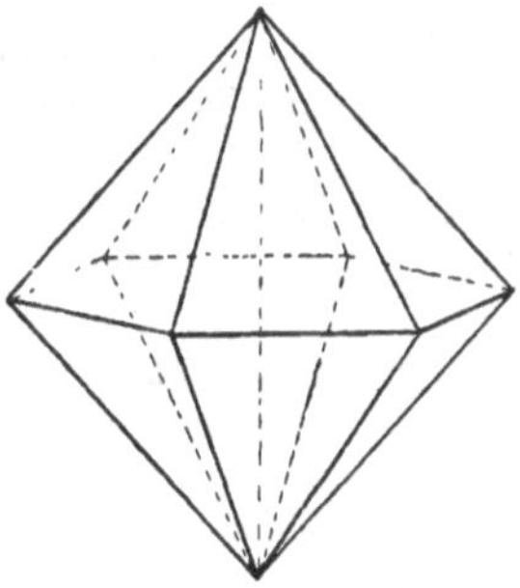

Fig. 308. Hexagonale Bipyramide $\{i\,h\,\bar{k}\,l\}$.

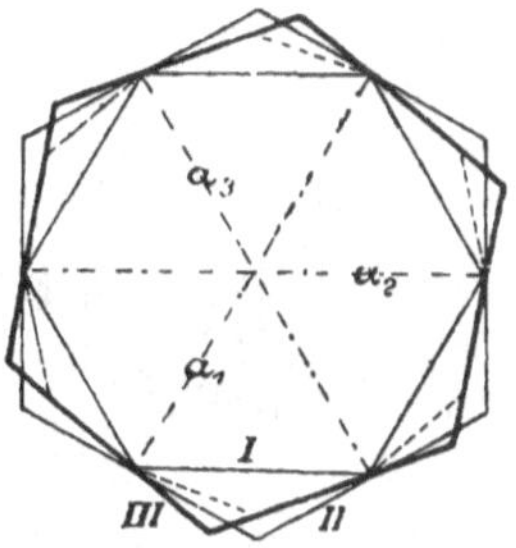

Fig. 309. Mittelkanten von hexagonalen Bipyramiden.

liegen. Als Grenzformen werden wir dann zwei Reihen von hexagonalen Bipyramiden erhalten, deren Pole den oberen und unteren Seiten jener Dreiecke angehören. Die Mittelkanten aller drei Arten von Bipyramiden bilden regelmäßige Sechsseite, deren Grenzlagen in Fig. 309 mit I und II bezeichnet sind. Nach den Kanten des ersten Sechsseits wollen wir die Axen α_1, α_2, α_3 legen. Unter dieser Voraussetzung gelten die in der folgenden Tabelle angegebenen Symbole. Den drei Arten von Bipyramiden entsprechen drei Arten von hexagonalen Prismen. Dazu kann noch das basische Flächenpaar treten.

		Symmetrie der Flächen
Hexagonale Bipyramiden III. Art .	$\{i\,h\,\bar{k}\,l\}$, $\{k\,\bar{h}\,\bar{i}\,l\}$	asymmetrisch
Hexagonale Bipyramiden I. Art . .	$\{i\,0\,\bar{i}\,l\}$	asymmetrisch
Hexagonale Bipyramiden II. Art .	$\{i.i.2\bar{i}.l\}$	asymmetrisch
Hexagonale Prismen III. Art . . .	$\{i\,h\,\bar{k}\,0\}$, $\{k\,\bar{h}\,\bar{i}\,0\}$	monosymmetrisch
Hexagonales Prisma I. Art . . .	$\{10\bar{1}0\}$	monosymmetrisch
Hexagonales Prisma II. Art . . .	$\{11\bar{2}0\}$	monosymmetrisch
Basis	$\{0001\}$	c_6.

Apatit = $(F, Cl)Ca_5(PO_4)_3$. $a:c = 1:0{,}734$. Mit der Zunahme des Chlors wird der Flächenwinkel zwischen der Basis *c* {0001} und der hexagonalen Bipyramide erster Art *x* {$10\bar{1}1$} kleiner, also nimmt auch der Wert der Axeneinheit *c* ab. Zuweilen wird die Begrenzung der Krystalle lediglich von der Basis *c* und dem hexagonalen Prisma erster Art *a* {$10\bar{1}0$} gebildet (Fig. 312). Dieses sind auch an den flächenreicheren Krystallen Fig. 310, 311 die vorherrschenden Formen. Charakteristisch ist hier das Auftreten der Bipyramide dritter Art *u* {$21\bar{3}1$} und des Prismas dritter Art *h* {$21\bar{3}0$} neben *y* {$20\bar{2}1$}, *s* {$11\bar{2}1$}, *v* {$11\bar{2}2$} und *b* {$11\bar{2}0$}. Nachdem das Symbol von *x* gewählt ist, lassen sich die Indices aller übrigen Flächen in ähnlicher Weise wie am Beryll aus dem Zonenverbande ableiten. — Kalte Salzsäure erzeugt auf dem Prisma *a* und der Basis *c* Ätzeindrücke, die zur Feststellung der Symmetrie des Apatits vollkommen ausreichen würden. Aus den monosymmetrischen Eindrücken auf *a* folgt, daß nur eine horizontale Symmetrieebene vorhanden ist (Fig. 312). Auf der Basis entstehen Eindrücke von regelmäßig sechsseitigem Umriß, die von mehr oder weniger steilen Ätzflächen begrenzt werden und daher bei der Betrachtung unter dem Mikroskop im durchfallenden Lichte dunkler oder heller erscheinen (Fig. 313 *α*, *β*). Im allgemeinen gehören die Ätzflächen einer hexagonalen Pyramide dritter Art an. Auch hieraus müssen wir schließen, daß vertikale Symmetrieebenen fehlen. Die Orientierung der Umrisse der Ätzeindrücke gegen das Sechsseit der Basis ist aber nicht konstant, sondern von der Konzentration der Säure abhängig. Die in Fig. 313 dargestellten Ätzfiguren wurden von einer 1-prozentigen Säure hervorgerufen.[1]

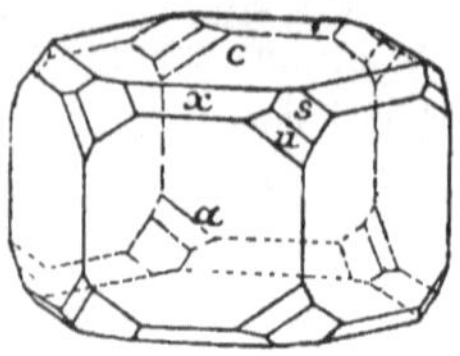

Fig. 310. *a* {$10\bar{1}0$}, *c* {0001}, *x* {$10\bar{1}1$}, *s* {$11\bar{2}1$}, *u* {$21\bar{3}1$}.

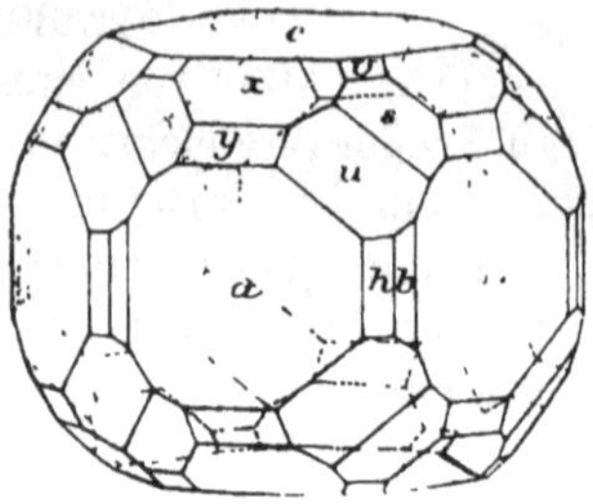

Fig. 311. *y* {$20\bar{2}1$}, *v* {$11\bar{2}2$}, *b* {$11\bar{2}0$}, *h* {$21\bar{3}0$}.

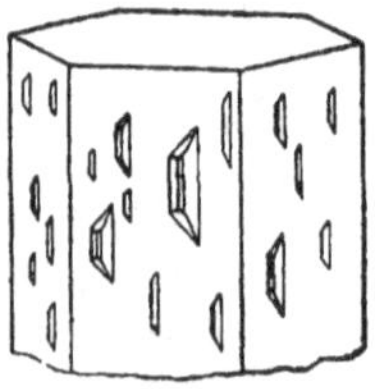

Fig. 312. Ätzeindrücke auf {$10\bar{1}0$}.

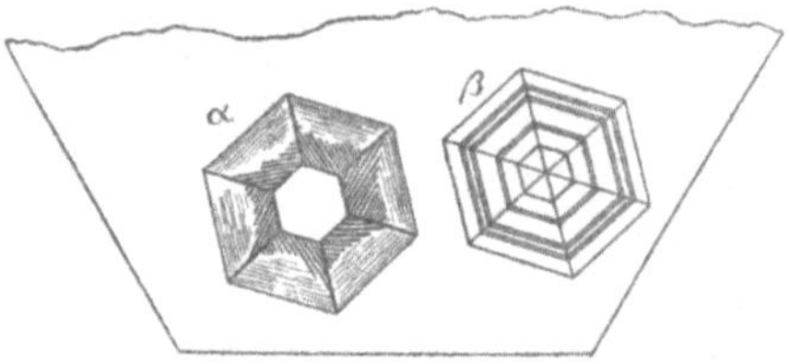

Fig. 313. Ätzeindrücke auf {0001}.

Apatit.

[1] H. Baumhauer, Sitzungsber. Akad. München. 1875, 169. Sitzungsber. Akad. Berlin. 1887, 863. 1890, 447.

Ferner gehoren in diese Gruppe: *Pyromorphit* = $ClPb_5(PO_4)_3$, *Mimetesit* = $ClPb_5(AsO_4)_3$ und *Vanadinit* = $ClPb_5(VO_4)_3$.

10] Erste hemimorphe Tetartoëdrie.

(Hexagonal-pyramidale Gruppe.)

Eine polare 6-zählige Symmetrieaxe γ. Mit Rücksicht auf die Betrachtungen, zu denen die vorhergehende Gruppe Anlaß gab, können wir sofort die Kugelteilung Fig. 310 entwerfen und eine Übersicht der möglichen einfachen Formen aufstellen. Die allgemeinste einfache Form ist eine *hexagonale Pyramide.* Jeder hexagonalen Pyramide, deren Flächenpole in das Innere gleichberechtigter Dreiecke der Fig. 314 fallen, entsprechen drei korrelate Formen, die wir in folgender Weise bezeichnen wollen. Wir nennen die Pyramide $\{i h \bar{k} l\}$, deren Pole den weißen Dreiecken angehören, eine *rechte obere* Pyramide dritter Art (Fig. 315) und $\{k h \bar{i} l\}$, deren Pole in den schraffierten Dreiecken der oberen Halbkugel liegen, eine *linke obere* Pyramide dritter Art. Diese beiden Formen sind *enantiomorph.* Dasselbe gilt von den unteren Pyramiden $\{i h \bar{k} \bar{l}\}$ und $\{k \bar{h} \bar{i} \bar{l}\}$. Die übrigen einfachen Formen sind: obere oder untere hexagonale Pyramiden erster oder zweiter Art, hexagonale Prismen erster, zweiter oder dritter Art und die obere oder die untere Basis. Alle Flächen sind asymmetrisch mit Ausnahme der Basisflächen, die einen Drehungsmittelpunkt von der Ordnung 6 besitzen.

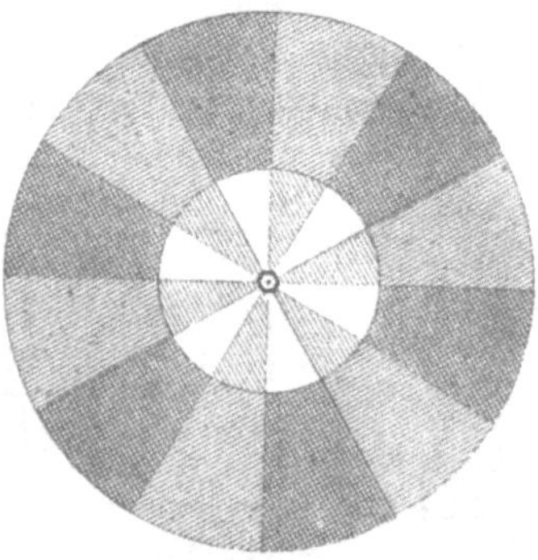

Fig. 314.

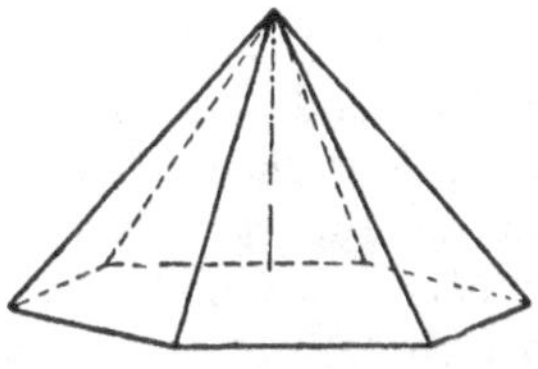

Fig. 315.
Hexagonale Pyramide $\{i h \bar{k} l\}$.

		Symmetrie der Flächen
Hexagonale Pyramiden III. Art .	$\{i h \bar{k} l\}$, $\{k h \bar{i} l\}$;	asymmetrisch
	$\{i h \bar{k} \bar{l}\}$, $\{k \bar{h} \bar{i} \bar{l}\}$	
Hexagonale Pyramiden I. Art .	$\{i 0 \bar{i} l\}$, $\{i 0 \bar{i} \bar{l}\}$	asymmetrisch
Hexagonale Pyramiden II. Art .	$\{i.i.2\bar{i}.l\}$, $\{i.i.2\bar{i}.\bar{l}\}$	asymmetrisch
Hexagonale Prismen III. Art . .	$\{i h \bar{k} 0\}$, $\{k h \bar{i} 0\}$	asymmetrisch
Hexagonales Prisma I. Art . .	$\{10\bar{1}0\}$	asymmetrisch
Hexagonales Prisma II. Art . .	$\{11\bar{2}0\}$	asymmetrisch
Basis.	$\{0001\}$, $\{000\bar{1}\}$	c_6.

Vergleichen wir die Kugelteilung Fig. 314 mit den Kugelteilungen der drei vorhergehenden hemiëdrischen Gruppen, (Fig. 303, 307, 297), unter deren Symmetrieelementen auch die Symmetrieaxe dieser tetartoëdrischen

Gruppe enthalten ist, so ergiebt sich, daß die folgenden drei Arten von *Zwillingsbildungen* auftreten können, die in der That am Nephelin und am Kaliumlithiumsulfat beobachtet worden sind. 1. Zwei kongruente Krystalle sind so verbunden, daß die Normalen der Prismen $\{10\bar{1}0\}$ und $\{11\bar{2}0\}$, also die Queraxen α und β, 2-zählige Symmetrieaxen für den Zwilling sind. 2. Enantiomorphe Krystalle liegen symmetrisch zur Basis $\{0001\}$ oder $\{000\bar{1}\}$. 3. Enantiomorphe Krystalle stehen symmetrisch zu den Prismenflächen $\{10\bar{1}0\}$ und $\{11\bar{2}0\}$.

Nephelin = $(Na, K)_8Al_8Si_9O_{34}$. $a:c = 1:0{,}8389$. Die scheinbar einfachen Krystalle (Fig. 316) mit $a\,\{10\bar{1}0\}$, $b\,\{11\bar{2}0\}$, $c\,\{0001$, $p\,\{10\bar{1}1\}$ werden, wie aus Ätzversuchen mit verdünnter Flußsäure oder konzentrierter Salzsäure hervorgeht, von zwei oder mehr Individuen nach den soeben charakterisierten Gesetzen gebildet. Auf den Prismenflächen a erzeugt Flußsäure asymmetrische Dreiseite. Ist die Spitze der Dreiseite nach oben gewendet, so soll der Krystall ein rechter (R) oder ein linker (L) genannt werden, je nachdem sich die größte Seite des Dreiseits rechts oder links befindet. Hiernach sind die in Fig. 317, 318 schematisch dargestellten Vierlinge bezeichnet worden. Die Stellungen von RR' und LL' entsprechen dem ersten Zwillingsgesetze. RL' und LR' sind nach dem zweiten Gesetze verbunden. RL und $R'L'$ nehmen die durch das dritte Gesetz beschriebenen Lagen ein.[1]

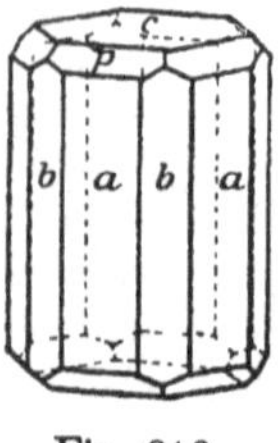

Fig. 316.

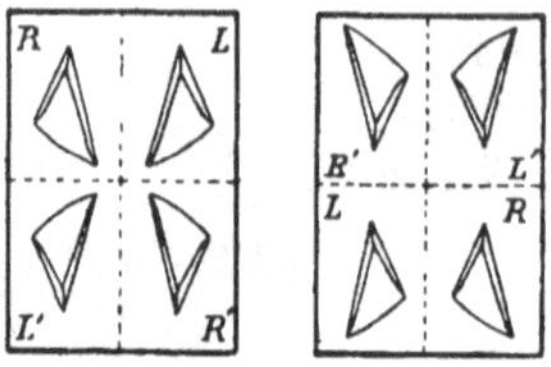

Fig. 317—318. Vierlinge. Nephelin.

Kaliumlithiumsulfat = $KLiSO_4$. $a:c = 1:1{,}665$. Die scheinbar einfachen Krystalle (Fig. 319) mit $a\,\{10\bar{1}0\}$, $c\,\{0001\}$, $o\,\{10\bar{1}1\}$ sind Zwillinge oder Vierlinge. Das ergiebt sich in ähnlicher Weise wie bei dem Nephelin aus den asymmetrischen Eindrücken, die durch Ätzung mit Wasser auf den Pyramidenflächen o hervorgerufen werden. Ein Teil der Zwillinge besteht aus enantiomorphen Individuen, die zur Basis $\{000\bar{1}\}$ symmetrisch liegen. Seltener erscheinen kongruente Individuen zu Zwillingen vereinigt, für welche die Normalen des ersten und des zweiten hexagonalen Prismas 2-zählige Symmetrieaxen sind. Endlich treten Vierlinge auf, die dem Schema Fig. 317, 318 entsprechen.

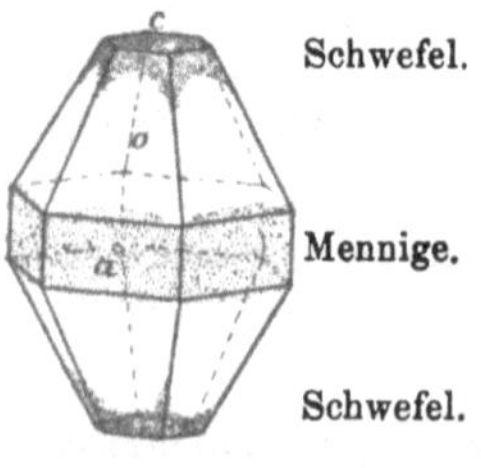

Fig. 319. Kaliumlithiumsulfat. Zwilling nach $000\bar{1}$.

[1] H. Baumhauer, Zeitschr. f. Kryst. **6**, 209; 1882. **18**, 611; 1891. Resultate der Ätzmethode 1894, 69. H. Traube, N. Jahrb. f. Min. **9**, 466; 1894.

Obwohl auch in diesem Falle die Untersuchung der Ätzerscheinungen vollständig ausreicht, um die Symmetrie und den Bau der Krystalle zu ermitteln, so ist es doch zweckmäßig, schon an dieser Stelle auf eine überaus einfache Methode hinzuweisen, die in einem beschränkteren Anwendungsbereich die Lösung der vorliegenden Aufgabe ungemein erleichtert. Sie besteht in der Ermittelung der elektrischen Erregungen schlecht leitender Krystalle, die durch Temperaturänderungen hervorgerufen werden. Wir haben es hier lediglich mit *gleichförmigen* Änderungen der Temperatur zu thun, bei denen die Symmetrie der Krystalle erhalten bleibt. Ein solche Temperaturänderung erzeugt in schlecht leitenden Krystallen von bestimmten Symmetrieeigenschaften eine elektrische Polarität. Es sind nämlich unter der angegebenen Bedingung nur die Krystalle mit einer einzigen polaren Symmetrieaxe und die hemiëdrischen Krystalle des monoklinen und des triklinen Systems pyroelektrisch. Daraus ist ersichtlich, daß der Nachweis der Pyroelektricität bei gleichförmigen Temperaturänderungen ein wichtiges Hilfsmittel für die Bestimmung der Symmetrie und der Zwillingsbildungen darbieten kann.

A. Kundt hat ein sehr bequemes Verfahren vorgeschlagen, um die Anordnung der positiven und der negativen Elektricität auf der ganzen Oberfläche eines pyroelektrischen Krystalls sichtbar zu machen. Der in einem Luftbade erwärmte Krystall wird während der Abkühlung bestäubt mit einem Gemenge von Schwefel und Mennige, das durch ein engmaschiges Sieb von Baumwolle geblasen wird. Bei diesem Vorgange wird das Schwefelpulver negativ, die Mennige positiv elektrisch, und es setzt sich der Schwefel auf die elektrisch positiven, die Mennige auf die elektrisch negativen Teile der Krystalloberfläche. Die Anordnung des gelben und des roten Pulvers giebt dann ein sehr anschauliches Bild von der Verteilung der elektrischen Ladung auf der Oberfläche des Krystalls. Zum Bestäuben dient ein Blasebalg aus Leder (Fig. 320), der am breiteren Ende mit einem abschraubbaren Deckel versehen ist, um das Pulvergemisch einzufüllen. An dem anderen Ende ist über die Öffnung ein Stück Mousselin gelegt, durch dessen Maschen das Pulver geblasen wird. Beim Bestäuben muß der Apparat in einiger Entfernung von den Krystallen gehalten werden, so daß der Luftstrom die Krystalle nicht direkt trifft.

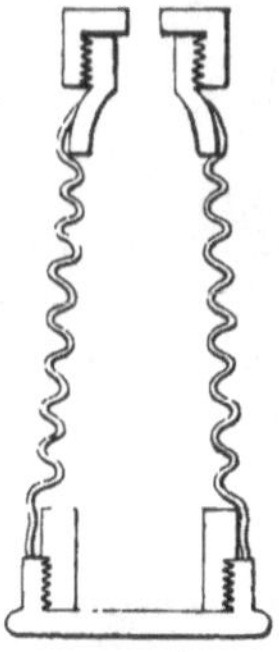

Fig. 320. 1/5 natürl. Größe. Bestäubungsapparat nach Kundt.

Die elektrischen Pole, an denen sich die Bestandteile des Pulvergemisches anhäufen, werden nach einem Vorschlage von P. Riess und G. Rose in folgender Weise bezeichnet. An dem *analog* elektrischen Pole stimmt das algebraische Zeichen des Temperaturzuwachses überein mit dem Zeichen der dadurch erregten Elektricität. An dem *analog* elektrischen Pole sind diese Zeichen einander entgegengesetzt. Es wird also der analoge Pol durch Erwärmung positiv und durch Erkaltung negativ, der antiloge Pol dagegen durch Erwärmung negativ und durch Erkaltung positiv elektrisch. Da die Bestäubung bei abnehmender Temperatur ausgeführt wird, so wird in unseren Figuren der analoge Pol, an welchem sich die Mennige absetzt, zuweilen kurz durch — und der antiloge Pol, an dem sich der Schwefel anhäuft, durch + bezeichnet werden.

Wendet man nun das Bestäubungsverfahren auf das Kaliumlithiumsulfat an, so bedecken sich die Spitzen der beiden Pyramiden *o* mit Schwefel, während sich auf dem Prisma *a* die Mennige niederschlägt (Fig. 319). Aus dieser Verteilung ist also sofort ersichtlich, daß nicht einfache Krystalle, sondern Zwillingsbildungen vorliegen.[1]

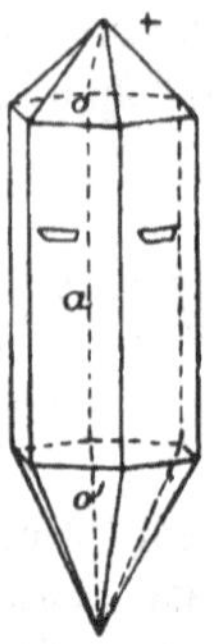

Fig. 321. Rechtsweinsaures Antimonyl-Strontium.

Rechtsweinsaures Antimonyl-Strontium = $Sr(SbO)_2(C_4H_4O_6)_2$. $a:c = 1:0{,}8442$. Das Prisma *a* $\{10\bar{1}0\}$ ist an dem einen Ende begrenzt durch die Pyramide *o* $\{10\bar{1}1\}$, an dem anderen durch *o'* $\{20\bar{2}\bar{1}\}$. Durch Behauchen entstehen auf den Prismenflächen *a* asymmetrische Ätzeindrücke, deren Anordnung erkennen läßt, daß keine vertikale Symmetrieebene vorhanden ist (Fig. 321). Pyroelektrisch; der analoge Pol liegt an *o'*.

Rechtsweinsaures Antimonyl-Blei=$Pb(SbO)_2(C_4H_4O_6)_2$. $a:c = 1:0{,}8526$. Isomorph mit der Strontiumverbindung.[2]

Bromshikimilakton = $C_7H_9BrO_5$. $a:c = 1:2{,}23$. Kombination der Pyramiden *o* $\{10\bar{1}1\}$ und *v* $\{20\bar{2}1\}$. Pyroëlektrisch; der analoge Pol liegt an *v*.[3]

Zweite Abteilung.

Hexagonale Krystalle mit einer 3-zähligen Symmetrieaxe γ und einer zu γ senkrechten Symmetrieebene. Beispiele sind noch nicht bekannt.

11] Trigonale Hemiëdrie.

(Ditrigonal-bipyramidale Gruppe.)

Vier Symmetrieaxen, nämlich eine zweiseitige 3-zählige Vertikalaxe γ und drei polare 2-zählige Queraxen α_1, α_2, α_3; vier Symmetrieebenen, welche jene Axen verbinden. Diesen Symmetrieelementen entspricht die Kugelteilung (Fig. 322), aus der hervorgeht, daß die allgemeinste einfache Form eine

[1] H. TRAUBE, N. Jahrb. f. Min. 1892. II. 58. 1894. I. 171.
[2] H. TRAUBE, N. Jahrb. f. Min. Beil.-Bd. 8, 271; 1893
[3] H. TRAUBE, Zeitschr. f. Kryst. 23, 580; 1894.

ditrigonale Bipyramide ist, und daß die in der folgenden Tabelle aufgezählten speziellen Formen auftreten können.

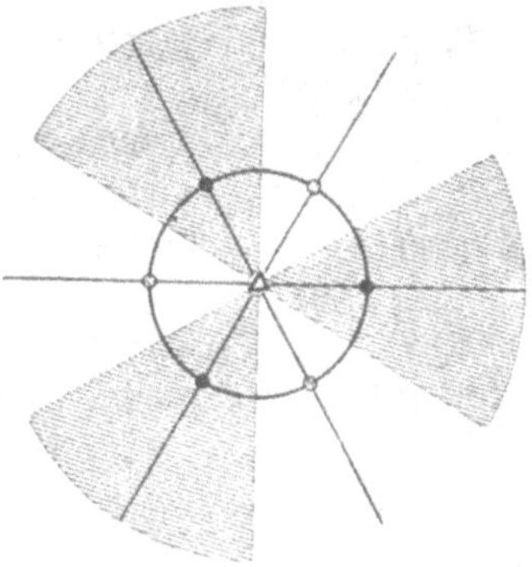

Fig. 322.

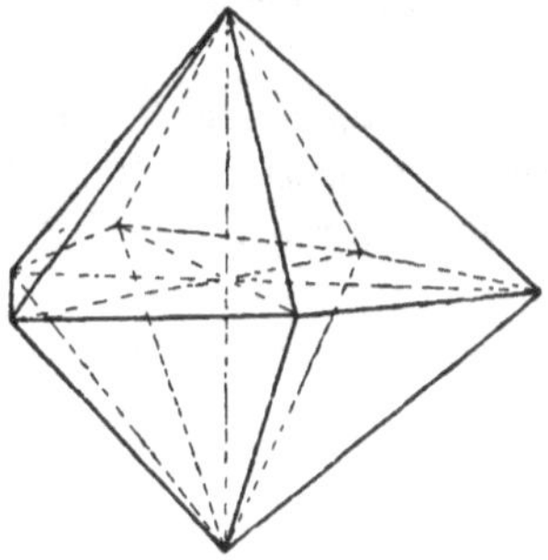

Fig. 323. Ditrigonale Bipyramide $\{i\,h\,\bar{k}\,l\}$.

		Symmetrie der Flächen
Ditrigonale Bipyramiden	$\{i\,h\,\bar{k}\,l\}$, $\{k\,\bar{h}\,\bar{i}\,l\}$	asymmetrisch
Hexagonale Bipyramiden	$\{i\,0\,\bar{i}\,l\}$	asymmetrisch
Trigonale Bipyramiden .	$\{i.i.\overline{2i}.l\}$, $\{2i.\bar{i}.\bar{i}.l\}$	monosymmetrisch
Ditrigonale Prismen . .	$\{i\,h\,\bar{k}\,0\}$, $\{k\,\bar{h}\,\bar{i}\,0\}$	monosymmetrisch
Hexagonales Prisma . .	$\{10\bar{1}0\}$	monosymmetrisch
Trigonale Prismen . .	$\{11\bar{2}0\}$, $\{2\bar{1}\bar{1}0\}$	monosymmetrisch
Basis	$\{0001\}$	trisymmetrisch.

12] Trigonale Tetartoëdrie.

(Trigonal-bipyramidale Gruppe.)

Eine 3-zählige Symmetrieaxe γ und eine zu ihr senkrechte Symmetrieebene. Aus den Beziehungen zwischen diesen Symmetrieelementen und den Sym-

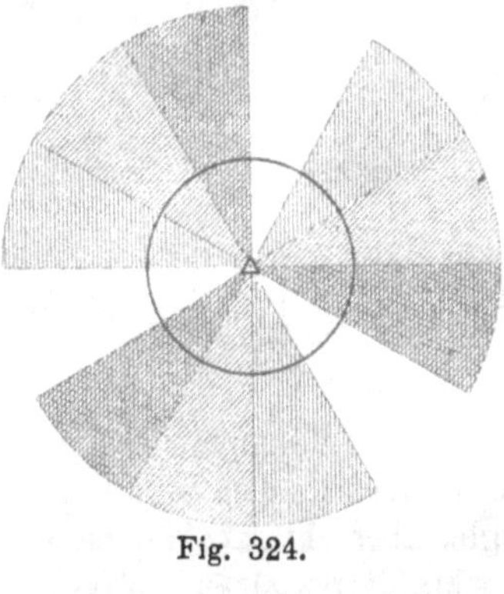

Fig. 324.

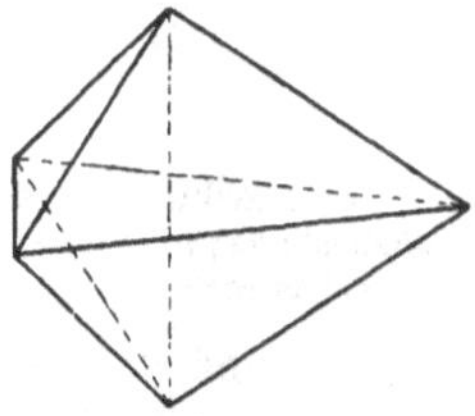

Fig. 325. Trigonale Bipyramide $\{i\,h\,\bar{k}\,l\}$.

metrieeigenschaften der vorhergehenden Gruppe ergiebt sich die in Fig. 324 dargestellte Kugelteilung. Die allgemeinste einfache Form ist eine *trigonale*

Bipyramide, aus der sich die folgenden Arten von speziellen Formen ableiten lassen.

		Symmetrie der Flächen
Trigonale Bipyramiden III. Art	$\{ihkl\}$, $\{hikl\}$; $\{k\bar{h}\bar{i}l\}$, $\{k\bar{i}\bar{h}l\}$	asymmetrisch
Trigonale Bipyramiden I. Art .	$\{i0\bar{i}l\}$, $\{0iil\}$	asymmetrisch
Trigonale Bipyramiden II. Art .	$\{i.i.\overline{2i}.l\}$, $\{2i.\bar{i}.\bar{i}l\}$	asymmetrisch
Trigonale Prismen III. Art . .	$\{ih\bar{k}0\}$, $\{hi\bar{k}0\}$; $\{khi0\}$, $\{k\bar{i}\bar{h}0\}$	monosymmetrisch
Trigonale Prismen I. Art . .	$\{10\bar{1}0\}$, $\{01\bar{1}0\}$	monosymmetrisch
Trigonale Prismen II. Art . .	$\{11\bar{2}0\}$, $\{2\bar{1}\bar{1}0\}$	monosymmetrisch
Basis	$\{0001\}$	c_3.

Dritte Abteilung.

(Rhomboëdrisches System. Trigonales System.)

Hexagonale Krystalle mit einer 3-zähligen Symmetrieaxe γ, die nicht auf einer Symmetrieebene senkrecht steht.

13] Rhomboëdrische Hemiëdrie.

(Ditrigonal-skalenoëdrische Gruppe.)

Centrisch symmetrische Krystalle mit 4 Symmetrieaxen — namlich einer zweiseitigen 3-zähligen Vertikalaxe γ und drei einseitigen 2-zähligen Queraxen

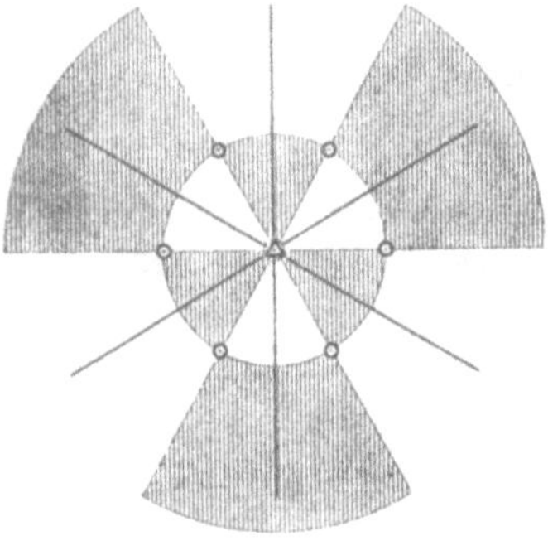

Fig. 326. Kugelteilung durch die Symmetrieelemente der rhomboedrischen Hemiëdrie.

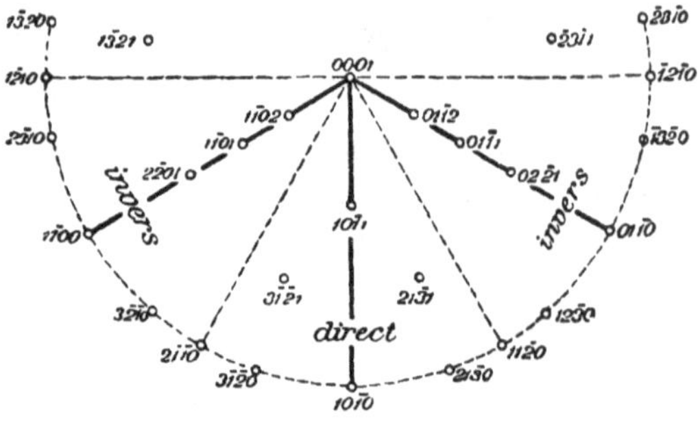

Fig. 327. Polfigur des Kalkspats mit $\{0001\}$, $\{10\bar{1}0\}$, $\{11\bar{2}0\}$, $\{10\bar{1}1\}$, $\{01\bar{1}1\}$, $\{01\bar{1}2\}$, $\{02\bar{2}1\}$, $\{2131\}$, $\{21\bar{3}0\}$.

α_1, α_2, α_3 — und *3 Symmetrieebenen*, die auf den Queraxen senkrecht stehen. In der durch die Verbindungsebenen der Symmetrieaxen bedingten Kugelteilung (Fig. 326) sind nur die abwechselnden Sextanten auf der oberen oder auf der unteren Halbkugel gleichberechtigt. Wir bezeichnen die weiß gelassenen Sextanten als *direkte*, die schraffierten als *inverse* (vgl. Fig. 327). Die allgemeinste einfache Form ist ein *ditrigonales Skalenoëder*. Ein direktes Skalenoëder (Fig. 328) unterscheidet sich von dem geometrisch kongruenten inversen dadurch, daß eine der drei längeren Endkanten an jenem oben vorn, an diesem oben rechts liegt. Zur Bezeichnung korrelater Formen benutzen wir unter der Voraussetzung $i > h$ die Flächen $i h \bar{k} l$ und $h i \bar{k} l$. Der Pol von $i h \bar{k} l$ liegt auf der oberen Halbkugel in dem vorderen direkten Sextanten rechts von der Symmetrieebene; als Beispiel ist in Fig. 327 der Pol der Fläche $21\bar{3}1$ des gewöhnlichsten Kalkspatskalenoëders (Fig. 328) benutzt. Dagegen befindet sich der Pol von $h i \bar{k} l$ in dem benachbarten rechten inversen Sextanten links von der Symmetrieebene (vgl. auch Fig. 291). Um die speziellen einfachen Formen abzuleiten, führen wir die besonderen Werte ein, welche die Indices nach S. 102 annehmen können. Ist $h = 0$, so fallen die Flächenpole in die Schnittkreise der Kugel mit den Symmetrieebenen. Die entsprechenden Formen sind *direkte Rhomboëder* $\{i 0 \bar{i} l\}$ oder *inverse Rhomboeder* $\{0 i \bar{i} l\}$; bei jenen liegt oben vorn eine Fläche wie in Fig. 329, bei diesen eine Kante. Für $i = h$ befinden sich die Flächenpole auf den Grenzkreisen zwischen den direkten und den inversen Sextanten. Die zugehörigen Polyëder sind *hexagonale Bipyramiden* $\{i.i.2\bar{i}.l\}$. Zu diesen drei Formenreihen treten drei Arten von Prismen, wenn wir $l = 0$ setzen: *dihexagonale Prismen* $\{i h \bar{k} 0\}$, das *hexagonale Prisma erster Art* $\{10\bar{1}0\}$ und das *hexagonale Prisma zweiter Art* $\{11\bar{2}0\}$. Endlich ist das *basische Flächenpaar* eine mögliche einfache Form. Eine für diese Gruppe charakteristische Verschiedenheit tritt in den Symmetrieeigenschaften der beiden hexagonalen Prismen hervor. Jede Fläche von $\{10\bar{1}0\}$ ist monosymmetrisch, denn sie steht senkrecht auf einer Symmetrieebene. Dagegen besitzt jede Fläche von $\{11\bar{2}0\}$ einen Drehungsmittelpunkt von der Ordnung 2, da sie zu einer 2-zähligen Symmetrieaxe senkrecht liegt.

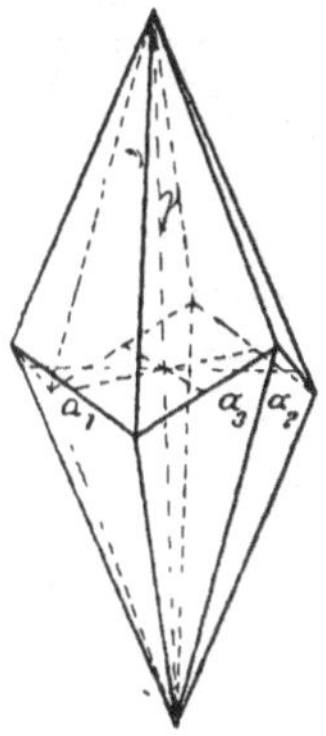

Fig. 328. Kalkspat. Direktes Skalenoeder $\{21\bar{3}1\}$.

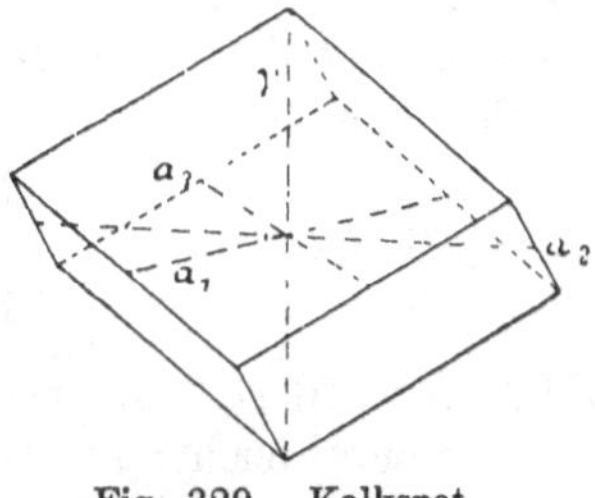

Fig. 329. Kalkspat. Direktes Rhomboëder $\{10\bar{1}1\}$.

			Symmetrie der Flächen
$i > h$	*Ditrigonale Skalenoëder* .	direkte $\{i h \bar{k} l\}$, inverse $\{h i \bar{k} l\}$	asymmetrisch
$h = 0$	*Rhomboëder*	direkte $\{i 0 \bar{i} l\}$, inverse $\{0 i \bar{i} l\}$	monosymmetrisch
$i = h$	*Hexagonale Bipyramiden*	$\{i.i.2\bar{i}.l\}$	asymmetrisch
$i > h,\ l = 0$	*Dihexagonale Prismen* .	$\{i h \bar{k} 0\}$	asymmetrisch
$h = 0, l = 0$	*Hexagonales Prisma I. Art*	$\{10\bar{1}0\}$	monosymmetrisch
$i = h,\ l = 0$	*Hexagonales Prisma II. Art*	$\{11\bar{2}0\}$	c_2
$i = h = 0$	*Basis*	$\{0001\}$	trisymmetrisch.

Die hexagonalen Krystalle der dritten Abteilung können auch auf ein *Axensystem* bezogen werden, *das von drei gegen die Symmetrieaxe* γ *gleich geneigten Kanten* ξ, η, ζ *gebildet wird.* Da diese Kanten gleichberechtigt sind, so muß jetzt *die Basis zur Einheitsfläche* gewählt werden.

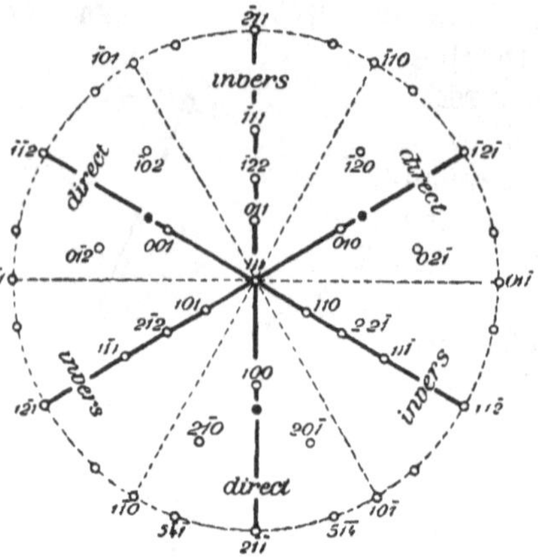

Fig. 330. Polfigur des Kalkspats mit {111}, {2$\bar{1}\bar{1}$}, {10$\bar{1}$}, {100}, {22$\bar{1}$}, {110}, {11$\bar{1}$}, {20$\bar{1}$}, {5$\bar{1}\bar{4}$}.

An Stelle des Verhältnisses der Axeneinheiten $a:c$ ist nun der Winkel zwischen je zwei der neuen Axen das für den betrachteten Krystall charakteristische Axenelement. Diese Methode der Flächenbezeichnung wurde von G. Lamé (1818) vorgeschlagen und später namentlich von W. H. Miller benutzt.

In dem vorliegenden Falle nehmen wir die Kanten des Rhomboëders {10$\bar{1}$1} zu Axen. Auf einer um den Mittelpunkt des Axensystems gelegten Konstruktionskugel (Fig. 330) seien die Schnittpunkte der Axen durch schwarze Punkte bezeichnet. Wir erteilen nun den Flächen:

$$10\bar{1}1,\quad \bar{1}101,\quad 0\bar{1}11,\quad 0001$$

die neuen Symbole

$$100,\quad 010,\quad 001,\quad 111.$$

Dann ergeben sich die neuen Indices xyz der Fläche $ihkl$ eines direkten Skalenoëders leicht aus den allgemeinen Transformationsgleichungen auf S. 20. Indem wir jedesmal den ersten Index eines viergliederigen Symbols fortlassen und die Relation $i + h = k$ berücksichtigen, erhalten wir:

$$x = \begin{vmatrix} h & 1 & -1 \\ -k & 0 & 1 \\ l & 1 & 1 \end{vmatrix} : \begin{vmatrix} 0 & 1 & -1 \\ 0 & 0 & 1 \\ 1 & 1 & 1 \end{vmatrix} = i + k + l$$

$$(1)\qquad y = \begin{vmatrix} 0 & h & -1 \\ -1 & -k & 1 \\ 1 & l & 1 \end{vmatrix} : \begin{vmatrix} 0 & 0 & -1 \\ -1 & 0 & 1 \\ 1 & 1 & 1 \end{vmatrix} = -i + h + l$$

$$z = \begin{vmatrix} 0 & 1 & h \\ -1 & 0 & -k \\ 1 & 1 & l \end{vmatrix} : \begin{vmatrix} 0 & 1 & 0 \\ -1 & 0 & 0 \\ 1 & 1 & 1 \end{vmatrix} = -h - k + l.$$

Hieraus folgt:

$$3i = x - y, \quad 3h = y - z, \quad -3k = z - x, \quad 3l = x + y + z,$$

so daß:

$$i : h : \bar{k} : l = x - y : y - z : z - x : x + y + z.$$

Für die neuen Indices $x'y'z'$ der Fläche $hi\bar{k}l$ eines inversen Skalenoeders ergiebt sich durch Vertauschung von i und h aus (1) sofort:

(2) $$x' = h + k + l, \quad y' = -h + i + l, \quad z' = -i - k + l.$$

Demnach bestehen zwischen den Symbolen korrelater Skalenoëder die Beziehungen:

$$x' + z = y' + y = z' + x = 2l = \tfrac{2}{3}(x + y + z)$$

oder:

(3) $$\begin{aligned} 3x' &= 2x + 2y - z \\ 3y' &= 2x - y + 2z \\ 3z' &= -x + 2y + 2z. \end{aligned}$$

Mit Hilfe dieser Relationen können wir folgende Tabelle aufstellen. Die angeführten Beispiele werden durch die Figuren 327 und 330 erläutert.

Basis	$\{0001\}$	$\{111\}$	
Hexagonales Prisma I. Art .	$\{10\bar{1}0\}$	$\{2\bar{1}\bar{1}\}$	
Hexagonales Prisma II. Art	$\{11\bar{2}0\}$	$\{10\bar{1}\}$	
Direkte Rhomboeder . . .	$\{i0\bar{i}l\}$	$\{xzz\}$	$x = 2i + l,\ z = -i + l.$
	$\{10\bar{1}1\}$	$\{100\}$	
Inverse Rhomboëder . . .	$\{0i\bar{i}l\}$	$\{x'x'z'\}$	$x' = i + l,\ z' = -2i + l.$
	$\{01\bar{1}2\}$	$\{110\}$	
	$\{01\bar{1}1\}$	$\{22\bar{1}\}$	
	$\{02\bar{2}1\}$	$\{11\bar{1}\}$	
Hexagonale Bipyramiden	$\{i.i.\overline{2i}.l\}$	$\{xyz\}$	$x = 3i + l,\ y = l,$ $z = -3i + l,\ x + z = 2y.$
	$\{11\bar{2}1\}$	$\{41\bar{2}\}$	
Dihexagonale Prismen . .	$\{ih\bar{k}0\}$	$\{xyz\}$	$x = i + k,\ y = -i + h,$ $z = -h - k,\ x + y + z = 0.$
	$\{21\bar{3}0\}$	$\{5\bar{1}\bar{4}\}$	
Direkte Skalenoëder . . .	$\{ih\bar{k}l\}$	$\{xyz\}$	Vgl. die Formeln (1).
	$\{21\bar{3}1\}$	$\{20\bar{1}\}$	
	$\{51\bar{6}1\}$	$\{4\bar{1}\bar{2}\}$	
Inverse Skalenoëder . . .	$\{hi\bar{k}l\}$	$\{x'y'z'\}$	Vgl. die Formeln (2).

Kalkspat = $CaCO_3$. $a:c = 1:0{,}8543$. Leicht spaltbar nach einem Rhomboëder *r* (Fig. 331), dessen Flächenwinkel an den Endkanten $74^0 55'$ beträgt. Daraus ergeben sich folgende Werte:

Kantenwinkel an einer Endecke . . .	$101^0 55'$
Neigung einer Fläche zur Vertikalaxe .	$45\ \ 23^1/_2$
Neigung einer Endkante zur Vertikalaxe	$63\ \ 44^3/_4$.

Das Spaltungsrhomboëder *r* erhält das Symbol $\{10\bar{1}1\}$. Von dieser Form sind nach den Versuchen von G. Rose u. a. die Kalkspatkrystalle begrenzt, die aus chemisch reinen Lösungen von Calciumkarbonat in kohlensäurehaltigem Wasser bei gewöhnlicher Temperatur entstehen.[1]

An den in der Natur auftretenden Kalkspatkrystallen ist das Rhomboeder *r* sehr selten; die vorherrschende Form bildet es z. B. an den berühmten Krystallen von Helgustadir in Island. Unter der außerordentlich großen

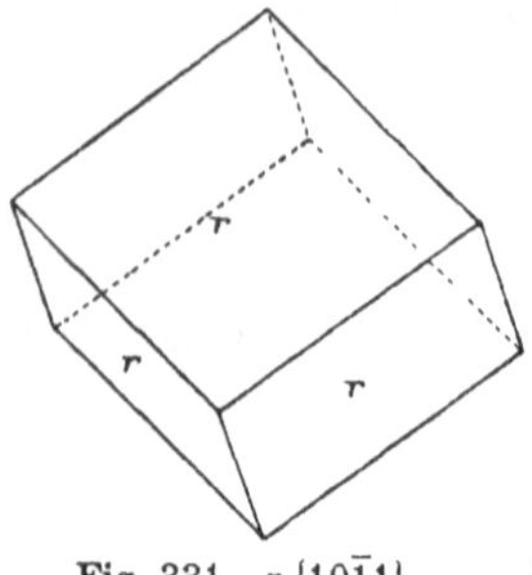

Fig. 331. *r* {10$\bar{1}$1}.

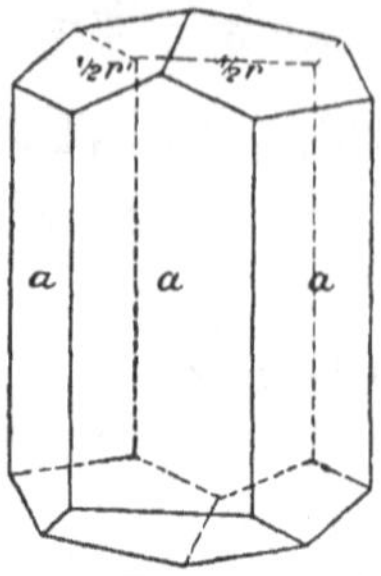

Fig. 332. *a* {10$\bar{1}$0}, $^1/_2$ *r'* {01$\bar{1}$2}.

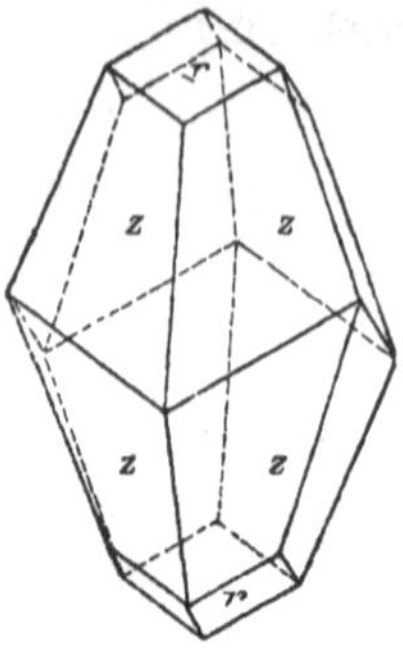

Fig. 333. *z* {21$\bar{3}$1}, *r* {10$\bar{1}$1}.

Kalkspat.

Schar von einfachen Formen sind bei weitem am häufigsten: Das hexagonale Prisma erster Art *a* {10$\bar{1}$0}, die Basis *c* {0001}, das in Fig. 332 dargestellte inverse Rhomboëder $^1/_2$ *r'* {01$\bar{1}$2}, dessen Flächen die Endkanten von *r* gerade abstumpfen, und das direkte Skalenoëder *z* {21$\bar{3}$1}, dessen Mittelkanten dieselben Richtungen besitzen wie die Mittelkanten des Grundrhomboëders *r* (Fig. 333).

Durch Ätzung mit Säuren entstehen auf der Basis trisymmetrische, auf dem Spaltungsrhomboëder und dem hexagonalen Prisma erster Ordnung

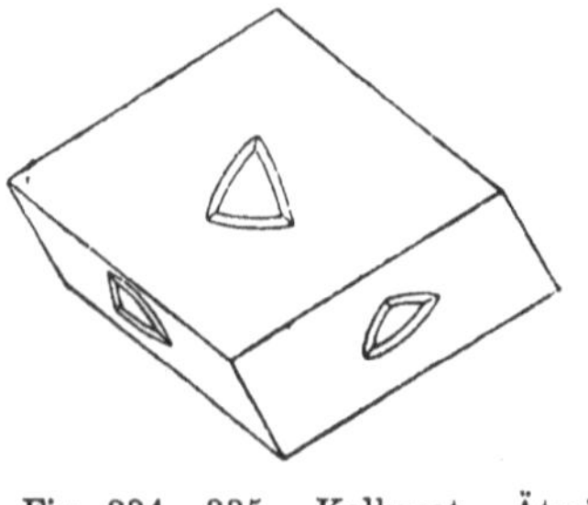

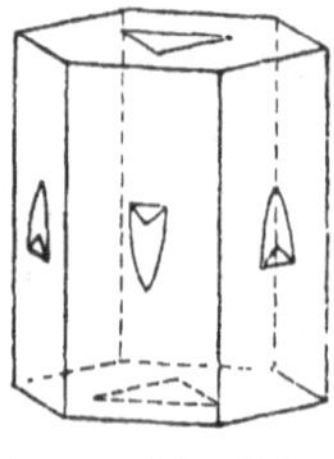

Fig. 334—335. Kalkspat. Ätzeindrücke auf {10$\bar{1}$1}, {10$\bar{1}$0}, {0001} durch HCl.

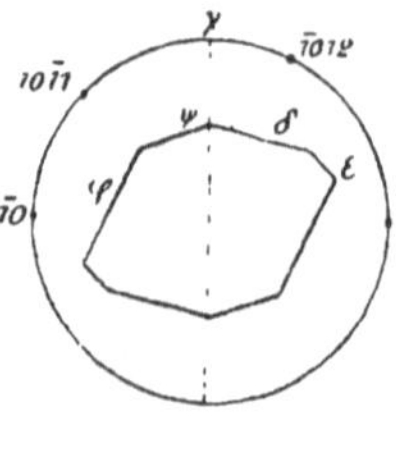

Fig. 336. Auflösung eines Kalkspatcylinders in HCl.

monosymmetrische Eindrücke; in den Fig. 334, 335 sind die durch Salzsäure erzeugten Ätzeindrücke dargestellt.

An Kalkspatcylindern, deren Axen einer Symmetrieaxe α parallel waren, hat A. Hamberg[2] den *Einfluß der Konzentration des Lösungsmittels auf den Vorgang der Auflösung* untersucht. Sehr verdünnte Salzsäure, die etwa

[1] H. Vater, Zeitschr. f. Kryst. **21**, 433; 1893.

[2] A. Hamberg, Geol. Fören. i Stockholm Förhandl. **12**, 617; 1890.

0,25 Prozent HCl enthielt, bewirkte auch nach 23 Stunden nur eine Verminderung des Volumens, aber keine Änderung der cylindrischen Form. Dagegen traten die Verschiedenheiten des Lösungswiderstandes nach verschiedenen Richtungen deutlich hervor, als eine 8-prozentige Säure angewendet wurde. Die Durchschnittsfigur 336 erläutert die Umgestaltung eines Cylinders, der 10 Minuten hindurch der Einwirkung dieser Säure ausgesetzt war, in ein von ziemlich ebenen Flächen begrenztes *Prisma*, dessen Flächenwinkel annähernd auf die Rhomboëderflächen $\varphi = 20\bar{2}1$, $\psi = 10\bar{1}3$, $\delta = \bar{1}014$, $\varepsilon = \bar{1}011$ führen. Nach den Normalen dieser Flächen hat also die Auflösung den geringsten Widerstand gefunden, während die in derselben Zone gelegenen Ebenen $10\bar{1}0$, $10\bar{1}1$ und $\bar{1}012$ des Prismas a, des Spaltungsrhomboëders r und des Rhomboëders $^1/_2\,r'$, die als Krystallflächen so häufig auftreten, der Auflösung offenbar einen verhältnismäßig großen Widerstand entgegenstellen. — Eine Erklärung dieser Beobachtungen bietet die Theorie der elektrolytischen Dissoziation dar. Der Verlauf des Lösungsvorganges hängt nicht allein von den Verschiedenheiten in der Löslichkeit des Kalkspats nach verschiedenen Richtungen, sondern auch von der Dissoziation der Salzsäure und den Diffusionsgeschwindigkeiten der H- und Cl-Ionen in der Lösung ab. Wenn die Säure sehr verdünnt, also ihre Dissoziation eine fast vollständige ist, wird die Einwirkung der freien Ionen durch die Langsamkeit der Diffusion gehemmt. Wenn einmal die Auflösung in den Richtungen geringsten Widerstandes einen Vorsprung gewonnen hat, so wird sie bald darauf in diesen Richtungen zurückbleiben, weil neu hinzutretende Ionen nun einen längeren Weg bis zur Oberfläche des Kalkspats zu durchschreiten haben. Umgekehrt, ist an einer Stelle eine Kante entstanden, so wird dadurch sofort der Angriff der Ionen an dieser Stelle erleichtert. Hierauf beruht es, daß sehr verdünnte Salzsäure keine Änderung der Gestalt des Kalkspatcylinders hervorruft. In einer konzentrierten Lösung ist der Kalkspat in jedem Augenblicke nicht nur von H- und Cl-Ionen, sondern auch von einer beträchtlichen Menge von HCl-Molekülen umgeben. Wenn jene verbraucht sind, werden diese gespalten. Daher ist der Lösungsvorgang nun in weit geringerem Grade von der Diffusion abhängig. Er wird jetzt vorwiegend nach den Richtungen des geringsten Lösungswiderstandes fortschreiten. Hierauf beruht die Umgestaltung des Cylinders in ein Prisma.

Zwillingsbildungen des Kalkspats. Nicht selten beobachtet man Zwillinge nach dem Gesetz: Zwei Individuen liegen symmetrisch zur Basis 0001 (Fig. 337—339); Durchdringungszwillinge würden alle Symmetrieelemente der holoëdrischen Gruppe besitzen. Weitaus am häufigsten folgt aber die Zwillingsbildung dem Gesetz: Zwei Individuen liegen symmetrisch zu einer Fläche des inversen Rhomboëders $^1/_2\,r'$ $\{01\bar{1}2\}$. In der Regel wiederholt sich diese Zwillingsbildung in der Weise, daß eine Schar dünner Lamellen zwischen dickere Lamellen in Zwillingsstellung eingeschaltet ist. Dann erscheint ein Flächenpaar des Spaltungsrhomboëders mehr oder weniger fein gerieft nach der horizontalen Diagonale des Rhombus (Fig. 340). Es war schon Chr. Huyghens (1678) bekannt, daß im isländischen Kalkspat

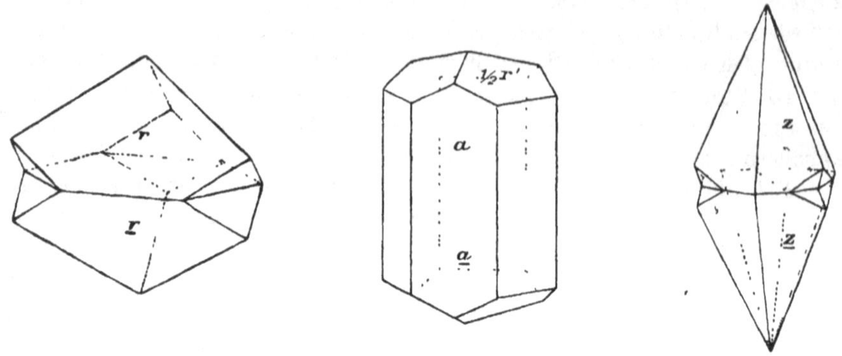

Fig. 337—339. Kalkspat. Zwillinge nach 0001.

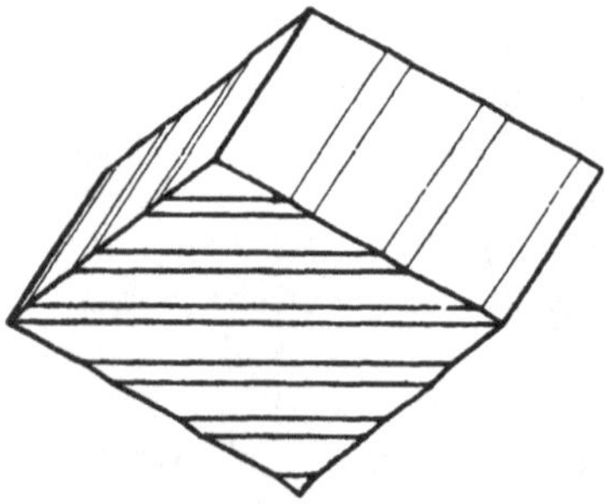

Fig. 340. Kalkspat. Zwillingslamellen nach $01\bar{1}2$.

derartige außerordentlich dünne und zuweilen in lebhaften Farben reflektierende Lamellen auftreten. Über die Methoden, solche Lamellen durch Druck zu erzeugen, werden wir später berichten. Beim Zerschlagen des Kalkspats findet oft eine Absonderung nach diesen Lamellen statt, die nicht mit der Spaltbarkeit homogener Krystalle verwechselt werden darf. Kommen in einem Kalkspatkrystall zwei Zwillingslamellen vor, die verschiedenen Flächen des Rhomboëders $^1/_2\, r'$ parallel gehen, so finden wir da, wo die beiden Lamellen sich treffen, einen hohlen Kanal.[1]

In den krystallographischen Eigenschaften ist dem Kalkspat sehr ähnlich: **Natriumnitrat** = $NaNO_3$. $a : c = 1 : 0{,}8276$. Leicht spaltbar nach dem Rhomboëder $\{10\bar{1}1\}$, dessen Flächenwinkel an den Endkanten 73° 30′ beträgt. Die Begrenzung der Krystalle wird gewöhnlich nur von diesem Rhomboëder gebildet.

Fig. 341. Eis. (Vergr. 30.)

Aus der Reihe der Elemente gehören in diese Gruppe vor allem **Arsen, Antimon, Wismut** und **Tellur.**[2]

Eis = H_2O. G. Nordenskiöld beobachtete in kleinen, nach der Basis dünn tafelförmigen Schneekrystallen von sechsseitigem Umriß die in Fig. 341 dargestellten Hohlräume, deren Gestalt erkennen

[1] G. Rose, Abh. Berlin. Akad. 1866, 57.
[2] G. Rose, Abh. Berlin. Akad. 1849, 73.

läßt, daß in diesen Krystallen nur drei vertikale Symmetrieebenen vorhanden sind.[1]

Eisenoxyd (Eisenglanz) = Fe_2O_3. $a : c = 1 : 1{,}365$. Am Eisenglanz von Elba (Fig. 342) bemerkt man neben dem Rhomboëder *r* $\{10\bar{1}1\}$ die hexagonale Bipyramide *n* $\{22\bar{4}3\}$, deren abwechselnde Endkanten von den Flächen *r* gerade abgestumpft werden; die Enden werden von horizontal gerieften und gewölbten Rhomboëderflächen *s* gebildet.

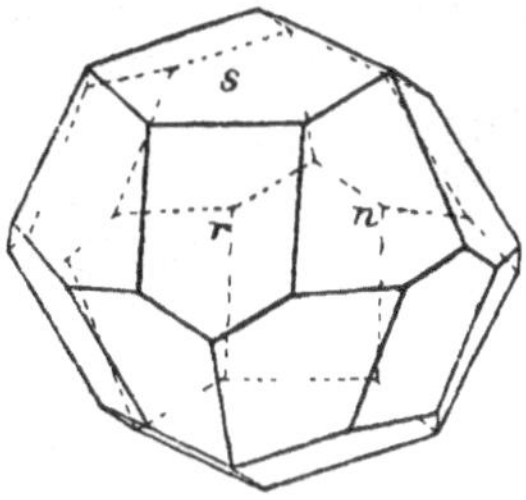

Fig. 342. Eisenglanz von Elba.

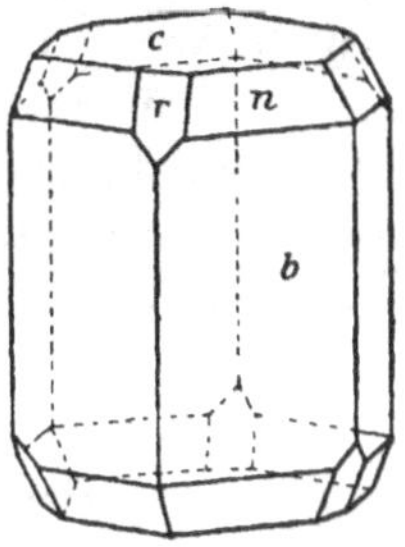

Fig. 343. Korund von Ceylon.

Thonerde (Korund) = Al_2O_3. $a : c = 1 : 1{,}363$. Die Krystalle des Korund sind vorwiegend begrenzt von dem hexagonalen Prisma zweiter Art oder von steilen hexagonalen Bipyramiden. Fig. 343 stellt die am Korund von Ceylon beobachtete Kombination *b* $\{11\bar{2}0\}$, *c* $\{0001\}$, *n* $\{22\bar{4}3\}$ und *r* $\{10\bar{1}1\}$ dar. Einschaltungen von Zwillingslamellen nach den Rhomboëderflächen *r* sind häufig.

14] Zweite hemimorphe Tetartoëdrie.

(Ditrigonal-pyramidale Gruppe.)

Eine polare 3-zählige Symmetrieaxe γ und drei durch sie hindurchgehende gleichberechtigte Symmetrieebenen. Die Normalen der Symmetrieebenen entsprechen den Queraxen $\alpha_1, \alpha_2, \alpha_3$ der vorhergehenden Gruppe. Legen wir durch den Mittelpunkt einer Konstruktionskugel außer jenen Symmetrieebenen noch die Verbindungsebenen von γ, α_1, α_2, α_3, so erhalten wir die Kugelteilung (Fig. 344), aus der wir leicht die möglichen Arten von einfachen Formen ablesen können. Die allgemeinste einfache Form ist eine *ditrigonale Pyramide*, an der nur die abwechselnden Kanten gleichberechtigt

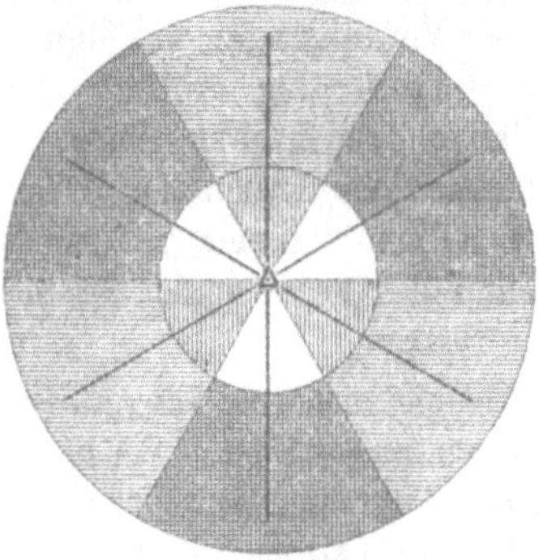

Fig. 344.

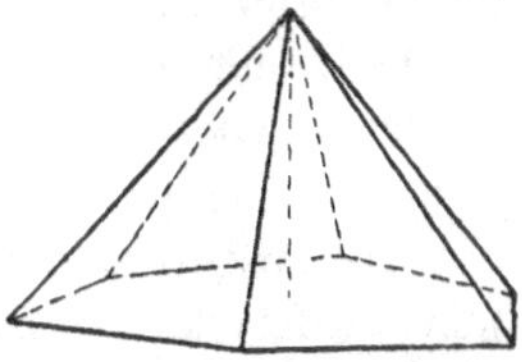

Fig. 345. Ditrigonale Pyramide. $\{ih\bar{k}l\}$.

[1] G. Nordenskiöld, Geol. Fören. i Stockholm Förhandl. **15**, 146; 1893.

sind (Fig. 345). Wir müssen vier Reihen solcher Pyramiden unterscheiden: obere Pyramiden $\{i\,h\,k\,l\}$ oder $\{h\,i\,k\,l\}$, deren Pole in die weiß gelassenen oder in die schraffierten Dreiecke der oberen Halbkugel fallen, und untere Pyramiden $\{i\,h\,k\,l\}$ oder $\{h\,i\,\bar{k}\,l\}$. Ist $h = 0$, so liegen die Flächenpole in den Schnittkreisen der Kugel mit den Symmetrieebenen; ihre Formen bilden vier Reihen von *trigonalen Pyramiden.* Die Bedingung $i = h$ befriedigen die Pole auf den Kreisen, deren Ebenen die Winkel der Symmetrieebenen halbieren; die zugehörigen Polyëder sind obere oder untere *hexagonale Pyramiden.* Hierzu treten für $l = 0$ drei Arten von Prismen: *ditrigonale Prismen,* die korrelaten *trigonalen Prismen* $\{10\bar{1}0\}$, $\{01\bar{1}0\}$ und das *hexagonale Prisma* $\{11\bar{2}0\}$. Endlich kann die obere oder die untere *Basis* auftreten.

		Symmetrie der Flächen
Ditrigonale Pyramiden	$\{i\,h\,k\,l\}$, $\{h\,i\,k\,l\}$;	asymmetrisch
	$\{i\,h\bar{k}\,l\}$, $\{h\,i k\,l\}$	
Trigonale Pyramiden	$\{i\,0\,i\,l\}$, $\{0\,i\,i\,l\}$;	monosymmetrisch
	$\{i\,0\,\bar{i}\,l\}$, $\{0\,i\,i\,l\}$	
Hexagonale Pyramiden	$\{i.i.2il\}$, $\{i.i.2i.l\}$	asymmetrisch
Ditrigonale Prismen	$\{i\,h\,k0\}$, $\{h\,i\,k0\}$	asymmetrisch
Trigonale Prismen	$\{10\bar{1}0\}$, $\{01\bar{1}0\}$	monosymmetrisch
Hexagonales Prisma	$\{11\bar{2}0\}$,	asymmetrisch
Basis	$\{0001\}$, $\{000\bar{1}\}$	trisymmetrisch.

Da die Symmetrieelemente dieser tetartoëdrischen Gruppe in den Symmetrieelementen der hemimorphen, der trigonalen und der rhomboëdrischen Hemiëdrie enthalten sind, so können *Zwillingsbildungen* vorkommen, welche die Symmetrieeigenschaften jener Hemiëdrieen besitzen. Wie aus dem Vergleich der Polfigur 344 mit den Fig. 297, 322, 326 hervorgeht, würden die geometrischen Gesetze dieser Vereinigungen in folgender Weise auszusprechen sein. 1. Die Vertikalaxe γ ist für den Zwilling eine 2-zählige, also auch eine 6-zählige Symmetrieaxe; gleichzeitig liegen die beiden Individuen symmetrisch zu den Flächen der trigonalen Prismen $\{10\bar{1}0\}$ und $\{01\bar{1}0\}$. 2. Die beiden Individuen stehen symmetrisch zur Basis 0001 oder $000\bar{1}$. 3. Die Normalen der Flächen des hexagonalen Prismas $\{11\bar{2}0\}$ sind für den Zwilling 2-zählige Symmetrieaxen.

Das ausgezeichnetste Beispiel bietet die **Turmalingruppe** dar. Gewöhnlich sind die Krystalle prismatisch ausgebildet. Am häufigsten treten das hexagonale Prisma b $\{11\bar{2}0\}$ und die trigonalen Prismen a $\{01\bar{1}0\}$, a' $\{10\bar{1}0\}$ auf. Zuweilen ist nur ein trigonales Prisma vorhanden wie in Fig. 346. Stets bedingt die relative Ausdehnung der Prismenflächen einen charakteristischen trisymmetrischen Querschnitt. Das Verhältnis der Axeneinheiten ist dadurch definiert, daß der trigonalen Pyramide p, deren Flächen über den Kanten des trigonalen Prismas a liegen, das Symbol $\{10\bar{1}1\}$ erteilt wird. Der Flächenwinkel an einer Endkante dieser Pyramide ändert sich mit der chemischen Zusammensetzung; dem Werte 46° 54′ entspricht das Verhältnis

$a:c = 1:0{,}4480$. Auch die pyroelektrische Erregung der Turmaline ist von der chemischen Zusammensetzung abhängig: rote, grüne und braune

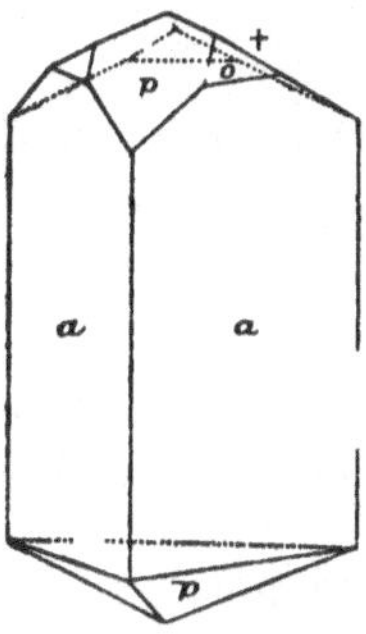

Fig. 346.

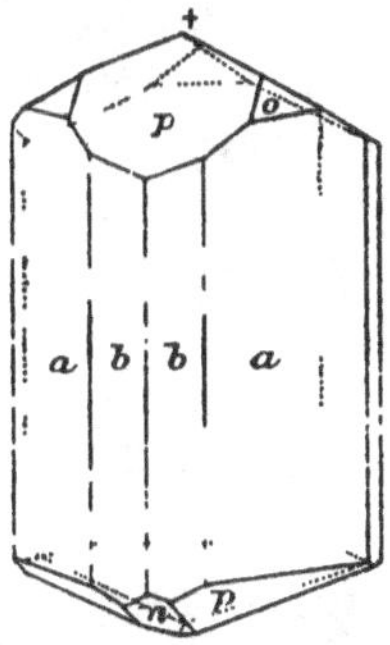

Fig. 347.

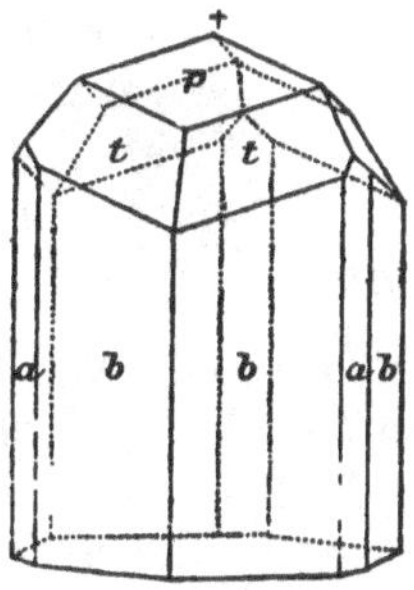

Fig. 348.

Turmalin.

Krystalle entwickeln unter gleichen Bedingungen bedeutend größere Elektricitätsmengen als schwarze Turmaline. Die obenstehenden Fig. 346 bis 348 stellen drei Kombinationen in der Stellung dar, daß sich der antilog elektrische Pol oben befindet. An diesem Pole liegen die trigonalen Pyramiden *p* $\{10\bar{1}1\}$, *o* $\{02\bar{2}1\}$ und die ditrigonale Pyramide *t* $\{21\bar{3}1\}$. Dagegen treten an dem unteren analogen Pole die trigonalen Pyramiden *p'* $\{01\bar{1}\bar{1}\}$, *n* $\{10\bar{1}\bar{2}\}$ und die Basis $\{000\bar{1}\}$ auf. Durch vorsichtiges Eintauchen in geschmolzenes Kaliumhydroxyd entstehen auf den Flächen des hexagonalen Prismas *b* asymmetrische Eindrücke von dreiseitigem Umriß, deren kürzeste Seiten nach dem analogen Pole hin liegen.[1]

Pyrargyrit $= 3\,Ag_2S.Sb_2S_3$. $a:c = 1:0{,}7892$. Spaltbar nach $\{10\bar{1}1\}$. Fig. 349 stellt einen Krystall von Andreasberg dar. Vorwaltend ausgebildet ist das hexagonale Prisma *b* $\{11\bar{2}0\}$; das trigonale Prisma *a* $\{01\bar{1}0\}$ tritt nur mit schmalen Flächen auf. An dem oberen Ende sind neben der vorherrschenden hexagonalen Pyramide *p* $\{11\bar{2}3\}$ zwei ditrigonale Pyramiden *q* $\{16\bar{7}1\}$ und *X* $\{1.\,11.\,\bar{12}.\,1\}$ mit sehr kleinen Flächen vorhanden. Unten wird der Krystall begrenzt von den trigonalen Pyramiden *r* $\{10\bar{1}\bar{1}\}$, *Π* $\{30\bar{3}\bar{2}\}$ und der ditrigonalen Pyramide *n* $\{41\bar{5}\bar{3}\}$. Die polare Natur der Symmetrieaxe prägt sich auch in der Riefung der Prismenflächen *a* aus. Ungemein häufig sind Zwillingsbildungen.

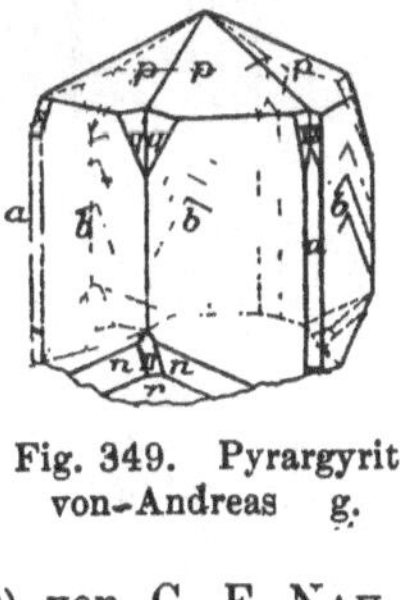

Fig. 349. Pyrargyrit von Andreasberg.

Bemerkenswert ist namentlich die schon frühzeitig (1830) von C. F. Naumann erkannte Zwillingsbildung nach dem dritten der auf S. 122 ge-

[1] G. Rose, Abh. Akad. Berlin 1836, 215. Ann. d. Phys. **39**, 285; 1836. P. Riess und G. Rose, Abh. Akad. Berlin 1843, 59. Ann. d. Phys. **59**, 353; 1843. **61**, 659; 1844. H. Baumhauer, N. Jahrb. f. Min. 1876, 3. H. Schedtler, N. Jahrb. f. Min. Beil.-Bd. **4**, 519; 1886.

nannten Gesetze, wonach die Normale einer Prismenfläche *b* eine 2-zählige Symmetrieaxe für den Zwilling ist, so daß ein Durchdringungszwilling die Symmetrie der rhomboëdrischen Hemiëdrie besitzen würde. Nach den eingehenden Untersuchungen von H. A. Miers zeigt fast jeder Pyrargyritkrystall Andeutungen einer Vereinigung zweier Individuen nach diesem Gesetz. Nicht selten beobachtet man auch Zwillinge, für welche die Normale einer Fläche der trigonalen Pyramide *u* $\{10\bar{1}4\}$ eine 2-zählige Symmetrieaxe ist.[1]

Kaliumbromat = $KBrO_3$. $a:c = 1:1,35$. Neben dem hexagonalen Prisma *t* $\{11\bar{2}0\}$ oben die trigonalen Pyramiden *o* $\{10\bar{1}1\}$ und *r* $\{01\bar{1}2\}$, unten *o'* $\{01\bar{1}\bar{1}\}$ und *r'* $\{101\bar{2}\}$. Durch Ätzung mit Wasser entstehen auf *o* und *o'* gleichschenklig dreiseitige Eindrücke, die ihre Spitzen nach unten wenden. Pyroelektrisch; *o'* und *r'* liegen am analogen Pol.[2]

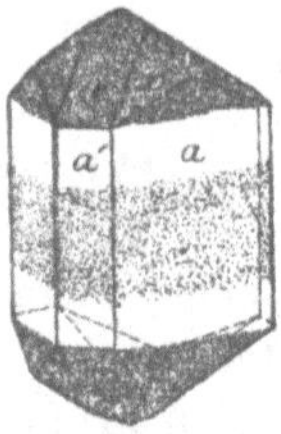

Fig. 350. Natriumlithiumsulfat. Zwilling nach $000\bar{1}$.

Natriumlithiumsulfat = $NaLiSO_4$. $a:c = 1:0,56$. Von den beiden trigonalen Prismen *a* $\{01\bar{1}0\}$ und *a'* $\{10\bar{1}0\}$ ist das erstere vorherrschend ausgebildet. Einfache Krystalle zeigen oben die trigonale Pyramide *r* $\{10\bar{1}1\}$ und die hexagonale Pyramide *x* $\{22\bar{4}3\}$, unten *r'* $\{01\bar{1}\bar{1}\}$ und *x'* $\{22\bar{4}\bar{3}\}$. Häufiger sind Zwillinge, deren Individuen zu $000\bar{1}$ symmetrisch liegen (Fig. 350). Pyroelektrisch; der analoge Pol liegt an dem unteren Ende.[3]

Spangolith = $(AlCl)SO_4.6Cu(OH)_2.3H_2O$. $a:c = 1:2,01$. Vollkommen spaltbar nach der Basis. Durch Ätzung mit verdünnter Schwefelsäure oder mit Salzsäure entstehen auf den Spaltflächen trisymmetrische Eindrücke. Pyroelektrisch. An dem analogen Pole die Basis $\{0001\}$ und die hexagonale Pyramide $\{11\bar{2}2\}$. An dem antilogen Pole eine spitzere Pyramide mit unebenen Flächen.[4]

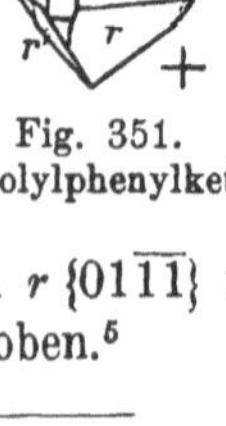

Fig. 351. Paratolylphenylketon.

Paratolylphenylketon = $C_6H_5.CO.C_7H_7$. (Hexagonale Modifikation.) $a:c = 1:1,2254$. Fig. 351. Das trigonale Prisma *a* $\{01\bar{1}0\}$ ist größer als *a'* $\{10\bar{1}0\}$. Am oberen Ende treten die trigonalen Pyramiden *r* $\{10\bar{1}1\}$ und *s* $\{01\bar{1}2\}$ auf; unten sind die trigonalen Pyramiden *r* $\{01\bar{1}\bar{1}\}$ und *r'* $\{10\bar{1}\bar{1}\}$ ausgebildet. Pyroelektrisch; der analoge Pol liegt oben.[5]

---

[1] H. A. Miers, Zeitschr. f. Kryst. **15**, 129; 1889.
[2] H. Traube, Zeitschr. f. Kryst. **23**, 577; 1894.
[3] H. Traube, N. Jahrb. f. Min. 1892. II. 62.
[4] S. L. Penfield, Zeitschr. f. Kryst. **18**, 499; 1891. H. A. Miers, Min. Mag. **10**, 273; 1894.
[5] C. Bodewig, Ann. d. Phys. **158**, 236; 1876.

15] Trapezoëdrische Tetartoëdrie.
(Trigonal-trapezoëdrische Gruppe.)

Eine zweiseitige 3-zählige Symmetrieaxe γ und drei gleichberechtigte polare 2-zählige Queraxen α_1, α_2, α_3. Legen wir diese Axen durch den Mittelpunkt einer Konstruktionskugel, so bestimmen ihre Verbindungsebenen und die

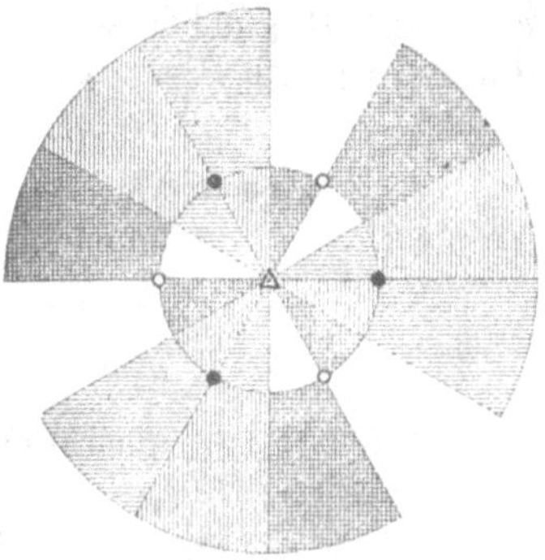

Fig. 352.

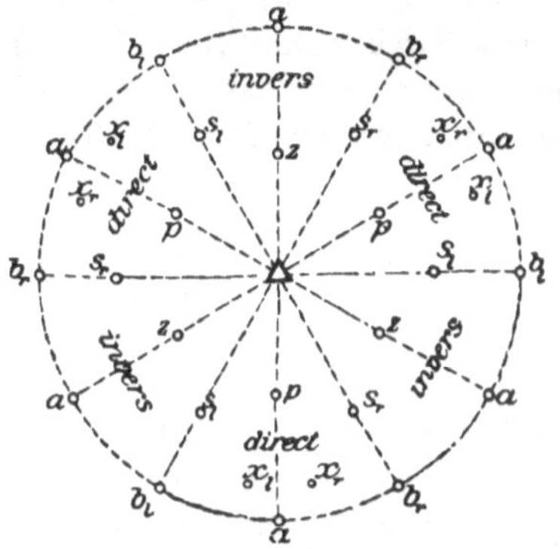

Fig. 353. Polfigur des Quarzes.

zu den Queraxen normalen Ebenen, welche den Symmetrieebenen der rhomboëdrischen Hemiëdrie (Fig. 326) entsprechen, die Kugelteilung Fig. 352. Zu einer Fläche $x_r = i h \bar{k} l$, deren Pol auf der oberen Halbkugel in dem weiß gelassenen Dreieck des vorderen direkten Sextanten liegt, gehören fünf gleichberechtigte Flächen, die mit jener ein *rechtes direktes trigonales Trapezoëder* bilden. Gehen wir von einer Fläche $x_l = k h \bar{i} l$ aus, deren

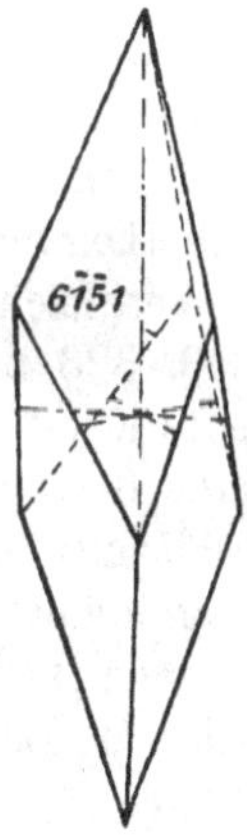

Fig. 354. Linkes direktes trigonales Trapezoeder x_l.

Fig. 355. Rechtes direktes trigonales Trapezoëder x_r.

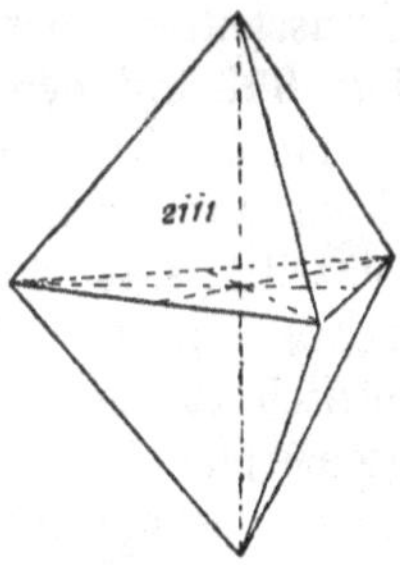

Fig. 356. Linke trigonale Bipyramide s_l.

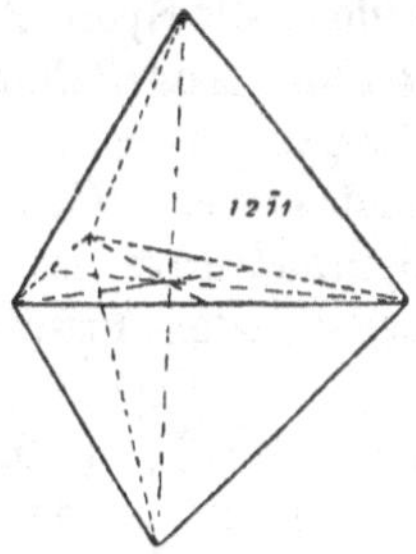

Fig. 357. Rechte trigonale Bipyramide s_r.

Pol in das schraffierte Dreieck jenes Sextanten fällt, so erhalten wir ein *linkes direktes* Trapezoëder. Korrelate direkte Trapezoëder sind *enantiomorph.* Zur Erläuterung mögen die Trapezoëder x_r $\{51\bar{6}1\}$ und x_l $\{6\bar{1}\bar{5}1\}$ des Quarzes in Fig. 354, 355 dienen. In analoger Weise können wir rechte inverse und linke inverse trigonale Trapezoëder mit den Symbolen $\{h\,k\,\bar{i}\,l\}$ und $\{h\,i\,\bar{k}\,l\}$ ableiten. Dem Grenzwerte $h = 0$ entsprechen direkte oder inverse *Rhomboeder*, $\{i\,0\,\bar{i}\,l\}$ oder $\{0\,i\,\bar{i}\,l\}$. Für $i = h$ erhalten wir rechte oder linke *trigonale Bipyramiden*, $\{i.i.\overline{2i}.l\}$ oder $\{2i.\bar{i}.\bar{i}.l\}$; hierher gehören die in Fig. 356 und 357 dargestellten Formen des Quarzes: s_r $\{11\bar{2}1\}$ und s_l $\{2\bar{1}\bar{1}1\}$. Dazu treten für $l = 0$ drei Arten von Prismen, nämlich rechte oder linke *ditrigonale Prismen*, $\{i\,h\,\bar{k}\,0\}$ oder $\{k\,\bar{h}\,\bar{i}\,0\}$, das *hexagonale Prisma* $\{10\bar{1}0\}$ und die korrelaten *trigonalen Prismen:* das rechte $\{11\bar{2}0\}$ und das linke $\{2\bar{1}\bar{1}0\}$. Ist $i = h = 0$, so erhalten wir die *Basis* $\{0001\}$.

			Symmetrie der Flächen
Trigonale Trapezoëder,	rechte direkte . .	$\{i\,h\,\bar{k}\,l\}$	asymmetrisch
	linke direkte . .	$\{k\,\bar{h}\,\bar{i}\,l\}$	
	rechte inverse . .	$\{\bar{h}\,k\,\bar{i}\,l\}$	
	linke inverse . .	$\{h\,i\,\bar{k}\,l\}$	
Rhomboëder,	direkte	$\{i\,0\,\bar{i}\,l\}$	asymmetrisch
	inverse	$\{0\,i\,\bar{i}\,l\}$	
Trigonale Bipyramiden,	rechte	$\{i.i.\overline{2i}.l\}$	asymmetrisch
	linke	$\{2i.\bar{i}.\bar{i}.l\}$	
Ditrigonale Prismen,	rechte	$\{i\,h\,\bar{k}\,0\}$	asymmetrisch
	linke	$\{k\,\bar{h}\,\bar{i}\,0\}$	
Hexagonales Prisma	. . . .	$\{10\bar{1}0\}$	asymmetrisch
Trigonales Prisma,	rechtes	$\{11\bar{2}0\}$	c_2
	linkes	$\{2\bar{1}\bar{1}0\}$	
Basis	. . . .	$\{0001\}$	c_3.

Da die vier Symmetrieaxen dieser tetartoëdrischen Gruppe in den Symmetrieelementen der trapezoëdrischen, der rhomboëdrischen und der trigonalen Hemiëdrie enthalten sind, so können *Zwillingsbildungen* vorkommen, welche die Symmetrieeigenschaften jener Hemiëdrieen besitzen. Vergleichen wir die Kugelteilung Fig. 352 mit den Kugelteilungen Fig. 303, 326 und 322, so ergeben sich folgende Zwillingsgesetze. **1.** Zwei kongruente Krystalle sind so verbunden, daß die Vertikalaxe γ für den Zwilling eine 6-zählige Symmetrieaxe ist; gleichzeitig sind die drei Normalen der Flächen des hexagonalen Prismas $\{10\bar{1}0\}$ 2-zählige Symmetrieaxen. **2.** Enantiomorphe Krystalle liegen symmetrisch zu den Flächen der trigonalen Prismen $\{11\bar{2}0\}$ und $\{2\bar{1}\bar{1}0\}$. **3.** Enantiomorphe Krystalle stehen symmetrisch zur Basis $\{0001\}$ und zu den Flächen des hexagonalen Prismas $\{10\bar{1}0\}$.

Quarz = SiO_2. $a : c = 1 : 1{,}0999$. Die in Gesteinen schwebend gebildeten Krystalle zeigen meist nur das direkte Rhomboëder p $\{10\bar{1}1\}$ und das korrelate inverse Rhomboëder z $\{01\bar{1}1\}$. Zuweilen tritt das hexagonale Prisma a $\{10\bar{1}0\}$ hinzu (Fig. 358). Die Kombination der beiden Rhomboëder kann die Form einer hexagonalen Bipyramide annehmen. Aber mit Hilfe der Gestalt und der Anordnung der *Ätzeindrücke*, die wir schon auf S. 47 betrachtet haben, gelingt es stets, nicht nur diese Rhomboëder voneinander zu unterscheiden, sondern auch rechte und linke Quarzkrystalle zu trennen. Bei der Ätzung mit verdünnter Flußsäure entstehen auf p asymmetrische Eindrücke von dreiseitigem oder vierseitigem Umriß, die man zuweilen schon

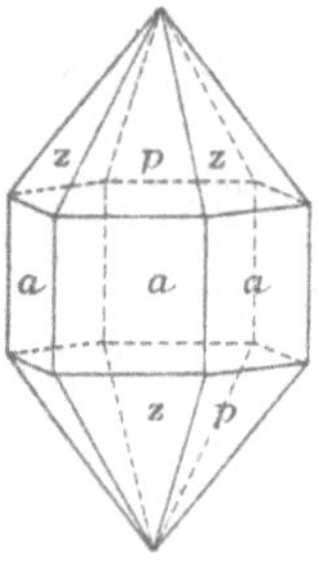

Fig. 358.

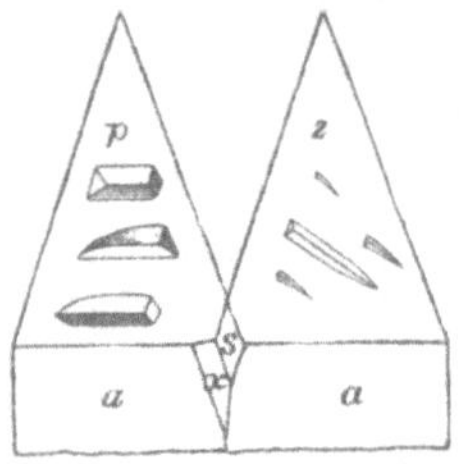

Fig. 359. Ätzeindrücke auf p und z eines rechten Krystalls durch HF.

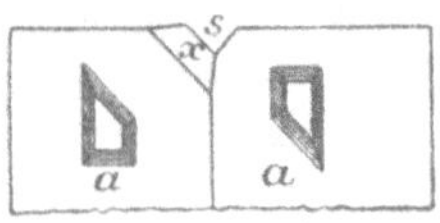

Fig. 360. Ätzeindrücke auf dem Prisma a eines rechten Krystalls durch HF.

Quarz.

mit bloßem Auge zu erkennen vermag. Dagegen bilden sich auf z asymmetrische Eindrücke, die auch bei 30- bis 40-facher Vergrößerung nur als Linien erscheinen; ihre Neigung gegen die Kante za beträgt etwa 35°. An einem rechten Krystall sind die Spitzen der Eindrücke auf $p = 10\bar{1}1$ nach links und auf $z = 01\bar{1}1$ nach rechts unten gewendet (Fig. 359). Ein linker Krystall würde auf denselben Flächen die Spiegelbilder dieser Eindrücke zeigen (vgl. Fig. 368, 369). Auch die Ätzeindrücke auf den Prismenflächen a können, wie aus Fig. 360 hervorgeht, zur Unterscheidung von rechten und linken Krystallen benutzt werden.

An aufgewachsenen Quarzkrystallen ist gewöhnlich das Prisma a, dessen Flächen eine charakteristische horizontale Riefung besitzen, vorwaltend ausgebildet (Fig. 361, 362). Zuweilen sind die Flächen des Rhomboëders z

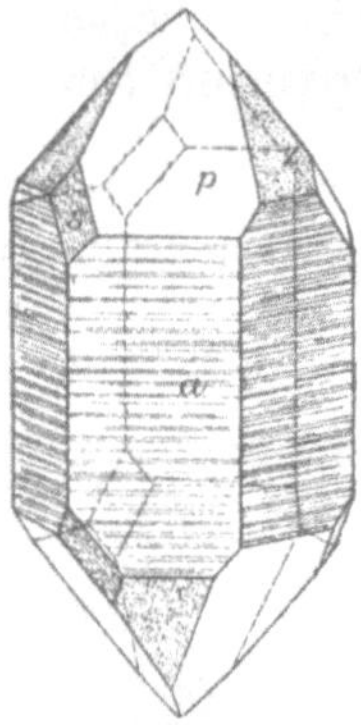

Fig. 361. Linker Krystall mit s_l.

Fig. 362. Rechter Krystall mit s_r.

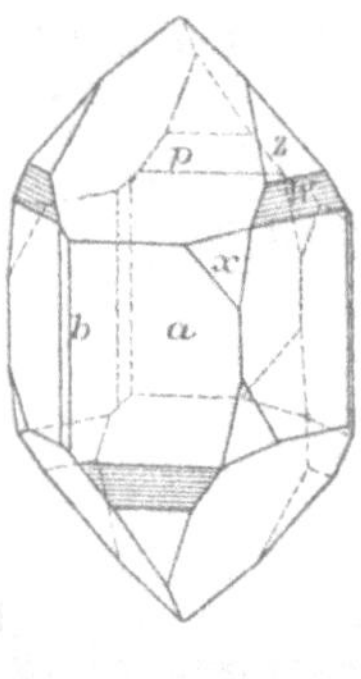

Fig. 363. Rechter Krystall mit x_r und b_l.

Quarz.

matt. Diese Erscheinung wird durch zahlreiche, dicht gedrängte Ätzeindrücke hervorgerufen, die wahrscheinlich durch wässerige Lösungen von Alkalikarbonaten erzeugt wurden. Nicht selten bemerkt man steile Rhomboëderflächen, z. B. $w\ \{07\bar{7}1\}$ in Fig. 363. Sehr häufig gesellt sich zu der Kombination *a, p, z* die *trigonale Bipyramide s*, deren Flächen in die Zonen abwechselnder Kombinationskanten der Rhomboëder *p* und *z* fallen. Daher erhalten wir für die rechte Bipyramide das Symbol $s_r\ \{11\bar{2}1\}$, für die linke $s_l\ \{2\bar{1}\bar{1}1\}$. Zuweilen ist auf *s* eine Riefung parallel zur Kante *p s* wahrzunehmen, die zur Unterscheidung der Rhomboëder *p* und *z* dienen kann. Die Flächen des trigonalen Prismas *b* (Fig. 363) sind Prärosionsflächen.

Die Mehrzahl der am Quarz beobachteten *trigonalen Trapezoëder* gehört den Zonen *a, s, z* an. Am häufigsten treten direkte Trapezoëder auf. Soll die Fläche $i h \bar{k} l$ eines rechten direkten Trapezoëders mit $a = 10\bar{1}0$ und

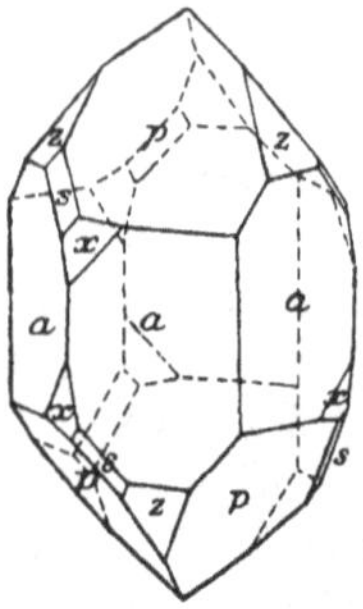

Fig. 364. Linker Krystall mit s_l, x_l.

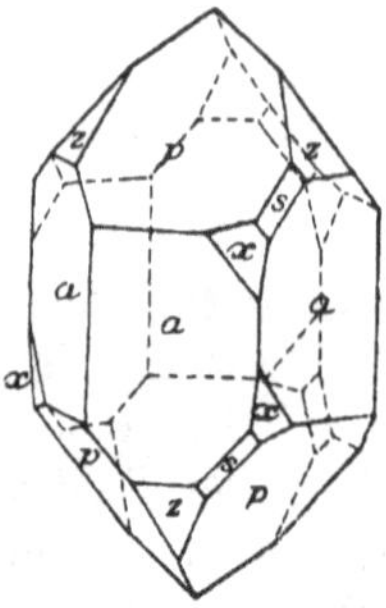

Fig. 365. Rechter Krystall mit s_r, x_r.

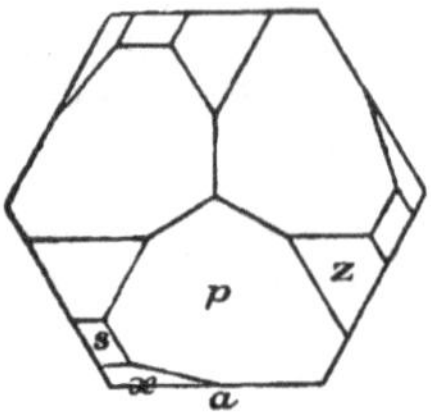

Fig. 366. Linker Krystall mit s_l, x_l.

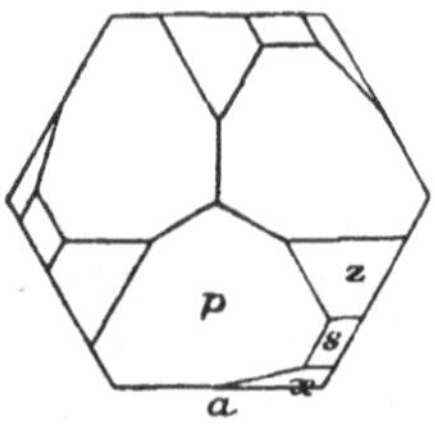

Fig. 367. Rechter Krystall mit s_r, x_r.

Quarz.

$z = 01\bar{1}1$ in einer Zone liegen, so müssen ihre Indices die Bedingung $h = l$ erfüllen. Dies ist z. B. der Fall bei den Trapezoëdern: $x_r\ \{51\bar{6}1\}$, $y_r\ \{41\bar{5}1\}$, $u_r\ \{31\bar{4}1\}$. Mit Hilfe dieser Formen läßt sich die Unterscheidung von rechten und linken Krystallen am bequemsten ausführen; denn *jene zeigen nur rechte, diese nur linke direkte Trapezoëder.* Daher liegen z. B. die Flächen *x* rechts oben oder links oben an den Prismenflächen *a*, je nachdem der Krystall ein rechter oder linker ist.

Wie aus den Fig. 368 und 369 hervorgeht, sind auch die bei der Ätzung an den Kanten entstehenden *Prärosionsflächen* zur Unterscheidung

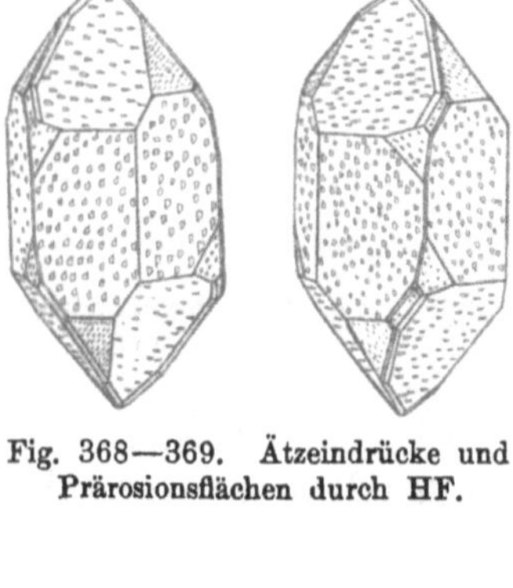

Fig. 368—369. Ätzeindrücke und Prärosionsflächen durch HF.

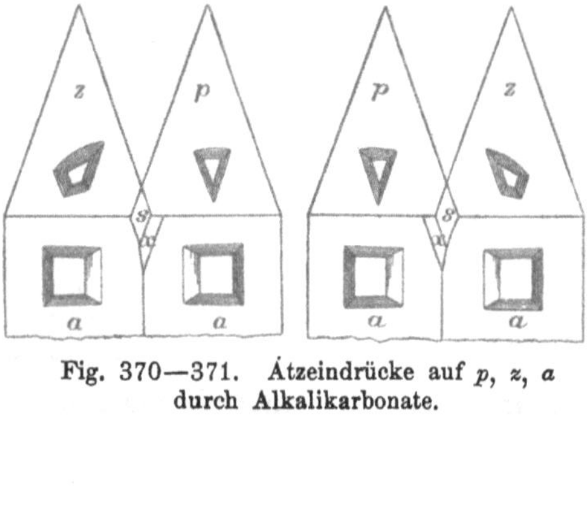

Fig. 370—371. Ätzeindrücke auf *p, z, a* durch Alkalikarbonate.

der beiden Arten von Quarzkrystallen geeignet (vgl. S. 47). Die Abbildungen geben zugleich eine Übersicht der Ätzerscheinungen, welche durch Flußsäure hervorgerufen werden.

Wenn Quarzkrystalle mit wässerigen Lösungen von K_2CO_3, Na_2CO_3 oder einem Gemisch der beiden Alkalikarbonate in eisernen Röhren bis zu 150° C. drei Stunden hindurch erhitzt werden, so bilden sich ebenfalls auf allen Flächen Ätzeindrücke und an den Kanten Prärosionsflächen. Die Fig. 370 und 371 veranschaulichen die Gestalt der asymmetrischen Eindrücke auf den Rhomboëderflächen *p*, *z* und den Prismenflächen *a*.

Die überwiegende Mehrzahl aller Krystalle des Quarzes besteht aus *Zwillingsbildungen*. Oft verrät sich die Zusammensetzung dieser Gebilde schon durch die Anordnung ihrer Begrenzungsflächen. Allein in vielen Fällen lassen sich Zwillinge nicht auf diesem direkten Wege von einfachen Krystallen unterscheiden. Dann gestatten uns aber die soeben beschriebenen Ätzerscheinungen die Art des Aufbaues mit Sicherheit festzustellen. Die beiden wichtigsten Zwillingsgesetze haben wir schon früher (S. 74, 75) kurz erläutert. **1.** Am häufigsten erscheinen *zwei linke oder zwei rechte Individuen* in der Weise verbunden, daß die 3-zählige Symmetrieaxe γ für den Zwilling zugleich eine 2-zählige, also auch eine 6-zählige Symmetrieaxe ist (Fig. 372). Sind die Rhomboëderflächen *z* durch die in der Natur stattfindende Ätzung matt, so treten die Grenzen der Individuen auf den Endflächen deutlich hervor (Fig. 373). **2.** Zuweilen liegen *enantiomorphe Krystalle* symmetrisch zu den vertikalen Ebenen, welche auf den Flächen des hexagonalen Prismas *a* senkrecht stehen (Fig. 374, 375). Diese Symmetrieebenen entsprechen also den Flächen der trigonalen Prismen. — Nicht selten wurden Krystalle beobachtet, die *aus zwei rechten und zwei linken Individuen*, *RR'* und *LL'*, in der Weise zusammengesetzt sind, daß die Stellungen von *RR'* und *LL'* dem ersten Gesetze entsprechen, während

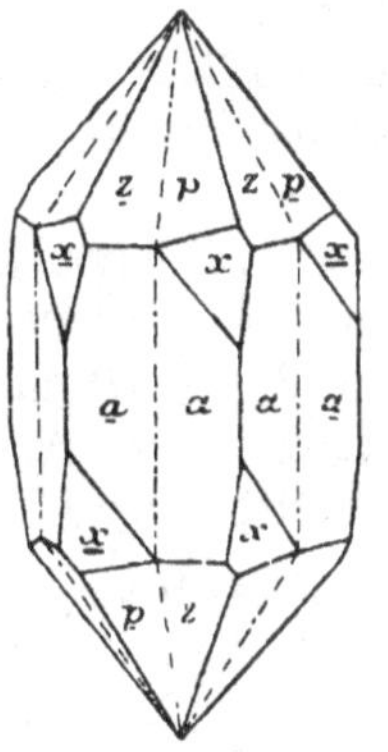

Fig. 372.

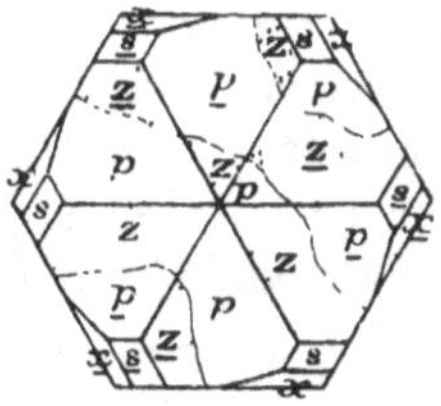

Fig. 373. Durchdringungszwilling von zwei rechten Krystallen.

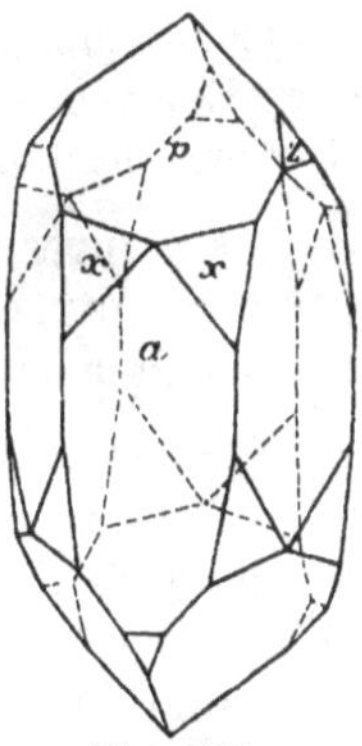

Fig. 374.

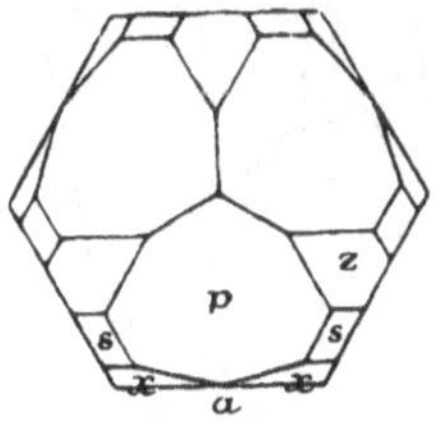

Fig. 375. Durchdringungszwilling eines rechten und eines linken Krystalls.

Quarz.

RL und *R'L'* nach dem zweiten Gesetze verbunden sind. In diesen Vierlingen nehmen *RL'* und *R'L* die durch das dritte Gesetz (S. 126) beschriebenen Lagen ein, d. h. sie stehen symmetrisch zur Basis und zu den Flächen des hexagonalen Prismas.

Aus der umfangreichen Litteratur sind an dieser Stelle folgende Arbeiten hervorzuheben: J. Herschel, Trans. Cambr. Phil. Soc. **1**, 43; 1821. G. Rose, Abh. Berlin. Akad. 1844, 217. A. Des Cloizeaux, Ann. ch. ph. (3) **45**, 129; 1855. F. Leydolt, Sitzungsber. Wien. Akad. **15**, 59; 1855. E. Weiss, Abh. Naturf. Ges. Halle. **5**, 51; 1860. G. A. F. Molengraaff, Zeitschr. f. Kryst. **14**, 173; 1888. **17**, 137; 1890. O. Meyer and S. L. Penfield, Trans Connect. Acad. **8**, 157; 1889. A. Bömer, N. Jahrb. f. Min. Beil.-Bd. **7**, 516; 1891. A. C. Gill, Zeitschr. f. Kryst. **22**, 97; 1894. G. Tschermak, Denkschr. Wien. Akad. **61**, 365; 1894.

Zinnober = HgS. $a:c = 1:1,1453$. Gewöhnlich treten nur direkte und inverse Rhomboëder, die Basis und das hexagonale Prisma auf. Trigonale Trapezoëder sind namentlich an den flächenreichen Krystallen vom Berge Avala in Serbien beobachtet worden.[1] Am Zinnober von Nikitowka im Gouv. Ekaterinoslaw fand G. Tschermak Durchdringungszwillinge enantiomorpher Krystalle, die zur Basis und zu den Flächen des hexagonalen Prismas symmetrisch sind (S. 126, 3. Gesetz), und Durchdringungen von zwei rechten und zwei linken Krystallen, deren Anordnung von den soeben am Quarz erläuterten Gesetzen beherrscht wird.[2]

Weinsaures Rubidium = $Rb_2C_4H_4O_6$. $a:c = 1:1,824$. Kombination der direkten Rhomboëder $\{10\bar{1}1\}$, $\{10\bar{1}2\}$, $\{20\bar{2}1\}$ mit den korrelaten inversen Rhomboëdern $\{01\bar{1}1\}$, $\{01\bar{1}2\}$, $\{02\bar{2}1\}$ und dem untergeordnet auftretenden hexagonalen Prisma $\{10\bar{1}0\}$. Die Symmetrie der Krystalle ergiebt sich erst aus den asymmetrischen Ätzeindrücken, die durch Wasser auf den Rhomboëderflächen erzeugt werden. Mit Hilfe dieser Eindrücke kann auch das rechtsweinsaure Salz von dem linksweinsauren unterschieden werden.

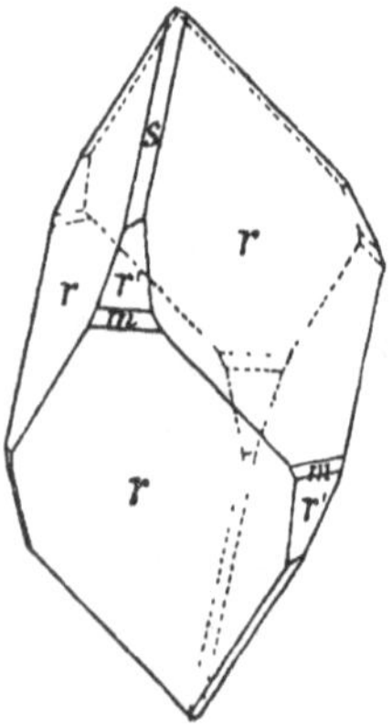

Fig. 376. Traubenzucker-Jodnatrium.

Weinsaures Cäsium = $Cs_2C_4H_4O_6$. $a:c = 1:1,807$. Dieselben Formen wie bei dem Rubidiumsalz, aber mit vorwaltendem Prisma.[3]

Traubenzucker-Jodnatrium = $2C_6H_{12}O_6.NaJ.H_2O$. $a:c = 1:1,839$. Neben dem vorherrschenden direkten Rhomboëder *r* $\{10\bar{1}1\}$ bemerkt man das inverse Rhomboëder *r'* $\{01\bar{1}1\}$, die rechte trigonale Pyramide *s* $\{11\bar{2}3\}$ und das hexagonale Prisma *m* $\{10\bar{1}0\}$. Durch Ätzung mit Wasser entstehen auf *r* und *r'* asymmetrische Eindrücke. — Ähnliche Formen zeigen die isomorphen **Chlor**- und **Brom**-Verbindungen.[4]

[1] A. Schmidt, Zeitschr. f. Kryst. **13**, 433; 1888.
[2] G. Tschermak, Min. petr. Mitt. **7**, 361; 1886.
[3] H. Traube, Sitzungsber. Berlin. Akad. 1895, 198.
[4] H. Traube, N. Jahrb. f. Min. Beil.-Bd. **8**, 512; 1893.

Benzil = $C_6H_5.CO.CO.C_6H_5$. $a:c = 1:1{,}632$. Spaltbar nach der Basis $\{0001\}$. Vorherrschend ausgebildet ist das hexagonale Prisma $\{10\bar{1}0\}$. In der Endigung treten neben dem direkten Rhomboëder $\{10\bar{1}1\}$ die inversen Rhomboëder $\{01\bar{1}1\}$, $\{01\bar{1}2\}$ und die Basis auf. Die Bestimmung der Symmetrie und die Unterscheidung von rechten und linken Krystallen gelingt mit Hilfe der asymmetrischen Ätzeindrücke auf den Prismenflächen.[1]

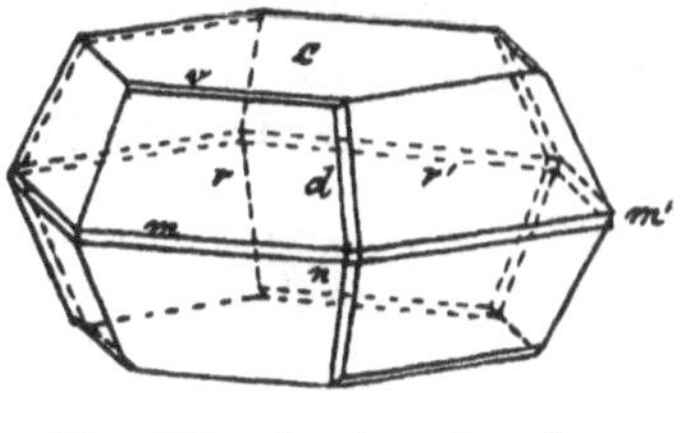

Fig. 377. Laurineenkampher.

Laurineenkampher = $C_{10}H_{16}O$. $a:c = 1:1{,}685$. Anscheinend hexagonale Tafeln, vorwaltend begrenzt von der Basis c $\{0001\}$ und den korrelaten Rhomboëdern r $\{10\bar{1}1\}$, r' $\{01\bar{1}1\}$. Dazu treten schmale Flächen des hexagonalen Prismas m $\{10\bar{1}0\}$, des direkten Rhomboëders v $\{10\bar{1}8\}$, der rechten trigonalen Pyramide d $\{11\bar{2}2\}$ und des rechten trigonalen Prismas n $\{11\bar{2}0\}$.[2]

Maticokampher = $C_{12}H_{20}O$. $a:c = 1:0{,}549$. Häufig sind die Krystalle nur von dem hexagonalen Prisma $\{10\bar{1}0\}$ und dem direkten Rhomboëder $\{10\bar{1}1\}$ begrenzt. Zuweilen treten hinzu die rechte trigonale Pyramide $\{22\bar{4}1\}$, das rechte trigonale Prisma $\{11\bar{2}0\}$ und das rechte direkte trigonale Trapezoeder $\{32\bar{5}1\}$.[3]

16] Rhomboëdrische Tetartoëdrie.

(Rhomboëdrische Gruppe.)

Centrisch symmetrische Krystalle mit einer 3-zähligen Symmetrieaxe. Gleichberechtigte Flächen bilden im allgemeinen ein *Rhomboëder* (Fig. 378). Stellen wir uns vor, daß in der Polfigur eines beliebigen Rhomboëders (Fig. 379) die sechs vertikalen Hauptkreise gezogen seien, in denen die Flächenpole $p_1 \ldots . \bar{p}_3$ liegen, so ist ersichtlich, daß als Grenzformen der Reihe von Rhomboëdern, deren Pole in diese Kreise fallen, ein *hexagonales Prisma* und das *basische Flächenpaar* auftreten können. Andere Arten von einfachen Formen sind hier nicht möglich. Haben wir an einem krystallisierten Körper, der nach seinen Symmetrie-

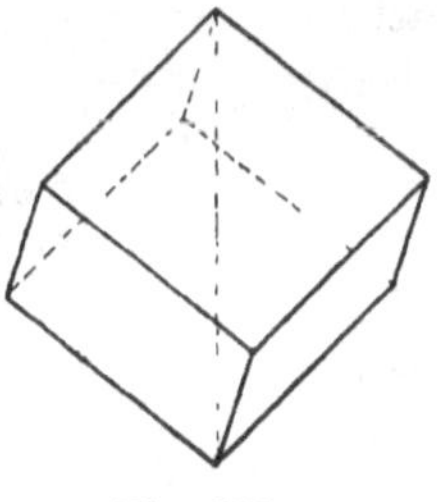
Fig. 378. Rhomboeder.

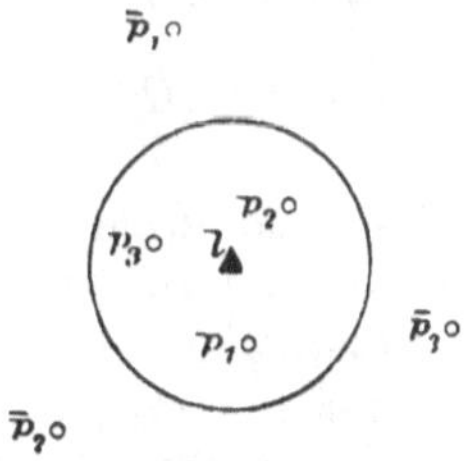
Fig. 379. Polfigur eines Rhomboeders.

[1] J. Martin, N. Jahrb. f. Min. Beil.-Bd. 7, 30; 1888.
[2] H. Traube, N. Jahrb. f. Min. Beil.-Bd. 9, 629; 1895.
[3] C. Hintze, Ann. d. Phys. 157, 127; 1876.

eigenschaften in diese Gruppe gehört, ein bestimmtes Rhomboëder gewählt, um das Axensystem α_1, α_2, α_3, γ nach Fig. 329 zu definieren, so bieten sich folgende Benennungen der möglichen einfachen Formen dar. Die Rhomboëder, deren Pole in dieselben vertikalen Hauptkreise fallen wie die Pole des Grundrhomboëders $\{10\bar{1}1\}$, bezeichnen wir als Rhomboëder *erster Art*. Dabei können wir, wie in der rhomboëdrischen Hemiëdrie, direkte und inverse Formen, $\{i\,0\,\bar{i}\,l\}$ und $\{0\,i\,\bar{i}\,l\}$, unterscheiden. Als Grenzform erhalten wir das hexagonale Prisma erster Art $\{10\bar{1}0\}$. Andererseits werden Rhomboëder auftreten können, deren Flächen auf je zwei Queraxen gleiche Abschnitte erzeugen, so daß ihre Symbole lauten: $\{i.i.\bar{2i}.l\}$ oder $\{2i.\bar{i}.\bar{i}.l\}$. Wir bezeichnen sie als rechte oder linke Rhomboëder *zweiter Art*. Hierzu gesellt sich als Grenzform das hexagonale Prisma zweiter Art $\{11\bar{2}0\}$. Die von den Polen dieser Formenreihen erfüllten Hauptkreise erzeugen nun die Kugelteilung Fig. 380. Alle Rhomboëder, deren Flächen die Queraxen in ungleichen Entfernungen schneiden, so daß die zugehörigen Pole in das Innere der Dreiecke der Kugelteilung fallen, sollen Rhomboëder *dritter Art* genannt werden. Darunter können wir dann noch rechte oder linke direkte und rechte oder linke inverse Rhomboëder unterscheiden, welche den Symbolen $\{i\,h\,k\,l\}$ oder $\{k\,h\,\bar{i}\,l\}$ und $\{h\,k\,\bar{i}\,l\}$ oder $\{h\,i\,k\,l\}$ entsprechen. Als Grenzformen erscheinen jetzt rechte oder linke hexagonale Prismen dritter Art, $\{i\,h\,k\,0\}$ oder $\{h\,i\,k\,0\}$. Alle Flächen sind asymmetrisch mit Ausnahme der Basis, die einen Drehungsmittelpunkt von der Ordnung 3 besitzt.

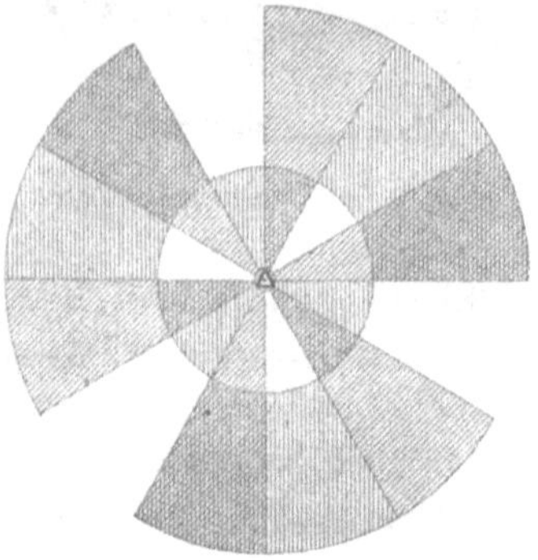

Fig. 380.

		Symmetrie der Flächen
Rhomboëder III. Art	$\{i\,h\,k\,l\}$, $\{k\,h\,\bar{i}\,l\}$; $\{h\,k\,\bar{i}\,l\}$, $\{h\,i\,k\,l\}$	asymmetrisch
Rhomboëder I. Art	$\{i\,0\,\bar{i}\,l\}$, $\{0\,i\,\bar{i}\,l\}$	asymmetrisch
Rhomboëder II. Art	$\{i.i.\bar{2i}.l\}$, $\{2i.\bar{i}.\bar{i}.l\}$	asymmetrisch
Hexagonale Prismen III. Art . . .	$\{i\,h\,k\,0\}$, $\{h\,i\,k\,0\}$	asymmetrisch
Hexagonales Prisma I. Art . . .	$\{10\bar{1}0\}$	asymmetrisch
Hexagonales Prisma II. Art . . .	$\{11\bar{2}0\}$	asymmetrisch
Basis	$\{0001\}$	c_3.

Unter den möglichen Zwillingsbildungen sind die folgenden durch ihre Symmetrieeigenschaften bemerkenswert. Wenn zwei Individuen zur Basis symmetrisch liegen, so besitzt der Durchdringungszwilling, wie aus den Polfiguren 380 und 307 hervorgeht, die Symmetrie der pyramidalen Hemiedrie. Sind dagegen zwei Individuen in der Weise verbunden, daß sie zu einer Fläche eines hexagonalen Prismas symmetrisch stehen, so würde der

Durchdringungszwilling, wie aus den Fig. 380 und 326 folgt, alle Symmetrieelemente der rhomboëdrischen Hemiëdrie aufweisen.

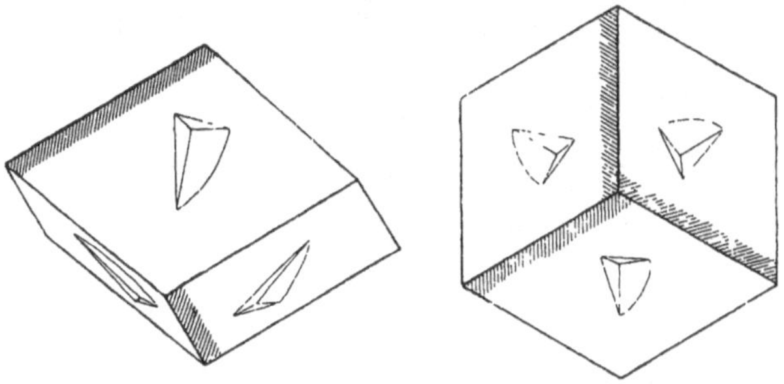

Fig. 381—382. Ätzeindrücke auf den Flächen des Spaltungsrhomboeders.

Dolomit.

Fig. 383.

Dolomit = $CaMgC_2O_6$. $a:c = 1:0{,}8322$. Die Symmetrie des Spaltungsrhomboëders, das zum Grundrhomboëder $\{10\bar{1}1\}$ gewählt wird, ergiebt sich, wie auf S. 46 dargelegt wurde, aus der Anordnung der asymmetrischen Ätzeindrücke, die durch verdünnte Salzsäure hervorgerufen werden (Fig. 381, 382). Auch an den äußeren Formen läßt sich zuweilen die Symmetrie des Dolomits erkennen, wie an der in Fig. 383 dargestellten Kombination; vorherrschend ausgebildet ist das Rhomboëder erster Art *m* $\{40\bar{4}1\}$, untergeordnet treten die Basis *o* $\{0001\}$, das Grundrhomboëder *r* und das Rhomboëder zweiter Art *n* $\{16.\bar{8}.\bar{8}.3\}$ auf. Häufig beobachtet man Zwillinge, deren Individuen zu den Flächen des hexagonalen Prismas erster Art $\{10\bar{1}0\}$ symmetrisch liegen.[1]

Dioptas = H_2CuSiO_4. $a:c = 1:0{,}5342$. Geben wir dem als Krystallform nicht auftretenden Spaltungsrhomboëder die Stellung des direkten Rhomboëders $\{10\bar{1}1\}$, so müssen die in Fig. 384 vorherrschenden Formen, das hexagonale Prisma *b* und das Rhomboëder *r* bezeichnet werden durch *b* $\{11\bar{2}0\}$ und *r* $\{02\bar{2}1\}$. Denn die Spaltungsflächen stumpfen die Endkanten von *r* gerade ab. Die Symmetrie ergiebt sich aus der einseitigen Riefung des Rhomboëders *r*, die mit dem Auftreten von Rhomboëdern dritter Art in den Zonen der Endkanten von *r* zusammenhängt: Die Flächen *r* sind nur parallel den Kom-

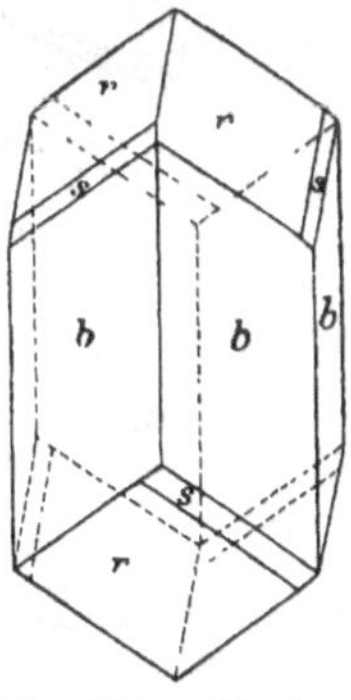

Fig. 384. Dioptas.

[1] G. Tschermak, Min. petr. Mitt. **4**, 99; 1882. F. Becke, Min. petr. Mitt. **10**, 93; 1888. **11**, 224; 1890.

binationskanten mit diesen Rhomboëdern gestreift. Beobachtet wurden $x\,\{\bar{1}4\bar{3}1\}$, $z\,\{\bar{1}8\bar{7}1\}$ und $s\,\{\bar{1}.\,14.\,\overline{13}.\,6\}$.[1]

Phenakit $= Be_2SiO_4$. $a:c = 1:0{,}6611$. Bemerkenswert durch das Auftreten der drei Arten von Rhomboëdern. Die in Fig. 385 und 386

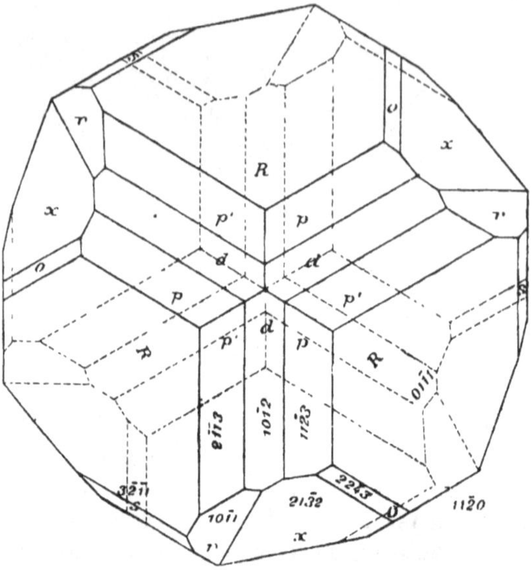

Fig. 385. Phenakit aus dem Ilmengebirge.

dargestellten Krystalle aus dem Ilmengebirge sind Kombinationen der folgenden einfachen Formen: Rhomboëder erster Art $R\,\{01\bar{1}1\}$, $r\,\{10\bar{1}1\}$, $d\,\{10\bar{1}2\}$; Rhomboëder zweiter Art $p\,\{11\bar{2}3\}$, $p'\,\{2\bar{1}\bar{1}3\}$, $o\,\{22\bar{4}3\}$; Rhomboëder

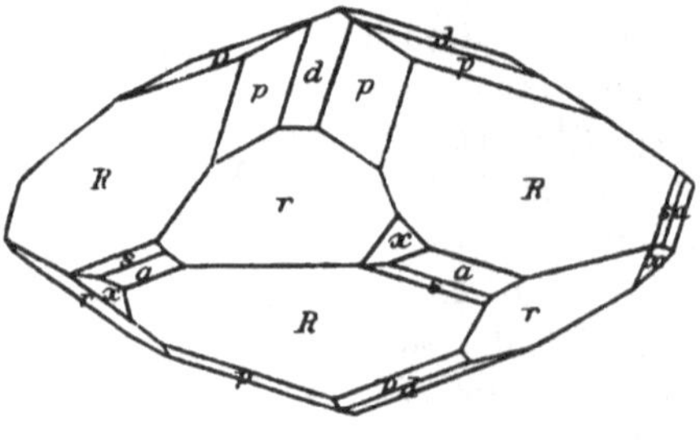

Fig. 386. Phenakit aus dem Ilmengebirge.

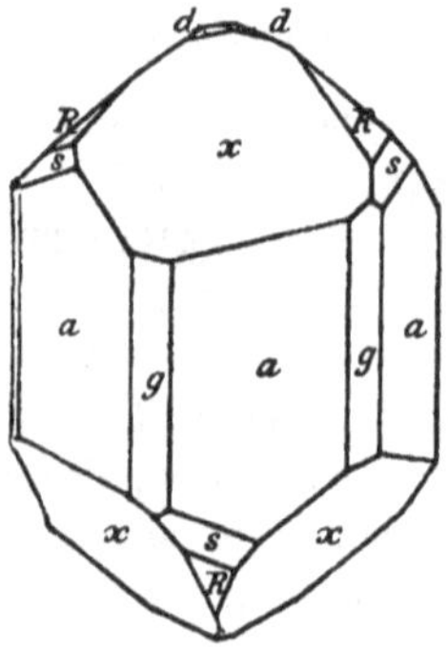

Fig. 387. Phenakit vom Mount Antero, Colorado.

dritter Art $x\,\{21\bar{3}2\}$, $s\,\{3\bar{2}\bar{1}1\}$; hexagonales Prisma zweiter Art $a\,\{11\bar{2}0\}$. Am Phenakit vom Mount Antero in Colorado (Fig. 387) ist neben a auch das

[1] M. Websky, Ann. d. Phys. **69**, 543; 1846.

hexagonale Prisma erster Art *g* {10$\bar{1}$0} ausgebildet; in der Endigung herrscht das Rhomboëder *x*.[1]

Willemit = Zn_2SiO_4. $a:c = 1:0{,}6696$. Isomorph mit Phenakit.[2]

17] Ogdoëdrie.

(Trigonal-pyramidale Gruppe.)

Eine polare 3-zählige Symmetrieaxe γ. Die allgemeinste einfache Form ist eine obere oder untere *trigonale Pyramide* (Fig. 388). Als Grenzformen können *trigonale Prismen* und die obere oder untere *Basis* auftreten. Um an einem hierher gehörigen Körper die Richtungen der Queraxen α_1, α_2, α_3 und das Verhältnis der Axeneinheiten $a:c$ zu definieren, geben wir einer trigonalen Pyramide dieses Körpers das Symbol {10$\bar{1}$1}. Dann liegen die Queraxen parallel den Schnittgeraden der Pyramidenflächen 0$\bar{1}$11, 10$\bar{1}$1, $\bar{1}$101 mit der Basis. Wir können jetzt nach denselben Überlegungen, zu denen die vorhergehende Gruppe Anlaß gab, zu einer spezielleren Benennung der möglichen einfachen Formen und zur Konstruktion der Polfigur 389 schreiten. Wir unterscheiden zunächst trigonale Pyramiden erster, zweiter und dritter Art, je nachdem die Flächen zu einer Queraxe parallel laufen, auf zwei Queraxen gleiche Abschnitte erzeugen oder alle Queraxen in ungleichen Entfernungen vom Mittelpunkte schneiden. Unter den Pyramiden erster Art finden wir direkte oder inverse, unter den Pyramiden zweiter Art rechte oder linke; die Pyramiden dritter Art bezeichnen wir als rechte oder linke direkte und rechte oder linke inverse Formen. Hiermit ist zugleich die Benennung der zugehörigen trigonalen Prismen gegeben. Alle Flächen sind asymmetrisch mit Ausnahme der oberen und der unteren Basis, die einen Drehungsmittelpunkt von der Ordnung 3 besitzen.

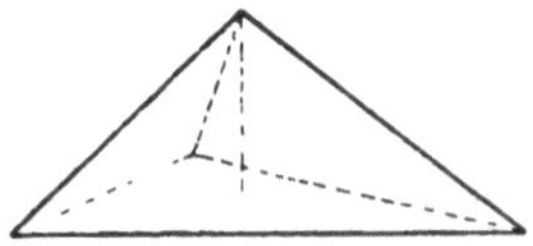

Fig. 388. Trigonale Pyramide.

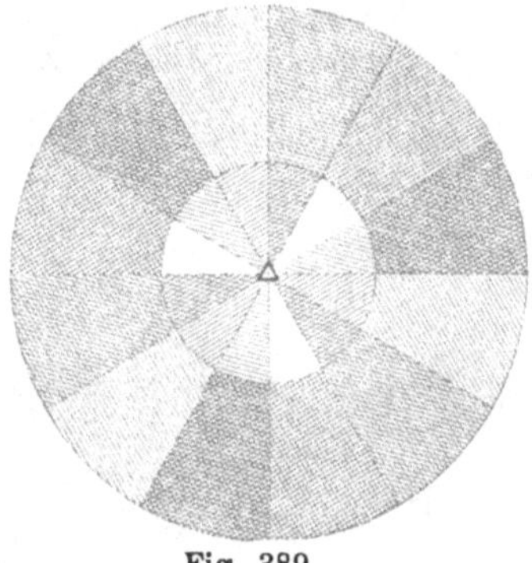

Fig. 389.

Natriumperjodat = $NaJO_4 . 3H_2O$. $a:c = 1:1{,}094$. Die polare Natur der Symmetrieaxe prägt sich sehr deutlich darin aus, daß an dem einen

[1] N. von Kokscharow, Mat. zur Min. Rußl. **2**, 308. **3**, 81. S. L. Penfield, Amer. Journ. of Sc. (3) **33**, 130; 1887.

[2] S. L. Penfield, Zeitschr. f. Kryst. **23**, 73; 1894.

Ende die Basis vorwaltet, während an dem anderen Ende trigonale Pyramiden vorherrschen und die Basis ganz fehlt oder doch sehr zurücktritt. G. Ulrich fand, daß sich aus derselben Lösung nebeneinander *enantiomorphe* Krystalle ausscheiden. An der in Fig. 390 dargestellten Kombination ist unten nur die Basis $\{000\bar{1}\}$ vorhanden. Oben ist namentlich eine trigonale Pyramide r ausgebildet. Wählt man r zur direkten Pyramide erster Art $\{10\bar{1}1\}$, so erhalten die inversen Pyramiden erster Art $r/_2$ und $2r$ die Symbole $r/_2$ $\{01\bar{1}2\}$ und $2r$ $\{02\bar{2}1\}$. Dazu tritt nun entweder eine *rechte* oder eine *linke inverse Pyramide dritter Art* x. Die nebenstehende Figur zeigt die rechte Form x $\{\bar{1}5\bar{4}9\}$. — Pyroëlektrisch; der analoge Pol liegt an dem oberen Ende.[1]

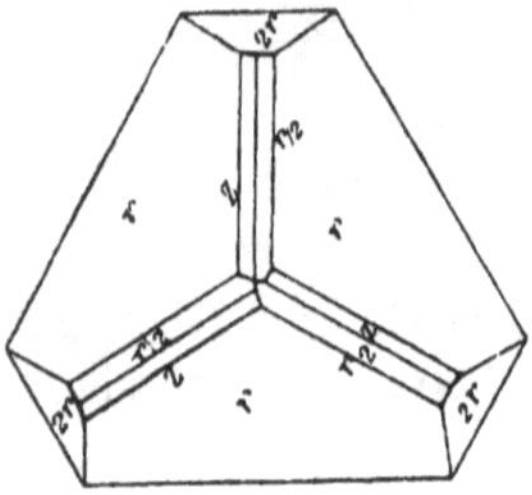

Fig. 390. Natriumperjodat.

[1] P. Groth, Ann. d. Phys. **137**, 436; 1869. **158**, 223; 1876. W. G. Hankel und H. Lindenberg, Abh. sächs. Ges. d. Wiss. **21**, 12; 1894.

3. Tetragonales System.

Das Axensystem der tetragonalen Krystalle besteht aus drei aufeinander senkrechten Kantenrichtungen α_1, α_2, γ, von denen α_1 und α_2 gleichberechtigt sind. Daher muß die Einheitsfläche so gewählt werden, daß sie auf α_1 und α_2 gleiche Abschnitte erzeugt. Bezeichnen wir diese Abschnitte mit $a : a : c$, so ist das Verhältnis $a : c$ charakteristisch für den betrachteten Krystall. Die Axe γ ist eine Symmetrieaxe von der Periode 4 oder 2. Demgemäß ordnen wir die sieben Gruppen des tetragonalen Systems in zwei Abteilungen.

Erste Abteilung.

Tetragonale Krystalle mit einer 4-zähligen Symmetrieaxe γ.

18] Holoëdrie.

(Ditetragonal-bipyramidale Gruppe.)

Centrisch-symmetrische Krystalle mit 5 zweiseitigen Symmetrieaxen und 5 Symmetrieebenen, die auf diesen Axen senkrecht stehen. Die zu der 4-zähligen Vertikalaxe γ hinzutretenden zwei + zwei 2-zähligen Queraxen seien bezeichnet mit α_1, α_2 und β_1, β_2 (Fig. 391). Die Symmetrieebenen erzeugen eine Kugelteilung in 16 abwechselnd kongruente und symmetrisch gleiche Dreiecke (Fig. 392). Daher ist die allgemeinste einfache Form eine von 16 asymmetrischen Dreiseiten begrenzte Doppelpyramide, deren Mittelkanten ein symmetrisches Achtseit bilden (Fig. 393). Zur Bezeichnung einer solchen *ditetragonalen Bipyramide* soll uns die Fläche hkl dienen, deren Indices die Bedingung $h > k$ erfüllen. Dieser Fläche entspricht in der Kugelteilung ein Pol in dem Dreieck, welches in Fig. 394 durch stärker ausgezogene Linien hervorgehoben ist; als Beispiel wurde 421 für Vesuvian gewählt. Um zu den möglichen speziellen Formen zu gelangen, gehen wir von Flächenpolen aus, die auf die Seiten oder in die Eckpunkte jenes Dreiecks

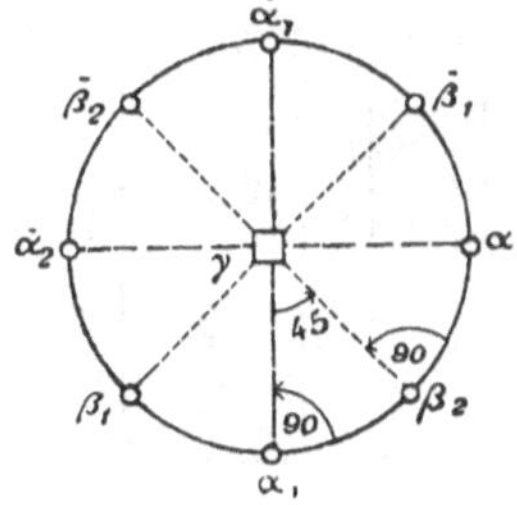

Fig. 391.

fallen. Für die rechte Seite gilt die Bedingung $h = k$; auf der linken Seite ist $k = 0$. Die zugehörigen Formen werden *tetragonale Bipyramiden erster Art*

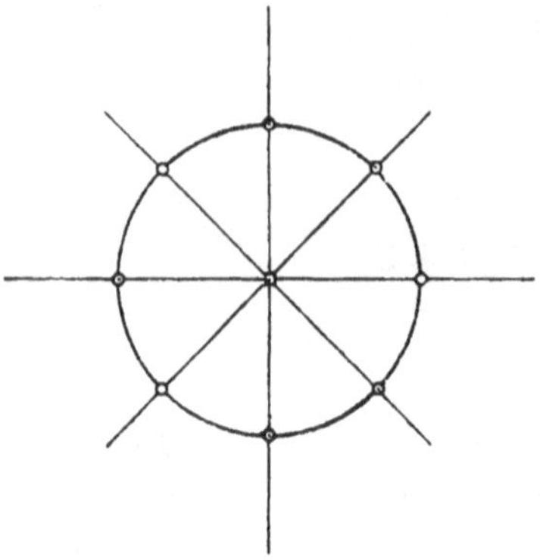

Fig. 392. Kugelteilung durch 5 Symmetrieebenen und 5 Symmetrieaxen.

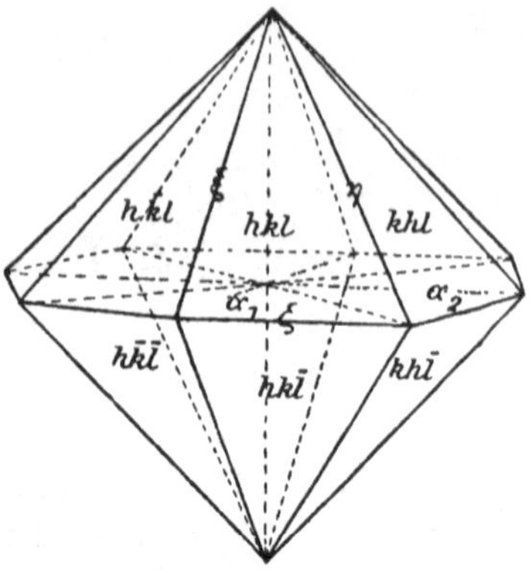

Fig. 393. Ditetragonale Bipyramide $\{h\,k\,l\}$.

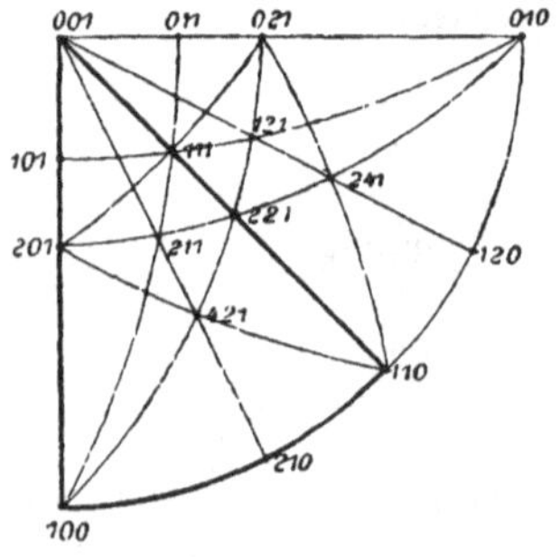

Fig. 394. Polfigur des Vesuvians. mit $\{421\}$, $\{211\}$, $\{111\}$, $\{221\}$, $\{101\}$, $\{201\}$, $\{210\}$, $\{110\}$, $\{100\}$, $\{001\}$.

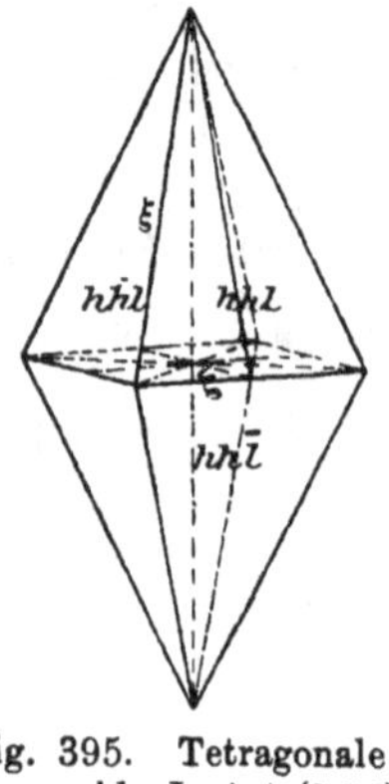

Fig. 395. Tetragonale Bipyramide I. Art $\{h\,h\,l\}$.

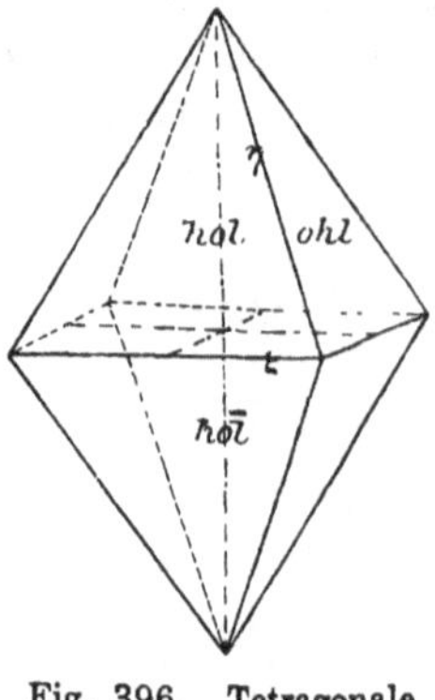

Fig. 396. Tetragonale Bipyramide II. Art $\{h\,0\,l\}$.

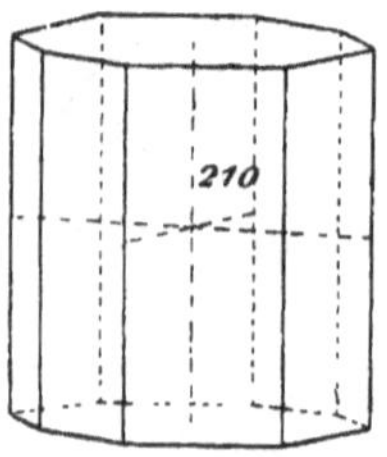

Fig. 397. Ditetragonales Prisma $\{210\}$ mit der Basis $\{001\}$.

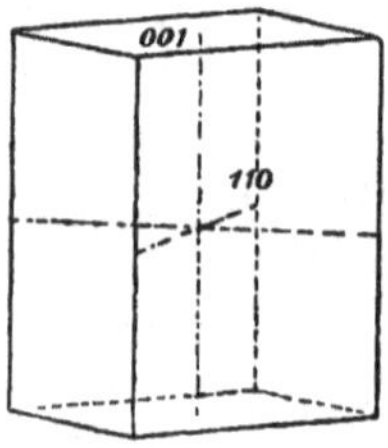

Fig. 398. Tetragonales Prisma I. Art $\{110\}$ mit der Basis $\{001\}$.

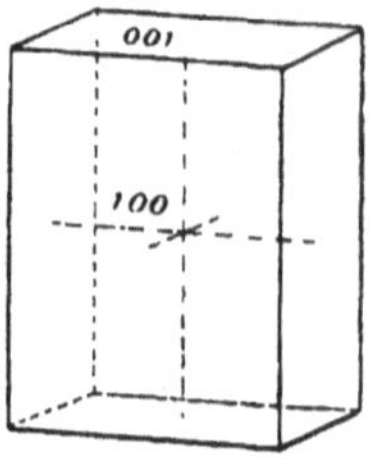

Fig. 399. Tetragonales Prisma II. Art $\{100\}$ mit der Basis $\{001\}$.

$\{h\,h\,l\}$ oder *zweiter Art* $\{h\,0\,l\}$ genannt (Fig. 395, 396). Zu diesen drei Reihen von Bipyramiden treten für $l = 0$ drei Arten von Prismen (Fig. 397—399), deren Pole dem Horizontalkreise der Kugelteilung angehören, nämlich *ditetragonale Prismen* $\{h\,k\,0\}$, das *tetragonale Prisma erster Art* $\{110\}$ und das *tetragonale Prisma zweiter Art* $\{100\}$. Endlich erhalten wir für $h = k = 0$ die *Basis* $\{001\}$. Die Flächen der drei zuletzt genannten Formen, die einzig in ihrer Art sind, liegen parallel zu Symmetrieebenen und stehen senkrecht zu Symmetrieaxen.

			Symmetrie der Flächen
$h > k$	*Ditetragonale Bipyramide* . .	$\{h\,k\,l\}$	asymmetrisch
$h = k$	*Tetragonale Bipyramide I. Art*	$\{h\,h\,l\}$	monosymmetrisch
$k = 0$	*Tetragonale Bipyramide II. Art*	$\{h\,0\,l\}$	monosymmetrisch
$l = 0$	*Ditetragonales Prisma* . . .	$\{h\,k\,0\}$	monosymmetrisch
$h = k, l = 0$	*Tetragonales Prisma I. Art* .	$\{110\}$	disymmetrisch
$k = l = 0$	*Tetragonales Prisma II. Art* .	$\{100\}$	disymmetrisch
$h = k = 0$	*Basis*	$\{001\}$	tetrasymmetrisch.

Zirkon = $ZrO_2.SiO_2$. $a : c = 1 : 0{,}6404$. Sehr häufig beobachtet man die in Fig. 400 und 401 dargestellten Kombinationen $\{111\}$, $\{110\}$ und $\{111\}$,

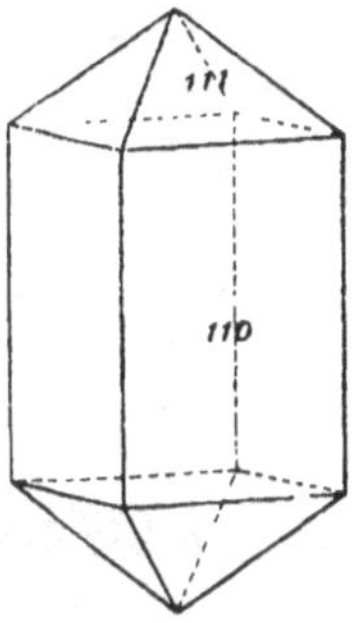

Fig. 400. $\{110\}$, $\{111\}$.

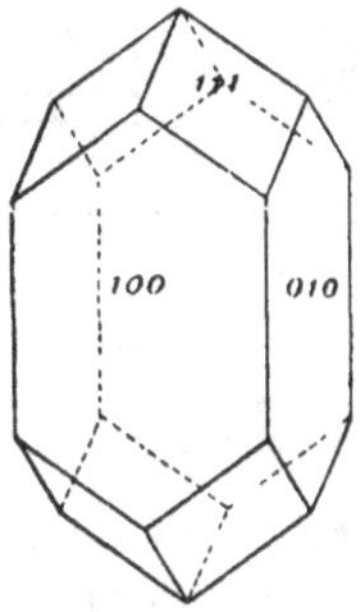

Fig. 401. $\{100\}$, $\{111\}$.

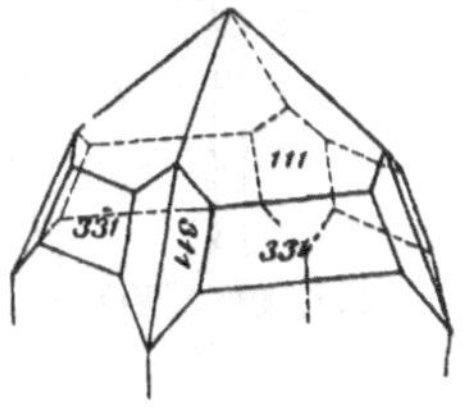

Fig. 402. $\{111\}$, $\{331\}$, $\{311\}$, $\{110\}$.

Zirkon.

$\{100\}$. Dazu treten oft die tetragonale Bipyramide $\{331\}$ und eine ditetragonale Bipyramide, deren Symbol $\{311\}$ sich aus dem Zonenverbande ergiebt. Denn aus Fig. 402 ist ersichtlich, daß die Fläche 311 gleichzeitig den Zonen der Flächen 111, $\bar{1}11$ und 331, $3\bar{3}1$ angehört.

Zinnerz = SnO_2. $a : c = 1 : 0{,}6724$. — **Rutil** = TiO_2. $a : c = 1 : 0{,}6442$. Spaltbar nach $\{110\}$ und $\{100\}$.

An einfachen Krystallen (Fig. 403) findet man oft die

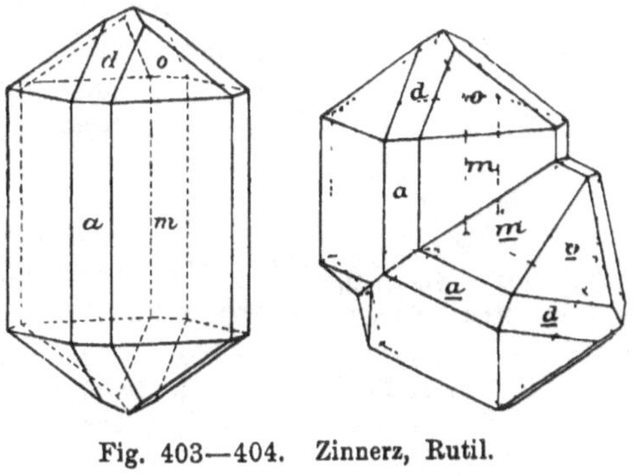

Fig. 403—404. Zinnerz, Rutil.

Kombination der beiden tetragonalen Prismen *m* {110} und *a* {100} mit den tetragonalen Bipyramiden *o* {111} und *d* {101}. Viel häufiger sind Zwillinge (Fig. 404), deren Individuen zu einer Fläche der Bipyramide *d* symmetrisch liegen.

Anatas = TiO_2. $a:c = 1:1{,}7771$. Spaltbar nach {111} und {001}. Oft tritt in der Begrenzung nur die Bipyramide {111} auf. An den flächenreichen Krystallen von der Alp Lercheltini im Binnenthal lassen sich mehrere Typen unterscheiden, je nachdem eine der Bipyramiden {111}, {117}, {223} oder das tetragonale Prisma zweiter Art {100} vorwaltend ausgebildet ist.[1]

Vesuvian. Das Verhältnis der Axeneinheiten schwankt mit der chemischen Zusammensetzung. Der Werth $a:c = 1:0{,}5358$ entspricht dem Winkel $001:111 = 37^0\ 9^1/_4{}'$. Nach den Untersuchungen von N. von Kokscharow, V. von Zepharovich und J. Strüver zeigen die Winkel zwischen gleichberechtigten Flächen auch an scheinbar sehr vollkommen ausgebildeten Krystallen große Unterschiede. Es fand z. B. J. Strüver

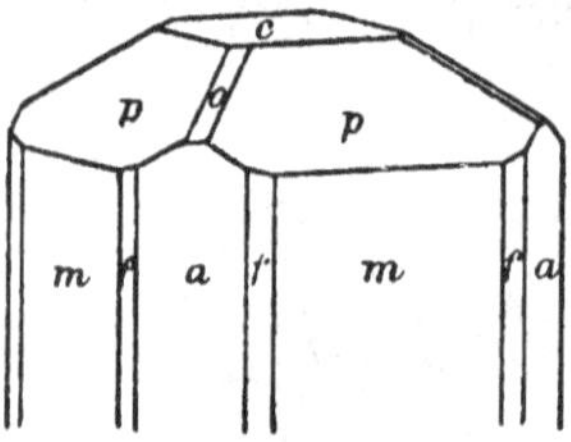

Fig. 405. Vesuv.

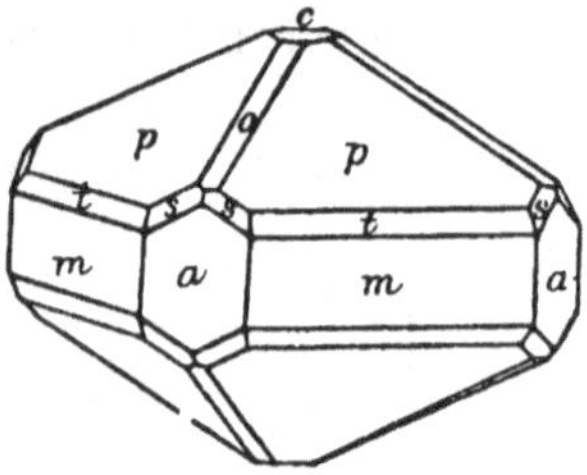

Fig. 406. Monzoni. Vesuvian.

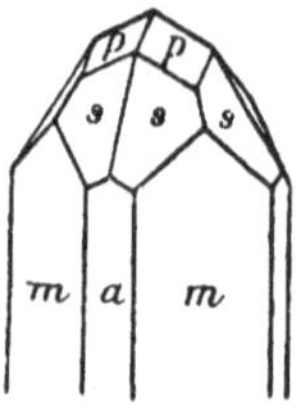

Fig. 407. Testa ciarva.

an einem der besten Krystalle von der Granatbank im Serpentin der Testa ciarva (Alathal in Piemont) folgende Werte:

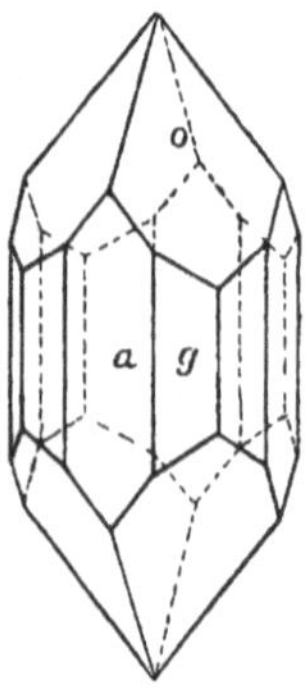

Fig. 408. Apophyllit von Andreasberg.

$$\left.\begin{array}{l} 001:111 = 36^0\ 50'\ 33'' \\ 001:\bar{1}11 = 37\ \ 10\ \ \ 7 \\ 001:1\bar{1}1 = 37\ \ \ \ 3\ \ \ 7 \\ 001:\bar{1}\bar{1}1 = 37\ \ 19\ \ \ 7 \end{array}\right\}\ \text{Mittel} = 37^0\ 5^3/_4{}'.$$

Unter den zahlreichen Formen sind am häufigsten die Basis {001}, die Prismen *m* {110}, *a* {100}, *f* {210}, die tetragonalen Bipyramiden *p* {111}, *t* {331}, *o* {101} und die ditetragonale Bipyramide *s* {311}.[2]

Apophyllit = $H_7KCa_4(SiO_3)_8 \cdot 4^1/_2 H_2O$. $a:c = 1:1{,}2515$. Sehr vollkommen spaltbar nach 001. Fig. 408 veranschaulicht die Krystalle von Andreasberg mit *o* {111}, *a* {100} und *g* {210}.

[1] C. Klein, N. Jahrb. f. Min. 1875, 337.
[2] J. Strüver, N. Jahrb. f. Min. 1888. II, 35.

19] Hemimorphe Hemiëdrie.

(Ditetragonal-pyramidale Gruppe.)

Eine polare 4-zählige Symmetrieaxe γ und zwei + zwei durch sie hindurchgehende Symmetrieebenen. Die möglichen einfachen Formen ergeben sich in analoger Weise wie in der Gruppe 7] des hexagonalen Systems unmittelbar, wenn wir die Kugelteilungen in Fig. 409 und 392 vergleichen.

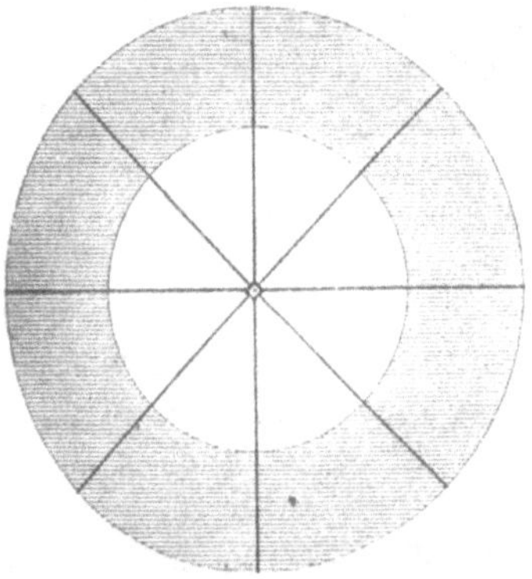

Fig. 409. Kugelteilung durch zwei + zwei Symmetrieebenen und eine polare 4-zählige Symmetrieaxe.

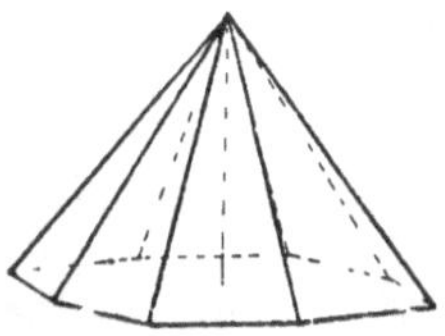

Fig. 410. Ditetragonale Pyramide $\{h\,k\,l\}$.

		Symmetrie der Flächen
Ditetragonale Pyramiden . . .	$\{h\,k\,l\}$, $\{h\,k\,\bar{l}\}$	asymmetrisch
Tetragonale Pyramiden I. Art .	$\{h\,h\,l\}$, $\{h\,h\,\bar{l}\}$	monosymmetrisch
Tetragonale Pyramiden II. Art .	$\{h\,0\,l\}$, $\{h\,0\,\bar{l}\}$	monosymmetrisch
Ditetragonales Prisma	$\{h\,k\,0\}$	asymmetrisch
Tetragonales Prisma I. Art . .	$\{110\}$	monosymmetrisch
Tetragonales Prisma II. Art . .	$\{100\}$	monosymmetrisch
Basis	$\{001\}$, $\{00\bar{1}\}$	tetrasymmetrisch.

Pentaerythrit (Tetramethylolmethan) = $C_5H_{12}O_4$. $a:c = 1:1{,}0326$. Sehr vollkommen spaltbar nach $\{001\}$, weniger vollkommen nach $\{110\}$ und $\{100\}$. Die polare Natur der Symmetrieaxe prägt sich sehr auffallend darin aus, daß oben neben der Pyramide $o\,\{111\}$ die Basis $c\,\{001\}$ auftritt, während unten nur die Pyramide $o'\,\{11\bar{1}\}$ vorhanden ist. Oft sind die Prismen $a\,\{100\}$ und $m\,\{110\}$ vorherrschend ausgebildet. An Stelle der Basis erscheint zuweilen eine vizinale Pyramide $\{117\}$.[1] Pyroelektrisch; der analoge Pol liegt an $\{001\}$. (Th. Liebisch.)

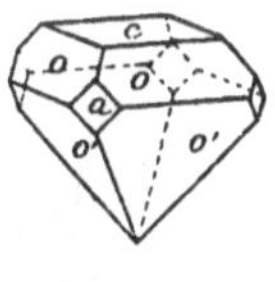

Fig. 411. Pentaerythrit.

Succinjodimid = $C_4H_4O_2NJ$. $a:c = 1:0{,}8723$. Die Krystalle zeigen neben dem vorwaltenden Prisma $m\,\{110\}$ an dem einen Ende die Pyramiden

[1] J. Martin, N. Jahrb. f. Min. Beil.-Bd. 7, 18; 1888.

o {111} und v {221}, an dem anderen Ende nur v' $\{22\bar{1}\}$. Ziemlich häufig sind Zwillinge, deren Individuen zu $00\bar{1}$ symmetrisch liegen. Durch Ätzung mit Wasser entstehen auf m gleichschenkelig dreiseitige Eindrücke, deren Spitzen nach v' hingewendet sind. Pyroelektrisch; der analoge Pol liegt an v'.[1]

20] Trapezoëdrische Hemiëdrie.

(Tetragonal-trapezoëdrische Gruppe.)

Die hierher gehörigen Körper besitzen 5 *zweiseitige Symmetrieaxen* wie die holoëdrischen tetragonalen Krystalle, aber kein Centrum der Symmetrie und keine Symmetrieebene. Daher sind in der Kugelteilung (Fig. 412) nur die kongruenten sphärischen Dreiecke gleichberechtigt. Die allgemeinste einfache Form ist ein *tetragonales Trapezoeder*, dessen Flächenpole entweder den schraffierten oder den weiß gelassenen Dreiecken angehören. Der Pol einer Fläche $h k l$, deren Indices die Bedingung $h > k$ befriedigen, würde, wie aus Fig. 394 hervorgeht, in dem schraffierten linken Dreieck des positiven Oktanten $\alpha_1 \alpha_2 \gamma$ liegen. Daher wird die entsprechende Form ein *linkes* Trapezoëder genannt (Fig. 413). Dagegen fällt der Pol von $k h l$ in das rechts benachbarte weiße Dreieck, und die zugehörige Form ist ein *rechtes* Trapezoëder (Fig. 414). Korrelate Trapezoëder sind *enantiomorph*. Die übrigen einfachen Formen unterscheiden sich nicht in ihrer Gestalt, sondern nur in ihren Symmetrieeigenschaften von den holoëdrischen Formen mit denselben Indices. Keine Fläche kann eine Symmetrielinie besitzen. Dagegen sind die Flächen der tetragonalen Prismen durch einen Drehungsmittelpunkt von der Ordnung 2 und die Basisflächen durch einen Drehungsmittelpunkt von der Ordnung 4 ausgezeichnet.

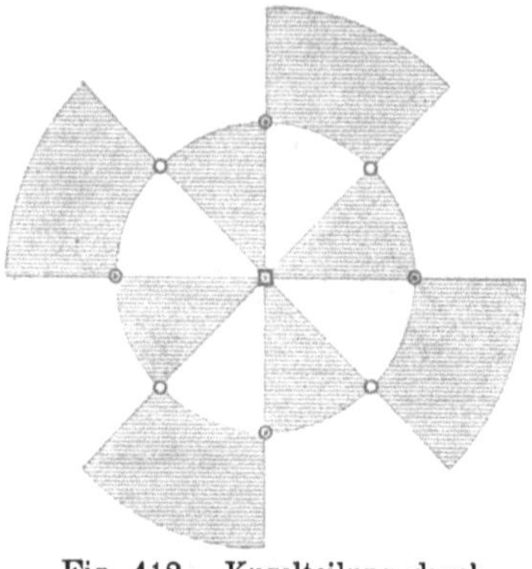

Fig. 412. Kugelteilung durch 5 Symmetrieaxen.

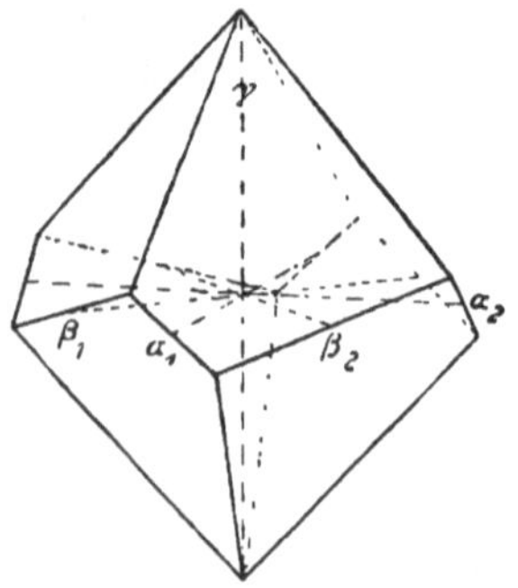

Fig. 413. Linkes tetragonales Trapezoeder {$h k l$}.

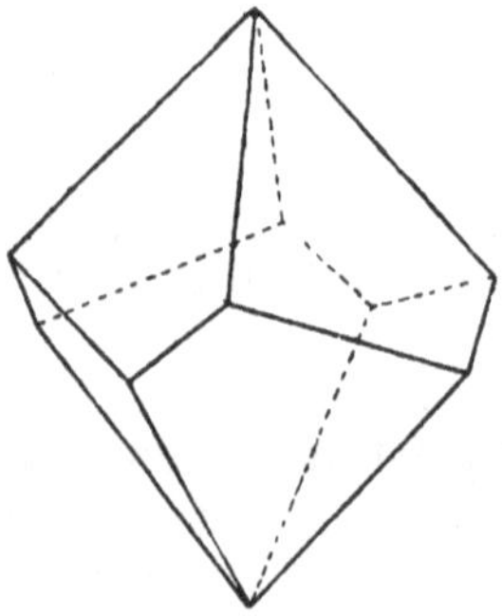

Fig. 414. Rechtes tetragonales Trapezoëder {$k h l$}.

[1] H. Traube, Zeitschr. f. Kryst. **23**, 578; 1894.

		Symmetrie der Flächen
Tetragonale Trapezoëder . . .	$\{h k l\}$, $\{k h l\}$	asymmetrisch
Tetragonale Bipyramide I. Art .	$\{h h l\}$	asymmetrisch
Tetragonale Bipyramide II. Art	$\{h 0 l\}$	asymmetrisch
Ditetragonales Prisma . . .	$\{h k 0\}$	asymmetrisch
Tetragonales Prisma I. Art .	$\{110\}$	c_2
Tetragonales Prisma II. Art .	$\{100\}$	c_2
Basis	$\{001\}$	c_4.

Nickelsulfat = $NiSO_4.6H_2O$. $a:c = 1:1{,}9061$. Spaltbar nach {001}. Durch Ätzung mit Alkohol erhielt E. Blasius auf den Flächen der Bipyramide {111} asymmetrische Eindrücke, deren Anordnung den fünf Symmetrieaxen entspricht (Fig. 415). Auf der Basis entstanden Quadrate α, β, γ, deren Seiten anscheinend den Kombinationskanten mit einer Bipyramide zweiter Art parallel liefen. Spater hat H. Baumhauer durch Ätzung mit einer Mischung von Wasser und Alkohol auf Spaltflächen quadratische Eindrücke dargestellt, deren Umriß um ca. 4° von dem Quadrat der Basiskanten abwich. Gleichzeitig konnte er rechte und linke Krystalle mit Hilfe der Enantiomorphie der Ätzeindrücke voneinander unterscheiden.[1]

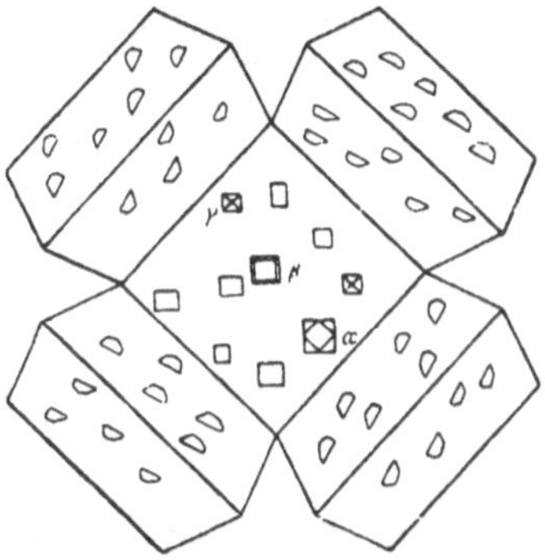

Fig. 415. $NiSO_4.6H_2O$.

Rechtsweinsaures Antimonylkalium + Natriumsulfat = $K(SbO)C_4H_4O_6 + Na_2SO_4$. $a:c = 1:1{,}0832$. Die Krystalle (Fig. 416) sind vorherrschend begrenzt von der Bipyramide *o* {111}; untergeordnet treten auf die Basis *c* {001} und die beiden tetragonalen Prismen *m* {110}, *a* {100}. Durch Ätzung mit Wasser entstehen auf *m* asymmetrische Sechsseite, auf *c* Quadrate, deren Seiten den Basiskanten nicht parallel laufen.[2]

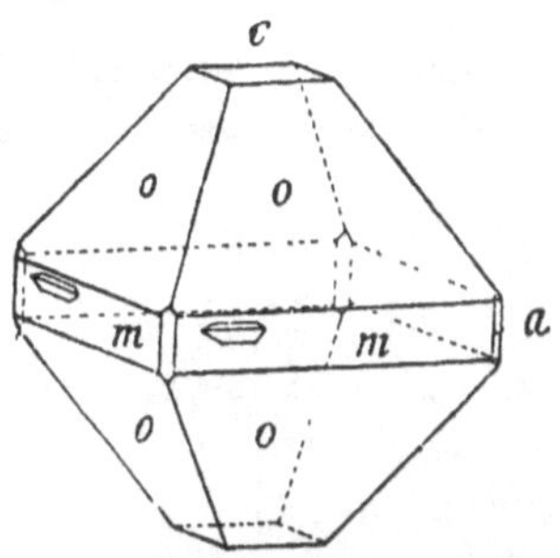

Fig. 416. Rechtsweinsaures Antimonylkalium + Natriumsulfat.

Guanidinkarbonat = $(CN_3H_5)_2H_2CO_3$. $a:c = 1:0{,}9910$. Vollkommen spaltbar nach 001. Fig. 417 stellt die Kombination *o* {111}, *d* {201}, *c* {001} dar. Nach C. Bodewig treten kleine, nicht meßbare Flächen eines rechten Trapezoëders auf.[3]

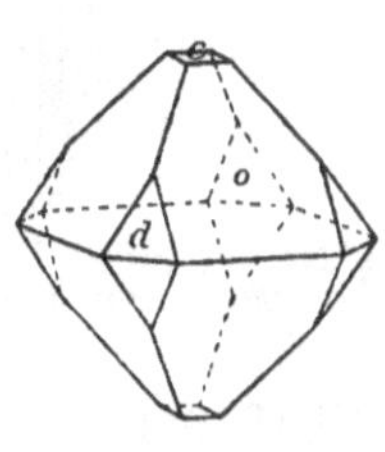

Fig. 417. Guanidinkarbonat.

[1] E. Blasius, Zeitschr. f. Kryst. **10**, 227; 1885. H. Baumhauer, Resultate der Ätzmethode. 1894, 57. [2] H. Traube, N. Jahrb. f. Min. Beil.-Bd. **8**, 510; 1893.
[3] C. Bodewig, Ann. d. Phys. **157**, 122; 1876. K. Martin, N. Jahrb. f. Min. Beil.-Bd. **7**, 26; 1888.

Strychninsulfat = $(C_{21}H_{22}N_2O_2)_2H_2SO_4.6H_2O$. $a:c = 1:3{,}425$. Sehr vollkommen spaltbar nach 001. Die Krystalle sind gewöhnlich begrenzt von {001} und {111}. Betupft man die Basis mit verdünnter Salzsäure, so sieht man unter dem Mikroskop, daß plötzlich zahlreiche Risse entstehen, die nach zwei aufeinander senkrechten und gegen die Basiskanten unter $14^1/_2$ bis $17^1/_2{}^0$ geneigten Richtungen verlaufen. Demnach fehlen vertikale Symmetrieebenen. Daß auch keine horizontale Symmetrieebene vorhanden ist, ergiebt sich, wenn man die Anordnung der Risse auf der oberen Basisfläche (in Fig. 418 voll ausgezogen) vergleicht mit dem Verlauf der Risse auf der unteren Basisfläche (in Fig. 418 punktiert).[1]

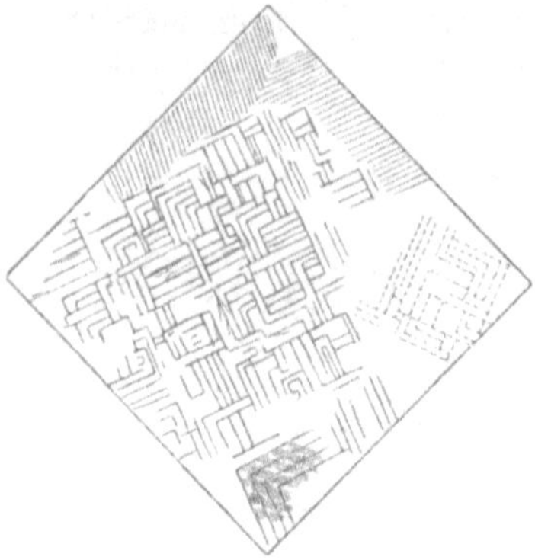

Fig. 418. Strychninsulfat. Risse auf 001 und 00$\bar{1}$.

21] Pyramidale Hemiëdrie.

(Tetragonal-bipyramidale Gruppe.)

Centrisch symmetrische Krystalle mit einer einseitigen 4-zähligen Symmetrieaxe γ und einer zu γ senkrechten Symmetrieebene. Die allgemeinste einfache Form ist eine *tetragonale Bipyramide* (Fig. 420). Um eine Übersicht über die möglichen Arten von einfachen Formen zu gewinnen, vergleichen wir die Symmetrieelemente dieser Gruppe mit den Symmetrieelementen der holoëdrischen Gruppe. Dann ist zunächst ersichtlich, daß wir die in Fig. 419 dargestellte Kugelteilung bilden können. Fallen die Flächenpole einer tetragonalen Bipyramide in die weißen sphärischen Dreiecke, so kann eine korrelate Form auftreten, deren Flächenpole in den schraffierten Dreiecken liegen. Als Grenzformen werden wir dann zwei Reihen von tetragonalen Bipyramiden erhalten, deren Pole den oberen und den unteren Seiten jener Dreiecke angehören. Die Mittelkanten aller drei Arten von Bipyramiden bilden Quadrate, deren Orientierung durch Fig. 421 veran-

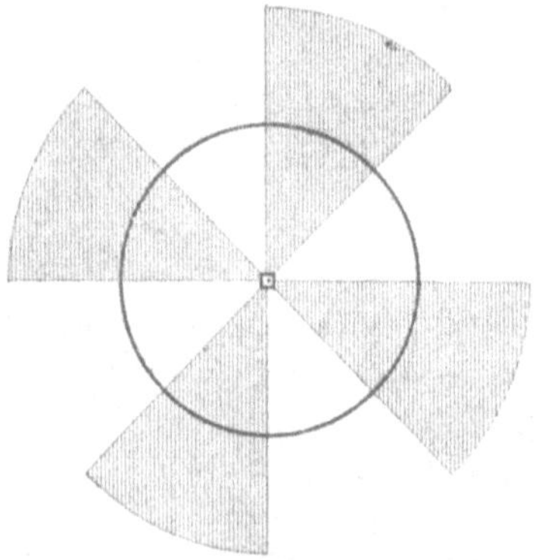

Fig. 419. Kugelteilung durch eine Symmetrieebene und eine 4-zählige Symmetrieaxe.

[1] H. Baumhauer, Zeitschr. f. Kryst. 5, 577; 1881. 17, 608; 1890. J. Martin, N. Jahrb. f. Min. Beil.-Bd. 7, 41; 1888.

schaulicht wird. Wählen wir die Diagonalen des Quadrates, welches vorn einen Eckpunkt besitzt, zu Axen α_1, α_2, so gelten die in der folgenden

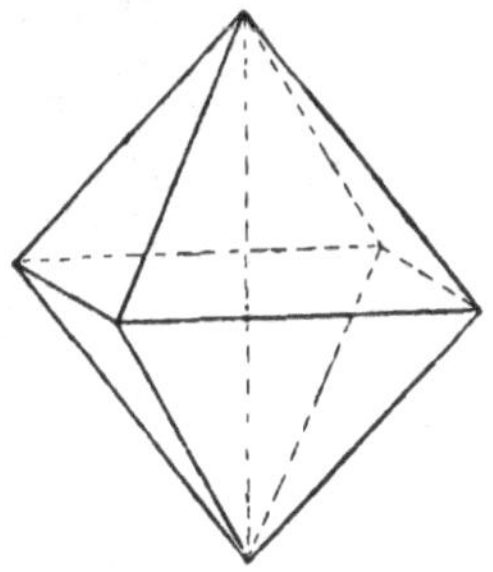

Fig. 420. Tetragonale Bipyramide $\{h\,k\,l\}$.

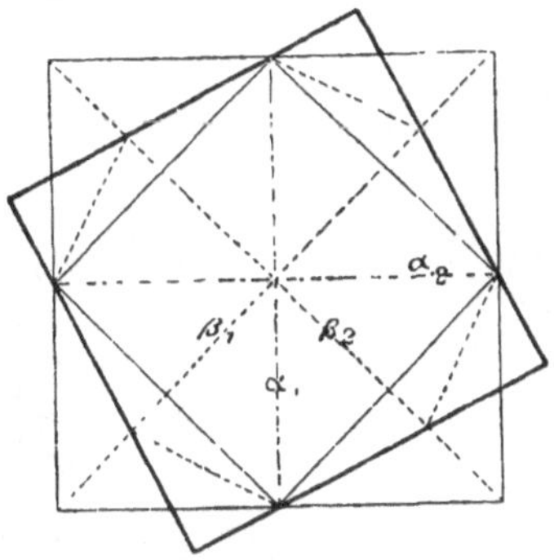

Fig. 421. Mittelkanten von tetragonalen Bipyramiden.

Tabelle angegebenen Symbole. Den drei Arten von Bipyramiden entsprechen drei Arten von Prismen. Dazu kann noch das basische Flächenpaar treten.

		Symmetrie der Flächen
Tetragonale Bipyramiden III. Art .	$\{h\,k\,l\}$, $\{k\,h\,l\}$	asymmetrisch
Tetragonale Bipyramide I. Art . .	$\{h\,h\,l\}$	asymmetrisch
Tetragonale Bipyramide II. Art . .	$\{h\,0\,l\}$	asymmetrisch
Tetragonale Prismen III. Art . . .	$\{h\,k\,0\}$, $\{k\,h\,0\}$	monosymmetrisch
Tetragonales Prisma I. Art . .	$\{110\}$	monosymmetrisch
Tetragonales Prisma II. Art . . .	$\{100\}$	monosymmetrisch
Basis	$\{001\}$	c_4.

Calciumwolframat (Scheelit) = $CaWO_4$. $a:c = 1:1,536$. Spaltbar nach $\{111\}$. Am Scheelit ist meist die Bipyramide zweiter Art $\{101\}$ vorherrschend ausgebildet (Fig. 422). Dazu treten oft Bipyramiden dritter Art, deren Flächen in die Zonen der Endkanten von $\{111\}$ fallen, so daß die Indices $h\,k\,l$ der Bedingung $h = l$ unterworfen sind. Nach M. Bauer fehlt $\{131\}$ fast an keinem Scheelitkrystall. Demnächst findet man ziemlich häufig $\{313\}$. Nicht selten sind Zwillinge, deren Individuen zu den Flächen der Prismen $\{110\}$ und $\{100\}$ symmetrisch liegen; daher besitzt ein Durchdringungszwilling die geometrische Symmetrie der holoëdrischen Krystalle.[1]

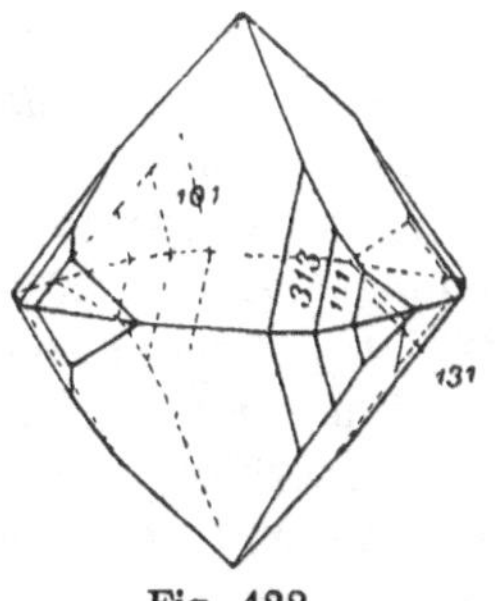

Fig. 422. Calciumwolframat.

Bleimolybdat (Wulfenit) = $PbMoO_4$. $a:c =$

[1] M. Bauer, Württemb. naturw. Jahreshefte. 1871.

1 : 1,574. Spaltbar nach {111}. Bemerkenswert ist das Auftreten von Prismen dritter Art, z. B. {430} in Fig. 423.

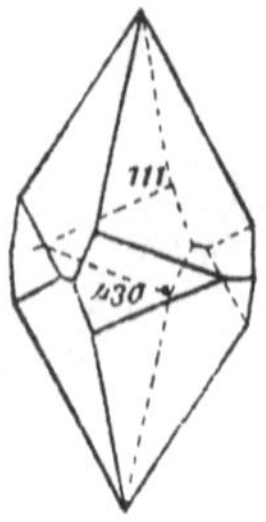

Fig. 423.
Bleimolybdat.

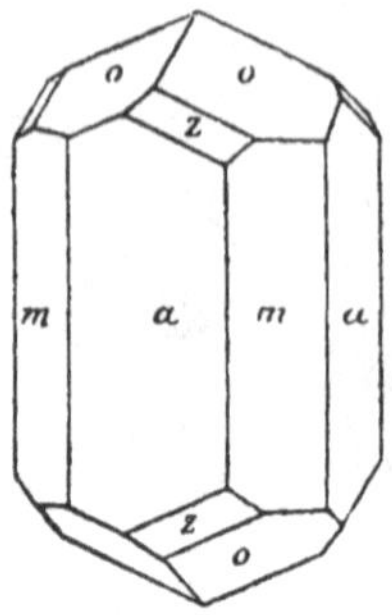

Fig. 424.
Mejonit vom Vesuv.

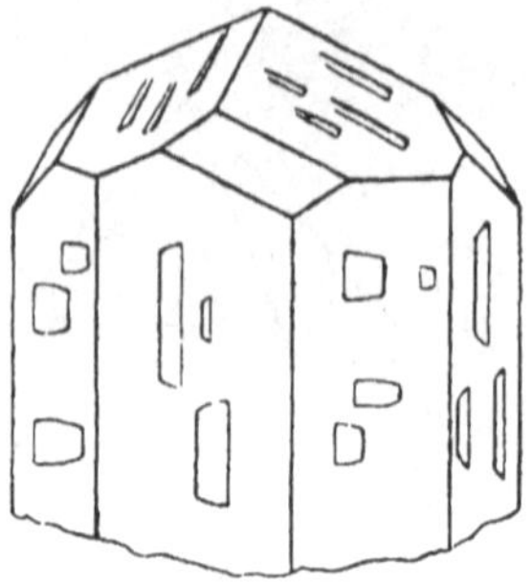

Fig. 425. Mejonit.
Ätzeindrücke durch Flußsäure.

Mejonit = $Ca_4Al_6Si_6O_{25}$. $a : c = 1 : 0{,}4393$. Die Krystalle vom Vesuv (Fig. 424) sind begrenzt durch die Prismen *a* {100}, *m* {110}, die Bipyramide erster Art *o* {111} und die Bipyramide dritter Art *x* {311}, deren Symbol sich sofort aus dem Zonenverbande bestimmen läßt, denn die Fläche 311 liegt gleichzeitig in den Zonen 100, 111 und 110, $1\bar{1}1$. Die Symmetrie der Krystalle ergiebt sich auch aus der Gestalt und der Anordnung der Ätzeindrücke, die durch sehr verdünnte Flußsäure hervorgerufen werden; Fig. 425 veranschaulicht die monosymmetrischen Eindrücke auf *a*, *m* und die asymmetrischen Eindrücke auf *o*.[1]

Erythrit = $C_4H_6(OH)_4$. $a : c = 1 : 0{,}3762$. Neben {111} und {100} tritt meist nur {131} auf. Kommen die korrelaten Bipyramiden dritter Art {131} und {311} zusammen vor, so unterscheiden sie sich voneinander durch die Größe ihrer Flächen.[2]

22] Hemimorphe Tetartoëdrie.

(Tetragonal-pyramidale Gruppe.)

Eine polare 4-zählige Symmetrieaxe. Die allgemeinste einfache Form ist eine *tetragonale Pyramide.* Mit Rücksicht auf die Betrachtungen, zu denen die vorhergehende Gruppe Anlaß gab, können wir sofort die Kugelteilung Fig. 426 entwerfen. Jeder tetragonalen Pyramide, deren Pole in das Innere gleichberechtigter Dreiecke fallen, entsprechen drei korrelate Formen. Wir nennen die Pyramide {*hkl*}, deren Pole den weißen Dreiecken angehören, eine *linke obere* Pyramide und {*khl*}, deren Pole in den schraffierten Dreiecken der oberen Halbkugel liegen, eine *rechte obere*

---

[1] G. Tschermak, Sitzungsber. Akad. Wien. 88 (1), 1142; 1883.

[2] J. Schabus, Bestimmung der Krystallgestalten in chem. Laborat. erzeugter Produkte. Wien. 1855, 26.

Pyramide dritter Art. Diese beiden Formen sind *enantiomorph*. Dasselbe gilt von den unteren Pyramiden $\{h k \bar{l}\}$ und $\{k h \bar{l}\}$. Die übrigen einfachen

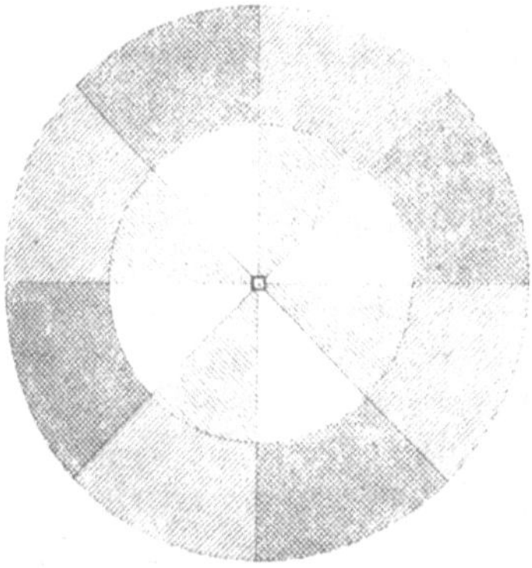

Fig. 426.

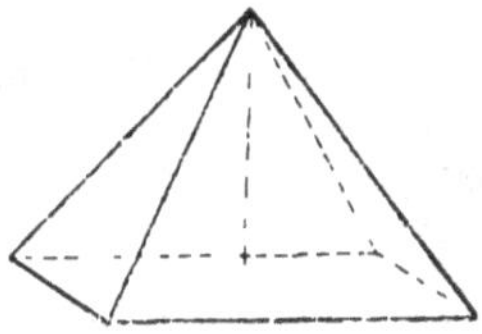

Fig. 427. Tetragonale Pramide $\{h k l\}$ mit der Basis $00\bar{1}$.

Formen sind: obere oder untere tetragonale Pyramiden erster oder zweiter Art, tetragonale Prismen erster, zweiter oder dritter Art und die obere oder die untere Basis. Alle Flächen sind asymmetrisch mit Ausnahme der Basisflächen, die einen Drehungsmittelpunkt von der Ordnung 4 besitzen.

		Symmetrie der Flächen
Tetragonale Pyramiden III. Art . .	$\{h k l\}$, $\{k h l\}$; $\{h k \bar{l}\}$, $\{k h \bar{l}\}$	asymmetrisch
Tetragonale Pyramiden I. Art . .	$\{h h l\}$, $\{h h \bar{l}\}$	asymmetrisch
Tetragonale Pyramiden II. Art . .	$\{h 0 l\}$, $\{h 0 \bar{l}\}$	asymmetrisch
Tetragonale Prismen III. Art . .	$\{h k 0\}$, $\{k h 0\}$	asymmetrisch
Tetragonales Prisma I. Art . . .	$\{110\}$	asymmetrisch
Tetragonales Prisma II. Art . .	$\{100\}$	asymmetrisch
Basis	$\{001\}$, $\{00\bar{1}\}$	C_4.

Rechtsweinsaures Antimonyl-Baryum = $Ba(SbO)_2(C_4H_4O_6)_2.H_2O$. $a : c = 1 : 0{,}4406$. Neben den tetragonalen Prismen m $\{110\}$ und a $\{100\}$ treten oben die Pyramiden o $\{111\}$ und r $\{201\}$ auf, während unten nur die Pyramide $\bar{o}$ $\{11\bar{1}\}$ vorhanden ist (Fig. 428). Durch Behauchen entstehen auf m asymmetrische Eindrücke. Pyroelektrisch; o und r liegen an dem antilogen Pol.[1]

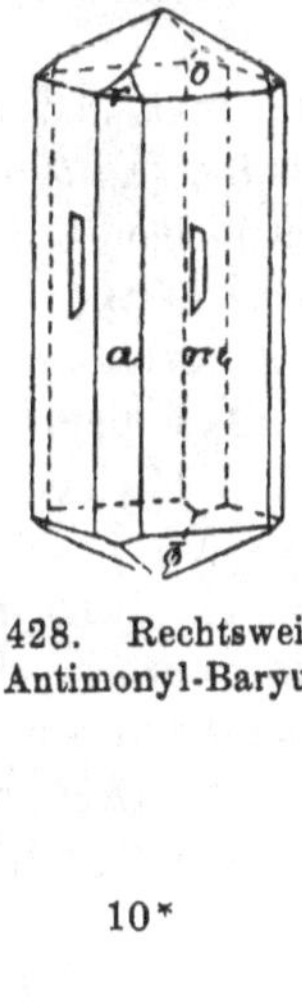

Fig. 428. Rechtsweinsaures Antimonyl-Baryum.

[1] H. Traube, N. Jahrb. f. Min. Beil.-Bd. 8, 273; 1892.

Zweite Abteilung.

Tetragonale Krystalle mit einer 2-zähligen Symmetrieaxe γ.

23] Sphenoidische Hemiëdrie.

(Tetragonal-skalenoëdrische Gruppe.)

Drei aufeinander senkrechte 2-zählige und zweiseitige Symmetrieaxen α_1, α_2, γ, von denen α_1 und α_2 gleichberechtigt sind; in der Axe γ schneiden sich zwei, die Winkel zwischen α_1 und α_2 halbierende Symmetrieebenen. Diese Symmetrieelemente und die Verbindungsebenen der Axen vermitteln die Kugelteilung Fig. 429. Wir unterscheiden die abwechselnden Oktanten als direkte und inverse; in Fig. 429 sind jene weiß gelassen, diese schraffiert.

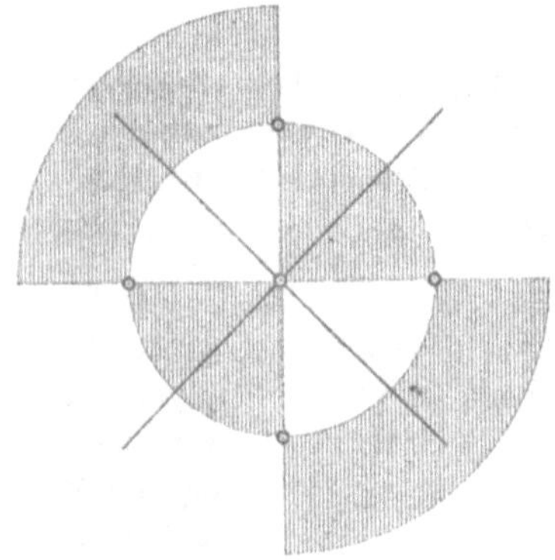

Fig. 429. Kugelteilung durch die Symmetrieelemente der sphenoidischen Hemiedrie.

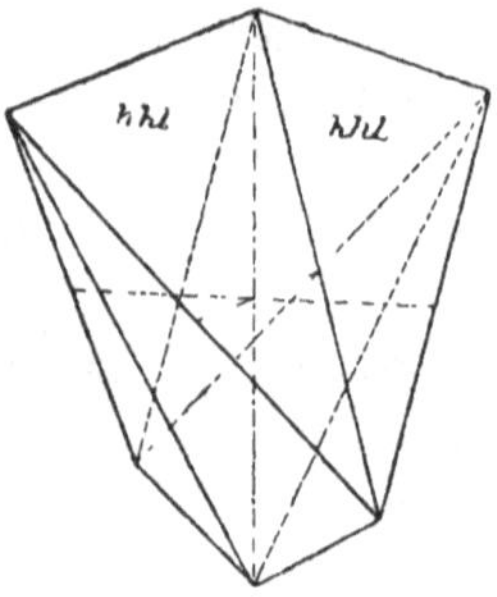

Fig. 430. Direktes tetragonales Skalenoeder $\{h\,k\,l\}$.

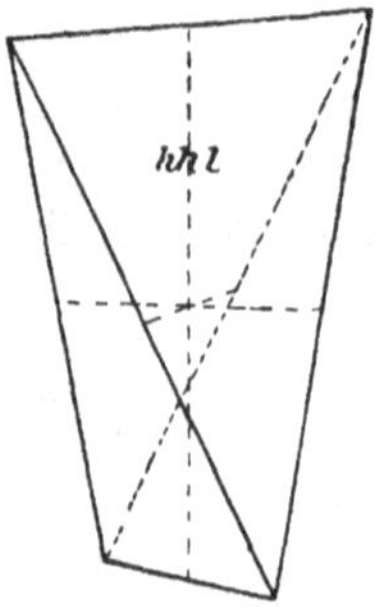

Fig. 431. Direktes tetragonales Bisphenoid $\{h\,h\,l\}$.

Die allgemeinsten einfachen Formen sind direkte oder inverse *tetragonale Skalenoëder*, $\{h\,k\,l\}$ oder $\{h\,\bar{k}\,l\}$. Den Polen, die auf die Schnittkreise der Symmetrieebenen mit der Kugel fallen, entsprechen direkte oder inverse *tetragonale Bisphenoide*, $\{h\,h\,l\}$ oder $\{h\,\bar{h}\,l\}$. Dagegen bilden die Flächen, deren Pole den Verbindungskreisen $\gamma\alpha_1$ und $\gamma\alpha_2$ angehören, *tetragonale Bipyramiden* $\{h\,0\,l\}$. Auf dem horizontalen Kreise liegen die Pole der *ditetragonalen Prismen* $\{h\,k\,0\}$ und der *tetragonalen Prismen* $\{110\}$ und $\{100\}$. Endlich kann die *Basis* $\{001\}$ auftreten. Eine für diese Gruppe charakteristische Verschiedenheit tritt in den Symmetrieeigenschaften der beiden tetragonalen Prismen hervor. Jede Fläche von $\{110\}$ ist monosymmetrisch, denn sie steht senkrecht auf einer Symmetrieebene. Dagegen besitzt jede Fläche von $\{100\}$ einen Drehungsmittelpunkt von der Ordnung 2, da sie zu einer 2-zähligen Symmetrieaxe senkrecht liegt.

		Symmetrie der Flächen
Tetragonale Skalenoëder . . .	$\{hkl\}$, $\{h\bar{k}l\}$	asymmetrisch
Tetragonale Bisphenoide . . .	$\{hhl\}$, $\{h\bar{h}l\}$	monosymmetrisch
Tetragonale Bipyramide . . .	$\{h0l\}$	asymmetrisch
Ditetragonales Prisma	$\{hk0\}$	asymmetrisch
Tetragonales Prisma I. Art . .	$\{110\}$	monosymmetrisch
Tetragonales Prisma II. Art . .	$\{100\}$	c_2
Basis	$\{001\}$	disymmetrisch.

Kupferkies = $CuFeS_2$. $a:c = 1:0{,}9784$. Der in Fig. 432 dargestellte Krystall zeigt neben dem vorherrschenden direkten Bisphenoide $\{111\}$ das korrelate inverse Bisphenoid $\{1\bar{1}1\}$ und die Bipyramide $\{201\}$, deren Endkanten von den Flächen der Bisphenoide gerade abgestumpft werden. Zuweilen ist die Bipyramide $\{201\}$ vorwaltend ausgebildet. Die Zwillingsbildung folgt meist dem Gesetz, daß die Normale von 111 eine 2-zählige Symmetrieaxe für den Zwilling ist. Seltener sind Zwillinge, deren Individuen zu einer Fläche der Bipyramide $\{101\}$ symmetrisch liegen.[1]

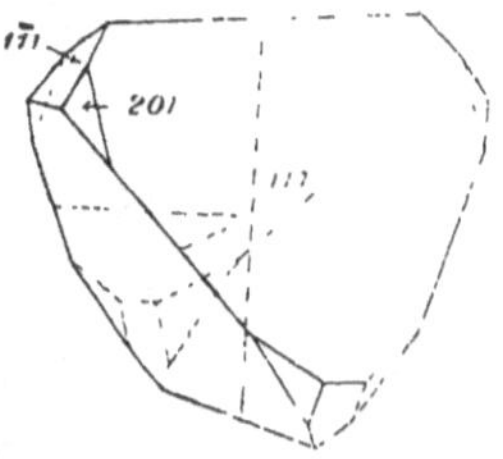

Fig. 432.
Kupferkies.

Monokaliumphosphat = KH_2PO_4. $a:c = 1:0{,}939$. Die Krystalle sind nur begrenzt von dem tetragonalen Prisma zweiter Art $\{100\}$ und der Bipyramide $\{101\}$. Die Notwendigkeit dieser Auffassung ergiebt sich aus der Gestalt und der Anordnung der Eindrücke, die durch Ätzung mit Wasser auf den Begrenzungsebenen hervorgerufen werden. Auf dem Prisma entstehen Rhomben, die auf benachbarten Flächen zur Halbierungsebene des Winkels dieser Flächen symmetrisch liegen. Daraus folgt, daß auf den Prismenflächen 2-zählige Symmetrieaxen senkrecht stehen, deren Winkel durch Symmetrieebenen halbiert werden. Auf der Bipyramide bilden sich asymmetrische Dreiseite, deren Anordnung den Symmetrieebenen entspricht.[2]

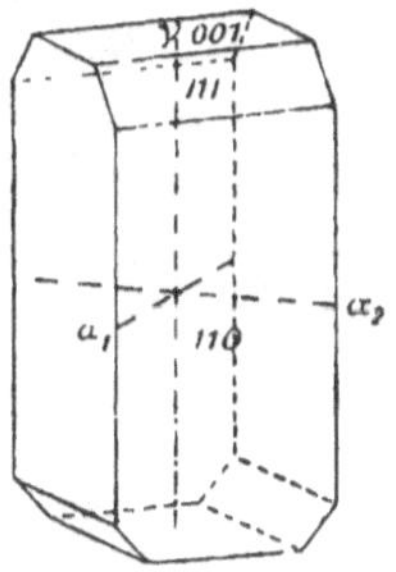

Fig. 433.
Carbamid.

Carbamid (Harnstoff) = $NH_2.CO.NH_2$. $a:c = 1:0{,}8345$. Fig. 433. Neben dem Prisma $\{110\}$ und der Basis $\{001\}$ tritt das direkte Bisphenoid $\{111\}$ auf.

[1] A. Sadebeck, Zeitschr. deutsch. geol. Ges. **20**, 605; 1868. **21**, 640; 1869. L. Fletcher, Zeitschr. f. Kryst. **7**, 321; 1883. S. L. Penfield, Zeitschr. f. Kryst. **18**, 512; 1891.

[2] H. Baumhauer, Resultate der Ätzmethode. 1894, 43.

24] Sphenoidische Tetartoëdrie.

(Tetragonal-bisphenoidische Gruppe.)

Eine 2-zählige Symmetrieaxe, welche einseitig von der zweiten Art ist (S. 68). Gleichberechtigte Flächen bilden im allgemeinen ein *tetragonales Bisphenoid* (Fig. 435). Als Grenzformen können *tetragonale Prismen* und

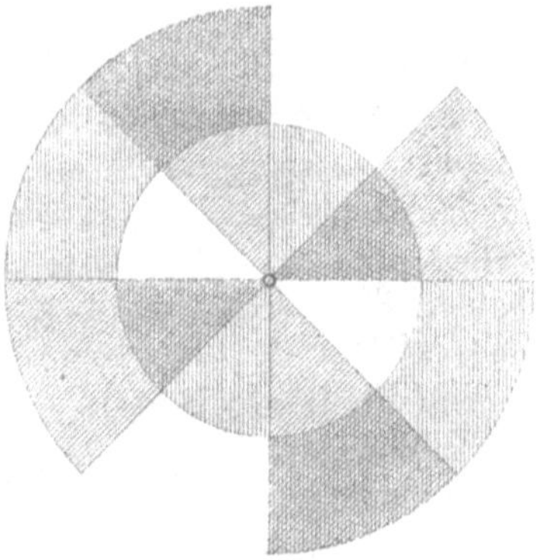

Fig. 434.

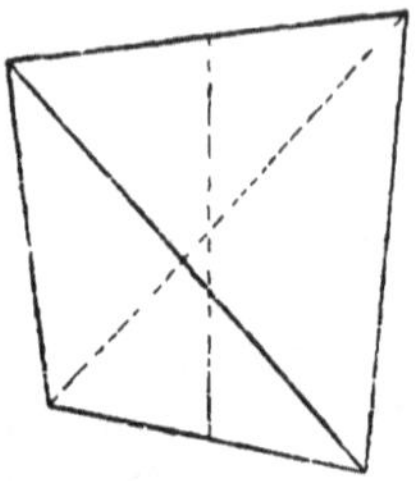

Fig. 435. Tetragonales Bisphenoid $\{h\,k\,l\}$.

das *basische Flächenpaar* auftreten. Alle Flächen sind asymmetrisch mit Ausnahme der Basis, die einen Drehungsmittelpunkt von der Ordnung 2 besitzt. Ein Beispiel ist noch nicht bekannt.

4. Rhombisches System.

Das Axensystem der rhombischen Krystalle wird von drei aufeinander senkrechten Kantenrichtungen α, β, γ gebildet. Wir richten eine Axe auf den Beobachter hin, eine zweite stellen wir von links nach rechts, dann steht die dritte vertikal. Die Verhältnisse der Axeneinheiten $a:b:c$ repräsentieren zwei voneinander unabhängige Größen, die für den betrachteten Krystall charakteristisch sind.

25] Holoëdrie.

(Rhombisch-bipyramidale Gruppe.)

Centrisch symmetrische Krystalle mit drei aufeinander senkrechten, nicht vertauschbaren, 2-zähligen Symmetrieaxen α, β, γ, *deren Verbindungsebenen Symmetrieebenen sind.* Diese Ebenen erzeugen auf einer um das Symmetriecentrum als Mittelpunkt beschriebenen Konstruktionskugel eine Teilung der Kugeloberfläche in acht gleichberechtigte sphärische Dreiecke, durch deren Eckpunkte die 2-zähligen Axen gehen (Fig. 436).

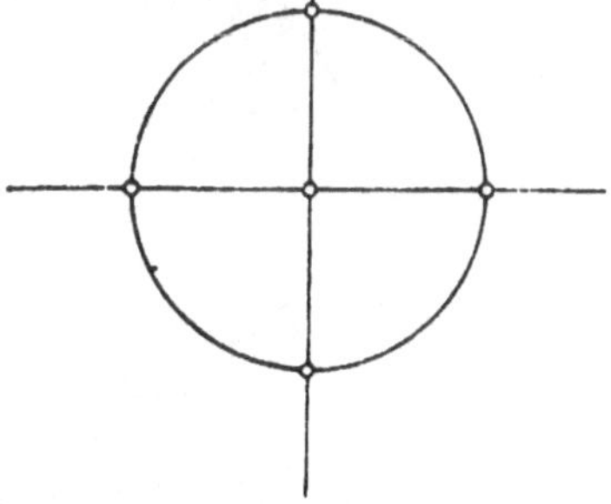

Fig. 436. Kugelteilung durch drei aufeinander senkrechte Symmetrieebenen.

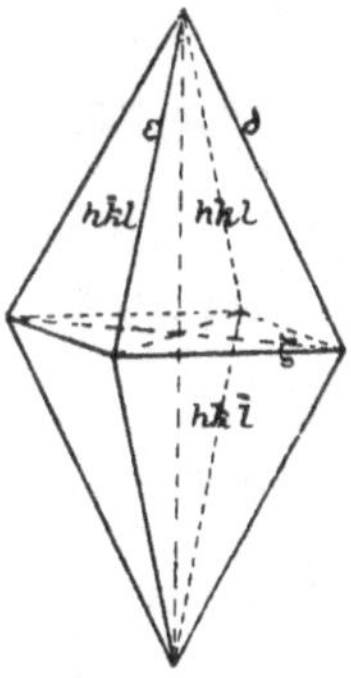

Fig. 437. Rhombische Bipyramide $\{h\,k\,l\}$.

Gleichberechtigte Flächen bilden im allgemeinen eine von acht ungleichseitigen Dreiseiten begrenzte *rhombische Bipyramide* $\{h\,k\,l\}$. Zu einer Fläche aus der Zone einer Symmetrieaxe gehören nur drei gleichberechtigte

Flächen, die sich mit jener zu einem *rhombischen Prisma* vereinigen; wir unterscheiden Längsprismen $\{0kl\}$, Querprismen $\{h0l\}$ und vertikale Prismen $\{hk0\}$. Eine dritte Art von einfachen Formen wird von den zu den Symmetrieebenen parallelen Flächenpaaren oder *Pinakoiden* $\{100\}$, $\{010\}$ und $\{001\}$ gebildet.

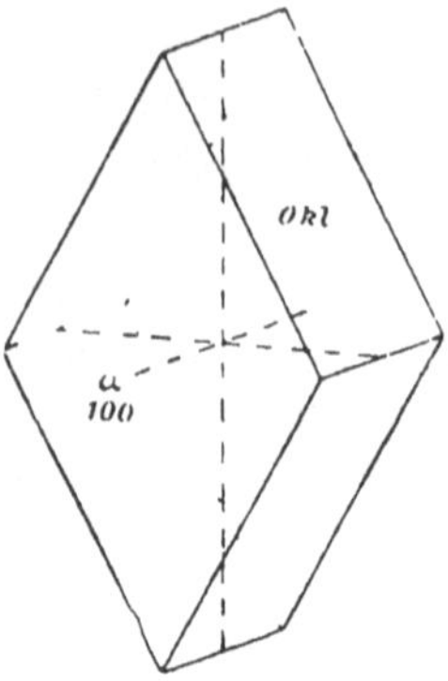

Fig. 438.
Rhombisches Prisma $\{0kl\}$ mit dem Pinakoid $\{100\}$.

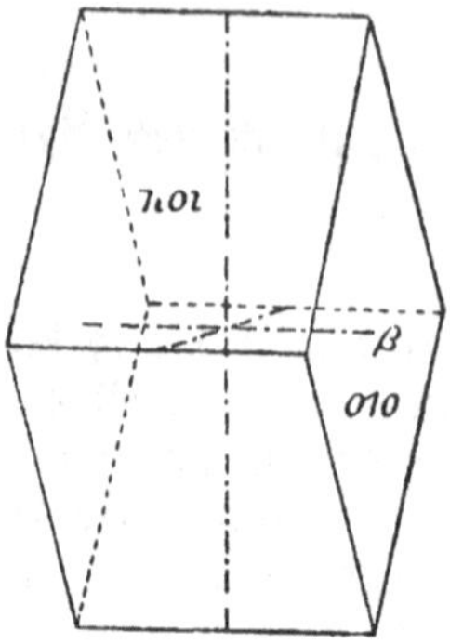

Fig. 439.
Rhombisches Prisma $\{h0l\}$ mit dem Pinakoid $\{010\}$.

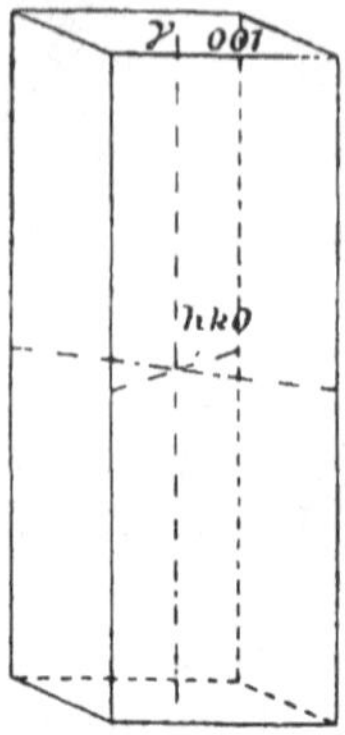

Fig. 440.
Rhombisches Prisma $\{hk0\}$ mit dem Pinakoid $\{001\}$.

		Symmetrie der Flächen
Rhombische Bipyramide .	$\{hkl\}$	asymmetrisch
Rhombische Prismen . .	$\{0kl\}$, $\{h0l\}$, $\{hk0\}$	monosymmetrisch
Pinakoide	$\{100\}$, $\{010\}$, $\{001\}$	disymmetrisch.

Die Prismen $\{0kl\}$, $\{h0l\}$, $\{hk0\}$ stehen zu der Bipyramide $\{hkl\}$ in der Beziehung, daß sie der Reihe nach die Kanten δ, ε, ξ von $\{hkl\}$ gerade abstumpfen. Ein Beispiel für diesen durch Fig. 441 veranschaulichten

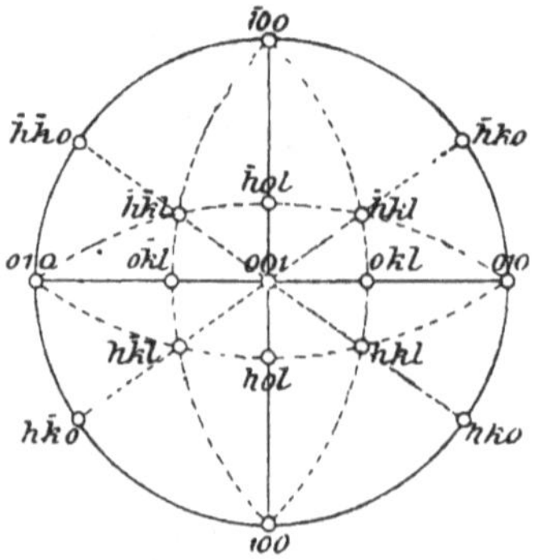

Fig. 441. Polfigur mit $\{hkl\}$, $\{0kl\}$, $\{h0l\}$, $\{hk0\}$, $\{100\}$, $\{010\}$, $\{001\}$.

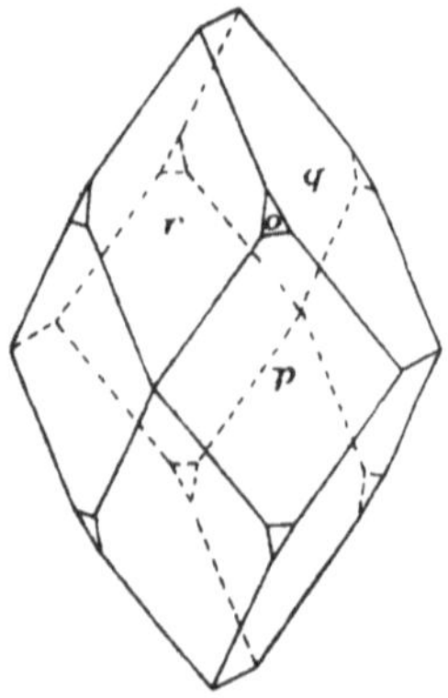

Fig. 442.
Wasserhaltige Citronensäure.

Zonenverband bietet die **wasserhaltige Citronensäure** $= C_6H_8O_7 . H_2O$ dar (Fig. 442); hier ist $a:b:c = 0,6740:1:1,6621$. $q\{011\}$, $r\{101\}$, $p\{110\}$, $o\{111\}$.

Sehr häufig beobachtet man *Zwillinge* nach dem Gesetz, daß zwei Individuen symmetrisch liegen zu einer Fläche *z* eines rhombischen Prismas. Beachten wir, daß *z* auf einer Symmetrieebene *s* jedes Individuums senkrecht steht, so ist ersichtlich, daß der auf S. 73 mit Hilfe von Fig. 443 bewiesene Satz zur Anwendung kommt. Wir fanden, daß in diesem Falle ein Durchdringungszwilling auch nach der auf *z* und *s* senkrechten Ebene *t*, die nicht als Krystallfläche auftreten kann, symmetrisch ist. Da ein Centrum der Symmetrie vorhanden ist, so müssen außer der auf *s* senkrechten Symmetrieaxe σ auch die Normale ζ der Prismenfläche *z* und die Normale τ der Ebene *t* für den Zwilling 2-zählige Symmetrieaxen sein. Die Gerade τ fällt mit der Symmetrielinie der Prismenfläche *z* zusammen; sie liegt also in dieser Fläche senkrecht zur Prismenkante.

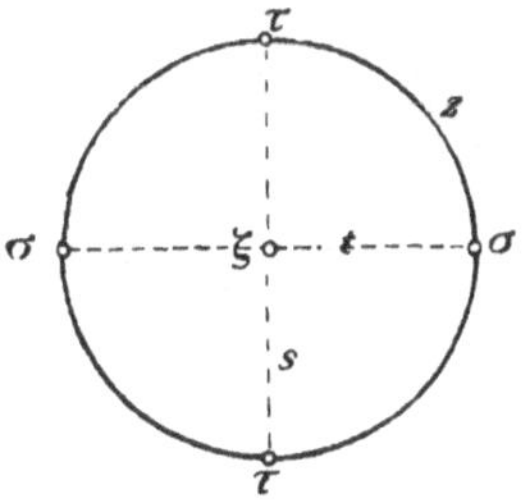

Fig. 443.

Schwefel. $a:b:c =$ 0,8130 : 1 : 1,9030. Fig. 444 stellt die gewöhnliche Form der sicilischen Krystalle dar: *o* {111}, *s* {113}, *q* {011}, *c* {001}.

Carnallit = KCl. $MgCl_2.6H_2O$. $a:b:c =$ 0,5968 : 1 : 1,3891. An Krystallen von Staßfurt beobachtete Fr. Hessenberg die Kombination (Fig. 445): *m* {110}, *b* {010}, *i* {101}, *k* {111}, *f* {021}, *o* {112}, *e* {011}, *s* {113}, *d* {023}, *c* {001}. Da der Prismenwinkel 110 : 1$\bar{1}$0 nur wenig von 60° abweicht (61° 40′), so bilden *m* und *b* nahezu ein hexagonales Prisma; andererseits sind die Kombinationen von *k* und *f*, *o* und *e*, *s* und *d* in ihren Winkeln hexagonalen Bipyramiden ähnlich.

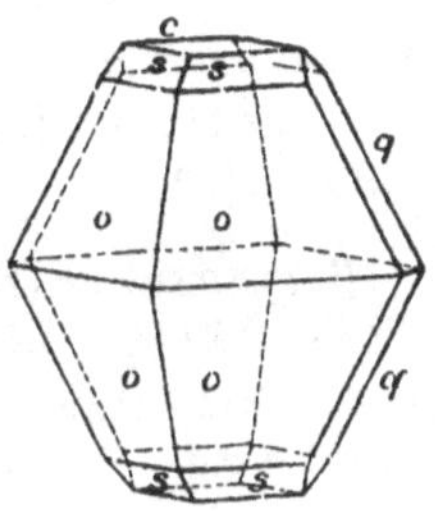

Fig. 444. Schwefel.

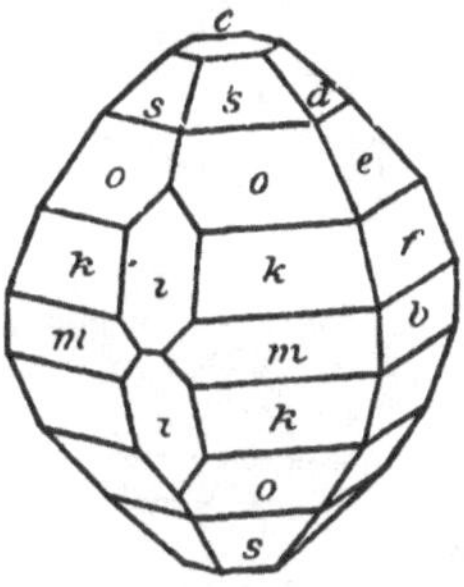

Fig. 445. Carnallit.

Calciumkarbonat (Aragonit) = $CaCO_3$. $a:b:c$ = 0,6224 : 1 : 0,7206. Einfache Krystalle (Fig. 446) von Horschenz in Böhmen zeigen die Kombination: *m* {110}, *b* {010}, *k* {011}, *p* {111}, *s* {121}. Außerordentlich häufig treten Zwillinge auf, die nach {110} symmetrisch sind (Fig. 447). Oft findet eine Wiederholung dieser Zwillingsbildung statt, entweder in der Weise, daß die Ebenen, zu denen benachbarte Individuen symmetrisch liegen, untereinander parallel laufen, oder so, daß die Zwillingsbildung gleichzeitig nach den beiden Flächenrichtungen des Prismas {110} erfolgt, wie in Fig. 448. Da der Prismenwinkel 110 : 1$\bar{1}$0 nur wenig von 60° ab-

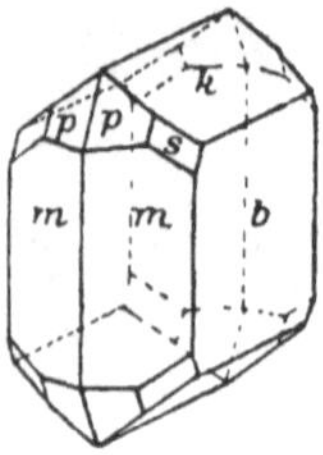

Fig. 446.
Aragonit von Horschenz.

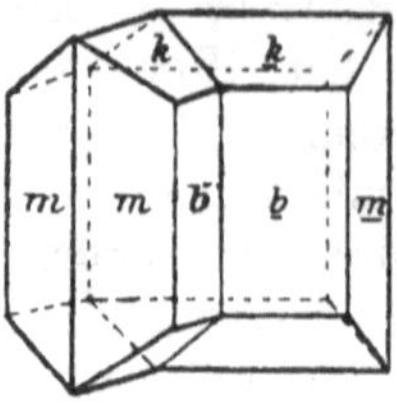

Fig. 447.
Aragonit. Zwilling nach *m*.

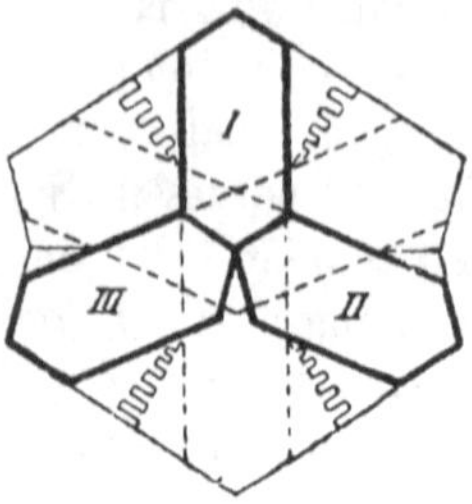

Fig. 448.
Aragonit. Drilling nach *m*.

weicht (er beträgt 63° 48′), so werden Durchdringungsdrillinge nahezu ein hexagonales Prisma bilden; diese Anordnung ist in Fig. 448 angedeutet.

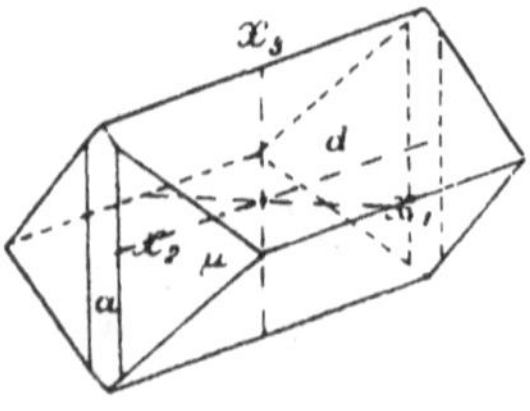

Fig. 449.
Anhydrit von Staßfurt.

Calciumsulfat (Anhydrit) = $CaSO_4$. $a:b:c$ = 1,005 : 1 : 0,894. Ausgezeichnet spaltbar nach den Symmetrieebenen, am vollkommensten nach 010, am wenigsten vollkommen nach 001. Ringsum ausgebildete Krystalle aus dem Kieserit von Staßfurt (Fig. 449) sind begrenzt von *a* {100}, *μ* {530}, *d* {011}.

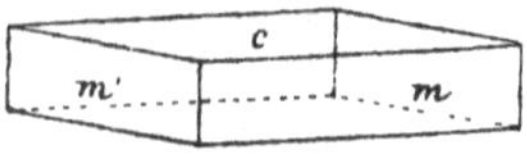

Fig. 450.
Baryumsulfat. Spaltungsform.

Baryumsulfat (Baryt, Schwerspat) = $BaSO_4$. $a:b:c$ = 0,8148:1:1,3127. Vollkommen spaltbar nach *c* {001}, etwas weniger vollkommen nach *m* {110}. Zuweilen sind die Krystalle nur von diesen beiden Formen begrenzt (Fig. 450). Allein der Habitus wechselt in hohem Grade. Oft beobachtet man, daß neben *c* und *m* das Prisma *d* {102} vorherrscht (Fig. 451), oder daß

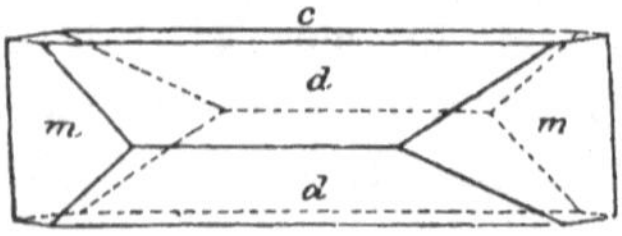

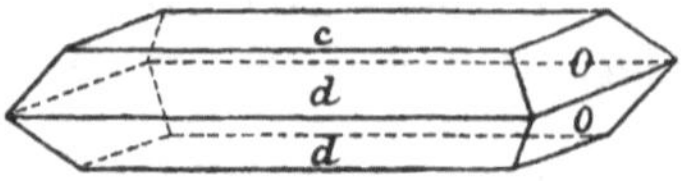

Fig. 451—452. Baryumsulfat.

die Prismen *d* und *o* {011} die seitliche Begrenzung der nach *c* tafelförmigen Krystalle bilden (Fig. 452).[1]

Chrysoberyll = $BeAl_2O_4$. $a:b:c$ = 0,4700 : 1 : 0,5800. Von besonderem Interesse ist der Durchdringungsdrilling (Fig. 453) aus den Smaragdgruben

[1] Über Ätzeindrücke vgl. J. VALENTIN, Zeitschr. f. Kryst. **15**, 576; 1889.

an der Takowaja im Ural mit $a\{100\}$, $o\{111\}$, $n\{121\}$. Zwillingsebenen sind die Flächen des Prismas $\{031\}$, dessen Winkel nur sehr wenig von 60° und 120° abweichen ($031 : 0\bar{3}1 = 120° 14'$). Die Flächen a sind vertikal gestreift; an den Zwillingsgrenzen stoßen die Streifen federartig zusammen. Da die Flächen o benachbarter Individuen fast genau in eine Ebene fallen, so gewinnt der Drilling, wenn die in Fig. 453 durch die Flächen n gebildeten einspringenden Winkel fehlen, das Aussehen einer hexagonalen Bipyramide, deren Endecken durch die Basis abgestumpft sind.

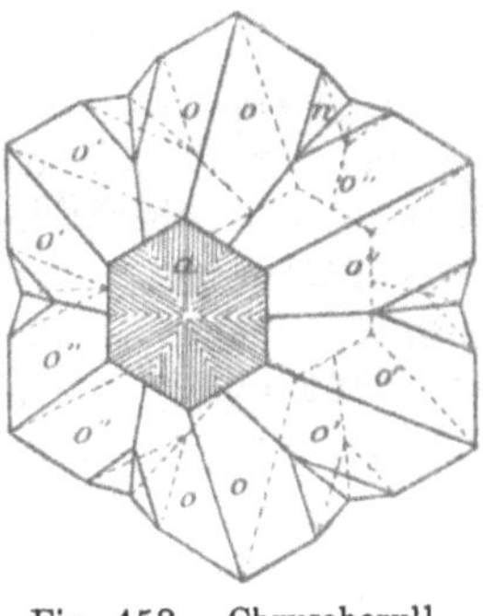

Fig. 453. Chrysoberyll. Durchdringungsdrilling.

Topas = $[Al(F, OH)]_2SiO_4$. Krystalle aus dem Borschtschowotschnoi-Gebirge bei Nertschinsk (Fig. 454) ergaben die Axenelemente $a:b:c = 0{,}5285 : 1 : 0{,}9539$.[1] Vollkommen spaltbar nach $\{001\}$. Schmelzendes Kaliumhydroxyd oder schmelzendes saures Kaliumsulfat erzeugen auf $\{001\}$ Ätzeindrücke, die von einer rhombischen Pyramide mit oder ohne Basis begrenzt werden; auf $\{110\}$ entstehen Eindrücke, die nach 001 monosymmetrisch sind.[2]

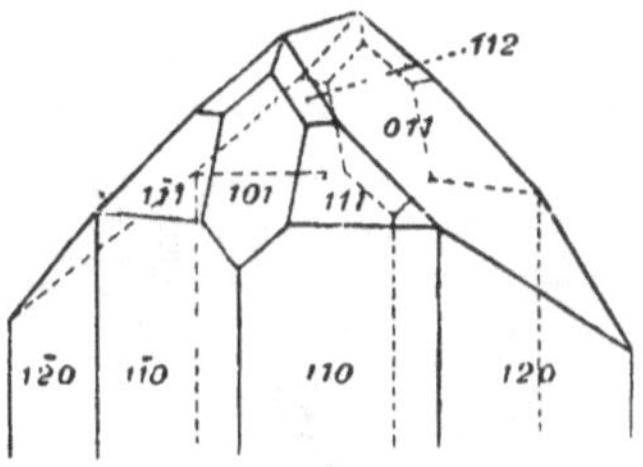

Fig. 454. Topas von Nertschinsk.

Staurolith = $HFeAl_5Si_2O_{13}$. $a:b:c = 0{,}4723 : 1 : 0{,}6804$. $m\{110\}$, $o\{010\}$, $P\{001\}$, $r\{101\}$. Häufig sind Zwillingsbildungen nach $\{032\}$ und nach $\{232\}$. Die Fig. 455 und 456 stellen Krystalle aus dem Glimmerschiefer der Umgegend von Quimper in der Bretagne dar.

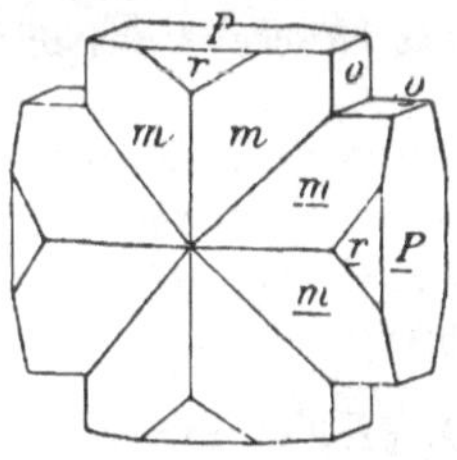

Fig. 455. Staurolith. Zwilling nach 032.

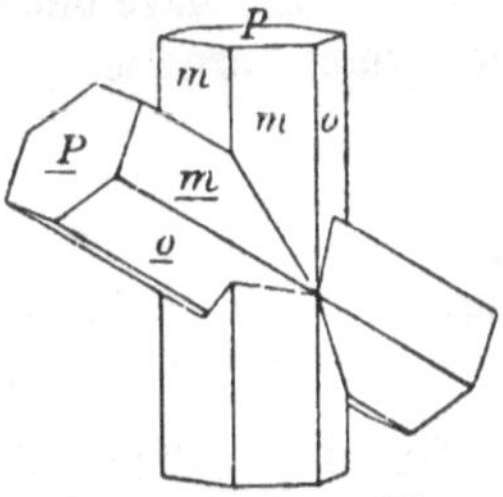

Fig. 456. Staurolith. Zwilling nach 232.

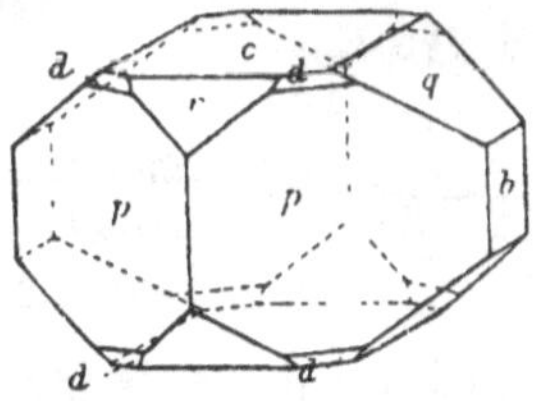

Fig. 457. Bromdinitrobenzol.

Bromdinitrobenzol = $C_6H_3(NO_2)_2Br$ (1, 3, 4). $a:b:c = 0{,}7919:1:0{,}7002$. Fig. 457. $p\{110\}$, $q\{011\}$, $r\{101\}$, $c\{001\}$; zuweilen treten untergeordnet auch $b\{010\}$ und $d\{221\}$ hinzu.[3]

---

[1] N. von Kokscharow, Mat. z. Min. Rußl. **2**, 198; 1857.

[2] H. Baumhauer, N. Jahrb. f. Min. 1876, 1. H. Laspeyres, Zeitschr. f. Kryst. 1, 351; 1877.

[3] W. Keith, N. Jahrb. f. Min. Beil.-Bd. **6**, 194; 1889.

26] Hemiëdrie.

(Rhombisch-bisphenoidische Gruppe.)

Drei aufeinander senkrechte, nicht vertauschbare, 2-zählige Symmetrieaxen. Von den durch diese Axen bestimmten Oktanten sind nur die abwechselnden gleichberechtigt. Daher sind in der Kugelteilung (Fig. 458) die weiß gelassenen Oktanten verschieden von den schraffierten. Gleichberechtigte Flächen bilden im allgemeinen ein *rhombisches Bisphenoid.* Wir unterscheiden *rechte* und *linke* Bisphenoide, je nachdem über dem Oktanten vorn-rechts-oben oder über dem Oktanten vorn-links-oben eine Fläche des

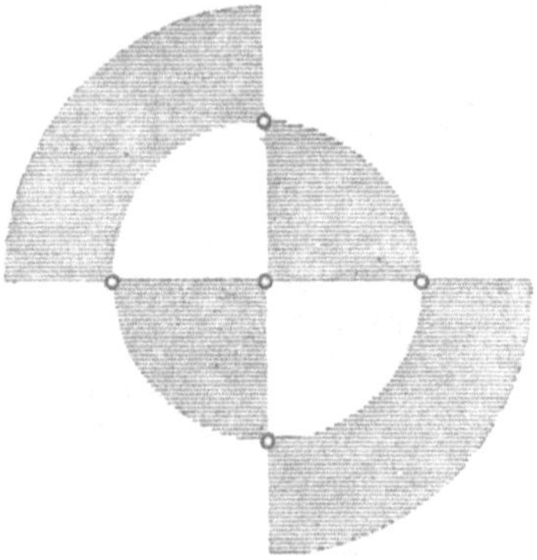

Fig. 458. Kugelteilung durch drei aufeinander senkrechte 2-zählige Symmetrieaxen.

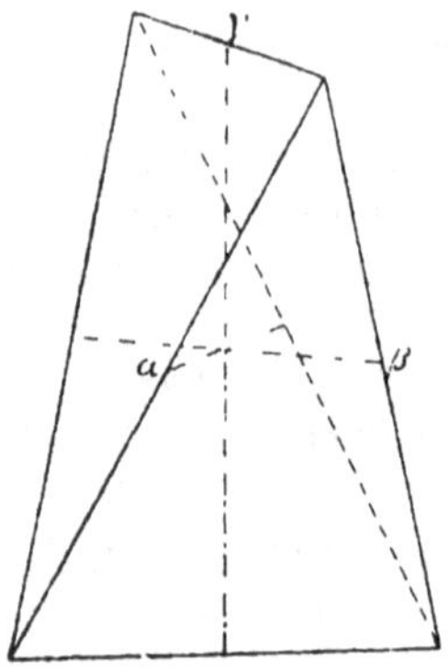

Fig. 459 Linkes rhombisches Bisphenoid $\{h\bar{k}l\}$.

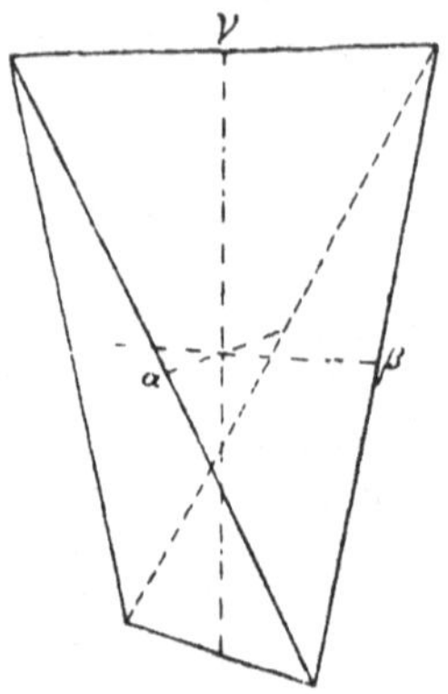

Fig. 460. Rechtes rhombisches Bisphenoid $\{khl\}$.

Bisphenoids liegt (Fig. 460, 459). Korrelate Bisphenoide $\{hkl\}$ und $\{h\bar{k}l\}$ sind *enantiomorph;* die eine Form ist das Spiegelbild der anderen in Bezug auf die Axenebenen. Als Grenzformen erhalten wir *rhombische Prismen* und *Pinakoide.*

		Symmetrie der Flächen
Rhombische Bisphenoide	$\{hkl\}$, $\{h\bar{k}l\}$	asymmetrisch
Rhombische Prismen .	$\{0kl\}$, $\{h0l\}$, $\{hk0\}$	asymmetrisch
Pinakoide	$\{100\}$, $\{010\}$, $\{001\}$	c_2.

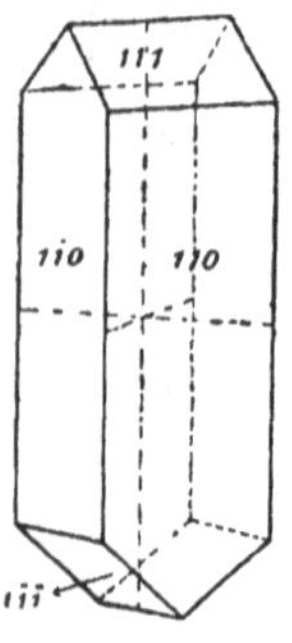

Fig. 461. Magnesiumsulfat.

Magnesiumsulfat (Bittersalz) = $MgSO_4.7H_2O$. $a:b:c = 0{,}990:1:0{,}571$. Fig. 461 stellt die gewöhnliche Kombination des Prismas {110} mit dem Bisphenoid {111} dar. Spaltbar nach 010. Mit Bittersalz sind isomorph:

Zinksulfat = $ZnSO_4.7H_2O$. $a:b:c = 0{,}980:1:0{,}563$ und

Nickelsulfat = $NiSO_4.7H_2O$. $a:b:c = 0{,}981:1:0{,}566$.

Ameisensaures Strontium = $Sr(CHO_2)_2.2H_2O$. $a:b:c = 0{,}6076:1:0{,}5949$. Vorherrschend ausgebildet sind die

Prismen $p\{110\}$, $q\{011\}$ und das Pinakoid $b\{010\}$. Aus derselben Lösung entstehen nebeneinander enantiomorphe Krystalle. Die eine Art zeigt die in Fig. 462 dargestellte Kombination, an welcher das rechte Bisphenoid $s\{121\}$ gegenüber dem linken Bisphenoid $o\{1\bar{1}1\}$ vorwaltet; an der anderen Art bemerkt man die korrelaten Bisphenoide, das linke $s'\{1\bar{2}1\}$ und das rechte $o'\{111\}$.[1] Bringt man in eine Lösung des Salzes ein Bruchstück eines rechten oder eines linken Krystalls, so scheiden sich nur rechte oder nur linke Krystalle aus.[2]

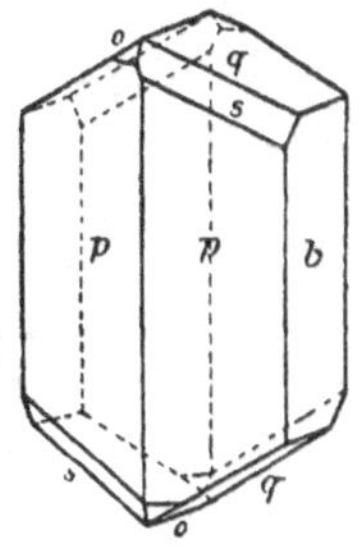

Fig. 462. Ameisensaures Strontium.

Saure Ammoniumsalze der aktiven Äpfelsäuren = $NH_4 . C_4H_5O_5$. $a:b:c = 0{,}723:1:0{,}7766$. Spaltbar nach 001. Aus reinen wässerigen Lösungen bilden sich Krystalle, die nur von den Prismen $p\{110\}$, $q\{011\}$, $d\{012\}$ und den Pinakoiden $b\{010\}$, $c\{001\}$ begrenzt sind (Fig. 463). Enthält die Lösung aber eine geringe Menge der Zersetzungsprodukte, die

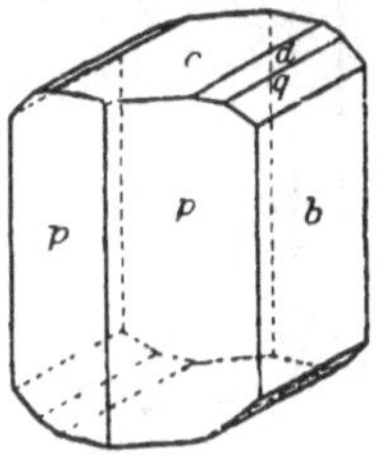

Fig. 463.

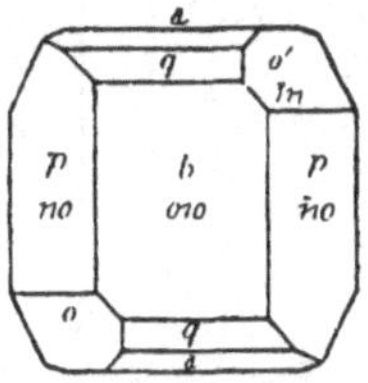

Fig. 464. Saures Ammoniumsalz der Linksäpfelsäure.

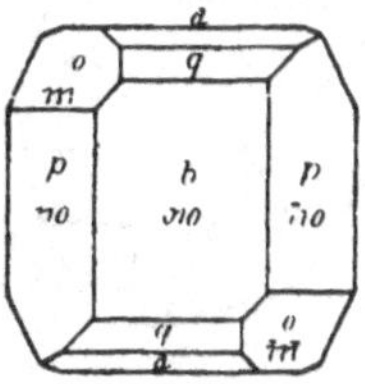

Fig. 465. Saures Ammoniumsalz der Rechtsäpfelsäure.

beim Erhitzen des Salzes entstehen, so treten an den Krystallen der linksäpfelsauren Verbindung die Flächen des linken Bisphenoids $o'\{1\bar{1}1\}$ auf, während die Krystalle der rechtsäpfelsauren Verbindung das rechte Bisphenoid $o\{111\}$ zeigen (Fig. 464, 465).[3]

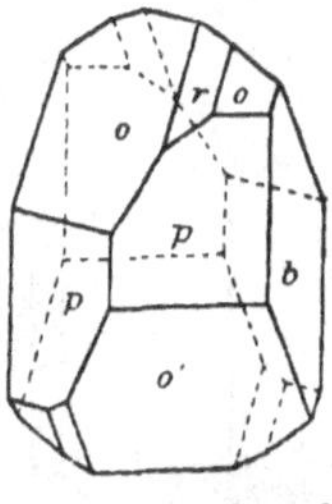

Fig. 466. Saures rechtsweinsaures Kalium.

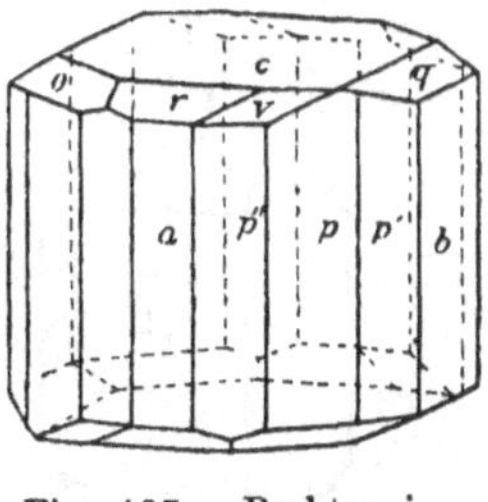

Fig. 467. Rechtsweinsaures Kalium-Natrium.

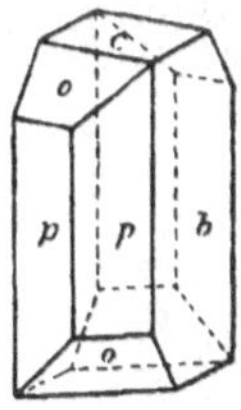

Fig. 468. Rechtsweinsaures Kalium-Lithium.

[1] L. Pasteur, Ann. chim. phys. (3) **31**, 98; 1851. J. C. Heusser, Ann. d. Phys. **83**, 48, 1851. E. Jacobsen, Ann. d. Phys. **113**, 493; 1861.
[2] D. Gernez, Ann. d. Phys. **134**, 623; 1868.
[3] L. Pasteur, Ann. chim. phys. (3) **34**, 49; 1852. **38**, 441; 1853. **49**, 8; 1857.

Saures rechtsweinsaures Kalium (Weinstein) = $KHC_4H_4O_6$. $a:b:c =$ 0,7115 : 1 : 0,7372. Fig. 466. p {110}, b {010}, r {101} und die korrelaten Bisphenoide o' {1$\bar{1}$1}, o {111}.

Rechtsweinsaures Kalium-Natrium (Seignettesalz) = $KNaC_4H_4O_6.4H_2O$. $a:b:c =$ 0,8317 : 1 : 0,4296. Fig. 467. a {100}, b {010}, c {001}, p {110}, p' {120}, p'' {210}, q {011}, r {101}, das linke Bisphenoid o {1$\bar{1}$1} und das rechte Bisphenoid v {211}.

Rechtsweinsaures Kalium-Lithium = $KLiC_4H_4O_6.H_2O$. $a:b:c =$ 0,5477 : 1 : 0,4430. Fig. 468. b {010}, p {110}, c {001} und das linke Bisphenoid o {1$\bar{1}$1}.

Rechtsweinsaures Antimonyl-Kalium (Brechweinstein) = $K(SbO)C_4H_4O_6$. $a:b:c =$ 0,9556 : 1 : 1,1054. Fig. 469. p {110}, c {001} und die korrelaten Bisphenoide o {111}, o' {1$\bar{1}$1}.

Gewöhnliches (β-l-) **Asparagin** = $C_2H_3(NH_2)(CO.NH_2)(CO_2H).H_2O$. $a:b:c =$ 0,4737 : 1 : 0,8327. Fig. 470. p {110}, q {021}, c {001} und das linke Bisphenoid {1$\bar{1}$1}.[1]

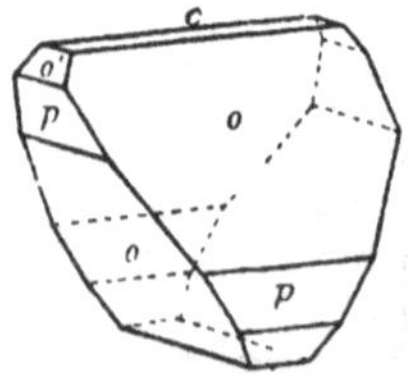

Fig. 469. Rechtsweinsaures Antimonylkalium.

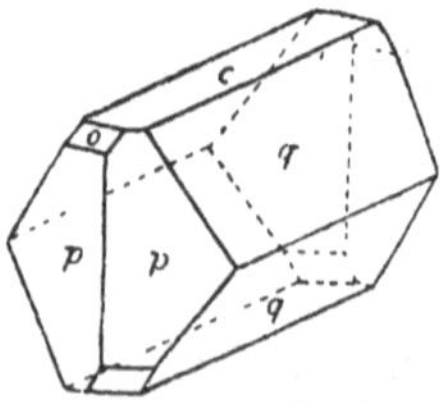

Fig. 470. β-l-Asparagin.

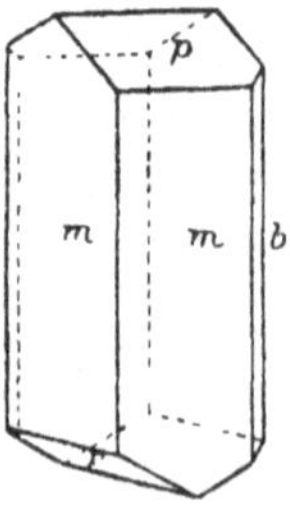

Fig. 471. d-Glukose.

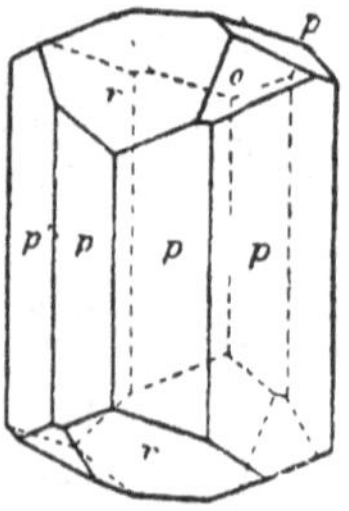

Fig. 472. Trehalose.

d-**Glukose** (wasserfreier Traubenzucker) = $C_6H_{12}O_6$. $a:b:c =$ 0,704 : 1 : 0,335. Fig. 471. m {110}, b {010} und das rechte Bisphenoid p {111}.[2]

Trehalose (Mykose) = $C_{12}H_{22}O_{11}.2H_2O$. $a:b:c =$ 0,6814 : 1 : 0,4174. Fig. 472. p {110}, p' {120}, q {011}, r {101} und das rechte Bisphenoid o {111}. (C. Bodewig.)

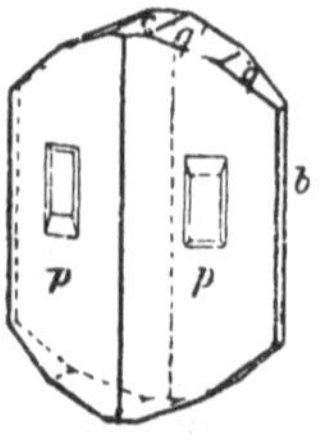

Fig. 473. Rechts-Carvontribromid.

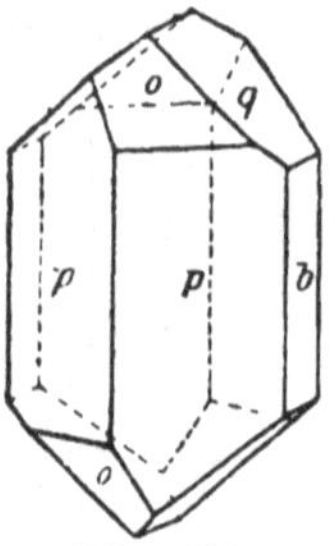

Fig. 474. Links-Carvontetrabromid.

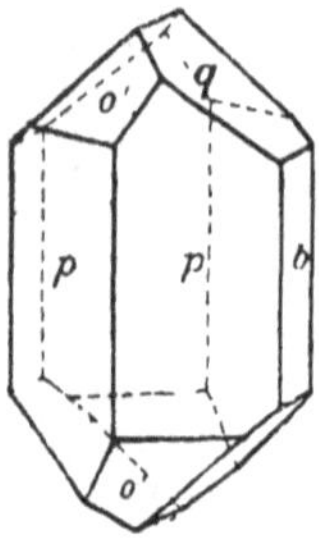

Fig. 475. Rechts-Carvontetrabromid.

[1] L. Pasteur, Ann. chim. phys. (3) **31**, 70; 1851.
[2] F. Becke, Min. petr. Mitt. **10**, 495; 1889.

Rechts-Carvontribromid = $C_{10}H_{15}Br_3O$. $a:b:c = 0{,}4729:1:0{,}7939$. Fig. 473. $p\,\{110\}$, $b\,\{010\}$, $q\,\{011\}$, $q'\,\{012\}$, $c\,\{001\}$. Die Hemiëdrie ergiebt sich aus der Anordnung der asymmetrischen Ätzeindrücke, die man auf den Prismenflächen p erhält, wenn man auf ihnen einen Tropfen Petroleumäther verdunsten läßt (Th. Liebisch).

Links- und Rechts-Carvontetrabromid = $C_{10}H_{14}Br_4O$. $a:b:c = 0{,}7078:1:0{,}8704$. Fig. 474 und 475. $p\,\{110\}$, $b\,\{010\}$, $q\,\{011\}$. Je nachdem die Krystalle aus einer linksdrehenden oder aus einer rechtsdrehenden Lösung gewonnen sind, tritt das rechte Bisphenoid $o\,\{111\}$ oder das linke Bisphenoid $o'\,\{1\bar{1}1\}$ hinzu. Bei der Ätzung mit Tetrachlorkohlenstoff entstehen auf den Prismenflächen p asymmetrische Eindrücke, deren Anordnung den Symmetrieeigenschaften der Hemiëdrie des rhombischen Systems und der Enantiomorphie der beiden Arten von Krystallen entspricht (Th. Liebisch).

Metasantonsäure = $C_{15}H_{20}O_4$. Die aus Natriumhydrosantonat dargestellten Krystalle (Fig. 476) waren begrenzt von den Prismen $\{110\}$, $\{101\}$ und dem rechten Bisphenoid $\{111\}$; sie ergaben $a:b:c = 1{,}3033:1:1{,}2510$. Dagegen wurde durch Erhitzen der Santonsäure in CO_2 bei 290° die in Fig. 477 abgebildete Kombination der Prismen $\{110\}$, $\{011\}$, $\{101\}$, $\{102\}$ und der korrelaten Bisphenoide $\{111\}$, $\{1\bar{1}1\}$ gewonnen; für diese Krystalle waren die Verhältnisse der Axeneinheiten $a:b:c = 1{,}3041:1:1{,}2515$.[1]

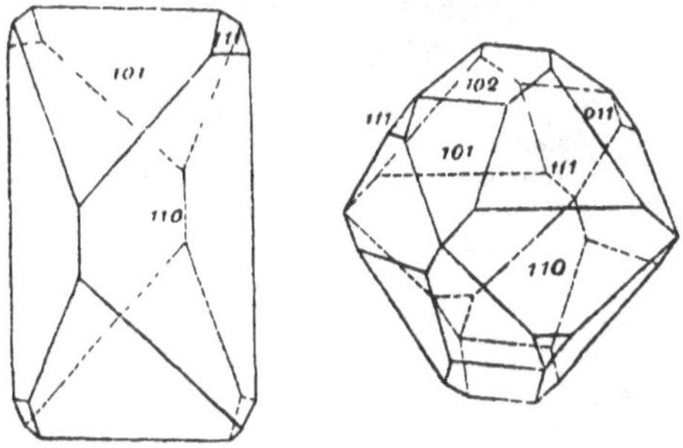

Fig. 476—477. Metasantonsäure.

27] Hemimorphie.

(Rhombisch-pyramidale Gruppe.)

Eine polare 2-zählige Symmetrieaxe und zwei durch diese Axe hindurchgehende Symmetrieebenen, die aufeinander senkrecht stehen. Wir wählen die polare Axe zur Vertikalaxe γ. Dann erzeugen die Symmetrieelemente in Verbindung mit der Horizontalebene die in Fig. 478 dargestellte Kugelteilung. Die allgemeinste einfache Form ist eine obere oder eine untere *rhombische Pyramide*, $\{h\,k\,l\}$ oder $\{h\,k\,\bar{l}\}$. Als spezielle Formen können auftreten: vertikale rhombische *Prismen* $\{h\,k\,0\}$; obere oder untere *Domen* mit den Symbolen $\{0\,k\,l\}$ oder $\{0\,k\,\bar{l}\}$ und $\{h\,0\,l\}$ oder $\{h\,0\,\bar{l}\}$; *Pinakoide* parallel den Symmetrieebenen, $\{100\}$ und $\{010\}$; die obere oder die untere *Basis*, 001 oder $00\bar{1}$.

[1] J. Strüver, Zeitschr. f. Kryst. 2, 597; 1878.

		Symmetrie der Flächen
Rhombische Pyramiden . .	$\{hkl\}$, $\{hk\bar{l}\}$	asymmetrisch
Rhombisches Prisma . . .	$\{hk0\}$	asymmetrisch
Domen	$\{0kl\}$, $\{0k\bar{l}\}$; $\{h0l\}$, $\{h0\bar{l}\}$	monosymmetrisch
Pinakoide	$\{100\}$, $\{010\}$	monosymmetrisch
Basis	001, $00\bar{1}$	disymmetrisch.

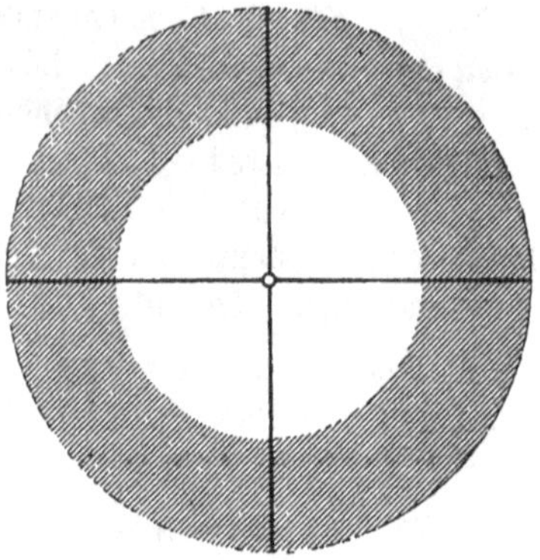

Fig. 478. Kugelteilung durch eine polare 2-zählige Symmetrieaxe und zwei durch diese Axe hindurchgehende Symmetrieebenen.

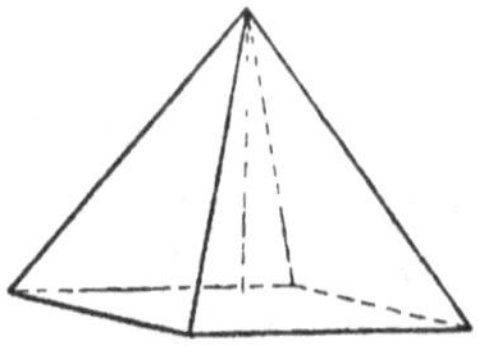

Fig. 479. Rhombische Pyramide $\{hkl\}$.

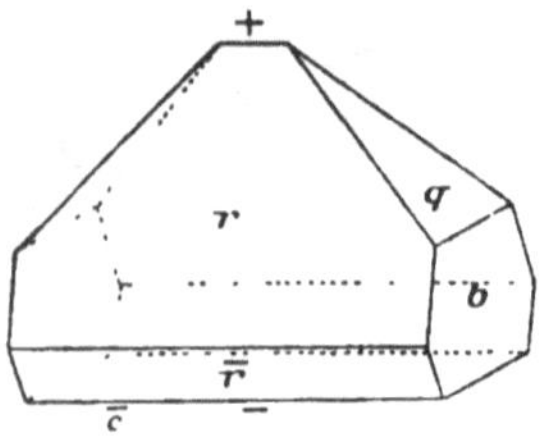

Fig. 480. Magnesium-Ammoniumorthophosphat.

Magnesium - Ammoniumorthophosphat (Struvit) = $Mg(NH_4)PO_4.6H_2O$. $a:b:c = 0{,}5667:1:0{,}9121$. Der Struvit aus dem Grunde der Nikolai-Kirche in Hamburg (1846) zeigt am antilog elektrischen Pole die Domen r $\{101\}$ und q $\{101\}$, am analog elektrischen Pole dagegen die Basis $\bar{c}$ $\{00\bar{1}\}$ und das Doma $\bar{r}$ $\{10\bar{1}\}$.

Kieselzinkerz = $(ZnOH)_2SiO_3$. $a:b:c = 0{,}7835:1:0{,}4778$. Fig. 481 stellt einen

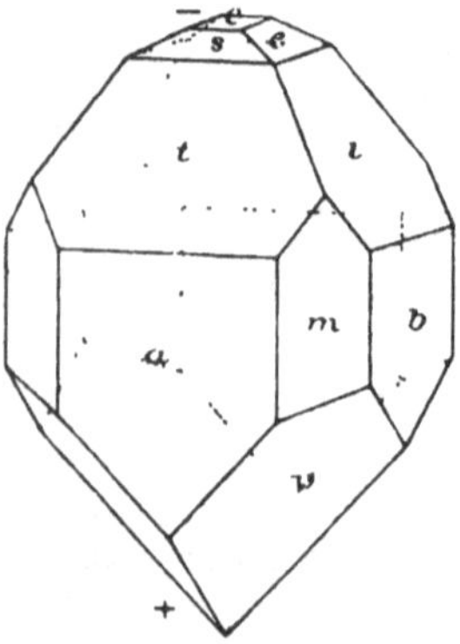

Fig. 481. Kieselzinkerz.

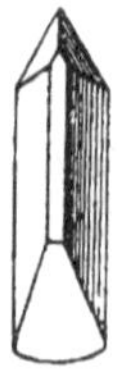

Fig. 482. Ätzeindruck auf b durch HCl.

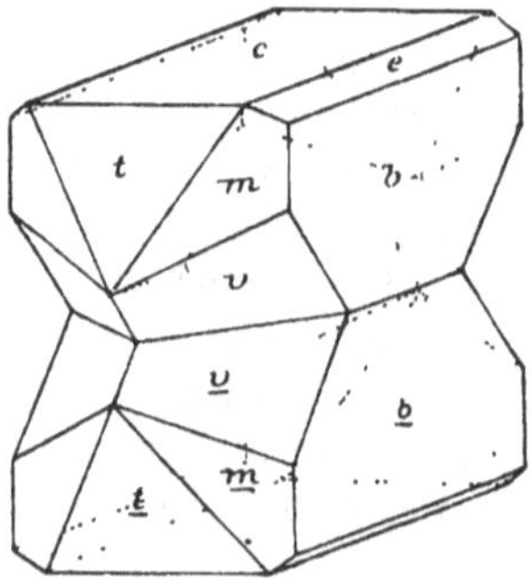

Fig. 483. Zwilling nach $00\bar{1}$.

Krystall von Altenberg bei Aachen dar. *a* {100}, *b* {010}, *m* {110}. An dem analog elektrischen Pole treten neben der Basis *c* {001} die Domen *s* {101}, *t* {301}, *e* {011}, *i* {031} auf. Der antilog elektrische Pol wird begrenzt durch die rhombische Pyramide *v* $\{12\bar{1}\}$. Erwärmt man einen Krystall von Kieselzinkerz ganz kurze Zeit mit stark verdünnter Salzsäure, so entstehen auf *b* monosymmetrische Eindrücke (Fig. 482), deren Spitzen nach 001 hin gerichtet sind.[1] In den nach $00\bar{1}$ symmetrischen Zwillingen (Fig. 483) sind die Normalen der Ebenen 100 und 010 gleichzeitig 2-zählige Symmetrieaxen.

Prehnit = $H_2Ca_2Al_2(SiO_4)_3$. $a:b:c = 1{,}1272:1:0{,}8420$. Gewöhnlich tafelartig nach {100}. Pyroelektrisch, am antilog elektrischen Pole das Doma {101}, am analog elektrischen Pole das korrelate Doma $\{10\bar{1}\}$. Häufig bemerkt man Zwillinge nach $00\bar{1}$, zuweilen auch nach 001. Die Hemimorphie der Krystalle ergiebt sich auch aus den durch geschmolzenes Kaliumhydroxyd erzeugten Ätzeindrücken.[2]

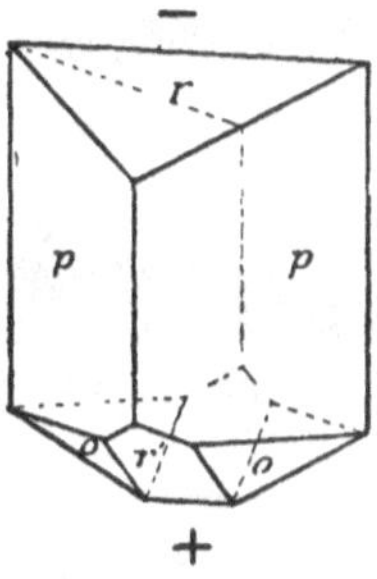

Fig. 484. Resorcin.

Resorcin = $C_6H_4(OH)_2$. $a:b:c = 0{,}91:1:0{,}54$. Vorherrschend ausgebildet ist das Prisma *p* {110}. Der analog elektrische Pol wird begrenzt durch das Doma *r* {101}. Der antilog elektrische Pol zeigt neben der rhombischen Pyramide *o* $\{11\bar{1}\}$ noch das Doma *r'* $\{10\bar{1}\}$.[3]

Triphenylmethan = $(C_6H_5)_3CH$. $a:b:c = 0{,}5716:1:0{,}5867$. {100}, {010}, {110}. Oben das Doma {021}, unten die Pyramide $\{12\bar{2}\}$.[4]

Pikrinsäure = $C_6H_3(NO_2)_3O$. $a:b:c = 1{,}0389:1:1{,}0671$. Gewöhnlich tafelartig nach {100}; stets ist das Prisma {120} vorhanden. Am analog elektrischen Pole treten die Pyramide {111} und die Basis 001, zuweilen auch die Pyramide {122} und die Domen {104}, {102} auf; dagegen ist am antilog elektrischen Pole nur die Pyramide $\{11\bar{1}\}$ ausgebildet.[5]

---

[1] H. Baumhauer, N. Jahrb. f. Min. 1876, 6.
[2] H. Traube, N. Jahrb. f. Min. Beil.-Bd. **9**, 134; 1894.
[3] W. Hankel und H. Lindenberg, Abh. sächs. Ges. d. Wiss. **18**, 392; 1892.
[4] C. Hintze, Zeitschr. f. Kryst. **9**, 546; 1884.
[5] L. Brugnatelli, Zeitschr. f. Kryst. **24**, 274; 1895.

5. Monoklines System.

Das Axensystem monokliner Krystalle wird von drei Kantenrichtungen a, b, c gebildet, von denen b auf a und c senkrecht steht. Daher besitzt ein monokliner Krystall drei voneinander unabhängige geometrische Konstanten: die beiden Verhältnisse der Axeneinheiten $a:b:c$ und den Winkel $(c\,a) = \beta$. Es ist üblich b quer zum Beobachter, c vertikal und a nach vorn geneigt aufzustellen.

28] Holoëdrie.

(Prismatische Gruppe.)

Centrisch symmetrische Krystalle mit einer Symmetrieebene und einer auf dieser Ebene senkrecht stehenden 2-zähligen Symmetrieaxe b. Mit einer Fläche $h\,k\,l$ sind gleichberechtigt das Spiegelbild $h\,\bar{k}\,l$ und die parallelen Gegenflächen $\bar{h}\,\bar{k}\,\bar{l}$ und $\bar{h}\,k\,\bar{l}$. Die allgemeinste einfache Form ist also ein *vierflächiges Prisma* $\{h\,k\,l\}$; insbesondere finden wir vertikale Prismen $\{h\,k\,0\}$ und Prismen $\{0\,k\,l\}$ aus der Zone der Axe a. Der Querschnitt eines Prismas ist ein Rhombus, in welchem eine Diagonale mit der Symmetrieaxe zusammenfällt, während die andere in der Symmetrieebene liegt. Mit *einer zur Symmetrieaxe parallelen* Fläche $h\,0\,l$ ist nur die Gegenfläche $\bar{h}\,0\,\bar{l}$ gleichberechtigt; zu diesen *Pinakoiden* $\{h\,0\,l\}$ gehören insbesondere die zur ersten und zur dritten Axenebene parallelen Flächenpaare $\{100\}$ und $\{001\}$. Eine dritte Art einfacher Formen wird von dem *zur Symmetrieebene parallelen Flächenpaar* $\{010\}$ gebildet (Fig. 485).

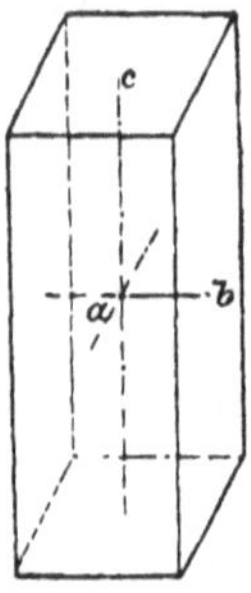

Fig. 485. Kombination von $\{100\}$, $\{010\}$, $\{001\}$.

		Symmetrie der Flächen
Prismen	$\{h\,k\,l\}$, $\{h\,k\,0\}$, $\{0\,k\,l\}$	asymmetrisch
Pinakoide	$\{h\,0\,l\}$, $\{100\}$, $\{001\}$	monosymmetrisch
Pinakoid	$\{010\}$	c_2.

Die hierher gehörigen krystallisierten Körper erscheinen sehr oft in *Zwillingen,* deren Individuen zu einer Fläche aus der Zone der Symmetrieaxe symmetrisch liegen. Daher besitzen die nach diesem Gesetze gebildeten Durchdringungszwillinge drei aufeinander senkrechte Symmetrieebenen (vergl. S. 73, Fig. 189).

β-**Schwefel.** $a:b:c = 0{,}9958:1:0{,}9998$. $\beta = 95^0\,46'$. Aus dem Schmelzflusse entstehen Krystalle (Fig. 486), an denen *m* {110} und *c* {001} vorherrschen; daneben treten *a* {100}, *o* {111} und *q* {011} auf.[1]

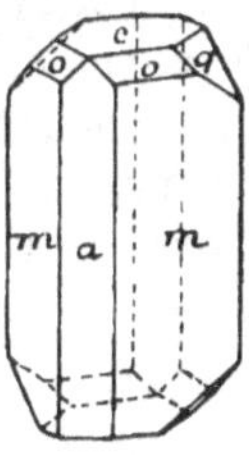

Fig. 486. *β*-Schwefel.

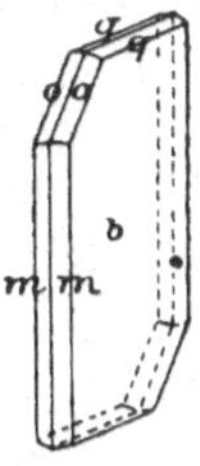

Fig. 487. *γ*-Schwefel.

γ-**Schwefel.** $a:b:c = 1{,}0609:1:0{,}7094$. $\beta = 91^0\,47'$. Aus heiß gesättigten Lösungen von Schwefel in Alkohol, Terpentinöl, Benzol etc. bilden sich dünne Tafeln (Fig. 487), die meist in der Richtung der Kante *b m* vorherrschend ausgedehnt sind. *b* {010}, *m* {210}, *o* {111}, *q* {012}.[2]

Kryolith = $3\,NaF.AlF_3$. $a:b:c = 0{,}966:1:1{,}388$. $\beta = 90^0\,11'$. Da der Winkel *β* nur wenig von 90° abweicht, so ist die an den Krystallen von Evigtok in Grönland auftretende Kombination {001}, {110} sehr ähnlich einem rhombischen Prisma mit der Basis. Werden diese Krystalle aber einige Augenblicke mit sehr verdünnter erwärmter Schwefelsäure geätzt, so entstehen auf {001} monosymmetrische und auf {110} asymmetrische Ätzeindrücke (Fig. 488), deren Anordnung den Symmetrieelementen der holoëdrischen Gruppe des monoklinen Systems entspricht.[3]

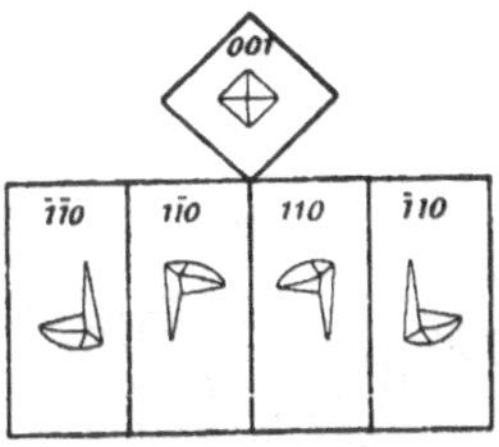

Fig. 488. Kryolith. Ätzeindrücke auf {110} und {001}.

Natriumkarbonat (Soda) = $Na_2CO_3.10\,H_2O$. $a:b:c = 1{,}483:1:1{,}400$. $\beta = 121^0\,8'$. Fig. 489. Spaltbar nach 100. *m* {110}, *l* {011}, *b* {010}.

Glauberit = $Na_2SO_4.CaSO_4$. $a:b:c = 1{,}158:1:1{,}237$. $\beta = 107^0\,45'$. Fig. 490. Spaltbar nach 001. *m* {110}, *p* {111}, *c* {001}.

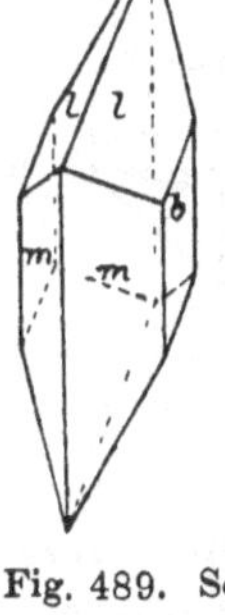

Fig. 489. Soda.

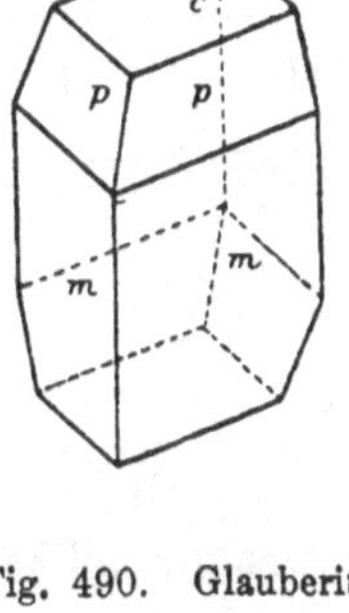

Fig. 490. Glauberit.

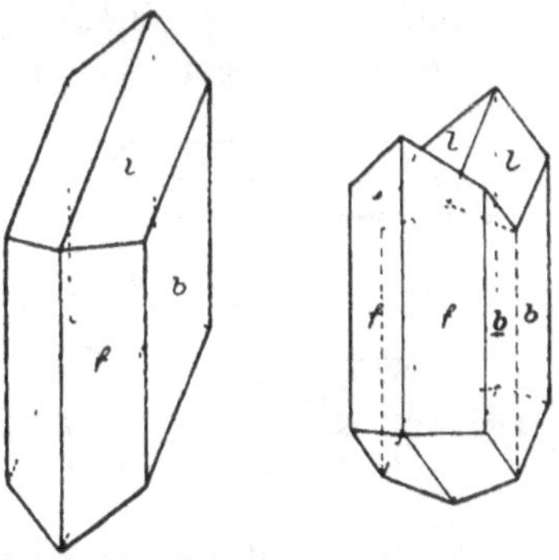

Fig. 491—492. Gyps.

[1] E. Mitscherlich, Ann. chim. phys. (2) **24**, 264; 1823.
[2] W. Muthmann, Zeitschr. f. Kryst. **17**, 336; 1890.
[3] H. Baumhauer, Zeitschr. f. Kryst. **11**, 133; 1885. **18**, 355; 1891.

Gyps $= CaSO_4.2H_2O$. $a:b:c = 0,6895:1:0,4132$. $\beta = 98^0 58'$. Fig. 491 stellt die gewöhnliche Kombination $f\{110\}$, $l\{111\}$, $b\{010\}$ dar. Äußerst vollkommen spaltbar nach 010, weniger vollkommen nach 100. Charakteristisch sind namentlich auch die leicht herzustellenden Trennungsflächen nach $n\{\bar{1}11\}$, welche die spitzen Ecken der Kombination f, l abstumpfen. Sehr häufig beobachtet man Zwillinge, deren Individuen symmetrisch liegen zu 100 (Fig. 492) oder zu 101.

Eisensulfat (Eisenvitriol) $= FeSO_4.7H_2O$. $a:b:c = 1,1828:1:1,5427$. $\beta = 104^0 15^1/_2'$. $p\{110\}$, $c\{001\}$, $r\{\bar{1}01\}$. Vollkommen spaltbar nach c, unvollkommen nach p. Läßt man einen Krystall bei gewöhnlicher Temperatur einige Stunden in absolutem Alkohol liegen, so überzieht er sich mit einem mehligen Zersetzungsprodukte, das leicht abfällt. Unter dem Mikroskop erkennt man dann die in Fig. 493 abgebildeten, scharf umgrenzten Eindrücke.[1]

Fig. 493. Eisenvitriol.

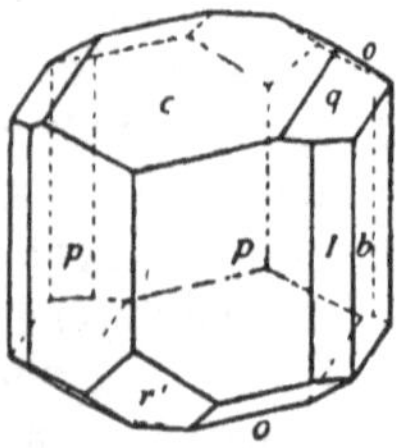

Fig. 494. Pikromerit.

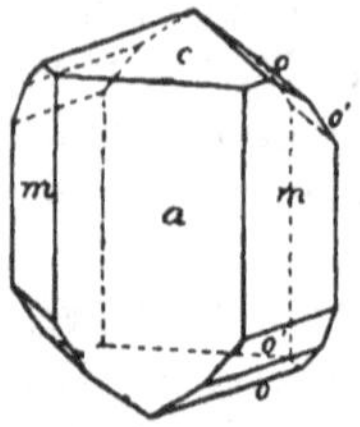

Fig. 495. Borax.

Kalium-Magnesiumsulfat (Pikromerit) $= K_2Mg(SO_4)_2.6H_2O$. $a:b:c = 0,7413:1:0,4993$. $\beta = 104^0 48'$. Fig. 494. $p\{110\}$, $l\{120\}$, $b\{010\}$, $c\{001\}$, $q\{011\}$, $r'\{\bar{2}01\}$, $o\{\bar{1}11\}$.[2]

Borax $= Na_2B_4O_7.10H_2O$. $a:b:c = 1,0995:1:0,5629$. $\beta = 106^0 35'$. Fig. 495. $a\{100\}$, $m\{110\}$, $c\{001\}$, $o\{\bar{1}11\}$, $o'\{\bar{2}21\}$. Spaltbar nach 100. Zuweilen findet man Zwillinge, deren Individuen symmetrisch zu 100 liegen.

Epidot $= HCa_2(Al, Fe)_3Si_3O_{13}$. $a:b:c = 1,5807:1:1,8057$. $\beta = 115^0 24'$. Vorherrschend ausgebildet sind Flächenpaare aus der Zone der Symmetrie-

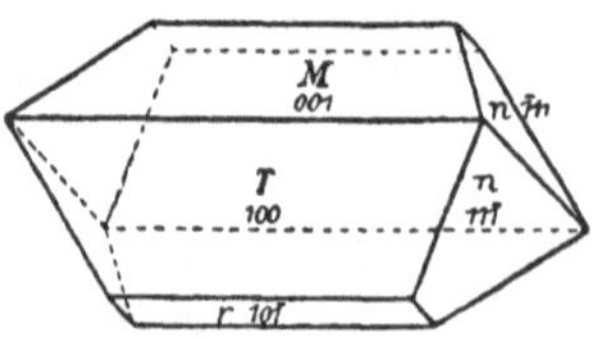

Fig. 496. Kombination von $M\{001\}$, $T\{100\}$, $r\{\bar{1}01\}$, $n\{\bar{1}11\}$.

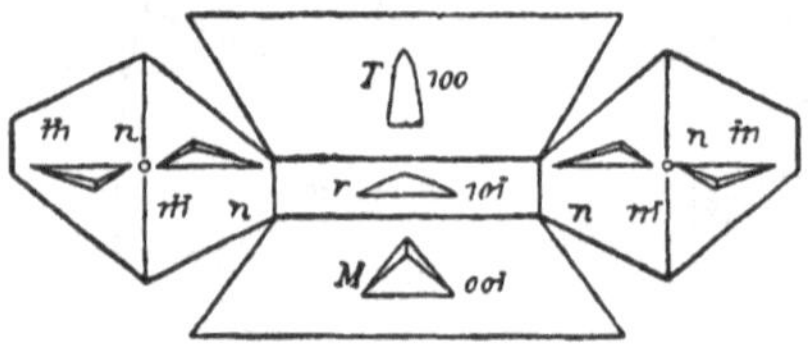

Fig. 497. Ätzeindrücke auf M, T, r, n durch Fluorwasserstoff.

Epidot.

axe. Spaltbar vollkommen nach $M\{001\}$, weniger vollkommen nach $T\{100\}$. Neben M und T treten am häufigsten $r\{\bar{1}01\}$ und $n\{\bar{1}11\}$ auf (Fig. 496).

[1] E. Blasius, Zeitschr. f. Kryst. **10**, 231; 1885.
[2] A. E. Tutton, Zeitschr. f. Kryst. **21**, 494; 1893.

Nach kurzer Behandlung mit einem heißen Gemisch von CaF_2-Pulver und H_2SO_4 entstehen auf *M*, *T*, *r* monosymmetrische, auf *n* asymmetrische Eindrücke (Fig. 497), deren Anordnung die Symmetrieeigenschaften deutlich hervortreten läßt.[1] Sehr oft beobachtet man Zwillinge, die nach 100 symmetrisch sind; Einschaltung von Zwillingslamellen nach diesem Gesetz ist eine gewöhnliche Erscheinung. Die schönsten Krystalle von Epidot wurden an der Knappenwand im Untersulzbachthal (1866) aufgefunden. Fig. 498 stellt einen Zwilling dieses Epidots dar, an dem die oberen Flächen *n* einen einspringenden, die unteren einen ausspringenden Winkel bilden; neben *M*, *T*, *r*, *n* treten als Begrenzungsflächen auf: *P* {010}, *u* {210}, *Z* {$\bar{2}$32}, *φ* {$\bar{1}$21}, *δ* {$\bar{1}$41}, *d* {111}, *o* {011}, *k* {012}, *b* {$\bar{2}$33}.[2]

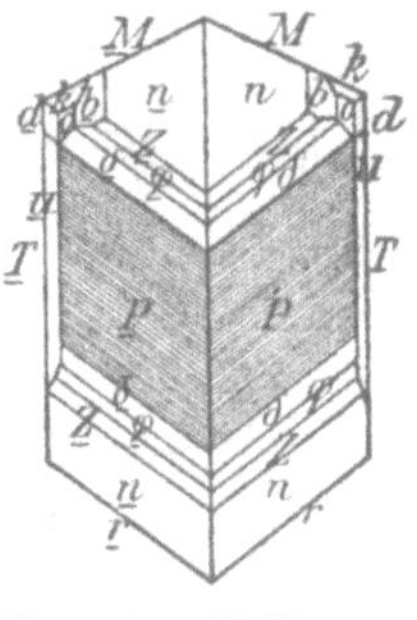

Fig. 498. Epidot. Zwilling nach 100.

Glimmer (Muscovit) = $KH_2Al_3(SiO_4)_3$. $a:b:c = 0{,}577:1:2{,}217$. $\beta = 95^0 5'$. Äußerst vollkommen spaltbar nach {001}. Fluorwasserstoff erzeugt auf {001} monosymmetrische Eindrücke (Fig. 499).[3] Legt man ein Spaltungsblättchen auf eine ebene Unterlage von Holz, Glas, Leder oder dgl., setzt die Spitze einer Nadel lose auf und treibt sie durch einen kurzen Schlag mit einem Hammer in das Blättchen ein, so entstehen Trennungen nach drei Richtungen (Fig. 500), von denen die eine der Symmetrieebene 010 parallel geht, während die beiden anderen in den Zonen 001 : 110 und 001 : 1$\bar{1}$0 liegen. Drückt man ein Spaltungsblättchen, das auf einer elastischen Unterlage ruht, mit einem abgerundeten Stifte, so entstehen Risse nach der zur Symmetrieebene senkrechten Richtung {102} und nach den Prismenflächen {133}, die auf 001 auch einen sechsstrahligen Stern erzeugen (in Fig. 500 punktiert).[4]

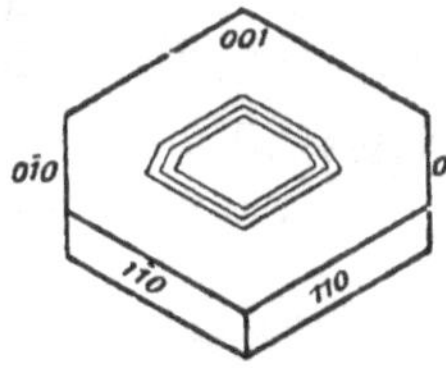

Fig. 499. Ätzeindruck auf 001.

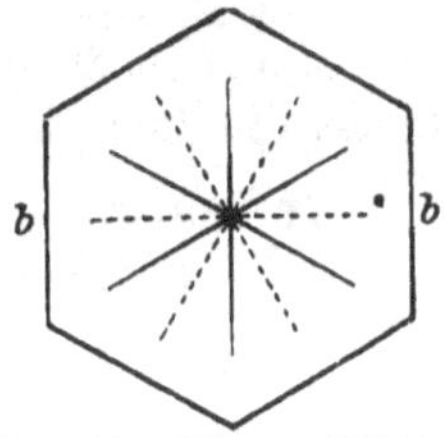

Fig. 500. Risse auf 001. Schlagfigur u. Druckfigur.

Glimmer (Muscovit).

Diopsid = $(Mg, Fe)CaSi_2O_6$. $a:b:c = 1{,}092:1:0{,}589$. $\beta = 105^0 49'$. Fig. 501 Diopsid aus dem Alathal; *a* {100}, *b* {010}, *m* {110}, *c* {001}, *u* {111}, *o* {$\bar{2}$21}. Fluorwasserstoff erzeugt auf *a* monosymmetrische Eindrücke, deren Spitzen auf 100 nach oben, auf $\bar{1}$00 nach unten gerichtet sind (Fig. 502). Die asymmetrischen Eindrücke auf den Prismenflächen *m* sind mit ihren

[1] H. Baumhauer, Sitzungsber. bayer. Akad. 1875, 103.
[2] H. Bücking, Zeitschr. f. Kryst. **2**, 321; 1878.
[3] H. Baumhauer, Sitzungsber. bayer. Akad. 1874, 245; 1875, 99.
[4] E. Reusch, Ann. d. Phys. **136**, 130, 632; 1869. M. Bauer, Zeitschr. deutsch. geol. Ges. **26**, 137; 1874. G. Tschermak, Zeitschr. f. Kryst. **2**, 14; 1878.

Spitzen den benachbarten Flächen *o* zugewendet. Auf *b* entstehen rhomboidisch begrenzte Eindrücke, die einen Drehungsmittelpunkt von der Ordnung 2

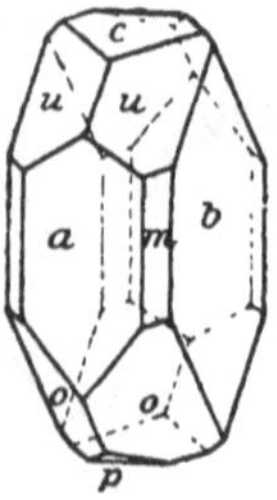

Fig. 501. Diopsid aus dem Alathale.

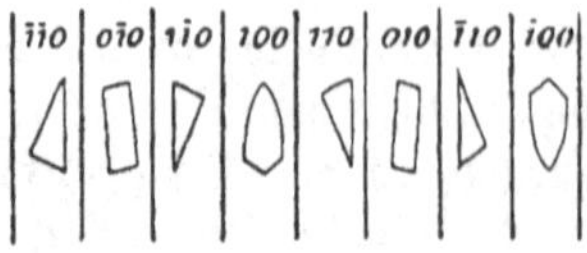

Fig. 502. Diopsid. Ätzeindrücke auf {100}, {110}, {010} durch Fluorwasserstoff.

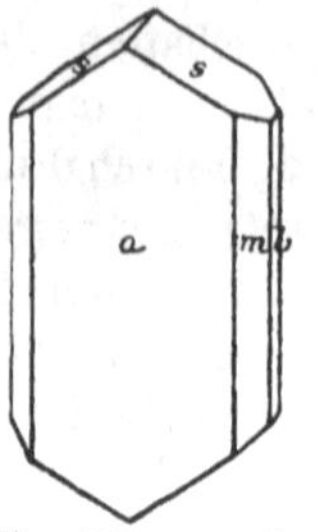

Fig. 503. Augit.

besitzen. Mit Hilfe dieser Ätzfiguren können auch Bruchstücke von Diopsid leicht orientiert werden. Nach {110} spaltbar; {001} ist Gleitfläche. Zwillinge nach {100}.

Augit. Mischungen der Silikate $(Mg,Fe)CaSi_2O_6$ und $(Mg,Fe)(Al,Fe)_2SiO_6$. Fig. 503 stellt die gewöhnliche Kombination *a*{100}, *b*{010}, *m*{110}, *s*{1̄11} in der Stellung dar, daß der spitze Winkel der Axen *ac* vorn oben liegt.

Orthoklas = $(K,Na)AlSi_3O_8$. Vollkommen spaltbar nach *P*{001} und *M*{010}. Die Werte der Axenelemente schwanken mit der chemischen Zusammensetzung. Für den Sanidin vom Vesuv gilt $a:b:c = 0{,}6538:1:0{,}5526$; $\beta = 115^0\,63'$. Gewöhnlich treten die Formen *P*{001}, *M*{010}, *T*{110}, *x*{1̄01}, *y*{2̄01}, *o*{1̄11} und *n*{021} auf (Fig. 504), deren Zonenverband durch die Polfigur 505 dargestellt wird. Unter den mannigfachen Zwillingsbildungen sind diejenigen hervorzuheben, deren Individuen zu {100}, zu {001} oder zu {021} symmetrisch liegen.

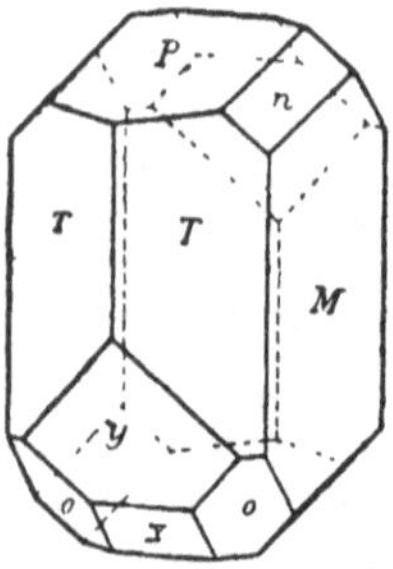

Fig. 504. Kombination von *P* {001}, *M* {010}, *T* {110}, *x*{1̄01}, *y*{2̄01}, *o*{1̄11}, *n*{021}.

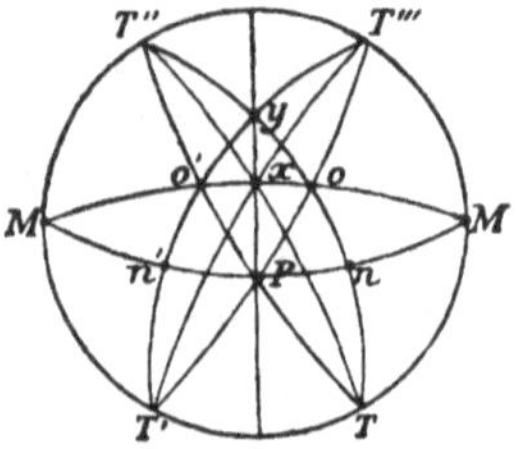

Fig. 505. Polfigur mit *P*, *M*, *T*, *x*, *y*, *o*, *n*.

Orthoklas.

Titanit = $CaTiSiO_5$. $a:b:c = 0{,}427:1:0{,}657$. $\beta = 94^0\,38'$. Die Kombination *P* {001}, *y*{1̄01}, *x* {1̄02}, *l* {110}, *n* {1̄23} wird durch Fig. 506 ver-

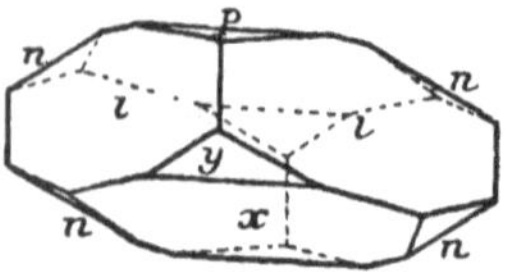

Fig. 506. Kombination von *P* {001}, *y* {1̄01}, *x* {1̄02}, *l* {110}, *n* {1̄23}.

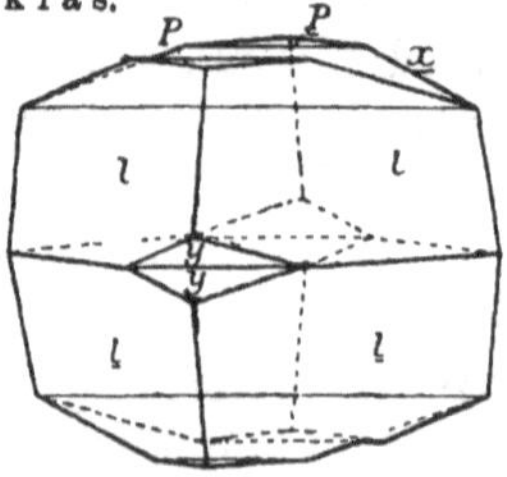

Fig. 507. Durchdringungszwilling.

Titanit.

anschaulicht. Der Habitus der Krystalle ist aber ungemein mannigfach. Häufig findet Zwillingsbildung nach $P\{001\}$ statt. In einem Durchkreuzungszwilling (Fig. 507) liegen die beiden Individuen auch noch symmetrisch zu der Ebene aus der Zone der Symmetrieaxe, die auf P senkrecht steht.

Malonamid = $CH_2(CO.NH_2)_2$. Monokline Modifikation (Fig. 508). $a:b:c =$ 1,3859 : 1 : 0,8505. $\beta = 107^0\,1^1/_4'$. Spaltbar nach 100. Die einfachen Krystalle sind begrenzt von $a\{100\}$, $p\{110\}$, $b\{010\}$, $c\{001\}$, $k\{021\}$, $s\{\bar{1}11\}$. Zuweilen Zwillinge, deren Individuen zu 100 symmetrisch liegen.[1]

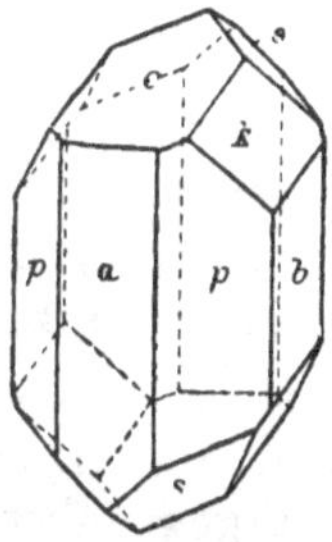

Fig. 508. Malonamid.

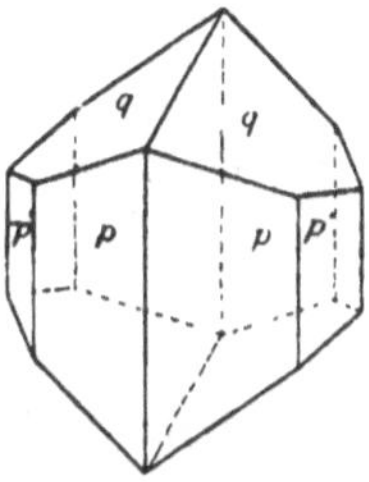

Fig. 509. Wasserhaltiges saures Ammoniumsalz der inaktiven Apfelsäure.

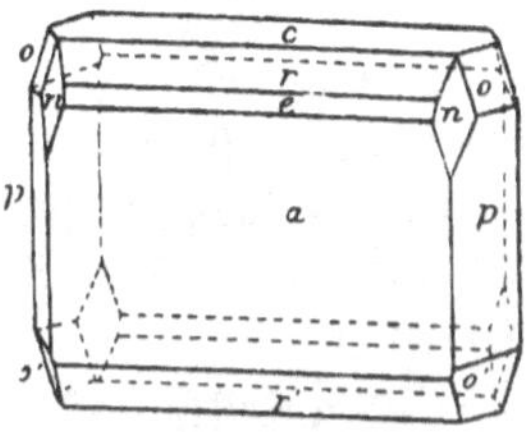

Fig. 510. Traubensaures Ammonium-Natrium.

Wasserhaltiges saures Ammoniumsalz der inaktiven Äpfelsäure = $(NH_4)C_4H_5O_5.H_2O$. Fig. 509. $a:b:c = 0{,}5856:1:0{,}5377$. $\beta = 111^0\,48'$. Kombination der drei Prismen $p\{110\}$, $p'\{130\}$, $q\{011\}$.[2]

Traubensaures Ammonium-Natrium = $([NH_4]NaC_4H_4O_6.H_2O)_2$. Krystallisiert aus wässerigen Lösungen bei 27° C. in der durch Fig. 510 dargestellten Kombination. $a:b:c = 2{,}0278:1:3{,}0038$. $\beta = 94^0\,14'$. $a\{100\}$, $c\{001\}$, $r\{101\}$, $r'\{\bar{1}01\}$, $e\{302\}$, $p\{110\}$, $o\{111\}$, $o'\{\bar{1}11\}$, $n\{211\}$.[3]

29] Hemimorphie.

(Sphenoidische Gruppe.)

Eine polare 2-zählige Symmetrieaxe b. Die allgemeinsten einfachen Formen werden von je zwei Flächen gebildet, deren Winkel durch die Symmetrieaxe halbiert wird. Je nachdem die Kante eines solchen *Sphenoids* auf der rechten oder auf der linken Seite des Krystalls liegt, unterscheiden wir *rechte* und *linke* Sphenoide. Korrelate Sphenoide, die sich wie Bild und Spiegelbild in Bezug auf die zur Axe b senkrechte Ebene verhalten,

[1] W. Keith, N. Jahrb. f. Min. Beil.-Bd. **6**, 179; 1888.

[2] L. Pasteur, Ann. chim. phys. (3) **34**, 54; 1852. C. Hintze, Ber. chem. Ges. **18**, 1950; 1885.

[3] A. Scacchi, Del paratartrato ammonico-sodico. Rend. Accad. d. Sc. Fis. e Mat. di Napoli. 1865. J. H. van't Hoff und Ch. M. van Deventer, Zeitschr. f. phys. Chem. **1**, 173; 1887. J. H. van't Hoff, H. Goldschmidt und W. P. Jorissen, Zeitschr. f. phys. Chem. **17**, 49; 1895.

sind *enantiomorph.* Spezielle einfache Formen können gebildet werden von den *zur Axe b parallelen Flächenpaaren* und von den beiden zu b senkrechten Flächen, der *rechten Fläche* 010 und der *linken Fläche* $0\bar{1}0$, die physikalisch verschieden voneinander sind.

		Symmetrie der Flächen
Rechte Sphenoide . . .	$\{hkl\}$, $\{hk0\}$, $\{0kl\}$	asymmetrisch
Linke Sphenoide . . .	$\{h\bar{k}l\}$, $\{h\bar{k}0\}$, $\{0\bar{k}l\}$	asymmetrisch
Pinakoide	$\{h0l\}$, $\{100\}$, $\{001\}$	asymmetrisch
Rechte Fläche	010	c_2
Linke Fläche	$0\bar{1}0$	c_2.

Häufig sind zwei kongruente Krystalle zu einem *Zwilling* in der Weise verbunden, daß eine in 010 gelegene Kante eine 2-zählige Symmetrieaxe für den Zwilling ist (vgl. S. 76). Andererseits können sich enantiomorphe Krystalle zu einem Zwilling vereinigen, der nach 010 oder nach $0\bar{1}0$ symmetrisch ist.

Lithiumsulfat = $Li_2SO_4.H_2O$. A. Scacchi fand, daß aus einer wässerigen Lösung nebeneinander enantiomorphe Krystalle entstehen, die gewöhnlich nach der Symmetrieaxe vorherrschend ausgedehnt sind. Durch die Anordnung der Flächen und durch das pyroëlektrische Verhalten lassen sich linke und rechte Krystalle leicht voneinander unterscheiden.[1]

Rechts- und Links-Weinsäure = $C_4H_6O_6$. $a:b:c = 1{,}2747:1:1{,}0266$. $\beta = 100^{\circ}17'$. Spaltbar nach 100. An den Krystallen der *Rechtsweinsäure* (Fig. 512) findet man neben vier Flächenpaaren aus der Zone der Symmetrieaxe: $a\{100\}$, $c\{001\}$, $r\{101\}$, $r'\{\bar{1}01\}$ die beiden rechten Sphenoide $p_r\{110\}$, $q_r\{011\}$ und das linke Sphenoid $p_l\{1\bar{1}0\}$. Krystalle der *Linksweinsäure* (Fig. 511) zeigen dieselben Flächenpaare, aber die korrelaten Sphenoide, nämlich $p_l\{1\bar{1}0\}$, $q_l\{0\bar{1}1\}$ und $p_r\{110\}$. Pyroëlektrisch; der antilog elektrische Pol liegt an dem Ende der Symmetrieaxe, an welchem das Sphenoid q auftritt.[2] Häufig findet man zwei

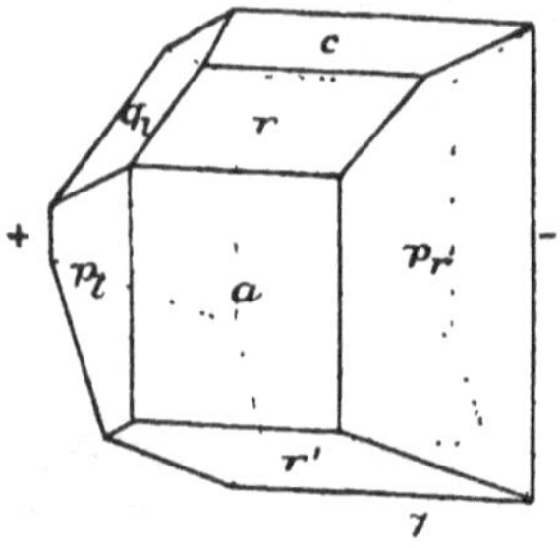

Fig. 511. Links-Weinsäure.

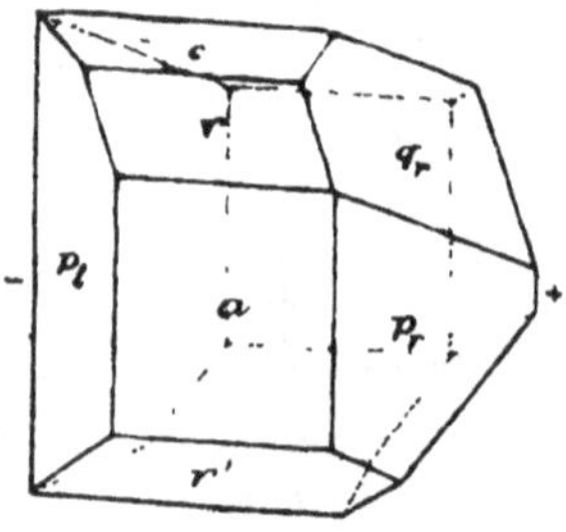

Fig. 512. Rechts-Weinsäure.

[1] A. Scacchi, Delle combinazioni della litina con l'acido solforico. Atti Accad. delle Sc. Fis. e Mat. Napoli **3**. No. 27. 1868. H. Traube, N. Jahrb. f. Min. 1892. II. 66.

[2] W. G. Hankel, Ann. d. Phys. **49**, 500; 1840.

Krystalle der Rechtsweinsäure zu einem Zwilling verbunden, für welchen die Normale von 100 und die Vertikalaxe 2-zählige Symmetrieaxen sind.

Neutrales rechtsweinsaures Kalium = $K_2C_4H_4O_6 + {}^1/_2H_2O$. $a:b:c = 3{,}087:1:3{,}970$. $\beta = 90^0\,50'$. Fig. 513. Spaltbar nach den vorherrschend ausgebildeten Flächenpaaren $c\{001\}$ und $a\{100\}$. Auf der rechten Seite tritt nur das Sphenoid $o\{111\}$ auf. Links ist neben dem Sphenoid $o'\{1\bar{1}\bar{1}\}$ die Fläche $b = 0\bar{1}0$ vorhanden. Pyroelektrisch; der antilog elektrische Pol liegt rechts.

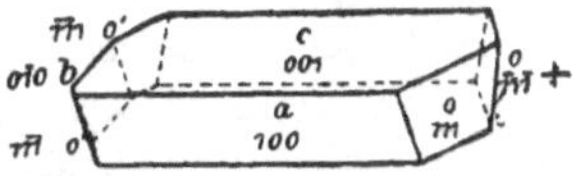

Fig. 513. Neutrales rechtsweinsaures Kalium.

Rohrzucker = $C_{12}H_{22}O_{11}$. $a:b:c = 1{,}259:1:0{,}878$. $\beta = 103^0\,30'$. Fig. 514. Spaltbar nach 100. In der Zone der Symmetrieaxe bemerkt man die Flächenpaare $a\{100\}$, $c\{001\}$, $r\{101\}$, $r'\{\bar{1}01\}$. Rechts ist nur das Sphenoid $p\{110\}$ ausgebildet. Dagegen finden wir auf der linken Seite drei Sphenoide $p'\{1\bar{1}0\}$, $q\{0\bar{1}1\}$ und $o\{1\bar{1}1\}$. Die physikalische Verschiedenheit der korrelaten Sphenoide p und p' tritt sehr deutlich bei der Ätzung mit

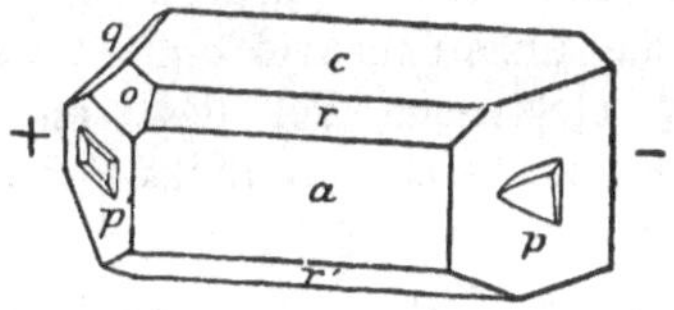

Fig. 514. Ätzeindrücke auf $\{110\}$ und $\{1\bar{1}0\}$.

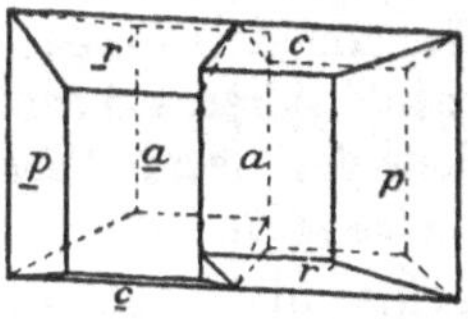

Fig. 515. Zwilling. Die Kante ap und die Normale von a sind 2-zählige Symmetrieaxen.

Rohrzucker.

Wasser hervor: auf dem rechten Sphenoid entstehen dreiseitige, auf dem linken vierseitige Ätzeindrücke.[1] Pyroëlektrisch; der antilog elektrische Pol liegt links.[2] Oft beobachtet man Zwillinge (Fig. 515), für welche die Normale von 100 und die Vertikalaxe 2-zählige Symmetrieaxen sind (S. 76).

Milchzucker = $C_{12}H_{22}O_{11}.H_2O$. $a:b:c = 0{,}3677:1:0{,}2143$. $\beta = 109^0\,47'$. Fig. 516. Die Krystalle sind vorwaltend begrenzt von dem Flächenpaar $a\{100\}$ und dem linken Sphenoid $r'\{0\bar{1}1\}$. Auf der rechten Seite bemerkt man das Sphenoid $m\{110\}$ und die Fläche $b = 010$; links treten die korrelaten Formen $m'\{1\bar{1}0\}$ und $b' = 0\bar{1}0$ auf. Spaltbar nach einer auf a und b nahezu senkrechten Richtung. Pyroëlektrisch; der antilog elektrische Pol liegt rechts.[3]

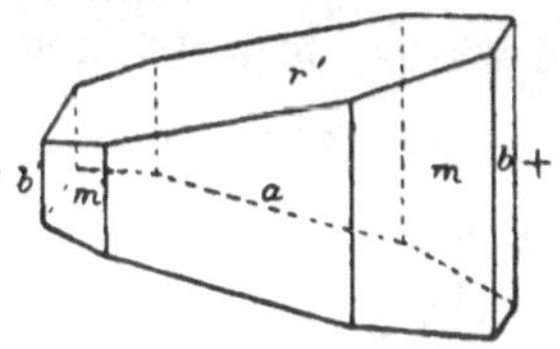

Fig. 516. Milchzucker.

Rechts- und Links-Carvoxim = $C_{10}H_{15}NO$. $a:b:c = 0{,}8739:1:0{,}3667$. $\beta = 105^0\,54'$. Die Krystalle sind gewöhnlich begrenzt von den Flächen-

[1] H. Baumhauer, Ann. d. Phys. **151**, 510; 1874.
[2] W. G. Hankel, Ann. d. Phys. **49**, 495; 1840.
[3] H. Traube, N. Jahrb. f. Min. Beil.-Bd. 7, 430; 1890.

paaren a {100}, c {001}, k {101}, d {$\bar{1}$01}, unter denen a vorherrscht, und von den korrelaten Sphenoiden m {110}, m' {1$\bar{1}$0}.[1] Rechte und linke Krystalle lassen sich leicht mit Hilfe des Bestäubungsverfahrens voneinander unterscheiden: der antilog elektrische Pol liegt am Rechts-Carvoxim (Fig. 518) rechts, während er sich am Links-Carvoxim (Fig. 517) auf der linken Seite befindet. (Th. Liebisch.)

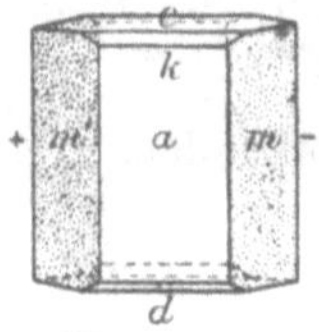

Fig. 517. Links-Carvoxim.

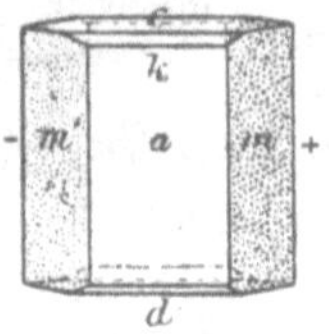

Fig. 518. Rechts-Carvoxim.

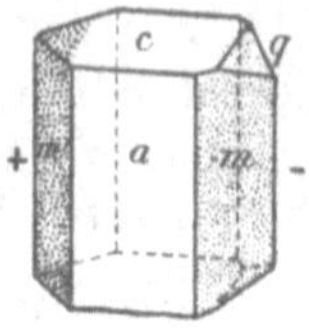

Fig. 519. Links-Fenchonoxim.

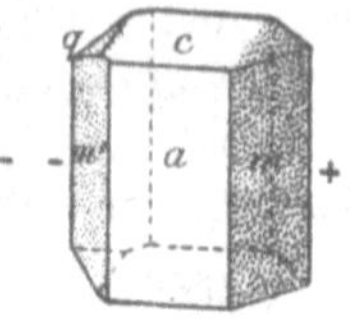

Fig. 520. Rechts-Fenchonoxim.

Rechts- und **Links-Fenchonoxim** = $C_{10}H_{16}NOH$. $a:b:c = 1{,}3047:1:0{,}5526$. $\beta = 103^{0}\,40'$. An der Mehrzahl der Krystalle bemerkt man nur die Flächenpaare a {100}, c {001} und die korrelaten Sphenoide m {110}, m' {1$\bar{1}$0}. Am Rechts-Fenchonoxim wurde das linke Sphenoid q {0$\bar{1}$1} wahrgenommen.[2] Pyroëlektrisch; der antilog elektrische Pol liegt an den Krystallen des Rechts-Fenchonoxims rechts, an jenen des Links-Fenchonoxims links. (Th. Liebisch.)

Rechts- und **Links-Kampheroxim** = $C_{10}H_{16}NOH$. $a:b:c = 1{,}0252:1:0{,}6073$. $\beta = 99^{0}\,42'$. Neben a {100}, ϱ {$\bar{1}$01}, r {101} die korrelaten Sphenoide m {110}, m' {1$\bar{1}$0} und q {011}, q' {0$\bar{1}$1}. Am Rechts-Kampheroxim ist das linke Sphenoid q', am Links-Kampheroxim das rechte Sphenoid q vorwaltend ausgebildet.[3]

α-**Rechts-** und **Links-Carvonpentabromid** = $C_{10}H_{13}Br_5O$. $a:b:c = 0{,}7842:1:0{,}6006$. $\beta = 98^{0}\,6'$. Spaltbar nach 100 und 001. Neben den vorwaltenden Flächenpaaren a {100} und c {001} sind meist nur die korrelaten Sphenoide m {110} und m' {1$\bar{1}$0} ausgebildet. Stark pyroëlektrisch. Je

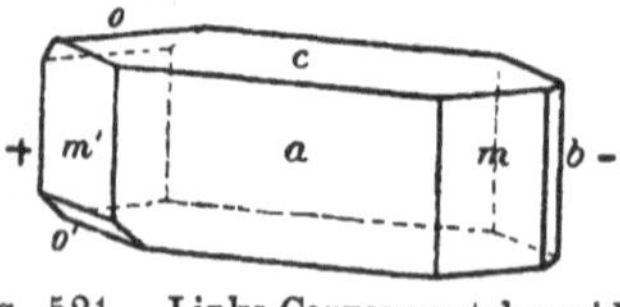

Fig. 521. Links-Carvonpentabromid.

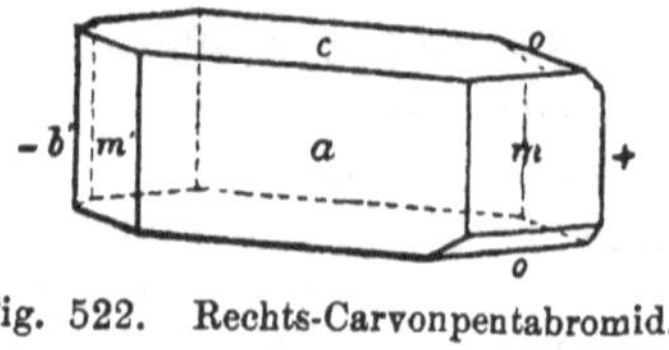

Fig. 522. Rechts-Carvonpentabromid.

nachdem die Krystalle aus einer rechtsdrehenden oder aus einer linksdrehenden Lösung entstanden sind, liegt der antilog elektrische Pol rechts oder links. An rechten Krystallen wurden sehr schmale Flächen des rechten Sphenoids o {$\bar{1}$11} und der linken Fläche $b' = 0\bar{1}0$ beobachtet. Im Inneren

[1] P. Beyer, Zeitschr. f. Kryst. **18**, 298; 1891.
[2] St. Zander, Ann. d. Chem. **259**, 327; 1890.
[3] W. Muthmann, Zeitschr. f. Kryst. **15**, 402; 1889.

der Krystalle bemerkt man zuweilen keilförmige Anwachspyramiden, die sich nach dem analog elektrischen Pole hin erstrecken. (Th. Liebisch.)

30] Hemiëdrie.

(Domatische Gruppe.)

Die hierher gehörigen krystallisierten Körper besitzen *eine Symmetrieebene*, die zur Axenebene 010 gewählt wird. Die Normale von 010 und zwei in dieser Ebene liegende Kanten bilden das Axensystem. Die allgemeinste einfache Form besteht aus einer Fläche hkl und ihrem Spiegelbilde $h\bar{k}l$ (*Doma*). Daneben können auftreten: *einzelne Flächen* $h0l$, die auf der Symmetrieebene senkrecht stehen, und ein zu dieser Ebene paralleles *Flächenpaar* {010}. Nur die Flächen $h0l$ sind monosymmetrisch nach den Schnittgeraden mit 010; alle übrigen Flächen sind asymmetrisch.

Skolezit = $CaAl_2Si_3O_{10}.3H_2O$. $a:b:c = 0,976:1:0,343$. $\beta = 90^0\,42'$. Die Krystalle des Skolezits von Island sind mit wenigen Ausnahmen Zwillinge, deren Individuen zu $\bar{1}00$ symmetrisch liegen (Fig. 523). Neben den Domen *m* {110} und *o* {111} ist das Pinakoid *b* {010} ausgebildet. Mit verdünnter kalter Salpetersäure entstehen auf den Spaltflächen 110 und $1\bar{1}0$ asymmetrische Eindrücke (Fig. 524), die von den Ätzfiguren auf den

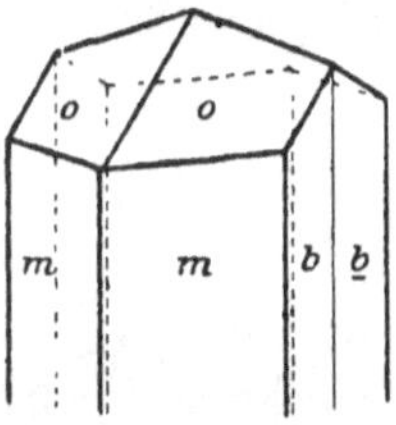

Fig. 523. Zwilling nach $\bar{1}00$.

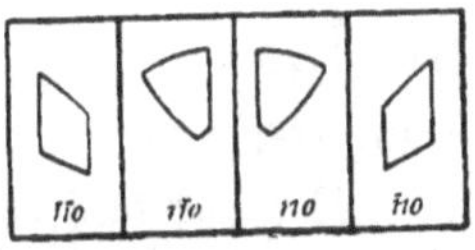

Fig. 524. Ätzeindrücke auf den Spaltflächen {110} und {$\bar{1}$10}.

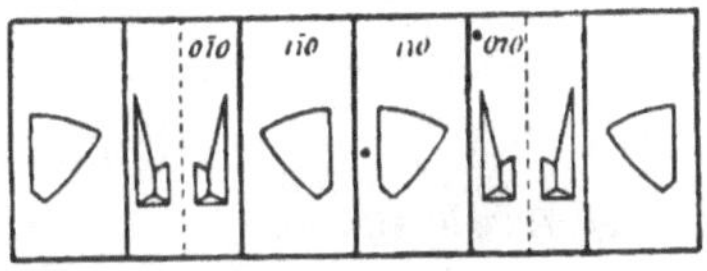

Fig. 525. Ätzeindrücke auf {110} und {010} eines Zwillings.

Skolezit.

parallelen Gegenflächen $\bar{1}\bar{1}0$ und $\bar{1}10$ deutlich verschieden sind. In Fig. 525 sind die Ätzeindrücke auf den Flächen *m* und *b* eines Zwillings dargestellt.[1] Pyroëlektrisch; bestäubt man einen erwärmten Zwilling bei der Abkühlung mit einem Gemisch von Schwefel und Mennige, so bedecken sich die Prismenflächen *m* {110} mit Schwefel, während sich an der Zwillingsgrenze eine Zone von Mennige anhäuft.

Ferner gehören hierher:

Kaliumtetrathionat = $K_2S_4O_6$.[2]

Paratoluidoisobuttersäureester = $CH_3.C_6H_4NH.C_3H_6.COOC_2H_5$.[3]

[1] F. Rinne, N. Jahrb. f. Min. 1894. II. 51.

[2] A. Fock, Zeitschr. f. Kryst. **19**, 236; 1891.

[3] B. Doss, Zeitschr. f. Kryst. **21**, 98; 1892.

6. Triklines System.

Da ein trikliner Krystall weder eine Symmetrieebene noch eine Symmetrieaxe besitzt, so können bei der Beschreibung seiner Formen drei beliebig gewählte Kantenrichtungen, die eine Ecke bilden, als Axenrichtungen dienen. Zur Bestimmung der Verhältnisse der Axeneinheiten a, b, c kann irgend eine Krystallfläche, die nicht einer der drei Axen parallel läuft, benutzt werden. Daher wird ein trikliner Krystall durch *fünf* voneinander unabhängige geometrische Konstanten charakterisiert: durch die beiden Verhältnisse der Axeneinheiten $a:b:c$ und die drei Winkel zwischen den Axen $(bc) = \alpha$, $(ca) = \beta$, $(ab) = \gamma$. Erfahrungsgemäß erhalten die Indices der Flächen möglichst einfache Zahlenwerte, wenn man vorherrschend ausgebildete oder physikalisch ausgezeichnete Flächen (Spaltflächen, Gleitflächen, Symmetrieebenen von Zwillingen) zu Axenebenen wählt.

31] Holoëdrie.

(Pinakoidale Gruppe.)

Centrisch symmetrische Krystalle. Mit jeder Fläche ist die parallele Gegenfläche, und nur diese gleichberechtigt. Die einfachen Formen sind also Paare von parallelen Flächen oder *Pinakoide.* Jedes Flächenpaar ist von allen übrigen Flächenpaaren physikalisch verschieden. Eine Gerade ist nur mit der inversen Geraden gleichberechtigt. Je zwei untereinander nicht parallele Ebenen oder Geraden haben verschiedene physikalische Eigenschaften. Auf einer Fläche und ihrer Gegenfläche sind korrespondierende Kanten und Winkel in entgegengesetztem Sinne angeordnet; dasselbe gilt von den Begrenzungsstücken der Ätzeindrücke auf diesen Flächen.

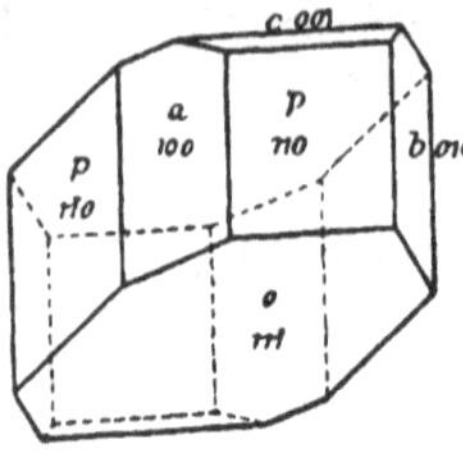

Fig. 526.
Kupfersulfat.

Kupfersulfat (Kupfervitriol) $= CuSO_4.5H_2O$. $a:b:c = 0{,}56:1:0{,}55$. $\alpha = 90^0\,39'$, $\beta = 106^0\,49'$, $\gamma = 77^0\,37'$. Diese Axenelemente ergeben sich aus den Flächenwinkeln, wenn man zu Axenebenen $a\,\{100\}$, $b\,\{010\}$, $c\,\{001\}$ wählt und die Verhältnisse der Axeneinheiten durch $o\,\{\bar{1}\bar{1}1\}$ bestimmt (Fig. 526). Dann folgt aus dem Zonenverbande $p\,\{110\}$, $p'\,\{1\bar{1}0\}$.

Axinit $= H_2(Ca, {\scriptstyle Fe, Mn, Mg})_4(AlB)_4Si_8O_{23}$. $a:b:c = 0{,}4928:1:0{,}4809$. $\alpha = 82^0\,44'$,

$\beta = 91^0\,56'$, $\gamma = 131^0\,33'$. Für die Flächenpaare *u, p, x, r* in Fig. 527 wurden die Symbole *u* {110}, *p* {1$\bar{1}$0}, *x* {111}, *r* {1$\bar{1}\bar{1}$} gewählt. Dann ergiebt sich aus dem Zonenverbande für *s* das Symbol *s* {201}. Wie man am einfachsten mit Hilfe einer schematischen Kugelprojektion erkennt, sind die Axenebenen 001, 010, 100 der Reihe nach gegeben durch die Verbindungsebenen der Kanten *xu* und *rp*, *up* und *xr*, *up* und *s*^001.

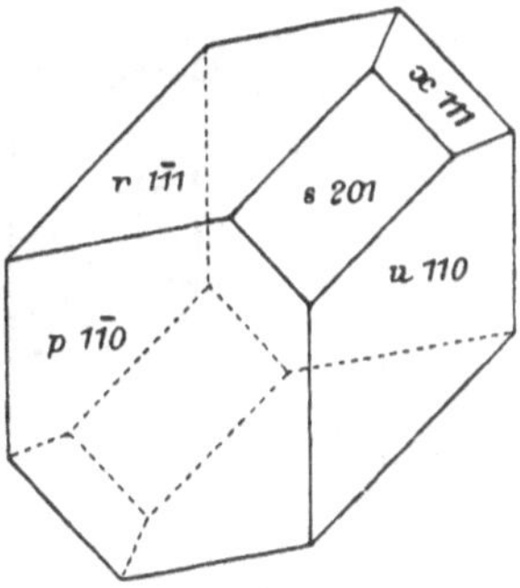

Fig. 527. Axinit.

Plagioklase. Isomorphe Mischungen von Albit = $NaAlSi_3O_8$ und Anorthit = $CaAl_2Si_2O_8$. Vollkommen spaltbar nach *P*{001} und *M*{010}. Die Axenelemente der reinen Verbindungen haben folgende Werte:

	$a:b:c$	α	β	γ
Albit . .	0,6335 : 1 : 0,5577	94° 3′	116° 29′	88° 9′
Anorthit .	0,6347 : 1 : 0,5502	93 13¼	115 56	91 12¼.

Eine Zusammenstellung der Formen des flächenreichen Anorthits vom Vesuv wurde schon auf S. 18—19, Fig. 44, mitgeteilt. Einfache Plagioklaskrystalle sind viel seltener als Zwillingsbildungen nach folgenden Gesetzen: 1. Zwei Individuen liegen symmetrisch zu 010. Die Fig. 528, 529 stellen einen Albitzwilling dar mit *M* {010}, *l* {110}, *T* {1$\bar{1}$0}, *P*{001}, *x* {$\bar{1}$01}, *o* {$\bar{1}\bar{1}$1} und *p′* {1$\bar{1}\bar{1}$}; *P* $\underline{P}$ und *x* $\underline{x}$ bilden oben einspringende, unten ausspringende Winkel. 2. Zwei Individuen sind so verbunden, daß die ihnen gemeinsame Axe *b* eine 2-zählige Symmetrieaxe für den Zwilling ist. Daher werden sich je zwei korrespondierende Ebenen in einer zu *b* senkrechten Geraden schneiden. Insbesondere müssen die korrespondierenden Flächen *M* und $\underline{M}$ der beiden Individuen in einer Geraden zum Schnitt gelangen, deren Richtung gegeben ist durch die in der Axenebene *ac* liegende und auf *b* senkrecht stehende Gerade μ (Fig. 530, 531). Die Berührung der beiden Individuen findet in der Regel nach der Verbindungsebene der Geraden μ mit der Axe *b* statt. Diese Ebene schneidet das von den Flächenpaaren *l* {110} und *T* {1$\bar{1}$0} gebildete Prisma in einem Parallelogramm, dessen Diagonalen *b* und μ aufeinander senkrecht stehen; der Schnitt ist also ein

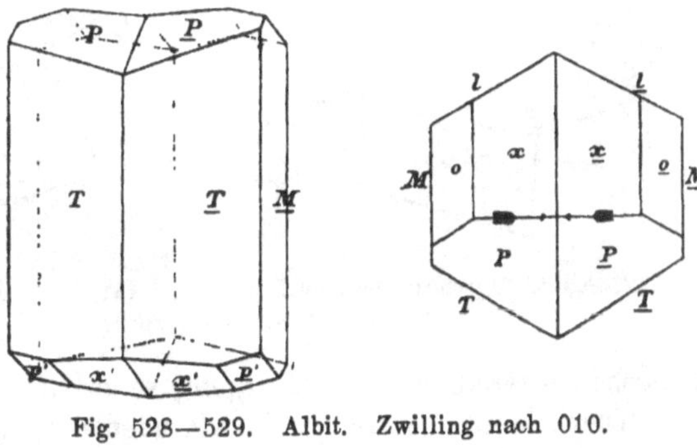

Fig. 528—529. Albit. Zwilling nach 010.

Rhombus. Da die Richtung von μ nicht einer möglichen Krystallkante entspricht, so ist die Ebene des rhombischen Schnittes keine mögliche

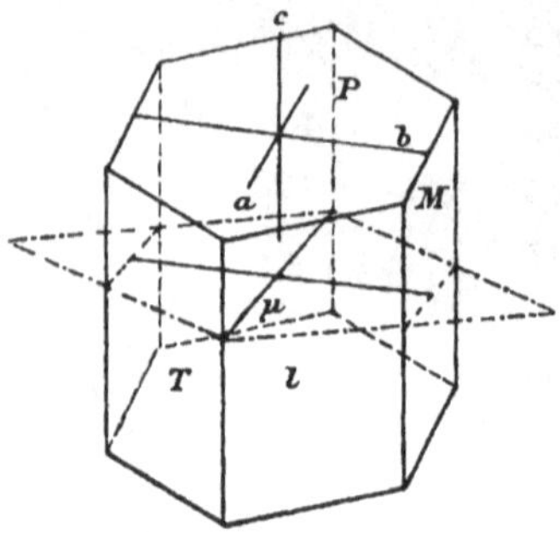

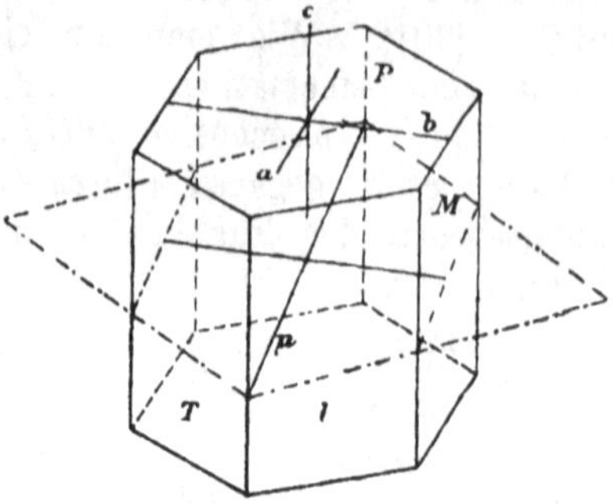

Fig. 530. Albit. Fig. 531. Anorthit.
Ebene des rhombischen Schnittes.

Krystallfläche. Die Individuen eines Durchdringungszwillings (Fig. 532) liegen symmetrisch zu der auf der Axe b senkrechten Ebene, die ebensowenig wie die Ebene $b\,\mu$ als Krystallfläche auftreten kann. Obwohl die Axenelemente der Plagioklase nur relativ wenig variieren, wie aus den oben

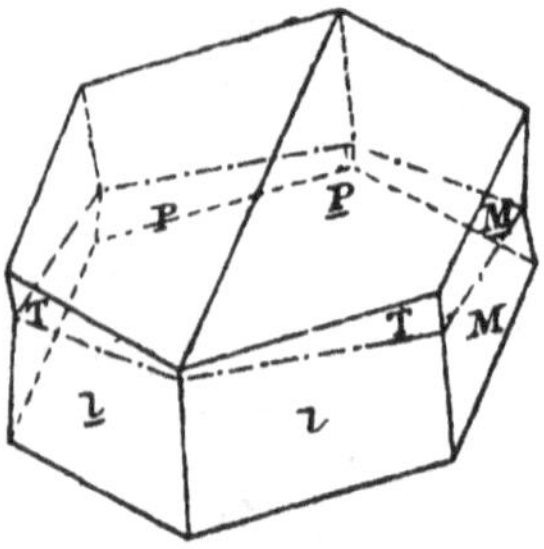

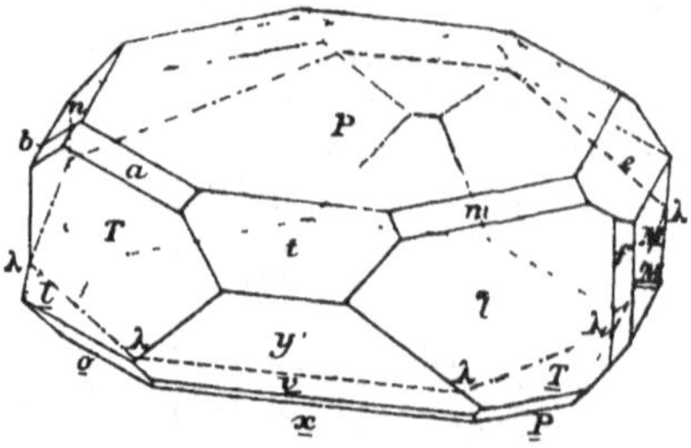

Fig. 532. Albit. Durchdringungszwilling. Fig. 533. Anorthit vom Vesuv. Zwilling.
Die Axe b ist eine 2-zählige Symmetrieaxe.

angegebenen Grenzwerten hervorgeht, so erfährt doch der in der Axenebene $a\,c$ gelegene Winkel zwischen der Geraden μ und der Axe a sehr bedeutende Änderungen. Denn beim Albit (Fig. 530, 532) liegt μ im stumpfen Winkel $a\,c$ unter $13^0\,30'$ gegen a geneigt. Dagegen fällt μ beim Anorthit (Fig. 531, 533) in den spitzen Winkel $a\,c$ und bildet hier 18^0 mit a.[1]

Disthen = Al_2SiO_5. $a:b:c = 0{,}899:1:0{,}709$. $\alpha = 90^0\,5^1/_2{}'$, $\beta = 101^0\,2^1/_4{}'$, $\gamma = 105^0\,44^1/_2{}'$. Gewöhnlich (Fig. 534) beobachtet man nur die Flächenpaare $M\,\{100\}$, $T\,\{010\}$, $P\,\{001\}$, $o\,\{1\bar{1}0\}$. Von besonderem Interesse sind die Kohäsionseigenschaften und die Zwillingsbildungen. Vollkommen spaltbar nach M und T; P ist wahrscheinlich eine Gleitfläche. Auf M sind

[1] G. vom Rath, Monatsber. Berlin. Akad. 1876, 147.

nach verschiedenen Richtungen sehr bedeutende Härteunterschiede vorhanden; dem Eindringen einer ritzenden Spitze wird in horizontaler Richtung ein erheblich größerer Widerstand entgegengesetzt als in vertikaler Richtung. Die Zwillinge werden durch folgende Gesetze beherrscht: **1.** zwei Individuen haben eine Fläche *M* gemein und liegen symmetrisch zu ihr (Fig. 535); oben bilden *P* und $\underline{P}$, rechts *T* und $\underline{T}$ einspringende Winkel. **2.** Für den Zwilling ist die Kante *MT* eine 2-zählige Symmetrieaxe (Fig. 536); die oberen Flächen *P* und $\underline{P}$ bilden einen einspringenden Winkel, *T* und $\underline{T}$ haben dieselbe Richtung. **3.** Für den Zwilling ist die Kante *MP* eine 2-zählige Symmetrieaxe (Fig. 537); die Flächen *P* und $\underline{P}$ sind einander

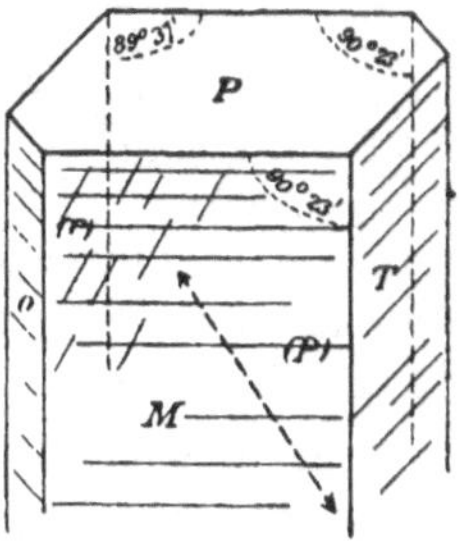

Fig. 534. Disthen.

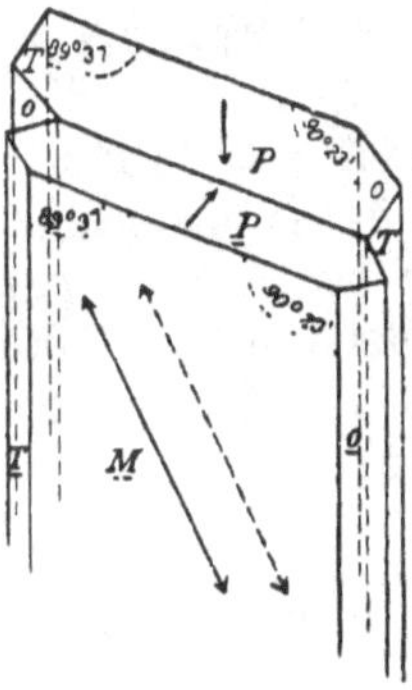

Fig. 535. Die Fläche *M* ist Symmetrieebene.

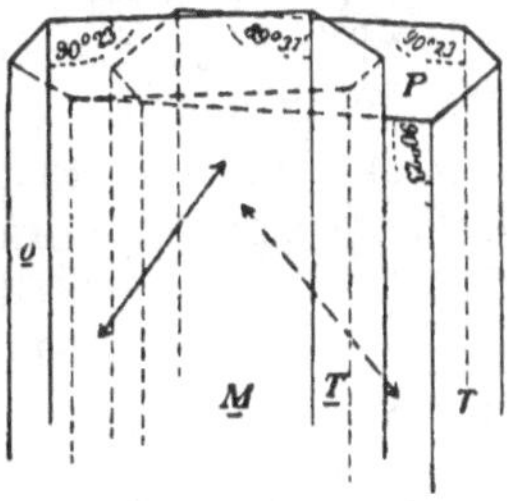

Fig. 536. Die Kante *MT* ist eine 2-zählige Symmetrieaxe.

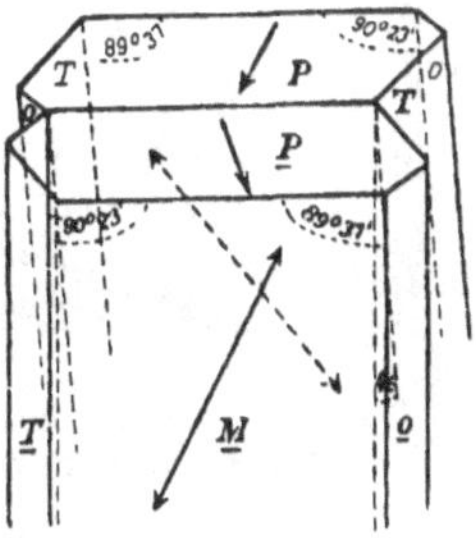

Fig. 537. Die Kante *MP* ist eine 2-zählige Symmetrieaxe.

Disthen. Zwillinge.

parallel; *T* und $\underline{T}$ bilden rechts einen einspringenden Winkel. **4.** Endlich sind noch Zwillinge nach $\overline{1}21$ beobachtet worden.[1]

Wasserfreie Traubensäure = $C_4H_6O_6.C_4H_6O_6$. $a:b:c = 1{,}5226 : 1:1{,}0248$. $\alpha = 82^0\,19'$, $\beta = 122^0\,56'$, $\gamma = 111^0\,52'$. Aus einer wässerigen Lösung scheiden sich oberhalb 70° C. die in Fig. 538 dargestellten Zwillinge ab. *a* {100}, *b* {010}, *c* {001}, *p* {1$\overline{1}$0}, *k* {$\overline{1}$01}. Die beiden Individuen liegen symmetrisch zu 010. Spaltbar nach *b* und *c*.[2]

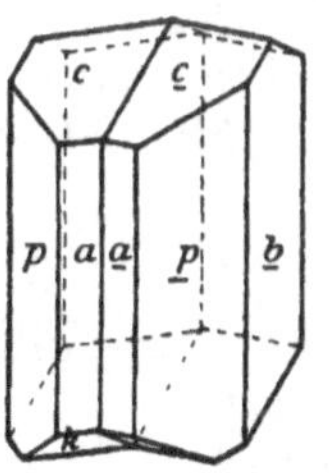

Fig. 538. Wasserfreie

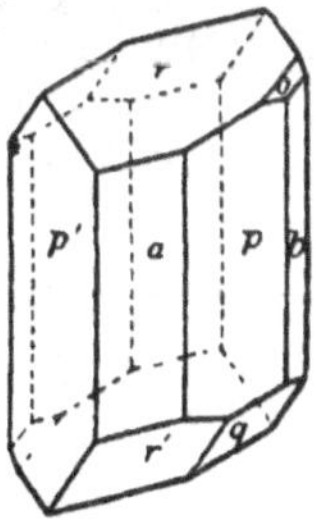

Fig. 539. Wasserhaltige

Traubensäure.

Wasserhaltige Traubensäure = $C_4H_6O_6.C_4H_6O_6.2H_2O$. $a:b:c =$

[1] M. Bauer, Zeitschr. deutsch. geol. Ges. **30**, 283; 1878.

[2] A. Scacchi, Dell' acido paratartarico anidro. Atti d. R. Accad. delle Sc. Fis. e Mat. **4**. Napoli 1869.

0,8017 : 1 : 0,4911. $\alpha = 75^0\ 16'$, $\beta = 97^0\ 59'$, $\gamma = 120^0\ 22'$. Unterhalb 70° C. entstehen die in Fig. 539 abgebildeten einfachen Krystalle. *a* {100}, *b* {010}, *p* {110}, *p'* {$1\bar{1}0$}, *r* {101}, *r'* {$\bar{1}01$}, *q* {$0\bar{1}1$}, *o* {111}.

32] Hemiëdrie.

(Asymmetrische Gruppe.)

Völlig unsymmetrisch. Jede Fläche ist von allen übrigen Flächen physikalisch verschieden. Ein unsymmetrisches Krystallpolyëder und sein Spiegelbild sind *enantiomorph.*

Mit Sicherheit wurden hierher gehörige Körper zuerst von A. Scacchi (1862) in zwei Hydraten des sauren rechtsweinsauren Strontiums entdeckt. Die wasserärmere Verbindung hat folgende Zusammensetzung:

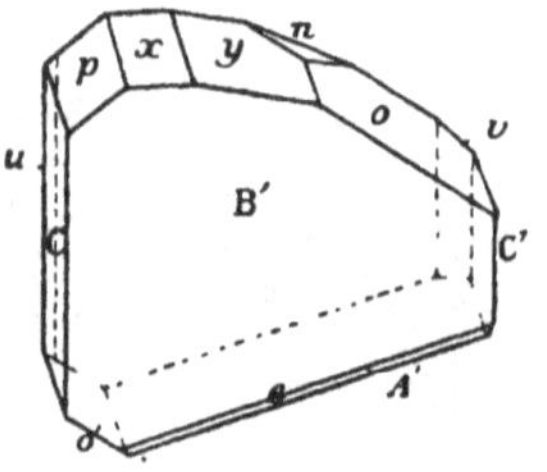

Fig. 540. Saures rechtsweinsaures Strontium.

Saures rechtsweinsaures Strontium = $SrH_2(C_4H_4O_6)_2.2\,H_2O$. $a:b:c = 1{,}0403 : 1 : 1{,}1375$. $\alpha = 89^0\ 17^1/_4{}'$, $\beta = 108^0\ 45^3/_4{}'$, $\gamma = 115^0\ 27'$. Die nebenstehende Fig. 540 ist so gezeichnet, daß die positiven Richtungen der Axen *a*, *b*, *c* nach oben, hinten, links gewendet liegen. *A'* 100; *B* 010, *B'* $0\bar{1}0$; *C* 001, *C'* $00\bar{1}$; *p* 101; *o* $10\bar{1}$, *o'* $\bar{1}01$; *u* 011, *v* $01\bar{1}$; *e* $\bar{1}\bar{1}0$; *x* $30\bar{1}$; *y* $20\bar{1}$; *n* $41\bar{3}$.[1]

Auch das **Tartrat**: $C_{15}H_{24}N_2O.C_4H_4O_6.3\,H_2O$ krystallisiert triklin hemiëdrisch.[2]

Ferner gehört nach B. Doss hierher: **Orthotoluidoisobuttersäureester** = $\overset{2}{C}H_3.C_6H_4.N\langle{}^{H}_{(C_3H_6).COOC_2H_5}$.[3]

[1] A. Scacchi, Dei tartrati di stronziana e di barite. Atti Accad. delle Sc. Fis. e Mat. Napoli. 1. 1863.

[2] Eug. Scacchi, Atti Accad. delle Sc. Fis. e Mat. Napoli. (2a) 6. No. 16. 1894.

[3] B. Doss, Zeitschr. f. Kryst. 21, 96; 1892.

II. Physikalische Vorgänge in krystallisierten Körpern.

Physikalische Definition des krystallisierten Zustandes. — Jeder einfache Krystall, der sich nicht in einem Zwangszustande befindet, ist ein physikalisch homogener Körper. Er besitzt in seiner ganzen Ausdehnung die Eigenschaft, daß keine Stelle physikalisch ausgezeichnet ist, und daß nach allen untereinander parallelen und gleichgerichteten Geraden das physikalische Verhalten übereinstimmt. Aber nach verschiedenen, von einem Punkte seines Inneren ausgehenden Richtungen ist das physikalische Verhalten im allgemeinen verschieden. Jedenfalls giebt es keinen krystallisierten Körper, der wie die Gase, die Flüssigkeiten oder die homogenen amorphen festen Körper bei jedem physikalischen Vorgange nach allen Richtungen absolute Gleichartigkeit zeigt.

In amorphen Körpern können durch den Einfluß eines Zwanges Erscheinungen hervorgerufen werden, die an das Verhalten gewisser Krystalle erinnern, wie die in Gläsern durch einseitigen Druck erzeugte Doppelbrechung, oder wie die in einem gedehnten Kautschukstabe durch Temperaturänderungen bewirkten Vorgänge. Allein dadurch hören die amorphen Körper nicht auf, unkrystallinisch zu sein. Andererseits bleiben Krystalle auch dann noch im krystallisierten Zustande, wenn sie unter dem unmittelbaren Einflusse oder unter der Nachwirkung eines Zwanges die in ihrem natürlichen Zustande vorhandene homogene Beschaffenheit verloren haben. Das gilt z. B. von den dauernd deformierten plastischen Krystallen. Vorläufig lassen wir diese Zwangszustände außer Acht.

Da für einen Krystall die Abhängigkeit des physikalischen Verhaltens von der Richtung charakteristisch ist, so interessieren uns unter den Größen, die zur Beschreibung des physikalischen Zustandes eines Körpers dienen, hier vor allem die *Vektorgrößen*. Ein Vektor erfordert zu seiner Bestimmung außer der Angabe eines numerischen Wertes noch die Bezeichnung einer Richtung. Das einfachste Beispiel eines *linearen Vektors* bietet die Verschiebung eines Punktes aus einer Anfangslage A bis zu einer Endlage B nach der Verbindungsgeraden AB dar. Auch die Fortpflanzungsgeschwindigkeit einer Lichtbewegung in einer gegebenen Richtung ist eine lineare Vektorgröße. In einem Körper, dessen Temperatur an verschiedenen Stellen verschieden ist, haben wir zwei Vektorgrößen zu unterscheiden: Temperaturgefäll und Wärmeströmung. Ferner sind Vektorgrößen das Potentialgefäll und die elektrische Strömung in einem Körper, der von einem elektrischen Strome durchflossen wird, die elektrische Kraft und die dielektrische Induktion in einem Isolator, der sich in einem elektrostatischen Felde befindet, die magnetische Kraft und die magnetische Induktion in einem Körper, der in ein Magnetfeld gebracht wird.

Mit Benutzung des Begriffes der Vektorgrößen können wir jetzt das physikalische Verhalten der amorphen und der krystallisierten Körper in folgender Weise charakterisieren. In einem homogenen amorphen Körper hat jeder Vektor einen für alle Richtungen konstanten Wert. *In einem Krystall bedingt eine Änderung der Richtung eines Vektors im allgemeinen auch eine Änderung des numerischen Wertes dieses Vektors.* Auf dieser Abhängigkeit beruht das Interesse an der Erforschung der physikalischen Vorgänge in krystallisierten Körpern: Wir fragen nach den Gesetzen, die in den Krystallen die Richtungen und die numerischen Werte der Vektorgrößen verknüpfen.

Ein linearer Vektor mit dem Anfangspunkte O, der Richtung u und dem numerischen Werte U kann durch eine von O in der Richtung u ausgehende geradlinige Strecke U repräsentiert werden. Wir werden in der Folge oft von dieser geometrischen Darstellung Gebrauch machen; denn sie vermittelt einen bequemen Überblick über die Abhängigkeit des Vektors von der Richtung. Da in einem homogenen Körper alle untereinander parallelen und gleichgerichteten Geraden gleichberechtigt sind, so können wir uns vorstellen, daß alle Richtungen von einem gemeinsamen Anfangspunkte O ausgehen. Führen wir nun die geometrische Darstellung eines Vektors nach allen Richtungen aus, so erfüllen die Endpunkte der Strecken U eine Oberfläche. In einem amorphen Körper ist diese Oberfläche stets eine Kugel, welcher physikalische Vorgang auch betrachtet werden mag. Dagegen sind die entsprechenden Oberflächen bei einem krystallisierten Körper im allgemeinen von der Kugel verschieden, nämlich Ellipsoide oder Flächen höheren Grades. Jedenfalls giebt es keinen Krystall, bei dem die Oberflächen gleichzeitig für alle Vektorgrößen Kugeln sind.

Die nächstliegende Aufgabe der physikalischen Krystallographie kann daher auch so gefaßt werden: *Es gilt die Oberflächen zu bestimmen, die in den Krystallen zur Darstellung der Abhängigkeit der Vektorgrößen von der Richtung dienen.*

Die Abhängigkeit der physikalischen Vorgänge in krystallisierten Körpern von der Symmetrie der Wachstumserscheinungen. — Vergleichen wir an demselben krystallisierten Körper verschiedene physikalische Vorgänge untereinander, so lehrt die Erfahrung, daß Richtungen, die sich unter der Einwirkung gewisser physikalischer Agentien durch übereinstimmendes Verhalten als gleichberechtigt erweisen, unter dem Einfluß anderer Agentien charakteristische Unterschiede darbieten. Gerade die Erforschung dieser wesentlichen Unterschiede in den Symmetriegesetzen verschiedener Vorgänge bildet eine der wichtigsten Aufgaben der physikalischen Krystallographie.

Es ist zweckmäßig, unter diesem Gesichtspunkte die physikalischen Vorgänge zunächst in zwei Gruppen zu ordnen.

Auf der einen Seite finden wir *Erscheinungen von höherem Grade der Symmetrie,* bei denen sogar ein Teil der krystallisierten Körper nach allen Richtungen ebenso gleichartig ist, wie ein amorpher Körper unter der Einwirkung beliebiger physikalischer Agentien. In der That stimmen die Krystalle des regulären Systems mit den amorphen Körpern vollständig überein in Bezug auf thermische Ausdehnung, Strömung der Wärme und der Elektricität, magnetische und diëlektrische Induktion, sowie nach ihrem thermoelektrischen und optischen Verhalten.

Andererseits sind *Vorgänge von geringerem Grade der Symmetrie* bekannt, bei denen alle homogenen Krystalle die Abhängigkeit der physikalischen Eigenschaften von der Richtung erkennen lassen. Dahin gehören das elastische Verhalten und die Erscheinungen der Pyro- und Piëzoelektricität. Durch diese Eigenschaften sind also auch die regulären Krystalle den amorphen Körpern gegenüber physikalisch ausgezeichnet.

Offenbar sind für die physikalische Natur des krystallisierten Zustandes vor allem die Vorgänge mit der geringsten Symmetrie charakteristisch. Denn durch sie müssen sich Unterschiede in der Beschaffenheit der Krystalle nachweisen lassen, die bei Vorgängen von höherer Symmetrie verschwinden. *Erfahrungsgemäß ist die geringste Symmetrie den Vorgängen des Wachstums und der Auflösung eigen.* Da wir mit ihrer Hilfe am weitesten in der physikalischen Unterscheidung krystallisierter Körper fortschreiten können, so ist ersichtlich, welches Interesse sich an die Auffindung der Symmetrieeigenschaften dieser Vorgänge knüpft.

Allmählich wurde die Erkenntnis errungen, daß *die Symmetrie der Wachstumserscheinungen auch alle übrigen physikalischen Vorgänge in den Krystallen beherrscht.* Nennen wir also krystallographisch übereinstimmend solche Richtungen, die an der Krystallform gleichberechtigt sind, so können wir auch sagen: Krystallographisch übereinstimmende Richtungen bleiben bei allen physikalischen Vorgängen gleichberechtigt. Die Umkehrung dieses Satzes hat keine Geltung. Es sind z. B. optisch gleichberechtigte Richtungen keineswegs immer krystallographisch übereinstimmend.

Dieses durch die Gesamtheit unserer Erfahrungen begründete Ergebnis gewinnt nun folgende Bedeutung. Wenn wir die eigenartige Symmetrie oder die charakteristische Asymmetrie kennen, die ein physikalischer Vorgang seiner Natur nach in jedem Körper besitzen muß, so sind wir imstande, die Klassen krystallisierter Körper vorauszusagen, die bei diesem Vorgange nach dem Grade der Symmetrie unterschieden werden müssen.

Wir wollen dieses Verfahren sogleich etwas näher erläutern.

I. Betrachten wir zunächst Vorgänge mit spezifischen Symmetrieelementen. Hierher gehören z. B. die centrisch symmetrischen Vorgänge, bei denen kein Unterschied in dem Verhalten des einen oder des entgegengesetzten Richtungssinnes einer beliebigen Geraden hervortritt, wie die thermische Ausdehnung, die Leitung der Wärme, die Strömung der Elektricität, die diëlektrische und die magnetische Induktion oder die elastischen Deformationen. Kombinieren wir jetzt jene Symmetrieelemente mit den bekannten Symmetrieeigenschaften des Wachstumsvorganges, so finden wir, daß infolge dieser Erhöhung der Symmetrie nicht mehr 32 Gruppen krystallisierter Körper unterschieden werden können. Die Gesamtheit der Krystalle ordnet sich vielmehr in eine geringere Anzahl von Klassen. Handelt es sich insbesondere um einen *centrisch symmetrischen Vorgang,* so ist sofort ersichtlich, daß sich nach dem Grade der Symmetrie *höchstens elf Klassen von Krystallen* unterscheiden lassen. In der That, fügen wir den Symmetrieelementen der Krystalle, deren Polyëder kein Centrum der Symmetrie besitzen, dieses Centrum hinzu, so ergiebt sich folgende Einteilung.

Reguläres System.

1. Centrum, 9 Symmetrieebenen, 13 Symmetrieaxen.
   1] Holoëdrie. 2] Tetraëdrische Hemiëdrie. 3] Plagiëdrische Hemiëdrie.
2. Centrum, 3 Symmetrieebenen, 7 Symmetrieaxen.
   4] Pentagonale Hemiëdrie. 5] Tetartoëdrie.

Hexagonales System.

3. Centrum, 7 Symmetrieebenen, 7 Symmetrieaxen.
   6] Holoëdrie. 7] Hemimorphe Hemiëdrie. 8] Trapezoëdrische Hemiëdrie. 11] Trigonale Hemiëdrie.
4. Centrum, 1 Symmetrieebene und 1 dazu senkrechte 6-zählige Symmetrieaxe.
   9] Pyramidale Hemiëdrie. 10] Erste hemimorphe Tetartoëdrie. 12] Trigonale Tetartoëdrie.
5. Centrum, 3 Symmetrieebenen, 4 Symmetrieaxen.
   13] Rhomboëdrische Hemiëdrie. 14] Zweite hemimorphe Tetartoëdrie. 15] Trapezoëdrische Tetartoëdrie.
6. Centrum, eine 3-zählige Symmetrieaxe.
   16] Rhomboëdrische Tetartoëdrie. 17] Ogdoëdrie.

Tetragonales System.

7. Centrum, 5 Symmetrieebenen, 5 Symmetrieaxen.
   18] Holoëdrie. 19] Hemimorphe Hemiëdrie. 20] Trapezoëdrische Hemiëdrie. 23] Sphenoidische Hemiëdrie.
8. Centrum, 1 Symmetrieebene und 1 dazu senkrechte 4-zählige Symmetrieaxe.
   21] Pyramidale Hemiëdrie. 22] Hemimorphe Tetartoëdrie. 24] Sphenoidische Tetartoëdrie.

Rhombisches System.

9. Centrum, 3 Symmetrieebenen, 3 Symmetrieaxen.

25] Holoëdrie. 26] Hemimorphie. 27] Hemiëdrie.

Monoklines System.

10. Centrum, 1 Symmetrieebene und 1 dazu senkrechte 2-zählige Symmetrieaxe.

28] Holoëdrie. 29] Hemimorphie. 30] Hemiëdrie.

Triklines System.

11. Centrum.

31] Holoëdrie. 32] Hemiëdrie. —

In den besonderen Fällen, wo *die Abhängigkeit einer Vektorgröße von der Richtung durch ein Ellipsoid dargestellt* wird, reduziert sich die Anzahl der Klassen noch mehr. Denn ein Ellipsoid besitzt neben einem Centrum der Symmetrie jedenfalls noch drei aufeinander senkrechte Symmetrieebenen, deren Schnittgeraden 2-zählige Symmetrieaxen sind. Außerdem müssen aber nach dem vorangestellten allgemeinen Satze die Symmetrieelemente der soeben aufgezählten 11 Klassen jedesmal auch Symmetrieelemente des Ellipsoids sein.

Daraus folgt zunächst, daß in *regulären* Krystallen, die durch drei aufeinander senkrechte und gleichberechtigte Symmetrieaxen charakterisiert sind, die in Rede stehende Oberfläche eine *Kugel* sein muß. Diese Krystalle bieten also in allen Richtungen dieselben Eigenschaften dar: sie sind *isotrop*. Gleichzeitig ist in ihnen jede Ebene eine Symmetrieebene, eine Eigenschaft, die mit der Isotropie nicht notwendig verbunden ist. Bezeichnet man als *Axe der Isotropie* eine Gerade von der Beschaffenheit, daß alle Geraden, die unter demselben Winkel gegen diese Axe geneigt sind, übereinstimmendes physikalisches Verhalten zeigen, so ist in dem vorliegenden Falle jede Gerade auch eine Axe der Isotropie.

Bei den Krystallen des *hexagonalen* und des *tetragonalen* Systems fällt eine Hauptaxe des Ellipsoids mit einer krystallographischen Symmetrieaxe von der Periode 6, 3 oder 4 zusammen; daher muß hier jene Oberfläche die Gestalt eines *Rotationsellipsoids* annehmen. Die Rotationsaxe ist eine Axe der Isotropie, und die zu ihr senkrechten Geraden sind 2-zählige Symmetrieaxen. Gleichzeitig sind die durch die Axe der Isotropie hindurchgehenden Ebenen und die zu ihr senkrechte Ebene Symmetrieebenen, eine Eigenschaft, die mit dem Auftreten einer Axe der Isotropie nicht notwendig verbunden ist.

Nur bei den Krystallen des rhombischen, monoklinen und triklinen Systems finden wir *dreiaxige Ellipsoide mit ungleichen Hauptaxen.* Diese Axen müssen bei den *rhombischen* Krystallen mit den drei krystallographischen Symmetrieaxen, die hier für jeden centrisch symmetrischen Vorgang vorhanden sind, zusammenfallen. Bei den *monoklinen* Krystallen hat eine der drei Hauptaxen notwendig die Richtung der bei centrisch symmetrischen Vorgängen stets vorhandenen krystallographischen Symmetrieaxe, während die Orientierung der beiden anderen Hauptaxen in der Symmetrieebene 010 nur auf experimentellem Wege zu ermitteln ist. Bei einem *triklinen* Krystall besitzt keine Hauptaxe eine von vornherein angebbare Lage.

Demnach lassen sich jetzt nur die folgenden *fünf Klassen* krystallisierter Körper unterscheiden.

A. *Isotrope Krystalle.* Centrisch symmetrische Krystalle, in denen jede Ebene eine Symmetrieebene und jede Gerade eine Axe der Isotropie ist.
Reguläres System.

B. *Anisotrope Krystalle mit einer Axe der Isotropie.* Centrisch symmetrische Krystalle, in denen die durch die Axe der Isotropie hindurchgehenden Ebenen und die zu dieser Axe senkrechte Ebene Symmetrieebenen sind. Außerdem sind die auf der Axe der Isotropie senkrechten Geraden 2-zählige Symmetrieaxen.
Hexagonales und tetragonales System.

C. *Anisotrope Krystalle ohne Axe der Isotropie.*

a. Centrisch symmetrische Krystalle mit drei aufeinander senkrechten Symmetrieebenen, deren Schnittgeraden 2-zählige Symmetrieaxen sind.
Rhombisches System.

b. Centrisch symmetrische Krystalle mit einer Symmetrieebene und einer auf dieser Ebene senkrechten 2-zähligen Symmetrieaxe.
Monoklines System.

c. Centrisch symmetrische Krystalle.
Triklines System.

II. Wenn umgekehrt ein physikalischer Vorgang nach seiner Natur eine bestimmte Asymmetrie darbietet, so lassen sich sofort diejenigen Gruppen krystallisierter Körper angeben, in denen dieser Vorgang nicht eintreten kann.

Wir haben schon Krystalle kennen gelernt, die bei gleichförmigen Temperaturänderungen eine elektrische Polarität zeigen. Für diesen Vorgang ist also charakteristisch, daß ein Richtungssinn einer Geraden von dem entgegengesetzten Richtungssinn derselben Geraden physikalisch verschieden ist. Da nun durch eine gleichförmige Temperaturänderung die Symmetrie der Wachstumserscheinungen der Krystalle nicht geändert wird, so müssen wir schließen, daß jene elektrische Polarität nur an solchen Krystallen auftreten kann, in denen einander entgegengesetzte Richtungen auch krystallographisch verschieden sind. Demnach dürfen die Formen der hierher gehörigen krystallisierten Körper *kein Centrum der Symmetrie* besitzen. Es sind also hier jedenfalls die auf S. 62—64 genannten 11 Gruppen mit centrisch symmetrischen Krystallpolyëdern von vornherein ausgeschlossen.

1. Thermische Ausdehnung.

Homogene Deformation. — Erfahrt ein homogener Krystall eine in seiner ganzen Ausdehnung gleichmäßige Änderung der Temperatur, bei der keine Zerstörung des krystallisierten Zustandes eintritt, so bleibt er homogen. Auch die Symmetrie des Krystalls muß erhalten bleiben, da in krystallographisch gleichberechtigten Richtungen übereinstimmende Richtungsänderungen und Dilatationen stattfinden. Im allgemeinen ändert sich aber nicht nur das Volumen, sondern auch die Gestalt des Krystalls. Es erfolgt eine homogene Deformation, deren allgemeines Gesetz sich nach folgender Überlegung aus dem Begriff der Homogeneität ergiebt.

Eine Reihe von Punkten in dem Krystall, die ursprünglich auf einer Geraden lag, ist auch nach der Deformation geradlinig. Aber die Richtung der Geraden und die gegenseitigen Entfernungen ihrer Punkte haben sich im allgemeinen geändert. Gleiche und untereinander parallele Strecken erfahren gleiche Änderungen der Länge und der Richtung. Auch das Verhältnis, in welchem die Längen paralleler Geraden zu einander stehen, wird durch die Deformation nicht geändert. Parallelogramme und Parallelepipede bleiben Parallelogramme und Parallelepipede; nur die Längen ihrer Kanten und im allgemeinen auch die Winkel ihrer Kanten haben sich geändert. Daher geht ein Quadrat im allgemeinen in ein schiefwinkeliges Parallelogramm mit ungleichen Seiten und ein Würfel in ein schiefwinkeliges Parallelepiped mit ungleichen Kanten über.

Wir entnehmen hieraus, daß die Indices der Flächen eines Krystalls, der Zonenverband dieser Flächen und der Wert des Doppelverhältnisses von vier Flächen einer Zone durch eine homogene Deformation nicht geändert werden können. Um diesen Satz nachzuweisen, bezeichnen wir im Anfangszustande die Richtungen der Axen des Krystalls mit π_1, π_2, π_3, die Axeneinheiten mit OE_1, OE_2, OE_3 und die Axenabschnitte einer beliebigen Fläche h mit OH_1, OH_2, OH_3 (Fig. 541). Nach der Deformation seien die Richtungen jener Axen bezeichnet mit π'_1, π'_2, π'_3

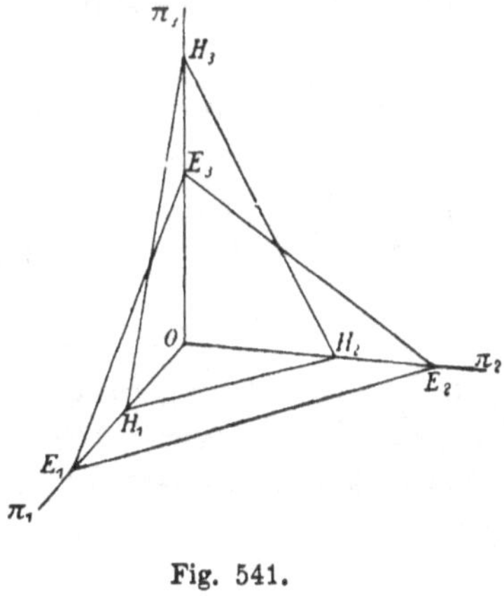

Fig. 541.

und die veränderten Werte der Abschnitte mit $O'E'_1$, $O'E'_2$, $O'E'_3$ und $O'H'_1$, $O'H'_2$, $O'H'_3$. Dann sind die Verhältnisse:

$$\frac{OE_1}{OH_1} = \frac{O'E'_1}{O'H'_1}, \quad \frac{OE_2}{OH_2} = \frac{O'E'_2}{O'H'_2}, \quad \frac{OE_3}{OH_3} = \frac{O'E'_3}{O'H'_3},$$

d. h. die Indices der Fläche *h* bleiben konstant. Demnach ändern sich von den zur Beschreibung eines Krystallpolyëders erforderlichen und ausreichenden Größen — den Werten seiner Axenelemente und den Indices seiner Flächen — infolge einer homogenen Deformation im allgemeinen nur die Axenelemente. Nun enthält die Bedingung dafür, daß drei Flächen in einer Zone liegen, lediglich die Indices dieser Flächen (S. 30). Und das Gleiche gilt von dem Werte des Doppelverhältnisses von vier Flächen einer Zone (S. 32). Folglich bleiben auch der Zonenverband und die Doppelverhältnisse bei einer homogenen Deformation ungeändert.

Deformationsellipsoid. — Es soll jetzt gezeigt werden, daß durch eine homogene Deformation im allgemeinen *ein Kreis in eine Ellipse und eine Kugel in ein Ellipsoid* deformiert wird. Betrachten wir zunächst einen Kreis, dessen Radius gleich der Längeneinheit sei. Durch den Mittelpunkt *O* seien zwei rechtwinkelige Durchmesser nach *A* und *B* parallel den Seiten eines umgeschriebenen Quadrats gelegt (Fig. 542). Die Koordinaten eines beliebigen Punktes *P* des Kreises seien bezeichnet mit y_1, y_2, so daß die Gleichung des Kreises lautet:

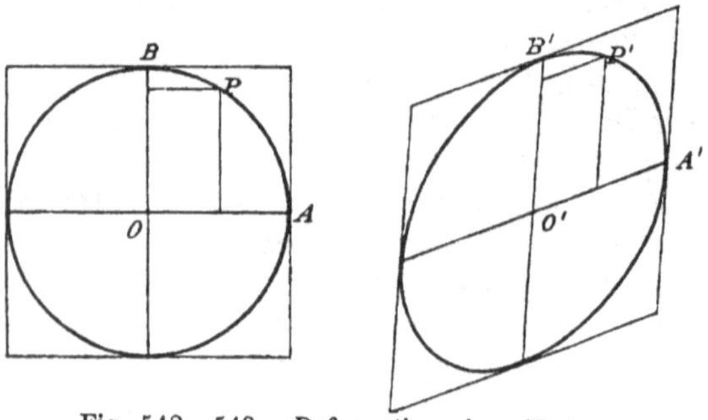

Fig. 542—543. Deformation eines Kreises in eine Ellipse.

(1)
$$y_1{}^2 + y_2{}^2 = 1.$$

Durch die Deformation sei das Quadrat übergeführt in das schiefwinkelige ungleichseitige Parallelogramm der Fig. 543, und die Radien OA, OB seien übergegangen in $O'A'$, $O'B'$. Wir bezeichnen die Verhältnisse, nach denen sich OA und OB geändert haben, mit:

$$\frac{O'A'}{OA} = \omega_1, \quad \frac{O'B'}{OB} = \omega_2.$$

Nach diesen Verhältnissen ändern sich auch die Längen aller zu OA und OB parallelen Geraden. Der Punkt *P* sei durch die Deformation nach P' gelangt. Bezeichnen wir die Koordinaten von P' mit y'_1, y'_2, so ist also:

$$\frac{y'_1}{y_1} = \omega_1, \quad \frac{y'_2}{y_2} = \omega_2.$$

Jetzt folgt aus (1):

$$\frac{y'^2_1}{\omega_1^2} + \frac{y'^2_2}{\omega_2^2} = 1. \tag{2}$$

Dies ist die Gleichung einer *Ellipse*, für welche die Geraden von O nach A' und B' konjugierte Durchmesser sind. Demnach liegen alle Punkte, die im Anfangszustande einem Kreise angehören, nach der Deformation auf einer Ellipse, und je zwei aufeinander senkrechte Durchmesser des Kreises gehen in konjugierte Durchmesser der Ellipse über. Unter allen Paaren von konjugierten Durchmessern der Ellipse sind die *Hauptaxen* X_1, X_2 dadurch ausgezeichnet, daß sie aufeinander senkrecht stehen; sie geben uns also diejenigen Richtungen in der betrachteten Ebene, die vor und nach der Deformation aufeinander senkrecht stehen (Fig. 544, 545). Demnach wird ein Quadrat, dessen Seiten parallel zu X_1, X_2 liegen, in ein rechtwinkeliges Parallelogramm deformiert.

Beachten wir noch, daß eine Ellipse *disymmetrisch* ist nach ihren Hauptaxen X_1, X_2, deren Schnittpunkt ein Centrum der Symmetrie bildet (Fig. 545). Hieraus geht hervor, daß die homogene Deformation einer Ebene einem bestimmten Symmetriegesetze unterworfen ist, das auch dann gilt, wenn die Ebene bei dem Wachstumsvorgange asymmetrisch sein sollte.

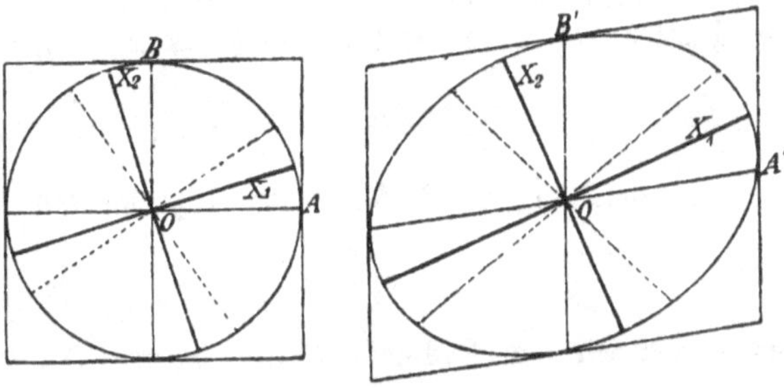

Fig. 544—545. Hauptaxen der Deformation.

In analoger Weise ergiebt sich, daß eine Kugel durch eine homogene Deformation in ein Ellipsoid übergeführt wird. Je drei aufeinander senkrechte Durchmesser der Kugel bilden im Endzustande drei konjugierte Durchmesser des Ellipsoids.

Eine homogene Deformation eines Krystalls ist vollständig bestimmt, wenn das Ellipsoid bekannt ist, in welches eine Kugel vom Radius Eins deformiert wird. Unter allen Tripeln konjugierter Durchmesser dieses *Deformationsellipsoids* ist das von den *Hauptaxen* X_1, X_2, X_3 gebildete dadurch ausgezeichnet, *daß nur die drei Richtungen dieser Axen vor und nach der Deformation aufeinander senkrecht stehen, und daß die Deformation zu diesen drei Axen, ihren Verbindungsebenen und ihrem Schnittpunkte symmetrisch ist.* Ein aus dem Krystall geschnittener Würfel, dessen Kanten den Hauptaxen parallel gehen, wird in ein rechtwinkeliges, jeder andere würfelförmige Teil dagegen in ein schiefwinkeliges Parallelepiped verwandelt.

Stellen wir uns nun den ursprünglichen und den deformierten Krystall in der gegenseitigen Lage vor, daß die Richtungen der Hauptaxen X_1, X_2, X_3 übereinstimmen, so ist ersichtlich, daß es lediglich darauf ankommt, die krystallographische Orientierung der Hauptaxen vor der Deformation und die numerischen Werte der Halbaxen des Deformationsellipsoids zu ermitteln. Sind diese Größen bekannt, so lassen sich, wie jetzt gezeigt werden soll, alle Änderungen von Längen und Richtungen angeben.

Durch einen beliebigen Punkt O des Krystalls seien die Hauptaxen X_1, X_2, X_3 gelegt. Wir betrachten einen Punkt P des Krystalls, der sich vor der Deformation auf der um O mit dem Radius Eins beschriebenen Kugel befindet. Wir bezeichnen die Gerade OP mit r und die Koordinaten von P mit x_1, x_2, x_3, so daß:

$$x_1 = \cos r X_1, \quad x_2 = \cos r X_2, \quad x_3 = \cos r X_3, \quad x_1^2 + x_2^2 + x_3^2 = 1.$$

Ferner bezeichnen wir mit μ_1, μ_2, μ_3 *die Verhältnisse, in denen sich die Längen der zu den Hauptaxen parallelen Geraden durch die Deformation ändern.* Dann sind also μ_1, μ_2, μ_3 die Halbaxen des Deformationsellipsoids. Es sei jetzt P' die Lage des Punktes P nach der Deformation, und die Koordinaten von P' seien bezeichnet mit x'_1, x'_2, x'_3. Dann ist:

$$\frac{x'_1}{x_1} = \mu_1, \quad \frac{x'_2}{x_2} = \mu_2, \quad \frac{x'_3}{x_3} = \mu_3,$$

und die Gleichung des Deformationsellipsoids lautet:

$$(1) \qquad \frac{x_1'^2}{\mu_1^2} + \frac{x_2'^2}{\mu_2^2} + \frac{x_3'^2}{\mu_3^2} = 1.$$

Bezeichnen wir den Radius OP' mit μ, so ist:

$$(2) \qquad \mu^2 = x_1'^2 + x_2'^2 + x_3'^2 = \mu_1^2 . \cos^2 r X_1 + \mu_2^2 . \cos^2 r X_2 + \mu_3^2 . \cos^2 r X_3.$$

Auf diese Weise ist das Verhältnis μ, in welchem sich die zu einer beliebigen Richtung OP parallelen Längen ändern, ausgedrückt durch die Halbaxen des Deformationsellipsoids und die Richtungscosinus von OP. Für die Richtungscosinus von $OP' = r'$ finden wir:

$$(3) \qquad \cos r' X_i = \frac{x'_i}{\mu} = \frac{\mu_i}{\mu} . \cos r X_i \quad (i = 1, 2, 3).$$

Das Volumen des Deformationsellipsoids verhält sich zu dem Volumen der Kugel vom Radius Eins wie:

$$\frac{4}{3} \pi \mu_1 \mu_2 \mu_3 : \frac{4}{3} \pi.$$

Demnach ist das Verhältnis, in welchem sich das *Volumen* eines Krystalls durch eine homogene Deformation ändert, gleich dem Produkte der Halbaxen des Deformationsellipsoids:

$$(4) \qquad \frac{V'}{V} = \mu_1 \mu_2 \mu_3.$$

Jetzt bezeichnen wir die linearen Dilatationen oder die Ausdehnungskoeffizienten in den Richtungen der Hauptaxen und in der Richtung OP mit λ_1, λ_2, λ_3 und λ, so daß:

$$\mu_1 = 1 + \lambda_1, \qquad \mu_2 = 1 + \lambda_2, \qquad \mu_3 = 1 + \lambda_3, \qquad \mu = 1 + \lambda.$$

Dann gilt nach (2):

$$(5) \qquad (1 + \lambda)^2 = (1 + \lambda_1)^2 \cos^2 r X_1 + (1 + \lambda_2)^2 \cos^2 r X_2 + (1 + \lambda_3)^2 \cos^2 r X_3.$$

Bezeichnen wir noch die räumliche Dilatation mit τ, so ist nach (4):

$$(6) \qquad \frac{V'}{V} = 1 + \tau = (1 + \lambda_1)(1 + \lambda_2)(1 + \lambda_3).$$

Sind nun die Dilatationen sehr kleine Größen, deren Quadrate und Produkte gegen sie selbst vernachlässigt werden können, so gehen die beiden letzten Relationen über in:

$$(7) \qquad \lambda = \lambda_1 \cos^2 r X_1 + \lambda_2 \cos^2 r X_2 + \lambda_3 \cos^2 r X_3,$$

$$(8) \qquad \tau = \lambda_1 + \lambda_2 + \lambda_3.$$

Die Formel (7) giebt an, wie unter jener Voraussetzung die lineare Dilatation in einer beliebigen Richtung r ausgedrückt wird durch die Hauptdilatationen und die Richtungscosinus von r.

Ein dreiaxiges Ellipsoid mit ungleichen Axen wird von zwei Ebenen, die durch die mittlere Hauptaxe hindurchgehen, in Kreisen geschnitten, deren Radien gleich der mittleren Halbaxe des Ellipsoids sind. Daraus folgt, daß im allgemeinen in einem Krystall zwei Ebenen vorhanden sind, in denen ein Kreis durch eine gegebene homogene Deformation nicht in eine Ellipse, sondern wieder in einen Kreis übergeführt wird. Die beiden *Kreisschnittebenen des Deformationsellipsoids* liefern die Lage jener Ebenen in dem deformierten Krystall. In Fig. 546 ist vorausgesetzt, daß $\mu_1 > \mu_2 > \mu_3$ sei, so daß X_1 die größte und X_3 die kleinste Halbaxe des Deformationsellipsoids bedeutet. Dann stehen die beiden Kreisschnittebenen auf der Symmetrieebene $X_1 X_3$ in den mit $\bar{K}\bar{K}$ bezeichneten Geraden senkrecht. Vor der Deformation gehen die Ebenen, in denen keine Verzerrung stattfindet, durch X_2 und die mit KK bezeichneten Geraden.

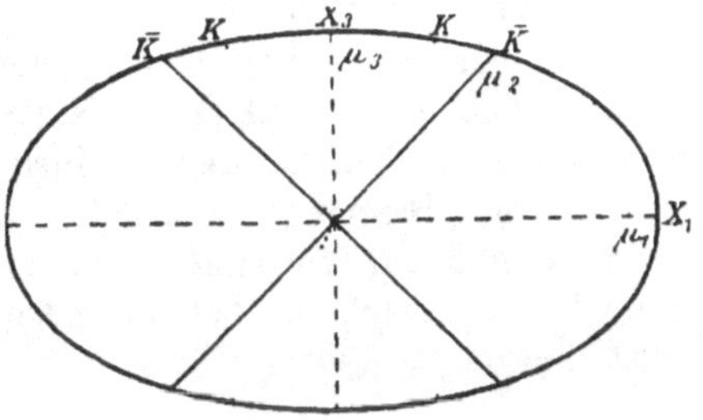

Fig. 546. Lage der Kreisschnittebenen des Deformationsellipsoids.

Einteilung der Krystalle in fünf Klassen. — Da eine homogene Deformation durch ein Ellipsoid bestimmt ist, so haben wir nach S. 182 fünf Klassen krystallisierter Körper zu unterscheiden.

A. *Isotrope Krystalle* (Reguläres System). Die Dilatation λ ist nach allen Richtungen konstant. Daher ändert sich nur das Volumen, aber nicht die Gestalt eines regulären Krystalls. Der Wert von λ ergiebt sich aus der Dickenänderung einer Platte oder aus der Volumendilatation $\tau = 3\lambda$.

B. *Anisotrope Krystalle mit einer Axe der Isotropie* (Hexagonales und tetragonales System). Das Deformationsellipsoid ist ein Rotationsellipsoid, dessen Rotationsaxe X_3 mit der krystallographischen Vertikalaxe zusammenfällt. Bezeichnen wir die Hauptdilatation in der Richtung dieser Axe mit λ_3 und in den dazu senkrechten gleichberechtigten Richtungen mit λ_1, so müssen wir in den Relationen (7) und (8) $\lambda_1 = \lambda_2$ setzen. Beachten wir noch, daß:

$$\cos^2 r X_1 + \cos^2 r X_2 = 1 - \cos^2 r X_3 = \sin^2 r X_3,$$

so ist die lineare Dilatation in irgend einer Richtung r, die unter dem Winkel $r X_3$ gegen die Axe der Isotropie geneigt ist, gegeben durch:

$$\lambda = \lambda_1 \sin^2 r X_3 + \lambda_3 \cos^2 r X_3. \tag{1}$$

Für die räumliche Dilatation gilt die Beziehung:

$$\tau = 2\lambda_1 + \lambda_3. \tag{2}$$

Die Werte von λ_1 und λ_3 finden wir direkt aus den Dickenänderungen zweier Platten, von denen die eine parallel, die andere senkrecht zur Vertikalaxe geschnitten ist.

Aus der besonderen Gestalt des Deformationsellipsoids ist sofort ersichtlich, daß die Winkel der Prismenflächen und die Neigungen der Basis gegen diese Flächen konstant bleiben, während alle übrigen Flächenwinkel sich ändern. Bezeichnet man die Verhältnisse der Axeneinheiten auf den Queraxen und der Vertikalaxe im Anfangszustande mit $a:c$ und im Endzustande mit $a':c'$, so besteht nach der Definition von λ_1 und λ_3 die Relation:

$$\frac{c'}{a'} = \frac{c}{a} \cdot \frac{1+\lambda_3}{1+\lambda_1}.$$

Erweitert man die rechte Seite dieser Gleichung mit $1-\lambda_1$, so ergiebt sich, falls die Quadrate und Produkte der Dilatationen gegen diese Größen selbst vernachlässigt werden können:

$$\frac{c}{a} - \frac{c'}{a'} = \frac{c}{a}(\lambda_1 - \lambda_3). \tag{3}$$

Nun können wir die Verhältnisse der Axeneinheiten bestimmen, indem wir einen geeigneten Flächenwinkel im Anfangszustande und im Endzustande messen. Hieraus läßt sich aber nach (3) nur die Differenz der Hauptdilatationen berechnen. Um diese Größen selbst zu finden, muß noch die Volumendilatation τ ermittelt werden. Dann folgen aus (2) und (3) die Werte von λ_1 und λ_3.

Thermische Ausdehnung des Kalkspats. — Dieses Verfahren wurde zuerst von E. Mitscherlich am Kalkspat durchgeführt. Er brachte an dem von ihm konstruierten Reflexionsgoniometer mit horizontaler Krystallträgeraxe eine Vorrichtung an, die den Krystall in erwärmtes Quecksilber zu tauchen gestattete. Nur diejenige Fläche des Krystalls ragte auf wenige Augenblicke heraus, die ein Bild des Signals reflektieren sollte. Auf diese Weise fand E. Mitscherlich für den Flächenwinkel an einer Endkante des Spaltungsrhomboëders bei 10° C. den Wert $\delta = 74^0 55^1/_2{}'$ und bei 110° C. den Wert $\delta' = 75^0 4' 2''$. Daraus ergeben sich nach den Formeln:

$$\frac{c}{a} = \sqrt{3} \tan \chi, \qquad \sin \chi = \frac{\tan \frac{1}{2} \delta}{\sqrt{3}}$$

die Verhältnisse der Axeneinheiten $a : c = 1 : 0{,}85448$ und $a' : c' = 1 : 0{,}85720$. Hieraus folgt nach (3) die Differenz der Hauptdilatationen $\lambda_3 - \lambda_1 = 0{,}00318$.

Darauf bestimmte E. Mitscherlich nach der Methode von Dulong die Volumendilatation des Kalkspats bei derselben Temperaturerhöhung. Er fand $\tau = 0{,}001961$. Nun ist nach (2):

$$\tau = 3\lambda_1 + (\lambda_3 - \lambda_1), \text{ also } 3\lambda_1 = \tau - (\lambda_3 - \lambda_1) = -0{,}001219,$$

folglich:

$$\lambda_1 = -0{,}000405, \qquad \lambda_3 = 0{,}002775.$$

Hierdurch war nachgewiesen, *daß sich ein Kalkspatkrystall bei der Erwärmung in der Richtung der Axe der Isotropie ausdehnt und in den dazu senkrechten Richtungen zusammenzieht.* Eine bei 10° C. hergestellte Kalkspatkugel mit dem Radius Eins wird durch eine Temperaturerhöhung um 100° C. in ein nach der Vertikalaxe verlängertes Rotationsellipsoid mit den Halbaxen:

$$\mu_1 = 1 + \lambda_1 = 0{,}999595 \text{ und } \mu_3 = 1 + \lambda_3 = 1{,}002775$$

übergeführt. Denken wir uns um den Mittelpunkt dieses Ellipsoids eine Kugel vom Radius Eins beschrieben, so schneiden sich diese Oberflächen in zwei Kreisen. Verbinden wir die Schnittkreise mit dem Mittelpunkt, so erhalten wir einen Kreiskegel. Die auf diesem Kegel gelegenen Geraden geben die Richtungen r im Kalkspat an, in denen jene Temperaturerhöhung weder eine Verkürzung noch eine Verlängerung bewirkt; sie sind also durch die Bedingung $\lambda = 0$ charakterisiert. Demnach findet man ihre Neigung gegen die Vertikalaxe nach (1) aus:

$$\tan^2 r X_3 = -\frac{\lambda_3}{\lambda_1}, \quad r X_3 = 69^0 5^1/_2{}'.$$

C. *Anisotrope Krystalle ohne Axe der Isotropie.* Das Deformationsellipsoid ist dreiaxig mit ungleichen Axen.

a. Rhombisches System. Die Richtungen der Hauptaxen fallen mit den krystallographischen Axen zusammen. Unter den Flächenwinkeln bleiben nur die Winkel der aufeinander senkrechten Axenebenen ungeändert. Die

Werte der drei voneinander verschiedenen Hauptdilatationen λ_1, λ_2, λ_3 ergeben sich direkt aus den Dickenänderungen von Platten, die den Axenebenen parallel liegen.

Bezeichnen wir die Verhältnisse der Axeneinheiten eines rhombischen Krystalls im Anfangszustande mit $a:b:c$ und im Endzustande mit $a':b':c'$, so ist:

$$\frac{a'}{c'} = \frac{a}{c} \cdot \frac{1+\lambda_1}{1+\lambda_3}, \quad \frac{b'}{c'} = \frac{b}{c} \cdot \frac{1+\lambda_2}{1+\lambda_3}.$$

Erweitern wir jetzt die rechten Seiten dieser Gleichungen mit $1 - \lambda_3$, so folgt für hinreichend kleine Deformationen:

$$\frac{a'}{c'} - \frac{a}{c} = \frac{a}{c}(\lambda_1 - \lambda_3), \quad \frac{b'}{c'} - \frac{b}{c} = \frac{b}{c}(\lambda_2 - \lambda_3).$$

Hieraus ist ersichtlich, daß aus Messungen der Flächenwinkel vor und nach einer homogenen Deformation nur die Differenzen der Hauptdilatationen berechnet werden können. Dagegen ergeben sich die Werte von λ_1, λ_2, λ_3 selbst, wenn auch noch die Volumendilatation $\tau = \lambda_1 + \lambda_2 + \lambda_3$ gemessen wird.

b. Monoklines System. Erfährt ein monokliner Krystall durch eine gleichmäßige Temperaturerhöhung von Θ^0 auf Θ'^0 eine homogene Deformation, so ist eine Fläche seines Inneren, die bei der Anfangstemperatur kugelförmig war, durch die Erwärmung in ein dreiaxiges Ellipsoid übergeführt worden, in welchem eine der drei Hauptaxen, z. B. X_2, notwendig die Richtung der Symmetrieaxe π_2 besitzt. Nur diese Hauptaxe hat eine von vornherein angebbare feste Lage im Krystall, und nur die Dilatation λ_2 in dieser Richtung läßt sich noch direkt aus der Messung der Dickenänderung einer Platte parallel zur Symmetrieebene 010 entnehmen. Unter den Flächenwinkeln bleiben nur die Neigungen zwischen 010 und den Flächen aus der Zone von π_2 konstant. Die beiden anderen Hauptaxen X_1, X_3 fallen in die Symmetrieebene 010. Um ihre Lage zu bestimmen, muß einer der Winkel zwischen diesen Axen und einer in 010 gelegenen Kante, z. B. der Vertikalaxe π_3, ermittelt werden. Bezeichnen wir (Fig. 547—548) vor der Deformation die Winkel $X_3\pi_3 = \mu$, $X_1\pi_3 = \nu$ und nach der Deformation die Winkel $X_3\pi'_3 = \mu'$, $X_1\pi'_3 = \nu'$, so ist für die Deformation charakteristisch, daß die Summe $\mu + \nu = \mu' + \nu' = 90^0$ ist, und daß die Indices der Hauptaxen konstant bleiben (S. 183). Auf diese Bemerkung gründet sich die von F. E. Neumann angegebene Methode zur Berechnung der Winkel μ, μ' und der Werte der Hauptdilatationen λ_1, λ_2, λ_3, wenn eine geeignete Anzahl von Flächenwinkeln eines monoklinen Krystalls

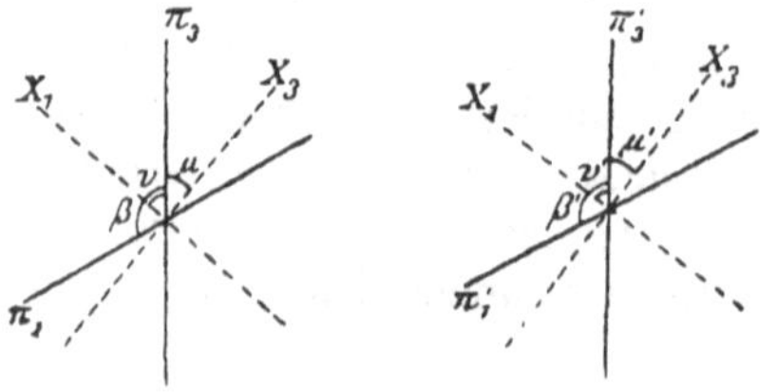

Fig. 547—548. Orientierung der Hauptaxen der Deformation in 010.

vor und nach der Deformation und außerdem noch die Volumendilatation des Krystalls gemessen sind.[1]

Die Hauptaxen X_1, X_3 der betrachteten Deformation besitzen bei Θ^0 und bei Θ'^0 eine bestimmte, durch die Winkel μ und μ' gegebene Orientierung in der Ebene 010. Allein es liegt in den Symmetrieeigenschaften eines monoklinen Krystalls kein Grund zu der Annahme, daß die Hauptaxen einer anderen homogenen Deformation, wie sie z. B. durch eine Temperaturerhöhung von Θ^0 auf eine andere Endtemperatur Θ''^0 hervorgerufen wird, mit X_1, X_2 zusammenfallen. Wir werden vielmehr erwarten müssen, daß diejenigen Hauptaxen eines Deformationsellipsoids, die nicht eine durch Symmetrieeigenschaften bedingte permanente Lage im Krystall besitzen, nur in dem gewählten Anfangszustande und in dem erreichten Endzustande aufeinander senkrecht stehen, während sie in jedem anderen Zustande, also auch während der Deformation, unter einem von 90° verschiedenen Winkel gegeneinander geneigt sind. An den bis jetzt untersuchten monoklinen Krystallen (Gyps, Orthoklas) haben sich Richtungsunterschiede der Hauptaxen bei verschiedenen Deformationen nicht mit Sicherheit feststellen lassen. Dagegen ist diese Erscheinung am triklinen Anorthit nachgewiesen worden.

c. Triklines System. In einem triklinen Krystall läßt sich die Lage aller drei Hauptaxen nur für eine Deformation aus einem bestimmten Anfangszustande in einen bestimmten Endzustand definieren. C. Neumann hat gezeigt, wie man die Richtungen der Hauptaxen und die Werte der Hauptdilatationen berechnen kann, wenn die Volumendilatation und eine geeignete Anzahl von Flächenwinkeln vor und nach der Deformation gemessen sind.[2] Nach der hierdurch gegebenen Anweisung hat J. Beckenkamp die thermische Ausdehnung des Anorthits vom Vesuv untersucht. Es ergab sich, daß die Richtungen der Hauptaxen des Deformationsellipsoids für die Temperaturintervalle 20°—80°, 20°—140° und 20°—200° keineswegs zusammenfallen, sondern sehr erhebliche Richtungsunterschiede darbieten, die durch Fig. 549 veranschaulicht werden. Am stärksten treten die Richtungsänderungen bei den Axen der mittleren und der kleinsten Ausdehnung, X_2 und X_3, hervor.

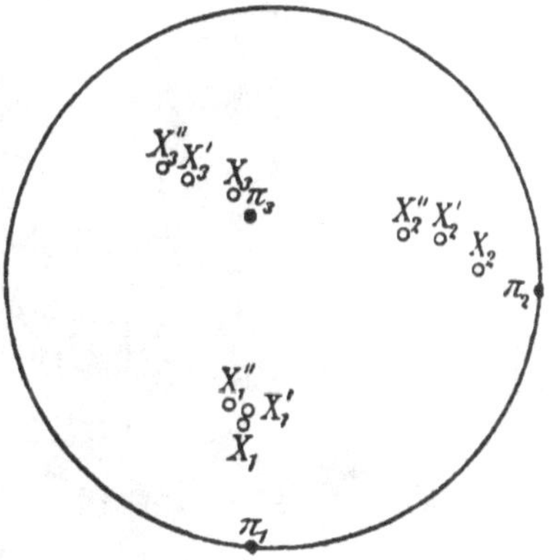

Fig. 549. Orientierung der Hauptaxen im Anorthit für die Temperaturintervalle 20°—80°, 20°—140°, 20°—200°

[1] Th. Liebisch, Physikal. Krystallogr. 1891, 71.
[2] Th. Liebisch, Physikal. Krystallogr. 1891, 77.

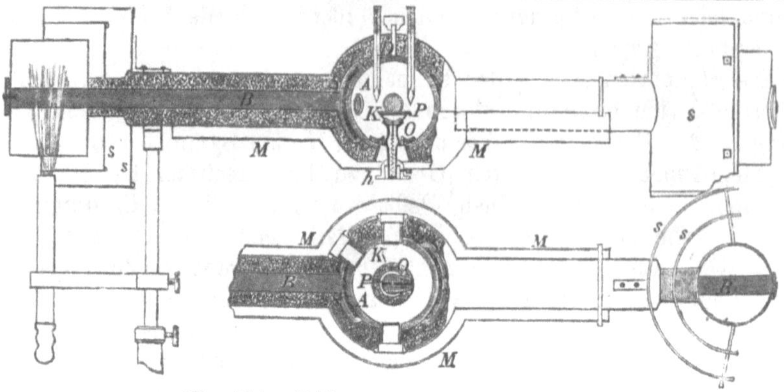

Fig. 550. Erhitzungsapparat von R. FUESS.

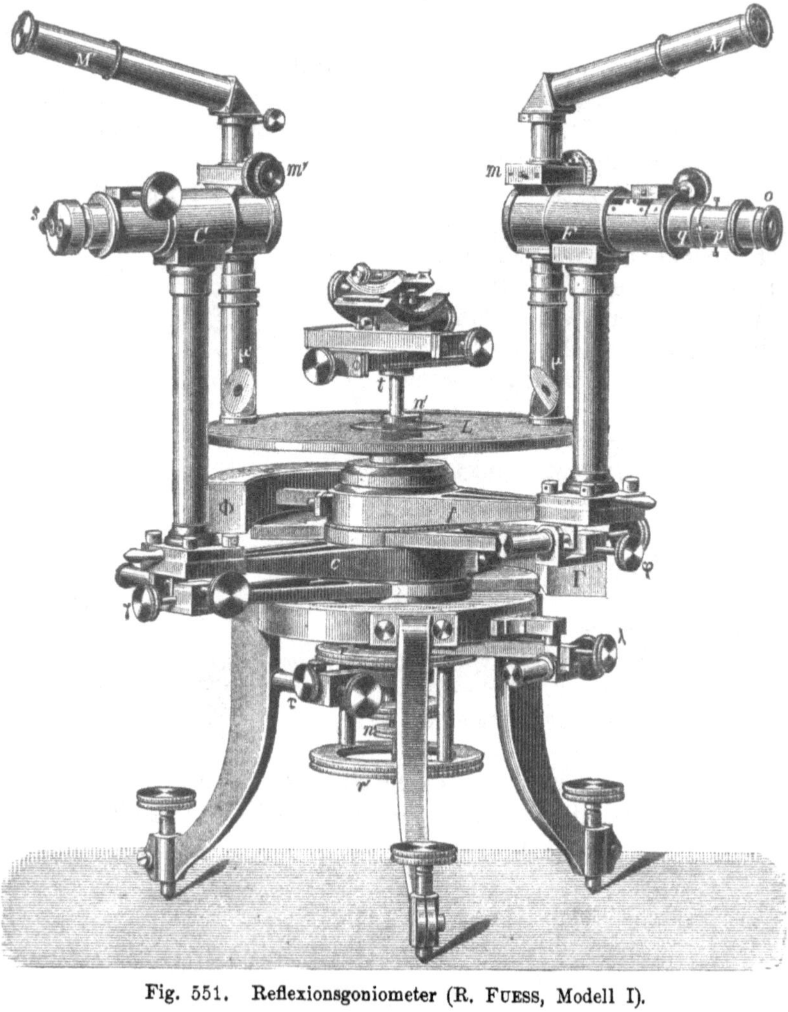

Fig. 551. Reflexionsgoniometer (R. FUESS, Modell I).

Verbindung des Reflexionsgoniometers mit einem heizbaren Luftbade. — Wenn die Flächenwinkel eines Krystalles mit einem Reflexionsgoniometer bei verschiedenen Temperaturen gemessen werden sollen, so muß der Krystall mit einem heizbaren Luftbade umgeben werden. Zu diesem Zwecke hat R. Fuess einen Erhitzungsapparat (Fig. 550) konstruiert, der mit einem großen Goniometer (Fig. 551) verbunden werden kann. Das eigentliche Luftbad, welches den Krystallhalter *K* und zwei Thermometer umschließt, besteht aus einer kupfernen Hohlkugel *A*, in welcher drei Fenster für den Durchgang des Lichtes und ein Durchbruch für den Krystallhalter kleine Ausschnitte bilden. An *A* sind zwei einander gegenüberliegende Schalen *S S* mit ihren Rändern angelötet; der Zwischenraum ist mit Asbest ausgefüllt. An jede Schale ist als Zuleiter der Wärme ein Kupferstab *B* geschraubt, dessen äußerstes Ende erhitzt wird. Die Kugel *A* und die Stäbe *B* sind mit Asbest und mit einem Wollstoff dick umwickelt. Das Ganze ist mit einem Mantel aus dünnem Messingblech umgeben, aus dem nur die mit Brennrohren versehenen Enden der Stäbe *B* hervorragen. Um das Goniometer gegen die strahlende Wärme der Brennrohre zu schützen, sind zwei Schirme *s s* von poliertem Nickelblech an dem Mantel befestigt, die ihren Zweck in sehr vollkommener Weise erfüllen. Da bei längerem Gebrauch des Apparates die isolierende Umhüllung doch ziemlich warm wird, so ist zum Schutze des Goniometers noch ein frei hängender Blechmantel *M* eingeschaltet.[1]

Abhängigkeit der thermischen Dilatationen von der Temperatur. — Bezeichnet man mit α_Θ die Zunahme, welche die Längeneinheit eines festen Körpers bei der Erhöhung der Temperatur von Θ^0 Celsius auf $\Theta + 1^0$ erfährt, so lehrt die Erfahrung, daß sich der Wert des Ausdehnungskoeffizienten α_Θ mit der Temperatur ändert. Es hat sich aber namentlich aus den sehr genauen Messungen von H. Fizeau ergeben, daß der Zuwachs von α_Θ für einen Grad, also das Verhältnis $\Delta\alpha/\Delta\Theta$, nahezu konstant bleibt. Demnach wird, falls L_0 die Länge eines festen Körpers bei 0^0 und L die Länge desselben bei Θ^0 bedeuten, mit hinreichender Genauigkeit:

$$L = L_0(1 + a\Theta + b\Theta^2)$$

zu setzen sein. Die Konstanten a, b stehen hiernach mit α_Θ und $\Delta\alpha/\Delta\Theta$ in folgendem Zusammenhange:

$$\alpha_\Theta = \frac{1}{L_0}\frac{dL}{d\Theta} = a + 2b\Theta, \qquad \frac{\Delta\alpha}{\Delta\Theta} = 2b;$$

$$a = \alpha_\Theta - \Theta\frac{\Delta\alpha}{\Delta\Theta}, \qquad b = \tfrac{1}{2}\frac{\Delta\alpha}{\Delta\Theta}.$$

Die Angaben von H. Fizeau beziehen sich auf die Temperatur von 40^0. Um daraus die Ausdehnung für eine Temperaturerhöhung von $\Theta_1{}^0$ auf $\Theta_2{}^0$ zu entnehmen, hat man zu beachten, daß die mittlere Temperatur alsdann $\Theta = (\Theta_1 + \Theta_2)/2$ ist. Je nachdem dieser Wert von Θ unter oder über 40^0 liegt, muß man das Produkt von $\Delta\alpha/\Delta\Theta$ und der Differenz $40^0 - (\Theta_1 + \Theta_2)/2$ von dem Werte des Ausdehnungskoeffizienten für 40^0 abziehen oder zu diesem Werte hinzufügen:

$$\alpha_\Theta = \alpha_{40^0} \mp \frac{\Delta\alpha}{\Delta\Theta}\left(40^0 - \frac{\Theta_1 + \Theta_2}{2}\right).$$

[1] R. Fuess, N. Jahrb. f. Min. 1890. I. 161.

Mit Hilfe dieses Ausdehnungskoeffizienten für die mittlere Temperatur Θ^0 erhält man jetzt für die Ausdehnung einer Länge l infolge der Erhöhung der Temperatur von $\Theta_1{}^0$ auf $\Theta_2{}^0$:

$$l \cdot \alpha_\Theta \cdot (\Theta_2 - \Theta_1).$$

Haben α oder $\Delta\alpha / \Delta\Theta$ negatives Vorzeichen, so gehen sie mit demselben in diese Rechnung ein.

Das Dilatometer von H. Fizeau. — An zahlreichen krystallisierten Körpern sind die Werte der linearen Ausdehnungskoeffizienten und ihrer Änderungen für

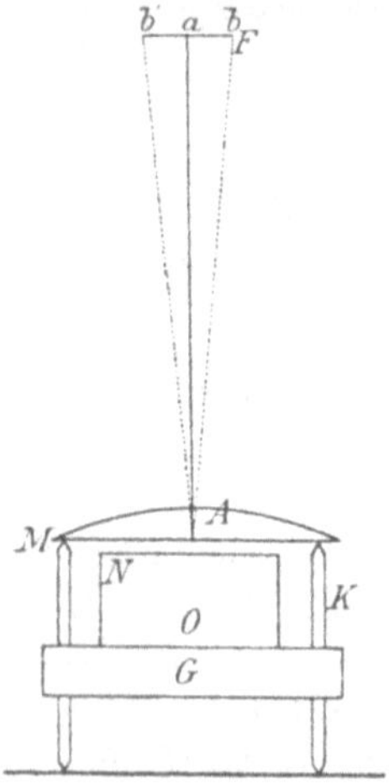

Fig. 552.

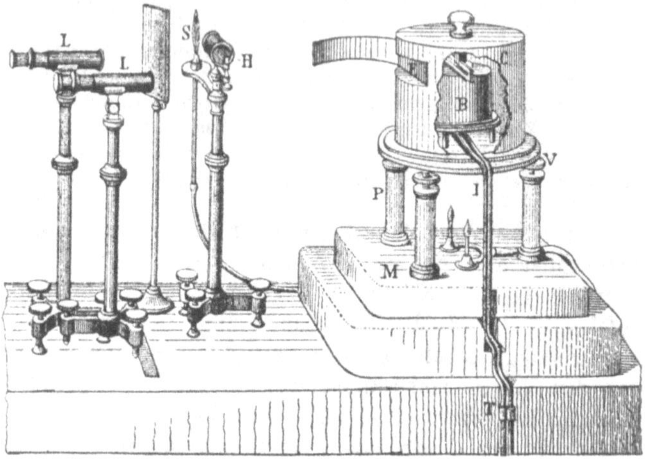

Fig. 553.

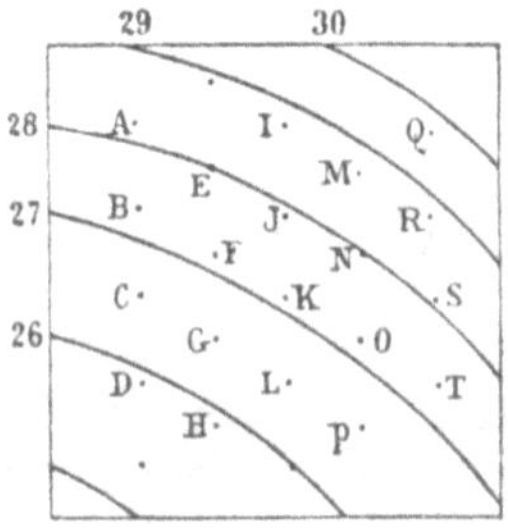

Fig. 554.

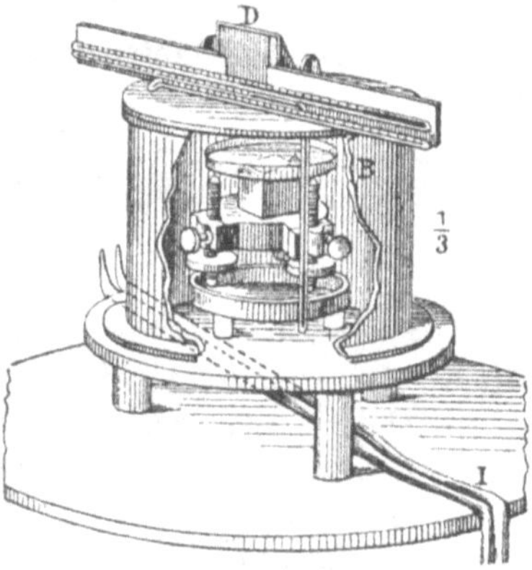

Fig. 555.

Dilatometer von Fizeau.

einen Grad mit einer bis dahin nicht erreichten Genauigkeit von H. Fizeau (1864 bis 1869) gemessen worden. Den Hauptteil des Fizeau'schen Dilatometers bildet ein Interferenzapparat, der sich aus einem Dreifuß, der zu untersuchenden Krystallplatte und einer plankonvexen Linse zusammensetzt. Der Dreifuß besteht aus einer Metallplatte G (Fig. 552), die am Rande von drei Schrauben K durchsetzt wird. Auf die Scheibe wird die Krystallplatte O von 1—1,5 cm Dicke gelegt. Die Schrauben tragen eine Linse A, deren plane Seite M der oberen Grenzfläche N der Platte O zugewendet ist, so daß eine dünne Luftschicht zwischen M und N eingeschlossen bleibt. Dieser Apparat wird von oben durch Natriumlicht beleuchtet, indem das von einer seitlich aufgestellten Natriumflamme S ausgehende Licht durch eine Sammellinse auf die Reflexionsprismen H und D geworfen und von D nach der Linse A hingelenkt wird (Fig. 553, 555). Dann entsteht durch die Interferenz der an den Flächen M und N reflektierten Strahlen ein System von abwechselnd hellen und dunklen Interferenzstreifen. Der Dickenunterschied zweier Stellen der Luftschicht, die zwei aufeinander folgenden hellen Interferenzstreifen entsprechen, beträgt eine halbe Wellenlänge des Natriumlichtes, also 0,000 2944 mm. Die von einem Gebiete $a\,b$ in der oberen Brennebene F der Linse ausgehenden Strahlen werden nach der Brechung an der konvexen Fläche der Linse normal oder doch sehr nahe normal auf die Flächen M und N fallen und nach der Reflexion wieder gegen die Brennebene F konvergieren. Sie geben dort ein reelles Bild $a\,b'$ von $a\,b$. Bringt man nun das Auge in die Ebene F, seitlich von dem Prisma H, so sieht man die ganze Oberfläche der Linse erleuchtet und mit Interferenzstreifen bedeckt. Gleichzeitig erblickt man die auf M eingravierten Punkte (Fig. 554), die zur Bestimmung der Lage der Streifen dienen. Zu dieser Beobachtung benutzt man zweckmäßig ein Fernrohr L'.

Ändert sich die Temperatur des Apparates, die mit dem Fernrohr L an zwei Thermometern mit horizontal liegenden Röhren abgelesen werden kann, so ändert sich im allgemeinen auch der Abstand zwischen den Flächen M und N. Er wird sich bei einer Erhöhung der Temperatur vergrößern oder vermindern, je nachdem sich dabei das Metall der Schrauben stärker oder schwächer ausdehnt als der Krystall in der Richtung der Plattennormale. Ist die Luftschicht zwischen M und N im Centrum weniger dick als an den Rändern (was im allgemeinen zutreffen wird, da die Oberflächen M, N fast immer ein wenig konvex sind), so sieht man die Interferenzstreifen in dem ersten Falle nach dem Centrum hin, im zweiten von demselben fort rücken. Nachdem die Temperatur wieder stationär geworden ist, nehmen die Streifen eine neue feste Lage ein. Ist f die Anzahl der Streifen, die bei diesem Vorgange an jeder Marke auf M vorbeigezogen sind, so liefert das Produkt von f in die halbe Wellenlänge des Natriumlichtes, also $f \cdot 0{,}000\,2944$ mm, die durch jene Temperaturänderung erzeugte Dickenänderung der Luftschicht zwischen der Krystallplatte und der Linse.

Bezeichnet man jetzt mit λ die Wellenlänge des Natriumlichtes in Luft, mit E die Dicke der Platte O, mit e die Dicke der Luftschicht, mit $L = E + e$ die Länge einer Schraube K, mit α den mittleren Ausdehnungskoeffizienten der Platte und mit β den mittleren Ausdehnungskoeffizienten des Metalls der Schrauben zwischen den Endtemperaturen Θ und Θ', so ist die Dickenänderung der Luftschicht:

$$f\frac{\lambda}{2} = \pm (E\alpha - L\beta)(\Theta' - \Theta),$$

je nachdem sich die Platte stärker oder schwächer ausdehnt als die Schrauben. Hieraus folgt:

$$\alpha = \frac{L}{E}\beta \pm \frac{f\frac{\lambda}{2}}{E(\Theta' - \Theta)},$$

falls eine Verschiebung der Interferenzstreifen nach dem Centrum hin negativ gerechnet wird. Der Ausdehnungskoeffizient β ergiebt sich, wenn man Interferenzstreifen unmittelbar zwischen der polierten Scheibe des Dreifußes und der Linse A

erzeugt und die Zahl F der Streifen ermittelt, die bei der Temperaturänderung an den Marken der Fläche M vorüberwandern; denn es ist:

$$F\frac{\lambda}{2} = L\beta(\Theta' - \Theta), \text{ also } \beta = \frac{F\frac{\lambda}{2}}{L(\Theta' - \Theta)}.$$

Übrigens muß an den Werten von f und F noch eine Korrektion angebracht werden, die der Abhängigkeit des Brechungsindex n der Luft, also auch der Wellenlänge λ von der Temperatur entspricht.[1]

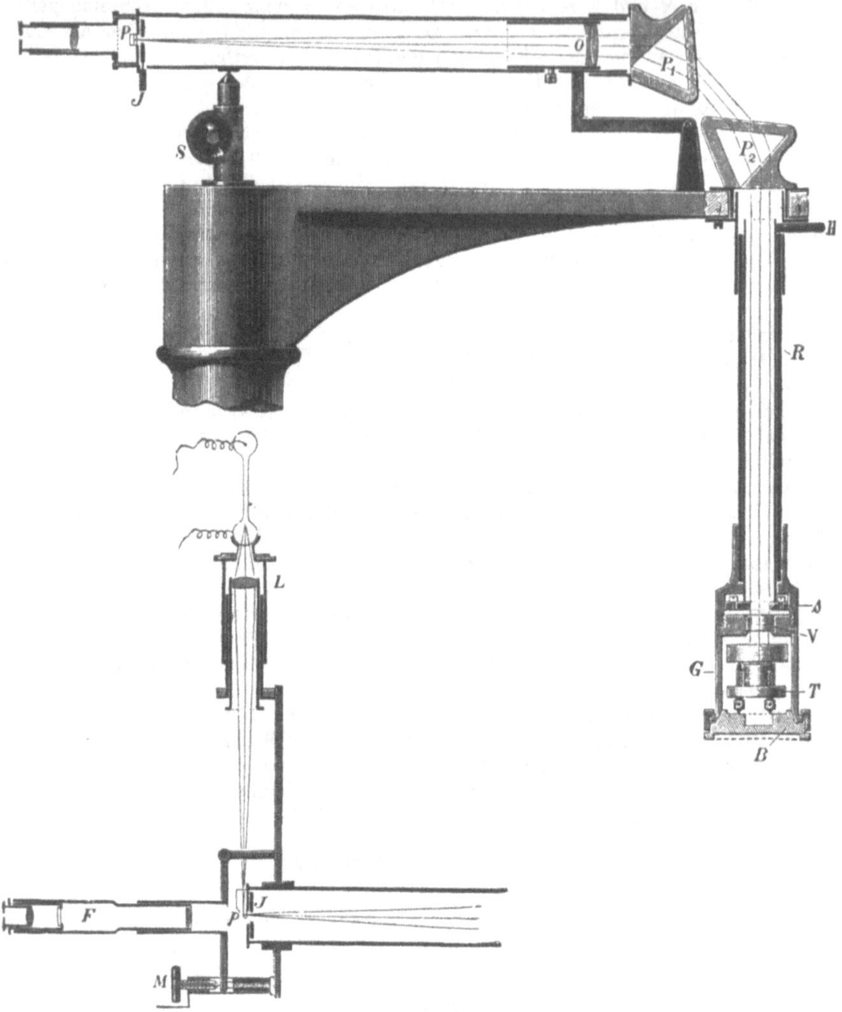

Fig. 556—557. Dilatometer von ABBE.

[1] Eine ausführliche Beschreibung aller Einzelheiten des Verfahrens gab J. R. BENOÎT, Trav. et Mém. du bur. internat. des poids et mes. 1, C. 1; 1881. 6, 1; 1888.

Das Dilatometer von E. Abbe. — Das FIZEAU'sche Beobachtungsverfahren ist von E. ABBE noch vereinfacht und verfeinert worden. Der Interferenzapparat *T* befindet sich in einer Messinghülse *G* am unteren Ende eines Porzellanrohres *R* (Fig. 556). Über der zu untersuchenden Platte liegt eine schwach keilförmige Glasplatte. Die trennende Luftschicht erzeugt nicht gekrümmte Interferenzkurven, sondern geradlinige äquidistante Interferenzstreifen, deren Lage gegen eine einzige feste Marke, ein kleines Silberscheibchen an der unteren Fläche der Glasplatte, sich mit Hilfe der Mikrometerschraube *M* (Fig. 557) sehr genau bestimmen läßt. Dieser Apparat wird nicht durch Natriumlicht, sondern durch das spektral zerlegte Licht einer seitlich aufgestellten, mit Wasserstoff und Quecksilber gefüllten GEISSLER'schen Röhre beleuchtet. Hierdurch wird die mühsame und zeitraubende Abzählung der ganzen Anzahlen von Interferenzstreifen, die infolge einer Änderung der Temperatur des Interferenzapparates an der festen Marke vorbeiziehen, vermieden. Es ist jetzt nur noch erforderlich, die Lage des Streifensystems bei der Anfangstemperatur und bei der Endtemperatur zu ermitteln. Eine ausführliche Beschreibung dieses Dilatometers hat C. PULFRICH veröffentlicht.[1]

Ausdehnungskoeffizienten regulärer Krystalle. — Unter den von H. FIZEAU untersuchten regulären Krystallen zeichnen sich durch hohe Werte der linearen Ausdehnungskoeffizienten α bei 40° C. aus: arsenige Säure, die Chloride von Natrium, Kalium, Ammonium und Silber, die Bromide von Kalium und Silber und das Jodid von Kalium. Es ist z. B. für:

		α	$\frac{\Delta\alpha}{\Delta\Theta}$	a	b
Steinsalz	$NaCl$	$0{,}0_4 4039$	$0{,}0_6 0449$	$0{,}0_4 3859$	$0{,}0_6 0224$
Sylvin	KCl	3803	0515	3597	0257
Salmiak	NH_4Cl	6255	2975	5065	1487.

Dagegen sind die Ausdehnungskoeffizienten von Diamant und Kupferoxydul (Rotkupfererz von Chessy) so klein, daß es besonderer Sorgfalt bedurfte, um genaue Messungen zu gewinnen:

		α	$\frac{\Delta\alpha}{\Delta\Theta}$	a	b
Diamant	C	$0{,}0_4 0118$	$0{,}0_6 0144$	$0{,}0_4 0060$	$0{,}0_6 0072$
Kupferoxydul	Cu_2O	0093	0210	0009	0105.

Hiernach hat die Änderung von α für einen Grad einen beträchtlichen Wert, so daß die Ausdehnung für je einen Grad mit sinkender Temperatur rasch abnimmt, ganz wie bei Wasser in der Nähe seines Dichtigkeitsmaximums. Die Werte für $\alpha = a + 2b\,\Theta$ sind:

$$\text{Diamant} \quad \alpha = 0{,}0_4 0060 + 0{,}0_6 0144 \cdot \Theta$$
$$\text{Kupferoxydul} \quad \alpha = 0{,}0_4 0009 + 0{,}0_6 0210 \cdot \Theta.$$

Diese Relationen gelten nur für das Temperaturintervall 10—70° C., in welchem die Messungen angestellt wurden. Unter der Annahme, daß sie auch noch für niedrigere Temperaturen zutreffen, würde man auch bei Diamant und

[1] C. PULFRICH, Zeitschr. f. Instrumentenkunde. **13**, 365, 401, 437; 1893.

Kupferoxydul ein Dichtigkeitsmaximum erwarten müssen, d. h. die Ausdehnungskoeffizienten würden mit sinkender Temperatur bis zu Null abnehmen und darauf negativ werden. Setzt man in den vorstehenden Gleichungen $\alpha = 0$, so folgt $\Theta = -41{,}7^0$ für Diamant und $\Theta = -4{,}3^0$ bei Kupferoxydul.

Ausdehnungskoeffizienten hexagonaler und tetragonaler Krystalle. — Bezeichnet man die Hauptausdehnungskoeffizienten in der Richtung der Axe der Isotropie und in den dazu senkrechten Richtungen mit α und α', so ist der kubische Ausdehnungskoeffizient gegeben durch $\alpha + 2\alpha'$.

Quarz dehnt sich in den Richtungen senkrecht zur Axe der Isotropie fast zweimal so stark aus als parallel jener Axe. Nach FIZEAU ist bei 40° C.:

$$\alpha = 0{,}0_4 0781, \quad \frac{\Delta\alpha}{\Delta\Theta} = 0{,}0_6 0205, \quad a = 0{,}0_4 0699, \quad b = 0{,}0_6 0102$$

$$\alpha' = \quad 1419, \quad \frac{\Delta\alpha'}{\Delta\Theta} = \quad 0238, \quad a' = \quad 1324, \quad b' = \quad 0119.$$

BENOÎT erhielt folgende Werte:

$$\alpha = a + 2b\,\Theta = 10^{-9}\ (7110{,}7 + 17{,}12\,\Theta),$$
$$\alpha' = a' + 2b'\Theta = 10^{-9}\ (13162{,}7 + 25{,}26\,\Theta).$$

Die Hauptausdehnungskoeffizienten des Kalkspats sind nach FIZEAU:

$$\alpha = \quad 0{,}0_4 2621, \quad \frac{\Delta\alpha}{\Delta\Theta} = 0{,}0_6 0160, \quad a = \quad 0{,}0_4 2557, \quad b = 0{,}0_6 0080$$

$$\alpha' = -0{,}0_4 0540, \quad \frac{\Delta\alpha'}{\Delta\Theta} = \quad 0087, \quad a' = -0{,}0_4 0575, \quad b' = \quad 0043$$

und nach BENOÎT:

$$\alpha = a + 2b\,\Theta = 10^{-9}\ (\ 24963{,}3 + 27{,}34\,\Theta)$$
$$\alpha' = a' + 2b'\Theta = 10^{-9}\ (-5541{,}5 + 1{,}94\,\Theta).$$

Die FIZEAU'schen Werte für α und α' ergeben für den auf S. 189 mit rX_3 bezeichneten Winkel $65^0\,49^1/_2{}'$. In der That konnte FIZEAU an Kalkspatstäbchen, deren Längsrichtungen diesen Winkel mit der Axe der Isotropie bildeten, keine Längenänderung bei Temperaturänderungen nachweisen.

Im Beryll findet in der Richtung der Axe der Isotropie eine deutliche Zusammenziehung, in den dazu senkrechten Richtungen aber eine sehr schwache Ausdehnung statt. Noch geringer ist der kubische Ausdehnungskoeffizient, dessen Wert mit sinkender Temperatur ziemlich rasch abnimmt. Nach FIZEAU ist:

$$\alpha = -0{,}0_4 0106, \quad \frac{\Delta\alpha}{\Delta\Theta} = 0{,}0_6 0114, \quad a = -0{,}0_4 0152, \quad b = 0{,}0_6 0057$$

$$\alpha' = \quad 0{,}0_4 0137, \quad \frac{\Delta\alpha'}{\Delta\Theta} = \quad 0133, \quad a' = \quad 0{,}0_4 0084, \quad b' = \quad 0066$$

$$\alpha + 2\alpha' = 0{,}0_4 0168, \quad \frac{\Delta\alpha}{\Delta\Theta} + 2\,\frac{\Delta\alpha'}{\Delta\Theta} = 0{,}0_6 0380.$$

Aus der Relation:

$$\alpha + 2\alpha' = a + 2a' + 2(b + 2b')\Theta = 0{,}0_40016 + 0{,}0_60378\,\Theta$$

würde folgen, daß $\alpha + 2\alpha' = 0$ ist für $\Theta = -4{,}2^0$ C. Die Unsicherheit dieses Schlusses auf ein nicht direkt beobachtetes Maximum der Dichte ergiebt sich indessen aus den von Benoît bestimmten Werten:

$$\alpha = a + 2b\,\Theta = 10^{-9}\;(-1340{,}3 + 8{,}06\,\Theta)$$
$$\alpha' = a' + 2b'\Theta = 10^{-9}\;(994{,}2 + 9{,}30\,\Theta)$$
$$\alpha + 2\alpha' = 10^{-9}\;(648{,}1 + 26{,}66\,\Theta),$$

wonach jenes Maximum erst bei $-24{,}3^0$ zu erwarten sein würde.

Ein hervorragendes Interesse gewähren die thermischen Eigenschaften des Jodsilbers AgJ. Wie H. Fizeau entdeckte, erfährt die hexagonale Modifikation durch eine Erwärmung in der Richtung der Vertikalaxe eine bedeutende und mit der Erhöhung der Temperatur beständig zunehmende Kontraktion, während in den dazu senkrechten Richtungen eine schwache Ausdehnung stattfindet. Es ist nämlich:

$$\alpha = -0{,}0_40397, \qquad \alpha' = 0{,}0_40065,$$
$$\frac{\Delta\alpha}{\Delta\Theta} = -0{,}0_60427, \qquad \frac{\Delta\alpha'}{\Delta\Theta} = 0{,}0_60138.$$

Im ganzen bewirkt die Erwärmung eine mit steigender Temperatur stetig zunehmende Verminderung des Volumens, denn die Werte des kubischen Ausdehnungskoeffizienten und seiner Änderung für 1^0 sind:

$$\alpha + 2\alpha' = -0{,}0_40267, \qquad \frac{\Delta\alpha}{\Delta\Theta} + 2\frac{\Delta\alpha'}{\Delta\Theta} = -0{,}0_60151.$$

Dem Vorgange der Kontraktion folgt unter gewöhnlichem Druck bei 145^0 eine Zustandsänderung, indem das Jodsilber alsdann unter Wärmeabsorption in eine reguläre Modifikation übergeht. Die dabei eintretende beträchtliche Kontraktion und die bis zum Schmelzpunkte kontinuierliche thermische Ausdehnung der regulären Modifikation sind von G. F. Rodwell gemessen worden. Ein gegossener Stab von Jodsilber, der nach der Erstarrung ein dichtes Aggregat von kleinen Krystallkörnern bildete, wurde in einem heizbaren Bade horizontal aufgehängt. An die vertikalen Endflächen des Stabes lehnten sich zwei Hebel von ⋏-Form in der Weise, daß der eine Hebelarm in das Bad tauchte, während sich der andere außerhalb des Bades befand. Die äußeren Hebelarme standen in Berührung auf der einen Seite mit einer Mikrometerschraube, auf der anderen Seite mit einem Fühlhebel, der sich über einem geteilten Halbkreise drehen konnte und eine Längenänderung des Stabes um das 5382-fache vergrößerte. Indem der Fühlhebel durch Drehung der Mikrometerschraube in seine Anfangslage zurückgeführt wurde, konnte die Längenänderung des Stabes direkt gemessen werden. Aus dem hierdurch bestimmten mittleren linearen Ausdehnungskoeffizienten ergiebt sich sofort der kubische Ausdehnungskoeffizient für die benutzten Temperaturintervalle, und daraus folgen die in Fig. 558 dargestellten Werte des Volumens.[1]

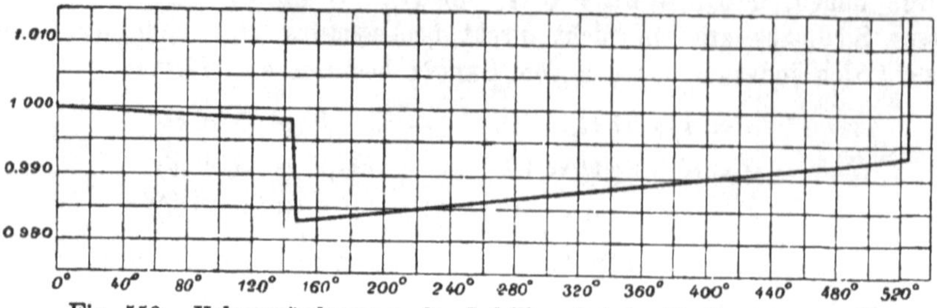

Fig. 558. Volumenänderungen des Jodsilbers bei der Erwärmung von 0° bis zum Schmelzpunkte.

Eine Erwärmung des roten tetragonalen Quecksilberjodids HgJ_2 bewirkt nach G. F. Rodwell eine geringe Ausdehnung. Dagegen wird die bei 126° stattfindende Umwandlung in die gelbe rhombische Modifikation

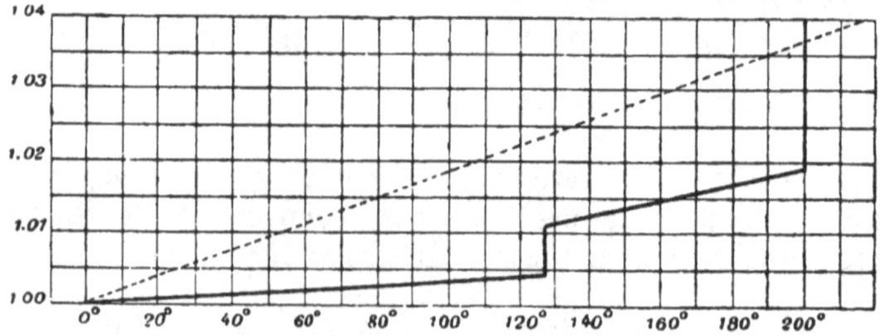

Fig. 559. Volumenänderungen des Quecksilberjodids bei der Erwärmung von 0° bis zum Schmelzpunkte.

von einer beträchtlichen Ausdehnung begleitet. Wie aus Fig. 559 hervorgeht, ist der kubische Ausdehnungskoeffizient bei der rhombischen Modifikation etwas größer als bei der tetragonalen. Zum Vergleich ist durch eine gestrichelte Linie die Volumenänderung des Quecksilbers angegeben.

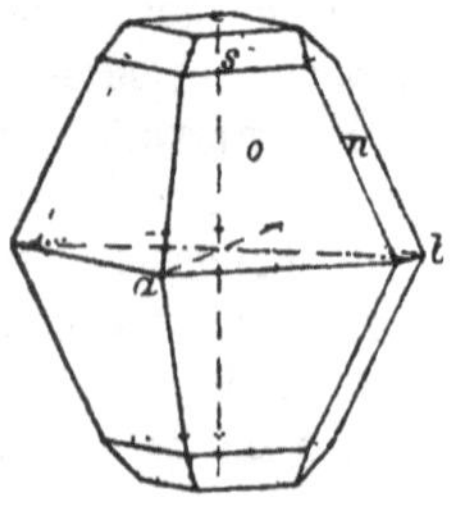

Fig. 560. Schwefel.

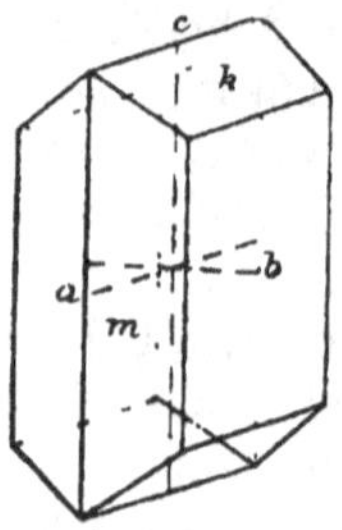

Fig. 561. Aragonit.

Ausdehnungskoeffizienten rhombischer Krystalle. — Für die Hauptausdehnungskoeffizienten der rhombischen Modifikation des Schwefels bei $21^1/_4$° in den Richtungen der Axen *a*, *b*, *c* fand A. Schrauf:

$$0{,}0_4 7138, \qquad 0{,}0_4 8604, \qquad 0{,}0_4 2144.$$

[1] G. F. Rodwell, Phil. Trans. **173**, 1125; 1882.

Am Aragonit ermittelte FIZEAU folgende Werte:

Axe	α	$\frac{\Delta\alpha}{\Delta\Theta}$	a	b
[a]	$0{,}0_4 1016$	$0{,}0_6 0064$	$0{,}0_4 0990$	$0{,}0_6 0032$
[b]	1719	0368	1572	0184
[c]	3460	0337	3325	0168.

Ausdehnungskoeffizienten monokliner Krystalle. — An einem monoklinen Krystall muß für eine gegebene Temperatur außer den Werten der drei Hauptausdehnungskoeffizienten noch der Winkel ermittelt werden, den eine der beiden in der Symmetrieebene 010 gelegenen thermischen Hauptaxen mit einer gegebenen Kante einschließt (vgl. Fig. 547, S. 190). Ferner sind die Änderungen zu bestimmen, welche diese Größen durch eine Erhöhung der Temperatur um 1° erfahren. Zu diesem Zwecke müssen, wie FIZEAU gezeigt hat, die Dickenänderungen von vier Platten gemessen werden.[1]

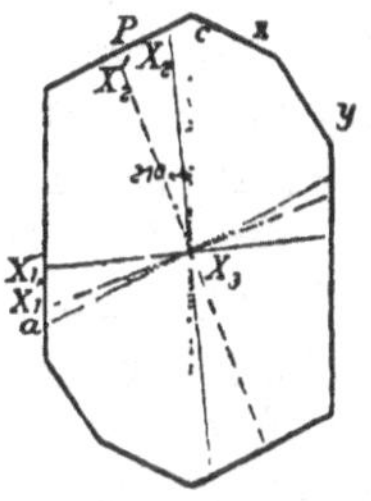

Fig. 562. Orthoklas. Lage der thermischen Hauptaxen X_1 X_2 und der optischen Symmetrieaxen X_1' X_2' in 010.

Am Orthoklas (Adular vom St. Gotthard) erhielt FIZEAU folgende Werte:

	α	$\frac{\Delta\alpha}{\Delta\Theta}$	a	b
X_1	$0{,}0_4 1905$	$0{,}0_6 0106$	$0{,}0_4 1863$	$0{,}0_6 0053$
X_2	− 0151	0146	− 0209	0073
X_3	− 0203	0128	− 0254	0064.

Die Hauptaxen X_1, X_2 fallen in die Symmetrieebene 010; X_1 bildet mit der Klinoaxe a den Winkel 18° 48′ im stumpfen Winkel $a c$. In der Richtung X_1 findet Ausdehnung statt; dagegen erfolgt in den Richtungen X_2 und X_3 eine schwache Zusammenziehung.[2]

2. Wärmeleitung.

Isothermen auf Krystallflächen. — Die Abhängigkeit der Wärmeleitungsfähigkeit von der Richtung läßt sich nach einem von H. DE SENARMONT 1847 vorgeschlagenen Verfahren in folgender Weise demonstrieren. Aus dem zu untersuchenden Krystall wird eine dünne Platte geschnitten, durch deren Centrum ein enges Loch gebohrt wird. Die Begrenzungsebenen der horizontal gestellten Platte werden mit dünnen Wachsschichten überzogen. Um die Platte zu erwärmen, wird in das Loch ein Draht oder

[1] TH. LIEBISCH, Physikal. Krystallogr. 1891, 100.

[2] Über die thermische Ausdehnung des Sanidin vgl. A. OFFRET, Bull. soc. franç. de min. **13**, 635; 1890.

eine enge Metallröhre eingeführt und an dem einen Ende erhitzt. Durch die Mitteilung der Wärme an die Krystallplatte beginnt das Wachs in der Umgebung der Durchbohrung zu schmelzen und sich von dem Erwärmungscentrum zurückzuziehen. Auf diese Weise bezeichnet ein Wulst von Wachs eine der Schmelztemperatur desselben entsprechende Isotherme auf der Platte. Nachdem die Schmelzfigur die gewünschte Größe erreicht hat, wird die Erwärmung unterbrochen. Bei dem Erkalten bleibt der innere Rand des von Wachs befreiten Gebietes hinreichend sichtbar, um die Messung der Durchmesser und der krystallographischen Orientierung der Schmelzfigur zu gestatten.

Ein erheblich einfacheres und genaueres Verfahren zur Erzeugung von Isothermen auf Krystallflächen ist von W. C. Röntgen 1874 angegeben worden. Die vorher gut polierte und gereinigte Fläche wird behaucht und darauf während sehr kurzer Zeit mit einer heißen Metallspitze (einem zugespitzten ca. 3 mm dicken Kupferdraht) berührt. Dadurch wird der Krystall erwärmt, und die Hauchschicht verdunstet um die Spitze herum in einer scharf begrenzten, sich stetig vergrößernden Figur. Um dieselbe bei einer passenden Größe zu fixieren, wird die Fläche nach Entfernung der Metallspitze möglichst rasch mit Lycopodium aus einer weithalsigen Flasche bestreut. Das Pulver bleibt dann nach einem vorsichtigen Klopfen des mit der bestreuten Fläche abwärts gekehrten Krystalls an den mit Hauch bedeckten Stellen fest haften und fällt von dem Gebiet, wo der Hauch verdunstet war, vollständig ab. Die scharf markierte Grenze dieser von Lycopodium freien Stelle bezeichnet alsdann die gewünschte Isotherme. Die ganze Operation — Behauchen, Erwärmen, Bestreuen — darf nur etwa 3 Sekunden in Anspruch nehmen.

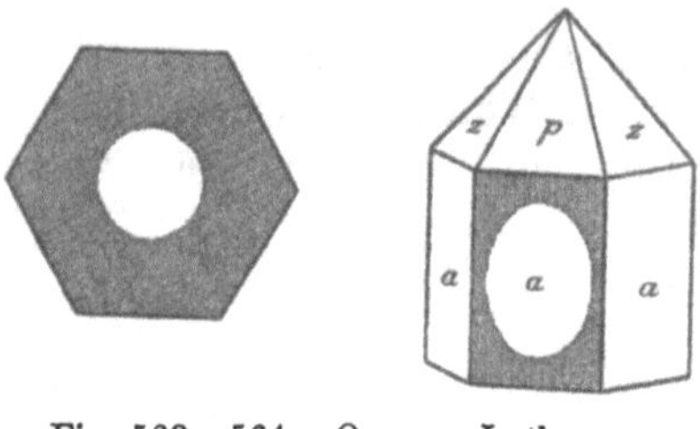

Fig. 563—564. Quarz. Isothermen auf der Basis und auf einer Prismenfläche.

Die nach diesen Methoden erzeugten Isothermen sind auf beliebig orientierten Flächen regulärer Krystalle und auf basischen Platten hexagonaler oder tetragonaler Krystalle kreisförmig, in allen übrigen Fällen dagegen elliptisch gestaltet. Es veranschaulichen z. B. Fig. 563—564 die nach dem Verfahren von Röntgen auf der Basis und auf einer Prismenfläche des Quarzes hergestellten isothermen Kurven.

Wir fragen nun nach der Abhängigkeit, in der diese Kurven von den Werten der inneren Wärmeleitungsfähigkeiten stehen. Die hierfür geltenden Gesetze sind von Duhamel 1828, G. G. Stokes 1851 und J. Boussinesq 1867 auf theoretischem Wege abgeleitet worden. Den Ausgangspunkt ihrer Untersuchungen bildet eine Verallgemeinerung der Beziehung, die für isotrope Körper zwischen zwei Vektorgrößen, dem Temperaturgefäll und der Wärmeströmung, erfahrungsgemäß besteht. Unter Vermeidung von willkürlichen Hypothesen über die besondere physikalische Natur des Vorganges der Wärmeleitung[1] bietet sich eine überaus einfache Annahme über die Gestalt dieser Beziehung in homogenen anisotropen Körpern dar, die zu einer mit der Erfahrung übereinstimmenden Beschreibung der Wärmeleitung in Krystallen führt. Ohne bei der Theorie dieses Vorganges allzu lange zu verweilen, gehen wir doch um so lieber auf die Erläuterung jenes Verfahrens in seinen Grundzügen ein, als dieselbe Methode auch in anderen Gebieten der Krystallphysik ihre Fruchtbarkeit bewährt hat.

Innere Wärmeleitungsfähigkeit in einem isotropen Körper. — Betrachten wir zunächst eine planparallele Platte aus einem homogenen isotropen Körper, die seitlich unbegrenzt ist und eine beliebige Anfangstemperatur hat. Die Grenzflächen G und G' der Platte, deren Abstand mit h bezeichnet sei, sollen nun permanent auf den Temperaturen Θ^0 und Θ'^0 gehalten werden, so daß $\Theta > \Theta'$ ist. Der Unterschied dieser Temperaturen darf übrigens nicht so groß gewählt werden, daß ein merkbarer Unterschied in den Eigenschaften des Körpers bei Θ^0 und Θ'^0 hervortritt. Es fließt jetzt von der wärmeren Fläche G nach der kälteren Fläche G' ein Wärmestrom, der aus Symmetriegründen nach der Plattennormale gerichtet sein muß. Nach Ablauf einer gewissen Zeit wird der Zustand erreicht sein, daß aus jedem Teile der Platte ebensoviel Wärme abfließt, wie in diesen Teil hineinströmt. Der Vorgang ist also hinfort unabhängig von der Zeit. Alle Punkte auf einer zu G und G' parallelen Ebene innerhalb der Platte haben dieselbe Temperatur, und diese Verteilung der Temperatur bleibt unverändert. Zwei isotherme Ebenen S und S', deren Abstand gleich der Längeneinheit ist, werden die Temperaturdifferenz $(\Theta - \Theta')/h$ besitzen. Man nennt diese Größe das *Temperaturgefäll* in der Richtung der Plattennormale. Denken wir uns in der Platte die isothermen Ebenen für jeden ganzen Temperaturgrad gezogen, so wird dadurch die Platte in Schalen geteilt, deren Dicke gleich $h/(\Theta - \Theta')$ ist. Daher giebt uns $(\Theta - \Theta')/h$ die Anzahl der Schalen an, die von der Längeneinheit der Plattennormale geschnitten werden.

Die Wärmemenge U, die während der Zeiteinheit durch die Flächeneinheit einer isothermen Ebene fließt, ist abhängig von dem Temperaturgefäll und der Natur des Körpers. Erfahrungsgemäß ist in isotropen Körpern für kleine Temperaturgefälle die *Wärmeströmung* U dem Temperaturgefäll direkt proportional, so daß wir

$$U = c \cdot \frac{\Theta - \Theta'}{h}$$

setzen können. Man nennt c die *innere Wärmeleitungsfähigkeit* des betrachteten Körpers; es ist dies die Wärmeströmung, die durch das

[1] Z. B. der von G. Lamé benutzten Hypothese der molekularen Strahlung.

Temperaturgefäll Eins erzeugt wird. Der Wert von U ist um so größer, je größer die Leitungsfähigkeit c des Körpers und je kleiner der Abstand $h/(\Theta - \Theta')$ zweier isothermer Ebenen für einen Temperaturgrad ist.

In diesem Beispiel treten zwei Eigenschaften der isotropen Körper hervor, die ganz allgemein gelten, wie auch die Verteilung der Temperatur, also auch die Gestalt der isothermen Flächen beschaffen sein mag. An jeder Stelle P fällt die Richtung u der Wärmeströmung mit der Normale ξ der durch diese Stelle hindurchgehenden isothermen Fläche zusammen, und die Stärke U des Wärmestromes ist stets direkt proportional dem Temperaturgefäll Ξ in der Richtung dieser Normale: $U = c\,\Xi$.

Wir können dieses Verhalten auch in folgender Weise beschreiben. Stellen wir die Vektorgrößen U und Ξ durch zwei von P in der Richtung u ausgehende Strecken dar, so repräsentieren ihre senkrechten Projektionen auf drei beliebig aber fest gewählte rechtwinkelige Koordinatenaxen X_1, X_2, X_3 die Komponenten der Strömung U_1, U_2, U_3 und die Komponenten des Temperaturgefälles Ξ_1, Ξ_2, Ξ_3 nach den Richtungen dieser Axen. Da $U = c\,\Xi$ ist, so bestehen zwischen den Projektionen die Beziehungen:

$$U_1 = c\,\Xi_1, \qquad U_2 = c\,\Xi_2, \qquad U_3 = c\,\Xi_3.$$

Hiernach ist in einem isotropen Körper der Wärmestrom nach einer beliebigen Richtung stets proportional dem in dieser Richtung herrschenden Temperaturgefäll; der Proportionalitätsfaktor ist die innere Wärmeleitungsfähigkeit c.

Innere Wärmeleitungsfähigkeiten in Krystallen. — Wir wenden uns jetzt zu dem Vorgange der Wärmeleitung im Inneren eines homogenen Krystalls, dessen Temperatur an verschiedenen Stellen verschieden ist. An der Stelle P habe die Normale der durch P hindurchgehenden isothermen Fläche die Richtung ξ. Das Temperaturgefäll in dieser Richtung sei bezeichnet mit Ξ. Wenn ξ nicht gleichzeitig eine Symmetrieaxe des Krystalls ist, so haben wir keinen Grund zu der Annahme, daß die Richtung u des Wärmestromes U an der Stelle P mit ξ übereinstimmt. Denken wir uns wieder ein System von Koordinatenaxen festgelegt, so können wir auch sagen: Im allgemeinen wird die Komponente U_h der Wärmeströmung nach einer dieser Axen nicht nur von der Komponente Ξ_h des Temperaturgefälles nach derselben Axe, sondern zugleich von den Komponenten dieses Gefälles nach den Richtungen der beiden anderen Koordinatenaxen abhängen. Da nun die Wärmeströmung mit dem Temperaturgefäll verschwindet und hinreichend kleine Temperaturgefälle vorausgesetzt werden, *so müssen die Komponenten der Wärmeströmung sich als homogene und lineare Funktionen der Komponenten des Temperaturgefälles darstellen lassen:*

$$\text{(I)} \qquad \begin{aligned} U_1 &= a_{11}\,\Xi_1 + a_{12}\,\Xi_2 + a_{13}\,\Xi_3 \\ U_2 &= a_{21}\,\Xi_1 + a_{22}\,\Xi_2 + a_{23}\,\Xi_3 \\ U_3 &= a_{31}\,\Xi_1 + a_{32}\,\Xi_2 + a_{33}\,\Xi_3. \end{aligned}$$

Dies ist das Elementargesetz der Wärmeleitung. Die neun Koeffizienten $a_{11} \ldots a_{33}$ werden die inneren Wärmeleitungsfähigkeiten des Krystalls genannt. Ihre Werte sind abhängig von der Substanz und von der Orientierung des Koordinatensystems, aber ebenso wie die Dichte und die spezifische Wärme des Krystalls unabhängig von der Temperatur, wenn nur kleine Temperaturunterschiede in Betracht kommen.

Symmetrieeigenschaften. — Die Gleichungen I bleiben ungeändert, wenn man U und Ξ mit $-U$ und $-\Xi$ vertauscht. Wir müssen daraus schließen, daß in homogenen Krystallen keine Verschiedenheit der Wärmeleitungsfähigkeiten in dem einen und dem entgegengesetzten Richtungssinne derselben Geraden auftreten kann. Mit anderen Worten, der Vorgang der Wärmeleitung ist stets *centrisch symmetrisch.* Diese Folgerung wird bestätigt durch die sorgfältigen Beobachtungen von Fr. Stenger über die Wärmeleitungsfähigkeit in der Richtung der Vertikalaxe des Turmalin.

Wir fragen jetzt nach den Klassen krystallisierter Körper, die bei dem Vorgange der Wärmeleitung nach dem Grade der Symmetrie unterschieden werden müssen. Wie B. Minnigerode gezeigt hat, ergiebt sich aus den Gleichungen I unter der *Voraussetzung*, daß der Koeffizient a_{ik} stets von a_{ki} verschieden ist, eine Einteilung der Krystalle in sechs Klassen.[1]

A. *Isotrope Krystalle.* Hierher gehört das regulare System.

B. *Anisotrope Krystalle mit einer Axe der Isotropie X_3.*

a. Die auf X_3 senkrechten Geraden sind gleichzeitig 2-zählige Symmetrieaxen. In den fundamentalen Gleichungen treten nur zwei Koeffizienten auf:

$$U_1 = a_{11}\,\Xi_1, \qquad U_2 = a_{11}\,\Xi_2, \qquad U_3 = a_{33}\,\Xi_3.$$

Hierher gehören aus dem hexagonalen System die Gruppen: 6] Holoëdrie, 7] Hemimorphe Hemiëdrie, 8] Trapezoëdrische Hemiëdrie, 11] Trigonale Hemiëdrie, 13] Rhomboëdrische Hemiedrie, 14] Zweite hemimorphe Tetartoëdrie, 15] Trapezoëdrische Tetartoëdrie und aus dem tetragonalen System: 18] Holoëdrie, 19] Hemimorphe Hemiëdrie, 20] Trapezoëdrische Hemiëdrie, 23] Sphenoidische Hemiëdrie.

b. Außer X_3 ist keine Symmetrieaxe vorhanden. Der Strömungsvorgang ist von drei Koeffizienten abhängig:

$$U_1 = a_{11}\,\Xi_1 + a_{12}\,\Xi_2, \quad U_2 = -a_{12}\,\Xi_1 + a_{11}\,\Xi_2, \quad U_3 = a_{33}\,\Xi_3.$$

Dieses Gesetz gilt im hexagonalen System für die folgenden Gruppen: 9] Pyramidale Hemiëdrie, 10] Erste hemimorphe Tetartoëdrie, 12] Trigonale Tetartoëdrie, 16] Rhomboëdrische

[1] Th. Liebisch, Physikal. Krystallogr. 1891, 139.

Tetartoëdrie, 17] Ogdoëdrie und im tetragonalen System für: 21] Pyramidale Hemiëdrie, 22] Hemimorphe Tetartoëdrie, 24] Sphenoidische Tetartoëdrie.

C. *Anisotrope Krystalle ohne Axe der Isotropie.*

a. Alle Krystalle des rhombischen Systems haben bei dem Vorgange der Wärmeleitung die Symmetrie der holoëdrischen Gruppe. Die Fundamentalgleichungen enthalten drei Koeffizienten; sie lauten, wenn die drei krystallographischen Axen zu Grunde gelegt werden:

$$U_1 = a_{11}\,\Xi_1, \qquad U_2 = a_{22}\,\Xi_2, \qquad U_3 = a_{33}\,\Xi_3.$$

b. Auch die drei Gruppen des monoklinen Systems zeigen hier übereinstimmende Symmetrie. Lassen wir X_2 mit der krystallographischen Symmetrieaxe zusammenfallen, so gelten die Relationen:

$$U_1 = a_{11}\,\Xi_1 + a_{13}\,\Xi_3, \qquad U_2 = a_{22}\,\Xi_2, \qquad U_3 = a_{31}\,\Xi_1 + a_{33}\,\Xi_3,$$

worin fünf Koeffizienten auftreten.

c. Für trikline Krystalle bestehen die allgemeinen Gleichungen mit neun Koeffizienten.

Diese Einteilung ist nur abhängig von der Gestalt der Gleichungen I. Sie wird sich daher bei allen Vorgängen wiederholen müssen, deren Elementargesetz in einer analogen Verknüpfung zweier Vektorgrößen besteht.

Strömungskurven. — Es befinde sich in einem unbegrenzten homogenen krystallinischen Körper an irgend einer Stelle O eine Wärmequelle, von der eine Strömung ausgeht, die dem Elementargesetze I unterworfen ist. Wenn die Voraussetzung zutrifft, daß die Koeffizienten a_{23} und a_{32}, a_{13} und a_{31}, a_{12} und a_{21} voneinander verschieden sind, so schreitet die Strömung, wie G. G. Stokes nachgewiesen hat, keineswegs in allen Fällen nach geraden Linien von O aus fort. Vielmehr haben die Strömungskurven die Gestalt räumlicher Spiralen in triklinen Krystallen, in monoklinen Krystallen und in den unter B, b aufgezählten Krystallen des hexagonalen und des tetragonalen Systems. Wir können daher sagen, daß unter jener Voraussetzung spiralförmige Strömungskurven in solchen Krystallen zu erwarten sind, die selbst dann, wenn die Symmetrieelemente ihrer Formen durch Hinzufügung eines Centrums der Symmetrie erweitert werden, keine oder nur eine einzige Symmetrieaxe besitzen.[1]

Zur Entscheidung der Frage nach der Beschaffenheit jener Koeffizienten bieten sich die zum Studium des Halleffektes vorgeschlagenen Methoden dar. Aus den vor kurzem von Ch. Soret am Gyps, Dolomit, Apatit und Erythrit ausgeführten Versuchen scheint hervorzugehen, daß entweder

---

[1] Th. Liebisch, Physikal. Krystallogr. 1891, 135 f.

wirklich stets $a_{23} = a_{32}$, $a_{31} = a_{13}$, $a_{12} = a_{21}$ ist, oder daß doch wenigstens die Unterschiede zwischen je zwei dieser Koeffizienten außerordentlich gering sind.[1] Wir werden daher in den folgenden Untersuchungen direkt voraussetzen, daß merkbare Verschiedenheiten in den Werten der Koeffizienten a_{23} und a_{32}, a_{31} und a_{13}, a_{12} und a_{21} nicht vorhanden sind. Wir nehmen also an, daß die Strömungskurven in allen Krystallen geradlinig verlaufen.

Hauptaxen der Leitungsfähigkeit. — Wir können jetzt den Gleichungen **I** eine wesentlich einfachere Form geben; denn sie stehen in einer bekannten Beziehung zu dem Ellipsoide f, in dessen Gleichung:

$$a_{11} x_1^2 + a_{22} x_2^2 + a_{33} x_3^2 + 2 a_{23} x_2 x_3 + 2 a_{31} x_3 x_1 + 2 a_{12} x_1 x_2 = 1$$

die inneren Wärmeleitungsfähigkeiten als Koeffizienten auftreten. Wählen wir die Hauptaxen X_1, X_2, X_3 dieses Ellipsoids zu Koordinatenaxen, so nimmt die vorstehende Gleichung folgende Gestalt an:

$$c_1 x_1^2 + c_2 x_2^2 + c_3 x_3^2 = 1.$$

Werden nun die Fundamentalgleichungen **I** auf dieselben Koordinatenaxen bezogen, so gehen sie über in:

$$\text{(I')} \qquad U_1 = c_1 \Xi_1, \qquad U_2 = c_2 \Xi_2, \qquad U_3 = c_3 \Xi_3.$$

Man bezeichnet X_1, X_2, X_3 als Hauptaxen der Leitungsfähigkeit und c_1, c_2, c_3 als Hauptleitungsfähigkeiten. Die Halbaxen des Ellipsoids f sind also gleich den reciproken Werten der Quadratwurzeln aus den Hauptleitungsfähigkeiten.

Nach Symmetrieeigenschaften lassen sich jetzt nicht mehr sechs, sondern nur noch die **fünf** Klassen krystallisierter Körper unterscheiden, die wir auf S. 181—182 kennen gelernt haben.

Normale Leitungsfähigkeit. — Wenn die Grenzflächen einer seitlich unbegrenzten planparallelen Platte aus einem anisotropen Krystall permanent auf verschiedenen Temperaturen gehalten werden, so liegen die isothermen Flächen, wie bei einer Platte aus einem isotropen Körper, parallel zu den Grenzflächen. Daher stimmt die Richtung ξ des stärksten Temperaturgefälles Ξ mit der Plattennormale überein. In Bezug auf die Hauptaxen der Leitungsfähigkeit habe ξ die Richtungscosinus ξ_1, ξ_2, ξ_3. Die Wärmeströmung U finde in der Richtung u mit den Richtungscosinus u_1, u_2, u_3 statt. Dann ist die Komponente dieser Strömung nach ξ:

$$U_\xi = U . \cos u \xi = U(u_1 \xi_1 + u_2 \xi_2 + u_3 \xi_3) = U_1 \xi_1 + U_2 \xi_2 + U_3 \xi_3.$$

Nun ist nach den Gleichungen **I'**:

$$U_1 = c_1 \Xi \xi_1, \qquad U_2 = c_2 \Xi \xi_2, \qquad U_3 = c_3 \Xi \xi_3;$$

[1] Ch. Soret, Arch. sc. phys. et nat. (3) **29**, 355; 1893. **32**, Dez. 1894.

folglich erhalten wir:

$$U_\xi = c_\xi \cdot \Xi,$$

wenn:

$$(1) \qquad c_\xi = c_1 \xi_1^2 + c_2 \xi_2^2 + c_3 \xi_3^2$$

gesetzt wird. Die Strömung U_ξ nach der Plattennormale ist also proportional dem Temperaturgefäll in dieser Richtung. Den Proportionalitätsfaktor c_ξ nennt man die normale Leitungsfähigkeit. Bedeutet R den Radius des Ellipsoids f in der Richtung ξ, so folgt aus der Gleichung dieses Ellipsoids: $c_\xi = 1/R^2$. Demnach ist die normale Leitungsfähigkeit gleich dem reciproken Werte des Quadrates dieses Radius.

Kennt man die Richtungen der Hauptaxen und die Werte der Hauptleitungskoeffizienten, so läßt sich nach (1) für jede Richtung ξ die normale Leitungsfähigkeit c_ξ berechnen. Umgekehrt kann man aus Messungen von c_ξ die Richtungen der Hauptaxen und die Werte von c_1, c_2, c_3 ermitteln. Bis jetzt sind solche Messungen nur an einer sehr geringen Zahl von krystallisierten Körpern ausgeführt worden. In der That stellen sich der Ermittelung zuverlässiger Werte beträchtliche Schwierigkeiten entgegen, die darauf beruhen, daß sich die einfachen Bedingungen, welche der Definition der normalen inneren Leitungsfähigkeit zu Grunde liegen, experimentell nur angenähert herstellen lassen. Zu den Ursachen, die bei allen Messungen von inneren Wärmeleitungsfähigkeiten nur eine beschränkte Genauigkeit zulassen, tritt hier vor allem hinzu, daß nur selten aus Krystallen homogene Platten hergestellt werden können, die hinreichend ausgedehnt sind, um den Einfluß ihrer Seitenflächen vernachlässigen zu können.

Messungen der inneren Wärmeleitungsfähigkeiten von Steinsalz, Kalkspat und Quarz hat A. Tuchschmid 1883 nach einem Verfahren ausgeführt, das der Methode von H. F. Weber zur Bestimmung der Wärmeleitungsfähigkeit von Flüssigkeiten nachgebildet ist. Die Platten hatten eine Dicke von 0,3—0,4 cm und Endflächen von 12—15 cm². Die zu untersuchende Platte wurde horizontal zwischen zwei Kupferplatten gelegt. Eine gleichmäßige Berührung wurde durch Benetzung mit Glycerin bewirkt. Nachdem das Plattensystem die Temperatur des Arbeitsraumes angenommen hatte, wurde die untere Kupferplatte durch Berührung mit Eis oder durch Bespülung mit Wasser abgekühlt. So entstand ein Temperaturgefäll und eine stetige Wärmeströmung in der Richtung der Normale der Krystallplatte von der oberen nach der unteren Grenzfläche. Darauf wurde der zeitliche Verlauf der Temperaturänderung in der oberen Kupferplatte mit einem in ihrer Mitte angebrachten Thermoelemente beobachtet. Hieraus läßt sich die normale Wärmeleitungsfähigkeit berechnen, wenn die Dichte und die spezifische Wärme des Krystalls bekannt sind. Um den Einfluß der Glycerinschichten, die dem Wärmestrom einen bedeutenden Widerstand entgegensetzen, in Rechnung ziehen zu können, wurden besondere Versuche an Kalkspat und Quarz angestellt, bei denen die untere Kupferplatte ausgeschaltet war und die untere Fläche der Krystallplatte direkt mit Wasser bespült wurde.

Die Ergebnisse dieser Untersuchung sind in der folgenden Tabelle zusammengestellt. Zum Vergleich wurden die für Kupfer benutzten Werte hinzugefügt. Die zu Grunde liegenden Einheiten sind: Gramm, Centimeter, Minute, 1° Celsius. c_γ und c_a bedeuten die Hauptleitungsfähigkeiten in der Richtung der Axe der Isotropie γ und in den dazu senkrechten Richtungen. c_ξ ist die normale Leitungsfähigkeit einer Platte, deren Normale 45° mit der Axe der Isotropie bildet.

	Dichte	Spezifische Wärme	Innere Leitungsfähigkeit g cm^{-1} min^{-1}
Kupfer . .	8,85	0,0935	55
Steinsalz .	2,20	0,219	0,6
Kalkspat .	2,71	0,206	$c_\gamma = 0{,}576$, $c_\xi = 0{,}518$, $c_a = 0{,}472$
Quarz . .	2,65	0,190	$c_\gamma = 1{,}576$, $c_\xi = 1{,}272$, $c_a = 0{,}957$.

Zur Berechnung von c_ξ aus den Hauptleitungsfähigkeiten dient nach (1) die Gleichung:

$$c_\xi = c_a \sin^2(\xi\gamma) + c_\gamma \cos^2(\xi\gamma).$$

Setzt man hierin den Winkel $(\xi\gamma) = 45°$, so ergiebt sich für Kalkspat 0,524 und für Quarz 1,266 in befriedigender Übereinstimmung mit der Beobachtung.

Wenn das Temperaturgefäll 1° C. auf 1 cm beträgt, so fließt im Kupfer durch eine Fläche von 1 cm² in der Sekunde eine Wärmemenge von $\frac{55}{60}$, also von nahezu 1 Grammkalorie. Dagegen strömt unter denselben Bedingungen im Steinsalz nur $\frac{1}{100}$, im Kalkspat nach der Richtung der Vertikalaxe auch nahezu $\frac{1}{100}$ und im Quarz nach derselben Richtung etwas mehr als $\frac{1}{40}$ einer Grammkalorie.

Lineare Leitungsfähigkeit. — Befindet sich an einer Stelle O in einem sehr dünnen unbegrenzten Stabe eine Wärmequelle, so muß der Wärmestrom der Längsrichtung u des Stabes folgen. Wir bezeichnen das Temperaturgefäll in dieser Richtung mit Ξ_u. Dann ist:

$$\Xi_u = \Xi \cdot \cos \xi u = \Xi(\xi_1 u_1 + \xi_2 u_2 + \xi_3 u_3) = \Xi_1 u_1 + \Xi_2 u_2 + \Xi_3 u_3.$$

Nun folgt aus den Fundamentalgleichungen I′:

$$\Xi_1 = \frac{1}{c_1} U u_1, \qquad \Xi_2 = \frac{1}{c_2} U u_2, \qquad \Xi_3 = \frac{1}{c_3} U u_3.$$

Demnach ergiebt sich:

$$\Xi_u = \frac{1}{c_u} \cdot U,$$

wenn:

(2) $$\frac{1}{c_u} = \frac{1}{c_1} u_1^2 + \frac{1}{c_2} u_2^2 + \frac{1}{c_3} u_3^2$$

gesetzt wird. Es ist also auch die Strömung U in der Längsrichtung des Stabes proportional dem Temperaturgefäll in dieser Richtung. Den Proportionalitätsfaktor c_u nennt man die **lineare Leitungsfähigkeit**. Trägt man von einem Anfangspunkte O aus nach jeder Richtung u eine Strecke R auf, die gleich der Quadratwurzel aus der linearen Leitungsfähigkeit c_u ist, so erfüllen die Endpunkte dieser Strecken das Ellipsoid der linearen Leitungsfähigkeiten φ:

$$\frac{x_1^2}{c_1} + \frac{x_2^2}{c_2} + \frac{x_3^2}{c_3} = 1.$$

Denn aus der Gleichung dieses Ellipsoids folgt $R^2 = c_u$. Die Halbaxen des Ellipsoids φ sind gleich den Quadratwurzeln aus den Hauptleitungsfähigkeiten. —

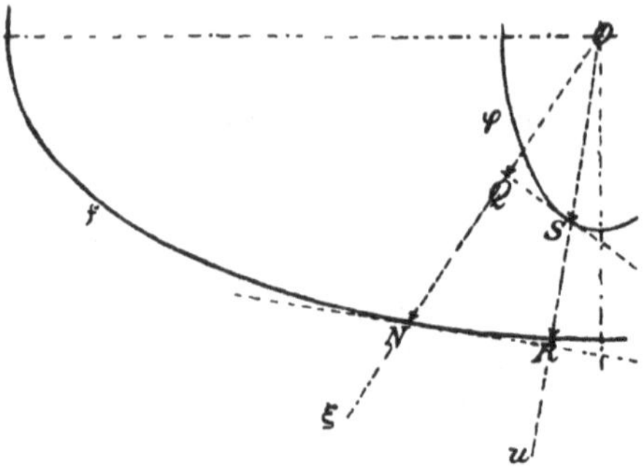

Fig. 565. Beziehung zwischen normalen und linearen Leitungsfähigkeiten.

Die Ellipsoide f und φ, deren Hauptaxen in ihren Richtungen übereinstimmen, stehen in der Beziehung, daß die Halbaxen des einen gleich den reciproken Werten der Halbaxen des anderen sind. Es seien ξ und u zusammengehörige Richtungen von Temperaturgefäll und Wärmeströmung (Fig. 565). Dann schneidet das Ellipsoid f auf ξ die Strecke $ON = 1/\sqrt{c_\xi}$ und das Ellipsoid φ auf u die Strecke $OS = \sqrt{c_u}$ ab. ξ ist die Normale der im Punkte S an das Ellipsoid φ gelegten Tangentialebene, deren Abstand vom Mittelpunkte $OQ = \sqrt{c_\xi}$ ist. Andererseits steht u senkrecht auf der Tangentialebene des Ellipsoids f im Punkte N, und der Abstand dieser Ebene vom Mittelpunkte ist $OR = 1/\sqrt{c_u}$.

Isotherme Flächen. — Die Gestalt der isothermen Flächen und Kurven in Krystallen folgt, wie von Duhamel und in viel einfacherer Weise von G. G. Stokes gezeigt wurde, aus der allgemeinen Wärmeleitungsgleichung, die angiebt, wie sich die Temperatur im Inneren eines Krystalls an einer beliebigen Stelle durch die Temperatur der Umgebung ändert.[1] Das wichtigste Resultat ist dieses. Wird einem nach allen Richtungen unbegrenzten homogenen krystallinischen Körper, der anfänglich überall dieselbe Temperatur hatte, an einer Stelle O in beliebiger Weise Wärme zugeführt, so bilden die isothermen Flächen eine kontinuierliche Reihe ähnlicher und ähnlich gelegener **Ellipsoide**, deren gemeinsamer Mittelpunkt die Wärmequelle O ist. Ihre Hauptaxen fallen mit den durch O

[1] Th. Liebisch, Physikal. Krystallogr. 1891, 131, 152.

gezogenen Hauptaxen der Leitungsfähigkeit zusammen und ihre Halbaxen sind proportional den Quadratwurzeln aus den Hauptleitungsfähigkeiten c_1, c_2, c_3. Darunter tritt insbesondere das Hauptellipsoid auf, dessen Halbaxen diesen Quadratwurzeln gleich sind:

$$\frac{x_1^2}{c_1} + \frac{x_2^2}{c_2} + \frac{x_3^2}{c_3} = 1.$$

Verläuft die Strömung, wie wir vorausgesetzt haben, geradlinig von O aus, so ist das Hauptellipsoid identisch mit dem Ellipsoid der linearen Leitungsfähigkeiten φ. In einer beliebigen Ebene sind die isothermen Kurven ähnliche und ähnlich gelegene Ellipsen (Fig. 566), deren gemeinsamer Mittelpunkt in den Schnittpunkt dieser Ebene mit dem zu ihr in dem System der isothermen Ellipsoide konjugierten Durchmesser fällt.

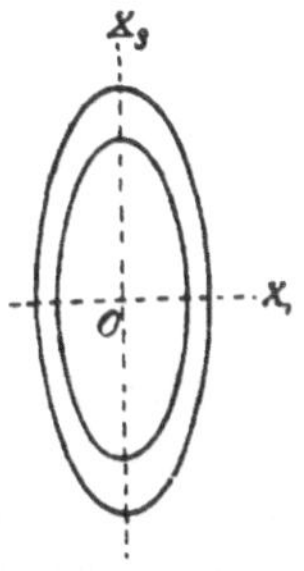

Fig. 566.
Isotherme Ellipsen.

Befindet sich in einer seitlich unbegrenzten planparallelen Platte, die anfänglich überall dieselbe Temperatur hatte, an der Stelle O eine Wärmequelle, so sind die isothermen Kurven auf den beiden Begrenzungsflächen gegeben durch die Schnittkurven dieser Ebenen mit dem um O als Mittelpunkt beschriebenen Systeme der isothermen Ellipsoide. Die Mittelpunkte dieser beiden Scharen von isothermen Ellipsen liegen aber nicht auf der durch O gehenden Plattennormale, sondern auf dem durch O gelegten zur Plattenrichtung konjugierten Durchmesser der isothermen Ellipsoide. Nur wenn die Platte auf einer Symmetrieaxe dieser Ellipsoide senkrecht steht, fällt die Verbindungsgerade der Ellipsenmittelpunkte notwendig mit der Plattennormale zusammen. Liegt die Platte parallel zu einer Kreisschnittebene der Ellipsoide, so sind die isothermen Kurven auf ihren Begrenzungsflächen Kreise, aber die Verbindungsgerade ihrer Mittelpunkte ist ebenfalls geneigt gegen die Plattennormale, wenn die Ellipsoide dreiaxig und ungleichaxig sind. — Hierdurch erklärt sich eine von Senarmont am Quarz und am Gyps angestellte Beobachtung. Wenn die Platte nicht auf einer Symmetrieaxe der Wärmeleitung senkrecht stand, fiel die Verbindungsgerade der Mittelpunkte der Schmelzfiguren (S. 202) auf den beiden Begrenzungsflächen nicht mit der Plattennormale zusammen und die Gestalt dieser Figuren war nicht mehr elliptisch. Um elliptische Schmelzfiguren zu erhalten, muß in einem solchen Falle die Platte in der Richtung des zur Plattenebene konjugierten Durchmessers der isothermen Ellipsoide durchbohrt werden.

Da die Halbaxen eines isothermen Ellipsoids sich nicht wie die Hauptleitungsfähigkeiten selbst, sondern wie die Quadratwurzeln aus diesen Größen verhalten, so können mit Hilfe von isothermen Ellipsen, die sich nach dem Verfahren von Senarmont oder Röntgen auf geeigneten Krystallflächen bilden, direkt auch nur die Verhältnisse jener Quadratwurzeln ermittelt werden. Daraus ergeben sich dann durch Quadrierung die Verhältnisse der Hauptleitungsfähigkeiten. Wir erhalten z. B. auf einer Prismenfläche eines hexagonalen oder eines tetragonalen Krystalls Ellipsen, deren Halbaxen in dem Verhältnis $\sqrt{c_\gamma} : \sqrt{c_\alpha}$ stehen. SENARMONT fand für den Wert dieses Verhältnisses am Kalkspat 1,1 und am Quarz 1,3, während aus den von TUCHSCHMID gemessenen Werten der Hauptleitungsfähigkeiten c_γ und c_α (S. 209) die nahe übereinstimmenden Zahlen $\sqrt{c_\gamma} : \sqrt{c_\alpha} = 1{,}105$ und 1,283 folgen.

3. Elektrische Leitungsfähigkeit in metallisch leitenden Krystallen.

Flächen gleichen Potentials in einem homogenen unbegrenzten krystallinischen Körper. — Die Analogie, die zwischen stationären Wärmeströmungen und stationären elektrischen Strömungen in homogenen isotropen Körpern besteht, läßt erwarten, daß auch in homogenen anisotropen Krystallen die Abhängigkeit der elektrischen Leitungsfähigkeit von der Richtung denselben Gesetzen folgen werde, die für die Wärmeleitungsfähigkeit gelten. Wir können daher folgenden Satz voranstellen.

Befindet sich in einem unbegrenzten homogenen krystallinischen Körper an irgend einer Stelle O eine konstante Quelle, von der eine elektrische Strömung ausgeht, so sind die Flächen gleichen Potentials ähnliche und ähnlich liegende Ellipsoide, deren gemeinsamer Mittelpunkt jene Quelle ist; ihre Hauptaxen sind gerichtet wie die durch die Quelle gelegten Hauptaxen der Leitungsfähigkeit. Darunter tritt insbesondere das Hauptellipsoid auf, dessen Halbaxen gleich den Quadratwurzeln aus den Hauptleitungsfähigkeiten c_1, c_2, c_3 sind, so daß die Gleichung dieses Ellipsoids lautet:

$$\frac{x_1^2}{c_1} + \frac{x_2^2}{c_2} + \frac{x_3^2}{c_3} = 1.$$

Die Frage, ob die von O ausgehende Strömung stets geradlinig fortschreitet oder ob in den auf S. 206 genannten Fällen auch spiralförmige Strömungskurven auftreten können, ist noch nicht experimentell geprüft. Wir setzen wieder voraus, daß die Strömungskurven in allen Krystallen geradlinig verlaufen. Dann lassen sich nach Symmetrieeigenschaften nur die fünf, auf S. 181—182 charakterisierten Klassen krystallisierter Körper unterscheiden.

Normale und lineare Leitungsfähigkeiten. — Ferner lassen sich die auf S. 207 und 209 gewonnenen Ergebnisse direkt übertragen, so daß wir folgende Sätze aussprechen können. Wird in einen Stromkreis eine metallisch leitende Krystallplatte eingeschaltet, die so dünn ist, daß der Einfluß ihrer Seitenflächen vernachlässigt werden kann, so laufen die Flächen gleichen Potentials in der Platte den Endflächen derselben parallel. Im allgemeinen wird die Strömungsrichtung gegen die Plattennormale geneigt liegen. Diese beiden Richtungen müssen aber zusammenfallen, wenn die Platte auf einer Symmetrieaxe des elektrischen Leitungsvermögens senkrecht steht. Die Leitungsfähigkeit c_ξ in der Richtung der Plattennormale ξ ist mit den Hauptleitungsfähigkeiten c_1, c_2, c_3 in den Richtungen der Hauptaxen X_1, X_2, X_3 verbunden durch die Beziehung:

$$c_\xi = c_1 \cdot \cos^2 \xi X_1 + c_2 \cdot \cos^2 \xi X_2 + c_3 \cdot \cos^2 \xi X_3. \tag{1}$$

Wird ein Stab eingeschaltet, der so lang ist, daß der Einfluß seiner Endflächen vernachlässigt werden kann, so fällt die Strömungsrichtung u mit der Längsrichtung des Stabes zusammen, während die Flächen gleichen Potentials im allgemeinen gegen diese Richtung geneigt liegen. Die lineare Leitungsfähigkeit c_u ist gegeben durch:

$$\frac{1}{c_u} = \frac{1}{c_1} \cos^2 u X_1 + \frac{1}{c_2} \cos^2 u X_2 + \frac{1}{c_3} \cos^2 u X_3, \tag{2}$$

also der Widerstand w_u durch:

$$w_u = w_1 \cdot \cos^2 u X_1 + w_2 \cdot \cos^2 u X_2 + w_3 \cdot \cos^2 u X_3.$$

Es ist nicht leicht hinreichend homogene Krystalle zu erlangen, die ein zur Herstellung verschieden gerichteter Stäbe geeignetes Material darbieten. Geringe Änderungen in der chemischen Zusammensetzung oder Nachwirkungen eines Zwangszustandes üben einen bedeutenden Einfluß auf die elektrische Leitungsfähigkeit aus. Daher ist eine Bestimmung dieser Größe bis jetzt erst an wenigen Krystallen gelungen.

Reguläre Krystalle. — H. Bäckström[1] ermittelte den Leitungswiderstand zweier Stäbe aus Magnetit (von Nordmarken in Schweden), von denen der eine parallel einer Kante, der andere parallel einer Diagonale des Hexaëders geschnitten war. Die Reduktion der Beobachtungen auf 1 cm Länge und 1 mm² Querschnitt ergab 0,5162 und 0,5169 Ohm bei 40° C. Magnetit ist also, wie zu erwarten war, in Bezug auf das elektrische Leitungsvermögen isotrop. Mit wachsender Temperatur nimmt der Widerstand ab.

Hexagonale Krystalle. — Ch. Matteucci hat am Wismut für das Verhältnis der elektrischen Leitungsfähigkeiten in den Richtungen parallel und senkrecht zur Axe der Isotropie den Wert $c_\gamma : c_\alpha = 1 : 1{,}6$ gefunden.

Messungen der absoluten Werte der Leitungsfähigkeiten nach verschiedenen Richtungen sind zuerst von H. Bäckström[1] am Eisenglanz

[1] H. Bäckström, Ofvers. K. Vetensk. Akad. Förh. 1888, No. 8, 533.

(von der Peder Ankers Grube auf der Insel Langö in Norwegen) ausgeführt worden. Die untersuchten Stäbe besaßen 0,8—3,0 cm Länge und ca. 2,5 mm² Querschnitt, so daß die linearen Leitungsfähigkeiten gemessen wurden. Wir bezeichnen den Widerstand eines Stabes von 1 cm Länge und 1 mm² Querschnitt mit w_γ oder w_α, je nachdem die Längsrichtung parallel oder senkrecht zur Axe der Isotropie γ liegt. Ferner sei w der Widerstand in einem Stabe, dessen Längsrichtung den Winkel Γ mit der Axe γ einschließt. Dann ist nach (2):

$$w = w_\alpha \sin^2 \Gamma + w_\gamma \cos^2 \Gamma .$$

Wie aus der folgenden Tabelle hervorgeht, fand Bäckström, daß w_γ fast doppelt so groß ist als w_α, und daß die gemessenen Werte von w mit den beobachteten befriedigend übereinstimmen. Die Angaben beziehen sich auf 17° C.

Γ	w gemessen	w berechnet
0	68,7 Ohm	—
27° 15′	60,93	61,69 Ohm
28 35	60,00	61,00
38 06	54,65	55,91
90	35,1	—

Auch im Eisenglanz vermindert sich der Widerstand mit steigender Temperatur, obwohl dieser Körper ein ziemlich guter Leiter ist und die Leitung, wie K. Ångström und H. Bäckström nachgewiesen haben, ohne Polarisation stattfindet. Der Temperaturkoeffizient ist recht groß. Eine Änderung der Temperatur um 1° verändert z. B. bei 0° den Widerstand um ca. $1^1/_3$ Proc. Daher hat Bäckström[1] vor kurzem unter besonderen Vorsichtsmaßregeln neue Bestimmungen der Abhängigkeit des Widerstandes von der Temperatur ausgeführt. Er findet jetzt bei 0° die Werte:

$$w_\gamma{}^0 = 82{,}249 \text{ Ohm}, \qquad w_\alpha{}^0 = 43{,}048 \text{ Ohm},$$

$$w_\gamma{}^0 : w_\alpha{}^0 = 1{,}91, \qquad \sqrt{w_\gamma{}^0} : \sqrt{w_\alpha{}^0} = 1{,}38.$$

Die Halbaxen der Flächen gleichen Potentials in der Richtung γ und in den dazu senkrechten Richtungen verhalten sich also wie:

$$\sqrt{c_\gamma{}^0} : \sqrt{c_\alpha{}^0} = \frac{1}{\sqrt{w_\gamma{}^0}} : \frac{1}{\sqrt{w_\alpha{}^0}} = 1 : 1{,}38.$$

Innerhalb des Temperaturintervalles von 0° bis 80° gelten die Relationen:

$$w_\gamma = w_\gamma{}^0 (1 - 0{,}014178\,\Theta + 0{,}0_3 12533\,\Theta^2 - 0{,}0_6 51621\,\Theta^3)$$
$$w_\alpha = w_\alpha{}^0 (1 - 0{,}012796\,\Theta + 0{,}0_3 11108\,\Theta^2 - 0{,}0_6 46464\,\Theta^3).$$

[1] H. Bäckström, Öfvers. K. Vetensk. Akad. Förh. 1894, No. 10, 545.

Für das Verhältnis der Wärmeleitungsfähigkeiten in den Richtungen senkrecht und parallel zur Axe γ ergab sich $c_\alpha : c_\gamma = 1{,}12$ bei 50° C., während bei derselben Temperatur das Verhältnis der elektrischen Leitungswiderstände $w_\gamma : w_\alpha = 1{,}78$ ist. Demnach herrscht nur in dem Charakter des Leitungsvermögens für Wärme und Elektricität, nicht in dem Verhältnis der Hauptleitungsfähigkeiten Übereinstimmung.

4. Thermoelektrische Ströme.

Erregung elektromotorischer Kräfte in metallisch leitenden Krystallen durch ungleichmäßige Verteilung der Temperatur. — Für das thermoelektrische Verhalten eines homogenen metallisch leitenden Krystalls, der nicht dem regulären System angehört, ist charakteristisch, daß Stäbe, die nach verschiedenen Richtungen aus dem Krystall geschnitten sind, in Berührung mit einem isotropen Normalmetall im allgemeinen verschiedene thermo-elektromotorische Kräfte liefern. Zwei Stäbe von dieser Beschaffenheit verhalten sich also wie zwei verschiedene isotrope Metalle.

Unmittelbar nachdem diese Thatsache von J. Svanberg, R. Franz und Ch. Matteucci an verschieden orientierten Stäben von Wismut und Antimon festgestellt war, hat W. Thomson 1854 die Gesetze der thermoelektrischen Erscheinungen in Krystallen aus den beiden Hauptsätzen der Thermodynamik abgeleitet und auf diesem Wege eine Reihe von Vorgängen entdeckt, die ihrer Natur nach nur in thermoelektrisch anisotropen Körpern auftreten können.[1]

Wir betrachten zunächst das Gesetz für die elektromotorischen Kräfte, die durch eine ungleichmäßige Verteilung der Temperatur in einem leitenden Krystall hervorgerufen werden.

A. Es sei aus dem Krystall ein Stab von rechtwinkelig parallelepipedischer Gestalt geschnitten, der longitudinal in einen, aus dem isotropen Normalmetall $\mathfrak{M}$ hergestellten Stromkreis eingeschaltet werde. An allen Stellen der Seitenflächen soll dieselbe Temperatur herrschen. Dagegen sollen die Endflächen auf verschiedenen Temperaturen gehalten werden, so daß die Richtung des stärksten Temperaturgefälles mit der Längsrichtung $\mathfrak{x}$ des Stabes zusammenfällt. Dann entsteht ein elektrischer Strom, der nach der Richtung $\mathfrak{x}$ fließt, und dessen elektromotorische Kraft sich mit der krystallographischen Orientierung von $\mathfrak{x}$ ändert. W. Thomson fand, daß die Beziehung zwischen der thermoelektrischen Kraft τ und der Orien-

[1] Th. Liebisch, Physikal. Krystallogr. 1891, 174—184.

tierung von ξ sich in ähnlicher Weise ausdrücken läßt, wie die Abhängigkeit der normalen Leitungsfähigkeit einer Wärmeströmung von der Richtung des stärksten Temperaturgefälles oder einer elektrischen Strömung von der Richtung des stärksten Potentialgefälles. Demnach kann die thermoelektrische Kraft τ stets mit Hilfe eines für den Krystall charakteristischen Ellipsoids **E** geometrisch dargestellt werden. Bezeichnet man die thermoelektrischen Kräfte zwischen dem Normalmetall und den drei Stäben, die parallel zu den Hauptaxen $\mathfrak{X}_1$, $\mathfrak{X}_2$, $\mathfrak{X}_3$ jenes Ellipsoids aus dem Krystall geschnitten werden können, mit τ_1, τ_2, τ_3, so hat das Ellipsoid die Halbaxen $1/\sqrt{\tau_1}$, $1/\sqrt{\tau_2}$, $1/\sqrt{\tau_3}$. Seine Gleichung lautet also:

$$1 = \tau_1 x_1^2 + \tau_2 x_2^2 + \tau_3 x_3^2. \tag{E}$$

Auf dem Radius in der Richtung ξ schneidet das Ellipsoid die Strecke $1/\sqrt{\tau}$ ab, so daß:

$$\tau = \tau_1 \cos^2 \xi \mathfrak{X}_1 + \tau_2 \cos^2 \xi \mathfrak{X}_2 + \tau_3 \cos^2 \xi \mathfrak{X}_3. \tag{1}$$

Die thermoelektrische Kraft τ wird also repräsentiert durch den reciproken Wert des Quadrates des Radiusvektors, der in dem Ellipsoid **E** in der Richtung ξ gezogen werden kann.

Besitzt der Krystall eine Axe der Isotropie γ, so bezeichnen wir mit τ_γ und τ_α die thermoelektrischen Kräfte zwischen dem Normalmetall und zwei Stäben, die parallel und senkrecht zur Axe γ aus dem Krystall geschnitten sind. Ferner sei τ die thermoelektrische Kraft eines unter dem Winkel ω gegen die Axe γ geneigten Stabes. Dann ist nach (1):

$$\tau = \tau_\alpha \sin^2 \omega + \tau_\gamma \cos^2 \omega. \tag{1'}$$

Zur Prüfung dieses Gesetzes können die Messungen dienen, welche H. Bäckström an demselben Eisenglanz ausgeführt hat, der von ihm zur Bestimmung des elektrischen Leitungsvermögens benutzt wurde (S. 214). Die Stäbe wurden zwischen zwei Dosen von Kupferblech gestellt; in die untere strömte Wasser, in die obere Wasserdampf. Jede Dose war durch einen Kupferdraht mit einem Lippmannschen Kapillarelektrometer verbunden.

Der Strom fließt an der wärmeren Kontaktfläche	Thermoelektrische Kraft in Volt	
Von der Basis 0001 zum Kupfer . . .	0,0002879	τ_γ
Von den zur Axe γ parallelen Flächen zum Kupfer	0,0003138	τ_α
Von den zur Axe γ parallelen Flächen zur Basis	0,0000259	$\tau_\alpha - \tau_\gamma$.

Für einen unter $\omega = 27^\circ 15'$ gegen die Axe γ geneigten Stab betrug die thermoelektrische Kraft $\tau = 0{,}0002923$ Volt. Hiermit steht in befriedigender Übereinstimmung der aus (1') berechnete Wert 0,0002933.

B. Es mögen nun die Endflächen eines Stabes aus einem thermoelektrisch anisotropen Krystall auf gleichen, zwei einander gegenüberliegende Seitenflächen dagegen auf verschiedenen Temperaturen gehalten werden. Verbindet man dann die Endflächen durch einen homogenen, gleichmäßig erwärmten Schließungsbogen aus dem Normalmetall, so fließt, wie W. Thomson gezeigt hat, ein elektrischer Strom nach der Längsrichtung des Stabes und durch den Schließungsbogen.

Betrachten wir z. B. einen Stab aus einem hexagonalen oder tetragonalen Krystall von der Länge l und der Dicke b (Fig. 567). Die vordere und die hintere Seitenfläche mit dem Flächeninhalt $b\,l$ seien parallel zur Axe der Isotropie $O\,Z$. Der Winkel $l\,Z$ werde mit ω bezeichnet. Werden nun die obere und die untere Seitenfläche $C\,D$ und $C'\,D'$ auf verschiedenen Temperaturen, die beiden Endflächen $C\,C'$ und $D\,D'$ dagegen auf gleichen Temperaturen gehalten, so fließt nach der Längsrichtung des Stabes und durch den Schließungsbogen ein elektrischer Strom, dessen elektromotorische Kraft für einen Grad Temperaturdifferenz in folgender Weise abhängt von den thermoelektrischen Kräften τ_α, τ_γ des Krystalls, dem Winkel ω, der Länge l und der Dicke b des Stabes:

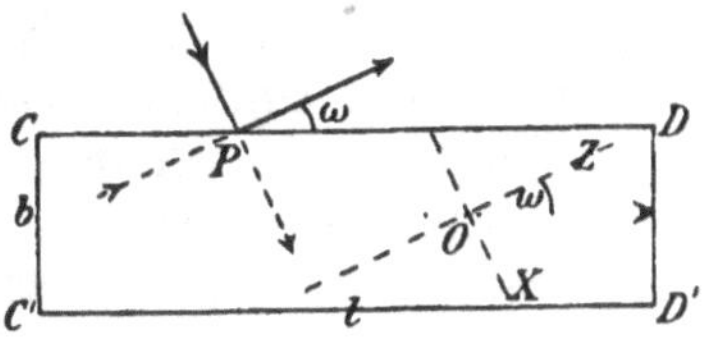

Fig. 567.

$$\tau = (\tau_\alpha - \tau_\gamma)\cdot\frac{l}{b}\cdot\sin\omega\cos\omega. \tag{2'}$$

Diese elektromotorische Kraft verschwindet für $\omega = 0^0$ oder 90^0, also für Stäbe, deren Längsrichtung zur Axe der Isotropie parallel oder senkrecht liegt.

Umkehrbare Wärmeeffekte, die durch elektrische Ströme in gleichförmig erwärmten leitenden Krystallen hervorgerufen werden. — Wir setzen jetzt voraus, daß der Stromkreis, in welchem sich der Krystallstab in Berührung mit dem isotropen Normalmetall befindet, von einem stationären elektrischen Strome durchflossen werde, und daß der Stab anfänglich in seiner ganzen Ausdehnung gleichmäßig erwärmt sei. Dann erzeugt der Strom Wärmeentwickelungen oder Wärmeabsorptionen nicht nur an den Endflächen, sondern im allgemeinen auch an den Seitenflächen des Stabes.

Fließt durch die Flächeneinheit einer Endfläche in der Zeiteinheit die Elektricitätsmenge U, so erfolgt nach W. Thomson an der Eintrittsfläche auf der Flächeneinheit in der Zeiteinheit die Wärmeabsorption:

$$\frac{1}{J}\cdot U\cdot\vartheta\,(\tau_1\cos^2\xi\,\mathfrak{X}_1 + \tau_2\cos^2\xi\,\mathfrak{X}_2 + \tau_3\cos^2\xi\,\mathfrak{X}_3). \tag{3}$$

Hierin bedeuten J das mechanische Äquivalent der Wärmeeinheit und ϑ die absolute Temperatur der Kontaktfläche. Eine Wärmeentwickelung von demselben Betrage findet gleichzeitig an der Austrittsfläche statt. Für Krystalle mit einer Axe der Isotropie gilt:

$$(3') \qquad \frac{1}{J} \cdot U \cdot \vartheta (\tau_\alpha \sin^2 \omega + \tau_\gamma \cos^2 \omega).$$

Um ein Beispiel für die Wärmeeffekte an den Seitenflächen zu gewinnen, nehmen wir an, daß der in Fig. 567 abgebildete Stab von links nach rechts von einem stationären elektrischen Strome mit der Intensität U für die Flächeneinheit durchflossen werde. Dann erzeugt dieser Strom an der oberen Seitenfläche CD auf der Flächeneinheit in der Zeiteinheit eine Wärmeabsorption im Betrage:

$$(4') \qquad \frac{1}{J} \cdot U \cdot \vartheta (\tau_\alpha - \tau_\gamma) \sin \omega \cos \omega.$$

Gleichzeitig findet an der unteren Seitenfläche $C'D'$ eine ebenso große Wärmeentwickelung statt. Diese Wärmewirkungen verschwinden für $\omega = 0^0$ oder 90^0, also für Stäbe, deren Längsrichtung zur Axe der Isotropie parallel oder senkrecht liegt.

5. Induzierter Magnetismus.

Magnetisierung einer Kugel. — Die charakteristischen Verschiedenheiten in dem magnetischen Verhalten amorpher und krystallisierter Körper treten am anschaulichsten hervor, wenn wir die Magnetisierung einer Kugel in einem ursprünglich gleichförmigen magnetischen Felde beobachten. Ein gleichförmiges Feld mit horizontalen Kraftlinien ist zwischen den vertikalstehenden ebenen Polflächen eines Elektromagneten in einem von den Rändern hinreichend entfernten Raume vorhanden. In der Mitte dieses Feldes befinde sich die zu untersuchende Kugel an einer Aufhängevorrichtung, auf welche das Magnetfeld keine Richtkraft ausübt.

Es ist eine experimentell ermittelte Thatsache, daß die Zustandsänderung, die ein magnetisierbarer Körper in einem Magnetfelde erfährt, in der ganzen Ausdehnung des Körpers eintritt. Jedes Volumenelement wird in einen kleinen Magneten verwandelt, der durch die Richtung seiner Axe und durch sein magnetisches Moment definiert ist. Intensität der Magnetisierung $\mathfrak{J}$ an der Stelle P des Körpers nennt man den Wert des Momentes für die Volumeneinheit (1 cm^3) an dieser Stelle. $\mathfrak{J}$ ist also die Polstärke auf 1 cm^2 eines zur Axe senkrechten Schnittes. Demnach ist $\mathfrak{J}$

eine Vektorgröße, die bestimmt ist durch ihren numerischen Wert und durch die Richtung i der magnetischen Axe. Wir setzen stets voraus, daß die Magnetisierung bei jeder Stellung des Körpers gegen die Kraftlinien des Feldes von früheren Magnetisierungen dieses Körpers unabhängig sei.

Die magnetisierende Kraft in dem Gebiet des ursprünglichen Magnetfeldes, das als gleichförmig betrachtet werden kann, sei bezeichnet mit $\mathfrak{F}$, ihre Richtung mit f. Die resultierende magnetische Kraft an einer Stelle P im Inneren des Körpers, der in das Feld eingeführt wurde, ist abhängig von $\mathfrak{F}$ und von der Magnetisierung des ganzen Körpers; wir bezeichnen sie mit $\mathfrak{H}$. Im allgemeinen ändert sich $\mathfrak{H}$ im Inneren des Körpers von Punkt zu Punkt. Hat der Körper aber die Gestalt eines Ellipsoids oder einer Grenzform desselben, so besitzt die durch ein gleichförmiges Feld in ihm hervorgerufene magnetische Kraft $\mathfrak{H}$, also auch die Intensität der Magnetisierung $\mathfrak{J}$ an allen Stellen seines Inneren eine konstante Größe und eine konstante Richtung. Insbesondere werden also kugelförmig gestaltete homogene Körper dadurch ausgezeichnet sein, daß sie in einem ursprünglich gleichförmigen Felde gleichförmig magnetisiert werden. Hierauf beruht die Wahl der äußeren Gestalt, die wir hinfort voraussetzen. Nur bei Körpern, die in so hohem Grade magnetisierbar sind wie Eisen, würde die Kugelform zur Messung der Magnetisierung ungeeignet sein. Andererseits ist das Verhalten schwach magnetisierbarer Krystalle im Magnetfelde von ihrer Gestalt unabhängig, wofern nicht die Dimensionen nach verschiedenen Richtungen allzu ungleich sind.

Wenn nun eine Kugel aus einem homogenen *magnetisch isotropen* Körper zwischen den Polen eines Elektromagneten derart aufgehängt wird, daß sie sich um einen vertikalen Durchmesser drehen kann, so befindet sie sich in jeder Stellung im stabilen Gleichgewichte. Denn in diesem Falle kann die magnetische Axe i der Kugel aus Symmetriegründen niemals abweichen von der Richtung f der magnetischen Kraft des Feldes.

Bringen wir dagegen eine Kugel aus einem Krystall, der nicht dem regulären Systeme angehört, an der Aufhängevorrichtung in das Feld, so werden wir im allgemeinen beobachten, daß die Kugel eine bestimmte Einstellung gegen die Kraftlinien des Feldes anzunehmen sucht, die von der krystallographischen Orientierung ihres vertikalen Durchmessers abhängig ist. Die Erklärung für diese zuerst von J. Plücker 1847 wahrgenommene Erscheinung hat W. Thomson 1851 gegeben.[1] Ein Krystall, der nicht dem regulären Systeme angehört, ist ein *magnetisch anisotroper* Körper. Ein ursprünglich gleichförmiges und unveränderliches Magnetfeld erzeugt in einer aus einem solchen Krystall hergestellten Kugel im allgemeinen nach verschiedenen Richtungen verschiedene Intensitäten der Magnetisierung,

[1] Th. Liebisch, Physikal. Krystallogr. 1891, 196—222.

und bei einer beliebigen Stellung der Kugel im Magnetfelde fällt die Richtung i der Magnetisierung nicht mit der Richtung f der magnetisierenden Kraft zusammen. Infolge hiervon wirkt auf die Kugel ein Kräftepaar, welches sie um eine auf den Richtungen i und f senkrechte Gerade zu drehen strebt. Die auf jeden Pol der Volumeneinheit wirkende Kraft ist das Produkt aus der Polstärke $\mathfrak{J}$ und der magnetischen Kraft $\mathfrak{F}$ des Feldes. Da die beiden Pole der Volumeneinheit um die Längeneinheit voneinander entfernt sind, so ist der senkrechte Abstand der Kräfte des Paares gleich $\sin(if)$. Daher ist das Drehungsmoment des Kräftepaares für die Volumeneinheit: $d = \mathfrak{J}\mathfrak{F}\sin(if)$ und für die ganze Kugel: $D = \frac{4}{3}\pi a^3 \cdot d$, worin a den Radius der Kugel bedeutet. Nur wenn dieses Drehungsmoment $D = 0$ ist, wird sich die Kugel im Gleichgewichte befinden.

Wenn der Wert des Drehungsmomentes angegeben werden soll, muß die Abhängigkeit der Magnetisierung von der magnetischen Kraft bekannt sein. Die einfachste Annahme, die sich für die Beziehung zwischen diesen beiden Vektorgrößen darbietet, entspricht in ihrer Form der Hypothese, die bei der Untersuchung der Wärmeleitung über den Zusammenhang von Wärmeströmung und Temperaturgefäll zu Grunde gelegt wurde (S. 203—204).

Gesetz der magnetischen Induktion. — Wir gehen von der Annahme aus, daß in einem *isotropen* Körper die Magnetisierung $\mathfrak{J}$ der magnetischen Kraft $\mathfrak{H}$ proportional sei; wir setzen also $\mathfrak{J} = r\mathfrak{H}$, wo r eine für das magnetische Verhalten des Körpers charakteristische Konstante (Magnetisierungszahl, magnetische Susceptibilität) bedeutet. Bei den paramagnetischen Körpern ist r positiv, bei den diamagnetischen negativ. In der überwiegenden Mehrzahl der Fälle ist r ein sehr kleiner Bruch.

Zwischen der resultierenden Kraft $\mathfrak{H}$ im Inneren einer gleichförmig magnetisierten Kugel und der ursprünglichen Kraft $\mathfrak{F}$ des Feldes besteht die Beziehung:

$$\mathfrak{H} = \mathfrak{F} - \tfrac{4}{3}\pi\mathfrak{J}.$$

Demnach ist die Magnetisierung auch proportional der magnetisierenden Kraft $\mathfrak{F}$:

$$\mathfrak{J} = \varrho\mathfrak{F}, \text{ worin } \varrho = \frac{r}{1 + \frac{4}{3}\pi r}.$$

Bezeichnen wir jetzt die Komponenten von $\mathfrak{J}$ und $\mathfrak{F}$ in Bezug auf ein mit der Kugel starr verbundenes rechtwinkeliges Axensystem X_1, X_2, X_3 durch $\mathfrak{J}_1, \mathfrak{J}_2, \mathfrak{J}_3$ und $\mathfrak{F}_1, \mathfrak{F}_2, \mathfrak{F}_3$, so gelten für einen magnetisch isotropen Körper die Gleichungen:

$$\mathfrak{J}_1 = \varrho\mathfrak{F}_1, \qquad \mathfrak{J}_2 = \varrho\mathfrak{F}_2, \qquad \mathfrak{J}_3 = \varrho\mathfrak{F}_3.$$

Dieser Annahme entsprechend müssen wir in einem magnetisch *anisotropen* Körper die Komponenten der Magnetisierung gleich linearen homogenen Funktionen der Kraftkomponenten mit konstanten Koeffizienten setzen:

$$\text{(I)}\qquad \begin{aligned} \mathfrak{J}_1 &= \varrho_{11}\,\mathfrak{F}_1 + \varrho_{12}\,\mathfrak{F}_2 + \varrho_{13}\,\mathfrak{F}_3 \\ \mathfrak{J}_2 &= \varrho_{21}\,\mathfrak{F}_1 + \varrho_{22}\,\mathfrak{F}_2 + \varrho_{23}\,\mathfrak{F}_3 \\ \mathfrak{J}_3 &= \varrho_{31}\,\mathfrak{F}_1 + \varrho_{32}\,\mathfrak{F}_2 + \varrho_{33}\,\mathfrak{F}_3. \end{aligned}$$

Die Koeffizienten ϱ_{hk} hängen von der Natur des Körpers und der Lage des Koordinatensystems ab. Aus dem Prinzip der Erhaltung der Energie folgt aber, wie W. Thomson gezeigt hat, daß zwischen den Magnetisierungskoeffizienten stets die Relationen $\varrho_{23} = \varrho_{32}$, $\varrho_{31} = \varrho_{13}$, $\varrho_{12} = \varrho_{21}$ bestehen. Berechnet man z. B. das Drehungsmoment D unter der Voraussetzung, daß die Axe X_1 zur Aufhängungsrichtung gewählt sei, so ergiebt sich, daß die bei einer vollen Umdrehung einer Kugel von dem auf sie wirkenden Kräftepaare geleistete Arbeit der Differenz $\varrho_{23} - \varrho_{32}$ proportional ist. Damit nun die Kugel, die in ihre ursprüngliche Lage unter den anfänglichen Bedingungen zurückgekehrt ist, nicht eine unerschöpfliche Quelle von Energie werde, muß jene Arbeit gleich Null, also $\varrho_{23} = \varrho_{32}$ sein. Daher lassen sich jetzt die Gleichungen I in derselben Weise vereinfachen wie die entsprechenden Wärmeleitungsgleichungen (S. 207). Wählen wir zu Koordinatenaxen die Symmetrieaxen $\mathfrak{X}_1, \mathfrak{X}_2, \mathfrak{X}_3$ des *Induktionsellipsoids:*

$$\varrho_{11}\,x_1^2 + \varrho_{22}\,x_2^2 + \varrho_{33}\,x_3^2 + 2\varrho_{23}\,x_2 x_3 + 2\varrho_{31}\,x_3 x_1 + 2\varrho_{12}\,x_1 x_2 = 1,$$

so geht die Gleichung dieses Ellipsoids über in:

$$\varrho_1\,\mathfrak{x}_1^2 + \varrho_2\,\mathfrak{x}_2^2 + \varrho_3\,\mathfrak{x}_3^2 = 1$$

und die Fundamentalgleichungen nehmen folgende Gestalt an:

$$\text{(I')}\qquad \mathfrak{J}_1 = \varrho_1\,\mathfrak{F}_1, \qquad \mathfrak{J}_2 = \varrho_2\,\mathfrak{F}_2, \qquad \mathfrak{J}_3 = \varrho_3\,\mathfrak{F}_3.$$

Man bezeichnet $\mathfrak{X}_1, \mathfrak{X}_2, \mathfrak{X}_3$ als Hauptaxen der Magnetisierung und $\varrho_1, \varrho_2, \varrho_3$ als Hauptmagnetisierungskoeffizienten. Bedeuten f_1, f_2, f_3 die Richtungscosinus der magnetisierenden Kraft $\mathfrak{F}$ in Bezug auf die Hauptaxen, so ist nach I′:

$$\mathfrak{J}_1 = \varrho_1\,\mathfrak{F} f_1, \qquad \mathfrak{J}_2 = \varrho_2\,\mathfrak{F} f_2, \qquad \mathfrak{J}_3 = \varrho_3\,\mathfrak{F} f_3.$$

Hieraus folgt, daß die Magnetisierung einer Kugel in der Richtung der Kraftlinien des ursprünglichen Feldes stattfindet, sobald eine Hauptaxe der Kugel diesen Kraftlinien parallel läuft; denn in diesem Falle nehmen jene Richtungscosinus eines der Wertsysteme 1, 0, 0; 0, 1, 0; 0, 0, 1 an. Ferner ergiebt sich hieraus, daß man einen Hauptmagnetisierungskoeffizienten ϱ_h eines Krystalls definieren kann als den Faktor, mit welchem die magnetische Kraft eines gleichförmigen Magnetfeldes multipliziert werden muß, um die Intensität der Magnetisierung einer Kugel aus jenem Krystall zu erhalten, die in das Feld derart eingeführt wurde, daß die Symmetrieaxe $\mathfrak{X}_h$ den Kraftlinien des Feldes parallel ist.

Nach Symmetrieeigenschaften sind auch hier wieder die **fünf**, auf S. 182 charakterisierten Klassen krystallisierter Körper zu unterscheiden.

Gleichgewichtsstellungen einer Kugel. — Es sei eine Kugel aus einem homogenen magnetisch anisotropen Krystall in einem gleichförmigen Magnetfelde in solcher Weise unterstützt, daß sie sich um ihren Mittelpunkt frei drehen kann. Unter dieser Voraussetzung wird sich die Kugel nur dann im Gleichgewichte befinden, wenn das auf sie ausgeübte Drehungsmoment:

$$D = v \cdot \mathfrak{J}\,\mathfrak{F} \cdot \sin(i f),$$

worin v das Volumen der Kugel bedeutet, gleich Null ist. Bezeichnen wir die Richtungscosinus von i und f in Bezug auf die Hauptaxen der Kugel mit i_1, i_2, i_3 und f_1, f_2, f_3, so ist:

$$\sin^2(i f) = (i_2 f_3 - i_3 f_2)^2 + (i_3 f_1 - i_1 f_3)^2 + (i_1 f_2 - i_2 f_1)^2,$$

folglich:

$$\mathfrak{J}^2 \mathfrak{F}^2 \sin^2(i f) = (\mathfrak{J}_2 \mathfrak{F}_3 - \mathfrak{J}_3 \mathfrak{F}_2)^2 + (\mathfrak{J}_3 \mathfrak{F}_1 - \mathfrak{J}_1 \mathfrak{F}_3)^2 + (\mathfrak{J}_1 \mathfrak{F}_2 - \mathfrak{J}_2 \mathfrak{F}_1)^2$$

oder nach **I'**:

$$(1) \qquad D^2 = v^2 \mathfrak{F}^4 [(\varrho_2 - \varrho_3)^2 f_2^2 f_3^2 + (\varrho_3 - \varrho_1)^2 f_3^2 f_1^2 + (\varrho_1 - \varrho_2)^2 f_1^2 f_2^2].$$

Soll nun $D = 0$ sein, so müssen die in diesem Ausdrucke enthaltenen Quadrate einzeln verschwinden, so daß:

$$(\varrho_2 - \varrho_3) f_2 f_3 = 0, \qquad (\varrho_3 - \varrho_1) f_3 f_1 = 0, \qquad (\varrho_1 - \varrho_2) f_1 f_2 = 0.$$

Sind die Hauptmagnetisierungskoeffizienten voneinander verschieden, so kann hiernach Gleichgewicht nur dann bestehen, wenn je zwei der Richtungscosinus f_1, f_2, f_3 verschwinden. *Demnach ist für eine Gleichgewichtsstellung der Kugel erforderlich, daß eine Symmetrieaxe der Magnetisierung mit der Richtung der Kraftlinien des Feldes zusammenfällt.* Um die besondere Natur des Gleichgewichtes beurteilen zu können, muß man aus dem Werte des Drehungsmomentes den Wert für die potentielle Energie W der Kugel ableiten; es ergiebt sich:

$$(2) \qquad W = -\frac{v\,\mathfrak{F}^2}{2} (\varrho_1 f_1^2 + \varrho_2 f_2^2 + \varrho_3 f_3^2).$$

Stabiles Gleichgewicht ist vorhanden, wenn W ein Minimum, also der in Klammern eingeschlossene Faktor ein Maximum ist.

Mit Hilfe der Relationen 1 und 2 können wir jetzt folgende Sätze über Gleichgewichtsstellungen von Kugeln in einem ursprünglich gleichförmigen Magnetfelde aufstellen. Wir betrachten zunächst **paramagnetische** Krystalle, setzen also voraus, daß die Koeffizienten ϱ_1, ϱ_2, ϱ_3 positiv sind. Außerdem soll $\varrho_1 \geqq \varrho_2 \geqq \varrho_3$ sein.

A. *Isotrope Krystalle* (Reguläres System). Da die Energie W für $\varrho_1 = \varrho_2 = \varrho_3$ einen konstanten Wert besitzt, so befindet sich eine Kugel aus einem magnetisch isotropen Krystall in jeder Stellung im stabilen Gleichgewichte.

B. *Anisotrope Krystalle mit einer Axe der Isotropie* (Hexagonales und tetragonales System). Ist der Magnetisierungskoeffizient in der Richtung der Axe der Isotropie gleich ϱ_1, also größer als in jeder anderen Richtung, so sagt man nach einem Vorschlage von Plücker, der Krystall habe einen *positiven* magnetischen Charakter. In diesem Falle ist $\varrho_2 = \varrho_3$ zu setzen. Eine Kugel ist im stabilen Gleichgewichte, wenn die Axe der Isotropie in die Richtung f der Kraftlinien fällt; denn alsdann erreicht der Klammerfaktor in dem Ausdruck für die potentielle Energie seinen größten Wert ϱ_1. Das Gleichgewicht könnte auch ein neutrales genannt werden, denn jede Stellung, in welche die Kugel durch eine Drehung um die Richtung f gelangt, ist eine Gleichgewichtslage. Dagegen befindet sich die Kugel im labilen Gleichgewichte, wenn die Axe der Isotropie senkrecht zu den Kraftlinien steht. — In einem Krystall von *negativem* magnetischen Charakter ist der Magnetisierungskoeffizient in der Richtung der Axe der Isotropie gleich ϱ_3, also kleiner als in jeder anderen Richtung. Wir müssen jetzt $\varrho_1 = \varrho_2$ setzen. Eine Kugel befindet sich im stabilen Gleichgewichtszustande, wenn die Axe der Isotropie auf den Kraftlinien senkrecht steht. Das Gleichgewicht kann in diesem Falle unter zwei Gesichtspunkten als ein neutrales bezeichnet werden; denn es wird jede Stellung, in welche die Kugel durch eine Drehung um die Richtung der Kraftlinien oder um die Axe der Isotropie gebracht werden kann, eine Gleichgewichtslage sein. Dagegen ist die Kugel im labilen Gleichgewichte, wenn die Axe der Isotropie den Kraftlinien parallel gerichtet ist.

Demnach wird ein paramagnetischer Krystall des hexagonalen oder des tetragonalen Systems, der zwischen den Polen eines Elektromagneten so aufgehängt ist, daß die Axe der Isotropie in der Horizontalebene frei schwingen kann, sich mit dieser Axe in die Verbindungslinie der Pole (axial) oder in die Äquatorebene des Elektromagneten (äquatorial) stellen, je nachdem sein magnetischer Charakter positiv oder negativ ist. Paramagnetisch und positiv ist Eisenspat; dagegen sind paramagnetisch und negativ: Turmalin, Beryll, Dioptas, Vesuvian, $(NH_4)Cl.CuCl.2H_2O$, $NiSO_4.6H_2O$.

C. *Anisotrope Krystalle ohne Axe der Isotropie* (Rhombisches, monoklines und triklines System). Hier sind die Hauptmagnetisierungskoeffizienten voneinander verschieden: $\varrho_1 > \varrho_2 > \varrho_3$. Eine Kugel befindet sich im stabilen Gleichgewichte, wenn die Symmetrieaxe der stärksten Magnetisierung $\mathfrak{X}_1$ in die Richtung f der Kraftlinien fällt, denn alsdann nimmt die potentielle Energie ihren kleinsten Wert $-\mathfrak{v}\,\mathfrak{F}^2\varrho_1/2$ an. Da in diesem Falle jede Stellung, welche die Kugel durch eine Drehung um die Richtung f annimmt, eine Gleichgewichtslage ist, so könnte dieses Gleichgewicht auch ein neutrales genannt werden. Die Kugel ist im labilen Gleichgewichte, wenn eine der beiden anderen magnetischen Symmetrieaxen $\mathfrak{X}_2$ oder $\mathfrak{X}_3$ zur Richtung der Kraftlinien parallel läuft, also die Axe der stärksten Magnetisierung zu dieser Richtung senkrecht steht.

Wählt man zur Aufhängungsrichtung die Normale einer Kreisschnittebene des Induktionsellipsoids, so erhält das Drehungsmoment D den unbestimmten Wert 0/0. Die Kugel befindet sich im indifferenten Gleichgewicht, sie kann keine bestimmte Einstellung annehmen und verhält sich also bei dieser Aufhängung wie ein isotroper Körper. Der magnetische Charakter des Krystalls wird positiv oder negativ genannt, je nachdem der spitze Winkel zwischen den Normalen der Kreisschnittebenen von der Symmetrieaxe der stärksten oder der schwächsten Magnetisierung halbiert wird.

Soll in einem paramagnetischen Krystall des rhombischen Systems die Anordnung der magnetischen Symmetrieaxen bestimmt werden, so muß man die krystallographischen Axen a, b, c zu Aufhängungsrichtungen wählen und für jede Aufhängung ermitteln, welche der beiden horizontalen Axen in die axiale oder in die äquatoriale Richtung fällt. Es seien z. B. folgende Einstellungen beobachtet:

Aufhängungsrichtung . . .	a	b	c
Axiale Richtung	b	a	b
Äquatoriale Richtung . . .	c	c	a.

Dann ist die Magnetisierung am stärksten in der Richtung b, die sich zwei mal axial einstellt, und am schwächsten in der Richtung c, die zwei mal in die Äquatorialebene fällt. Demnach ist $\mathfrak{X}_1 = b$, $\mathfrak{X}_2 = a$, $\mathfrak{X}_3 = c$.

Um in einem monoklinen Krystall die Richtungen der beiden auf der krystallographischen Symmetrieaxe b senkrechten magnetischen Symmetrieaxen zu bestimmen, müssen, während der Krystall nach b im Magnetfelde aufgehängt ist, in der Horizontalebene die äquatoriale und die axiale Richtung markiert werden. Je nachdem b mit der Richtung der größten, kleinsten oder mittleren Magnetisierung zusammenfällt, sind drei Arten der Orientierung zu unterscheiden.

Handelt es sich um **diamagnetische** Krystalle, so sind die Werte von ϱ_1, ϱ_2, ϱ_3 negativ. Daraus folgen Sätze über Gleichgewichtsstellungen, die den soeben abgeleiteten entgegengesetzt sind. Demnach tritt stabiles Gleichgewicht ein, wenn die Richtung der schwächsten Magnetisierung zu den Kraftlinien des Feldes parallel liegt. Insbesondere erhalten wir den Satz, daß ein diamagnetischer Krystall des hexagonalen oder des tetragonalen Systems, der so aufgehängt ist, daß die Axe der Isotropie in der Horizontalebene frei schwingen kann, sich mit dieser Axe axial oder äquatorial stellt, je nachdem sein magnetischer Charakter negativ oder positiv ist. Beispiele bieten dar für den ersten Fall: Wismut, Antimon, Arsen, Eis, Zirkon, $H_2(NH_4)AsO_4$, $Hg(CN)_2$, Mellit; für den zweiten Fall: Kalkspat, Natriumnitrat, Mimetesit, Wulfenit.

Das wichtigste Resultat dieser Untersuchung kann in kürzester Fassung so ausgesprochen werden: *Eine um ihren Mittelpunkt frei bewegliche Krystallkugel sucht sich in einem gleichförmigen Magnetfelde so einzustellen, daß die Symmetrieaxe der größten magnetischen oder der kleinsten diamagnetischen Induktion in die Richtung der Kraftlinien fällt.*

Wie aus dem Werte 1 für das Drehungsmoment D hervorgeht, können aus Messungen dieses Momentes nach einer Torsionsmethode oder durch Beobachtung von Schwingungsdauern nur *Differenzen* von Magnetisierungskoeffizienten abgeleitet werden. Bis jetzt sind derartige Messungen nur am Kalkspat durch Fr. Stenger und W. König ausgeführt worden. Diese außerordentlich sorgfältigen Bestimmungen ergaben für verschiedene Kalkspatkugeln erheblich verschiedene Werte für die Differenz der Hauptmagnetisierungskoeffizienten, die zwischen den Grenzwerten $1160 \cdot 10^{-10}$ und $788 \cdot 10^{-10}$ liegen. Ein Grund für diese Abweichungen läßt sich nicht mit Bestimmtheit angeben. Vielleicht ist er in sehr geringen Beimengungen isomorpher Carbonate zu suchen. Gleichwohl ist durch diese Beobachtungen bewiesen, daß, wie es die W. Thomson'sche Theorie verlangt, die Differenz der Hauptmagnetisierungskoeffizienten für jeden einzelnen Krystall unverändert bleibt, wenn die Intensität des Feldes oder die Orientierung der Kugel oder endlich das Volumen der Kugel geändert werden. Die nach den älteren Beobachtungen von J. Plücker, M. Faraday, H. Knoblauch und J. Tyndall anscheinend überaus mannigfachen Erscheinungen des induzierten Magnetismus in Krystallen lassen sich also auf ein sehr einfaches Gesetz zurückführen.

Um die absoluten Werte der Hauptmagnetisierungskoeffizienten zu bestimmen, muß man ein ungleichförmiges, aber symmetrisches Feld zu Hilfe nehmen, in welchem die magnetische Kraft an jeder Stelle bekannt ist. Der einzige, in dieser Hinsicht von H. A. Rowland und W. W. Jacques 1879 unternommene Versuch ist infolge eines Irrtums in der numerischen Rechnung erfolglos geblieben.

6. Dielektrische Polarisation.

Gleichgewichtsstellungen einer Kugel in einem gleichförmigen elektrischen Felde. — Wenn eine Kugel aus einem homogenen dielektrischen Krystall in dem gleichförmigen elektrostatischen Felde, welches zwischen den vertikalstehenden Platten eines Kondensators vorhanden ist, derart aufgehängt wird, daß sie sich um ihren vertikalen Durchmesser drehen kann, so sucht sie im allgemeinen eine bestimmte Einstellung anzunehmen. Die hierfür geltenden Gesetze entsprechen den von W. Thomson aufgestellten Gesetzen des induzierten Magnetismus. Jedes Volumenelement der Kugel erhält ein elektrisches Moment. Das Moment der Volumeneinheit oder die Intensität der Elektrisierung $\mathfrak{J}$ ist mit der elektrischen Kraft des ursprünglichen Feldes $\mathfrak{F}$ durch Relationen verbunden, die den Gleichungen I auf S. 221 analog sind. Wieder ergiebt sich aus dem Prinzip der Erhaltung der Energie, daß die dielektrischen Erscheinungen in einem triklinen Krystall nicht von neun, sondern nur von sechs Koeffizienten abhängen. Hieraus folgt, daß in einem solchen Krystall drei aufeinander senkrechte Geraden, die Hauptaxen der dielektrischen Polarisation, vorhanden sind, von der Beschaffenheit, daß die Elektrisierung, die im allgemeinen nicht nach der Richtung der Kraftlinien des ursprünglichen Feldes stattfindet, doch nach dieser Richtung erfolgt, sobald eine jener Geraden zu den Kraftlinien parallel liegt. Wäre die Kugel um ihren Mittelpunkt frei beweglich, so würde sie sich so einzustellen suchen, daß die Hauptaxe der größten Elektrisierung die Richtung der Kraftlinien des ursprünglichen Feldes besitzt.

Nach Symmetrieeigenschaften sind wieder **fünf** Klassen krystallisierter Körper zu unterscheiden. Es gelten hier dieselben speziellen Sätze über Gleichgewichtslagen, die wir auf S. 222—224 für magnetisierbare Körper entwickelt haben.

Einfluß der Leitungsfähigkeit. — Bei Beobachtungen über die Einstellung dielektrischer Krystalle im elektrostatischen Felde muß man den Vorgang der dielektrischen Polarisation von dem Einfluß der niemals vollständig fehlenden elektrischen Leitungsfähigkeit zu befreien suchen. Während die reine Polarisation in äußerst kurzer Zeit nach dem Beginn der Wirksamkeit der elektrischen Kräfte eintritt und alsdann, wie die magnetische Polarisation, unter der Einwirkung unveränderlicher Kräfte konstant bleibt, erfordern die Leitungserscheinungen zu ihrer Entwickelung eine längere Zeit und nehmen mit der Dauer der Einwirkung der elektrischen Kräfte an Intensität zu. Demnach bietet sich eine doppelte Aufgabe dar. Um die von der dielektrischen Polarisation abhängige Einstellung eines in höherem oder geringerem Maße isolierenden Krystalls zu ermitteln, muß man denselben in ein homogenes elektrisches Feld bringen, in welchem die elektrische Kraft ihrer Größe nach konstant bleibt, während ihre Richtung periodisch in so rascher Folge kommutiert werden kann, daß der Einfluß einer Leitung ausgeschlossen ist. Andererseits muß die Einstellung dieses Krystalls in einem homogenen elektrischen Felde beobachtet werden, dessen Kraft längere Zeit hindurch eine konstante Größe und Richtung besitzt, um die Fortführung der durch Influenz hervorgerufenen Elektricität durch Leitung zu gestatten.

Die Verschiedenheit der Einstellungen in einem unveränderlichen und einem rasch alternierenden Felde läßt sich, wie E. Root gezeigt hat, an einer Scheibe von Kalkspat, die parallel zur Axe der Isotropie geschnitten ist, demonstrieren. Die zwischen den Platten eines Kondensators horizontal aufgehängte Scheibe stellt sich, wenn die Ladung der Platten *konstant* bleibt, vermöge der Leitung *axial*, d. h. so, daß die Axe der Isotropie in die Richtung der Kraftlinien fällt. Auch wenn die Platte weniger als zwei Minuten in dem Kondensator bleibt, kehrt sie sich mit einer Umkehrung der Pole selbst um; die in ihr eingetretene Ladung dauert also noch einige Zeit hindurch an. Werden dagegen die Pole des Kondensators etwa 200 mal in einer Sekunde *kommutiert*, so nimmt die Scheibe infolge der dielektrischen Polarisation eine *äquatoriale* Lage an, d. h. die Axe der Isotropie stellt sich parallel zu den Platten des Kondensators.

Bestimmung von Dielektricitätskonstanten aus ponderomotorischen Wirkungen in einem ungleichförmigen elektrischen Felde. — L. Boltzmann hat zur Messung der Dielektricitätskonstanten die Anziehungen benutzt, welche frei bewegliche, dielektrisch polarisierbare Körper erfahren, wenn sie in die Nähe eines mit Elektricität geladenen Körpers gebracht werden. Den Ausgangspunkt seiner Versuche bildet der Satz, daß unter dem Einflusse elektrischer Kräfte eine Kugel L aus einem isotropen dielektrischen Körper, dessen Dielektricitätskonstante ε ist, $(\varepsilon - 1)/(\varepsilon + 2)$ mal so stark angezogen wird, als eine gleich große isolierte und ursprünglich unelektrische Kugel L' aus einem isotropen leitenden Körper. Dabei wird vorausgesetzt, daß die Kugeln hinreichend klein seien, um das elektrische Feld als nahezu gleichförmig betrachten zu können. Ist das Verhältnis der Anziehungen h und h' der dielektrischen und der leitenden Kugel gemessen, so ergiebt sich aus $h : h' = \varepsilon - 1 : \varepsilon + 2$ der Wert der Dielektricitätskonstante:

$$\varepsilon = \frac{\frac{h'}{h} + 2}{\frac{h'}{h} - 1}.$$

Diese Relation gilt auch für eine Kugel aus einem anisotropen Krystall, wenn die Richtung einer dielektrischen Symmetrieaxe den Kraftlinien des Feldes parallel liegt.

In den Versuchen von Boltzmann wurde die Kugel L von einer Drehwage getragen (Fig. 568, 569). An den Hebel EF war ein Spiegel S gekittet, dessen Stellung mittels Skala und Fernrohr bestimmt werden konnte. Nahe an L war die Metallkugel M fest aufgestellt, so daß die Mittellinie von L und M horizontal in der Ebene des Fadens GKH lag. Wurde nun der Kugel M Elektricität mitgeteilt, so wurde L polarisiert und von M angezogen. Der Ablenkungswinkel des Hebelarmes der Drehwage wurde durch Spiegelablesung ermittelt. Darauf wurde L durch eine gleich große und gleich schwere, mit Stanniol bekleidete Kugel L' aus demselben Körper ersetzt und von neuem der Ablenkungswinkel gemessen, nachdem der Kugel M genau dieselbe Elektricitätsmenge wie vorher mitgeteilt war. Die bei verschiedenen Versuchen der Kugel M zugeführten Elektricitätsmengen konnten untereinander verglichen werden mit Hilfe einer zweiten Drehwage, die aus einem langen zur Erde abgeleiteten Kupferdrahte mit zwei hohlen Messingkugeln P, P' bestand und in ihrer Schwingungsdauer mit der ersten Drehwage übereinstimmte. Der Kugel P stand eine unbewegliche, mit M durch einen isolierten dicken Kupferdraht leitend verbundene

Metallkugel R gegenüber, so daß die Mittellinie PR horizontal und senkrecht zu PP' lag. Wurde nun der Kugel R Elektricität mitgeteilt, so lud sich P durch Influenz und wurde von R angezogen. Die Anziehung ist dem Quadrate der jener Kugel R mitgeteilten Elektricitätsmenge proportional. Man gewann auf solche Weise zunächst ein Maß dieser Elektricitätsmenge. Da aber die Kugel M leitend mit R verbunden war, so mußte die Elektricitätsmenge auf M proportional der auf R angesammelten sein. Zur Ladung der wirkenden Kugeln M und R wurden drei verschiedene Vorrichtungen

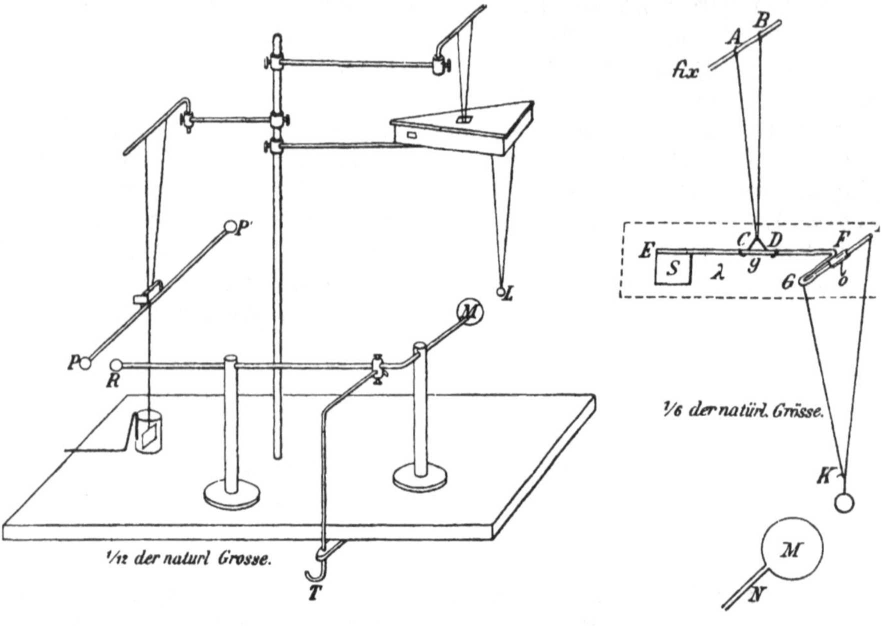

Fig. 568—569. Apparat von BOLTZMANN zur Messung von Dielektricitätskonstanten.

benutzt, welche gestatteten das System MR dauernd (22—90 Sekunden) oder nur eine kurze, aber genau gegebene Zeit hindurch ($^1/_{10}$ Sekunde) oder endlich abwechselnd in schneller Aufeinanderfolge entgegengesetzt zu laden. Zur Herstellung der alternierenden Ladung, durch welche der Einfluß einer etwa schon ursprünglich auf der zu untersuchenden Kugel vorhandenen Elektricität eliminiert werden sollte, diente eine elektromagnetisch zwischen den Elektroden einer Influenzmaschine oscillierende Stimmgabel, welche bewirkte, daß M und R nach jeder halben Schwingung abwechselnd positiv und gleich stark negativ geladen wurden. — Die Kräfte, welche auf die Kugeln L und P von den wirkenden Kugeln M und R ausgeübt werden, sind den Quadraten der an M und R mitgeteilten Elektricitätsmengen proportional, falls sich außer diesen Elektricitätsmengen nichts verändert, und die sehr kleinen Ablenkungen der Drehwagen h_1 und h_2 sind jenen Kräften proportional. Demnach stellt der Quotient $h_1 : h_2$ die Ablenkung der ersten Drehwage für den Fall dar, daß die an M und R mitgeteilte Elektricität an der zweiten Drehwage die Ablenkung Eins erzeugt. BOLTZMANN nennt $h_1 : h_2$ die reduzierte Anziehung der Kugel L. Waren die reduzierten Anziehungen $h_1 : h_2 = h$ und $h'_1 : h'_2 = h'$ für eine ursprünglich unelektrische, dielektrische Kugel L und die ihr entsprechende, mit Stanniol bekleidete, ursprünglich ebenfalls unelektrische, leitende Kugel L' bestimmt, so lieferte der Quotient $h' : h$ die gesuchte, zur Berechnung der Dielektricitätskonstante erforderliche Zahl.

Nach dieser Methode ermittelte BOLTZMANN 1874, daß *die rhombische Modifikation des* **Schwefels** *ein ausgezeichneter Isolator* ist. Die Dauer der Einwirkung der elektrischen Kraft war ohne Einfluß auf die Stärke der Anziehung. Ob die wirkende Metallkugel M während eines ganzen, über eine Minute in Anspruch nehmenden Versuches dauernd positiv oder dauernd negativ oder endlich abwechselnd $^1/_{200}$ Sekunde positiv, darauf $^1/_{200}$ Sekunde negativ, dann wieder $^1/_{200}$ Sekunde positiv u. s. w. geladen wurde, sobald nur die Mengen der positiven und der negativen Elektricität bei der dauernden und der alternierenden Ladung jedesmal übereinstimmten, wurde eine Schwefelkugel L auch jedesmal genau gleich stark von der Kugel M angezogen. Hieraus folgt, *daß die Anziehung nur von einer in äußerst kurzer Zeit sich herstellenden dielektrischen Polarisation der Moleküle herrührt,* nicht aber daher, daß die Kugel L infolge eines geringen Leitungsvermögens durch Influenz geladen wird. Denn in dem letzteren Falle hätte die Anziehung unter dem Einflusse alternierender Ladungen vielmal kleiner sein müssen, als unter der Einwirkung einer dauernden Ladung. Die Werte der Dielektricitätskonstanten in den Richtungen der krystallographischen Symmetrieaxen a, b, c (Fig. 560) sind:

$$\varepsilon_a = 3{,}811, \qquad \varepsilon_b = 3{,}970, \qquad \varepsilon_c = 4{,}773.$$

Eine Modifikation der Boltzmann'schen Methode wurde von CH. BOREL[1] an einer Reihe von rhombischen und monoklinen Krystallen durchgeführt. Die Bifilarwage wurde durch eine unifilare Torsionswage mit einem Quarzfaden ersetzt, und die Anziehung der Kugeln wurde nicht durch die Ablenkung der Wage, sondern durch die zur Erhaltung ihrer Gleichgewichtsstellung erforderliche Torsion des Quarzfadens gemessen. Jede der untersuchten Kugeln wurde auch nach dem Verfahren von ROOT auf ihre Einstellung in dem gleichförmigen Felde eines Plattenkondensators geprüft. Auf beiden Wegen ergab sich stets dieselbe Anordnung der dielektrischen Hauptaxen. Die Ergebnisse sind in der folgenden Tabelle zusammengestellt.

---

[1] CH. BOREL, Arch. sc. phys. et nat. (3) **30**, 131; 1893.

Rhombische Krystalle.

Schwefel . . .	$\varepsilon_a = 3{,}65$	$\varepsilon_b = 3{,}85$	$\varepsilon_c = 4{,}66$
K_2SO_4	5,68	6,09	4,48
$MgSO_4.7H_2O$ . .	8,28	5,26	6,05
$KNaC_4H_4O_6.4H_2O$	8,89	6,92	6,70
Citronensäure .	4,25	3,28	4,71.

Monokline Krystalle. Die dielektrischen Hauptaxen sind bezeichnet mit $\mathfrak{X}_1$, $\mathfrak{X}_2$, $\mathfrak{X}_3$, die Hauptdielektricitätskonstanten mit $\varepsilon_1 < \varepsilon_2 < \varepsilon_3$. $\mathfrak{N}$ bedeutet die Normale auf die Basis 001.

$\overset{I}{R}_2\overset{II}{R}(SO_4)_2.6H_2O$	Hauptdielektricitätskonstanten			Symmetrie-axe *b*	Orientierung der dielektrischen Hauptaxen in 010.
	ε_1	ε_2	ε_3		
$(NH_4)_2Mg$	6,10	7,06	8,54	$\mathfrak{X}_1$	$\mathfrak{N}\,\mathfrak{X}_3 = 44^0$ nach vorn
— Mn	4,61	5,91	6,83	$\mathfrak{X}_1$	$\mathfrak{N}\,\mathfrak{X}_2 = 9^0$ nach vorn
— Ni	5,08	5,37	6,88	$\mathfrak{X}_3$	$\mathfrak{N}\,\mathfrak{X}_1 = 6^0$ nach hinten
— Co	5,58	5,78	6,13	$\mathfrak{X}_3$	$\mathfrak{N}\,\mathfrak{X}_1 = 25^0$ nach vorn
— Zn	5,35	6,62	7,56	$\mathfrak{X}_1$	$\mathfrak{N}\,\mathfrak{X}_3 = 9^0$ nach hinten
K_2 Ni	5,52	6,37	7,06	$\mathfrak{X}_1$	$\mathfrak{N}\,\mathfrak{X}_2 = 0^0$
— Co	8,46	9,35	10,71	$\mathfrak{X}_1$	$\mathfrak{N}\,\mathfrak{X}_3 = 0^0$
— Zn	—	6,05	—	$\mathfrak{X}_3$	$\mathfrak{N}\,\mathfrak{X}_1 = 7^0$ nach vorn.

Wir werden auf diese Resultate in der Darstellung der optischen Eigenschaften rhombischer und monokliner Krystalle noch genauer eingehen.

Ermittelung von Dielektricitätskonstanten durch Vergleichung von Kapazitäten. — Eine planparallele Platte aus einem dielektrisch *isotropen* Körper, deren Dicke *d* gering ist gegenüber den beiden anderen Dimensionen, sei durch Versilberung oder ein anderes geeignetes Verfahren mit leitenden Belegungen *A, B* versehen, die an den Rändern der Platte voneinander isoliert sind. Die Belegung *A* dieses Kondensators werde mit der Erde leitend verbunden, also auf dem Potential Null gehalten. Die Belegung *B* werde plötzlich mit dem positiven Pole einer Säule von einigen Daniellschen Elementen, deren negativer Pol ebenfalls zur Erde abgeleitet ist, in leitende Verbindung gesetzt und dadurch auf ein konstantes Potential *V* gebracht. In dem Momente, wo diese letztere Verbindung hergestellt wird, findet in unmeßbar kurzer Zeit eine dielektrische Polarisation der Platte statt. Die Flächen gleichen Potentials sind parallel zu den Belegungen und die Richtung der Polarisation fällt mit der Plattennormale, der Richtung des stärksten Potentialgefälles, zusammen. Bedeuten *S* die Größe der Belegungen *A, B*, $\pm e$ die Gesamtladung, $\pm \eta = e/S$ die Ladungsdichte, ε die Dielektricitätskonstante des Körpers, *C* die Kapazität des Kondensators, so ist:

$$\eta = \frac{\varepsilon V}{4\pi d}, \qquad C = \frac{\varepsilon S}{4\pi d}.$$

Zur Messung der Dielektricitätskonstanten von Platten, deren Dicke 2—3 mm oder auch nur Bruchteile eines Millimeters betrug, hat J. Curie 1888 folgendes Verfahren eingeschlagen. Zunächst wurde der störende Einfluß der Plattenränder durch ein von W. Thomson angegebenes Hilfsmittel beseitigt. Auf der Fläche A wurde mit einer Nadelspitze ein Kreis eingerissen und auf solche Weise ein centrales Gebiet A', dessen Flächeninhalt mit s bezeichnet sei, von der als Schutzring dienenden Umgebung getrennt. Der mit der Erde dauernd verbundene Schutzring bewirkt, daß ein gleichförmiges elektrisches Feld entsteht und daß A' von einer Fortführung der Elektricität durch Oberflächenleitung in einer nicht vollkommen trockenen Atmosphäre bewahrt bleibt. Die Verbindung der Belegung A' mit der Erde konnte hergestellt oder unterbrochen werden. Dagegen blieb A' dauernd verbunden mit einem Quadrantenpaar eines aperiodischen Elektrometers. Dasselbe Paar stand in Verbindung mit einem piëzoelektrischen Quarz, der durch eine Änderung seiner Belastung eine dieser Änderung proportionale Elektricitätsmenge entwickelte.

Es seien nun der Schutzring und die centrale Belegung A' zur Erde abgeleitet. B werde in der vorhin angegebenen Weise durch eine Säule positiv geladen. Dann ladet sich A' negativ mit der Elektricitätsmenge $\eta\, s$. Jetzt werden die Verbindungen der Belegung B mit der Säule und der Belegung A' mit der Erde unterbrochen und die Verbindung von B mit der Erde hergestellt. Dadurch sinkt das Potential von B auf Null, während A' mit der Elektricitätsmenge $-\eta\, s$ geladen bleibt und ein negatives Potential annimmt, das durch einen Ausschlag der Nadel des Elektrometers angezeigt wird. Man kann nun durch eine Änderung P in der Belastung des Quarzes bewirken, daß der Belegung A' die positive Elektricitätsmenge $\eta\, s$ zugeführt wird und die Nadel in ihre Anfangsstellung zurückkehrt. Das Elektrometer wird also hier nur als empfindliches Elektroskop benutzt, und der Versuch besteht im wesentlichen in der Ermittelung des Gewichtes P. In der That bietet P ein Maß für die gesuchte Dielektricitätskonstante dar, wenn jetzt ein analoger Versuch mit einem Luftkondensator angestellt wird, wobei das Potential der Belegung B_0 dieses Kondensators wieder den Wert V besitzt. Bezeichnet man nämlich mit d_0 die Dicke der Luftschicht, mit s_0 den Flächeninhalt der centralen Belegung A'_0, mit ε_0 die Dielektricitätskonstante der Luft und mit P_0 die Änderung in der Belastung des Quarzes, so ist:

$$\varepsilon = \frac{4\pi\eta d}{V}, \qquad \varepsilon_0 = \frac{4\pi\eta_0 d_0}{V}, \qquad P : P_0 = \eta\, s : \eta_0\, s_0,$$

folglich:

$$\frac{\varepsilon}{\varepsilon_0} = \frac{\eta\, d}{\eta_0 d_0} = \frac{P\, d\, s_0}{P_0\, d_0\, s}.$$

Die Bestimmung von ε ist also zurückgeführt auf die Messung der Verhältnisse zweier Gewichte, zweier Dicken und zweier Flächen.

Stellt man mit einer Platte aus einem dielektrisch *anisotropen* Krystall einen Schutzringkondensator her, so ist wieder die Plattennormale $\mathfrak{x}$ die Richtung des stärksten Potentialgefälles; aber die Richtung der dielektrischen Polarisation fällt nur dann mit der Plattennormale zusammen, wenn diese zu einer Hauptaxe der Polarisation $\mathfrak{X}_1$, $\mathfrak{X}_2$, $\mathfrak{X}_3$ parallel liegt. Bezeichnet man die Hauptdielektricitätskonstanten mit ε_1, ε_2, ε_3, so ist die Ladungsdichte:

$$\eta = \frac{\varepsilon_\xi V}{4\pi d},$$

worin:

$$\varepsilon_\xi = \varepsilon_1 \cos^2 \xi \mathfrak{X}_1 + \varepsilon_2 \cos^2 \xi \mathfrak{X}_2 + \varepsilon_3 \cos^2 \xi \mathfrak{X}_3.$$

Man gelangt zu diesem Ausdruck für die normale Dielektricitätskonstante ε_ξ auf einem Wege, welcher der Ableitung der normalen Wärmeleitungsfähigkeit (S. 207) analog ist. Den Vektorgrößen Temperaturgefäll und Wärmeströmung entsprechen hier die resultierende elektrische Kraft und die elektrische Induktion.

Die folgenden Hauptdielektricitätskonstanten wurden von J. Curie bei einer Ladungsdauer von $^1/_{10}$ bis 1 Sekunde gemessen.

A. *Isotrope Krystalle.*

Flußspat . . .	ε = 6,80
Steinsalz . . .	5,85
Alaun	6,36.

B. *Anisotrope Krystalle mit einer Axe der Isotropie.* ε_γ und ε_α bedeuten die Hauptdielektricitätskonstanten in der Richtung dieser Axe und in den dazu senkrechten Richtungen.

Beryll . . .	ε_γ = 6,24	ε_α = 7,58
Kalkspat . .	8,02	8,48
Turmalin . .	6,05	7,10
Quarz . . .	4,55	4,49.

C. *Anisotrope Krystalle ohne Axe der Isotropie.*

Topas . .	ε = 6,56	in der Richtung der Vertikalaxe.
Gyps . .	6,33	in der Richtung der Symmetrieaxe.
Muscovit .	4,6	in der Richtung der Symmetrieaxe.

Leitungsfähigkeit dielektrischer Krystalle. — Außer den Dielektricitätskonstanten hat J. Curie auch die Leitungsfähigkeiten der soeben genannten krystallisierten Körper gemessen. Während die Dielektricitätskonstanten sich relativ wenig mit der krystallographischen Richtung ändern und in verschiedenen Krystallen derselben Substanz sehr nahe übereinstimmende Werte besitzen, zeigen die Leitungsfähigkeiten nicht nur nach verschiedenen Richtungen, sondern auch in verschiedenen Individuen desselben Körpers große Unterschiede. Es besteht eine unverkennbare Abhängigkeit der Leitungsfähigkeit von Flüssigkeitseinschlüssen. In allen

Fällen, wo solche Einschlüsse unter dem Mikroskop wahrgenommen werden konnten, ergab sich auch eine beträchtliche Leitungsfähigkeit, die beim Austrocknen abnahm, um sofort wiederzukehren, wenn die Aufnahme von Wasser gestattet wurde.

Besonders eingehend wurde Quarz untersucht. Die Hauptdielektricitätskonstanten $\varepsilon_\gamma = 4{,}55$ und $\varepsilon_\alpha = 4{,}49$ unterscheiden sich nur um $^1/_{100}$ ihrer Werte voneinander, während die Leitungsfähigkeit in der Richtung der Axe der Isotropie 1000 bis 10000 mal so groß ist als in den dazu senkrechten Richtungen, nach denen der Quarz bei gewöhnlicher Temperatur ein vorzüglicher Isolator ist. Die Leitungsfähigkeiten variieren in verschiedenen Krystallen und wachsen, wenn die Temperatur steigt. Erhitzt man eine basische Quarzplatte auf 200°, so findet man nach dem Abkühlen ihre Leitungsfähigkeit vermindert. Nach einer Erhitzung auf Weißglut ist die Platte nicht mehr leitend. Dagegen ändern sich die Werte der Dielektricitätskonstanten auch durch längere Erhitzung nicht.

E. Warburg und F. Tegetmeier fanden 1887, daß eine basische Quarzplatte, deren Flächen durch Belegungen von Gold oder Graphit leitend gemacht sind, unter längerer Einwirkung einer nach der Axe der Isotropie γ gerichteten großen elektromotorischen Kraft bei etwa 230° eine permanente Veränderung erleidet, indem sie das elektrische Leitungsvermögen, welches sie im frischen Zustande besitzt, bis auf einen sehr kleinen Teil einbüßt. In den zu γ senkrechten Richtungen α erwies sich Quarz auch bei höherer Temperatur als ausgezeichneter Isolator. Die permanente Veränderung betrifft das Innere des Quarz, sie ist aber nicht mit Veränderungen des optischen und pyroëlektrischen Verhaltens verknüpft. Ihre nähere Untersuchung hat ergeben, *daß Quarz in der Richtung der Axe γ bei höherer Temperatur elektrolytisch leitet,* ungefähr so gut, wie gewöhnliche Gläser, und daß bei der Elektrolyse einer basischen Platte, wenn Natriumamalgam die Anode bildet, Natrium nach Maßgabe des Faraday'schen Gesetzes durch die Platte hindurchwandert, während das Gewicht der Platte ungeändert bleibt. Es scheint hieraus zu folgen, daß der Quarz Natrium oder ein durch Natrium ersetzbares Metall enthält; wahrscheinlich ist Natrium als Na_2SiO_3 vorhanden und dieses im Quarz ähnlich verbreitet, wie ein Salz in seinem Lösungsmittel.

---

7. Optische Eigenschaften.

Einteilung der Krystalle nach der Symmetrie der optischen Eigenschaften. — Die Untersuchung der optischen Eigenschaften der Krystalle ist von hervorragendem theoretischen Interesse und von großer praktischer Bedeutung, da an einem durchsichtigen Krystall in der weit überwiegenden

Mehrzahl der Fälle sehr leicht die Klasse festgestellt werden kann, in welche dieser Krystall nach seiner optischen Symmetrie gehört. Erfahrungsgemäß ordnen sich die 32 Gruppen krystallisierter Körper nach der Symmetrie ihrer optischen Eigenschaften in **sieben** Klassen.

A. *Optisch isotrope Krystalle.* In jedem homogenen Krystall des regulären Systems sind alle Richtungen in optischer Beziehung gleichberechtigt.

I. Die Mehrzahl der bekannten regulären Körper ist gleichzeitig *einfach brechend;* für optische Vorgänge ist in einem solchen Körper jede Gerade eine Axe der Isotropie und jede Ebene eine Symmetrieebene.

II. Eine geringere Zahl regulär krystallisierender Körper ist *doppelbrechend* und zeigt ein *optisches Drehungsvermögen;* noch ist jede Gerade eine Axe der Isotropie, aber Symmetrieebenen sind nicht vorhanden.

B. *Optisch anisotrope Krystalle mit einer Axe der Isotropie.* In jedem Krystall des hexagonalen oder des tetragonalen Systems sind die gegen die krystallographische Vertikalaxe γ unter demselben Winkel geneigten Richtungen optisch gleichberechtigt, so daß γ eine Axe der Isotropie ist; jede auf γ senkrecht stehende Gerade ist eine 2-zählige Symmetrieaxe. Eine Trennung der beiden Systeme kann auf optischem Wege nicht durchgeführt werden. Wohl aber lassen sich in jedem Systeme wieder zwei Klassen unterscheiden.

III. Jede durch die Axe der Isotropie hindurchgehende Ebene und die auf dieser Axe senkrechte Ebene sind Symmetrieebenen.

IV. Es ist keine Symmetrieebene vorhanden. Die Richtung der Axe der Isotropie ist durch ein optisches Drehungsvermögen ausgezeichnet.

C. *Optisch anisotrope Krystalle ohne Axe der Isotropie.*

V. Die Krystalle des rhombischen Systems besitzen bei optischen Vorgängen stets drei aufeinander senkrechte Symmetrieebenen, deren Schnittgeraden 2-zählige Symmetrieaxen sind.

VI. Für monokline Krystalle ist eine Symmetrieebene und eine zu ihr senkrechte 2-zählige Symmetrieaxe charakteristisch.

VII. In einem triklinen Krystall existiert weder eine Symmetrieebene noch eine Symmetrieaxe.

Bevor wir in eine systematische Darstellung der Krystalloptik nach dieser Anordnung eintreten, sollen die für unsere Zwecke in Betracht kommenden Untersuchungsmethoden erläutert werden.

Strahlenflächen. — Von einem leuchtenden Körper, der von einem homogenen optisch isotropen Körper umgeben ist, verbreitet sich Lichtenergie nach allen Richtungen mit konstanter Fortpflanzungsgeschwindigkeit.

In einem anisotropen Körper ändert sich im allgemeinen die Fortpflanzungsgeschwindigkeit mit der Orientierung der Fortpflanzungsrichtung. Wie aber auch der Körper, der die Lichtenergie hindurchläßt, beschaffen sein mag, immer nennt man eine Richtung, nach der sich Lichtenergie verbreitet, einen Lichtstrahl. Daher bezeichnet man die Lichtenergie auch als strahlende Energie. Nach der von Chr. Huygens begründeten Undulationstheorie des Lichtes, die auch der Krystalloptik außerordentliche Dienste geleistet hat, soll die strahlende Energie dadurch entstehen, daß der leuchtende Körper einem im Raume vorhandenen unwägbaren elastischen Stoffe, dem Äther, mechanische Energie mitteilt und seine Teilchen in einen periodischen Schwingungszustand um ihre Ruhelagen versetzt. Dadurch entstehen Lichtwellen, deren Schwingungsdauer und Fortpflanzungsgeschwindigkeit gemessen werden kann. Betrachten wir die fortschreitende Welle, die in einem homogenen Körper durch eine einmalige Erschütterung eines Leuchtpunktes O erzeugt wird. Die Punkte, die nach Verlauf der Zeit T von der Bewegung ergriffen werden, erfüllen eine geschlossene Oberfläche, welche die jener Zeit T entsprechende Strahlenfläche genannt wird. Kennt man die Gestalt der Strahlenfläche für irgend eine Zeit, z. B. für die Zeiteinheit, so ist auch die jeder anderen Zeit entsprechende Strahlenfläche gegeben; denn alle diese Flächen sind ähnlich und ähnlich gelegen in Bezug auf den Leuchtpunkt. Huygens erkannte, daß die optischen Probleme, in denen es sich um die Bestimmung der Fortpflanzungsrichtungen der Lichtenergie im Inneren und an den Grenzflächen homogener Körper handelt, gelöst werden können, wenn für jeden einzelnen Körper die Gestalt seiner Strahlenfläche bekannt ist. Daher steht unter den Aufgaben der Krystalloptik in erster Linie die Ermittelung der Strahlenflächen der Krystalle.

Einhüllende Wellen. — Die geradlinige Fortpflanzung des Lichtes und die geometrischen Gesetze der Spiegelung und Brechung an den Grenzen homogener vollkommen durchsichtiger Körper lassen sich zurückführen auf das Huygens'sche Prinzip der einhüllenden Wellen und das Fresnel'sche Prinzip der Interferenzen. Wir betrachten zunächst einen unbegrenzten homogenen Körper, in welchem die Fortpflanzungsgeschwindigkeit für Licht von bestimmter Schwingungsdauer konstant ist. Eine einmalige Erschütterung eines Leuchtpunktes wird eine kugelförmige Welle erzeugen. Zur Zeit T seien die Punkte M der Strahlenfläche Σ_T von der Erschütterung ergriffen. Zu einer späteren Zeit $T + t$ habe die Bewegung die Strahlenfläche Σ_{T+t} erreicht. Alsdann kann, wie Huygens bemerkt hat, diese Fortpflanzung einer Kugelwelle von Σ_T nach Σ_{T+t} auch so beschrieben werden, daß wir den Leuchtpunkt unberücksichtigt lassen und dafür die Kugel Σ_T in gewissem Sinne als leuchtend betrachten. Denken wir uns nämlich um jeden Punkt M der Welle Σ_T die Kugel Σ_t beschrieben, auf der eine von M ausgehende selbständige Lichtbewegung nach

Verlauf der Zeit t angelangt sein würde, so wird die Gesamtheit dieser Kugeln auf der dem Leuchtpunkt O abgewendeten Seite eingehüllt von der Welle Σ_{T+t} (Fig. 570). FRESNEL hat gezeigt, daß die von den Punkten M ausgehenden Lichtbewegungen sich an allen Stellen, die nicht der einhüllenden Fläche Σ_{T+t} angehören, durch Interferenz zerstören müssen. Wir dürfen also in der That die Welle Σ_T als eine nach der ursprünglichen Fortpflanzungsrichtung hin leuchtende Fläche ansehen. Die Richtung des Lichtstrahles, der durch irgend einen Punkt S von Σ_{T+t} hindurchgeht, findet man, indem man S mit dem Mittelpunkte M derjenigen Kugel Σ_t verbindet, welche Σ_{T+t} in S berührt.

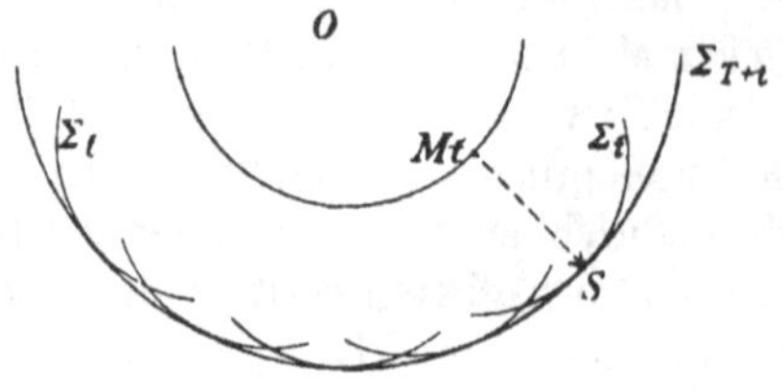

Fig. 570. Einhüllende Welle.

Die Prinzipien der einhüllenden Wellen und der Interferenzen gelten aber nicht nur für Strahlenflächen, sondern für irgend welche Oberflächen, deren Punkte gleichzeitig von einer Lichtbewegung ergriffen werden. Derartige Wellen können durch Spiegelung oder Brechung aus Strahlenflächen hervorgehen. Von besonderer Bedeutung ist der einfachste Fall, in welchem es sich um ebene Wellen, also um Bündel von untereinander parallelen Strahlen handelt (Fig. 571). Eine ebene Welle wird z. B. erzeugt durch einen Leuchtpunkt O, der sich in der Brennebene einer Sammellinse befindet (Fig. 572).

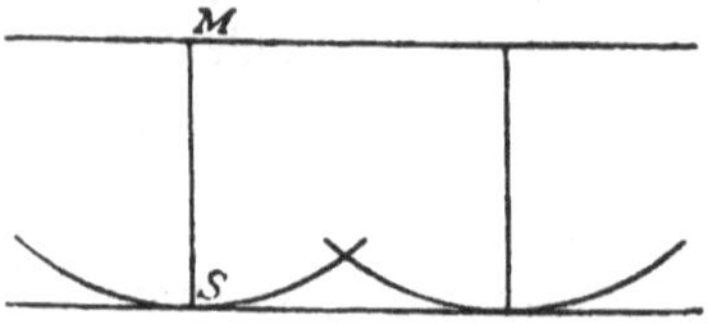

Fig. 571. Ebene Welle in einem isotropen Körper.

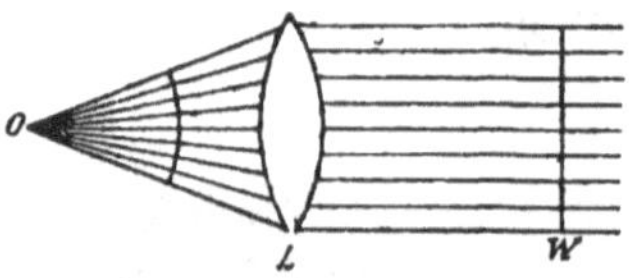

Fig. 572. Erzeugung einer ebenen Welle W.

Nach der von HUYGENS eingeführten Vorstellung über den Strahlungsvorgang lassen sich die Gesetze für die Spiegelung und Brechung ebener Wellen an einer ebenen Grenzfläche zweier homogener einfach brechender Körper in folgender Weise ableiten. Für Licht von bestimmter Schwingungsdauer seien die Strahlenflächen dieser Körper, welche der Zeiteinheit entsprechen, bezeichnet mit Σ^1 und Σ^2. Eine in dem ersten Körper auf die Grenzfläche einfallende Wellenebene habe zur Zeit T die Lage W (Fig. 573). Ihre Schnittgerade mit der Grenzfläche betrachten wir nun als leuchtend in dem soeben erläuterten Sinne. Dann wird die von einem Punkte O dieser Geraden in den ersten Körper zurückkehrende Lichtbewegung nach Verlauf der Zeiteinheit angelangt sein auf der um O als Mittelpunkt beschriebenen Kugel Σ^1. Gleichzeitig wird die in den zweiten Körper eindringende Bewegung die jenseits der Grenzfläche liegende Kugel Σ^2 erreicht haben. Die gespiegelte Welle ist also der Bedingung unterworfen, daß sie die Kugel Σ^1 diesseits der Grenzfläche berührt. Dagegen muß die gebrochene Welle jedenfalls die Kugel Σ^2 jenseits der Grenzfläche berühren. Zur Zeit $T+1$ ist aber die einfallende Welle nach W' fortgeschritten. Demnach wird zu dieser Zeit die Schnittgerade von W' mit der Grenzfläche sowohl der gespiegelten wie der gebrochenen Welle angehören. Legen wir also durch diese Schnittgerade in dem ersten Körper eine Tangentialebene an Σ^1 und in dem zweiten Körper eine Tangentialebene an Σ^2, so ist jene die gespiegelte, diese die gebrochene Welle.

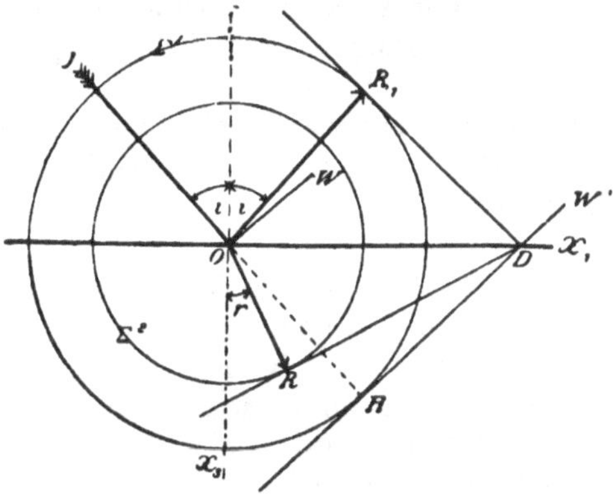

Fig. 573. Spiegelung und Brechung ebener Wellen.

Wird der in O einfallende Strahl JO, der auf W senkrecht steht, über die Grenzfläche hinaus verlängert, so trifft er offenbar die Kugel Σ^1 in demselben Punkte H, in welchem diese Kugel von W' berührt wird. Wir können daher die HUYGENS'sche Konstruktion in folgender Weise ausführen. Um einen beliebigen Punkt O der Grenzfläche beschreiben wir die Strahlenflächen Σ^1 und Σ^2. Darauf verlängern wir den einfallenden Strahl JO bis zum Schnitt mit Σ^1 im Punkte H und legen in H an Σ^1 eine Tangentialebene W'. Durch die Schnittgerade von W' mit der Grenzfläche legen wir die in den ersten Körper fallende Tangentialebene an Σ^1 und die in den zweiten Körper fallende Tangentialebene an Σ^2; jene liefert die Richtung der gespiegelten, diese die Richtung der gebrochenen Welle. Verbinden wir jetzt die Berührungspunkte R_1 und R mit O, so erhalten wir die Richtungen der gespiegelten und der gebrochenen Strahlen. Der einfallende Strahl JO und der reflektierte Strahl OR_1 liegen symmetrisch zum Einfallslot. Der gebrochene Strahl OR liegt in der durch den einfallenden Strahl bestimmten Einfallsebene in demselben Sinne gegen das Einfallslot geneigt wie dieser. Bezeichnen wir die Radien der Kugeln Σ^1 und Σ^2 mit $\mathfrak{v}$ und $\mathfrak{q}$, den Einfallswinkel mit i, den Brechungswinkel mit r und den Punkt, in welchem die Einfallsebene die Schnittgerade der Welle W' und der Grenzfläche trifft, mit D, so ergiebt sich aus den Dreiecken ODH und ODR das Brechungsgesetz:

$$OD = \frac{\mathfrak{v}}{\sin i} = \frac{\mathfrak{q}}{\sin r} \qquad \text{oder} \qquad \frac{\sin i}{\sin r} = \frac{\mathfrak{v}}{\mathfrak{q}}.$$

Das Prinzip der einhüllenden Wellen und die daraus abgeleitete Konstruktion gespiegelter und gebrochener Wellenebenen sind offenbar vollkommen unabhängig von der besonderen Gestalt der Strahlenflächen, die wir bisher benutzt haben. Sie gelten nicht nur für isotrope Körper, sondern ganz allgemein für alle homogenen Körper. Sind die Strahlenflächen dieser Körper, welche die gegenseitige Abhängigkeit von Fortpflanzungsrichtung und Fortpflanzungsgeschwindigkeit angeben, bekannt, so liefert die HUYGENS'sche Konstruktion sofort die geometrischen Gesetze der Spiegelung und Brechung. Umgekehrt werden wir aus Beobachtungen über die Richtungen gespiegelter und gebrochener Wellen auf die Gestalten der Strahlenflächen schließen können.

Die Strahlenfläche des Kalkspats. — Unter diesem Gesichtspunkte hat HUYGENS 1678 im fünften Kapitel seiner „Abhandlung über das Licht" die im Jahre 1669 von ERASMUS BARTHOLIN entdeckten Erscheinungen der Doppelbrechung im Kalkspat untersucht. Mit voller Offenheit hat er hier die zusammenwirkende Reihe von Beobachtungen und Überlegungen mitgeteilt, die ihn schließlich zu der nach ihm benannten Strahlenfläche führten (Fig. 574). Im Kalkspat befolgt einer der beiden aus einem einfallenden Strahle hervorgehenden gebrochenen Strahlen das gewöhnliche Brechungsgesetz; seine Strahlenfläche ist daher eine *Kugel.* Der außerordentliche Strahl zeigt in allen gegen die krystallographische Vertikalaxe γ gleich geneigten Richtungen dasselbe Verhalten. Indem HUYGENS vermutete, das Gesetz der Fortpflanzungsgeschwindigkeit dieses Strahles möchte dem gewöhnlichen Gesetze an Einfachheit zunächst stehen, nahm er an, daß die Abhängigkeit der Fortpflanzungsgeschwindigkeit des außerordentlichen Strahles von der Richtung durch ein *Umdrehungsellipsoid* darzustellen sei, dessen Umdrehungsaxe jene Axe γ ist. Da ferner in der Richtung γ nur eine Strahlengeschwindigkeit zu beobachten ist, so mußte außerdem angenommen werden, daß die Kugel und das Ellipsoid den zu γ parallelen Durchmesser gemein haben. Die Gestalt dieser Strahlenfläche ist also durch zwei Größen gegeben: durch den Radius $\mathfrak{o}$ der Kugel und den Äquatorialradius $\mathfrak{e}$ des Ellipsoids; $\mathfrak{o}$ ist die konstante Fortpflanzungsgeschwindigkeit der ordentlichen Strahlen, $\mathfrak{e}$ ist die Fortpflanzungsgeschwindigkeit der außerordentlichen Strahlen, die zur Axe γ senkrecht stehen. Diese Annahme über die Fortpflanzung des Lichtes im Kalkspat ist später mit dem Fortschritte der

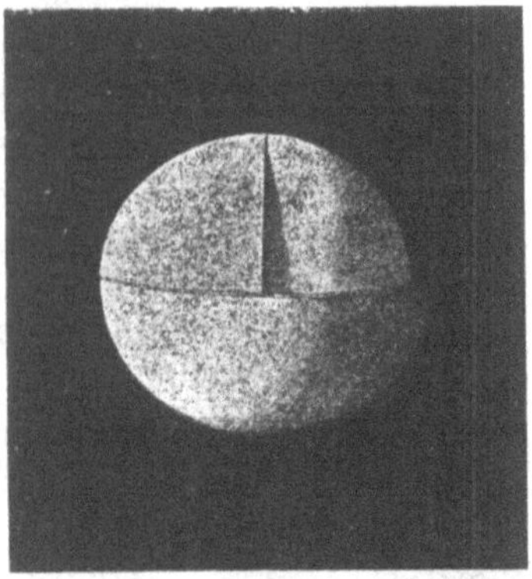

Fig. 574. Strahlenfläche des Kalkspats.

Experimentierkunst nach viel genaueren Methoden als Huygens zur Verfügung standen, geprüft und bestätigt worden, so daß wir sie jetzt als ein durch die Erfahrung sicher begründetes Gesetz anerkennen.

Ersetzen wir nun in der Huygens'schen Konstruktion, Fig. 573, die Kugel Σ^2 durch die Strahlenfläche des Kalkspats, so erhalten wir neben einer reflektierten Welle im allgemeinen zwei gebrochene Wellen. Als Beispiel wählen wir den senkrechten Einfall einer ebenen Welle aus Luft auf die untere Grenzebene 𝔊 einer Spaltungsplatte von Kalkspat (Fig. 575).

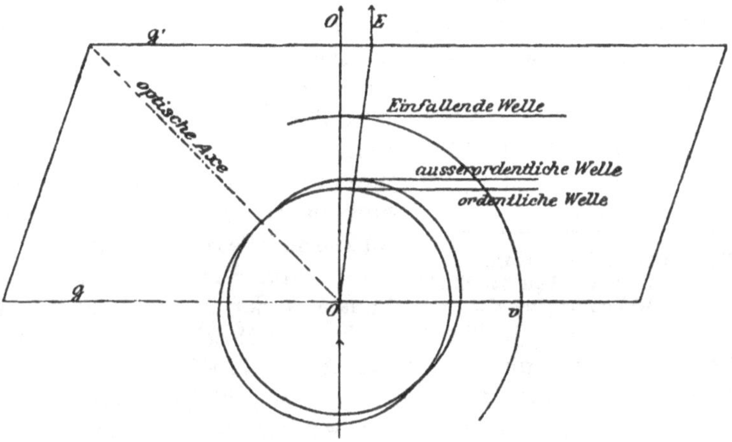

Fig. 575. Doppelbrechung durch eine Spaltungsplatte von Kalkspat.

Wir müssen jetzt jeden Punkt *O* der Grenzebene im Sinne des Huygens'schen Prinzips als leuchtend betrachten. Die um die Punkte *O* als Mittelpunkte beschriebenen Strahlenflächen haben, da sie aus zwei Schalen bestehen, im Inneren der Platte zwei gemeinschaftliche Tangentialebenen. Durch die Tangentialebene der Kugeln ist die gebrochene ordentliche Welle bestimmt. Die Tangentialebene der Ellipsoide liefert uns die gebrochene außerordentliche Welle. Verbinden wir einen Punkt *O* mit den Berührungspunkten dieser Wellen auf der zu demselben Punkte gehörigen Strahlenfläche, so erhalten wir die Richtungen der gebrochenen Strahlen. Wir beachten alsbald, daß der ordentliche Strahl *O O* und die Normale der ordentlichen Welle zusammenfallen, während der außerordentliche Strahl *O E* und die Normale der außerordentlichen Welle verschiedene Richtungen haben. — Fällt eine ebene Welle auf eine basische Endfläche des Kalkspats senkrecht ein, so entsteht, wie aus Fig. 576

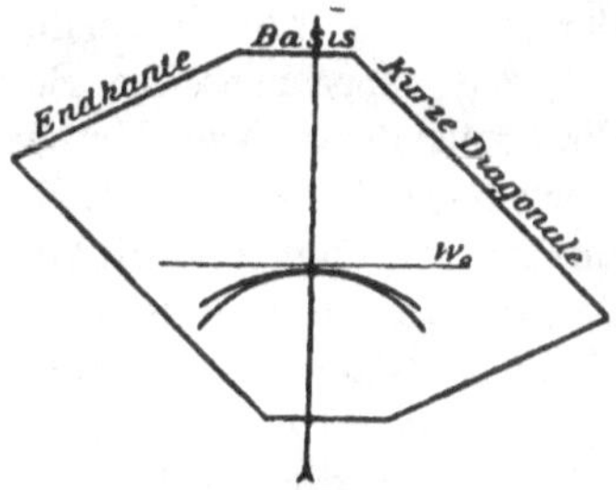

Fig. 576. Einfache Brechung durch eine zur Basis parallele Kalkspatplatte.

hervorgeht, nur eine einzige gebrochene Welle, die sich in der Richtung des gemeinschaftlichen Durchmessers γ der beiden Schalen der Strahlenfläche fortpflanzt.

Unterscheidung von Strahl und Wellennormale. — Die Erscheinungen der Doppelbrechung führen stets auf zweischalige Strahlenflächen. In optisch isotropen Körpern müssen beide Schalen Kugeln sein. Dagegen wird in optisch anisotropen Körpern wenigstens eine der beiden Schalen eine von der Kugel abweichende Gestalt besitzen.

Schreitet in einem homogenen anisotropen Körper eine ebene Welle fort, so ist, wie bei der außerordentlichen Welle im Kalkspat, im allgemeinen wohl zu unterscheiden zwischen Strahlengeschwindigkeit und Wellengeschwindigkeit. Es sei die Lage einer solchen Welle zu einer bestimmten Zeit gegeben. Nach Verlauf der Zeiteinheit wird die Welle fortgeschritten sein bis zur Tangentialebene an korrespondierende Schalen aller Strahlenflächen, die um die Punkte M der Anfangslage als Mittelpunkte beschrieben werden können (Fig. 577). Verbinden wir einen Punkt M mit dem Punkte S, in welchem jene Tangentialebene die zu diesem Punkte M gehörige Schale berührt, so erhalten wir die Strahlenrichtung, in welcher sich die schwingende Bewegung der Welle von einer Lage zur folgenden überträgt. Im allgemeinen wird der Strahl MS nicht mit der Normale MQ der Wellenebene zusammenfallen. Wir müssen demnach unterscheiden zwischen der Fortpflanzungsgeschwindigkeit MS der schwingenden Bewegung in der Strahlenrichtung und der Geschwindigkeit MQ, mit der sich die zugehörige ebene Welle in der Richtung ihrer Normale fortpflanzt.

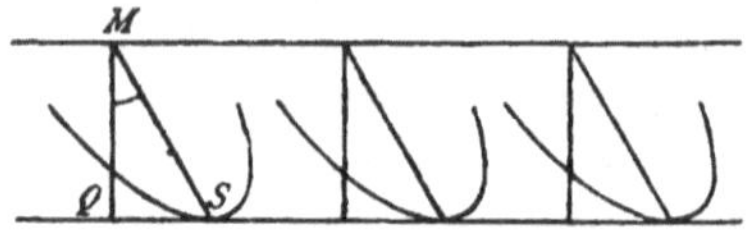

Fig. 577. Ebene Welle in einem anisotropen Körper. Unterscheidung von Strahl MS und Wellennormale MQ.

Zur experimentellen Bestimmung einer Wellenebene ist hiernach nur die Ermittelung ihrer Fortpflanzungsgeschwindigkeit und der Richtung ihrer Normale erforderlich. Soll auch der zugehörige Strahl vollständig und unabhängig von der Strahlenfläche ermittelt werden, so muß noch die Angabe von zwei weiteren Elementen hinzutreten: des Winkels zwischen Wellennormale und Strahl und der Orientierung der Verbindungsebene dieser beiden Geraden.

Führen wir die Huygens'sche Konstruktion (Fig. 573) für irgend zwei homogene Körper mit beliebig gestalteten Strahlenflächen aus, so ist ersichtlich, daß die aus einer einfallenden Wellenebene W hervorgehenden gespiegelten und gebrochenen Wellen stets durch die Schnittgerade der Welle W' mit der Grenzebene hindurchgehen müssen. *Folglich liegen die Normalen der gespiegelten und der gebrochenen Wellenebenen stets in der Einfallsebene. Und diese Normalen sind dem Sinusgesetz unterworfen,* d. h. der Quotient aus der Fortpflanzungsgeschwindigkeit jeder einzelnen Welle und dem Sinus des Winkels, den die Normalen der Welle und der Grenzebene einschließen, besitzt einen konstanten Wert. Hieraus ist ersichtlich, daß die Richtung einer ebenen Welle nach irgend einer Zahl von Spiegelungen und Brechungen an ebenen Grenzflächen homogener Körper nur abhängt von den Fortpflanzungsgeschwindigkeiten in den Richtungen der Normalen, welche diese Welle bei dem Durchgange durch jene Körper besitzt; sie bleibt dagegen unabhängig von den Elementen, welche die zugehörigen Strahlen bestimmen. Diese Bemerkung ist von großer Bedeutung für die Untersuchungsmethoden der Krystalloptik.

In einem anisotropen Körper gehören zu einer Strahlenrichtung OS, in der sich der schnellere Strahl OS' und der langsamere Strahl OS'' fort-

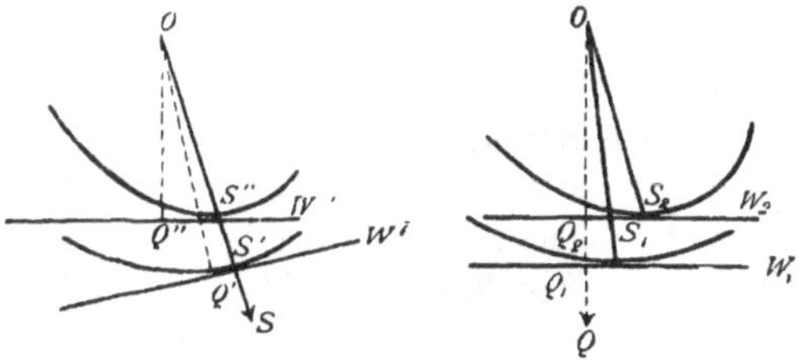

Fig. 578—579. **Zusammengehörige Richtungen von Strahlen und Wellennormalen.**

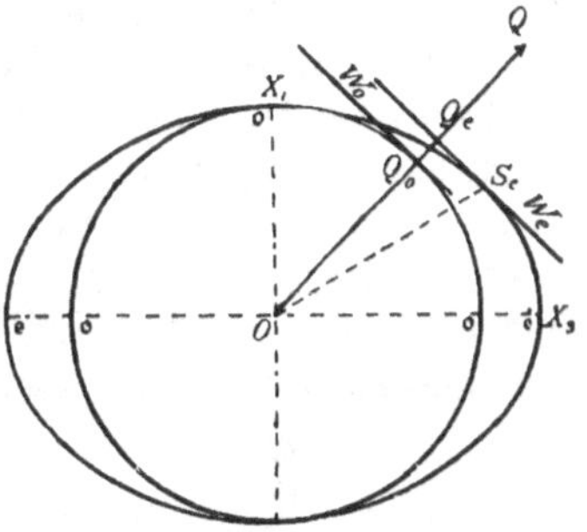

Fig. 580. **Strahlenfläche des Kalkspats.**

pflanzen können, im allgemeinen zwei einander nicht parallele Wellenebenen W' und W'', deren Normalen OQ' und OQ'' nicht mit OS in einer Ebene liegen (Fig. 578). Andererseits gehören zu einer Wellennormalenrichtung OQ, in der die schnellere Welle W_1 und die langsamere Welle W_2 fortschreiten können, im allgemeinen zwei verschieden gerichtete Strahlen OS_1 und OS_2, die nicht mit OQ in eine Ebene fallen (Fig. 579). — In besonderen, durch Symmetrieeigenschaften ausgezeichneten Fällen vereinfacht sich diese Anordnung. So ist im Kalkspat (Fig. 580) jeder ordentliche Strahl OS_0 identisch mit der Normale OQ_0 der zugehörigen ordentlichen Welle W_0. Dagegen fällt ein außerordentlicher Strahl OS_e im allgemeinen nicht mit der Normale OQ_e der außerordentlichen Welle W_e zusammen. Da das Ellipsoid der Huygens'schen Strahlenfläche ein Umdrehungsellipsoid ist, so geht die Verbindungsebene von OS_e und OQ_e stets durch die Umdrehungsaxe X_1. In den auf X_1 senkrechten Richtungen X_3 sind auch OS_e und OQ_e nach Größe und Richtung identisch.

Stellen wir uns vor, daß die Punkte S_1 und S_2 in Fig. 579 die um O als Mittelpunkt beschriebene Strahlenfläche durchlaufen, so sind W_1 und W_2 stets Tangentialebenen an diese Fläche. Hierauf beruht die von A. Fresnel eingeführte Auffassung einer Strahlenfläche als Enveloppe aller Wellenebenen, die zu einer bestimmten Zeit den Mittelpunkt O dieser Fläche gemein hatten und sich hierauf während der Zeiteinheit fortgepflanzt haben. Jeder Punkt der Strahlenfläche ist Schnittpunkt der in ihm diese Fläche berührenden Wellenebene mit allen benachbarten Wellenebenen. Hierdurch ist die Bestimmung der Strahlenfläche eines homogenen Körpers zurückgeführt auf die Bestimmung der Fortpflanzungsgeschwindigkeiten ebener Wellen. Auf diese Bemerkung gründen sich die wichtigsten Methoden zur experimentellen Prüfung theoretisch abgeleiteter Gesetze der Doppelbrechung und zur Ermittelung der optischen Konstanten der Krystalle.

Normalenflächen. — Denken wir uns in Fig. 579 auf allen von dem Mittelpunkte O ausgehenden Wellennormalen $O\,Q$ die Fortpflanzungsgeschwindigkeiten $O\,Q_1$ und $O\,Q_2$ der zugehörigen Wellenebenen W_1 und W_2 aufgetragen, so erfüllen die Endpunkte Q_1 und Q_2 die Oberfläche der Wellengeschwindigkeiten oder die *Normalenfläche.* Wir werden sogleich eine Methode zur experimentellen Bestimmung von Normalenflächen kennen lernen. Hier wollen wir nur noch an einem Beispiel die Beziehung zwischen einer Strahlenfläche und der zugehörigen Normalenfläche erläutern. Betrachten wir eine Strahlenfläche, die aus einer Kugel und einem von ihr umschlossenen Umdrehungsellipsoid besteht (Fig. 581). Die Normalen $O\,Q_o$

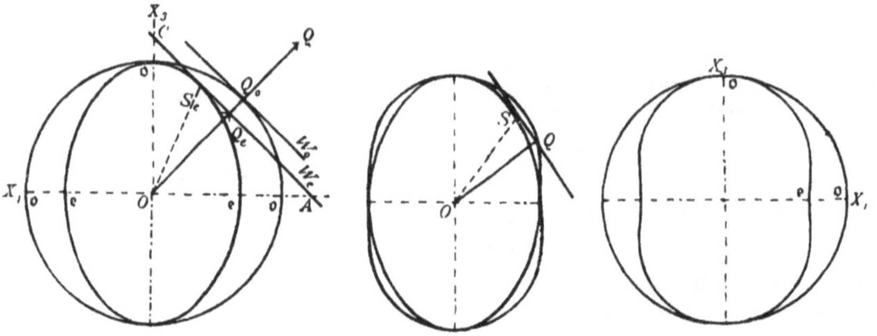

Fig. 581—583. **Beziehung zwischen einer Strahlenfläche und der zugehörigen Normalenfläche.**

der ordentlichen Wellen W_0 bestimmen durch ihre Endpunkte eine Kugel, die mit der Kugel der Strahlenfläche identisch ist. Dagegen erzeugen die Normalen $O\,Q_e$ der außerordentlichen Wellen W_e ein Ovaloid. In der That, durchläuft der Endpunkt S_e eines außerordentlichen Strahles die Ellipse, durch deren Umdrehung das Ellipsoid der Strahlenfläche entsteht, so beschreibt der Fußpunkt Q_e der zugehörigen Wellennormale ein Oval (Fig. 582), durch dessen Umdrehung jenes Ovaloid hervorgeht. Der gegebenen Strahlenfläche entspricht also eine Normalenfläche, die von einer Kugel und einem Umdrehungsovaloid gebildet wird (Fig. 583).

Brechung ebener Wellen durch Prismen. — Ein Prisma mit ebenen Grenzflächen $\mathfrak{G}$, $\mathfrak{G}'$ aus einem homogenen isotropen und einfach brechenden

Körper sei umgeben von einem einfach brechenden Mittel. Die Fortpflanzungsgeschwindigkeiten für Licht von bestimmter Schwingungsdauer in dem Prisma und in seiner Umgebung seien bezeichnet mit 𝔭 und 𝔳. Wir betrachten eine auf die Fläche 𝔊 einfallende Wellenebene, die zur Prismenkante parallel ist. In der durch den Punkt O dieser Kante gelegten Querschnittsebene des Prismas (Fig. 584) sei JO ein einfallender Strahl, der hier gleichzeitig eine Normale der einfallenden Welle ist. Seine Verlängerung schneide die um O als Mittelpunkt beschriebene Kugel mit dem Radius 𝔳 in E. Dann hat die Tangentialebene in E die Richtung der einfallenden Welle. Ihre Schnittgerade mit der Verlängerung der Eintrittsfläche 𝔊 werde mit H bezeichnet. Beschreiben wir jetzt um O eine Kugel

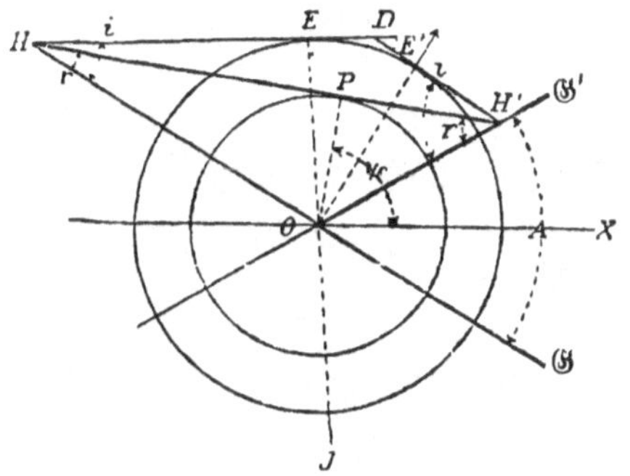

Fig. 584. Brechung einer ebenen Welle durch ein Prisma aus einem isotropen Körper.

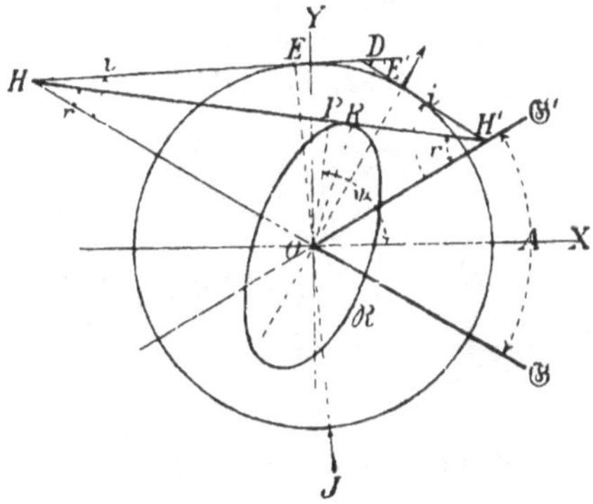

Fig. 585. Brechung einer ebenen Welle durch ein Prisma aus einem anisotropen Körper.

mit dem Radius 𝔭, so ist die gebrochene Welle gegeben durch die jenseits 𝔊 liegende Tangentialebene, die durch H an diese Kugel gelegt werden kann. Sie schneide die Austrittsfläche 𝔊' in H'. Legen wir nun durch H' die jenseits 𝔊' fallende Tangentialebene an die erste Kugel, so erhalten wir die Richtung der austretenden Wellenebene; ihre Normale ist OE', wenn wir mit E' ihren Berührungspunkt auf der Kugel bezeichnen.

Es sollen hinfort bedeuten: A den inneren Prismenwinkel, i die Neigung der einfallenden Welle gegen die Eintrittsfläche, i' die Neigung der austretenden Welle gegen die Austrittsfläche, r und r' die Winkel zwischen der gebrochenen Welle und den Prismenflächen, D die Ablenkung der Welle, ψ den Winkel zwischen der Normale OP der gebrochenen Welle und der Halbierungsgeraden X des Prismenwinkels, $\mathfrak{v}/\mathfrak{p} = n$ den Brechungsindex des Prismas. Dann ist nach dem Brechungsgesetze:

$$(1)\quad \sin i = n \cdot \sin r, \qquad (2)\quad \sin i' = n \cdot \sin r',$$

und aus den Dreiecken OHH', DHH' und OHP folgt:

$$(3)\quad r + r' = A, \qquad (4)\quad i + i' = A + D, \qquad (5)\quad \psi = 90^0 + r - \frac{A}{2}.$$

Die Bedeutung dieser Relationen beruht darauf, daß sie nicht nur für einfachbrechende, sondern auch für irgendwie beschaffene homogene Körper gelten. In der That, denken wir uns die Kugel mit dem Radius $\mathfrak{p}$ durch eine Schale der Strahlenfläche eines anisotropen Körpers ersetzt, so bleibt doch die Konstruktion der gebrochenen und der austretenden Welle dieselbe wie vorher. Ein Unterschied besteht nur darin, daß die Fortpflanzungsgeschwindigkeit OP der gebrochenen Welle im allgemeinen nicht mehr konstant ist, sondern sich mit der Richtung der Wellennormale, also mit dem Winkel ψ ändert. In jedem Falle ist die gebrochene Welle durch zwei Größen vollständig bestimmt: durch den Winkel ψ und durch ihre Fortpflanzungsgeschwindigkeit $OP = \mathfrak{p}$. Diese beiden Größen können berechnet werden, wenn an dem Prisma die Winkel A, D, i mit Hilfe eines Spektrometers gemessen sind. Bilden wir nämlich aus den Relationen 1 und 2 die folgenden Gleichungen:

$$\sin i + \sin i' = n(\sin r + \sin r')$$
$$\sin i - \sin i' = n(\sin r - \sin r')$$

oder:

$$\sin\frac{i+i'}{2}\cos\frac{i-i'}{2} = n\sin\frac{r+r'}{2}\cos\frac{r-r'}{2}$$
$$\sin\frac{i-i'}{2}\cos\frac{i+i'}{2} = n\sin\frac{r-r'}{2}\cos\frac{r+r'}{2},$$

so ergiebt sich durch Elimination von n:

$$\tan\frac{r-r'}{2} = \tan\frac{A}{2}\tan\frac{i-i'}{2}\cot\frac{i+i'}{2}$$

oder, wenn mit Hilfe von 3 und 4 noch i' und r' eliminiert werden:

$$\tan\left(r - \frac{A}{2}\right) = \tan\frac{A}{2}\tan\left(i - \frac{A+D}{2}\right)\cot\frac{A+D}{2}.$$

Diese Beziehung gestattet den nicht meßbaren Winkel r zu berechnen, wenn A, D, i gegeben sind. Darauf folgt der Winkel ψ aus 5 und die Geschwindigkeit $\mathfrak{p}$ aus 1, wenn die Fortpflanzungsgeschwindigkeit $\mathfrak{v}$ in dem äußeren Mittel bekannt ist oder als Einheit gewählt wird.

Haben wir auf diesem Wege unter verschiedenen Einfallswinkeln i die Richtungen und Längen einer Reihe von Wellennormalen OP bestimmt, so kennen wir eine Reihe von Radien der Kurve $\mathfrak{P}$, in welcher die Querschnittsebene des Prismas die um O als Mittelpunkt beschriebene Normalenfläche des Körpers schneidet. *Demnach kann die Schnittkurve $\mathfrak{P}$ der* ***Normalenfläche*** *des Prismas mit der Querschnittsebene desselben experimentell durch eine beliebige Zahl ihrer Punkte P ermittelt werden.*[1]

[1] Der zur Wellennormale OP gehörige Strahl OS liegt im allgemeinen nicht in der Querschnittsebene des Prismas; seine Projektion auf diese Ebene ist in Fig. 585 mit OR bezeichnet. Durchläuft P die Kurve $\mathfrak{P}$, so beschreibt R die in Fig. 585 gezeichnete Kurve $\mathfrak{R}$. Über die experimentelle Bestimmung des Strahles OS vgl. Th. Liebisch, Physikal. Krystallogr. 1891, 377, 399.

Hierauf gründet sich eine von G. G. Stokes vorgeschlagene Methode zur Prüfung der Gesetze der Doppelbrechung. Wir müssen z. B. nach dem Huygens'schen Gesetze für die Fortpflanzung des Lichtes erwarten, daß sich Kalkspatprismen in folgender Weise verhalten. Ein beliebig orientiertes Prisma muß für die Geschwindigkeit der ordentlichen (stärker abgelenkten) Welle einen konstanten Wert $\mathfrak{o}$ ergeben. Ein Prisma, dessen Kante parallel zur Axe γ liegt, wird auch für die Geschwindigkeit der außerordentlichen (schwächer abgelenkten) Welle einen konstanten Wert $\mathfrak{e}$ liefern. Endlich müssen wir an einem Prisma, dessen Kante zur Axe γ senkrecht steht, für die mit der Fortpflanzungsrichtung veränderliche Geschwindigkeit der außerordentlichen Welle Werte erhalten, die den Radien eines Ovals mit den Halbaxen $\mathfrak{o}$ und $\mathfrak{e}$ entsprechen. Diese Folgerungen aus dem Huygens'schen Gesetze sind durch die mit äußerster Sorgfalt ausgeführten Beobachtungen von W. Swan, R. T. Glazebrook und Ch. S. Hastings vollkommen bestätigt worden.

Messung der Winkel D, i, A mit Hilfe eines Spektrometers. — Ein Spektrometer, welches dazu dienen soll, für verschiedene zur Prismenkante parallele Wellenebenen die zugehörigen Eintrittswinkel i und Ablenkungswinkel D zu messen, muß so beschaffen sein, daß der Prismenträger, der Teilkreis und das Beobachtungsfernrohr unabhängig voneinander gedreht und festgestellt werden können. Diesen Anforderungen entspricht das in Fig. 40 dargestellte Reflexionsgoniometer von R. Fuess (Modell II). An dem größeren Goniometer (Fig. 551, Modell I) ist außerdem auch noch das Kollimatorrohr für sich drehbar eingerichtet, so daß auch der Austrittswinkel i' leicht gemessen werden kann. — Es empfiehlt sich den Prismenwinkel A am Beginn oder am Ende der Beobachtungsreihe zu messen, also z. B. folgende Anordnung zu wählen. Teilkreis und Kollimator seien festgeklemmt, Dem centrierten und justierten Prisma werde eine bestimmte Stellung gegeben, durch welche der Einfallswinkel i fixiert ist (Fig. 586). Stellt man jetzt das Beobachtungsfernrohr der Reihe nach ein: auf das abgelenkte Strahlenbündel, auf das direkt vom Kollimator C kommende Bündel und auf das an der Eintrittsfläche reflektierte Bündel, so ist, wenn die Ablesungen am Teilkreise mit F_a, F_s, F_r bezeichnet werden, der Ablenkungswinkel: $D = F_d - F_s$ und der Einfallswinkel: $i = 90^0 - (F_s - F_r)/2$. Wird nun das Fernrohr in der Stellung F_r festgeklemmt, dagegen die Klemmschraube des Teilkreises gelüftet, so kann man den Teilkreis mit dem Prisma drehen, bis das an der Austrittsfläche des Prismas gespiegelte Strahlenbündel C die Richtung F_r angenommen hat. Bezeichnet man die entsprechende Ablesung mit F'_r, so ist der Prismenwinkel: $A = 180^0 - (F'_r - F_r)$.

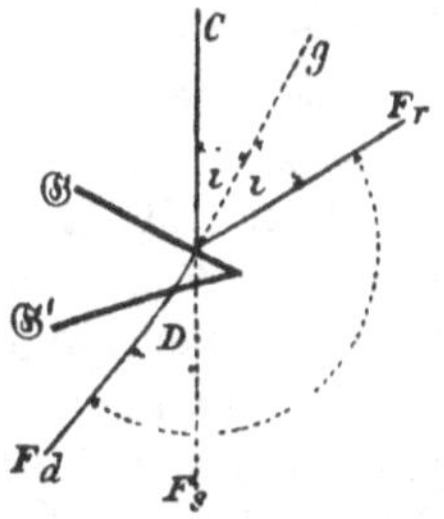

Fig. 586. Messung der Winkel D, i, A.

Dispersion. — Wie die Erfahrung lehrt, ist im leeren Raume die Fortpflanzungsgeschwindigkeit $\mathfrak{u}$ des Lichtes unabhängig von der Farbe, also unabhängig von der Schwingungsdauer; sie beträgt 300 000 km in einer Sekunde. Bezeichnet man die Schwingungsdauer einer bestimmten einfarbigen Lichtart mit T und die Wellenlänge dieser Lichtart im leeren Raume mit λ, so besteht die Beziehung $\lambda = \mathfrak{u}\, T$. Die Wellenlänge nimmt von Rot nach Violett ab; sie beträgt z. B. für die von Fraunhofer mit A (im äußersten Rot) und mit H (im äußersten Violett) bezeichneten Lichtarten 0,000762 und 0,000397 mm. Das Natriumlicht D hat im leeren Raume eine Wellenlänge von 0,000590 mm; daher ist seine Schwingungsdauer $590/300 \cdot 10^{-15}$ Sek. oder ca. $2 \cdot 10^{-15}$ Sek., und die Anzahl der Schwingungen in einer Sekunde oder die Anzahl der Wellenlängen, die auf 300000 km fallen, beträgt $300/590 \cdot 10^{15}$ oder 509 Billionen.

Die wägbaren Körper zeigen eine Abhängigkeit der Fortpflanzungsgeschwindigkeit des Lichtes von der Schwingungsdauer. In der weit überwiegenden Mehrzahl der durchsichtigen Körper nimmt die Fortpflanzungsgeschwindigkeit $\mathfrak{v}$ stetig ab, wenn die Schwingungsdauer abnimmt, also von Rot nach Violett. Gleichzeitig ist die Fortpflanzungsgeschwindigkeit des Lichtes in diesen Körpern kleiner als im leeren Raume ($\mathfrak{v} < \mathfrak{u}$). Daher ist auch die Wellenlänge λ' einer Lichtart von der Schwingungsdauer T, welche durch die Beziehung $\lambda' = \mathfrak{v}\, T$ gegeben ist, stets kleiner als die entsprechende Wellenlänge λ im leeren Raume; und zwar ist $\lambda' = \lambda \cdot \mathfrak{v}/\mathfrak{u}$, also gleich dem Produkte aus λ in das Verhältnis der Geschwindigkeiten $\mathfrak{v} : \mathfrak{u}$.

Zur Charakteristik einer einfarbigen Lichtart benutzt man nun in der Regel nicht ihre Schwingungsdauer, sondern ihre Wellenlänge in Luft, da diese Größe direkt gemessen werden kann. In der Luft sind aber die Unterschiede in den Fortpflanzungsgeschwindigkeiten verschiedener Lichtarten so gering, daß sie gewöhnlich ganz vernachlässigt werden dürfen. Bei 0° und 760 mm Druck ist die Fortpflanzungsgeschwindigkeit und daher auch die Wellenlänge in der Luft im Verhältnis von 1 : 1,00029 kleiner als im leeren Raume.

Der optischen Charakteristik eines Körpers legt man gewöhnlich nicht den Wert der Fortpflanzungsgeschwindigkeit $\mathfrak{q}$ zu Grunde, sondern den Betrag des Brechungsindex $n = 1/\mathfrak{q}$, der für den Übergang des Lichtes aus Luft in diesen Körper gilt. Dieser Brechungsindex wird also in der Mehrzahl der durchsichtigen Körper von Rot nach Violett stetig zunehmen. Die hierdurch bedingte Farbenzerstreuung bei der Brechung des weißen Lichtes bezeichnet man als *normale Dispersion.* Um eine Anschauung von der Abhängigkeit des Brechungsindex n von der Wellenlänge λ in Luft zu gewinnen, tragen wir in einem rechtwinkeligen Koordinatensystem als Abscissen die Werte von λ und als Ordinaten die zugehörigen Werte von n auf. Dann erhalten wir die für den betrachteten Körper charakteristische Dispersionskurve. Als Beispiele wählen wir einige krystallisierte Körper, die in so hohem Grade durchsichtig sind, daß ihre Brechungsindices auch für weite Gebiete des Ultrarot und Ultraviolett gemessen werden konnten. Fig. 587 veranschaulicht die Dispersionskurven von drei einfach brechenden krystallisierten Körpern. Die Brechungsindices des Flußspat sind für das sichtbare Spektrum und das Ultraviolett zwischen den Wellenlängen $A = 0{,}000760$ und $Al_{30} = 0{,}000198$ mm von Ed. Sarasin, für das Ultrarot bis zu 0,00648 und vor kurzem sogar noch bis 0,00895 mm von H. Rubens gemessen worden; gleichzeitig ist F. Paschen bis zur Wellenlänge 0,00943 mm vorgedrungen. Sehr bemerkenswert ist die große Dispersion des Flußspat im Ultrarot gegenüber der schwachen Dispersion, welche Sylvin und Steinsalz in diesem Gebiete zeigen. Inzwischen hat Rubens die in Fig. 587 dargestellten Beobachtungen noch erweitert und Messungen der Brechungsindices am Steinsalz bis zur Wellenlänge 0,00895 mm, am Sylvin bis 0,00723 mm ausgeführt.[1]

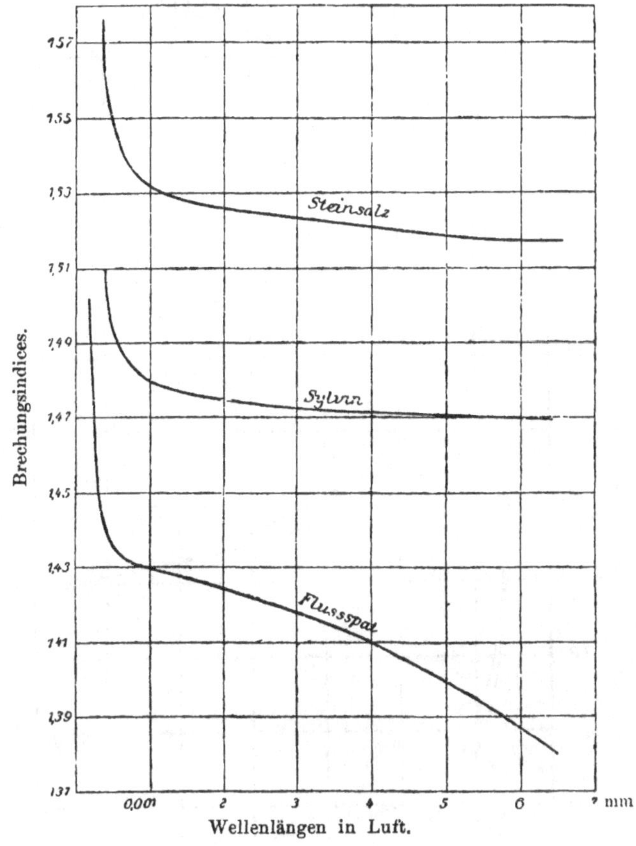

Fig. 587. Dispersionskurven des Flußspat, Sylvin und Steinsalz.

Im Kalkspat ist die Dispersion der ordentlichen Welle konstant; dagegen ändert sich die Dispersion der außerordentlichen Welle mit der Neigung der Fortpflanzungsrichtung gegen die Vertikalaxe. Da indessen die Gestalt der Normalenfläche bei einer bestimmten Temperatur für jede einzelne Lichtart durch die Geschwindigkeit o der ordentlichen Welle und die Hauptlichtgeschwindigkeit e der außerordentlichen Welle vollständig bestimmt ist, so werden zur Charakteristik dieses Körpers auch die beiden Dispersionskurven ausreichen, welche die Abhängigkeit des Brechungsindex der ordentlichen Wellen $\omega = 1/o$ und des Hauptbrechungsindex der außerordentlichen Wellen $\varepsilon = 1/e$ von der Wellenlänge darstellen. Fig. 588 ist nach den Messungen entworfen, die

[1] Ed. Sarasin, Arch. sc. ph. nat. (3) **10**. 303; 1883. H. Rubens, Ann. d. Phys. N. F. **45**, 238; 1892. **51**, 381; **53**, 267; 1894. **54**, 476; 1895. H. Rubens und B. W. Snow, ibid. **46**, 529; 1892. F. Paschen, ibid. **53**, 301, 337; 1894. **54**, 668; 1895.

von Ed. Sarasin im sichtbaren Spektrum und im Ultraviolett von A bis Cd_{26} = 0,000214 mm und von E. Carvallo im Ultrarot bis zur Wellenlänge 0,00215 mm angestellt worden sind.[1]

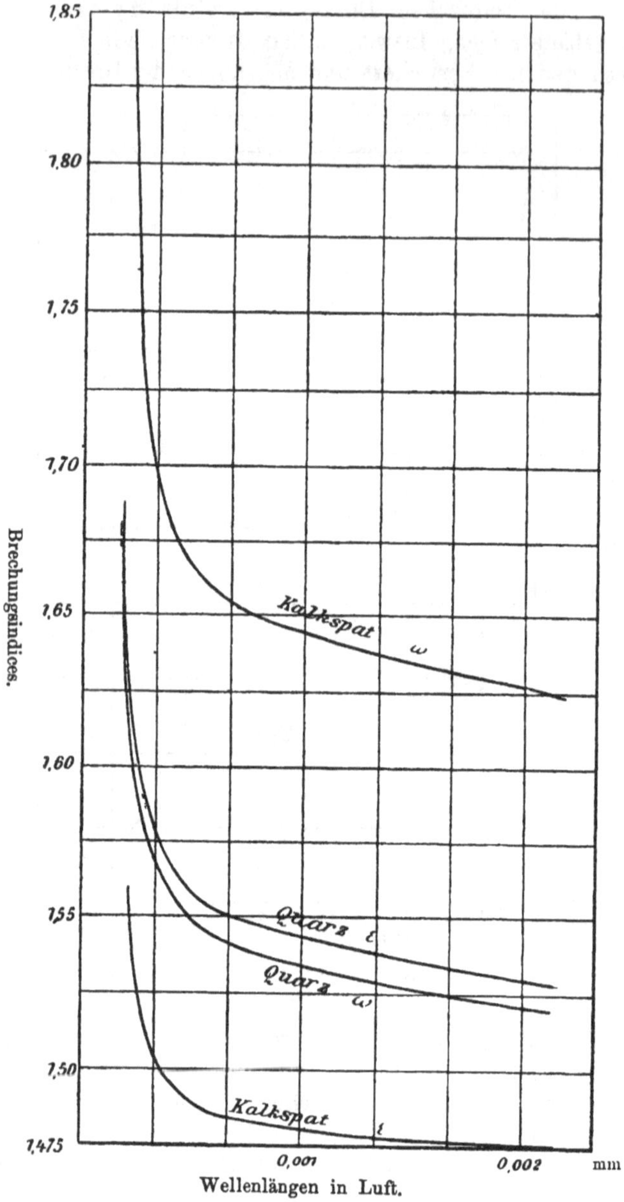

Fig. 588. Dispersionskurven des Kalkspat und Quarz.

Einen abweichenden Verlauf zeigen die Dispersionskurven der Körper, die gewisse Lichtarten viel stärker absorbieren als die übrigen. Läßt man auf eine dünne Schicht eines solchen Körpers weißes Licht senkrecht auffallen, und zerlegt man das austretende Licht spektral, so werden die von dem Körper vorwiegend absorbierten Lichtarten in dem Spektrum ganz fehlen oder doch nur sehr geschwächt auftreten. Benutzt man nun ein Prisma eines solchen Körpers, um ein Spektrum zu entwerfen, so bemerkt man nicht nur dunkle Gebiete zwischen den hindurchgehenden Lichtarten, sondern

[1] Ed. Sarasin, Arch. sc. phys. nat. (3) 8, 392; 1882. E. Carvallo, Ann. sc. école norm. sup. (3) 7, Suppl. 1890.

auch eine *anormale Dispersion* dieses Lichtes. Es zeigt z. B. eine dünne Schicht einer konzentrierten Lösung von Fuchsin in Alkohol einen Absorptionsstreifen im Grün; und ein spitzwinkeliges Glasprisma, in welchem sich ein Tropfen der Lösung längs der Kante kapillar ausgebreitet hat, liefert, wie C. Christiansen 1870 entdeckte, ein Spektrum, in dem nicht nur das Grün fehlt, sondern auch das Blau weniger abgelenkt ist als das Rot. Fig. 589 stellt den Verlauf der Dispersionskurve des Fuchsin nach den Messungen von Wernicke dar. Es ist ersichtlich, daß auf der Seite des Absorptionsstreifens, wo die Wellenlängen kleiner sind als die Wellenlänge des am stärksten absorbierten grünen Lichtes, auch der Brechungsindex kleiner ist als in dem gegenüberliegenden Gebiete mit größeren Wellenlängen. Dieses Verhalten wiederholt sich bei einem Körper, der mehrere Absorptionsstreifen aufweist, in der Nähe eines jeden Streifens.

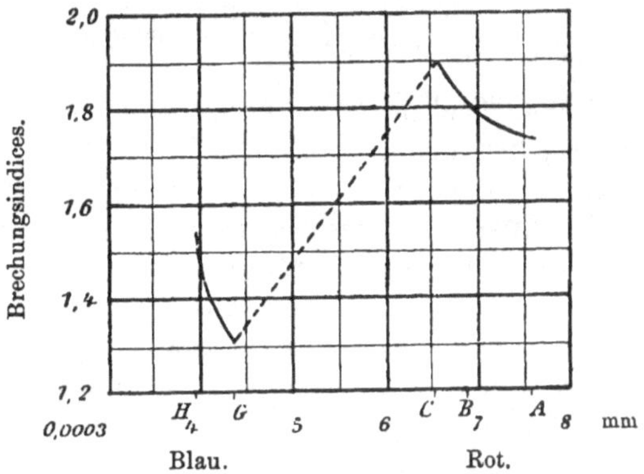

Fig. 589. Dispersionskurve des Fuchsin.

In durchsichtigen Körpern mit normaler Dispersion können Absorptionsgebiete nur weit entfernt von dem sichtbaren Spektrum im Ultrarot und Ultraviolett auftreten. Alsdann läßt sich die Abhängigkeit des Brechungsindex n von der Wellenlänge λ befriedigend darstellen durch die Briot'sche Dispersionsformel mit vier Konstanten a, b, c, d:

$$n^2 = -a\lambda^2 + b + \frac{c}{\lambda^2} + \frac{d}{\lambda^4}. \tag{1}$$

Befindet sich dagegen je ein Absorptionsstreifen im Ultrarot und im Ultraviolett, so wird, wenn die stärkste Absorption den Wellenlängen λ_r und λ_v entspricht, die Dispersion dargestellt durch folgende Formel mit fünf Konstanten m, m_r, m_v, λ_r, λ_v:

$$n^2 = m + \frac{m_r}{\lambda^2 - \lambda_r^2} + \frac{m_v}{\lambda^2 - \lambda_v^2} \tag{2}$$

oder:

$$n^2 = m - \frac{m_r}{\lambda_r^2} \cdot \frac{1}{1 - \frac{\lambda^2}{\lambda_r^2}} + \frac{m_v}{\lambda^2} \cdot \frac{1}{1 - \frac{\lambda_v^2}{\lambda^2}}.$$

Berücksichtigt man, daß $\lambda_r > \lambda > \lambda_v$ ist, also λ/λ_r und λ_v/λ kleiner als Eins sind, so kann man die beiden letzten Glieder in Reihen entwickeln:

$$n^2 = m - \frac{m_r}{\lambda_r^2}\left(1 + \frac{\lambda^2}{\lambda_r^2} + \ldots\right) + \frac{m_v}{\lambda^2}\left(1 + \frac{\lambda_v^2}{\lambda^2} + \ldots\right).$$

Liegen nun die Absorptionsstreifen sehr weit außerhalb des sichtbaren Spektrums, so ist die Wellenlänge λ_r so groß und die Wellenlänge λ_v so klein, daß die Entwickelung nach den hier angegebenen Gliedern abgebrochen werden kann. Dann ist aber die vorstehende Gleichung identisch mit der BRIOT'schen Dispersionsformel.[1]

Indexflächen. — Die Konstruktion der an einer ebenen Grenzfläche gespiegelten und gebrochenen Wellenebenen kann auch in der Weise ausgeführt werden, daß wir die Strahlenflächen ersetzen durch Indexflächen, d. h. durch *Oberflächen, deren Radien die Brechungsindices von Wellenebenen repräsentieren.* Die Indexflächen sind also die inversen Flächen der Normalenflächen. Dieses Verfahren bietet bei anisotropen Körpern gegenüber der HUYGENS'schen Konstruktion den Vorzug großerer Anschaulichkeit dar, da es die Richtungen der gespiegelten und gebrochenen Wellennormalen durch die Schnittpunkte einer Geraden mit einer ebenen Kurve Γ zu bestimmen gestattet.

Bei zwei *einfach brechenden* Körpern gelangen wir durch die Einführung der Indexflächen zu der Konstruktion, die von SNELLIUS, dem

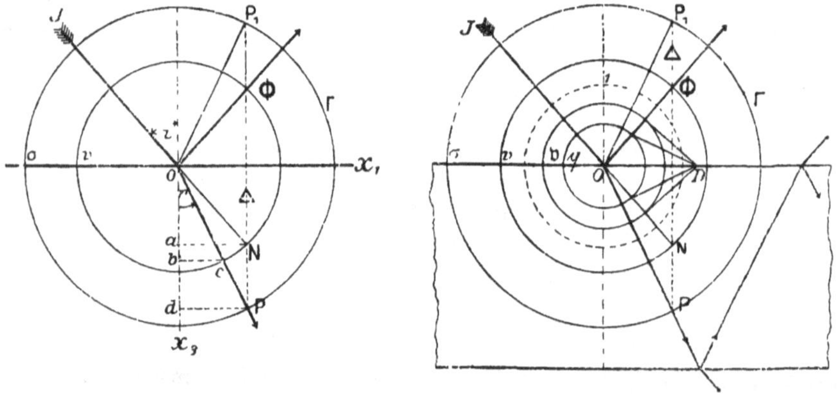

Fig. 590—591. Konstruktion der Normalen der gespiegelten und der gebrochenen Wellen mit Hilfe der Indexfläche.

Entdecker des Brechungsgesetzes dieser Körper, angegeben worden ist. Um den Einfallspunkt O (Fig. 590) legen wir zwei Kugeln mit den Radien $\nu = 1/\mathfrak{v}$ und $\sigma = 1/\mathfrak{q}$. Wir verlängern die Normale JO der einfallenden Welle bis zum Schnittpunkte N mit der ersten Indexfläche. Durch N legen wir die zum Einfallslot parallele Gerade Δ; sie schneide die erste Indexfläche in Φ und die zweite Indexfläche jenseits der Grenzebene in P. Dann

[1] Über die Ableitung der Dispersionsformeln aus der mechanischen und der elektromagnetischen Lichttheorie vgl. P. DRUDE, Ann. d. Phys. N. F. 48, 536; 1893 und Physik des Äthers, 1894, 518.

ist $O\mathsf{\Phi}$ die Normale der gespiegelten Welle und $O\mathsf{P}$ die Normale der gebrochenen Welle. In der That ist $O\mathsf{\Phi}$ symmetrisch zu OJ in Bezug auf das Einfallslot, und der Einfallswinkel i ist mit dem Brechungswinkel r durch das Brechungsgesetz:

$$\frac{\sin i}{\sin r} = \frac{a\mathsf{N}}{bc} = \frac{d\mathsf{P}}{bc} = \frac{\sigma}{\nu} = \frac{\mathfrak{v}}{\mathfrak{q}}$$

verbunden. Diesseits der Grenzebene wird die zweite Indexfläche von der Geraden Δ in einem Punkte P_1 getroffen, welcher die Normale $O\mathsf{P}_1$ der Welle bestimmt, die im Inneren einer planparallelen Platte bei der Reflexion der in diese Platte eingedrungenen Welle entsteht (Fig. 591). — Der geometrische Zusammenhang der beiden Konstruktionen wird durch Fig. 591 erläutert. Die Gerade Δ ist die Polare des Punktes D in Bezug auf die Kugel mit dem Radius Eins, und die auf Δ liegenden Punkte N, $\mathsf{\Phi}$, P sind die Pole der einfallenden Welle DH, der reflektierten Welle DR_1 und der gespiegelten Welle DR in Fig. 573.

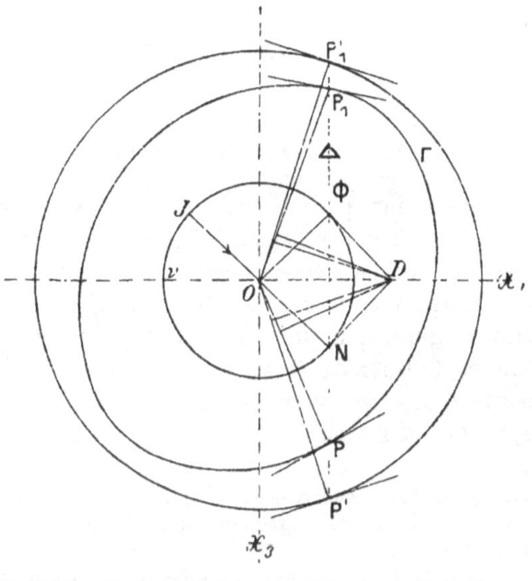

Fig. 592. **Konstruktion der aus JO durch Spiegelung und Brechung hervorgehenden Wellennormalen.**

Ist der zweite Körper optisch *anisotrop*, so tritt an die Stelle der äußeren Kugel mit dem Radius σ eine zweischalige Indexfläche, die von einer zum Einfallslote parallelen Geraden Δ im allgemeinen in vier Punkten P, P', P_1, P_1' geschnitten wird (Fig. 592). Die Geraden $O\mathsf{P}$ und $O\mathsf{P}'$ liefern die Richtungen der Normalen der gebrochenen Wellenebenen, während die Geraden $O\mathsf{P}_1$ und $O\mathsf{P}_1'$ den Normalen der im Inneren einer planparallelen Platte reflektierten Wellenebenen entsprechen.

Wir wenden nun diese Konstruktion auf die für die optische Untersuchung durchsichtiger Körper besonders wichtigen Fälle des streifenden Eintritts und der totalen Reflexion ebener Wellen an.

Streifender Eintritt ebener Wellen. — Es seien zwei *einfach brechende* Körper gegeben, die sich in einer ebenen Grenzfläche berühren. Die Fortpflanzungsgeschwindigkeiten einer bestimmten einfarbigen Lichtart seien bezeichnet mit $\mathfrak{v}$ und $\mathfrak{q}$, die entsprechenden Brechungsindices gegen Luft mit $1/\mathfrak{v} = \nu$ und $1/\mathfrak{q} = \sigma$. Wir setzen voraus, daß ν kleiner sei als σ. Lassen wir nun ebene Wellen aus dem ersten Körper auf den zweiten fallen, und erteilen wir in einer beliebigen Einfallsebene dem Einfallswinkel i alle Werte von 0 bis 90°, so wächst der zugehörige Brechungswinkel r von 0 bis zu einem Grenzwerte r_0, der nach dem Brechungsgesetze gegeben ist

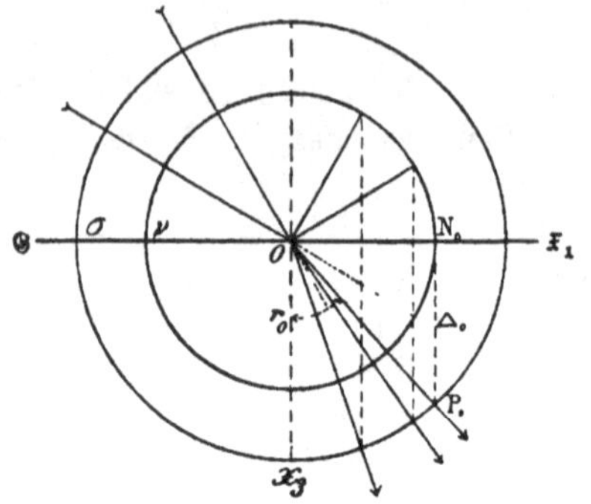

Fig. 593. Partielle Brechung. Konstruktion des Grenzstrahles $O\,P_0$.

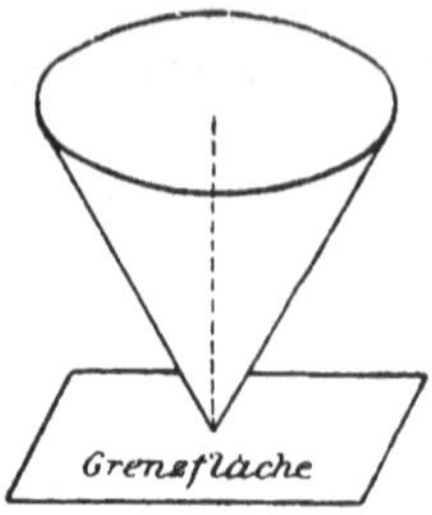

Fig. 594. Kegel der Grenzstrahlen.

durch $\sin r_0 = \nu/\sigma$. Die Richtungen der partiell gebrochenen Strahlen lassen sich leicht mit Hilfe der Indexflächen der beiden Körper konstruieren (Fig. 593). Wir erhalten insbesondere den *Grenzstrahl* $O\,P_0$, der dem streifenden Eintritt, $i = 90°$, entspricht, indem wir parallel zum Einfallslot eine Tangente Δ_0 an die innere Kugel legen und ihren Schnittpunkt P_0 auf der äußeren Kugel mit dem Einfallspunkte O verbinden. Denken wir uns in allen durch O gelegten Einfallsebenen die Grenzstrahlen konstruiert, so gewinnen wir einen *Kreiskegel*, der das Gebiet der partiell gebrochenen Strahlen umschließt (Fig. 594).

Ein Ausschnitt aus diesem Kegel läßt sich nach einem von F. Kohlrausch angegebenen Verfahren beobachten. Von einer nicht zu schmalen Na-Flamme gelange diffuses Licht derart auf die Fläche II eines dreiseitigen einfach brechenden Prismas, daß die an II partiell gebrochenen Strahlen durch die Fläche III in Luft austreten können (Fig. 595). Vor der Fläche III befinde sich ein auf Unendlich akkomodiertes Fernrohr, dessen optische Axe f durch den Schnittpunkt zweier Fäden in der Brennebene des Objektivs fixiert ist; f stehe senkrecht zur Kante der Flächen II und III. Ist die Flamme so aufgestellt, daß die Fläche II streifend getroffen wird, so erblickt man im Fernrohr eine scharfe Grenzkurve zwischen einem hellen und einem dunklen Felde (Fig. 596). Diese Erscheinung ist mit Hilfe der Fig. 593—594

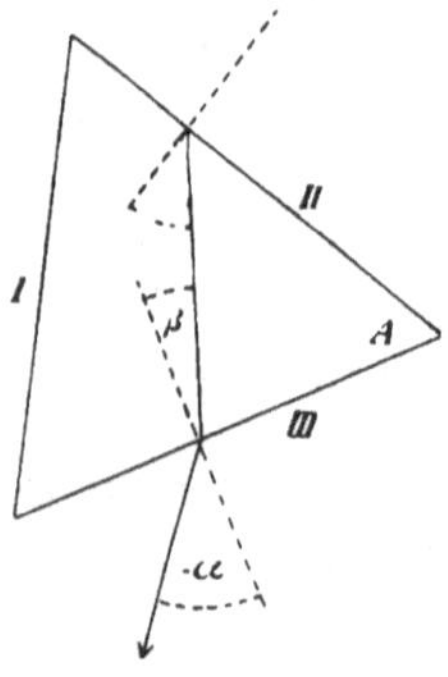

Fig. 595. Brechung eines an II streifend eintretenden Strahles.

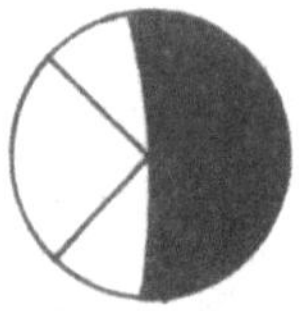

Fig. 596. Grenzkurve der partiell gebrochenen Strahlen im Gesichtsfelde des Fernrohres.

leicht zu deuten. Jedes Bündel von parallelen Strahlen, das an II eine partielle Brechung erfahren hat und darauf in das Objektiv eingetreten ist, erzeugt in der Brennebene einen Bildpunkt. Insbesondere entspricht jedem Bündel von Grenzstrahlen ein Punkt der Grenzkurve. Der Schnittpunkt dieser Kurve mit der durch die Axe f gelegten Querschnittsebene des Prismas ist der Bildpunkt des Bündels von Grenzstrahlen, das zu dieser Ebene parallel liegt. In Fig. 596 fällt dieser Schnittpunkt mit dem Mittelpunkte des Fadenkreuzes zusammen. Die Axe f ist also jetzt unter demselben Winkel α gegen die Normale der Fläche III geneigt, wie der in Fig. 595 gezeichnete Grenzstrahl. Dem Austrittswinkel α entspreche im Inneren des Prismas der Einfallswinkel β. Der Prismenwinkel sei bezeichnet mit A. Dann ist der Brechungswinkel des an II streifend eintretenden Lichtes $= A \pm \beta$, je nachdem α von der Normale der Fläche III nach der Prismenkante II : III hin oder, wie in Fig. 595, nach der entgegengesetzten Seite liegt. Demnach ist der Brechungsindex N des Prismas:

$$N = \frac{\sin \alpha}{\sin \beta} = \frac{1}{\sin (A \pm \beta)}.$$

Hieraus folgt durch Elimination von β:

$$\sqrt{N^2 - 1} = \frac{\cos A \mp \sin \alpha}{\sin A}.$$

Mit Hilfe dieser Formel kann N berechnet werden, wenn der Prismenwinkel A und der Austrittswinkel α bekannt sind. Über die Messung von α vgl. S. 257.

Totale Reflexion ebener Wellen. — Wir lassen jetzt ebene Wellen einfarbigen Lichtes aus dem Körper mit dem größeren Brechungsindex σ auf die Grenzebene fallen. Dann ist die Konstruktion der Wellennormalen in folgender Weise auszuführen (Fig. 597). Wir verlängern die Normale einer einfallenden Welle über den Einfallspunkt O hinaus bis zur äußeren Kugel und legen durch den Schnittpunkt eine Parallele Δ zum Einfallslot. Wächst der Einfallswinkel stetig von Null an, so trifft Δ die innere Kugel zunächst immer in zwei reellen Punkten. Es findet also partielle Reflexion und partielle Brechung statt. Aber der Brechungswinkel wächst rascher als der Einfallswinkel, so daß zu einem bestimmten Einfallswinkel i_0, der kleiner als 90° ist, der Brechungswinkel 90° gehört. In diesem Falle berührt die Gerade Δ_0 die innere Kugel, während sie die äußere Kugel diesseits der Grenzebene in Φ_0 schneidet. Für noch größere Einfallswinkel findet *totale Reflexion* statt. Der *Grenzwinkel* i_0 ist gegeben durch $\sin i_0 = \nu / \sigma$. Denken wir uns nun in allen durch O gelegten Einfallsebenen die Grenzstrahlen $O\Phi_0$ der totalen Reflexion konstruiert, so erhalten wir einen *Kreiskegel*, der das innere Gebiet der partiell reflektierten Strahlen von dem äußeren Gebiete der total reflektierten Strahlen trennt (Fig. 594).

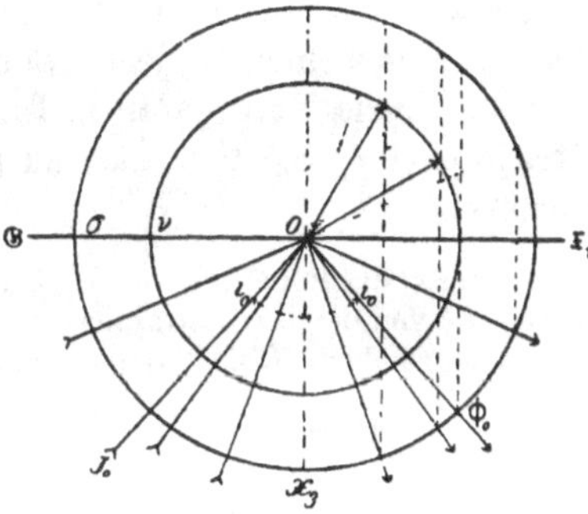

Fig. 597. Partielle und totale Reflexion. Konstruktion des Grenzstrahles $O\Phi_0$.

Fallen ebene Wellen aus einem einfach brechenden Körper auf eine beliebige Grenzebene eines schwächer brechenden *anisotropen* Körpers, so erfüllen die Grenzstrahlen der totalen Reflexion in dem einfach brechenden

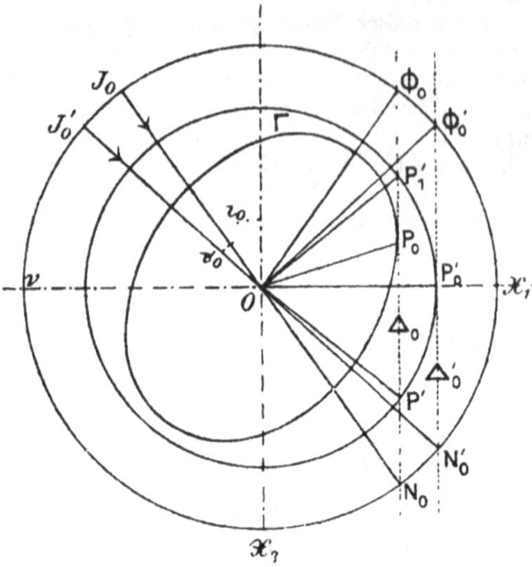

Fig. 598. Konstruktion der Grenzstrahlen $O\Phi_0$, $O\Phi_0'$ bei der totalen Reflexion an einem anisotropen Körper.

Körper *zwei Kegel.* Denn an eine zweischalige Indexfläche (Fig. 598) lassen sich im allgemeinen in jeder Einfallsebene auf jeder Seite des Einfallslotes zwei zu diesem Lote parallele Tangenten Δ_0, Δ_0' legen, denen verschiedene Grenzwinkel i_0, i_0' und also auch verschiedene Grenzstrahlen $O\Phi_0$, $O\Phi_0'$ entsprechen.[1]

Totalreflektometer. — I. Das einfachste Hilfsmittel zur Beobachtung der Kegel, die von den Grenzstrahlen der totalen Reflexion gebildet werden, hat F. Kohlrausch angegeben. Eine Natriumflamme sende diffuses Licht auf eine ebene, vertikal

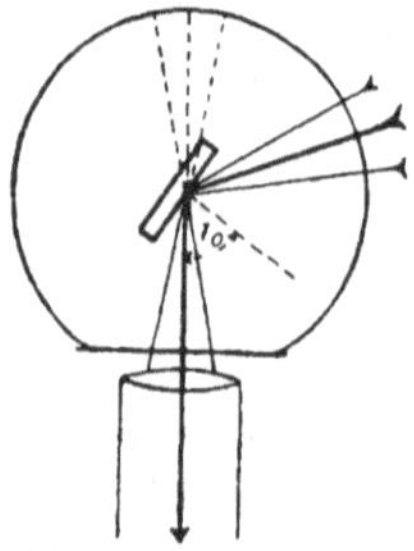

Fig. 599. Totalreflektometer von F. Kohlrausch.

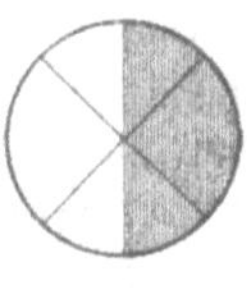

Fig. 600. Grenzkurve der partiell reflektierten Strahlen

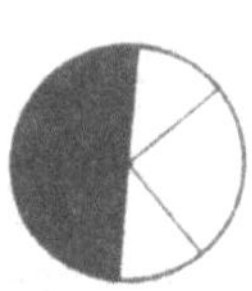

Fig. 601. Grenzkurve der partiell gebrochenen Strahlen

im Gesichtsfelde des Fernrohres.

[1] Th. Liebisch, Physikal. Krystallogr. 1891. 292—294. 404—427.

stehende Grenzfläche $\mathfrak{G}$ eines einfach brechenden Körpers $\mathfrak{M}$, der in einem Glasgefäß von einer stärker brechenden Flüssigkeit umgeben ist (Fig. 599). Das reflektierte Licht gelange durch eine Glasplatte in ein auf Unendlich akkommodiertes Fernrohr, dessen optische Axe *f* durch den Schnittpunkt zweier Fäden in der Brennebene des Objektivs fixiert ist. Jedem Bündel paralleler Strahlen, das durch das Objektiv eintreten kann, entspricht ein Bildpunkt in der Brennebene. Denken wir uns nun durch den Schnittpunkt *O* der Axe *f* mit der reflektierenden Grenzfläche Strahlen gelegt, die den verschiedenen Richtungen der reflektierten Strahlenbündel entsprechen, so ist *O* auch der Scheitelpunkt des Kegels der Grenzstrahlen. Befindet sich die Grenzfläche in der Stellung, daß der Bildpunkt eines Bündels paralleler Grenzstrahlen gerade auf den Schnittpunkt der Fäden fällt, so wird der soeben definierte Kegel durch die Axe *f* hindurchgehen. Alsdann bemerkt man, daß sich im Gesichtsfelde des Fernrohres (Fig. 600) das helle Gebiet des total reflektierten Lichtes und das weniger helle Gebiet des partiell reflektierten Lichtes in einer scharfen, durch den Mittelpunkt hindurchgehenden Grenzlinie berühren. Diese Grenzlinie ist die Schnittkurve der auf *f* senkrechten Brennebene mit einem kleinen Ausschnitte aus dem Mantel des von *O* ausgehenden Kegels der Grenzstrahlen. In dem beschränkten Gesichtsfelde erscheint sie nahezu geradlinig. Jedenfalls steht sie im Mittelpunkte senkrecht auf der horizontalen Einfallsebene. Der Winkel zwischen der Axe des Fernrohres und der Normale der Grenzfläche ist gleich dem Grenzwinkel i_0 in Fig. 597. — Ändern wir jetzt die Stellung des Apparates gegen die Flamme, bis die in den Körper $\mathfrak{M}$ eingedrungenen und an der Grenzfläche $\mathfrak{G}$ gebrochenen Strahlen in das Fernrohr gelangen, so erblicken wir die in Fig. 601 dargestellte

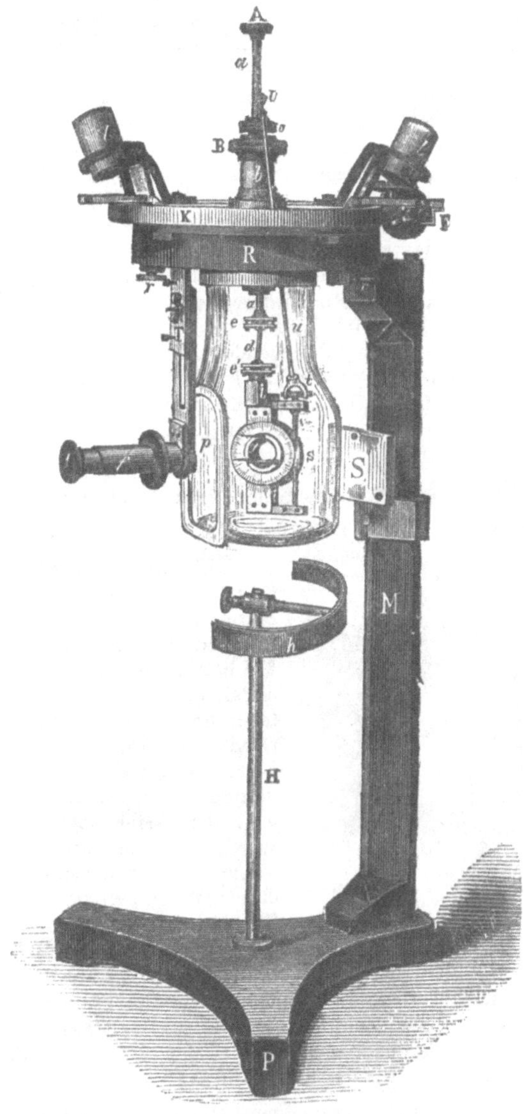

Fig. 602. Totalreflektometer nach F. KOHLRAUSCH (von W. APEL). $^1/_3$ nat. Gr.

Erscheinung, die sich sofort deuten läßt, wenn wir Fig. 593 mit Fig. 597 vergleichen. Das vorher von den helleren, total reflektierten Strahlen eingenommene Gebiet muß nun vollkommen dunkel bleiben und an die Stelle der partiell reflektierten Strahlen treten die partiell gebrochenen Strahlen.

Zur Messung des Grenzwinkels i_0 dient ein horizontaler Teilkreis K über dem Ringe R, mit welchem das Glasgefäß durch einen Bajonettverschluß verbunden werden kann (Fig. 602). In der centralen Durchbohrung von K sitzt eine Hülse b, von der eine mit Nonien versehene Alhidale ausgeht; in b können vertikale Träger des zu untersuchenden Körpers derart festgeklemmt werden, daß er sich gleichzeitig mit der Alhidale dreht. Unterhalb des Teilkreises ist an dem Träger T das Fernrohr in der Stellung befestigt, daß seine optische Axe senkrecht zur Drehungsaxe der Alhidale liegt. Nachdem die spiegelnde Grenzfläche $\mathfrak{G}$ dieser Drehungsaxe parallel gestellt ist, bringt man, während die Na-Flamme auf der rechten Seite des Beobachters steht und die Normale von $\mathfrak{G}$ nach rechts geneigt ist, durch Drehen der Alhidale das Präparat in die Lage, daß die Grenzlinie den Mittelpunkt des Fadenkreuzes schneidet. Darauf verfährt man ebenso auf der linken Seite. Der Winkel, um den man das Präparat aus der ersten Lage in die zweite drehen muß, ist der doppelte Grenzwinkel $2\,i_0$. —

Unter den starkbrechenden Flüssigkeiten sind für Totalreflektometer vor allem geeignet: α-Monobromnaphtalin = $C_{10}H_7Br$ mit dem Brechungsindex 1,66264 für Na-Licht bei 8° C. (Abnahme für eine Temperaturerhöhung von 1° C.: 0,00045) und Methylenjodid = CH_2J_2 mit folgenden Werten der Brechungsindices bei 8° C.:

Li 1,7346, Na 1,7466, Tl 1,7584;

die Abnahme für eine Erhöhung der Temperatur um 1° C. beträgt:

Li 0,00067, Na 0,00071, Tl 0,00073.

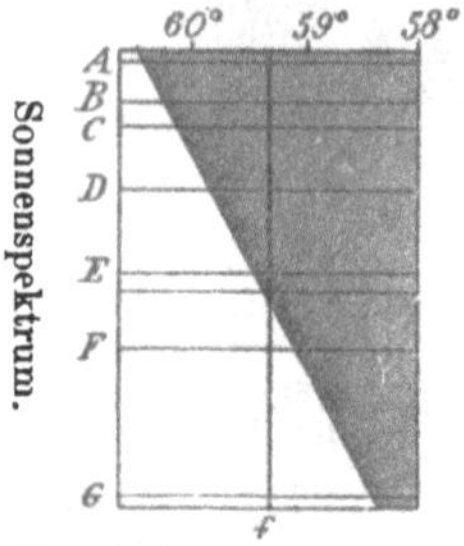

Fig. 603. Bestimmung der Dispersion.

Soll das Totalreflektometer zur Bestimmung der Dispersion dienen, so muß man das Okular des Fernrohres durch ein geradsichtiges Spektroskop ersetzen, dessen Spalt in die Brennebene des Objektivs und gleichzeitig in die horizontale Einfallsebene fällt. Läßt man Sonnenlicht einfallen, so erblickt man in dem Spektrum die horizontalen Fraunhofer'schen Linien A bis G und eine schräge Grenzkurve (Fig. 603). Hat man noch vor dem Spalt einen vertikalen Querfaden f angebracht, der eine das Spektrum vertikal durchziehende dunkle Linie erzeugt, so kann man jetzt der Reihe nach die Stellungen des Präparates aufsuchen, wo ein Schnittpunkt der Grenzkurve mit einer Fraunhofer'schen Linie auf die dunkle Linie f fällt. Auf diesem Wege gelingt es die Grenzwinkel der Totalreflexion für eine größere Anzahl von Lichtarten zu ermitteln. — An Stelle der Fraunhofer'schen Linien kann man auch helle Metalllinien benutzen. Stellt man z. B. dicht hinter einer Na-Flamme eine weiße Flamme auf, so sieht man in einem kontinuierlichen Spektrum die helle Na-Linie und in dieser die Stelle, wo sie von der Grenzkurve geschnitten wird. In analoger Weise kann man die hellen Linien anderer Metalle (K_α, Li_α, Th_α, Cs_α u. s. w.) für die Messung von Grenzwinkeln verwerten.

II. Die Methoden zur Messung von Grenzwinkeln der totalen Reflexion, die der größten Genauigkeit fähig sind, beruhen auf einem im Prinzip von Wollaston 1802 angegebenen Beobachtungsverfahren. Bei der von F. Kohlrausch vorgeschlagenen Versuchsanordnung fällt diffuses einfarbiges Licht durch die Fläche I eines dreiseitigen Glasprismas (Fig. 604) auf den an der Fläche II anliegenden Körper, um dort partiell oder total reflektiert zu werden und dann durch die Fläche III in Luft auszutreten. Mit einem vor der Fläche III aufgestellten, auf Unendlich accommodierten Fernrohre kann man die Grenze zwischen den Gebieten der partiellen und der totalen Reflexion beobachten. Es befinde sich an II ein einfach brechender Körper, dessen Brechungsindex n kleiner ist als der Brechungsindex N des Glases. Die vollständige Verbindung des Körpers mit dem Prisma sei hergestellt durch Zwischenschaltung eines Flüssigkeitstropfens, dessen Brechungsindex größer als n ist. Zwischen N, dem Prismenwinkel A und dem Austrittswinkel α der Grenzstrahlen in der Querschnittsebene des Prismas bestehen nach dem Brechungsgesetze die Beziehungen: $N = \sin\alpha'/\sin\beta' = n/\sin(A \pm \beta')$, je nachdem α' von der Normale der Fläche III nach der Prismenkante II : III hin, oder, wie in Fig. 604, nach der entgegengesetzten Seite liegt. Hieraus folgt durch Elimination von β' eine zur Berechnung von n aus den der Messung zugänglichen Winkeln A, α' geeignete Relation:

$$n = \sin A \sqrt{N^2 - \sin^2\alpha'} \pm \cos A \sin\alpha'.$$

Diese Methode hat den Vorteil, daß sie nicht nur auf jedes Spektrometer, sondern auch auf jeden Teilkreis, vor welchem ein Fernrohr fest aufgestellt werden kann, anwendbar ist. Dem Totalreflektometer von F. Kohlrausch gegenüber ist sie einer größeren Genauigkeit fähig, weil die Temperatur auf die Lichtgeschwindigkeit im Prisma einen viel geringeren Einfluß übt, als auf den Brechungsindex der in jenem Apparate angewandten Flüssigkeit.

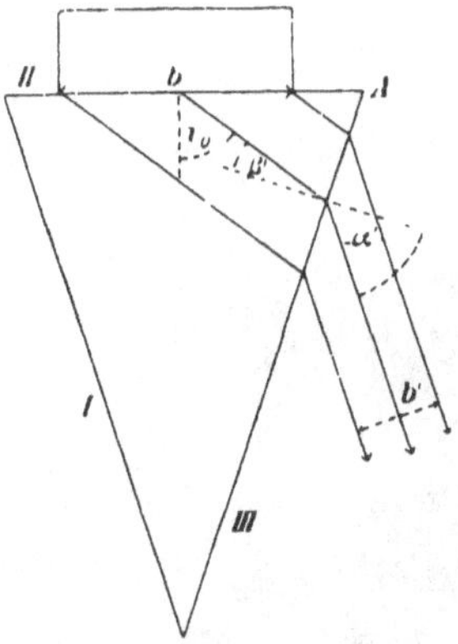

Fig. 604. Die Wollaston'sche Methode.

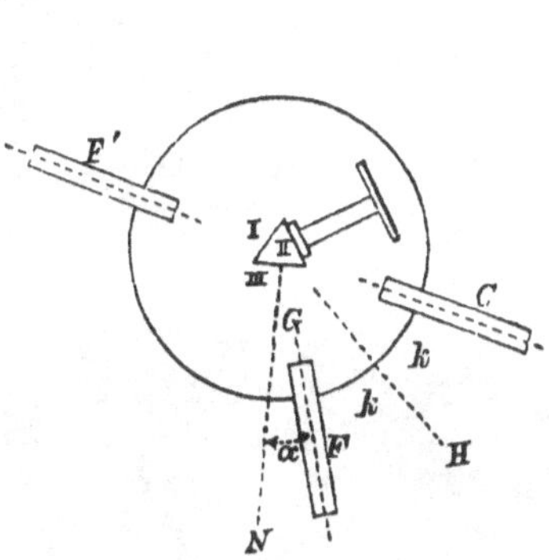

Fig. 605. Messung des Austrittswinkels α.

Zur Bestimmung des *Austrittswinkels* α des Grenzstrahles G an der Prismenfläche III bedient man sich eines Gauss'schen Okulars im Beobachtungsfernrohr F, oder man benutzt den Kollimator C eines Spektrometers (Fig. 605). Bei dem letzteren Verfahren muß man zunächst den Winkel $(FC) = 2k$ bestimmen. Dreht man nun den Teilkreis des Spektrometers mit dem Totalreflektometer aus der Anfangslage, wo der Grenzstrahl G in die optische Axe von F fällt, in die Endlage, wo das an III gespiegelte Bild des Kollimatorsignales die Richtung F besitzt, so beschreibt die Normale N der Fläche III den Winkel $\alpha + k = (NH)$, falls H die Halbierungsgerade von (FC) bedeutet.

Um nach dieser Methode die bei der Totalreflexion an Krystallen auftretenden Erscheinungen mit Hilfe eines Spektrometers messend verfolgen zu können, muß neben den *Vorrichtungen zur Justierung des Prismas* noch ein *Krystallträger* angebracht werden, welcher das an der Prismenfläche II anliegende Objekt um eine auf II senkrecht stehende Axe zu drehen und die Drehungswinkel zu messen gestattet. Ein hierzu geeigneter Apparat ist in Fig. 606 und in einfacherer Ausführung in Fig. 607 abgebildet.

Fig. 606. Totalreflektometer nach TH. LIEBISCH (von R. FUESS, Modell I).

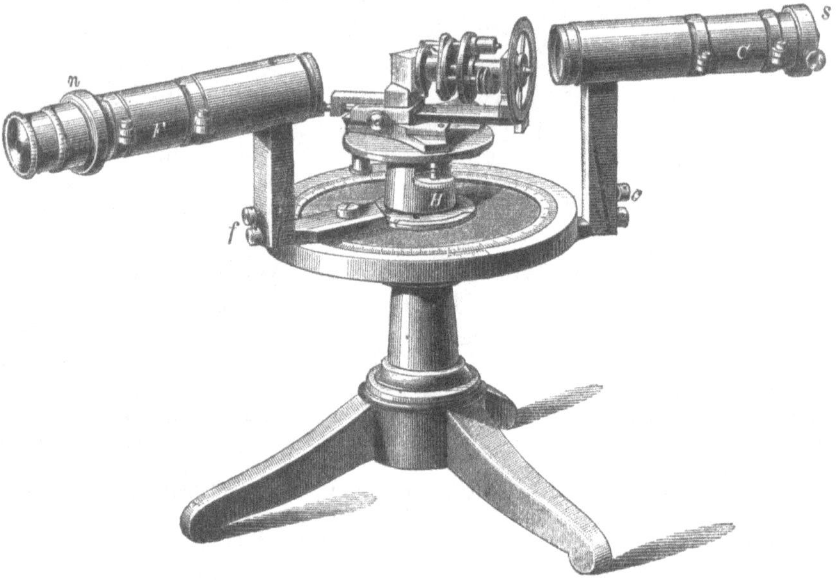

Fig. 607. Totalreflektometer von R. FUESS, Modell II.

Besitzt das Präparat außer der an der Prismenfläche II anliegenden Grenzebene 𝔊 an seinem Rande noch eine zweite spiegelnde Fläche 𝔊', so kann die krystallographische Orientierung der *Einfallsebene* FC in Fig. 605 auf die Schnittgerade $\mathfrak{G}:\mathfrak{G}'$ bezogen werden. Man hat nur nötig, dem Präparat durch Drehen des vertikalen Teilkreises T in Fig. 606 und des horizontalen Spektrometerteilkreises S die Stellung zu geben, in welcher das an $\mathfrak{G}'$ gespiegelte Bild des Kollimatorsignales in die Richtung F fällt. Alsdann ist die Gerade $\mathfrak{G}:\mathfrak{G}'$ parallel zur Axe des Teilkreises S und senkrecht zu jener Einfallsebene.

C. Pulfrich hat das Glasprisma durch einen geraden, vertikalstehenden *Glascylinder* ersetzt. Das Präparat wird auf die obere Endfläche des Cylinders gelegt und von unten her durch diffuses homogenes Licht beleuchtet. Besitzt das Präparat vertikale Seitenflächen, so ist streifend einfallendes Licht vorzuziehen. Das reflektierte Licht gelangt in ein gebrochenes, um die Axe eines Vertikalkreises drehbares Fernrohr.

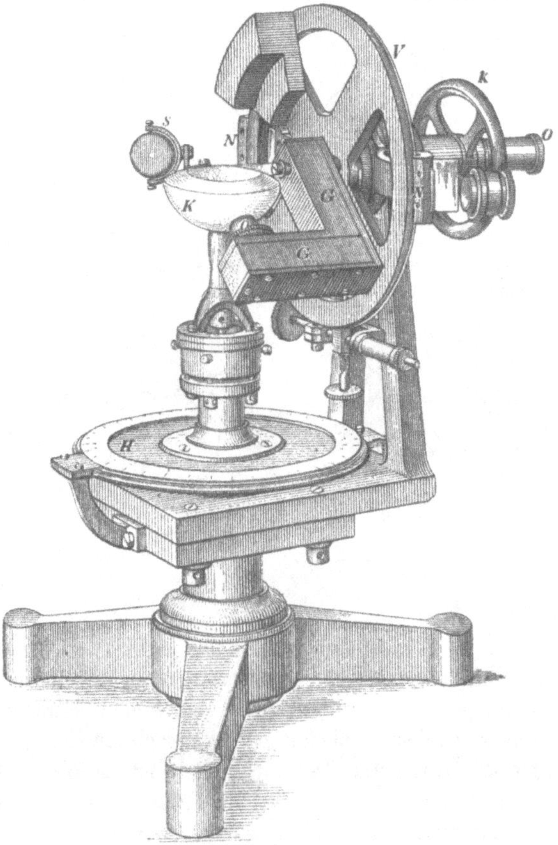

Fig. 608. Totalreflektometer nach E. Abbe (von C. Zeiss).

E. Bertrand und E. Abbe haben an Stelle des Glasprismas *Halbkugeln* aus stark brechendem Glase gewählt. Eine Kugel ist leichter in großer Vollkommenheit herzustellen als ein Cylinder. Andererseits bietet sich jetzt die Möglichkeit dar, den Mangel an Bildschärfe, der durch die Brechung der vom Präparat herkommenden Strahlen an der Austrittsfläche der Kugel unvermeidlich herbeigeführt wird, vollständig zu beseitigen. In der That ist es Abbe durch eine eigenartige Konstruktion des Fernrohrobjektives gelungen, jene Brechung zu kompensieren, so daß die Grenzkurven im reflektierten wie im durchgelassenen Lichte sehr scharf abgebildet werden. In Fig. 608 ist das größere Modell des Abbe'schen Totalreflektometers abgebildet, das ein zur Erleichterung der Beobachtung dreifach gebrochenes Fernrohr besitzt.

Polarisation des Lichtes. — Am Schluß seiner Abhandlung über das Licht beschrieb Huygens einen Versuch, dessen Deutung ihm nicht gelang. Fällt ein durch ein hinreichend enges Diaphragma begrenztes Strahlenbündel auf eine Spaltungsplatte von Kalkspat senkrecht ein, so liegen die beiden gebrochenen Strahlenbündel O und E im Hauptschnitt $\mathfrak{H}_o$ der Platte, d. h. in einer zur Vertikalaxe und zur Plattennormale parallelen Ebene (Fig. 609). Die außerordentlichen Strahlen E sind von der Vertikalaxe stärker abgelenkt als die ordentlichen Strahlen O im Sinne des Pfeiles in Fig. 610. O und E besitzen nahezu gleiche Intensität; daß trotzdem ihre Eigenschaften von denen des natürlichen Lichtes abweichen, ergiebt sich

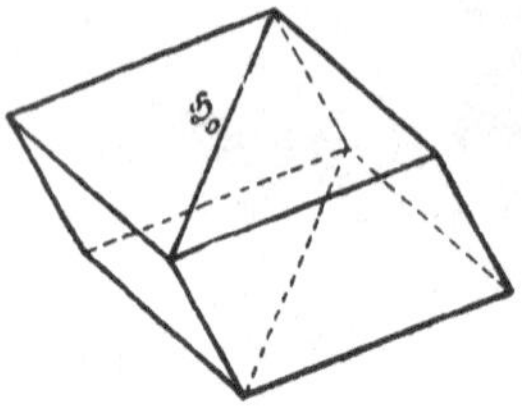

Fig 609. Hauptschnitt einer Rhomboëderfläche.

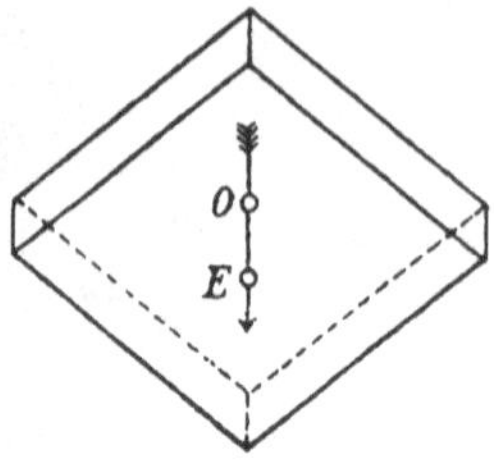

Fig. 610.

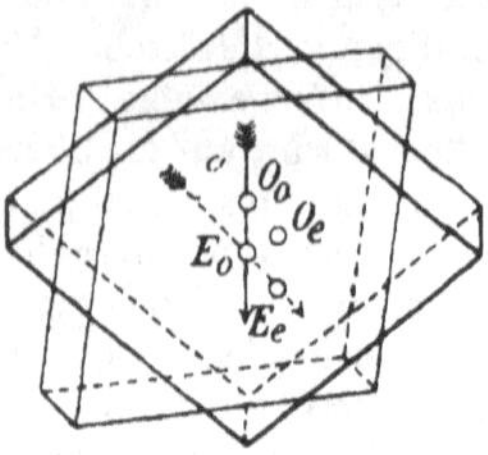

Fig. 611.

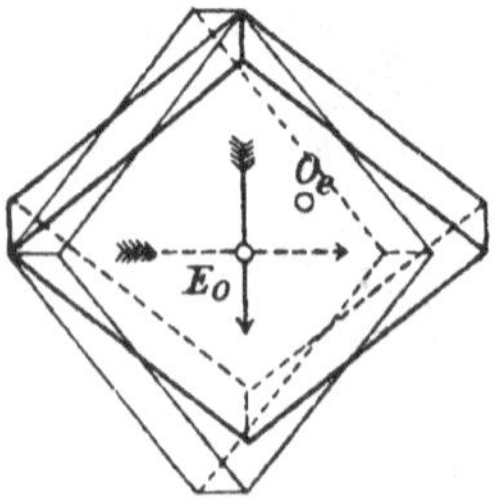

Fig. 612.

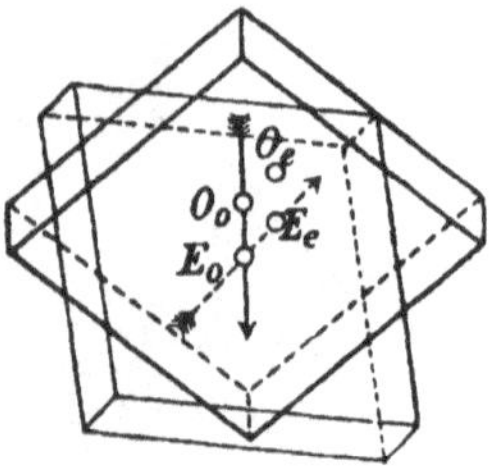

Fig. 613.

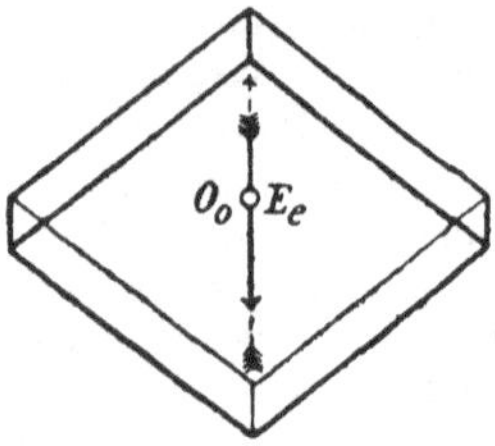

Fig. 614.

Polarisation des Lichtes im Kalkspat.

aus ihrem Verhalten gegenüber einer zweiten Kalkspatplatte. Im allgemeinen erzeugt nämlich jedes der beiden Strahlenbündel O und E in dem zweiten Kalkspat wieder zwei gebrochene Strahlenbündel O_o, O_e und E_o, E_e; aber die Intensität dieser Strahlen ist *veränderlich* mit dem Winkel α, den die Hauptschnitte der beiden Platten einschließen. Liegen die Hauptschnitte einander parallel, $\alpha = 0$ oder 180^0, so treten nur O_o und E_e auf; für $\alpha = 180^0$ liefern zwei gleich dicke Platten nur ein einziges Strahlenbündel $O_o + E_e$ (Fig. 614). Stehen die Hauptschnitte aufeinander senkrecht, $\alpha = 90^0$ oder 270^0, so beobachtet man nur O_e und E_o (Fig. 612). Ist $\alpha = 45^0, 135^0, \ldots$, so treten vier Strahlenbündel von gleicher Intensität aus (Fig. 611, 613).

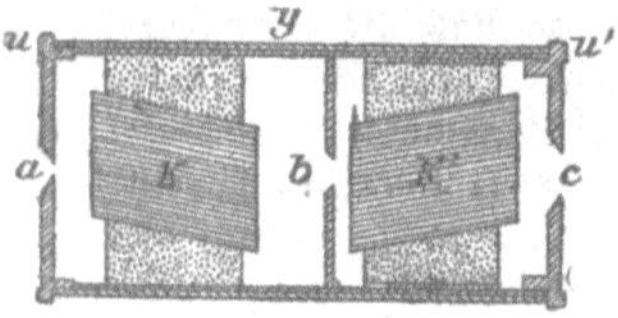

Fig. 615.

Zur Ausführung dieses Versuches ist die in Fig. 615 abgebildete Vorrichtung geeignet. In der Hülse y können zwei Hülsen u und u' gedreht werden, von denen jede ein Kalkspatrhomboëder enthält. Durch das Diaphragma a fällt natürliches Licht senkrecht auf eine Fläche des Rhomboëders K. Dadurch werden die Strahlenbündel O, E erzeugt. Das

Diaphragma b kann so gewählt werden, daß nur die ordentlichen Strahlen O auf das Rhomboeder K' fallen. Hier entstehen im allgemeinen zwei gebrochene Strahlenbündel O_o, O_e, deren Intensität sich in der angegebenen Weise ändert, wenn K' gegen K gedreht wird. — Ersetzt man K durch eine zur Basis parallele Kalkspatplatte, so tritt aus dieser nur ein einziges Strahlenbündel aus (vgl. Fig. 576), das sich bei der Doppelbrechung in der Platte K' wie natürliches Licht verhält.

Dieser Versuch lehrt eine wichtige Eigenschaft der durch Doppelbrechung im Kalkspat erzeugten Strahlen kennen. Während ein Strahl natürlichen Lichtes dadurch charakterisiert ist, daß alle durch ihn gelegten Ebenen optisch gleichberechtigt sind, können wir für jeden der beiden Strahlen O und E *zwei* ausgezeichnete, aufeinander senkrechte Ebenen angeben, die für den Strahlungsvorgang in den Richtungen O und E *Symmetrieebenen* sind, nämlich den gemeinsamen Hauptschnitt von O und E und die durch O oder durch E gelegte, zum Hauptschnitt senkrechte Ebene. Diese Thatsache ist aber völlig unvereinbar mit der Vorstellung von Huygens, daß die Lichtbewegung wie die Schallbewegung auf longitudinalen, zur Strahlenfläche senkrechten Schwingungen beruhe und von wechselnden Verdünnungen und Verdichtungen des Äthers begleitet sei. Sie zwingt vielmehr, wie A. Fresnel erkannt hat, zu der Annahme, daß die Lichtwellen in periodischen *transversalen* Zustandsänderungen des Äthers bestehen.

L. Malus entdeckte 1808, daß natürliches Licht auch durch Spiegelung an einer ebenen Glasfläche P die charakteristische Eigenschaft der Strahlen O und E erlangen kann. Zu diesem Zwecke muß ein bestimmter, von dem Brechungsindex n des Glases abhängiger Einfallswinkel i gewählt werden. Wie D. Brewster 1815 fand, ist i der Bedingung $\tan i = n$ unterworfen; für $n = 1,538$ ist hiernach $i = 56^0 58'$. Läßt man natürliches Licht unter diesem Winkel auf die Glasfläche P fallen (Fig. 616), so erkennt man die Veranderung, welche das reflektierte Licht erfahren hat, daran, daß dieses Licht von einer zweiten Glasfläche A, auf die es unter demselben Winkel i einfällt, mit einer von der Lage der zweiten Reflexionsebene gegen die erste abhängigen Intensität reflektiert wird. Dreht man den Spiegel A um die Richtung des an P reflektierten Lichtes, so erreicht diese Intensität ein Maximum, wenn A parallel P liegt. Dagegen wird das auf A einfallende Licht nicht mehr reflektiert, wenn die zweite Reflexionsebene auf der ersten senkrecht steht. Malus nannte diese letztere Ebene *Polarisations-*

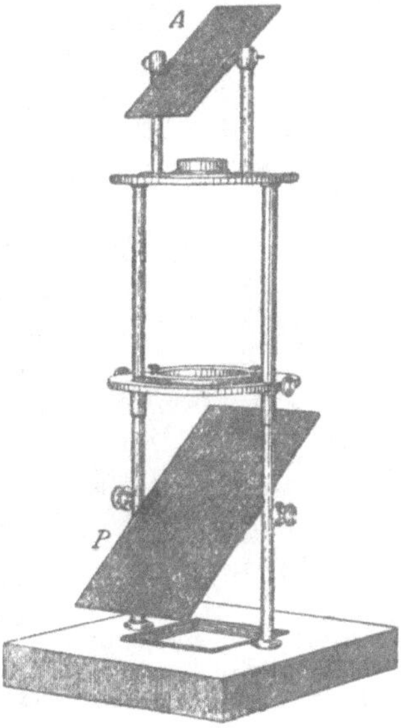

Fig. 616. Polarisation des Lichtes durch Reflexion an einer ebenen Glasfläche P.

ebene und das an P reflektierte Licht *polarisiert nach der Reflexionsebene.* Der durch das BREWSTER'sche Gesetz bestimmte Winkel i heißt *Polarisationswinkel.*

Ein durch Reflexion an einer Glasplatte vollständig polarisiertes Strahlenbündel R wird, wie MALUS fand, in einer Kalkspatplatte nicht mehr doppelt gebrochen, wenn der Hauptschnitt $\mathfrak{H}_o$ der Platte zur Polarisationsebene $\mathfrak{P}$ jener Strahlen parallel liegt oder zu ihr senkrecht steht. Läßt man nämlich das durch ein Diaphragma begrenzte Bündel R auf eine Spaltungsplatte von Kalkspat senkrecht einfallen (Fig. 617), so entstehen im allgemeinen

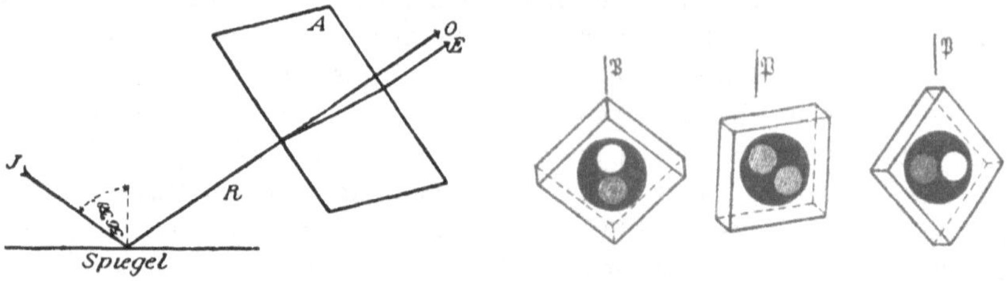

Fig. 617—618. **Bestimmung der Polarisationsebenen der ordentlichen und der außerordentlichen Strahlen im Kalkspat.**

zwei gebrochene Strahlenbündel O, E, deren Intensität sich mit der Neigung des Hauptschnittes $\mathfrak{H}_o$ gegen die Reflexionsebene ändert. Je nachdem $\mathfrak{H}_o$ mit dieser Ebene zusammenfällt oder zu ihr senkrecht steht, werden nur ordentlich gebrochene Strahlen O oder nur außerordentlich gebrochene Strahlen E erzeugt (Fig. 618). *Demnach ist ein ordentlicher Strahl O nach seinem Hauptschnitte $\mathfrak{H}_o$, ein außerordentlicher Strahl E dagegen nach der zu seinem Hauptschnitte senkrechten Ebene $\mathfrak{H}_e$ polarisiert* (Fig. 619).

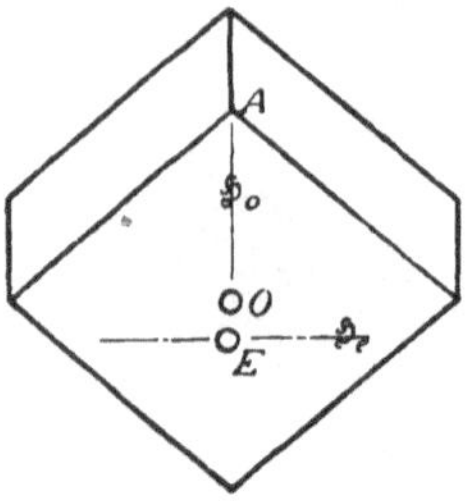

Fig. 619. **Der ordentliche Strahl ist polarisiert nach $\mathfrak{H}_o$, der außerordentliche nach $\mathfrak{H}_e$.**

Das Gesetz der Fortpflanzung und der Polarisation des Lichtes im Kalkspat kann jetzt so ausgesprochen werden: *Alle nach ihrem Hauptschnitte polarisierten einfarbigen Strahlen pflanzen sich mit konstanter Geschwindigkeit fort, die gegeben ist durch den Radius der Kugel der Huygens'schen Strahlenfläche; dagegen besitzen die senkrecht zu ihrem Hauptschnitte polarisierten Strahlen eine mit ihrer Neigung gegen die Vertikalaxe γ veränderliche Geschwindigkeit, welche durch die Radien des Umdrehungsellipsoids der Huygens'schen Strahlenfläche dargestellt wird.*

Bezeichnen wir hinfort als *Polarisationsrichtung* eines ordentlichen Strahles die in seinem Hauptschnitte gelegene Normale desselben und als Polarisationsrichtung eines außerordentlichen Strahles die Normale seines Hauptschnittes, so haben diese beiden Richtungen für jede gegebene Strahlenrichtung eine krystallographisch feste Orientierung, welche von den Werten der Fortpflanzungsgeschwindigkeiten unabhängig ist und von vornherein angegeben werden kann. Stellen wir uns nun vor, daß an dem Endpunkte jedes Radiusvektors der Huygens'schen Strahlenfläche die zugehörige Polarisationsrichtung markiert sei, so ergiebt sich, daß die physikalische *Symmetrie* dieser Fläche mit ihrer geometrischen Symmetrie übereinstimmt. Alle gegen den gemeinschaftlichen Durchmesser γ der Kugel und des Umdrehungsellipsoids unter demselben Winkel geneigten Richtungen sind optisch gleichberechtigt; daher ist γ eine Axe der Isotropie. Jede auf γ senkrecht stehende Gerade ist eine 2-zählige Symmetrieaxe. Jede durch die Axe γ hindurchgehende und die auf γ senkrechte Ebene sind optische Symmetrieebenen. Der Mittelpunkt ist gleichzeitig ein Centrum der Symmetrie.

Mit Hilfe des Kalkspats können in mannigfacher Weise polarisierende Vorrichtungen konstruiert werden, die eine vollständige Trennung der ordentlichen und der außerordentlichen Wellen bewirken, so daß nur eine der beiden Wellenarten auszutreten vermag. Das von Nicol angegebene Doppelprisma erreicht diesen Zweck durch eine geeignete Wahl des Prismenwinkels und durch die totale Reflexion der ordentlichen Wellen an einer zwischen die beiden Prismen eingeschalteten Kittschicht, deren Brechungsindex kleiner als der Brechungsindex der ordentlichen Wellen und größer als die in Betracht kommenden Brechungsindices der außerordentlichen Wellen ist. Zur Herstellung dieser Vorrichtung dient ein Spaltungsstück, das in einer Endkantenrichtung vorherrschend ausgedehnt ist. Fig. 620 stellt den Hauptschnitt der Längsrichtung dar. An Stelle der zur Ebene der Zeichnung senkrechten Rhomboëderflächen, die unter 70° 52′ gegen die Längsrichtung geneigt sind, werden Endflächen angeschliffen, die nur 68° mit dieser Richtung bilden. Darauf wird das Stück senkrecht zu diesen Endflächen und zur Ebene der Zeichnung durchschnitten. Die polierten Schnittflächen werden mit Canadabalsam wieder verkittet. Im Natriumlicht haben der Balsam und die ordentlichen Wellen des Kalkspats die Brechungsindices 1,549 und 1,658 gegen Luft. Fällt diffuses Na-Licht durch das untere Prisma I auf die Balsamschicht, so wird der im Hauptschnitt liegende Grenzstrahl der totalen Reflexion unter 20° 56′ gegen die Grenzebene geneigt sein; ihm entspricht eine auf die untere Endfläche unter $i = 36° 21'$ in Luft einfallende Welle. Lassen wir also in das untere Prisma diffuses Na-Licht eintreten, so werden aus den im Hauptschnitte einfallenden Wellen, deren Einfallswinkel kleiner als i ist, ordentliche Wellen hervorgehen, die an der Balsamschicht total reflektiert werden, während die zugehörigen außerordentlichen Wellen das Doppelprisma durchschreiten. Wenn der Einfallswinkel größer als i ist, können auch die ordentlichen Wellen austreten; sinkt dieser Winkel dagegen unter ca. 8° herab, so werden auch die außerordentlichen Wellen total reflektiert. Demnach liefert ein Nicolsches Doppelprisma innerhalb gewisser Grenzen ein Gesichtsfeld, das nur von außerordentlichen Wellen erzeugt wird. Die Polarisationsebene dieses Feldes liegt senkrecht zum Hauptschnitte der Längsrichtung, also *parallel zur längeren Diagonale des Rhombus der Austrittsfläche.* Der eigentliche Polarisator wird von dem unteren Prisma I in Verbindung mit der Balsamschicht gebildet. Das obere Prisma II ergänzt das untere zu einer planparallelen Platte, so daß keine Ablenkung der Fortpflanzungsrichtungen und bei der Beleuchtung mit weißem Lichte keine Dispersion stattfinden kann.

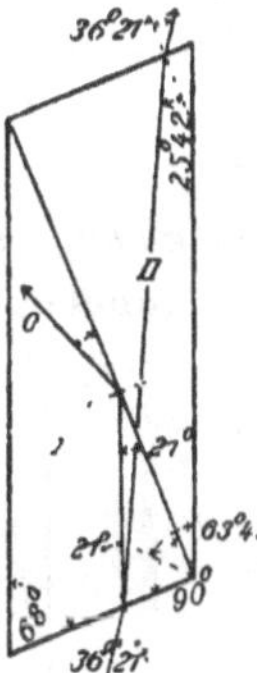

Fig. 620. Nicol'sches Doppelprisma.

Die physikalische Natur des polarisierten Lichtes. — Das auf S. 262 angeführte Gesetz über die Fortpflanzung und die Polarisation des Lichtes im Kalkspat ist eine experimentell festgestellte Thatsache. Wir fragen nun nach den Vorstellungen, die man über die physikalische Natur der Lichtbewegung in diesem Körper bilden kann.

Nachdem A. FRESNEL aus den Polarisationserscheinungen den Schluß gezogen hatte, daß Lichtwellen notwendig Transversalwellen sein müssen, gelang es ihm, eine Hypothese aufzustellen, die den Anstoß zur Ausbildung einer mechanischen Lichttheorie gab. Von der Vorstellung ausgehend, daß die transversalen Lichtwellen wie die longitudinalen Schallwellen elastische Wellen seien, suchte er die Unterschiede in den Fortpflanzungsgeschwindigkeiten einer einfachen Lichtart nach verschiedenen Richtungen eines optisch anisotropen Körpers auf Unterschiede der Elasticität des Äthers nach verschiedenen Richtungen in diesem Körper zurückzuführen. Die Untersuchung des Kalkspats lehrt, daß die Fortpflanzungsgeschwindigkeit einer ebenen Welle konstant bleibt, wenn sich die Polarisationsebene der Welle nicht ändert. In der That, alle Wellen, die nach demselben Hauptschnitte polarisiert sind, haben dieselbe Geschwindigkeit $\mathfrak{o}$, welchen Winkel auch ihre Normalen mit der Axe der Isotropie einschließen mögen; und alle Wellen, deren Polarisationsebene auf dieser Axe senkrecht steht, haben dieselbe Geschwindigkeit $\mathfrak{e}$. Wir können also auch sagen: Wenn die Normale der Polarisationsebene ihre Lage im Krystall nicht ändert, so bleibt die Geschwindigkeit der Welle konstant. Diese Thatsache veranlaßte FRESNEL anzunehmen, daß die Normale der Polarisationsebene die *Schwingungsrichtung* sei, nach der die Ätherteilchen der Welle pendelartige Bewegungen um ihre Ruhelagen ausführen, und daß die Geschwindigkeit der Welle lediglich bedingt sei durch die Elasticität des Äthers in der Schwingungsrichtung. Nach FRESNEL liegt also in einer ordentlichen Welle des Kalkspats die Schwingungsrichtung senkrecht zum Hauptschnitt dieser Welle; sie steht daher immer senkrecht zur Axe der Isotropie γ und ihre konstante Geschwindigkeit $\mathfrak{o}$ ist bestimmt durch die konstante Elasticität des Äthers in den optisch gleichberechtigten, zu γ senkrechten Richtungen. In einer ausserordentlichen Welle fällt die Schwingungsrichtung in den Hauptschnitt dieser Welle; sie ist also gegeben durch die Schnittgerade OF der Wellenebene mit der Verbindungsebene von Wellennormale OQ und Strahl OS (Fig. 621, vgl. Fig. 580). Gehen wir von einer zur Axe der Isotropie senkrechten Wellennormale OQ aus, so ist OF zunächst parallel zu dieser Axe, und die Geschwindigkeit $\mathfrak{e}$ ist bedingt durch die Elasticität des Äthers in dieser aus-

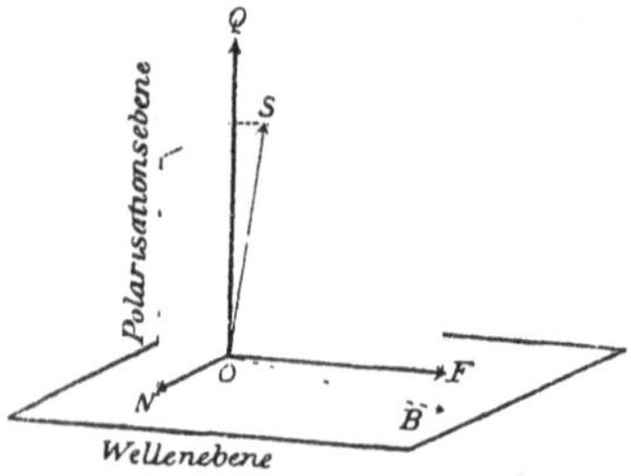

Fig. 621. Polarisationsebene und Schwingungsrichtung einer außerordentlichen Welle im Kalkspat.

gezeichneten Richtung. In dem Maße, in welchem sich OQ der Axe γ nähert, wächst die Neigung von OF gegen diese Axe; daher nähert sich die Geschwindigkeit immer mehr dem Werthe $\mathfrak{c}$, bis sie ihn schließlich erreicht, wenn OQ mit γ und OF mit einer zu γ senkrechten Richtung zusammenfällt.

Diese Vorstellung ist nicht nur sehr einfach; sie scheint auch die beobachteten Beziehungen zwischen der ordentlichen und der außerordentlichen Welle im Kalkspat vollständig zu erklären. Gleichwohl ist sie unvereinbar mit der Anschauung, die Fresnel seiner Theorie der Doppelbrechung zu Grunde legte. Hiernach verhält sich der Äther in Bezug auf Lichtbewegungen wie ein fester elastischer Körper. Denn elastische Transversalwellen können nur in festen Körpern auftreten, nicht in Flüssigkeiten, die durch die Gleichheit des Druckes nach verschiedenen Richtungen charakterisiert sind. Die Ausbildung der Elasticitätstheorie durch A. Cauchy, F. E. Neumann und G. Green hat aber gelehrt,[1] daß die Schwingungsrichtung einer Transversalwelle nicht senkrecht, sondern parallel zu ihrer Polarisationsebene liegt, und daß die Fortpflanzungsgeschwindigkeit der Welle keineswegs, wie Fresnel voraussetzte, lediglich von der Elasticität in der Schwingungsrichtung abhängt. Wenn man die Grundvorstellung zuläßt, daß der Lichtäther im Inneren eines Krystalls infolge der Einwirkung der ponderablen Materie bei Lichtbewegungen sich verhält wie ein homogener anisotroper fester Körper, auf dessen Teile nur die elastischen Kräfte wirken, die durch die relativen Verschiebungen dieser Teile hervorgerufen werden, so ergiebt sich zunächst, daß von einer Erschütterungsebene aus nach jeder Seite im allgemeinen drei räumlich getrennte Wellen mit verschiedenen Geschwindigkeiten fortschreiten; die drei Bewegungsrichtungen stehen aufeinander senkrecht, aber die Wellen sind weder longitudinal noch transversal. In diesem Gesetze ist das von Fresnel entdeckte[2] und durch die Beobachtung bestätigte Gesetz für die Fortpflanzung und die Polarisation des Lichtes in Krystallen ohne Axe der Isotropie als ein specieller Fall enthalten. Wenn nämlich die Bedingung eingeführt wird, daß bei der Wellenbewegung Kompressionen oder Dilatationen nicht stattfinden sollen, wenn also, wie man sagt, die Wellenbewegung in einem incompressiblen Körper untersucht wird, so treten nur Transversalwellen auf, die genau dem Fresnel'schen Gesetze gehorchen. In jeder Richtung pflanzen sich im allgemeinen und höchstens zwei Wellen fort, deren Schwingungsrichtungen aufeinander senkrecht stehen. Aber die Schwingungsebene jeder Welle ist identisch mit der experimentell definierten

[1] F. Neumann, Vorlesungen über die Theorie der Elasticität der festen Körper und des Lichtäthers. 1885. G. Kirchhoff, Vorlesungen über mathematische Optik. 1891. P. Volkmann, Vorlesungen über die Theorie des Lichtes, unter Rücksicht auf die elastische und die elektromagnetische Anschauung. 1891.

[2] Der Weg der Entdeckung wird bei der Betrachtung der Krystalle ohne Axe der Isotropie angegeben werden.

Polarisationsebene. Demnach würden z. B. die Schwingungen einer außerordentlichen Welle im Kalkspat nach der Schnittgeraden ON von Wellenebene und Polarisationsebene, also senkrecht zum Hauptschnitt der Welle gerichtet sein (Fig. 621).

Wie die Fresnel'sche Auffassung gelangt auch diese Lichttheorie zu dem Ergebnis, daß die Schwingungen einer polarisierten ebenen Welle in pendelartigen Bewegungen der Ätherteilchen nach einer zur Wellenebene parallelen Geraden, also in periodischen Änderungen einer einzigen Vektorgröße bestehen. Nur die Orientierung dieses Vektors gegen die Polarisationsebene wird verschieden gedeutet. Alle Bemühungen, auf experimentellem Wege eine Entscheidung zu Gunsten der einen oder der anderen Auffassung herbeizuführen, sind erfolglos geblieben. Es hat sich vielmehr gezeigt, daß die Beschreibung der Vorgänge, die durch fortschreitende Lichtwellen hervorgerufen werden, jeden der beiden Vektoren mit gleichem Erfolge benutzen kann. Diese überraschende Thatsache ist erst durch die weitere Ausbildung der mechanischen Lichttheorie und namentlich durch die elektromagnetische Lichttheorie aufgeklärt worden.

Aus den vorhin erwähnten Hypothesen läßt sich nur ein Teil der optischen Erscheinungen, die an Krystallen beobachtet worden sind, erklären. Da elastische Deformationen und elastische Drucke ihrer Natur nach centrisch symmetrische Größen sind, so kann die Elasticitätstheorie nur Lichtbewegungen in Körpern darstellen, die auch bei optischen Vorgängen ein Centrum der Symmetrie besitzen. Es sind aber reguläre, hexagonale und tetragonale Krystalle bekannt, denen diese Symmetrieeigenschaft fehlt, da sie ein optisches Drehungsvermögen zeigen (S. 234: **II, IV**). Hierzu kommt, daß jene Theorie keine Erklärung zu geben vermag für die Erscheinungen der Dispersion und der Absorption des Lichtes. Zahlreiche Versuche sind unternommen worden, um aus den vorliegenden Erfahrungen Grundvorstellungen zu gewinnen, aus denen sich nicht nur ein einzelnes Gebiet, sondern die Gesamtheit der beobachteten Erscheinungen ableiten läßt. Es ist in der That gelungen, eine mechanische Lichttheorie auszubilden, welche gestattet, die große Mehrzahl der optischen Eigenschaften der Krystalle in Übereinstimmung mit der Erfahrung zu beschreiben. Eine Darlegung dieser Theorie würde indessen den Rahmen dieser Schrift überschreiten. Ich will aber nicht unterlassen, auf die trefflichen Übersichten des bisher Erreichten hinzuweisen, die wir P. Drude verdanken.[1]

Nur ein Resultat sei noch hervorgehoben. Bei der Fortpflanzung ebener Wellen in vollkommen durchsichtigen anisotropen Krystallen, die kein Drehungsvermögen besitzen, kommen drei sich periodisch ändernde Vektorgrößen zur Geltung. Es tritt nämlich zu dem Fresnel'schen Vektor OF und dem Neumann'schen Vektor ON (Fig. 621) noch der von Sarrau und

[1] P. Drude, Nachr. Ges. d. Wiss. Göttingen. 1892. 366; Encycl. d. Naturw. Handbuch d. Physik. II (1). 1894.

Boussinesq eingeführte Vektor *OB*, der in der Verbindungsebene von Wellennormale *OQ* und Strahl *OS* auf dem Strahl senkrecht steht. Wellen, deren Teilchen nach *OB* schwingen, sind nicht mehr Transversalwellen. Der Winkel $BOF = SOQ$ ist aber stets sehr klein, und in isotropen Körpern wird er gleich Null. Da nun Beobachtungen von Lichterscheinungen doch nur in isotropen Medien ausgeführt werden können, so erfährt das Resultat der Berechnung dieser Erscheinungen keine Änderung, wenn in den dabei in Betracht kommenden anisotropen Körpern der nach *OB* gerichtete Vektor an Stelle von *OF* oder *ON* benutzt wird.

Die Erfolge der mechanischen Lichttheorie berechtigen nicht zu dem Schlusse, daß Lichtwellen wirklich elastische Transversalwellen sind. In den elektromagnetischen Wellen sind Transversalwellen bekannt geworden, die denselben Gesetzen der Fortpflanzung, der Spiegelung und Brechung, der Interferenz u. s. w. unterworfen sind, wie die Lichtwellen, von denen sie sich nur durch größere Werte der Schwingungsdauer unterscheiden.[1] Auch für eine elektromagnetische Welle, die in einem vollkommen durchsichtigen einfachbrechenden Körper auf eine ebene Grenzfläche eines zweiten derartigen Körpers fällt, läßt sich ein Polarisationswinkel φ ermitteln; bezeichnet man die Dielektricitätskonstanten der beiden Körper mit ε_1 und ε_2, so ist $\tan\varphi = \sqrt{\varepsilon_2} : \sqrt{\varepsilon_1}$. In der reflektierten Welle schwingt die elektrische Kraft senkrecht zur Reflexionsebene, die magnetische Kraft parallel zu dieser Ebene. Demnach liegt in einem *einfachbrechenden* Körper die Schwingungsrichtung der elektrischen Kraft senkrecht zur Polarisationsebene, und die elektrische Kraft entspricht dem Fresnel'schen, die magnetische Kraft dem Neumann'schen Vektor. Die Richtungen der elektrischen und magnetischen Polarisationen fallen mit den Richtungen der entsprechenden Kräfte zusammen. Schreitet dagegen eine polarisierte ebene Welle in einem vollkommen durchsichtigen *doppeltbrechenden* Krystall fort, der kein Drehungsvermögen besitzt, so sind wieder drei periodisch veränderliche Vektorgrößen zu unterscheiden (Fig. 621). Die Schwingungsrichtung *OB* der elektrischen Kraft steht in der durch Wellennormale und Strahl gelegten Ebene auf dem Strahle senkrecht, während die Schnittgerade *OF* dieser Ebene mit der Wellenebene die Richtung der elektrischen Polarisation bezeichnet. Die Schwingungsrichtungen der magnetischen Kraft und der magnetischen Polarisation fallen mit der Schnittgeraden *ON* von Polarisationsebene und Wellenebene zusammen.

Da für die Zwecke der Beschreibung eine dieser Vektorgrößen ausreicht, so werden wir hinfort nur den nach *ON* gerichteten Vektor benutzen.

Gleichung einer geradlinig polarisierten Welle. — Wir betrachten eine ebene Welle, die in einem homogenen vollkommen durchsichtigen

[1] Über die elektromagnetische Theorie des Lichtes vgl. die Vorlesungen von Volkmann und namentlich P. Drude, Physik des Äthers auf elektromagnetischer Grundlage. 1894.

Körper mit der Geschwindigkeit $\mathfrak{v}$ fortschreitet. Ist die Welle geradlinig polarisiert, so gleitet jede zur Wellennormale senkrechte Ebene nach einer bestimmten in ihr liegenden Geraden X, der Schnittgeraden von Wellenebene und Polarisationsebene, um ihre Ruhelage hin und her. Es sei W eine dieser Ebenen, O eine beliebige Stelle der Ruhelage von W und P das um O schwingende Ätherteilchen. Dann kann die einfachste Schwingung von P um O in der Geraden X bis zur Entfernung a betrachtet werden als die senkrechte Projektion der gleichförmigen Bewegung eines Punktes M auf einem Kreise in der Ebene W mit dem Mittelpunkte O und dem Radius a (Fig. 622). Dabei wird vorausgesetzt, daß die Umlaufszeit von M gleich der Schwingungsdauer T des Teilchens P sei. Es durchläuft also M in der Zeit T den Winkel 2π und in der Zeiteinheit der Winkel $2\pi/T$. Wenn P die Ruhelage in der Richtung $+X$ verläßt, soll sich M von A nach rechts, im Sinne der Drehung des Uhrzeigers, bewegen. Nach Verlauf der Zeit t sei P die Projektion von M auf X; da M den Winkel $AOM = \chi = 2\pi\, t/T$ zurückgelegt hat, so ist der Abstand des Teilchens P von der Ruhelage zur Zeit t:

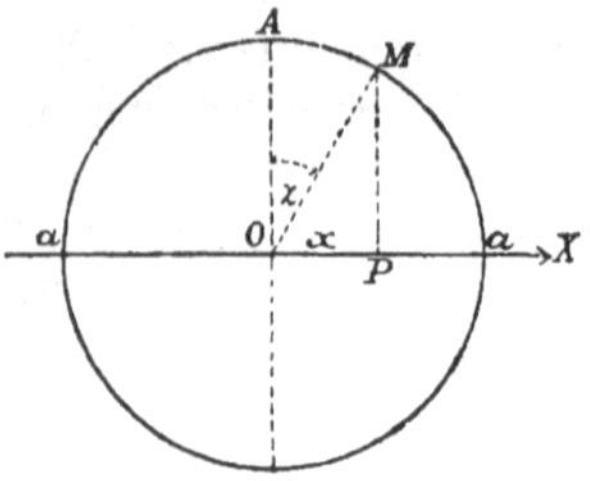

Fig. 622. Sinusschwingung.

(1) $$OP = x = a \cdot \sin\chi = a \cdot \sin 2\pi \frac{t}{T}.$$

Die größte Entfernung a des Teilchens von der Ruhelage wird die *Amplitude* der Schwingung genannt. Der Winkel χ heißt die *Phase* der Schwingung; die Phase ist also eine Zahl, nämlich das Produkt von 2π in die Anzahl der Schwingungen t/T, die das Teilchen im Verlauf der Zeit t gemacht hat. Die durch den Ausdruck 1 dargestellte Bewegung bezeichnet man auch als *Sinusschwingung* oder als *einfache harmonische Bewegung.*

Untersuchen wir jetzt den Schwingungszustand eines Teilchens der Ebene W', die von W um die Strecke z in der Fortpflanzungsrichtung der Welle entfernt ist. Zum Durchlaufen von z sei die Zeit t' erforderlich, so daß $z = \mathfrak{v}t'$ ist. Die durch O gehende Wellennormale treffe W' in O'. Das um O' schwingende Ätherteilchen P' wird nun zur Zeit t denselben Abstand x' von seiner Ruhelage haben, den das Teilchen P zu einer um t' früheren Zeit besaß. Folglich ist:

$$x' = a \cdot \sin 2\pi \frac{t - t'}{T}.$$

Bezeichnen wir die Wellenlänge, d. h. den kürzesten Abstand zweier Teilchen auf einer Wellennormale, die sich gleichzeitig in demselben Schwingungszustande befinden, mit λ, so ist $\lambda = \mathfrak{v}T$ und:

(2) $$x' = a \cdot \sin 2\pi \left(\frac{t}{T} - \frac{z}{\lambda}\right).$$

Dies ist die *Gleichung einer geradlinig schwingenden Welle.* Es geht hieraus hervor, daß eine solche Welle vollständig definiert ist, wenn wir die Richtung der Wellennormale, die Schwingungsrichtung, die Schwingungsdauer T, die Fortpflanzungsgeschwindigkeit $\mathfrak{v}$, die Amplitude a und die Phase in einem einzelnen Punkte der Wellennormale kennen.

Geradlinig polarisierte Wellen von übereinstimmender Schwingungsdauer und Fortpflanzungsgeschwindigkeit können Unterschiede in der *Intensität* darbieten. Nach den Vorstellungen der Undulationstheorie müssen diese Verschiedenheiten durch die Werte der Amplitude a bedingt sein. Man definiert die Intensität als den Mittelwert der kinetischen Energie eines Ätherteilchens während der Dauer einer Schwingung und findet dafür den Ausdruck $a^2\pi^2/T^2$. Die Intensität einer ebenen, geradlinig polarisierten Welle ist also *proportional dem Quadrat ihrer Amplitude.* Eine Abhängigkeit der Intensität von dem Wege, den die Welle zurückgelegt hat, ergiebt sich hier nicht, da wir vollkommen durchsichtige Medien vorausgesetzt haben. In Wirklichkeit absorbieren aber alle Körper einen Teil der Lichtenergie, die in sie eingetreten ist, und verwandeln ihn in andere Energiearten, gewöhnlich in Wärmeenergie. Wir werden auf diese Absorptionserscheinungen erst an einer späteren Stelle näher eingehen.

Zunächst können wir jetzt die fundamentalen Versuche über die Polarisation des Lichtes im Kalkspat erklären. Die von dem Spiegel (Fig. 617) reflektierte und nach der Reflexionsebene polarisierte Welle habe die Amplitude a. Bildet der Hauptschnitt $\mathfrak{H}_0$ der Kalkspatplatte den Winkel α mit der Reflexionsebene $\mathfrak{P}$, so haben die nach $\mathfrak{H}_0$ und $\mathfrak{H}_e$ polarisierten Komponenten der einfallenden Welle die Amplituden $a\cos\alpha$ und $a\sin\alpha$

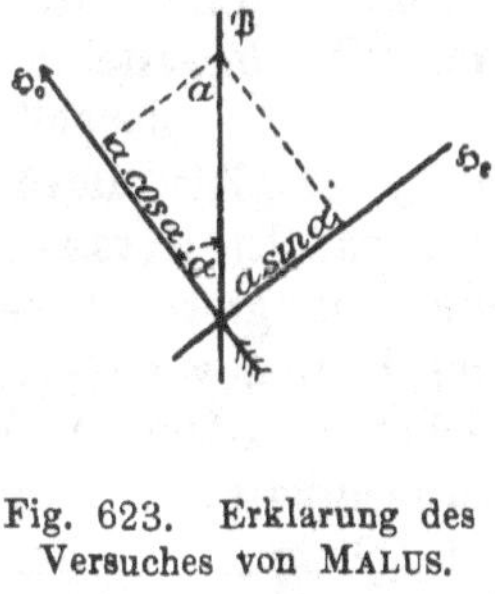

Fig. 623. Erklarung des Versuches von Malus.

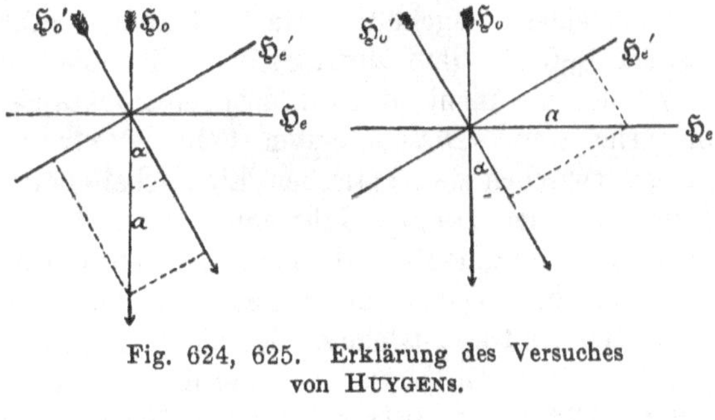

Fig. 624, 625. Erklärung des Versuches von Huygens.

(Fig. 623). Folglich sind die Intensitäten der ordentlichen und der außerordentlichen Welle im Kalkspat proportional $a^2\cos^2\alpha$ und $a^2\sin^2\alpha$. Diese Ausdrücke beschreiben in der That den Versuch von Malus.

In ähnlicher Weise verfahren wir bei dem Versuche von Huygens (S. 260). Die Hauptschnitte $\mathfrak{H}_0$ und $\mathfrak{H}_0'$ der beiden Kalkspatplatten seien unter dem Winkel α gegeneinander geneigt. Die aus dem ersten Kalkspat austretende ordentliche, also nach $\mathfrak{H}_0$ polarisierte Welle O habe die Amplitude a. Dann sind die Amplituden der aus ihr in dem zweiten Kalkspat hervorgehenden, nach $\mathfrak{H}_o'$ und $\mathfrak{H}_e'$ polarisierten Wellen O_o und O_e gleich $a \cos \alpha$ und $a \sin \alpha$ (Fig. 624). Die nach $\mathfrak{H}_e$ polarisierte Welle E erzeugt die nach denselben Richtungen polarisierten Wellen E_o und E_e mit den Amplituden $a \sin \alpha$ und $a \cos \alpha$ (Fig. 625). Demnach sind die Intensitäten der vier aus dem zweiten Kalkspat austretenden Wellen O_o, O_e, E_o, E_e proportional:

$$a^2 \cos^2 \alpha, \quad a^2 \sin^2 \alpha, \quad a^2 \sin^2 \alpha, \quad a^2 \cos^2 \alpha;$$

und es ist ersichtlich, daß hierdurch die bei der Drehung des zweiten Kalkspats eintretenden Intensitätsänderungen beschrieben werden.

Gleichwohl können diese Ausdrücke für die Intensitäten nur angenäherte Gültigkeit beanspruchen, da wir nicht nur die Schwächung des Lichtes durch Reflexion und Absorption, sondern auch die Intensitätsunterschiede der ordentlichen und der außerordentlichen Wellen im Kalkspat vernachlässigt haben.

Interferenzerscheinungen im senkrecht einfallenden polarisierten Lichte. — Durch die Untersuchung der Polarisation des Lichtes wurde L. Malus auf eine äußerst empfindliche Methode zur Unterscheidung einfachbrechender und doppeltbrechender Körper geführt. Er hatte die Spiegel P, A seines Polarisationsapparates (Fig. 616) in gekreuzte Stellung gebracht, so daß der obere Spiegel A das von P auf ihn geworfene Licht nicht reflektierte. Nun brachte er in den Weg des Lichtes zwischen P und A eine doppeltbrechende Krystallplatte, z. B. eine Spaltungsplatte von Kalkspat. Dadurch wurde der von dieser Platte eingenommene Teil des Gesichtsfeldes aufgehellt. Nach diesem Verfahren konnte Malus feststellen, daß alle ihm zugänglichen Mineralien oder künstlich dargestellten Krystalle, die nicht in Hexaëdern oder Oktaëdern krystallisieren, doppeltbrechend sind. Diesem ersten Schritte zur Aufdeckung des Zusammenhanges zwischen den optischen Eigenschaften und der Form der Krystalle folgte in dem zweiten Jahrzehnt dieses Jahrhunderts eine große Reihe neuer Beobachtungen. Als F. Arago 1811 sehr dünne Platten von Gyps, Glimmer und Quarz untersuchte, bemerkte er prachtvoll farbige Aufhellungen des Gesichtsfeldes. Besonders erfolgreich experimentierte J. B. Biot (1812—1814). Die Erklärung aller dieser Erscheinungen gelang A. Fresnel (1816—1821) mit Hilfe der Gesetze über die Interferenz des polarisierten Lichtes.

Polarisationsapparat. — Ein Polarisationsapparat zur Untersuchung von Platten im senkrecht einfallenden Lichte wird im wesentlichen gebildet aus zwei hintereinander aufgestellten geradlinig polarisierenden Vorrichtungen, dem Polarisator P und dem Analysator A. Ist der Polarisator ein Nicolsches Doppelprisma wie in Fig. 626, so tritt aus ihm eine ebene Welle W, deren Polarisationsebene $\mathfrak{P}$ der längeren Diagonale der Austrittsfläche parallel liegt. Wir setzen voraus, daß zur Beleuchtung einfarbiges Licht diene und bezeichnen dann die Amplitude von W mit a. Ist auch der Analysator A ein Nicolsches Doppelprisma, so erzeugt W beim Eintritt in A zwei gebrochene Wellen W_o und W_e, von denen nur die außerordentliche Welle W_e austreten kann. Ihre Polarisationsebene $\mathfrak{A}$ liegt parallel zur längeren Diagonale der Austrittsfläche. Schließen $\mathfrak{P}$ und $\mathfrak{A}$ den Winkel χ ein, so ist die Amplitude von W_e gleich $a \cos \chi$, wenn wir absehen von den Schwächungen der Amplitude a durch Absorption und durch partielle Reflexionen an den Grenzebenen verschiedener Medien. Demnach ist die Intensität des austretenden und in das Auge des Beobachters eindringenden Lichtes proportional $a^2 \cos^2 \chi$.

Unsere Aufgabe besteht jetzt darin, die Veränderungen zu untersuchen, welche die ursprüngliche Intensität des Gesichtsfeldes eines Polarisationsapparates erfährt, wenn zwischen Polarisator und Analysator eine Platte eines doppeltbrechenden vollkommen durchsichtigen Krystalls senkrecht zur Fortpflanzungsrichtung der aus dem Polarisator austretenden Welle W eingeschaltet wird. Es handelt sich also darum, die Amplitude des aus dem Analysator austretenden Lichtes zu bestimmen.

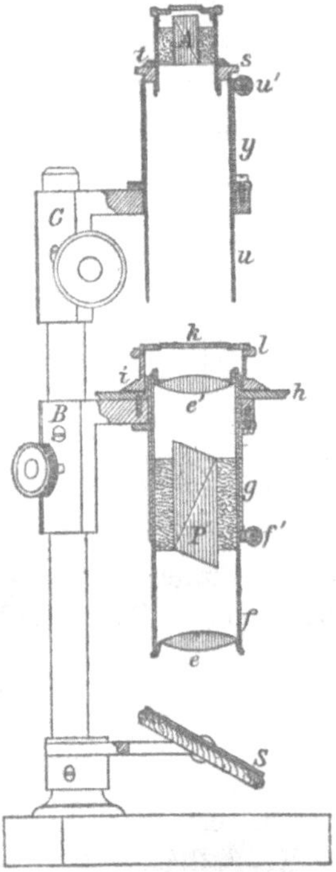

Fig. 626. Polarisationsapparat für senkrecht einfallendes Licht (von R. FUESS).

Intensität der austretenden Welle. — Wir setzen zunächst voraus, daß die Welle W beim Eintritt in die Krystallplatte in zwei geradlinig polarisierte Wellen W_1, W_2 gebrochen werde, die nach der Richtung der Plattennormale mit den Geschwindigkeiten $OQ_1 = \mathfrak{q}_1$, $OQ_2 = \mathfrak{q}_2$ fortschreiten (Fig. 627). Es sei $\mathfrak{q}_1 > \mathfrak{q}_2$. Die Polarisationsebenen der gebrochenen Wellen seien bezeichnet mit $\mathfrak{H}_1$, $\mathfrak{H}_2$. Es mögen ferner bedeuten l die Dicke der Krystallplatte, T die Schwingungsdauer des angewendeten einfarbigen Lichtes und λ seine Wellenlänge in Luft. Zur Zeit t sei der Schwingungszustand der einfallenden Welle W an der Eintrittsfläche der Platte nach (1) (S. 268) dargestellt durch:

$$\varrho = a \cdot \sin 2\pi \frac{t}{T} \ldots\ldots \parallel \mathfrak{P},$$

worin ϱ die Entfernung eines schwingenden Ätherteilchens der Ebene W von seiner Ruhelage O bedeutet. Die Lage der Platte sei bestimmt durch den Winkel φ, den die Polarisationsebene $\mathfrak{H}_1$ der schnelleren Welle W_1 mit der Polarisationsebene $\mathfrak{P}$ der einfallenden Welle einschließt (Fig. 628). Wird die Schwächung der Amplitude a' durch die partielle Reflexion an der Eintrittsfläche unberücksichtigt gelassen, so sind die Amplituden der gebrochenen Wellen W_1, W_2 in einem vollkommen durchsichtigen Krystall

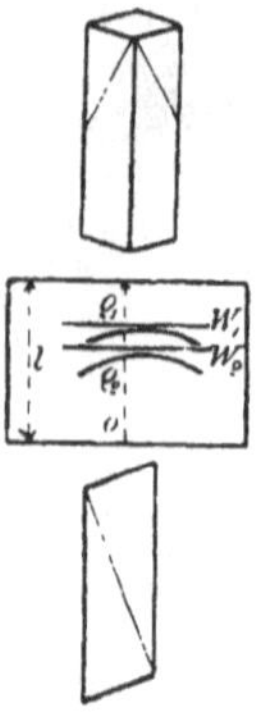

Fig. 627. Konstruktion der Geschwindigkeiten OQ_1, OQ_2.

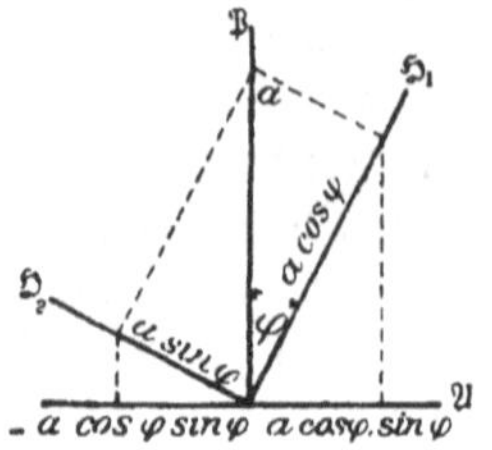

Fig. 628. Konstruktion der Amplituden.

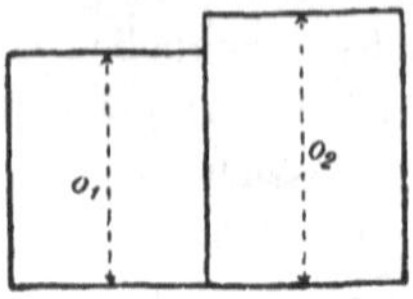

Fig. 629. Wert des Gangunterschiedes $\Gamma = o_2 - o_1$.

gegeben durch die Komponenten von a nach $\mathfrak{H}_1$ und $\mathfrak{H}_2$, also durch $a \cos\varphi$ und $a \sin\varphi$. Daher sind die Komponenten von ϱ nach $\mathfrak{H}_1$, $\mathfrak{H}_2$:

$$\varrho \cos\varphi = a \cos\varphi \cdot \sin 2\pi \frac{t}{T} \ldots\ldots \| \mathfrak{H}_1 ,$$

$$\varrho \sin\varphi = a \sin\varphi \cdot \sin 2\pi \frac{t}{T} \ldots\ldots \| \mathfrak{H}_2 ,$$

Es seien t_1, t_2 die Zeiten, in denen die Wellen W_1, W_2 den Weg l in der Krystallplatte durchschreiten, so daß $l = \mathfrak{q}_1 t_1 = \mathfrak{q}_2 t_2$ ist. In denselben Zeiten würde eine Welle mit der Schwingungsdauer T in Luft mit der durch die Relation $\lambda = \mathfrak{v} T$ gegebenen Geschwindigkeit $\mathfrak{v}$ die Wege $o_1 = \mathfrak{v} t_1$ und $o_2 = \mathfrak{v} t_2$ durchlaufen (Fig. 629). Die Differenz dieser Wege $o_2 - o_1$ nennt man den *Gangunterschied* Γ, den die Wellen W_1, W_2 beim Austritt aus der Krystallplatte erreicht haben. Da $o_1 : \mathfrak{v} = l : \mathfrak{q}_1$ und $o_2 : \mathfrak{v} = l : \mathfrak{q}_2$ ist, so wird:

$$\Gamma = o_2 - o_1 = l \left(\frac{\mathfrak{v}}{\mathfrak{q}_2} - \frac{\mathfrak{v}}{\mathfrak{q}_1} \right).$$

Führen wir noch die Brechungsindices ν_1, ν_2 der Wellen W_1, W_2 gegen Luft ein, so ergiebt sich, daß der Gangunterschied gleich dem Produkte aus der Plattendicke in die Differenz dieser Brechungsindices ist:

$$\Gamma = l(\nu_2 - \nu_1).$$

Zur Zeit t wird der Schwingungszustand der Wellen W_1, W_2 an der Austrittsfläche der Krystallplatte nach (2) (S. 268) dargestellt durch:

$$\varrho_1 = a \cos\varphi \cdot \sin 2\pi \left(\frac{t}{T} - \frac{o_1}{\lambda} \right) \qquad \ldots \| \mathfrak{H}_1$$

$$\varrho_2 = a \sin\varphi \cdot \sin 2\pi \left(\frac{t}{T} - \frac{o_2}{\lambda} \right) = a \sin\varphi \cdot \sin 2\pi \left(\frac{t}{T} - \frac{o_1}{\lambda} - \frac{\Gamma}{\lambda} \right) \ldots \| \mathfrak{H}_2 .$$

Wir müssen nun die Wirkung des Analysators auf diese Wellen untersuchen. Für die Beobachtung kommen vor Allem die Veränderungen eines ursprünglich vollkommen dunklen Gesichtsfeldes in Betracht. Wir nehmen daher an, daß Polarisator und Analysator **gekreuzt** stehen. Es können also aus dem Analysator nur Wellen austreten, deren Polarisationsebene $\mathfrak{A}$ unter 90^0 gegen $\mathfrak{P}$ geneigt ist (Fig. 628). Da die Entfernung des Analysators von der Krystallplatte keinen wesentlichen Einfluß auf die Interferenzerscheinung ausübt, so können wir den Schwingungszustand in den nach $\mathfrak{A}$ polarisierten Komponenten der Wellen W_1 und W_2 direkt ausdrücken durch die Komponenten der Ausschläge ϱ_1 und ϱ_2 nach $\mathfrak{A}$:

$$\varrho_1 \sin\varphi \quad \text{und} \quad -\varrho_2 \cos\varphi \; \ldots \parallel \mathfrak{A}.$$

Hieraus folgt der Schwingungszustand der durch Interferenz resultierenden Welle, wenn wir die Summe:

$$\text{(a)} \qquad \sigma = \varrho_1 \sin\varphi - \varrho_2 \cos\varphi$$

bilden. Nach den vorstehenden Gleichungen ist der Ausschlag σ zur Zeit t:

$$\sigma = a\cos\varphi\sin\varphi \Big[\sin 2\pi\frac{t}{T}\cos 2\pi\frac{o_1}{\lambda} - \cos 2\pi\frac{t}{T}\sin 2\pi\frac{o_1}{\lambda} - \sin 2\pi\frac{t}{T}\cos 2\pi\left(\frac{o_1}{\lambda}+\frac{\Gamma}{\lambda}\right) + \cos 2\pi\frac{t}{T}\sin 2\pi\left(\frac{o_1}{\lambda}+\frac{\Gamma}{\lambda}\right)\Big].$$

Die Sinusschwingungen der interferierenden Wellen setzen sich wieder zu einer Sinusschwingung zusammen, deren Amplitude mit A bezeichnet werden möge. Daher muß sich der Ausschlag σ nach (2) (S. 268) darstellen lassen durch einen Ausdruck von folgender Form:

$$\text{(b)} \qquad \sigma = \mathsf{A}\cdot\sin 2\pi\left(\frac{t}{T}-\frac{\Phi}{\lambda}\right) = \mathsf{A}\left(\sin 2\pi\frac{t}{T}\cos 2\pi\frac{\Phi}{\lambda} - \cos 2\pi\frac{t}{T}\sin 2\pi\frac{\Phi}{\lambda}\right).$$

Die Amplitude A der aus dem Analysator austretenden Welle ist die Größe, die wir suchen. Ihre Berechnung gelingt sofort, wenn wir beachten, daß die beiden für σ bestehenden Ausdrücke (a) und (b) einander gleich sein müssen, welchen Wert auch die Zeit t haben mag. Daher müssen notwendig die Faktoren von $\sin 2\pi t/T$ und die Faktoren von $\cos 2\pi t/T$ in beiden Ausdrücken übereinstimmen:

$$\mathsf{A}\cos 2\pi\frac{\Phi}{\lambda} = a\cos\varphi\sin\varphi\left[\cos 2\pi\frac{o_1}{\lambda} - \cos 2\pi\left(\frac{o_1}{\lambda}+\frac{\Gamma}{\lambda}\right)\right]$$

$$\mathsf{A}\sin 2\pi\frac{\Phi}{\lambda} = a\cos\varphi\sin\varphi\left[\sin 2\pi\frac{o_1}{\lambda} - \sin 2\pi\left(\frac{o_1}{\lambda}+\frac{\Gamma}{\lambda}\right)\right].$$

Werden nun diese Gleichungen quadriert und addiert, so erhalten wir das Quadrat der gesuchten Amplitude:

$$\mathsf{A}^2 = a^2\cos^2\varphi\sin^2\varphi\left[1+1-2\cos 2\pi\frac{o_1}{\lambda}\cos 2\pi\left(\frac{o_1}{\lambda}+\frac{\Gamma}{\lambda}\right) - 2\sin 2\pi\frac{o_1}{\lambda}\sin 2\pi\left(\frac{o_1}{\lambda}+\frac{\Gamma}{\lambda}\right)\right]$$

oder:

$$\text{(I)} \qquad \mathsf{A}^2 = a^2\cdot\sin^2 2\varphi\cdot\sin^2\pi\frac{\Gamma}{\lambda}\cdot$$

Diesem Werte muß die Intensität des aus dem Analysator austretenden Lichtes proportional sein.

Der Ausdruck (I) bildet die Grundlage für die Erklärung aller Interferenzerscheinungen, die an doppeltbrechenden Krystallplatten zwischen gekreuzten Nicols im senkrecht einfallenden Lichte beobachtet werden, wenn die gebrochenen Wellen geradlinig polarisiert sind.

Normalstellungen und Diagonalstellungen einer Platte und eines Keiles. Im einfarbigen Lichte hängt die Intensität der aus dem Analysator austretenden Welle nach (I) ab: 1. von der durch den Winkel φ bestimmten Orientierung der Krystallplatte gegen den Polarisator, 2. von dem Gangunterschiede Γ, also von der Differenz der Brechungsindices $\nu_2 - \nu_1$ und der Dicke l der Platte. Sie ist gleich Null, d. h. die Platte erscheint *vollkommen dunkel*, wenn $\sin 2\varphi = 0$ oder wenn $\sin 2\pi\Gamma/\lambda = 0$ ist.

Die erste Bedingung wird erfüllt, wenn $\varphi = 0, 90^0, 180^0, 270^0$ ist. Demnach wird die Krystallplatte bei einer vollen Umdrehung in ihrer Ebene vier mal vollkommen dunkel erscheinen. In diesen Normalstellungen fallen die Polarisationsebenen $\mathfrak{H}_1$, $\mathfrak{H}_2$ der gebrochenen Wellen mit den Polarisationsebenen $\mathfrak{P}$, $\mathfrak{A}$ zusammen. Daß in diesem Falle keine Interferenzerscheinung auftreten kann, ist übrigens von vornherein ersichtlich, denn wenn $\mathfrak{H}_1$ oder $\mathfrak{H}_2$ zu $\mathfrak{P}$ parallel liegt, entsteht nur eine einzige gebrochene Welle, W_1 oder W_2. — Halbieren $\mathfrak{H}_1$ und $\mathfrak{H}_2$ die Winkel zwischen $\mathfrak{P}$ und $\mathfrak{A}$, so wird $\sin^2 2\varphi = 1$. In diesen Diagonalstellungen zeigt die Platte ein Maximum der Helligkeit.

Die zweite Bedingung wird befriedigt, wenn der durch die Platte hervorgerufene Gangunterschied ein ganzes Vielfaches der Wellenlänge λ

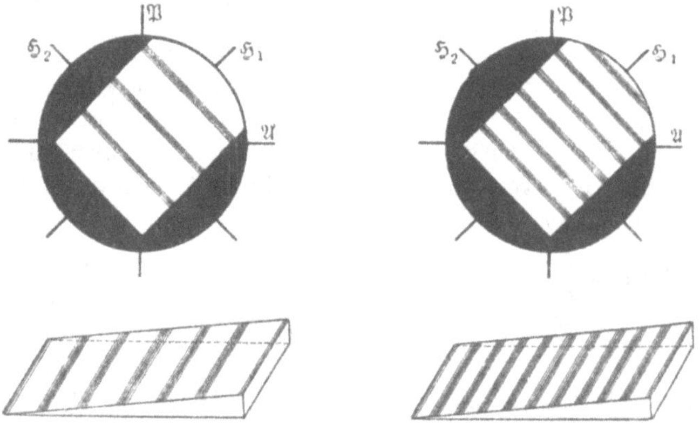

Fig. 630, 631. Interferenzstreifen eines Keiles im roten und im blauen Lichte (Diagonalstellung).

beträgt: $\Gamma = l(\nu_2 - \nu_1) = n\lambda$, worin $n = 1, 2, 3 \ldots$ ist. Da diese Bedingung von dem Werte des Winkels φ unabhängig ist, so bleibt die Platte während einer vollen Umdrehung in ihrer Ebene stets dunkel.

Hierdurch erklären sich auch die Interferenzerscheinungen, die ein Keil im einfarbigen Lichte darbietet. Beschreibt der Keil eine volle Umdrehung, so erscheint er in den Normalstellungen in seiner ganzen Ausdehnung vollkommen dunkel. In den Zwischenlagen zeigt er eine Schar von dunklen und hellen Streifen, die zur Kante des Keils parallel liegen und in gleichen Abständen aufeinander folgen (Fig. 630, 631). Die dunklen Streifen entstehen an den Stellen, wo die Dicke l der Bedingung $l = n\lambda/(\nu_2 - \nu_1)$ genügt; die hellen Streifen liegen dort, wo die Relation $l = (2n - 1)\lambda/2(\nu_2 - \nu_1)$ erfüllt wird. Der Abstand benachbarter Streifen nimmt also mit der Wellenlänge des einfallenden Lichtes ab: im roten Lichte (Fig. 630) ist er größer als im blauen Lichte (Fig. 631). Sehr scharf stellen sich die Streifen im Na-Lichte dar.

Bestimmung der Orientierung der Polarisationsebenen. — Eine wichtige Anwendung des Polarisationsapparates für senkrecht einfallendes Licht besteht in der Ermittelung der krystallographischen Orientierung der Polarisationsebenen $\mathfrak{H}_1$, $\mathfrak{H}_2$. Es handelt sich darum, den Winkel zu messen, den eine dieser Ebenen mit einer Kante k in der Begrenzung der Krystallplatte K oder mit einem Spaltriß s in dieser Platte einschließt. Hierzu benutzt man am zweckmäßigsten ein Mikroskop, das unter dem drehbaren und mit einer Kreisteilung versehenen Objekttische mit einem Polarisator P und über dem Objektiv mit einem Analysator ausgerüstet ist. Das in Fig. 632 abgebildete Mikroskop besitzt neben dem direkt über dem Objektiv angebrachten Analysator N noch einen zweiten Analysator A, der auf das Okular gesetzt werden kann; N läßt sich bequem ein- oder ausschalten, ohne daß der Beobachter das Auge von dem Okular zu entfernen braucht. Dieses Mikroskop muß so justiert werden, daß die Polarisationsebenen $\mathfrak{P}$, $\mathfrak{A}$ den Fäden f, f' des Fadenkreuzes im Okular parallel laufen, und daß die durch den Mittelpunkt des Fadenkreuzes fixierte Axe durch das Drehungscentrum des Objekttisches geht. Man bringt nun die Platte K auf dem Objekttische in die Lage, daß die Kante k oder der Riß s einem der Fäden f oder f' parallel läuft (Fig. 633). Darauf dreht man den Tisch mit der Platte, bis diese vollkommen dunkel erscheint (Fig. 634). Alsdann

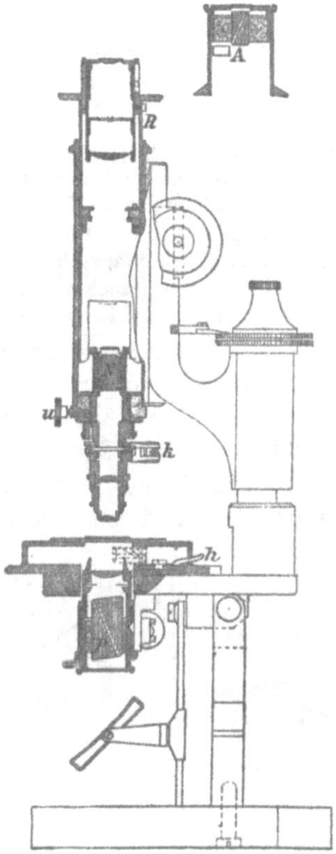

Fig. 632. Mikroskop zu Beobachtungen im senkrecht einfallenden polarisierten Lichte (von R. Fuess).

erhält man in der Differenz der Ablesungen an einem festen Nonius einen der beiden Winkel, welche die Ebenen $\mathfrak{H}_1$ und $\mathfrak{H}_2$ mit *k* oder *s* bilden.[1] Diese Beobachtung muß also durch die Unterscheidung von $\mathfrak{H}_1$ und $\mathfrak{H}_2$ ergänzt werden; hierüber vgl. S. 283.

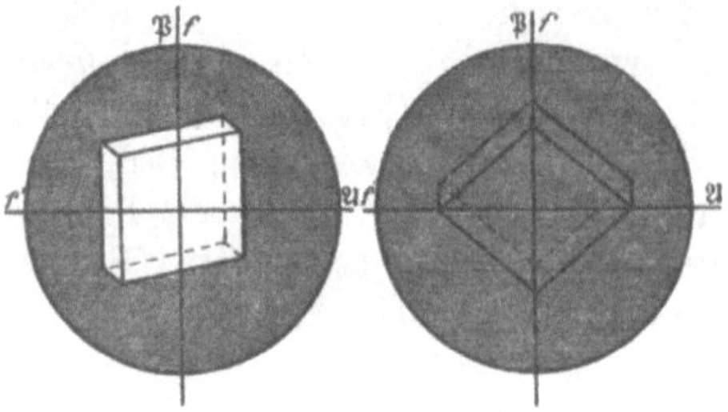

Fig. 633, 634. Messung der Winkel zwischen den Polarisationsebenen $\mathfrak{H}_1$, $\mathfrak{H}_2$ und einer Krystallkante.

Die Einstellung der Krystallplatte auf größte Dunkelheit wird um so genauer, je intensiver die Lichtquelle ist. — Um die Empfindlichkeit der Einstellung zu erhöhen, hat Fr. von Kobell vorgeschlagen, unter dem Analysator *A* des Polarisationsapparates eine senkrecht zur optischen Axe geschnittene Kalkspatplatte anzubringen; das aus einem schwarzen Kreuz und einer konzentrischen Schar abwechselnd heller und dunkler Kreise bestehende Interferenzbild dieser Platte erscheint nur dann ungestört, wenn die Polarisationsebenen $\mathfrak{H}_1$, $\mathfrak{H}_2$ mit $\mathfrak{P}$, $\mathfrak{A}$ zusammenfallen. Kobell bezeichnete eine solche Anordnung als Stauroskop. Indessen genügt diese Vorrichtung ebensowenig, wie die später von A. Brezina eingeführte Kalkspatdoppelplatte. Den höchsten Grad von Genauigkeit erreicht man hier wie bei den Saccharimetern und Polaristrobometern durch die Einführung von Halbschattenvorrichtungen, vgl. S. 281.

Interferenzfarben an Platten und Keilen. — Wird zur Beleuchtung des Polarisationsapparates weißes Licht benutzt, so erhält man die Intensität der aus dem Analysator tretenden Welle, indem man die Summe aller Werte von $a^2 \sin^2 2\varphi \sin^2 \pi \Gamma / \lambda$ bildet, welche den in dem einfallenden Lichte enthaltenen Lichtarten entsprechen. Im allgemeinen ist außer der Amplitude a und dem Gangunterschiede Γ auch noch der Winkel $\varphi = \mathfrak{P}\mathfrak{H}_1$ von der Wellenlänge λ abhängig. In der That können die Polarisationsebenen $\mathfrak{H}_1$, $\mathfrak{H}_2$ nur dann für alle Farben dieselbe Orientierung besitzen, wenn die Platte auf einer allen Lichtarten gemeinsamen Symmetrieebene senkrecht steht. Diese Bedingung ist aber nur bei Krystallen mit einer Axe der Isotrope für jede Plattenrichtung erfüllt (S. 263). Dagegen findet bei einer beliebig orientierten Platte eines Krystalls, der keine Axe der Isotropie besitzt, eine Dispersion der Polarisationsebenen $\mathfrak{H}_1$, $\mathfrak{H}_2$ statt. Wir begegnen dieser

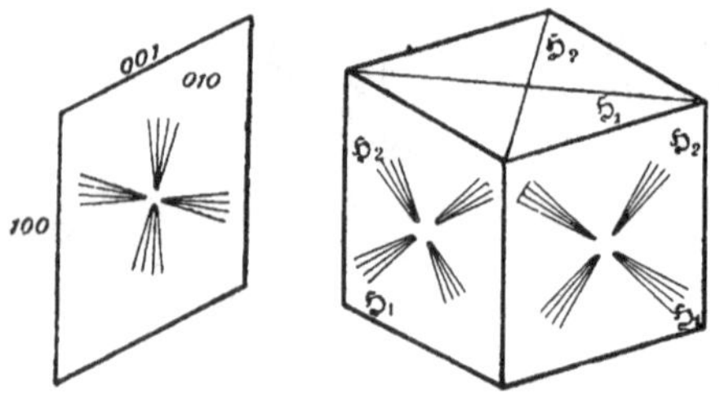

Fig. 635, 636. Dispersion der Polarisationsebenen $\mathfrak{H}_1$, $\mathfrak{H}_2$ in einem monoklinen Krystall.

[1] Der kleinere dieser beiden Winkel wird zuweilen die auf die Kante *k* oder den Spaltriß *s* bezogene Auslöschungsschiefe der Platte genannt.

Erscheinung z. B. an Platten eines monoklinen Krystalls, die nach 010 oder nach einer Prismenfläche geschnitten sind (Fig. 635, 636).

Wenn nun eine solche Dispersion nicht stattfindet, oder wenn sie so gering ist, daß sie vernachlässigt werden kann, so ist die Intensität des austretenden Lichtes proportional:

$$\text{(II)} \qquad \sin^2 2\varphi \cdot \sum a^2 \sin^2 \pi \frac{\Gamma}{\lambda} \cdot$$

In diesem Falle erscheint die Platte also auch bei der Beleuchtung des Apparates mit weißem Lichte während einer ganzen Umdrehung in ihrer Ebene viermal vollständig dunkel; dies sind die bekannten Normalstellungen, in denen die Richtungen von $\mathfrak{H}_1$, $\mathfrak{H}_2$ und $\mathfrak{P}$, $\mathfrak{A}$ übereinstimmen. In allen anderen Lagen der Platte kann eine Lichtart mit der Wellenlänge λ in Luft mit einem durch den Ausdruck $a^2 \cdot \sin^2 \pi\, \Gamma / \lambda$ bestimmten Anteile ihrer ursprünglichen Intensität zur Zusammensetzung des austretenden Lichtes beitragen. Daher müssen in diesem Lichte alle Lichtarten vollständig fehlen, für welche der Gangunterschied Γ gerade eine ganze Anzahl von Wellenlängen beträgt. Die Folge hiervon ist, daß die Platte eine bestimmte Färbung zeigt, die aus der Mischung der austretenden Lichtarten hervorgeht. Das Maximum der Helligkeit tritt wieder in den Diagonalstellungen der Platte ein, wo $\sin^2 2\varphi = 1$ ist.

Die Abhängigkeit der Interferenzfarbe von der Dicke l läßt sich am bequemsten überblicken an einer schwach keilförmigen Platte, die in eine möglichst scharfe Kante ausläuft. Für jede Lichtart muß der Gangunterschied $\Gamma = l(\nu_2 - \nu_1)$ der Dicke l proportional sein. Wenn nun der Keil aus einem Krystall hergestellt werden könnte, in welchem sich die Differenz der Brechungsindices $\nu_2 - \nu_1$ nur sehr wenig mit der Schwingungsdauer ändert, so würde Γ im wesentlichen nur von der Dicke abhängen. In diesem Falle würden die Interferenzfarben zwischen gekreuzten Nicols den Newton'schen Farben entsprechen, die in einer keilförmigen Luftschicht im reflektierten Lichte entstehen. Es sind z. B. in einem Quarzkeil, an welchem eine Fläche zur Vertikalaxe parallel liegt, die Differenzen der Brechungsindices für Rot und Violett, entsprechend den Fraunhofer'schen Linien B und H, gleich 0,00900 und 0,00955. In einem Gypskeil, der eine zur Spaltfläche 010 parallele Grenzfläche besitzt, erhalten wir für Li-Licht und für das der Linie G entsprechende Violett die Werte 0,00902 und 0,00948. Diese beiden am häufigsten benutzten Präparate lassen in der That erkennen, daß jene Farbenbeziehungen angenähert stattfinden. Dagegen zeigen Krystalle, in denen sich die Differenz $\nu_2 - \nu_1$ beträchtlich mit der Schwingungsdauer ändert, wesentliche Abweichungen von der Newton'schen Farbenskala.

Da auf der Beobachtung der Interferenzfarben wichtige Untersuchungsmethoden beruhen, so ist es nützlich, namentlich die folgenden besonders auffallenden Farben zu kennen:

I. Ordnung: Schwarz, Grau, Weiß, Gelb, Orange, Rot;
II. Ordnung: Purpur, Violett, Blau, Grün, Gelb, Rot;
III. Ordnung: Violett, Grünlich Blau, Grün, Gelblich Grün, Rot;
IV. Ordnung: Grün, Rot;
V. Ordnung: Grün, Rot.

Hiernach werden sehr dünne Platten keine Färbung, sondern nur Grau oder Weiß darbieten. Wenn die Dicke zunimmt, treten die sehr charakteristischen schönen Farben des Gelb, Orange und Rot erster Ordnung auf. Man gelangt dann durch Purpur zu einem prachtvollen Violett und Blau, und weiter durch Grün und Gelb zu dem weniger reinen Rot, mit dem die zweite Ordnung abschließt. Die Farben dritter Ordnung sind schon viel stärker gemischt, lebhaft ist hier namentlich das Grün. In den folgenden Ordnungen lassen sich noch matte grüne und rote Farben unterscheiden. Dickere Platten zeigen nur das sogenannte Weiß höherer Ordnung.

Spektralanalyse der Interferenzfarben. — Um die Natur der Interferenzfarben aufzuklären, müssen wir sie spektral zerlegen. Die Krystallplatte befinde sich in der Diagonalstellung zwischen gekreuzten Nicols. Zur Beleuchtung diene weißes Licht, so daß für die Intensität der aus dem Analysator tretenden Welle der Ausdruck (**II**), S. 277, gilt. Schaltet man jetzt in den Gang des aus der Platte austretenden Lichtes vor oder hinter dem Analysator ein Spektroskop ein, so erblickt man in dem Spektrum eine Reihe dunkler Streifen; denn es fehlen darin alle Lichtarten, für welche der Gangunterschied eine ganze Anzahl von Wellenlängen beträgt, also die Bedingung $\Gamma = l(\nu_2 - \nu_1) = n\lambda$ erfüllt ist. Benutzt man Sonnenlicht, so erscheinen außerdem auch noch die Fraunhofer'schen Linien. Es läßt sich nun im Voraus die Anzahl N der dunklen Streifen bestimmen, welche zwischen zwei Fraunhofer'schen Linien mit den Wellenlängen λ und λ' auftreten müssen. Bezeichnet man nämlich mit ν_1, ν_2 und ν_1', ν_2' die Werte der Brechungsindices für jene Wellenlängen, so ist N gegeben durch die Anzahl der ganzen Zahlen, welche zwischen den Zahlen $l(\nu_2 - \nu_1)/\lambda$ und $l(\nu_2' - \nu_1')/\lambda'$ liegen. — Um ein bestimmtes Beispiel anzuführen, betrachten wir eine zur Vertikalaxe parallele Quarzplatte von 1 mm Dicke. Für die Fraunhofer'schen Linien B und H mit den Wellenlängen $\lambda = 0{,}000687$ mm und $\lambda' = 0{,}000397$ mm sind die Brechungsindices der beiden in der Richtung der Plattennormale sich fortpflanzenden Wellen $\varepsilon = 1{,}54990$, $\omega = 1{,}54090$ und $\varepsilon' = 1{,}56772$, $\omega' = 1{,}55817$; folglich ist $(\varepsilon - \omega)/\lambda = 13{,}1$ und $(\varepsilon' - \omega')/\lambda' = 24{,}05$. Da zwischen diesen Zahlen elf ganze Zahlen liegen, so enthält das Spektrum elf dunkle Streifen zwischen den Fraunhofer'schen Linien B und H.[1]

Verschiebt man vor dem Spalt des Spektroskops einen Keil in dem

[1] Wenn es gestattet wäre die Änderung der Differenz $\varepsilon - \omega$ mit der Wellenlänge zu vernachlässigen, so würden nur neun dunkle Streifen auftreten dürfen. Hieraus ist ersichtlich, daß die Interferenzfarben eines Quarzkeiles nur angenähert mit den Newton'schen Farben übereinstimmen können.

Sinne, daß die Ordnung der Interferenzfarben in der Newton'schen Skala steigt, so bewegen sich die dunklen Streifen in dem Spektrum vom Violett gegen das Rot hin. Das Eintreten neuer Streifen am violetten Ende erfolgt aber rascher als das Austreten der Streifen am roten Ende, so daß die Anzahl der im Spektrum vorhandenen Streifen mit dem Gangunterschiede wächst.

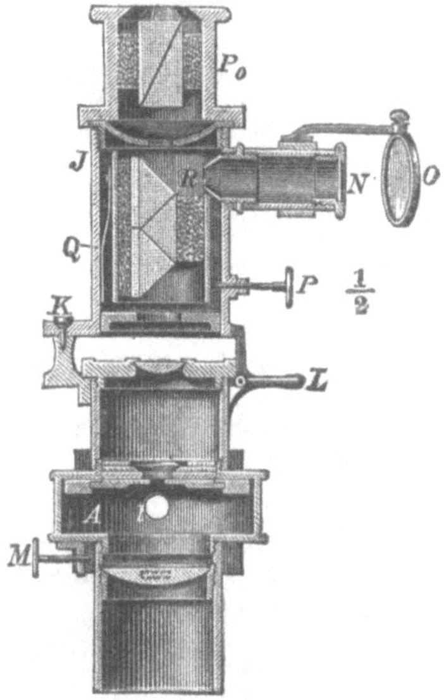

Fig. 637. Mikrospektroskop mit Wellenlängenskala nach Abbe.

Sind in dem Spektrum neun oder mehr als neun dunkle Streifen vorhanden, so erregt die Mischung der übrigen Lichtsorten, wie sie nach Ausschaltung des Spektroskops stattfindet, die Empfindung von Weiss. Dieses für dicke Platten charakteristische Weiss höherer Ordnung ist also keineswegs identisch mit dem einfallenden weissen Lichte.

Beobachtet man Interferenzfarben doppeltbrechender Krystallplatten im polarisierten Lichte unter dem Mikroskop, so benutzt man zu ihrer Spektralanalyse am vorteilhaftesten das nach Angaben von Abbe konstruierte Mikrospektroskop Fig. 637, welches die Lage heller oder dunkler Streifen im Spektrum durch direkte Bestimmung ihrer Wellenlängen zu messen gestattet. Ein Seitenrohr des Okulars enthält ein achromatisches Objektiv R und in der Brennebene desselben eine Ångström'sche Skala N, welche durch ihre Teilung

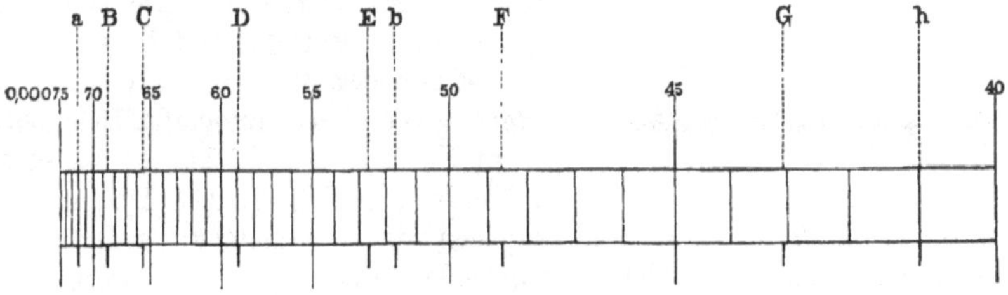

Fig. 638. Skala zum Aufzeichnen der Beobachtungen.

und Bezifferung die Wellenlänge an jeder Stelle des Spektrums angiebt. Zum Aufzeichnen der Beobachtungen dienen Blätter, auf denen die Skala, wie in Fig. 638, vorgezeichnet ist.

Komplementäre Interferenzfarben. — Bisher haben wir vorausgesetzt, daß die polarisierenden Vorrichtungen unseres Apparates sich in gekreuzter Stellung befinden. Wenn wir nun den Polarisator unverändert lassen, dem Analysator aber eine beliebige Stellung geben, die durch den Winkel $\mathfrak{P}\mathfrak{A} = \chi$ definiert ist (Fig. 639), so finden wir nach demselben Verfahren, das auf S. 273 eingeschlagen wurde, für das Quadrat der Amplitude A, mit der die nach $\mathfrak{A}$ polarisierte Welle aus dem Analysator austritt:

$$\mathsf{A}^2 = a^2 \left[\cos^2\chi - \sin 2\varphi \sin 2(\varphi - \chi) \sin^2 \pi \frac{\Gamma}{\lambda}\right].$$

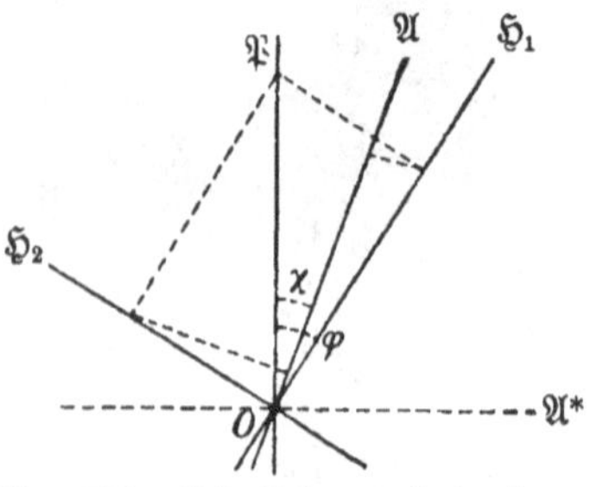

Fig. 639. Polarisator und Analysator in beliebiger Stellung.

Hieraus folgt für $\chi = 90^0$ der früher gewonnene Ausdruck (I) (S. 273):

$$\mathsf{A}^2 = a^2 \sin^2 2\varphi \sin^2 \pi \frac{\Gamma}{\lambda}.$$

Andererseits erhalten wir in dem besonderen Falle, wo der Analysator parallel zum Polarisator steht, also $\chi = 0$ ist:

$$\mathsf{A}^2 = a^2 \left[1 - \sin^2 2\varphi \sin^2 \pi \frac{\Gamma}{\lambda}\right].$$

Da die Summe dieser beiden Werte gleich a^2 ist, so sind die Interferenzerscheinungen, die zwischen parallelen Nicols wahrgenommen werden, im einfarbigen und also auch im weißen Lichte *komplementär* zu den Erscheinungen zwischen gekreuzten Nicols.

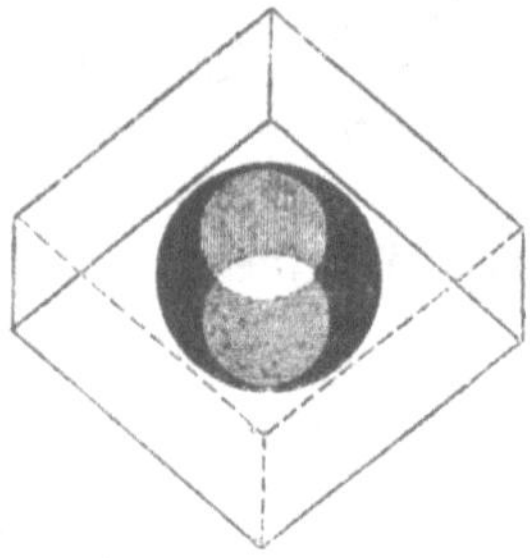
Fig. 640. Komplementäre Interferenzfarben.

Von diesem Zusammenhange können wir uns durch folgenden Versuch überzeugen. Wir legen über den Polarisator ein Gypsblättchen, das zwischen gekreuzten Nicols Rot erster Ordnung zeigt, in eine Diagonalstellung und bringen darüber ein Diaphragma an. Den Analysator ersetzen wir durch eine Spaltungsplatte von Kalkspat, deren Hauptschnitt mit der Polarisationsebene der aus dem Polarisator austretenden Welle zusammenfällt. Beleuchten wir nun mit weißem Lichte, so bietet das außerordentliche Bild des Diaphragmas jenes Rot, das ordentliche Bild dagegen das komplementäre Grün dar, während das Gebiet, in welchem die beiden Bilder sich überlagern, weiß erscheint (Fig. 640).

Krystallzwillinge. — In einer Spaltungsplatte von Gyps nach 010 liegen die Polarisationsebenen $\mathfrak{H}_1$, $\mathfrak{H}_2$ der beiden Wellen, die sich in der Richtung der Plattennormale fortpflanzen, geneigt gegen die Vertikalaxe (Fig. 641). Wenn wir nun eine Spaltungsplatte aus einem Zwilling nach 100 (Fig. 492) zwischen gekreuzte Nicols einschalten, so werden die von den beiden Individuen eingenommenen Gebiete des Gesichtsfeldes im allgemeinen verschiedene Intensitäten darbieten. Insbesondere werden diese Individuen nicht gleichzeitig dunkel erscheinen, da sie sich nicht gleichzeitig in der Normalstellung befinden können. Nur in den Stellungen, wo die Symmetrieebene 100 des Zwillings mit einer der Polarisationsebenen $\mathfrak{P}$ oder $\mathfrak{A}$ zusammenfällt, sind die Intensitäten in den beiden Gebieten einander gleich. Denn alsdann liegen die Polarisationsebenen der schnelleren Wellen in

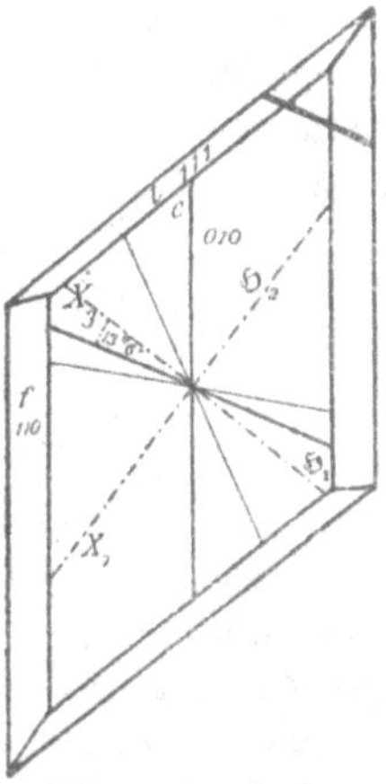

Fig. 641. Gyps.

Fig. 642. Labradorit. Spaltungsplatte nach 001.

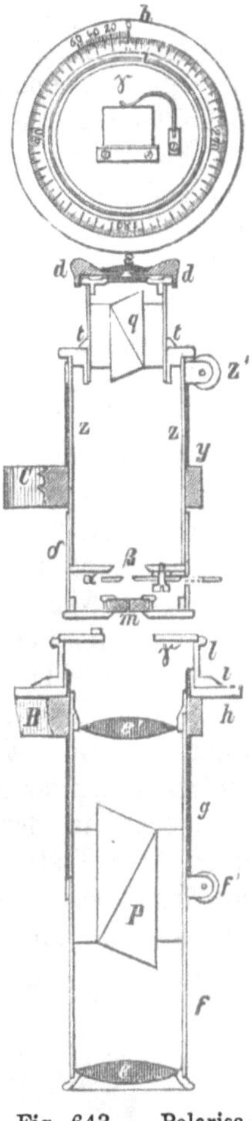

Fig. 643. Polarisationsapparat mit Halbschattenvorrichtung (von R. Fuess).

den beiden Individuen symmetrisch zu $\mathfrak{P}$; der Ausdruck (I) für die Intensität des aus dem Analysator tretenden Lichtes giebt aber für $+\varphi$ und für $-\varphi$ denselben Wert.

Diese Erscheinungen sind vorzüglich geeignet zur Untersuchung der Zwillingsbildungen doppeltbrechender Krystalle. Wir erkennen z. B. an einer Spaltungsplatte von Labradorit nach 001 (Fig. 642) die Zusammensetzung dieses triklinen Feldspats aus Zwillingslamellen nach 010 (vgl. Fig. 528, 529).

Eine Halbschattenvorrichtung besteht aus einem künstlich hergestellten Krystallzwillinge, der zwischen gekreuzte Nicols so eingeschaltet wird, daß seine Symmetrieebene mit einer der Polarisationsebenen $\mathfrak{P}$ oder $\mathfrak{A}$ zusammenfällt. Dann zeigen also die beiden Hälften des Gesichtsfeldes gleiche Intensität. Wenn man nun über oder unter diese Vorrichtung eine homogene doppeltbrechende Krystallplatte bringt, so wird im allgemeinen die Symmetrie gestört und ein Intensitätsunterschied zu beiden Seiten der Zwillingsgrenze in dem von der Platte eingenommenen Gebiete hervorgerufen. Dreht man jetzt die Platte in ihrer Ebene bis dieser Unterschied verschwindet, so müssen in der Endlage die Polarisationsebenen $\mathfrak{H}_1$, $\mathfrak{H}_2$ der beiden Wellen in der Platte parallel zu $\mathfrak{P}$ und $\mathfrak{A}$ liegen. Mit Hilfe einer solchen Vorrichtung kann die Genauigkeit in der Messung der Orientierung von $\mathfrak{H}_1$ und $\mathfrak{H}_2$ (S. 275) bis auf einige Bogenminuten gesteigert werden. Den Mikroskopen von R. Fuess wird ein besonderes Okular mit einer von L. Calderon vorgeschlagenen Kalkspatdoppelplatte beigegeben. Auch der in Fig. 626 abgebildete Polarisationsapparat kann mit einer derartigen Doppelplatte m (Fig. 643) ausgerüstet werden.

Zwei übereinander liegende Platten. — Wir schalten zwei übereinander liegende Platten K und K' in der Diagonalstellung zwischen die gekreuzten

Nicols des Polarisationsapparates. Die Dicken der Platten seien bezeichnet mit l und l', die Brechungsindices der schnelleren und der langsameren Wellen in der Richtung der Plattennormalen für einfarbiges Licht mit ν_1, ν_1' und ν_2, ν_2'. Dann sind die Gangunterschiede in den beiden Platten $\Gamma = l(\nu_2 - \nu_1)$ und $\Gamma' = l'(\nu_2' - \nu_1')$. Wenn nun die Polarisationsebenen der beiden schnelleren Wellen, $\mathfrak{H}_1$ und $\mathfrak{H}_1'$, zusammenfallen, so addieren sich diese Gangunterschiede: $\Gamma + \Gamma'$; stehen sie aufeinander senkrecht, so ist der resultierende Gangunterschied des austretenden Wellenpaares gleich der Differenz $\Gamma - \Gamma'$. Die Kombination der beiden Platten wirkt also wie eine Vergrößerung oder eine Verminderung der Dicke jeder einzelnen Platte. Wir unterscheiden die beiden Stellungen als Additionslage und Subtraktionslage. Beleuchten wir nun mit weißem Lichte, so wird die Interferenzfarbe der Kombination in der Newtonschen Skala höher oder tiefer liegen als die Färbungen, die K und K' einzeln darbieten, je nachdem wir die Additionslage oder die Subtraktionslage gewählt haben.

Hierauf beruht ein Verfahren zur *Ermittelung der Ordnung der Interferenzfarbe* einer planparallelen Platte K' mit Hilfe einer schwach keilförmigen Platte K, deren Flächen sich in einer möglichst scharfen Kante schneiden, so daß K für sich die vollständige Reihe der Interferenzfarben darbietet. Wir bringen die zu untersuchende Platte K' auf dem Objekttische in die Diagonalstellung, lassen aber neben dieser Platte einen Teil des Gesichtsfeldes frei. Jetzt schieben wir die keilförmige Platte K in der Diagonalstellung mit dem dünneren Ende voran über die Platte K'. Befinden sich K und K' in der Subtraktionslage (Fig. 644), so wird die Ordnung der farbigen Interferenzstreifen des Keiles da, wo er die Platte K' überdeckt, in dem Maße sinken, in welchem dickere Stellen des Keiles über diese Platte gelangen. Endlich erscheint an der Stelle des Keiles, wo der durch K' hervorgerufene Gangunterschied Γ' durch den Gangunterschied Γ im Keil vollständig aufgehoben wird, also $\Gamma - \Gamma' = 0$ ist, ein

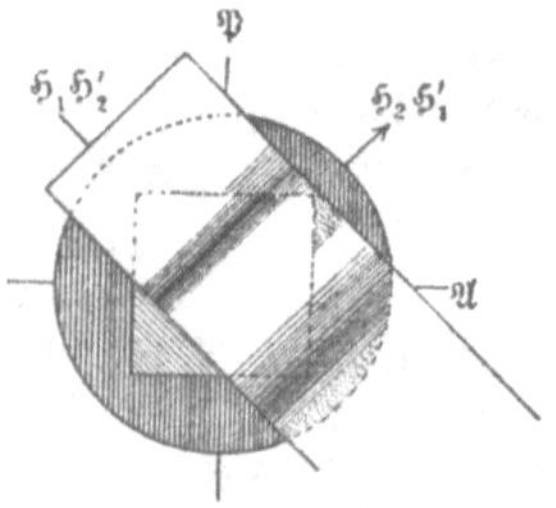

Fig. 644. Bestimmung der Ordnung einer Interferenzfarbe.

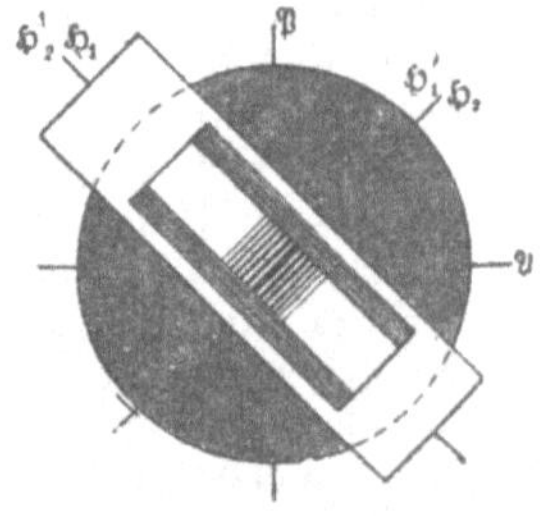

Fig. 645. Unterscheidung der Polarisationsebenen $\mathfrak{H}_1'$ und $\mathfrak{H}_2'$.

schwarzer Streifen. Und in der Verlängerung dieses Streifens zeigt der Keil in dem von K' nicht eingenommenen Gebiete des Gesichtsfeldes dieselbe Interferenzfarbe, welche die Platte K' für sich darbietet. In Fig. 644 ist die Kombination einer Spaltungsplatte von Gyps K', die das Rot erster

Ordnung zeigt, mit einem Quarzkeil *K*, an welchem eine Fläche zur Vertikalaxe parallel liegt, dargestellt.

Die soeben beschriebene Anordnung gestattet aber auch die praktisch noch wichtigere *Unterscheidung der Polarisationsebenen* $\mathfrak{H}_1'$ und $\mathfrak{H}_2'$ der beiden Wellen in der Platte *K'*, wenn die Lage der Polarisationsebenen $\mathfrak{H}_1$ und $\mathfrak{H}_2$ in dem Keile *K* bekannt ist. Hat man nämlich der Platte eine der beiden Diagonalstellungen gegeben, so braucht man nur diejenige Diagonalstellung des Keiles aufzusuchen, in welcher der charakteristische schwarze Streifen auftritt. Dann fällt die Polarisationsebene $\mathfrak{H}_1$ der schnelleren Welle in dem Keile mit der Polarisationsebene $\mathfrak{H}_2'$ der langsameren Welle in der Platte zusammen (Fig. 644). Dieses Verfahren läßt sich mit hinreichend dicken Keilen auch an Platten durchführen, die für sich das Weiß höherer Ordnung zeigen. Ein Beispiel bietet die in Fig. 645 abgebildete Kombination eines hexagonalen Prismas von Beryll mit einem Quarzkeil in der Subtraktionslage dar.

Zur Aufsuchung schwacher Doppelbrechung kann man eine Platte benutzen, welche zwischen gekreuzten Nicols eine *violette* Färbung zeigt. Denn aus der Newtonschen Skala ist ersichtlich, daß diese Färbung durch eine sehr geringe Vergrößerung des Gangunterschiedes in Blau, durch eine sehr geringe Verminderung desselben in Rot übergeht. Kombiniert man also eine Platte *K*, welche jene *empfindliche Färbung* (teinte sensible) besitzt, mit einer schwach doppeltbrechenden Platte *K'* in einer Diagonalstellung, so wird die von der Kombination hervorgerufene Interferenzfarbe in der Skala höher oder tiefer liegen als die empfindliche Färbung. Kennt man nun die Orientierung der Polarisationsebenen $\mathfrak{H}_1$, $\mathfrak{H}_2$ der schnelleren und der langsameren Welle in *K*, so ergiebt sich aus dem Sinne der Farbenänderung sofort die Lage der Polarisationsebenen $\mathfrak{H}_1'$, $\mathfrak{H}_2'$ der entsprechenden Wellen in *K'*.

Zu demselben Zwecke werden Gypsblättchen benutzt, welche das *Rot erster Ordnung* zeigen. Je nachdem in der Kombination $\mathfrak{H}_1$ mit $\mathfrak{H}_1'$ oder mit $\mathfrak{H}_2'$ zusammenfällt, beobachtet man eine höhere Interferenzfarbe (Violett, Blau, Grün ... zweiter Ordnung) oder eine tiefere Färbung (Orange, Braungelb, Gelb ... erster Ordnung). Instruktiv ist in dieser Hinsicht das Verhalten eines parallelepipedischen Glasstabes, den man zwischen gekreuzten Nicols in der Diagonalstellung mit den Fingern biegt (Fig. 646). Für sich zeigt der gebogene Stab zu beiden Seiten einer dunklen Zone eine Aufhellung des Gesichtsfeldes; in diesen Gebieten ist also durch die Biegung eine schwache Doppelbrechung erzeugt worden. Wiederholen wir nun die Operation nach Einschaltung eines Gypsblättchens, in welchem die Polarisationsebene $\mathfrak{H}_1$ der schnelleren Welle senkrecht zur Längsrichtung des Stabes liegt, so wird die rote Färbung an der konkaven Seite des Stabes auf Blau zweiter

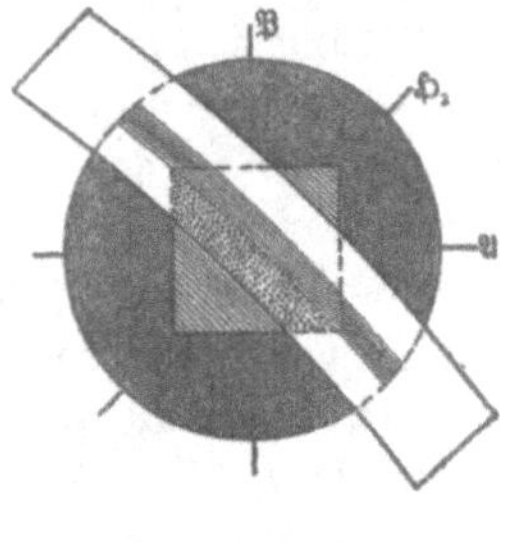

Fig. 646. **Bestimmung des Charakters der Doppelbrechung in einem gebogenen Glasstabe.**

Ordnung steigen und an der konvexen Seite auf Gelb erster Ordnung sinken, während sie in der mittleren Zone erhalten bleibt. Daher haben wir an der konkaven Seite Additionslage und an der konvexen Subtraktionslage. Gleichwohl ist ein wesentlicher Unterschied in der Doppelbrechung dieser beiden Gebiete nicht vorhanden. Denn in beiden Fällen liegt die Polarisationsebene der langsameren Welle im Glase parallel zur Kontraktionsrichtung.

Messung von Gangunterschieden. — Die Differenz der Brechungsindices der beiden Wellen, die sich in der Richtung der Normale einer dünnen doppeltbrechenden Krystallplatte fortpflanzen, ist bekannt, wenn der von diesen Wellen erreichte Gangunterschied und die Dicke der Platte gemessen sind; denn es ist $\nu_2 - \nu_1 = \Gamma/l$. Zur Messung des Gangunterschiedes ist der BABINET'sche Kompensator vorzüglich geeignet. Zwei Quarzkeile P_1, P_2 von gleichem Winkel α sind vereinigt zu einer planparallelen Platte (Fig. 647). Die krystallographische Vertikalaxe liegt in P_1 parallel zur Kante, in P_2 senkrecht zur Kante und parallel zur Austrittsfläche. Diese Kombination wird zwischen gekreuzte Nicols in der Diagonalstellung eingeschaltet, also derart, daß ihre Symmetrieebene xy unter 45° gegen die Polarisationsebenen $\mathfrak{P}$, $\mathfrak{A}$ geneigt liegt. Dann erblickt man im senkrecht einfallenden einfarbigen Lichte eine Schaar von abwechselnd hellen und dunklen Streifen, die den Kanten der Keile parallel laufen und in gleichen Abständen aufeinander folgen. Im weißen Lichte erscheint in der Ebene xz, in der gleich dicke Stellen der Keile übereinander liegen, ein schwarzer Streifen, dem sich nach beiden Seiten hin farbige Streifen, der NEWTON'schen Skala entsprechend, anreihen.

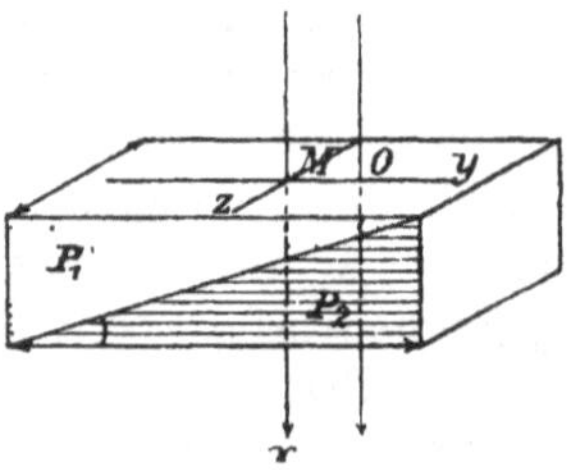

Fig. 647. BABINET'scher Kompensator.

Verfolgen wir nun einen Strahl, der in O auf P_1 senkrecht einfällt. Der gebrochene ordentliche Strahl ist polarisiert nach seinem Hauptschnitte, also parallel z, der außerordentliche Strahl ist polarisiert senkrecht zu seinem Hauptschnitte, also parallel y. Es seien ω, ε ($\omega < \varepsilon$) die Hauptbrechungsindices im Quarz für das benutzte einfarbige Licht von der Wellenlänge λ in Luft. Ferner bedeute l_1 die Dicke des Keiles P_1 an der Stelle O. Dann erreichen die gebrochenen Strahlen beim Austritt aus P_1 den Gangunterschied $l_1(\omega - \varepsilon)$. Ist der Winkel α hinreichend klein, so findet keine merkliche Änderung der Fortpflanzungsrichtung statt. Beim Eintritt in den zweiten Keil setzt sich der nach z polarisierte Strahl als außerordentlicher, der nach y polarisierte als ordentlicher fort. Bedeutet nun l_2 die Dicke von P_2 in der Fortpflanzungsrichtung, so ist der Gangunterschied der nach z und y polarisierten Strahlen an der Austrittsfläche: $l_1(\omega - \varepsilon) + l_2(\varepsilon - \omega)$ oder $(l_2 - l_1)(\varepsilon - \omega)$. Je nachdem der zweite Keil an der betrachteten Stelle O dicker oder dünner als der erste ist, wird dieser Wert positiv oder negativ sein. Jedenfalls wird der absolute Wert des Gangunterschiedes von der Ebene xz nach beiden Seiten hin stetig von Null an zunehmen. Hierdurch erklären sich die Interferenzerscheinungen im einfarbigen und im weißen Lichte.

Es werde jetzt die Stelle M, also auch die Fortpflanzungsrichtung x, durch den Mittelpunkt eines Fadenkreuzes fixiert. Dann kann man auf zwei Wegen an dieser Stelle stetig von Null an wachsende Gangunterschiede hervorrufen; nämlich einmal durch Verschiebung der fest miteinander verbundenen Keile in der Richtung y, andererseits dadurch, daß man einen Keil, z. B. P_2, festhält und nur den Keil P_1 nach y verschiebt. In dem letzteren Falle ist die Empfindlichkeit der Einstellung doppelt so groß wie bei der ersten Anordnung. Wir setzen daher voraus, daß P_1 mit Hilfe einer Mikrometerschraube verschoben werden könne, und ermitteln nun in der zur Beleuchtung gewählten einfarbigen Lichtart, z. B. im Na-Lichte, diejenige Verschiebung g des Keiles P_1, welche bewirkt, daß an Stelle eines dunklen Streifens, der in der Anfangsstellung durch den Mittelpunkt des Fadenkreuzes lief, der nächstfolgende Streifen dieselbe Lage einnimmt. Es ist also g die in der Einheit der Teilung an der Mikrometerschraube ausgedrückte Verschiebung von P_1, welche einer Änderung des Gangunterschiedes an der Stelle M im Betrage von einer Wellenlänge λ entspricht.

Nach dieser Vorbereitung ist die Bestimmung des Gangunterschiedes Γ einer doppeltbrechenden Platte in folgender Weise auszuführen. Wir bringen den Kompensator in die Nullstellung, so daß im weißen Lichte der schwarze Streifen den Mittelpunkt des Fadenkreuzes schneidet. Schalten wir jetzt die Platte über oder unter dem Kompensator in einer Diagonalstellung ein, so wird dadurch eine Verschiebung des Streifensystems bewirkt. Wir merken uns die Stelle, an der jetzt der schwarze Streifen liegt, und bestimmen nun in derselben einfarbigen Lichtart, in der g ermittelt wurde, die Verschiebung G des Keiles P_1, welche das Streifensystem in seine Anfangslage zurückführt. Dann ist G/g gleich dem in Wellenlängen λ ausgedrückten Gangunterschiede Γ. Folglich ist $\Gamma = \lambda\, G/g$ der in Millimetern ausgedrückte Gangunterschied. Ist die Plattendicke l ebenfalls in Millimetern gemessen, so ergiebt sich die Differenz der Brechungsindices aus $\nu_2 - \nu_1 = \lambda\, G/g\, l$.

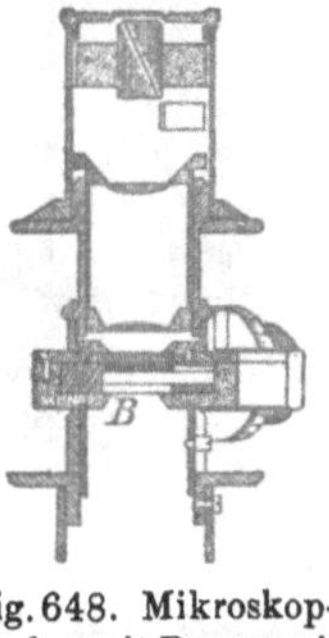

Fig. 648. Mikroskopokular mit BABINET'schem Kompensator (von R. FUESS).

Sollen derartige Messungen an Platten ausgeführt werden, die unter dem Mikroskop betrachtet werden müssen, so wird der Kompensator mit einem besonderen Okular verbunden (Fig. 648).

Elliptische und cirkulare Polarisation. — Aus einer geradlinig polarisierenden Vorrichtung falle eine in der Richtung $\mathfrak{P}$ polarisierte ebene Welle einfarbigen Lichtes senkrecht auf eine doppeltbrechende Krystallplatte, in der die Polarisationsebenen der gebrochenen Wellen W_1, W_2 die Richtungen $\mathfrak{H}_1$, $\mathfrak{H}_2$ haben (Fig. 649). Es läßt sich aus den Gleichungen dieser Wellen entnehmen, daß ein jenseits der Austrittsfläche gelegenes Ätherteilchen O, welches gleichzeitig von den Bewegungen der senkrecht gegeneinander polarisierten Wellen ergriffen wird, im allgemeinen eine elliptische Bahn beschreiben muß. Das Zusammenwirken der Wellen W_1, W_2 erzeugt also bei ihrem Austritt aus der Krystallplatte im allgemeinen eine elliptisch polarisierte Welle. Wir bezeichnen die Amplitude ON der einfallenden Welle mit a, den Winkel $\mathfrak{P}\,\mathfrak{H}_1$ mit η und die Amplituden der gebrochenen Wellen, also die Komponenten von a nach $\mathfrak{H}_1, \mathfrak{H}_2$ mit $OM_1 = a \cos \eta$, $OM_2 = a \sin \eta$. Dann ist die elliptische Bahn dem Rechteck eingeschrieben, in welchem ON eine halbe Diagonale und NM_1, NM_2 die Hälften zweier Seiten sind. Die *Berührungspunkte* der Ellipse mit NM_1 und NM_2 findet man durch folgende Konstruktion. Man beschreibe um M_1 einen Kreis mit dem Radius $M_1 N$ und lege in M_1 an $M_1 N$ den Winkel $NM_1 L_1 = 2\pi \Gamma / \lambda$, worin Γ den von den Wellen W_1, W_2 erreichten Gangunterschied und λ die Wellenlänge des benutzten einfarbigen Lichtes in Luft bedeuten;. die von L_1 auf $M_1 N$ gefällte Senkrechte schneidet die Gerade $M_1 N$ in demselben Punkte, in welchem diese Gerade von der Schwingungsellipse berührt wird. Analog findet man den Berührungspunkt auf $M_2 N$. — Wir können jetzt auch die *Hauptaxen* K_1, K_2 der Ellipse konstruieren, deren Richtungen durch den Winkel $K_1 \mathfrak{H}_1 = \zeta$ bestimmt sind. In dem bei B rechtwinkeligen Dreiecke der Fig. 650 sei $AB = 1$ und Winkel $BAC = 2\eta$. Wir beschreiben um B als Mittelpunkt mit BC als Radius einen Kreis, tragen in B an BC den Winkel $CBD = 2\pi \Gamma / \lambda$ an und fällen von D eine Senkrechte auf BC, welche diese Gerade in E schneidet; dann ist der Winkel $EAB = 2\zeta$.

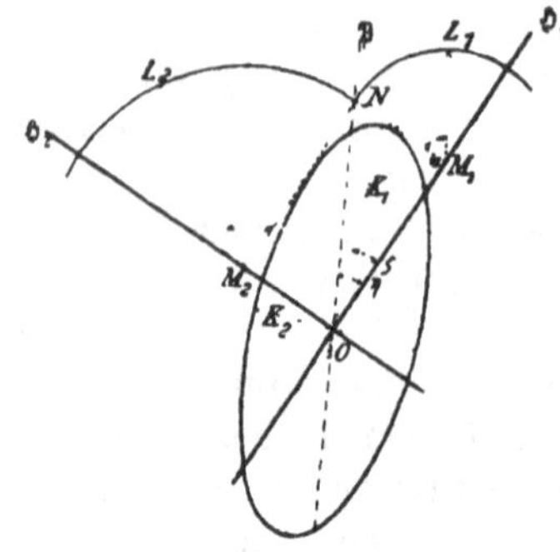

Fig. 649. Erzeugung einer elliptisch polarisierten Welle durch eine doppeltbrechende Krystallplatte über einen Polarisator.

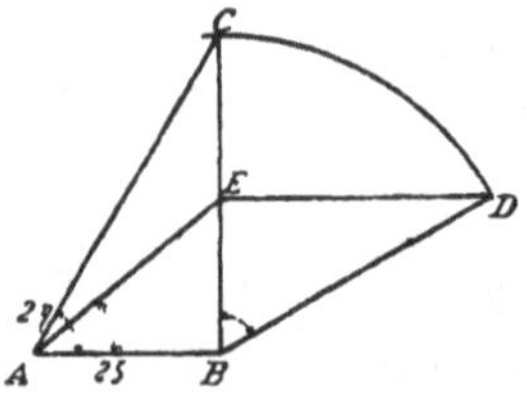

Fig. 650. Konstruktion des Winkels $K\mathfrak{H}_1 = \zeta$.

Eine elliptisch polarisierte Welle heißt eine linke oder eine rechte, je nachdem der in der Schwingungsellipse eines Teilchens in der Richtung der Bewegung desselben liegende und nach dem Mittelpunkte der Ellipse hinsehende Beobachter die Fortpflanzungsrichtung der Welle mit der ausgestreckten linken oder der ausgestreckten rechten Hand bezeichnet. In unseren Figuren denken wir uns die Fortpflanzungsrichtung von der unteren nach der oberen Seite der Zeichnung gehend. Demnach wird eine rechte elliptisch polarisierte Welle im Bewegungssinne des Uhrzeigers durchlaufen. Ist der Gangunterschied Γ der Wellen W_1, W_2 gleich einer ganzen Anzahl von Wellenlängen vermehrt um eine Größe, die kleiner als eine halbe Wellenlänge ist, so erhält man den Bewegungssinn der elliptischen Schwingung, indem man von der Polarisationsebene 𝔓 der einfallenden Welle zur Polarisationsebene $\mathfrak{H}_2$ der *langsameren* Welle W_2 in der Weise übergeht, daß man den spitzen Winkel $\mathfrak{P}\mathfrak{H}_2$ beschreibt.

Von Interesse sind namentlich die Schwingungszustände, die von einer Krystallplatte in der *Diagonalstellung*, wo $\mathfrak{P}\mathfrak{H}_1 = \eta = 45^0$ ist, hervorgerufen werden. Unter dieser Bedingung liegt stets eine Hauptaxe der Schwingungsellipse parallel zur Polarisationsebene 𝔓 des einfallenden Lichtes. In den besonderen Fällen, wo die Wellen W_1, W_2 einen Gangunterschied von $^1/_4$ oder $^3/_4$ Wellenlängen über eine beliebige Anzahl von ganzen Wellenlängen λ erreichen, beschreiben die Ätherteilchen kreisförmige Bahnen. Beträgt dagegen der Gangunterschied ein ganzes Vielfaches n von λ oder

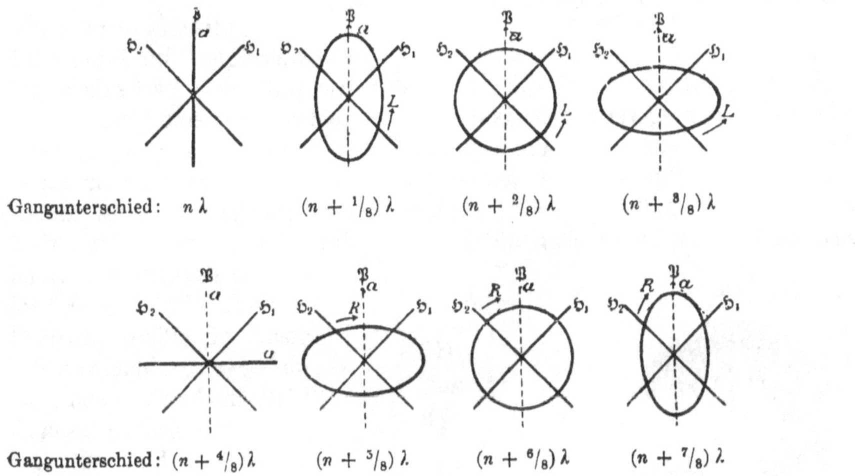

Fig. 651—658. Erzeugung von geradlinig, cirkular oder elliptisch polarisierten Wellen durch eine doppeltbrechende Krystallplatte, die über einem Polarisator in der Diagonalstellung liegt.

$^1/_2$ Wellenlänge über eine beliebige Anzahl n von ganzen Wellenlängen, so erzeugen W_1 und W_2 eine geradlinige Schwingung, die in jenem Falle parallel, in diesem senkrecht zu 𝔓 liegt. Zur Erläuterung dieser Verhältnisse möge Fig. 651—658 dienen; die dargestellten Schwingungsbahnen werden durch Platten hervorgerufen, in denen die Wellen W_1 und W_2 die Gangunterschiede $n\lambda$, $(n + {}^1/_8)\lambda$, $(n + {}^2/_8)\lambda$, . . ., $(n + {}^7/_8)\lambda$ erreichen. — Zur Herstellung solcher Platten sind Gyps und Glimmer (Muskovit) durch ihre vollkommene Spaltbarkeit vorzüglich geeignet. Man kann durch fortgesetzte Spaltung leicht ein Blättchen gewinnen, welches im mittleren gelben Licht einen Gangunterschied von $^1/_4$ Wellenlänge bewirkt, so daß mit diesem Blättchen, je nach der Diagonalstellung, die man ihm giebt, links- oder rechts-cirkularpolarisiertes Licht erzeugt werden kann (Fig. 659, 660). Ein „Viertelundulationsblättchen" muß im senkrecht einfallenden weißen Lichte zwischen gekreuzten Nicols Graublau erster Ordnung zeigen. Vor allem ist aber die später zu beschreibende Interferenzerscheinung charakteristisch, die ein solches Blättchen in Verbindung mit einer zur optischen Axe senkrechten Platte eines einaxigen Krystalls in einem Polarisationsapparate für konvergentes Licht liefert.

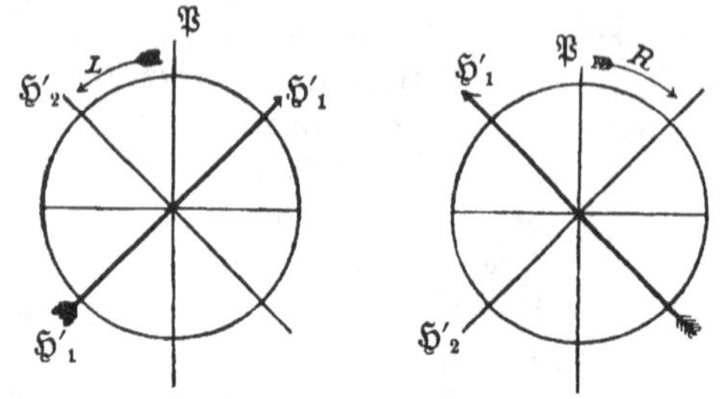

Fig. 659, 660. **Erzeugung von links- oder rechts-cirkularpolarisiertem Licht durch ein Viertelundulationsblättchen.**

Optisches Drehungsvermögen. Im Jahre 1811 entdeckte F. Arago, daß Quarz in der Richtung der Vertikalaxe ein optisches Drehungsvermögen besitzt. Betrachtet man eine Quarzplatte, deren Flächen auf jener Axe senkrecht stehen, im einfarbigen senkrecht einfallenden Lichte zwischen gekreuzten Nicols, so erscheint sie im allgemeinen hell (Fig. 661). Die Intensität des austretenden Lichtes ändert sich auch nicht, wenn man die Platte in ihrer Ebene dreht. Man muß den Analysator um einen gewissen Winkel ω drehen, damit die Platte dunkel werde, wobei der von der Platte nicht eingenommene Teil des Gesichtsfeldes aufgehellt wird (Fig. 662). Das aus der Platte austretende Licht ist also linear polarisiert, wie das einfallende; seine Polarisationsebene ist aber gegen die Polarisationsebene des eintretenden Lichtes gedreht. Die Beobachtung einer einzelnen Platte läßt zweifelhaft, ob der Drehungswinkel gleich ω selbst ist oder sich von diesem Werte um ein ganzes Vielfaches von 180° unterscheidet. Um den Sinn und die Größe des Drehungswinkels unzweideutig zu bestimmen, muß man eine Reihe von Platten mit wachsender Dicke prüfen.

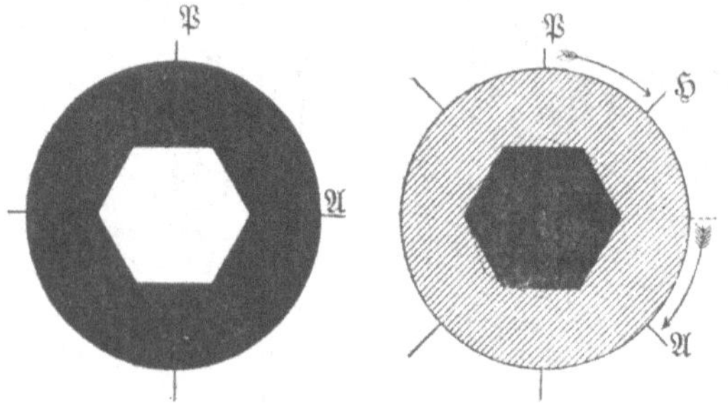

Fig. 661, 662. **Quarzplatte parallel zur Basis im einfarbigen polarisierten Lichte.**

Eingehendere Untersuchungen wurden alsbald von J. B. Biot angestellt. 1. Es ergab sich zunächst, daß der Drehungswinkel der Polarisationsebene proportional mit der Dicke der Quarzplatte wächst. 2. Nicht nur eine volle Drehung der Platte in ihrer Ebene, sondern auch eine Umklappung der Platte übt keinen Einfluß auf den Sinn und die Größe des Drehungswinkels; für den Beobachter, der das Licht empfängt, ändert sich also das Drehungsvermögen nicht, wenn eine Fortpflanzungsrichtung im Krystall mit der entgegengesetzten vertauscht wird. Hieraus folgt, daß die Vertikalaxe eine Axe der Isotropie und jede zu ihr senkrechte Gerade eine 2-zählige Symmetrieaxe ist. Dagegen sind Symmetrieelemente zweiter Art völlig ausgeschlossen, da ein homogener Quarzkrystall neben seinem Drehungsvermögen nicht gleichzeitig das entgegengesetzte besitzen kann. 3. Bei gleichdicken Platten aus verschiedenen homogenen Quarzkrystallen stimmt die Drehung ihrem absoluten Betrage nach zwar sehr nahe überein; ihrem Sinne nach kann sie aber verschieden sein, indem sie bei einem Teile der Krystalle nach rechts (nämlich für den Beobachter im Sinne der Bewegung des Uhrzeigers), bei den übrigen Krystallen dagegen nach links stattfindet. Je nachdem der Krystall rechtsdrehend oder linksdrehend ist, erfolgt die Drehung der Polarisationsebene der austretenden Welle durch eine Platte von wachsender Dicke im Sinne einer linksgewundenen oder einer rechtsgewundenen Schraube (Fig. 663, 664). 4. Der Drehungswinkel ist von der Farbe des einfallenden Lichtes abhängig; er wächst sehr rasch,

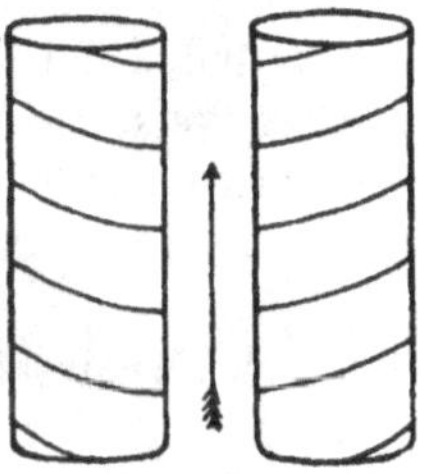

Rechts-Quarz. Links-Quarz.

Fig. 663, 664. Zunahme der Drehungswinkel.

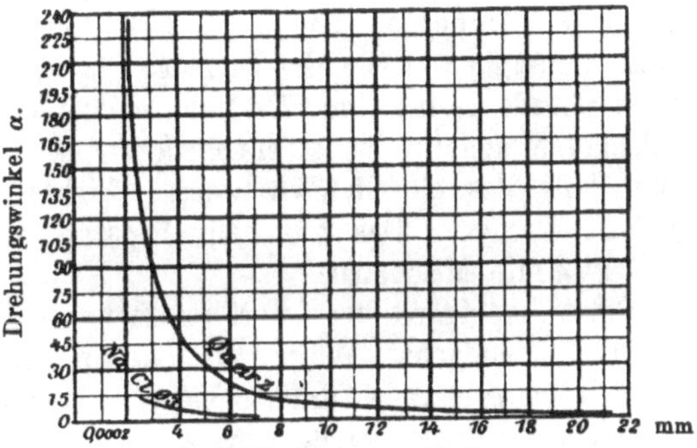

Fig. 665. Quarz. Abhängigkeit des Drehungswinkels α von der Wellenlänge.

wenn man in dieselbe Platte der Reihe nach einfarbiges rotes, gelbes ... violettes Licht eintreten läßt. Diese Abhängigkeit wird durch Fig. 665 erläutert. Als Abscissen sind die Werte der Wellenlängen in Luft, als Ordinaten die Werte des Drehungswinkels α für eine Plattendicke von 1 mm aufgetragen. Das Gebiet des sichtbaren Spektrums und des Ultravioletts ist nach sehr genauen Methoden von J. L. Soret und Ed. Sarasin untersucht worden.[1] Den Grenzen dieses Bereiches entsprechen die FRAUNHOFER'sche Linie *A* und die Linie Cd_{26} des Kadmiumspektrums mit den Wellenlängen 0,000760 und 0,000214 mm und den Drehungswinkeln 12,6 und 235,9°. Im Gebiete des Ultrarot reichen die Beobachtungen von E. CARVALLO[2] bis zur Wellenlänge 0,00214 mm und dem Drehungswinkel 1,6°.

Interferenzfarben. — Die Abhängigkeit des Drehungswinkels von der Farbe des einfallenden Lichtes bedingt, daß bei der Beleuchtung des Polarisationsapparates mit weißem Lichte eine besondere Art von Dispersion eintritt, da die Polarisationsebene jeder in dem eintretenden Lichte enthaltenen Lichtart um einen anderen Winkel gedreht wird. Infolge hiervon erscheint die Platte in einer von ihrer Dicke und der Stellung des Analysators gegen den Polarisator abhängigen Interferenzfarbe. Wir bezeichnen mit α den Drehungswinkel für eine Platte von 1 mm Dicke und eine Lichtart von der Wellenlänge λ in Luft. Ferner sei χ der Winkel zwischen den Polarisationsebenen $\mathfrak{P}$ und $\mathfrak{A}$ der aus dem Polarisator und dem Analysator tretenden Wellen (Fig. 639). Dann bildet die Polarisationsebene $\mathfrak{H}$ der Welle, die aus einer Platte von der Dicke l mm austritt, mit $\mathfrak{A}$ den Winkel $\chi + l\alpha$ oder $\chi - l\alpha$, je nachdem die Platte ein linkes oder ein rechtes Drehungsvermögen besitzt. Demnach ist die Intensität der aus dem Analysator tretenden Welle proportional:

$$a^2 \cos^2(\chi \pm l\alpha), \tag{1}$$

worin a die Amplitude der in die Platte eintretenden Welle bedeutet; sie ist also abhängig von vier Größen: der Plattendicke l, dem Winkel $\mathfrak{P}\mathfrak{A} = \chi$, der Amplitude a und dem Drehungswinkel α. Da sich a und α mit der Wellenlänge ändern, so ist ersichtlich, daß die Intensitäten verschiedener Bestandteile des einfallenden weißen Lichtes in ungleichem Grade geschwächt werden. Das aus dem Apparate austretende Licht zeigt daher eine bestimmte Mischfarbe.

Die Abhängigkeit der Interferenzfarbe von der Stellung des Analysators gestattet in einfacher Weise Platten von Rechts-Quarz und Links-Quarz voneinander zu unterscheiden. Betrachten wir z. B. eine Platte aus einem rechtsdrehenden Krystall von 7,50 mm Dicke; die Drehungswinkel für die Lichtarten, welche den FRAUNHOFER'schen Linien *B* ... *G* entsprechen, werden durch Fig. 666 veranschaulicht. Zwischen gekreuzten Nicols erblickt man ein charakteristisches Violett, das sehr lichtschwach ist, weil in dem austretenden Lichte gerade die hellsten, zwischen *D* und *E* liegenden gelben Strahlen des einfallenden weißen Lichtes, deren Polarisationsebene um 180° gedreht wird, vollständig fehlen. Dreht man jetzt

[1] J. L. SORET et ED. SARASIN, Arch. sc. phys. et nat. (2) **54**, 253; 1875. (3) **8**, 5; 1882.

[2] E. CARVALLO, Ann. chim. phys. (6) **26**, 113; 1892.

den Analysator nach rechts, also im Sinne der Bewegung des Uhrzeigers, so können, wie aus Fig. 666 hervorgeht, der Reihe nach die roten, gelben, grünen, blauen Anteile des einfallenden Lichtes mit voller Intensität aus dem Analysator treten; daher entstehen der Reihe nach Mischfarben mit vorwiegendem Rot, Gelb, Grün, Blau. Dieselbe Folge würde eine Platte aus einem linksdrehenden Krystan darbieten, wenn der Analysator nach links gedreht wird.

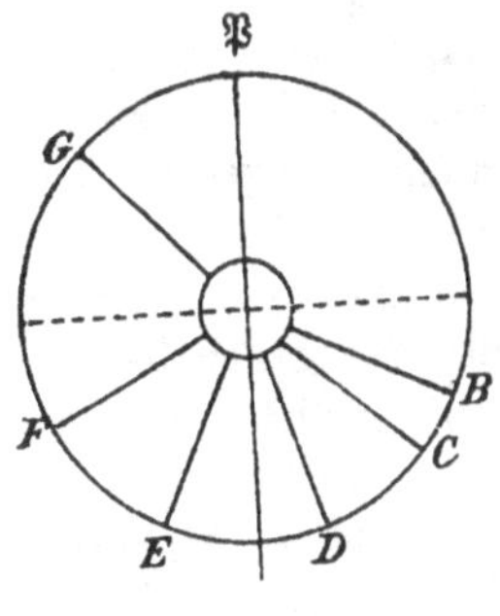

Fig. 666. Drehungswinkel für eine Platte aus Rechts-Quarz von 7,50 mm Dicke.

Um die Abhängigkeit der Färbung von der Plattendicke bequem zu überblicken, kann man einen Quarzkeil, an welchem eine Grenzfläche zur Vertikalaxe senkrecht steht, mit einem Glaskeil zu einer planparallelen Platte verbinden. Zwischen gekreuzten Nicols erscheinen weit ausgebreitete Interferenzfarben, darunter insbesondere bei einer Dicke von 7,50 mm das charakteristische Violett.

Legt man zwei Quarzplatten von 7,50 mm Dicke, von denen die eine aus einem rechtsdrehenden, die andere aus einem linksdrehenden Krystall hergestellt ist, nebeneinander, so erscheint diese Doppelplatte gleichmäßig violett gefärbt, wenn die beiden Nicols genau gekreuzt sind. Eine geringe Drehung eines der beiden Nicols bewirkt sofort eine auffallende Veränderung der Färbung in Rot oder in Blau. Dreht man z. B. den Analysator nach rechts, so erscheint die rechtsdrehende Platte rot, die linksdrehende blau. Daher kann man diese Platte nach Soleil benutzen, um mit Hilfe des empfindlichen Violetts zwei geradlinig polarisierende Vorrichtungen in die gekreuzte Lage einzustellen. In analoger Weise kann eine Doppelplatte von 3,75 mm Dicke, welche die Polarisationsebene der hellsten gelben Strahlen um 90° ablenkt (Fig. 667), dazu dienen, jene Vorrichtungen in parallele Stellung zu bringen. — Nach einem Vorschlage von E. Bertrand werden zwei nebeneinander liegende Doppelplatten zu der auf S. 275 erläuterten Bestimmung der krystallographischen Orientierung von Polarisationsebenen benutzt. Man befestigt diese vierfache Quarzplatte im Okular des Mikroskops, wo ihre Zusammensetzungsflächen gleichzeitig einen Ersatz für das Fadenkreuz darbieten.

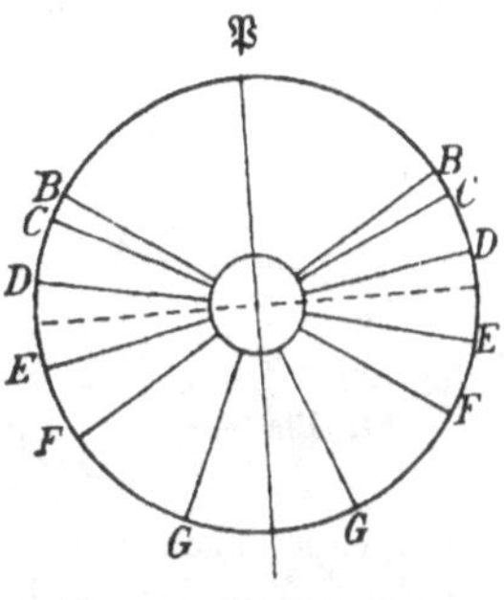

Fig. 667. Drehungswinkel für eine Doppelplatte von 3,75 mm.

Spektralanalyse der Interferenzfarben. — Die Natur dieser Interferenzfarben ergiebt sich wieder aus der Spektralanalyse des aus dem Analysator austretenden Lichtes. Befinden sich anfänglich Polarisator und Analysator in paralleler Stellung, so fehlen in dem Spektrum alle Lichtgattungen, deren Polarisationsebenen um 90°, 270°, . . ., allgemein um ein ungerades Vielfaches von 90° [$l\alpha = (2n+1)\,90°$, worin $n = 0, 1, 2\ldots$ ist] gedreht sind. Das Spektrum zeigt also dunkle Streifen, deren Anzahl N mit der Plattendicke l zunimmt. Um N z. B. für das zwischen den Fraun-

HOFER'schen Linien B und H gelegene Gebiet zu bestimmen, beachten wir, daß die Drehungswinkel α einer Quarzplatte von 1 mm Dicke für diese Grenzen 15° und 51° betragen. Daher ist N gegeben durch die Anzahl der ungeraden Zahlen, welche zwischen $l \cdot \frac{1}{6}$ und $l \cdot \frac{17}{30}$ fallen. Eine Quarzplatte von weniger als $\frac{30}{17}$ mm Dicke kann also bei paralleler Stellung der Nicols keinen dunklen Streifen in jenem Bereich des Spektrums hervorrufen. Dagegen liefert z. B. eine Platte von 10 mm Dicke zwei dunkle Streifen. Dreht man nun den Analysator um den Winkel χ in dem Sinne, welcher dem Drehungsvermögen der Platte entspricht, so wandern die Streifen gegen das violette Ende des Spektrums hin, denn es werden diejenigen Lichtgattungen ausgelöscht, welche der Bedingung: $l\alpha = (2n + 1)\,90^0 + \chi$ genügen.

Auf der Spektralanalyse des austretenden Lichtes beruht die zuerst von BROCH 1846 durchgeführte Methode zur Messung der Drehungswinkel α für verschiedene Wellenlängen: Man bestimmt im Sonnenlichte die Winkel χ, um welche der Analysator gedreht werden muß, damit ein dunkler Streifen der Reihe nach mit den FRAUNHOFER'schen Linien zusammenfällt, und berechnet daraus die Werte von α. Hierzu sind dicke Platten, welche schmale Streifen erzeugen, am vorteilhaftesten. — Nach einem Vorschlage von R. LÜDTGE 1869 kann man die Spektralanalyse aber auch zur Untersuchung schwach drehender und dünner Platten benutzen. Zu diesem Zwecke stellt man vor den Kollimator C eines Spektroskops (Fig. 668) den Polarisator P, dicht hinter den Spalt eine Quarzdoppelplatte D von 7,50 mm Dicke mit horizontaler Trennungsfläche und hinter den Kollimator den mit einem Teilkreise T versehenen Analysator N. Sind P und N gekreuzt, so erscheint im Spektrum ein geradliniger dunkler Streifen an der Stelle des Gelb, der sich beim Rechtsdrehen von N in dem Gebiete des Rechtsquarzes nach dem blauen Ende des Spektrums verschiebt, während er in dem benachbarten Gebiete des Linksquarzes nach dem roten Ende wandert. Kehrt man nun zur gekreuzten Stellung von P und N zurück, und schaltet man vor den Spalt die zu untersuchende Platte K ein, so erscheint der schwarze Streifen gebrochen. Denn diese Platte wirkt so, als wäre die Dicke des in gleichem Sinne drehenden Quarzes vergrößert und die des entgegengesetzt drehenden Quarzes vermindert worden. Dreht man darauf den Analysator bis die ursprüngliche Lage des Streifens wieder hergestellt ist, so gewinnt man die Größe und den Sinn des Drehungswinkels der Platte K für mittleres Gelb mit der Wellenlänge 0,00055 mm in Luft.

Fig. 668. Messung des Drehungswinkels der Platte K für mittleres Gelb.

Fresnel's Erklärung des optischen Drehungsvermögens. — A. FRESNEL gab die Erklärung des optischen Drehungsvermögens des Quarzes, indem er zeigte, daß sich in der Richtung der Axe der Isotropie zwei Wellen fortpflanzen, die in entgegengesetztem Sinne cirkularpolarisiert sind und ungleiche Fortpflanzungsgeschwindigkeiten besitzen. Je nachdem das Drehungsvermögen des Krystalls ein rechtes oder ein linkes ist, pflanzt sich die rechts- oder die linkscirkularpolarisierte Welle mit der größeren Geschwindigkeit fort (Fig. 669, 670). Der Zusammenhang zwischen dem Drehungswinkel α für eine Plattendicke von 1 mm und den Geschwindigkeiten $\mathfrak{o}'$ und $\mathfrak{o}''$ der rechts- und der linkscirkularpolarisierten Welle für eine einfarbige Lichtart mit der Schwingungsdauer T und der Wellenlänge λ in Luft ergiebt sich aus folgender Überlegung.

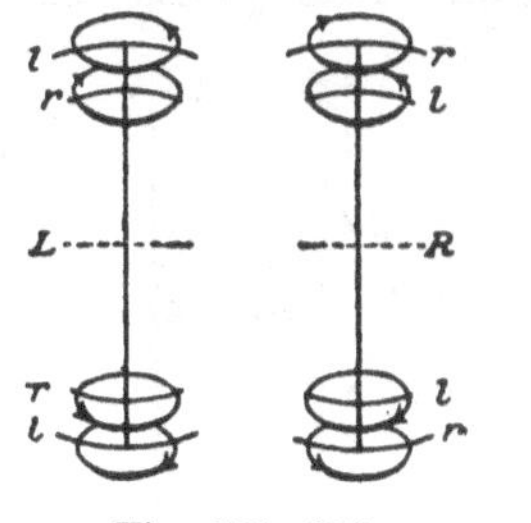

Fig. 669, 670.
Links-Quarz. Rechts-Quarz.

Durch einen Punkt O in der Eintrittsfläche der Platten (Fig. 671) sei ein rechtwinkeliges Koordinatensystem gelegt. Die Z-Axe falle in die Fortpflanzungsrichtung, die positive X-Axe sei nach vorn und die positive Y-Axe nach rechts gerichtet. XZ sei die Polarisationsebene, a die Amplitude der einfallenden Welle. Nach Verlauf der Zeit t habe das um seine Ruhelage O in der Geraden X schwingende Ätherteilchen von O ausgehend den Weg OM zurückgelegt. Jede geradlinige Schwingung mit der Amplitude a kann zerlegt werden in zwei cirkulare Schwingungen mit der Amplitude $a/2$, deren Bewegungssinne einander entgegengesetzt sind. In der That, zwei am Beginn der Zeitrechnung auf der Geraden Y in A' und A'' befindliche Teilchen, von denen sich das erste nach rechts, das zweite nach links auf einem Kreise mit dem Mittelpunkte O und dem Radius $a/2$ mit der gleichförmigen Geschwindigkeit $2\pi/T$ bewegt, werden zur Zeit t den Winkel $\chi = 2\pi t/T$ beschrieben haben. Sie befinden sich jetzt in den Punkten M' und M'' mit den Koordinaten x', y' und x'', y''. Wie aus Fig. 671 hervorgeht, ist $OM = x' + y' + x'' + y''$. OM ist also die Resultante von OM' und OM''. Da diese Beziehung für jeden Zeitmoment t gilt, so sind die beiden cirkularen Schwingungen der geradlinigen Schwingung äquivalent. — Es seien nun t', t'' die Zeiten, welche die cirkularpolarisierten Wellen brauchen, um eine Platte von der Dicke l zu durchschreiten, so daß $l = \mathfrak{o}'t' = \mathfrak{o}''t''$ ist. In der Austrittsfläche (Fig. 672, 673) werden die am Beginn der Zeitrechnung in A' und A'' liegenden Teilchen zur Zeit t Winkel beschrieben haben, die um $2\pi t'/T = \delta'$ und $2\pi t''/T = \delta''$ kleiner sind als χ; bezeichnen wir ihre Lagen mit M' und M'', so ist also Winkel $A'OM' = \chi - \delta'$ und $A''OM'' = \chi - \delta''$. Jetzt können sich die beiden cirkularen Schwingungen wieder zu einer geradlinigen Schwingung mit der Amplitude a zusammensetzen; wir finden ihre Richtung nach Analogie der Fig. 671, indem wir den Winkel $M'OM''$ halbieren. Die Lage des nach dieser Halbierungsgeraden schwingenden Teilchens M ist durch die Komponenten von OM' und OM'' vollständig bestimmt. Wie aus Fig. 672, 673 hervorgeht, ist der Drehungswinkel $XOM = l\alpha$ positiv oder negativ, je

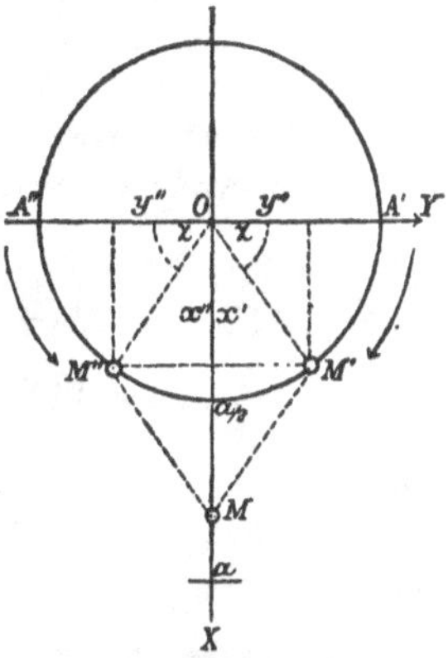

Fig. 671. Zerlegung einer geradlinigen Schwingung in zwei cirkulare Schwingungen.

nachdem $\chi - \delta'$ kleiner oder größer als $\chi - \delta''$, also $\mathfrak{o}'$ kleiner oder größer als $\mathfrak{o}''$ ist; d. h. die Drehung der Polarisationsebene erfolgt nach links oder nach rechts, je nachdem die links- oder die rechtscirkularpolarisierte Welle

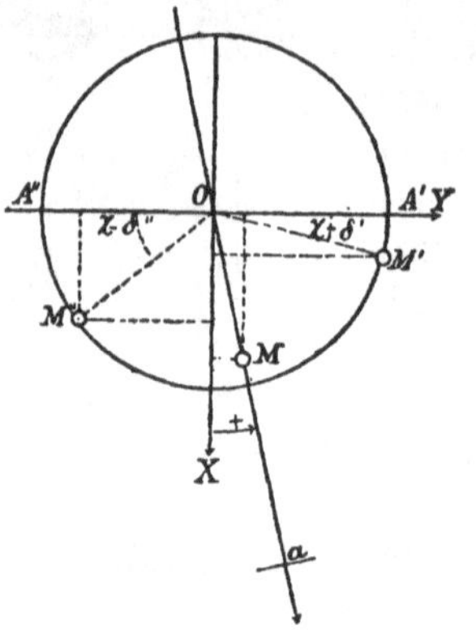

Fig. 672. Links-Quarz.

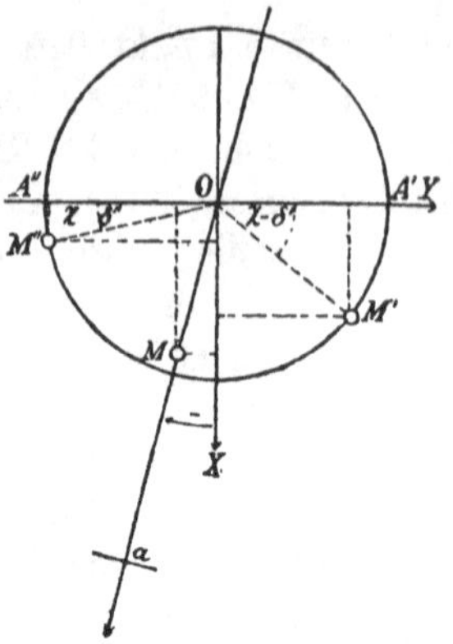

Fig. 673. Rechts-Quarz.

Zusammensetzung zweier cirkularer Schwingungen zu einer geradlinigen Schwingung.

die schnellere ist. Für den gesuchten Winkel XOM erhalten wir z. B. aus Fig. 672 den Wert:

$$l\alpha = 90^0 - (\chi - \delta') - \frac{180^0 - (\chi - \delta') - (\chi - \delta'')}{2}$$

oder:

$$l\alpha = \frac{\delta' - \delta''}{2} = \frac{\pi}{T}(t' - t'').$$

Folglich ist:

$$\alpha = \frac{\pi}{\lambda}\left(\frac{\mathfrak{v}}{\mathfrak{o}'} - \frac{\mathfrak{v}}{\mathfrak{o}''}\right),$$

worin $\mathfrak{v} = \lambda / T$ die Fortpflanzungsgeschwindigkeit in Luft bedeutet. Bezeichnen wir die Brechungsindices der rechts- und der linkscirkularpolarisierten Welle gegen Luft mit ω' und ω'', so ist jetzt:

$$\alpha = \frac{\pi}{\lambda}(\omega' - \omega'').$$

Mit Hilfe dieser Relation kann man aus dem für eine bestimmte Lichtart gemessenen Drehungswinkel die Differenz der Brechungsindices der beiden in der Richtung der Axe der Isotropie sich fortpflanzenden cirkularpolarisierten Wellen berechnen. Legen wir die von J. Stefan ermittelten Drehungswinkel α zu Grunde, so ergiebt sich:

	λ	α	$\omega' - \omega''$
B	0,000 687 mm	15,55°	0,000 059
C	656	17,22	063
D	589	21,67	071
E	527	27,46	080
F	486	32,69	088
G	431	42,37	101
H	397	50,98	111.

Diese Differenzen sind außerordentlich klein; sie betragen ungefähr $\frac{1}{10000}$ der Brechungsindices des Quarzes. Trotzdem ist es A. Fresnel gelungen, die Existenz der beiden cirkularpolarisierten Wellen an einer sinnreichen Prismenkombination (Fig. 674) experimentell festzustellen. Das mittlere Prisma II ist aus Linksquarz derart geschnitten, daß die Axe der Isotropie zur Kante und zur Halbierungsebene des Winkels $2p$ senkrecht steht. Die an beiden Seiten angebrachten Prismen aus Rechtsquarz bilden mit II eine Platte, deren Endflächen zu jener Axe senkrecht liegen. Fällt nun in A eine Welle senkrecht ein, so erzeugt sie zwei gebrochene Wellen, von denen die schnellere rechtscirkularpolarisiert ist. Diese Welle wird bei dem Übergange in das mittlere Prisma nach der Normale der Grenzfläche

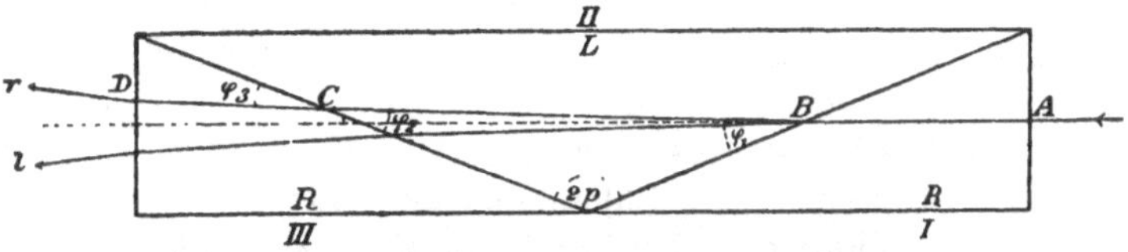

Fig. 674. Dreifaches Quarzprisma nach Fresnel. Nachweis der Doppelbrechung in der Richtung der Axe der Isotropie.

hin gebrochen, da die ihrem Polarisationszustande entsprechende Fortpflanzungsgeschwindigkeit in II kleiner ist als in I. Die hierdurch bewirkte Ablenkung der Wellennormale von AB nach BC wird an der Grenzfläche der Prismen II und III noch vergrößert von BC nach CD, da sich hier zwar das Verhältnis der Geschwindigkeiten wieder umkehrt, aber gleichzeitig die Neigung der Grenzfläche ändert. Die linkscirkularpolarisierte Welle wird von B aus nach der entgegengesetzten Seite abgelenkt. Wählt man den Prismenwinkel $2p = 152^0$, so erreichen die Normalen r, l der austretenden Wellen einen Richtungsunterschied von 4'. Hiervon kann man sich schon an dem Reflexionsgoniometer (Fig. 40 oder 551) überzeugen. Man befestigt die Prismenkombination so auf dem Krystallträger, daß der in Fig. 674 gezeichnete Querschnitt horizontal liegt, und betrachtet durch die Prismen einen engen vertikalen Spalt, der mit Na-Licht beleuchtet ist. Man kann leicht nachweisen, daß die beiden Bilder entgegengesetzt cirkularpolarisiert sind. Im weißen Lichte erscheinen infolge der starken Dispersion die Außenränder mit violetten, die Innenränder mit roten Säumen.

Mit einem stark vergrößernden Fernrohr läßt sich, wie V. von Lang und A. Cornu gezeigt haben, die Trennung der beiden Bilder des Spaltes schon an einem einfachen Prisma, das ebenso wie das Prisma II in Fig. 674 orientiert ist, nachweisen. Für einen Prismenwinkel von 60^0 beträgt der Richtungsunterschied der Normalen der austretenden Wellen beim Minimum der Ablenkung im Na-Lichte etwa 27''. Je nachdem das Prisma aus einem Krystall mit rechtem oder mit linkem Drehungsvermögen hergestellt ist, findet man das weniger abgelenkte Bild rechts- oder linkscirkularpolarisiert.

Beziehung des optischen Drehungsvermögens zur Krystallform. — Am Quarz wurde der Zusammenhang zwischen dem Drehungsvermögen und der Krystallform, die wir auf S. 126—129 kennen gelernt haben, von J. HERSCHEL 1821 aufgedeckt: Je nachdem die Form eine linke oder eine rechte ist, beobachtet man ein linkes oder ein rechtes Drehungsvermögen.

Es ist von vornherein zu übersehen, daß die Form eines Körpers, der im krystallisierten Zustande ein optisches Drehungsvermögen besitzt, gewendet sein muß (S. 62). In der That, wenn schon den optischen Vorgängen Symmetrieelemente zweiter Art fehlen, so sind nach dem allgemeinen Gesetze, das auf S. 179 erläutert wurde, diese Elemente auch bei den Vorgängen des Wachstums und der Auflösung völlig ausgeschlossen. Optisch aktive Krystalle müssen also in Formen auftreten, die außer Deckbewegungsaxen kein anderes Symmetrieelement aufweisen. Da indessen Krystalle bekannt sind, die zwar gewendete Formen, aber kein optisches Drehungsvermögen zeigen (wie Chlorammonium und Chlorkalium), so ist die Ursache der Bildung einer solchen Form eine notwendige, aber keineswegs die einzige Bedingung für die Entstehung des Drehungsvermögens.

Interferenzerscheinungen im konvergenten polarisierten Lichte. — Ein wesentlicher Fortschritt in der Kenntnis der optischen Eigenschaften der Krystalle vollzog sich in den Jahren 1813—1818 durch die Entdeckung der überaus mannigfachen Interferenzerscheinungen, welche doppeltbrechende Krystallplatten im konvergenten polarisierten Lichte darbieten. Die ersten Beobachtungen verdanken wir J. B. BIOT, TH. J. SEEBECK, WOLLASTON und namentlich D. BREWSTER. Es trat jetzt der fundamentale Unterschied in dem optischen Verhalten der hexagonalen und tetragonalen Krystalle einerseits, der rhombischen, monoklinen und triklinen Krystalle andererseits hervor. Als später der Zusammenhang der Interferenzbilder mit der Krystallform noch eingehender untersucht wurde, entwickelte sich eine ungemein fruchtbare Methode der Krystallbestimmung.

Zur Erklärung dieser charakteristischen Interferenzerscheinungen konnte allerdings erst geschritten werden, nachdem A. FRESNEL das Gesetz für die Fortpflanzung und die Polarisation des Lichtes in Krystallen ohne Axe der Isotropie gefunden hatte (1821). G. B. AIRY gab 1831 eine Theorie der Interferenzbilder, die durch basische Platten von optisch einaxigen Krystallen hervorgerufen werden, und bald darauf gelang es F. E. NEUMANN 1834 eine allgemein gültige Theorie der Interferenzerscheinungen im konvergenten Lichte zu begründen.

Um eine Krystallplatte K im konvergenten polarisierten Lichte zu untersuchen, bringen wir über dem Polarisator P ein centriertes System von Sammellinsen S und unter dem Analysator A ein gleiches System S' an (Fig. 675). Es bedeute B die vordere Brennebene von S und B' die hintere Brennebene von S'. Dann werden alle von einer hinreichend entfernten lichtgebenden Fläche ausgehenden Strahlenbündel, welche nach dem Durchschreiten des Polarisators gegen einen Punkt p in B konvergieren, ein von p divergierendes Strahlenbündel bilden, welches das System S als ein Bündel untereinander paralleler Strahlen verläßt und durch S' in ein nach dem Punkte p' der Ebene B' konvergierendes Strahlenbündel gebrochen wird. Dieses letztere Bündel gelangt durch den Analysator in das Auge des Beobachters. Bei dieser Versuchsanordnung fallen also auf die zwischen S und S' liegende Krystallplatte K ebene Wellen, deren Normalen einen Kegel erfüllen. Zu jeder Welle W gehört in den Brennebenen B, B' ein Paar von Punkten p, p', welche die Spuren von W in B und B' genannt werden sollen.

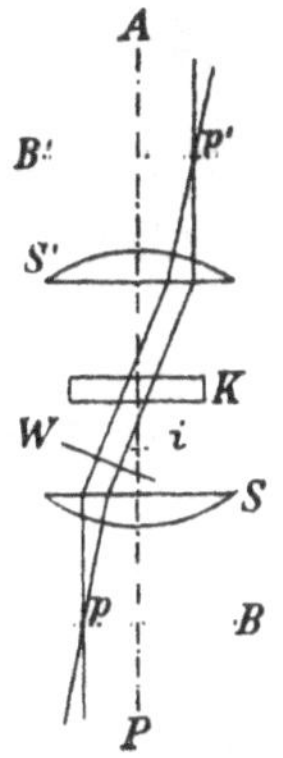

Fig. 675. Polarisationsapparat für konvergentes Licht.

Die Interferenzerscheinung, welche der Beobachter im einfarbigen Lichte erblickt, wenn sich sein Auge in der Entfernung der deutlichen Sehweite von der Brennebene B' befindet, besteht aus abwechselnd hellen und dunklen Kurven (Fig. 676, 677). Sie ist also dadurch charakterisiert, daß sich die Intensität des Lichtes auch mit der Lage der Spur p' der Welle W, also mit der Einfallsebene und dem Einfallswinkel dieser Wellenebene ändert. Bei der Berechnung der resultierenden Intensität in den Punkten p'

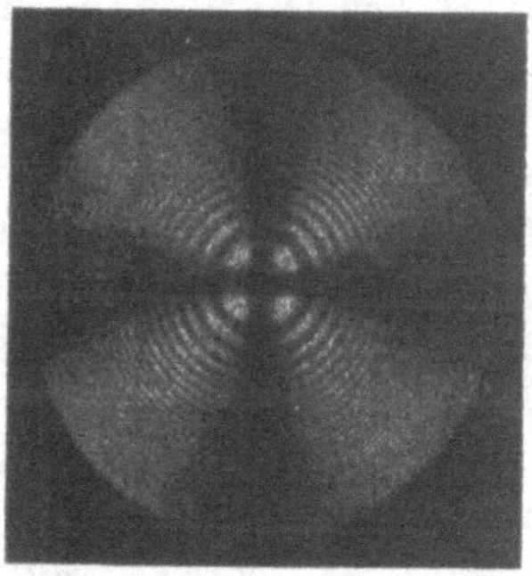

Fig. 676. Kalkspat. Platte parallel zur Basis im Na-Licht.

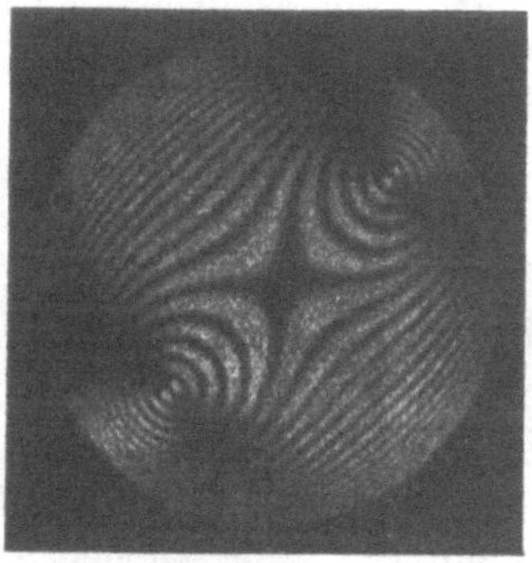

Fig. 677. Baryt. Platte parallel 100 im Na-Licht. Diagonalstellung.

würde die Berücksichtigung aller Modifikationen, welche die ursprüngliche Intensität des Lichtes in dem Polarisationsapparate erfährt, zu wenig übersichtlichen Ausdrücken führen. Da uns aber gewöhnlich nur die Abhängigkeit der Interferenzerscheinungen von der Symmetrie der Krystalle und der krystallographischen Orientierung der Platten interessiert, so können wir uns auf eine Annäherung beschränken, welche die Übersicht außerordentlich erleichtert und überdies auf die Berechnung solcher Erscheinungen, die wir zu genauen Messungen benutzen wollen, keinen nachteiligen Einfluß ausübt.

Fällt auf die untere Grenzebene $\mathfrak{G}$ einer doppeltbrechenden Krystallplatte (Fig. 678) in der Richtung EG eine ebene Welle einfarbigen Lichtes, so erzeugt sie zwei gebrochene Wellen W_1, W_2, deren Normalen in der Einfallsebene liegen und mit dem Einfallslot verschiedene Brechungswinkel r_1, r_2 bilden. Da indessen die überwiegende Mehrzahl der krystallisierten Körper nur schwach doppeltbrechend ist und die zu untersuchenden Platten relativ dünn sind, so kann die Differenz von r_1 und r_2 vernachlässigt werden. Dann haben W_1 und W_2 eine gemeinschaftliche Normale GB. Betrachten wir nur solche Fortpflanzungsrichtungen, welche sehr kleine Winkel r mit der Plattennormale einschließen, so haben die in der Richtung BA austretenden Wellenebenen dieselben Polarisationsebenen, wie die Wellenebenen W_1, W_2 in der Krystallplatte, aus denen sie hervorgehen. Unter derselben Voraussetzung dürfen wir für die Gesamtheit der Wellen, die aus dem Polarisator auf die Krystallplatte fällt, eine gemeinschaftliche Polarisationsebene $\mathfrak{P}$ und für die Gesamtheit der Wellen, die aus dem Analysator austritt, eine gemeinschaftliche Polarisationsebene $\mathfrak{A}$ annehmen. Es sei G der Punkt, in welchem die Axe des Polarisationsapparates die Eintrittsfläche der Krystallplatte schneidet. Durch G seien die Normalen aller Paare von Wellenebenen W_1, W_2 gelegt, so daß jedem Paare ein bestimmter Punkt B auf der Austrittsfläche entspricht. Wenn wir uns nun auf hinreichend kleine Brechungswinkel r beschränken, so ist die Anordnung dieser Punkte B angenähert ähnlich der Anordnung der Spuren p', welche die Wellenpaare W_1, W_2 in der Brennebene des oberen Linsensystems (Fig. 675) erzeugen.

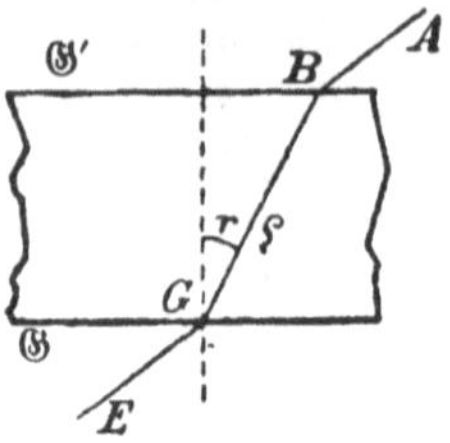

Fig. 678.

Unter diesen Voraussetzungen gelten für die Intensität des Lichtes an einer beliebigen Stelle des Interferenzbildes dieselben Ausdrücke, die auf S. 273, 280 für senkrecht eintretendes Licht abgeleitet wurden. Es ist zweckmäßig die Lage der Polarisationsebenen $\mathfrak{H}_1$, $\mathfrak{H}_2$ eines Wellenpaares W_1, W_2 hinfort auf eine feste, in der Austrittsfläche der Platte gelegene Gerade $\mathfrak{X}$ zu beziehen. Wir bezeichnen die Winkel $\mathfrak{P}\mathfrak{X} = \beta$, $\mathfrak{H}_1\mathfrak{X} = \eta$, so daß $\mathfrak{P}\mathfrak{H}_1 = \varphi = \beta - \eta$ ist. Dann lautet der für gekreuzte Nicols geltende Ausdruck (I) auf S. 273:

$$\text{(I*)} \qquad \mathsf{A}^2 = a^2 \cdot \sin^2 2(\beta - \eta) \cdot \sin^2 \pi \frac{\Gamma}{\lambda} \cdot$$

Kurven gleichen Gangunterschiedes und Kurven gleicher Polarisationsrichtung. — Gehen wir nun von einer Stelle des Interferenzbildes zu einer anderen über, so kann sich in diesem Ausdruck ändern: 1. der Wert des Gangunterschiedes Γ, den das zugehörige Wellenpaar W_1, W_2 in der Krystallplatte erreicht hat, und 2. der Winkel η, der die Orientierung der Polarisationsebenen dieses Wellenpaares definiert. Hieraus ist ersichtlich, daß zwei Kurvenscharen für das Interferenzbild charakteristisch sind. Eine Kurve gleichen Gangunterschiedes wird erfüllt von den Spuren aller Wellenpaare, welche denselben Gangunterschied Γ erlangt haben. Auf einer Kurve gleicher Polarisationsrichtung (Isogyre) liegen die Spuren aller Wellenpaare von der Beschaffenheit, daß die Polarisationsebenen $\mathfrak{S}_1$ der schnelleren Wellen denselben Winkel η mit der Polarisationsebene $\mathfrak{P}$ des einfallenden Lichtes bilden.

Die Gestalt der Kurven gleichen Gangunterschiedes ist ganz unabhängig von dem Winkel $\mathfrak{P}\mathfrak{A}$ zwischen den polarisierenden Vorrichtungen und von der durch den Winkel $\mathfrak{P}\mathfrak{X} = \beta$ bestimmten Orientierung der Platte gegen den Polarisator. Nur ihre Lichtstärke ändert sich mit dem Winkel $\mathfrak{P}\mathfrak{A}$. Stehen Polarisator und Analysator gekreuzt, so erscheinen nach (I*) diejenigen Kurven vollkommen dunkel, auf denen der Gangunterschied eine ganze Anzahl von Wellenlängen beträgt. Man bezeichnet sie als Hauptkurven gleichen Gangunterschiedes. Hierher gehören die dunklen konzentrischen Kreise in Fig. 676 und die dunklen Lemniscaten in Fig. 677. — Dagegen ändern die Isogyren auch ihre Gestalt mit den Winkeln $\mathfrak{P}\mathfrak{A}$ und $\mathfrak{P}\mathfrak{X}$. Ist $\mathfrak{P}\mathfrak{A} = 90^0$, so erscheint nach (I*) die Verbindungskurve der Spuren, in denen die Polarisationsebenen zu $\mathfrak{P}$ und $\mathfrak{A}$ parallel liegen, so daß $\mathfrak{P}\mathfrak{S}_1 = \beta - \eta = 0^0, 90^0, \ldots$, ist, vollkommen dunkel. Man bezeichnet diese Kurve als Hauptisogyre. Hierher gehören das dunkle Kreuz in Fig. 676 und die gleichseitige Hyperbel in Fig. 677. Die Hauptisogyre ist deshalb besonders charakteristisch, weil sie im Gegensatze zu den Kurven gleichen Gangunterschiedes von der Dicke der Krystallplatte unabhängig ist und daher auch noch an Platten hervortritt, die so dünn sind, daß an ihnen Hauptkurven gleichen Gangunterschiedes nicht mehr beobachtet werden können.

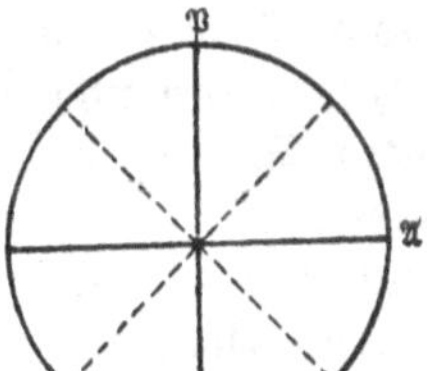

Fig. 679. Symmetrieebenen des ursprünglichen Gesichtsfeldes.

Die Symmetrie der Interferenzbilder. — Sollen die Interferenzerscheinungen im konvergenten Lichte zur Bestimmung krystallisierter Körper dienen, so müssen wir ihre Symmetrie beachten. Das Gesichtsfeld eines Polarisationsapparates, dessen Nicols gekreuzt stehen, ist ursprünglich centrisch symmetrisch und außerdem tetrasymmetrisch nach den Polarisationsebenen $\mathfrak{P}$, $\mathfrak{A}$ und den Halbierungsebenen der Winkel zwischen $\mathfrak{P}$ und $\mathfrak{A}$ (Fig. 679). Hiernach ist leicht zu übersehen, wie die Symmetrie des Interferenzbildes einer Krystallplatte von bekannter optischer Symmetrie beschaffen sein wird. Die ursprüngliche Symmetrie des Gesichtsfeldes muß in dem Interferenzbilde erhalten bleiben, wenn eine Platte eingeschaltet wird, welche die Eigenschaft besitzt, daß jede auf ihr senkrechte Ebene gleichzeitig eine optische Symmetrieebene ist. Daher giebt z. B. eine zur Basis parallele Kalkspatplatte bei einer vollen Umdrehung in ihrer Ebene stets ein tetrasymmetrisches Interferenzbild (Fig. 676). Dagegen wird eine Platte, deren Normale weder zu einer Symmetrieaxe parallel liegt, noch auf einer Symmetrieebene senkrecht steht, in allen Stellungen ein

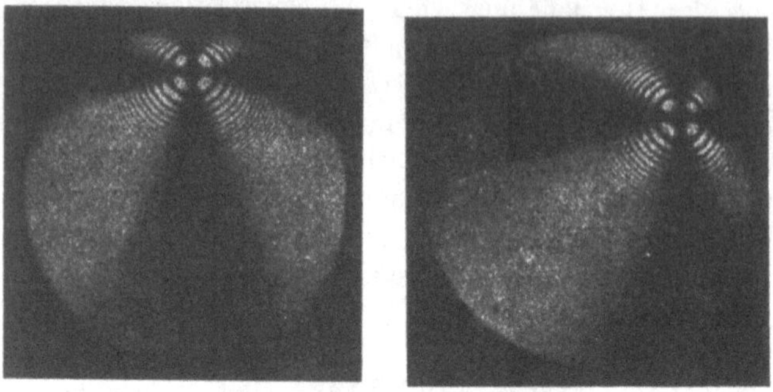

Normalstellung. Diagonalstellung.

Fig. 680, 681. Kalkspatplatte, deren Normale $22^1/_2{}^0$ mit der Vertikalaxe bildet im Na-Licht.

asymmetrisches Interferenzbild liefern. Steht auf der Platte nur eine einzige Symmetrieebene 𝔖 senkrecht, so können wir ein nach 𝔖 monosymmetrisches Interferenzbild nur in den Lagen der Platte erwarten, wo die Ebene 𝔖 mit 𝔓 resp. 𝔄 oder mit einer Halbierungsebene der Winkel 𝔓𝔄 zusammenfällt. Wir unterscheiden diese Lagen als Normalstellungen und Diagonalstellungen. Es ist z. B. eine Kalkspatplatte, deren Normale einen von 0 und 90° verschiedenen Winkel mit der Vertikalaxe einschließt, nur nach ihrem Hauptschnitte symmetrisch; sie wird daher bei einer vollen Umdrehung nur viermal eine monosymmetrische Interferenzerscheinung darbieten (Fig. 680, 681). Eine Platte, die zwei aufeinander senkrechte Symmetrieebenen besitzt, wird ein Interferenzbild erzeugen, das in der Normalstellung und in der Diagonalstellung disymmetrisch ist (Fig. 677).

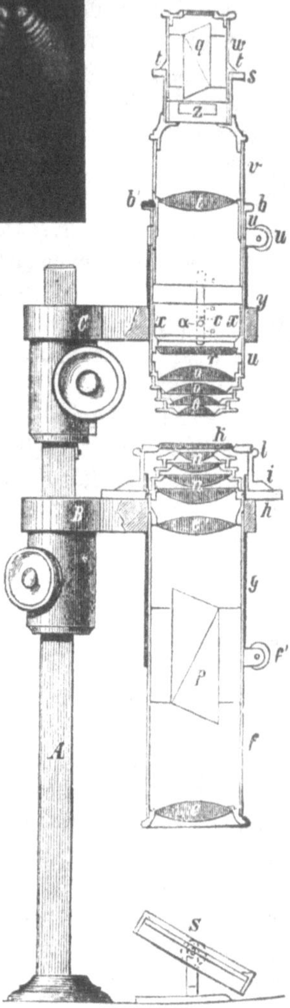

Fig. 682. Polarisationsapparat für konvergentes Licht von R. Fuess. $^1/_3$ nat. Größe.

Aus diesen Beispielen ist zugleich ersichtlich, wie man umgekehrt aus den

Symmetrieeigenschaften der Interferenzbilder auf die optische Symmetrie der benutzten Krystalle schließen kann.

Polarisationsapparate für konvergentes Licht. — **I.** Eine erste Gruppe umfaßt Apparate zur Untersuchung größerer Krystallplatten. Ihre Konstruktion beruht im wesentlichen auf Angaben von Nörremberg. Vorzügliche Interferenzbilder liefert der in Fig. 682 dargestellte, von R. Fuess konstruierte Apparat. Der Polarisator *p* wird von den Sammellinsen *e*, *e'* eingeschlossen. Der Kondensor *n* und das Objektiv *o* werden von je vier Linsen gebildet. In der oberen Brennebene von *o* befindet sich eine Glasplatte *r*, in welche ein Kreuz und eine Skala eingraviert sind. Das in der Ebene *r* liegende Interferenzbild wird durch eine Lupe *t* betrachtet. Soll weniger stark konvergentes Licht angewendet werden, so schraubt man die kleineren Linsen des Kondensors und des Objektivs ab. Dann muß aber auch die Stellung des in der Fassung *x* sitzenden Glasmikrometers *r*, welches mit Hilfe des Knopfes *a* geführt werden kann, so verändert werden, daß der Index *c* mit einer der Marken auf der Außenseite der Hülse *u* zusammenfällt.

II. Eine zweite Gruppe von Apparaten, die namentlich bei sehr dünnen und sehr kleinen Präparaten Vorzügliches leistet, bilden die mit polarisierenden Vorrichtungen ausgerüsteten Mikroskope. Schaltet man unter dem Objekttische einen

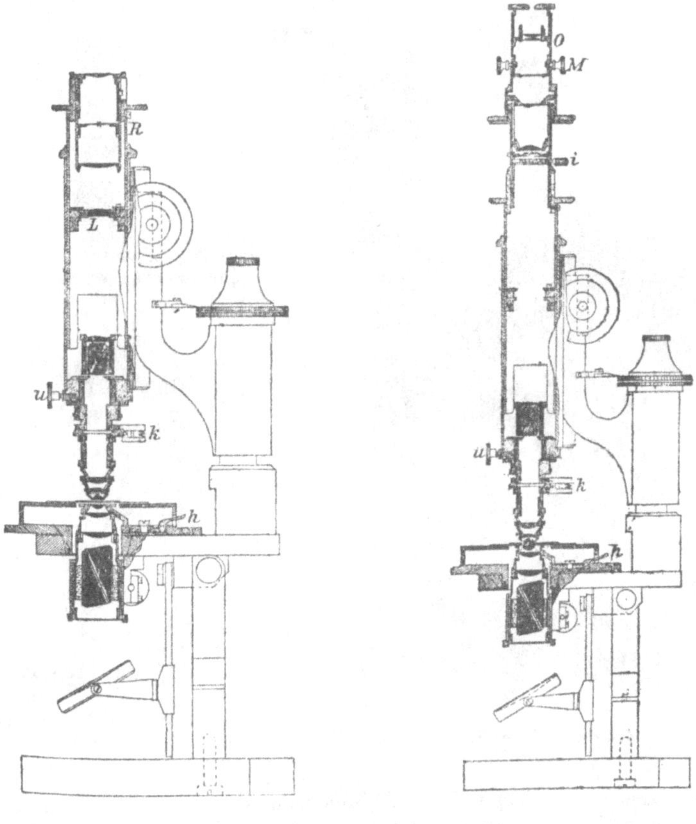

Fig. 683, 684. Mikroskope zur Beobachtung von Interferenzerscheinungen im konvergenten Lichte (von R. Fuess).

Kondensor über dem Polarisator ein und nähert man das Objektiv dem Präparate, so sind die zur Erzeugung eines Interferenzbildes erforderlichen Linsensysteme gegeben. Zur Beobachtung des Bildes können drei verschiedene Anordnungen dienen. 1. Das in der oberen Brennfläche des Objektivs erscheinende Bild kann nach Ausschaltung des Okulars mit bloßem Auge betrachtet werden; diese einfachste Methode

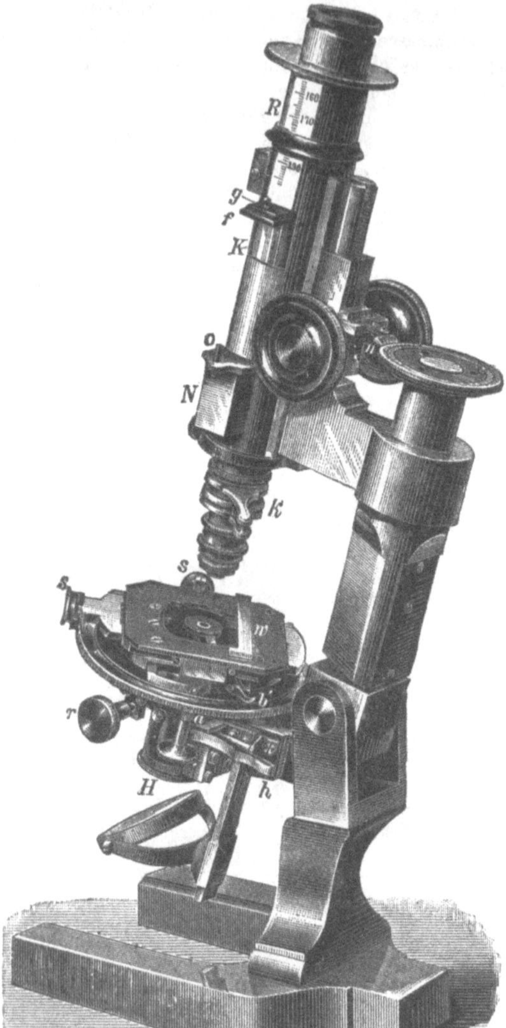

Fig. 685. Mikroskop von R. Fuess, Modell I.

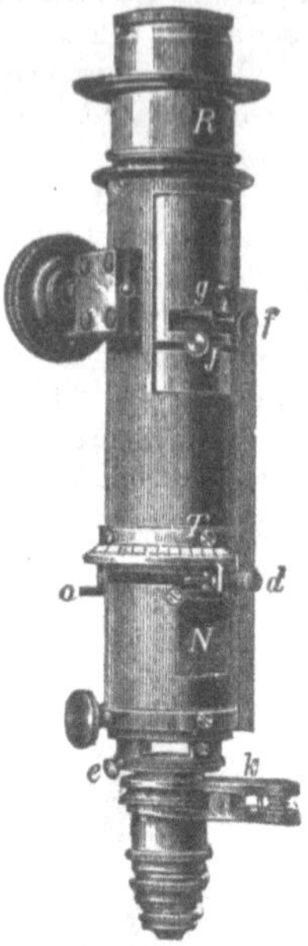

Fig. 686. Tubus mit Irisblende *J* und drehbarem Analysator *N*.

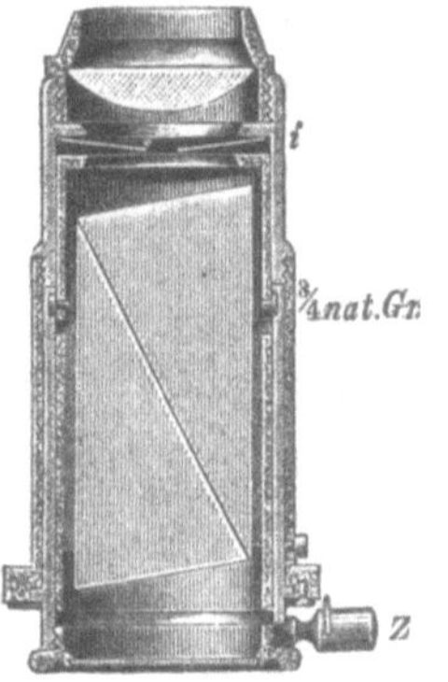

Fig. 687. Polarisator mit Irisblende.

hat A. von Lasaulx 1878 angegeben. 2. Man kann aber auch das Okular in seiner gewöhnlichen Stellung lassen und unter ihm eine Hilfslinse *L* in den Tubus einführen (Fig. 683); dann bildet diese Linse mit dem Okular ein Hilfsmikroskop, das eine schwache Vergrößerung des Interferenzbildes bewirkt. Nach diesem von E. Bertrand 1878 vorgeschlagenen Verfahren wird eine Linsenkombination hergestellt, die zuerst von G. B. Amici 1830 zur Beobachtung von Interferenzbildern mit Hilfe eines Mikroskopes angewandt worden ist. 3. Endlich kann man den Umstand benutzen, daß die obere Brennfläche des Objektivs durch das Okular in verkleinertem Maßstabe dicht über dem Okular in dem Augenkreise abgebildet wird. Auch an dieser Stelle kann das Interferenzbild mit bloßem Auge betrachtet werden; bequem ist es eine Lupe *O* anzuwenden, die in einer geeigneten Fassung auf das Okular gesetzt wird (Fig. 684). Dieses Verfahren rührt von C. Klein her (1876—1893). — Benutzt man eine der beiden zuletzt angeführten Methoden, so ist zu berücksichtigen, daß die Interferenzbilder jetzt im Verhältnis der Inversion zu dem System der Spuren *p'* in der Brennfläche des Objektivs (Fig. 675) stehen.

Die Untersuchung durchsichtiger Krystalle im polarisierten Lichte stellt an die optischen und mechanischen Einrichtungen der Mikroskope mannigfache Anforderungen, denen die aus der Werkstätte von R. Fuess hervorgehenden Apparate in hohem Grade entsprechen. Da hier nur die wichtigsten Hilfsmittel erwähnt werden können, so verweise ich auf die ausführlicheren Beschreibungen von R. Fuess und C. Leiss.[1] Es interessieren uns zunächst die Vorrichtungen an dem Objekttische und in dem Tubus, die einen äußerst bequemen Übergang von der

Fig. 688. Objekttisch mit Kreuzschlitten.

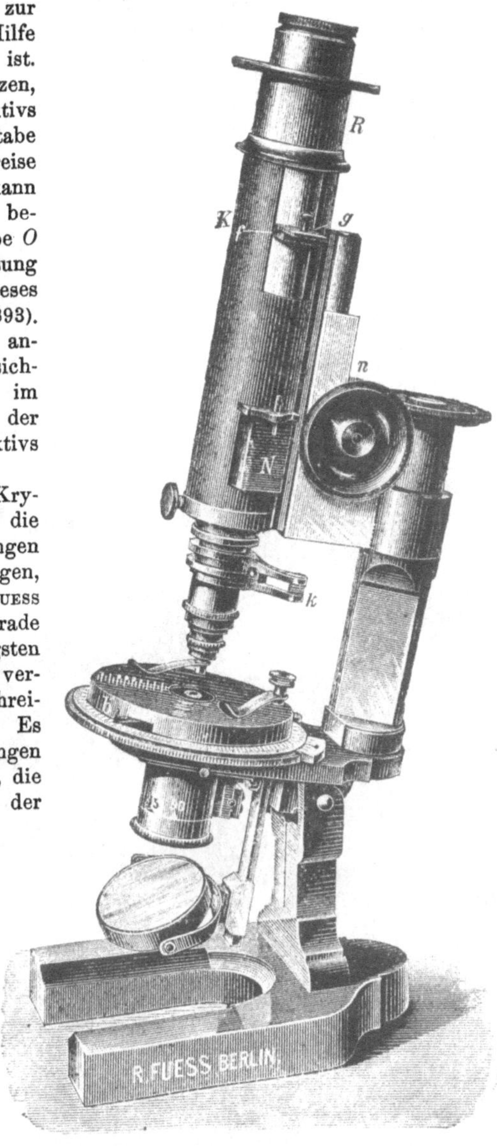

Fig. 689. Mikroskop von R. Fuess, Modell III.

Beobachtung im senkrecht einfallenden Lichte zu der im konvergenten Lichte vermitteln (Fig. 685—689). Der Kondensor sitzt in einer besonderen, von dem

[1] R. Fuess, N. Jahrb. f. Min. Beil.-Bd. 7, 55; 1890. C. Leiss, ibid. Beil.-Bd. 10, 179; 1895.

Polarisatortubus *H* getrennten Fassung, die mit Hilfe des Armes *b'* in Fig. 685, 688 und 689 eingeführt oder ausgeschaltet werden kann. Ebenso leicht kann die Hilfslinse *L* (Fig. 683), die sich in dem Schieber *f* des Auszugrohres *R* (Fig. 685, 686, 689) befindet, in den Tubus eingeschaltet oder aus ihm herausgezogen werden. Unter dieser Hilfslinse wird neuerdings eine Irisblende *J* angebracht (Fig. 686), durch

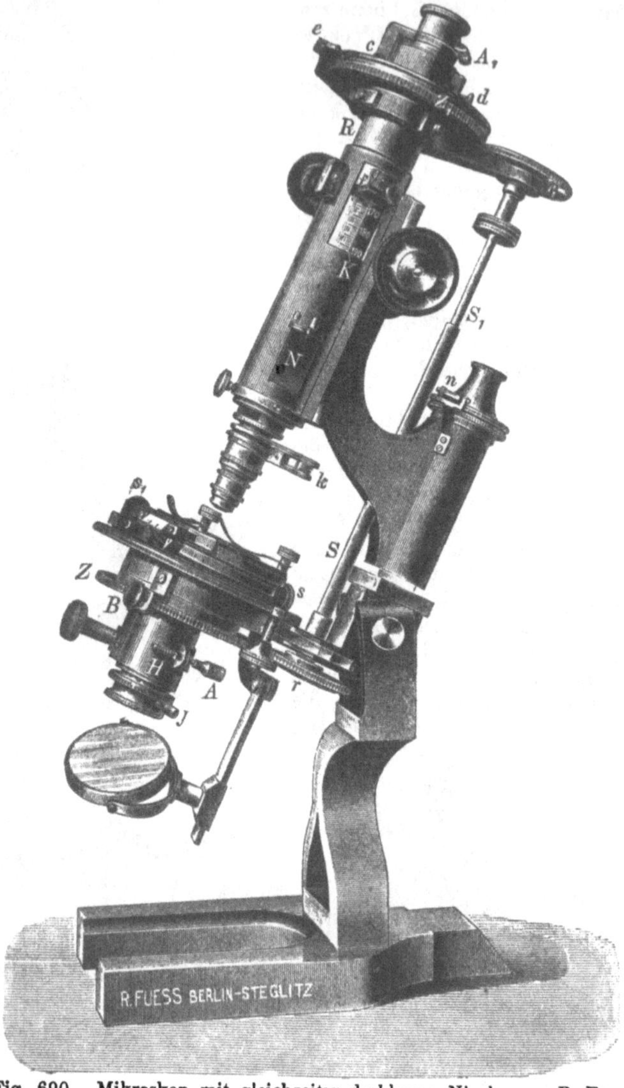

Fig. 690. Mikroskop mit gleichzeitig drehbaren Nicols von R. Fuess.

deren Zusammenziehung die Interferenzbilder sehr kleiner Präparate von dem störenden Einflusse der Umgebung befreit werden. Auch zwischen dem Polarisator und dem Kondensor befindet sich eine Irisblende *i* (Fig. 687), die zu einer in vielen Fällen wichtigen Regulierung der Beleuchtung dient. Der in dem Tubus angebrachte Analysator N läßt sich lediglich durch einen Druck auf die Leiste o während der Beobachtung einschieben oder zurückziehen; er wird jetzt auch so eingerichtet, daß er an dem Griffe d um 90° um die Tubusaxe gedreht werden kann (Fig. 686). Auf das Okular kann ein drehbarer Analysator gesetzt werden, der eine ähnliche Vorrichtung zur bequemen Ein- und Ausschaltung besitzt. Endlich sei noch hervorgehoben, daß der Polarisator und der aufsetzbare Analysator mit Mikrometerschrauben (A, A_1 in Fig. 690) versehen werden können, welche dem Beobachter gestatten, Veränderungen der polarisierenden Vorrichtungen in ihren Fassungen selbst zu korrigieren.

Außer diesem großen Mikroskop werden von R. Fuess einfachere Instrumente hergestellt, von denen das Modell III durch Fig. 689 veranschaulicht wird.

Vor kurzem hat R. Fuess ein Mikroskop konstruiert, an welchem der Polarisator und der auf das Okular aufzusetzende Analysator gleichzeitig gedreht werden können (Fig. 690, 691), eine Anordnung, die für manche Versuche zweckmäßig ist. Die Drehung wird durch eine Zahnradübertragung mit Hilfe der Räder r, Z und r_1, Z_1 bewirkt. Das obere Zahnrad Z_1 trägt eine Scheibe, an der mit dem Nonius e direkt 5 Minuten abgelesen werden können.

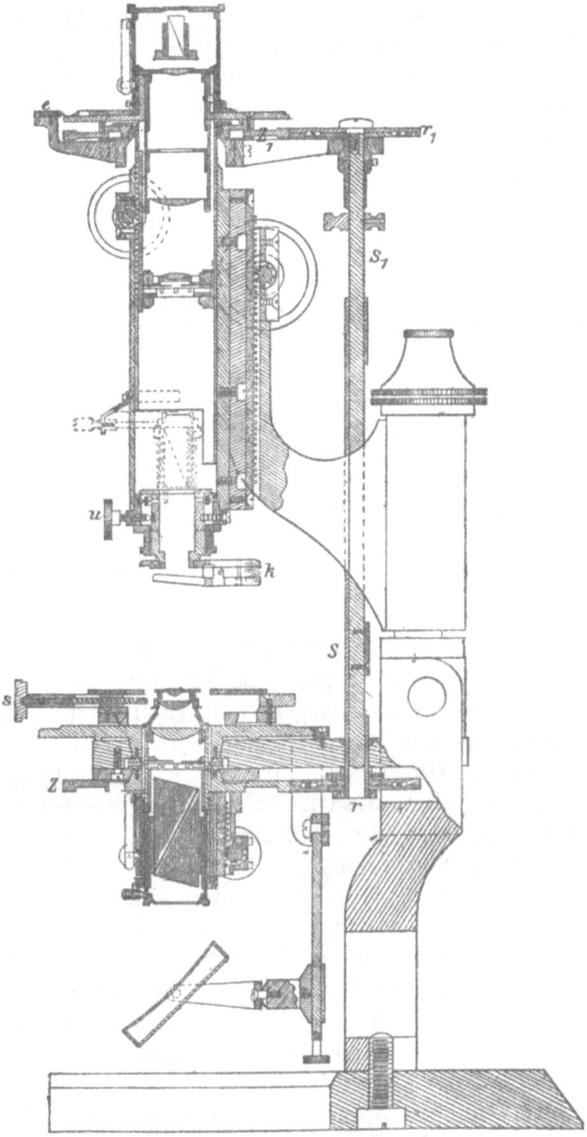

Fig. 691. Durchschnitt des Mikroskops Fig. 690.

Numerische Apertur des Kondensors und des Objektivs. — Die Interferenzbilder, welche ein Polarisationsapparat für konvergentes Licht wahrzunehmen gestattet, sind abhängig von der numerischen Apertur des

Kondensors S und des Objektivs S' (Fig. 675). Bezeichnen wir mit α die Apertur von S und mit n den Brechungsindex des Mittels zwischen dem Kondensor und der Krystallplatte K, so ergiebt sich der größte Wert i_m des Einfallswinkels einer Welle, die aus dem Kondensor auf die Platte fallen kann, aus der Relation $\alpha = n \sin i_m$. Sollen nun die von dieser Welle erzeugten gebrochenen Wellen in das Objektiv eintreten, so muß sich auch zwischen der Platte und dem Objektiv ein Mittel befinden, dessen Brechungsindex nicht kleiner als n ist, und die Apertur α' des Objektivs darf nicht kleiner als α sein.

Ein Beispiel möge die Bedeutung der numerischen Apertur der Linsensysteme S, S' und die Anwendung von stark brechenden Flüssigkeiten in den Räumen zwischen S, S' und der Krystallplatte K erläutern. In einer Spaltungsplatte von Kalkspat bildet die Axe der Isotropie γ einen Winkel von $44^0 36^1/_2{}'$ mit der Normale einer Spaltfläche (Fig. 692). Es falle nun

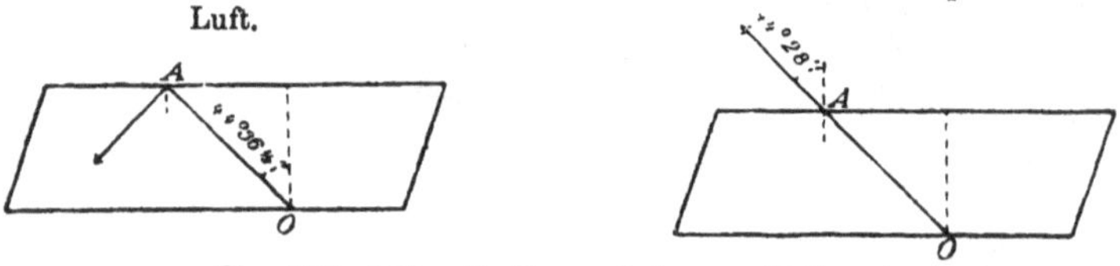

Fig. 692, 693. Spaltungsplatte von Kalkspat.

auf diese Fläche aus Luft diffuses Na-Licht. Dann werden die streifend eintretenden Wellen gebrochene ordentliche Wellen hervorrufen, deren Normalen unter $37^0 5'$ gegen das Einfallslot geneigt sind, denn der Brechungsindex dieser Wellen gegen Luft ist 1,6585. Eine Welle, die sich im Kalkspat in der Richtung γ fortpflanzt, kann also auf solche Weise nicht entstehen. Umgekehrt kann eine in der Richtung γ fortschreitende Welle nicht in Luft austreten, da sie an der Grenzfläche total reflektirt wird (Fig. 692). Eine im Hauptschnitt der Platte streifend eintretende Welle erzeugt nur dann eine gebrochene ordentliche Welle, deren Normale mit γ zusammenfällt, wenn der Brechungsindex des äußeren Mittels $n = 1{,}6585 \cdot \sin 44^0 36^1/_2{}' = 1{,}165$ ist. Daher kann die Spur dieser Welle in dem Interferenzbilde der Platte nur mit Hilfe von Immersionsflüssigkeiten und mit Linsensystemen S, S', deren Apertur größer als 1,165 ist, beobachtet werden. Man erblickt z. B. ein Interferenzbild, in welchem zwischen der Spur jener Welle und dem Rande des Gesichtsfeldes noch mehrere Interferenzringe liegen (vgl. Fig. 680, 681), wenn man ein Öl-Immersionssystem von der Apertur 1,3 anwendet. Dabei ist vorausgesetzt, daß die Apertur des Kondensors nicht kleiner als 1,3 sei und der Polarisator keine Beschränkung dieser Apertur bewirke.[1]

[1] An den großen Mikroskopen von R. Fuess kann ein Objektiv mit der numerischen Apertur 1,47 angebracht werden. Der Kondensor ist so gewählt, daß

Immersionsflüssigkeiten. — Schon D. Brewster und J. B. Biot haben zur Untersuchung der optischen Eigenschaften krystallisierter Körper mit großem Vorteil Immersionsflüssigkeiten angewendet. Französische Optiker benutzen seit jener Zeit als einhüllendes Medium weichen Canadabalsam, der sich modellieren läßt, so daß man Platten erhält, deren Grenzflächen beliebige Orientierungen gegen den eingeschlossenen Krystall besitzen. Jetzt stehen namentlich auch die auf S. 256 erwähnten, stark brechenden Flüssigkeiten, Monobromnaphtalin und Methylenjodid, zur Verfügung. Um dieses Verfahren durch einen einfachen Versuch zu erläutern, befestige man auf einem Objektträger einen kurzen Glascylinder, stelle darin ein Spaltungsrhomboëder von Kalkspat auf und fülle den Cylinder mit Monobromnaphtalin. Dann zeigt dieses Präparat im Polarisationsapparat für konvergentes Licht die in Fig. 676 dargestellte Interferenzerscheinung.

Drehapparate. — In vielen Fällen ist es notwendig Krystalle oder Krystallbruchstücke, die unter dem Mikroskop im polarisierten Lichte untersucht werden sollen, in verschiedenen Orientierungen zu prüfen. Dieser Zweck wird erreicht mit Hilfe von Drehapparaten, die sich auf dem Objekttische des Mikroskops anbringen lassen. Nach Vorschlägen von C. Klein hat R. Fuess eine Reihe derartiger Vorrichtungen konstruiert.

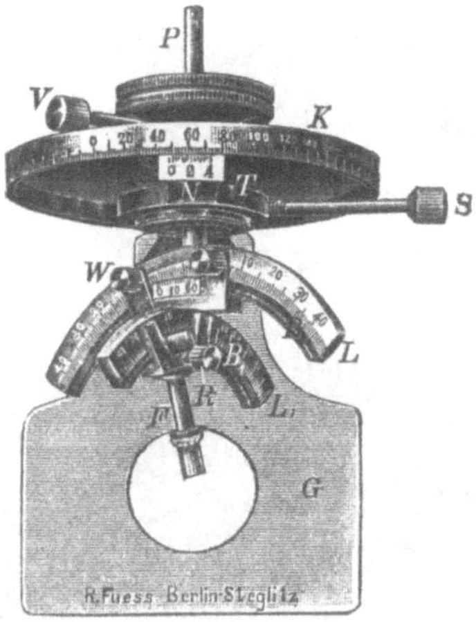

Fig. 694. Drehapparat nach C. Klein von R. Fuess.

Fig. 694 stellt einen Apparat dar, welcher dieselben Drehungen gestattet, die am Reflexionsgoniometer (Fig. 40, 551) oder an den später zu beschreibenden Axenwinkelapparaten ausgeführt werden können. Das Mikroskop wird vorher in die horizontale Lage gebracht. Soll das Präparat mit einer Immersionsflüssigkeit umgeben werden, so schaltet man ein Flüssigkeitsgefäß ein, das von einem seitlich aufgestellten Stative getragen wird.

Bei den in Fig. 695, 696 abgebildeten Vorrichtungen ist die mechanische Anordnung der Drehungsaxen so gewählt, daß die Flüssigkeitsgefäße direkt an dem Apparate befestigt werden können.

Eine möglichst allseitige Bewegung von Dünnschliffen erreicht man mit den durch Fig. 697, 698 veranschaulichten Apparaten, die R. Fuess nach Vorschlägen von E. von Fedorow ausgeführt hat.

Die Benutzung dieser Drehapparate erfordert, daß dem Kondensor und dem Objektiv ein ungewöhnlich großer Abstand von dem Präparat erteilt werde. Es ist R. Fuess gelungen geeignete Linsensysteme (Trockensysteme von der numerischen Apertur 1,96) zu konstruieren, die auch in anderen Fällen bei Beobachtungen von Interferenzerscheinungen im konvergenten Lichte vorzügliche Dienste leisten.

---

ein cylindrisches Nicolsches Prisma von 24 mm Durchmesser die volle Ausnutzung der Linsensysteme gestattet. Zur Betrachtung mikroskopischer Objekte kann jenes Objektiv nicht mehr dienen. Als Immersionsflüssigkeit ist Monobromnaphtalin zu empfehlen (vgl. Fig. 693).

Fig. 695, 696. Drehapparate von R. FUESS.

Fig. 697. Drehapparat nach E. VON FEDOROW von R. FUESS. Modell I.

Fig. 698. Drehapparat nach E. VON FEDOROW von R. FUESS. Modell II.

Wenn eine bestimmte Krystallfläche genau senkrecht zur Axe des Mikroskops gestellt werden soll, so schaltet man ein schwaches Objektiv ein, vor dessen Frontlinse sich ein centrierbares geschwärztes Strichkreuz befindet. Auf den Tubus setzt man eine spiegelnde Glasplatte, die durch eine seitlich aufgestellte Lichtquelle beleuchtet wird. Nachdem die Fläche annähernd in jene Lage gebracht ist, senkt man den Tubus um die Hälfte der Fokaldistanz des Objektivs. Darauf justiert man den Krystall, bis das Spiegelbild des Strichkreuzes sich mit dem Okularfadenkreuze deckt.

Absorption des Lichtes. — Bisher haben wir keine Rücksicht genommen auf die Erscheinung, daß die Intensität einer Lichtwelle, die sich in einem homogenen Körper fortpflanzt, längs ihres Weges nicht konstant bleibt, sondern stetig abnimmt. Dieser Vorgang der Absorption des Lichtes findet aber in allen Körpern statt; keiner unter ihnen ist vollkommen durchsichtig.

Lassen wir in eine planparallele Platte eines homogenen Körpers eine ebene Welle von bestimmter Schwingungsdauer T senkrecht eintreten, so wird ihre Intensität durch zwei Vorgänge geschwächt: durch die Reflexion an den Grenzflächen und durch die Absorption im Inneren der Platte. Wir setzen voraus, daß die durch Reflexion im Inneren der Platte erzeugten Wellen keinen merkbaren Beitrag zu dem durchgehenden Lichte liefern. Es kommt also hinfort nur die Welle, welche die Platte einmal durchschritten hat, in Betracht. Soll nun lediglich der Einfluß der Absorption bestimmt werden, so müssen wir die Wirkungen von zwei verschieden dicken Platten, die aber in allen übrigen Eigenschaften, also auch in ihrem Reflexionsvermögen übereinstimmen, miteinander vergleichen.

Nach der Durchstrahlung der Längeneinheit sei die Intensität der Welle von i auf i' vermindert. Dann ist das Verhältnis der Intensitäten $i':i = \zeta$ charakteristisch für die Fähigkeit des betrachteten Körpers Licht von der Schwingungsdauer T hindurchzulassen. Je näher der Wert des echten Bruches ζ an Eins liegt, um so durchsichtiger ist der Körper; je kleiner ζ ist, um so stärker ist die Absorption. Hat die Welle die Strecke l zurückgelegt, so ist die Intensität auf den Betrag $\zeta^l \cdot i$ gesunken.

In einem optisch *isotropen* Körper ist das Verhältnis der Intensitäten $i':i$ unabhängig von der Fortpflanzungsrichtung; sein Wert ändert sich aber mit der Schwingungsdauer. Absorbiert der Körper so schwach, daß eine aus ihm hergestellte Platte noch im durchgehenden Lichte untersucht werden kann, so tritt diese Abhängigkeit hervor, wenn wir weißes Licht auf die Platte fallen lassen und das austretende gefärbte Licht spektral zerlegen. Gewöhnlich ändert sich das Verhältnis $i':i$ nur allmählich von einem Gebiete des sichtbaren Spektrums nach den benachbarten Regionen hin. Häufig wird das Spektrum auch nur auf der einen Seite stärker absorbiert als auf der anderen. Zuweilen wird vorwiegend die mittlere Region durchgelassen. In einigen Fällen bemerkt man aber mehrere breite Absorptionsbanden; z. B. an rotem Granat (Almandin), dessen Absorptionsspektrum drei Banden zeigt, zwei dunklere zwischen den Fraunhofer'schen Linien $D-E$, $b-F$ und eine schwächere zwischen den Linien $E-b$. Von besonderem Interesse sind Spektren, in denen schärfere Absorptionsstreifen auftreten; hierfür bietet das Didymglas ein Beispiel dar.

Pleochroismus. — In einem optisch *anisotropen* Krystall ist der Bruchteil der Intensität, den eine Welle nach der Durchstrahlung der Längeneinheit besitzt, nicht nur von der Schwingungsdauer, sondern auch noch von der krystallographischen Orientierung der Fortpflanzungsrichtung und der Lage der Polarisationsebene abhängig. Hierauf beruht die Erscheinung, die als Pleochroismus bezeichnet wird: Lassen wir auf gleichdicke Platten eines anisotropen Krystalls, die nach optisch verschiedenen Richtungen geschnitten sind, natürliches weißes Licht senkrecht einfallen, so erscheint das austretende Licht verschieden gefärbt.

Die Farbe des durchgelassenen Lichtes setzt sich jedesmal zusammen aus den Farben der beiden Wellen W_1, W_2, die sich in der Richtung der Plattennormale fortpflanzen. Ist nun die Abhängigkeit, in der die Durchlässigkeit von der Schwingungsdauer steht, für diese Wellen sehr verschieden, so werden auch die Mischfarben, in denen die Platte erscheint, wenn sich in ihr nur die eine oder nur die andere Welle fortpflanzen kann, einen auffallenden Unterschied darbieten. Man kann diese Farben einzeln beobachten, wenn man die Platte über einem Nicolschen Prisma in ihrer Ebene dreht, bis eine der Polarisationsebenen der Wellen W_1, W_2 mit der Polarisationsebene $\mathfrak{P}$ des eintretenden Lichtes zusammenfällt.

Auf solche Weise läßt sich z. B. feststellen, daß in einer zur Vertikalaxe parallelen Platte aus einem dunkelgrünen Krystall von Turmalin schon bei einer Plattendicke von 1 bis 2 mm, je nach der Färbung des Krystalls, die ordentliche Welle vollständig absorbiert wird (Fig. 699, 700). Wenn natürliches weißes Licht auf diese Platte einfällt, kann also nur die außerordentliche, senkrecht zum Hauptschnitt $\mathfrak{H}_o$ polarisierte Welle austreten. Man kann daher die Platte in Fällen, wo die von ihr bewirkte Färbung des Gesichtsfeldes nicht in Betracht kommt, als polarisierende Vorrichtung benutzen.

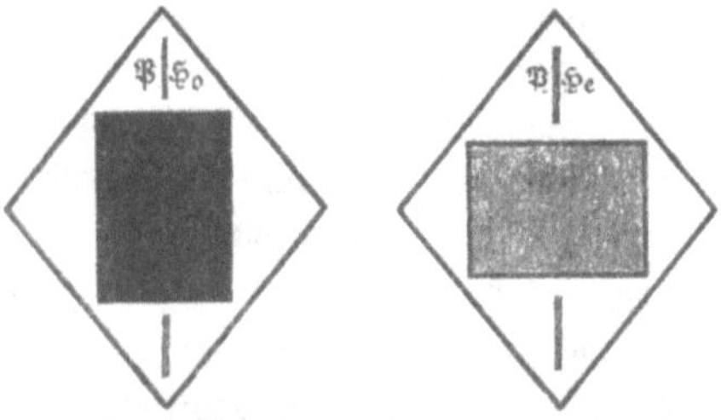

Fig. 699, 700. Turmalin. Platte parallel zur Vertikalaxe über einem Nicolschen Prisma.

Zur bequemen Vergleichung der Farben zweier Wellen W_1, W_2 von gemeinsamer Wellennormale dient ein von W. Haidinger angegebenes Verfahren. Man läßt das aus der Platte austretende Licht durch ein rechteckiges Diaphragma in ein Spaltungsstück von Kalkspat treten. Die Größe des Diaphragmas ist so gewählt, daß die beiden durch den Kalkspat erzeugten Bilder O und E sich gerade berühren. Das außerordentliche Bild E erkennt man leicht daran, daß es innen einen roten, außen einen blauen Saum trägt. Hält man nun die zu untersuchende Platte so vor das Diaphragma, daß die Polarisationsebene $\mathfrak{H}_1$ der Welle W_1 mit dem Hauptschnitte des Kalkspats zusammenfällt, so zeigt das Bild O die Farbe der Welle W_1 und das Bild E die Farbe der Welle W_2.

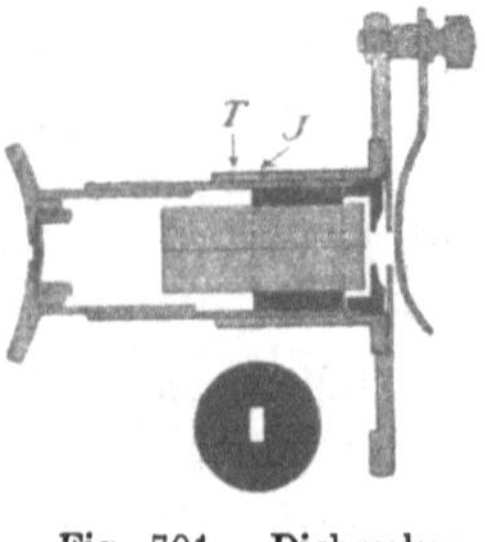

Fig. 701. Dichroskop (von G. Halle).

Fig. 701 stellt das Haidinger'sche Dichroskop in einer neuen, von G. Halle ausgeführten Konstruktion dar. Die Stellung des drehbaren Objekttisches gegen das Rohr, welches den Kalkspat enthält, kann an dem geteilten Ringe T abgelesen werden.

Um einen Einblick in die Natur der Mischfarben zu gewinnen, mit denen die Wellen W_1, W_2 austreten, müssen wir das aus dem Dichroskop kommende Licht spektral zerlegen. Dann ergiebt sich, daß in vielen Fällen eine der beiden Wellen von gemeinsamer Wellennormale für alle Werte der Schwingungsdauer stärker absorbiert wird als die andere. Es wird z. B. im Turmalin die langsamere ordentliche Welle für alle im sichtbaren Spektrum enthaltenen Lichtarten stärker absorbiert als die schnellere außerordentliche Welle. Babinet glaubte aus seinen Beobachtungen den Schluß ziehen zu dürfen, daß dieselbe Beziehung zwischen Fortpflanzungsgeschwindigkeit und Absorption allgemein zutreffe. Allein die Erfahrung hat diese Annahme nicht bestätigt. In vielen Fällen wird gerade die schnellere Welle stärker absorbiert.[1] Es sind sogar Krystalle bekannt, in denen sich

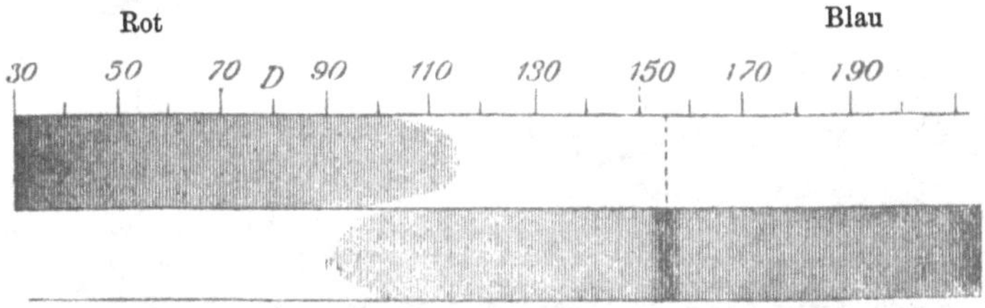

Fig. 702. Pennin. Platte senkrecht zur Spaltungsrichtung.

das Verhältnis der Absorption der Wellen W_1 und W_2 umkehrt, wenn man von dem einen Ende des Spektrums zu dem anderen übergeht. Hierfür gewährt der Pennin von Zermatt ein Beispiel.[2] Eine Platte, deren Grenzflächen zur Spaltrichtung senkrecht stehen, giebt im Dichroskop ein grünes und ein gelbrotes Bild; die Spektralanalyse zeigt nun, daß in jenem das Rot stärker und das Blau schwächer absorbiert wird als in diesem (Fig. 702).

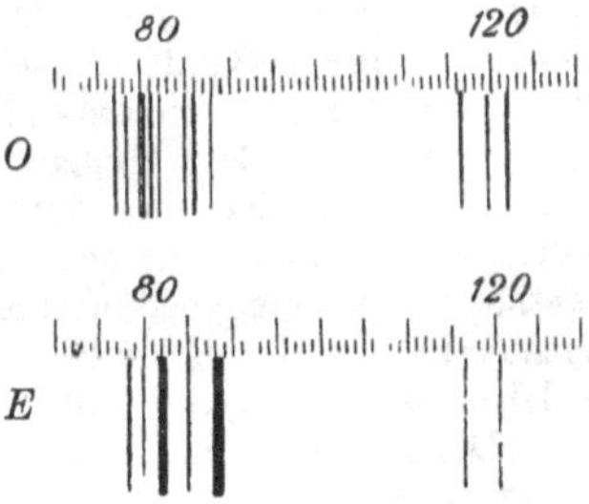

Fig. 703. Scheelit.

An Krystallen, deren Absorptionsspektren scharfe Streifen darbieten, hat H. Becquerel festgestellt, daß sich nicht die Lage, sondern nur die relative Intensität dieser Streifen mit der Fortpflanzungsrichtung und der Polarisationsebene ändert. Als Beispiel sei der tetragonale Scheelit

---

[1] Nach den Beobachtungen von E. Merritt (Ann. d. Phys. N. F. 55, 49; 1895) schneiden sich die Durchlässigkeitskurven der ordentlichen und der außerordentlichen Welle des Turmalin zweimal im Ultrarot. In dem Gebiete zwischen den Schnittpunkten würde also auch im Turmalin, vorausgesetzt, daß der Charakter der Doppelbrechung sich nicht gleichzeitig ändert, die langsamere Welle schwächer absorbiert werden als die schnellere.

[2] H. Becquerel, Ann. chim. phys. (6) 14, 170; 1888.

von Traversella gewählt, der neben Calcium (S. 145) nach Cossa noch Didym enthält. Eine zur Vertikalaxe parallele Platte zeigt im Spektrum der ordentlichen Welle O feine und schwache Absorptionsstreifen (Fig. 703). Dagegen ist das Spektrum der außerordentlichen Welle E durch zwei sehr dunkle Streifen charakterisiert, die in der Nähe der Linie D des Sonnenspektrums liegen und den Wellenlängen 0,000585 und 0,000574 mm entsprechen.

Spektrophotometer. — Die zu diesen Beobachtungen erforderliche Verbindung eines Dichroskops mit einem Spektralapparat hat P. Glan in folgender Weise hergestellt (Fig. 704). Der vertikale Spalt S des Kollimatorrohres C wird durch einen schmalen Metallstreifen unterbrochen, so daß zwei Öffnungen o, u entstehen (Fig. 705).

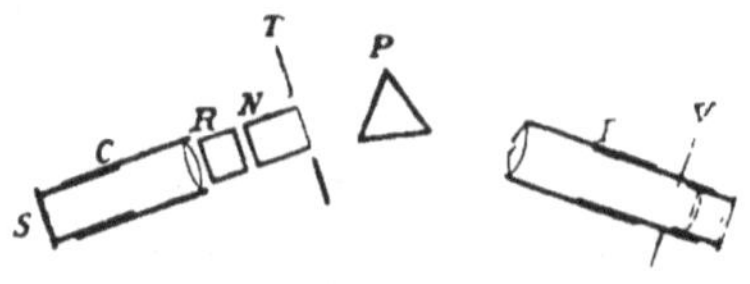

Fig. 704. Spektrophotometer nach Glan.

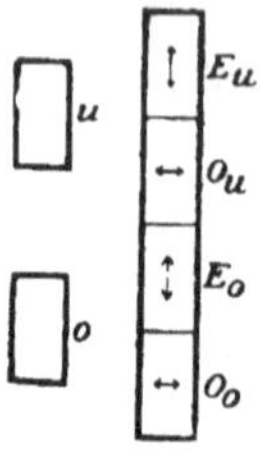

Fig. 705. Bilder der Spaltöffnungen o, u.

Das eintretende Licht gelangt in eine Kombination von zwei rechtwinkeligen Quarzprismen R (Wollaston'sches Doppelprisma). Hierdurch wird jedes der beiden Strahlenbündel o, u zerlegt in zwei senkrecht zu einander polarisierte und nach der Längsrichtung des Spaltes verschobene Strahlenbündel, die mit O_o, E_o und O_u, E_u bezeichnet werden sollen. Die Höhe der Spaltöffnungen ist so gewählt, daß die beiden mittleren Bündel E_o und O_u in der Axe des Kollimators zusammenstoßen. Nur diese Bündel kommen weiterhin in Betracht, die beiden äußeren werden durch die Platte V vor dem Okulare des Beobachtungsfernrohres abgeblendet. Die mittleren Bilder werden nun durch das Glasprisma P spektral zerlegt. Man erblickt daher im Fernrohr zwei aneinander grenzende Spektren, von denen das obere horizontal, das untere vertikal polarisiert ist. Mit Hilfe des horizontal verschiebbaren Vierordt'schen Okularspaltes V kann man die Spektren bis auf das Gebiet, in welchem die Absorption untersucht werden soll, abblenden.

Diese Anordnung gestattet nun auch die Absorption des Lichtes quantitativ zu bestimmen. Zu diesem Zwecke wird hinter dem Wollaston'schen Prisma R ein drehbares, mit einem Teilkreise T versehenes Nicolsches Prisma eingeschaltet. Nunmehr hängt das Helligkeitsverhältnis der beiden Spektren von der Stellung dieses Nicols ab. Als Anfangsstellung sei diejenige gewählt, wo eines der beiden Spektren, z. B. E_o, in dem durch den Okularspalt frei gelassenen Gebiete vollständig ausgelöscht ist. Von hier aus muß man den Nicol um einen Winkel α drehen, damit die beiden Bilder gleich hell erscheinen. Waren die Spaltflächen o, u gleichmäßig beleuchtet, so wird α nicht viel von 45^0 verschieden sein. Bezeichnen wir noch mit a_o und a_u zwei Koeffizienten, welche die Intensitätsverluste der beiden zu vergleichenden Strahlenbündel E_o und O_u im Apparate bestimmen, so ist jetzt $a_o \sin^2 \alpha = a_u \cos^2 \alpha$; demnach ist das Verhältnis $a_o : a_u = \cot^2 \alpha$.

Wir bedecken nun den Spalt mit einer doppeltbrechenden Krystallplatte in der Weise, daß die Polarisationsebenen der beiden Wellen, die sich in der Richtung der Plattennormale fortpflanzen, parallel und senkrecht zur Spaltrichtung liegen.

Dann muß das Nicolsche Prisma aus seiner Anfangslage um einen anderen Winkel β gedreht werden, damit wieder zwei gleich helle Bilder E_o und O_u entstehen. Bezeichnen wir die Intensitäten der beiden aus der Platte tretenden Wellen mit i_o und i_u, so ist jetzt $i_o\, a_o \sin^2\beta = i_u\, a_u \cos^2\beta$; folglich ist das Verhältnis dieser Intensitäten:

$$\frac{i_o}{i_u} = \tan^2\alpha \cdot \cot^2\beta.$$

Bedeckt man nur die untere oder nur die obere Spaltöffnung mit der Platte in der soeben vorausgesetzten Stellung, so kann man für jede der beiden Wellen das

Fig. 706. Spektrophotometer (von R. Fuess).

Verhältnis der Intensitäten des einfallenden und des durch Reflexion und Absorption geschwächten austretenden Lichtes ermitteln.

Fig. 706 veranschaulicht einen von R. Fuess nach Angaben des Verfassers ausgeführten Spektralapparat in der Anordnung, in der er ein Glan'sches Spektrophotometer bildet.

Absorptionsindex und Absorptionskoeffizient. — Die Intensität einer ebenen Welle einfarbigen Lichtes sei nach der Durchstrahlung einer Schicht von der Dicke x vermindert von J_0 auf J. Bezeichnet man mit $-dJ$ die Verminderung von J, die auf der Strecke dx eintritt, so ist der Bruchteil $-dJ/J$ der Strecke dx proportional:

$$-\frac{dJ}{J} = p \cdot dx. \qquad (1)$$

Dem Werte $x = L$ möge die Intensität J_1 entsprechen. Dann folgt aus (1):

$$\text{(2)} \qquad \log\text{nat} \frac{J_1}{J_0} = -pL \quad \text{oder} \quad \frac{J_1}{J_0} = e^{-pL}.$$

Die Intensität nimmt also nach einer geometrischen Reihe ab, wenn die Dicke der durchstrahlten Schicht nach einer arithmetischen Reihe wächst.

Der Faktor p, welcher die Geschwindigkeit der Intensitätsänderung bestimmt, ist eine Funktion der Schwingungsdauer. Daher ändert sich bei der Fortpflanzung einer Mischung verschiedener Lichtarten mit der Dicke der durchlaufenen Schicht auch die Zusammensetzung der Mischung. Die Farbe des von einem absorbierenden Körper durchgelassenen Lichte ist also von seiner Dicke abhängig.

Um die Abhängigkeit des Faktors p von der Schwingungsdauer T hervortreten zu lassen, ist es zweckmäßig nach A. Cauchy an Stelle von p die Größe $\varkappa \cdot 4\pi / T\mathfrak{q}$ einzuführen. Hierin bedeutet $\mathfrak{q}$ die Fortpflanzungsgeschwindigkeit der Welle. Daher ist das Produkt $T\mathfrak{q}$ gleich der Wellenlänge λ' in dem betrachteten Körper. Den Faktor $\varkappa$ bezeichnet man als *Absorptionsindex.* Das Produkt $n\varkappa$ aus dem auf den freien Äther bezogenen Brechungsindex $n = 1/\mathfrak{q}$ und dem Absorptionsindex $\varkappa$ wird *Absorptionskoeffizient* genannt. Es ist also:

$$\text{(3)} \qquad p = \varkappa \cdot \frac{4\pi}{T\mathfrak{q}} = n\varkappa \cdot \frac{4\pi}{\lambda' n} = n\varkappa \cdot \frac{4\pi}{\lambda},$$

wenn mit λ die Wellenlänge der gewählten Lichtart in Luft bezeichnet wird. Der hierdurch definierte Absorptionskoeffizient soll im folgenden als Maß für die Absorption benutzt werden.

Zur Erläuterung möge ein stark absorbierender Körper dienen. In dem hexagonalen Tellurwismut hat nach P. Drude die ordentliche Welle für Na-Licht den Brechungsindex $n = 2{,}70$ und den Absorptionskoeffizienten $n\varkappa = 4{,}39$. Nach (2) und (3) ist nun das Verhältnis der Amplituden in zwei um die Strecke L voneinander entfernten Lagen der Wellenebene gleich:

$$e^{-n\varkappa \cdot \frac{2\pi L}{\lambda}}.$$

Trägt man in diesen Ausdruck den Wert von $n\varkappa$ ein und setzt man für L z. B. eine Wellenlänge des Na-Lichtes in Luft, also ca. 0,0006 mm, so ergiebt sich, daß die Amplitude der ordentlichen Welle nach der Durchstrahlung dieser Strecke auf $1/10^{12}$, also auf ein Billiontel ihres ursprünglichen Betrages geschwächt wird.

Einfluß der Krystallflächen auf das reflektierte Licht. — Fällt auf eine ebene Grenzfläche eines in hohem Grade durchsichtigen Körpers eine ebene geradlinig polarisierte Welle, so ist die reflektierte Welle wieder geradlinig polarisiert, wenn die Grenzfläche frei ist von einer natürlichen oder künstlichen, durch Polieren entstandenen Oberflächenschicht. Diese Voraussetzung wird nur von frischen Spaltflächen krystallisierter Körper erfüllt. Änderungen der ursprünglichen Beschaffenheit bewirken, wie P. DRUDE gezeigt hat, daß die aus einer geradlinig polarisierten einfallenden Welle hervorgehende reflektierte Welle nicht mehr linear, sondern elliptisch polarisiert ist.

Ist der spiegelnde Körper *einfachbrechend*, so wird die Lage der Polarisationsebenen der reflektierten und der gebrochenen Welle, die durch eine einfallende geradlinig polarisierte Welle hervorgerufen werden, durch eine von A. FRESNEL entdeckte Beziehung beherrscht: Die trigonometrischen Tangenten der Winkel, welche die Polarisationsebenen der einfallenden, der reflektierten und der gebrochenen Welle mit der Einfallsebene bilden, sind proportional den Cosinus der Winkel, welche diese Wellen mit der gebrochenen Wellenebene einschließen. Es findet also bei der Spiegelung und Brechung einer polarisierten Welle eine Ablenkung der Polarisationsebene statt.

In dem besonderen Falle, wo der Einfallswinkel gleich dem Polarisationswinkel ist, beobachtet man die auf S. 262 beschriebenen Erscheinungen. Steht die Polarisationsebene der einfallenden Welle senkrecht zur Einfallsebene, so verschwindet die reflektierte Welle. Für alle nach anderen Richtungen polarisierten Wellen fällt die Polarisationsebene der reflektierten Welle mit der Einfallsebene zusammen. Daher erzeugt natürliches Licht, das unter jenem Winkel einfällt, eine nach der Einfallsebene polarisierte Welle.

Fallen geradlinig polarisierte Wellen auf eine Grenzebene eines durchsichtigen *doppeltbrechenden* Krystalls, so gelten kompliziertere Gesetze, deren Ableitung wir F. E. NEUMANN 1835, J. MAC CULLAGH 1837 und A. CORNU 1867 verdanken.[1] Bemerkenswert sind namentlich die folgenden, experimentell bestätigten Resultate.

1. Bei einer bestimmten Wahl der Grenzebene, der Einfallsebene und des Einfallswinkels kann die Polarisationsebene der einfallenden Welle zwei Lagen annehmen, die dadurch charakterisiert sind, daß eine der beiden gebrochenen Wellen verschwindet; diese Erscheinung haben F. E. NEUMANN und R. T. GLAZEBROOK am Kalkspat eingehend untersucht.

2. Der Polarisationswinkel ist abhängig von der Orientierung der Grenzebene und der Einfallsebene, und die Polarisationsebene der reflektierten Welle fällt im allgemeinen nicht mit der Einfallsebene zusammen. Auf einer bestimmten Grenzebene verschwindet diese Ablenkung der Polarisationsebene nur für ganz bestimmte Orien-

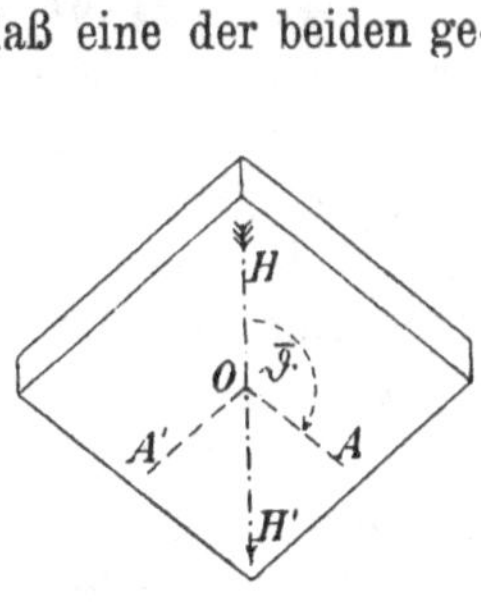

Fig. 707. Kalkspat.

[1] TH. LIEBISCH, Physikal. Krystallogr. 1891, 428—444.

tierungen der Einfallsebene. Betrachten wir z. B. eine Spaltungsfläche des Kalkspats (Fig. 707), so findet schon aus Symmetriegründen keine Ablenkung statt, wenn die Einfallsebene zum Hauptschnitt HH' parallel liegt. Außerdem verschwindet sie aber auch noch, wenn die Einfallsebene durch OA oder durch OA' geht. Hiernach haben wir auf dieser Fläche vier Winkelräume zu unterscheiden. Rückt die Einfallsebene aus einem Gebiet in ein benachbartes, so ändert sich zugleich der Sinn der Ablenkung. Es kommt also auch bei dem Vorgange der Reflexion des Lichtes die monosymmetrische Natur der betrachteten Fläche zur Geltung.

Wenn das Licht aus Luft auf Kalkspat fällt, so beträgt die Ablenkung der Polarisationsebene der reflektierten Welle immer nur wenige Grade. Sie kann aber enorm vergrößert und bis auf 90° gesteigert werden, wenn die reflektierende Fläche mit einer geeigneten Flüssigkeitsschicht bedeckt wird. Eben diese Versuchsanordnung führte D. Brewster 1819 zur Entdeckung jener Ablenkung, die später namentlich von A. Seebeck 1831—1837 experimentell erforscht wurde.

Metallreflexion. — Wir wenden uns jetzt zu Krystallen, die so stark absorbieren, daß die Untersuchung des durchgehenden Lichtes nur an äußerst dünnen Schichten oder gar nicht ausgeführt werden kann. Hierher gehören die Metalle und zahlreiche Verbindungen dieser Stoffe mit Schwefel, Selen, Tellur, Arsen, Antimon und Wismut. In diesen Körpern übt die Absorption einen sehr charakteristischen Einfluß auf das reflektierte Licht aus.

Fällt auf eine ebene Grenzfläche eines *einfachbrechenden* Metalls eine geradlinig polarisierte Welle einfarbigen Lichtes, so ist, wie D. Brewster 1815 entdeckt hat, die reflektierte Welle im allgemeinen nicht geradlinig, sondern elliptisch polarisiert; denn es gelingt nicht das reflektierte Licht durch eine geradlinig polarisierende Vorrichtung auszulöschen. Nur wenn die Polarisationsebene $\mathfrak{P}$ der einfallenden Welle parallel oder senkrecht zur Einfallsebene $\mathfrak{E}$ liegt, muß aus Symmetriegründen auch das reflektierte Licht parallel oder senkrecht zu $\mathfrak{E}$ polarisiert sein.

F. E. Neumann zeigte 1832, daß die von Brewster beobachteten Erscheinungen auf zwei fundamentale Thatsachen zurückgeführt werden können. 1. Die Intensität, also auch die Amplitude der reflektierten Welle ist bei demselben Einfallswinkel verschieden, je nachdem die Polarisationsebene der einfallenden Welle parallel oder senkrecht zur Einfallsebene liegt. In dieser Beziehung verhalten sich also die Metallflächen ähnlich wie die Grenzflächen von einfachbrechenden durchsichtigen Körpern. Betrachten wir aber die Abhängigkeit, in der das Verhältnis der Intensitäten zweier Wellen, von denen die eine senkrecht, die andere parallel zur Einfallsebene polarisiert ist, von dem Einfallswinkel φ steht, so tritt ein charakteristischer Unterschied hervor. Denn bei durchsichtigen und von Oberflächenschichten freien Körpern wird dieses Verhältnis für einen bestimmten Einfallswinkel, nämlich für den Polarisationswinkel, gleich Null und wächst von hier, wenn

φ abnimmt oder zunimmt, bis es für senkrechten und für streifenden Eintritt den Wert Eins erreicht. Bei den metallisch reflektierenden Körpern sinkt dagegen jenes Verhältnis nur bis zu einem stets von Null verschiedenen Minimum herab; der zugehörige Einfallswinkel wird als *Haupteinfallswinkel* $\bar{\varphi}$ bezeichnet. — 2. Wenn zwei Wellen, von denen die eine parallel, die andere senkrecht zur Einfallsebene polarisiert ist, unter demselben Winkel φ einfallen, so erzeugen sie reflektierte Wellen, von denen die erste der zweiten um einen Bruchteil einer Wellenlänge λ des benutzten einfarbigen Lichtes voraus ist. Dieser *Gangunterschied* verschwindet bei senkrechtem Eintritt. Mit wachsenden Einfallswinkeln nimmt er kontinuierlich zu. Für den Haupteinfallswinkel $\bar{\varphi}$ wird er gleich $\lambda/4$, und bei streifendem Eintritt erreicht er den Wert $\lambda/2$.

Lassen wir nun eine Welle einfallen, deren Polarisationsebene mit der Einfallsebene den Winkel $\mathfrak{P}\mathfrak{E} = \chi$ bildet, so können wir diese Welle in zwei Komponenten zerlegt denken, von denen die eine parallel, die andere senkrecht zur Einfallsebene polarisiert ist; ihre Amplituden verhalten sich demnach wie $\cos\chi : \sin\chi$. Nach der Reflexion sei das Verhältnis der Amplituden gleich $\mathfrak{p}\cos\chi : \mathfrak{s}\sin\chi$ und der Gangunterschied der Komponenten habe den Wert Γ. Die für die gewählte Lichtart charakteristischen Größen $\mathfrak{s}/\mathfrak{p}$ und Γ können nun leicht experimentell ermittelt werden. Dazu dient ein Reflexionsgoniometer, das hinter dem Kollimatorrohr mit einem Polarisator und vor dem Objektiv des Beobachtungsfernrohres mit einem Kompensator und einem Analysator ausgerüstet ist. Hebt man den Gangunterschied Γ mit Hilfe des Kompensators auf, so tritt aus diesem wieder geradlinig polarisiertes Licht, das durch Drehung des Analysators vollständig ausgelöscht werden kann. Die Polarisationsebene $\mathfrak{P}'$ dieses Lichtes bilde mit der Einfallsebene den Winkel $\mathfrak{P}'\mathfrak{E} = \psi$. Dann ergiebt sich das Verhältnis $\mathfrak{s}/\mathfrak{p}$ aus der Relation $\tan\psi = \mathfrak{s}\sin\chi : \mathfrak{p}\cos\chi$.

Es ist zweckmäßig das Polarisationsazimut χ der einfallenden Welle gleich 45° zu wählen. Alsdann haben die Komponenten der einfallenden Welle gleiche Amplituden und $\mathfrak{s}/\mathfrak{p}$ ist das Amplitudenverhältnis der Komponenten der reflektierten Welle. Dieses Verhältnis ist also jetzt direkt gegeben durch die trigonometrische Tangente des Polarisationsazimutes ψ. Wählt man als Einfallswinkel insbesondere den Haupteinfallswinkel $\bar{\varphi}$, so bezeichnet man das zugehörige Polarisationsazimut $\bar{\psi}$ als *Hauptazimut*.

Die experimentell zu bestimmenden Winkel $\bar{\varphi}$ und $\bar{\psi}$ sind charakteristisch für das optische Verhalten eines einfach brechenden Metalls. Die folgende Tabelle giebt eine Übersicht der von P. Drude[1] im Na-Lichte erhaltenen Werte für regulär krystallisierende Metalle:

[1] P. Drude, Ann. d. Phys. N. F. **39**, 481; 1890.

	$\bar{\varphi}$	$\bar{\psi}$		$\bar{\varphi}$	$\bar{\psi}$
Silber . .	75° 42′	43° 35′	Blei . .	76° 42′	30° 45′
Gold . . .	72 18	41 39	Platin .	78 30	32 35
Kupfer . .	71 35	38 57	Kobalt .	78 5	31 40
Aluminium	79 55	37 34	Stahl. .	77 3	27 49.
Nickel . .	76 1	31 41			

Fragen wir nun nach dem Zusammenhange, in welchem diese Winkel mit der Brechung und der Absorption des Lichtes stehen, so ist zu berücksichtigen, daß der *Brechungsindex* n und der *Absorptionsindex* $\varkappa$ eines sehr stark absorbierenden einfachbrechenden Körpers nicht konstant sind, sondern von dem Einfallswinkel abhängen. Es ist üblich diejenigen Werte von n und $\varkappa$ zur Charakteristik zu benutzen, die für eine aus dem freien Äther senkrecht einfallende Welle gelten. Alsdann dienen zur Berechnung von n und $\varkappa$ aus dem Haupteinfallswinkel und dem Hauptazimut nach der von P. Drude entwickelten Theorie der Metallreflexion die Beziehungen:

$$n = \sin\bar{\varphi}\tan\bar{\varphi}\cos 2\bar{\psi}, \qquad \varkappa = \tan 2\bar{\psi},$$

welche den Zusammenhang von n, $\varkappa$, $\bar{\varphi}$ und $\bar{\psi}$ mit einer gewöhnlich hinreichenden Annäherung darstellen. Die erste Relation zeigt, wie das für durchsichtige Körper geltende Brewster'sche Gesetz, $n = \tan\bar{\varphi}$, durch die Absorption modifiziert wird. Umgekehrt berechnet man die Winkel $\bar{\varphi}$, $\bar{\psi}$ aus den Konstanten n, $\varkappa$ nach den Formeln:

$$\cos\bar{\varphi} = \frac{1}{n\sqrt{1+\varkappa^2}}, \qquad \tan 2\bar{\psi} = \varkappa.$$

Das Verhältnis R der Intensitäten des reflektierten und des einfallenden Lichtes bei senkrechtem Eintritt bezeichnet man als *Reflexionsvermögen*. Diese Größe hängt von dem Brechungsindex n und dem Absorptionskoefficienten $n\varkappa$ in folgender Weise ab:

$$R = \frac{1 + n^2(1+\varkappa^2) - 2n}{1 + n^2(1+\varkappa^2) + 2n}.$$

Demnach ist das Reflexionsvermögen um so stärker, je kleiner $2n$ gegenüber $1 + n^2(1+\varkappa^2)$ ist. Ein Metall wird also um so höheren Glanz darbieten, je kleiner der Brechungsindex und je größer der Absorptionskoefficient ist. Hierdurch erklärt sich z. B. der hohe Glanz des Silbers, dessen Reflexionsvermögen für Na-Licht den Betrag 95,3 erreicht, wie sich aus den Werten $n = 0{,}18$ und $n\varkappa = 3{,}67$ ergiebt.

Die folgende Tabelle enthält die von P. Drude durch Reflexionsbeobachtungen im Na-Lichte ermittelten Werte von n, $n\varkappa$ und R für regulär krystallisierende Metalle:

	Brechungsindex n	Absorptions-koefficient $n\varkappa$	Reflexions-vermögen R
Silber	0,18	3,67	95,3
Gold	0,37	2,82	81,1
Kupfer	0,64	2,62	73,2
Aluminium . . .	1,44	5,23	82,7
Nickel	1,79	3,32	62,0
Blei	2,01	3,48	62,1
Platin	2,06	4,26	70,1
Kobalt	2,12	4,03	67,5
Stahl	2,41	3,40	58,5.

Die auffallende Erscheinung, daß die Brechungsindices von Silber, Gold und Kupfer kleiner als Eins sind, wurde auch von A. Kundt festgestellt durch direkte Messung der Ablenkung des Lichtes an Prismen, deren Winkel nur Bruchteile einer Minute betrugen. In diesen Metallen ist also die Fortpflanzungsgeschwindigkeit des Lichtes größer als im freien Äther. Im roten Lichte liefern nur Gold, Kupfer und Blei kleinere Brechungsindices als im gelben Lichte. Die anderen Metalle zeigen anormale Dispersion. Als das durchsichtigste unter den angeführten Metallen erweist sich das Kupfer, da es den kleinsten Absorptionskoefficienten besitzt.

An Spaltflächen des Bleiglanz (S. 82) fand P. Drude für Na-Licht:

$$n = 4{,}30, \qquad n\varkappa = 1{,}72.$$

Unter den lebhaft metallisch glänzenden *doppeltbrechenden* Körpern ist der von P. Drude untersuchte rhombische Antimonglanz Sb_2S_3 von besonderem Interesse. An den vollkommen ebenen Spaltflächen nach 010 ergaben sich für die beiden in der Richtung der Normale fortschreitenden Wellen, von denen die eine parallel, die andere senkrecht zur Vertikalaxe polarisiert ist, die Werte:

$$n = 4{,}49, \qquad n\varkappa = 0{,}795; \qquad n' = 5{,}17, \qquad n'\varkappa' = 0{,}740.$$

Demnach besitzt Antimonglanz sehr hohe Brechungsindices. Obwohl die Absorption etwa viermal kleiner ist als im Silber, gelang es nicht Spaltblättchen herzustellen, die zur direkten Messung der Absorption im durchgehenden Lichte geeignet gewesen wären.

Oberflächenfarben. — Das Reflexionsvermögen eines Metalls ist von der Schwingungsdauer abhängig. Daher besitzt das aus weißem Lichte hervorgehende reflektierte Licht eine bestimmte, für das spiegelnde Metall charakteristische Färbung, die in Verbindung mit dem hohen Glanz den Eindruck hervorruft, der als *Metallglanz* bezeichnet wird.

Zwischen den in hohem Grade durchsichtigen Körpern und den Metallen steht eine Gruppe von Stoffen, die sich nur für gewisse Lichtarten wie Metalle verhalten, insofern sie diese sehr stark absorbieren und mit hohem

Glanz reflektieren. Das bekannteste Beispiel bieten die prächtig metallisch grün erglänzenden Krystalle von Fuchsin dar, an deren rot durchscheinenden Lösungen C. CHRISTIANSEN 1870 die anormale Dispersion entdeckt hat (S. 249). Bald darauf hat A. KUNDT an einer größeren Zahl hierher gehöriger Körper dasselbe Verhalten nachgewiesen.[1] Messungen der elliptischen Polarisation bei der Reflexion sind namentlich von E. WIEDEMANN 1872 für eine Reihe von Einfallswinkeln und für verschiedene Lichtarten ausgeführt worden.[2]

Läßt man auf einen solchen Stoff weißes Licht einfallen, so ist die Farbe des reflektierten Lichtes auffallend verschieden von der Farbe des durchgehenden Lichtes. Nach einem Vorschlage von W. HAIDINGER[3] unterscheidet man diese Farben als *Oberflächenfarbe* und *Körperfarbe.* Bringt man z. B. einen Tropfen einer konzentrierten Auflösung von Fuchsin in absolutem Alkohol auf eine erwärmte Glasplatte, so bildet sich ein dünner Fuchsinspiegel, der gegen Luft einen grünen metallischen Glanz zeigt, während das durchgelassene Licht rot gefärbt ist. Ein in derselben Weise hergestellter Spiegel von Cyanin erscheint im reflektierten Lichte in Luft bronzefarbig, dagegen im durchgehenden Lichte tiefblau. Zerreibt man Krystalle von Kaliumpermanganat auf einer matten Glasplatte mit einem Achatpistill zu einer möglichst dünnen Schicht, bis eine Politur entsteht, so ist das reflektierte Licht speisgelb, das durchgelassene dunkelviolett. Wie übrigens schon HAIDINGER bemerkt hat, hängt die Oberflächenfarbe von dem äußeren Mittel ab. Betrachtet man z. B. den Fuchsinspiegel von der Rückseite bei der Reflexion gegen Glas, so erscheint er blaugrün.

W. HAIDINGER glaubte aus qualitativen Beobachtungen entnehmen zu dürfen, daß die Oberflächenfarbe gegen Luft und die Körperfarbe komplementär seien. Das kann indessen nur angenähert zutreffen, denn das Reflexionsvermögen hängt nicht nur von dem Absorptionsindex, sondern auch von dem Brechungsindex ab. Zur Prüfung jener Annahme sind namentlich solche Körper geeignet, deren Absorptionsspektra charakteristische Banden aufweisen. Am Kaliumpermanganat, in dessen Absorptionsspektrum fünf Banden auftreten, wurden nun von G. G. STOKES auch in dem Spektrum des reflektierten Lichtes dunkle Banden wahrgenommen, und die Minima der Helligkeit schienen in der That den am stärksten durchgelassenen Lichtarten zu entsprechen. Allein E. WIEDEMANN[4] hat festgestellt, daß die Banden des Absorptionsspektrums niemals genau in den Zwischenräumen der Banden des spektral zerlegten reflektierten Lichtes liegen.

Ein Körper mit Oberflächenfarbe zeigt eine Erscheinung, die von W. HAIDINGER als *orientierter Flächenschiller* bezeichnet wurde. Sie besteht

[1] A. KUNDT, Ann. d. Phys. **142**, 163; **143**, 149, 259; **144**, 128; 1871. **145**, 67, 164; 1872.
[2] E. WIEDEMANN, Ann. d. Phys. **151**, 1; 1874.
[3] W. HAIDINGER, Sitzungsber. Wien. Akad. 8, 97; 1852.
[4] E. WIEDEMANN, Ann. d. Phys. **151**, 625; 1874.

darin, daß bei der Beleuchtung mit weißem Lichte zwei reflektierte Wellen, von denen die eine parallel, die andere senkrecht zur Reflexionsebene polarisiert ist, verschiedene Farben darbieten, wobei in der einen Welle vorwiegend die metallisch reflektierten Lichtarten enthalten sind. Zur Prüfung dieses Verhaltens benutzt man zweckmäßig das Dichroskop, dessen Hauptschnitt parallel zur Reflexionsebene gestellt wird. Die Erklärung gestaltet sich am einfachsten, wenn wir voraussetzen, daß die einfallende Welle unter dem Azimut 45^0 polarisiert sei (vgl. S. 317). Bestehen für verschiedene Lichtarten große Unterschiede in den Werten des Brechungsindex n und des Absorptionsindex $\varkappa$, so wird das Amplitudenverhältnis $\mathfrak{s}/\mathfrak{p}$ der Komponenten der reflektierten Welle, von denen die eine senkrecht, die andere parallel zur Reflexionsebene polarisiert ist, sich mit der Schwingungsdauer ändern. Daher werden auch die Verhältnisse der Intensitäten, mit denen die einzelnen Lichtarten zur Zusammensetzung der Mischfarben der beiden Komponenten beitragen, verschieden sein.

Zu genaueren Untersuchungen über den orientierten Flächenschiller sind wieder solche Körper besonders geeignet, die in dem Spektrum des reflektierten Lichtes dunkle Streifen zeigen. Am Kaliumpermanganat fand E. Wiedemann, daß die Lage der Streifen in der parallel zur Einfallsebene polarisierten Welle so gut wie unabhängig vom Einfallswinkel ist. Dieselbe Lage besitzen die Streifen in der senkrecht zur Einfallsebene polarisierten Welle nur für Einfallswinkel in Luft, die kleiner als $58^1/_2{}^0$ sind; von hier ab erfolgt plötzlich eine Verschiebung der Streifen nach dem Blau hin, und gleichzeitig erscheint in der Nähe der D-Linie ein neuer Streifen.

An doppeltbrechenden Krystallen hängt die elliptische Polarisation des reflektierten Lichtes und die Oberflächenfarbe auch von der Orientierung der Grenzebene und der Einfallsebene ab. Das bekannteste Beispiel bilden die auf S. 4 beschriebenen Krystalle des Magnesiumplatincyanürs.[1]

Fluorescenz. — Interessante Versuche über die Fluorescenz eines doppeltbrechenden Krystalls hat E. Lommel am Magnesiumplatincyanür angestellt.[2] Im Sonnenlicht, das durch violettes Glas gegangen ist, verschwindet die grüne Oberflächenfarbe auf den Prismenflächen und der Krystall erscheint in prachtvoll gelbrotem Fluorescenzlicht. Fällt das durch ein Nicolsches Prisma gegangene Licht senkrecht auf eine *Prismenfläche*, so ist das ausgestrahlte Licht scharlachrot oder orangegelb, je nachdem die Polarisationsebene des eintretenden Lichtes parallel oder senkrecht zum Hauptschnitt der Fläche liegt; das ausgestrahlte Licht ist in demselben Sinne polarisiert wie das erregende. Trifft das polarisierte violette Strahlenbündel senkrecht auf die *Basis*, so leuchtet diese Fläche mit scharlachrotem unpolarisierten Fluorescenzlicht. Diese Farbe ändert sich nicht, wenn man

[1] E. A. Schenk, Ann. d. Phys. N. F. **15**, 177; 1882.
[2] E. Lommel, Ann. d. Phys. N. F. **8**, 634; 1879. **44**, 311; 1891.

den Krystall um die Vertikalaxe dreht. Sie bleibt auch für größere Einfallswinkel unverändert, wenn die Polarisationsebene des erregenden Lichtes parallel zur Einfallsebene liegt. Dagegen findet ein Übergang in Gelb statt, wenn jene Polarisationsebene auf der Einfallsebene senkrecht steht.

Emissionsvermögen und Absorptionsvermögen. — Aus dem G. Kirchhoff'schen Gesetze über das Verhältnis zwischen dem Emissionsvermögen und dem Absorptionsvermögen für Wärme und Licht bei derselben Temperatur folgt, daß ein Körper, der von Strahlen einer Polarisationsrichtung mehr absorbiert als von Strahlen einer anderen Polarisationsrichtung, in demselben Verhältnis die ersteren Strahlen mehr aussendet als die letzteren. Die Anwendung dieses Satzes auf pleochroitische Krystalle wurde von G. Kirchhoff alsbald experimentell geprüft.[1]

Eine zur optischen Axe parallele Platte von Turmalin absorbiert bei gewöhnlicher Temperatur senkrecht einfallende geradlinig polarisierte Strahlen stärker, wenn die Polarisationsebene zum Hauptschnitt der Platte parallel liegt, als wenn jene Ebene zur optischen Axe senkrecht steht (S. 310). Behält nun der Turmalin diese Eigenschaft auch in der Glühhitze, so muß er in der Richtung der Plattennormale Strahlen aussenden, welche teilweise polarisiert sind nach dem Hauptschnitt der Platte.

Um diese Folgerung der Theorie zu prüfen, brachte G. Kirchhoff eine Turmalinplatte in die Flamme eines Bunsen'schen Brenners. Sie ertrug lange Zeit eine mässige Glühhitze ohne eine bleibende Veränderung zu erleiden. Die Eigenschaft, ordentliche und außerordentliche Strahlen in ungleichem Maße zu absorbieren, kam ihr auch noch in der Glühhitze zu, wenngleich in erheblich geringerem Grade als bei niederer Temperatur. Wurde nämlich ein Platindraht, der in derselben Flamme glühte, durch ein doppeltbrechendes Prisma und durch die Platte hindurch betrachtet, so besaßen die beiden Bilder des Drahtes ungleiche Helligkeit; das den außerordentlichen Strahlen im Turmalin entsprechende Bild blieb heller als das von den ordentlichen Strahlen erzeugte; doch war der Unterschied viel geringer, als wenn sich die Turmalinplatte außerhalb der Flamme befand. Nachdem nun das doppeltbrechende Prisma in die Stellung gebracht war, wo der Intensitätsunterschied der beiden Bilder des Drahtes ein Maximum erreichte, wurde der Draht entfernt, so daß jetzt die beiden Bilder, welche die glühende Turmalinplatte für sich lieferte, untereinander verglichen werden konnten. Das vorher hellere Bild war, nicht auffallend, aber unzweifelhaft dunkler als das andere. Die beiden Bilder erschienen so, wie zwei gleiche Körper im glühenden Zustande erscheinen müssen, wenn die Temperatur des einen niedriger als jene des anderen ist.

---

[1] G. Kirchhoff, Untersuchungen über das Sonnenspektrum und die Spektren der chemischen Elemente. 2. Ausg. Berlin 1862, § 16. Ges. Abh. Leipzig 1882, 596.

A. Optisch isotrope Krystalle.

In jedem homogenen Krystall des regulären Systems sind alle Richtungen in optischer Beziehung gleichberechtigt.

I. Isotrope und einfachbrechende Krystalle.

Die Mehrzahl der bekannten regulären Körper ist gleichzeitig einfachbrechend. Ihre Strahlenfläche ist für jede einfarbige Lichtart eine Kugel. Der Polarisationszustand kann ein ganz beliebiger sein. Daraus folgt, daß der Kugelmittelpunkt ein Centrum der Symmetrie, jeder Durchmesser eine Axe der Isotropie und jede Diametralebene eine Symmetrieebene ist.

Unter den bisher untersuchten einfachbrechenden Krystallen zeigen Steinsalz, Sylvin, Flußspat und Kalium-Alaun eine Abnahme, Diamant und Zinkblende eine Zunahme des Brechungsindex mit steigender Temperatur. Steinsalz und Sylvin überragen alle bisher geprüften festen Körper in Bezug auf die Empfindlichkeit ihrer Brechungsindices gegen Temperaturänderungen. Die folgende Tabelle giebt die Werte der Brechungsindices für Na-Licht bei ϑ^0 C. nach den Messungen von J. Stefan:

Steinsalz . .	$1{,}54483 - 0{,}0_4373\,\vartheta$
Sylvin . . .	$1{,}49110 - 0{,}0_4345\,\vartheta$
Flußspat . .	$1{,}43416 - 0{,}0_4124\,\vartheta$.

Bezeichnet man die Brechungsindices, die den Temperaturen ϑ und ϑ' entsprechen, mit n und n', so hat das Verhältnis $(n' - n)/n(\vartheta' - \vartheta)$ für Na-Licht folgende Werte:

Steinsalz $-24\cdot10^{-6}$, Sylvin $-23\cdot10^{-6}$, Flußspat $-8{,}6\cdot10^{-6}$.

Dagegen erhielt A. Sella für Diamant $+7{,}7\cdot10^{-6}$.

Die Grundlage für die Erklärung dieser Verschiedenheiten gewinnt man, wenn man den Einfluß der Temperatur auf die Dispersion berücksichtigt. Baille, A. Offret und C. Pulfrich haben nachgewiesen, daß in festen Körpern die Dispersion durch eine Steigerung der Temperatur erhöht wird. Denn es sind die Änderungen des Brechungsindex im Blau kleiner oder größer als im Rot, je nachdem der Brechungsindex mit wachsender Temperatur abnimmt oder zunimmt. Daher wird stets das Spektrum gedehnt. Aus der Reihe der einfachbrechenden Körper seien hier die folgenden, von C. Pulfrich[1] untersuchten Beispiele hervorgehoben (siehe Tabelle Seite 324).

Das zuletzt angeführte Glas ist dadurch bemerkenswert, daß die Änderung des Brechungsindex ihr Vorzeichen wechselt, wenn man von Rot

[1] C. Pulfrich, Ann. d. Phys. N. F. **45**, 609; 1892.

zu Blau übergeht; daher wird für gewisse Lichtarten zwischen den Linien *C* und *D* gar keine Änderung wahrzunehmen sein.

	Mittel-Temperatur	Änderungen des Brechungsindex für 1° C. in Einheiten der 5. Dezimale				Kubischer Ausdehnungskoeffizient
		C	*D*	*F*	*G*	
Steinsalz	58,8°	– 3,749	– 3,739	– 3,648	– 3,585	$12\,100 \cdot 10^{-8}$
Sylvin	59,5	– 3,681	– 3,641	– 3,605	– 3,557	11 400
Flußspat	60,5	– 1,220	– 1,206	– 1,170	– 1,142	5 730
Schwerstes Silicatflint S. 57	58,8	1,204	1,447	2,090	2,810	2 804
Baryt-Leichtflint O 527	58,3	– 0,008	0,014	0,080	0,137	2 696.

Wie C. Pulfrich bemerkt hat, muß man bei der Beurteilung des Einflusses von Temperaturerhöhungen auf den Brechungsindex zwei einander entgegenwirkende Vorgänge ins Auge fassen. Die Verminderung der Dichte verringert den Brechungsindex. Gleichzeitig wird aber die Absorption des Lichtes im Violett und Ultraviolett gesteigert und dadurch der Brechungsindex vergrößert. Je nachdem die erste oder die zweite Wirkung überwiegt, wird der Brechungsindex abnehmen oder zunehmen. Kompensieren sich die beiden Wirkungen, so erscheint der Wert des Brechungsindex unabhängig von der Temperatur. Es erklärt sich also die Abnahme der Brechungsindices im Steinsalz, Sylvin und Flußspat durch die relativ hohen Werte der kubischen Ausdehnungskoeffizienten und durch die geringe Absorption dieser Körper, während das Verhalten des Diamants auf die sehr kleine thermische Ausdehnung zurückzuführen ist (vgl. S. 197, 246).

Für einen einfachbrechenden Körper ist charakteristisch, daß eine beliebig orientierte Platte zwischen gekreuzten Nicols in keiner Stellung eine Aufhellung des Gesichtsfeldes bewirkt. Reguläre Krystalle zeigen indessen keineswegs immer dieses Verhalten. Vielmehr beobachtet man an ihnen sehr häufig Erscheinungen der *Doppelbrechung*, die auf verschiedene Ursachen zurückzuführen sind.[1]

In vielen Fällen handelt es sich um *Nachwirkung eines Zwanges.* Man findet z. B. im Steinsalz eine dauernde Doppelbrechung in der Umgebung der Sprünge nach den Dodekaëderflächen, die entstehen, wenn man in eine Hexaëderfläche eine Stahlspitze durch einen leichten Schlag eintreibt (S. 83). Schon ein geringer einseitiger Druck erzeugt im Steinsalz bleibende doppeltbrechende Streifen, die den Flächenrichtungen des Dodekaëders parallel liegen. Daher ist es kaum möglich Spaltungsstücke zu gewinnen, die keine

[1] Eine kritische und durch zahlreiche eigene Beobachtungen ergänzte Bearbeitung dieses Gegenstandes verdanken wir R. Brauns, Die optischen Anomalien der Krystalle, Leipzig 1891.

Spuren dauernder Deformationen aufweisen. Ähnliche Erscheinungen sind an Sylvin, Bleinitrat und Zinkblende beobachtet worden.

Wesentlich verschieden hiervon ist die Doppelbrechung, die durch eine *isomorphe Beimischung* hervorgerufen wird. Zur Untersuchung der optischen Eigenschaften regulärer Mischkrystalle sind vor allem die Nitrate von Blei, Baryum, Strontium und die Alaune geeignet. Jene zeichnen sich durch die Stärke ihrer Doppelbrechung aus. Aber die Alaune lassen sich leichter in durchsichtigen Krystallen darstellen; außerdem haben sie den Vorzug, in mannigfacher Weise isomorphe Überwachsungen und Mischungen zu gestatten. Charakteristisch für das Verhalten eines Mischkrystalls ist die Abhängigkeit, in der seine optischen Eigenschaften von seiner polyëdrischen Form stehen. Man erkennt diesen Zusammenhang an den Felderteilungen, welche Platten aus Mischkrystallen im senkrecht einfallenden Lichte zwischen gekreuzten Nicols zeigen. Um die Änderung des Charakters der Doppelbrechung in benachbarten Feldern zur Anschauung zu bringen, schaltet man noch ein Gypsblättchen, welches das Rot erster Ordnung zeigt, in der auf S. 283, Fig. 646 angegebenen Diagonalstellung ein. Alsdann beobachtet man z. B. in einer Platte, die aus einem oktaëdrischen Mischkrystall von Bleinitrat und Baryumnitrat parallel zu einer Hexaëderfläche geschnitten ist, die in Fig. 708 dargestellte Teilung in vier Felder. Ein oktaëdrischer Mischkrystall von Kaliumaluminium- und Ammoniumaluminium-Alaun zeigt in einer Platte parallel zu einer Oktaëderfläche die in Fig. 709 abgebildete Teilung in sechs Felder.

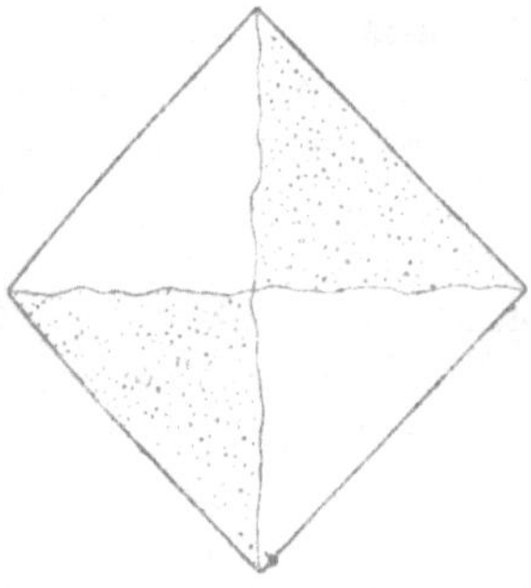

Fig. 708. Mischkrystall von $(Pb, Ba)(NO_3)_2$.

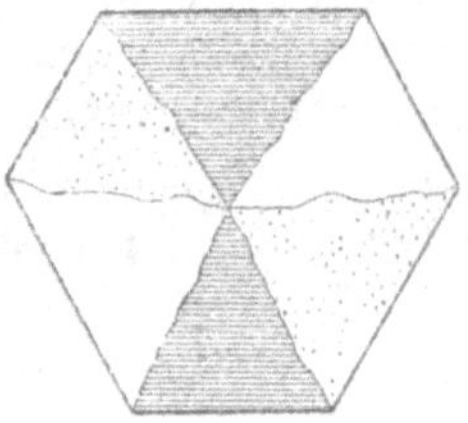

Fig. 709. Mischkrystall von $(K, NH_4)Al(SO_4)_2 . 12 H_2O$.

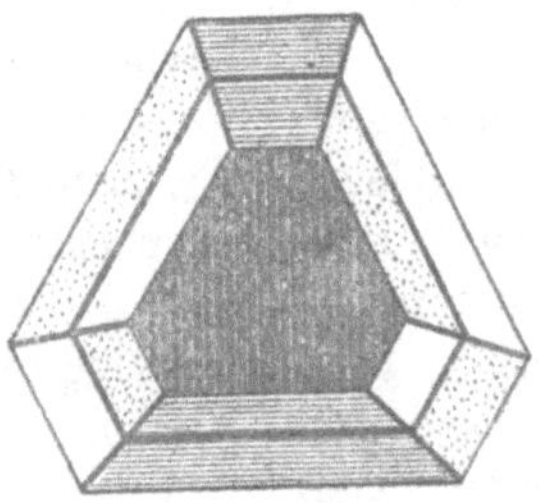

Fig. 710 Überwachsung von Alaunen.

Das Ergebnis zahlreicher Untersuchungen ist folgendes. Jede an einem Mischkrystall vorhandene Fläche bildet die Basis einer Pyramide, die sich ins Innere des Krystalls erstreckt und deren optische Symmetrie sich mit der geometrischen Natur jener Fläche ändert. Es ist z. B. ein solcher Krystall einfachbrechend nur in den Anwachspyramiden, die an Hexaëderflächen liegen. Dagegen verhält sich eine Pyramide an einer Fläche des Oktaëders oder des Tetraëders wie ein Krystall mit einer Axe der Isotropie, wobei die Richtung dieser Axe mit der Normale jener Fläche zusammenfällt. Alle übrigen Pyramiden besitzen die optischen Eigenschaften der Krystalle ohne Axe der Isotropie.

Von besonderem Interesse sind die von R. Brauns ausgeführten Versuche über die Fortwachsung von Alaunen. Ein aus reinem Ammoniumaluminium-Alaun bestehender und daher einfachbrechender Krystall bedeckte sich zunächst in einer Losung von Ammoniumaluminium- und Kaliumeisen-Alaun mit einer Mischung dieser beiden Verbindungen. Darauf bildete sich in einer Lösung von Ammoniumaluminium- und Kaliumaluminium-Alaun eine zweite Schicht. Eine Platte parallel einer Oktaëderfläche zeigt nun im Polarisationsapparate die in Fig. 710 dargestellte Erscheinung. Ein scharf begrenzter einfachbrechender Kern ist umgeben von zwei doppeltbrechenden Zonen, von denen jede, der sechsseitigen Begrenzung der Platte entsprechend, in sechs Felder zerfällt. Gleichzeitig ist aus den Änderungen der Interferenzfarbe des Gypsblättchens ersichtlich, daß die Polarisationsebene der schnelleren Welle in einem Felde der inneren Zone senkrecht zur Randkante steht, während sie in einem äußeren Felde zu dieser Kante parallel liegt.

II. Isotrope Krystalle mit optischem Drehungsvermögen.

Eine geringere Zahl regulär krystallisierender Körper ist doppeltbrechend und zeigt wie eine optisch aktive Flüssigkeit ein nach allen Richtungen gleich starkes Drehungsvermögen. In jeder Richtung pflanzen sich zwei Wellen fort, die in entgegengesetztem Sinne cirkularpolarisiert sind und mit ungleichen Geschwindigkeiten fortschreiten.[1] Daher besteht die Strahlenfläche aus zwei konzentrischen Kugeln. Stellen wir uns vor, daß an den Endpunkten eines Durchmessers der Polarisationszustand markiert werde (wie in Fig. 669, 670), so ist ersichtlich, daß die Strahlenfläche weder eine Symmetrieebene noch ein Centrum der Symmetrie besitzt. Dagegen ist wieder jeder Durchmesser eine Axe der Isotropie.

Die hierher gehörigen Körper dürfen auch in ihrer Krystallform keine Symmetrieebene und kein Centrum der Symmetrie darbieten (S. 296). Daher können nur plagiëdrisch-hemiëdrische oder tetartoëdrische Krystalle des regulären Systems ein optisches Drehungsvermögen zeigen.

Die bis jetzt bekannten Beispiele wurden von H. Marbach 1854 entdeckt. Am genauesten untersucht ist Natriumchlorat, $NaClO_3$. Je nachdem die Form eine linke oder eine rechte ist (Fig. 281, 282), beobachtet

[1] Die Doppelbrechung optisch aktiver Flüssigkeiten hat E. von Fleischl in ähnlicher Weise wie Fresnel am Quarz (S. 295) durch eine Kombination von Prismen, die abwechselnd mit einer linksdrehenden und einer rechtsdrehenden Flüssigkeit gefüllt waren, nachgewiesen. Ann. d. Phys. N. F. **24**, 127; 1885.

man ein linkes oder ein rechtes Drehungsvermögen. Nach CH. E. GUYE entsprechen der Fraunhoferschen Linie a und der Linie Cd_{18} des Cadmiumspektrums die Drehungswinkel $\alpha = 2,070^{0}$ und $14,727^{0}$ (vgl. Fig. 665). Demnach sind die Differenzen der Brechungsindices ω', ω'' der beiden cirkularpolarisierten Wellen noch erheblich kleiner als im Quarz (S. 294), so daß bei der Brechung des Lichtes durch ein Prisma oder bei der totalen Reflexion die Doppelbrechung nicht wahrgenommen werden kann. Es ergiebt sich z. B.:

	Wellenlänge in Luft λ	Drehungswinkel α	$\omega' - \omega'' = \frac{\lambda\,\alpha}{\pi}$
B	0,000 687 mm	$2,273^{0}$	0,000 00875
H	392	7,174	1562
M	372	8,158	1686
P	336	10,019	1870
R	317	11,155	1964.

Nach FR. DUSSAUD entsprechen den Lichtarten a und Cd_{18} bei 23^{0} C. die Brechungsindices 1,51097 und 1,58500. Temperaturänderungen üben einen ziemlich starken Einfluß auf das Drehungsvermögen und den Brechungsindex des Natriumchlorats aus. Die Beobachtungen von L. SOHNCKE ergaben:

$$\alpha_{\vartheta} = \alpha_0 (1 + 0,00061\,\vartheta)$$

und DUSSAUD fand, daß der Brechungsindex durch eine Erhöhung der Temperatur um 1^{0} C. ungefähr um 0,000057 vermindert wird.[1]

Über das Drehungsvermögen der anderen hierher gehörigen Körper liegen folgende Angaben vor:

Natriumbromat	$\alpha = 2,8^{0}$	mittleres Gelb	H. MARBACH
$= NaBrO_3$	$= 2,17$	Na	H. TRAUBE
Natriumsulfantimoniat	$\alpha = 2,67$	mittleres Gelb	H. MARBACH
$= Na_3SbS_4.9H_2O$			
Uranylnatriumacetat	$\alpha = 1,8$	mittleres Gelb	H. MARBACH
$= NaUO_2(C_2H_3O_2)_3$	$= 1,48$	Na	H. TRAUBE.

Die Lösungen dieser vier Verbindungen zeigen kein Drehungsvermögen.

[1] L. SOHNCKE, Ann. d. Phys. N. F. **3**, 516; 1878. CH. E. GUYE, Arch. sc. phys. et nat. (3) **22**, 130; 1889. FR. DUSSAUD, ibid. (3) **27**, 380; 1892.

B. Optisch anisotrope Krystalle mit einer Axe der Isotropie.

Optisch einaxige Krystalle.

In jedem Krystall des hexagonalen oder des tetragonalen Systems sind die gegen die krystallographische Vertikalaxe γ unter demselben Winkel geneigten Richtungen optisch gleichberechtigt, so daß γ eine Axe der Isotropie ist; jede auf γ senkrecht stehende Gerade ist eine 2-zählige Symmetrieaxe. Eine Trennung der beiden Systeme kann auf optischem Wege nicht durchgeführt werden. Wohl aber lassen sich in jedem Systeme wieder zwei Klassen unterscheiden.

III. Optisch einaxige Krystalle ohne Drehungsvermögen.

Strahlenflächen und Normalenflächen. — Die Strahlenfläche besteht aus einer Kugel und einem Umdrehungsellipsoide, welche den in die Richtung der Axe der Isotropie fallenden Durchmesser gemein haben und sich an den Endpunkten desselben berühren. Die Gestalt dieser Fläche ist also für eine bestimmte Schwingungsdauer und eine bestimmte Temperatur durch zwei Größen gegeben: durch den Radius $\mathfrak{o}$ der Kugel und den Äquatorialradius $\mathfrak{e}$ des Ellipsoids. Man bezeichnet $\mathfrak{o}$, $\mathfrak{e}$ als Hauptlichtgeschwindigkeiten und die reziproken Werte $\omega = 1/\mathfrak{o}$, $\varepsilon = 1/\mathfrak{e}$ als Hauptbrechungsindices. Die Polarisationsebene eines Strahles liegt parallel oder senkrecht zu seinem Hauptschnitte, je nachdem der Strahl ein ordentlicher oder ein außer-

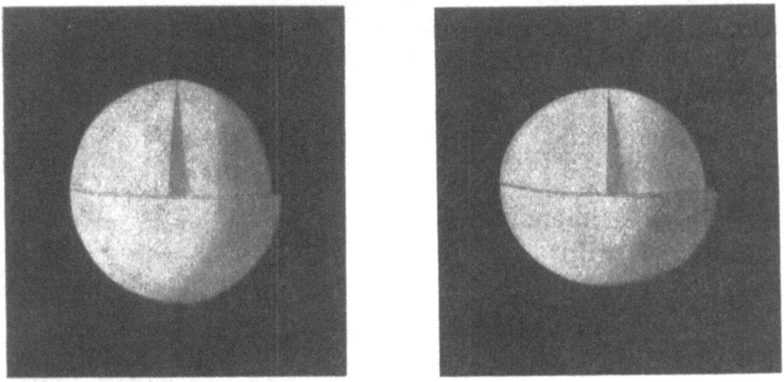

Charakter der Doppelbrechung positiv. — Charakter der Doppelbrechung negativ.

Fig. 711, 712. HUYGENS'sche Strahlenflächen.

ordentlicher ist. Daraus folgt, wie auf S. 263 dargelegt wurde, daß der Mittelpunkt der Strahlenfläche gleichzeitig ein Centrum der Symmetrie ist und daß jede durch die Axe der Isotropie hindurchgehende Ebene und die auf dieser Axe senkrechte Ebene Symmetrieebenen sind.

Je nachdem die Kugel das Ellipsoid umgiebt oder von ihm umschlossen wird, unterscheidet man Krystalle von positivem oder von negativem Charakter der Doppelbrechung; denn die Differenz der Geschwindigkeiten der ordentlichen und der außerordentlichen Strahlen ist in jenen positiv, in diesen negativ (Fig. 711, 712).

Da die Strahlenfläche eine Rotationsfläche ist, so muß die Verbindungsebene eines außerordentlichen Strahles $O\,S_e$ mit der Normale $O\,Q_e$ der zugehörigen Wellenebene W_e stets durch die Rotationsaxe hindurchgehen (Fig. 713, 714). Die Normalenfläche besteht, wie auf S. 242 gezeigt wurde,

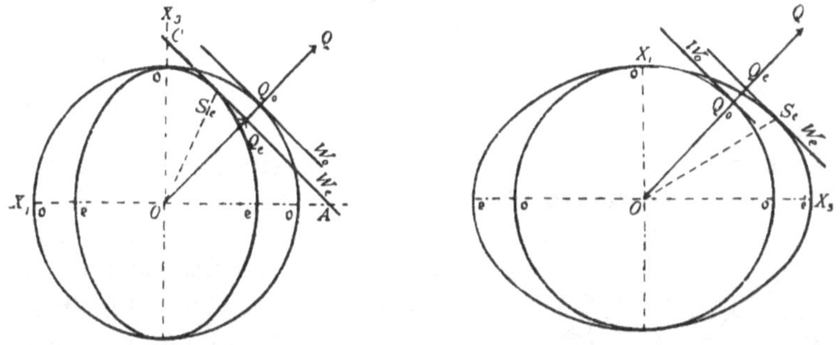

Fig. 713, 714. **Schnittkurven der Strahlenflache mit einer durch die Axe der Isotropie gelegten Ebene.**

aus einer Kugel und einem Umdrehungsovaloid. Ihre Beziehung zur Strahlenfläche wurde für einen Krystall von positivem Charakter der Doppelbrechung durch Fig. 581—583 erläutert. Die Richtung der Axe der Isotropie, in der sich nur eine einzige ebene Welle fortpflanzen kann, wird optische Axe genannt.

Führen wir die in Fig. 713 angegebenen Koordinatenaxen X_3, X_1 ein, so hat die Ellipse, deren Radius der außerordentliche Strahl $O\,S_e$ ist, die Gleichung:

(1)
$$\frac{x_3^2}{\mathfrak{o}^2} + \frac{x_1^2}{\mathfrak{e}^2} = 1.$$

Bezeichnen wir die Geschwindigkeit dieses Strahles mit $\mathfrak{s}$, seine Neigung gegen die optische Axe mit s und die Koordinaten seines Endpunktes S_e mit x_3', x_1', so ist $x_3' = \mathfrak{s}\cos s$, $x_1' = \mathfrak{s}\sin s$; folglich besteht nach (1) die Beziehung:

(2)
$$\frac{\cos^2 s}{\mathfrak{o}^2} + \frac{\sin^2 s}{\mathfrak{e}^2} = \frac{1}{\mathfrak{s}^2}.$$

Die Gleichung der Tangente in S_e lautet:

$$\frac{x_3\,x_3'}{\mathfrak{o}^2} + \frac{x_1\,x_1'}{\mathfrak{e}^2} = 1.$$

Bezeichnen wir nun mit $\mathfrak{q}$ die Geschwindigkeit der zugehörigen Wellennormale $O\,Q_e$ und mit u den Winkel, den $O\,Q_e$ mit der optischen Axe einschließt, so erhalten wir für die Abschnitte OC, OA jener Tangente auf den Koordinatenaxen aus der letzten Gleichung und aus Fig. 713 die Werte:

$$\frac{\mathfrak{o}^2}{x_3'} = \frac{\mathfrak{q}}{\cos u}, \qquad \frac{\mathfrak{e}^2}{x_1'} = \frac{\mathfrak{q}}{\sin u}.$$

Die hierdurch bestimmten Koordinaten x_3', x_1' müssen die Gleichung der Ellipse befriedigen. Demnach gilt die Relation:

$$\mathfrak{o}^2 \cos^2 u + \mathfrak{e}^2 \sin^2 u = \mathfrak{q}^2. \tag{3}$$

Sie stellt das Gesetz dar, nach welchem sich die Geschwindigkeit einer außerordentlichen Welle in einer durch die optische Axe hindurchgehenden Ebene mit der Neigung der Wellennormale gegen diese Axe ändert. Ihre experimentelle Prüfung war das Ziel der auf S. 245 angeführten Untersuchungen.

Prismen. — Die Geschwindigkeit $\mathfrak{o}$ der ordentlichen Wellen kann an einem beliebig orientierten Prisma ermittelt werden. Je nachdem das Prisma aus einem Krystall von positivem oder von negativem Charakter der Doppelbrechung hergestellt ist, wird die ordentliche Welle eine schwächere oder eine stärkere Ablenkung erfahren als die zu demselben Einfallswinkel gehörige außerordentliche Welle. Zur Bestimmung der beiden Hauptlichtgeschwindigkeiten $\mathfrak{o}$ und $\mathfrak{e}$ ist am bequemsten ein Prisma, dessen Kante parallel zur Axe der Isotropie liegt. Denn in diesem Falle besteht der Schnitt der Strahlenfläche mit der zur Prismenkante senkrechten Ebene aus zwei konzentrischen Kreisen mit den Radien $\mathfrak{o}$ und $\mathfrak{e}$ (Fig. 715), so daß für Wellen, die zur Kante des Prismas parallel liegen, das gewöhnliche Brechungsgesetz gilt.

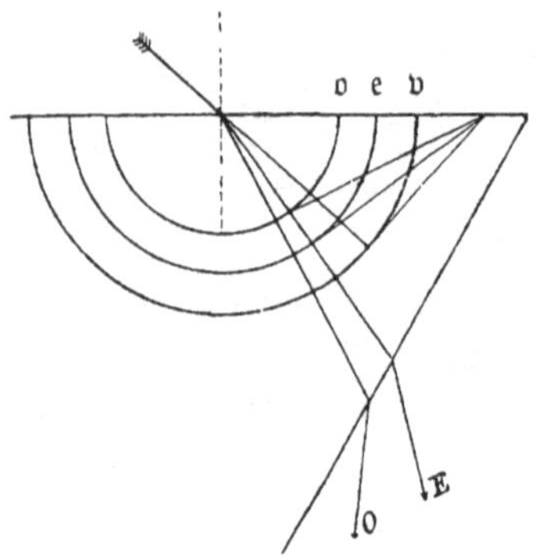

Fig. 715. Brechung durch ein Prisma, dessen Kante parallel zur optischen Axe liegt. Charakter der Doppelbrechung negativ.

Werden z. B. die Minima der Ablenkung Δ_o und Δ_e für die ordentliche und die außerordentliche Welle gemessen, so finden wir die Hauptlichtgeschwindigkeiten aus:

$$\mathfrak{o} = \frac{\sin\frac{A}{2}}{\sin\frac{A+\Delta_o}{2}}, \qquad \mathfrak{e} = \frac{\sin\frac{A}{2}}{\sin\frac{A+\Delta_e}{2}}, \tag{I}$$

worin A den inneren Prismenwinkel bedeutet. Dieser Fall ist zugleich dadurch ausgezeichnet, daß eine kleine Abweichung der Orientierung des Prismas von der vorgeschriebenen Lage den geringsten Einfluß auf das Resultat ausübt. Der Charakter der Doppelbrechung ergiebt sich aus dem

Polarisationszustande der austretenden Wellen, der sich leicht mit Hilfe eines Nicolschen Prismas feststellen läßt: er ist positiv oder negativ, je nachdem die Polarisationsebene der schwächer oder der stärker abgelenkten Welle parallel zur Kante des Prismas liegt (Fig. 716—719).

Die Relationen (**I**) gelten übrigens nicht nur für diesen einfachsten Fall, sondern darüber hinaus für alle Prismen, welche die Eigenschaft haben, daß der Hauptschnitt der Prismenkante gleichzeitig den inneren Prismenwinkel halbiert. Denn alsdann bedingt die Symmetrie des Prismas, daß die Fortpflanzungsrichtung einer zur Kante des Prismas parallelen Wellenebene bei dem Minimum der Ablenkung auf jenem Hauptschnitte, also auch auf der optischen Axe senkrecht steht.

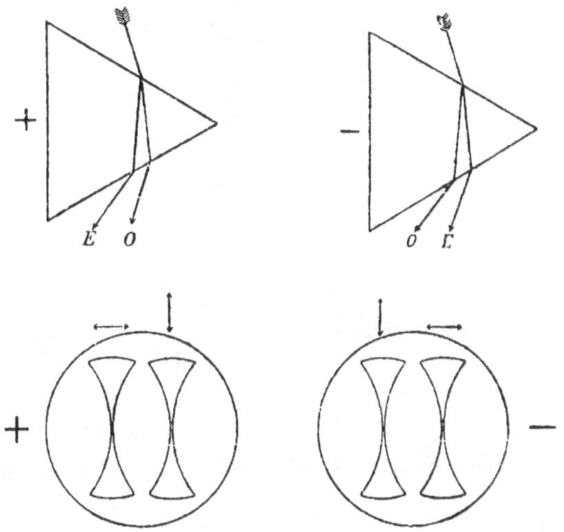

Fig. 716—719. Bestimmung des Charakters der Doppelbrechung an Prismen, deren Kanten parallel zur optischen Axe liegen.

Die Hauptlichtgeschwindigkeiten können aber auch an einem einzigen beliebig orientierten Prisma vollständig bestimmt werden, wenn die krystallographische Lage der Flächen des Prismas bekannt ist. In diesem Falle muß man entweder den Einfallswinkel einer zur Prismenkante parallelen Wellenebene und die Ablenkungen der beiden austretenden Wellen oder das Minimum der Ablenkung für die ordentliche und die außerordentliche Welle messen.[1]

Totale Reflexion. — Mit Hilfe einer Flüssigkeit, deren Brechungsindex N größer ist als die Hauptbrechungsindices ω und ε, lassen sich die Erscheinungen der totalen Reflexion an ebenen Grenzflächen zur Bestimmung von ω und ε benutzen. Die Kegel der Grenzstrahlen der totalen Reflexion ergeben sich leicht, wenn wir beachten, daß die Indexfläche eines optisch einaxigen Krystalls aus einer Kugel mit dem Radius ω und einem Rotationsellipsoid mit den Halbaxen ω und ε besteht. Je nachdem der Charakter der Doppelbrechung positiv oder negativ ist, umschließt das Ellipsoid die Kugel ($\omega < \varepsilon$) oder die Kugel das Ellipsoid ($\omega > \varepsilon$).

[1] Über die Berechnung der Hauptlichtgeschwindigkeiten aus solchen Messungen vgl. Th. Liebisch, Physikal. Krystallogr. 1891, 384—390.

Die Messung der Grenzwinkel ist am bequemsten, wenn wir als Grenzfläche eine zur optischen Axe senkrechte Fläche wählen. Denn in diesem Falle sind die Grenzwinkel i_o und i_e unabhängig von der Lage der

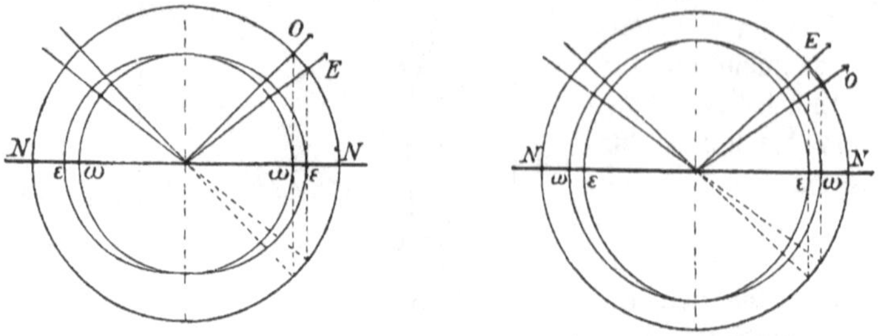

Charakter der Doppelbrechung positiv. Charakter der Doppelbrechung negativ.

Fig. 720, 721. Totale Reflexion an einer zur optischen Axe senkrechten Fläche in einfarbigem Licht.

Einfallsebene, so daß die Grenzstrahlen O und E zwei Kreiskegel bilden (Fig. 720, 721). Die Hauptbrechungsindices ergeben sich aus:

$$\text{(II)} \qquad \omega = N \sin i_o, \qquad \varepsilon = N \sin i_e.$$

Bringt man den zu untersuchenden Krystall im Totalreflektometer in die Lage, daß im Gesichtsfelde des Fernrohres der Übergang aus dem Gebiet des partiell reflektierten Lichtes (zur Rechten) in das Gebiet des total reflektierten Lichtes (zur Linken) wahrzunehmen ist, so erscheinen zwei Grenzlinien (Fig. 722, 723). Sie bilden die Schnittkurven des Gesichtsfeldes mit einem kleinen Ausschnitte aus den Kegeln der Grenzstrahlen. Beide Grenzlinien stehen senkrecht auf der Ebene $\mathfrak{E}$, welche durch die Axe des Fernrohres parallel zur Normale der spiegelnden Fläche gelegt werden kann. Um den Charakter der Doppelbrechung zu bestimmen, läßt man das aus dem Fernrohre tretende Licht durch ein Nicolsches Prisma gehen. Hält man das Prisma so, daß die längere Diagonale der Austrittsfläche zu den Grenzlinien senkrecht steht, so wird die linke oder die rechte Grenze verschwinden, je nachdem der Krystall einen positiven oder einen negativen Charakter der Doppelbrechung besitzt.

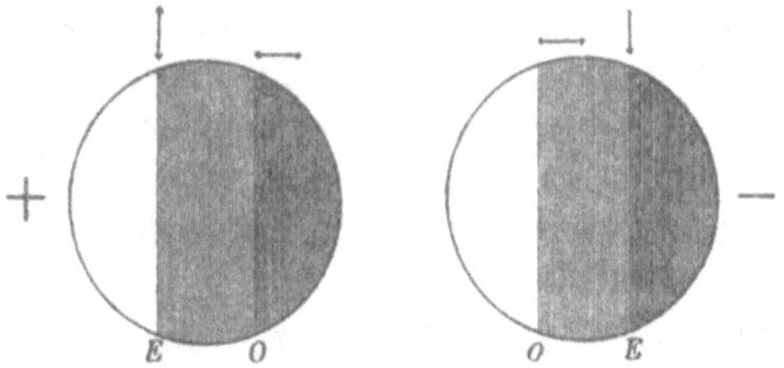

Fig. 722, 723. Bestimmung des Charakters der Doppelbrechung an einer zur optischen Axe senkrechten Fläche.

Liegt die Grenzebene geneigt zur optischen Axe, so bilden die Grenzstrahlen der totalen Reflexion, wie aus der Gestalt der Indexfläche hervorgeht, einen Kreiskegel $\mathfrak{K}$ und einen elliptischen Kegel $\mathfrak{K}'$.

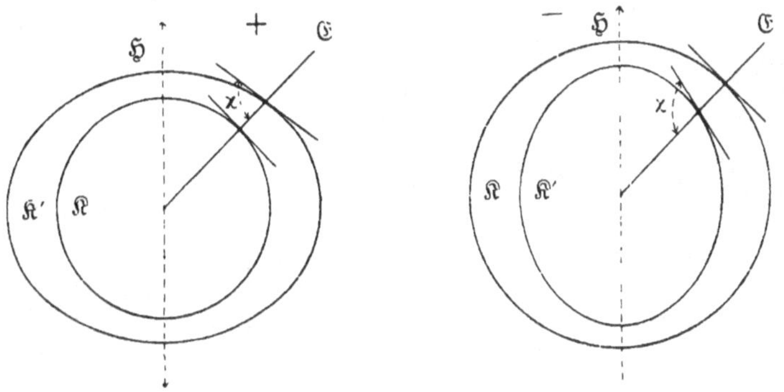

Fig. 724, 725. Schnittkurven der Kegel der Grenzstrahlen mit einer zur Grenzfläche parallelen Ebene.

Ist der Charakter der Doppelbrechung positiv, so umschließt der elliptische Kegel den Kreiskegel. Eine zur Grenzfläche parallele Ebene schneidet den äußeren Kegel in einer Ellipse, deren kleinere Halbaxe in den Hauptschnitt $\mathfrak{H}$ der Grenzfläche fällt (Fig. 724). Diese Halbaxe erreicht ihren kleinsten Wert, der gleich dem Radius des Schnittkreises jener Ebene mit dem inneren Kegel ist, wenn die Grenzfläche zur optischen Axe parallel liegt.

Ist der Charakter der Doppelbrechung negativ, so wird der elliptische Kegel von dem Kreiskegel umschlossen. Eine zur Grenzfläche parallele Ebene schneidet den inneren Kegel in einer Ellipse, deren längere Halbaxe in den Hauptschnitt $\mathfrak{H}$ der Grenzfläche fällt (Fig. 725). Diese Halbaxe erreicht ihren größten Wert, der gleich dem Radius des Schnittkreises jener Ebene mit dem äußeren Kegel ist, wenn die Grenzfläche zur optischen Axe parallel liegt.

Aus der Gestalt dieser Kegel ergiebt sich sofort, wie sich die Grenzkurven im Gesichtsfelde des Fernrohres verhalten werden, wenn man die spiegelnde Fläche in ihrer Ebene dreht. Nur die durch die ordentliche Grenzbrechung entstehende Kurve, welche einen kleinen Ausschnitt aus dem Kegel $\mathfrak{K}$ darstellt, behält ihre Lage. Dagegen ändert die durch die außerordentliche Grenzbrechung erzeugte, dem Kegel $\mathfrak{K}'$ angehörende Kurve stetig ihren Abstand von der festen Kurve und ihre Neigung gegen dieselbe. Der Abstand erreicht seinen kleinsten Wert, wenn der Hauptschnitt $\mathfrak{H}$ mit der Einfallsebene $\mathfrak{E}$ zusammenfällt, und seinen größten Wert, wenn $\mathfrak{H}$ auf $\mathfrak{E}$ senkrecht steht. Diese beiden Lagen sind auch noch dadurch ausgezeichnet, daß die Grenzkurven einander parallel laufen. Bezeichnet man den in die Ebene $\mathfrak{E}$ fallenden Strahl des Kegel $\mathfrak{K}'$ mit $O\Phi$, so ist die Neigung χ der veränderlichen Grenzkurve gegen die Einfallsebene (Fig. 726, 727) gleich dem Winkel, den diese Ebene mit der in $O\Phi$ an den Kegel $\mathfrak{K}'$ gelegten Tangentialebene einschließt (Fig. 724, 725). Für einen Grenzstrahl der außerordentlichen Grenzbrechung sind also zwei Winkel charakteristisch: seine Neigung i_e gegen die Normale der spiegelnden Fläche und der Winkel χ der Grenzkurve gegen die Einfallsebene.[1] Mißt man nun mit Hilfe eines Totalreflektometers die vier Grenzwinkel der totalen Reflexion, die man erhält, wenn man als Einfallsebenen den Hauptschnitt und die zu ihm senkrechte Ebene wählt, so können daraus nicht nur die Hauptbrechungsindices ω, ε, sondern auch der Winkel μ zwischen der optischen Axe und der Normale der spiegelnden Fläche berechnet werden. Bezeichnet man nämlich die Grenzwinkel mit i_o, i_e oder mit i_o, i_e', je nachdem $\mathfrak{H}$ auf $\mathfrak{E}$ senkrecht steht oder zu $\mathfrak{E}$ parallel liegt, so gelten die Relationen:

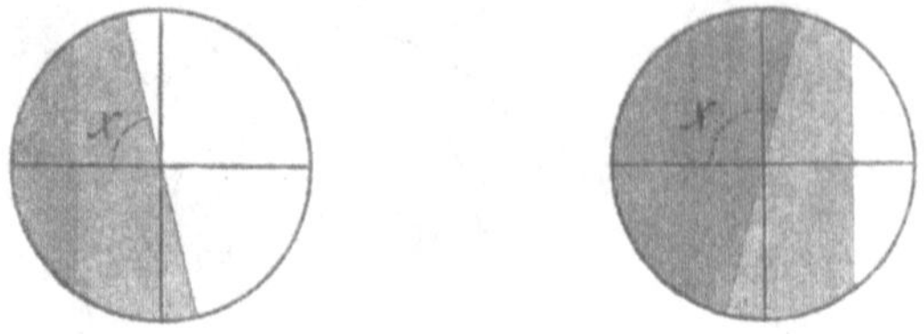

Charakter der Doppelbrechung positiv. Charakter der Doppelbrechung negativ.

Fig. 726, 727. Grenzkurven im Gesichtsfelde des Fernrohres für die in Fig. 724, 725 angegebenen Lagen der Einfallsebene.

$$\omega = N \sin i_o, \qquad \varepsilon = N \sin i_e,$$

$$\text{(III)} \qquad \omega = N \sin i_o, \qquad \omega^2 + (\varepsilon^2 - \omega^2)\cos^2\mu = N^2 \sin^2 i_e'.$$

Grenzwinkel.

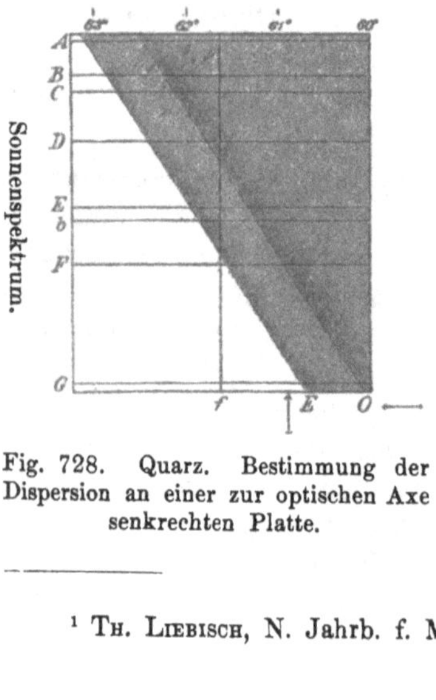

Fig. 728. Quarz. Bestimmung der Dispersion an einer zur optischen Axe senkrechten Platte.

Demnach wird ω zweimal bestimmt und der Winkel μ ergiebt sich aus:

$$\cos^2\mu = \frac{\sin^2 i_e' - \sin^2 i_o}{\sin^2 i_e - \sin^2 i_o}.$$

Zur Bestimmung der Dispersion bedienen wir uns der auf S. 256 beschriebenen Methode. Dann bietet z. B. eine zur optischen Axe senkrechte Quarzplatte die in Fig. 728 abgebildete Erscheinung dar. Während hier infolge der schwachen Doppelbrechung beide Grenzkurven gleichzeitig im Gesichtsfelde des Fernrohres auftreten, ist an einer Kalkspatplatte von gleicher Orientierung der Abstand der

[1] Th. Liebisch, N. Jahrb. f. Min. 1886. II. 51.

beiden Kurven so groß (Fig. 729), daß sie nacheinander beobachtet werden müssen (vgl. Fig. 588).

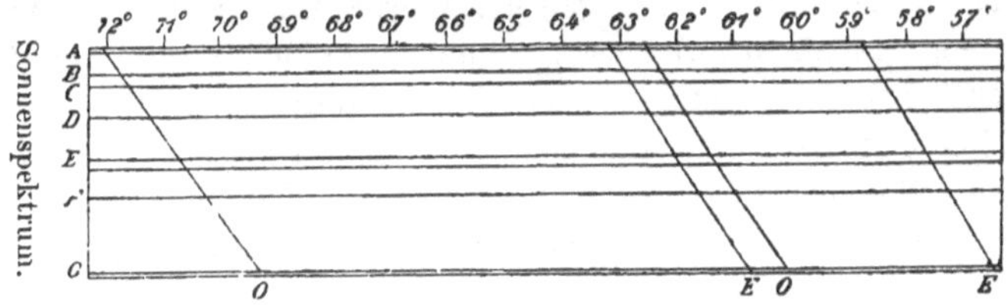

Fig. 729. Vergleich der Dispersion von Quarz und Kalkspat.

Dispersion. — Unter den optisch einaxigen Krystallen, die kein Drehungsvermögen besitzen, ist Kalkspat am eingehendsten untersucht worden. Seine große Durchlässigkeit für strahlende Energie gestattet die Werte der Hauptbrechungsindices ω, ε nicht allein für das sichtbare Spektrum, sondern auch für große Gebiete des Ultrarot und des Ultraviolett zu messen. Wie aus der folgenden Tabelle und den Dispersionskurven Fig. 588 hervorgeht, ist die Dispersion der ordentlichen Strahlen sehr viel größer,

	Wellenlänge in Luft	Hauptbrechungsindices		$\omega - \varepsilon$	
		ω	ε		
	2,15 μ	—	1,4753	—	E. Carvallo[1]
	1,98	1,6279	—	—	E. Carvallo[1]
	1,45	1,6361	1,4779	0,1582	E. Carvallo[1]
	1,08	1,6424	1,47799	0,16441	E. Carvallo[1]
A	0,760	1,65000	1,48261	0,16739	Ed. Sarasin[2]
Li	0,671	1,65368	1,48433	0,16935	H. Dufet[3]
C	0,656	1,65440	1,48465	0,16975	H. Dufet[3]
D	0,589	1,65837	1,48645	0,17192	H. Dufet[3]
Tl	0,535	1,66267	1,48842	0,17425	H. Dufet[3]
F	0,486	1,66785	1,49080	0,17705	H. Dufet[3]
$f = H_\gamma$	0,434	1,67554	1,49434	0,18120	H. Dufet[3]
H	0,397	1,68319	1,49774	0,18545	Ed. Sarasin
Cd_{26}	0,214	1,84580	1,55993	0,28587	Ed. Sarasin

nämlich nahezu $2^1/_2$ mal so groß als die Dispersion der außerordentlichen Strahlen in den zur optischen Axe senkrechten Richtungen. Die Differenz der Hauptbrechungsindices $\omega - \varepsilon$ wächst, wenn die Wellenlänge abnimmt; ihre Endwerte stehen nahezu im Verhältnis von 1 : 2.

[1] E. Carvallo, Ann. sc. école norm. sup. (3) 7, Suppl. 1890.
[2] Ed. Sarasin, Arch. sc. phys. nat. (3) 8, 392; 1882.
[3] H. Dufet, Bull. soc. franç. de min. **16**, 149: 1893.

Eine Erhöhung der Temperatur bewirkt, daß die Hauptbrechungsindices wachsen. Dabei ändert sich aber ε viel stärker als ω. Nach A. OFFRET[1] steigt durch eine Temperaturerhöhung von 0° auf 300° C. der Wert von ω für Na-Licht nur um 0,0003, dagegen der Wert von ε um 0,0033. Während die Hauptbrechungsindices anwachsen, nimmt ihre Differenz ab; die Doppelbrechung wird also schwächer. Es sinkt z. B. durch eine Erwärmung von 0° auf 300° C. der Betrag dieser Differenz für Na-Licht von 0,1721 auf 0,1691 herab. Die Dispersion wird durch Temperaturerhöhungen nur wenig beeinflußt in der Weise, daß die Spektren der ordentlichen und der außerordentlichen Strahlen nahezu in gleicher Weise dilatiert werden.

Auch im Beryll wachsen die Werte der Hauptbrechungsindices mit der Temperatur. Gleichzeitig findet, wie H. DUFET[2] entdeckt und A. OFFRET bestätigt hat, eine Zunahme der Doppelbrechung statt. Im Phenakit bewirken Temperatursteigerungen zwar ein Anwachsen der Hauptbrechungsindices aber keine merkliche Änderung in der Stärke der Doppelbrechung.

Oberfläche gleichen Gangunterschiedes. — Die Abhängigkeit des Gangunterschiedes zweier Wellen von der Orientierung ihrer Fortpflanzungsrichtung läßt sich, wie A. BERTIN 1861 gezeigt hat, durch eine Oberfläche darstellen, deren Einführung die Untersuchung der Interferenzerscheinungen im polarisierten Lichte wesentlich erleichtert. Tragen wir auf den von einem festen Punkte im Krystall ausgehenden Richtungen die Strecken auf, die ein Wellenpaar durchschreiten muß, damit es einen gegebenen Gangunterschied erreicht, so erfüllen die Endpunkte eine Oberfläche gleichen Gangunterschiedes. Jedem Wertsystem von Hauptlichtgeschwindigkeiten und jedem Werte des Gangunterschiedes entspricht eine bestimmte, für den Krystall charakteristische Oberfläche, welche dieselben Symmetrieeigenschaften besitzt, wie die Normalenfläche.

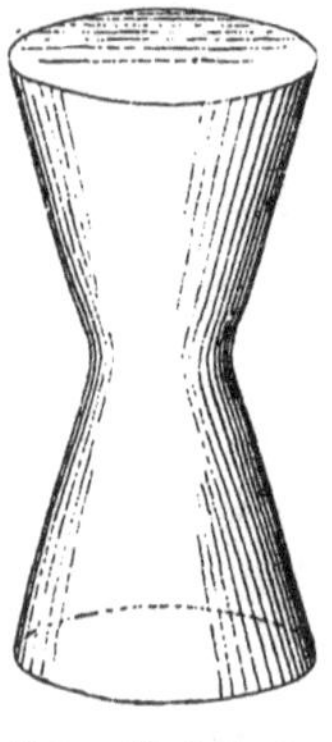

Fig. 730. Modell einer Oberfläche gleichen Gangunterschiedes nach A. BERTIN.

In dem speciellen Falle eines optisch einaxigen Krystalls ist die Oberfläche gleichen Gangunterschiedes eine nicht geschlossene Umdrehungsfläche um die optische Axe (Fig. 730). Ihre Schnittkurve mit einer durch die Umdrehungsaxe gelegten Ebene hat in der Nähe des Durchmessers, der auf dieser Axe senkrecht steht, die Gestalt einer gleichseitigen Hyperbel.

Bezeichnet man mit ϱ einen Radiusvektor der Oberfläche gleichen Gangunterschiedes, der gegen die optische Axe unter dem Winkel φ geneigt ist, so gilt für den Gangunterschied Γ in dieser Richtung der Ausdruck:

$$\Gamma = F \cdot \varrho \cdot \sin^2 \varphi .$$

[1] A. OFFRET, Bull. soc. franç. de min. **10**, 405; 1890.
[2] H. DUFET, Bull. soc. min. de France. **8**, 257; 1885.

Hierin ist F durch den Näherungswert:

$$F = \pm \frac{\mathfrak{v}}{2} \cdot \frac{\mathfrak{o}^2 - \mathfrak{e}^2}{\mathfrak{o}^3}$$

zu ersetzen, je nachdem der Charakter der Doppelbrechung positiv oder negativ ist; $\mathfrak{o}$, $\mathfrak{e}$ bedeuten die Hauptlichtgeschwindigkeiten des Krystalls und $\mathfrak{v}$ ist die Geschwindigkeit des Lichtes in dem äußeren Mittel.[1]

Interferenzerscheinungen im senkrecht einfallenden Lichte. — Zwischen gekreuzten Nicols im senkrecht einfallenden Lichte erscheint eine zur optischen Axe geneigte Platte dunkel, wenn ihr Hauptschnitt $\mathfrak{H}_o$ eine Normalstellung einnimmt (S. 274). Dies gilt nicht nur für einfarbiges, sondern auch für weißes Licht. Ist die Richtung des Hauptschnittes bekannt, so läßt sich der Charakter der Doppelbrechung in folgender Weise bestimmen. Man giebt der Platte eine Diagonalstellung und schaltet einen doppeltbrechenden Keil, in welchem die Richtung der Polarisationsebene $\mathfrak{H}_1$ der schnelleren Welle bekannt ist, in der Subtraktionslage ein (S. 282). Je nachdem dabei der Hauptschnitt $\mathfrak{H}_o$ parallel oder senkrecht zu $\mathfrak{H}_1$ liegt, hat die ordentliche Welle eine kleinere oder eine größere Geschwindigkeit als die außerordentliche, so daß der Charakter der Doppelbrechung negativ oder positiv ist. Kann die Orientierung des Hauptschnittes nicht aus der Begrenzung der Platte entnommen werden, so findet man sie im Polarisationsapparate für konvergentes Licht aus der Symmetrie des Interferenzbildes (S. 339—340).

Sollen verschieden orientierte Platten desselben Krystalls zwischen gekreuzten Nicols übereinstimmende Interferenzfarben darbieten, so müssen sich ihre Dicken verhalten wie die in den Richtungen der Plattennormalen genommenen Radien einer Oberfläche gleichen Gangunterschiedes. Daher wächst die Dicke der Platte, wenn der Winkel der Plattennormale gegen die optische Axe abnimmt. Eine zur optischen Axe senkrechte Platte verhält sich wie ein einfachbrechender Körper: sie bleibt im senkrecht einfallenden Lichte zwischen gekreuzten Nicols bei einer vollen Umdrehung dunkel.

Unterschiede in der Stärke der Doppelbrechung an Platten aus verschiedenen Substanzen, die gegen die optische Axe gleich geneigt sind, treten sehr anschaulich hervor in den verschiedenen Plattendicken, die zur Erzeugung einer bestimmten Interferenzfarbe erforderlich sind. Es verhalten sich z. B. die Dicken zweier Platten von Kalkspat und Apatit, die zur optischen Axe parallel liegen und das Rot erster Ordnung zeigen, angenähert wie 1:40.

Interferenzerscheinungen im konvergenten polarisierten Lichte. — Eine zur optischen Axe senkrechte Platte hat die Eigenschaft, daß jede auf ihr senkrecht stehende Ebene gleichzeitig eine optische Symmetrieebene ist. Sie wird daher zwischen gekreuzten Nicols nicht nur im einfarbigen, sondern auch im weißen Lichte ein tetrasymmetrisches Interferenzbild darbieten (S. 299).

[1] Th. Liebisch, Physikal. Krystallogr. 1891, 455—458.

Um eine Übersicht über die Gestalt der Kurven gleichen Gangunterschiedes für eine bestimmte einfarbige Lichtart zu gewinnen, denken wir uns um einen Punkt O der Eintrittsfläche als Mittelpunkt die Oberflächen gleichen Gangunterschiedes beschrieben. Da diese Flächen Umdrehungsflächen um die optische Axe sind, so bilden ihre Schnittkurven mit der Austrittsfläche ein System von konzentrischen Kreisen. Die Hauptkreise, auf denen der Gangunterschied Γ eine ganze Anzahl n der in Luft genommenen Wellenlänge λ beträgt, erscheinen vollkommen dunkel (Fig. 731). Die Haupt-

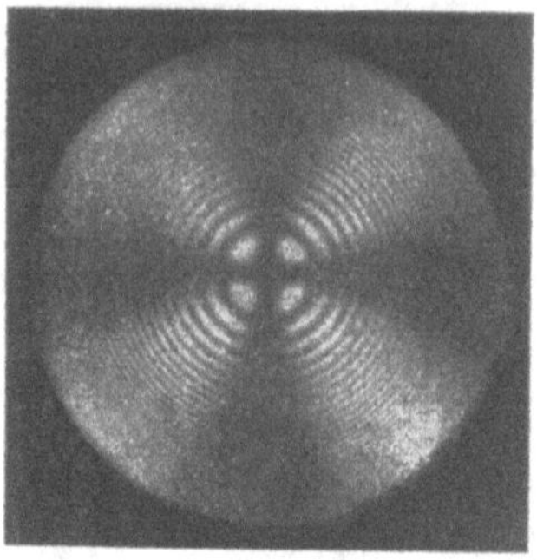

Fig. 731. Na-Licht.

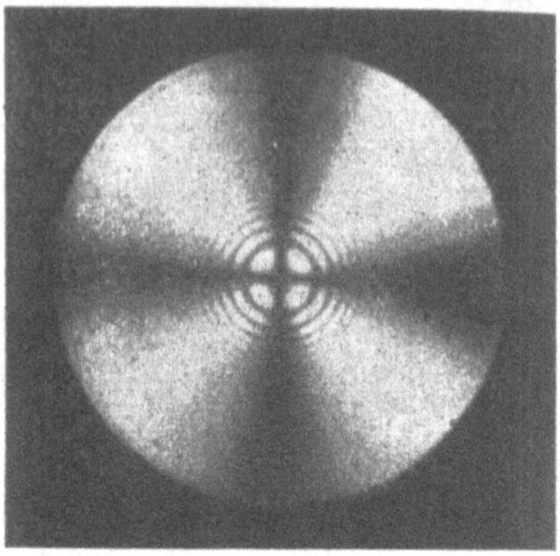

Fig. 732. Weißes Licht.

Kalkspat. Platten parallel zur Basis.

isogyre bildet ein dunkles Kreuz, dessen Arme parallel laufen zur Polarisationsebene $\mathfrak{P}$ des Lichtes, das aus dem Polarisator auf die Platte fällt, und zur Polarisationsebene $\mathfrak{A}$ des Lichtes, das aus dem Analysator austreten kann.

Wir bezeichnen die Plattendicke mit l, den Radius des Hauptkreises, der dem Gangunterschiede Γ entspricht, mit R, die Strecke von O nach einem Punkte dieses Kreises mit ϱ und die Neigung von ϱ gegen die optische Axe mit φ. Dann tritt zu dem Ausdrucke für den Gangunterschied:

$$\Gamma = F\varrho \sin^2 \varphi$$

die Relation $R = \varrho \sin \varphi$. Folglich ist:

$$\Gamma = FR \sin \varphi.$$

Beschränken wir uns auf hinreichend kleine Winkel φ, so kann $\sin \varphi$ durch $\tan \varphi$ ersetzt werden. Berücksichtigen wir noch, daß $\tan \varphi = R/l$ ist, so ergiebt sich für die Radien der Hauptkreise, auf denen $\Gamma = n\lambda$ ist, die Beziehung:

$$R^2 = \frac{n \lambda l}{F}.$$

Demnach verhalten sich die Radien der Hauptkreise wie die Quadratwurzeln aus den Zahlen der natürlichen Zahlenreihe. Für verschiedene Lichtarten verhalten sich die Radien der zu derselben Zahl n gehörigen Hauptkreise wie die Quadratwurzeln aus den Wellenlängen in Luft; daher sind die Radien im roten Lichte größer als im blauen. Da

$$\operatorname{tang} \varphi = \frac{R}{l} = \sqrt{\frac{n\lambda}{Fl}}$$

ist, so verhalten sich an verschieden dicken Platten desselben Krystalls die Winkelhalbmesser korrespondierender Hauptkreise wie die reziproken Werte der Quadratwurzeln aus den Dicken; sie sind also um so kleiner, je dicker die Platte ist. Bei gleichdicken Platten verschiedener Substanzen sind die Radien korrespondierender Hauptkreise umgekehrt proportional der Große $\sqrt{F}$; demnach sind die Hauptkreise um so enger, je stärker die Doppelbrechung ist.

In einem optisch einaxigen Krystall ist die Richtung der optischen Axe unabhängig von der Wellenlänge. Daher liegen die Kreise gleichen Gangunterschiedes für alle Lichtarten konzentrisch. Hierauf beruht es, daß bei der Beleuchtung mit weißem Lichte alle Punkte des Interferenzbildes, die von der Spur der optischen Axe gleich weit entfernt sind, auch mit gleichen Interferenzfarben erscheinen (Fig. 732). Ändert sich die Differenz der Hauptbrechungsindices nur sehr wenig mit der Wellenlänge, so zeigt die Reihe der isochromatischen Kreise von dem gemeinschaftlichen Mittelpunkte aus die Newton'schen Farben, die wir unter derselben Voraussetzung an einem Keile im senkrecht einfallenden Lichte wahrnehmen (S. 277). Wenn aber jene Bedingung nicht erfüllt ist, treten wesentliche Abweichungen von der Newton'schen Farbenskala auf (Apophyllit, Brucit, Vesuvian).

Jede Platte, deren Normale einen von 0° und 90° verschiedenen Winkel μ mit der optischen Axe einschließt, ist für alle Lichtarten monosymmetrisch nach ihrem Hauptschnitte. Daher wird auch ihr Interferenzbild

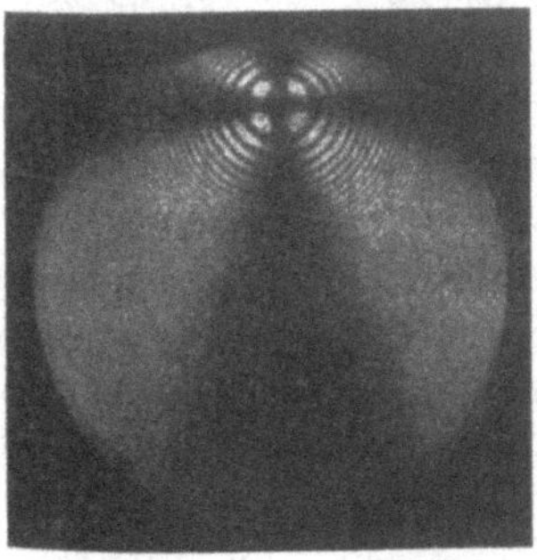

Fig. 733. Normalstellung.

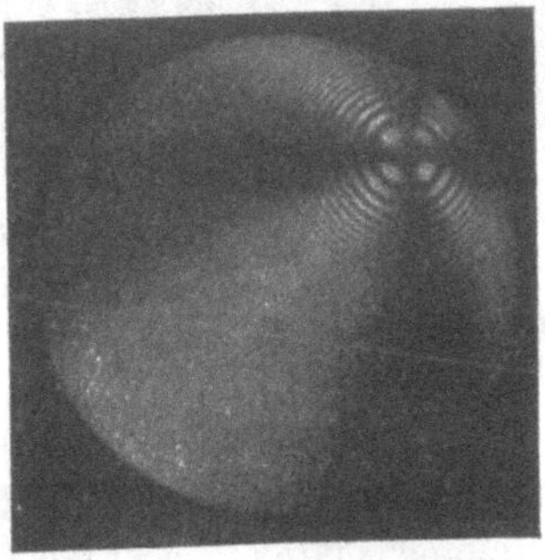

Fig. 734. Diagonalstellung.

Kalkspatplatte, deren Normale 22½° mit der optischen Axe bildet, im Na-Licht. Ellipsen.

in der Normalstellung und in der Diagonalstellung monosymmetrisch sein (S. 300). Wie aus der Gestalt der Oberflächen gleichen Gangunterschiedes hervorgeht, sind die Kurven gleichen Gangunterschiedes Ellipsen (Fig. 733, 734), Parabeln (Fig. 735) oder Hyperbeln (Fig. 736), je nachdem der Winkel μ

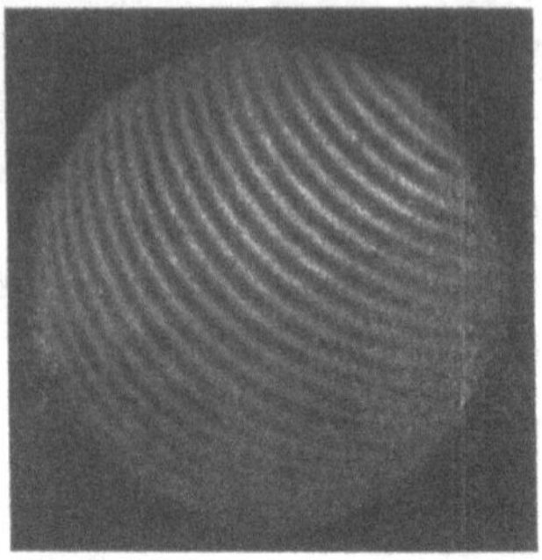

Fig. 735. $\mu = 54^3/_4{}^0$. Na-Licht. Parabeln. Diagonalstellung.

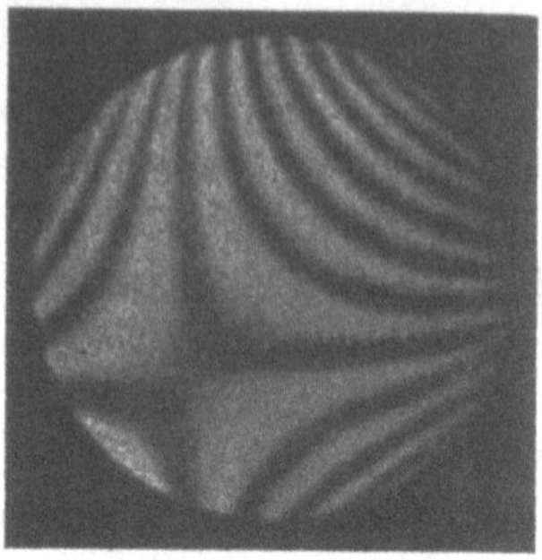

Fig. 736. $\mu = 80^0$. Na-Licht. Hyperbeln. Diagonalstellung.

kleiner, gleich oder größer als $54^3/_4{}^0$ ist. Die Hauptisogyre ist ein dunkles Kreuz, dessen Arme den Polarisationsebenen $\mathfrak{P}$ und $\mathfrak{A}$ parallel laufen und sich in der Spur der optischen Axe schneiden.

Eine zur optischen Axe parallele Platte steht auf zwei optischen Symmetrieebenen senkrecht. Daher liefert sie in der Normalstellung und in der Diagonalstellung ein disymmetrisches Interferenzbild. Die Kurven gleichen Gangunterschiedes sind gleichseitige Hyperbeln, deren Mittelpunkt in das Bildcentrum fällt (Fig. 737).

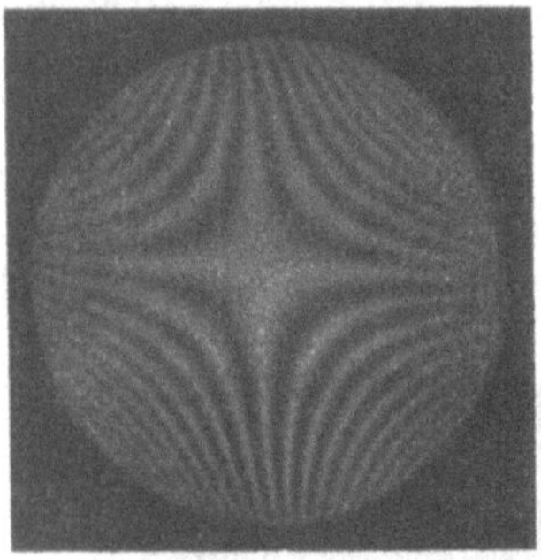

Fig. 737. Platte parallel zur optischen Axe im Na-Licht. Gleichseitige Hyperbeln. Diagonalstellung.

Eine äußerst bequeme Methode zur Bestimmung des Charakters der Doppelbrechung an einer zur optischen Axe senkrechten Platte beruht auf der Kombination dieser Platte mit einem Spaltblättchen von Glimmer, welches im mittleren gelben Lichte einen Gangunterschied von $^1/_4$ Wellenlänge bewirkt (S. 288). Schalten wir nämlich dieses Blättchen über oder unter jener Platte in einer Diagonalstellung ein, so erscheinen die Kurven gleichen Gangunterschiedes in den beiden Quadranten, welche durch die Polarisationsebene $\mathfrak{H}_1$ der schnelleren Welle im Glimmer halbiert werden, verengert oder erweitert, je nachdem der Charakter der Doppelbrechung positiv oder negativ ist. Die beiden anderen Quadranten zeigen das entgegengesetzte Verhalten. Infolge hiervon treten in den Quadranten, in denen eine Erweiterung der Ringe stattfindet, nahe dem Mittelpunkte des Interferenzbildes zwei dunkle Flecken auf. Die Verbindungsgerade dieser Flecken wird also mit $\mathfrak{H}_1$, dem Charakter der Doppelbrechung entsprechend, das Zeichen + oder − bilden. Fig. 738 veranschaulicht die Änderung des Interferenzbildes einer Platte von positivem Charakter der Doppelbrechung, wenn das Glimmerblättchen so eingeschaltet wird, daß die Ebene $\mathfrak{H}_1$ nach rechts vorn gerichtet ist.

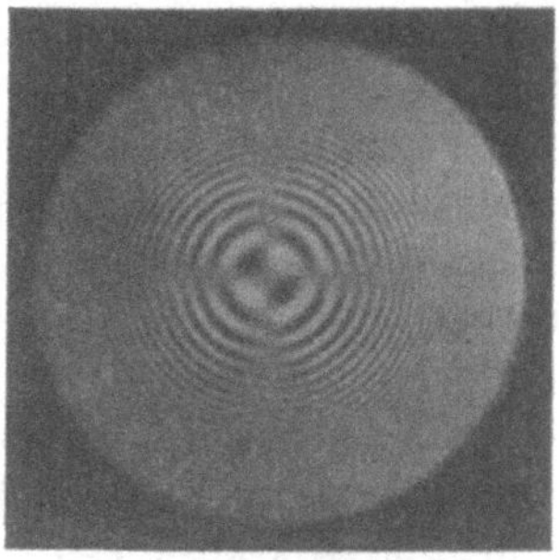

Fig. 738. Bestimmung des Charakters der Doppelbrechung. Na-Licht.

Die Erklärung dieses Verhaltens ergiebt sich aus folgender Überlegung. Betrachten wir an einer Platte von positivem Charakter den ersten Hauptkreis. Hier liegen die Spuren der Wellenpaare, welche die Eigenschaft haben, daß die ordentliche, nach dem Hauptschnitte $\mathfrak{H}_o$ polarisierte Welle um eine Wellenlänge λ der außerordentlichen Welle voraus ist. Demnach wird nach Einschaltung des Glimmers der Gangunterschied an den Stellen, wo die Richtungen von $\mathfrak{H}_o$ und $\mathfrak{H}_1$ übereinstimmen, auf $^5/_4\,\lambda$ steigen (Fig. 739); während er dort, wo $\mathfrak{H}_o$ senkrecht auf $\mathfrak{H}_1$ steht, auf $^3/_4\,\lambda$ sinken muß (Fig. 740). Das

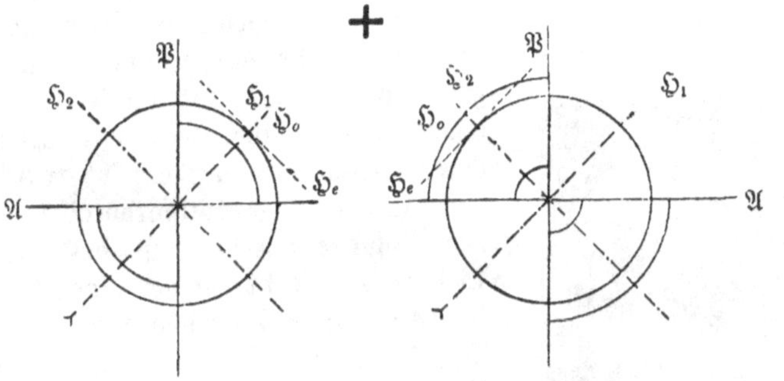

Fig. 739, 740. Erklärung der Fig. 738. Charakter der Doppelbrechung positiv.

Gesichtsfeld zeigt also jetzt an Stelle des ersten dunklen Kreises einen hellen Kreis. In den diametral gegenüberliegenden Quadraten, wo die Addition der Gangunterschiede stattfindet, muß das erste dunkle Kreissegment näher am Mittelpunkte liegen als vorher (Fig. 739). Dagegen werden in den beiden anderen Quadranten die dunklen Kreissegmente vom Mittelpunkte fortrücken, weil hier die Platte und der Glimmer sich in der Subtraktionslage befinden. Dabei muß die Intensität auch an den beiden Stellen auf Null herabsinken, wo der ursprüngliche Gangunterschied $\lambda/4$ durch den Glimmer vollständig aufgehoben wurde (Fig. 740). Hierdurch erklären sich die charakteristischen dunklen Flecke. Das Centrum erscheint jetzt hell, weil der Gangunterschied hier von Null auf $\lambda/4$ gewachsen ist.

Absorption. — Der Absorptionsindex der ordentlichen Wellen für einfarbiges Licht ist unabhängig von der Fortpflanzungsrichtung. Dagegen ändert sich der Absorptionsindex einer außerordentlichen Welle mit dem Winkel, den die Wellennormale mit der optischen Axe einschließt. In schwach absorbierenden Krystallen kann diese Abhängigkeit angenähert durch die Radien eines Ovals dargestellt werden. Die Oberfläche des Absorptionsindex ist dann eine Rotationsfläche, die aus einer Kugel und einem Umdrehungsovaloid besteht. Je nachdem die Absorption der ordentlichen Wellen schwächer oder stärker ist als die Absorption der außerordentlichen Wellen, wird das Ovaloid die Kugel umgeben oder von ihr umschlossen werden.

Ein sehr interessantes Beispiel für den ersten Typus bietet das Magnesiumplatincyanür dar.[1] Hier ist der Absorptionsindex der außerordentlichen Wellen namentlich für Blau und Violett bedeutend größer als der Absorptionsindex der ordentlichen Wellen. Dazu kommt, daß der Absorptionsindex der außerordentlichen Wellen mit der Neigung der Wellennormale gegen die optische Axe rasch wächst. Eine sehr dünne zur Basis parallele Platte läßt die blauen außerordentlichen Wellen nicht mehr austreten, wenn die zugehörigen Einfallswinkel 2⁰ übersteigen. Dagegen werden die blauen ordentlichen Wellen durchgelassen. Betrachtet man nun eine solche Platte im natürlichen konvergenten Lichte, wie es der in Fig. 682 dargestellte Apparat nach Ausschaltung der Nicols darbietet, so erblickt man, wenn vor das Auge ein blaues Glas oder eine Platte von Kupferlasur gehalten wird, im Centrum des Gesichtsfeldes einen kleinen hellen Fleck. — Führt man jetzt den Polarisator wieder ein, so tritt ein Paar von dunklen Absorptionsbüscheln auf, die zur Polarisationsebene 𝔓 des einfallenden Lichtes senkrecht stehen und durch einen hellen centralen Zwischenraum getrennt sind (Fig. 741). Diese Erscheinung ist in folgender Weise zu erklären. In der durch den Mittelpunkt des Gesichtsfeldes gehenden Normale von 𝔓 liegen die Spuren der Wellenebenen, deren Hauptschnitt auf 𝔓 senkrecht steht. Ordentlich gebrochene Wellen von dieser Orientierung können aber in der Platte nicht entstehen, weil das einfallende Licht nach 𝔓 polarisiert ist, und die aus dem eintretenden Lichte hervorgehenden außerordentlichen Wellen werden vollständig absorbiert, wenn der Einfallswinkel 2⁰ überschreitet. — Schaltet man auch noch den Analysator in be-

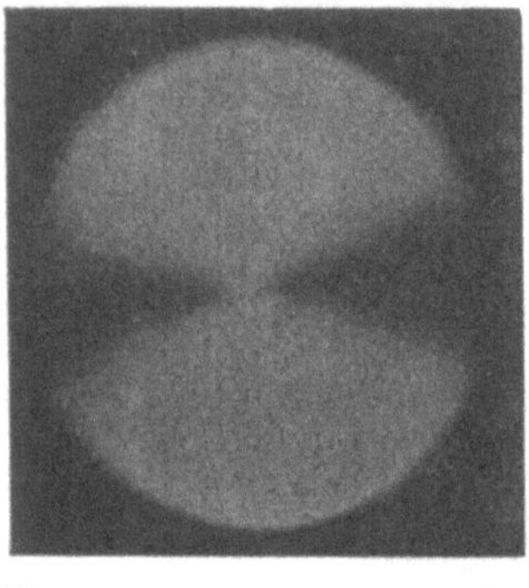

Fig. 741. Magnesiumplatincyanür. Absorptionsbüschel im blauen Lichte.

[1] E. Bertrand, Bull. soc. min. de France. 2, 67; 1879. E. Lommel, Ann. d. Phys. N. F. 9, 108; 1880.

liebiger Stellung ein, so erscheinen zwei Paare von dunklen Absorptionsbüscheln, von denen das eine auf 𝔓 senkrecht steht, während das andere zur Polarisationsebene 𝔄 des aus dem Analysator tretenden Lichtes normal liegt. Dabei ist die Spur der optischen Axe im Allgemeinen hell. Nur wenn 𝔓 und 𝔄 gekreuzt stehen, ist das Centrum dunkel; aber die nächste Umgebung erscheint immer noch bedeutend heller als der ganze übrige Teil des Gesichtsfeldes, in welchem Hauptkurven gleichen Gangunterschiedes vollständig fehlen.

Der zweite Typus wird repräsentiert durch dunkelfarbige Krystalle von Turmalin (S. 310). An Platten parallel zur Basis sind die charakteristischen Erscheinungen nur in stark konvergentem Lichte wahrzunehmen, am besten unter dem Mikroskop mit Hilfe eines Immersionssystems. Im unpolarisierten Lichte ist der Rand des Gesichtsfeldes viel heller als das centrale Gebiet. Läßt man geradlinig polarisiertes Licht eintreten, so erscheint an der Peripherie ein zur Polarisationsebene 𝔓 paralleles Paar von Absorptionsbüscheln. Nach der Einschaltung des Analysators gesellt sich hierzu ein zweites, zur Polarisationsebene 𝔄 paralleles Paar. Bequemer lassen sich diese Büschel verfolgen an Platten, die zur optischen Axe geneigt liegen.[1]

IV. Optisch einaxige Krystalle mit Drehungsvermögen.

Strahlenflächen und Normalenflächen. — Wenn hexagonale oder tetragonale Krystalle in der Richtung der Vertikalaxe ein optisches Drehungsvermögen zeigen, so beruht dies, wie A. Fresnel am Quarz nachgewiesen hat (S. 292), darauf, daß sich in der Richtung dieser Axe zwei Wellen fortpflanzen, die in entgegengesetztem Sinne cirkularpolarisiert sind und verschiedene Geschwindigkeiten besitzen. Demnach muß die Normalenfläche jedenfalls aus zwei sich nicht berührenden Rotationsflächen bestehen. In den zur Vertikalaxe senkrechten Richtungen findet die gewöhnliche Doppelbrechung mit geradliniger Polarisation statt. Es erhebt sich nun die Frage: wie verhalten sich die übrigen Richtungen? Die Vermutung liegt nahe, daß ein kontinuierlicher Übergang von der Cirkularpolarisation zur geradlinigen Polarisation durch elliptische Polarisationszustände erfolgen werde. In der That ist diese zuerst von G. B. Airy 1831 aufgestellte Hypothese durch die Beobachtung bestätigt worden. Nach den Richtungen, welche der Vertikalaxe zunächst liegen, pflanzen sich zwei elliptisch polarisierte Wellen mit verschiedenen Geschwindigkeiten fort. Je nachdem das Drehungs-

[1] Das Verhalten des Turmalin wurde von W. Voigt theoretisch abgeleitet (Nachr. Ges. d. Wiss. Göttingen 1884, 337) und darauf von Th. Liebisch beobachtet (ibid. 1888, 202).

vermögen des Krystalls ein linkes oder ein rechtes ist, besitzt die links- oder die rechtselliptisch polarisierte Welle die größere Geschwindigkeit. In einem vollkommen durchsichtigen Krystall stimmen die beiden Ellipsen in ihrer Gestalt überein. Aber ihre Orientierung ist verschieden. Legen wir den NEUMANN'schen Lichtvektor zu Grunde, so fällt in der schnelleren Welle die größere Halbaxe der Schwingungsellipse in den Hauptschnitt der Fortpflanzungsrichtung oder in die zum Hauptschnitte senkrechte Ebene, je nachdem der Charakter der Doppelbrechung positiv oder negativ ist. In dem Maße, wie die Neigung der Fortpflanzungsrichtung gegen die Vertikalaxe zunimmt, werden die Schwingungsellipsen sehr bald so gestreckt, daß sie als geradlinig betrachtet werden können. Hiernach können wir z. B. die Polarisationszustände in optisch positiven Krystallen durch folgendes Schema darstellen (Fig. 742):

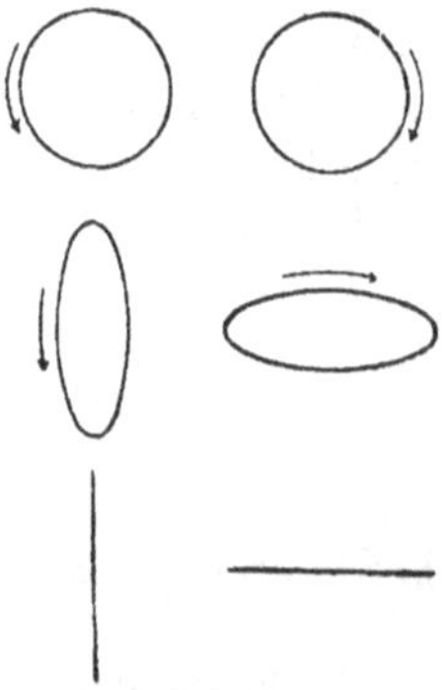

Linker Krystall.
Schnellere, langsamere Welle.

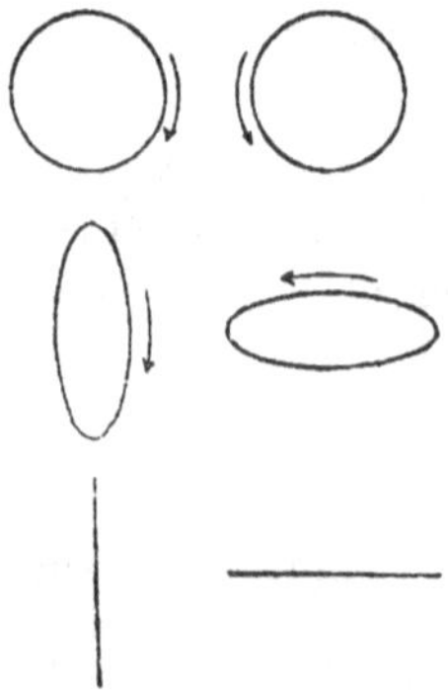

Rechter Krystall.
Schnellere, langsamere Welle.

Fig. 742, 743. Polarisationszustände in Krystallen von positivem Charakter der Doppelbrechung.

Die Annahme, daß auch in optisch einaxigen Kystallen mit Drehungsvermögen eine ordentliche Welle mit einer für alle Richtungen konstanten Fortpflanzungsgeschwindigkeit vorhanden sei, entspricht nicht den Beobachtungen. Vielmehr hat V. VON LANG 1869 am Quarz, der einen positiven Charakter der Doppelbrechung besitzt, nachgewiesen, daß die Geschwindigkeit der schnelleren Welle in der Nähe der Vertikalaxe nicht konstant bleibt und daß die Geschwindigkeit der langsameren Welle ein anderes Gesetz befolgt, als die außerordentliche Welle in den gewöhnlichen optisch einaxigen Krystallen. Dieser Nachweis gelang mit Hilfe der auf S. 244 erläuterten Methode, welche die Gestalt einer ebenen Schnittkurve der Normalenfläche an einem Prisma zu ermitteln gestattet. Die Kante des Prismas stand senkrecht auf der Vertikalaxe und die Flächen desselben waren gegen diese Axe nahezu gleich geneigt. Aus den Beobachtungen über die Geschwindigkeiten der Wellenebenen folgt, daß auch die Strahlenfläche des Quarzes verschieden ist von der HUYGENS'schen Strahlenfläche für positiven Charakter der Doppelbrechung. Man gewinnt eine Vorstellung von ihrer Gestalt, wenn man eine Deformation der HUYGENS'schen Fläche in dem Sinne ausgeführt denkt, daß dadurch in der Nähe der Axe der Isotropie das Ellipsoid ein wenig abgeplattet, die Kugel dagegen etwas erweitert wird (Fig. 744). Das Gebiet dieser Deformation ist übrigens beschränkt auf Fortpflanzungsrichtungen, die weniger als 25° gegen die Axe der Isotropie geneigt sind.

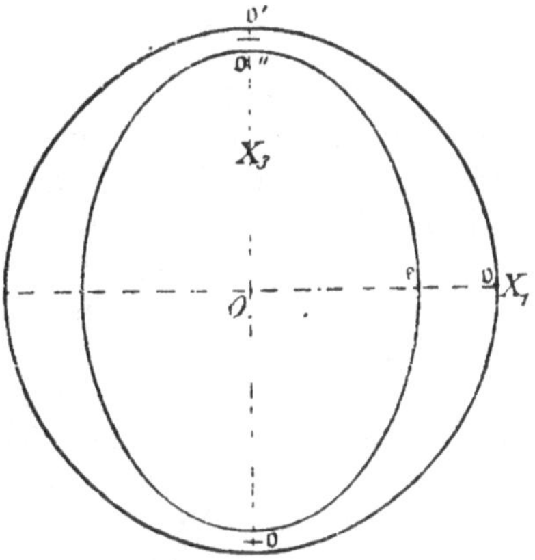

Fig. 744. Strahlenfläche für positiven Charakter der Doppelbrechung.

Die Normalenfläche des Quarzes kann nach V. VON LANG mit hinreichender Genauigkeit dargestellt werden durch die Gleichung:

$$(\mathfrak{o}^2 - \mathfrak{r}^2)[\mathfrak{o}^2 \cos^2 u + \mathfrak{e}^2 \sin^2 u - \mathfrak{r}^2] = \mathfrak{g}^4 \cos^4 u\,.$$

Hierin bedeutet u die Neigung der Wellennormale gegen die Axe der Isotropie; $\mathfrak{o}$, $\mathfrak{e}$ sind die Fortpflanzungsgeschwindigkeiten in den zu dieser Axe senkrechten Richtungen und $\mathfrak{g}$ ist die für das optische Drehungsvermögen charakteristische Konstante. Im Na-Licht ist bei 16° R.:

$$\frac{1}{\mathfrak{o}} = \omega = 1{,}54422\,, \quad \frac{1}{\mathfrak{e}} = \varepsilon = 1{,}54332\,, \quad \frac{1}{\mathfrak{g}} = 226{,}495.$$

Bezeichnen wir die Geschwindigkeiten der beiden Wellen, die sich in der durch den Winkel u gegebenen Richtung fortpflanzen, mit $\mathfrak{r}_1$ und $\mathfrak{r}_2$ ($\mathfrak{r}_1 > \mathfrak{r}_2$), so ergiebt die Auflösung jener Gleichung für die Geschwindigkeit der schnelleren Welle:

$$\mathfrak{r}_1{}^2 = \mathfrak{o}^2 - \tfrac{1}{2}(\mathfrak{o}^2 - \mathfrak{e}^2)\sin^2 u + \sqrt{\tfrac{1}{4}(\mathfrak{o}^2 - \mathfrak{e}^2)^2 \sin^4 u + \mathfrak{g}^4 \cos^4 u}$$

und für die Geschwindigkeit der langsameren Welle:

$$\mathfrak{r}_2{}^2 = \mathfrak{o}^2 - \tfrac{1}{2}(\mathfrak{o}^2 - \mathfrak{e}^2)\sin^2 u - \sqrt{\tfrac{1}{4}(\mathfrak{o}^2 - \mathfrak{e}^2)^2 \sin^4 u + \mathfrak{g}^4 \cos^4 u}\,.$$

Hieraus folgt:

$$\mathfrak{r}_1{}^2 + \mathfrak{r}_2{}^2 = \mathfrak{o}^2 + [\mathfrak{o}^2 - (\mathfrak{o}^2 - \mathfrak{e}^2)\sin^2 u]\,.$$

In einem gewöhnlichen optisch einaxigen Krystalle mit den Hauptlichtgeschwindigkeiten $\mathfrak{o}$, $\mathfrak{e}$ würde der Ausdruck $\mathfrak{o}^2 - (\mathfrak{o}^2 - \mathfrak{e}^2)\sin^2 u$ nach S. 330 das Quadrat der Geschwindigkeit $\mathfrak{q}$ einer außerordentlichen Welle darstellen, deren Normale den Winkel u mit der Axe der Isotropie bildet. Wir können daher setzen:

$$\mathfrak{r}_1{}^2 + \mathfrak{r}_2{}^2 = \mathfrak{o}^2 + \mathfrak{q}^2 \quad \text{oder} \quad \mathfrak{r}_1{}^2 - \mathfrak{o}^2 = \mathfrak{q}^2 - \mathfrak{r}_2{}^2.$$

Berücksichtigen wir nun, daß die Differenzen $\mathfrak{r}_1 - \mathfrak{o}$ und $\mathfrak{q} - \mathfrak{r}_2$ nicht merklich voneinander verschieden sind, so ergiebt sich, daß auch:

$$\mathfrak{r}_1 + \mathfrak{o} = \mathfrak{q} + \mathfrak{r}_2, \quad \text{also auch} \quad \tfrac{1}{2}(\mathfrak{r}_1 + \mathfrak{r}_2) = \tfrac{1}{2}(\mathfrak{o} + \mathfrak{q})$$

ist; d. h. für irgend eine Fortpflanzungsrichtung im Quarz ist das arithmetische Mittel der beiden Geschwindigkeiten $\mathfrak{r}_1$, $\mathfrak{r}_2$ gleich dem arithmetischen Mittel jener Geschwindigkeiten $\mathfrak{o}$, $\mathfrak{q}$, welche derselben Fortpflanzungsrichtung in einem Krystall ohne optisches Drehungsvermögen aber mit denselben Hauptlichtgeschwindigkeiten $\mathfrak{o}$, $\mathfrak{e}$ entsprechen würden.

Die optische Symmetrie der einaxigen Krystalle mit Drehungsvermögen wurde schon früher (S. 289) aus dem Verhalten von basischen Platten im senkrecht einfallenden polarisierten Lichte erschlossen. Es ergab sich, daß die Vertikalaxe eine Axe der Isotropie und jede zu ihr senkrechte Gerade eine 2-zählige Symmetrieaxe ist. Dasselbe Resultat gewinnen wir, wenn wir uns vorstellen, daß auf der Normalenfläche in den Endpunkten der Radien der zugehörige Polarisationszustand markiert werde (vgl. Fig. 669, 670).

Interferenzerscheinungen im konvergenten Lichte. — In dem Interferenzbilde, das von einer zur Basis parallelen Platte im einfarbigen konvergenten Lichte zwischen gekreuzten Nicols erzeugt wird, bilden die Kurven gleichen Gangunterschiedes eine Schar konzentrischer Kreise. Allein die Radien der Hauptkreise befolgen in der näheren Umgebung des Mittelpunktes nicht das Gesetz, welches für die basischen Platten der gewöhnlichen optisch einaxigen Krystalle gilt (S. 338). Viel auffallender als diese Abweichung, die erst bei genaueren Messungen hervortritt,[1] ist aber die

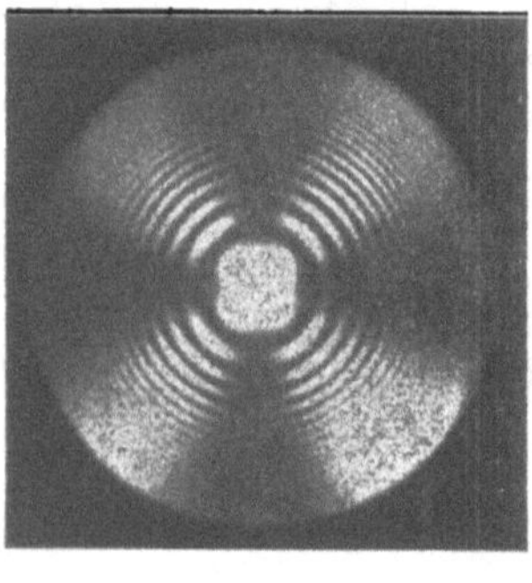

Fig. 745. 3,75 mm dick. Na-Licht.

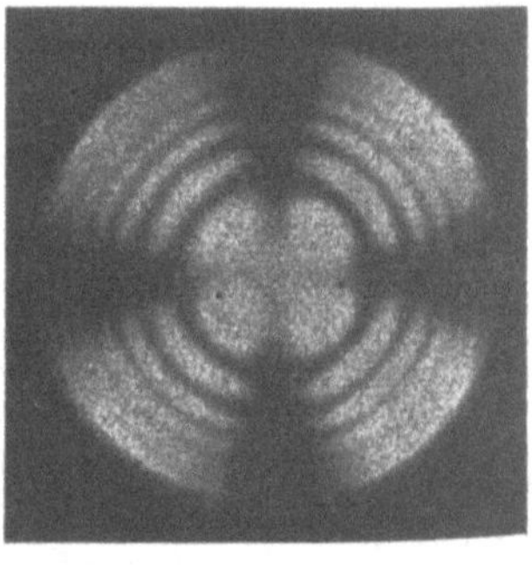

Fig. 746. 1 mm dick. Weißes Licht.

Quarz. Platten parallel zur Basis.

Erscheinung, daß die Balken des schwarzen Kreuzes nicht bis zum Mittelpunkte reichen (Fig. 745). An dünnen Platten schwach drehender Krystalle nähern sich diese Balken allerdings mehr dem Mittelpunkte (Fig. 746);

[1] J. C. Mc Connel, Phil. Trans. Roy. Soc. London for 1886. **177**, 299; 1887.

sie bleiben aber in der Schärfe der Ausbildung merklich zurück gegenüber der Hauptisogyre der gewöhnlichen einaxigen Krystalle (Fig. 731). Das centrale Feld erscheint im allgemeinen hell; nur wenn die Dicke der Platte so gewählt wird, daß die Drehung der Polarisationsebene für die angewandte Lichtgattung ein ganzzahliges Vielfaches von 180° beträgt, ist das Gesichtsfeld in der nächsten Umgebung des Mittelpunktes vollkommen dunkel. — Dreht man den Analysator, so zerfällt jeder dunkle Hauptkreis in vier Bogenstücke, die sich erweitern oder verengern, je nachdem jene Drehung im Sinne des Drehungsvermögens der Platte oder in dem entgegengesetzten Sinne erfolgt. Nach diesem Verhalten kann man leicht linke und rechte Krystalle voneinander unterscheiden.

Bei der Beleuchtung mit weißem Lichte erblickt man inmitten einer konzentrischen Schar farbiger Ringe ein gefärbtes Mittelfeld. Diese centrale Färbung entspricht derjenigen, welche die ganze Platte im senkrecht einfallenden Lichte darbietet. Auch die Erweiterung oder Verengerung der isochromatischen Ringe beim Drehen des Analysators kann zur Unterscheidung von linken und rechten Krystallen benutzt werden.

Schalten wir, während die Nicols gekreuzt stehen, unmittelbar über dem Polarisator ein Viertelundulationsblättchen in einer Diagonalstellung ein, so besteht das Interferenzbild aus zwei ineinander gewundenen Spiralen, die in der Nähe des Mittelpunktes beginnen (Fig. 747, 748). Je nachdem das Drehungsvermögen der Platte ein linkes oder ein rechtes ist,

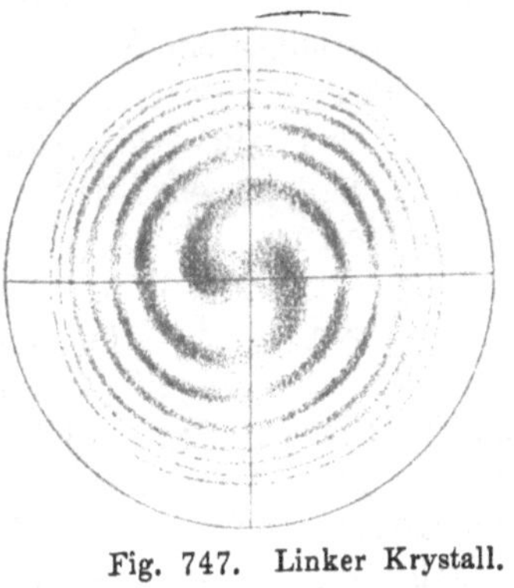

Fig. 747. Linker Krystall.

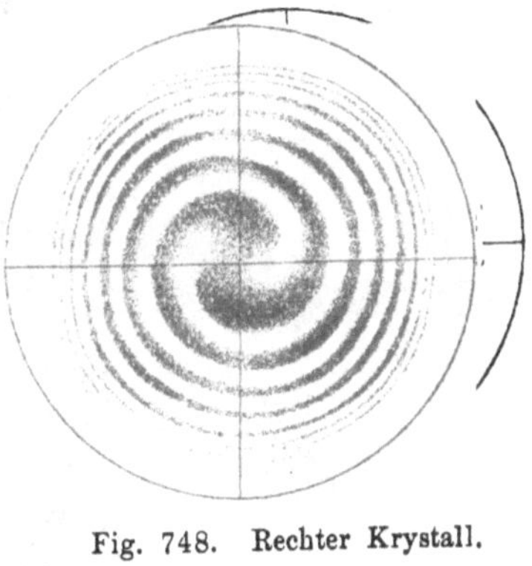

Fig. 748. Rechter Krystall.

Quarzplatten über einem Viertelundulationsblättchen.

wird der Drehungssinn dieser zuerst von G. B. Airy beobachteten Spiralen ein rechter oder ein linker, gleichviel, ob links- oder rechtscirkularpolarisiertes Licht einfällt (Fig. 659, 660). Bringt man aber jenes Blättchen direkt unter dem Analysator an, so liefert ein rechter Krystall rechte Spiralen wie in Fig. 747 und ein linker Krystall linke Spiralen wie in Fig. 748.

Legt man zwei gleich dicke Platten aus entgegengesetzt drehenden Krystallen übereinander, so erblickt man im einfarbigen konvergenten

Lichte zwischen gekreuzten Nicols die ebenfalls zuerst von G. B. Airy beobachteten vierfachen Spiralen (Fig. 749, 750). Ihr Drehungssinn entspricht jedesmal dem Drehungsvermögen der unteren Quarzplatte. Im weißen Lichte erscheinen die Spiralen an der konkaven Seite rot, an der konvexen blau gefärbt.

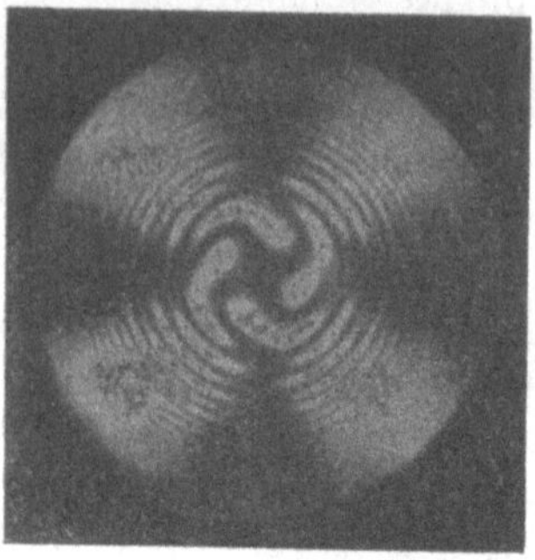

Fig. 749. Eine rechtsdrehende Platte über einer linksdrehenden.

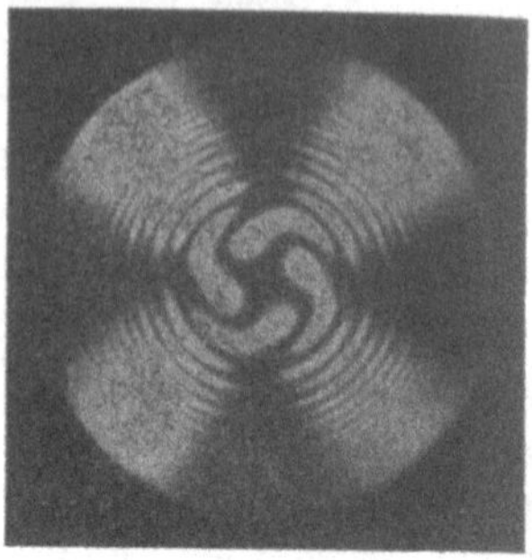

Fig. 750. Eine linksdrehende Platte über einer rechtsdrehenden.

Man kann diese Airy'schen Spiralen schon an einer einzigen Quarzplatte beobachten, wenn man sich eines von Nörremberg angegebenen Polarisationsapparates bedient (Fig. 751). Dieses Instrument trägt auf seinem Fuße einen horizontalen Spiegel *s*. Darüber folgen eine Sammellinse *L* im Abstande ihrer Brennweite, eine geneigte Glasplatte *P* und ein Nicol'sches Prisma *A*. Das Licht fällt so ein, daß es durch Reflexion an der unteren Fläche von *P* polarisiert wird, und gelangt dann durch die Linse in eine auf *s* gelegte Quarzplatte, um dieselbe zuerst von oben nach unten, darauf nach der Reflexion an *s* in entgegengesetzter Richtung zu durchschreiten. Das aus dem Analysator *A* austretende Licht verhält sich demnach so, als wäre es durch zwei Quarzplatten von gleicher Dicke aber entgegengesetztem Drehungsvermögen gegangen. Nach dieser Methode kann man prüfen, ob eine Quarzplatte genau senkrecht zur Axe der Isotropie geschnitten ist, da eine geringe Abweichung von dieser Orientierung sofort die symmetrische Verteilung der Farben der Airy'schen Spiralen stört.

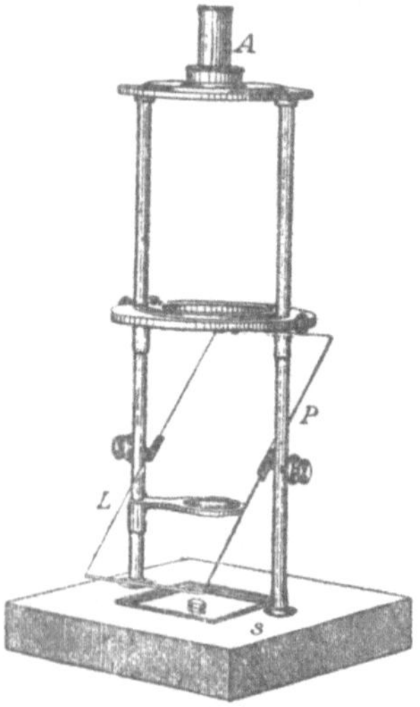

Fig. 751. Beobachtung der Airy'schen Spiralen an einer einzigen Quarzplatte.

Zwillinge enantiomorpher Krystalle. — Die gewöhnlichen, aus zwei linken oder zwei rechten Krystallen bestehenden Zwillinge des Quarzes

(S. 129) konnen auf optischem Wege nicht von einfachen Krystallen unterschieden werden. Dagegen läßt sich die Zusammensetzung eines Zwillings enantiomorpher Individuen leicht an einer Platte parallel zur Basis im Polarisationsapparat für senkrecht einfallendes Licht durch Ermittelung des Drehungsvermögens feststellen. Häufig liegt die Berührungsfläche der beiden Individuen geneigt gegen die Vertikalaxe. In diesem Falle wird die Platte da, wo sich die entgegengesetzt drehenden Bestandteile in gleicher Dicke überlagern, zwischen gekreuzten Nicols einen schwarzen Streifen zeigen (Fig. 752); und im konvergenten Licht werden hier die vierfachen Airy'-schen Spiralen auftreten. Entspricht die Anordnung z. B. der Fig. 752, so würden wir das in Fig. 750 dargestellte Interferenzbild erblicken.

Fig. 752. Zwilling enantiomorpher Krystalle.

Eine sehr bemerkenswerte Gesetzmäßigkeit in der Verbindung entgegengesetzt drehender Krystalle tritt im Amethyst hervor. Auf jeder Fläche des direkten Rhomboëders p bemerkt man eine feine Riefung (Fig. 753), die parallel zur Endkante dieses Rhomboëders verläuft und in der Nähe der Flächen des inversen Rhomboëders z zuweilen nach den Kanten p/z umbiegt. Dagegen sind die Flächen z eben und frei von Riefen. Eine zur Basis parallele Platte zeigt nun im Polarisationsapparat für senkrecht einfallendes Licht die in Fig. 754 abgebildete eigenartige Felderteilung. Den Flächen p entsprechen drei Sektoren mit einem Aufbau aus abwechselnd linksdrehenden und rechtsdrehenden Lamellen. Daher erblickt man zwischen gekreuzten Nicols Scharen von schwarzen Streifen an den Stellen, wo gleich dicke aber entgegengesetzt drehende Bestandteile übereinander liegen. Bei der Drehung des Analysators erkennt man, daß die Sektoren an den Flächen z aus je zwei enantiomorphen Individuen bestehen. Im konvergenten Lichte zwischen gekreuzten Nicols erscheinen in den lamellar aufgebauten Sektoren an den Stellen, wo vorher die schwarzen Streifen auftraten, die vierfachen Airy'schen Spiralen nur dann, wenn die einzelnen Lamellen hinreichend breit sind. Häufig sind indessen diese Lamellen so dünn, daß jene Sektoren das Interferenzbild der gewöhnlichen optisch einaxigen Krystalle mit einem bis zum Mittelpunkte des Gesichtsfeldes reichenden dunklen Kreuze darbieten.

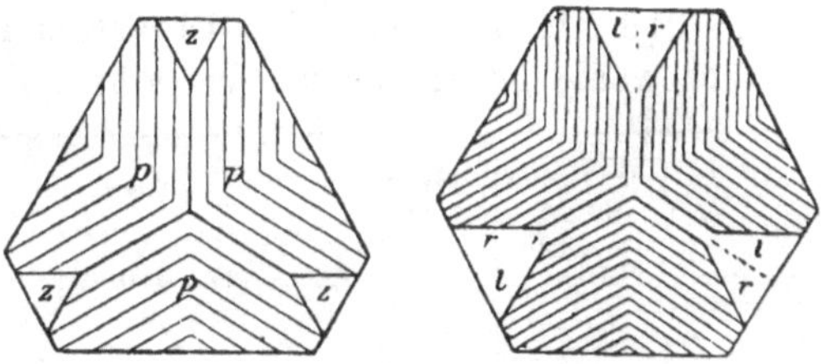

Fig. 753, 754. Amethyst.

Beispiele. — Optisch einaxige Krystalle mit Drehungsvermögen können nur denjenigen Gruppen des hexagonalen und des tetragonalen Systems angehören, deren Krystallformen außer Deckbewegungsaxen kein anderes Symmetrieelement aufweisen (S. 296). Daher kommen nur folgende Gruppen in Betracht.

Hexagonales System.

8] Trapezoëdrische Hemiëdrie.

An den hierher gehörigen krystallisierten Körpern (S. 106) ist ein optisches Drehungsvermögen nicht wahrgenommen worden.

10] Erste hemimorphe Tetartoëdrie.

Kaliumlithiumsulfat = $KLiSO_4$. Das Drehungsvermögen wurde von v. SEHERR-THOSS 1874 entdeckt. G. WULFF beobachtete rechtsdrehende und linksdrehende Krystalle. Bei der Bestimmung der Drehungswinkel sind die auf S. 110 beschriebenen Zwillingsbildungen enantiomorpher Individuen zu beachten. Nach H. TRAUBE ist $\alpha = 3{,}44^0$ für Na-Licht.[1]

15] Trapezoëdrische Tetartoëdrie.

Quarz = SiO_2. Die große Durchlässigkeit des Quarzes für ultraviolette und ultrarote Strahlen gestattet seine optischen Konstanten für weite Gebiete außerhalb der Grenzen des sichtbaren Spektrums zu bestimmen. Die folgende Tabelle enthält einige Werte der Brechungsindices ω, ε für die zur optischen Axe senkrechten Richtungen.[2] Hieraus und aus den Dispersionskurven Fig. 588 ist ersichtlich, daß die Differenz $\varepsilon - \omega$ nahezu auf den doppelten Betrag steigt, wenn die Wellenlänge von 0,00214 mm auf 0,00018 mm abnimmt. Die Dispersion ist für den langsameren Strahl nur sehr wenig größer als für den schnelleren.

	Wellen-länge in Luft	Hauptbrechungsindices ω	Hauptbrechungsindices ε	$\varepsilon - \omega$	
	μ				
	2,14	1,5191	1,5278	0,0087	MOUTON
	0,88	1,5371	1,5460	0,0089	MOUTON
A	0,760	1,53919	1,54813	0,00894	J. MACÉ DE LÉPINAY
D	0,589	1,54425	1,55336	0,00911	J. MACÉ DE LÉPINAY
H	0,396	1,55816	1,56775	0,00959	J. MACÉ DE LÉPINAY
Cd_{26}	0,214	1,63040	1,64268	0,01228	ED. SARASIN.
Al_{32}	0,185	1,67500	1,68910	0,01410	ED. SARASIN.

[1] G. WULFF, Zeitschr. f. Kryst. 17, 595; 1890. H. TRAUBE, N. Jahrb. f. Min. 1894. I. 171.

[2] F. RUDBERG, Ann. d. Phys. **14**, 45; 1828. — E. ESSELBACH, Ann. d. Phys. **98**, 541; 1856. E. MASCART, Ann. de l'éc. norm. (1) **1**, 238; 1864. — VAN DER WILLIGEN, Arch. musée Teyler. **3**, 34; 1870. — ED. SARASIN, Arch. sc. phys. nat. (2) **61**, 109; 1878. — MOUTON, Compt. rend. **88**, 1087, 1189; 1879. — J. MACÉ DE LÉPINAY, Journ. de phys. (2) **4**, 159, 261; 1885. **6**, 190; 1887. — H. RUBENS, Ann. d. Phys. N. F. **45**, 238; 1892.

Die Hauptbrechungsindices ω, ε zeigen, wie H. Fizeau entdeckt hat, mit steigender Temperatur eine Abnahme, die für ε rascher erfolgt als für ω, so daß die Stärke der Doppelbrechung durch eine Temperaturerhöhung vermindert wird. Nach H. Dufet[1] ist zwischen 4° und 99° C. für Na-Licht:

$$-\frac{d\,\omega}{d\,\Theta} = 0{,}0_5 6248 + 0{,}0_9 5\,\Theta\,, \qquad -\frac{d\,\varepsilon}{d\,\Theta} = 0{,}0_5 7223 + 0{,}0_8 37\,\Theta\,,$$

$$-\frac{d\,(\varepsilon - \omega)}{d\,\Theta} = 0{,}0_6 97 + 0{,}0_8 32\,\Theta\,.$$

C. Pulfrich[2] erhielt für die Änderung der Hauptbrechungsindices durch eine Erhöhung der Temperatur um 1° bei einer mittleren Temperatur von 59,6° folgende Werte in Einheiten der fünften Dezimale:

	C	D	F	G′
ω	– 0,649	– 0,638	– 0,599	– 0,577
ε	– 0,761	– 0,754	– 0,715	– 0,694.

Die Dispersion erfährt also eine geringe Steigerung. H. le Chatelier und Er. Mallard[3] fanden, daß die allmähliche Abnahme der Doppelbrechung bis 570° anhält. Bei dieser Temperatur erfolgt eine umkehrbare Zustandsänderung des Quarzes, die mit einer plötzlichen Verminderung der Doppelbrechung verbunden ist. Eine weitere Erhöhung der Temperatur bewirkt, daß die Doppelbrechung gleichmäßig wächst.

Die Drehung der Polarisationsebene des Lichtes im Quarz ist im Gebiet des sichtbaren Spektrums von Broch, J. Stefan, V. von Lang und namentlich von J. L. Soret und Ed. Sarasin gemessen worden. Die beiden zuletzt genannten Physiker haben ihre Beobachtungen auch auf das Ultraviolett bis zur Linie Cd_{26} des Cadmiumspektrums ausgedehnt; ihre Angaben beziehen sich auf 20° C. Das Gebiet des Ultrarot wurde zuerst von P. Desains und vor Kurzem nach genaueren Methoden von A. Hussell und E. Carvallo untersucht. Eine graphische Darstellung der Resultate wurde in Fig. 665 gegeben.[4]

Abhängigkeit des Drehungswinkels α von der Wellenlänge λ in Luft.

λ	α		λ	α		λ	α
μ			μ			μ	
2,14	1,61°	*A*	0,760	12,66°	Cd_{10}	0,347	69,45°
1,77	2,28	*D*	0,589	21,68	Cd_{18}	0,257	143,27
1,45	3,43	*F*	0,486	32,77	Cd_{23}	0,231	190,43
1,08	6,18	*H*	0,397	51,19	Cd_{26}	0,214	235,97.
Ultrarot.			Sichtbare Strahlen.			Ultraviolett.	
E. Carvallo.			J. L. Soret und Ed. Sarasin.				

[1] H. Dufet, Bull. soc. min. de France. **8**, 187; 1885.

[2] C. Pulfrich, Ann. d. Phys. N. F. **45**, 609; 1892.

[3] Er. Mallard et H. Le Chatelier, Bull. soc. franç. de min. **13**, 123; 1890.

[4] Broch, Dove's Rep. d. Phys. **7**, 91, 113; 1846. — J. Stefan, Sitzungsber. Wien. Akad. **50** (2), 88; 1864. — V. von Lang, Sitzungsber. Wien. Akad. **74** (2),

Die beobachteten Drehungswinkel α lassen sich als Funktion der Wellenlänge λ in Luft mit großer Genauigkeit darstellen durch die von L. BOLTZMANN[1] auf theoretischem Wege abgeleitete Dispersionsformel:

$$\alpha = \frac{\mathfrak{B}}{\lambda^2} + \frac{\mathfrak{C}}{\lambda^4} + \frac{\mathfrak{D}}{\lambda^6} + \frac{\mathfrak{E}}{\lambda^8} + \dots$$

Innerhalb der Grenzen des sichtbaren Spektrums kann diese Reihe mit dem zweiten Gliede abgebrochen werden. Es führen z. B. die Beobachtungen von J. STEFAN (S. 294) auf den Ausdruck:

$$\alpha = \frac{7{,}07018}{10^6\,\lambda^2} + \frac{0{,}14983}{10^{12}\,\lambda^4}.$$

Das Drehungsvermögen des Quarzes wächst mit der Temperatur.[2] Die Zunahme des Drehungswinkels α erfolgt aber, wie L. SOHNCKE fand, nicht proportional der Temperaturzunahme, sondern schneller als diese. Im sichtbaren Spektrum ist die Änderung von α nahezu unabhängig von der Farbe des Lichtes. Indessen beobachteten J. L. SORET und ED. SARASIN, daß sie im äußersten Ultraviolett etwas zunimmt. Die von JOUBERT zwischen -20^0 und 1500^0 wahrgenommenen unregelmäßigen Änderungen des Drehungsvermögens erklären sich, wie H. LE CHATELIER erkannte, durch die bei 570^0 eintretende Zustandsänderung des Quarzes, die von einer plötzlichen Steigerung des Drehungsvermögens begleitet ist. Darüber hinaus findet nur noch ein sehr allmähliches Anwachsen des Winkels α statt. Zwischen 0^0 und 570^0 wird der Wert von α dargestellt durch:

$$\alpha_\Theta = \alpha_0 (1 + 0{,}0_4 96\,\Theta + 0{,}0_6 217\,\Theta^2).$$

Die Zunahme bei 570^0 beträgt $0{,}043 \cdot \alpha_0$. Für höhere Temperaturen gilt:

$$\alpha_\Theta = \alpha_0 [0{,}165 + 0{,}0_4 15 (\Theta - 570)].$$

Zinnober = HgS. Im Zinnober erreicht das optische Drehungsvermögen den größten bisher beobachteten Betrag. Nach A. DES CLOIZEAUX[3]

209; 1876. — J. L. SORET et ED. SARASIN, Arch. sc. phys. nat. (2) **54**, 253; 1875. (3) **8**, 5; 1882. — P. DESAINS, Compt. rend. **62**, 1277; 1866. **84**, 1056; 1877. — A. HUSSELL, Ann. d. Phys. N. F. **43**, 498; 1891. — E. CARVALLO, Ann. chim. phys. (6) **26**, 113; 1892.

[1] L. BOLTZMANN, Ann. d. Phys. Jub.-Bd. 128; 1874.

[2] DUBRUNFAUT, Ann. chim. phys. (3) **18**, 106; 1846. — H. FIZEAU, Ann. chim. phys. (4) **2**, 176; 1864. — V. VON LANG, Sitzungsber. Wien. Akad. **71** (2), 707; 1875. — L. SOHNCKE, Ann. d. Phys. N. F. **3**, 516; 1878. — JOUBERT, Journ. de phys. **8**, 5; 1879. — J. L. SORET et ED. SARASIN, Arch. sc. phys. nat. (3) **8**, 5; 1882. — H. LE CHATELIER, Bull. soc. franç. de min. **13**, 119; 1890. — CH. SORET et CH. EUG. GUYE, Arch. sc. phys. nat. (3) **29**, 242; 1893. (Messungen des Drehungsvermögens zwischen -70^0 und 20^0.)

[3] A. DES CLOIZEAUX, Ann. chim. phys. (3) **51**, 361; 1857. — G. TSCHERMAK, Min. petr. Mitt. **7**, 361; 1886.

ist α = ca. 325° für rotes Licht. An Durchdringungszwillingen enantiomorpher Krystalle beobachtet man die vierfachen AIRY'schen Spiralen. Charakter der Doppelbrechung positiv. $\omega = 2{,}854$, $\varepsilon = 3{,}201$.

Unterschwefelsaures Kalium = $K_2S_2O_6$.

C 6,18°, *D* 8,38°, *E* 10,51°, *F* 12,33°

Charakter der Doppelbrechung positiv.[1]

Unterschwefelsaures Blei = $PbS_2O_6 \cdot 4H_2O$.

C 4,09°, *D* 5,53°, *E* 7,25°, *F* 8,88°.

Charakter der Doppelbrechung positiv.[1]

Unterschwefelsaures Strontium = $SrS_2O_6 \cdot 4H_2O$. G. BODLÄNDER[2] fand, daß die Krystalle dieses Salzes stets Zwillinge enantiomorpher Individuen sind, in denen sich entgegengesetzt drehende Bestandteile überlagern. Der Drehungswinkel α ist für mittleres Gelb (λ = 0,000 556 mm) jedenfalls nicht kleiner als 3,39°. Charakter der Doppelbrechung negativ.

Unterschwefelsaures Calcium = $CaS_2O_6 \cdot 4H_2O$. Für grünes Licht ist $\alpha = 2{,}1°$. Charakter der Doppelbrechung negativ.[1]

Weinsaures Rubidium = $Rb_2C_4H_4O_6$. Die Krystalle des rechtsweinsauren Salzes sind linksdrehend, die des linksweinsauren rechtsdrehend. Im Na-Licht ist nach H. TRAUBE[3] $\alpha = 10{,}2°$. Charakter der Doppelbrechung negativ.

Weinsaures Cäsium = $Cs_2C_4H_4O_6$. Auch hier sind die Krystalle des rechtsweinsauren Salzes linksdrehend. H. TRAUBE[3] fand an verschiedenen Stellen derselben Platte verschiedene Werte des Winkels α, nämlich 14° und 19°. Charakter der Doppelbrechung negativ.

Benzil = $C_6H_5 \cdot CO \cdot CO \cdot C_6H_5$. Nach A. DES CLOIZEAUX[4] ist $\alpha = 24{,}8°$ für Na-Licht. Charakter der Doppelbrechung positiv.

Laurineenkampher = $C_{10}H_{16}O$. Das sehr schwache Drehungsvermögen wurde von v. SEHERR-THOSS[5] 1874 entdeckt.

B 0,45°, *D* 0,65°, Mittleres Gelb 0,73°, *G* 1,82°.

Maticokampher = $C_{12}H_{20}O$. C. HINTZE[6] ermittelte folgende Werte:

Li 1° 41′, Na 2° 4′, Tl 2° 28′.

Charakter der Doppelbrechung negativ.

---

[1] C. PAPE, Ann. d. Phys. **139**, 224; 1870.

[2] G. BODLÄNDER, Über d. opt. Drehungsvermögen isomorpher Mischungen aus den Dithionaten des Bleis und des Strontiums. Inaug.-Dissert. Breslau 1882.

[3] H. TRAUBE, Sitzungsber. Berl. Akad. 1895, 195.

[4] A. DES CLOIZEAUX, Compt. rend. **68**, 308; 1869.

[5] VON SEHERR-THOSS, Tagebl. 47. Vers. deutsch. Naturf. Breslau 1874, 54. Zeitschr. f. Kryst. **23**, 583; 1894.

[6] C. HINTZE, Min. Mitt. heràusg. von TSCHERMAK 1874, 227.

17] Ogdoëdrie.

Natriumperjodat = $NaJO_4 \cdot 3H_2O$.

C 19,4°, *D* 23,3°, *E* 28,5°, *F* 34,2°, *G* 47,1°.

Zwillinge enantiomorpher Krystalle zeigen die vierfachen AIRY'schen Spiralen. Charakter der Doppelbrechung positiv.[1]

Tetragonales System.

20] Trapezoëdrische Hemiëdrie.

Guanidinkarbonat = $(CN_3H_5)_2H_2CO_3$. Die Mehrzahl der von C. BODEWIG[2] untersuchten Krystalle war rechtsdrehend.

Li 12°35′, Na 14°35′, Tl 17°4′.

Charakter der Doppelbrechung negativ.

Strychninsulfat = $(C_{21}H_{22}N_2O_2)_2H_2SO_4 \cdot 6H_2O$. Nach A. DES CLOIZEAUX[3] sind die Krystalle stets linksdrehend wie die Lösung in Wasser. H. TRAUBE beobachtete $\alpha = 13{,}25°$ im Na-Licht. Charakter der Doppelbrechung negativ.

Äthylendiaminsulfat = $C_2H_4(NH_2)_2H_2SO_4$. Es treten rechtsdrehende und linksdrehende Krystalle auf. $\alpha = 15°\,30'$ für Na-Licht nach V. v. LANG.[4] Charakter der Doppelbrechung positiv.

Diacetylphenolphtaleïn = $C_{20}H_{12}O_4(C_2H_3O)_2$. C. BODEWIG[5] beobachtete rechtsdrehende und linksdrehende Krystalle.

Li 17,1°, Na 19,7°, Tl 23,8°.

Charakter der Doppelbrechung negativ.

22] Hemimorphe Tetartoëdrie.

An dem hierhergehörigen krystallisierten Körper (S. 147) konnte ein optisches Drehungsvermögen nicht nachgewiesen werden.

---

1 P. GROTH, Ann. d. Phys. **137**, 436; 1869. **158**, 223; 1876.
2 C. BODEWIG, Ann. d. Phys. **157**, 122; 1876.
3 A. DES CLOIZEAUX, Ann. chim. phys. (3) **51**, 364; 1857.
4 V. VON LANG, Sitzungsber. Wien. Akad. **65** (2), 30; 1872.
5 C. BODEWIG, Zeitschr. f. Kryst. **1**, 72; 1877.

C. Optisch anisotrope Krystalle ohne Axe der Isotropie.

Optisch zweiaxige Krystalle.

Die Entdeckung des Fresnel'schen Gesetzes. — Als Biot und Brewster die Interferenzerscheinungen doppeltbrechender Krystallplatten im konvergenten polarisierten Lichte untersuchten, bemerkten sie neben Krystallen mit einer Axe der Isotropie auch Krystalle ohne eine solche Axe. Indessen gelang es ihnen nicht, das Gesetz der Fortpflanzung und der Polarisation des Lichtes in derartigen Körpern zu ermitteln. Diese Entdeckung war A. Fresnel vorbehalten. Aus seinem berühmten Mémoire sur la double réfraction (1821) schien hervorzugehen, daß er jenes Gesetz aus einer mechanischen Theorie der Doppelbrechung gewonnen habe, die sich bald als unhaltbar erwies. Allein aus seinem wissenschaftlichen Nachlasse, der erst 1866 von E. Verdet herausgegeben wurde, ist ersichtlich, daß er das Ziel auf einem ganz anderen Wege erreicht hat, der auch heut noch zur Einführung in die Kenntnis der Eigenschaften optisch zweiaxiger Krystalle vorzüglich geeignet ist.

Den Ausgangspunkt Fresnel's bildete die Bemerkung, daß sich das Gesetz für die Fortpflanzung und die Polarisation von Strahlen oder Wellenebenen in den gewöhnlichen optisch einaxigen Krystallen mit Hilfe eines Rotationsellipsoids ausdrücken läßt. Betrachten wir zunächst ein Rotationsellipsoid $\mathfrak{E}$, dessen Umdrehungshalbmesser gleich der Hauptlichtgeschwindigkeit $\mathfrak{e}$ der außerordentlichen Strahlen ist, während die Äquatorialhalbmesser gleich der Geschwindigkeit $\mathfrak{o}$ der ordentlichen Strahlen sein sollen (Fig. 755). Dann läßt sich leicht zeigen, daß dieses Ellipsoid die Huygens'sche Strahlenfläche und die Polarisationsrichtungen der ordentlichen und der außerordentlichen Strahlen zu konstruieren gestattet. Es sei OS eine gegen die optische Axe unter dem Winkel s geneigte Strahlenrichtung. Die auf OS senkrechte Diametralebene wird das Ellipsoid $\mathfrak{E}$ in einer Ellipse schneiden, deren Halbaxen aus Symmetriegründen in die Äquatorialebene von $\mathfrak{E}$ und in den Hauptschnitt von OS fallen müssen. Die erste Halbaxe ist gleich $\mathfrak{o}$; die zweite, deren Länge mit $\mathfrak{s}$ bezeichnet werden möge, ist, wie ein Vergleich der Fig. 755 mit der Strahlenfläche Fig. 714 lehrt, gleich der Geschwindigkeit des außerordentlichen Strahles OS_e, der sich in der Richtung OS fortpflanzt. Berücksichtigen wir noch, daß die Halbaxe $\mathfrak{o}$ auf dem Hauptschnitte von OS senkrecht steht, während $\mathfrak{s}$ in dieser Ebene liegt, so können wir folgenden Satz aussprechen: Die Geschwindigkeiten $\mathfrak{o}$, $\mathfrak{s}$ zweier Strahlen von gemeinsamer Fortpflanzungs-

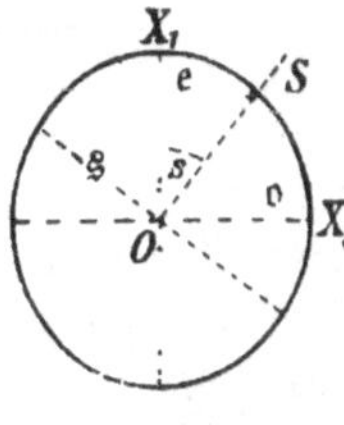

Fig. 755. Fresnel'sches Ellipsoid $\mathfrak{E}$ für einen einaxigen Krystall von negativem Charakter der Doppelbrechung.

richtung OS sind gegeben durch die Halbaxen der Ellipse, in welcher das FRESNEL'sche Ellipsoid 𝔈 von der zu OS senkrechten Diametralebene geschnitten wird. Die Polarisationsrichtung[1] jedes der beiden Strahlen steht senkrecht zu der Halbaxe der Schnittellipse, welche die Geschwindigkeit des Strahles darstellt.

Andererseits können wir die Normalenfläche und die Polarisationsrichtungen von ordentlichen und außerordentlichen Wellenebenen mit Hilfe eines Rotationsellipsoids E konstruieren, dessen Umdrehungshalbmesser gleich dem Hauptbrechungsindex ε der außerordentlichen Wellen ist, während die Äquatorialhalbmesser gleich dem Brechungsindex ω der ordentlichen Wellen sein sollen. Es sei OQ eine gegen die optische Axe unter dem Winkel u geneigte Wellennormale. Die auf OQ senkrechte Diametralebene wird das Ellipsoid E in einer Ellipse schneiden, deren Halbaxen aus Symmetriegründen in die Äquatorialebene von E und in den Hauptschnitt von OQ fallen müssen. Die erste Halbaxe ist gleich ω, also gleich $1/\mathfrak{o}$; die zweite, deren Länge mit σ bezeichnet werden möge, ist, wie ein Vergleich der Fig. 756 mit der Indexfläche Fig. 721 lehrt, gleich dem Brechungsindex der außerordentlichen Welle, die sich in der Richtung OQ fortpflanzt. Bezeichnen wir die Geschwindigkeit dieser Welle mit $\mathfrak{q} = 1/\sigma$ und berücksichtigen wir noch, daß die Halbaxe ω auf dem Hauptschnitte von OQ senkrecht steht, während σ in dieser Ebene liegt, so können wir folgenden Satz aussprechen: Die Geschwindigkeiten $\mathfrak{o}$, $\mathfrak{q}$ zweier Wellenebenen mit gemeinsamer Wellennormale OQ sind gegeben durch die reciproken Werte der Halbaxen ω, σ der Ellipse, in welcher das Indexellipsoid E von der zu OQ senkrechten Diametralebene geschnitten wird. Die Polarisationsrichtung jeder der beiden Wellen steht senkrecht zu der Halbaxe der Schnittellipse, welche den reciproken Wert der Geschwindigkeit der Welle darstellt.

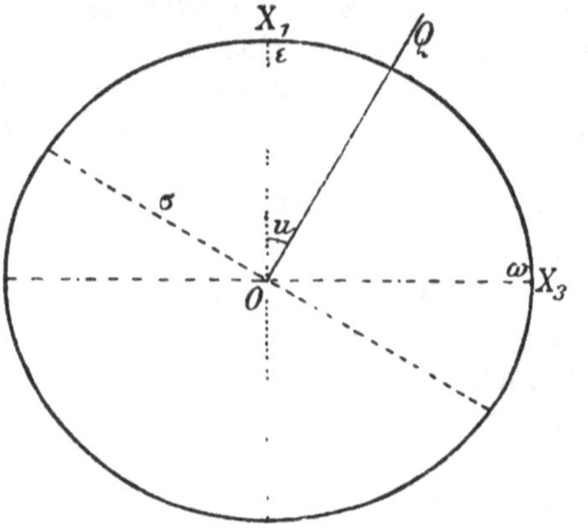

Fig. 756. Indexellipsoid E für einen einaxigen Krystall von negativem Charakter der Doppelbrechung.

Die soeben beschriebenen Konstruktionen lassen sich aber nicht nur an Rotationsellipsoiden, sondern auch an Ellipsoiden mit drei ungleichen Axen ausführen. Daher vermutete FRESNEL, daß sich auf solche Weise das Gesetz der Fortpflanzung und Polarisation des Lichtes in voll-

[1] Die Polarisationsrichtung ist die Richtung des NEUMANN'schen Lichtvektors, vgl. S. 262, 267 und Fig. 621.

kommen durchsichtigen Krystallen ohne Axe der Isotropie ergeben werde. Die Erfahrung hat diese Annahme bestätigt.

Die Fresnel'sche Strahlenfläche. — Wir beginnen mit dem Gesetze, welchem die Strahlen unterworfen sind. In einem ungleichaxigen Ellipsoide $\mathfrak{E}$ bezeichnen wir die Symmetrieaxen mit X_1, X_2, X_3 und die Halbaxen mit $\mathfrak{a}_1$, $\mathfrak{a}_2$, $\mathfrak{a}_3$. Wir setzen voraus, daß $\mathfrak{a}_1 > \mathfrak{a}_2 > \mathfrak{a}_3$ sei. Nun legen wir durch den Mittelpunkt O eine Ebene $\mathfrak{S}$, bestimmen die Halbaxen $\mathfrak{s}'$, $\mathfrak{s}''$ der Schnittellipse und tragen die Längen $\mathfrak{s}'$, $\mathfrak{s}''$ auf der Normale OS jener Ebene nach beiden Seiten hin ab. Der Ort der so für alle Richtungen OS erhaltenen Punkte ist eine FRESNEL'sche Strahlenfläche (Fig. 757). Die Polarisationsrichtung jedes der beiden in der Richtung OS sich fortpflanzenden Strahlen steht senkrecht zu derjenigen Halbaxe der Schnittellipse, welche die Fortpflanzungsgeschwindigkeit des Strahles darstellt.

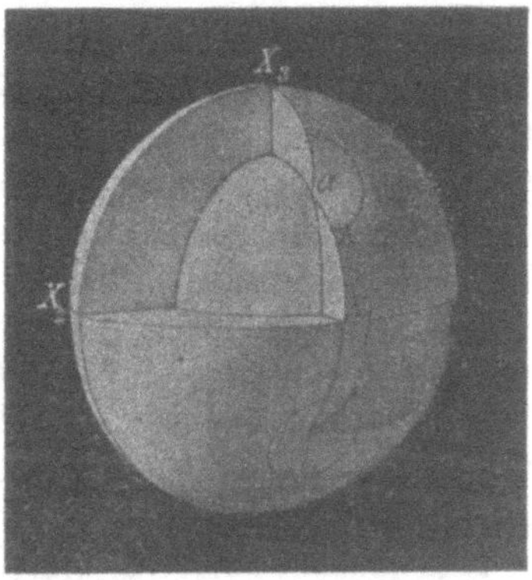

Fig. 757.
FRESNEL'sche Strahlenfläche.[1]

Die FRESNEL'sche Strahlenfläche ist eine aus zwei Schalen bestehende Oberfläche mit denselben Symmetrieeigenschaften, welche das zu ihrer Konstruktion dienende Ellipsoid $\mathfrak{E}$ hat. Sie besitzt also ein Centrum der Symmetrie und drei aufeinander senkrechte 2-zählige Symmetrieaxen, deren Verbindungsebenen Symmetrieebenen sind. Sie wird von jeder Symmetrieebene in einem Kreise und einer Ellipse geschnitten. In der That, drehen wir z. B. die Diametral-

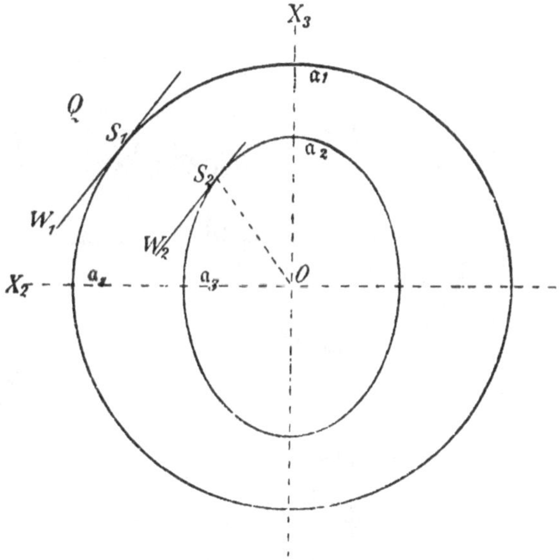

Fig. 758. Schnittkurven der FRESNEL'schen Strahlenflache mit der Symmetrieebene X_2 X_3.

[1] Gypsmodelle des Ellipsoids $\mathfrak{E}$ und der Strahlenfläche liefert die Verlagshandlung von L. BRILL in Darmstadt.

ebene $\mathfrak{S}$ des FRESNEL'schen Ellipsoids $\mathfrak{E}$ um die Symmetrieaxe X_1, so beschreibt die Strahlenrichtung OS die Symmetrieebene $X_2 X_3$. Während eine Halbaxe der Schnittellipse den Wert $\mathfrak{a}_1$ behält, durchläuft die andere Halbaxe alle Werte der Radien in der Ellipse mit den Halbaxen $\mathfrak{a}_2$, $\mathfrak{a}_3$. Daher besteht die Schnittkurve der Strahlenfläche mit der Symmetriebene $X_2 X_3$ aus einem Kreise mit dem Radius $\mathfrak{a}_1$ und einer von ihm umschlossenen Ellipse mit den Halbaxen $\mathfrak{a}_2$, $\mathfrak{a}_3$ in den Richtungen X_3, X_2 (Fig. 758). Die Polarisationsrichtung des schnelleren Strahles mit der konstanten Geschwindigkeit $\mathfrak{a}_1$ steht senkrecht auf der Symmetrieaxe X_1; sie liegt also stets in der Symmetrieebene $X_2 X_3$, wie auch der Strahl in dieser Ebene orientiert sein mag. Dagegen fällt die Polarisationsrichtung des langsameren Strahles, dessen Geschwindigkeit sich zwischen den Grenzen $\mathfrak{a}_2$ und $\mathfrak{a}_3$ ändert, stets mit der Symmetrieaxe X_1 zusammen.

In analoger Weise ergiebt sich, daß die Schnittkurve der Strahlenfläche mit der Symmetrieebene $X_1 X_2$ aus einem Kreise mit dem Radius $\mathfrak{a}_3$ und einer ihn vollständig umschließenden Ellipse mit den Halbaxen $\mathfrak{a}_1$, $\mathfrak{a}_2$ in den Richtungen X_2, X_1 besteht (Fig. 759). Die Polarisationsrichtung des langsameren Strahles liegt in der Ebene $X_1 X_2$; jene des schnelleren Strahles fällt stets mit X_3 zusammen.

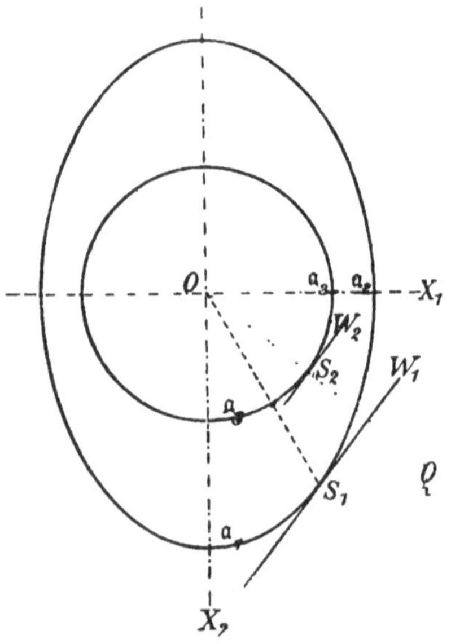

Fig. 759. Schnittkurven der FRESNEL'schen Strahlenfläche mit der Symmetrieebene $X_1 X_2$.

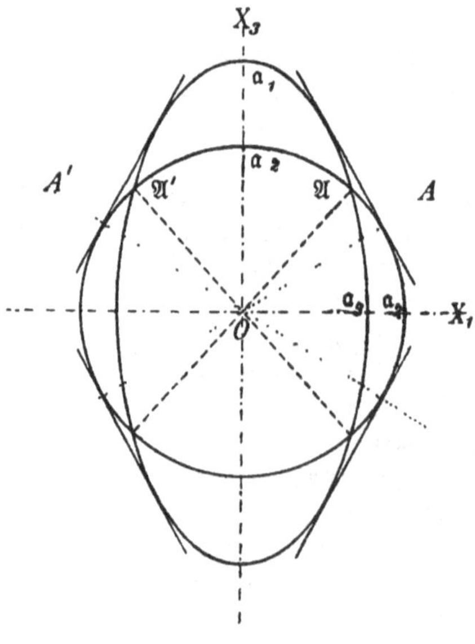

Fig. 760. Schnittkurven der FRESNEL'schen Strahlenfläche mit der Symmetrieebene $X_3 X_1$.

Von besonderem Interesse ist der Durchschnitt der Strahlenfläche mit der Symmetrieebene $X_3 X_1$. Hier schneiden sich der Kreis mit dem Radius $\mathfrak{a}_2$

und die Ellipse mit den Halbaxen $\mathfrak{a}_1$, $\mathfrak{a}_3$ in vier reellen Punkten, von denen je zwei einander diametral gegenüberliegen (Fig. 760). Es giebt also zwei ausgezeichnete Richtungen $O\mathfrak{A}$, $O\mathfrak{A}'$, nach denen sich jedesmal nur ein einziger Strahl fortpflanzen kann. Sie werden Strahlenaxen genannt (lines of single ray-velocity nach W. Hamilton). Diese Richtungen entsprechen den Normalen der Kreisschnittebenen des Fresnel'schen Ellipsoids $\mathfrak{E}$ (Fig. 761). Je nachdem eine Strahlenrichtung OS in den von der Symmetrieaxe X_3 halbierten Winkel $\mathfrak{A}O\mathfrak{A}' = 2\mathfrak{B}$ der Strahlenaxen oder in den Nebenwinkel fällt, besitzt der langsamere Strahl OS'' oder der schnellere Strahl OS' die konstante Geschwindigkeit $\mathfrak{a}_2$ und eine in die Ebene X_3X_1 fallende Polarisationsrichtung. Für die Strahlenaxen selbst kann die Polarisationsrichtung eine ganz beliebige sein. Bezeichnet man die Koordinaten des Punktes $\mathfrak{A}$ in Fig. 760 mit x_1, x_3, so ist $x_1 = \mathfrak{a}_2 \sin X_3\mathfrak{A}$ und $x_3 = \mathfrak{a}_2 \cos X_3\mathfrak{A}$. Diese Werte müssen die Gleichung der Ellipse:

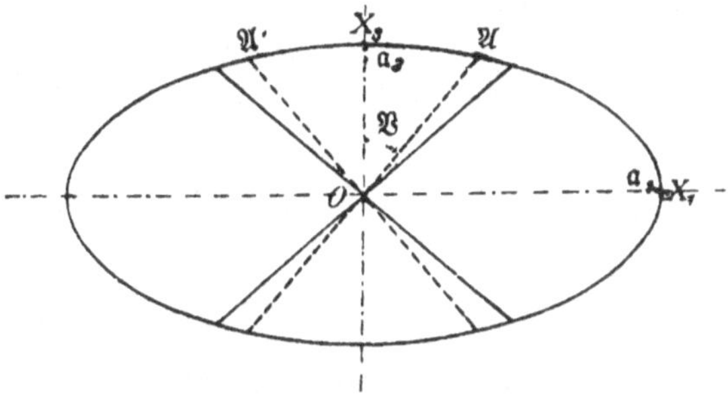

Fig. 761. Lage der Kreisschnittebenen und ihrer Normalen $O\mathfrak{A}$, $O\mathfrak{A}'$ im Fresnel'schen Ellipsoid $\mathfrak{E}$.

$$\frac{x_1^2}{\mathfrak{a}_3^2} + \frac{x_3^2}{\mathfrak{a}_1^2} = 1$$

befriedigen. Folglich ist:

$$\frac{\mathfrak{a}_2^2}{\mathfrak{a}_3^2}\sin^2 X_3\mathfrak{A} + \frac{\mathfrak{a}_2^2}{\mathfrak{a}_1^2}\cos^2 X_3\mathfrak{A} = 1, \quad \text{also} \quad \sin X_3\mathfrak{A} = \frac{\mathfrak{a}_3}{\mathfrak{a}_2}\sqrt{\frac{\mathfrak{a}_1^2 - \mathfrak{a}_2^2}{\mathfrak{a}_1^2 - \mathfrak{a}_3^2}}.$$

Die Bezeichnung der Symmetrieaxen für eine bestimmte einfarbige Lichtart wurde so gewählt, daß X_1 die größte und X_3 die kleinste Halbaxe des Fresnel'schen Ellipsoids $\mathfrak{E}$ bedeutet. Daher besteht zwischen X_1, X_3 und den Kreisen, in denen die Strahlenfläche von den Symmetrieebenen geschnitten wird, die Beziehung, daß X_1 auf dem Kreise mit dem größten Radius $\mathfrak{a}_1$ und X_3 auf dem Kreise mit dem kleinsten Radius $\mathfrak{a}_3$ senkrecht steht. Wir können die Symmetrieaxen aber auch definieren mit Hilfe der Geschwindigkeiten der Strahlen, die sich in ihnen fortpflanzen; denn es besteht folgender Zusammenhang (Fig. 762):

Fortpflanzungs-richtung	Schnellerer Strahl		Langsamerer Strahl	
	Geschwindig-keit	Polarisations-richtung	Geschwindig-keit	Polarisations-richtung
X_1	$\mathfrak{a}_2$	X_3	$\mathfrak{a}_3$	X_2
X_2	$\mathfrak{a}_1$	X_3	$\mathfrak{a}_3$	X_1
X_3	$\mathfrak{a}_1$	X_2	$\mathfrak{a}_2$	X_1.

Hiernach bedeutet X_3 die Symmetrieaxe, in der die Fortpflanzungsgeschwindigkeiten den größten Wert $\mathfrak{a}_1$ und den mittleren Wert $\mathfrak{a}_2$ besitzen.

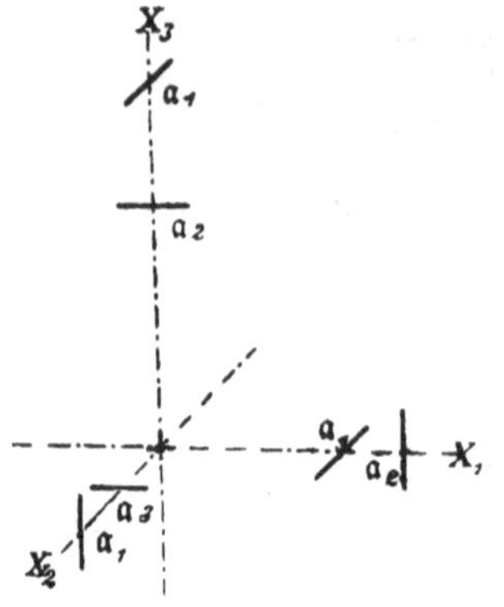

Fig. 762. Geschwindigkeiten und Polarisationsrichtungen der Strahlen in den Symmetrieaxen.

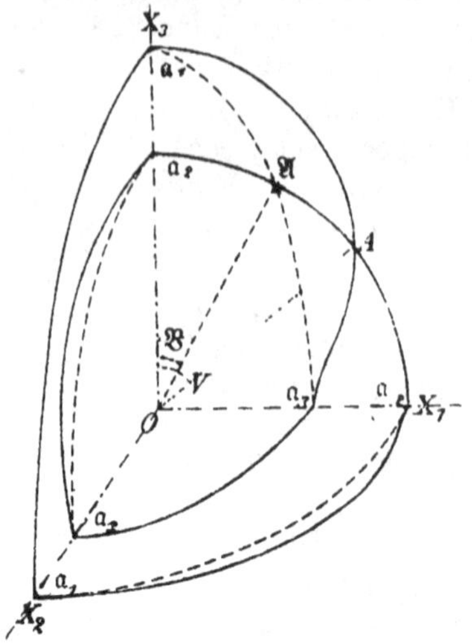

Fig. 763. Beziehung zwischen einer Strahlenfläche und der zugehörigen Normalenfläche.

Normalenfläche. — Wenden wir uns nun zu dem Gesetze für die Fortpflanzung und die Polarisation von ebenen Wellen, so müssen wir das Indexellipsoid E zu Grunde legen, dessen Halbaxen durch die reciproken Werte der Hauptlichtgeschwindigkeiten, also durch $1/\mathfrak{a}_1 = \alpha_1$, $1/\mathfrak{a}_2 = \alpha_2$, $1/\mathfrak{a}_3 = \alpha_3$ gegeben sind. Wir legen durch den Mittelpunkt O eine Ebene W, bestimmen die Halbaxen σ_1, σ_2 der Schnittellipse und tragen die reciproken Werte derselben $1/\sigma_1 = \mathfrak{q}_1$, $1/\sigma_2 = \mathfrak{q}_2$ auf der Normale OQ jener Ebene nach beiden Seiten hin ab. Der Ort der so für alle Richtungen OQ erhaltenen Punkte ist die Normalenfläche (Fig. 763). Die Polarisationsrichtung jeder der beiden in der Richtung OQ fortschreitenden Wellenebenen steht senkrecht zu derjenigen Halbaxe σ der Schnittellipse, welche den reziproken Wert der Fortpflanzungsgeschwindigkeit $\mathfrak{q}$ der Wellenebene darstellt.

Die Normalenfläche wird von jeder Symmetrieebene in einem Kreise und einem Oval geschnitten. Auf den Kreisen liegen die Punkte, welche der Strahlenfläche und der zugehörigen Normalenfläche gemeinschaftlich sind; die Ovale bilden die Fußpunktkurven der Ellipsen, in denen die Strahlenfläche von den Symmetrieebenen geschnitten wird (S. 242).

In der Symmetrieebene $X_3 X_1$ schneiden sich der Kreis mit dem Radius $\mathfrak{a}_2$ und das Oval mit den Halbaxen $\mathfrak{a}_1$, $\mathfrak{a}_3$ in vier reellen Punkten, von denen je zwei einander diametral gegenüber liegen. Es giebt also zwei ausgezeichnete Richtungen OA, OA', nach denen sich jedesmal nur eine einzige Wellenebene fortpflanzen kann. Sie werden optische Axen genannt (lines of single normal velocity nach W. HAMILTON). Diese Richtungen entsprechen den Normalen der Kreisschnittebenen des Indexellipsoids E. Je nachdem eine Wellennormale OQ in den von der Symmetrieaxe X_3 halbierten Winkel $AOA' = 2V$ der optischen Axen oder in den Nebenwinkel fällt, besitzt die langsamere Welle W_2 oder die schnellere Welle W_1 die konstante Geschwindigkeit $\mathfrak{a}_2$ und eine in die Ebene $X_3 X_1$ fallende Polarisationsrichtung. Für die optischen Axen selbst kann die Polarisationsrichtung eine ganz beliebige sein. Bezeichnet man den Radius des Ovals, der unter dem Winkel u gegen X_3 geneigt ist, mit $\mathfrak{q}$, so ergiebt sich durch dieselbe Betrachtung, die auf S. 329—330 angestellt wurde, die Relation:

$$\mathfrak{a}_1{}^2 \cos^2 u + \mathfrak{a}_3{}^2 \sin^2 u = \mathfrak{q}^2.$$

Folglich gilt für die Richtung der optischen Axe OA die Beziehung:

$$\mathfrak{a}_1{}^2 \cos^2 X_3 A + \mathfrak{a}_3{}^2 \sin^2 X_3 A = \mathfrak{a}_2{}^2 \quad \text{oder} \quad \sin X_3 A = \sqrt{\frac{\mathfrak{a}_1{}^2 - \mathfrak{a}_2{}^2}{\mathfrak{a}_1{}^2 - \mathfrak{a}_3{}^2}}.$$

Demnach ist:

$$\sin X_3 \mathfrak{A} = \frac{\mathfrak{a}_3}{\mathfrak{a}_2} \cdot \sin X_3 A.$$

Nun haben wir vorausgesetzt, daß $\mathfrak{a}_2 > \mathfrak{a}_3$ sei. Der von der Symmetrieaxe X_3 halbierte Winkel der optischen Axen ist also stets größer als der von X_3 halbierte Winkel der Strahlenaxen (vgl. Fig. 763).

Charakter der Doppelbrechung. — Man nennt einen optisch zweiaxigen Krystall in Bezug auf den Charakter der Doppelbrechung für eine bestimmte einfarbige Lichtart positiv oder negativ, je nachdem der spitze

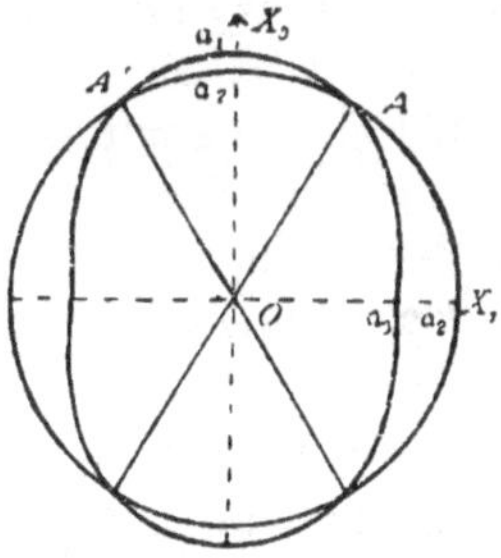

Charakter der Doppelbrechung
positiv.

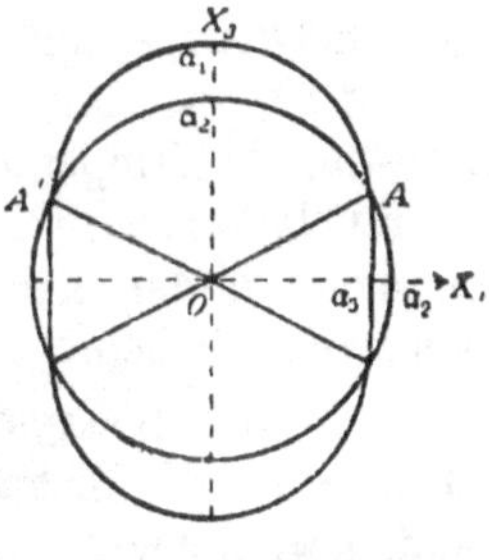

Charakter der Doppelbrechung
negativ.

Fig. 764, 765. Schnitt der Normalenfläche mit der Ebene der optischen Axen.

Winkel der optischen Axen von der Symmetrieaxe X_3 oder von der Symmetrieaxe X_1 halbiert wird (Fig. 764, 765). Daher gilt für den Sinus des halben spitzen Winkels der optischen Axen der Ausdruck:

$$\sin X_3 A = \sqrt{\frac{\mathfrak{a}_1{}^2 - \mathfrak{a}_2{}^2}{\mathfrak{a}_1{}^2 - \mathfrak{a}_3{}^2}} \quad \text{oder} \quad \sin X_1 A = \sqrt{\frac{\mathfrak{a}_2{}^2 - \mathfrak{a}_3{}^2}{\mathfrak{a}_1{}^2 - \mathfrak{a}_3{}^2}},$$

je nachdem jener Charakter positiv oder negativ ist. Zuweilen bezeichnet man die Symmetrieaxe, welche den spitzen Winkel der optischen Axen halbiert, als erste Mittellinie. Man kann daher auch sagen, der Charakter der Doppelbrechung eines optisch zweiaxigen Krystalls ist positiv oder negativ, je nachdem die erste Mittellinie die Richtung der Symmetrieaxe X_3 oder der Symmetrieaxe X_1 besitzt. Die mit der Halbierungsgeraden des stumpfen Winkels der optischen Axen zusammenfallende Symmetrieaxe wird zweite Mittellinie genannt.

Die Bezeichnung des Charakters ist so gewählt, daß die Strahlenflächen und Normalenflächen der optisch einaxigen Krystalle ohne Drehungsvermögen als Grenzfälle der soeben betrachteten Flächen angesehen werden können. In der That, stellen wir uns vor, daß in Fig. 764 und 765 der spitze Winkel der optischen Axen bis auf Null abnimmt, so werden gleichzeitig zwei Hauptlichtgeschwindigkeiten einander gleich. Es wird nämlich $\mathfrak{a}_1 = \mathfrak{a}_2$ oder $\mathfrak{a}_2 = \mathfrak{a}_3$, je nachdem der Charakter der Doppelbrechung positiv oder negativ ist. Gleichzeitig ist ersichtlich, daß die optische Axe eines einaxigen Krystalls weder einer der beiden optischen Axen noch einer der beiden Strahlenaxen eines zweiaxigen Krystalls entspricht. Sie bildet vielmehr den Grenzfall, in welchem diese beiden Paare von Axen in eine einzige Richtung zusammenrücken.

Dispersion der optischen Symmetrieaxen. — Wenn in einem optisch zweiaxigen Krystall die Richtungen der Symmetrieaxen X_1, X_2, X_3 für eine bestimmte einfarbige Lichtart und eine bestimmte Temperatur bekannt sind, so hängt die Gestalt der Strahlenfläche und der Normalenfläche nur noch von drei Konstanten, den Werten der Hauptlichtgeschwindigkeiten ab. Zur Orientierung jener Axen sind drei Winkel mit gegebenen krystallographischen Richtungen notwendig und ausreichend. Daher besitzt ein vollkommen durchsichtiger Krystall ohne Axe der Isotropie für eine bestimmte Lichtart und eine bestimmte Temperatur höchstens s e c h s optische Konstanten. Diese Anzahl vermindert sich indessen, wenn infolge der Symmetrie des Krystalls eine oder mehrere der Axen X_1, X_2, X_3 eine von vornherein anzugebende feste Orientierung haben.

In r h o m b i s c h e n Krystallen müssen die Richtungen der drei optischen Symmetrieaxen für jede Lichtart und bei jeder Temperatur mit den Richtungen der krystallographischen Axen zusammenfallen. Daher sinkt die Anzahl jener Konstanten auf d r e i herab.

In Krystallen des m o n o k l i n e n Systems muß eine optische Symmetrieaxe mit der Normale der Fläche 010 zusammenfallen. Die beiden anderen Axen liegen in 010 und ändern hier ihre Orientierung mit der Farbe des Lichtes (Fig. 635) und mit der Temperatur. Da zur Beschreibung dieser Orientierung ein Winkel mit einer gegebenen Krystallkante ausreicht, so sind für eine bestimmte Lichtart und eine bestimmte Temperatur v i e r optische Konstanten zu ermitteln.

In triklinen Krystallen sind die Richtungen aller drei optischen Symmetrieaxen Funktionen der Farbe und der Temperatur.

Demnach ist für monokline und trikline Krystalle im Gegensatz zu rhombischen Krystallen charakteristisch, daß bei konstanter Temperatur die Lage der optischen Symmetrieaxen noch von der Schwingungsdauer des Lichtes abhängt. Man bezeichnet diese Erscheinung als Dispersion der optischen Symmetrieaxen.

Dispersion der Strahlenaxen und der optischen Axen. — Da bei konstanter Temperatur die Hauptlichtgeschwindigkeiten jedenfalls Funktionen der Schwingungsdauer bleiben, so ändert sich mit der Farbe des Lichtes auch der Winkel der Strahlenaxen $\mathfrak{A}$, $\mathfrak{A}'$ und der Winkel der optischen Axen A, A'. Man bezeichnet diese Erscheinung, die in allen Krystallen ohne Axe der Isotropie auftreten muß, als Dispersion der Strahlenaxen und der optischen Axen.

In der weit überwiegenden Mehrzahl dieser Krystalle sind die Werte der Hauptlichtgeschwindigkeiten $\mathfrak{a}_1$, $\mathfrak{a}_2$, $\mathfrak{a}_3$ für jede einzelne Lichtart voneinander verschieden. Ein hierher gehöriger Krystall liefert uns also drei voneinander vollständig getrennte Dispersionskurven. Daher ist auch der Winkel der optischen Axen für alle Lichtarten von 0° oder 180° verschieden. Es sind aber Krystalle bekannt, in denen sich die Hauptlichtgeschwindigkeiten mit der Schwingungsdauer in solcher Weise ändern, daß zwei derselben für eine bestimmte Lichtart einander gleich werden. Dann werden sich also zwei Dispersionskurven durchschneiden, und der spitze Winkel der optischen Axen wird durch den Wert Null hindurchgehen. Diese Einaxigkeit kann indessen bei einem Krystall des rhombischen, monoklinen oder triklinen Systems immer nur für eine bestimmte einfarbige Lichtart und auch für diese nur bei einer bestimmten Temperatur eintreten. Für die im Spektrum benachbarten Lichtarten bleibt der Krystall bei derselben Temperatur optisch zweiaxig, und mit der Temperatur ändert sich die Lichtart, für die er einaxig wird. Im Gegensatz zu diesen Krystallen sind hexagonale und tetragonale Krystalle für alle Lichtarten und Temperaturen optisch einaxig.

Orientierung der Polarisationsebenen. — Konstruiert man mit Hilfe des FRESNEL'schen Ellipsoids die Polarisationsrichtung eines Strahles und mit Hilfe des Indexellipsoids die Polarisationsrichtung der zugehörigen Wellenebene, so sind diese beiden Richtungen bei den optisch einaxigen Krystallen offenbar identisch. Dasselbe gilt auch für die optisch zweiaxigen Krystalle.[1] Diese Polarisationsrichtungen fallen stets zusammen mit dem NEUMANN'schen Lichtvektor ON, der auf der Verbindungsebene des Strahles OS mit der Normale OQ seiner Wellenebene W senkrecht steht (Fig. 621). Die Polarisationsebenen des Strahles und der Wellenebene sind gegeben durch die Verbindungsebenen der Geraden ON mit OS und OQ.

[1] Der analytische Beweis findet sich z. B. bei TH. LIEBISCH, Physikal. Krystallogr. 1891. 329—333.

A. Fresnel bemerkte, daß die Polarisationsebenen H', H'' zweier Strahlen von gemeinsamer Fortpflanzungsrichtung OS in sehr einfacher Weise mit Hilfe der Strahlenaxen bestimmt werden können. Denn H' und H'' halbieren die Winkel, welche die Verbindungsebenen des Strahles und der Strahlenaxen $\mathfrak{A}$, $\mathfrak{A}'$ untereinander einschließen. Eine analoge Beziehung besteht zwischen den Polarisationsebenen $\mathfrak{H}_1$, $\mathfrak{H}_2$ zweier Wellen W_1, W_2 mit gemeinsamer Wellennormale OQ. Denn $\mathfrak{H}_1$, $\mathfrak{H}_2$ halbieren die Winkel, welche die Verbindungsebenen der Wellennormale und der optischen Axen A, A' untereinander einschließen. Es wird genügen, diesen letzteren Zusammenhang, der in Fig. 766 auf einer Konstruktionskugel dargestellt ist, zu beweisen. Zu diesem Zwecke denken wir uns durch den Mittelpunkt O des Indexellipsoids eine Wellenebene und ihre Normale OQ gelegt. In der Schnittellipse müssen die einander gleichen Durchmesser $\varkappa$, $\varkappa'$, in denen jene Wellenebene die Kreisschnitte des Ellipsoids schneidet, symmetrisch zu den Hauptaxen σ_1, σ_2 der Ellipse liegen, oder mit anderen Worten: die aufeinander senkrechten Axen σ_1, σ_2 müssen die von $\varkappa$ und $\varkappa'$ gebildeten Winkel halbieren. Nun ist $\varkappa$ senkrecht auf der Ebene QA und $\varkappa'$ senkrecht auf QA'; folglich halbieren die Polarisationsebenen $Q\sigma_1 = \mathfrak{H}_2$ und $Q\sigma_2 = \mathfrak{H}_1$ die von QA und QA' eingeschlossenen Winkel. Berücksichtigen wir nun, daß X_3 die größte Halbaxe des Indexellipsoids bildet, so ist ersichtlich, daß σ_2, dessen reciproker Wert die Geschwindigkeit der langsameren Welle liefert, näher an X_3 liegen muß als σ_1. Daher wird die Polarisationsebene $\mathfrak{H}_1$ der schnelleren Welle durch den von X_3 halbierten Winkel AA' hindurchgehen. Wir können dieses Resultat auch so aussprechen: Die Polarisationsebene der schnelleren Welle durchschneidet den spitzen oder den stumpfen Winkel der optischen Axen, je nachdem der Charakter der Doppelbrechung positiv oder negativ ist. Hierin ist als ein Grenzfall die für optisch einaxige Krystalle geltende Regel enthalten.

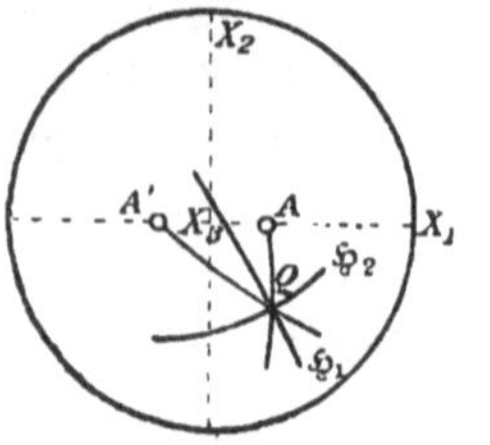

Fig. 766. Konstruktion der Polarisationsebenen $\mathfrak{H}_1$, $\mathfrak{H}_2$.

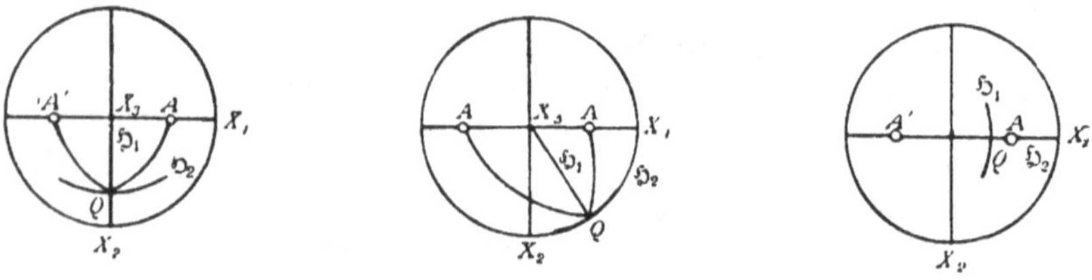

Fig. 767—769. Konstruktion der Polarisationsebenen $\mathfrak{H}_1$, $\mathfrak{H}_2$.

Rückt die Wellennormale in eine Symmetrieebene, so fällt auch eine der Polarisationsebenen $\mathfrak{H}_1$, $\mathfrak{H}_2$ mit dieser Ebene zusammen (Fig. 767—769). Es ist dies stets die Polarisationsebene der Welle, die ihre Geschwindigkeit nicht ändert, wenn ihre Normale alle möglichen Richtungen in der Symmetrieebene annimmt (Fig. 763).

Innere und äußere konische Refraktion. — Fällt die Wellennormale mit einer optischen Axe zusammen, so wird die auf S. 364 angegebene Konstruktion der Polarisationsebenen, also auch die Lage der zugehörigen Strahlen unbestimmt. Die einer optischen Axe korrespondierenden Strahlen erfüllen einen geometrischen Ort, dessen Natur von W. HAMILTON festgestellt wurde.[1] Es ergab sich, daß die auf einer optischen Axe *OA* senkrechte Wellenebene die Strahlenfläche in einem durch den Endpunkt *A* dieser Axe gehenden Kreise berührt (Fig. 770, vgl. Fig. 757). Demnach erfüllen die zu einer optischen Axe gehörenden Strahlen einen elliptischen Kegel, auf dessen Mantel auch diese Axe selbst liegt. Die Öffnung δ dieses S t r a h l e n k e g e l s in der Symmetrieebene $X_3 X_1$ ist als Funktion der Hauptlichtgeschwindigkeiten gegeben durch:

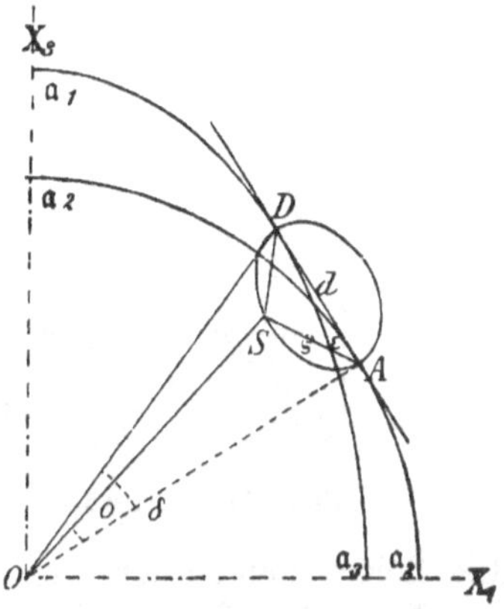

Fig. 770. Der zu einer optischen Axe *OA* gehörende Strahlenkegel.

$$\tan \delta = \frac{1}{\mathfrak{a}_2^2} \sqrt{(\mathfrak{a}_1^2 - \mathfrak{a}_2^2)(\mathfrak{a}_2^2 - \mathfrak{a}_3^2)}.$$

Die Polarisationsebene jedes Strahles des Kegels ist dadurch bestimmt, daß sie durch den Strahl *OS* geht und senkrecht zur Verbindungsebene *SA* des Strahles mit seiner Wellennormale, der optischen Axe, steht (Fig. 771). Demnach schneiden sich die Polarisationsebenen aller Strahlen des Kegels in dem der optischen Axe in der Symmetrieebene $X_3 X_1$ gegenüberliegenden Strahle *OD*, dessen Polarisationsebene auf $X_3 X_1$ senkrecht steht. Durchläuft der Strahl einen Halbkreis, so ändert sich also die Richtung der Polarisationsebene nur um 90°.

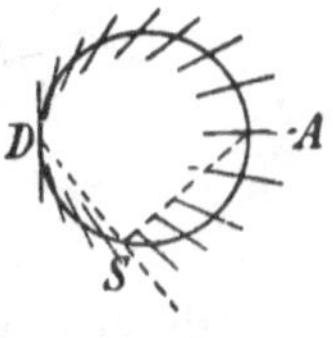

Fig. 771.

In dem Endpunkte einer Strahlenaxe können unendlich viele Tangentialebenen an die Strahlenfläche gelegt werden. Daher gehören zu einer Strahlenaxe $O\mathfrak{A}$ unendlich viele Wellennormalen *OQ*, die einen durch die Axe hindurchgehenden elliptischen Kegel bilden (Fig. 772). Die Öffnung δ^* dieses N o r m a l e n k e g e l s in der Symmetrieebene $X_3 X_1$ kann aus den Hauptlichtgeschwindigkeiten berechnet werden mit Hilfe der Relation:

$$\tan \delta^* = \frac{1}{\mathfrak{a}_1 \mathfrak{a}_3} \sqrt{(\mathfrak{a}_1^2 - \mathfrak{a}_2^2)(\mathfrak{a}_2^2 - \mathfrak{a}_3^2)}.$$

[1] TH. LIEBISCH, Physikal. Krystallogr. 1891, 340—349.

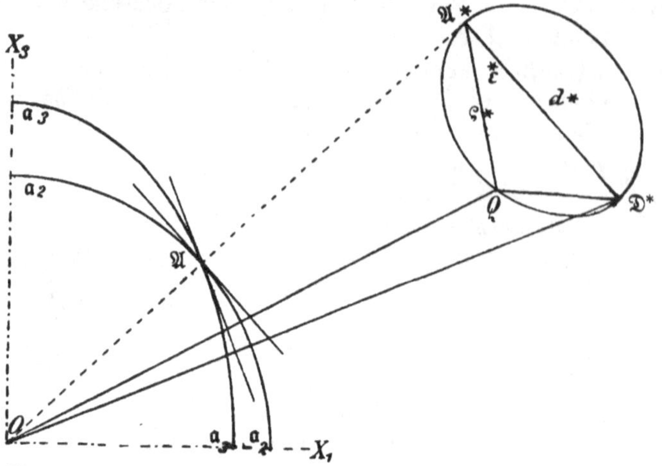

Fig. 772. Der zu einer Strahlenaxe O 𝔄 gehörende Normalenkegel.

Die Polarisationsebenen aller Wellennormalen des Kegels schneiden sich in der Normale O 𝔇*, welche der Strahlenaxe in der Symmetrieebene $X_3 X_1$ gegenüberliegt; die Polarisationsebene von O 𝔇* steht senkrecht auf $X_3 X_1$ (Fig. 773).

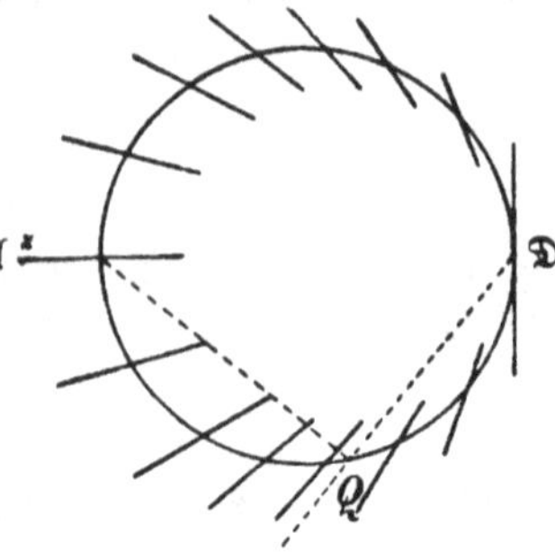

Fig. 773.

Vergleicht man die Fig. 771 und 773, so ersieht man, wie sich der zu einer optischen Axe gehörige Strahlenkegel und der zu einer Strahlenaxe gehörige Kegel von Wellennormalen sofort durch die Orientierung ihrer Polarisationsebenen gegen die optischen Symmetrieaxen X_3, X_1 voneinander unterscheiden.

Auf diesen Eigenschaften der Fresnel'schen Strahlenfläche beruhen zwei eigenartige Brechungsgesetze, die für einen Krystall ohne Axe der Isotropie charakteristisch sind. Sie wurden zuerst von H. Lloyd 1833 am Aragonit beobachtet. Diese Substanz wurde gewählt, weil sich aus den von F. Rudberg ermittelten Werten der Hauptlichtgeschwindigkeiten relativ große Öffnungswinkel für den Strahlenkegel und den Normalenkegel ergaben. Inzwischen sind Krystalle bekannt geworden, in denen diese Winkel noch größere Beträge erreichen. Hierher gehören z. B. die Weinsäure und der rhombische Schwefel.

	Hauptlichtgeschwindigkeiten im Na-Lichte			Öffnungswinkel des	
				Strahlenkegels	Normalenkegels
	$\mathfrak{a}_1$	$\mathfrak{a}_2$	$\mathfrak{a}_3$	δ	δ^*
Aragonit .	0,65354	0,59468	0,59316	1° 52′	1° 42′
Weinsäure	0,66900	0,65160	0,62302	3 54	3 58
Schwefel .	0,51270	0,49060	0,44632	7 11	7 33.

I. Es sei eine planparallele Platte hergestellt, die auf der Richtung einer optischen Axe für eine bestimmte einfarbige Lichtart senkrecht steht. Dann wird eine ebene Welle, die auf die untere Fläche senkrecht einfällt, nicht wie gewöhnlich zwei gebrochene Wellen, sondern nur eine einzige Welle erzeugen, die in der Richtung jener Axe fortschreitet. Zu jedem einfallenden Strahle gehören nicht nur zwei, sondern unendlich viele gebrochene Strahlen, die einen elliptischen Kegel erfüllen. Aus dem Kegel geht bei der Brechung an der Austrittsfläche ein zum eintretenden Strahle paralleler Strahlencylinder hervor (Fig. 774). Diese Erscheinung bezeichnet man als innere konische Refraktion. Um sie zu beobachten, bringt man an der Eintrittsfläche ein sehr enges Diaphragma an, wie es z. B. durch einen Nadelstich in einem Stanniolblättchen erzeugt wird. Betrachtet man nun die hell beleuchtete Öffnung durch die Platte hindurch mit einer Lupe, so erblickt man bei schiefem Durchgang des Lichtes zwei Bilder, die sich zu einem Ringe zusammenschließen, wenn die Fortpflanzungsrichtung auf der Platte senkrecht steht. Die Polarisationseigenschaften (Fig. 771) lassen sich an einem stärker vergrößerten Bilde des Ringes bequem beobachten, wenn man die Platte mit dem Diaphragma auf den Objekttisch eines Mikroskops legt, welches über dem Okular einen drehbaren Analysator trägt, während der Polarisator ausgeschaltet ist.

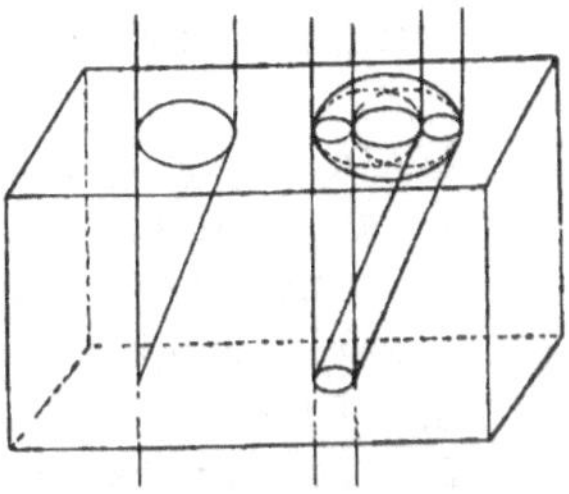

Fig. 774. Innere konische Refraktion.

Zur mikroskopischen Beobachtung der Erscheinungen, welche durch Änderungen des Einfallswinkels und durch wachsende Durchmesser des einfallenden Strahlenbündels hervorgerufen werden, eignet sich ein Apparat, der aus einer unter dem Objekttisch eines Mikroskops angebrachten Beleuchtungsvorrichtung und einem auf dem Objekttisch befestigten Krystallträger besteht.[1] Die Beleuchtungsvorrichtung wird gebildet von einer Hülse, welche oben ein mit der Frontlinse dem Objekttisch zugewendetes Objektivsystem und unten eine excentrische Diaphragmenscheibe *s* trägt. Durch Drehung dieser Scheibe gelangen der Reihe nach neun Öffnungen von 0,2 bis 7 mm Durchmesser in das Centrum der Hülse. Der Krystallträger besteht aus einer ringförmigen Metallplatte *p*, auf welcher sich ein Lager für eine zur Mikroskopaxe senkrechte Drehungsaxe *d* erhebt. Mit dem Lager ist ein zur Bestimmung der Drehung des Krystalls dienender Teilkreis *t* verbunden. Die Axe *d* trägt über dem Mittelpunkt der Platte *p* einen

[1] Er wurde nach Angaben des Verfassers von R. Fuess konstruiert (1888). Die Anwendung des Apparates ist nicht auf Krystallplatten beschränkt, die auf einer optischen Axe annähernd senkrecht stehen. Man kann auch eine zur ersten Mittellinie normale Platte benutzen.

Metallring *a*, in welchen eine Hülse *b* mit der zu untersuchenden Krystallplatte drehbar eingeführt wird. — Läßt man nun das einfallende Licht der Reihe nach durch jene neun kreisförmigen Öffnungen treten, so wächst mit dem Durchmesser der Öffnung die Breite des hellen Ringes (Fig. 774) bis endlich eine helle, annähernd kreisförmig begrenzte Fläche entsteht. Da in dem hellsten centralen Gebiete dieser Fläche Lichtstrahlen von allen möglichen Polarisationsrichtungen zusammentreffen, so verhält sich dasselbe einem Analysator gegenüber wie natürliches (unpolarisiertes) Licht (vgl. S. 377).

II. In einem optisch zweiaxigen Krystall können sich unendlich viele Wellen mit verschiedenen Geschwindigkeiten fortpflanzen, deren Strahlen sämtlich mit einer Strahlenaxe $O\mathfrak{A}$ zusammenfallen und daher die konstante Geschwindigkeit $\mathfrak{a}_2$ besitzen. Die Normalen dieser Wellen bilden den in Fig. 772 dargestellten Kegel. Denken wir uns nun diesen Kegel in eine auf $O\mathfrak{A}$ annähernd senkrechte Platte eingetragen und konstruieren wir nach dem Brechungsgesetze zu jeder seiner Geraden die mit dem zugehörigen Strahle identische Wellennormale in Luft, so erhalten wir einen außerhalb der Platte liegenden Kegel von Strahlen. Dieser Strahlenkegel in Luft hat die Eigenschaft bei seinem Eintritt in die Platte einen einzigen gebrochenen Strahl zu erzeugen, der dann beim Austritt aus der Platte wieder in einen Strahlenkegel gebrochen werden muß. Man bezeichnet diese Erscheinung als äußere konische Refraktion.

Eine von Lissajous vorgeschlagene Versuchsanordnung beruht auf folgender Erwägung (Fig. 775). In dem vollen Lichtkegel, welcher durch eine Sammellinse *L* auf die mit einem engen Diaphragma versehene Eintrittsfläche der Krystallplatte geworfen wird, ist der enge hohle Kegel enthalten, der in einen sehr dünnen, zu einer Strahlenaxe parallelen Cylinder gebrochen wird. Bleibt die Austrittsfläche der Krystallplatte unbedeckt, so treten aus derselben ein voller Lichtkegel, dessen Centrum sich im Innern der Krystallplatte befindet, und ein hohler Kegel, dessen Centrum der Austrittsfläche angehört. Eine Linse *L'* von kurzer Brennweite vereinige die Strahlen des ersten Kegels in σ und die Strahlen des zweiten Kegels in δ; jene divergieren sehr stark von σ und können dadurch abgeblendet werden, daß ein enges Diaphragma in δ angebracht wird, welches nur den hohlen Kegel durchtreten läßt. Der hierdurch isolierte Kegel kann durch eine von seinem Centrum δ hinreichend entfernte Linse betrachtet werden.

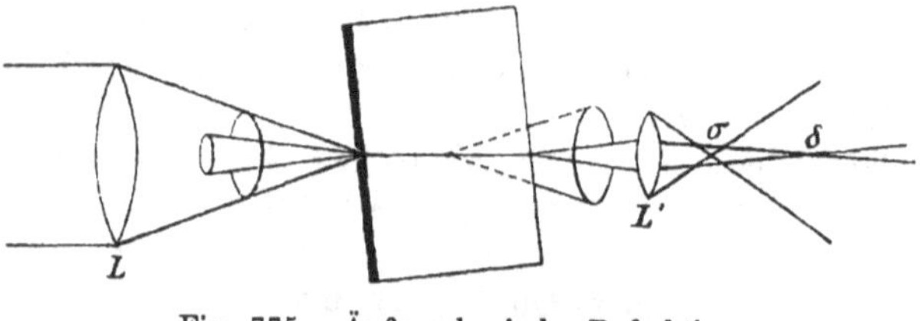

Fig. 775. Äußere konische Refraktion.

Wenn man auf der Austrittsfläche der Krystallplatte ein Diaphragma anbringt, welches die Lage des zu einer Strahlenaxe parallelen Strahlencylinders im Inneren der Krystallplatte fixiert, so kann man die äußere konische Refraktion unter dem Mikroskop in folgender Weise beobachten. Auf den Ring *a* des auf S. 367 beschriebenen Apparates wird eine Metallplatte *c* mit einer centralen Öffnung *e* von 0,07 mm Durchmesser gesetzt. Der Krystallträger werde in die Lage gebracht, daß die Platte *c* dem Tubus des Mikroskops zugewendet ist und die Öffnung *e* in die Mikroskopaxe fällt. Nach Entfernung des Okulars werde der Mikroskoptubus so eingestellt, daß man durch das Objektivsystem die Öffnung *e* deutlich sieht. Die Beleuchtungsvorrichtung sei so justiert, daß ein Bild einer Öffnung der Diaphragmenscheibe *s* auf der Eintrittsfläche der Krystallplatte entworfen wird und die Öffnung *e* gut beleuchtet erscheint. Alsdann kann man durch Drehung der Axe *d* der Krystallplatte eine solche Stellung geben, daß man beim Heben des Tubus neben der Öffnung *e* einen sich stetig vergrößernden und nach dem Rande des Gesichtsfeldes rückenden hellen Ring erblickt. Hält man ein Nicol'sches Prisma über den Tubus, so beobachtet man die für die äußere konische Refraktion charakteristischen Polarisationserscheinungen (Fig. 773).

Prismen.[1] — Die Hauptlichtgeschwindigkeiten eines optisch zweiaxigen Krystalls können leicht an Prismen ermittelt werden, deren Flächen die folgenden, durch die Symmetrieeigenschaften der Normalenfläche vorgeschriebenen Bedingungen erfüllen.

A. Wenn die Querschnittsebene des Prismas eine optische Symmetrieebene ist, so hat die gebrochene Welle, welche nach dieser Ebene polarisiert ist, eine für alle Einfallswinkel konstante Geschwindigkeit. Der Wert dieser Geschwindigkeit ist gleich der Hauptlichtgeschwindigkeit $\mathfrak{a}_1$, $\mathfrak{a}_2$ oder $\mathfrak{a}_3$, je nachdem die Prismenkante zur Symmetrieaxe X_1, X_2 oder X_3 parallel liegt. Hierher gehören die Prismen rhombischer Krystalle, deren Flächen in die Zone einer krystallographischen Axe fallen, und die Prismen monokliner Krystalle, deren Flächen auf 010 senkrecht stehen.

B. Wenn die Halbierungsgerade X des inneren Prismenwinkels A oder die Halbierungsgerade Y des äußeren Prismenwinkels (Fig. 585) die Richtung einer optischen Symmetrieaxe hat, oder wenn beides gleichzeitig stattfindet, so muß bei dem Minimum der Ablenkung die gebrochene Wellenebene den Winkel A halbieren. Die Welle pflanzt sich also in der Richtung Y fort.

Der einfachste Fall liegt vor, wenn die Geraden X und Y gleichzeitig optische Symmetrieaxen sind. Dann erhalten wir durch die Messung der beiden Minima der Ablenkung unmittelbar die beiden Geschwindigkeiten in der mit der Fortpflanzungsrichtung Y zusammenfallenden Symmetrieaxe. Wie aus Fig. 762 hervorgeht, kann eine Symmetrieaxe in zwei verschieden orientierten Prismen beim Minimum der Ablenkung Fortpflanzungsrichtung

[1] Th. Liebisch, Physikal. Krystallogr. 1891. 391—398.

sein. Daher bieten sich zur Bestimmung der drei Paare von Hauptlichtgeschwindigkeiten nach diesem Verfahren sechs Prismen dar:

Kante des Prismas		X_1	X_2	X_3
Fortpflanzungsrichtung	X_1	*	$\mathfrak{a}_3$, $\mathfrak{a}_2$	$\mathfrak{a}_2$, $\mathfrak{a}_3$
	X_2	$\mathfrak{a}_3$, $\mathfrak{a}_1$	*	$\mathfrak{a}_1$, $\mathfrak{a}_3$
	X_3	$\mathfrak{a}_2$, $\mathfrak{a}_1$	$\mathfrak{a}_1$, $\mathfrak{a}_2$	*

In dieser Tabelle ist die Geschwindigkeit der parallel zur Kante des Prismas polarisierten Welle jedesmal an erster Stelle genannt.

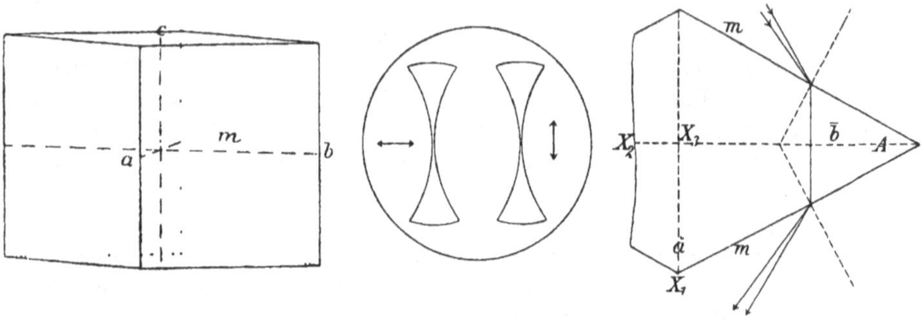

Fig. 776—778. **Brechung durch das Prisma {110} des Topas bei dem Minimum der Ablenkung.**

Ein Beispiel bieten die Prismen *m* {110} des Topas dar (Fig. 776). Hier entsprechen den krystallographischen Axen *a*, *b*, *c* die optischen Symmetrieaxen X_1, X_2, X_3. Daher kann das Prisma *m* dazu dienen, durch Messung der Minima der Ablenkung die Hauptlichtgeschwindigkeiten $\mathfrak{a}_2$, $\mathfrak{a}_3$ zu bestimmen (Fig. 778). Wir erblicken im Beobachtungsfernrohr zwei Bilder des Kollimatorspaltes (Fig. 777); das weniger abgelenkte (rechte) Bild ist, wie die Prüfung mit einem Nicol'schen Prisma ergiebt, parallel zur Kante *m*/*m* polarisiert, während die Polarisationsebene des stärker abgelenkten (linken) Bildes senkrecht zu jener Kante liegt; das erstere Bild liefert bei dem Minimum seiner Ablenkung die Geschwindigkeit $\mathfrak{a}_2$, das letztere die Geschwindigkeit $\mathfrak{a}_3$.

Auch in dem Falle, wo nur die Halbierungsgerade *Y* des äußeren Prismenwinkels mit einer optischen Symmetrieaxe zusammenfällt, ergeben sich beim Minimum der Ablenkung direkt die Werte von zwei Hauptlichtgeschwindigkeiten. Hierher gehören die Prismen rhombischer Krystalle, die von zwei in Bezug auf eine Symmetrieebene gleichberechtigten Flächen einer rhombischen Bipyramide gebildet werden, und die Prismen monokliner Krystalle, deren Flächen symmetrisch zu 010 liegen.

Hat nur die Halbierungsgerade X des inneren Prismenwinkels die Richtung einer optischen Symmetrieaxe, so liefert beim Minimum der Ablenkung nur die parallel zur Prismenkante polarisierte Welle eine Hauptlichtgeschwindigkeit, nämlich die konstante Geschwindigkeit der Wellen, deren Polarisationsebene auf X senkrecht steht. Hierher gehören die Prismen rhombischer Krystalle, deren Flächen einem Bisphenoid angehören oder an einer rhombischen Bipyramide so liegen wie die Flächen eines Bisphenoids, und die Prismen monokliner Krystalle, deren Begrenzungsebenen wie die Flächen eines Sphenoids orientiert sind.

Indexfläche. — Mit Hilfe des Indexellipsoids, dessen Halbaxen die Hauptbrechungsindices α_1, α_2, α_3 repräsentieren, können wir nicht nur, wie auf S. 360 angegeben wurde, die Geschwindigkeiten der Wellenebenen, sondern auch deren Brechungsindices konstruieren. Zu diesem Zwecke tragen wir auf den im Mittelpunkte errichteten Normalen der Centralschnitte nach beiden Seiten hin Längen gleich den Halbaxen der Schnittellipsen ab. Auf diese Weise erhalten wir die Indexfläche des Krystalls. Sie wird von jeder der drei Symmetrieebenen in einem Kreise und einer Ellipse geschnitten. In der $X_2 X_3$-Ebene umgiebt die Ellipse mit den Halbaxen α_3, α_2

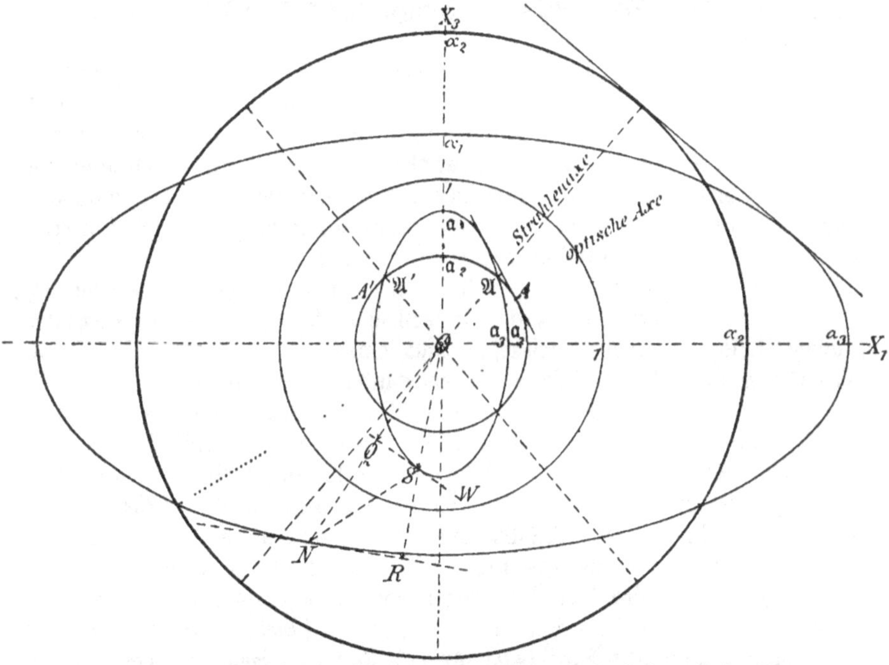

Fig. 779. Schnittkurven der Strahlenfläche und der Indexfläche mit der Ebene der Strahlenaxen und der optischen Axen.

den Kreis mit dem Radius α_1. In der $X_1 X_2$-Ebene wird die Ellipse mit den Halbaxen α_2, α_1 von dem Kreise mit dem Radius α_3 umschlossen. Und in der $X_3 X_1$-Ebene schneiden sich die Ellipse mit den Halbaxen α_1, α_3 und der Kreis mit dem Radius α_2 (Fig. 779). Die Radien nach den Schnittpunkten sind die optischen Axen. Die auf einer Strahlenaxe senkrecht stehende Tangentialebene berührt die Indexfläche in einem Kreise, den wir schon in Fig. 772 kennen gelernt haben. Die Radien vom Mittelpunkte O nach den Punkten dieses Kreises bilden den zu der Strahlenaxe gehörigen Kegel von Wellennormalen.

Die vorstehende Fig. 779 vermittelt eine Übersicht der Beziehungen zwischen den Oberflächen, welche die Abhängigkeit der Strahlengeschwindigkeiten und der Wellengeschwindigkeiten von der Fortpflanzungsrichtung darstellen. Bezeichnen wir nämlich mit OS einen Radiusvektor der Strahlenfläche, mit W die Tangentialebene in S, mit Q den Fußpunkt der vom Mittelpunkte O auf W gefällten Senkrechten OQ und mit N denjenigen Schnittpunkt der Verlängerung von OQ mit der Indexfläche, dessen Abstand vom Mittelpunkte $ON = 1/OQ$ ist, so durchlaufen gleichzeitig S die Strahlenfläche, Q die Normalenfläche und N die Indexfläche. Dabei umhüllt die zu dem Strahle OS gehörige Wellenebene W die Strahlenfläche. Die Polarisationsrichtung des Strahles OS und der Wellenebene W steht senkrecht zur Ebene SOQ. Die Polarisationsebenen von OS und W stehen in OS und OQ senkrecht auf SOQ.

Totale Reflexion.[1] — Wir setzen voraus, daß eine Flüssigkeit zur Verfügung stehe, deren Brechungsindex N für eine bestimmte einfarbige Lichtart größer ist als der größte Hauptbrechungsindex α_3 des zu untersuchenden Krystalls. Dann können die drei Hauptbrechungsindices durch Messung von Grenzwinkeln der totalen Reflexion schon an einer einzigen Grenzebene eindeutig bestimmt werden, wenn diese Ebene zu einer optischen Symmetrieebene oder zu einer optischen Symmetrieaxe parallel liegt.

A. In dem ersten Falle, wo die Grenzebene eine Symmetrieebene ist, ergiebt sich aus der Gestalt der Indexfläche, daß die Grenzstrahlen der totalen Reflexion einen Kreiskegel und einen elliptischen Kegel bilden. Durch den für alle Einfallsebenen konstanten Grenzwinkel ist sofort ein Hauptbrechungsindex bestimmt. Die beiden anderen Indices ergeben sich aus dem größten und dem kleinsten Werte des mit der Einfallsebene veränderlichen Grenzwinkels. Diese letzteren Werte sind noch dadurch charakterisiert, daß für sie die Grenzkurven im Gesichtsfelde des Beobachtungsfernrohres senkrecht zur Einfallsebene stehen, weil diese Ebene mit einer optischen Symmetrieebene zusammenfällt. Benutzen wir z. B. die Grenzebene $X_2 X_3$, so wird der Kreiskegel von dem elliptischen Kegel umschlossen. Die der Normale der spiegelnden Fläche zunächst liegende Grenzkurve behält also ihre Lage für alle Einfallsebenen. Dagegen ändert die dem elliptischen Kegel angehörende Kurve ihren Abstand von der festen Kurve und ihre Neigung gegen dieselbe. Der Abstand erreicht seinen

[1] Th. Liebisch, Physikal. Krystallogr. 1891, 421—427.

größten oder seinen kleinsten Wert, je nachdem $X_1 X_2$ oder $X_1 X_3$ zur Einfallsebene gewählt wird. Die Grenzwinkel in diesen Ebenen seien bezeichnet mit i_1, i_3 und i_1, i_2. Dann erhalten wir die Hauptbrechungsindices aus:

$$\text{(I)} \qquad \alpha_1 = N \sin i_1, \qquad \alpha_2 = N \sin i_2, \qquad \alpha_3 = N \sin i_3.$$

Sehr bemerkenswert sind die Erscheinungen, welche die zu den optischen Axen parallele Grenzebene $X_3 X_1$ darbietet. Wie aus Fig. 779 hervorgeht, schneiden sich in diesem Falle der Kreiskegel $\mathfrak{K}_\varkappa$ und der elliptische Kegel $\mathfrak{K}_\varepsilon$. Die vier Schnittgeraden liegen in den Verbindungsebenen der Symmetrieaxe X_2 mit den optischen Axen OA, OA'. Wählen wir nun eine dieser Ebenen zur Einfallsebene, so erblicken wir im Gesichtsfelde des Fernrohres den Durchschnitt der Grenzkurven, welche den Kegeln $\mathfrak{K}_\varkappa$ und $\mathfrak{K}_\varepsilon$ angehören (Fig. 780). Da jene Verbindungsebenen die Winkel AOA' und $180^0 - AOA'$ einschließen, so ist ersichtlich, daß man an einer zur Symmetrieebene $X_3 X_1$ genau parallelen Grenzebene den wahren Winkel der optischen Axen messen kann, wenn die Drehung der Grenzebene um ihre Normale an einem Teilkreise abgelesen werden kann. Hierzu sind namentlich die in Fig. 606 und 608 abgebildeten Totalreflektometer geeignet. Die Genauigkeit dieser Methode hängt von der Stärke der Doppelbrechung ab; sind zwei der Hauptlichtgeschwindigkeiten nur wenig voneinander verschieden, so lassen sich die durch die optischen Axen gehenden Einfallsebenen nicht mehr mit ausreichender Sicherheit ermitteln.

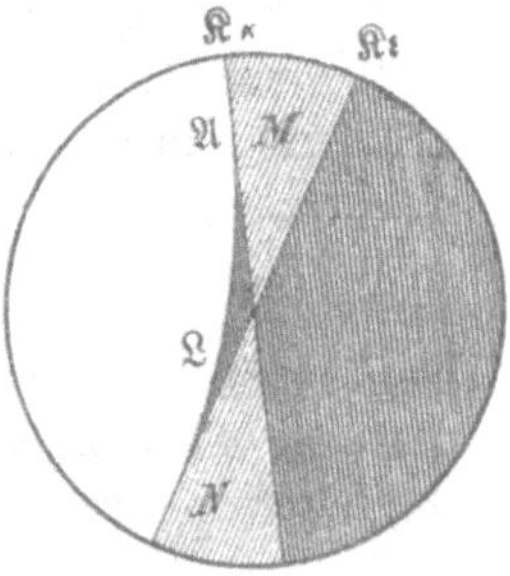

Fig. 780. Totale Reflexion an einer zur Ebene der optischen Axen parallelen Grenzebene.

Die an der Ebene der optischen Axen entstehenden Grenzstrahlen erfüllen aber nicht nur die soeben betrachteten Kegel, sondern außerdem noch vier Ausschnitte von Kegelmänteln $\mathfrak{L}$, die in der Nähe der Schnittgeraden von $\mathfrak{K}_\varkappa$ und $\mathfrak{K}_\varepsilon$ liegen und diese Kegel berühren. Hierdurch wird die in Fig. 780 dargestellte Grenzkurve $\mathfrak{L}$ erzeugt, welche die auf $\mathfrak{K}_\varkappa$ und $\mathfrak{K}_\varepsilon$ gelegenen Kurven berührt und den Schnittpunkt derselben von dem Gebiet der totalen Reflexion trennt. Die Erklärung dieser Erscheinung ergiebt sich aus der Betrachtung der Indexfläche. Konstruieren wir nämlich nach dem auf S. 254 beschriebenen Verfahren den auf der Ebene $X_3 X_1$ senkrechten Tangentencylinder der Indexfläche, so berührt er diese Fläche nicht nur in dem Kreise mit dem Radius α_2 und der Ellipse mit den Halbaxen α_1, α_3 (Fig. 779), sondern außerdem noch in den vier Kreisen, welche die singulären, auf den Strahlenaxen senkrechten Tangentialebenen mit der Indexfläche gemein haben (Fig. 772). Um die Grenzstrahlen zu erhalten, müssen wir nun die Schnittkurven dieses Cylinders und der Kugel mit dem Radius N verbinden mit dem Einfallspunkte O. Dann gewinnen wir aber außer dem Kreiskegel $\mathfrak{K}_\varkappa$ und dem elliptischen Kegel $\mathfrak{K}_\varepsilon$ noch jene vier Ausschnitte von Kegelmänteln $\mathfrak{L}$.

B. Liegt die Grenzebene parallel zu einer optischen Symmetrieaxe, so bieten sich zwei ausgezeichnete Einfallsebenen dar. Um die Vorstellungen zu fixieren, wollen wir voraussetzen, daß die Grenzebene in die Zone von X_1 falle. Dann geht eine jener Einfallsebenen durch X_1, während die andere auf X_1 senkrecht steht, also mit der Symmetrieebene $X_2 X_3$ zusammenfällt. Die experimentelle Bestimmung dieser beiden Ebenen wird dadurch ermöglicht, daß die Grenzkurven im Gesichtsfelde des Fernrohres jedesmal genau senkrecht zur Einfallsebene liegen müssen. In dem ersten Falle liefern nun die Grenzwinkel i_2, i_3 unmittelbar die der Symmetrieaxe X_1 entsprechenden Hauptbrechungsindices:

$$\alpha_2 = N \sin i_2, \qquad \alpha_3 = N \sin i_3.$$

In dem zweiten Falle ergiebt sich aus dem Grenzwinkel i_1, welcher der parallel zur Einfallsebene $X_2 X_3$ polarisierten Grenzkurve entspricht, der dritte Hauptbrechungsindex:

$$\alpha_1 = N \sin i_1.$$

Dagegen ist der Grenzwinkel i der Grenzkurve, welche senkrecht zu $X_2 X_3$ polarisiert ist, von dem Winkel μ abhängig, den die Normale der Grenzebene mit X_2 einschließt; denn aus der Gestalt der Indexfläche folgt:

$$\text{(II)} \qquad \alpha_3^2 + (\alpha_2^2 - \alpha_3^2) \cos^2 \mu = N^2 \sin^2 i,$$

also:

$$\cos^2 \mu = \frac{\sin^2 i - \sin^2 i_3}{\sin^2 i_2 - \sin^2 i_3}.$$

Hieraus ist ersichtlich, daß man außer den Werten der Hauptbrechungsindices auch noch die durch den Winkel μ gegebene Orientierung der Grenzebene auf optischem Wege ermitteln kann, in ähnlicher Weise, wie sich die Lage einer beliebigen Grenzebene eines optisch einaxigen Krystalls feststellen läßt (S. 334).

C. Die Grenzwinkel i_1, i_2, i_3, aus denen sich nach (I) sofort die Hauptbrechungsindices ergeben, treten nicht nur in den speziellen Fällen auf, wo die Grenzebene einer optischen Symmetrieebene oder einer optischen Symmetrieaxe parallel geht. Sie können, wie leicht einzusehen ist, an jeder Grenzebene beobachtet werden. Nur liegen sie dann nicht mehr in Einfallsebenen, die aufeinander senkrecht stehen. Bezeichnen wir die Schnittgeraden der Grenzebene mit den Symmetrieebenen der Indexfläche durch ON_1, ON_2, ON_3 derart, daß der Punkt N_h dem Kreise mit dem Radius α_h angehört, so liegen die Punkte N_1, N_2, N_3 gleichzeitig auf der Berührungskurve des zur Normale der Grenzebene parallelen Tangentencylinders der Indexfläche. Wir beachten jetzt, daß in jedem Diametralschnitt der Indexfläche der größte Radius der äußeren Kurve gleich α_3 und der kleinste Radius der inneren Kurve gleich α_1 ist, während α_2 entweder den kleinsten

Radius der äußeren oder den größten Radius der inneren Kurve bildet, je nachdem der Schnitt durch den von der Axe X_3 halbierten Winkel der optischen Axen oder durch den Nebenwinkel gelegt ist (Fig. 779). Daraus folgt, daß man durch Messung des absolut größten Grenzwinkels i_3 und des absolut kleinsten Grenzwinkels i_1 an einer beliebig orientierten Grenzebene eines optisch zweiaxigen Krystalls immer die Hauptbrechungsindices α_3 und α_1 bestimmen kann. Dagegen läßt sich an einer einzigen Grenzebene nicht entscheiden, ob der kleinste Grenzwinkel in dem äußeren oder der größte Grenzwinkel in dem inneren Kegel der Grenzstrahlen den Wert i_2 liefert. In der That kann, wie aus einem von A. Brill bewiesenen Satze hervorgeht, durch einen Diametralschnitt einer Indexfläche im allgemeinen noch eine zweite reelle Indexfläche gelegt werden, welche die Halbaxen α_3 und α_1 mit jener gemein hat und sich nur durch einen anderen Wert der Halbaxe α_2 von ihr unterscheidet. Man muß daher, wenn zur Ermittelung der Hauptbrechungsindices α_1, α_2, α_3 keine durch Symmetrieeigenschaften ausgezeichnete Grenzebene benutzt werden kann, die Beobachtung der größten und der kleinsten Grenzwinkel der totalen Reflexion in dem äußeren und dem inneren Kegel der Grenzstrahlen an zwei verschieden orientierten Grenzebenen ausführen, um die allen Grenzebenen gemeinsamen Grenzwinkel i_1, i_2, i_3 zu bestimmen.

Oberfläche gleichen Gangunterschiedes. — In einem optisch zweiaxigen Krystall hat die Oberfläche gleichen Gangunterschiedes eine Gestalt, die durch das Modell Fig. 781 veranschaulicht wird. Sie reduziert sich auf die beiden optischen Axen, wenn der Gangunterschied auf Null herabsinkt. Bezeichnen wir die Winkel, die ein Radiusvektor ϱ mit diesen Axen einschließt, durch φ und φ', so ist der Gangunterschied Γ gegeben durch:

$$\Gamma = F \varrho \sin \varphi \sin \varphi'.$$

Hierin bedeutet F eine Funktion der Hauptlichtgeschwindigkeiten $\mathfrak{a}_1$, $\mathfrak{a}_2$, $\mathfrak{a}_3$ und der Geschwindigkeit $\mathfrak{v}$ in dem äußeren Mittel, für die man mit hinreichender Annäherung den Ausdruck:

$$F = \mathfrak{v} \cdot \frac{\frac{\mathfrak{a}_1^2 - \mathfrak{a}_3^2}{2}}{\left(\frac{\mathfrak{a}_1^2 + \mathfrak{a}_3^2}{2}\right)^{3/2}}$$

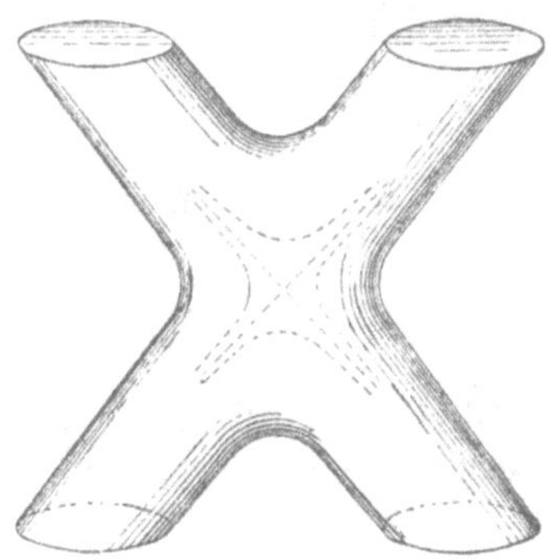

Fig. 781.
Modell einer Oberfläche gleichen Gangunterschiedes nach A. Bertin.

setzen kann. Von besonderem Interesse sind die Schnittkurven der Oberfläche mit einer auf der ersten Mittellinie senkrechten Ebene. In Fig. 782 wird vorausgesetzt, daß X_3 diese Mittellinie sei. Wir betrachten eine zu X_3 normale Ebene, deren Abstand vom Mittelpunkte $O X_3 = l$ ist. Es seien

r, r' die Entfernungen eines beliebigen Punktes C der Schnittkurve von den Spuren A, A' der optischen Axen und ξ, ξ' die Neigungen von r gegen OA und von r' gegen OA'. Dann erhalten wir:

$$\sin\varphi = \frac{r}{\varrho}\sin\xi, \qquad \sin\varphi' = \frac{r'}{\varrho}\sin\xi',$$

folglich:

$$\Gamma = F\frac{r\,r'}{\varrho}\sin\xi\sin\xi'.$$

Ist nun der Winkel der optischen Axen sehr klein, so sind ξ, ξ' nahezu gleich 90^0 und ϱ ist angenähert gleich l; demnach wird:

$$\frac{\Gamma\,l}{F} = r\,r',$$

so daß die Schnittkurve in diesem Falle nahezu die Gestalt einer Lemniskate besitzt, deren Pole A, A' sind.

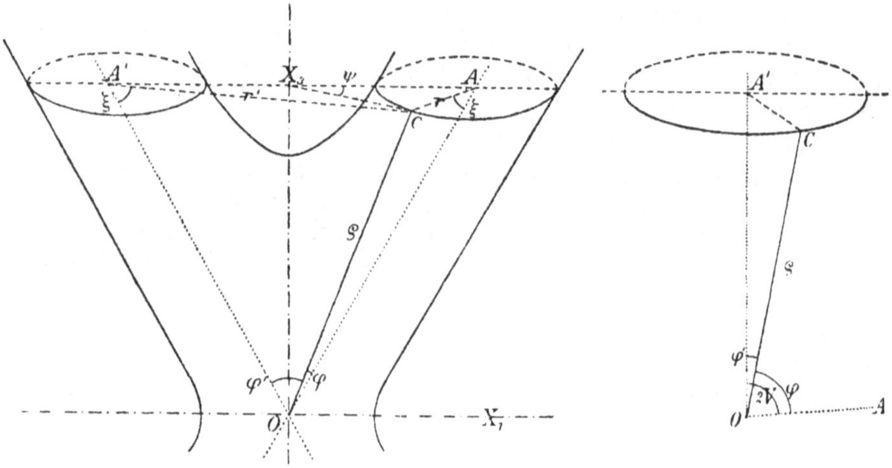

Fig. 782, 783. Schnittkurven der Oberfläche gleichen Gangunterschiedes.

Betrachten wir noch den Schnitt mit einer Ebene, welche auf einer optischen Axe senkrecht steht. Wie aus Fig. 783 hervorgeht, ist der Radiusvektor:

$$A'C = \varrho\sin\varphi' = \frac{\Gamma}{F\sin\varphi}.$$

Ist nun der Winkel φ' sehr klein, so wird φ nahezu gleich dem spitzen Winkel der optischen Axen $2V$, also:

$$A'C = \frac{\Gamma}{F\sin 2V}.$$

Daher ist die Schnittkurve in diesem Falle ein Kreis mit dem Radius $\Gamma/F\sin 2V$.

Interferenzerscheinungen im senkrecht eintretenden Lichte. — Eine Platte eines optisch zweiaxigen Krystalls zeigt zwischen gekreuzten Nicols bei der Beleuchtung mit einfarbigem Lichte im allgemeinen die auf S. 274 beschriebene Erscheinung: sie wird bei einer vollen Umdrehung in ihrer Ebene viermal vollkommen dunkel. Abweichend verhält sich indessen eine Platte, die auf einer optischen Axe senkrecht steht. Obwohl in diesem Falle der Gangunterschied gleich Null ist, wird die Platte doch bei einer vollen Umdrehung in ihrer Ebene niemals dunkel. Dies ist eine Folge der inneren konischen Refraktion. In der That ergab sich aus dem auf S. 368 beschriebenen Versuche, daß aus einer solchen Platte unpolarisiertes Licht austritt, wenn ein Lichtbündel von hinreichend großem Querschnitte einfällt.

In einem optisch zweiaxigen Krystall haben die Polarisationsebenen $\mathfrak{H}_1$, $\mathfrak{H}_2$ der beiden Wellen, die sich in der Normale einer planparallelen Platte fortpflanzen, nur dann eine für alle Farben übereinstimmende Orientierung, wenn die Platte auf einer allen Lichtarten gemeinsamen Symmetrieebene senkrecht steht. Hierher gehören die Platten rhombischer Krystalle, die in die Zone einer krystallographischen Axe fallen, und die Platten monokliner Krystalle, die auf 010 senkrecht stehen. Diese Platten werden also in den Stellungen, in denen sie bei der Beleuchtung mit einer beliebigen einfarbigen Lichtart dunkel erscheinen, auch im weißen Lichte dunkel bleiben (S. 277).

In allen übrigen Platten ändert sich die Orientierung der Polarisationsebenen $\mathfrak{H}_1$, $\mathfrak{H}_2$ mit der Farbe des Lichtes. Diese Dispersion der Ebenen $\mathfrak{H}_1$, $\mathfrak{H}_2$ ist in rhombischen Krystallen nur von der Dispersion der optischen Axen, in monoklinen und triklinen Krystallen außerdem auch noch von der Dispersion der optischen Symmetrieaxen abhängig. Eine starke Dispersion von $\mathfrak{H}_1$ und $\mathfrak{H}_2$ bedingt, daß die Platte zwischen gekreuzten Nicols bei der Beleuchtung mit weißem Lichte während einer vollen Umdrehung in ihrer Ebene niemals vollständig dunkel wird.

Unter gleich dicken aber verschieden orientierten Platten eines optisch zweiaxigen Krystalls wird die höchste Interferenzfarbe an einer zur Ebene der optischen Axen parallelen Platte auftreten. Denn der Gangunterschied in einer Platte von der Dicke l, deren Normale die Winkel φ, φ' mit den optischen Axen einschließt, ist nach S. 375 gegeben durch: $\Gamma = Fl \sin\varphi \sin\varphi'$. Und dieser Ausdruck erreicht seinen größten Wert, wenn $\varphi = \varphi' = 90^0$ ist.

Wenn in einem optisch zweiaxigen Krystall die Ebene der optischen Axen für rotes Licht senkrecht steht auf der Ebene der optischen Axen für violettes Licht, so muß der Krystall für eine bestimmte Wellenlänge des Lichtes einaxig sein. Eine Methode zur genauen Bestimmung dieser mit der Temperatur veränderlichen Wellenlänge beruht auf der Spektralanalyse der Interferenzfarben, welche Platten, deren Grenzflächen senkrecht zur ersten Mittellinie stehen, im senkrecht einfallenden Licht zwischen gekreuzten Nicols zeigen.[1] Wird die Platte in eine Diagonalstellung gebracht, so fehlen in dem Spektrum alle Lichtarten, für welche der Gangunterschied Γ der beiden gebrochenen Wellen in der Platte eine ganze Anzahl von Wellenlängen erreicht. Insbesondere fehlt die Lichtart, für welche die Platte gerade einaxig, der Gangunterschied also Null ist. Prüft man nun mehrere Platten von verschiedenen Dicken, so wird der schwarze Interferenzstreifen, welcher dem Werte $\Gamma = 0$ entspricht, seine Lage im Spektrum behalten, während die übrigen Interferenzstreifen eine von der Dicke abhängige Verschiebung erfahren. Am einfachsten gestaltet sich die Beobachtung an einem Präparat, welches an verschiedenen Stellen ungleich dick ist; alsdann wird sich durch eine Verschiebung des Präparates in seiner Ebene nur die Lage derjenigen Interferenzstreifen ändern, welche den von Null verschiedenen Werten des Gangunterschiedes entsprechen. Dieses Verfahren läßt sich sehr bequem an einem Mikroskope durchführen, welches auf einem drehbaren Objekttische zwei aufeinander senkrecht stehende Schlittenführungen (Fig. 685, 688) und an Stelle des gewöhnlichen Okulars ein Abbe'sches Mikrospektroskop mit einer Ångström'schen Wellenlängenskala (Fig. 637, 638) besitzt. Mit Hilfe dieser Vorrichtungen kann man die Interferenzfarben bestimmter Stellen eines Präparates der Reihe nach spektral zerlegen und in dem auf das Spektrum projizierten virtuellen Bilde der Skala sofort die Wellenlänge λ_0 des schwarzen Interferenzstreifens, welcher $\Gamma = 0$ entspricht, ablesen. — Dieselbe Methode kann angewendet werden auf eine zur optischen Axe parallele Platte eines einaxigen Krystalls, in welchem der Charakter der Doppelbrechung das Vorzeichen ändert, wenn man von rotem zu blauem Lichte übergeht, um die von der Temperatur abhängige Wellenlänge zu bestimmen, für welche der Krystall isotrop ist.

Interferenzerscheinungen im konvergenten einfarbigen Lichte. — Die Abhängigkeit der Interferenzerscheinungen im konvergenten Lichte von der Symmetrie der Krystallform ist vorzüglich geeignet zur Unterscheidung rhombischer, monokliner und trikliner Krystalle. Damit die hier vorhandenen Verschiedenheiten hervortreten, müssen wir jedenfalls dem Polarisator und dem Analysator feste Stellungen geben. Wir wollen voraussetzen, daß diese Vorrichtungen gekreuzt stehen. Dann ist das Gesichtsfeld vor der Einschaltung einer Platte tetrasymmetrisch (Fig. 679), und wir können jede Platte, die auf einer optischen Symmetrieebene senkrecht steht, in eine Normalstellung und eine Diagonalstellung bringen. Um eine bequeme Übersicht zu gewinnen, stellen wir die Beschreibung der Erscheinungen voran, die von allen optisch zweiaxigen Krystallen im einfarbigen Lichte in gleicher Weise dargeboten werden. Von hier aus werden wir dann leicht zu den für die einzelnen Krystallsysteme charakteristischen Erscheinungen fortschreiten können, die bei der Beobachtung im weißen Lichte durch die

[1] Th. Liebisch, Nachr. Ges. d. Wiss. Göttingen. 1893, 265.

Dispersion der optischen Axen und der optischen Symmetrieaxen hervorgerufen werden.

Die Gestalt der Hauptkurven gleichen Gangunterschiedes läßt sich mit Hilfe der Oberfläche gleichen Gangunterschiedes (Fig. 781) voraus bestimmen. Denn diese Kurven sind stets den Schnittkurven ähnlich, welche die Austrittsfläche der Platte auf den um einen beliebigen Punkt der Eintrittsfläche für ganze Anzahlen von Wellenlängen beschriebenen Oberflächen gleichen Gangunterschiedes erzeugt. Die Spuren der optischen Axen erscheinen stets dunkel, weil in diesen Richtungen kein Gangunterschied entstehen kann. Ferner läßt sich von vornherein übersehen, daß alle Kurven gleicher Polarisationsrichtung sich in den Spuren der optischen Axen kreuzen müssen; denn in der nach einer optischen Axe fortschreitenden Welle ist keine Polarisationsrichtung vor den übrigen ausgezeichnet. Insbesondere wird durch die Spuren dieser Axen jedesmal die Hauptisogyre hindurchgehen, d. h. die Verbindungskurve der Spuren aller Wellenpaare, deren Polarisationsrichtungen parallel zu den durch den Polarisator und den Analysator gegebenen Polarisationsebenen $\mathfrak{P}$ und $\mathfrak{A}$ liegen. Es interessieren uns nun vor allem die folgenden für alle optisch zweiaxigen Krystalle gültigen Symmetriegesetze.

A. Steht die Platte senkrecht auf einer optischen Symmetrieaxe, so stehen auf ihr gleichzeitig zwei optische Symmetrieebenen senkrecht. Folglich muß die ganze Interferenzfigur in der Normalstellung und in der Diagonalstellung der Platte nach diesen Ebenen disymmetrisch sein. Die Hauptkurven gleichen Gangunterschiedes werden bei jeder Stellung der Platte ihren disymmetrischen Charakter bewahren. Aber die Hauptisogyren ändern ihre Lage bei einer Drehung der Platte in ihrer Ebene und nehmen nur in jenen ausgezeichneten Stellungen eine disymmetrische Gestalt an.

Liegt die Platte senkrecht zur ersten Mittellinie, so haben die Kurven gleichen Gangunterschiedes annähernd die Form von Lemniskaten, deren Pole in die Spuren der optischen Axen A, A' fallen. Fig. 784 stellt eine Reihe von Hauptlemniskaten dar. Sie veranschaulicht zugleich die häufig zu beobachtende Erscheinung, daß die aus zwei geschlossenen Zügen bestehenden Kurven, die den Spuren A, A' zunächst liegen, durch eine Lemniskate mit Doppelpunkt getrennt sind von den durch einen einzigen Zug gebildeten Kurven. Sehr charakteristisch ist die Hauptisogyre, die im allgemeinen die Gestalt einer gleichseitigen Hyperbel

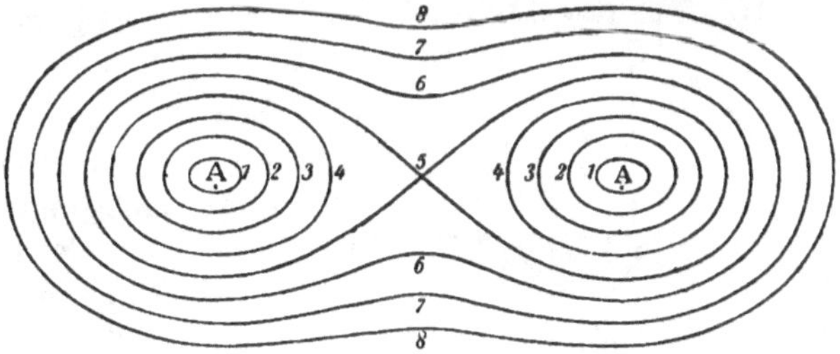

Fig. 784. Hauptkurven gleichen Gangunterschiedes.

besitzt (Fig. 785—787). Nur in der Normalstellung der Platte geht sie in die beiden diametralen Geraden über, die zur Ebene der optischen Axen

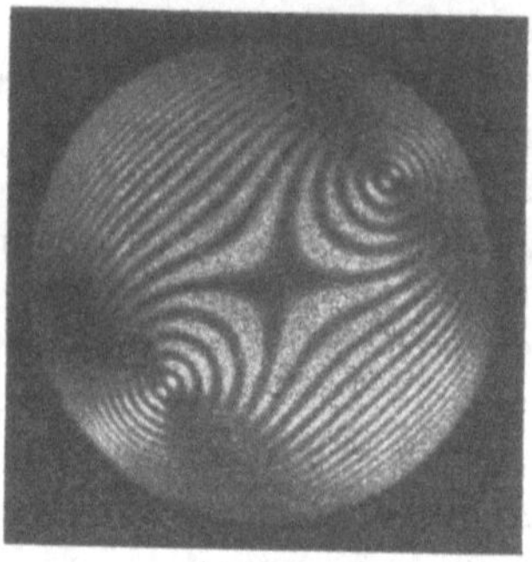

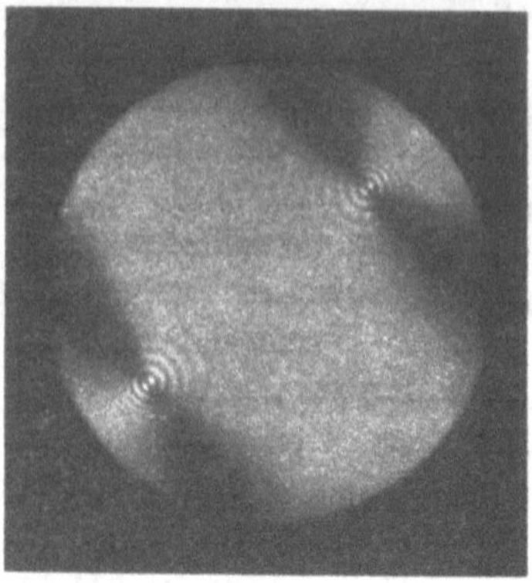

Fig. 785. Na-Licht. Diagonalstellung. Fig. 786. Weißes Licht. Diagonalstellung.
Schwerspat parallel 100.

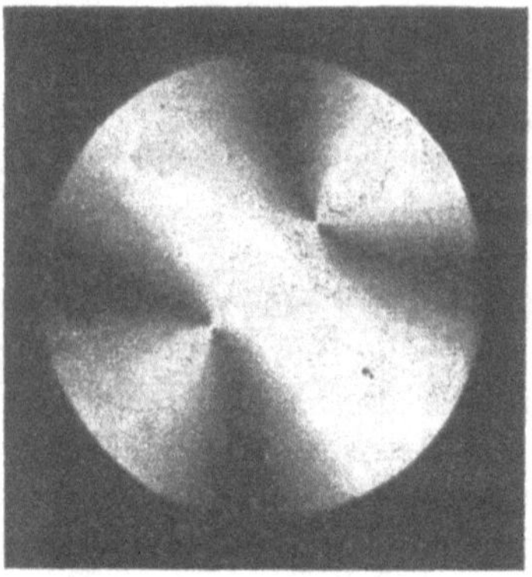

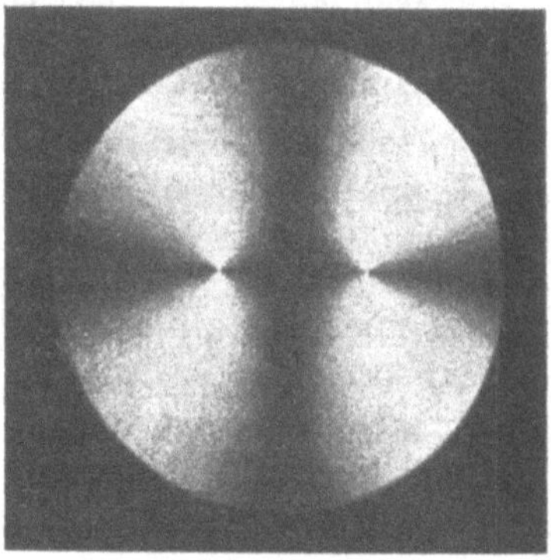

Fig. 787. Diagonalstellung. Fig. 788. Normalstellung.
Aragonit parallel 001.

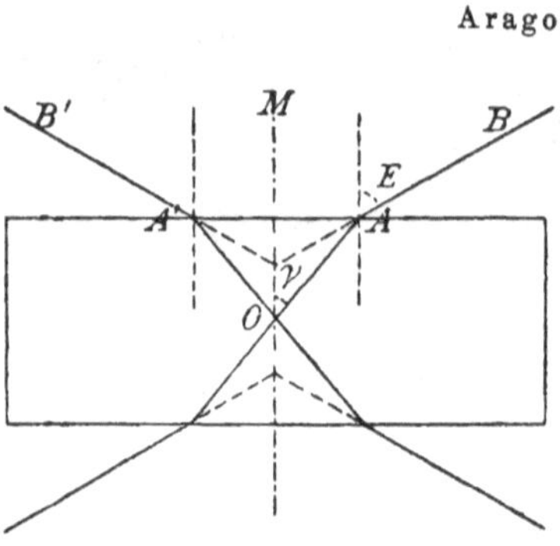

Fig. 789. Platte senkrecht zur ersten Mittellinie *M*.

parallel, resp. senkrecht liegen (Fig. 788). Da diese Hauptisogyre von der Plattendicke unabhängig ist, so wird sie auch noch an äußerst dünnen Platten beobachtet, an denen Hauptlemniskaten nicht mehr wahrgenommen werden können. — Eine Welle, die sich in der Platte in der Richtung einer optischen Axe fortpflanzt (Fig. 789), tritt bei dem Übergange in Luft unter dem Winkel E aus, der nach dem Brechungsgesetze gegeben ist durch $\sin E = \alpha_2 \sin V$, worin α_2 den mittleren Hauptbrechungsindex des Krystalls und V den halben spitzen Winkel der optischen Axen, $V = \frac{1}{2} A O A'$, bedeuten. Soll die Spur dieser Welle im Gesichtsfelde des Polarisationsapparates erscheinen, so muß der Wert von $\sin E$ kleiner sein als die numerische Apertur α der Linsensysteme S und S' (Fig. 675). Ist $\sin E$ gerade gleich α, so wird die Spur jener Welle auf den Rand des Gesichtsfeldes fallen. Da am Mikroskop noch ein Trockensystem zur Verfügung steht, dessen numerische Apertur den Betrag 0,95 erreicht, so werden wir unter Benutzung eines Kondensorsystems von derselben Apertur im Na-Lichte z. B. an folgenden Krystallen die Spuren der optischen Axen beobachten können:

	α_2	$2V$	$\alpha_2 \sin V$		α_2	$2V$	$\alpha_2 \sin V$
Cerussit . . .	2,0763	8° 14′	0,15	Chrysoberyll	1,7484	45° 20′	0,67
Aragonit . .	1,6816	17 50	0,26	Euklas . . .	1,6553	49 37	0,69
Borax	1,4686	39 34	0,50	Gyps . . .	1,5228	54 51	0,70
Schwerspat .	1,6374	36 45	0,52	Topas . . .	1,6137	56 56	0,77
Anhydrit . .	1,5755	43 49	0,59	Diopsid . .	1,6798	58 59	0,83.
Kieselzinkerz	1,618	46 42	0,64				

Ist das Produkt $\alpha_2 \sin V$ größer als Eins, so können bei dem Übergange des Lichtes aus Luft in die Platte Wellen, die sich in den Richtungen der optischen Axen fortpflanzen, nicht mehr entstehen. Hierher gehören z. B. die folgenden Krystalle:

	α_2	$2V$	$\alpha_2 \sin V$
Cordierit	1,541	82° 50′	1,02
Anglesit	1,8823	68 17	1,06
Andalusit . . .	1,638	83 14	1,09
Olivin	1,678	87 55	1,16
Schwefel	2,0383	72 20	1,20.

In diesem Falle muß man Linsensysteme von höherer Apertur anwenden und die Zwischenräume zwischen ihnen und der Platte mit einer Flüssigkeit erfüllen, deren Brechungsindex den Wert der Apertur übersteigt. Auch die Brechungsindices der Objektträger und Deckgläser müssen diese Bedingung befriedigen. Da die Immersionssysteme und Beleuchtungssysteme der Mikroskope gewöhnlich nicht über $\alpha = 1,40$ hinausreichen, so ist das auf S. 306 erwähnte System mit der Apertur 1,47 vorzuziehen.

Steht die Platte senkrecht zur zweiten Mittellinie, so besitzen die Kurven gleichen Gangunterschiedes in der Mitte des Gesichtsfeldes annähernd die Gestalt von Hyperbeln, die sich nur wenig von gleichseitigen Hyperbeln unterscheiden, um so weniger, je kleiner der spitze Winkel der optischen Axen ist. Soll aus Luft eine ebene Welle in die Platte eintreten, die sich in der Richtung einer optischen Axe fortpflanzt (Fig. 790), so muß dem Brechungswinkel $90^0 - V$ entsprechend das Produkt $\alpha_2 \sin(90^0 - V)$ oder $\alpha_2 \cos V$ kleiner als Eins sein. Da aber, wie aus der folgenden Tabelle hervorgeht, in der Regel $\alpha_2 \cos V > 1$ ist, so kann man mit Trockensystemen die Spuren der optischen Axen nicht im Gesichtsfelde erblicken. Dagegen gelingt dies, falls $\alpha_2 \cos V < 1{,}47$ bleibt, mit dem soeben erwähnten Immersionssysteme. Alsdann beobachtet man, wie sich alle Kurven gleichen Gangunterschiedes lemniskatenartig um jene Spuren anordnen. Die Hauptisogyre zeigt dasselbe Verhalten, wie bei den zur ersten Mittellinie senkrechten Platten.

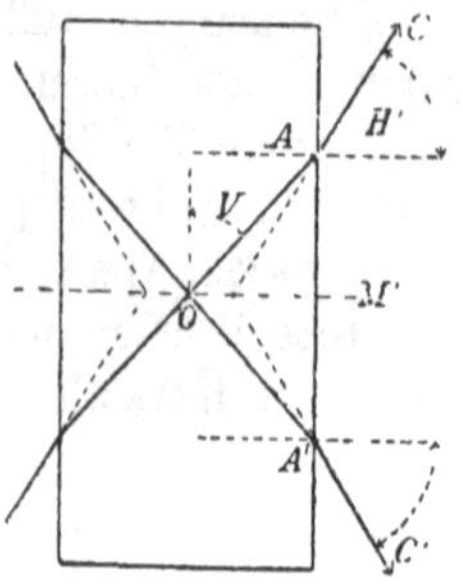

Fig. 790. Platte senkrecht zur zweiten Mittellinie *M'*.

	$\alpha_2 \cos V$		$\alpha_2 \cos V$
Cordierit	1,16	Kieselzinkerz . . .	1,49
Weinsäure	1,19	Euklas	1,51
Olivin	1,21	Schwerspat	1,55
Andalusit	1,22	Anglesit	1,56
Gyps	1,35	Chrysoberyll . . .	1,61
Borax	1,38	Schwefel	1,65
Topas	1,42	Aragonit	1,66
Anhydrit	1,46	Cerussit	2,07.
Diopsid	1,46		

An einer zur Ebene der optischen Axen parallelen Platte können die Kurven gleichen Gangunterschiedes in einem kleinen Bereich um den Mittelpunkt des Gesichtsfeldes unabhängig von der Größe des Winkels der optischen Axen als zwei Scharen gleichseitiger Hyperbeln angesehen werden, deren reelle Axen mit der ersten und der zweiten Mittellinie zusammenfallen (Fig. 791). Die Hauptisogyre ist eine Hyperbel; sie tritt aber viel weniger deutlich hervor als an den vorher betrachteten Platten, da die Orientierung der Polarisationsrichtungen innerhalb des Gesichtsfeldes nur geringe Änderungen erfährt.

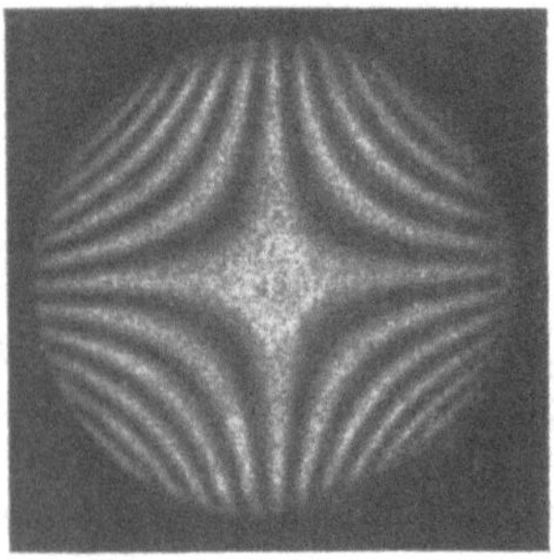
Fig. 791. Spaltungsplatte von Euklas parallel 010 im Na-Licht. Diagonalstellung.

B. Liegt die Platte parallel zu einer optischen Symmetrieaxe, so steht sie gleichzeitig auf einer optischen Symmetrieebene senkrecht. Daher muß die ganze Interferenzfigur in der Normalstellung und in der Diagonalstellung der Platte monosymmetrisch sein.

Eine zur Ebene der optischen Axen senkrechte Platte, deren Normale nur wenig gegen eine dieser Axen geneigt liegt, wird die Spur derselben Axe nahezu im Mittelpunkte des Gesichtsfeldes zeigen (Fig. 792). Die benachbarten Kurven gleichen Gangunterschiedes bilden, wenn die Platte hinreichend dick ist, eine Schar konzentrischer Kreise, deren Mittelpunkt jene Spur ist (Fig. 793). Dabei ist bemerkenswert, daß der Abstand aufeinander folgender Hauptkreise konstant bleibt, da sich die Radien dieser

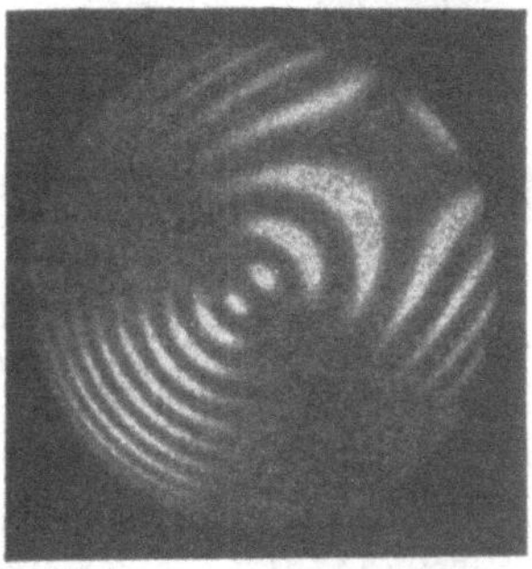

Fig. 792. Rohrzucker parallel 100 im Na-Licht. Diagonalstellung.

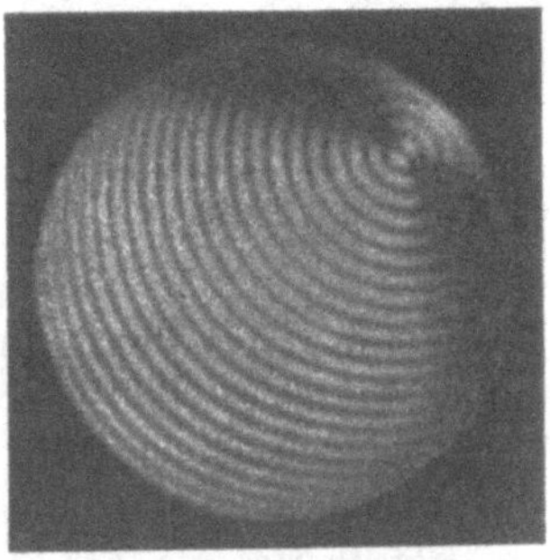

Fig. 793. Diopsid parallel 100 im Na-Licht. Diagonalstellung.

Kreise hier nicht, wie bei den zur Basis parallelen Platten der gewöhnlichen optisch einaxigen Krystalle (S. 338) verhalten wie die Quadratwurzeln aus den ganzen Zahlen, sondern wie diese Zahlen selbst. Die Hauptisogyre kann in erster Annäherung als eine gerade Linie betrachtet werden. Die Winkel zwischen dieser Geraden und der Spur der Ebene der optischen Axen werden bei jeder Stellung der Platte durch die Polarisationsebenen 𝔓 und 𝔄 halbiert. Daher dreht sich die Gerade bei einer Drehung der Platte gleich schnell in entgegengesetzter Richtung. Im homogenen Licht unterscheidet sich also diese Platte auch durch das Verhalten der Hauptisogyre auffallend von den basischen Platten einaxiger Krystalle.

An Platten aus der Zone der ersten Mittellinie (Fig. 794) oder der zweiten Mittellinie (Fig. 795, 796) erkennt man aus dem Verlauf der Kurven gleichen Gangunterschiedes leicht die Richtung, nach welcher die Spur der Ebene der optischen Axen verläuft. In der Normalstellung fällt ein breiter dunkler Balken der Hauptisogyre in die zur Platte senkrechte Symmetrieebene.

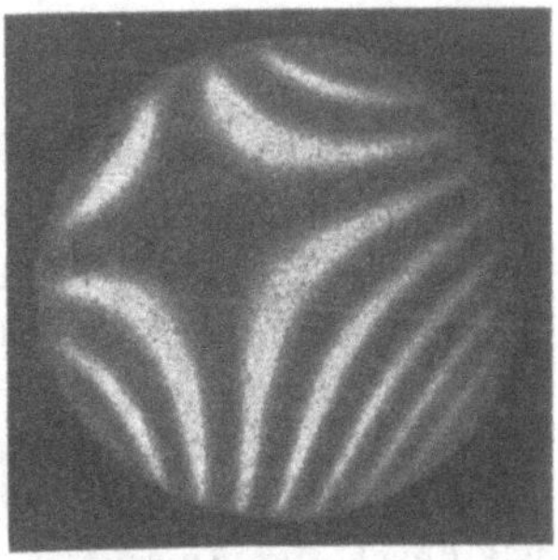

Fig. 794. Topas parallel 110 im Na-Licht. Diagonalstellung.

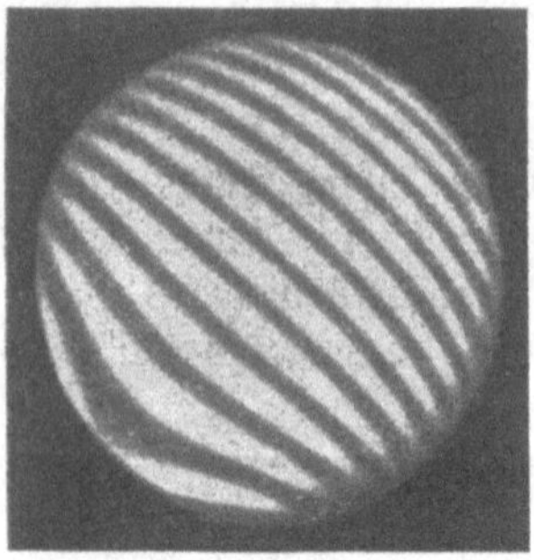

Fig. 795. Topas parallel 011 im Na-Licht. Diagonalstellung.

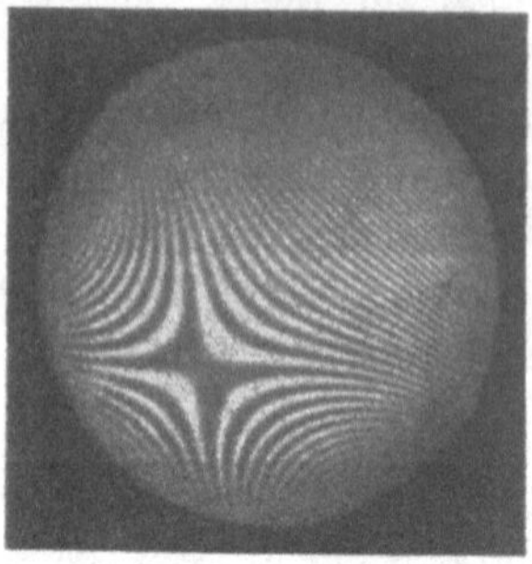

Fig. 796. Rechtsweinsäure parallel 100 im Na-Licht. Diagonalstellung.

Bestimmung des Charakters der Doppelbrechung. — Eine zur ersten Mittellinie senkrechte Platte, welche die Spuren der optischen Axen A, A' im Gesichtsfelde erkennen läßt, werde derart in die Normalstellung gebracht, daß die Ebene $A\,A'$ von links nach rechts läuft. Darauf schalte man zwischen die Platte und den Analysator ein Viertelundulationsblättchen in der Diagonalstellung in solcher Weise ein, daß die Polarisationsebene $\mathfrak{H}_1'$ der schnelleren Welle die Quadranten vorn-rechts und hinten-links halbiert. Alsdann erscheinen die Kurven gleichen Gangunterschiedes in diesen Quadranten verengert oder erweitert, je nachdem der Charakter der Doppelbrechung positiv oder negativ ist. Geichzeitig treten in den Quadranten, wo eine Erweiterung jener Kurven stattfindet, zwei schwarze Flecken in der unmittelbaren Nähe der Spuren der optischen Axen auf (Fig. 797). Daß die angegebene Regel zutreffen muß, ergiebt sich schon daraus, daß sie offenbar auf das früher für optisch einaxige Krystalle abgeleitete Kennzeichen führen würde, wenn der Winkel der optischen Axen bis auf Null abnehmen könnte (S. 341).

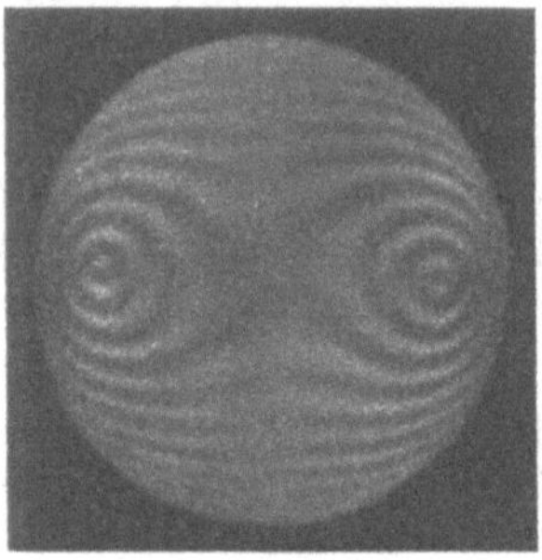

Fig. 797. Charakter der Doppelbrechung negativ.

Sind die Kurven gleichen Gangunterschiedes um die Spuren der optischen Axen herum sehr eng, so ist die Erweiterung oder Verengerung derselben in der Normalstellung nicht deutlich wahrzunehmen. In diesem Falle drehe man die Platte in die Diagonalstellung, so daß die Ebene $A\,A'$ mit $\mathfrak{H}_1'$ zusammenfällt. Alsdann beobachtet man, am besten im Na-Lichte, daß durch die Einschaltung des Glimmers die Kurven gleichen Gangunterschiedes in den beiden durch $\mathfrak{H}_1'$ halbierten Quadranten eine Verschiebung nach dem Mittelpunkte des Gesichtsfeldes hin oder von diesem Punkte fort erfahren, je nachdem der Charakter der Doppelbrechung in der Platte positiv oder negativ ist.

Kennt man an einer zur ersten Mittellinie senkrechten Platte die Lage der Ebene der optischen Axen, so kann man den Charakter der Doppelbrechung in einem Polarisationsapparate für senkrecht einfallendes Licht bestimmen. Denn aus Fig. 762 ist ersichtlich, daß die Polarisationsebene $\mathfrak{H}_1$ der schnelleren Welle senkrecht oder parallel zur Ebene der optischen Axen liegt, je nachdem die Symmetrieaxe X_3 oder die Symmetrieaxe X_1 die Fortpflanzungsrichtung bildet (Fig. 798). Ermittelt man also an der gegebenen Platte nach dem auf S. 283 beschriebenen Verfahren durch Kombination mit einem Keil oder einem Gypsblättchen die Orientierung der Polarisationsebene $\mathfrak{H}_1$, so ergiebt sich daraus, ob die Platte auf X_3 oder auf X_1 senkrecht steht. In dem ersten Falle ist der Charakter der Doppelbrechung positiv, im zweiten negativ. Die Umkehrung dieser Regel gilt für Platten, die zur zweiten Mittellinie senkrecht stehen.

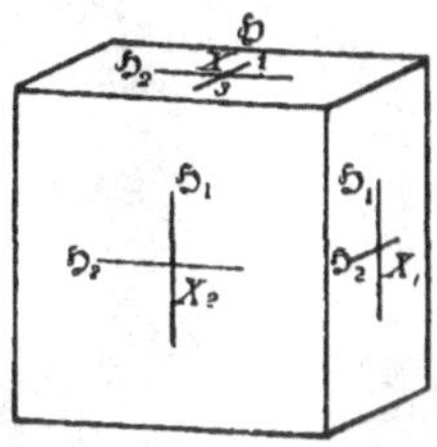

Fig. 798. Lage der Polarisationsebenen zweier Wellen, die sich nach einer Symmetrieaxe fortpflanzen.

Aus Fig. 798 geht ferner hervor, daß in einer Platte aus der Zone der zweiten Mittellinie die schnellere oder die langsamere der beiden nach der Plattennormale fortschreitenden Wellen senkrecht zur Spur der Ebene der optischen Axen polarisiert sein muß, je nachdem der Charakter der Doppelbrechung positiv oder negativ ist.

Wird eine zur Ebene der optischen Axen parallele Platte, in welcher die Richtung der ersten Mittellinie bekannt ist, nach demselben Verfahren geprüft, so ergiebt sich nach Fig. 798 ein positiver oder ein negativer Charakter der Doppelbrechung, je nachdem die Polarisationsebene der schnelleren Welle zur ersten Mittellinie parallel oder senkrecht liegt.

Messung des Winkels der optischen Axen. — Soll an einer zur ersten Mittellinie senkrechten Platte der scheinbare Winkel der optischen Axen AB, $A'B'$ (Fig. 799) mit Hilfe eines Polarisationsapparates für konvergentes Licht gemessen werden, so bieten sich zwei Wege dar.

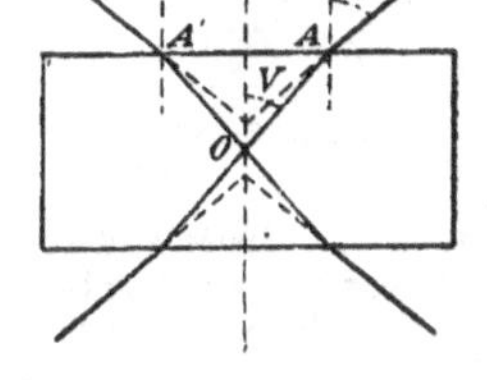

Fig. 799. Platte senkrecht zur ersten Mittellinie.

I. Die erste Methode erfordert einen hinreichend großen Abstand des Objektivs von dem Kondensor, um einen zur Axe z des Apparates senkrechten Krystallträger einschalten zu können, der mit einem seitlich angebrachten, zur Axe z parallelen Teilkreise verbunden ist. Die Richtung z sei durch den Mittelpunkt eines Fadenkreuzes ff' in der Weise bestimmt, daß der Faden f zur Ebene des Teilkreises parallel läuft. Die Polarisationsebenen $\mathfrak{P}$, $\mathfrak{A}$ seien unter 45^0 gegen f, f'

geneigt. Bringt man jetzt die von dem Träger gehaltene Platte in die Lage, daß die Spur der Ebene ihrer optischen Axen sich mit dem Faden f deckt, so werden bei der Drehung des Teilkreises die Spuren dieser Axen im Gesichtsfelde sich auf dem Faden f bewegen und nacheinander auf den

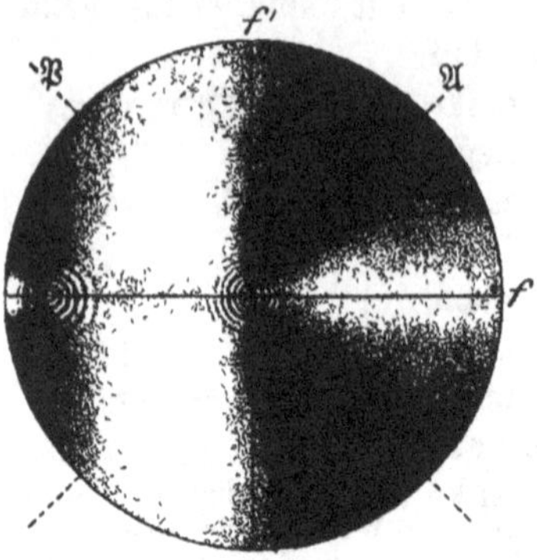

Fig. 800. Gesichtsfeld des Fernrohres.

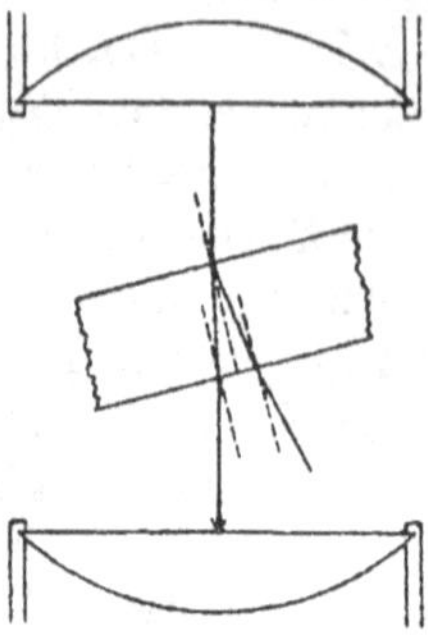

Fig. 801. Platte in Luft.

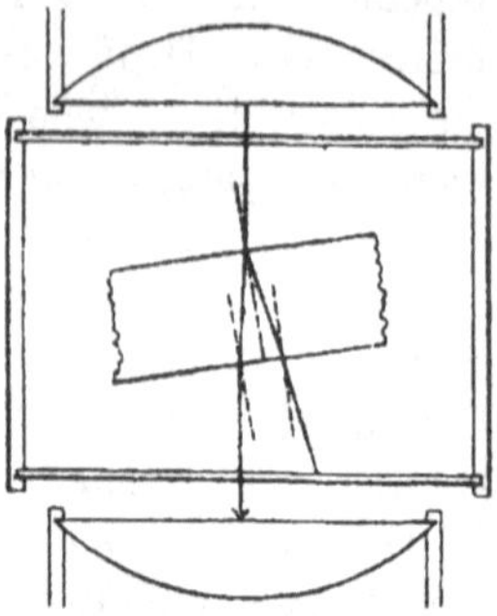

Fig. 802. Platte in einer Flüssigkeit.

Mittelpunkt des Fadenkreuzes eingestellt werden können (Fig. 800). Die Differenz der Ablesungen an dem Teilkreise in diesen beiden Stellungen giebt den gesuchten Winkel AB, $A'B'$. Je nachdem sich die Platte in Luft oder in einer Flüssigkeit befindet (Fig. 801, 802), bezeichnet man diesen Winkel mit $2E$ oder $2H$. Setzen wir den spitzen Winkel der optischen Axen $AOA' = 2V$, so ist:

$$\text{(I)} \qquad \sin V = \frac{1}{\alpha_2} \sin E = \frac{n}{\alpha_2} \sin H,$$

falls n den Brechungsindex der Flüssigkeit bedeutet.

Bestimmung des wahren Winkels $2V$ der optischen Axen und des mittleren Hauptbrechungsindex α_2. Oft gelingt es auch an einer zur zweiten Mittellinie senkrechten Platte den scheinbaren Winkel der optischen Axen AC, $A'C'$ zu messen (Fig. 803). Bezeichnet man ihn mit $2H'$, so ist:

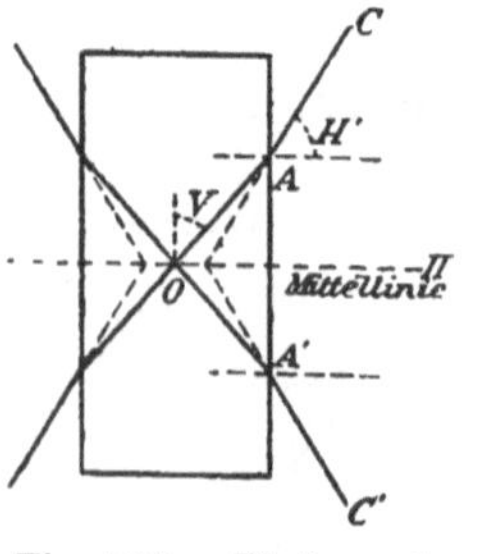

Fig. 803. Platte senkrecht zur zweiten Mittellinie.

$$\text{(II)} \qquad \cos V = \frac{n}{\alpha_2} \sin H',$$

folglich:

$$\text{(III)} \qquad \tan V = \frac{\sin H}{\sin H'}.$$

Demnach haben wir in der Messung der scheinbaren Winkel der optischen Axen an zwei Platten, von denen die eine zur ersten, die andere zur zweiten

Mittellinie senkrecht steht, ein bequemes Mittel zur Bestimmung des wahren Winkels der optischen Axen nach der Relation (**III**) und des mittleren Hauptbrechungsindex nach (**II**) oder (**I**). Unter den Methoden zur Bestimmung der Konstanten optisch zweiaxiger Krystalle ist keine häufiger angewendet worden als dieses von DES CLOIZEAUX vorgeschlagene Verfahren.

Die Relation (**III**) ist in einer allgemeineren, von H. DE SENARMONT aufgestellten Beziehung enthalten. Es seien N, N' die Normalen zweier Flächen h, h', die auf der Ebene der optischen Axen OA, OA' senkrecht stehen (Fig. 804). Die Halbierungsgerade des Winkels $AOA' = 2V$ sei bezeichnet mit X_3. Die Neigungen von N und N' gegen X_3 seien bekannt: $NX_3 = q$, $N'X_3 = q'$. Auf der Fläche h trete die optische Axe A, auf h' die optische Axe A' aus. Die entsprechenden Richtungen in dem äußeren Mittel seien bezeichnet mit B und B'. Setzen wir nun die Winkel:

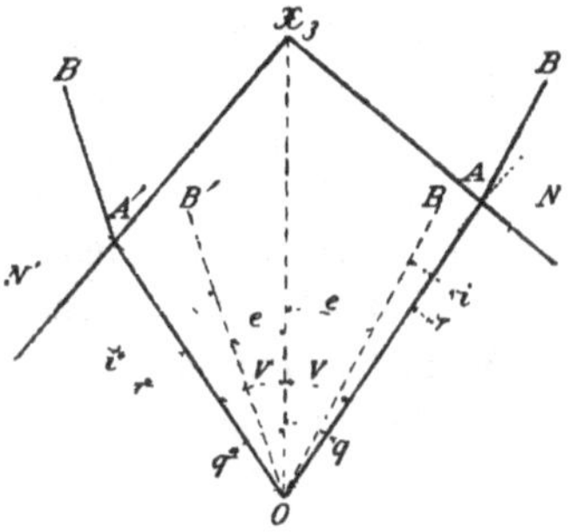

Fig. 804.

$$NA = r, \quad N'A' = r', \quad NB = i, \quad N'B' = i', \quad X_3 B = e, \quad X_3 B' = e',$$

so bestehen die Relationen:

$$\alpha_2 = \frac{\sin i}{\sin r} = \frac{\sin i'}{\sin r'} \tag{1}$$

$$q = r + V = i + e, \qquad q' = r' + V = i' + e', \tag{2}$$

falls wie in Fig. 804 die optische Axe A zwischen N und X_3 und die optische Axe A' zwischen N' und X_3 liegt. Wir haben also sechs Gleichungen zwischen zehn Größen, von denen q, q', i, i' gemessen werden können. Eliminieren wir aus (1) und (2) die Winkel r, r', e, e' und den Index α_2, so ergiebt sich eine Gleichung zur Berechnung des halben wahren Winkels der optischen Axen V:

$$\tan\left(\frac{q+q'}{2} - V\right) = \tan\frac{q-q'}{2}\,\frac{\tan\frac{1}{2}(q+q'-e-e')}{\tan\frac{1}{2}(q-q'-e+e')} = \tan\frac{q-q'}{2}\,\frac{\tan\frac{1}{2}(i+i')}{\tan\frac{1}{2}(i-i')}. \tag{3}$$

Alsdann folgen aber sofort aus (2) die Werte von r, r' und aus (1) der Wert des mittleren Hauptbrechungsindex α_2.

Liegt N zwischen X_3 und A, dagegen A' zwischen X_3 und N', so wird:

$$q = -r + V = -i + e, \qquad q' = r' + V = i' + e',$$

$$\tan\left(\frac{q+q'}{2} - V\right) = \tan\frac{q-q'}{2}\,\frac{\tan\frac{1}{2}(i-i')}{\tan\frac{1}{2}(i+i')}. \tag{4}$$

Von praktischer Bedeutung sind hier namentlich die folgenden durch Symmetrieeigenschaften ausgezeichneten speziellen Fälle.

a. Steht die Fläche h auf der Symmetrieaxe X_3 senkrecht, so ist $q = 0$, also:

$$\tan\left(\frac{q'}{2} - V\right) = -\tan\frac{q'}{2}\,\frac{\tan\frac{1}{2}(i - i')}{\tan\frac{1}{2}(i + i')}.$$

Dieser Fall tritt ein, wenn ein Krystall des rhombischen Systems in seiner Begrenzung das zur ersten Mittellinie senkrechte Flächenpaar und außerdem ein auf der Ebene der optischen Axen senkrecht stehendes Prisma darbietet, derart, daß die optischen Axen durch jenes Flächenpaar unter dem Winkel $2i$ und durch die beiden Flächenpaare des Prismas unter dem Winkel $2(q' - i')$ austreten können.

b. Steht die Fläche h auf der ersten Mittellinie X_3 und die Fläche h' auf der zweiten Mittellinie X_1 senkrecht, so wird $q = 0$, $q' = 90^0$, folglich:

$$\tan V = \frac{\sin i}{\sin i'}.$$

Dies ist der auf S. 386 vorangestellte besondere Fall.

Endlich haben wir noch die Anordnung zu berücksichtigen, wo die optische Axe A zwischen N und X_3 liegt, während X_3 zwischen A' und N' fällt. Dann erhalten wir:

$$q = r + V = i + e, \qquad -q' = -r' + V = -i' + e',$$

(5) $$\tan\left(\frac{q - q'}{2} - V\right) = \tan\frac{q + q'}{2}\,\frac{\tan\frac{1}{2}(i - i')}{\tan\frac{1}{2}(i + i')}.$$

Können die optischen Axen gleichzeitig aus einer Fläche, die auf ihrer Verbindungsebene senkrecht steht, austreten, so ist $q = q'$, folglich:

$$\tan V = \tan q\,\frac{\tan\frac{1}{2}(i' - i)}{\tan\frac{1}{2}(i' + i)}.$$

Es ist sehr bemerkenswert, daß die Relation (I), wonach das Produkt aus dem Sinus des halben spitzen Winkels der optischen Axen A, A' und dem mittleren Hauptbrechungsindex α_2 gleich dem Sinus des halben scheinbaren Winkels dieser Axen ist, nicht nur für eine zur ersten Mittellinie M senkrechte Platte, sondern für alle Platten gilt, deren Normale N gleiche Winkel mit jenen Axen einschließt.[1] Der Beweis ergiebt sich aus Fig. 805. Bezeichnen wir

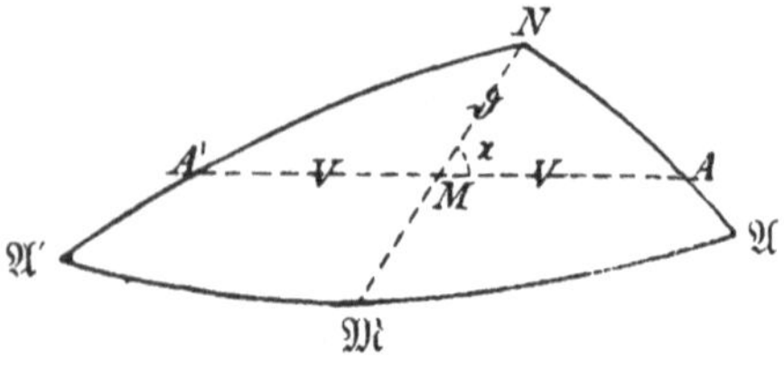

Fig. 805.

[1] B. Hecht, N. Jahrb. f. Min. 1887. I. 250.

die Normalen der Wellen, die sich nach ihrem Eintritt in die Platte nach den Richtungen der optischen Axen fortpflanzen, mit $\mathfrak{A}$ und $\mathfrak{A}'$, so ist nach dem Brechungsgesetz: $\sin \mathfrak{A}N = \alpha_2 \sin AN$ und $\sin \mathfrak{A}'N = \alpha_2 \sin A'N$. Steht nun die Verbindungsebene der Plattennormale N und der ersten Mittellinie M senkrecht zur Ebene der optischen Axen A, A', so liegt sie auch senkrecht zur Ebene $\mathfrak{A}$, $\mathfrak{A}'$. Daher ergiebt sich aus den Dreiecken AMN und $\mathfrak{A}\mathfrak{M}N$:

$$\sin AM = \sin AN \cdot \sin ANM, \qquad \sin \mathfrak{A}\mathfrak{M} = \sin \mathfrak{A}N \cdot \sin \mathfrak{A}NM.$$

Hieraus folgt:

$$\sin AM = \frac{\sin AN}{\sin \mathfrak{A}N} \cdot \sin \mathfrak{A}\mathfrak{M}.$$

Nun ist $AM = \frac{1}{2}(AA')$ und $\mathfrak{A}\mathfrak{M} = \frac{1}{2}(\mathfrak{A}\mathfrak{A}')$. Demnach wird in der That:

$$\text{(I*)} \qquad \sin \tfrac{1}{2}(AA') = \frac{1}{\alpha_2} \cdot \sin \tfrac{1}{2}(\mathfrak{A}\mathfrak{A}').$$

Wenn die Winkel zwischen der Plattennormale und den optischen Axen nicht genau gleich sind, so erhebt sich die Frage, welchen Betrag dieser Fehler der Orientierung nicht überschreiten darf, wenn die Differenz zwischen dem aus den Relationen (I) oder (I*) abgeleiteten Winkel AA' und dem wahren Winkel der optischen Axen unter einer gewissen Grenze bleiben soll. B. Hecht hat gezeigt, daß es für die Bestimmung dieses Winkels am günstigsten ist, wenn die Platte in eine Flüssigkeit getaucht wird, deren Brechungsindex n möglichst nahe an dem mittleren Hauptbrechungsindex α_2 des Krystalls liegt. Im allgemeinen wird hierzu der Wert $n = 1{,}6$ ausreichen. Nur bei Substanzen, die einen großen Winkel der optischen Axen und gleichzeitig hohe Brechungsindices besitzen, würde dann in dem für jene Bestimmung ungünstigsten Falle, wo die Plattennormale N in die Ebene der optischen Axen fällt ($\chi = 0$ oder 180^0 in Fig. 805) eine Abweichung dieser Normale von der ersten Mittellinie M im Betrage von ca. 3^0 einen Fehler von ca. $0{,}2^0$ in dem Winkel AA' hervorrufen.

Axenwinkelapparate. — Steht eine hinreichend große Krystallplatte zur Verfügung, so kann man zur Bestimmung des scheinbaren Winkels $2E$ der optischen Axen in Luft nach F. E. Neumann mit Vorteil ein Reflexionsgoniometer (Fig. 40, 551) benutzen, an welchem vor dem Kollimator und hinter dem Okular Nicol'sche Prismen angebracht sind.

Kleinere Platten bringt man in einen Axenwinkelapparat. Fig. 806 veranschaulicht eine von R. Fuess ausgeführte Konstruktion. An einem kleinen Reflexionsgoniometer wird der Krystallträger an das untere Ende der centralen Axe d mittels der Schraube c geklemmt und die dem Polarisationsapparate Fig. 682 entlehnten optischen Teile werden in die Röhren A und A_1 eingeführt. Auf den Tisch T kann ein Gefäß mit einer Flüssigkeit oder ein heizbares Luftbad gesetzt werden.

Einem zu genaueren Messungen bestimmten Axenwinkelapparate Fig. 807, den R. Fuess nach Angaben des Verfassers konstruiert hat, sind zwei Beleuchtungsvorrichtungen beigegeben. Die eine derselben dient, wie die entsprechende Vorrichtung der gewöhnlichen Polarisationsapparate zu Beobachtungen im Lichte einfarbiger Flammen oder im weißen Lichte. Die andere enthält ein Spektroskop, dessen Kombination mit dem Axenwinkelapparate die Messung des scheinbaren Winkels der optischen Axen für einfarbiges Licht nach einer von G. Kirchhoff

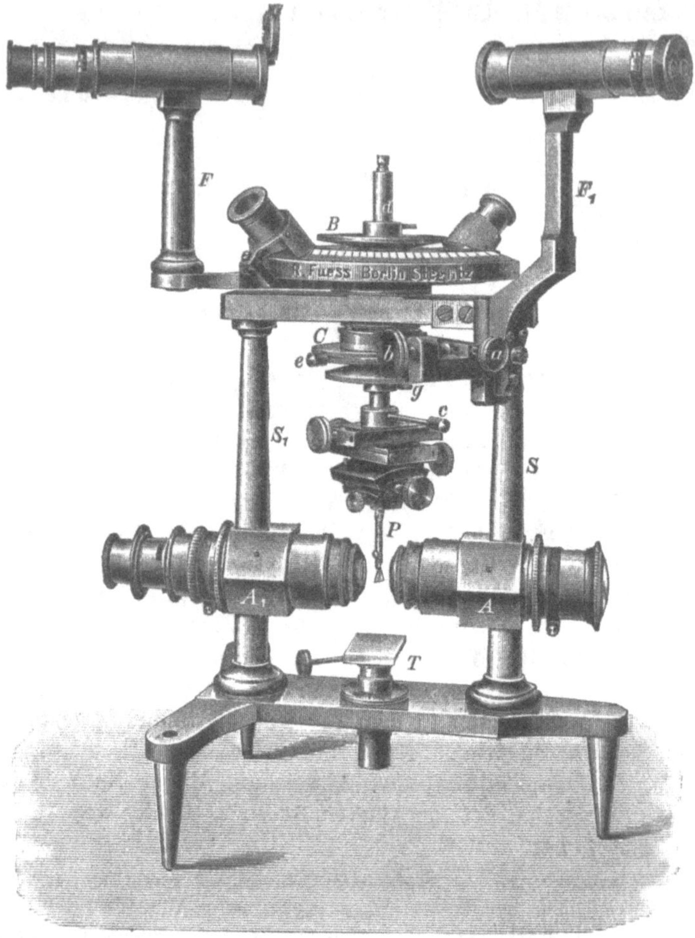

Fig. 806. Axenwinkelapparat von R. Fuess.

angegebenen Methode gestattet. In Fig. 807 bedeuten C das mit einem geradlinigen Spalt versehene Kollimatorrohr, c die Schraube, durch welche die Spaltweite reguliert wird, B das Prisma und D das Fernrohr des Spektroskops. Die ganze Vorrichtung kann durch den Trieb d bewegt werden. Um eine bestimmte Stelle des Spektrums mit dem vertikalen Faden des Beobachtungsfernrohres F zur Deckung zu bringen, wird das mit dem Kollimator C fest verbundene Prisma durch die Mikrometerschraube T gedreht. Da die Trommel von T geteilt ist, so kann der Apparat, nachdem er einmal für bestimmte Linien des Spektrums justiert ist, mit beliebigen

Lichtquellen beleuchtet werden. Das Fernrohr *D* besitzt zwei Okulare, um mehr oder minder stark konvergentes Licht zu erzeugen; dementsprechend sind zwei Beobachtungsfernrohre *F* beigegeben. Das auf der Säule *R* ruhende Kollimatorrohr *E* mit einem Fadenkreuzsignal dient zur Justierung der Krystallplatten und zur Messung der Neigung der Plattennormale gegen die Richtung einer optischen Axe. In den

Fig. 807. **Axenwinkelapparat von R. Fuess.**

Cylinder *H*, welcher mit Hilfe der Schraube *n* gehoben oder gesenkt werden kann, wird der Träger eines Gefäßes zur Aufnahme einer Flüssigkeit oder ein Erhitzungsapparat eingesetzt. An dem Teilkreise *f* können direkt halbe Minuten abgelesen werden. Die Einstellung der Krystallplatte wird wesentlich erleichtert durch eine Pincette α, welche eine bequeme Drehung der Platte in ihrer Ebene gestattet.

Über die Verbindung des Axenwinkelapparates mit größeren Spektralapparaten vgl. A. E. Tutton, Phil. Trans. Roy. Soc. London. **185**, 913; 1894. Zeitschr. f. Kryst. **24**, 455; 1895 und E. A. Wülfing, Min. petr. Mitt. **15**, 49; 1896.

Apparate zum Schneiden und Schleifen genau orientierter Krystallplatten wurden konstruiert von R. Fuess (N. Jahrb. f. Min. 1889. II, 181) und A. E. Tutton (Phil. Trans. Roy. Soc. London **185**, 887; 1894. Proc. Roy. Soc. **57**, 324; 1895. Zeitschr. f. Kryst. **24**, 433; **25**, 79; 1895).

II. Eine zweite Methode zur Messung des Winkels der optischen Axen läßt sich an den zu Beobachtungen im konvergenten Licht eingerichteten Mikroskopen durchführen. Sie beruht auf dem von E. Abbe 1873 angegebenen Verfahren zur Bestimmung der Spur p' einer Welle W in der hinteren Brennebene B' des Objektsystems S' (Fig. 675). Bezeichnet man den Mittelpunkt dieser Ebene mit O', so läßt sich der Abstand der Spur p' von O' mikrometrisch messen, wenn das zur Beobachtung der Interferenzerscheinungen dienende Hilfsmikroskop mit einem Okularschraubenmikrometer S versehen wird (Fig. 808). Es befinde sich nun auf dem Objekttische eine zur ersten Mittellinie senkrechte Krystallplatte. Die Platte sei umgeben von einer Immersionsflüssigkeit mit dem Brechungsindex n für die zur Beleuchtung gewählte einfarbige Lichtart. Die Normale einer Welle, die in der Platte nach einer optischen Axe fortschreitet, bilde in der Flüssigkeit den Winkel H mit der Axe des Apparates. Dann gilt nach der von E. Abbe entwickelten Theorie optischer Instrumente die Beziehung:

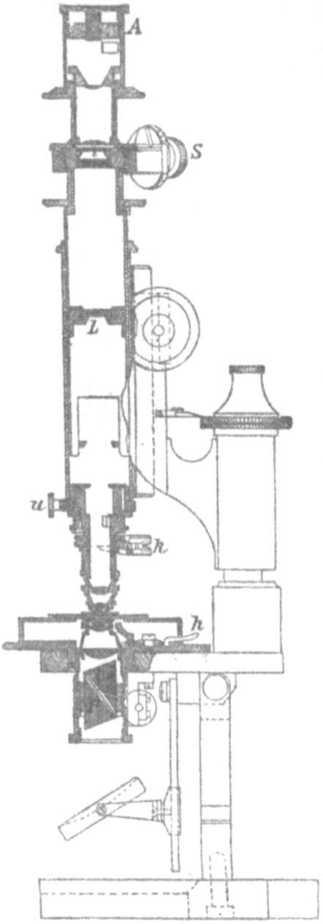

Fig. 808. Mikroskop mit Okularschraubenmikrometer von R. Fuess.

$$\sin H = \frac{1}{n} \cdot \frac{O'p'}{f},$$

worin f die vordere Brennweite des Objektivsystems bedeutet.[1] Bezeichnet man mit $2V$ den spitzen Winkel der optischen Axen, so ist auch:

$$\sin V = \frac{1}{\alpha_2} \cdot \frac{O'p'}{f}.$$

Hieraus geht hervor, wie man aus dem Abstande $O'p'$ den scheinbaren Winkel $2H$ oder den wahren Winkel $2V$ der optischen Axen entnehmen kann. Die Brennweite f läßt sich direkt nach einer der hierzu dienenden Methoden bestimmen oder indirekt an einer Krystallplatte mit einem bekannten Winkel $2H$ ermitteln.

Soll dieses Verfahren möglichst genaue Werte der Winkel $2H$ oder

[1] Ohne die Abbe'sche Theorie optischer Instrumente und die darauf beruhenden Messungsmethoden zu kennen hat E. Mallard gefunden, daß der Abstand $O'p'$ dem Werte von $\sin H$ proportional ist (Bull. soc. min. de France **5**, 77, 1882).

$2V$ liefern, so muß man in der hinteren Brennebene des Hilfsobjektivs L (Fig. 808) ein geeignetes Diaphragma anbringen.[1]

Auch die in Fig. 684 dargestellte Anordnung des Mikroskops kann zur Bestimmung des Winkels der optischen Axen dienen, wenn in die Ebene des Augenkreises über dem Okular ein Mikrometer M eingeführt wird.[2]

Absorption. — Optisch zweiaxige Krystalle, die so schwach absorbieren, daß sie noch im durchgehenden Lichte untersucht werden können, zeigen keine merklichen Abweichungen von den FRESNEL'schen Gesetzen über die Geschwindigkeit und den Polarisationszustand ebener Wellen. Wir fragen nun nach der Abhängigkeit, in der die Absorption des Lichtes von der Fortpflanzungsrichtung und der Polarisationsebene steht. Es ist vorauszusehen, daß die Absorption die allgemeinen für das optische Verhalten geltenden Symmetriebedingungen erfüllen wird. Die Oberfläche des Absorptionsindex wird also in rhombischen Krystallen drei aufeinander senkrechte Symmetrieebenen parallel zu 100, 010 und 001 besitzen, deren Schnittgeraden 2-zählige Symmetrieaxen sind. In monoklinen Krystallen wird sie jedenfalls eine Symmetrieebene nach 010 und eine zu ihr senkrechte 2-zählige Symmetrieaxe aufweisen.

Dazu tritt nun als ein erstes Ergebnis der bisher ausgeführten Beobachtungen, daß die Absorption einer ebenen Welle einfarbigen Lichtes, deren Normale in einer Symmetrieebene eines rhombischen Krystalls oder in der Symmetrieebene eines monoklinen Krystalls liegt und deren Polarisationsebene mit dieser Symmetrieebene zusammenfällt, unverändert bleibt, welche Richtung jene Normale übrigens haben möge. Daher wird die Oberfläche des Absorptionsindex von diesen Symmetrieebenen in Kurven geschnitten werden, unter denen sich wie bei der Normalenfläche jedesmal ein Kreis befindet. Daß dieses Gesetz für einfarbiges Licht gelten muß, ergiebt sich schon aus folgenden Beobachtungen im weißen Lichte. Läßt man in einen Würfel aus einem rhombischen Krystall, dessen Flächen den Ebenen 100, 010 und 001 parallel laufen, unpolarisiertes weißes Licht eintreten und analysiert man das austretende gefärbte Licht, durch ein Nicolsches Prisma oder ein Dichroskop, so findet man, daß unter den drei Wellenpaaren, die sich in den Richtungen der Flächennormalen fortpflanzen, je zwei Wellen, deren Polarisationsebenen zusammenfallen (Fig. 798), auch übereinstimmende Färbungen zeigen. Werden gleich dicke Platten eines monoklinen Krystalls, die auf 010 senkrecht stehen, nach demselben Verfahren untersucht, so beobachtet man, daß die nach 010 polarisierten Wellen stets gleich gefärbt erscheinen.

[1] S. CZAPSKI, N. Jahrb. f. Min. Beil.-Bd. **7**, 506; 1891.

[2] F. BECKE, Min. petr. Mitt. **14**, 375, 415; 1895. — Über die Anwendung einer Camera lucida zur Bestimmung der Spur einer optischen Axe nach Centraldistanz und Azimut vgl. F. BECKE, Min. petr. Mitt. **14**, 563; 1895. — Über die Benutzung einer nach dem Prinzip des logarithmischen Rechenschiebers hergestellten Skala zur Berechnung der scheinbaren Winkel der optischen Axen aus den mikrometrischen Messungen vgl. M. SCHWARZMANN, N. Jahrb. f. Min. 1896. I. 52.

Die Fortpflanzungsrichtungen, in denen Maxima oder Minima der Absorption für eine bestimmte einfarbige Lichtart stattfinden, fallen in einem rhombischen Krystall in die optischen Symmetrieaxen. In einem monoklinen Krystall wird ein solcher Zusammenhang jedenfalls für die auf 010 senkrechte Symmetrieaxe bestehen. Die Erfahrung muß lehren, ob auch die in 010 gelegenen Normalen der Wellen, deren Polarisationsebenen auf 010 senkrecht stehen und deren Absorption ein Maximum oder ein Minimum erreicht, durch die in 010 liegenden Symmetrieaxen der Fortpflanzungsgeschwindigkeiten gegeben sind oder ob diese Beziehung nicht vorhanden ist.

Hierüber sind am Epidot von der Knappenwand im Untersulzbachthal (S. 165) Beobachtungen angestellt worden. Die erste Mittellinie X_1 liegt im spitzen Winkel der zu krystallographischen Axen gewählten Kanten *a*, *c* und schließt nach C. Klein mit der Vertikalaxe *c* den Winkel 2° 56′ im roten Licht und 2° 26′ im grünen Licht ein (Fig. 809). Dagegen ist nach W. Ramsay die Normale der senkrecht zur Symmetrieebene 010 polarisierten Welle, die am stärksten absorbiert wird, gegen die Axe *c* im spitzen Winkel *a c* unter 31° im roten Licht und unter 38° im grünen Licht geneigt. Andererseits bildet die Normale der senkrecht zu 010 polarisierten und am schwächsten absorbierten Welle mit *c* im stumpfen Winkel *a c* den Winkel 67° im roten Licht und 52° im grünen Licht. Hieraus folgt, daß im Epidot die in 010 gelegenen Normalen der Wellen, die durch ein Maximum oder ein Minimum der Absorption ausgezeichnet sind, nicht mit den Symmetrieaxen der Fortpflanzungsgeschwindigkeiten zusammenfallen und wenigstens im roten Licht auch nicht aufeinander senkrecht stehen.[1] —

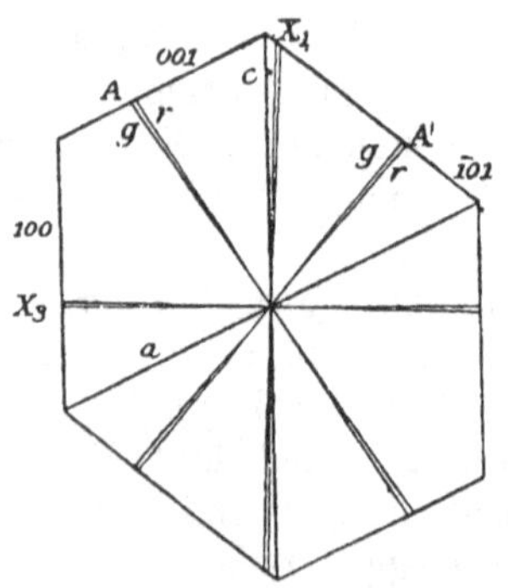

Fig. 809. Epidot. Orientierung der Mittellinien X_1, X_3 und der optischen Axen *A*, *A'* in 010 für rotes und grünes Licht.

Eine für optisch zweiaxige Krystalle charakteristische Erscheinung bilden die Absorptionsbüschel, die im konvergenten Lichte in der Umgebung der optischen Axen hervortreten. Am besten beobachtet man sie an Platten, die auf einer optischen Axe senkrecht stehen. Im unpolarisierten einfarbigen Lichte erblickt man ein dunkles, zur Ebene der optischen Axen symmetrisches Büschelpaar, das durch einen hellen Zwischenraum getrennt wird (Fig. 810).

Diese Erscheinung wurde von D. Brewster 1818 an dem rhombischen Cordierit (Fig. 811) entdeckt. Hier liegen die optischen Axen parallel

[1] W. Ramsay, Zeitschr. f. Kryst. **13**, 97; 1888. — Vgl. C. Camichel, Ann. chim. phys. (7) **4**, 433; 1895.

b {010} und die erste Mittellinie fällt in die Vertikalaxe. Im weißen Lichte sieht man dunkelblaue Büschel auf hellblauem Grunde. Viel schärfer aus-

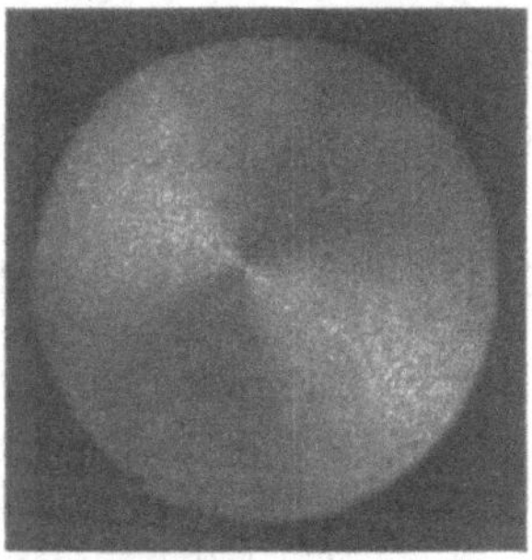

Fig. 810. Absorptionsbüschel.

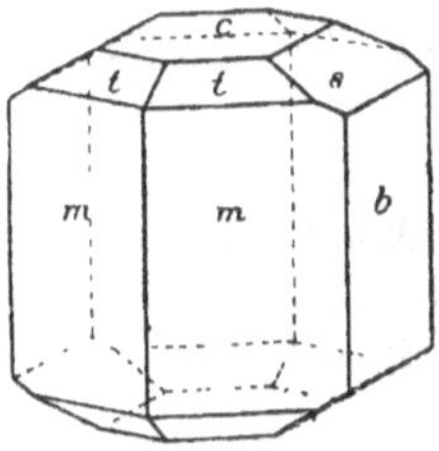

Fig. 811. Cordierit.

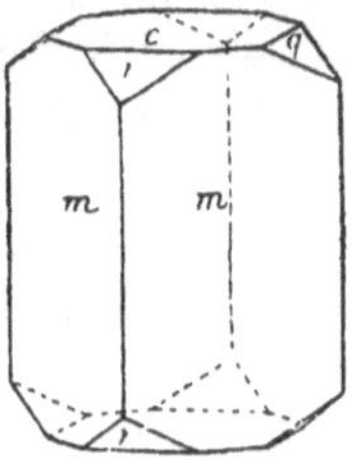

Fig. 812. Andalusit.

geprägt sind die Absorptionsbüschel in dem stark pleochroitischen Andalusit aus Minas Geraes in Brasilien. Die optischen Axen liegen in der Ebene 010 (Fig. 812); der von der Vertikalaxe halbierte spitze Winkel dieser Axen beträgt nach Des Cloizeaux $84^{1}/_{2}{}^{0}$ im roten Licht. Legt man eine zu einer optischen Axe annähernd senkrechte Platte auf eine dünne Platte von Kupferlasur und blickt man durch diese Kombination, indem man sie dicht vor das Auge hält, nach einer möglichst hell beleuchteten Fläche, so sieht man intensiv schwarze Büschel auf blauem Grunde (Fig. 810). Bedeutend schwächer ist die Erscheinung im Na-Licht oder im roten Licht. Auf diesen Unterschieden in der Intensität der Büschel bei der Beleuchtung mit verschiedenen einfarbigen Lichtarten beruht es, daß sich im weißen Lichte braunrot gefärbte Büschel von der blaßgrünen Umgebung abheben. Übrigens kann man diese Beobachtungen statt mit bloßem Auge auch mit jedem Polarisationsapparate für konvergentes Licht anstellen, nachdem die Nicols daraus entfernt sind.

Zum Studium dieser Erscheinung ist ferner der Epidot von der Knappenwand vorzüglich geeignet. Eine Welle, die sich in der Richtung der optischen Axe *A* (Fig. 809) fortgepflanzt hat, kann durch die Spaltfläche *M* {001} in Luft austreten. Hält man nun eine Spaltungsplatte dicht vor das Auge, so erblickt man nach einer geeigneten Drehung der Platte um die Symmetrieaxe die zu 010 symmetrischen Büschel. Bei der Beleuchtung mit weißem Licht sind die nach der Mittellinie X_1 gewendeten Ränder dunkelgrün, die gegenüberliegenden dunkelrot gefärbt. Recht deutlich treten die Büschel im Na-Licht hervor, wenn man einen der soeben erwähnten Apparate benutzt.

Untersucht man die Absorptionsbüschel im polarisierten Lichte, so lassen sich, wie W. Haidinger 1854 erkannte, zwei Typen unterscheiden.

Fällt geradlinig polarisiertes Licht auf eine Platte aus einem Krystall des ersten Typus, so erblickt man, wenn die Ebene der optischen Axen $\mathfrak{E}$

parallel zur Polarisationsebene 𝔓 liegt, dunkle Büschel normal zu 𝔈 und ein helles, dieser Ebene paralleles Feld. Dieselbe Erscheinung zeigt eine Platte aus einem Krystall des zweiten Typus, wenn die Ebene der optischen Axen senkrecht auf der Polarisationsebene 𝔓 steht. Dreht man die Platten aus diesen Stellungen um 90°, so erscheinen dunkle Büschel sowohl normal als parallel zur Ebene der optischen Axen; die Spur der Axe selbst ist dunkel.

Schaltet man den Analysator in paralleler Stellung zum Polarisator ein, so ist das Bild im wesentlichen identisch mit dem soeben beschriebenen. Befinden sich dagegen Polarisator und Analysator in gekreuzter Stellung, so erscheint neben dem zur Ebene 𝔈 normalen Absorptionsbüschelpaar ein dunkler Balken, die auf S. 383 beschriebene Isogyre. In der Normalstellung der Platte liegen die Büschel senkrecht zu diesem Balken. Dreht man dann die Platte in ihrer Ebene, so schreitet der in entgegengesetzter Richtung sich bewegende dunkle Balken über die in jeder Lage der Platte zu 𝔈 normalen Büschel fort.

Mit Hilfe eines Nicolschen Prismas oder eines Dichroskops überzeugt man sich leicht, daß in einem Krystall des ersten Typus eine parallel zur Ebene der optischen Axen polarisierte Welle viel schwächer absorbiert wird als eine Welle, die senkrecht zu dieser Ebene polarisiert ist. Das umgekehrte Verhalten beobachtet man in einem Krystall des zweiten Typus.

Um an einer zur ersten Mittellinie senkrechten Platte den Verlauf der von den optischen Axen ausgehenden Absorptionsbüschel zu verfolgen, muß man so stark konvergentes Licht anwenden, daß die Spuren der optischen Axen möglichst weit innerhalb des Gesichtsfeldes liegen. Ein für den Norremberg'schen Polarisationsapparat (Fig. 682) geeignetes Präparat bieten Spaltungsplatten von M u s c o v i t (Monroe, Orange Co., New York; Acworth, New Hampshire) dar. Steht die Spur 𝔈 der Ebene der optischen Axen senkrecht zur Polarisationsebene des einfallenden Lichtes, so erblickt man nach Ausschaltung des Analysators die beiden zu 𝔈 normalen Büschelpaare, während die Spuren der Axen selbst hell erscheinen. Demnach gehört Muscovit dem zweiten Typus an.

Die folgende Tabelle giebt eine Übersicht optisch zweiaxiger Körper, an denen sich leicht Absorptionsbüschel beobachten lassen.

	1. Typus	2. Typus
Rhombisch	A n d a l u s i t von Brasilien	C o r d i e r i t
Monoklin	A n o m i t von Nertschinsk V i v i a n i t K o b a l t b l ü t e H o r n b l e n d e aus Basalttuff, Böhmen T i t a n i t (braun), Zillerthal	M u s c o v i t E p i d o t A u g i t
Triklin		A x i n i t

Die Erklärung der Absorptionsbüschel wurde von W. Voigt 1884 gegeben. Sie beruht darauf, daß der Absorptionsindex einer ebenen Welle nicht nur von der Fortpflanzungsgeschwindigkeit abhängt, sondern auch von der Polarisationsrichtung, die sich in der Umgebung einer optischen Axe sehr rasch ändert.[1]

V. Rhombische Krystalle.

Symmetrie. — Die Krystalle des rhombischen Systems besitzen bei optischen Vorgängen ein Centrum der Symmetrie und drei aufeinander senkrechte Symmetrieebenen, deren Schnittgeraden 2-zählige Symmetrieaxen sind. Diese Symmetrieaxen fallen für alle Lichtarten und bei jeder Temperatur mit den krystallographischen Axen zusammen. Aber bei konstanter Temperatur kann sich mit der Farbe des Lichtes die Anordnung der Symmetrieaxen ändern. In der überwiegenden Mehrzahl der rhombischen Krystalle haben indessen diese Axen eine von der Farbe unabhängige Lage.

Interferenzerscheinungen im senkrecht eintretenden Lichte. — Hieraus können wir zunächst entnehmen, wie sich planparallele Platten im Polarisationsapparat für senkrecht einfallendes Licht zwischen gekreuzten Nicols verhalten werden. Charakteristisch ist vor allem, daß eine Platte, die der Zone einer Symmetrieaxe angehört, also auf einer Symmetrieebene senkrecht steht, bei der Beleuchtung mit einfarbigem oder mit weißem Lichte in der Normalstellung stets vollkommen dunkel erscheint. Eine Ausnahme bilden nur die auf einer optischen Axe senkrechten Platten; denn sie müssen bei einer vollen Umdrehung in ihrer Ebene hell bleiben (S. 377). Diese Erscheinung beobachtet man z. B. an den Krystallen des Carvonpentabromids (Fig. 474, 475), wenn man sie mit einer Fläche des Prismas p {110} auf den Tisch des Apparates legt.

Interferenzerscheinungen im konvergenten Lichte. — Im Polarisationsapparate für konvergentes Licht ist das Interferenzbild einer Platte, die parallel 100, 010 oder 001 liegt, im einfarbigen und im weißen Lichte stets centrisch symmetrisch. Außerdem muß dieses Bild zwischen gekreuzten Nicols in der Normalstellung und in der Diagonalstellung der Platte disymmetrisch nach den beiden auf der Platte senkrechten Symmetrieebenen sein.

Zur Demonstration dieser Eigenschaften sind die Krystalle des **Anhydrit** (S. 154) besonders geeignet, da die ausgezeichnete Spaltbarkeit nach den Symmetrieebenen die hier in Betracht kommenden Präparate mit Leichtigkeit herzustellen gestattet. Wir wollen nun an diesem Beispiel darlegen,

---

[1] Th. Liebisch, Physikal. Krystallogr. 1891, 523—533.

wie sich durch qualitative Untersuchungen im konvergenten Licht die Anordnung der optischen Symmetrieaxen bestimmen läßt. Eine Spaltungsplatte nach 001 erzeugt das charakteristische Interferenzbild einer zur ersten Mittellinie senkrechten Platte. Demnach fällt diese Mittellinie in die Vertikalaxe. Aus der Orientierung des Interferenzbildes gegen die Begrenzung der Spaltungsplatte ist ferner ersichtlich, daß die Ebene der optischen Axen parallel zu 100 liegt. Endlich ergiebt sich mit Hilfe eines Viertelundulationsblättchens, daß der Charakter der Doppelbrechung positiv ist. Hieraus folgt, daß die optischen Symmetrieaxen X_1, X_2, X_3 der Reihe nach den krystallographischen Axen *b*, *a*, *c* entsprechen (Fig. 813).

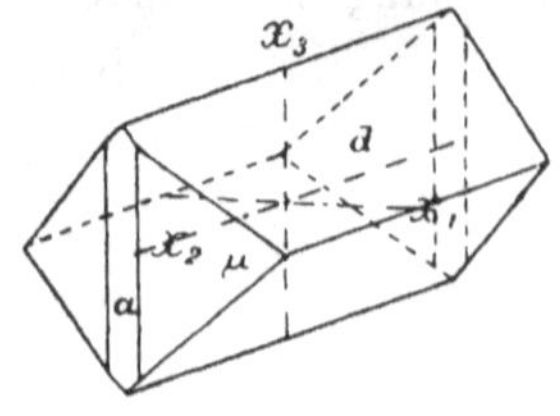

Fig. 813. Anhydrit. Anordnung der optischen Symmetrieaxen.

Ein anderes leicht zugängliches Beispiel bietet der **Topas** dar (S. 155). An einer Spaltungsplatte nach 001 beobachtet man, daß die erste Mittellinie mit der Vertikalaxe zusammenfällt und die Ebene der optischen Axen parallel 010 liegt. Der Charakter der Doppelbrechung ist positiv. Folglich entsprechen die optischen Symmetrieaxen X_1, X_2, X_3 den krystallographischen Axen *a*, *b*, *c*.

In dem durch starke Doppelbrechung ausgezeichneten **Aragonit** Fig. 446 fällt die erste Mittellinie in die Vertikalaxe *c*. Die optischen Axen liegen in der Ebene 100. Der Charakter der Doppelbrechung ist negativ. Daher haben die optischen Symmetrieaxen X_1, X_2, X_3 die Richtungen der krystallographischen Axen *c*, *a*, *b*. Wenn eine zur Basis parallele Platte von einer Zwillingslamelle nach einer Fläche des Prismas *m* {110} durchsetzt wird, so beobachtet man an der Grenze der beiden Individuen die in Fig. 814 dargestellte Interferenzerscheinung. —

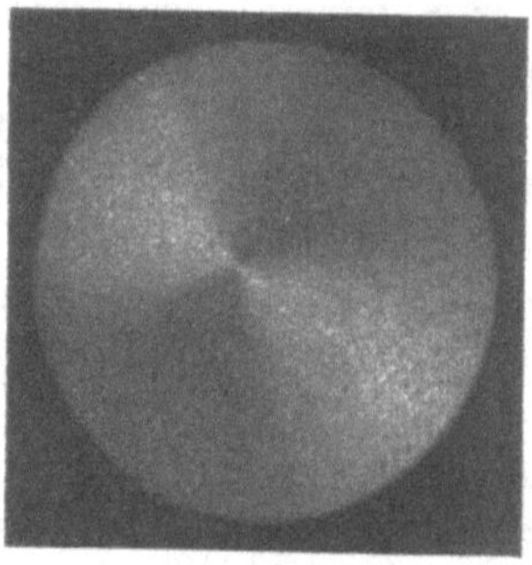

Fig. 814. Aragonit. Zwilling nach 110.

An einer zur ersten Mittellinie senkrechten Platte kann die für den Krystall charakteristische Dispersion der optischen Axen bestimmt werden, wenn die Apertur der Linsen des Apparates so gewählt ist, daß die Spuren jener Axen in dem Interferenzbilde auftreten. Da nämlich die Hauptisogyre stets durch diese Spuren hindurchgehen muß (S. 379), so ändert sich ihre Lage mit dem Winkel der optischen Axen. An der Stelle, wo bei der Beleuchtung des Apparates mit einer bestimmten einfarbigen Lichtart eine dunkle Hyperbel liegt, wird im weißen Lichte eine Interferenzfarbe auftreten, in der jene Lichtart vollständig fehlt. Daher erblickt man jetzt in allen Stellungen der Platte mit Ausnahme der Normalstellungen ein Büschel farbiger Hyperbeln oder, falls die Dispersion der optischen Axen relativ schwach ist, wenigstens eine farbig umsäumte dunkle Hyperbel. Die Beobachtung der Anordnung dieser Interferenzfarben gestattet aber sofort einen Schluß auf die Dispersion der optischen Axen: je nachdem in einer Diagonalstellung der Platte an den Scheitelpunkten der Hyperbel auf der konvexen, dem Mittelpunkte des Gesichtsfeldes am nächsten liegenden Seite eine rote oder eine blaue Interferenzfarbe auftritt, ist der spitze Winkel der optischen Axen für rotes Licht größer oder kleiner als der für blaues Licht. Zur Unterscheidung dieser beiden Fälle benutzt man häufig die Symbole $\varrho > v$ und $\varrho < v$. — Ein gutes Beispiel bildet **Cerussit** = $PbCO_3$. In Fig. 815 ist

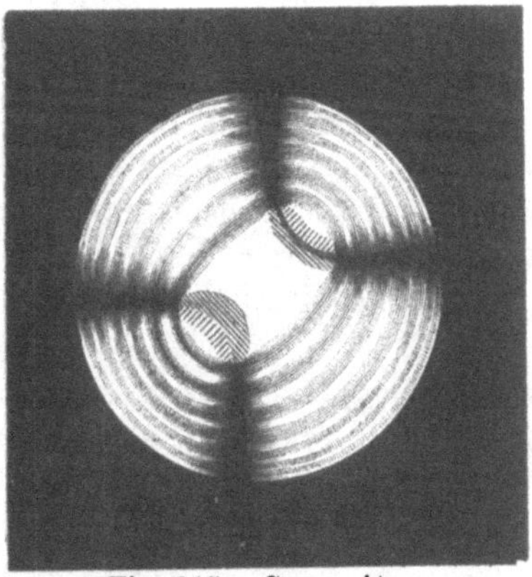

Fig. 815. Cerussit. Dispersion der optischen Axen $\varrho > v$.

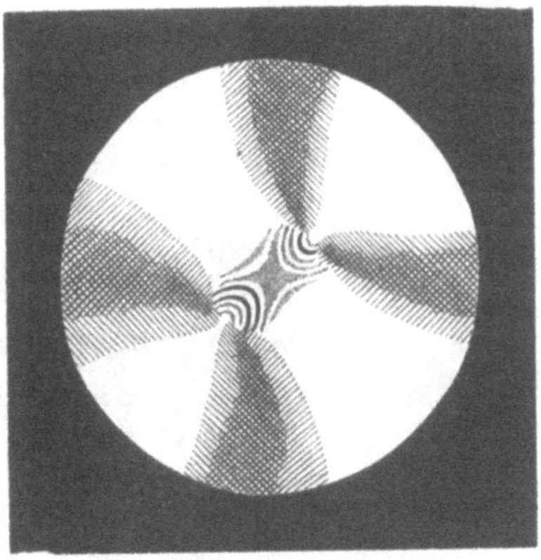

Fig. 816. Starke Dispersion der optischen Axen $\varrho < v$.

eine rote Interferenzfarbe durch diagonale Striche angedeutet, die parallel zur Ebene der optischen Axen laufen, während eine blaue Interferenzfarbe durch eine dazu senkrechte Schraffierung bezeichnet ist. Wir finden also im weißen Lichte an jedem Scheitelpunkte der Hyperbel auf der konvexen (inneren) Seite eine rote und auf der konkaven (äußeren) Seite eine blaue Interferenzfarbe. Folglich ist hier der spitze Winkel der optischen Axen für einfarbiges rotes Licht größer als für blaues Licht ($\varrho > v$). Um diese Bestimmung zu prüfen, können wir noch die Lagen der dunklen Hyperbeln in den Interferenzbildern vergleichen, die bei der Beleuchtung des Apparates mit einfarbigem roten oder blauen Lichte entstehen. — Eine schwächere aber noch deutlich wahrnehmbare Dispersion der optischen Axen beobachten wir an den vorhin erwähnten Platten von Anhydrit ($\varrho < v$), Topas ($\varrho > v$) und Aragonit ($\varrho < v$).

Da sich die Spuren der optischen Axen mit der Farbe des Lichtes ändern, so können korrespondierende Kurven gleichen Gangunterschiedes, die verschiedenen Lichtarten entsprechen, zum Durchschnitt gelangen. Dieses Verhalten bedingt, daß im weißen Lichte in der Anordnung der Interferenzfarben auf den von jenen Spuren ausgehenden Geraden Abweichungen von der NEWTON'schen Skala stattfinden, die mit der Dispersion der optischen

Axen zunehmen. Je nachdem der Winkel der optischen Axen für rotes Licht größer oder kleiner ist als der für blaues Licht, beobachtet man sehr lebhaft gefärbte Kurven in dem centralen Gebiet zwischen den konvexen Seiten der Hauptisogyren oder in den beiden peripherischen Gebieten an den konkaven Seiten derselben (Fig. 816).

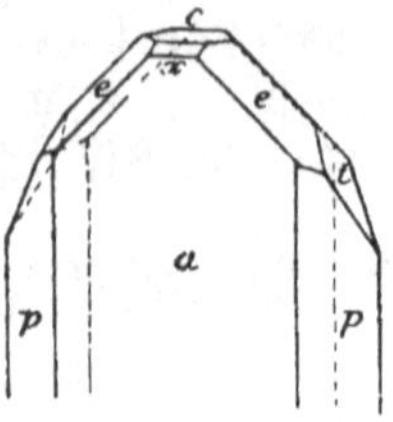

Fig. 817. Brookit.

Am auffallendsten sind diese Abweichungen bei den Krystallen, in denen die Ebenen der optischen Axen für rotes und für blaues Licht aufeinander senkrecht stehen, während die erste Mittellinie ihre Lage behält. Hierfür bietet **Brookit** = TiO_2 ein Beispiel dar (Fig. 817). Die erste Mittellinie fällt für alle Lichtarten mit der Normale von *a* {100} zusammen. Aber die optischen Axen liegen für rotes und gelbes Licht in 001, für blaues Licht in 010, so daß dieser Körper für eine bestimmte Lichtart (mit der Wellenlänge 0,00055 mm in Luft bei gewöhnlicher Temperatur) optisch einaxig sein muß. Da der Charakter der Doppelbrechung positiv ist, so erhalten wir folgende Anordnungen der optischen Symmetrieaxen:

	Ebene der optischen Axen	Scheinbarer Winkel der optischen Axen[1]	Lage der Symmetrieaxen X_1 X_2 X_3
Rot *Li*	001	57° 59′	*b c a*
Gelb *Na*	001	38 10	*b c a*
Grün *Tl*	010	21 40	*c b a.*

Die Untersuchung von Platten, die senkrecht zur zweiten Mittellinie und parallel zur Ebene der optischen Axen liegen, kann in der Regel nur im einfarbigen Lichte ausgeführt werden, da bei der Beleuchtung mit weißem Lichte isochromatische Kurven nur dann auftreten, wenn die Platten äußerst dünn sind.

Das Interferenzbild einer Platte, die einer Prismenfläche parallel liegt, ist zwischen gekreuzten Nicols in einer Normalstellung oder einer Diagonalstellung im einfarbigen und im weißen Lichte monosymmetrisch nach der zu dieser Fläche senkrechten Symmetrieebene (Fig. 794, 795).

Einfluß der Temperatur. — F. Rudberg entdeckte, daß im **Aragonit** die Hauptbrechungsindices mit steigender Temperatur abnehmen. Genauere Untersuchungen hat A. Offret angestellt.[2] Er fand am Aragonit von Bilin bei 0° C. folgende Werte:

---

[1] Im Brookit von Tremadoc nach V. von Zepharovich, Zeitschr. f. Kryst. **8**, 577; 1884.

[2] F. Rudberg, Ann. d. Phys. **17**, 1; 1829. **26**, 291; 1832. — A. Offret, Bull. soc. franç. de min. **13**, 582; 1890.

	Wellenlänge in Luft	Hauptbrechungsindices α_1	α_2	α_3	Winkel der optischen Axen
Li	0,671 μ	1,5284	1,6776	1,6821	18° 20′
Cd	0,644	1,5291	1,6789	1,6834	18 22
Na	0,589	1,5307	1,6820	1,6866	18 27
Cd	0,538	1,5327	1,6859	1,6906	18 33
Cd	0,508	1,5341	1,6886	1,6934	18 37
Cd	0,480	1,5357	1,6918	1,6966	18 42.

Die Abnahme der Hauptbrechungsindices durch eine Erhöhung der Temperatur um 1° C. beträgt zwischen 0° und 300° für Na-Licht im Mittel:

$$\frac{d\alpha_1}{d\Theta} = -0{,}0_4 138, \quad \frac{d\alpha_2}{d\Theta} = -0{,}0_4 248, \quad \frac{d\alpha_3}{d\Theta} = -0{,}0_4 274.$$

Die Dispersion nimmt bei der Erwärmung zu. Der spitze Winkel der optischen Axen wird durch eine Temperaturerhöhung von 0° auf 300° C. um ca. $1^1/_2$° kleiner.

Im **Baryt** (Fig. 450) fällt die erste Mittellinie mit der Axe *a* zusammen. Die optischen Axen liegen in 010 ($\varrho < v$). Der Charakter der Doppelbrechung ist positiv. Auch hier bewirkt eine Erhöhung der Temperatur, daß die Hauptbrechungsindices abnehmen. A. Offret[1] fand im Baryt von Dufton für Na-Licht bei 0° C.:

$$\alpha_1 = 1{,}6369, \quad \alpha_2 = 1{,}6381, \quad \alpha_3 = 1{,}6491$$

und zwischen 0° und 300° C. im Mittel:

$$\frac{d\alpha_1}{d\Theta} = -0{,}0_4 199, \quad \frac{d\alpha_2}{d\Theta} = -0{,}0_4 177, \quad \frac{d\alpha_3}{d\Theta} = -0{,}0_4 257.$$

Bei der Erwärmung wächst die Dispersion. Der spitze Winkel der optischen Axen nimmt bei einer Temperaturerhöhung von 0° auf 300° C. um ca. 12° zu; er steigt z. B. im Na-Licht von 36° 22′ auf 48° 34′.

Im **Topas** wachsen nach A. Offret[2] die Werte der Hauptbrechungsindices mit der Temperatur. In einem gelben Krystall aus Minas Geraes ist für Na-Licht bei 0° C.:

$$\alpha_1 = 1{,}6309, \quad \alpha_2 = 1{,}6316, \quad \alpha_3 = 1{,}6382$$

und zwischen 0° und 300° C. im Mittel:

$$\frac{d\alpha_1}{d\Theta} = +0{,}0_4 081, \quad \frac{d\alpha_2}{d\Theta} = +0{,}0_4 090, \quad \frac{d\alpha_3}{d\Theta} = +0{,}0_4 080.$$

---

[1] A. Offret, l. c. **13**, 596; 1890. Die von Arzruni angegebenen ziemlich beträchtlichen Unregelmäßigkeiten in den Änderungen der Hauptbrechungsindices können nach Offret nur dadurch erklärt werden, daß die Temperatur während der Dauer jeder einzelnen Beobachtung nicht konstant war.

[2] A. Offret, l. c. **13**, 606, 616; 1890.

Auch die Dispersion nimmt zu und der spitze Winkel der optischen Axen wächst bei einer Steigerung der Temperatur von 0^0 auf 300^0 C. um ca. $6^1/_2{}^0$; es betragen z. B. die Werte für Na-Licht $48^0 36'$ und $55^0 12'$. Dagegen war in einem Krystall vom Schneckenstein in Sachsen die Änderung jenes Winkels bei derselben Temperaturerhöhung kaum merklich.

Außerordentlich empfindlich gegen Änderungen der Temperatur ist das von A. E. Tutton[1] eingehend untersuchte **Rubidiumsulfat** = Rb_2SO_4. Bei gewöhnlicher Temperatur liegen die optischen Axen in der Ebene 001; die erste Mittellinie fällt mit der Axe *a* zusammen und der Charakter der Doppelbrechung ist positiv. Daher entsprechen die optischen Symmetrieaxen X_1, X_2, X_3 den krystallographischen Axen *b*, *c*, *a*. Die Doppelbrechung ist sehr schwach; insbesondere sind die Hauptbrechungsindices α_1 und α_2 so wenig voneinander verschieden, daß Prismen, in denen sich die gebrochenen Wellen bei dem Minimum der Ablenkung in der Richtung X_3 fortpflanzen (vgl. die Tabelle S. 370), auf dem Spektrometer nur ein einziges unpolarisiertes Bild des Kollimatorspaltes liefern. Der Unterschied von α_1 und α_2 läßt sich indessen auf folgendem Wege ermitteln. Berechnet man für einen sehr schwach doppeltbrechenden Krystall von positivem Charakter die spitzen Winkel der optischen Axen $A A'$ aus den Hauptbrechungsindices nach der Formel (S. 361):

$$\cos X_3 A = \cos \tfrac{1}{2} A A' = \sqrt{\frac{1/\alpha_2^2 - 1/\alpha_3^2}{1/\alpha_1^2 - 1/\alpha_3^2}}$$

und darauf die scheinbaren Winkel $2E$ dieser Axen in Luft an einer zur ersten Mittellinie senkrechten Platte nach dem Brechungsgesetze $\sin E = \alpha_2 \cdot \sin X_3 A$ (S. 380), so weichen die erhaltenen Werte beträchtlich von den gemessenen Winkeln $2E$ ab. In diesem Falle kann man aber umgekehrt die letzteren Winkel benutzen, um aus ihnen und den gemessenen Werten von α_2, α_3 nach den vorstehenden Formeln den Wert von α_1 zu berechnen. Steht eine Immersionsflüssigkeit mit dem Brechungsindex α_2 zur Verfügung, so kann man auch direkt den wahren Winkel der optischen Axen $A A'$ an einer zur ersten Mittellinie senkrechten Platte im Axenwinkelapparat messen. Nach diesem Verfahren erhielt Tutton die folgenden Werte der

Hauptbrechungsindices:

	Li	*C*	*Na*	*Tl*	*F*	*G*
α_1	1,5108	1,5112	1,5131	1,5153	1,5181	1,5222
α_2	1,5109	1,5113	1,5133	1,5155	1,5183	1,5224
α_3	1,5120	1,5124	1,5144	1,5166	1,5194	1,5235.

[1] A. E. Tutton, Trans. Chem. Soc. **64**, 628; 1894. Zeitschr. f. Kryst. **24**, 1; 1895.

Wenn die Doppelbrechung so schwach ist wie im Rubidiumsulfat, so bewirken schon relativ geringe Unterschiede in den Hauptbrechungsindices verschiedener Krystalle sehr beträchtliche Unterschiede in den Winkeln der optischen Axen bei konstanter Temperatur. In der That fand TUTTON im Na-Licht für den Winkel $2E$ Werte, die bei gewöhnlicher Temperatur zwischen den Grenzen $44^3/_4{}^0$ und $70^0 50'$ liegen. Die Dispersion der optischen Axen ist sehr stark, $\varrho < v$. Sie betrug in verschiedenen Individuen 18^0 bis 25^0 zwischen *Li* und *F*.

Eine Erhöhung der Temperatur bewirkt, daß die Hauptbrechungsindices abnehmen. Auch der Winkel der optischen Axen wird kleiner und der Reihe nach für rotes, ... violettes Licht gleich Null, so daß $\alpha_1 = \alpha_2$ ist. Darauf vertauschen die Symmetrieaxen X_1 und X_2 ihre Richtungen. Die optischen Axen liegen also jetzt in der Ebene 010. Auch die Temperatur, bei der das Rubidiumsulfat für eine bestimmte Lichtart gerade einaxig wird, ist nicht für alle Krystalle konstant. TUTTON erhielt an zwei verschiedenen Platten im Na-Licht die Werte 38^0 und 48^0.

Dielektricitätskonstanten. — Eine ebene elektromagnetische Welle pflanzt sich in einem homogenen isotropen und einfachbrechenden Isolator nach J. CL. MAXWELL mit der Geschwindigkeit $c/\sqrt{\varepsilon\mu}$ fort. Hierin bedeutet $c = 3 \cdot 10^{10}$ cm sec^{-1} die Fortpflanzungsgeschwindigkeit im freien Äther; ε ist die Dielektricitätskonstante und μ die Magnetisierungskonstante des Isolators. Mit der auf S. 220 benutzten Magnetisierungszahl r steht μ in der Beziehung $\mu = 1 + 4\pi r$. Im freien Äther ist $\mu = 1$. Aber auch in den durchsichtigen isotropen Körpern ist μ nicht merklich von Eins verschieden. Daher ist das Verhältnis der Fortpflanzungsgeschwindigkeiten einer elektromagnetischen Welle im freien Äther und in einem ponderablen einfachbrechenden Isolator gleich $c : c/\sqrt{\varepsilon}$, also gleich der Quadratwurzel aus der Dielektricitätskonstante ε. Folglich ist $\sqrt{\varepsilon}$ der Brechungsindex elektromagnetischer Wellen gegen den leeren Raum.

In den durchsichtigen anisotropen Krystallen ändert sich die Magnetisierungskonstante μ so wenig mit der Richtung, daß wir diese Körper als magnetisch isotrop betrachten können. Auch hier ist $\mu = 1$ zu setzen. Die Abhängigkeit der Dielektricitätskonstanten von der Richtung in einem anisotropen Isolator haben wir schon auf S. 225 f. kennen gelernt. Wir bezeichneten dort mit $\mathfrak{X}_1$, $\mathfrak{X}_2$, $\mathfrak{X}_3$ die dielektrischen Symmetrieaxen und mit ε_1, ε_2, ε_3 die Hauptdielektricitätskonstanten. Demnach sind $\sqrt{\varepsilon_1}$, $\sqrt{\varepsilon_2}$, $\sqrt{\varepsilon_3}$ die Hauptbrechungsindices elektromagnetischer Wellen. Es wurde vorausgesetzt, daß $\varepsilon_1 < \varepsilon_2 < \varepsilon_3$ sei. Wir können jetzt mit Hilfe des Indexellipsoids, dessen Halbaxen durch jene Brechungsindices gegeben sind, die Normalenfläche des Isolators konstruieren. Dadurch erhalten wir auch die beiden singulären Richtungen, in denen sich jedesmal nur eine einzige elektromagnetische Welle fortpflanzen kann. Sie sollen elektromagnetische Axen genannt und mit A_∞, A'_∞ bezeichnet werden. Der Winkel zwischen der Symmetrieaxe $\mathfrak{X}_3$ und der Axe A_∞ steht mit den Hauptdielektricitätskonstanten in der Beziehung (S. 361):

$$\sin \mathfrak{X}_3 A_\infty = \sqrt{\frac{\varepsilon_3}{\varepsilon_2} \cdot \frac{\varepsilon_2 - \varepsilon_1}{\varepsilon_3 - \varepsilon_1}}.$$

Wir betrachten nun insbesondere einige Krystalle des **rhombischen** Systems.

Schwefel. — Die optischen Axen liegen in der Ebene 010; die erste Mittellinie fällt mit der Vertikalaxe c zusammen und der Charakter der Doppelbrechung ist positiv. Demnach entsprechen die optischen Symmetrieaxen X_1, X_2, X_3 den krystallographischen Axen a, b, c (Fig. 818). Nach L. Boltzmann[1] sind die dielektrischen Symmetrieaxen $\mathfrak{X}_1$, $\mathfrak{X}_2$, $\mathfrak{X}_3$ in derselben Weise angeordnet; denn die Dielektricitätskonstante ist am kleinsten in der Richtung der Halbierungslinie a des stumpfen Winkels der optischen Axen und am größten nach der Halbierungslinie c des spitzen Winkels. Aus den Hauptdielektricitätskonstanten:

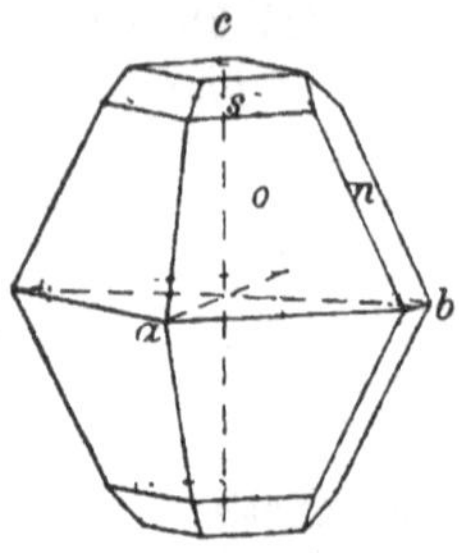

Fig. 818. Schwefel.

$$\varepsilon_1 = 3{,}811, \qquad \varepsilon_2 = 3{,}970, \qquad \varepsilon_3 = 4{,}773$$

ergiebt sich für den von c halbierten Winkel der elektromagnetischen Axen: 58° 37,8′. Folglich liegen diese Axen innerhalb des spitzen Winkels der optischen Axen, der nicht kleiner als 68° ist. Die Dispersion der optischen Axen ist schwach; während ältere Beobachtungen von A. Schrauf[2] auf $\varrho < v$ führten, ergaben neuere Beobachtungen $\varrho > v$. Unter der Voraussetzung, daß der rhombische Schwefel eine normale Dispersion besitzt, steht nur die erstere Angabe in Übereinstimmung mit den Messungen von Boltzmann. In der That, wenn der spitze Winkel der optischen Axen mit der Zunahme der Schwingungsdauer kleiner wird, so wird der kleinste Wert erreicht werden für die gegen die Schwingungsdauern der sichtbaren Wellen unendlich große Schwingungsdauer der elektromagnetischen Wellen.

Der rhombische Schwefel ist, wie Boltzmann bemerkt hat, dadurch ausgezeichnet, daß die Quadrate der Brechungsindices, die sich durch Extrapolation aus der zweigliedrigen Cauchy'schen Dispersionsformel:

$$n = \mathfrak{A} + \frac{\mathfrak{B}}{\lambda^2} \tag{1}$$

für unendlich große Wellenlängen ergeben, nur wenig kleiner sind als die Dielektricitätskonstanten. Sind für zwei gegebene Wellenlängen λ, λ' die zugehörigen Brechungsindices n, n' gemessen, so berechnet man aus:

$$n = \mathfrak{A} + \frac{\mathfrak{B}}{\lambda^2}, \qquad n' = \mathfrak{A} + \frac{\mathfrak{B}}{\lambda'^2}$$

[1] L. Boltzmann, Sitzungsber. Wien. Akad. (2) **70**, 342; 1874.

[2] A. Schrauf, Sitzungsber. Wien. Akad. **41**, 805; 1860. Zeitschr. f. Kryst. **18**, 148; 1891.

die Konstante $\mathfrak{A}$, welche gleich dem Brechungsindex für $\lambda = \infty$ ist, nach der Formel:

$$\mathfrak{A} = \frac{n\lambda^2 - n'\lambda'^2}{\lambda^2 - \lambda'^2}. \tag{2}$$

Nun haben nach SCHRAUF die Hauptbrechungsindices für die Wellenlängen, welche den FRAUNHOFER'schen Linien B, D, E, H entsprechen, folgende Werte:

	B	D	E	H
α_1	1,93651	1,95047	1,96425	2,01704
α_2	2,02098	2,03832	2,05443	2,11721
α_3	2,22145	2,24052	2,25875	2,32967.

Demnach ergiebt sich nach (2):

	$\mathfrak{A}_1$	$\mathfrak{A}_2$	$\mathfrak{A}_3$
aus B und E . . .	1,8957	1,9714	2,1679
aus D und H . . .	1,8939	1,9715	2,1659.

Und hieraus folgen die Werte:

$$\mathfrak{A}_1{}^2 = 3{,}591, \qquad \mathfrak{A}_2{}^2 = 3{,}886, \qquad \mathfrak{A}_3{}^2 = 4{,}596,$$

welche in der That nahezu gleich den Hauptdielektricitätskonstanten ε_1, ε_2, ε_3 sind.

Eine derartige angenäherte Berechnung von Dielektricitätskonstanten durch Extrapolation aus Dispersionsformeln ist bisher nur noch am Flußspat gelungen. Hier erstrecken sich die Messungen der Brechungsindices so weit in das Gebiet des Ultrarot, daß zur Beschreibung der Dispersion die auf S. 249 angeführte Interpolationsformel (2) mit fünf Konstanten benutzt werden muß. Das mit m bezeichnete Glied der rechten Seite, welches das Quadrat des Brechungsindex für $\lambda = \infty$ darstellt, hat nach F. PASCHEN[1] den Wert 6,09, während J. CURIE für die Dielektricitätskonstante ε den Wert 6,80 erhielt (S. 232). Bei den übrigen bis jetzt untersuchten Krystallen sind die Dielektricitätskonstanten erheblich größer als die mit Hilfe einer Dispersionsformel berechneten Quadrate der Brechungsindices für sehr große Wellenlängen.

Magnesiumsulfat (Bittersalz). Fig. 819. — Erste Mittellinie b, Ebene der optischen Axen 001, Charakter der Doppelbrechung negativ. Folglich entsprechen die optischen Symmetrieaxen X_1, X_2, X_3 den krystallographischen Axen b, c, a. Die Dispersion der optischen Axen A, A' ist schwach, $\varrho > v$;

[1] F. PASCHEN, Ann. d. Phys. N. F. **54**, 673; 1895.

im Na-Licht beträgt der spitze Winkel AA' ca. 51°. — Nach CH. BOREL fallen auch die dielektrischen Symmetrieaxen $\mathfrak{X}_1$, $\mathfrak{X}_2$, $\mathfrak{X}_3$ der Reihe nach in die Richtungen b, c, a, so daß die optischen Axen und die elektromagnetischen Axen A_∞, A'_∞ in derselben Ebene 001 liegen. Aber der spitze Winkel $A_\infty A'_\infty$ wird nicht von b, sondern von a halbiert; denn aus den Werten der Hauptdielektricitätskonstanten:

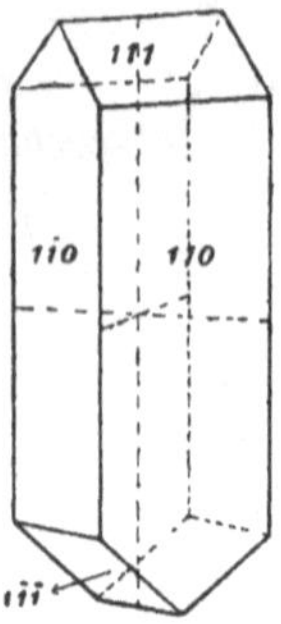

Fig. 819. Magnesiumsulfat.

$$\varepsilon_1 = 5{,}26, \quad \varepsilon_2 = 6{,}05, \quad \varepsilon_3 = 8{,}28$$

folgt $\mathfrak{X}_3 A_\infty = 36^3/_4{}^0$. Demnach bilden die elektromagnetischen Axen, in Übereinstimmung mit der Dispersion $\varrho > v$, einen größeren Winkel mit b als die optischen Axen. Der Winkel zwischen A und A_∞ erreicht trotz der schwachen Dispersion der optischen Axen den hohen Betrag von ca. $27^3/_4{}^0$.

Rechtsweinsaures Kalium-Natrium (Seignettesalz). Fig. 820. — Erste Mittellinie a, Ebene der optischen Axen 010, Charakter der Doppelbrechung positiv. Daher liegen die optischen Symmetrieaxen X_1, X_2, X_3 der Reihe nach parallel zu den krystallographischen Axen c, b, a. In derselben Weise sind nach CH. BOREL die dielektrischen Symmetrieaxen $\mathfrak{X}_1$, $\mathfrak{X}_2$, $\mathfrak{X}_3$ angeordnet. Demnach fallen die elektromagnetischen Axen A_∞, A'_∞ in die Ebene der optischen Axen A, A'. Die Dispersion dieser letzteren Axen ist sehr stark, $\varrho > v$, und der spitze Winkel AA' beträgt für gelbes Licht ca. 70°.

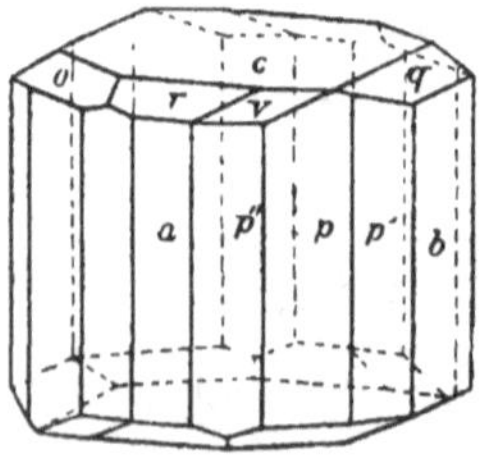

Fig. 820. Rechtsweinsaures Kalium-Natrium.

Nun ergiebt sich aus den Hauptdielektricitätskonstanten:

$$\varepsilon_1 = 6{,}70, \quad \varepsilon_2 = 6{,}92, \quad \varepsilon_3 = 8{,}89$$

für den Winkel $\mathfrak{X}_3 A_\infty$ der Wert 21°. Da $\mathfrak{X}_3$ mit der ersten Mittellinie a zusammenfällt, so bilden hiernach die elektromagnetischen Axen einen kleineren Winkel mit a als die optischen Axen, was dem Sinn der Dispersion $\varrho > v$ widersprechen würde. Allein nach den Erfahrungen am Bittersalze werden wir im Seignettesalz, der viel stärkeren Dispersion der optischen Axen entsprechend, einen noch größeren Winkel zwischen A und A_∞ zu erwarten haben. Daher müssen wir für den mit dem spitzen Winkel AA' zu vergleichenden Winkel der elektromagnetischen Axen an Stelle von 42° den Wert $360^0 - 42^0 = 318^0$ wählen.

VI. Monokline Krystalle.

Symmetrie. — In einem Krystall des monoklinen Systems ist für jede Lichtart und bei jeder Temperatur die Ebene 010 eine optische Symmetrieebene und ihre Normale eine 2-zählige Symmetrieaxe. Daher ist ein solcher Krystall gleichzeitig centrisch symmetrisch. Die beiden in 010 gelegenen optischen Symmetrieaxen ändern ihre Orientierung mit der Farbe und der Temperatur. Demnach ist für einen monoklinen Krystall charakteristisch, daß bei konstanter Temperatur außer der Dispersion der optischen Axen auch eine Dispersion der Symmetrieaxen in 010 auftritt.

Interferenzerscheinungen im senkrecht eintretenden Licht. — Die Polarisationsebenen $\mathfrak{H}_1$, $\mathfrak{H}_2$ der beiden Wellen, die sich nach der Normale einer planparallelen Platte fortpflanzen, haben nur dann eine von der Farbe des Lichtes und der Temperatur unabhängige Lage, wenn die Platte auf der Symmetrieebene 010 senkrecht steht (Fig. 821). Daher kann nur eine Platte von dieser besonderen Lage im senkrecht einfallenden weißen Licht zwischen gekreuzten Nicols bei einer Umdrehung in ihrer Ebene viermal vollständig dunkel werden. In allen übrigen Platten findet infolge der Dispersion der optischen Axen und der Symmetrieaxen eine Dispersion der Polarisationsebenen $\mathfrak{H}_1$, $\mathfrak{H}_2$ statt (Fig. 821, 822). Eine starke Dispersion bedingt, daß diese Platten bei einer vollen Umdrehung niemals vollkommen dunkel erscheinen.

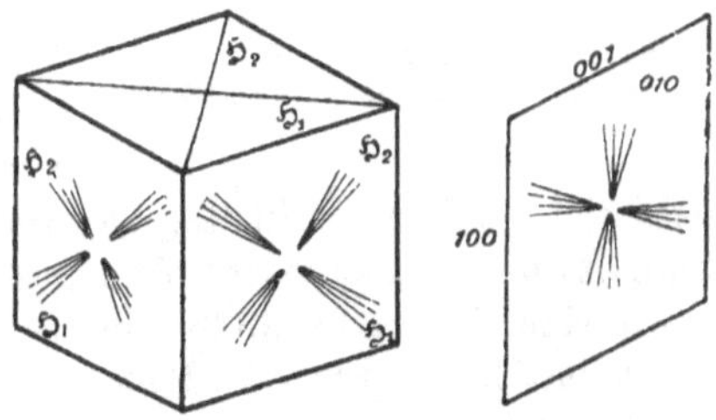

Fig. 821, 822. Dispersion der Polarisationsebenen $\mathfrak{H}_1$, $\mathfrak{H}_2$.

Um die Orientierung der Symmetrieaxen in 010 zu bestimmen, müssen wir die Auslöschungsschiefe einer zu 010 parallelen Platte im einfarbigen Lichte messen. Denn die in der Plattennormale fortschreitenden Wellen sind nach den Richtungen jener Axen polarisiert. Wir beobachten z. B. an einer Spaltungsplatte von Orthoklas (Fig. 823) nach $M\{010\}$, daß die Polarisationsebene $\mathfrak{H}_2$ der langsameren Welle einen Winkel von ca. 5° mit der Kante MP, also mit der krystallographischen Axe a, im stumpfen Winkel ac einschließt. Demnach ist die Polarisationsebene $\mathfrak{H}_1$ der schnelleren Welle unter ca. 21° 7′ gegen die Vertikalaxe c geneigt (Fig. 824).

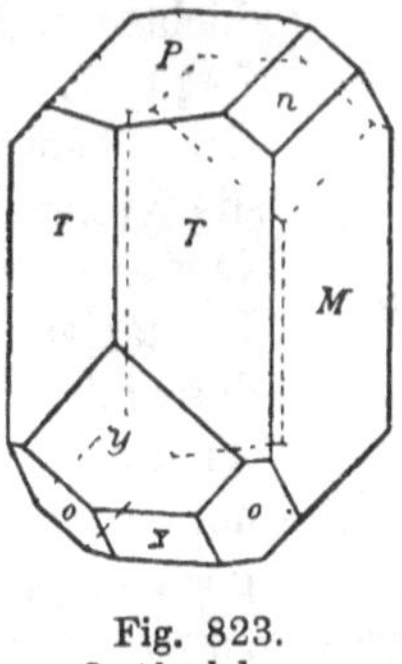

Fig. 823. Orthoklas.

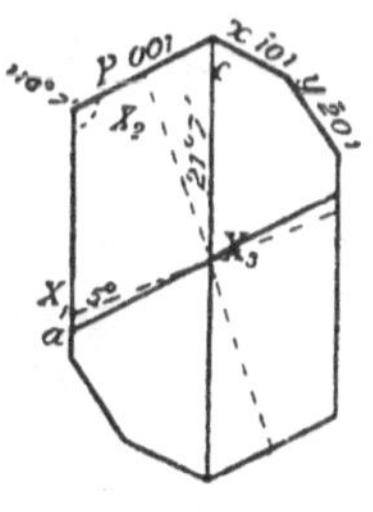

Fig. 824. Orientierung der optischen Symmetrieaxen in 010.

Für monokline Krystalle ist im Gegensatz zu rhombischen Krystallen charakteristisch, daß Platten aus der Zone einer Prismenkante eine mit der Plattenrichtung veränderliche Auslöschungsschiefe besitzen. Als Beispiel wählen wir die Zone der Vertikalaxe *c* des Orthoklas. Gehen wir hier von {010} zu {100} über, so wächst der Winkel, den die Spur der Polarisationsebene $\mathfrak{H}_1$ der schnelleren Welle auf der Platte mit *c* bildet, von 21° 7′ bis 90°. Das Anwachsen erfolgt nach der in Fig. 825 dargestellten Kurve, wenn der spitze Winkel der optischen Axen 69° beträgt.[1]

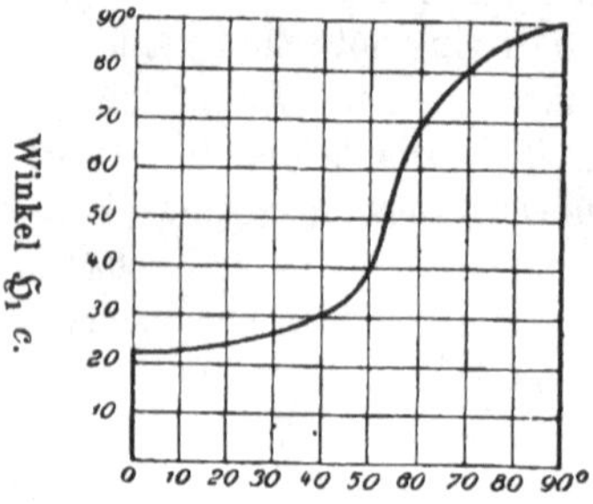

Fig. 825. Orthoklas. Auslöschungsschiefen in der Zone der Vertikalaxe.

Interferenzerscheinungen im konvergenten Licht. — Aus den Symmetrieeigenschaften monokliner Krystalle ergiebt sich, daß eine Platte, die auf der Symmetrieebene 010 senkrecht steht, im weißen Lichte zwischen gekreuzten Nicols in einer Normalstellung und in einer Diagonalstellung ein nach der Spur von 010 monosymmetrisches Interferenzbild hervorruft. Dagegen kann die Interferenzfigur einer zu 010 parallelen Platte nur centrisch symmetrisch sein. Alle übrigen Platten liefern asymmetrische Interferenzerscheinungen.

Nach der Orientierung der ersten Mittellinie und der Ebene der optischen Axen müssen, wie F. E. Neumann 1835 erkannt hat, drei Fälle unterschieden werden.

A. *Geneigte Dispersion.* — Liegen die optischen Axen für alle Lichtarten in der Symmetrieebene 010, so ändert sich mit der Farbe des Lichtes außer dem Winkel dieser Axen auch die Lage der ersten und der zweiten Mittellinie. In der schematischen Fig. 826 bedeuten *R* und *V* die ersten Mittellinien für rotes und violettes Licht, *r r* und *v v* die optischen Axen für diese Lichtarten. Eine Platte, die auf irgend einer der ersten Mittellinien senkrecht steht, wird also im weißen Lichte ein Interferenzbild erzeugen, daß in einer Normalstellung oder in einer Diagonalstellung monosymmetrisch nach der Spur der Ebene der optischen Axen ist (Fig. 827, 828). Diese „geneigte Dispersion" wurde von Nörremberg am Gyps entdeckt.

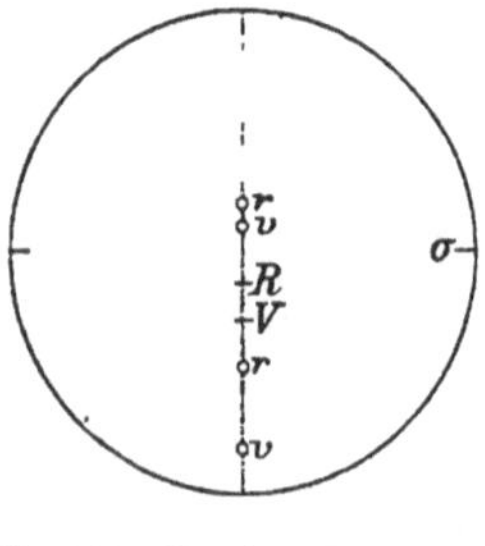

Fig. 826. Geneigte Dispersion.

[1] Michel Lévy, Ann. des mines. (7) 12, 392; 1877.

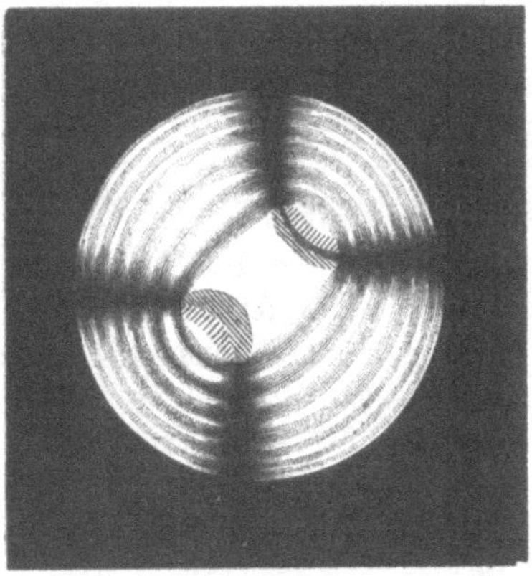

Fig. 827. Sanidin. $\varrho < v$.

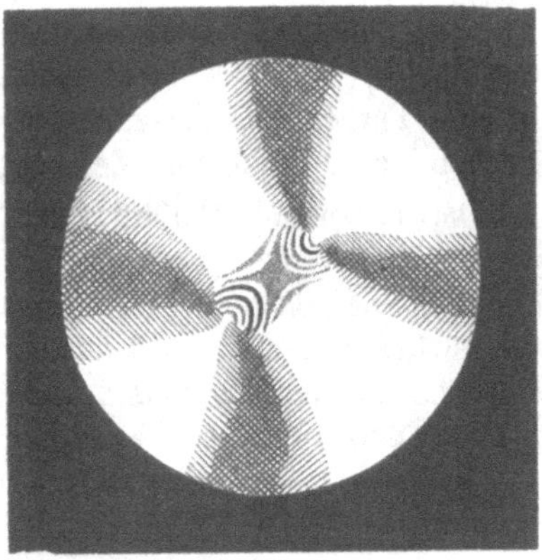

Fig. 828. Baryumplatincyanür. $\varrho > v$.

Gyps.[1] — Bei gewöhnlicher Temperatur liegen die optischen Axen für alle Lichtarten in der Symmetrieebene 010. Der Charakter der Doppelbrechung ist positiv. Die erste Mittellinie X_3 liegt in dem spitzen Winkel zwischen der Vertikalaxe c und dem faserigen Bruch nach $n\{\bar{1}11\}$, der die spitzen Ecken der Kombination $f\{110\}$ und $l\{111\}$ abstumpft (Fig. 829). V. von Lang fand, daß der Winkel der optischen Axen für Na-Licht ein Maximum erreicht. Nach H. Dufet hat im Gyps vom Montmartre die Lichtart, für die bei 19° C. dieses Maximum eintritt, die Wellenlänge $\lambda = 0{,}0005754$ in Luft. Die Ergebnisse seiner Messungen sind in der folgenden Tabelle zusammengestellt.

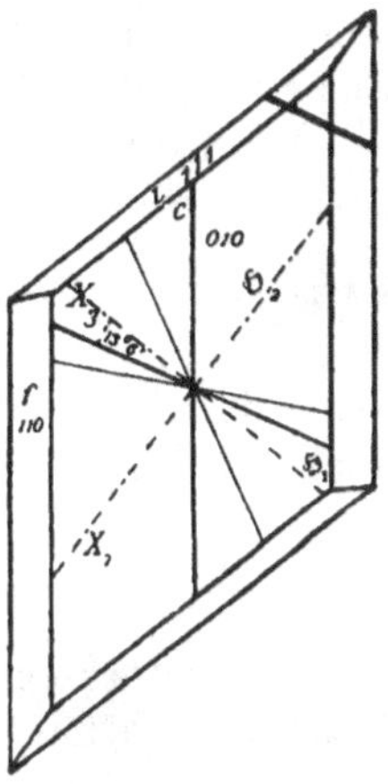

Fig. 829. Gyps.

Gyps vom Montmartre bei 19° C.

	Wellen-länge in Luft	Hauptbrechungsindices			Winkel der optischen Axen	
		α_1	α_2	α_3	berechnet aus $\alpha_1\,\alpha_2\,\alpha_3$	gemessen
Li	0,670 μ	1,51770	1,51977	1,52672	57° 28′ —″	57° 26′ 40″
C	0,656	1,51812	1,52021	1,52717	57 39 —	57 36 50
D	0,589	1,52046	1,52260	1,52962	58 1 30	58 5 —
Tl	0,535	1,52295	1,52510	1,53218	57 56 —	57 58 30
F	0,486	1,52592	1,52805	1,53524	57 20 30	57 23 —
γ	0,434	1,53034	1,53238	1,53982	— — —	— — —.

[1] E. Mitscherlich, Ann. d. Phys. **8**, 519; 1826. — F. E. Neumann, **35**, 81, 85; 1835. — A. Des Cloizeaux, Mém. prés. par div. sav. à l'Acad. des Sc. de l'inst. imp. de France. **18**, 644; 1867. — V. von Lang, Sitzungsber. Wien. Akad. (2) **76**, 793; 1877. — H. Dufet, Bull. soc. min. de France. **4**, 113, 191; 1881. Bull. soc. franç. de min. **10**, 223; 1887. **11**, 123; 1888. — A. Mülheims, Zeitschr. f. Kryst. **14**, 230; 1888.

Ferner hat V. von Lang entdeckt, daß die Dispersion der Symmetrieaxen X_3, X_1 in 010 eine anormale ist; denn die ersten Mittellinien liegen für alle Farben auf derselben Seite der ersten Mittellinie für ein Gelb zwischen der D-Linie und dem sogenannten mittleren Gelb.

Der bedeutende Einfluß von Temperaturveränderungen auf den Winkel der optischen Axen wurde von E. Mitscherlich 1826 entdeckt. Mit der Erhöhung der Temperatur nimmt dieser Winkel ab, sinkt bis auf Null und wächst darauf in einer auf der Symmetrieebene 010 senkrechten Ebene. Dabei vertauschen die Symmetrieaxen X_1 und X_2 ihre Richtungen. Nach A. Des Cloizeaux hat der scheinbare Winkel der optischen Axen $2E$ in Luft für rotes Licht folgende Werte bei:

	47°	71,5°	95,5°	116° C.
$2E$	76°	$59^1/_3$°	39°	0.

Nach den von H. Dufet zwischen 5° und 45° C. angestellten Messungen nehmen die Hauptbrechungsindices bei einer Erhöhung der Temperatur ab. Die Änderung durch eine Steigerung der Temperatur um 1° C. beträgt für Na-Licht:

$$\frac{d\alpha_1}{d\Theta} = -0{,}0_4148, \qquad \frac{d\alpha_2}{d\Theta} = -0{,}0_4431, \qquad \frac{d\alpha_3}{d\Theta} = -0{,}0_4265.$$

Wenn der spitze Winkel $2V$ der optischen Axen in Bogenmaß ausgedrückt wird, so ist die Änderung des halben Winkels:

$$-\frac{dV}{d\Theta} = 0{,}0_2 2348 + 0{,}0_4 48\,\Theta.$$

Die Symmetrieaxen X_3, X_1 ändern ihre Orientierung in 010 bei einer Temperaturerhöhung von 1° C. nur um 1′ 32″.

Diopsid. Fig. 501. — An Platten parallel 100 und 001 beobachtet man im konvergenten Licht den Austritt je einer optischen Axe (Fig. 793). Die Dispersion dieser Axen ist sehr schwach ($\varrho > v$), der Charakter der Doppelbrechung positiv. An einer zur Symmetrieebene 010 parallelen Platte findet man für die Neigung der ersten Mittellinie X_3 gegen die Vertikalaxe c annähernd 38° (Fig. 830). Die Dispersion der Mittellinien ist äußerst gering; in der eisenfreien Verbindung $CaMgSi_2O_6$ beträgt der Winkel X_3c nach E. A. Wülfing[1] 37° 55′ Li, 37° 50′ Na, 37° 45′ Tl. — Zwillinge nach 100, deren Begrenzungsflächen dieser Ebene parallel laufen, erzeugen im konvergenten weißen Licht in der Normalstellung das in Fig. 831 dargestellte Interferenzbild, wenn die beiden Individuen in der Richtung der Normale von 100 gleich dick sind. Die zur Platten-

[1] E. A. Wülfing, Beitr. z. Kenntn. d. Pyroxenfamilie. Heidelberg 1891, 51. Min. petr. Mitt. 15, 29; 1895.

normale symmetrischen Spuren der optischen Axen A und $\underline{A}$ sind durch einen schwarzen Balken verbunden, auf dem ein System von farbigen Linien senkrecht steht.[1]

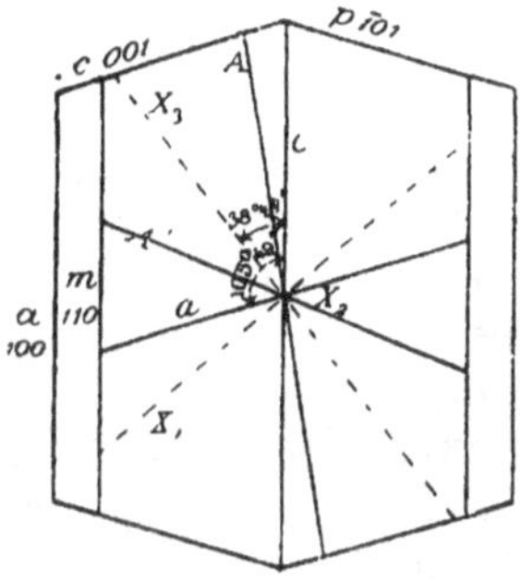

Fig. 830. Diopsid.

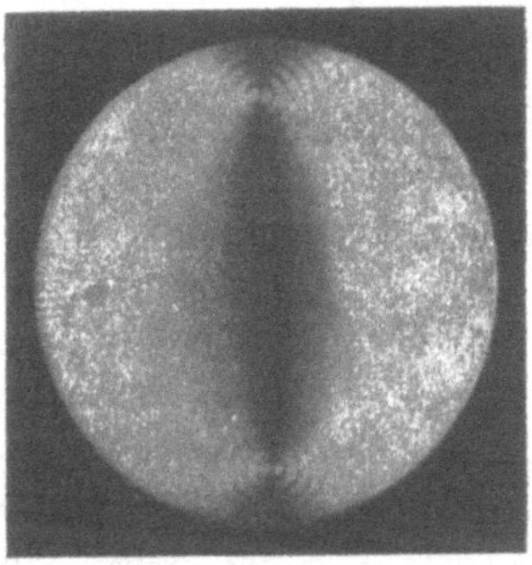

Fig. 831. Zwilling nach 100.

Klinochlor. — Vollkommen spaltbar nach 001. In der Symmetrieebene 010 bilden die zu krystallographischen Axen gewählten Richtungen vorn den Winkel $ac = 90^0 20'$ (Fig. 832). Aus der Interferenzfigur an einer Spaltungsplatte (Fig. 833) ist ersichtlich, daß die optischen Axen in

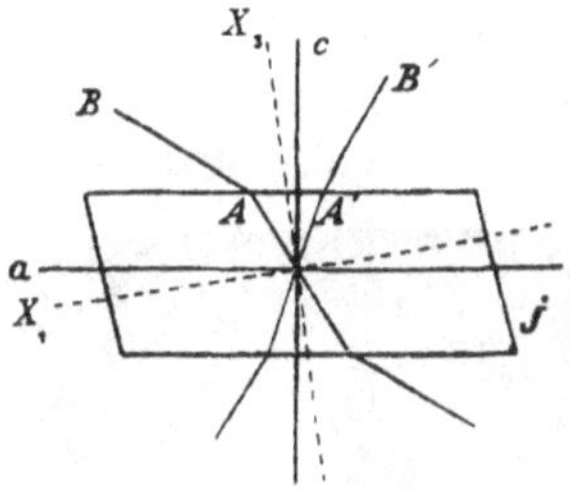

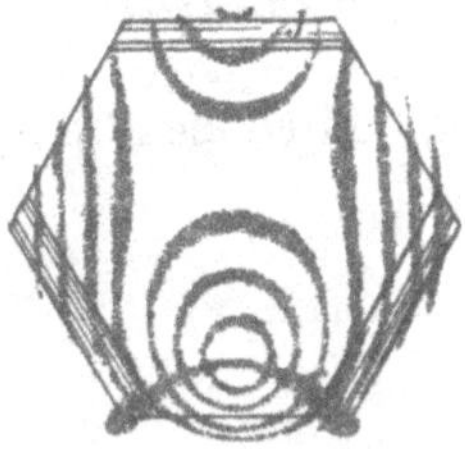

Fig. 832, 833. Klinochlor aus dem Zillerthal nach G. TSCHERMAK.

010 liegen. Da aber ihre Spuren in ungleichen Abständen vom Mittelpunkte des Gesichtsfeldes auftreten, so steht die erste Mittellinie nicht auf der Spaltfläche senkrecht. Der Charakter der Doppelbrechung ist positiv; daher müssen wir die erste Mittellinie mit X_3 bezeichnen. Aus den Interferenzfarben folgt, daß der Winkel der optischen Axen für rotes Licht kleiner ist als für blaues ($\varrho < v$). Fig. 830 stellt die Interferenzerscheinung dar, wie sie in dem Mikroskop Fig. 683 beobachtet wird. Die Spur der ersten Mittellinie ist also hier nach $i\{\bar{1}01\}$ hin gewendet. Berücksichtigt man aber, daß dieses Bild im Verhältnis der Inversion zu den Richtungen steht, in denen das Licht aus der Krystallplatte austritt (S. 303), so ergiebt

[1] Über diese und ähnliche Interferenzerscheinungen an Krystallzwillingen vgl. TH. LIEBISCH, Physikal. Krystallogr. 1891, 499—502.

sich, daß X_3 in den stumpfen Winkel ac fällt. G. Tschermak fand,[1] daß in den schönen Krystallen von Westchester in Pennsylvanien X_3 mit der Normale von 001 die Winkel 7° 8′ im roten Licht und 7° 40′ im blauen Licht bildet. Der Winkel der optischen Axen AA' beträgt 50° 45′ im roten und 53° 13′ im blauen Licht.

Rohrzucker Fig. 514. — An einer Platte nach 100 beobachtet man im konvergenten Licht die in Fig. 792 dargestellte Interferenzerscheinung. Daraus geht hervor, daß die optischen Axen in die Symmetrieebene 010 fallen und die erste Mittellinie von der Normale auf 100 nach der positiven Richtung der Vertikalaxe hin liegt. Die Dispersion der optischen Axen ($\varrho < v$) und der Symmetrieaxen ist sehr schwach, der Charakter der Doppelbrechung negativ. Fr. Becke fand,[2] daß die erste Mittellinie X_1 im Na-Licht unter 66° 37′ gegen die Vertikalaxe nach vorn geneigt ist (Fig. 834). Der Winkel der optischen Axen AA' beträgt in derselben Lichtart 47° 48½′. Die Axe A weicht also nur um ½° von der Normale der Fläche 100 ab. Daher ist eine zu dieser Fläche parallele Spaltungsplatte vorzüglich geeignet zur Beobachtung der konischen Refraktionen.

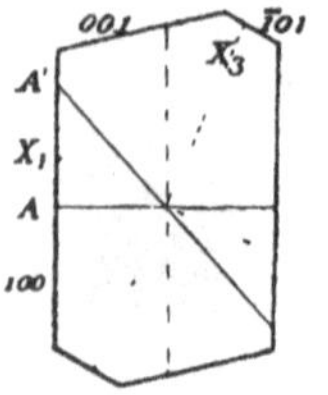

Fig. 834. Rohrzucker.

B$_1$. *Horizontale Dispersion.* — Steht die Ebene der optischen Axen für alle Lichtarten auf der Symmetrieebene 010 senkrecht und fallen die ersten Mittellinien in diese Ebene, so hängt außer dem Winkel der

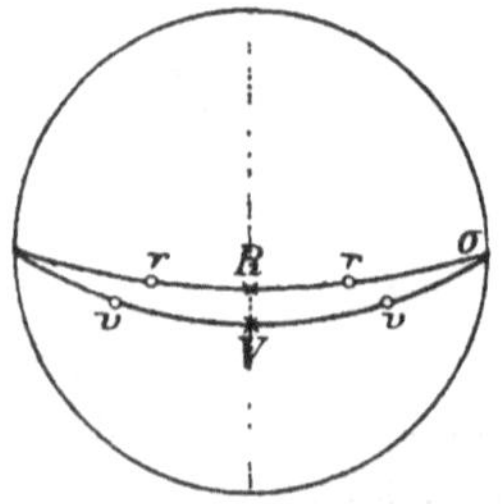

Fig. 835. Horizontale Dispersion.

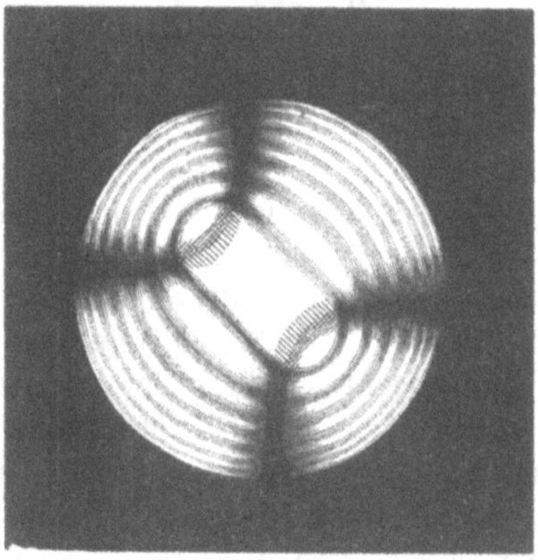

Fig. 836. Orthoklas. $\varrho > v$.

optischen Axen auch noch die Orientierung der ersten Mittellinie in 010 und die dadurch bestimmte Richtung der Ebene der optischen Axen von

[1] G. Tschermak, Sitzungsber. Wien. Akad. **99** (1), 174; 1890.

[2] Fr. Becke, Min. Mitt. ges. von G. Tschermak. 1877, 261.

der Farbe des Lichtes ab (Fig. 835). Eine Platte, die auf irgend einer der ersten Mittellinien senkrecht steht, wird also im weißen Lichte eine Interferenzerscheinung hervorrufen, die in einer Normalstellung oder in einer Diagonalstellung monosymmetrisch ist nach der auf den Ebenen der optischen Axen senkrechten Spur jener Symmetrieebene (Fig. 836). Diese „horizontale Dispersion" wurde von F. E. Neumann am Orthoklas entdeckt.

Orthoklas. — Bei gewöhnlicher Temperatur stehen die Ebenen der optischen Axen für alle Farben senkrecht auf $M\{010\}$ Fig. 836. Der spitze Winkel dieser Axen ist für rotes Licht größer als für violettes ($\varrho > v$). Der Charakter der Doppelbrechung ist negativ. Die erste Mittellinie X_1 liegt im stumpfen Winkel *ac* unter ca. 5° gegen *a* (Fig. 824). Wird die Temperatur erhöht, so nimmt der Winkel der optischen Axen ab. Er sinkt der Reihe nach für violettes . . . rotes Licht auf Null herab, um darauf in der Symmetrieebene 010 zu wachsen, so daß schließlich die Ebene der optischen Axen für alle Lichtgattungen mit 010 zusammenfällt und die Dispersion dieser Axen $\varrho < v$ ist. Es fällt also mit der Normale von 010 anfänglich die Symmetrieaxe X_3 und später die Symmetrieaxe X_2 zusammen. — An einer zur ersten Mittellinie senkrechten Platte des Orthoklas läßt sich der Einfluß der Temperatur auf die Lage und die Dispersion der optischen Axen noch leichter demonstrieren als am Gyps. Zu diesem Zweck bringt man die hinreichend erhitzte Platte in den Nörremberg'schen Polarisationsapparat (Fig. 682). Dann beobachtet man während der Abkühlung im weißen Lichte den Übergang von der geneigten Dispersion mit $\varrho < v$ in die horizontale Dispersion mit $\varrho > v$ und bei der Beleuchtung mit einfarbigem Lichte den Eintritt der Einaxigkeit.[1]

A. Offret[2] hat den Einfluß von Temperaturerhöhungen auf die optischen Eigenschaften eines Sanidin von Dockweiler in der Eifel untersucht. Die optischen Axen lagen schon bei gewöhnlicher Temperatur für alle Lichtarten in der Ebene 010. Wenn die Temperatur steigt, wachsen die Hauptbrechungsindices. Im Na-Licht ist bei 0° C.:

$$\alpha_1 = 1{,}5207, \qquad \alpha_2 = 1{,}5252, \qquad \alpha_3 = 1{,}5253, \qquad 2V = 12^0.$$

Die Zunahme für 1° C. beträgt zwischen 0° und 300° C. im Mittel:

$$\frac{d\alpha_1}{d\Theta} = 0{,}0_4037, \qquad \frac{d\alpha_2}{d\Theta} = 0{,}0_4030, \qquad \frac{d\alpha_3}{d\Theta} = 0{,}0_4054.$$

Auch die Dispersion nimmt zu und der Winkel der optischen Axen für Na-Licht wächst bei einer Erhöhung der Temperatur von 0° auf 300° C. um $31^1/_4{}^0$.

[1] A. Des Cloizeaux, Man. de min. **1**, 232; 1862. Mém. prés. **18**, 662; 1867.
[2] A. Offret, Bull. soc. franç. de min. **13**, 635; 1890.

Rechts-Weinsäure.[1] Fig. 512. — An einem nach $a\{100\}$ dünn tafelförmigen Krystall oder an einer Spaltungsplatte nach 100 beobachtet man im konvergenten Licht die Interferenzerscheinung Fig. 796, aus der hervorgeht, daß die Ebenen der optischen Axen auf der Symmetrieebene 010 senkrecht stehen. Die Spuren dieser Axen sind nur mit Hilfe eines Immersionssystems im Gesichtsfelde wahrzunehmen. Die Dispersion $\varrho > v$ ist sehr schwach, der Charakter der Doppelbrechung positiv. Die erste

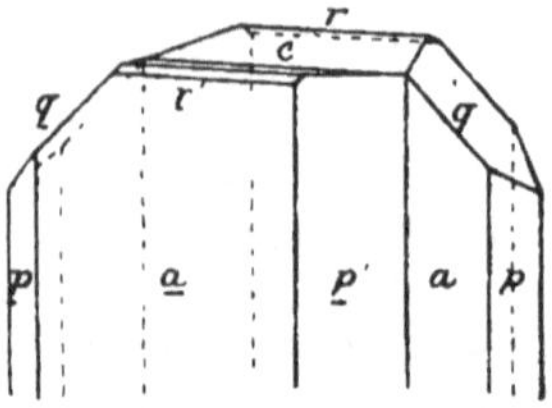

Fig. 837. Rechtsweinsäure. Zwilling nach 100.

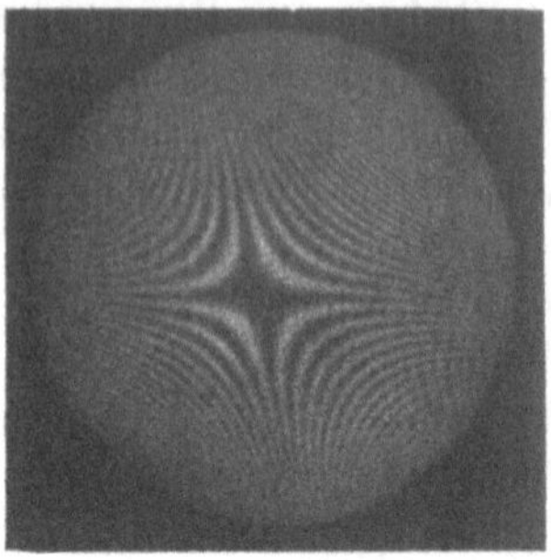

Fig. 838. Interferenzerscheinung des Zwillings im Na-Licht.

Mittellinie X_3 liegt im spitzen Winkel *ac* und bildet nach Des Cloizeaux mit der Normale auf 100· die Winkel 18° 42′ im roten und 17° 50′ im blauen Licht. Die Doppelbrechung ist außerordentlich stark. W. Kohlrausch fand für die Hauptbrechungsindices im Na-Licht:

$$\alpha = 1{,}49477, \quad \beta = 1{,}53446, \quad \gamma = 1{,}60508.$$

Demnach beträgt der spitze Winkel der optischen Axen 78,15°. — Ein Zwilling (Fig. 837) zeigt im konvergenten Licht da, wo die beiden Individuen sich überlagern, die in Fig. 838 dargestellte Interferenzerscheinung.

B$_2$. *Gekreuzte Dispersion.* — Endlich kann der Fall eintreten, daß die erste Mittellinie für alle Lichtarten mit der auf 010 senkrechten Symmetrieaxe zusammenfällt. Dann ändert sich mit der Farbe des Lichtes außer dem Winkel der optischen Axen auch noch die Orientierung der Ebenen dieser Axen (Fig. 839). Daher erzeugt eine zu 010 parallele Platte ein in jeder Stellung dieser Platte centrisch symmetrisches Interferenzbild (Fig. 840). Diese „gekreuzte Dispersion" wurde gleichzeitig von J. Herschel und von Nörremberg am Borax aufgefunden.

[1] A. Des Cloizeaux, Mém. prés. **18**, 623; 1867. — W. Kohlrausch, Ann. d. Phys. N. F. **6**, 86; 1879.

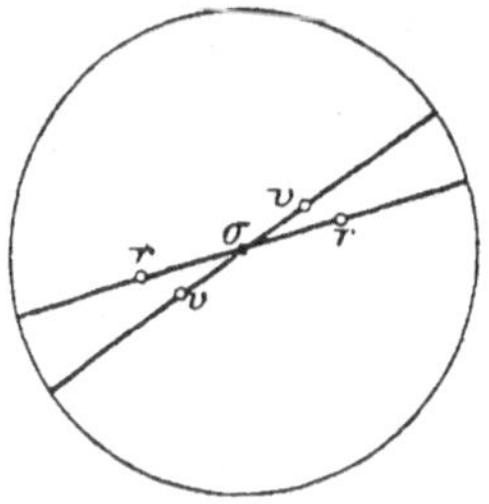

Fig. 839. Gekreuzte Dispersion.

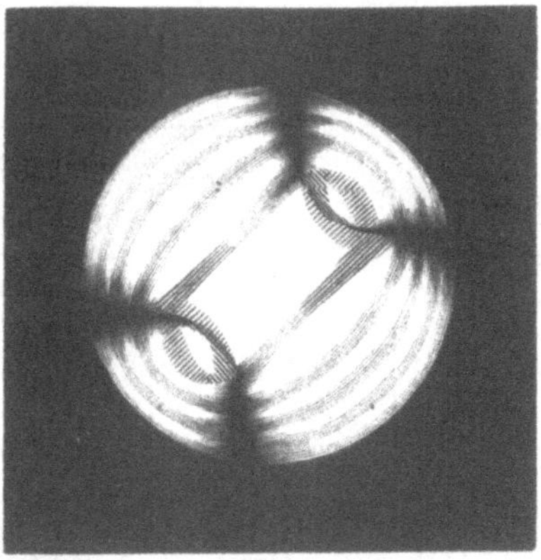

Fig. 840. Gekreuzte Dispersion.

Borax.[1] Fig. 495. — Der Charakter der Doppelbrechung ist negativ. Die zweite Mittellinie X_3 liegt im spitzen Winkel der krystallographischen Axen *ac* und bildet im Na-Licht 54° mit der Vertikalaxe *c*. Im roten Licht ist dieser Winkel etwas größer, im blauen etwas kleiner. H. Dufet fand im Na-Licht für die Hauptbrechungsindices folgende Werte:

$$\alpha_1 = 1{,}4467, \qquad \alpha_2 = 1{,}4694, \qquad \alpha_3 = 1{,}4724.$$

Demnach beträgt der spitze Winkel der optischen Axen 39° 21′. Die Dispersion dieser Axen ist $\varrho > v$.

Dielektricitätskonstanten. — Eine Untersuchung über die Beziehungen zwischen dem optischen und dem dielektrischen Verhalten ist von Ch. Borel an einigen **Doppelsulfaten** von der Zusammensetzung $R_2R(SO_4)_2 \cdot 6H_2O$ ausgeführt worden (Fig. 841).

Nach A. Murmann und L. Rotter[2] liegen die optischen Axen der in der folgenden Tabelle genannten Körper stets in der Ebene 010. Die optische Symmetrieaxe X_2 fällt also immer mit der krystallographischen Symmetrieaxe *b* zusammen. Der Charakter der Doppelbrechung ist positiv. Die erste Mittellinie X_3 liegt im stumpfen Winkel $(c\,a) = \beta$ und bildet mit der Normale $\mathfrak{N}$ der Basis 001 im roten Licht einen etwas größeren Winkel nach vorn als im violetten. Der Betrag dieser Dispersion ist von Borel an Kugeln für Grün und Rot (gr — r), Gelb und Rot (g — r) oder Grün und Gelb (gr — g) gemessen worden. Die Dispersion der optischen Axen

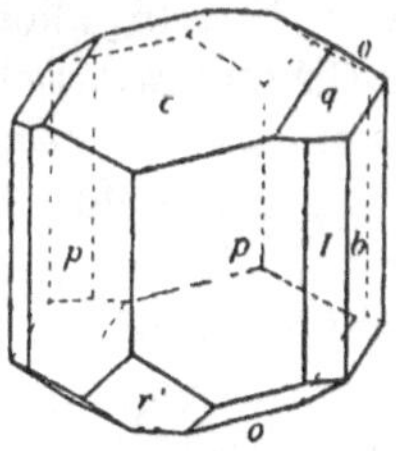

Fig. 841.

[1] A. Des Cloizeaux, Mém. prés. **18**, 633; 1867. — G. Tschermak, Sitzungsber. Wien. Akad. **57** (2), 641; 1868. — H. Dufet, Bull. soc. franç. de min. **10**, 218; 1887.

[2] A. Murmann und L. Rotter, Sitzungsber. Wien. Akad. **34**, 135; 1859.

ist für die K_2Zn- und $(NH_4)_2$Mg-Verbindungen $\varrho > v$, für alle übrigen Salze $\varrho < v$.

$\overset{I}{R}_2\overset{II}{R}$	Winkel $\mathfrak{N}\,X_3$ nach vorn	Winkel $\mathfrak{N}\,X_1$ nach hinten	Dispersion der Mittellinien X_3, X_1	Dispersion der optischen Axen
K_2Zn . . .	85° 17′	4° 43′	0,16° gr — r	$\varrho > v$
$(NH_4)_2$Mg . .	77 54[1]	12 6	0,04 gr — r	$\varrho > v$
$(NH_4)_2$Ni . .	79 2	10 58	0,06 gr — g	$\varrho < v$
$(NH_4)_2$Co . .	79 —	11 —	0,11 g — r	$\varrho < v$
K_2Ni . . .	84 34	5 26	0,07 gr — g	$\varrho < v$
K_2Co . . .	85 11	4 49	0,07 g — r	$\varrho < v$
$(NH_4)_2$Mn . .	81 34	8 26	0,09 gr — r	$\varrho < v$
$(NH_4)_2$Zn . .	81 27	8 33	0,11 gr — r	$\varrho < v$.

Die krystallographische Orientierung der in der Ebene 010 gelegenen dielektrischen Symmetrieaxen wurde nun von Borel aus der Einstellung von Kugeln, die in dem rasch alternierenden elektrischen Felde eines Plattenkondensators aufgehängt waren (S. 226), ermittelt. Aus dem zu untersuchenden Krystall wurde zunächst ein Würfel geschnitten, an welchem zwei Flächenpaare parallel {001} und {010} lagen. Nachdem die Mittelpunkte der Flächen bezeichnet waren, wurde eine Kugel geschliffen, wobei die Bezeichnungen jener Mittelpunkte in dem Maße, in welchem die Operation des Schleifens fortschritt, sorgfältig erneuert wurden. Wird nun diese Kugel zwischen den Platten des Kondensators derart aufgehängt, daß die Ebene 010 horizontal liegt, so erreicht sie unter der Einwirkung des elektrischen Feldes eine stabile Gleichgewichtsstellung, wenn diejenige der beiden in 010 gelegenen dielektrischen Symmetrieaxen, nach der die schwächere Elektrisierung stattfindet, auf der Richtung der Kraftlinien senkrecht steht (S. 223). Diese Stellung konnte an einem horizontalen Teilkreise, dessen Axe die Aufhängungsvorrichtung trug, abgelesen werden. Um die Lage jener Symmetrieaxe gegen die auf der Oberfläche der Kugel bezeichnete Normale $\mathfrak{N}$ von 001 zu bestimmen, wurde jetzt die Verbindung des Kondensators mit der Elektricitätsquelle unterbrochen und die Aufhängungsvorrichtung mit der Kugel gedreht, bis die Marke der Normale $\mathfrak{N}$ in die Visierrichtung eines horizontalen, zu den Kraftlinien senkrechten Fernrohres fiel.

Nach Borel liegen nur in der K_2Zn-Verbindung die elektromagnetischen Axen mit den optischen Axen in derselben Ebene 010. Aus den Werten $\mathfrak{N}\,\mathfrak{X}_3 = 7°$ nach vorn und $\mathfrak{N}\,X_3 = 85\frac{1}{4}°$ nach vorn ergiebt sich, daß der im stumpfen Winkel (ca) gelegene Winkel $\mathfrak{X}_3\,X_3$ $78\frac{1}{4}°$ beträgt.

[1] 78° 49′ nach H. Topsoe und C. Christiansen, Vidensk. Selsk. Skr. Kjöbenhavn. (5) **9**, 735; 1873.

Demnach schließen die korrespondierenden Symmetrieaxen X_3, $\mathfrak{X}_3$ im Sinne der Dispersion, welche die Mittellinien der optischen Axen erfahren, den Winkel $101^3/_4{}^0$ ein. Da $\varrho > v$ ist, so muß der von $\mathfrak{X}_3$ halbierte Winkel der elektromagnetischen Axen A_∞, A'_∞ größer sein, als der von X_3 halbierte Winkel der optischen Axen A, A' für rotes Licht. In der That fand Borel $A_\infty A'_\infty = 143^0$ und $A A' = 68^3/_4{}^0$.

In allen übrigen Verbindungen steht die Ebene der elektromagnetischen Axen senkrecht zur Ebene der optischen Axen 010. Ihre Orientierung ergiebt sich aus der folgenden Tabelle:[1]

$\overset{I}{R}_2\overset{II}{R}$	Symmetrie-axe b	Winkel zwischen der Ebene der elektromagnetischen Axen und der Normale $\mathfrak{N}$ von 001.	Hauptdielektricitätskonstanten ε_1	ε_2	ε_3
$(NH_4)_2Mg$	$\mathfrak{X}_3$	$\mathfrak{N}\,\mathfrak{X}_1 = 44^0$ nach vorn	6,10	7,06	8,54
$(NH_4)_2Ni$	$\mathfrak{X}_1$	$\mathfrak{N}\,\mathfrak{X}_3 = 6^0$ nach hinten	5,08	5,37	6,88
$(NH_4)_2Co$	$\mathfrak{X}_1$	$\mathfrak{N}\,\mathfrak{X}_3 = 25^0$ nach vorn	5,58	5,78	6,13
K_2Ni	$\mathfrak{X}_3$	$\mathfrak{N}\,\mathfrak{X}_1 = 90^0$	5,52	6,37	7,06
K_2Co	$\mathfrak{X}_3$	$\mathfrak{N}\,\mathfrak{X}_1 = 0^0$	8,46	9,35	10,71
$(NH_4)_2Mn$	$\mathfrak{X}_3$	$\mathfrak{N}\,\mathfrak{X}_1 = 99^0$ nach vorn	4,61	5,91	6,83
$(NH_4)_2Zn$	$\mathfrak{X}_3$	$\mathfrak{N}\,\mathfrak{X}_1 = 9^0$ nach hinten	5,35	6,62	7,56.

Bei den drei vorangestellten NH_4-Verbindungen gelangt man in folgender Weise durch einen kontinuierlichen Übergang von den optischen Symmetrieaxen zu den dielektrischen.

Im $(NH_4)_2Mg$-Sulfat ergiebt sich aus den im Sinne des Winkels $(c\,a)$ gerechneten Werten $X_1\,\mathfrak{N} = 12^0$ und $\mathfrak{N}\,\mathfrak{X}_1 = 44^0$ der Winkel $X_1\,\mathfrak{X}_1 = 56^0$. Da X_3 die erste Mittellinie und $\varrho > v$ ist, so werden sich, wenn die Schwingungsdauer zunimmt, die optischen Axen immer mehr der zweiten Mittellinie X_1 nähern. Gleichzeitig dreht sich X_1, dem Sinne der Dispersion der Mittellinien entsprechend, gegen $\mathfrak{X}_1$ hin. Für eine bestimmte Schwingungsdauer fallen die optischen Axen mit X_1 zusammen, um sich darauf in einer auf 010 senkrechten Ebene wieder zu öffnen. Wird die Schwingungsdauer unendlich groß gegen die Schwingungsdauer der sichtbaren Wellen, so hat X_1 die Lage $\mathfrak{X}_1$ eingenommen, also den Winkel 56^0 beschrieben.

Eine analoge Betrachtung läßt sich an den beiden folgenden Sulfaten durchführen. Hier ist $\varrho < v$. Daher müssen sich die optischen Axen mit der Zunahme der Schwingungsdauer zunächst der ersten Mittellinie X_3 nähern, während X_3 eine kontinuierliche Drehung im Sinne der Dispersion der Mittellinien erfährt. Die Drehung, welche X_3 in die Lage der dielektrischen Symmetrieaxe $\mathfrak{X}_3$ bringt, beträgt 95^0 bei dem $(NH_4)_2Ni$-Sulfat und 126^0 bei dem $(NH_4)_2Co$-Sulfat.

[1] In der Tabelle auf S. 230 ist $\mathfrak{X}_1$ durch $\mathfrak{X}_3$ und $\mathfrak{X}_3$ durch $\mathfrak{X}_1$ zu ersetzen.

Abweichend verhalten sich die vier zuletzt angeführten Körper. Denn hier ist $\varrho < v$, während die dielektrische Symmetrieaxe $\mathfrak{X}_3$ nicht mit der optischen Symmetrieaxe X_3 in der Ebene 010, sondern senkrecht zu dieser Ebene liegt.

VII. Trikline Krystalle.

Ein Krystall des triklinen Systems ist in optischer Beziehung nur centrisch symmetrisch. Daher ist die krystallographische Orientierung der Symmetrieaxen X_1, X_2, X_3 der Strahlenfläche von der Farbe des Lichtes und von der Temperatur abhängig.

In jeder Platte ändert sich die Orientierung der Polarisationsebenen $\mathfrak{H}_1$, $\mathfrak{H}_2$ der beiden Wellen, die sich in der Richtung der Plattennormale fortpflanzen, bei konstanter Temperatur mit der Farbe. Allerdings ist diese Dispersion in vielen triklinen Krystallen so schwach, daß sie gewöhnlich ganz vernachlässigt wird.

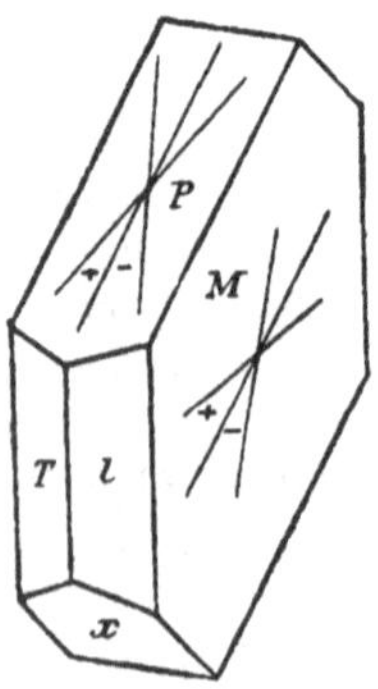

Fig. 842.

Da die Polarisationsebenen $\mathfrak{H}_1$, $\mathfrak{H}_2$, die auf einer Fläche eines triklinen Krystalls senkrecht stehen, in keinem Falle eine durch Symmetrieeigenschaften vorgeschriebene Lage zu den Kanten in der Begrenzung jener Fläche besitzen, so kann die Bestimmung dieser Lage zur Charakteristik des Krystalls benutzt werden. Beispiele bieten die leicht herzustellenden Spaltungsplatten der Plagioklase nach $P\{001\}$ und $M\{010\}$ dar (S. 173). Untersucht man z. B. Spaltblättchen von Albit und Anorthit, in denen die obere Fläche 001 oder die rechte Fläche 010 als Austrittsflächen dienen, im senkrecht eintretenden Lichte zwischen gekreuzten Nicols, so findet man folgende Werte für die Winkel, welche die Polarisationsebene $\mathfrak{H}_2$ der langsameren Welle mit der Kante PM, also mit der krystallographischen Axe a, in dem durch Fig. 842 definierten Sinne einschließt:[1]

	auf 001	auf 010
Albit . .	$\mathfrak{H}_2 a = + 4^1/_2{}^0$,	$\mathfrak{H}_2 a = + 19^0$,
Anorthit .	$\mathfrak{H}_2 a = - 37^0$,	$\mathfrak{H}_2 a = - 36^0$.

Im konvergenten Lichte zwischen gekreuzten Nicols zeigt jede Platte eines triklinen Krystalls in jeder Stellung eine asymmetrische Interferenzerscheinung. Betrachtet man z. B. Spaltblättchen von Albit und Anorthit nach $M\{010\}$ in der durch Fig. 843 definierten Lage, die so gewählt ist, daß die rechte

[1] M. Schuster, Min. petr. Mitt. **3**, 250; 1880. **5**, 189; 1882. — A. Fouqué erhielt folgende Werte: $+ 4^0$, $+ 19^0 30'$, $- 36^0 30'$, $- 41^0 30'$. Bull. soc. franç. de min. **17**, 428; 1894.

Fläche 010 als Austrittsfläche dient, während die obere Fläche 001 vorn links liegt und die Polarisationsebene des eintretenden Lichtes der Kante zwischen 010 und 110 parallel läuft, so erblickt man die in Fig. 844 und 845 dargestellten Interferenzbilder.[1]

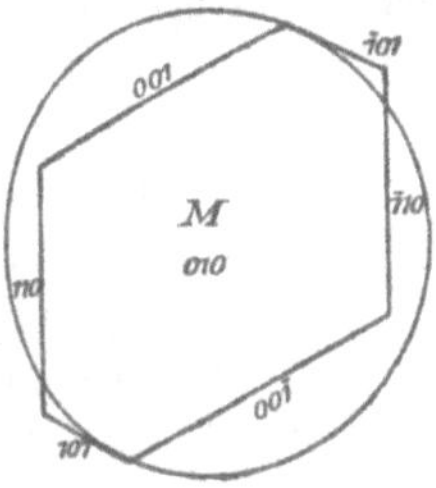

Fig. 843.

Fig. 844. Albit.

Fig. 845. Anorthit.

Die krystallographische Orientierung der optischen Symmetrieaxen eines triklinen Krystalls für einfarbiges Licht wird am einfachsten dadurch bezeichnet, daß die Lage der Ebene der optischen Axen A, A' und der ersten Mittellinie M angegeben wird. Dann kennt man auch die Lage der zweiten Mittellinie M' und der Normale zur Ebene A, A'. Um jene Angaben zu gewinnen, sucht man in einem Polarisationsapparate für konvergentes Licht oder in einem Axenwinkelapparat an dem Krystall selbst oder an Spaltungsplatten mit Benutzung einer Immersionsflüssigkeit die Interferenzerscheinungen auf, aus denen auf die Richtungen der Ebene der optischen Axen und der Mittellinien geschlossen werden kann. Hierbei leisten die Drehapparate Fig. 694—696 gute Dienste. Darauf werden Begrenzungsflächen angeschliffen, die auf einer Mittellinie möglichst genau senkrecht stehen.[2] An den auf solche Weise hergestellten Platten kann man nach dem auf S. 386 beschriebenen Verfahren den wahren spitzen Winkel der optischen Axen $2V$ und den mittleren Hauptbrechungsindex α_2 ermitteln. Und aus den Neigungen der Platten gegen seitliche Begrenzungsebenen ergiebt sich die krystallographische Orientierung der Mittellinien.

Die Werte der Hauptbrechungsindices eines triklinen Krystalls lassen sich an einem einzigen Prisma, dessen krystallographische Orientierung bekannt ist, nur dann unzweideutig bestimmen, wenn zuvor Näherungswerte derselben ermittelt sind. Dagegen können jene Größen, wofern eine hinreichend stark brechende Flüssigkeit zur Verfügung steht, durch Messung von Grenzwinkeln der totalen Reflexion an zwei verschieden orientierten

---

[1] M. Schuster, Min. petr. Mitt. **3**, 150; 1880.

[2] Der Geschicklichkeit des Optikers J. Werlein gelang es aus Feldspatkrystallen von der Größe eines Stecknadelkopfes Parallelepipede parallel zu den optischen Symmetrieaxen und Prismen, deren Kanten diesen Axen parallel liefen, herzustellen, welche das Material für die umfassenden Untersuchungen von A. Fouqué über die optischen Eigenschaften der Feldspäte vulkanischer Gesteine darboten (Bull. soc. franç. de min. **17**, 283; 1894).

Flächen gefunden werden (S. 375). Da sich indessen auf diesem Wege die Orientierung der optischen Symmetrieaxen nicht hinreichend genau ermitteln läßt, so ist man bei der Bestimmung der optischen Konstanten trikliner Krystalle in der Regel darauf angewiesen, mehrere Beobachtungsmethoden zu verbinden. Vor allem empfiehlt es sich, Messungen von Grenzwinkeln der totalen Reflexion mit Beobachtungen im konvergenten polarisierten Licht zu kombinieren.[1]

Kennt man die krystallographische Orientierung einer Platte eines optisch zweiaxigen Krystalls, und hat man an dieser Platte die Winkel der Polarisationsebenen $\mathfrak{H}_1$, $\mathfrak{H}_2$ gegen eine krystallographisch feste Richtung gemessen, so gewährt die nach dem Fresnel'schen Satze (S. 364) herrschende Beziehung zwischen $\mathfrak{H}_1$, $\mathfrak{H}_2$ und den optischen Axen ein Mittel zur Bestimmung dieser Axen, d. h. zur Auffindung ihrer Richtungen und des von ihnen eingeschlossenen spitzen Winkels $2V$. Bei einem Krystall des rhombischen Systems reicht die Beobachtung der Lage von $\mathfrak{H}_1$, $\mathfrak{H}_2$ an einer einzigen Platte, welche keiner optischen Symmetrieaxe parallel läuft, zur vollständigen Bestimmung der optischen Axen (ihrer Ebene und des Winkels $2V$) aus. Dagegen muß bei einem triklinen Krystall die Lage von $\mathfrak{H}_1$ und $\mathfrak{H}_2$ an fünf Platten ermittelt werden.[2]

Den Einfluss der Temperatur auf die Hauptbrechungsindices hat A. Offret[3] am Oligoklas von Backersville in Nord-Carolina untersucht. Spaltungsplatten ergaben die Auslöschungsschiefen (Fig. 842):

$$\mathfrak{H}_2 a = +1^0 \text{ auf } 001, \qquad \mathfrak{H}_2 a = +7^0 30' \text{ auf } 010.$$

An denselben Platten wurde im konvergenten polarisierten Lichte festgestellt, daß die Ebene der optischen Axen nahezu parallel 001 liegt und daß 010 auf der zweiten Mittellinie annähernd senkrecht steht. Der Charakter der Doppelbrechung ist negativ. Hiernach wurden von J. Werlein Prismen hergestellt, deren Kanten den optischen Symmetrieaxen möglichst genau parallel liefen. Die Werte der Hauptbrechungsindices sind bei 0° C. für Na-Licht:

$$\alpha_1 = 1{,}5392, \qquad \alpha_2 = 1{,}5434, \qquad \alpha_3 = 1{,}5472.$$

Eine Erhöhung der Temperatur bewirkt eine Zunahme, die im Mittel für 1° C. folgende Beträge erreicht:

$$\frac{d\alpha_1}{d\Theta} = +0{,}0_5 37, \qquad \frac{d\alpha_2}{d\Theta} = +0{,}0_5 30, \qquad \frac{d\alpha_3}{d\Theta} = +0{,}0_5 54.$$

Dabei wächst die Dispersion. Die Winkel der optischen Axen ändern sich nur sehr wenig; es ist z. B. im Na-Licht $AA' = 88^0 16'$ bei 0^0 und $= 85^0 6'$ bei 300° C.

[1] Dieses Verfahren ist von H. Dufet am Kaliumdichromat durchgeführt worden (Bull. soc. franç. de min. **13**, 341; 1890). — Vgl. B. Hecht, N. Jahrb. f. Min. Beil.-Bd. **6**, 241; 1889.

[2] Th. Liebisch, N. Jahrb. f. Min. 1886. I, 155.

[3] A. Offret, Bull. soc. franç. de min. **13**, 648; 1890.

Optisch zweiaxige Krystalle mit Drehungsvermögen. — Obwohl es bisher noch nicht gelungen ist in einem Krystall des rhombischen, monoklinen oder triklinen Systems ein optisches Drehungsvermögen nachzuweisen, so ist es doch nicht unwahrscheinlich, daß genauere Untersuchungen zu einem positiven Resultat führen werden. Zu dieser Erwartung berechtigen einmal die theoretischen und experimentellen Untersuchungen über die gemeinsame Wirkung der gewöhnlichen Doppelbrechung mit geradliniger Polarisation und der Doppelbrechung mit cirkularer Polarisation, auf der das optische Drehungsvermögen beruht, andererseits die Beobachtungen über die Erhaltung des Drehungsvermögens in physikalisch verschiedenen Zuständen desselben Stoffes.

Jedenfalls würden optisch zweiaxige Krystalle mit Drehungsvermögen in gewendeten Formen auftreten, so daß sie nur der hemiëdrischen Gruppe des rhombischen Systems, der hemimorphen Gruppe des monoklinen Systems oder der hemiëdrischen Gruppe des triklinen Systems angehören können. Die Symmetrie des optischen Verhaltens würde in diesen Fällen nicht höher sein als die Symmetrie der Krystallform. Im Ganzen würden sich dann nach optischen Eigenschaften **zehn** Klassen krystallisierter Körper unterscheiden lassen.

Gemeinsame Wirkung von Cirkularpolarisation und Doppelbrechung. — Die Erfahrung hat gelehrt, daß sich im Quarz nur in der Richtung der Vertikalaxe zwei cirkularpolarisierte Wellen fortpflanzen. In allen horizontalen Richtungen treten Wellenpaare auf, deren Polarisationszustand nicht merklich von der geradlinigen Polarisation verschieden ist. Und in den dazwischen liegenden Richtungen erfolgt der Übergang von der cirkularen zur geradlinigen Polarisation durch elliptische Polarisationszustände. Dieses Verhalten läßt sich, wie Ch. Briot[1] bemerkt hat, auf das Zusammenwirken zweier Ursachen zurückführen, von denen die eine die Doppelbrechung der gewöhnlichen optisch einaxigen Krystalle mit geradliniger Polarisation bewirkt, während die andere eine nach allen Richtungen konstante Doppelbrechung mit cirkularer Polarisation, also ein konstantes Drehungsvermögen, hervorbringt. Die gemeinsame Wirkung dieser beiden Vorgänge ist von Gouy[2] auf analytischem Wege und noch eingehender von O. Wiener[3] durch geometrische Ueberlegungen untersucht worden.

Wenn die gewöhnliche Doppelbrechung und das Drehungsvermögen schwach sind, so darf das Prinzip der Superposition kleiner Bewegungen angewendet werden. Die resultierende Bewegung wird also bestimmt sein durch die kinematische Superposition der Bewegungen, die in jedem der beiden Vorgänge für sich stattfinden. Dann ergiebt sich, daß sich im allgemeinen nach jeder Richtung zwei elliptisch polarisierte Wellen mit ent-

[1] Ch. Briot, Essai sur la théorie math. de la lumière. 1864, 97.
[2] Gouy, Journ. de phys. (2) **4**, 149; 1885.
[3] O. Wiener, Ann. d. Phys. N. F. **35**, 1; 1888.

gegengesetztem Schwingungssinne fortpflanzen. Die Hauptaxen der Ellipsen fallen in die Polarisationsebenen der geradlinig polarisierten Wellen und korrespondierende Hauptaxen stehen senkrecht aufeinander. Gleichen Sinn mit dem Drehungsvermögen hat die Ellipse, deren größere Hauptaxe der Schwingungsrichtung der schnelleren geradlinig polarisierten Welle parallel läuft. Das Verhältnis k der Halbaxen jeder Ellipse ist bestimmt durch den Gangunterschied Γ_d, den die geradlinig polarisierten Wellen auf einer der Längeneinheit gleichen Strecke erreichen würden, wenn sie allein vorhanden wären, und durch den Gangunterschied Γ_c, den die cirkular polarisierten Wellen für sich auf derselben Strecke gewinnen würden. Bezeichnet man das Verhältnis $\Gamma_d : \Gamma_c$ mit h, so findet Gouy:

$$k = -h + \sqrt{1 + h^2}.$$

Die beiden elliptischen Schwingungen pflanzen sich mit Erhaltung des Axenverhältnisses k aber mit verschiedenen Geschwindigkeiten fort und besitzen, nachdem sie die Längeneinheit durcheilt haben, den Gangunterschied:

$$\Gamma_1 = \sqrt{\Gamma_d^2 + \Gamma_c^2}.$$

Diese Relationen für das Axenverhältnis und den Gangunterschied der Schwingungsellipsen sind von F. Beaulard am Quarz geprüft und bestätigt worden.[1]

O. Wiener hat gezeigt, daß bei der gleichzeitigen Wirkung der gewöhnlichen Doppelbrechung und der Doppelbrechung mit Cirkularpolarisation die eine teilweise verdeckt wird, wenn die andere überwiegt. Es interessiert uns hier vor allem das Verhalten der Körper, in denen die erstere Wirkung wenigstens in gewissen Richtungen vorwaltet, so daß der auf der Längeneinheit erreichte Gangunterschied Γ_d der geradlinig polarisierten Wellen größer ist als der auf derselben Strecke gewonnene Gangunterschied Γ_c der cirkularpolarisierten Wellen ($\Gamma_d > \Gamma_c$). In diesem Falle würde sich das Vorhandensein der schwächeren Wirkung am deutlichsten bei der folgenden Versuchsanordnung zu erkennen geben.

Man läßt in eine planparallele Platte eine geradlinig polarisierte Welle einfarbigen Lichtes in der Weise eintreten, daß ihre Schwingungsrichtung $\mathfrak{P}$ genau parallel zur Schwingungsrichtung $\mathfrak{H}_1$ der schnelleren der beiden Wellen liegt, die sich in der Platte fortpflanzen würden, wenn nur die gewöhnliche Doppelbrechung vorhanden wäre. Diese Schwingung kann nicht ungestört fortschreiten, da unmittelbar nach ihrem Eintritt in die Platte die Doppelbrechung mit cirkularer Polarisation zur Geltung gelangt. Diese würde für sich allein wirkend eine Ablenkung der Schwingungsrichtung hervorrufen. Alsdann muß aber sofort durch die Einwirkung der gewöhnlichen Doppelbrechung ein elliptischer Schwingungszustand resultieren.

[1] F. Beaulard, Sur la coexistence du pouvoir rotatoire et de la double réfraction dans le quartz. Thèse fac. des sc. de Paris. Marseille 1893.

Hieraus ist ersichtlich, daß aus der Platte eine elliptisch polarisierte Welle austreten wird, die sich in ihrer Lage und ihrer Gestalt mit der Dicke der Platte ändert. Sie ist vollständig definiert durch den Winkel α, den ihre größere Hauptaxe mit der Richtung $\mathfrak{H}_1$ bildet, und durch ihr Axenverhältnis K.

Wir verfolgen jetzt die stetigen Änderungen des Winkels α und des Axenverhältnisses K in der Schwingungsellipse der austretenden Welle, die an einer Platte von wachsender Dicke beobachtet werden. Bezeichnen wir mit Γ den Gangunterschied, der in einer Platte von der Dicke l erreicht wird von den entgegengesetzt elliptisch polarisierten Wellen mit dem Axenverhältnis k, die sich in der Richtung der Plattennormale fortpflanzen können, so ist $\Gamma = l \cdot \Gamma_1$. Ferner bezeichnen wir mit λ die Wellenlänge des benutzten einfarbigen Lichtes in Luft. Es läßt sich nun leicht zeigen, daß der Winkel α und das Axenverhältnis K periodische Funktionen von Γ/λ sind, in der Weise, daß sich die Erscheinungen wiederholen, wenn Γ um ein ganzes Vielfaches von λ vermehrt wird. Daher genügt es die Plattendicke von Null bis zu dem Werte l' anwachsen zu lassen, der einem Gangunterschiede von einer Wellenlänge ($\Gamma = \lambda$) entspricht.

Wächst Γ von Null bis $\lambda/2$, so dreht sich die größere Hauptaxe der Schwingungsellipse von der Richtung $\mathfrak{H}_1$ aus zunächst im Sinne des Drehungsvermögens, welches die Platte zeigen würde, wenn nur die Doppelbrechung mit Cirkularpolarisation vorhanden wäre. Sie erreicht aber eine Grenzlage, die mit $\mathfrak{H}_1$ den Winkel α_m einschließt. Dieser Winkel bleibt stets kleiner als 45°; er ist gegeben durch die Relation $\sin 2\alpha_m = \Gamma_c/\Gamma_d$. Der Wert des zugehörigen Gangunterschiedes Γ, der mit Γ_m bezeichnet werden möge, folgt aus $\cos(2\pi\Gamma_m/\lambda) = \Gamma_c^2/\Gamma_d^2$. Darauf dreht sich jene Hauptaxe im entgegengesetzten Sinne und fällt wieder mit $\mathfrak{H}_1$ zusammen, wenn der Gangunterschied $\Gamma = \lambda/2$ ist. Während dieser Bewegung ist das Axenverhältnis K der austretenden Ellipse beständig von Null an gewachsen bis zu dem größten Werte $K_m = \Gamma_c/\Gamma_d$, der erreicht wird, sobald $\Gamma = \lambda/2$ ist.

Wenn nun der Gangunterschied von $\lambda/2$ bis λ wächst, so nimmt die Schwingungsellipse die Formen an, die zu den soeben beschriebenen in Bezug auf $\mathfrak{H}_1$ symmetrisch liegen. Daher ist die austretende Welle insbesondere wieder geradlinig nach $\mathfrak{H}_1$ polarisiert, wenn Γ gleich der Wellenlänge λ wird.

Ist Γ_d bedeutend größer als Γ_c, so wird der maximale Drehungswinkel α_m sehr klein. Aus $\sin 2\alpha_m = \Gamma_c/\Gamma_d$ ergeben sich z. B. die folgenden Werte:

$\Gamma_d : \Gamma_c =$	$2:1$,	$10:1$,	$100:1$,
$\alpha_m =$	15^0,	$2^0\,52'$,	$17'$.

Die folgende Tabelle enthält eine Zusammenstellung der hier in Betracht kommenden Größen für Quarz nach den Richtungen, die unter 25° und 90° gegen die Vertikalaxe geneigt sind. Die Angaben beziehen sich auf

Na-Licht, $\lambda = 0{,}000\,589$ mm. Der auf der Längeneinheit (1 mm) erreichte Gangunterschied der cirkularpolarisierten Wellen ist gleich der Differenz der Brechungsindices in der Richtung der Vertikalaxe (S. 294): $\Gamma_c = 0{,}000071$. Andererseits ist der Gangunterschied Γ_d direkt gegeben durch die Differenz der Brechungsindices in den bezeichneten Richtungen; denn nach V. von Lang läßt sich im Quarz nach den Richtungen, die unter 25° oder unter einem größeren Winkel gegen die Vertikalaxe geneigt sind, eine Abweichung von der Normalenfläche der gewöhnlichen optisch einaxigen Krystalle von positivem Charakter der Doppelbrechung nicht mehr erkennen (S. 345).

	Γ_d	Γ_1	k	l'
25°	0,001 614	0,001 616	0,022	0,365 mm
90°	0,009 110	0,009 110	0,004	0,065 mm.

	α_m	Γ_m	K_m
25°	1° 15′ 37″	0,000 132	0,0439
90°	— 13′ 24″	0,000 133	0,0078.

Demnach beträgt die maximale Drehung in der ersten Richtung noch $1\frac{1}{4}$°, in der zweiten aber kaum $\frac{1}{4}$°. Und die maximalen Werte des Axenverhältnisses der austretenden Schwingungsellipse, die bei einer Plattendicke von $l'/2$ Millimetern oder ganzen Vielfachen hiervon zu beobachten sein würden, sind ca. 1 : 25 und 1 : 128.

Das optische Verhalten des einseitig komprimierten Quarzes. — Konnten die Gesetze der Doppelbrechung und der Polarisation des Lichtes in optisch zweiaxigen Krystallen mit Drehungsvermögen noch nicht direkt an Krystallen, die sich im natürlichen Zustande befinden, untersucht werden, so bietet sich doch ein indirekter Weg zur experimentellen Erforschung derselben dar.

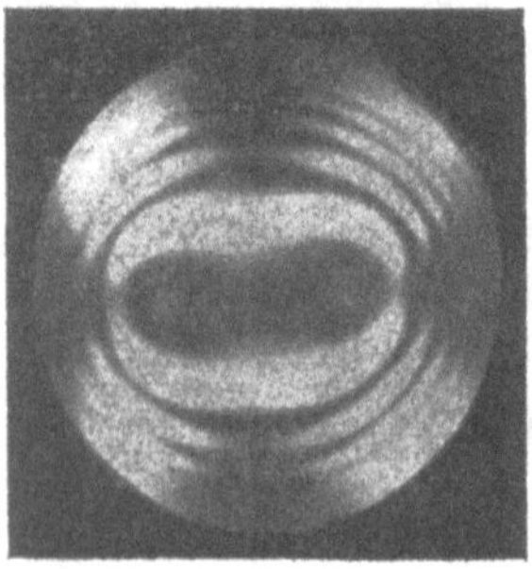

Fig. 846. Quarz einseitig komprimiert. Na-Licht.

Brewster fand in den Jahren 1815—1818, daß in einfach brechenden amorphen oder krystallisierten Körpern durch einseitigen Druck Doppelbrechung erzeugt wird und daß optisch einaxige Krystalle durch eine senkrecht zur Axe der Isotropie ausgeübte Kompression zweiaxig werden. Aus Symmetriegründen muß dabei die Ebene der optischen Axen entweder parallel oder senkrecht zur Druckrichtung liegen. Auf diese Weise wird auch der Quarz optisch zweiaxig. Komprimiert man nämlich eine zur optischen Axe senkrechte Platte in einer Schraubenpresse, so erblickt man im Polarisationsapparat für konvergentes Licht die in Fig. 846 dargestellte Interferenzerscheinung. Die Kurven gleichen Gangunterschiedes dehnen sich in der Druckrichtung aus; folglich liegt die Ebene der optischen Axen parallel zur Richtung des Druckes. E. Mach und J. Merten[1] haben nun durch qualitative Versuche festgestellt, daß der komprimierte Quarz nach den Richtungen der beiden optischen Axen cirkularpolarisierend bleibt und hier merklich dasselbe Drehungsvermögen besitzt, das im natürlichen Zustande in der Richtung der Axe der Isotropie vorhanden war. Nach der Vertikalaxe pflanzen sich jetzt zwei entgegengesetzt elliptisch polarisierte Wellen fort. Die Vergrösserung ihres Gangunterschiedes kommt dadurch zu stande, daß die langsamere Welle stärker verzögert wird als die schnellere. Die längeren Hauptaxen der Schwingungsellipsen zweier Wellen von gemeinsamer Fortpflanzungsrichtung werden durch dasselbe Gesetz beherrscht, welches A. Fresnel für die Schwingungsrichtungen in gewöhnlichen optisch zweiaxigen Krystallen aufgestellt hat (S. 364).

Quantitative Bestimmungen hat vor kurzem F. Beaulard ausgeführt. 1. Zunächst ermittelte er an einer zur Basis parallelen Platte im senkrecht eintretenden, geradlinig polarisierten Lichte die elliptische Doppelbrechung, welche der Quarz in der Richtung der Vertikalaxe annimmt, wenn er einer wachsenden einseitigen Kompression senkrecht zu dieser Axe unterworfen wird. Der Druck wurde mit Hilfe eines Perreaux'schen Dynamometers ausgeübt und konnte bis zu 530 kg auf 1 cm^2 gesteigert werden. Es ergab sich in Übereinstimmung mit der Theorie, daß die große Axe der austretenden Schwingungsellipse bei steigendem Drucke um die Richtung $\mathfrak{P}$ der eintretenden geradlinigen Schwingung oscilliert, so daß sie für gewisse Werte des Druckes von dieser in einem Sinne abweicht, welcher dem Drehungssinn des natürlichen Zustandes entgegengesetzt ist. Fällt die große Axe mit $\mathfrak{P}$ zusammen, so ist die Elliptizität Null oder ein Maximum. Ferner ergab die Berechnung nach der Theorie von Gouy, daß, wie schon Mach und Merten gefunden hatten, das Drehungsvermögen konstant bleibt, während die durch den Druck erzeugte accidentelle Doppelbrechung proportional dem Druck wächst. — 2. Alsdann untersuchte Beaulard die elliptische Doppelbrechung nach verschiedenen Richtungen in einer Platte, die einem unveränderlichen einseitigen Drucke ausgesetzt war. Er fand, daß die Beobachtungen erklärt werden können durch die Superposition eines von der Fortpflanzungsrichtung unabhängigen Drehungsvermögens und einer Doppelbrechung, die sich zusammensetzt aus der natürlichen Doppelbrechung des Quarzes und der durch die Kompression eingeführten accidentellen Doppelbrechung. Insbesondere beobachtete er in den Richtungen der beiden optischen Axen nur das ursprünglich nach der Vertikalaxe vorhandene Drehungsvermögen. — 3. Eine angenäherte Berechnung des wahren spitzen Winkels der optischen Axen lieferte für einen Druck von 195 kg pro cm^2 den Wert $8^1/_2{}^0$, während die Beobachtung $7^3/_4{}^0$ ergeben hatte.

[1] E. Mach und J. Merten, Sitzungsber. Wien. Akad. 72 (2), 315; 1875.

Erhaltung des optischen Drehungsvermögens in physikalisch verschiedenen Zuständen desselben Stoffes. — In der überwiegenden Mehrzahl der bis jetzt bekannten regulären, hexagonalen oder tetragonalen Krystalle, die durch ein optisches Drehungsvermögen ausgezeichnet sind, ist diese Eigenschaft an den krystallisierten Zustand gebunden. Werden z. B. linke oder rechte Krystalle von Natriumchlorat gelöst, so ist die Lösung inaktiv. Aus ihr können sich linke und rechte Krystalle nebeneinander bilden. Um nur linke oder nur rechte Krystalle zu gewinnen, muß man in die Lösung ein wenn auch noch so kleines Bruchstück eines linken oder eines rechten Krystalls einführen.

Es erhebt sich jetzt die Frage, wie die Stoffe, die in ihren Lösungen, im dampfförmigen, im geschmolzenen und im festen amorphen Zustande optisch aktiv sind, sich im krystallisierten Zustande verhalten.

Als L. Pasteur 1848 die Krystallformen der Rechtsweinsäure und ihrer Salze untersuchte und mit den Formen der Traubensäure und ihrer Salze verglich, bemerkte er, daß die ersteren stets gewendet, die letzteren dagegen niemals gewendet sind.[1] Indem er diese Wahrnehmung in Verbindung brachte mit den Beobachtungen von Biot über das optische Drehungsvermögen der Lösungen der Rechtsweinsäure und ihrer Salze, stellte er die Hypothese auf, daß Stoffe, die in ihren Lösungen optisch aktiv sind, in gewendeten Formen krystallisieren.[2] Dieser Satz ist seitdem in allen Fällen, wo eine vollständige Bestimmung der krystallographischen Symmetrie ausgeführt werden konnte, bestätigt worden. Er ist indessen ebensowenig umkehrbar wie die Beziehung zwischen dem Drehungsvermögen krystallisierter Körper und ihrer Form (S. 296); denn es krystallisieren z. B. die Verbindungen NH_4Cl, KCl, $Ba(NO_3)_2$, $Pb(NO_3)_2$, $NaSrAsO_4.9H_2O$, $NiSO_4.6H_2O$, $MgSO_4.7H_2O$, $Sr(CHO_2)_2.2H_2O$, $LiSO_4.H_2O$ in gewendeten Formen, aber ihre Lösungen sind inaktiv. Ferner untersuchte Pasteur auch die Linksweinsäure und ihre Salze und ermittelte auf diesem Wege den Zusammenhang zwischen der Krystallform und dem Sinne des Drehungsvermögens der Lösungen. Er fand, daß die Formen optisch isomerer Stoffe enantiomorph sind. Die Gesamtheit seiner Beobachtungen über die chemischen, optischen, krystallographischen und physiologischen Eigenschaften der hierher gehörigen Stoffe führte ihn zu der Hypothese, daß die räumliche Konfiguration der Moleküle dieser Stoffe eine gewendete sein müsse.[3] Umgekehrt läßt sich sofort übersehen, daß Krystalle, die aus gewendeten Molekülen aufgebaut sind, notwendig in gewendeten Formen auftreten müssen.

---

[1] Vgl. die Beispiele auf S. 106, 112, 130, 143, 147, 158, 167—169, 175—176.

[2] L. Pasteur, Ann. chim. phys. (3) **24**, 442; 1848. **28**, 56; 1850. **31**, 67; 1851. **38**, 437; 1853. **42**, 418; 1854. **49**, 5; **50**, 178; 1857.

[3] L. Pasteur, Rech. sur la dissymétrie moléculaire des prod. org. nat. Paris 1861. In deutscher Übersetzung. Leipzig 1891.

Aus diesen Ergebnissen kann man noch nicht schließen, daß bei den Stoffen, die in ihren Lösungen aktiv sind, das Drehungsvermögen auch im krystallisierten Zustande erhalten bleiben muß. Denn wir haben gesehen, daß die Ursache der Bildung einer gewendeten Form zwar eine notwendige, keineswegs aber die einzige Bedingung für die Entstehung des Drehungsvermögens ist. Daher kann nur die Erfahrung über den optischen Teil der vorliegenden Frage Auskunft gewähren. Es lag um so näher das Verhalten der Krystalle, deren Lösungen aktiv sind, eingehend zu prüfen, nachdem Biot gefunden hatte, daß Rohrzucker und Rechtsweinsäure im festen amorphen Zustande aktiv bleiben. Allein gerade diese beiden Körper sind im krystallisierten Zustande optisch zweiaxig und so stark doppelbrechend, daß die Erkennung des Drehungsvermögens jedenfalls mit großen Schwierigkeiten verbunden ist. Die günstigsten Objekte sind offenbar unter den Stoffen zu suchen, die im regulären, hexagonalen oder tetragonalen Systeme krystallisieren.

Bevor wir auf die an solchen Körpern angestellten Beobachtungen näher eingehen, müssen wir an den Begriff der spezifischen Drehung erinnern. Bezeichnet man mit α den Drehungswinkel eines flüssigen aktiven Stoffes von der Dichte d in einer Schicht von l Decimetern Länge für eine bestimmte einfarbige Lichtart und bei einer bestimmten Temperatur, so nennt man nach Biot den Winkel $[\alpha] = \alpha/dl$ das spezifische Drehungsvermögen des Stoffes. Es bedeutet also $[\alpha]$ den Drehungswinkel bezogen auf die ideale Dichte Eins und eine Länge von 100 mm. Andererseits wird das Drehungsvermögen krystallisierter Körper gewöhnlich charakterisiert durch den Drehungswinkel α' für eine Plattendicke von 1 mm. Wenn nun das spezifische Drehungsvermögen bei dem Übergange des Stoffes in den krystallisierten Zustand unverändert erhalten bleibt, so wird zwischen den Winkeln $[\alpha]$ und α' die Beziehung bestehen:

$$\alpha' = [\alpha] \cdot \frac{\delta}{100},$$

worin δ die Dichte des Krystalls bedeutet.

A. Des Cloizeaux[1] entdeckte 1857 in dem tetragonalen **Strychninsulfat** (S. 144, 354) einen Körper, der in Lösung und im krystallisierten Zustande linksdrehend ist. Für mittleres gelbes Licht hat $[\alpha]$ den Wert $-28{,}5^0$. Da die Dichte der Krystalle $\delta = 1{,}398$ ist, so müßte $\alpha' = -0{,}4^0$ sein, wenn das Drehungsvermögen keine Änderung erfährt. Allein die Krystalle besitzen ein bedeutend stärkeres Drehungsvermögen. Nach Des Cloizeaux ist im roten Licht $\alpha' =$ ca. 11^0, während H. Traube im Na-Licht $\alpha' = 13\,{}^1/_4{}^0$ beobachtete.

Inzwischen sind hexagonal krystallisierende Körper aufgefunden worden, die ebenfalls in physikalisch verschiedenen Zuständen optisch aktiv sind.

[1] A. Des Cloizeaux, Ann. chim. phys. (3) **51**, 361; 1857.

An dem **weinsauren Rubidium** (S. 130, 353) beobachteten G. Wyrouboff[1] und H. Traube,[2] daß der Sinn des optischen Drehungsvermögens in wässeriger Lösung und im krystallisierten Zustande nicht übereinstimmt. Denn das rechtsweinsaure Rubidium ist in der Lösung rechtsdrehend, während die Krystalle linksdrehend sind. Die linksweinsaure Verbindung zeigt das umgekehrte Verhalten. Diese Erscheinung ist durch die in der Lösung stattfindende Dissoziation zu erklären. H. Traube erhielt für das rechtsweinsaure Salz $[\alpha] = +25{,}63^0$ und $\delta = 2{,}694$. Daraus würde folgen $\alpha' = +0.69^0$. Dagegen ergab die Messung an den Krystallen ein etwa 15 mal so starkes Drehungsvermögen nach links: $\alpha' = -10{,}24^0$.

Maticokampher (S. 131, 353). Nach H. Traube ist im geschmolzenen Zustande $[\alpha] = -29{,}17^0$ für Na-Licht. Hieraus folgt mit Rücksicht auf $\delta = 1{,}080$ der Winkel $\alpha' = -0{,}315^0$, der nur etwa den sechsten Teil des beobachteten Drehungswinkels $\alpha' = -1{,}88^0$ beträgt.

Im Gegensatz zu den soeben genannten Stoffen sind nun die beiden folgenden Körper dadurch bemerkenswert, daß sie im krystallisierten und im unkrystallinischen Zustande ein sehr nahe übereinstimmendes Drehungsvermögen zeigen.

Laurineenkampher (S. 131, 353). H. Landolt und E. Rimbach fanden für die spezifische Drehung im Na-Licht $[\alpha] = +55{,}52^0$. Da nach H. Traube $\delta = 0{,}998$ ist, so beträgt der berechnete Winkel $\alpha' = +0{,}555^0$, während die Messungen von v. Seherr-Thoss $\alpha' = +0{,}65^0$ ergaben.

Patchoulikampher = $C_{15}H_{26}O$. Die Gruppe des hexagonalen Systems, in welche dieser Kampher gehort, konnte noch nicht bestimmt werden. Nach H. Traube sind die Krystalle linksdrehend: $\alpha' = -1{,}325^0$ Na. Im geschmolzenen Zustande ist nach Traube $[\alpha] = -118^0$, in alkoholischen Lösungen nach Montgolfier $[\alpha] = -124{,}5^0$. Hieraus folgen mit Rücksicht auf den von Gal gefundenen Wert der Dichte der Krystalle, $\delta = 1{,}051$, die mit dem gemessenen Werte nahe übereinstimmenden Winkel $\alpha' = -1{,}3^0$ und $-1{,}24^0$.

Die Struktur der Krystalle mit optischem Drehungsvermögen. — Zum Schluß soll auf theoretische Überlegungen hingewiesen werden, welche mit Hilfe einer Hypothese über die Struktur der Krystalle darzuthun versuchen, daß nur in hexagonalen und tetragonalen Krystallen und in bestimmten Richtungen regulärer Krystalle die Bedingungen für das Auftreten eines optischen Drehungsvermögens gegeben sein können.

Den Ausgangspunkt dieser Theorie bilden die Beobachtungen von Nörremberg und E. Reusch an Glimmerkombinationen. Im Muscovit (Fig. 499, 500) steht die erste Mittellinie nahezu senkrecht auf der Spaltungsfläche 001 und die Ebene der optischen Axen liegt senkrecht zur Symmetrie-

[1] G. Wyrouboff, Journ. de phys. (3) **3**, 451; 1894.
[2] H. Traube, Sitzungsber. Berlin. Akad. 1895, 195.

ebene 010. Norremberg schichtete nun Spaltungsblättchen von gleicher aber sehr geringer Dicke so übereinander, daß die Ebenen der optischen Axen in benachbarten Blättchen aufeinander senkrecht standen. Eine solche Kombination zeigt im Polarisationsapparat für konvergentes Licht zwischen gekreuzten Nicols in der Normalstellung die Interferenzerscheinung einer zur Basis parallelen Platte eines gewöhnlichen optisch einaxigen Krystalls ohne Drehungsvermögen (Fig 732). Andererseits wurde von Reusch 1869 nachgewiesen, daß man auch die Erscheinungen, welche senkrecht zur Axe der Isotropie stehende Quarzplatten im senkrecht einfallenden und im konvergenten polarisierten Lichte darbieten, an Kombinationen von Glimmerspaltungsblättchen wahrnehmen kann. Schichtet man nämlich eine größere Anzahl (12 bis 36) Muscovitblättchen von gleicher aber sehr geringer Dicke so übereinander, daß die Ebene der optischen Axen jedes weiter hinzugefügten Blättchens gegen die des darunter liegenden um 120° im Sinne der Bewegung des Uhrzeigers gedreht ist (Fig. 848), und läßt man auf diese Kombination geradlinig polarisiertes Licht senkrecht auffallen, so tritt eine nahezu geradlinig polarisierte Welle aus, deren Polarisationsebene gegen die des austretenden Lichtes ebenfalls im Uhrzeigersinne abgelenkt ist. Diese Kombination verhält sich also wie eine Platte aus einem rechtsdrehenden Quarz. Erfolgt die Aufschichtung in dem entgegengesetzten Sinne (Fig. 847), so ist die Kombination linksdrehend. Im konvergenten polarisierten Lichte beobachtet man die für Quarzplatten charakteristischen Interferenzfiguren (Fig. 745, 746). Insbesondere liefern zwei entgegengesetzt drehende Glimmerkombinationen übereinander gelegt die Airy'schen Spiralen (Fig. 749, 750). Nur insofern weicht das Verhalten dieser Kombinationen von dem des Quarzes ab, als sich bei der Drehung derselben in ihrer Ebene kleine Änderungen der Farbenerscheinungen zeigen. In dieser Hinsicht vermutete E. Reusch, daß sich die Eigenschaften der Glimmerkombinationen um so mehr jenen des Quarzes nähern würden, je dünner die Lamellen und je größer die Zahl der Umgänge gewählt werden.

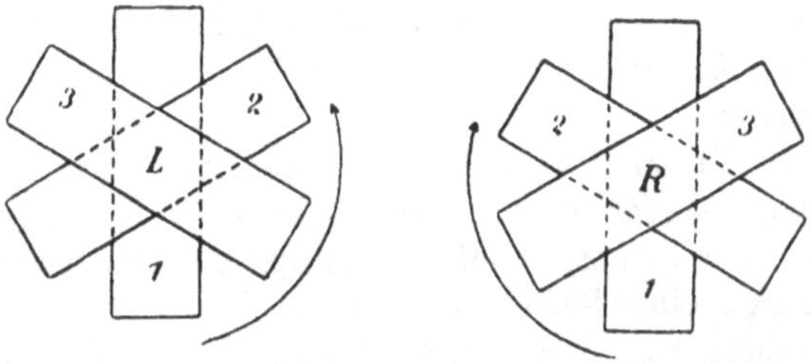

Fig. 847, 848. Glimmerkombinationen nach Reusch.

Diese Vermutung wurde von L. Sohncke (1876—78) für senkrecht einfallendes Licht auf experimentellem und theoretischem Wege bestätigt. Je dünner die Blättchen einer Glimmertriade gewählt werden, um so mehr gestreckt ist die Schwingungsellipse der austretenden Welle, wie auch die Polarisationsebene $\mathfrak{P}$ der einfallenden Welle orientiert sein mag. Schon wenn die Dicke l eines einzelnen Blättchens eine solche ist, daß die dritte

Potenz der Größe $s^2 = \sin^2 \pi \Gamma/\lambda$, worin $\Gamma = l(\nu_2 - \nu_1)$ den durch ein Blättchen hervorgerufenen Gangunterschied bedeutet, gegen 1 vernachlässigt werden kann, unterscheidet sich die austretende Welle nicht mehr merklich von einer geradlinig polarisierten. Dasselbe gilt von einer durch Aufschichtung beliebig vieler Triaden gebildeten Kombination. — Je dünner die Blättchen einer Triade sind, um so weniger ist die Drehung der Polarisationsebene der austretenden Welle von der Orientierung der Ebene $\mathfrak{P}$ abhängig. Ist l so klein, daß s^4 gegen 1 vernachlässigt werden kann, so bleibt die Drehung unabhängig von jener Orientierung. In diesem Falle ist die durch parallele Aufschichtung von n kongruenten Triaden bewirkte Drehung n-mal so groß als jene der einzelnen Triade, also proportional mit der Dicke des Präparates. — Die Drehung in Kombinationen von drei oder mehr Blättchen ist abhängig von der Wellenlänge λ. Diese Abhängigkeit läßt sich mit großer Annäherung durch die von L. Boltzmann aufgestellte Dispersionsformel für Quarz (S. 352) ausdrücken (natürlich mit anderen Zahlenwerten der Koeffizienten), und zwar um so genauer, je dünner die Blättchen gewählt sind. — Je mehr die Richtung der Fortpflanzungsrichtung von der Normale der Blättchen abweicht, um so mehr verliert sich die Erscheinung der Drehung.

Aus diesen Thatsachen folgt, daß man bei fortgesetzter Verminderung der Blättchendicke zu Kombinationen gelangen muß, deren Drehwirkung mit derjenigen des Quarzes qualitativ übereinstimmt. L. Sohncke zieht daher den Schluß, daß die Struktur des Quarzes dem Bau jener Glimmerkombinationen analog sei.

Die Beobachtungen von Reusch haben Er. Mallard[1] veranlaßt eine allgemeinere Aufgabe zu behandeln. Wenn die Modifikationen ermittelt werden können, welche eine elliptisch polarisierte Welle bei dem Durchgange durch eine Reihe übereinander liegender, sehr dünner Krystallblättchen erfährt, so werden darin auch die Gesetze des optischen Drehungsvermögens enthalten sein, das durch geeignete Anordnungen dieser Blättchen erzeugt wird. Die von Mallard durch ziemlich langwierige Rechnungen erhaltene Lösung dieser Aufgabe ist vor Kurzem von H. Poincaré[2] auf einem wesentlich einfacheren Wege durch geometrische Konstruktionen gewonnen worden.

Inzwischen hat L. Sohncke[3] die Resultate von Mallard in Verbindung gebracht mit seiner Theorie der Krystallstruktur. Es handelt sich dabei um die regelmäßigen Punktsysteme, welche dieselben Symmetrieeigenschaften besitzen, wie die Gruppen des hexagonalen, tetragonalen und regulären Systems, in denen Krystalle mit optischem Drehungsvermögen beobachtet worden sind (S. 326, 350). Eine gemeinsame Eigenschaft dieser Punktsysteme besteht darin, daß sie angesehen werden können als eine Reihenfolge doppeltbrechender Schichten von verschiedener aber äußerst geringer Dicke,

---

[1] Er. Mallard, Ann. des mines (7) **19**, 256; 1881. Traité de crist. **2**, **262**; 1881.
[2] H. Poincaré, Théorie math. de la lumière. II, 275; 1892.
[3] L. Sohncke, Zeitschr. f. Kryst. **19**, 529; 1891.

die in regelmäßigem Wechsel und mit bestimmtem Windungssinne aufgeschichtet sind. Aus den Formeln von MALLARD ergiebt sich dann, daß solche Anordnungen von Krystallblättchen in der That eine Drehung der Polarisationsebene bewirken, wenn eine geradlinig polarisierte Welle senkrecht eintritt. Der Drehungswinkel ist proportional der Dicke der Kombination und nahezu umgekehrt proportional dem Quadrat der Wellenlänge in Luft. Indessen konnte bei den Punktsystemen des regulären Systems nur gezeigt werden, daß nach den Richtungen der drei aufeinander senkrechten gleichberechtigten Symmetrieaxen eine Drehung von gleichem Betrage auftreten muß, während die Beobachtung eine optische Isotropie ergiebt. Die Struktur der regulären, optisch drehenden Krystalle kann also nicht in befriedigender Weise aus der Theorie der Krystallstruktur abgeleitet werden.

Prüft man unter demselben Gesichtspunkte die regelmäßigen Punktsysteme, welche die Symmetrie der rhombischen, monoklinen oder triklinen Krystalle darbieten, so ergiebt sich, daß hier Anordnungen von doppeltbrechenden Schichten, welche eine Drehung der Polarisationsebene erzeugen, nicht vorhanden sind.

8. Elasticität.

Symmetrieeigenschaften. — Nach der Symmetrie des elastischen Verhaltens können **neun** Klassen krystallisierter Körper unterschieden werden. Da elastische Vorgänge ihrer Natur nach centrisch symmetrisch sind, so kommen zunächst die auf S. 180 angegebenen elf Klassen in Betracht. Aus dem von G. GREEN aufgestellten Werte für die potentielle Energie eines vollkommen elastischen Krystalls, der bei konstanter Temperatur im deformierten Zustande erhalten wird, folgt aber, wie B. MINNIGERODE nachgewiesen hat, daß die Klassen 1, 2 des regulären Systems und die Klassen 3, 4 des hexagonalen Systems jedesmal übereinstimmende Symmetrieeigenschaften aufweisen.

Oberfläche des Dehnungskoeffizienten. — Zur Charakteristik dieser neun Klassen krystallisierter Körper sind die Oberflächen vorzüglich geeignet, deren Radien die Werte der Dehnungskoeffizienten repräsentieren.

Aus einem Krystall sei ein rechtwinkeliges Parallelepiped mit den Kantenrichtungen ξ, η, ζ geschnitten. In der Richtung ζ werde eine gleichförmige Zugkraft ausgeübt, so daß auf jede Flächeneinheit der Ebene $\xi\eta$ der Zug P wirkt. Hierdurch möge die ursprüngliche Länge ζ um $\Delta\zeta$ verlängert werden. Dann stellt das Verhältnis dieser Verlängerung $\Delta\zeta$ zu der Länge ζ die durch den Zug P hervorgebrachte Verlängerung der Längeneinheit oder die Längsdilatation $\lambda = \Delta\zeta : \zeta$ dar. Bleibt die Längsdilatation hinreichend klein, so ist sie erfahrungsgemäß dem Zuge proportional. In diesem Falle bezeichnet man das Verhältnis des Zuges zu der in der Richtung seiner Wirkung erzeugten Dilatation als **Dehnungswiderstand**, $E = P : \lambda$. Gewöhnlich wird der Zug in Kilogrammen angegeben, während die Dimensionen des Parallelepipeds in Millimetern ausgedrückt werden. Könnte das Parallelepiped so stark gedehnt werden, daß $\Delta\zeta = \zeta$, also die Längsdilatation λ gleich Eins wird, so würde E die Anzahl Kilogramme bedeuten, die auf ein Quadratmillimeter des Querschnitts wirken müssen, um das Parallelepiped auf das doppelte der ursprünglichen Länge zu dehnen. Mit anderen Worten: E ist das tausendfache der Anzahl Kilogramme, die erforderlich sind, um einen Stab von 1 mm² Querschnitt und 1 m Länge um 1 mm zu dehnen.

Der reciproke Wert ε des Dehnungswiderstandes wird **Dehnungskoeffizient** genannt, $\varepsilon = 1/E$. Aus $\varepsilon = \lambda/P$ folgt, daß der Dehnungskoeffizient die durch die Einheit des Zuges hervorgebrachte Längsdilatation angiebt. Werden die Länge in Metern, der Querschnitt in Millimetern und der Zug in Kilogrammen gemessen, so bedeutet also ε die in einem Stabe von 1 mm² Querschnitt durch den Zug von 1 kg erzeugte Verlängerung eines Meters.

In einem krystallisierten Körper ändert sich der Wert des Dehnungskoeffizienten mit der krystallographischen Orientierung der Richtung, in welcher der Zug ausgeübt wird. Stellen wir uns nun vor, daß die Werte der Dehnungskoeffizienten durch Strecken repräsentiert werden, die von einem gemeinsamen Anfangspunkte ausgehen, so erfüllen die Endpunkte eine geschlossene Oberfläche, die für das elastische Verhalten des Krystalls charakteristisch ist.

Bestimmung von Dehnungskoeffizienten durch Biegung dünner prismatischer Stäbchen. — Der Wert des Dehnungskoeffizienten in der Richtung L läßt sich, wie F. E. Neumann 1834 hervorgehoben hat, bestimmen aus der Biegung eines dünnen Stäbchens von rechteckigem Querschnitte, dessen Längskante parallel L ist. Wird dieses Stäbchen, während es mit seiner Breitseite auf zwei Schneiden horizontal ruht, mit Hilfe einer mittleren Schneide belastet, so beobachtet man an der Stelle dieser Schneide eine vertikale Senkung:

$$\eta = \frac{L^3}{4BD^3} P\varepsilon.$$

Hierin bedeuten L die freie Länge zwischen den beiden Schneiden, B die Breite, D die Dicke des Stäbchens in **Millimetern**. P ist die Belastung der Mitte in **Kilogrammen**. Bezeichnet man mit $\varkappa$ den Zuwachs von η, der einem Zuwachs der Belastung von 1 kg entspricht, so ist der **Dehnungskoeffizient** gegeben durch:

$$\varepsilon = \frac{4BD^3}{L^3} \varkappa.$$

Übrigens hat W. Voigt nachgewiesen, daß im allgemeinen bei der Biegung von prismatischen oder cylindrischen Stäbchen, die aus Krystallen hergestellt sind, auch eine Torsion stattfindet. Die Biegung eines Stäbchens fällt bei behinderter Torsion stets kleiner aus als bei unbehinderter Torsion. Umgekehrt tritt bei einer Torsion des Stäbchens im allgemeinen auch eine Biegung desselben ein. Wieder ist die Torsion bei behinderter Biegung stets kleiner als bei unbehinderter Biegung. Liegt die Längsrichtung des Stäbchens normal zu einer Symmetrieebene der Elasticität, so verschwinden jene Nebenerscheinungen.

Biegungsapparate. — **1.** Der NEUMANN'sche Biegungsapparat, zuerst benutzt und beschrieben von G. BAUMGARTEN, ist von W. VOIGT wesentlich verbessert worden (Fig. 849). Zwischen zwei auf einem starken Tischchen befestigten Schienen verschieben sich die stählernen, oben etwas abgeschrägten und zur Vermeidung der

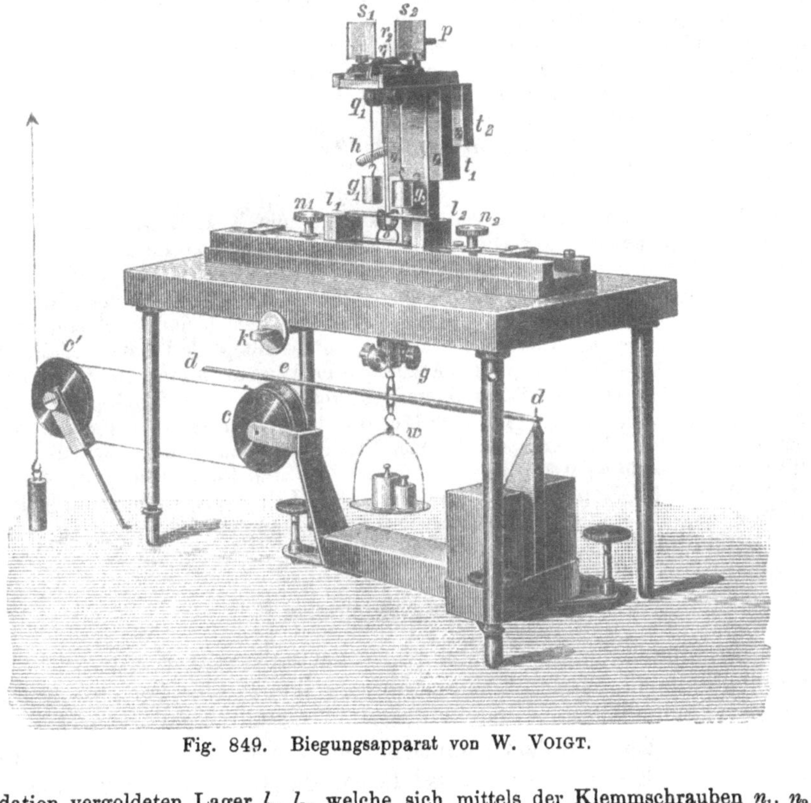

Fig. 849. Biegungsapparat von W. VOIGT.

Oxydation vergoldeten Lager l_1, l_2, welche sich mittels der Klemmschrauben n_1, n_2 in jeder Stellung festhalten lassen. Ihr Abstand ist mit Hilfe eines Nonius an der auf einer der Schienen angebrachten Teilung abzulesen. Auf jenen Lagern ruht das zu biegende Stäbchen. Dasselbe trägt einen in den Bügel *o* gefaßten vergoldeten Stahlcylinder, an welchem die Belastung angreift. Es hängt nämlich dauernd an *o* ein ca. 20 g schweres Messingstück *g* mit vier verstellbaren kleinen Gewichten, welche dazu dienen, den unterhalb *g* sichtbaren spitzen Haken genau unter die Mitte des Stäbchens zu bringen. Während der Beobachtung hängt außerdem an *o* die mit Gewichten beschwerte Wagschale *w*, welche je nach Umständen 5 oder 10 g wiegt. Die Belastung und Entlastung des Stäbchens erfolgt vom Beobachtungsplatze aus mittels eines nach Art eines Klingelzuges geführten Drahtes, welcher über die beiden Rollen *c*, *c'* gelegt ist. Durch das Anziehen dieses Drahtes wird die excentrische Scheibe *e* und dadurch auch der Stahlstab *d d* gehoben und gesenkt. Um die Belastung unter Vermeidung eines Stoßes auf das Stäbchen einwirken zu lassen, ist zwischen *o* und *g* ein aus hartem Neusilber gedrehter federnder Ring eingeschaltet.

Gerade oberhalb des Stäbchens liegen auf zwei horizontalen Glasstreifen die beiden, um Stahlschneiden drehbaren Röllchen r_1, r_2, welche die Spiegel s_1, s_2 und die sie äquilibrierenden Gegengewichte q_1, q_2 tragen. Ein sehr dünner Platindraht liegt in einer feinen Rille des kleinen Stahlcylinders des Bügels *o*, läuft in verschiedenem Sinne über die Röllchen r_1, r_2 und endigt an den je ca. 10 g schweren Gewichten g_1, g_2, welche die Spannung des Drahtes bewirken. Durch diesen Draht wird die infolge der Biegung des Stäbchens eintretende Senkung des Bügels *o* übertragen auf die Spiegel s_1, s_2. Die eigentümliche Form der zwischen *g* und *w* angebrachten Öse gestattet, worauf hier nur hingewiesen werden kann, die Elimination der Reibung der Spiegelaxen auf ihrer Unterlage. Die gegenseitige Verschiebung der Spiegel wird mittels eines Fernrohres an den beiden Bildern einer Skala gemessen. Dabei entspricht einer Verschiebung der Skala um 1 mm eine Biegung des Stäbchens um 0,0002954 mm. Wiederholte Messungen erlauben Zehntel dieses Betrages noch ziemlich sicher zu bestimmen.

2. Der Biegungsapparat von E. Warburg und K. R. Koch beruht auf demselben Prinzip, welches dem Dilatometer von H. Fizeau zu Grunde liegt (S. 194). In geringem Abstande unter dem zu biegenden Stäbchen wird ein Reflexionsprisma in der Lage angebracht, daß die nach oben gerichtete Kathetenfläche desselben zu dem Stäbchen parallel liegt. Vor der vertikalen Kathetenfläche befindet sich eine vertikale Glasplatte, welche das Licht einer seitlich aufgestellten Na-Lampe auf die Hypothenusenfläche des Prismas wirft. Alsdann erblickt man in einem horizontalen, auf die vertikale Prismenfläche gerichteten Mikroskop die auf S. 195 beschriebenen Interferenzstreifen. Erfolgt jetzt eine Biegung des Stäbchens, so tritt eine Bewegung der Streifen ein. Nachdem ein dunkler Streifen an dem Mittelpunkte des Okularfadenkreuzes vorübergeschritten ist, hat sich die Mitte des Stäbchens um eine halbe Wellenlänge des Natriumlichtes gesenkt. Mit Hilfe dieses Apparates gelang es K. R. Koch, die Biegung sehr kurzer Stäbchen, bei denen der sich biegende Teil nur 10 mm Länge besaß, zu bestimmen.

Reguläres System.[1]

Die Oberfläche des Dehnungskoeffizienten besitzt 9 Symmetrieebenen und 13 Symmetrieaxen. Eine weitere charakteristische Eigenschaft besteht darin, daß die vier auf den 3-zähligen Symmetrieaxen senkrechten, also den Flächen des Oktaëders parallelen Centralschnitte Kreise sind. Durch diese Kreise läßt sich eine Kugel legen, die in acht Dreiseite und sechs Vierseite geteilt wird. Die hierdurch bestimmten Eckpunkte *b* liegen auf den 2-zähligen Symmetrieaxen, während die Mittelpunkte *c* der Dreiseite auf die 3-zähligen und die Mittelpunkte *a* der Vierseite auf die 4-zähligen Symmetrieaxen fallen. Diese Kugelteilung vermittelt nun eine Vorstellung

[1] W. Voigt, Ann. d. Phys. N. F. **35**, 642; 1888. **49**, 719; 1893. — K. R. Koch, Ann. d. Phys. N. F. **18**, 325; 1883. — J. Beckenkamp, Zeitschr. f. Kryst. **12**, 419; 1887.

der beiden von F. E. NEUMANN erkannten Typen, welche die Oberfläche des Dehnungskoeffizienten darbietet. Es kann nämlich der Dehnungskoeffizient in den Richtungen der 4-zähligen Axen ein Minimum und in den Richtungen der 3-zähligen Axen ein Maximum, oder umgekehrt in jenen Richtungen ein Maximum und in diesen ein Minimum besitzen. In dem ersten Falle denken wir uns die Vierseite auf der Kugel eingedrückt und die Dreiseite herausgewölbt (Fig. 850); in dem zweiten Falle führen wir die entgegengesetzte Deformation aus. Unter den bis jetzt untersuchten Körpern repräsentieren Flußspat, Steinsalz, Sylvin, Eisenkies und Natriumchlorat den ersten Typus, während Kaliumalaun und Chromalaun dem zweiten Typus angehören.

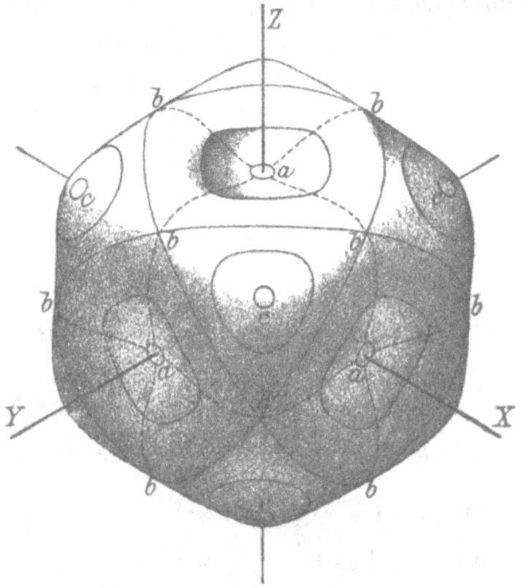

Fig. 850. Oberfläche des Dehnungskoeffizienten ε des Flußspats.

Die Werte des Dehnungswiderstandes in den Richtungen der 4-zähligen, 3-zähligen und 2-zähligen Symmetrieaxen seien bezeichnet mit E_h, E_o und E_d. Diese Größen sind nicht unabhängig voneinander, denn ihre reziproken Werte, die Dehnungskoeffizienten ε_h, ε_o und ε_d, sind verbunden durch die Relation:

$$\varepsilon_h + 3\varepsilon_o - 4\varepsilon_d = 0.$$

Je nachdem ein regulärer Krystall dem ersten oder dem zweiten Typus angehört, ist $\varepsilon_h < \varepsilon_d < \varepsilon_o$ oder umgekehrt $\varepsilon_h > \varepsilon_d > \varepsilon_o$. Für den Dehnungskoeffizienten ε in der Richtung ζ, die mit den 4-zähligen Axen x, y, z die Winkel ζx, ζy, ζz einschließt, gilt der Ausdruck:

$$\varepsilon = (2\varepsilon_d - \varepsilon_h) - 2(\varepsilon_d - \varepsilon_h)[\cos^4 \zeta x + \cos^4 \zeta y + \cos^4 \zeta z].$$

Farbloser **Flußspat** vom Brienzer See.

Dehnungswiderstand: $E_h = 14730$, $E_d = 10080$, $E_o = 9100$ kg/mm² (VOIGT)

Dehnungskoeffizient: $\varepsilon_h = 0{,}0_3068$, $\varepsilon_d = 0{,}0_3099$, $\varepsilon_o = 0{,}0_3110$.

Oberfläche des Dehnungskoeffizienten (Fig. 850):

$$\varepsilon = 0{,}0_3130 - 0{,}0_3063\,(\cos^4 \zeta x + \cos^4 \zeta y + \cos^4 \zeta z).$$

Steinsalz von Staßfurt.

Dehnungswiderstand: $E_h = 4187$, $E_d = 3490$, $E_o = 3300$ kg/mm² (Voigt)
$= 4033$, $= 3395$, $= 3225$ (Koch).

Dehnungskoeffizient: $\varepsilon_h = 0{,}0_3 238$, $\varepsilon_d = 0{,}0_3 286$, $\varepsilon_o = 0{,}0_3 303$,
$= 0{,}0_3 248$, $= 0{,}0_3 286$, $= 0{,}0_3 311$.

Oberfläche des Dehnungskoeffizienten (Voigt):

$$\varepsilon = 0{,}0_3 335 - 0{,}0_3 097 (\cos^4 \zeta x + \cos^4 \zeta y + \cos^4 \zeta z).$$

Sylvin von Staßfurt.

Dehnungswiderstand: $E_h = 3720$, $E_d = 1960$, $E_o = 1695$ kg/mm² (Voigt)
$= 4010$, $= 2088$, $= 1799$ (Koch).

Dehnungskoeffizient: $\varepsilon_h = 0{,}0_3 268$, $\varepsilon_d = 0{,}0_3 510$, $\varepsilon_o = 0{,}0_3 590$,
$= 0{,}0_3 249$, $= 0{,}0_3 479$, $= 0{,}0_3 556$.

Oberfläche des Dehnungskoeffizienten (Voigt):

$$\varepsilon = 0{,}0_3 751 - 0{,}0_3 482 (\cos^4 \zeta x + \cos^4 \zeta y + \cos^4 \zeta z).$$

Eisenkies aus Cornwall.

Dehnungswiderstand: $E_h = 35700$, $E_d = 25600$, $E_o = 23300$ kg/mm² (Voigt)
Dehnungskoeffizient: $\varepsilon_h = 0{,}0_3 028$, $\varepsilon_d = 0{,}0_3 039$, $\varepsilon_o = 0{,}0_3 043$.

Oberfläche des Dehnungskoeffizienten:

$$\varepsilon = 0{,}0_3 051 - 0{,}0_3 022 (\cos^4 \zeta x + \cos^4 \zeta y + \cos^4 \zeta z).$$

Natriumchlorat.

Dehnungswiderstand: $E_h = 4147$, $E_d = 2581$, $E_o = 2229$ kg/mm² (Voigt)
$= 4047$, $= 3190$, $= 2923$ (Koch).

Dehnungskoeffizient: $\varepsilon_h = 0{,}0_3 241$, $\varepsilon_d = 0{,}0_3 387$, $\varepsilon_o = 0{,}0_3 436$,
$= 0{,}0_3 247$, $= 0{,}0_3 313$, $= 0{,}0_3 342$.

Oberfläche des Dehnungskoeffizienten (Voigt):

$$\varepsilon = 0{,}0_3 534 - 0{,}0_3 293 (\cos^4 \zeta x + \cos^4 \zeta y + \cos^4 \zeta z).$$

Eisenkies und Natriumchlorat haben die bemerkenswerte Eigenschaft, daß die Längsdehnung eines Cylinders, dessen Axe einer Kante des Hexaeders parallel liegt, eine Vergrößerung des Querschnittes bewirkt.

Kaliumalaun.

Dehnungswiderstand: $E_h = 1806$, $E_d = 1987$, $E_o = 2058$ kg/mm² (Beckenkamp),

Dehnungskoeffizient: $\varepsilon_h = 0{,}0_3 554$, $\varepsilon_d = 0{,}0_3 503$, $\varepsilon_o = 0{,}0_3 486$.

Oberfläche des Dehnungskoeffizienten:

$$\varepsilon = 0{,}0_3 453 + 0{,}0_3 101 (\cos^4 \zeta x + \cos^4 \zeta y + \cos^4 \zeta z).$$

Chromalaun.

Dehnungswiderstand: $E_h = 1608$, $E_d = 1771$, $E_o = 1832$ kg/mm² (Beckenkamp),

Dehnungskoeffizient: $\varepsilon_h = 0{,}0_3622$, $\varepsilon_d = 0{,}0_3565$, $\varepsilon_o = 0{,}0_3546$.

Oberfläche des Dehnungskoeffizienten:

$$\varepsilon = 0{,}0_3508 + 0{,}0_3114 (\cos^4 \zeta x + \cos^4 \zeta y + \cos^4 \zeta z).$$

Hexagonales System.[1]

A. Die Oberfläche des Dehnungskoeffizienten ist eine Rotationsfläche, deren Umdrehungsaxe in die Richtung der Vertikalaxe fällt. Jede vertikale Ebene und die Horizontalebene sind Symmetrieebenen. Hierher gehören die Holoëdrie, die hemimorphe, trapezoëdrische, trigonale und pyramidale Hemiëdrie, die erste hemimorphe und die trigonale Tetartoëdrie.

Beryll vom Ural. Der Dehnungswiderstand hat in den Richtungen, die unter 0°, 45° und 90° gegen die Vertikalaxe geneigt sind, die Werte:

$$E_0 = 21650, \quad E_{45} = 17960, \quad E_{90} = 23120 \text{ kg/mm}^2.$$

Die entsprechenden Werte des Dehnungskoeffizienten sind:

$$\varepsilon_0 = 0{,}0_4462, \quad \varepsilon_{45} = 0{,}0_4557, \quad \varepsilon_{90} = 0{,}0_4432.$$

Den größten Wert: $0{,}0_4573$ erreicht dieser Koeffizient in einer Richtung, die 43° 5′ mit der Vertikalaxe einschließt.

B. Um hier von der Oberfläche des Dehnungskoeffizienten eine Vorstellung zu gewinnen, denken wir uns ein Rhomboëder in der Weise deformiert, daß die Kanten und Ecken abgerundet und die Ebenen etwas eingedrückt werden. Diese Fläche hat eine 3-zählige Vertikalaxe und drei vertikale Symmetrieebenen, deren Normalen 2-zählige Symmetrieaxen sind. Daher hat die von einer Symmetrieebene erzeugte Schnittkurve (Fig. 851) einen Drehungsmittelpunkt von der Ordnung 2, während die Schnittkurven in den auf einer Symmetrieebene senkrechten Ebenen disymmetrisch sind (Fig. 852, 853). Von der horizontalen Diametralebene wird jene Fläche in einem Kreise geschnitten. Durch den Mittelpunkt sei ein rechtwinkliges Koordinatensystem gelegt, dessen Z-Axe vertikal steht. Die positive Y-Axe soll aus der Fläche $10\bar{1}1$ heraustreten, so daß ZY eine Symmetrieebene ist, während die X-Axe mit einer 2-zähligen Queraxe zusammenfällt.

Diese Klasse umfaßt die rhomboëdrische Hemiëdrie (Kalkspat), die zweite hemimorphe Tetartoëdrie (Turmalin) und die trapezoëdrische Tetartoëdrie (Quarz).

[1] W. Voigt, Ann. d. Phys. N. F. **31**, 474, 701; 1887. **39**, 412, 432; **40**, 642; **41**, 712; 1890.

Kalkspat von Island. In den Fig. 851—853 sind die Schnittkurven der Oberfläche des Dehnungskoeffizienten mit einer Symmetrieebene ZY,

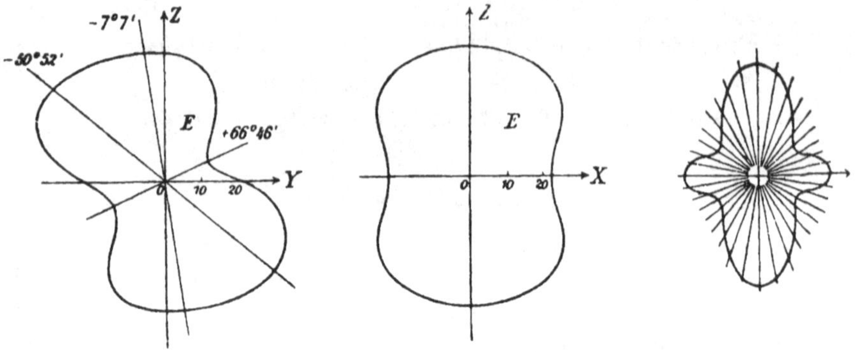

Fig. 851—853. Kalkspat. Schnittkurven der Oberfläche des Dehnungskoeffizienten.

mit der dazu senkrechten Vertikalebene und mit einer Fläche des Spaltungsrhomboëders dargestellt. Die Bezeichnung ist so gewählt, daß eine Spaltfläche über dem Quadranten zwischen $+Z$ und $+Y$ liegt. Nach den Richtungen, die in einer Symmetrieebene die Winkel 0^0, $+50^0$, 90^0 und -70^0 mit der Vertikalaxe einschließen, hat der Dehnungswiderstand folgende Werte:

$E_0 = 5837, \quad E_{+50} = 11167, \quad E_{90} = 8977, \quad E_{-70} = 5756 \text{ kg/mm}^2.$

Die entsprechenden Dehnungskoeffizienten sind:

$\varepsilon_0 = 0{,}0_3171, \quad \varepsilon_{+50} = 0{,}0_3089, \quad \varepsilon_{90} = 0{,}0_3111, \quad \varepsilon_{-70} = 0{,}0_3174.$

Relative Maxima und Minima des Dehnungskoeffizienten sind in dieser Ebene nach vier Richtungen vorhanden:

$-50^0 52'$	$-7^0 7'$	0^0	$+66^0 46'$
$0{,}0_3195$	$0{,}0_3171$	$0{,}0_3171$	$0{,}0_3069.$

Dagegen bestehen in der dazu senkrechten Vertikalebene ZX relative Maxima und Minima nur nach den Richtungen Z und X. Es sind dies die vorher angegebenen Werte ε_0 und ε_{90}. Bezeichnet man den Winkel, den eine Gerade in einer Spaltungsfläche mit der horizontalen Richtung X einschließt, durch φ, so hat die in Fig. 853 dargestellte disymmetrische Schnittkurve die Gleichung:

$$\varepsilon = 0{,}0_3111 - 0{,}0_3226 \cdot \sin^2\varphi + 0{,}0_3307 \cdot \sin^4\varphi.$$

Grüner **Turmalin** aus Brasilien. In einer Symmetrieebene nimmt der Dehnungswiderstand folgende Werte an:

$E_0 = 16330, \quad E_{+45} = 17160, \quad E_{90} = 25570, \quad E_{-45} = 15560 \text{ kg/mm}^2.$

Die entsprechenden Dehnungskoeffizienten sind:

$\varepsilon_0 = 0{,}0_3061, \quad \varepsilon_{+45} = 0{,}0_3058, \quad \varepsilon_{90} = 0{,}0_3039, \quad \varepsilon_{-45} = 0{,}0_3064.$

Relative Maxima und Minima des Dehnungskoeffizienten bestehen für die Richtungen:

-35^0	0^0	25^0	$78{,}5^0$
$0{,}0_3066$	$0{,}0_3061$	$0{,}0_3063$	$0{,}0_3040.$

Quarz. Für eine Symmetrieebene der Oberfläche des Dehnungskoeffizienten gelten folgende Werte des Dehnungswiderstandes:

$E_0 = 10304, \quad E_{+45} = 8405, \quad E_{90} = 7853, \quad E_{-45} = 13050 \text{ kg/mm}^2.$

und des Dehnungskoeffizienten:

$\varepsilon_0 = 0{,}0_3097, \quad \varepsilon_{+45} = 0{,}0_3119, \quad \varepsilon_{90} = 0{,}0_3127, \quad \varepsilon_{-45} = 0{,}0_3077.$

Relative Maxima und Minima dieses Koeffizienten treten in vier Richtungen auf:

$-48^0 15'$	0^0	$10^0 50'$	$71^0 35'$
$0{,}0_3076$	$0{,}0_3097$	$0{,}0_3097$	$0{,}0_3142.$

In der zu einer Symmetrieebene senkrechten Vertikalebene erreicht der Dehnungskoeffizient ein Minimum, nämlich $0{,}0_3094$, in den Richtungen, die unter $\pm\, 29^0 6'$ gegen die Vertikalaxe geneigt liegen.

Poisson hat im Jahre 1839 versucht, die allgemeinen Gleichungen für die Gleichgewichtszustände und die Schwingungen vollkommen elastischer Krystalle aus einer Molekularhypothese abzuleiten. Wenn die von ihm gezogenen Folgerungen richtig wären, so müßten auch solche Krystalle, deren Formen gar keine Symmetrieebene darbieten (wie Quarz), in ihrem elastischen Verhalten drei aufeinander senkrechte Symmetrieebenen zeigen. Daß dieses Ergebnis unrichtig ist, hätte schon aus den schönen Beobachtungen entnommen werden können, welche Felix Savart 10 Jahre vorher über die Klangfiguren an Quarzplatten angestellt hatte. Als Savart das Verhalten des Quarzes verglich mit dem Verhalten von Körpern, die nach drei aufeinander senkrechten Ebenen symmetrisch sind, konnte er mit voller Sicherheit auf die abweichenden Eigenschaften jenes Minerals hinweisen.[1]

C. Zur dritten Klasse des hexagonalen Systems gehören die rhomboëdrische Tetartoëdrie und die Ogdoëdrie. Die Oberfläche des Dehnungskoeffizienten hat eine 3-zählige Symmetrieaxe und wird von der zu dieser Axe senkrechten Diametralebene in einem Kreise geschnitten.

Dolomit von Viesch, Wallis. Die Kurve des Dehnungskoeffizienten in einer Fläche des Spaltungsrhomboëders (Fig. 854) hat nur einen Drehungs-

[1] F. Savart, Ann. chim. phys. (2) **40**, 5; 1829.

mittelpunkt von der Ordnung 2 und ist nicht, wie die entsprechende Kurve des Kalkspats (Fig. 853) gleichzeitig disymmetrisch nach den Diagonalen der Rhomboëderfläche. Bezeichnet man den Winkel, den eine Gerade in dieser Fläche mit der horizontalen Diagonale einschließt, durch φ, so hat der Dehnungswiderstand in den Richtungen $\varphi = 0^0, + 21{,}5^0, 90^0$ und $- 21{,}5^0$ folgende Werte:

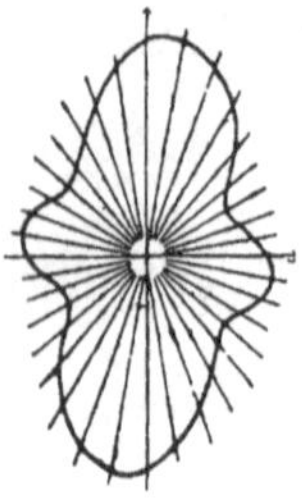

Fig. 854.
Dolomit.

$$E_0 = 14600, \quad E_{+21} = 18700 \text{ kg/mm}^2$$
$$E_{90} = 8330, \quad E_{-21} = 14400 \quad ,,$$

Dolomit bietet also einen erheblich größeren elastischen Widerstand dar als Kalkspat. Die entsprechenden Dehnungskoeffizienten sind:

$$\varepsilon_0 = 0{,}0_3068, \quad \varepsilon_{+21} = 0{,}0_3053,$$
$$\varepsilon_{90} = 0{,}0_3120, \quad \varepsilon_{-21} = 0{,}0_3069,$$

und die Gleichung der in Fig. 854 dargestellten Kurve lautet:

$$\varepsilon = 0{,}0_3068 - 0{,}0_3068 \cdot \sin^2\varphi + 0{,}0_3120 \cdot \sin^4\varphi + 0{,}0_3017 \cdot \sin\varphi \cos\varphi\,(5\sin^2\varphi - 2).$$

Da die Dehnungskoeffizienten des Kalkspats etwa um die Hälfte größer sind als die Dehnungskoeffizienten des Dolomits, so ist die Kalkspatkurve Fig. 853 nur in zwei Drittel des Maßstabes gezeichnet, der bei der Dolomitkurve Fig. 854 benutzt ist.

Tetragonales System.

Unter den tetragonalen Krystallen sind zwei Klassen zu unterscheiden; die erste umfaßt neben der Holoëdrie noch die hemimorphe, die trapezoedrische und die sphenoidische Hemiëdrie, während die zweite Klasse von der pyramidalen Hemiëdrie, der hemimorphen Tetartoëdrie und der sphenoidischen Tetartoëdrie gebildet wird.

Rhombisches System.[1]

Die Oberfläche des Dehnungskoeffizienten hat drei aufeinander senkrechte Symmetrieebenen, deren Schnittgeraden 2-zählige Symmetrieaxen sind.

Baryt von Alston Moor in Cumberland (Fig. 855—858). Dehnungswiderstände in den Richtungen der Symmetrieaxen a, b, c (Fig. 450):

$$E_a = 6199, \quad E_b = 5403, \quad E_c = 9594 \text{ kg/mm}^2.$$

Dehnungskoeffizienten in denselben Richtungen:

$$\varepsilon_a = 0{,}0_3161, \quad \varepsilon_b = 0{,}0_3185, \quad \varepsilon_c = 0{,}0_3104.$$

[1] W. Voigt, Ann. d. Phys. N. F. **34**, 981; 1888.

Wie aus den Figuren hervorgeht, zeigt der Dehnungskoeffizient in jeder der drei Symmetrieebenen ein anderes Verhalten. In der Ebene $bc\{100\}$ erreicht er in der Geraden, die unter $40^0 12'$ gegen b geneigt liegt, ein Maximum, während er in der Ebene $ab\{001\}$ in einer Richtung, die mit a den Winkel $40^0 57'$ einschließt, ein Minimum annimmt. In der dritten Ebene $ac\{010\}$ ist zwischen den Symmetrieaxen weder ein Maximum noch ein Minimum vorhanden. Die Differenz zwischen dem absoluten Minimum $0{,}0_3104$ in der Richtung der Vertikalaxe c und dem absoluten Maximum $0{,}0_3269$ in $\{100\}$ nach der Geraden, die den Winkel $40^0 12'$ mit b bildet, ist noch größer als die in einer Symmetrieebene des Kalkspats vorhandene Differenz zwischen

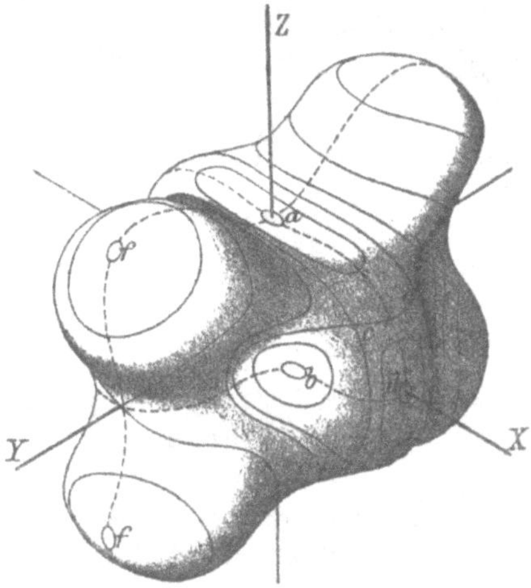

Fig. 855. Baryt.
Oberflache des Dehnungskoeffizienten.

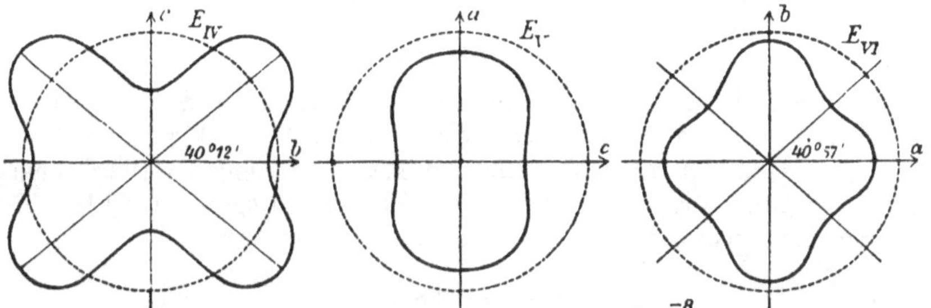

Fig. 856—858. Baryt. Schnittkurven der Oberfläche des Dehnungskoeffizienten mit den Symmetrieebenen 100, 010, 001.

dem Maximum $0{,}0_3195$ und dem Minimum $0{,}0_3069$ in den Geraden, die unter $-50^0 52'$ und $+66^0 46'$ gegen die Vertikalaxe geneigt liegen (Fig. 851).

Topas von Mursinsk im Ural (Fig. 859—861). Die Dehnungswiderstände sind außerordentlich groß. In den Richtungen der Symmetrieaxen a, b, c (Fig. 454) besitzen sie folgende Werte:

$$E_a = 23040, \qquad E_b = 28900, \qquad E_c = 26520 \text{ kg/mm}^2.$$

Die entsprechenden Dehnungskoeffizienten sind:

$$\varepsilon_a = 0{,}0_3 0434, \qquad \varepsilon_b = 0{,}0_3 0346, \qquad \varepsilon_c = 0{,}0_3 0377.$$

Maxima und Minima nimmt der Dehnungskoeffizient nur in den Symmetrieebenen an, nämlich in den Richtungen der Symmetrieaxen und nach den,

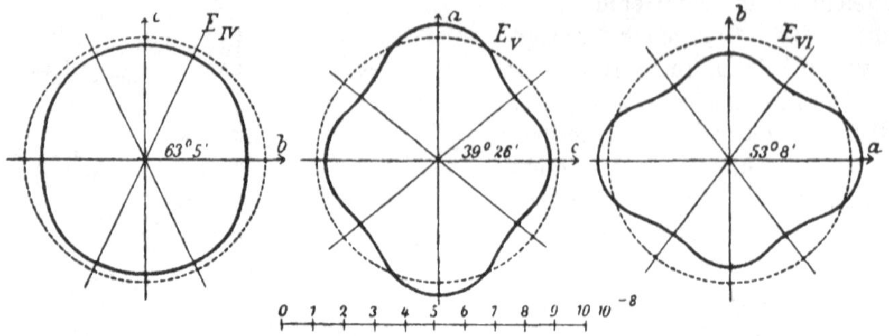

Fig. 859—861. Topas. Schnittkurven der Oberfläche des Dehnungskoeffizienten mit den Symmetrieebenen 100, 010, 001.

in Fig. 859—861 besonders bezeichneten Geraden. Das absolute Maximum $0{,}0_3 0434$ erreicht er in der Richtung a, während er nach einer Geraden, die in der Ebene $ab\{001\}$ den Winkel 53° 8′ mit a bildet, das absolute Minimum $0{,}0_3 0313$ erlangt. Dies ist nächst ε_h für Eisenkies der kleinste bisher beobachtete Wert des Dehnungskoeffizienten. Ihm entspricht ein Dehnungswiderstand von **32450** kg/mm².

Monoklines System.

In ihrem elastischen Verhalten zeigen alle monoklinen Krystalle eine Symmetrieebene nach 010 und eine dazu senkrechte 2-zählige Symmetrieaxe. Bisher sind nur am Gyps und am Muscovit einige Beobachtungen über die Biegung dünner Stäbchen, deren Längsrichtungen in die Ebene der vollkommenen Spaltbarkeit fielen, ausgeführt worden.[1]

Triklines System.

Über die elastischen Eigenschaften trikliner Krystalle liegt noch keine Untersuchung vor.

Homogene Deformationen der Krystalle unter allseitig gleichem Druck. — Unter den elastischen Erscheinungen in Krystallen nehmen die Kompressionen, die durch einen allseitigen gleichförmigen, normal zur Oberfläche wirkenden Druck hervorgebracht werden, eine besondere Stellung ein. Denn es findet dabei stets eine homogene Deformation des ganzen Krystalls statt. Daher lassen sich hier nicht die soeben betrachteten neun Klassen unterscheiden, sondern es kommen nur **fünf** Klassen in Betracht (S. 187).

[1] L. A. Coromilas, Über die Elasticitätsverhältnisse im Gyps und Glimmer. Inaug.-Diss. Tübingen 1877.

Wir setzen voraus, daß die Kompression bei konstanter Temperatur stattfinde. Das ursprüngliche Volumen des Krystalls sei bezeichnet mit V, die Volumenverminderung mit v. Dann ist die Kompression gegeben durch den Quotienten $v:V$. Das Verhältnis zwischen dieser Kompression und der Zunahme P des Druckes auf der Flächeneinheit nennt man die isotherme Zusammendrückbarkeit oder den isothermen kubischen Kompressionskoeffizienten, $\varkappa = v/VP$. Wird die Druckzunahme in Kilogrammen auf ein Quadratmillimeter gemessen, so bedeutet hiernach $\varkappa$ die in Bruchteilen des ursprünglichen Volumens ausgedrückte Verminderung des Volumens, welche durch eine Zunahme des Druckes um 1 kg auf 1 mm^2 hervorgebracht wird. Der reziproke Wert dieser Größe, $K = VP/v$, charakterisiert den Widerstand des Krystalls gegen hydrostatischen Druck.

Direkte Messungen des kubischen Kompressionskoeffizienten $\varkappa$ mit Hilfe eines Piëzometers sind bisher nur am Steinsalz von W. C. Röntgen und J. Schneider durchgeführt worden.[1] Es ergab sich $\varkappa = 5{,}0 \cdot 10^{-6}$ [$Atm.^{-1}$], wenn als Druckeinheit der Druck von einer Atmosphäre auf ein Quadratmillimeter gewählt wird. Da diese Einheit einem Drucke von 0,01033 kg auf 1 mm^2 entspricht, so ist $\varkappa = 0{,}000005/0{,}01033 = 0{,}000484$ [kg^{-1}].

Die in der folgenden Tabelle angegebenen Werte sind aus den von W. Voigt bestimmten Elasticitätskonstanten berechnet.

A. *Isotrope Krystalle* (Reguläres System). Ein allseitig gleicher Druck bewirkt hier wie in homogenen amorphen Körpern nur eine Verminderung des Volumens.

	Kubischer Kompressionskoeffizient
Flußspat . . .	$\varkappa = 0{,}000116$ [kg^{-1}]
Steinsalz . . .	0,000405
Sylvin	0,000723
Eisenkies . . .	0,000111
Natriumchlorat	0,001461.

Alle übrigen Krystalle ändern unter denselben Bedingungen außer ihrem Volumen auch ihre Gestalt. Eine im luftleeren Raume aus einem solchen Krystall hergestellte Kugel geht in ein Ellipsoid über, wenn sie bei derselben Temperatur dem Luftdruck ausgesetzt wird.

B. *Anisotrope Krystalle mit einer Axe der Isotropie* (Hexagonales und tetragonales System). Bezeichnen wir den linearen Kompressionskoeffizienten in der Richtung dieser Axe mit β und in den dazu senkrechten Richtungen mit β', so ist der kubische Kompressionskoeffizient $\varkappa = \beta + 2\beta'$.

	$\varkappa$	β	β'
Beryll . .	$0{,}0_3073$	$0{,}0_4295$	$0{,}0_4215$
Kalkspat .	151	865	323
Turmalin .	113	580	274
Quarz . .	260	673	962.

[1] W. C. Röntgen und J. Schneider, Ann. d. Phys. N. F. **31**, 1000; 1887.

C. *Anisotrope Krystalle ohne Axe der Isotropie* (Rhombisches, monoklines und triklines System). Bedeuten β_a, β_b, β_c die linearen Kompressionskoeffizienten in den Richtungen der krystallographischen Axen *a*, *b*, *c* eines rhombischen Krystalls, so ist der kubische Kompressionskoeffizient $\varkappa$ gleich der Summe dieser Größen.

	$\varkappa$	β_a	β_b	β_c
Baryt .	$0{,}0_4188$	$0{,}0_5545$	$0{,}0_6725$	$0{,}0_5608$
Topas .	059	215	145	228. —

Unter den bisher untersuchten krystallisierten Körpern setzt also der Topas einem hydrostatischen Drucke den größten Widerstand entgegen, während Natriumchlorat den kleinsten Widerstand darbietet. Diese beiden Widerstände verhalten sich wie 248 : 1. —

Da homogene Deformationen durch gleichmäßige Änderungen der Temperatur und durch Änderungen eines allseitig gleichen Druckes hervorgebracht werden, so entsteht die Frage, ob das Resultat der Temperaturänderung durch eine Druckänderung kompensiert werden kann. Es läßt sich leicht zeigen,[1] daß diese Kompensation nur bei regulären Krystallen möglich ist.

9. Festigkeit, Härte, Sprödigkeit, Plasticität.

Zerreißungsfestigkeit. — A. Sella und W. Voigt haben am Steinsalz die bemerkenswerte Thatsache festgestellt, daß die Tragfähigkeit eines Prismas aus einem krystallisierten Körper nicht allein von der krystallographischen Orientierung der Prismenaxe, nach welcher der Zug wirkt, sondern in sehr starkem Maße auch von der Orientierung der das Prisma begrenzenden Seitenflächen abhängt.[2]

Steinsalzstäbchen von rechteckig prismatischer Form wurden auf ihren Seitenflächen flach ausgehöhlt, so daß jeder Stab nach der Mitte hin sich sehr allmählich verjüngte. Die Enden jedes Stabes wurden in zwei gleiche genau anschließende Metallfassungen eingekittet. Mit der oberen Fassung wurde das Stäbchen an einem zwischen zwei Stelltischen horizontal liegenden Stahlstab aufgehängt; mit der unteren Fassung wurde ein Bügel verbunden, der die zum Aufnehmen der belastenden Gewichte bestimmte Wagschale trug. Die Belastung geschah durch langsam zufließendes Quecksilber, das aus einem am Ende horizontal umgebogenen engen Rohr in das auf

[1] Th. Liebisch, Physikal. Krystallogr. 1891, 576.
[2] A. Sella und W. Voigt, Ann. d. Phys. N. F. **48**, 636; 1893.

der Wagschale stehende Gefäß floß. In der folgenden Tabelle bedeutet p die Tragfähigkeit in Grammen für einen Querschnitt von 1 mm^2.

Prismen mit der Längs- und einer Querrichtung in einer Hexaëderebene; φ bedeutet den Winkel der Längsrichtung mit einer Hexaëderkante:

$\varphi = 0^0$	15^0	30^0	45^0
$p = 571$	553 (?)	737	1150.

Prismen mit der Längs- und einer Querrichtung in einer Dodekaëderebene; ψ bedeutet den Winkel der Längsrichtung mit einer Hexaëderkante:

$\psi = 0^0$	32^0	$54\frac{1}{2}^0$	72^0	90^0
$p = 917$	187	215	224	184.

Prismen mit der Längsrichtung in einer Hexaëderkante; χ bedeutet den Winkel der Querdimensionen gegen die beiden anderen Hexaëderkanten:

$\chi = 0^0$	$22\frac{1}{2}^0$	45^0
$p = 571$	714	917.

Prismen mit der Längsrichtung in der Halbierungslinie des Winkels zweier Hexaëderkanten; ω bedeutet den Winkel der einen Querdimension gegen die Ebene derselben Kanten:

$\omega = 0^0$	19^0	38^0	45^0
$p = 115$	162	173	184.

Die beiden zuletzt angeführten Beobachtungsreihen sprechen die Abhängigkeit der Tragfähigkeit p von der krystallographischen Orientierung der Seitenflächen des Prismas aus. In beiden Fällen ist p am kleinsten, wenn eine Seitenfläche parallel einer Hexaëderfläche liegt, am größten, wenn sie unter 45^0 zu ihr geneigt ist. Das Verhältnis des größten und des kleinsten Wertes der Tragfähigkeit ist jedesmal fast genau dasselbe, nämlich 1,6.

Zur Erklärung dieser Erscheinung führen Sella und Voigt die Annahme einer Oberflächenfestigkeit ein. Daß die Oberflächenschicht eines festen Körpers eine andere Konstitution besitzt als die inneren Teile ist nicht zu bezweifeln, und man muß, nachdem die Elasticitätsbeobachtungen eine Abhängigkeit der inneren Drucke von der krystallographischen Orientierung der Richtung ergeben haben, annehmen, daß auch diese Oberflächenschicht mit der Orientierung der Grenzflächen wechselt. Ihre Dicke muß gegen die Dimensionen der gewöhnlich benutzten Beobachtungsobjekte unmerklich sein, denn sonst könnten die Elasticitätsmessungen einerseits nicht den theoretisch geforderten Zusammenhang zwischen Deformation und Dimension ergeben, andererseits müßte die Biegung eines Stabes von der Orientierung seiner Seitenflächen abhängen, was nach den angestellten Messungen nicht stattfindet. Aber diese unmerklich dünne, in ihrem Verhalten nach Innen zu stetig in den normalen Zustand der Materie übergehende Schicht kann trotzdem die Tragfähigkeit stark beeinflussen, wenn sie die Eigenschaft hat, bei einer geringeren Dehnung zu zerreißen, als ein Faden im Inneren. Denn ein bei einer gewissen Dehnung entstehender Riß in der Oberflächenschicht bedeutet eine Schwächung des Querschnittes und breitet sich notwendig, da die inneren Spannungen mit abnehmendem Querschnitte wachsen, über den ganzen Querschnitt aus. Die Eigenschaft, welche die Tragfähigkeit bestimmt, würde hiernach, beim Steinsalz wenigstens, nicht eine Volumenfestigkeit, sondern eine Flächenfestigkeit sein.

Härte. — Gewöhnlich wird die Härte definiert als die Festigkeit, die ein Körper auf einer ebenen Fläche dem Eindringen eines ritzenden Körpers entgegenstellt. Der Vorgang des Ritzens ist indessen so kompliziert, daß er nicht zu exakten Messungen, sondern höchstens zu gewissen vergleichenden Untersuchungen dienen kann. Das wichtigste Resultat der Ritzmethode besteht darin, daß der Widerstand gegen das Eindringen einer ritzenden Spitze auf einer Krystallfläche von der Orientierung der Richtung, in der geritzt wird, abhängt. Für diese Abhängigkeit ist die Symmetrie der Krystallform maßgebend, so daß z. B. auf einer Fläche, die keinen Drehungsmittelpunkt von gerader Ordnung besitzt (Spaltungsfläche von Flußspat oder Kalkspat), der Widerstand auch nach einander entgegengesetzten Richtungen derselben Geraden verschieden ist. Wie wenig im übrigen diese dynamische Methode der Härtebestimmung zu wissenschaftlichen Zwecken geeignet ist, hat F. Auerbach nachgewiesen, indem er zeigte, daß unter 14 verschiedenen Glassorten, deren Druckfestigkeiten außerordentlich verschieden sind (S. 448), jedes Glas von jedem anderen geritzt wird.[1]

Die Grundlage für eine exakte statische Methode der Härtemessung hat H. Hertz[2] (1881) geschaffen durch eine theoretische Untersuchung der Deformationen und der Verteilung des Druckes bei der Berührung von zwei isotropen elastischen Körpern. Im Anschluß hieran schlug er vor, die Härte zu definieren als die Druckfestigkeit eines Körpers bei der Berührung einer ebenen Fläche desselben mit einer kugelförmigen Fläche. Zur Bestimmung dieser Art von Festigkeit hat dann F. Auerbach[3] eine Beobachtungsmethode ausgearbeitet, welche gestattet, vergleichbare und absolute Zahlenwerte für die Härte zu erlangen.

Aus dem zu untersuchenden Körper seien eine planparallele Platte und eine plankonvexe Linse geschliffen. Der in horizontaler Lage fest aufgestellten Platte werde von unten her die von einem Hebel getragene Linse so weit genähert, bis ihre Kugelfläche die Platte drucklos in einem

[1] F. Auerbach, Ann. d. Phys. N. F. **53**, 1000; 1894.
[2] H. Hertz, Gesammelte Werke. **1**, 155, 174.
[3] F. Auerbach, Ann. d. Phys. N. F. **43**, 61; 1891. **45**, 262, 277; 1892.

Punkte berührt. Wird jetzt mit Hilfe des Hebels ein bestimmter Druck ausgeübt, so krümmt sich die Begrenzungsebene der Platte, während sich die Linse abplattet. Die Berührung findet nun in einer kreisförmig begrenzten Druckfläche statt. Aus der Theorie von HERTZ folgt, daß der Radius d dieser Druckfläche wächst wie die Kubikwurzel aus dem Drucke p, so daß also der Quotient p/d^3 konstant bleibt, wenn p zunimmt. Wächst der Druck mehr und mehr, so wird bei einem bestimmten Werte P desselben die Elasticitätsgrenze erreicht. Dies zeigt sich daran, daß bei spröden Körpern (Glas, Quarz) in der Platte am Rande der Druckfläche ein äußerst feiner Sprung auftritt, während bei einem plastischen Körper (Steinsalz, Flußspat) eine dauernde Deformation stattfindet, indem eine Mulde zurückbleibt. Bezeichnet man den auf die Flächeneinheit (1 mm^2) ausgeübten Druck (in kg) mit p_1, so ist der Grenzwert P_1 dieses Einheitsdruckes nach der Definition von HERTZ die Härte des Körpers.

Benutzt man Linsen, die von verschiedenen Kugelflächen begrenzt sind, so muß nach HERTZ unter sonst gleichen Umständen der Radius d der Druckfläche proportional sein der Kubikwurzel aus dem Krümmungsradius ϱ der Kugelfläche.

Diese beiden Gesetze, $p/d^3 =$ konst. für wachsende Werte von p und $\varrho p/d^3 =$ konst. für wachsende Werte von ϱ, werden durch die von AUERBACH an Gläsern und am Quarz ausgeführten Beobachtungen bestätigt. Dagegen ergab sich, daß der Grenzwert P_1 des Einheitsdruckes sich mit dem Krümmungsradius ändert. Die Eindringungsfestigkeit eines Körpers hängt also nicht nur von seinem Stoff, sondern auch von der Oberflächenkrümmung ab, in dem Sinne, daß sie um so größer wird, je stärker die Oberfläche gekrümmt ist. Eine experimentelle Bestätigung dieser Auffassung liegt in dem Umstande, daß bei den Versuchen an spröden Körpern die Platte einen Sprung erhält und nicht die Linse. Die Härtezahlen gelten daher in ihrer Eigenschaft als Festigkeitswerte nur für den Fall, daß die drückende Linse den Radius Eins hat.

Nach den Beobachtungen von AUERBACH ist nun das Produkt aus der theoretischen Härte P_1 in die Kubikwurzel aus dem Krümmungsradius ϱ der drückenden Linse von ϱ unabhängig; d. h. der Wert von $H = P_1 \cdot \sqrt[3]{\varrho}$ bietet für verschiedene Krümmungen keine größeren Unterschiede dar als für einen und denselben Wert von ϱ. Daher bezeichnet AUERBACH dieses Produkt als absolute Härte.

Bei den Versuchen mit Glas und Quarz bildete sich bei einem bestimmten Werte P_1 des Einheitsdruckes auf der Platte am Rande der Druckfläche plötzlich ein überraschend feiner und regelmäßiger Sprung, der in den Gläsern genau kreisförmig verlief, während er im Quarz an einer Platte parallel zur Basis kreisförmig, sechseckig oder dreieckig gestaltet war. Hieraus folgt, daß Glas und Quarz spröde Körper sind.

Ganz anders verhalten sich Steinsalz und Flußspat. Bei Steinsalz war der Quotient p/d^3 nicht konstant, sondern nahm beträchtlich ab, während p wuchs. Der Druck p_1 auf die Flächeneinheit nahm nur anfangs ein wenig, später aber gar nicht mehr zu. Demgemäß trat ein Sprung nicht auf. Dagegen verschwand die Druckfläche bei der auf jede höhere Belastung folgenden Entlastung nicht völlig, sondern es blieb ein anfangs kleiner, später immer größerer Teil zurück, und schließlich zeigte die Platte nach dem Herausnehmen aus dem Apparat eine bleibende Deformation, nämlich eine kugelförmige Mulde, welche von Unstetigkeiten ganz frei und so klar war, daß man z. B. ihren Krümmungsradius trotz ihrer fast mikroskopischen Kleinheit nach optischen Methoden bestimmen konnte. Auf der Linse zeigte sich eine bleibende Abplattung. Diese dauernden Deformationen wachsen mit dem Drucke. — Am Flußspat verliefen die Versuche in ganz analoger Weise, nur dauerte es ein wenig länger, bis sich p_1 dem konstanten Werte näherte. Auch traten hier zuweilen Spalten in Systemen von dreieckigem Charakter auf, welche die Mulde durchsetzten. Wurde jedoch bei der ganzen Versuchsreihe möglichst allmählich und mit der äußersten Vorsicht zu Werke gegangen, so blieb auch hier die Mulde von Unstetigkeiten frei. Demnach gehören Steinsalz und Flußspat zu den plastischen Körpern.

Eine gewisse Mittelstellung zwischen den spröden und den plastischen Stoffen, wenn auch deutlich nach der Seite der ersteren hin, nimmt der Kalkspat ein. Es tritt an Platten parallel einer Spaltfläche zwar ein Sprung auf, er bildet sich aber nicht plötzlich wie bei Glas und Quarz, sondern ganz successive, derart, daß zunächst nur ein kleines Stück sichtbar wird, das sich bei weiterer Drucksteigerung ausbreitet und zuletzt meist schließt. Die Grundform des Sprunges ist ein Rhombus mit abgerundeten Ecken. Das allmähliche Entstehen des Sprunges kündigt sich durch ein eigentümliches Knistern im voraus an, bei einem Drucke, bei dem man auch bei starker Vergrößerung noch keine Unstetigkeit zu sehen vermag. Mit der Steigerung des Druckes wird die Zunahme des Einheitsdruckes p_1 immer schwächer; völlige Konstanz tritt aber nicht ein. Dagegen weichen die Werte der maßgebenden Größe P_1, d. h. des Endwertes des Druckes auf die Einheit der Druckfläche, bei verschiedenen Versuchen nicht sehr beträchtlich voneinander ab.

Die folgende Tabelle enthält die Werte der von Auerbach bestimmten Härte H in Kilogrammen pro Quadratmillimeter. Daneben sind zum Vergleich die Nummern der bekannten Härteskala von Mohs angegeben.

	Härte H	Härtenummer
Steinsalz, Hexaëderfläche . .	20	$2^1/_2$
Kalkspat, Spaltfläche $10\bar{1}1$.	96	3
Flußspat, Oktaëderfläche . .	106	4
Quarz, Basis 0001	295	7
Gläser	173 bis 316	5 bis 7.

Hiernach ist Quarz 15 mal und Kalkspat etwa 5 mal so hart als Steinsalz. Dagegen verhalten sich die entsprechenden Nummern der Härteskala nur wie $7:3:2^1/_2$. Flußspat ist nur wenig härter als Kalkspat. Daraus geht hervor, wie verschieden die Werte der einzelnen Stufen in der Härteskala sind. In unerwartet weitem Spielraum bewegt sich die Härte der Gläser.

10. Einfache Schiebungen nach Gleitflächen.

Kalkspat. — Eine besondere Art von homogenen Deformationen kann an Krystallen hervorgerufen werden, die durch Gleitflächen ausgezeichnet sind. Wir wollen das Gesetz dieses Vorganges zunächst an dem typischen Beispiele des Kalkspats erläutern.

Die auf S. 120 beschriebenen Zwillingslamellen nach den Flächen des Rhomboëders $\frac{1}{2}r'\{01\bar{1}2\}$ können nach E. Reusch durch einseitigen Druck erzeugt werden. Zu diesem Versuche bereitet man ein Kalkspatspaltungsstück dadurch vor, daß man zwei gegenüberliegende Mittelkanten abfeilt. Alsdann spannt man das Stück mit den Feilflächen in eine Presse mit parallelen Backen oder in einen Schraubstock und setzt es darin einem langsam gesteigerten Drucke aus. Man sieht dann dünne Lamellen parallel den Flächen des Rhomboëders $\frac{1}{2}r'$ den ganzen Krystall oder auch nur einen Teil desselben durchsetzen (Fig. 862). Zuweilen sind die Lamellen hinreichend dick, um die Orientierung der Spaltbarkeit in ihnen konstatieren zu können. Oft lösen sich die Lamellen von dem benachbarten unverändert gebliebenen Teile des Krystalls mit glatten Begrenzungsebenen ab. An dem Durchschnitt zweier Lamellen beobachtet man hohle Kanäle. Es gelingt demnach, alle Erscheinungen hervorzubringen, welche an natürlichen Kalkspatkrystallen bekannt sind.

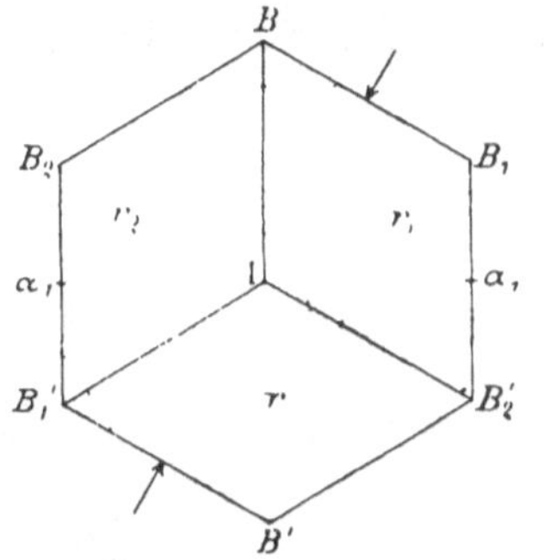

Fig. 862. Kalkspat. Erzeugung von Zwillingslamellen durch einseitigen Druck.

Ein von H. Baumhauer angegebenes Verfahren gestattet, die Deformation des Kalkspats nach einer Gleitfläche in größerem Umfange auszuführen. Legt man ein nach einer Kantenrichtung vorwiegend ausgedehntes Spaltungsstück mit einer vorherrschenden Endkante horizontal auf einen Tisch und drückt man auf die gegenüberliegende Endkante senkrecht zu ihr die Schneide eines Messers, so dringt die Klinge allmählich in den Krystall ein und bewirkt gleichzeitig eine Verschiebung desjenigen Teiles des Krystalls, welcher sich zwischen ihr und der oberen Endecke *A* befindet, nach der Fläche von $\frac{1}{2}r'$, welche die obere Endkante gerade abstumpfen würde (Fig. 863, 864). Die Begrenzungsebenen des

Fig. 863, 864. Kalkspat. Schiebung nach einer Gleitfläche.

verschobenen Teiles sind vollkommen eben und glänzend, wenn die ursprünglichen Flächen diese Beschaffenheit besaßen.

Während dieses Verfahren nur einen Schnitt bis zu den Mittelkanten des Spaltungsrhomboëders (Fig. 864), also auch nur die Deformation eines Teiles des Krystalls erlaubt, erreicht man nach O. Mügge zuweilen eine Deformation des ganzen Rhomboëders, indem man dasselbe mit zwei gegenüberliegenden Mittelecken *B, B'* in eine Presse mit parallelen Backen spannt und einem allmählich gesteigerten Druck aussetzt (Fig. 865). Die Deformation beginnt an beiden Ecken in dem durch Fig. 866 erläuterten Sinne. Allerdings sind Präparate dieser Art meist stark von Sprüngen durchsetzt.

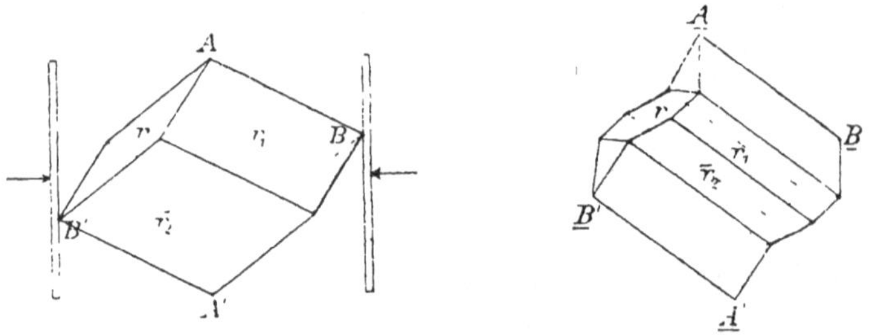

Fig. 865, 866. Kalkspat. Schiebung nach einer Gleitfläche.

Bei diesen Versuchen findet eine homogene Deformation des Kalkspats statt, deren charakteristische Eigenschaften sich leicht angeben lassen.[1] Eine zur Gleitfläche parallele Ebene legt einen Weg zurück, der ihrem Abstande von der Gleitfläche proportional ist. Man nennt eine solche Deformation eine einfache Schiebung. Die Richtung der Verschiebung ist gegeben durch die Schnittgerade der Gleitfläche mit der zu ihr senkrechten Symmetrieebene, die als Ebene der Schiebung bezeichnet wird.

Wir erinnern uns jetzt, daß eine homogene Deformation vollständig bestimmt ist, wenn wir das Ellipsoid kennen, in welches eine Kugel vom

[1] Th. Liebisch, Nachr. Ges. d. Wiss. Göttingen. 1887, 435. Physikal. Krystallogr. 1891, 104.

Radius Eins deformiert wird (S. 185). Die Hauptaxen dieses Deformationsellipsoids wurden mit X_1, X_2, X_3 bezeichnet, so daß X_1 die Richtung der größten und X_3 die Richtung der kleinsten Halbaxe bedeutet. Die beiden Kreisschnittebenen des Ellipsoids sind die Ebenen, in denen durch die Deformation keine Verzerrung hervorgerufen wird. Ihre Lage können wir in dem vorliegenden Falle sofort angeben. Denn es tritt offenbar keine Verzerrung ein in der Gleitfläche und in der Fläche des Spaltungsrhomboëders, die der Gleitfläche ursprünglich an der Endecke A des Rhomboëders gegenüber liegt (r in Fig. 863—866). Hierdurch sind aber auch die Richtungen der Hauptaxen gegeben. Denn X_1 und X_3 halbieren die Winkel zwischen den Kreisschnittebenen (Fig. 546) und X_2 ist die Schnittgerade dieser Ebenen. Wir denken uns nun durch die Endkante AB in Fig. 865 die Ebene der Schiebung gelegt (Fig. 867). Auf ihrer Schnittgeraden Z_2 mit der Rhomboëderfläche r wählen wir den Punkt D so, daß $AD = AB$ ist. Darauf konstruieren wir den Rhombus $ABCD$. Die Seiten desselben laufen parallel zu den Richtungen, welche die Kreisschnittebenen vor der Deformation besitzen. Infolge der Deformation geht $ABCD$ über in den Rhombus $\underline{A}\underline{B}CD$, der dadurch bestimmt ist, daß der Winkel $AD\underline{A}$ durch die Normale DE der Gleitfläche halbiert wird. Dabei werden also

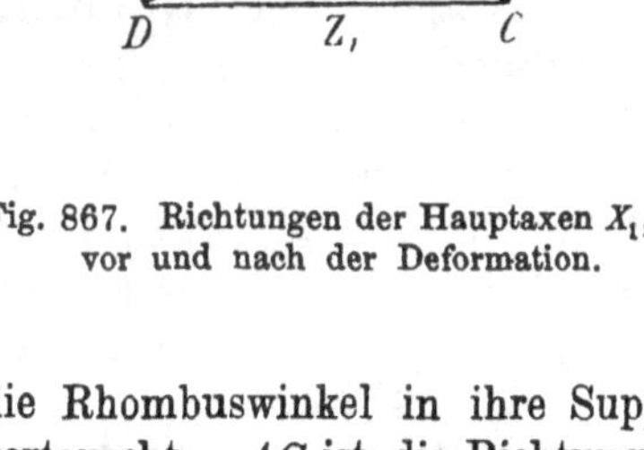

Fig. 867. Richtungen der Hauptaxen X_1, X_3 vor und nach der Deformation.

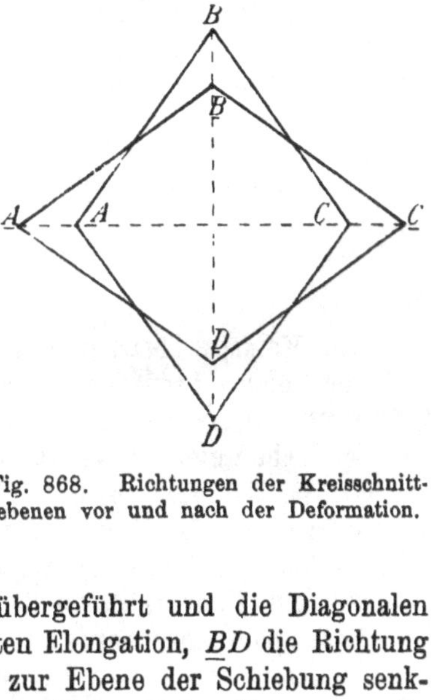

Fig. 868. Richtungen der Kreisschnittebenen vor und nach der Deformation.

die Rhombuswinkel in ihre Supplemente übergeführt und die Diagonalen vertauscht. $\underline{A}C$ ist die Richtung der größten Elongation, $\underline{B}D$ die Richtung der größten Kontraktion, während in der zur Ebene der Schiebung senkrechten Geraden gar keine Längenänderung erfolgt. Daher liefern uns die Diagonalen $\underline{A}C$ und $\underline{B}D$ die Richtungen der Hauptaxen X_1 und X_3 nach der Deformation; und daraus folgt, daß AC und BD die Richtungen derselben Hauptaxen vor der Deformation angeben. Denken wir uns nun die beiden Rhomben so aufeinander gelegt, daß korrespondierende Hauptaxen zusammenfallen (Fig. 868), so tritt die Richtungsänderung der Ebenen, in denen keine Verzerrung erfolgt, anschaulich hervor.

Wir können jetzt die Halbaxen μ_1, μ_2, μ_3 des Deformationsellipsoids bestimmen. In der zur Schiebungsebene senkrechten Hauptaxe X_2 findet keine Längenänderung statt; folglich ist $\mu_2 = 1$. Ferner ist ersichtlich, daß auch keine Änderung des Volumens eintritt. Demnach ist $\mu_1 \mu_2 \mu_3 = 1$; denn das Produkt der Halbaxen ist gleich dem Verhältnis, in welchem sich das Volumen infolge der Deformation ändert (S. 186). Aus der Verbindung dieser beiden für einfache Schiebungen charakteristischen Relationen ergiebt sich $\mu_1 = 1/\mu_3$. Führen wir nun die Bezeichnung $\mu_1 = \sigma$ ein ($\sigma > 1$), so ist $\mu_3 = 1/\sigma$. Die Deformation setzt sich also zusammen aus einer gleichförmigen Elongation aller zur Hauptaxe X_1 parallelen Geraden im Betrage $\sigma - 1$ und einer gleichförmigen Kontraktion nach den zu X_3 parallelen Richtungen, deren Wert $1 - 1/\sigma$ ist (Fig. 868).

Nach der soeben eingeführten Bezeichnung verhalten sich die Längen AC und $\underline{AC}$ wie $1 : \sigma$. Demnach ist auch das Verhältnis dei Diagonalen AC und BD in dem durch die Kreisschnittebenen bestimmten Rhombus $ABCD$ gleich $1 : \sigma$. Aus Fig. 868 folgt $\sigma = BD/AC = \cot ABC/2$. Das Verhältnis der Schiebung, wie die Zahl σ genannt wird, ist also gegeben durch die Cotangente des halben spitzen Winkels der Kreisschnittebenen.

Man kann zur Charakteristik der Deformation an Stelle von σ auch die Größe der Schiebung s benutzen, welche eine um die Längeneinheit von der Gleitfläche entfernte Ebene erfährt. In der That, setzen wir in Fig. 867 den Abstand $DE = 1$, so ist:

$$A\underline{A} = s = 2 \cdot \cot ABC = 2 \cdot \cot 2DBC = \frac{1 - (AC/BD)^2}{AC/BD},$$

oder:

$$s = \sigma - \frac{1}{\sigma}.$$

Am Kalkspat beträgt der spitze Winkel zwischen einer Gleitfläche und der gegenüberliegenden Fläche des Spaltungsrhomboëders $ABC = 70^0\,51'\,48''$. Hieraus folgt: $\sigma = 1{,}405$, $s = 0{,}693$. Da die Vertikalaxe γ gegen die Gleitfläche unter $63^0\,44'\,46''$ und gegen jene Spaltfläche unter $45^0\,23'\,26''$ geneigt ist, so erhalten wir aus Fig. 867 für die Winkel zwischen der Vertikalaxe und den Hauptaxen der größten Elongation und der größten Kontraktion die Werte $\gamma X_1 = 9^0\,10'\,40''$ und $\gamma X_3 = 80^0\,49'\,20''$. Die Drehung der Hauptaxen bei der Schiebung beträgt $19^0\,8'\,12''$.

Das Spaltungsrhomboëder des Kalkspats ist trefflich geeignet, die Schnittkurven seiner Flächen mit dem Deformationsellipsoid:

$$\frac{x_1^2}{\sigma^2} + x_2^2 + \sigma^2 x_3^2 = 1$$

darzustellen. Zu diesem Zwecke ritzt man in eine Spaltfläche einen Kreis und deformiert das Rhomboëder derart, daß die geritzte Fläche nicht der

Gleitfläche gegenüberliegt. Dabei geht der Kreis in eine Ellipse über, deren Halbaxen nach den Diagonalen der Rhomboëderfläche gerichtet sind. In Fig. 869 bedeuten Y_1 und Y_3 die Axen der größten Elongation und der größten Kontraktion. Aus dem Winkel von 101° 55′ zwischen den Kanten der Rhomboëderfläche ergiebt sich für das Verhältnis der Ellipsenhalbaxen $\tan 50^0 57\frac{1}{2}' : \cot 50^0 57\frac{1}{2}' = 1{,}233 : 0{,}812$.

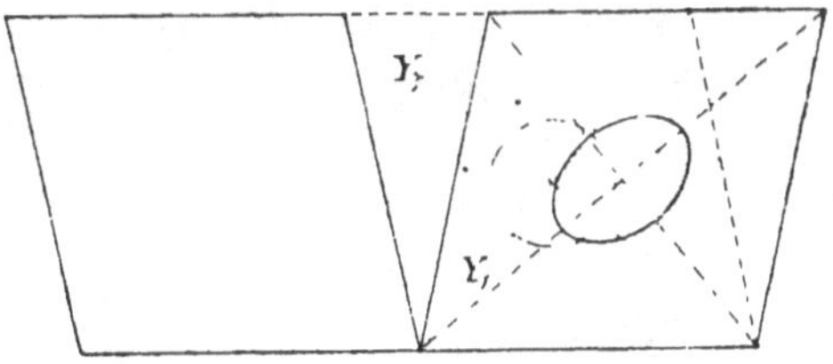

Fig. 869. Kalkspat.
Deformation eines Kreises in eine Ellipse.

Führt man eine einfache Schiebung an einem Kalkspatkrystall aus, der nicht von den Flächen des Spaltungsrhomboëders begrenzt wird, so beobachtet man, daß im allgemeinen die krystallographische Bedeutung der Begrenzungsebenen durch die Deformation geändert wird. Insbesondere findet man außer dem Spaltungsrhomboëder keine einfache Krystallform, deren Flächen auch nach der Deformation noch gleichberechtigt sind. Da der Zonenverband erhalten bleibt, so ist die neue Bedeutung der Flächen in vielen Fällen sogleich aus der Anschauung zu entnehmen. Es ist z. B. unmittelbar ersichtlich, daß aus dem basischen Flächenpaar {0001} ein Flächenpaar des Rhomboëders $\{02\bar{2}1\}$ hervorgeht, und daß auch umgekehrt ein Flächenpaar des ursprünglichen Rhomboëders $\{02\bar{2}1\}$ in das basische Flächenpaar des deformierten Krystalls übergeführt wird. Die beiden anderen Flächenpaare dieses Rhomboëders behalten ihre Bedeutung. Eine ähnliche Beziehung besteht zwischen dem Rhomboëder $\{01\bar{1}2\}$ und dem hexagonalen Prisma zweiter Art $\{11\bar{2}0\}$; es bewahren von jenem das zur Gleitrichtung parallele, von diesem das zur Gleitfläche senkrechte Flächenpaar die ursprüngliche Bedeutung, während die beiden anderen Flächenpaare dieser Formen ihre Bedeutung vertauschen.

Diese Eigenschaften des Kalkspats sind spezielle Fälle des folgenden allgemein gültigen Satzes. Wenn die Gleitfläche des Krystalls auf einer Symmetrieebene senkrecht steht, so sind zwei ausgezeichnete Zonen vorhanden von der Beschaffenheit, daß jede ihrer Flächen durch die Deformation übergeführt wird in eine Fläche derselben einfachen Form, der sie im ursprünglichen Zustande des Krystalls angehörte. Diese Zonen sind bestimmt durch die Schnittgeraden jener Symmetrieebene mit den Kreisschnittebenen des Deformationsellipsoids. Alle übrigen Flächen des Krystalls ändern infolge der einfachen Schiebung ihre Bedeutung.

Hexagonale Krystalle. — Wie Kalkspat verhalten sich nach G. Tschermak und O. Mügge auch **Natriumnitrat,**[1] **Antimon** und **Wismut.**[2]

[1] G. Tschermak, Min. petr. Mitt. 4, 111; 1882.
[2] O. Mügge, N. Jahrb. f. Min. 1884, II, 40. 1886, I, 183.

Für die Zwillinge des **Eisenglanz** und des **Korund** nach einer Fläche des Rhomboëders $\{10\bar{1}1\}$ folgt aus den Beobachtungen von M. Bauer und O. Mügge,[1] daß die Gleitfläche diesem Rhomboëder angehört, während die zweite Kreisschnittebene des Deformationsellipsoids eine Fläche des Rhomboëders $\{01\bar{1}2\}$ ist. Auch hier ist das Rhomboëder $\{10\bar{1}1\}$ die einzige einfache Form, die durch die Deformation keine Änderung der krystallographischen Bedeutung ihrer Flächen erfährt. Zwischen der Basis $\{0001\}$ und dem Rhomboëder $\{02\bar{2}1\}$ einerseits, dem Rhomboëder $\{01\bar{1}2\}$ und dem hexagonalen Prisma $\{11\bar{2}0\}$ andererseits bestehen dieselben Beziehungen, die am Kalkspat näher erläutert wurden.

Rhombische Krystalle. — Hier kann der Fall eintreten, daß die Kreisschnittebenen des Deformationsellipsoids durch die gleichberechtigten Flächenrichtungen eines Prismas gegeben sind (Fig. 868). Dann fallen die Hauptaxen des Ellipsoids mit den krystallographischen Axen zusammen. Ein Beispiel gewährt nach den Beobachtungen von O. Mügge[2] der **Anhydrit.** Außerordentlich leicht gelingen die einfachen Schiebungen nach den Flächen des Prismas $\{110\}$ an dem **Uranyldoppelacetat:**[3]

$$\left.\begin{matrix} NaC_2H_3O_2 . \ UO_2C_4H_6O_4 \\ CoC_4H_6O_4 . 2\,UO_2C_4H_6O_4 \end{matrix}\right\rangle 9\,H_2O.$$

Monokline Krystalle. — Wenn die Gleitfläche auf 010 senkrecht steht, so haben die einfachen Formen ohne Ausnahme die Eigenschaft, daß ihre Flächen auch nach der Deformation gleichberechtigt bleiben.

Aus den Beobachtungen von G. vom Rath und den Versuchen von O. Mügge[4] ergiebt sich, daß am **Diopsid** $c\{001\}$ Gleitfläche und $a\{100\}$ die zweite Kreisschnittebene des Deformationsellipsoids ist (Fig. 501). Demnach sind die beiden ausgezeichneten Zonen bestimmt durch die Richtungen der krystallographischen Axen in 010.

Chlorbaryum = $BaCl_2 . 2H_2O$, **Brombaryum** = $BaBr_2 . 2H_2O$ und **Äthylmalonamid** = $CH . C_2H_5(CO . NH_2)_2$ gewähren ein besonderes Interesse dadurch, daß sie zwei Gleitflächen $a\{100\}$ und $c\{001\}$ besitzen und demnach zur mechanischen Erzeugung zweier Scharen von Zwillingslamellen Veranlassung geben.[5] Findet die Schiebung nach *a* statt, so ist *c* die zweite Kreisschnittebene des Deformationsellipsoids und umgekehrt. Nach einem Vorschlage von O. Mügge bezeichnet man diese Deformationen als reciproke einfache Schiebungen. — Einen nach der Gleitfläche *a* deformierten

---

[1] O. Mügge, N. Jahrb. f. Min. 1884, I, 216. 1886, I, 146; II, 35. 1889, I, 237.

[2] O. Mügge, N. Jahrb. f. Min. 1883, II, 258. 1885, II, 48.

[3] W. Schwarz, Beitr. z. Kenntn. d. umkehrb. Umwandl. polymorpher Körper. Göttingen 1892, 48.

[4] O. Mügge, N. Jahrb. f. Min. 1886, I, 185. 1889, I, 238.

[5] O. Mügge, N. Jahrb. f. Min. 1888, I, 131. 1889, I, 130. — W. Keith, N. Jahrb. f. Min. Beil.-Bd. **6**, 177; 1889.

Krystall von Brombaryum mit den Formen $a\{100\}$, $c\{001\}$, $p\{110\}$, $u\{111\}$, $o\{11\bar{1}\}$ stellt Fig. 870 dar; während a, c, p ihre Bedeutung bewahrt haben, sind aus den beiden oberen Flächen u die Flächen $\underline{o}$ des deformierten Teiles des Krystalls hervorgegangen. — Der Verlauf der Zwillingslamellen n nach $a\{100\}$ und m nach $c\{001\}$ im Äthylmalonamid wird durch Fig. 871, 872 veranschaulicht. Wenn durch eine bei M eingedrückte Messerspitze Lamellen der ersten Art hervorgerufen werden,

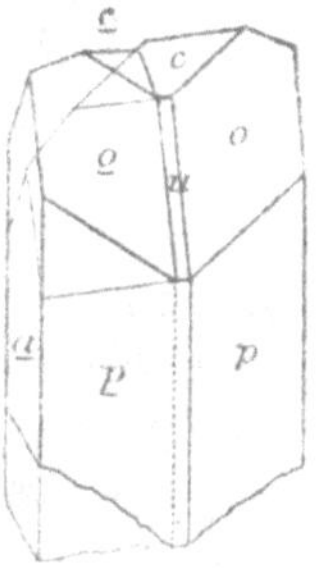

Fig. 870. Brombaryum.

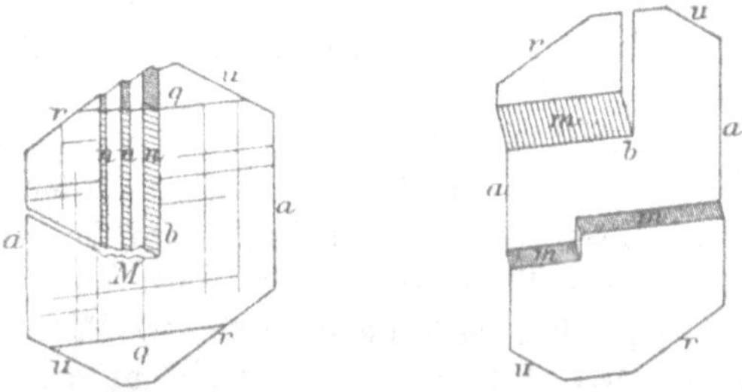

Fig. 871, 872. Äthylmalonamid.

welche den nach $b\{010\}$ tafelförmigen Krystall nicht vollständig durchsetzen, so bildet sich gleichzeitig ein Spaltriss nach $u\{\bar{1}01\}$. Werden Lamellen der zweiten Art erzeugt, so entstehen Spaltrisse oder Verwerfungen nach a.

Trikline Krystalle. — Die bisher betrachteten einfachen Schiebungen waren dadurch ausgezeichnet, daß die Gleitfläche auf einer Symmetrieebene des Krystalls senkrecht stand. In triklinen Krystallen können Deformationen von dieser Beschaffenheit nicht auftreten. Dagegen hat O. Mügge[1] an den Verbindungen $BaCdCl_4 . 4H_2O$, $K_2Cd(SO_4)_2 . 2H_2O$ und $K_2Mn(SO_4)_2 . 2H_2O$ reciproke einfache Schiebungen mit folgenden Eigenschaften beobachtet. Bei der einen Schiebung ist nur die Gleitfläche eine mögliche Krystallfläche und nur die Schnittgerade der Schiebungsebene mit der zweiten Kreisschnittebene des Deformationsellipsoids eine mögliche Krystallkante; die Schiebungsrichtung, die Schiebungsebene und die zweite Kreisschnittebene können nicht durch rationale Indices bezeichnet werden. Umgekehrt ist bei der anderen Schiebung, wo die beiden Kreisschnittebenen und deren Schnittgeraden mit der Schiebungsebene ihre Rollen vertauschen, nur die zweite Kreisschnittebene eine mögliche Krystallfläche und nur die Schiebungsrichtung eine mögliche Krystallkante.

[1] O. Mügge, N. Jahrb. f. Min. Beil.-Bd. 6, 274; 1889 und 1894, I, 106.

Translationen. — Am **Brombaryum** wird die in Fig. 870 dargestellte einfache Schiebung nach der Gleitfläche 100 dadurch erzeugt, daß auf der vorderen Seite des Krystalls ein Druck in der Richtung der Vertikalaxe von unten nach oben ausgeübt wird. Wirkt der Druck in der entgegengesetzten Richtung, so findet auch eine Gleitung statt. Allein diese Deformation ist wesentlich verschieden von einer einfachen Schiebung. Denn sie hört nicht bei einer bestimmten Größe der Schiebung auf und in der optischen Orientierung findet kein Unterschied zwischen dem verschobenen und dem unveränderten Teile des Krystalls statt. Daher wird diese Deformation von O. Mügge mit Recht als eine bloße Translation bezeichnet.

Von großem Interesse ist die Beobachtung, daß eine derartige Translation sehr leicht am **Eis** ausgeführt werden kann. Wenn man aus einer Eistafel einen Stab von quadratischem Querschnitt in der Weise schneidet, daß ein Längsflächenpaar parallel, das andere senkrecht zur optischen Axe liegt, so verhält sich dieser Stab, wie McConnel gefunden hat, bei der Biegung sehr verschieden, je nachdem der Druck in der Richtung jener Axe oder senkrecht zu ihr wirkt. Während in dem ersten Falle allmählich eine Durchbiegung eintritt, findet in dem zweiten Falle auch bei einer Belastung bis zur Grenze der Tragfähigkeit keine merkliche Durchbiegung statt.

Die Ursache dieser auffallenden Verschiedenheit ist, wie O. Mügge[1] erkannt hat, darin zu suchen, daß im Eis durch einen geeigneten Druck eine Translation parallel zur Basis erzeugt werden kann. Um diese Eigenschaft nachzuweisen, stellte Mugge Stäbe von 1 cm Dicke und quadratischem Querschnitte her, deren Längsrichtung zur optischen Axe

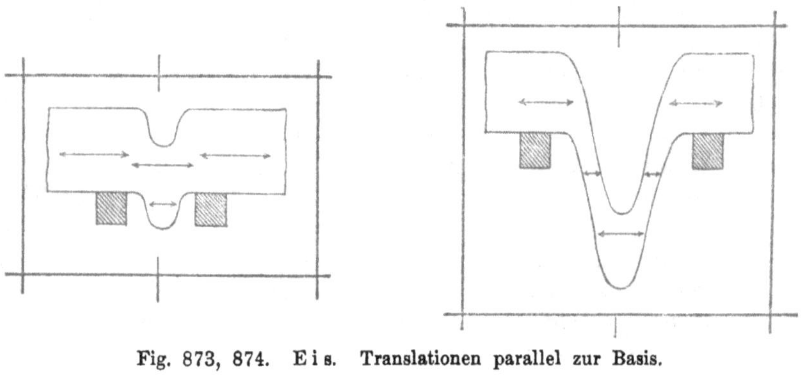

Fig. 873, 874. Eis. Translationen parallel zur Basis.

parallel war. Ein solcher Stab wurde auf zwei Holzleisten gelegt, deren Abstand $^1/_2$ bis 2 cm betrug. Die Belastung erfolgte mit Hilfe einer

[1] O. Mügge, N. Jahrb. f. Min. 1895. II, 211.

Schnur durch ein Gewicht von 5 kg. Es ergab sich nun, daß zwischen den Leisten ein Stück des Eises, etwa von der Breite der Schnur, allmählich aus dem Stabe herausgedrängt wurde (Fig. 873, 874). Oft sind die herausgedrängten Stücke feingestreift parallel zur Basis. Sie bleiben aber völlig klar und zeigen keine Sprünge. Die optische Axe hat ihre ursprüngliche horizontale Richtung nicht geändert.

Auf dieser Eigenschaft des Eises, Translationen parallel zur Basis zu gestatten, beruht jene Erscheinung der dauernden Durchbiegung von Stäben, die mit einer zur Basis parallelen Fläche auf zwei Schneiden gelegt und in der Mitte belastet werden.

11. Einfluß elastischer Deformationen auf das optische Verhalten der Krystalle.

Amorphe Körper. — In einfachbrechenden amorphen Körpern können durch einseitigen Druck oder Zug, durch Biegung, Torsion oder ungleichförmige Erwärmungen überaus mannigfache Erscheinungen der Doppelbrechung hervorgerufen werden, die sich leicht mit Hilfe eines Polarisationsapparates für senkrecht einfallendes Licht nachweisen lassen. Eine befriedigende Übersicht wurde erst gewonnen durch die bahnbrechende Abhandlung von F. E. NEUMANN:[1] „Über die Gesetze der Doppelbrechung des Lichtes in komprimierten und ungleichförmig erwärmten unkrystallinischen Körpern," deren Inhalt durch ihren Titel nicht erschöpfend bezeichnet wird. Den Ausgangspunkt dieser Untersuchung bilden folgende Annahmen: 1. In einem gleichförmig dilatierten amorphen Körper befolgt die Doppelbrechung dieselben Gesetze, welche für homogene optisch zweiaxige Krystalle gelten. Dabei fallen die optischen Symmetrieaxen mit den Hauptaxen des Deformationsellipsoids zusammen. Die Unterschiede zwischen den drei Hauptlichtgeschwindigkeiten und der ursprünglichen Geschwindigkeit für einfarbiges Licht sind lineare Funktionen der Dilatationen nach den Hauptaxen. 2. Ein ungleichförmig dilatierter amorpher Körper ist einem Aggregat von unendlich vielen sehr kleinen Krystallindividuen zu vergleichen, wobei die Richtungen der optischen Symmetrieaxen und die Werte der Hauptlichtgeschwindigkeiten stetige Funktionen des Ortes sind. Die Übereinstimmung der hieraus fließenden Folgerungen mit den Beobachtungen von BREWSTER und SEEBECK und mit den Messungen von F. E. NEUMANN bestätigte die Berechtigung dieser einfachsten Annahmen.

[1] F. E. NEUMANN, Abh. Berlin. Akad. a. d. Jahre 1841. Im Auszuge in POGG. Ann. **54**, 449; 1841. — J. CL. MAXWELL hat 1850 einen Teil derselben Aufgaben behandelt.

Unter den Ergebnissen verdient hervorgehoben zu werden, daß im Glase durch einseitigen oder durch allseitig gleichen Druck die Fortpflanzungsgeschwindigkeit des Lichtes vermindert wird.[1] Durch eine einseitige Kompression wird das Glas optisch einaxig. Die optische Axe fällt in die Druckrichtung und der Charakter der Doppelbrechung ist negativ.

Krystallisierte Körper. — Nach den Erfahrungen an amorphen Körpern war eine Aufklärung der noch verwickelteren piëzooptischen Vorgänge in Krystallen ohne den Wegweiser theoretischer Überlegungen nicht zu erwarten. Im Jahre 1889 unternahm Fr. Pockels[2] eine Erweiterung der Neumann'schen Theorie auf gleichförmig deformierte Krystalle. Dadurch sind wir in den Stand gesetzt worden, die einzelnen Schritte anzugeben, die ausgeführt werden müssen, wenn wir zu einer vollständigen Kenntnis des Einflusses elastischer Deformationen auf das optische Verhalten der Krystalle gelangen wollen.

Nach piëzooptischen Eigenschaften sind dieselben **neun** Klassen krystallisierter Körper zu unterscheiden, die wir bei der Einteilung der Krystalle nach der Symmetrie des elastischen Verhaltens kennen gelernt haben (S. 431). Jeder Krystall ist charakterisiert durch die Werte seiner piëzooptischen Konstanten, deren Anzahl im regulären System 3 und im triklinen System 36 beträgt. Ihre Bestimmung setzt die Kenntnis der optischen Konstanten des Krystalls im natürlichen Zustande und der Elasticitätskonstanten voraus. Ist diese Bestimmung durch geeignete Beobachtungen gelungen, so können die von gegebenen mechanischen Einwirkungen hervorgerufenen Änderungen der optischen Eigenschaften in jedem Falle vorausgesagt werden.

Zu den Beobachtungen von Fr. Pockels dienten rechtwinkelige Parallelepipede von ca. 13 mm Höhe und 2,5—5 mm Breite und Dicke, welche mittels eines am Ende belasteten einarmigen Hebels aus Stahl parallel ihrer Längsrichtung komprimiert wurden (Fig. 875). Die ausgeübten Drucke betrugen im Maximum bei Quarz ca. 3000 g, Flußspat 1000 g, Steinsalz 400 g, Sylvin 200 g auf ein Quadratmillimeter. Bei jedem Parallelepiped wurden zwei verschiedene Drucke angewendet, wobei sich die in der Theorie vorausgesetzte Proportionalität der optischen Änderungen mit dem Drucke bestätigte.

Da Beobachtungen im konvergenten polarisierten Licht zur quantitativen Erforschung der piëzooptischen Erscheinungen nicht sehr geeignet sind, weil es dabei schwierig ist ungleichförmige Verteilungen des Druckes zu eliminieren, so wurden die folgenden Methoden gewählt. 1. Messungen des Gangunterschiedes der beiden in der Beobachtungsrichtung senkrecht zur Druckrichtung durch das Parallelepiped sich fortpflanzenden Wellen mittels eines Babinet'schen Kompensators im Na-Lichte

---

[1] F. Pockels, Ann. d. Phys. N. F. **37**, 389; 1889.

[2] F. Pockels, Ann. d. Phys. N. F. **37**, 144; 1889 (Quarz, Flußspat, Glas). — **39**, 440; 1890 (Steinsalz, Sylvin). — N. Jahrb. f. Min. Beil.-Bd. 8, 217; 1891 (Alaun, Beryll). — Abh. Ges. der Wiss. Göttingen **39**, 1894 (Natriumchlorat, Quarz, Seignettesalz).

(Fig. 875); 2. Messungen der absoluten Verzögerungen, welche jede einzelne dieser Wellen erleidet, nach einer schon von A. FRESNEL, F. E. NEUMANN u. a. angewandten Methode, welche auf der Verschiebung von Beugungsstreifen beruht; 3. Bestimmungen der Auslöschungsrichtungen auf einem Flächenpaar des Parallelepipeds.

Fig. 875. Apparat zur Messung von Gangunterschieden in einseitig komprimierten Krystallen.

Reguläre Krystalle. — Wenn ein Krystall des regulären Systems durch einen einseitigen Druck eine homogene Deformation erfährt, so wird er dadurch im allgemeinen optisch zweiaxig. Die Lage der optischen Symmetrieaxen und der optischen Axen ändert sich im einfarbigen Lichte und bei konstanter Temperatur mit der Richtung des Druckes. Es können z. B. durch Änderung der Druckrichtung in einer Hexaëder- oder Dodekaederfläche alle möglichen Orientierungen der in diesen Ebenen gelegenen optischen Symmetrieaxen gegen die Druckrichtung hergestellt werden. Dagegen bleibt die Lage jener Axen unabhängig von der absoluten Größe des Druckes, falls der Krystall in seinem ursprünglichen Zustande vollkommen einfachbrechend war. Nach der Abhängigkeit, in der die Ebene der optischen Axen und der Charakter der Doppelbrechung von der Druckrichtung stehen, lassen sich vier wesentlich verschiedene Typen regulärer Krystalle unterscheiden. Trotzdem die Zahl der bisher untersuchten Körper noch sehr klein ist, finden wir darunter doch schon Repräsentanten von drei Typen, deren charakteristische Eigenschaften in der folgenden Tabelle zusammengestellt sind.

Druckrichtung	Steinsalz, Kalium-Alaun	Flußspat	Sylvin
senkrecht zu einer Hexaëderfläche	einaxig, negativ	einaxig, negativ	einaxig, positiv
senkrecht zu einer Oktaëderfläche	einaxig, negativ	einaxig, positiv	einaxig, negativ
senkrecht zu einer Dodekaëderfläche.	zweiaxig, Ebene der opt. Axen d. zur Druckrichtung parallele Fläche des Dodekaëders.	zweiaxig, Ebene der opt. Axen d. zur Druckrichtung senkrechte Fläche des Dodekaëders.	zweiaxig, Ebene der opt. Axen d. zur Druckrichtung parallele Fläche des Hexaëders.

Obwohl hiernach der Charakter der Doppelbrechung im Steinsalz und Kalium-Alaun sich nicht ändert, wenn die Druckrichtung einmal auf einer Hexaëderfläche, das andere Mal auf einer Oktaëderfläche senkrecht steht, so ist doch die Stärke der Doppelbrechung, die durch gleiche Dilatationen hervorgerufen wird, sehr verschieden. Denn sie ist im ersten Falle bei Steinsalz 2 mal und bei Kalium-Alaun sogar 9,45 mal so groß als im zweiten Falle.

Wenn sich die Druckrichtung von der Normale einer Oktaëderfläche entfernt, so wächst der Winkel der optischen Axen von Null an zunächst außerordentlich rasch. Daher würde es praktisch unmöglich sein, einen regulären Krystall durch einen Druck parallel zu dieser Normale genau optisch einaxig zu machen.

Liegt die Druckrichtung senkrecht zu einer Dodekaëderfläche, so verhalten sich die vorhin genannten Körper in folgender Weise:

	Druckrichtung	Charakter der Doppelbrechung um die Druckrichtung	Spitzer Winkel der optischen Axen
Steinsalz . . .	I. Mittellinie	negativ	49° 20′
Kalium-Alaun.	II. Mittellinie	negativ	50 48
Flußspat . .	senkrecht zu den Mittellinien	—	72 10*
Sylvin . . .	II. Mittellinie	negativ	66 46.

* Die erste Mittellinie ist die zur Druckrichtung senkrechte Dodekaëdernormale.

Ein allseitig gleicher Druck bewirkt im Steinsalz und im Flußspat eine Abnahme der Fortpflanzungsgeschwindigkeit des Lichtes.

Die Ergebnisse der Messungen von Pockels gestatten die Frage zu beantworten, in welcher Beziehung die optische Wirkung einer thermischen Dilatation eines regulären Krystalls zu der Wirkung einer gleich großen mechanischen Dilatation steht. Es zeigt sich, daß die aus den piëzooptischen

Eigenschaften berechneten Werte der Änderung, welche der Brechungsindex durch eine Erhöhung der Temperatur um 1° C. erfährt, bei Steinsalz und Flußspat sehr nahe mit den direkt beobachteten Werten (S. 323) übereinstimmen.

Reguläre Krystalle mit Drehungsvermögen werden bei einer homogenen Deformation durch einseitigen Druck optisch zweiaxig mit elliptischer Polarisation. Nur in den Richtungen der optischen Axen bleibt die Cirkularpolarisation unverändert erhalten. Ein Beispiel bietet das Natriumchlorat dar. —

Der Einfluß elastischer Deformationen auf das optische Verhalten von Krystallen, die schon im natürlichen Zustande optisch anisotrop sind, ist bisher nur am Beryll, am Quarz und am rechtsweinsauren Kalium-Natrium (Seignettesalz) quantitativ bestimmt worden.

Hexagonale Krystalle. — **Beryll** wird durch eine senkrecht zur Axe der Isotropie ausgeübte Kompression in der Weise zweiaxig, daß die Ebene der optischen Axen senkrecht zur Druckrichtung steht. Allseitig gleicher Druck übt dem Sinne nach dieselbe Wirkung aus wie eine Erhöhung der Temperatur (S. 336); denn in beiden Fällen findet eine Zunahme der Doppelbrechung statt. Berechnet man aber aus den piëzooptischen Eigenschaften des Berylls die Steigerung der Doppelbrechung durch eine Temperaturerhöhung unter der Annahme, daß eine Erwärmung das optische Verhalten ebenso beeinflusse wie die mechanische Einwirkung, welche die gleiche Dilatation hervorbringt, so ist der resultierende Wert beträchtlich kleiner als der direkt gemessene.

Eine sehr eingehende quantitative Untersuchung hat Pockels am **Quarz** durchgeführt. Hiernach werden die Geschwindigkeiten der senkrecht zur Druckrichtung sich fortpflanzenden Wellen vermindert. Bei einem Druck in der Richtung der Axe der Isotropie und bei allseitig gleichem Druck bleibt Quarz einaxig, aber seine Doppelbrechung wird verringert. Im Gegensatz zu Steinsalz und Flußspat, aber in Übereinstimmung mit Beryll wirkt im Quarz eine Erwärmung nicht in derselben Weise auf die Lichtgeschwindigkeit wie diejenige mechanisch hervorgebrachte Deformation, welche der thermischen Dilatation gleich ist. Der Sinn der Änderungen der Brechungsindices ist allerdings in beiden Fällen derselbe. Aber die absoluten Beträge dieser Änderungen sind bei der thermischen Einwirkung (S. 351) nur halb so groß wie bei der mechanischen. — Zur Ergänzung dieser Ergebnisse dient die von F. Beaulard ausgeführte quantitative Bestimmung der elliptischen Doppelbrechung im einseitig komprimierten Quarz (S. 425).

12. Pyroelektricität und Piëzoelektricität.

Zuführung von Wärmeenergie oder mechanischer Energie ruft in dielektrischen Krystallen nicht allein Änderungen des Volumens und der Gestalt, sondern auch elektrische Wirkungen hervor, indem ein Teil jener Energiearten in elektrische Energie umgesetzt wird. Die Entdeckung dieser für den krystallisierten Zustand charakteristischen Vorgänge hat dem Experiment und der Theorie ein überaus fruchtbares Feld eröffnet, dessen Bearbeitung in dem letzten Jahrzehnt mit dem glücklichsten Erfolge fortgeschritten ist.

Pyroelektricität.

Entdeckung der Pyroelektricität. — Seit dem Beginn des vorigen Jahrhunderts war bekannt, daß Turmalinkrystalle auf glimmende Kohlen gelegt die Eigenschaft erlangen leichte Körper anzuziehen und bald darauf wieder abzustoßen. Im Jahre 1759 zeigte Canton, daß nicht die hohe Temperatur, sondern eine Temperaturänderung die elektrische Erregung hervorruft. Bei konstanter Temperatur zeigt der Turmalin keine Spur von Elektricität. Nur während der Erwärmung oder während der Abkühlung tritt eine Entwickelung von Elektricität auf. Dabei wird der Turmalin an dem einen Ende seiner krystallographischen Vertikalaxe positiv, an dem anderen negativ elektrisch und diese Polarität kehrt sich um, wenn die Änderung der Temperatur ihren Sinn wechselt.

Bestäubungsverfahren. — Die älteren Methoden zur qualitativen Untersuchung pyroelektrischer Erregungen bestanden darin, daß jede Stelle der Oberfläche eines Krystalls mit Hilfe eines Elektroskops oder eines Elektrometers geprüft wurde. Dieses mühsame und zeitraubende Verfahren wurde von A. Kundt 1883 durch das auf S. 111 beschriebene Bestäubungsverfahren[1] ersetzt, welches den großen Vorteil gewährt, daß die elektrische Verteilung auf der ganzen Oberfläche eines Krystalls auf einmal hervortritt.

Symmetrieeigenschaften. — R. J. Haüy konnte schon 1791 auf Beziehungen zwischen Pyroelektricität und Krystallform hinweisen. Ihre Kenntnis wurde später namentlich durch P. Riess und G. Rose gefördert. Unverkennbar war, daß an allen schlecht leitenden Krystallen mit einer polaren Symmetrieaxe, für welche der Turmalin das typische Beispiel darbietet, durch gleichförmige Temperaturänderungen entgegengesetzte elektrische Pole an den Enden jener Axe entstehen. Viel schwieriger war die Aufgabe darüber hinaus für Krystalle von anderen Symmetrieeigenschaften die Bedingungen der pyroelektrischen Erregungen und die Art der dabei hervor-

[1] A. Kundt, Ann. d. Phys. N. F. **20**, 592; 1883. **28**, 145; 1886.

tretenden elektrischen Verteilung festzustellen. Ihre Lösung wird wesentlich erleichtert, wenn wir den Symmetriecharakter einer pyroelektrischen Polarität betrachten. Einen homogenen Körper von der Beschaffenheit, daß einander entgegengesetzte Richtungen einer beliebigen Geraden in seinem Innern übereinstimmendes Verhalten zeigen, nennen wir centrisch symmetrisch. Demnach können wir sagen, daß ein polarisierter Körper, der an zwei entgegengesetzten Enden quantitativ gleiche aber qualitativ entgegengesetzte Eigenschaften angenommen hat, kein Centrum der Symmetrie besitzt. Berücksichtigen wir jetzt, daß die Symmetrie der Wachstumsvorgänge für alle übrigen physikalischen Vorgänge maßgebend bleibt (S. 179), so werden wir eine pyroelektrische Polarität in Krystallen, die nach ihren Formen centrisch symmetrisch sind, nicht erwarten können.

Gleichwohl lassen sich, wie namentlich die Beobachtungen von W. G. Hankel gelehrt haben, auch in zahlreichen centrisch symmetrischen Krystallen durch Temperaturänderungen elektrische Ladungen hervorrufen. Es ist aber wahrscheinlich, daß in diesen Fällen besondere, von der Versuchsanordnung abhängige Einflüsse, die im einzelnen noch der Aufklärung bedürfen, erst jene Verschiedenheit entgegengesetzter Richtungen herbeigeführt haben, welche Krystalle ohne Centrum der Symmetrie im natürlichen Zustande darbieten.

Pyroelektrische Erregungen durch gleichförmige Änderungen der Temperatur. — Beobachtungen und theoretische Überlegungen haben ergeben, daß durch gleichförmige Temperaturänderungen nur Krystalle mit einer einzigen polaren Symmetrieaxe und hemiëdrische Krystalle des monoklinen und des triklinen Systems pyroelektrisch werden können. Die folgende Tabelle enthält eine Übersicht der wichtigsten Beispiele.

Hexagonales System.

7] Hemimorphe Hemiëdrie.

10] Erste hemimorphe Tetartoëdrie.
Kaliumlithiumsulfat (S. 110). — Rechtsweinsaures Antimonyl-Strontium und rechtsweinsaures Antimonyl-Blei (S. 112). — Bromshikimilacton (S. 112).

14] Zweite hemimorphe Tetartoëdrie.
Turmalin (S. 122). — Kaliumbromat (S. 124). — Natriumlithiumsulfat (S. 124). — Spangolith (S. 124). — Paratolylphenylketon (S. 124).

17] Ogdoëdrie.
Natriumperjodat (S. 135).

Tetragonales System.

19] Hemimorphe Hemiëdrie.
Pentaerythrit (S. 141). — Succinjodimid (S. 141).

22] Hemimorphe Tetartoëdrie.
Rechtsweinsaures Antimonyl-Baryum (S. 147).

Rhombisches System.

27] Hemimorphie.
Magnesium-Ammoniumorthophosphat (S. 160). — Kieselzinkerz (S. 160). — Bertrandit = $H_2Be_4Si_2O_9$. — Prehnit (S. 161). — Resorcin (S. 161). — Pikrinsäure (S. 161).

Monoklines System.

29] Hemimorphie.
Lithiumsulfat (S. 168). — Rechts- und Links-Weinsäure (S. 168). Neutrales rechtsweinsaures Kalium (S. 169). — Neutrales rechtsweinsaures Ammonium = $(NH_4)_2C_4H_4O_6$. — Neutrales rechtsweinsaures Strontium = $SrC_4H_4O_6 . 3H_2O$. — Rohrzucker (S. 169). — Milchzucker (S. 169). — Rechts- und Links-Carvoxim (S. 169). — Rechts- und Links-Fenchonoxim (S. 170). — α-Rechts- und Links-Carvonpentabromid (S. 170).

30] Hemiëdrie.
Skolezit (S. 171).

Triklines System.

32] Hemiëdrie.

Quantitative Bestimmungen der Pyroelektricität des Turmalins. — Die Erforschung der quantitativen Beziehungen zwischen der Änderung der Temperatur und der Entwickelung der Elektricität im Turmalin wurde von J. M. Gaugain[1] begonnen. Der eine Pol des zu untersuchenden Krystalls wurde mit einem zur Selbstentladung eingerichteten Elektroskope verbunden; der andere Pol war zur Erde abgeleitet. Während der Krystall sich in einem Luftbade erwärmte oder abkühlte, wurde die Anzahl der Entladungen beobachtet. Diese Zahl kann als relatives Maß für die Menge der entwickelten Elektricität dienen, wenn die Kapacität des Elektroskops hinreichend klein ist. Auf diesem Wege ergaben sich folgende Resultate.

Die bei einer Temperaturerhöhung entwickelten Elektricitätsmengen sind ebenso groß, wie die einer gleich großen Temperaturerniedrigung entsprechenden. Die Elektricitätsmenge, welche ein Turmalin entwickelt, wenn seine Temperatur um eine bestimmte Anzahl von Graden sinkt, ist unabhängig von der zu der Abkühlung erforderlichen Zeit. Die von einem Turmalin entwickelte Elektricitätsmenge ist proportional seinem Querschnitte und unabhängig von seiner Länge. Wenn man also eine

[1] J. M. Gaugain, Ann. chim. phys. (3) **57**, 5; 1859. (4) **6**, **41**; 1865.

Reihe von Turmalinen derselben Art von gleichem Querschnitte hintereinander schaltet, indem man die ungleichnamigen Pole durch Kupferdrähte verbindet, so ist die von dieser Säule gelieferte Elektricitätsmenge nicht größer als die von einem einzelnen Turmalin erzeugte. Vereinigt man aber eine beliebige Anzahl von Turmalinen zu einer Batterie, indem man ihre gleichnamigen Pole mit einem Kupferdraht umschlingt, so ist die von denselben gelieferte Elektricitätsmenge gleich der Summe der Elektricitätsmengen, welche von den einzelnen Turmalinen unter denselben Umständen erzeugt worden wären.

Zur Erklärung dieser Eigenschaften wurde von W. Thomson[1] 1860 die Hypothese aufgestellt, daß ein Turmalinkrystall sich in seinem Inneren permanent in einem Zustande gleichförmiger dielektrischer Polarisation befinde, so daß der numerische Wert des elektrischen Momentes für die Volumeneinheit in der ganzen Ausdehnung des Krystalls konstant bleibt und die Axe des Momentes stets parallel zur polaren Symmetrieaxe des Krystalls liegt. Ein in solcher Weise polarisierter Körper muß nach außen so wirken, als wäre auf seiner Oberfläche eine elektrische Ladung von einer bestimmten Flächendichtigkeit verteilt. Befindet sich nun der Krystall bei konstanter Temperatur in einem nicht vollkommen isolierenden Medium, z. B. in feuchter Luft, so wird die inducierende Wirkung seiner inneren Polarisation auf dieses Medium darin bestehen, daß sich der Oberfläche des Krystalls allmählich eine reelle elektrische Schicht auflagert, welche die Wirkung jener Polarisation auf alle äußeren Punkte vollkommen neutralisiert. Daher erscheint ein Turmalin im gewöhnlichen Zustande unelektrisch. Wird aber seine Temperatur geändert, so ändert sich dadurch auch die innere Polarisation, während die aufgelagerte elektrische Oberflächenschicht um so langsamer folgt, je größer der Leitungswiderstand im Inneren des Krystalls und auf seiner Oberfläche ist. In diesem Stadium haben wir also Gelegenheit, die Differenz zwischen den äußeren Wirkungen der inneren Polarisation und der Oberflächenschicht zu beobachten.

Diese fruchtbare, aber von ihrem Urheber nur mit wenigen Worten bezeichnete Vorstellung blieb unbeachtet, bis sie von J. und P. Curie 1881 und namentlich von E. Riecke[2] in den Jahren 1885—90 weiter verfolgt wurde. Wenn sie richtig ist, so muß ein erhitzter Turmalin die bei der Abkühlung hervortretende elektrische Polarität dauernd behalten, wenn er in einer völlig isolierenden Umgebung erkaltet. Bis zu einem genügenden Grade ist diese Bedingung erfüllt unter der Glocke einer Luftpumpe, wenn die in ihr enthaltene Luft gut getrocknet, von Staub befreit und schwach verdünnt worden ist. Demgemäß stellte Riecke folgenden Versuch an. Ein Turmalin wurde in einem Luftbade mehrere Stunden hindurch erhitzt

[1] W. Thomson, Math. phys. Papers. **1**, 315.

[2] E. Riecke, Ann. d. Phys. N. F. **28**, 43; 1886. **31**, 889; 1887. **40**, 264; 1890. **49**, 421; 1893.

und darauf, während er noch unelektrisch war, unter der Glocke einer Luftpumpe über einem Goldblattelektroskop isoliert aufgehängt. Seine Temperatur war schon nach $^3/_4$ bis $1\,^1/_2$ Stunden so weit gesunken, daß sie die Temperatur der Umgebung nur noch um $^1/_2{}^0$ übertraf. Trotzdem ergab sich aus der Divergenz der Goldblätter noch nach Ablauf von 20 bis 30 Stunden eine merkliche Ladung des abgekühlten Krystalls. Hieraus folgt, daß ein Turmalin, dessen Oberfläche in einen Zustand vollkommener Isolation versetzt ist, in der That einen permanent elektrischen Körper bildet. Die Ursache der Leitungsfähigkeit der Oberfläche des Turmalins ist zweifellos in einer Kondensation von Feuchtigkeit zu suchen. Diese bewirkt, daß jeder Turmalin im gewöhnlichen Zustande unelektrisch erscheint und die durch eine Volumenänderung bedingte Ladung nach kürzerer oder längerer Zeit wieder verliert. Der Wert dieser Leitungsfähigkeit hängt ab von der Temperatur und der Feuchtigkeit der Luft; der Grad ihrer Veränderlichkeit ist bei verschiedenen Erwärmungstemperaturen und verschiedenen Turmalinen ein verschiedener.

Wenn die elektrische Ladung der Endflächen eines sich abkühlenden Turmalins weder durch den Einfluß einer oberflächlichen Leitung, noch durch eine innere Leitungsfähigkeit verändert wird, so kann die Dichtigkeit ε der freien Elektricität, die zur Zeit t an den Endflächen vorhanden ist, nach E. Riecke durch eine Exponentialkurve dargestellt werden. Es gilt nämlich die Relation:

$$\varepsilon = E(1 - e^{-at}).$$

Hierin bedeutet E den bis zur Abkühlung auf die Temperatur des umgebenden Raumes erreichten Maximalwert der Ladung. a ist der in der Newton'schen Abkühlungsformel auftretende Koeffizient: $a = Sh/cM$, worin M die Masse, S die Oberfläche, c die spezifische Wärme und h die äußere Wärmeleitungsfähigkeit des Turmalins bedeuten. Die Zeit t ist von dem Momente an gerechnet, in welchem die Abkühlung beginnt. Zur Prüfung dieses Gesetzes und zur Ermittelung der Abhängigkeit, in der die entwickelte Elektricitätsmenge von der Differenz zwischen der Erhitzungstemperatur und der Endtemperatur steht, hat E. Riecke zahlreiche Beobachtungen an 22 Krystallen ausgeführt.

Die zu untersuchenden Krystalle wurden an ihren beiden Enden mit Stanniol überzogen; das obere bei der Abkühlung positiv elektrische Ende war mit einem dünnen, oben hakenförmig umgebogenen Draht verbunden; mit diesem wurde der in einem Luftbade erhitzte Krystall an dem Arme eines Statives aufgehängt, welches mit der Erde in leitende Verbindung gebracht war; das untere Ende des Krystalls war mit einem zweiten Drahte verbunden, welcher, in die Verlängerung des Suspensionsdrahtes fallend, an seinem unteren Ende eine halbkugelige Schale von Messing trug. Mit dieser wurde der Krystall auf den Knopf eines Elektroskopes aufgesetzt, welches zur Messung der von dem Turmalin bei seiner Abkühlung entwickelten Elektricitätsmenge diente. Bei einem Teile der Beobachtungen wurde ein FECHNER'sches Elektroskop benutzt, dessen Empfindlichkeit so reguliert war, daß das Aluminiumblatt desselben einige Sekunden nach dem Aufsetzen des erhitzten Turmalins an die positive Elektrode anschlug, und so eine Entladung der von dem Turmalin erzeugten negativen Elektricität bewirkte. Bei anderen Beobachtungen wurden idiostatische Goldblattelektroskope benutzt, welche in der zuerst von GAUGAIN angegebenen Weise zur Selbstentladung eingerichtet waren. Immer diente die Anzahl der Entladungen des Elektroskopes als Maßstab für die Menge der entwickelten Elektricität.

Es ergab sich zunächst, daß der Abkühlungskoeffizient a nur bei einem Teile der untersuchten Turmaline vollkommen konstant ist. Hierher gehören grüne Krystalle von Minas Geraes in Brasilien und braune Krystalle von Dobrawa bei Unterdrauburg in Kärnten und von Gouverneur in New York. — Bei einer zweiten Gruppe war a während der Abkühlung konstant, solange die Erhitzung ca. 130° nicht überschritt. Nach einer stärkeren Erhitzung war der Wert von a während der ersten Minuten der Abkühlung kleiner, erhob sich dann aber schnell zu einem konstant bleibenden Betrage. Diese Gruppe wird namentlich repräsentiert durch die roten Turmaline von Mursinka im Ural. — Eine dritte Gruppe bilden die Krystalle von San Piero in Campo auf Elba. Auch hier steigt der Wert von a während der Abkühlung, aber ohne einen konstanten Grenzwert zu erreichen.

Zu einer ähnlichen Einteilung führte die Untersuchung der Abhängigkeit, in der die entwickelte Elektricitätsmenge E von dem Betrage der Abkühlung steht. Bezeichnet man die Differenz zwischen Erhitzungstemperatur und Endtemperatur mit ϑ, so läßt sich die Elektricitätsmenge durch Ausdrücke von folgender Form darstellen:

$E = a\vartheta + b\vartheta^2$	Brasilien
$E = a\vartheta - b\vartheta^2$	Elba
$E = a\vartheta + b\vartheta^2 - c\vartheta^3$	Mursinka
$E = a\vartheta - A$	Mursinka, Dobrawa, Gouverneur.

Aus einem Turmalin sei ein Cylinder parallel zur Vertikalaxe hergestellt, dessen Endflächen auf dieser Axe senkrecht stehen. Beruht die pyroelektrische Erregung des Turmalins darauf, daß die Moleküle desselben eine permanente elektrische Polarität in der Richtung der Vertikalaxe besitzen, so wird bei Temperaturänderungen freie Elektricität nur an den Endflächen des Cylinders auftreten. Das Produkt aus der bei der Abkühlung sich entwickelnden Menge positiver Elektricität in die Länge des Cylinders giebt dann den Wert seines elektrischen Momentes.

RIECKE hat nun für die von ihm untersuchten Krystalle auch die Werte der elektrischen Momente ermittelt und daraus die bei vollkommener Isolation der Krystalle durch eine Abkühlung um 100° entstehenden elektrischen Momente der Volumeneinheit in elektrostatischen Einheiten des C.G.S.-Systems berechnet. Den größten

Wert, nämlich 183 Einheiten, lieferte ein Krystall von Mursinka. Wären die Oberfläche und die Masse dieses Turmalins vollkommen isolierend, so würde sich also bei einer Abkühlung um 100° jedes Quadratcentimeter der Endflächen mit einer Ladung von ca. 180 elektrostatischen Einheiten bedecken. Diese Oberflächendichtigkeit übertrifft bei weitem die maximale Dichtigkeit der Elektricität, die sich auf den Scheiben von Influenzmaschinen ansammelt. Von den übrigen Turmalinen ergaben fünf brasilianische Krystalle die Werte: 179, 169, 162, 160, 154. Den kleinsten Wert, nämlich 55 Einheiten, besaß ein Turmalin von Elba.

Mit Rücksicht auf die alsbald zu besprechenden piëzoelektrischen Untersuchungen interessieren uns noch die empirischen Formeln, welche für jene brasilianischen Turmaline die Abhängigkeit des elektrischen Moments c der Volumeneinheit von der Differenz ϑ zwischen Erhitzungstemperatur und Endtemperatur (18°) darstellen:

$$c = 1{,}33\,\vartheta + 0{,}0046\,\vartheta^2$$
$$c = 1{,}18\,\vartheta + 0{,}0051\,\vartheta^2$$
$$c = 1{,}39\,\vartheta + 0{,}0022\,\vartheta^2$$
$$c = 1{,}04\,\vartheta + 0{,}0056\,\vartheta^2$$
$$c = 0{,}70\,\vartheta + 0{,}0084\,\vartheta^2.$$

Pyroelektrische Erregungen durch ungleichförmige Änderungen der Temperatur. — Bei der oberflächlichen Erwärmung oder Abkühlung einer Kugel und bei der Erwärmung oder Abkühlung einer kreisförmigen Platte vom Centrum aus oder von der Peripherie her können elektrische Erregungen auch an nichtleitenden Krystallen auftreten, die bei gleichförmigen Änderungen der Temperatur unelektrisch bleiben. Hierher gehören vor allem aus dem regulären System die tetraëdrisch hemiëdrische Gruppe (Zinkblende) und die tetartoëdrische Gruppe (Natriumchlorat) und aus dem hexagonalen System die trapezoëdrische Tetartoëdrie (Quarz, unterschwefelsaures Kalium).

Zinkblende. — Der Nachweis dafür, daß Zinkblende vier elektrische Axen in den Richtungen der vier polaren 3-zähligen Symmetrieaxen besitzt, wurde von C. Friedel[1] nach folgendem Verfahren erbracht. Eine planparallele, zu einer Tetraëderfläche parallele Platte wurde horizontal auf einen Träger gelegt, der mit Hilfe einer Schraubenbewegung eine rasche vertikale Verschiebung der Platte auszuführen erlaubte. Die untere Fläche der Platte war leitend mit der Erde verbunden. Über der Platte hing an einem isolierten, mit einem Thomson-Branly'schen Elektrometer verbundenen Drahte eine kleine metallene, auf etwa 100° erhitzte Halbkugel. Wurde die Platte bis zur Berührung mit der Halbkugel gehoben, so erfuhr die Nadel des Elektrometers eine Ablenkung. Durch Umkehrung der Platte

[1] C. Friedel, Bull. soc. min. de France. 2, 31; 1879. — C. Friedel et J. Curie, ibid. 6, 191; 1883.

änderte sich das Vorzeichen der durch das Elektrometer angezeigten Ladung der oberen Plattenfläche.

Natriumchlorat. — Das Vorhandensein von vier elektrischen Axen wurde von C. Friedel und J. Curie auf demselben Wege wie bei der Zinkblende festgestellt.[1]

Quarz. — Die pyroelektrische Verteilung auf Quarzkrystallen bei der oberflächlichen Abkühlung kann leicht mit Hilfe des Bestäubungsverfahrens nachgewiesen werden. Zu diesem Zwecke erwärmt man einen Krystall im Luftbade, bis er eine Temperatur von 40—50° C. angenommen hat — eine stärkere Erwärmung erzeugt oft Sprünge nach den Rhomboëderflächen p, z — nimmt ihn dann heraus, überfährt ihn schnell mit einer Alkoholflamme, um die auf seiner Oberfläche etwa schon vorhandene Elektricität zu entfernen, und bestäubt ihn, während er sich im freien Luftraum abkühlt. Das Bestreichen mit einer Alkoholflamme ist keineswegs unbedingt erforderlich; die Verteilung der Bestandteile des Pulvergemisches tritt aber dadurch schärfer hervor. Es erscheinen nun nach der Bestäubung eines einfachen Krystalls die drei Kanten des hexagonalen Prismas a in Fig. 364, 365, an denen die Flächen der trigonalen Bipyramide s und der direkten trigonalen Trapezoëder x, y, u liegen, rot, während die übrigen Kanten gelb gefärbt sind. Es treten also bei der oberflächlichen Abkühlung an jenen Kanten analog elektrische Zonen, an diesen antilog elektrische Zonen auf. Stellt man einen einfachen Quarzkrystall so auf, daß dem Beobachter vorn oben eine Fläche des Rhomboeders p zugewendet ist, wie in Fig. 364, 365, so liegt bei der Abkühlung eine elektrisch negative (rote) Zone an einem linken Krystall links unter p, an einem rechten Krystall rechts unter p. Man kann demnach den Charakter eines Quarzkrystalls, an welchem die Flächen der Bipyramide und der Trapezoëder fehlen, aus seinem elektrischen Verhalten erst ermitteln, nachdem das direkte Rhomboëder p von dem korrelaten Rhomboëder z mit Hilfe der Ätzeindrücke unterschieden ist.

Wenn man eine Kugel aus einem einfachen Quarzkrystall erwärmt und darauf während der gleichmäßigen Abkühlung bestäubt, so erscheint ihre Oberfläche in sechs, abwechselnd positive und negative elektrische Felder geteilt, die den soeben beschriebenen Zonen entsprechen. Die Grenzen der Felder sind bestimmt durch die Verbindungsebenen des zur Vertikalaxe parallelen Durchmessers mit den Durchmessern, welche die Winkel zwischen den drei polaren 2-zähligen Queraxen halbieren.

Auf einer zur Basis parallelen Quarzplatte kann man nach einem von A. Kundt angegebenen Verfahren leicht die pyroelektrische Verteilung ermitteln, die durch eine vom Centrum ausgehende Erwärmung oder Abkühlung erzeugt wird. Zu diesem Zwecke legt man die Platte, nachdem

[1] Vgl. W. G. Hankel und H. Lindenberg, Abh. sächs. Ges. d. Wiss. **18**, 359; 1892.

sie von etwa vorhandener Oberflächenelektricität befreit ist, auf einen erhitzten, vertikal stehenden Messing- oder Kupfercylinder und bestäubt sie möglichst schnell nach dem Auflegen. Setzt man den kleinen Metallcylinder auf ein Stück feste Kohlensäure, die mit einer Presse komprimiert ist, so erhält man beim Bestäuben die einer Temperaturverminderung entsprechende Verteilung von Mennige und Schwefel.

W. C. Röntgen[1] hat nachgewiesen, daß die durch Erwärmung einer Quarzplatte oder einer Quarzkugel entwickelte Elektricität an derselben Stelle je nach der Art des Erwärmens dem Zeichen nach verschieden sein kann. Auf eine parallel zur Basis geschnittene homogene Quarzplatte wurde ein Stanniolring von 2 und 4 cm Durchmesser geklebt. Dieser Ring wurde durchschnitten in den Richtungen der Geraden, welche die Winkel zwischen den drei polaren Symmetrieaxen halbieren, so daß sechs von einander isolierte Ringstücke entstanden. Das erste, dritte und fünfte Stück wurden durch Drähte mit dem einen Halbringe eines Kirchhoff-Thomson'schen Elektrometers, das zweite, vierte und sechste Stück, sowie der zweite Halbring des Elektrometers mit der Erde verbunden. Als nun der centrale stanniolfreie Teil der anfänglich die Zimmertemperatur besitzenden Platte durch Aufsetzen eines wärmeren Messingcylinders oder auf irgend eine andere Art erwärmt wurde, erwies sich die elektrische Ladung der Ringstücke entgegengesetzt derjenigen Ladung, welche das Elektrometer anzeigte, wenn der jenen Stanniolring umgebende peripherische Teil der Platte durch aufgelegte wärmere Metallringe, oder durch Strahlung etc. eine Erwärmung erfuhr.

Später hat B. von Kolenko[2] festgestellt, daß die Enden der polaren Symmetrieaxen, welche bei der oberflächlichen Abkühlung eines ganzen Krystalls positiv elektrisch werden, auch positive Elektricität zeigen, wenn eine aus dem Krystall parallel zur Basis geschnittene Platte durch Aufsetzen eines warmen Metallcylinders von dem Centrum aus erwärmt wird.

Das Bestäubungsverfahren gestattet die am häufigsten auftretenden Zwillingsbildungen des Quarzes zu erkennen, die sich optisch nicht von einfachen Krystallen unterscheiden, da Individuen von gleichem Drehungsvermögen verbunden sind (S. 129). Es ergiebt sich auch da, wo weder aus dem Auftreten der Bipyramide und der Trapezoëder noch aus der Verteilung glänzender und matter Felder auf der Oberfläche eine Zwillingsbildung erschlossen werden kann, durch die Anordnung der Bestandteile des Pulvergemisches sofort die Art der Zusammensetzung des Krystalls. Eine Reihe komplizierter Verwachsungen ist auf diesem Wege von B. von Kolenko untersucht und durch Abbildungen veranschaulicht worden. In analoger Weise läßt sich die Zusammensetzung der Zwillinge enantiomorpher

[1] W. C. Röntgen, Ann. d. Phys. N. F. **19**, 513; 1883.
[2] B. von Kolenko, Zeitschr. f. Kryst. **9**, 1; 1884.

Krystalle (S. 129, 349) und der komplizierte Aufbau des brasilianischen Amethysts (Fig. 754) mit Hilfe des Bestäubungsverfahrens vollständig und durchaus unabhängig von der optischen Prüfung ermitteln.[1]

Piëzoelektricität.

Entdeckung der Piëzoelektricität. — J. und P. CURIE[2] haben im Jahre 1880 durch neue experimentelle Methoden die Kenntnis der elektrischen Eigenschaften der Krystalle wesentlich erweitert und die Grundlage für eine theoretische Behandlung geschaffen. Sie beobachteten, daß in einem schlecht leitenden Krystall ohne Centrum der Symmetrie auch durch Änderungen eines einseitigen Druckes oder Zuges Elektricität entwickelt wird. Kehrt der Krystall in seinen ursprünglichen Zustand zurück, so findet eine elektrische Erregung in dem umgekehrten Sinne statt.

Legt man z. B. einen von basischen Endflächen begrenzten Turmalin zwischen zwei nach außen isolierte Zinnplatten und komprimiert ihn darauf in einem Schraubstock, so laden sich während des Verstärkens oder beim Nachlassen des Druckes die beiden Platten mit entgegengesetzten Elektricitäten, was man leicht ermitteln kann, wenn man jede Platte mit einem Quadrantenpaar eines W. THOMSON'schen Elektrometers verbindet, dessen Nadel einen Pol einer galvanischen Säule bildet.

Aus der Vergleichung des pyroelektrischen und des piëzoelektrischen Verhaltens ergab sich alsbald folgende Beziehung: Bei der Kompression in der Richtung einer polaren Symmetrieaxe wird derjenige Pol positiv elektrisch, an welchem bei der Abkühlung des ganzen Krystalls eine positive elektrische Erregung stattfindet. Nach der früher (S. 112) erwähnten Bezeichnung ist dies der antiloge Pol.

Die Elektricitätserregung durch einseitigen Druck kann leicht nachgewiesen werden, indem man den Krystall, während er in einem Schraubstock komprimiert wird, mit einem Gemenge von Schwefel und Mennige bestäubt. Sehr geeignet zu diesem Versuche ist eine zur Basis parallele Quarzplatte, die vor der Kompression durch Überfahren mit einer Alkoholflamme von der auf der Oberfläche etwa schon vorhandenen Elektricität befreit worden ist.

J. und P. CURIE haben auch Messungen der durch einseitigen Druck entwickelten Elektricitätsmengen nach absolutem Maße ausgeführt. Der Krystall hatte die Form eines rechtwinkligen Parallelepipeds. Zwei einander gegenüberliegende Flächen *A*, *B* waren vollständig mit Stanniol bedeckt. Die Fläche *A* wurde zur Erde abgeleitet (Fig. 876). Nachdem die Nadel eines THOMSON-MASCART'schen Quadrantenelektrometers durch eine Säule geladen war, wurde die Fläche *B* mit dem Quadranten-

[1] A. KUNDT und E. BLASIUS, Ann. d. Phys. N. F. 28, 147; 1886.
[2] J. et P. CURIE, Journ. de phys. (2) 1, 245; 1882.

paar S und gleichzeitig mit einem cylindrischen Maßkondensator C, dessen Kapazität C nach seinen Dimensionen bekannt war, verbunden. War dieses System von Leitern gut isoliert, so wurde das andere Quadrantenpaar S' mit dem einen Pole eines DANIELL'schen Elementes D verbunden, dessen anderer Pol zur Erde abgeleitet war. Hierdurch erfuhr die Nadel des Elektrometers eine Ablenkung. Um sie wieder in die Anfangslage zurückzuführen, mußte auf ein Flächenpaar des Parallelepipeds durch Gewichte ein regulierbarer Druck ausgeübt werden. Nach dem Eintritt der Nullstellung der Nadel befinden sich die Stanniolplatte B, der Kondensator C und das Quadrantenpaar S auf dem Potentiale des Daniell, und man kennt das hierzu erforderliche Gewicht P. Bezeichnet man die elektromotorische Kraft des DANIELL'schen Elements mit D, die Kapazität des aus der Belegung B, den Elektrometerquadranten S und den Leitern gebildeten Systems mit c, so ist die auf der Fläche B entwickelte Elektricitätsmenge: $m = (C + c)\,D$. Nunmehr schaltet man den Kondensator aus und ermittelt den Druck P', der jetzt zur Herstellung der Anfangslage der Nadel nötig ist. Die entwickelte Elektricitätsmenge ist: $m' = c\,D$. Die auf solche Weise bestimmte Gewichtsdifferenz $P - P'$ giebt das Gewicht, welches erforderlich ist, um den Kondensator durch eine aus dem Krystall entwickelte Elektricitätsmenge $m - m' = CD$ auf das Potential eines Daniell zu laden. Dividiert man nun $m + m'$ durch den Flächeninhalt der Belegung B, so erhält man das elektrische Moment, welches in der Richtung der Normale von B durch das Gewicht $P - P'$ erzeugt wird.

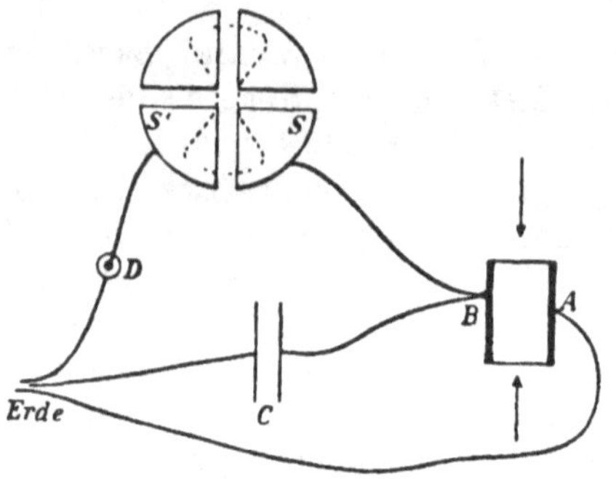

Fig. 876. Messungsmethode von J. und P. CURIE.

Turmalin. — Ein rechtwinkliges Parallelepiped mit einem zur Basis parallelen Flächenpaar wurde gleichförmigen Kompressionen in den Richtungen seiner Kanten unterworfen. Gemessen wurden aber nur die auf solche Weise hervorgerufenen elektrischen Ladungen der Basisflächen, die zu diesem Zwecke mit Stanniol belegt waren. Es ergaben sich nun folgende Gesetze:

Die an einer Basisfläche entwickelte Elektricitätsmenge ist stets der Änderung des Druckes proportional.

Wenn der Druck senkrecht zu den Basisflächen, also in der Richtung der Symmetrieaxe γ ausgeübt wird, so ist das Verhältnis der ganzen auf einer Basisfläche erzeugten Ladung m zu der gesamten Änderung der Belastung P konstant: $m = \varkappa P$. Mit anderen Worten: für eine bestimmte, in der Richtung dieser Axe ausgeübte Druckänderung ist die entwickelte Elektricitätsmenge unabhängig von den Dimensionen des Parallelepipeds. Wird der auf ein Quadratcentimeter der Basis wirkende Druck um ein Kilogramm vermehrt oder vermindert, so beträgt die auf demselben Flächenstück entwickelte Elektricitätsmenge 0,053 elektrostatische C.G.S.-Einheiten. Wählt man aber als Einheit der Druckkraft an Stelle des Kilogrammgewichtes die Dyne, so ist dieser Wert durch $981 \cdot 10^3$ zu dividieren; dann ergiebt sich $\varkappa = 5{,}4 \cdot 10^{-8}$.

Wenn der Druck nach einer der beiden anderen Kanten des Parallelepipeds, also senkrecht zur Symmetrieaxe γ ausgeübt wird, so werden die Basisflächen in demselben Sinne elektrisch erregt wie durch eine Kompression in der Richtung der Axe γ. Die an einer Basisfläche entwickelte Elektricitätsmenge m' ist jetzt proportional dem Produkt aus der Druckänderung P und dem Verhältnis der Dicke L des Parallelepipeds in der Druckrichtung zu der Länge l desselben in der Richtung der Symmetrieaxe. Sie bleibt aber unabhängig von der dritten Dimension des Parallelepipeds. Daher können wir setzen: $m' = \varkappa' \cdot P \cdot L/l$. Da diese Elektricitätsmenge von dem Verhältnis der Längen L und l abhängt, so kann man sie beträchtlich vergrößern, indem man eine im Sinne der Symmetrieaxe sehr dünne, in der Richtung L des Druckes oder Zuges dagegen möglichst ausgedehnte Lamelle benutzt.

Quarz. — Aus einem einfachen Krystall wurde ein rechtwinkeliges Parallelepiped (Fig. 877) geschnitten, an welchem ein Flächenpaar auf der 3-zähligen Symmetrieaxe γ (der optischen Axe) senkrecht stand, während ein seitliches Flächenpaar zu einer polaren Queraxe α (einer elektrischen Axe) senkrecht lag. Gemessen wurden die Elektricitätsmengen, die sich auf diesem seitlichen Flächenpaar durch gleichförmige Kompressionen nach den Richtungen der Kanten des Parallelepipeds entwickelten. Auch hier waren diese Mengen stets proportional den Druckänderungen.

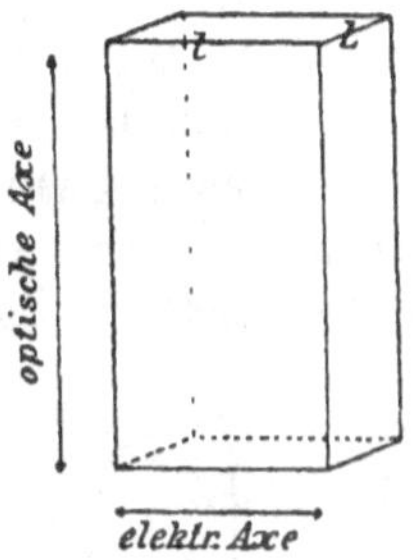

Fig. 877. Quarz.

Eine Kompression in der Richtung der optischen Axe brachte keine elektrische Wirkung hervor.

Wurde das Parallelepiped im Sinne einer elektrischen Axe komprimiert, so wurde dem auf S. 471 angeführten Satze entsprechend eine Entwickelung von negativer Elektricität an demjenigen Ende dieser Axe beobachtet, an dem der Krystall die Flächen der trigonalen Bipyramide und der trigonalen Trapezoëder zeigen würde. Das Verhältnis der Ladung m zu der Änderung der Belastung P war konstant: $m = \varkappa P$. Eine bestimmte, in der Richtung einer elektrischen Axe ausgeübte Druckänderung erzeugt also auf einer zu dieser Axe senkrechten Fläche eine Elektricitätsmenge, die von den Dimensionen des Parallelepipeds unabhängig ist. Wird der auf ein Quadratcentimeter dieser Fläche wirkende Druck um ein Kilogramm vermehrt oder vermindert, so beträgt die auf demselben Flächenstück entwickelte Elektricitätsmenge 0,063 elektrostatische C.G.S.-Einheiten. Legt man als Einheit der Druckkraft die Dyne zu Grunde, so ist $\varkappa = 6{,}4 \cdot 10^{-8}$.

Eine Kompression in der Richtung der dritten Kante des Parallelepipeds bewirkt auf den zur elektrischen Axe senkrechten Flächen eine elektrische Erregung, deren Vorzeichen entgegengesetzt sind den Zeichen der soeben beschriebenen Elektricitätsentwickelung. Bezeichnet man die Kantenlängen in der Druckrichtung mit L und nach der elektrischen Axe mit l, so ist die entwickelte Elektricitätsmenge m' dem Verhältnis dieser Längen proportional. Der Proportionalitätsfaktor ist dem vorigen entgegengesetzt gleich. Daher ergiebt sich $m' = -\varkappa \cdot P \cdot L/l$. Dieser Wert bleibt also unabhängig von der Länge des Parallelepipeds in der Richtung der optischen Axe. Wieder läßt sich die Elektricitätsmenge m' bedeutend vergrößern, wenn man l sehr klein und L möglichst groß wählt. In der That kann man leicht Quarzlamellen herstellen, die in der Richtung einer elektrischen Axe nur $^1/_2$ mm dick, dagegen in der Richtung L 10 cm lang sind, so daß $L/l = 200$ wird. Giebt man nun einer solchen Lamelle nach der optischen Axe eine Breite von 2 cm, so kann man nach L noch einen Zug von 5 Kilogrammen ausüben und doch schon die Wirkung eines Zuges von $^1/_2$ Gramm wahrnehmen. Diese Quarzlamelle bietet also eine Elektricitätsquelle dar, die zu jeder Zeit eine dem Zuge proportionale und zwischen den Grenzen 1 und 10 000 veränderliche Elektricitätsmenge liefert. Hierauf beruht ihre Anwendung zur Bestimmung von Dielektricitätskonstanten, die auf S. 231 beschrieben wurde.[1]

An einer **Quarzkugel** von 3,0 cm Durchmesser hat W. C. Röntgen[2] des Näheren untersucht, wie sich die durch Druck in der Richtung eines Durchmessers entwickelte Elektricität mit der Orientierung dieses Durchmessers gegen die Richtungen der Symmetrieaxen ändert. Die Durchmesser der Kugel (Fig. 878), welche durch die Richtungen der 3-zähligen Symmetrieaxe, der polaren Queraxen und der Halbierungslinien der Winkel dieser Queraxen bestimmt sind, seien bezeichnet mit γ, α_1, α_2, α_3, β_1, β_2, β_3. Alsdann teilen die größten Kugelkreise $\gamma\beta_1$, $\gamma\beta_2$, $\gamma\beta_3$ die Oberfläche der Kugel in sechs sphärische Zweiecke, deren Mitten die Endpunkte der Durchmesser α_1, α_2, α_3 sind. Die Endpunkte einer Axe α und die zugehörigen Zweiecke sollen mit den Zeichen der Elektricitäten versehen werden, welche eine Kompression in der Richtung dieser Axe hervorruft. Dann lassen sich die Ergebnisse der Versuche durch folgende Sätze aussprechen.

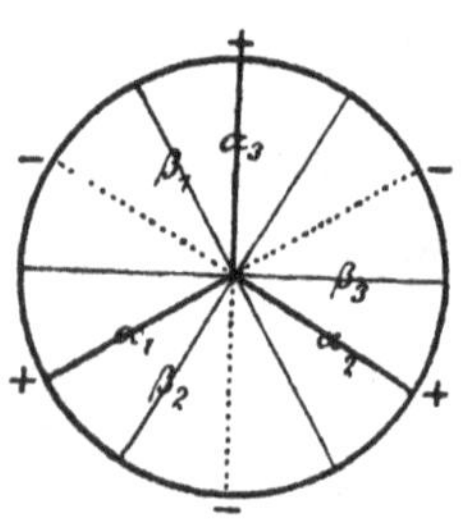

Fig. 878. Quarzkugel.

[1] J. Curie, Ann. chim. phys. (6) 17, 385; 18, 203; 1889.
[2] W. C. Röntgen, Ann. d. Phys. N. F. 18, 534; 1883.

1. Ein Druck nach einer elektrischen Axe α bewirkt an den Druckstellen Maxima der elektrischen Erregung. Die zu dieser Axe senkrechte Ebene $\gamma\beta$ trennt die Kugeloberfläche in zwei mit entgegengesetzten Elektricitäten geladene Hälften.

2. Ein Druck nach einem Durchmesser, welcher einer Verbindungsebene $\gamma\beta$ angehört, liefert an den Druckstellen keine Elektricität. Die Ebene $\gamma\beta$ trennt die Kugeloberfläche in zwei mit entgegengesetzten Elektricitäten geladene Hälften. Die Maxima der Erregung liegen an den Enden der zu dieser Ebene senkrechten Axe α; ihre Vorzeichen sind aber entgegengesetzt den in Fig. 878 angegebenen Zeichen.

3. Liegt die Druckrichtung senkrecht zu γ und zwischen zwei unter 30^0 gegeneinander geneigten Axen α und β (z. B. α_1 und β_2), so wird auch dann noch die Kugel durch eine die Axe γ enthaltende Ebene in zwei entgegengesetzt elektrische Hälften geteilt. Allein diese Ebene ist zur Druckrichtung unter einem von 90^0 und 0^0 verschiedenen Winkel geneigt; sie fällt in den spitzen Winkel zwischen der Druckrichtung und der zweitfolgenden Axe β (in unserem Beispiele also β_1).

4. Komprimiert man die Kugel nach einem beliebig gerichteten Durchmesser, so wird ihre Oberfläche stets durch eine die Axe γ enthaltende Ebene in zwei entgegengesetzt gerichtete Hälften getrennt.

5. Zunahme des Druckes in der Richtung der Symmetrieaxe γ bewirkt schwache elektrische Erregungen in den sechs, durch die Ebenen $\gamma\beta$ begrenzten Feldern. Die Druckstellen bleiben stets unelektrisch.

Demnach findet, wie auch die Druckrichtung orientiert sein mag, an den Enden der Axe γ niemals eine Elektricitätsentwickelung statt.

Theorie der Pyroelektricität und der Piëzoelektricität. — Schon die ersten Beobachtungen über die piëzoelektrischen Vorgänge ergaben eine qualitative Übereinstimmung mit den pyroelektrischen Erscheinungen, die von J. und P. Curie in folgender Weise ausgesprochen wurde: Welches auch die bestimmende Ursache sein mag, eine Änderung der Temperatur oder eine Änderung des Druckes, in beiden Fällen entstehen, wenn sich der Krystall in der Richtung einer polaren Symmetrieaxe zusammenzieht, elektrische Pole in einem bestimmten Sinne; dehnt sich der Krystall in jener Richtung aus, so haben die elektrischen Pole umgekehrte Vorzeichen.

Bald darauf hat W. C. Röntgen[1] an einer zur Basis parallelen Quarzplatte festgestellt, daß durch eine Erwärmung vom Centrum aus oder durch eine Abkühlung von der Peripherie her an einem Ende einer polaren Symmetrieaxe diejenige Elektricität entwickelt wird, die durch eine Kompression der Platte in der Richtung dieser Axe an derselben Stelle entsteht. Er zog hieraus den Schluß, daß die auf verschiedene Weise hervorzurufende Elektricitätsentwickelung auf eine gemeinsame Ursache zurückzuführen ist. In der That erzeugen die centrale Erwärmung oder die

[1] W. C. Röntgen, Ann. d. Phys. N. F. **19**, 513; 1883.

peripherische Abkühlung in der Platte Spannungsänderungen derselben Art, wie ein auf die seitlichen Begrenzungsflächen ausgeübter gleichförmiger Druckzuwachs, während die centrale Abkühlung oder die peripherische Erwärmung eine Druckabnahme hervorrufen analog der durch einen seitlichen gleichförmigen Zug hergestellten Spannungsänderung.

Die auf solche Weise begründete Vorstellung, daß die Ursache der pyroelektrischen und der piëzoelektrischen Erscheinungen lediglich in den durch Temperaturänderungen oder durch mechanische Einwirkungen hervorgerufenen Deformationen schlecht leitender Krystalle zu suchen sei, wurde von W. Voigt 1890 zum Ausgangspunkte einer Theorie dieser Vorgänge gewählt.[1] Unter Vermeidung einer Hypothese über die molekulare Beschaffenheit der Krystalle geht Voigt direkt aus von den durch eine Deformation erzeugten elektrischen Momenten der Volumenelemente. Er nimmt an, daß Richtung und Größe des Momentes der Volumeneinheit an einer beliebigen Stelle eines hierher gehörigen Krystalls nur abhängig seien von der Deformation derselben Volumeneinheit. Dabei werden allerdings gewisse sekundäre Wirkungen, vor allem die Änderung der elektrischen Polarisation durch Selbstinduktion vernachlässigt. Indessen können solche Einflüsse in gegebenen Fällen nachträglich berücksichtigt werden und bei der Beobachtungsmethode von J. und P. Curie treten sie nicht merklich hervor.[2]

Nach dieser Theorie sind nun pyro- und piëzoelektrische Erregungen nur in zwanzig Gruppen krystallisierter Körper zu erwarten, da nicht allein die 11 Gruppen mit centrisch symmetrischen Formen, sondern auch die plagiëdrische Hemiëdrie des regulären Systems ausgeschlossen bleiben. Diese Gruppen ordnen sich übrigens in **sechzehn** Klassen, da die früher mit 2] und 5], 7] und 19], 8] und 20], 10] und 22] bezeichneten Gruppen jedesmal in ihrem Verhalten übereinstimmen.

Es sollen jetzt die Messungen der elektrischen Erregungen rechtwinkeliger Parallelepipede durch einseitigen Druck benutzt werden um darzulegen, daß in der That eine mit den Beobachtungen befriedigend übereinstimmende Beschreibung der piëzoelektrischen Erscheinungen gewonnen worden ist.

Turmalin. — Ein rechtwinkliges Coordinatensystem X, Y, Z sei in der Weise eingeführt, daß die Z-Axe in die polare 3-zählige Symmetrieaxe und die YZ-Ebene in eine Symmetrieebene fällt. Die positive Z-Richtung sei nach dem antilogen Pole (also in Fig. 346—348 nach oben) und die positive Y-Richtung nach einer an diesem Pole liegenden Fläche der trigonalen Pyramide $\{10\bar{1}1\}$ hin gewendet. Wir bezeichnen die Druckrichtung mit ϱ, ihre Richtungscosinus mit α, β, γ, die Größe des Druckes auf die Einheit der zu ϱ senkrechten Fläche mit p, die Komponenten des durch

---

[1] W. Voigt, Abh. Ges. d. Wiss. Göttingen **36**. 1890.
[2] W. Voigt, Ann. d. Phys. N. F. **55**, 701; 1895.

diesen Druck erzeugten elektrischen Momentes m der Volumeneinheit nach den Koordinatenaxen mit a, b, c. Dann wird nach VOIGT der Zusammenhang zwischen dem Moment m und dem Drucke p mit Hilfe von vier Konstanten δ, den piëzoelektrischen Moduln, durch folgende Gleichungen ausgedrückt:

$$\begin{aligned} -a &= p[\delta_{15}\alpha\gamma - 2\delta_{22}\alpha\beta] \\ +b &= p[\delta_{22}(\alpha^2 - \beta^2) - \delta_{15}\beta\gamma] \\ -c &= p[\delta_{31}(\alpha^2 + \beta^2) + \delta_{33}\gamma^2]. \end{aligned}$$

Die dritte Gleichung enthält nun insbesondere die von J. und P. CURIE auf empirischem Wege gefundenen Gesetze über den Wert des Momentes c in der Richtung der Symmetrieaxe Z, wenn der Druck nach dieser Axe oder senkrecht zu ihr ausgeübt wird. Um dies nachzuweisen, bezeichnen wir an einem Parallelepiped, dessen Kanten den Koordinatenaxen parallel laufen, die Inhalte der zu diesen Axen senkrechten Flächen mit q_x, q_y, q_z. Ferner sei P die gesamte Druckänderung und m die auf den basischen Flächen erregte Elektricitätsmenge. Dann liefert die dritte Gleichung folgende Werte für m:

Druckrichtung	$\alpha\beta\gamma$	Moment c	Druck p	Elektricitätsmengen auf den Basisflächen q_z
X	100	$\frac{m}{q_z}$	$\frac{P}{q_x}$	$m = -\delta_{31}\cdot\frac{q_z}{q_x}\cdot P$
Y	010	$\frac{m}{q_z}$	$\frac{P}{q_y}$	$m = -\delta_{31}\cdot\frac{q_z}{q_y}\cdot P$
Z	001	$\frac{m}{q_z}$	$\frac{P}{q_z}$	$m = -\delta_{33}\cdot P.$

Hat nun das Parallelepiped in der Richtung Z die Kantenlänge l und nach X und Y die Kantenlänge L, so ist $q_x = q_y = Ll$ und $q_z = LL$. Dann sind aber die vorstehenden Ausdrücke für m, nämlich:

$$m = -\delta_{31}\cdot\frac{L}{l}\cdot P \quad \text{und} \quad m = -\delta_{33}\cdot P,$$

identisch mit den Formeln von J. und P. CURIE (S. 472), wenn darin die Faktoren $\varkappa'$ und $\varkappa$ durch die Moduln $-\delta_{31}$ und $-\delta_{33}$ ersetzt werden.

Aus den Messungen von J. und P. CURIE läßt sich nur der Wert des Moduls $\delta_{33} = -5{,}4\cdot10^{-8}$ entnehmen. Eine vollständige Bestimmung aller vier Moduln ist von E. RIECKE und W. VOIGT an verschieden orientierten Parallelepipeden aus einem brasilianischen Turmalin durchgeführt worden.[1] Die Beobachtungsmethode war im wesentlichen dieselbe wie die von J. und P. CURIE benutzte. Es wurde aber nicht die Belastung des Parallelepipeds in der auf S. 472 beschriebenen Weise verändert, sondern der Ausschlag

[1] E. RIECKE und W. VOIGT, Ann. d. Phys. N. F. **45**, 523; 1892.

der Nadel eines Quadrantenelektrometers beobachtet, der durch die Belastung mit einem bestimmten Gewicht (2 kg) hervorgerufen wurde. Auf diesem Wege ergaben sich die für jenen Turmalin charakteristischen piëzoelektrischen Moduln:

$$\delta_{15} = -11{,}02 \cdot 10^{-8}, \qquad \delta_{22} = 0{,}67 \cdot 10^{-8},$$
$$\delta_{31} = -0{,}88 \cdot 10^{-8}, \qquad \delta_{33} = -5{,}71 \cdot 10^{-8}.$$

Quarz. — Es ist bemerkenswert, daß die piëzoelektrischen Eigenschaften des Quarzes nur von zwei Konstanten δ abhängen. Das Koordinatensystem sei so gewählt, daß die X-Axe mit einer polaren Queraxe und die Z-Axe mit der Vertikalaxe des Krystalls zusammenfällt. Die positive X-Richtung sei nach einer Kante des hexagonalen Prismas $\{10\bar{1}0\}$ gewendet, an der keine Fläche der trigonalen Bipyramide s (Fig. 364, 365) auftritt. Die positive Y-Richtung soll nach der Seite verlaufen, wo am positiven Ende der Z-Axe eine Fläche des direkten Rhomboëders p $\{10\bar{1}1\}$ liegt. Unter dieser Voraussetzung gelten folgende Relationen:

$$-a = p[\delta_{11}(\alpha^2 - \beta^2) + \delta_{14}\beta\gamma]$$
$$+b = p[\delta_{14}\alpha\gamma + 2\delta_{11}\alpha\beta]$$
$$c = 0.$$

Die erste Gleichung enthält die von J. und P. Curie gefundenen Gesetze über die Ladungen m, die an einem durch die Koordinatenaxen bestimmten Parallelepiped auf den zur X-Richtung senkrechten Flächen q_x durch Kompressionen nach den Kanten erzeugt werden (S. 473, 474). Denn es ergeben sich daraus folgende Werte für m:

Druck-richtung	$\alpha\beta\gamma$	Moment a	Druck p	Elektricitätsmengen auf den Flächen q_x
X	100	$\frac{m}{q_x}$	$\frac{P}{q_x}$	$m = -\delta_{11} \cdot P$
Y	010	$\frac{m}{q_x}$	$\frac{P}{q_y}$	$m = +\delta_{11} \cdot \frac{q_x}{q_y} \cdot P$
Z	001	$\frac{m}{q_x}$	$\frac{P}{q_z}$	$m = 0.$

Da nun nach Fig. 877 das Verhältnis der Flächeninhalte $q_x : q_y = L : l$ ist, so stimmen diese Werte mit den von J. und P. Curie angegebenen überein, wenn $-\delta_{11}$ durch $\varkappa$ ersetzt wird.

E. Riecke und W. Voigt fanden für die beiden piëzoelektrischen Moduln des Quarzes:

$$\delta_{11} = -6{,}45 \cdot 10^{-8}, \quad \delta_{14} = +1{,}45 \cdot 10^{-8}.$$

F. POCKELS[1] erhielt später nach einer nur wenig modifizierten Methode für den zweiten Modul einen erheblich größeren Wert:

$$\delta_{11} = -6{,}27 \cdot 10^{-8}, \quad \delta_{14} = +1{,}925 \cdot 10^{-8}.$$

F. POCKELS hat auch quantitative Bestimmungen am **Natriumchlorat** und am **rechtsweinsauren Kalium-Natrium** (Seignettesalz) ausgeführt. Für diese Körper und für alle dielektrischen Krystalle von gleicher Symmetrie ist charakteristisch, daß ein Druck, dessen Richtung in eine Axenebene 100, 010 oder 001 fällt, ein elektrisches Moment erzeugt, welches auf der Axenebene senkrecht steht. Ferner ist hervorzuheben, daß die piëzoelektrische Erregbarkeit des Seignettesalzes außerordentlich viel größer ist als die der übrigen quantitativ untersuchten Krystalle; denn einer der drei Moduln erreicht einen Wert von etwa $1000 \cdot 10^{-8}$.

Der erfolgreiche Ausbau einer Theorie der pyro- und piëzoelektrischen Erscheinungen gestattet die schon von RÖNTGEN angeregte Frage weiter zu verfolgen, ob eine elastische Deformation genau dasselbe elektrische Moment erzeugt wie die ihr gleiche thermische Deformation. Am Turmalin stimmt nach den Beobachtungen von E. RIECKE und W. VOIGT das direkt beobachtete pyroelektrische Moment (S. 468) allerdings nach seinem Vorzeichen und seiner Größenordnung überein mit dem Momente, das aus den piëzoelektrischen Moduln, den Elasticitätskonstanten und den thermischen Ausdehnungskoëffizienten unter der Voraussetzung folgt, daß die Deformation die alleinige Ursache der elektrischen Erregung sei. Da indessen zu den pyroelektrischen Untersuchungen andere Krystalle benutzt wurden als zu den piëzoelektrischen, so gestatten die numerischen Werte der Momente noch keine sichere Entscheidung darüber, ob wirklich, wie E. RIECKE und W. VOIGT ausgesprochen haben, Pyroelektricität und Piëzoelektricität künftig nicht mehr als zwei verschiedene Erscheinungen betrachtet zu werden brauchen.

Thermodynamische Eigenschaften dielektrischer Krystalle.

Deformationen piëzoelektrischer Krystalle im elektrischen Felde. — Aus der Thatsache, daß isolierende Krystalle ohne Centrum der Symmetrie die Fähigkeit haben, einen Teil der zugeführten Wärmeenergie oder mechanischen Energie in elektrische Energie zu verwandeln, läßt sich sofort auf neue Erscheinungen schließen, in denen Ursache und Wirkung vertauscht sind. Unmittelbar nach der Entdeckung der piëzoelektrischen Vorgänge hat G. LIPPMANN[2] 1881 aus dem Prinzip der Erhaltung der Energie die

[1] F. POCKELS, Abh. Ges. d. Wiss. Göttingen. **39**, 143; 1894.
[2] G. LIPPMANN, Ann. chim. phys. (5) **24**, 145; 1881.

reziproke Erscheinung, nämlich die elastische Deformation eines piëzoelektrischen Krystalls im elektrostatischen Felde vorausgesagt und insbesondere folgenden Satz abgeleitet. Wird an einer Platte eines solchen Krystalls die Begrenzungsfläche A durch einen zu ihr senkrechten Druck positiv elektrisch, so muß eine positive elektrische Ladung dieser Fläche eine Ausdehnung der Platte in der Richtung ihrer Normale erzeugen. Die Ausdehnung ist der Potentialdifferenz der Plattenflächen proportional. Der Proportionalitätsfaktor kann, wie F. Pockels[1] gezeigt hat, mit Hilfe der piëzoelektrischen Moduln voraus berechnet werden.

Betrachten wir z. B. eine Turmalinplatte, deren Flächen auf der polaren Symmetrieaxe senkrecht stehen. Durch eine Kompression in der Richtung dieser Axe wird der antiloge Pol positiv, der analoge Pol negativ elektrisch (S. 471). Die Kraftlinien des elektrischen Feldes im Innern der Platte laufen also von dem antilogen Pole zum analogen. Legen wir, wie auf S. 476, die positive Richtung der Symmetrieaxe nach dem antilogen Pole hin, so ist das durch die Kompression in der Platte erzeugte Moment positiv. Nun bringen wir die Platte derart in ein elektrisches Feld, daß die Kraftlinien dieses Feldes vom antilogen Pole nach dem analogen hin gerichtet sind. Dann ist das in der Platte induzierte Moment negativ und die Platte dehnt sich in der Richtung der Symmetrieaxe aus. Die Ausdehnung ist gegeben durch das Produkt des piëzoelektrischen Moduls $\varkappa$ in die Potentialdifferenz V der Plattenflächen; sie beträgt also $5{,}4 \cdot 10^{-8} \cdot V$ Centimeter, wenn V in elektrostatischen C.G.S.-Einheiten gerechnet wird.[2]

Wenden wir uns nun zu dem Quarzparallelepiped (Fig. 877). Auf den zur elektrischen Axe senkrechten, mit Stanniolbelegungen versehenen Flächen sei eine Potentialdifferenz V hergestellt, welche der durch eine Kompression in der Richtung jener Axe hervorgerufenen Elektrisierung entspricht. Dann erfolgt nach derselben Axe eine Ausdehnung. Sie beträgt $\varkappa V = 6{,}4 \cdot 10^{-8} \cdot V$ Centimeter. Demnach erreicht sie für $V = 1$ (etwa 300 Volt) nur $0{,}0_7 64$ cm und für $V = 14{,}8$ (etwa 4400 Volt) $0{,}0_6 9$ cm. Diese Ausdehnung ist unabhängig von den Dimensionen des Parallelepipeds. Gleichzeitig bewirkt aber dieselbe Potentialdifferenz eine Zusammenziehung in der zu jener elektrischen Axe und zur optischen Axe senkrechten Richtung, deren Größe von dem Verhältnis der Kantenlängen L und l des Parallelepipeds abhängt. Sie beträgt nämlich $\varkappa \cdot V \cdot L/l$ Centimeter. Sie kann daher durch Vergrößerung von L und Verminderung von l beträchtlich gesteigert werden. Wählt man z. B. $L/l = 100$ und $V = 14{,}8$, so ergiebt sich eine Kontraktion von $0{,}0_4 9$ cm.

---

[1] F. Pockels, N. Jahrb. f. Min. Beil.-Bd. 7, 224; 1890.

[2] Gleichzeitig findet eine Dilatation in den zur Symmetrieaxe senkrechten Richtungen statt, da Kompressionen in diesen Richtungen auf den Basisflächen elektrische Erregungen von demselben Sinne hervorrufen wie eine Kompression nach der Symmetrieaxe (S. 473).

Obwohl die auf solche Weise erzeugten Längenänderungen äußerst gering sind, gelang es J. und P. Curie sie durch sinnreiche Experimente direkt zu messen. Bei dem empfindlichsten Versuche führten sie die Beziehung zwischen der Ausdehnung durch Elektrisierung und der elektrischen Erregung durch Druck unmittelbar vor Augen. Sie benutzten nämlich die durch eine elektrische Ladung bewirkte Ausdehnung eines Systems von Quarzplatten nach der Richtung einer elektrischen Axe, um ein zweites System solcher Platten zu komprimieren und dadurch elektrisch zu erregen (Fig. 879). In einer Presse zwischen zwei starken Bronceplatten befinden sich zwei Systeme von je drei, senkrecht zu einer elektrischen Axe α geschnittenen Quarzplatten a, b, c und a', b', c', welche durch Metallplatten getrennt sind. Die Richtungssinne der polaren Axen α (in Fig. 879 durch Pfeile angedeutet) sind so gewählt, daß bei einer Ladung der Metallplatten des oberen Systems die Quarzplatten a', b', c' sich in demselben Sinne ausdehnen oder zusammenziehen, und daß andererseits bei einer Kompression

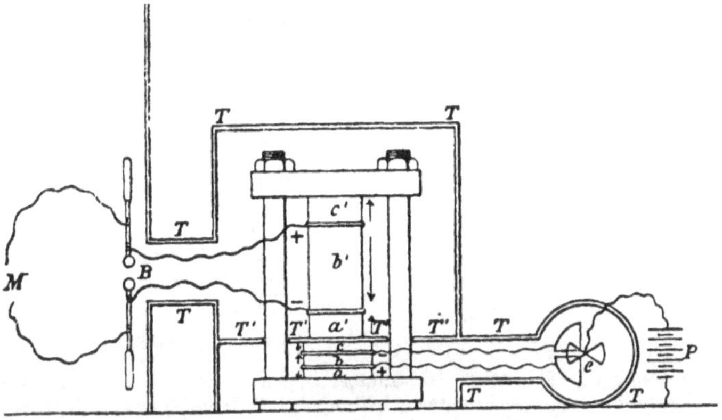

Fig. 879. **Messung der Dilatation des Quarzes in der Richtung einer elektrischen Axe mit Hilfe eines piëzoelektrischen Manometers.**

oder Dilatation des unteren Systems ein Zusammenwirken der Quarzplatten a, b, c bei der Ladung der zwischengelagerten Metallplatten eintritt. Die Metallplatten des oberen Systems stehen in Verbindung mit einer Holtzschen Maschine M, einer Batterie Leydener Flaschen und einem Funkenmikrometer B. Um bei der Ladung dieser Platten auf hohe Potentiale das Überspringen von Funken zu vermeiden, sind die oberen Quarzplatten dicker als die unteren gewählt. Die Metallplatten des unteren, als Manometer dienenden Systems sind mit einem Quadrantenelektrometer e verbunden, dessen Nadel durch die Säule P geladen wird. Die beiden Plattensysteme sind durch eine zur Erde abgeleitete Kupferplatte T' getrennt und der ganze Apparat ist von einer abgeleiteten Metallhülle T umgeben. Nachdem die Presse stark angezogen ist, werden die Metallplatten des oberen Systems geladen. Die hierdurch erzeugte Dickenänderung der Quarzplatten *a'*, *b'*, *c'* bewirkt eine Kompression oder Dilatation der unteren Quarzplatten *a*, *b*, *c* und gleichzeitig eine Elektricitätsentwickelung, welche eine Ablenkung der Nadel des Elektrometers veranlaßt. Es ergab sich, daß die Ablenkungen der Nadel proportional sind den durch die Schlagweiten des Funkenmikrometers gemessenen Potentialdifferenzen der oberen Metallplatten.

Dieser Apparat ist zwar äußerst empfindlich; allein seine Bestandteile sind allzu elastisch, um genauere Bestimmungen der durch die Elektrisierung der oberen Quarzplatten in der Richtung ihrer elektrischen Axen hervorgerufenen Ausdehnung zu gestatten. Dagegen konnten sichere Messungen der Längenänderungen in einer Richtung *L*, die auf der optischen Axe und einer elektrischen Axe senkrecht steht (Fig. 877), nach folgender Methode ausgeführt werden.

In Fig. 880 bedeutet *Q Q* eine dünne Quarzplatte. Die mit Stanniol bekleideten Flächen stehen senkrecht auf einer elektrischen Axe. Die

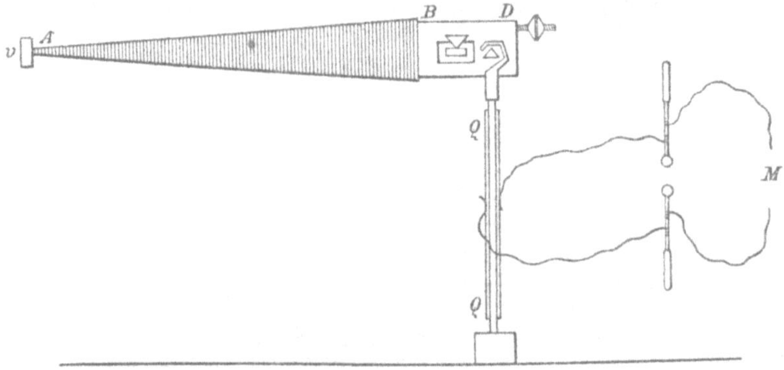

Fig. 880. Messung der Dilatation des Quarzes in einer auf der optischen Axe und einer elektrischen Axe senkrechten Richtung *L* mit Hilfe eines Fühlhebels.

optische Axe liegt horizontal und senkrecht zur Ebene der Figur. Die Platte ist unten befestigt und oben mit einem Haken versehen, welcher auf der nach oben gekehrten Schneide an dem kürzeren Arme des Fühlhebels *ABD* aufliegt. Das Mittelstück *BD* des Hebels (aus Ebonit) ruht mit der nach unten gewendeten Schneide auf einer festen Platte. An dem aus Karton hergestellten Arme *AB* ist eine Glasplatte *v* angebracht, auf welche als Einstellungsmarke ein kleines Spinnennetz geklebt ist. Die Ablenkungen von *v* werden durch ein Mikroskop mit Okularmikrometer beobachtet. Der Abstand der Schneiden beträgt 8 mm; der Kartonarm ist 30—60 cm lang. Die Belegungen der Quarzplatte stehen in Verbindung mit einer Holtz'schen Maschine, einer Batterie Leydener Flaschen und einem Funkenmikrometer. In dieser Anordnung bestimmt man die einer bestimmten Funkenlänge entsprechende Verschiebung des Endpunktes *v* und findet alsdann mit Hilfe der Konstanten des Mikroskops und des Hebels den Wert der Dilatation der Platte in der Richtung *L*.

An einer der untersuchten Quarzplatten betrug die Länge der Stanniolbelegung $L = 4$ cm und die Dicke der Platte $l = 0{,}065$ cm. Daher ist $L/l = 61{,}5$. Demnach ergiebt sich für die Einheit der Potentialdifferenz, $V = 1$, die Dilatation $39{,}3 \cdot 10^{-7}$ cm und für $V = 14{,}8$ die Dilatation 0,000 58 mm. Die Differenz zwischen diesem berechneten Werte und dem gemessenen Werte 0,000 61 mm übersteigt kaum die Fehler der Ablesung am Okularmikrometer: ein Beweis für die Regelmäßigkeit, mit der im Quarz die piëzoelektrischen Vorgänge und die durch elektrische Kräfte erzeugten elastischen Deformationen verlaufen.

Erwärmung oder Abkühlung eines pyroelektrischen Krystalls im elektrischen Felde. — W. Thomson hat schon im Jahre 1877 bemerkt, daß ein Turmalin, der bei konstanter äußerer Temperatur in ein elektrisches Feld gebracht wird, sich erwärmen oder abkühlen muß, je nachdem die Einwirkung des Feldes seine innere Polarisation zu vergrößern oder zu verkleinern sucht. Bringen wir also den Krystall bei konstanter Temperatur und konstantem Druck derart in das Feld, daß die Kraftlinien dieses Feldes vom antilogen zum analogen Pole hin laufen, so dehnt er sich nicht nur in der Richtung der Symmetrieaxe und senkrecht dazu aus (S. 480) sondern es findet gleichzeitig eine Abkühlung des Krystalls statt. Dieser Wärmeeffekt ist noch nicht experimentell geprüft worden. —

Die Gesamtheit der Beziehungen zwischen den thermischen, elastischen und elektrischen Vorgängen, die in dielektrischen Krystallen ohne Centrum der Symmetrie mit einander in Wechselwirkung treten, läßt sich am einfachsten ableiten mit Hilfe des Ausdruckes für die freie Energie der Volumeneinheit eines solchen Krystalls, der sich in einem elektrischen Felde befindet und gleichzeitig einer homogenen Deformation und einer gleichförmigen Temperaturänderung unterworfen wird.[1]

13. Elektrooptische Erscheinungen.

Qualitative Beobachtungen am Quarz. — Kaum waren die von J. und P. Curie in den Jahren 1880—81 gewonnenen Ergebnisse bekannt geworden, so hatte W. C. Röntgen[2] 1882 die glückliche Idee den Einfluß eines elektrostatischen Feldes auf die Doppelbrechung des Quarzes zu unter-

[1] P. Duhem, Leçons sur l'électricité et le magnétisme. **2**, 339; 1892. (Berichtigung von F. Pockels, N. Jahrb. f. Min. Beil.-Bd. 8, 407; 1892.) — E. Riecke, Ann. d. Phys. N. F. **49**, 430; 1893. — W. Voigt, Ann. d. Phys. N. F. **55**, 701; 1895. Kompendium der theoret. Physik. Bd. **2**, 1896.

[2] W. C. Röntgen, Ann. d. Phys. N. F. **18**, 213, 534; **19**, 319; 1883.

suchen. Die von ihm beobachteten elektrooptischen Erscheinungen stimmten dem Sinne nach überein mit den bekannten Änderungen der optischen Eigenschaften des Quarzes, die durch einseitigen Druck hervorgerufen werden.

Noch anschaulicher trat die Analogie der elektrooptischen und der piëzooptischen Erscheinungen in den von A. KUNDT[1] zu derselben Zeit an demselben Mineral ausgeführten Versuchen hervor. Aus einem einfachen Krystall wurde ein rechtwinkliges Parallelepiped von quadratischem Querschnitt *abcd* (Fig. 881) und 30 mm Länge in der Richtung der optischen Axe geschnitten. Die Seitenflächen *ab* und *cd* standen senkrecht auf einer elektrischen Axe α_3. Durch einen Druck in der Richtung α_3 wurde die Fläche *ab* positiv, *cd* negativ elektrisch. Eine Kompression in der Richtung *bd* bewirkte, daß an der Kante *b* eine negative, an *d* eine positive Erregung stattfand. Endlich erzeugte ein Druck nach *ac* negative Elektricität an der Kante *a*, positive an *c*. Mithin wird nach dem LIPPMANN'schen Theorem dieses Parallelepiped in einem elektrischen Felde, dessen Kraftlinien auf einem Seitenflächenpaar senkrecht stehen, folgende Deformationen erfahren müssen: 1. Wenn *ab* positiv und *cd* negativ elektrisiert wird, so findet in der Richtung α_3 eine Ausdehnung statt. 2. Wenn umgekehrt *ab* negativ und *cd* positiv elektrisiert wird, so erfolgt in der Richtung α_3 eine Zusammenziehung. 3. Ist *bc* positiv und *ad* negativ, so dehnt sich der Krystall nach α_1 aus und zieht sich in der Richtung α_2 zusammen. 4. Ist dagegen *bc* negativ und *ad* positiv, so findet nach α_1 eine Zusammenziehung und nach α_2 eine Ausdehnung statt.

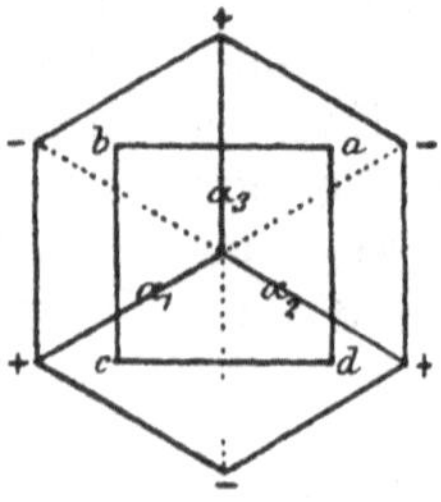

Fig. 881. Quarz.

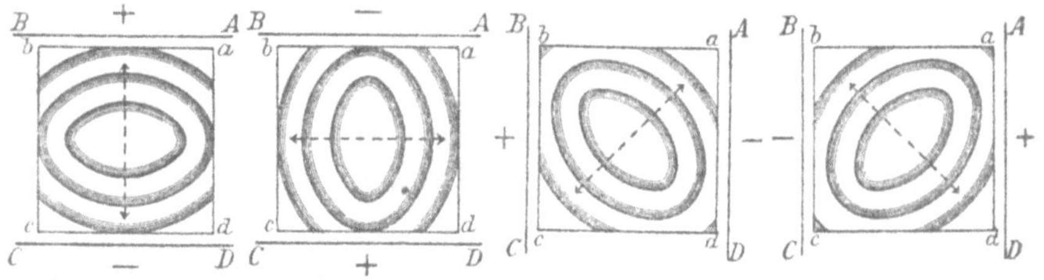

Fig. 882—885. Interferenzerscheinungen einer Quarzplatte im elektrischen Felde.

Das Auftreten dieser elastischen Deformationen kann leicht in einem Polarisationsapparat für konvergentes Licht an der Veränderung der ursprünglich kreisförmigen Kurven gleichen Gangunterschiedes nachgewiesen werden (vgl. S. 424). Bei den KUNDT'schen Versuchen befand sich das

[1] A. KUNDT, Ann. d. Phys. N. F. **18**, 228; 1883

Quarzparallelepiped in einem horizontalen Polarisationsapparat, dessen Gesichtsfeld ein System von zwei bis drei konzentrischen Ringen zeigte. Wurde nun ein Seitenflächenpaar mit Metallbelegungen versehen, welche mit den Elektroden einer HOLTZ'schen Maschine verbunden waren, so änderte sich bei der Elektrisierung der Flächen das Ringsystem in einer dem LIPPMANN'schen Theorem entsprechenden Weise, wie aus Fig. 882—885 hervorgeht. In diesen Figuren sind die Metallbelegungen mit AB, CD und AD, BC bezeichnet. Die Richtung der Ausdehnung ist durch eine gestrichelte Linie angegeben. Die Verlängerung der Ringe ist etwas stärker gezeichnet, als sie bei den Versuchen beobachtet wurde; sie konnte aber selbst bei schwacher Elektrisierung immer deutlich wahrgenommen werden.

Quantitative Untersuchung elektrooptischer Erscheinungen. — Nach diesen Ergebnissen lag die Vermutung nahe, daß die Änderung der Doppelbrechung des Quarzes im elektrostatischen Felde lediglich eine indirekte Folge der durch das Feld erzeugten Deformation des Quarzes sei. Indessen reichen qualitative Beobachtungen zur Begründung einer solchen Auffassung nicht aus. Es blieb daher quantitativen Untersuchungen vorbehalten zu prüfen, ob in piëzoelektrischen Krystallen auch noch eine direkte Einwirkung der elektrostatischen Kräfte auf die Lichtbewegung stattfindet, wie sie KERR in isolierenden Flüssigkeiten nachgewiesen hat. Nach dieser Richtung hat F. POCKELS eine wesentliche Erweiterung unserer Kenntnisse herbeigeführt.

Den Ausgangspunkt dieser Untersuchung bildet eine allgemeine Theorie der elektrooptischen Erscheinungen in Krystallen[1], die vollständig frei bleibt von einer speziellen Annahme über den möglichen Zusammenhang dieser Erscheinungen mit den durch das elektrische Feld hervorgerufenen elastischen Deformationen. Es wird nur vorausgesetzt, daß die Änderung der optischen Eigenschaften zugleich mit der elektrischen Einwirkung ihr Vorzeichen umkehrt, daß die gewöhnlichen Gesetze der Doppelbrechung und Polarisation des Lichtes bestehen bleiben und daß die Änderungen der optischen Konstanten der dielektrischen Polarisation proportional seien. Unter diesen Annahmen ist das elektrooptische Verhalten eines unsymmetrischen Krystalls durch 18 experimentell zu bestimmende Konstanten charakterisiert. Auch hier kommen nur schlecht leitende Krystalle aus den auf S. 476 angeführten zwanzig Gruppen krystallisierter Körper in Betracht.

Wären nun die elektrooptischen Erscheinungen der Krystalle eine indirekte Wirkung der elektrostatischen Kräfte, insofern sie lediglich durch die elastischen Deformationen dieser Körper im elektrischen Felde hervorgerufen werden, so würde es möglich sein, die elektrooptischen Konstanten voraus zu berechnen, wenn die elastischen, piëzooptischen und

[1] F. POCKELS, N. Jahrb. f. Min. Beil.-Bd. 7, 201; 1890.

piëzoelektrischen Konstanten bekannt sind. Ergiebt sich dann eine Abweichung zwischen den berechneten und den beobachteten Werten der elektrooptischen Konstanten, so ist dadurch eine direkte optische Wirkung des elektrischen Feldes auf die Krystalle erwiesen.

Das hiermit bezeichnete Programm hat F. Pockels[1] am Natriumchlorat und Quarz vollständig, am Turmalin und Seignettesalz wenigstens bis zu einem gewissen Grade durchgeführt. Die Beobachtungen zur Bestimmung der elektrooptischen Konstanten bestanden im wesentlichen darin, daß mittels eines Babinetschen Kompensators die Änderung des Gangunterschiedes gemessen wurde, die in einer mit Metallbelegungen versehenen Krystallplatte hervorgerufen wird, wenn die Belegungen auf eine bestimmte Potentialdifferenz geladen werden. Zur Messung der Potentialdifferenzen dienten eine Maßflasche, ein Bifilar-Elektrometer oder ein aus einer Quarzplatte hergestelltes optisches Elektrometer.

Aus dem Vergleich der Beobachtungen und der Berechnungen läßt sich mit voller Sicherheit der Schluß ziehen, daß in jenen Krystallen ein elektrostatisches Feld eine direkte Einwirkung auf die Lichtbewegung ausübt. Denn im **Natriumchlorat** ist die beobachtete elektrooptische Wirkung mehr als zwölf mal so groß wie die gleichsinnige Einwirkung, welche die im elektrischen Felde stattfindende Deformation für sich auf das optische Verhalten dieses Körpers ausüben würde, wenn sie mechanisch erzeugt würde. Auch im **Quarz** ist die optische Wirkung eines elektrostatischen Feldes bedeutend größer als die gleichsinnige Wirkung einer mechanisch hervorgerufenen Deformation, die mit der Deformation des Quarzes in jenem Felde übereinstimmt. Im **rechtsweinsauren Kalium-Natrium** (Seignettesalz) ist der Einfluß, den eine dielektrische Polarisation in der Richtung der Vertikalaxe (Fig. 820) auf die Doppelbrechung besitzt, sogar dem Sinne nach entgegengesetzt zu der Einwirkung, welche die mit der Polarisation verbundene elastische Deformation hervorbringen würde, wenn sie mechanisch erzeugt würde. Das Seignettesalz ist ferner dadurch bemerkenswert, daß eine dielektrische Polarisation parallel der Normale von a {100} außer einer starken mit dem Vorzeichen der Polarisation sich umkehrenden optischen Wirkung noch eine Änderung der Doppelbrechung hervorruft, deren Sinn von dem Vorzeichen des elektrischen Momentes unabhängig ist. Dieses Verhalten scheint in Zusammenhang zu stehen mit der Erscheinung, daß eine piëzoelektrische Erregung nach jener Richtung noch lange Zeit fortdauert, nachdem die Belastung angebracht worden ist.

[1] F. Pockels, Abh. Ges. d. Wiss. Göttingen. **39**, 204 S.; 1894. Ein Auszug erschien im N. Jahrb. f. Min. 1894. II. 241.

14. Umkehrbare Umwandlungen krystallisierter Körper.

Analogie mit den Änderungen der Aggregatzustände. — Durch Änderungen der Temperatur oder des äußeren Druckes können in zahlreichen krystallisierten Körpern physikalische Vorgänge erzeugt werden, die denselben Gesetzen unterworfen sind wie der Übergang eines Körpers aus einem Aggregatzustande in einen anderen. Ein hierher gehöriger Stoff kann in zwei oder mehr krystallisierten Modifikationen auftreten, deren Existenz lediglich von der Temperatur und dem Drucke abhängt, so daß unter einem bestimmten Drucke p bei einer bestimmten Temperatur ϑ immer nur eine dieser Modifikationen dauernd zu bestehen vermag. Gewinnt man unter denselben Bedingungen des Druckes und der Temperatur durch irgend einen Prozeß eine andere Modifikation, so wandelt sie sich in jene um; falls die Umwandlung nicht von selbst eintritt, wird sie sicher herbeigeführt, wenn es gelingt die beiden Modifikationen in Berührung mit einander zu bringen. Unter einem konstanten äußeren Drucke p können sich diese beiden Modifikationen nur bei einer ganz bestimmten Temperatur Θ neben einander im stabilen Gleichgewichte befinden. Man bezeichnet diese dem Siedepunkte und dem Schmelzpunkte analoge Temperatur Θ als die dem Drucke p entsprechende Umwandlungstemperatur. Bei dieser Temperatur ist die Umwandlung ein umkehrbarer Vorgang: geht die Modifikation M durch Wärmezufuhr in die Modifikation M' über, so bewirkt eine Entziehung von Wärme die Umwandlung von M' in M. Die in Kilogrammkalorieen ausgedrückte Wärmemenge, welche dabei von einem Kilogramm M absorbiert oder von der gleichen Menge M' entwickelt wird, nennt man die spezifische Umwandlungswärme des betrachteten Stoffes bei der Temperatur Θ. Oberhalb Θ kann nur die Reaktion $M \longrightarrow M'$, unterhalb Θ nur die entgegengesetzte Reaktion $M \longleftarrow M'$ stattfinden.

Abhängigkeit der Umwandlungstemperatur vom Druck. — Mit dem äußeren Drucke ändert sich die Umwandlungstemperatur eines Stoffes nach demselben Gesetze, welches die Abhängigkeit der Schmelztemperatur, der Siedetemperatur und der Sublimationstemperatur von dem Drucke beherrscht. Es gilt daher der folgende von J. Thomson und R. Clausius aufgestellte Satz der Thermodynamik: Erfolgt die Umwandlung der Modifikation M in die Modifikation M' einmal unter dem konstanten äußeren Drucke p bei der Umwandlungstemperatur Θ, ein anderes Mal unter dem konstanten äußeren Drucke $p + dp$ bei der Umwandlungstemperatur $\Theta + d\Theta$, so findet die Beziehung statt:

$$\frac{d\Theta}{dp} = \frac{\Theta(v' - v)}{\mathfrak{A} \cdot \mathfrak{r}}.$$

Hierin bedeuten: $\mathfrak{A}$ den Arbeitswert der Wärmeeinheit (424 Kilogrammmeter/Kilogrammkalorieen); p den äußeren Druck in Kilogrammen auf ein Quadratmeter; Θ die Umwandlungstemperatur in absoluter Zählung; $\mathfrak{r}$ die spezifische Umwandlungswärme; v, v' die Volumina von 1 kg in Kubikmetern, welche die beiden Modifikationen M und M' während der Umwandlung besitzen, so daß also $v' - v$ die Volumenänderung von 1 kg bei der Umwandlung angiebt; $d\Theta/dp$ die Änderung der Umwandlungstemperatur Θ in Celsiusgraden für eine Druckerhöhung von einem Kilogramm auf ein Quadratmeter. Diese Änderung ist also gleich dem Produkt aus der absoluten Umwandlungstemperatur in die Volumenänderung der Masseneinheit, dividiert durch die mechanisch gemessene Umwandlungswärme.

Der Wert der Umwandlungswärme $\mathfrak{r}$ ist positiv; denn die unterhalb Θ stabile Modifikation M geht stets unter Wärmeabsorption in die oberhalb Θ stabile Modifikation M' über. Daher wird $d\Theta/dp$ positiv oder negativ sein, je nachdem die Volumenänderung $v' - v$ positiv oder negativ ist. Mit anderen Worten: Die Umwandlungstemperatur Θ wird durch Erhöhung des äußeren Druckes steigen oder sinken, je nachdem das Volumen der oberhalb Θ stabilen Modifikation M' größer oder kleiner ist als das Volumen der unterhalb Θ stabilen Modifikation M.

Da die Volumenänderung bei dem Übergange einer Modifikation eines krystallisierten Körpers in eine andere relativ klein ist, so muß eine bedeutende Druckänderung aufgewendet werden um eine merkliche Änderung der Umwandlungstemperatur hervorzurufen. Gleichwohl ist es gelungen, den Einfluß des Druckes auf die umkehrbaren Umwandlungen des Schwefels und des Jodsilbers experimentell zu bestimmen.

Schwefel.[1] E. Mitscherlich entdeckte 1823, daß die aus dem Schmelzflusse entstandenen Krystalle des monoklinen β-Schwefels (S. 163) sich bei gewöhnlicher Temperatur in rhombischen Schwefel (S. 153) umwandeln. Darauf fanden R. F. Marchand und Th. Scheerer 1841, daß auch der umgekehrte Vorgang stattfinden kann: erhitzt man rhombischen Schwefel in einem Luftbade 12 bis 14 Stunden hindurch bis auf 109—110° C., so geht er ohne zu schmelzen in die β-Modifikation über. Durch besondere Vorsichtsmaßregeln gelang es ihnen die Dichte dieser Modifikation zu ermitteln; sie erhielten den Wert 1,982, während die Dichte des rhombischen Schwefels 2,045 ist. Gleichzeitig beobachteten sie, daß bei der Umwandlung des monoklinen Schwefels in rhombischen eine Wärmeentwickelung erfolgt,

[1] E. Mitscherlich, Abh. Berlin. Akad. 1822—23. 43. Monatsber. Berlin. Akad. 1852, 636. — R. F. Marchand und Th. Scheerer, Journ. f. prakt. Chem. **24**, 129; 1841. — R. C. Brodie, Phil. Mag. (4) **7**, 439; 1854. — D. Gernez, Ann. chim. phys. (6) **3**, 266; 1884. **7**, 593; 1886. — L. Th. Reicher, Zeitschr. f. Kryst. **8**, 593; 1884. — J. H. van't Hoff, Études de dynamique chimique. 1884. — H. W. Bakhuis Roozeboom, Rec. des trav. chim. des Pays-Bas. **6**, 262; 1887.

die von E. MITSCHERLICH 1852 gemessen wurde. Hiernach beträgt die specifische Umwandlungswärme 2,52 Kilogrammkalorieen.

Die genaue Bestimmung der Umwandlungstemperatur wird durch die Trägheit, mit der sich beim Schwefel die Umwandlung vollzieht, sehr erschwert. Es bedarf besonderer Kunstgriffe um eine Überschreitung dieser Temperatur zu vermeiden. Denn es kann nicht allein die β-Modifikation auf gewöhnliche Temperatur abgekühlt werden ohne sofort eine Umwandlung in die rhombische Modifikation zu erfahren, sondern man kann auch, wie R. C. BRODIE 1854 gezeigt hat, den rhombischen Schwefel durch vorsichtiges Erhitzen zum Schmelzen bringen, ohne daß zuvor eine Umwandlung in die β-Modifikation eintritt. Der Schmelzpunkt liegt bei 114,5° C., während der monokline β-Schwefel erst bei 120° C. schmilzt. Die Überhitzung des rhombischen Schwefels und die Entstehung der β-Modifikation unterhalb der Umwandlungstemperatur hat D. GERNEZ näher untersucht. Andererseits hat L. TH. REICHER die Umwandlungstemperatur selbst möglichst genau bestimmt. Ein bei vielen Stoffen ausreichendes Hilfsmittel zur Verhütung von Überschreitungen dieser Temperatur besteht darin, daß man die beiden Modifikationen zu gegenseitiger inniger Berührung bringt und die Temperatur ermittelt, bei der keine Modifikation auf Kosten der anderen fortwächst, sondern ein Gleichgewichtszustand herrscht. Auf diesem Wege wurde hier indessen kein befriedigendes Resultat erreicht. Es ergab sich nur, daß bei 90° C. die β-Modifikation in rhombischen Schwefel übergeht und daß bei 100° C. der umgekehrte Vorgang eintritt. Dagegen führte die Beobachtung der Volumenänderung des Schwefels mit Hilfe eines Dilatometers zum Ziel. Dabei mußte aber noch die Umwandlung nach einem von E. MITSCHERLICH entdeckten Verfahren durch die Einwirkung eines Lösungsmittels beschleunigt werden. Am geeignetsten erwies sich ein mit Schwefel gesättigtes Gemisch von 10 Vol. Terpentin und 1 Vol. Schwefelkohlenstoff. Es wurde nun die Volumenänderung der beiden Modifikationen verfolgt, während sie sich im Dilatometer in Berührung mit einander befanden. Unterhalb der Umwandlungstemperatur wird eine Abnahme des Volumens stattfinden, weil monokliner Schwefel in rhombischen übergeht; oberhalb dieser Temperatur muß das Volumen zunehmen, weil die Umwandlung im entgegengesetzten Sinne erfolgt. Wenn die gesuchte Temperatur herrscht, wird das Volumen des Schwefels unverändert bleiben. Auf solche Weise ergab sich $\Theta = 273^0 + 95{,}6^0$. Mit Hilfe des Dilatometers wurde auch die Volumenänderung $v' - v$ gemessen; sie beträgt 0,000 0126 Kubikmeter.

Folglich ist jetzt:

$$\frac{d\Theta}{dp} = \frac{(273^0 + 95{,}6^0) \,.\, 0{,}000\,0126}{424 \,.\, 2{,}52}.$$

Wächst nun der Druck um eine Atmosphäre, so ist $dp = 10\,333$ kg/m^2 zu setzen. Dann ergiebt sich $d\,\Theta = 0{,}044^0$. Demnach ist zu erwarten, daß die Umwandlungstemperatur durch einen Zuwachs des Druckes von einer Atmosphäre um **0,044°** C. steigt.

Um den Einfluß des Druckes zu messen verband Reicher das Dilatometerrohr auf der einen Seite mit einem geschlossenen Manometer und auf der anderen Seite mit einem Glasrohr, in welchem durch Erhitzen von Natriumbicarbonat eine leicht zu regulierende Kohlensäureentwickelung und dadurch eine Druckerhöhung erzeugt werden konnte. Nach diesem Verfahren wurde beobachtet, daß einem Druckzuwachs von einer Atmosphäre eine Steigerung der Umwandlungstemperatur von **0,05°** entspricht. Dieses Ergebniß bildet eine vorzügliche Bestätigung der Auffassung, daß die umkehrbaren Umwandlungen krystallisierter Körper denselben Gesetzen gehorchen wie die Änderungen der Aggregatzustände.

Jodsilber.[1] Da die umkehrbare Umwandlung der hexagonalen Modifikation in die reguläre mit einer Kontraktion verbunden ist (S. 199, Fig. 558), so muß die Umwandlungstemperatur, die unter dem Drucke einer Atmosphäre bei 145—146° C. liegt, durch eine Erhöhung des Druckes erniedrigt werden. In der That fanden E. Mallard und H. Le Chatelier, daß die für den Umwandlungsvorgang charakteristische Kontraktion schon bei 20° C. eintritt, wenn Jodsilber in einem engen Stahlcylinder einem Druck von ca. 3000 kg auf ein Quadratcentimeter ausgesetzt wird.

Ammoniumnitrat.[2] Diese Substanz kann im krystallisierten Zustande, wie O. Lehmann beobachtet hat, drei umkehrbare Umwandlungen erfahren. Nach den Messungen von W. Schwarz geht die bei gewöhnlicher Temperatur stabile rhombische Modifikation bei $32^1/_2{}^0$ in die zweite rhombische Modifikation über; darauf erfolgt bei $82^3/_4{}^0$ die Umwandlung in die rhomboëdrische und bei $125^1/_2{}^0$ die Umwandlung in die reguläre Modifikation. M. Bellati und R. Romanese entdeckten, daß bei der Erwärmung des Ammoniumnitrats die erste und die dritte Umwandlung mit einer Volumenzunahme verbunden sind, während die zweite von einer Volumenabnahme begleitet wird. Daher wird eine Erhöhung des Druckes die erste und die dritte Umwandlungstemperatur steigern, die zweite dagegen erniedrigen.

Bestimmung der Umwandlungstemperatur. — Die krystallisierten Körper, die wie Schwefel, Quecksilberjodid, Kaliumnitrat die Eigenschaft besitzen, daß die oberhalb der Umwandlungstemperatur stabile Modifikation auf die gewöhnliche Temperatur abgekühlt werden kann, ohne daß sofort

---

[1] G. F. Rodwell, Phil. Trans. **173**, 1125; 1882. — M. Bellati and R. Romanese, Phil. Trans. **173**, 1169; 1882. — E. Mallard et H. Le Chatelier, Bull. soc. min. de France **6**, 181; 1883. **7**, 478; 1884. Journ. de phys. (2) **4**, 305; 1885.

[2] M. L. Frankenheim, Ann. d. Phys. **93**, 14; 1854. — O. Lehmann, Zeitschr. f. Kryst. **1**, 97; 1877. — M. Bellati e R. Romanese, Atti dell' Istituto Veneto. (6) **4**, 1395; 1885—86. — W. Schwarz, Beitr. z. Kenntn. d. umkehrb. Umwandl. polymorpher Körper. Göttingen 1892, 33.

die Umwandlung erfolgt, haben zwar frühzeitig die Aufmerksamkeit auf die Erscheinung der Polymorphie gelenkt. Allein die Erkennung der Umkehrbarkeit des Umwandlungsvorganges und die Einhaltung der Bedingungen, unter denen sich verschiedene Modifikationen im Gleichgewichte nebeneinander befinden, wurde durch dieses Verhalten erschwert. Andererseits mußte die Entdeckung der Polymorphie krystallisierter Körper, in denen, wie im Boracit, Perchloräthan etc., umkehrbare Umwandlungen unter konstantem Drucke mit größter Präzision immer nur bei ganz bestimmten Temperaturen stattfinden, gerade durch die Unmöglichkeit diese Temperaturen zu überschreiten verzögert werden. Denn es gelingt eben auf keine Weise zwei Modifikationen eines solchen Körpers bei derselben Temperatur unterhalb oder oberhalb ihrer Umwandlungstemperatur getrennt voneinander darzustellen und wenigstens einige Zeit hindurch bestehen zu lassen. Nur bei der Umwandlungstemperatur selbst an einem in Umwandlung begriffenen Krystall können wir sie nebeneinander beobachten zu beiden Seiten einer Grenzfläche, die sich durch Zufuhr oder Entziehung von Wärme sofort verschiebt. Bei nur wenig davon abweichenden Temperaturen tritt die alsdann allein mögliche, in einem bestimmten Sinne vollständig ablaufende Reaktion immer von selbst ein.

I. Zur Aufsuchung von Umwandlungen und zu genaueren Messungen der Umwandlungstemperaturen ist die Beobachtung der Änderungen von optischen Eigenschaften sehr geeignet.

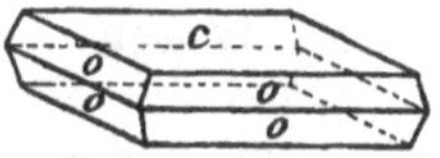

Roth, tetragonal.

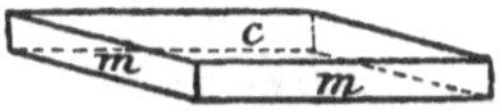

Gelb, rhombisch.

Fig. 886, 887. Quecksilberjodid.

Bei einigen Körpern kann der Eintritt des Umwandlungsvorganges schon an der Änderung der Farbe erkannt werden. Hierher gehört das Quecksilberjodid HgJ_2 (S. 200). Die bei gewöhnlicher Temperatur stabilen, intensiv rothen Krystalle sind tetragonal (Fig. 886). Erwärmt man sie auf 126°, so werden sie gelb, indem sie in die rhombische Modifikation übergehen. Bei der Sublimation oder aus heißen Lösungen in Jodkalium entstehen gelbe rhombische Krystalle (Fig. 887), deren Umwandlung in die rothe Modifikation außerordentlich träge verläuft.

An farblosen Krystallen ist auf Änderungen in der Stärke der Doppelbrechung oder auf das Entstehen oder das Vergehen der Doppelbrechung zu achten. Zu diesem Zwecke beobachtet man dünne Krystalle oder Platten, die in einem Luftbade oder in einem Flüssigkeitstroge Temperaturänderungen erfahren, im polarisierten Lichte zwischen gekreuzten Nicols. Handelt es sich nur um vorläufige Prüfungen oder um Demonstrationen, so genügt ein von R. Fuess konstruierter Erhitzungsapparat mit Gasheizung (Fig. 888), der auf den Objekttisch eines Mikroskops gesetzt wird. Für genaue Messungen ist erforderlich, daß die Temperatur ganz allmählich geändert und längere

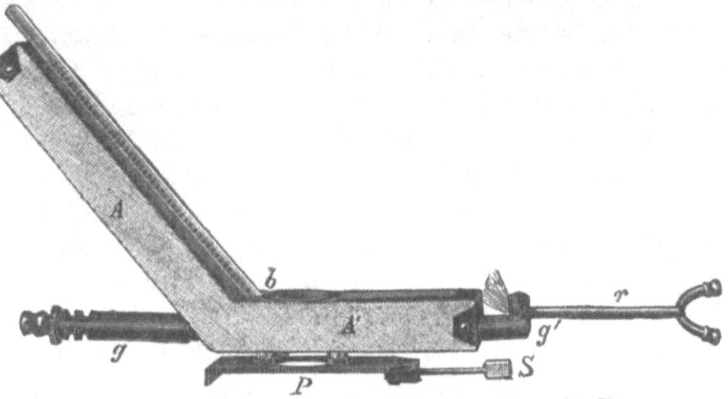

Fig. 888. Erhitzungsapparat für Mikroskope von R. Fuess.

Zeit hindurch konstant erhalten werden kann. Hierzu ist der in Fig. 550 abgebildete Erhitzungsapparat vorzüglich geeignet, wenn auf der einen Seite der Hohlkugel *A* ein Nicolsches Prisma, auf der anderen ein horizontal gerichtetes Mikroskop mit einem Analysator aufgestellt wird.

II. Da jede Umwandlung von einer Volumenänderung begleitet wird, die sich von den gewöhnlichen thermischen Dilatationen durch ihre Größe wesentlich unterscheidet (Fig. 558, 559), so liefert die Beobachtung dieser Änderung mittels eines Dilatometers gleichzeitig eine Bestimmung der Umwandlungstemperatur.[1]

III. Der Umwandlungsvorgang ist mit einer Absorption oder einer Entwickelung von Wärme verbunden, je nachdem er bei der Erwärmung oder bei der Abkühlung des Körpers erfolgt. Es findet also dabei in dem Ansteigen oder in dem Sinken der Temperatur eine Verzögerung statt, deren Beobachtung eine angenäherte Bestimmung der Umwandlungstemperatur gestattet. Zu diesem Zwecke schüttet man die Substanz in ein dünnwandiges Glasrohr, in welches gleichzeitig ein Thermometer eingeführt wird. Diese Vorrichtung wird in ein Luftbad oder ein Flüssigkeitsbad gebracht, dessen Temperatur durch ein zweites Thermometer gemessen werden kann. Um möglichst genaue Werte zu erzielen, muß die Erwärmung oder Abkühlung hinreichend langsam und gleichmäßig verlaufen. Die Umwandlungstemperatur liegt erfahrungsgemäß bei dem Vorgange der Erwärmung etwas höher als bei dem Vorgange der Abkühlung.[2]

[1] M. Bellati e R. Romanese, Atti dell' Istituto Veneto (5) **6**, 1051; 1879—80. (6) **4**, 1395; 1885—86. — G. F. Rodwell, Phil. Trans. **173**, 1125; 1882. — L. Th. Reicher, Zeitschr. f. Kryst. **8**, 593; 1884.

[2] M. Bellati e R. Romanese, Atti dell' Istituto Veneto. (5) **6**, 1051; 1879—80. (6) **3**, 653; 1884—85. (6) **4**, 1395; 1885—86. M. Bellati e S. Lussana, ibid. (6) **6**, 189; 1887—88. (6) **7**, 1051; 1888—89. — W. Schwarz, a. a. O. 9, 19, 30, 35.

H. Le Chatelier hat sein thermoelektrisches Pyrometer aus Platin und Platinrhodium benutzt um die Erwärmungs- und Abkühlungskurve von Kaliumsulfat zu bestimmen. Aus dem Verlaufe dieser Kurve ergab sich, daß die Umwandlung während der Erwärmung erst bei 580° und während der Abkühlung schon bei 530° erfolgte.[1]

IV. Auch die Abhängigkeit der elektrischen Leitungsfähigkeit von der Temperatur kann zur Bestimmung von Umwandlungstemperaturen benutzt werden.[2] Ein ausgezeichnetes Beispiel bietet das Jodsilber dar. Nach W. Kohlrausch ändert sich der Leitungswiderstand beim Erstarren des Schmelzflusses (540°) nicht merklich; er wächst aber außerordentlich stark bei der Temperatur (145°), bei der sich die reguläre Modifikation in die hexagonale umwandelt. Die Änderung des Aggregatzustandes übt also in diesem Falle auf den elektrischen Leitungswiderstand einen geringeren Einfluß aus als die Änderung des krystallisierten Zustandes.

V. Die Umwandlungstemperatur Θ läßt sich ferner ermitteln aus dem Verlauf der Löslichkeitskurve. Die stabile Modifikation zeigt stets eine geringere Löslichkeit als die labile. Nach der auf S. 487 eingeführten Bezeichnung ist also unterhalb Θ die Modifikation M weniger löslich als M', oberhalb Θ dagegen M' weniger löslich als M. Der Schnittpunkt der beiden Zweige der Löslichkeitskurve liefert die Umwandlungstemperatur. Diese Methode ist von W. Schwarz am Ammoniumnitrat durchgeführt worden.[3]

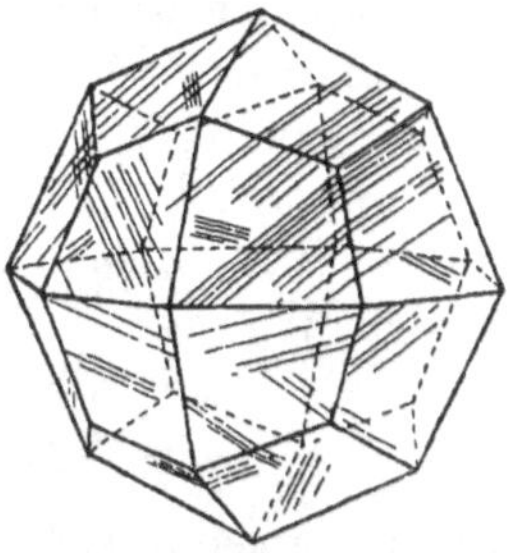

Fig. 889. Leucit.

VI. In besonderen Fällen können auch noch andere physikalische Eigenschaften zur Bestimmung von Umwandlungstemperaturen benutzt werden. Wenn der aus doppeltbrechenden Lamellen aufgebaute Leucit beim Erhitzen in die reguläre Modifikation übergeht, so erkennt man im reflektierten Lichte, daß die Zwilllingsstreifung seiner Flächen (Fig. 889) verschwindet.[4]

Bestimmung der Umwandlungswärme. — Die specifische Umwandlungswärme wird nach denselben Methoden gefunden, die zur Bestimmung der Schmelzwärme dienen. Als Beispiel wählen wir den Boracit, dessen Umwandlungswärme von K. Kroeker[5] mittels des Eiskalorimeters bestimmt

[1] H. Le Chatelier, Bull. soc. chim. **47**, 300; 1887.

[2] Hittorf, Ann. d. Phys. **84**, 1; 1851. — W. Beetz, Ann. d. Phys. **92**, 452; 1854. — W. Kohlrausch, Ann. d. Phys. N. F. **17**, 642; 1882. — G. Foussereau, Ann. chim. phys. (6) **5**, 370; 1885. — M. Bellati e S. Lussana, Atti dell' Istituto Veneto (6) **6**, 189; 1887—88.

[3] W. Schwarz, Beitr. z. Kenntn. d. umkehrb. Umw. etc. Göttingen 1892, 40.

[4] H. Rosenbusch, N. Jahrb. f. Min. 1885. II. 59.

[5] K. Kroeker, N. Jahrb. f. Min. 1892. II. 125.

wurde. Die zweite Reihe der folgenden Tabelle enthält eine Übersicht der Wärmemengen q in cal., die von einem Gramm eines Krystalls von Lüneburg bei der Abkühlung von den in der ersten Reihe bezeichneten Erhitzungstemperaturen ϑ auf 0° abgegeben wurden. Dabei bedeutet cal. den hundertsten Teil der Wärmemenge, die von einem Gramm Wasser zwischen der Siedetemperatur und der Gefriertemperatur entwickelt wird.

Erhitzungs-temperatur ϑ^0 C.	Wärmemenge q in cal.		Differenz	Specifische Wärme s
	beobachtet	berechnet		
55	10,801	10,887	+ 0,086	0,2157
100	21,051	21,111	+ 0,061	0,2398
150	33,697	33,762	+ 0,075	0,2660
200	47,718	47,679	– 0,039	0,2901
250	62,766	62,740	– 0,026	0,3120
270	70,427	70,427	0,000	0,2532
285	75,068	75,067	– 0,001	0,3656
300	81,396	81,395	– 0,001	0,4781.

Trägt man in einem rechtwinkeligen Koordinatensystem die Werte von ϑ als Abscissen und die entsprechenden Werte von q als Ordinaten ab, so erhält man für die Intervalle von 55° bis 250° und von 270° bis 300° je eine regelmäßig ansteigende, nach der Axe der Temperaturen konvexe Kurve. Diese beiden Kurven lassen sich durch folgende Interpolationsformeln darstellen:

$$q = 0{,}1809644\,\vartheta + 0{,}0003156922\,\vartheta^2 - 0{,}00000012428\,\vartheta^3$$

$$q_1 = 70{,}427 + 0{,}25316\,(\vartheta - 270) + 0{,}0037488\,(\vartheta - 270)^2.$$

Hieraus ergeben sich die in der dritten Reihe aufgezählten Werte von q, wenn man die Werte der Erhitzungstemperaturen einsetzt. Für die Umwandlungstemperatur $\vartheta = 265^0$ erhalten wir aus der ersten Gleichung $q = 67{,}47$ cal. und aus der zweiten Gleichung $q_1 = 69{,}26$ cal. Demnach beträgt die Umwandlungswärme des Boracits 1,79 cal.

Anhang:

Projektionsapparat von R. Fuess.

Nach wiederholten Bemühungen ist es R. Fuess gelungen, einen Projektionsapparat herzustellen, der den mannigfachen Anforderungen des krystallographischen Unterrichts entspricht. Die geeignetste Lichtquelle bietet das elektrische Bogenlicht dar. Zur objektiven Darstellung der unter I—V genannten Erscheinungen genügt aber auch Kalklicht oder Zirkonlicht.

Das Licht durchschreitet zunächst ein aus drei Linsen bestehendes Kondensorsystem *K*, welches durch einen Arm mit einer horizontalen Schiene verbunden ist (Fig. 890). Soll das austretende konvergente Lichtbündel in ein Bündel paralleler Strahlen übergeführt werden, so setzt man die Konkavlinse *Lp* auf die mit Wasser gefüllte Absorptionskammer *A K*. Die auf der Schiene verschiebbaren Träger **1—6** dienen zur Aufnahme der Attribute, die jetzt in Kürze beschrieben werden sollen.

Fig. 890. Wellenscheibe nach CROVA.

I. Demonstration von Sinusschwingungen. Auf eine drehbare geschwärzte Glasscheibe *s* (Fig. 890) ist in der Nähe der Peripherie eine Wellenkurve gezeichnet, die das auffallende Licht hindurchtreten lässt. Unmittelbar vor oder hinter *s* befindet sich eine feststehende geschwärzte Glasscheibe mit einer Reihe von vertikalen Spaltlinien. Die Schnittpunkte der Kurve mit diesen Linien werden durch ein System von zwei gegen einander verschiebbaren Projektionslinsen *P O* auf einem Schirme als Lichtpunkte abgebildet, die bei der Drehung der Scheibe *s* einfache harmonische Bewegungen ausführen (S. 268).

II. Doppelbrechung und Polarisation des Lichtes durch Kalkspat. Das Stativ *R h* (Fig. 891) trägt eine Fassung, in welche zwei Kalkspatrhomboëder eingeführt werden können. Das Rhomboëder *h* ist in einer herausziehbaren Hülse um die Richtung des durch ein Diaphragma eintretenden Lichtes drehbar. Das Rhomboëder *k*, an welchem ein zur Basis und ein zweites zur optischen Axe paralleles Flächenpaar angeschliffen sind, kann auch um eine horizontale, auf der Richtung des eintretenden Lichtes senkrechte Axe gedreht werden. Diese Vorrichtung gestattet mit Hilfe der Beleuchtungslinse Bl^2 und der vorderen Linse des Projektionssystems PO die auf S. 238, 259 beschriebenen Erscheinungen der doppelten und einfachen Brechung im Kalkspat und der dabei stattfindenden Polarisation des Lichtes objektiv auf einem Schirme darzustellen.

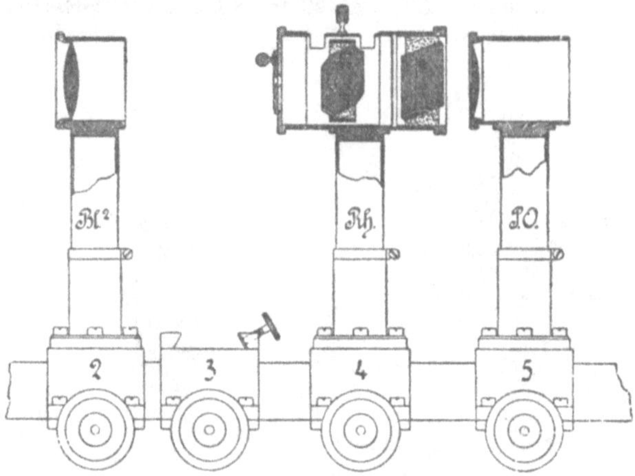

Fig. 891. Doppelbrechung und Polarisation des Lichtes durch Kalkspat.

III. Interferenzerscheinungen im parallelen polarisierten Licht. In Fig. 892 bedeutet P den Polarisator, Bl^1 eine Beleuchtungslinse, T den Objekttisch, PO das Projektionssystem und A den Analysator. Es ist zweckmässig die Attribute PO und A von vorn herein auf den Trägern 5 und 6 (nicht wie in Fig. 892 auf 4 und 5) anzubringen.

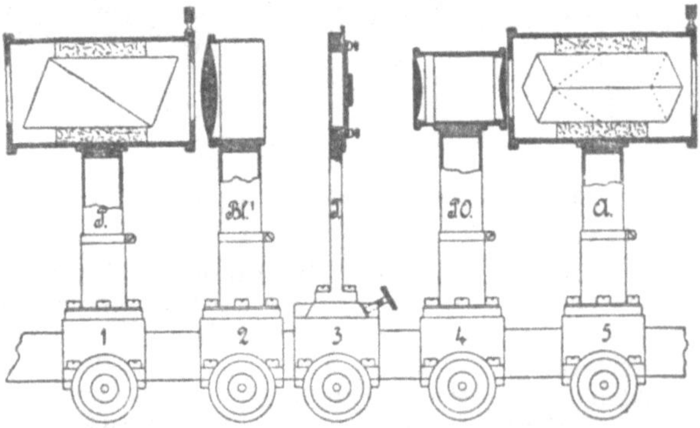

Fig. 892. Polarisationsapparat für paralleles Licht.

A. Diese Anordnung dient zunächst zur Demonstration der Interferenzerscheinungen an Platten und Keilen aus einfachen Krystallen (S. 276), an Platten aus Krystallzwillingen (S. 280) oder an Kombinationen von zwei über einander liegenden Platten (S. 281—284). Es können also namentlich auch die Methoden zur Bestimmung der Ordnung einer Interferenzfarbe und zur Unterscheidung der Polarisationsebenen zweier Wellen von gemeinsamer Wellennormale vorgeführt werden. Um die Hilfsmittel zu erläutern, die bei der Bestimmung der Orientierung dieser Polarisationsebenen benutzt werden, setzt man auf den Träger 4 die auf S. 276 angegebenen Attribute:

eine zur optischen Axe senkrechte Kalkspatplatte oder eine Kalkspatdoppelplatte; dabei muss das Projektionssystem nahe an dem Analysator *A* stehen. Benutzt man aber eine Halbschattenvorrichtung (S. 281) oder eine vierfache Quarzplatte (S. 291), so muss man *P O* möglichst nahe an diese Attribute heranrücken. Der Träger **4** dient ferner zur Aufnahme eines Babinetschen Kompensators, so dass der Apparat jetzt gestattet Messungen von Gangunterschieden auszuführen (S. 284). Auf dem Träger **3** kann die in Fig. 893 dargestellte Presse zur Erzeugung eines einseitigen Druckes

Fig. 893. **Polarisationsapparat für paralleles Licht.**

in Parallelepipeden aus einfachbrechenden oder doppeltbrechenden Körpern aufgestellt werden (S. 457). Schaltet man die Presse aus, so können nun in das Lager *l* zwei an den Enden durch Klemmschrauben verbundene Spiegelglasplatten gelegt werden, zwischen denen sich ein schmaler Streifen Papier oder ein dünner Draht befindet; mit dieser Vorrichtung lässt sich sehr bequem die Doppelbrechung in gebogenen Glasplatten demonstrieren (vgl. Fig. 646).

B. Der Polarisationsapparat Fig. 892 dient ferner zur Ausführung von Versuchen über das optische Drehungsvermögen krystallisierter Körper (S. 288, 326, 349) und zur Demonstration der Unterschiede im Verhalten von geradlinig, zirkular oder elliptisch polarisierten Wellen (S. 287).

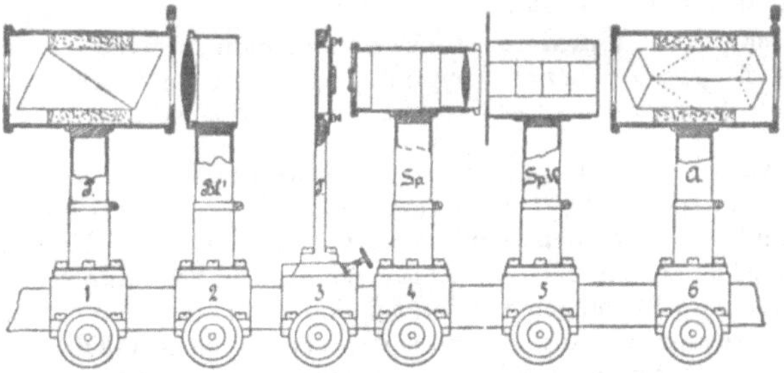

Fig. 894. **Spektralanalyse der Interferenzfarben.**

C. Zur Spektralanalyse der Interferenzfarben (S. 278, 291) wird die in Fig. 894 dargestellte Kombination benutzt. Auf dem Träger **4** befindet sich ein Kollimatorrohr mit einem geradlinigen Spalt, der dem Objekttisch möglichst genähert wird. Auf **5** ist ein geradsichtiges Flüssigkeitsprisma von starker Dispersion angebracht. Die Projektion des Spektrums auf den Schirm wird durch eine geeignete Verschiebung der Kollimatorlinse bewirkt. Mit Hilfe dieser Vorrichtungen kann auch der Drehungswinkel einer schwach drehenden Krystallplatte für mittleres Gelb nach der auf S. 292 angegebenen Methode gemessen werden.

D. Um den auf S. 280 beschriebenen Versuch über komplementäre Interferenzfarben auszuführen, entfernt man aus der in Fig. 891 dargestellten Anordnung das Rhomboëder *k* und bedeckt die nach dem Zurückschlagen der Diaphragmascheibe frei werdende Öffnung mit einem Gypsblättchen in Diagonalstellung.

IV. Interferenzerscheinungen im konvergenten polarisierten Licht. In Fig. 895 bedeutet *P* den Polarisator, *NC* den Kondensor, *T* den Objekttisch, *NB* das Objektiv, *PO* das Projektionssystem und *A* den Analysator. In die hintere Brennebene des Objektivs kann eine Mikrometerskala eingeführt werden. Alle Attribute werden möglichst nahe an die Lichtquelle gerückt. Die scharfe Einstellung

Fig. 895. Polarisationsapparat für konvergentes Licht.

der Interferenzbilder erfolgt durch Verschiebung von *PO*. Wenn eine geringere numerische Apertur wünschenswert ist, so entfernt man die Frontlinsen von *NC* und *NB*; dies ist namentlich bei optisch einaxigen Krystallen und bei zweiaxigen Krystallen mit kleinem Winkel der optischen Axen vorteilhaft.

Über die hier in Betracht kommenden Interferenzerscheinungen vgl. S. 296, 331, 346, 378, 397, 408, 418, 429.

Ersetzt man den Objekttisch durch eine Schraubenpresse, so läßt sich leicht nachweisen, daß optisch einaxige Krystalle durch eine senkrecht zur Axe der Isotropie ausgeübte Kompression zweiaxig werden (S. 424, 461).

V. Messung des Winkels der optischen Axen. Für die Konstruktion des Axenwinkelapparates Fig. 896 ist eine von W. G. Adams vorgeschlagene Anordnung gewählt.[1] Die beiden plankonvexen Frontlinsen des Kondensors und des Objektivs, zwischen denen sich die zu untersuchende Krystallplatte befindet, sind durch verschraubbare Fassungen vereinigt und können um drei Axen gedreht werden. Eine volle Umdrehung um die Normale der ebenen Linsenflächen kann mit einer Triebstange ausgeführt werden, die in ein Kronrad der Linsenfassung eingreift. Eine zweite volle Umdrehung kann das Linsenpaar um die zur Ebene der Zeichnung senkrechte Axe beschreiben. Endlich läßt sich dieses Linsensystem neigen um die Richtung der Geraden, in der die Ebene der Zeichnung von einer ebenen Linsenfläche geschnitten wird. Mit der Interferenzfigur erscheint auf dem Schirme auch

[1] Th. Liebisch, N. Jahrb. f. Min. 1885. I, 175. Physikal. Kryst. 1891, 452; Fig. 242.

die Abbildung des Kreuzes und der Mikrometerskala, die auf einer der beiden ebenen Linsenflächen angebracht sind.

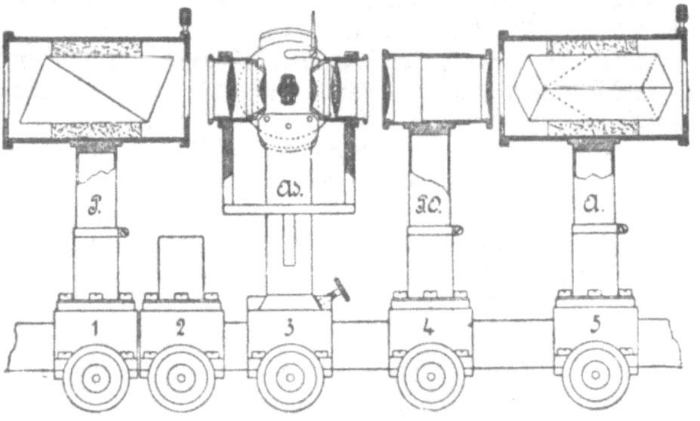

Fig. 896. Axenwinkelapparat.

Um den Einfluß der Temperatur auf den Winkel der optischen Axen zu demonstrieren umgiebt man das centrale Linsensystem mit einem Luftbade, das durch eine seitlich aufgestellte Flamme erwärmt wird (S. 400, 410, 413).

VI. Absorption des Lichtes in Krystallen. Schaltet man aus der in Fig. 892 abgebildeten Kombination die beiden Nicols aus und setzt man auf den Träger 4 ein Dichroskop *D p* und auf 5 das Projektionssystem *P O*, so können die auf S. 310 beschriebenen Erscheinungen objektiv dargestellt werden.

Um die Absorptionsbüschel (S. 342, 394) zu demonstrieren entfernt man aus dem Projektionsapparat für konvergentes Licht (Fig. 895) die Nicols und die Frontlinsen des Kondensors *N C* und des Objektivs *N B* und schraubt die nichtausziehbare Linse des Projektionssystems *P O* ab.

Fig. 897. Mikroskop in horizontaler Stellung.

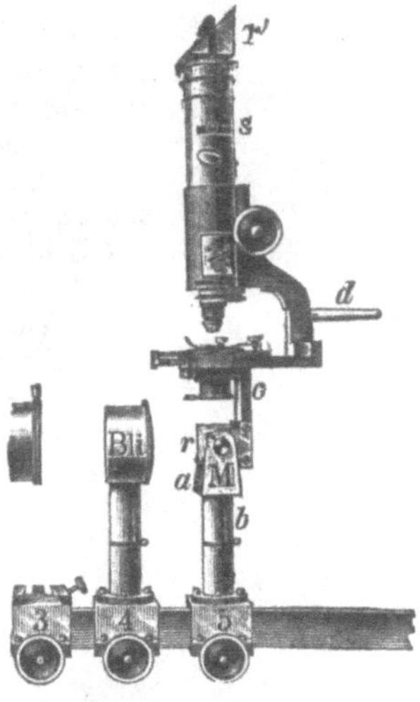

Fig. 898. Mikroskop in vertikaler Stellung.

VII. Mikroskop zu Beobachtungen im parallelen oder im konvergenten polarisierten Lichte. Mit dem Projektionsapparat kann auch ein

Mikroskop in horizontaler oder in vertikaler Stellung verbunden werden (Fig. 897, 898). Wenn die vertikale Lage gewählt werden soll, so schaltet man unter dem Objekttisch ein total reflektierendes Glasprisma *r* ein und setzt ein zweites derartiges Prisma *r'* auf das Okular. In dieser Stellung gestattet der Apparat Krystallisationsvorgänge zu verfolgen, die Wirkung von Immersionsflüssigkeiten vorzuführen (S. 307), die Benutzung von Drehapparaten zu erläutern (S. 307) und den Einfluß von Temperaturänderungen auf die optischen Eigenschaften von Krystallen nachzuweisen; insbesondere lassen sich mit Hilfe der in Fig. 888 abgebildeten Erhitzungsvorrichtung umkehrbare Umwandlungen krystallisierter Körper demonstrieren.

Dieses Mikroskop ist mit allen Attributen ausgerüstet, die zu Beobachtungen im parallelen oder im konvergenten Lichte dienen. Auch die Erscheiunngen der inneren und der äußeren konischen Refraktion können mit der auf S. 367 beschriebenen Vorrichtung objektiv dargestellt werden.

Berichtigungen.

S. 104 Zeile 9 v. u. lies „Prisma *a*" statt „Prisma *m*".
S. 111 Zeile 2 v. u. lies „antilog" statt „analog".
S. 223 Zeile 14 v. u. lies „$2(NH_4)Cl.CuCl_2.2H_2O$".
S. 230 In der Tabelle ist $\mathfrak{X}_1$ durch $\mathfrak{X}_3$ und $\mathfrak{X}_3$ durch $\mathfrak{X}_1$ zu ersetzen. Vgl. S. 417.
S. 232 Zeile 11 v. o. lies „ε_ξ" statt „c_ξ".
S. 247 Anmerkung lies „337,812" statt „337".
S. 249 Fig. 589. Die anormale Dispersionskurve des Fuchsins ist inzwischen vollständiger von A. Pflüger ermittelt worden; Ann. d. Phys. N. F. **56**, 412; 1895.
S. 286 unter Fig. 649 lies „einem" statt „einen".
S. 307 Zeile 2 v. u. lies „Apertur 0,96" statt „Apertur 1,96".
S. 318 Zeile 5 v. u. ist hinter „erreicht" einzuschalten: „wenn das einfallende Licht die Intensität 100 hat".
S. 335 Zeile 14 v. u. lies „1,4799 | 0,1625" statt „1,47799 | 0,16441".
S. 336 Anmerkung [1] lies „13" statt „10".

Sach-Register.

Abkühlung eines pyroelektrischen Krystalls im elektrischen Felde 483.
Abkühlungskoeffizient 466.
Abkühlungskurve 492.
Absorption des Lichtes 308, 342, 393.
Absorptionsbüschel 342, 394.
Absorptionsindex 313, 342, 393.
Absorptionskoeffizient 313.
Additionslage 282.
Adular 201.
Äthylendiaminsulfat 354.
Äthylenmalonamid 454.
Ätzeindrücke 43.
Ätzfelder 83.
Ätzflächen 78.
Ätzzonen 78.
Alaun 2, 96, 232, 325, 437, 460.
Albit 173, 418.
Almandin 309.
Aluminium 318.
Ameisensaures Strontium 156.
Amethyst 349.
Ammoniumarseniat 224.
Ammoniumkupferchlorid 223.
Ammoniumnitrat 490, 493.
Ammoniumsalz, saures, der inaktiven Äpfelsäure 167.
Ammoniumsalze, saure, der aktiven Äpfelsäuren 157.
Amplitude einer ebenen Welle 269.
Analcim 86.
Anatas 140.
Andalusit 381, 395.
Anglesit 381.
Anhydrit 154, 381, 397, 454.
Anlegegoniometer 3.
Anomit 396.
Anorthit 18, 173, 191, 418.
Antimon 120, 224, 453.
Antimonglanz 319.
Anwachspyramiden 85.
Apatit 108, 206, 337.
Apertur, numerische 305, 381.
Apophyllit 140, 339.
Apparate zum Schneiden und Schleifen genau orientierter Krystallplatten 391.
Aragonit 153, 201, 366, 380, 398, 400.
Arsen 120, 224.
Asparagin 158.
Auflösungsvorgang 43, 78, 118.
Ausdehnung, thermische 183.
Ausdehnungskoeffizient 187.
Augit 166, 396.
Axe der Isotropie 181.
— einseitige 57.
— elektromagnetische 403, 417.
— krystallographische 35.
— optische 329, 361.
— zweiseitige 57.
Axenabschnitte einer Krystallfläche 9.
Axenelemente 12, 21.
Axenwinkelapparat 389.
Axinit 23, 172, 396.

Baryt 154, 297, 380, 381, 401, 440, 444.
Baryumcadmiumchlorid 455.
Baryumnitrat 98.
Baryumplatincyanür 409.
Basis 102, 104, 106, 107, 109, 113, 114, 115, 122, 126, 132, 135, 139, 141, 143, 145, 147, 149, 150, 160.
Benzil 131, 353.
Bertrandit 464.
Beryll 102, 198, 223, 232, 283, 336, 437, 443, 461.
Bestäubungsapparat 111.
Bestäubungsverfahren 111, 462.
Biegungsapparate 433.
Biegung von Stäben 432.
Bipyramiden, dihexagonale 64, 102.
— ditetragonale 64, 139.
— ditrigonale 67, 113.
— hexagonale 63, 102, 106, 107, 113, 115.
— rhombische 64, 152.
— tetragonale 63, 139, 143, 145.
— trigonale 67, 113, 114, 126.
Bisphenoide, rhombische 60, 156.
— tetragonale 66, 149, 150.
Bittersalz 156, 230, 405.
Blei 319.
Bleiglanz 43, 82, 319.

Bleinitrat 98.
Boracit 90, 493.
Borax 164, 381, 415.
Brechung ebener Wellen 237, 240, 242, 251.
Brechungsindex, Abhängigkeit von der Temperatur 323, 327, 336, 351, 401, 410, 413, 420.
Brechungsindex elektromagnetischer Wellen 403.
Brechweinstein 158.
Brombaryum 454, 456.
Bromdinitrobenzol 155.
Bromshikimilakton 112.
Brookit 398.
Brucit 339.

Cadmiumsulfid 105.
Carbamid 149.
Carnallit 153.
Carvonpentabromid 170.
— tetrabromid 159.
— tribromid 159.
Carvoxim 169.
Centrum der Symmetrie 37, 50.
Cerussit 381, 398.
Chlorammonium 92.
Chlorbaryum 454.
Chlorkalium 92.
Chlornatrium 83.
Chrysoberyll 154, 381.
Cirkularpolarisation und Doppelbrechung 421.
Citronensäure 230.
— wasserhaltige 152.
Coniinaluminiumsulfat 99.
Coniineisensulfat 99.
Cordierit 381, 395.
Cuprit 93.
Cyanin 320.

Deckbewegungsaxe 37, 49.
Deckoperationen 48.
Deformation, homogene 183.
Deformationen piëzoelektrischer Krystalle im elektrischen Felde 479.
Deformationsellipsoid 184, 451.
Dehnungskoeffizient 432.
Dehnungswiderstand 432.
Deltoiddodekaëder 88, 97.
Diacetylphenolphtaleïn 354.
Diagonalstellung 274, 300, 339.
Diamant 88, 197, 323.
Dichroskop 310, 321.
Didymglas 309.
Dielektrische Krystalle, thermodynamische Eigenschaften 479.
Dielektricitätskonstanten 227, 230, 403, 415.
Dilatation, thermische, Abhängigkeit von der Temperatur 193.
Dilatometer 194, 197, 199, 489, 492.
Diopsid 165, 381, 383, 410, 454.
Dioptas 133, 223.
Dispersion, Abhängigkeit von der Temperatur 323, 327, 336, 351, 401, 413.
— anormale 249, 289, 327, 334.
— der optischen Axen 363, 398, 407, 415.
— — optischen Symmetrieaxen 362, 407, 415, 418.
— — Polarisationsebenen 377, 407.
— — Strahlenaxen 363.
— gekreuzte 414.
— geneigte 408.
— horizontale 412.
Dispersionsformel 249, 352.
Disthen 174.
Dodekaëder 7, 80, 88, 92, 94, 97.
Dolomit 46, 133, 206, 439.
Domen 160, 171.
Doppelbrechung, Abhängigkeit von der Farbe 277, 278, 335, 339, 350.
— Abhängigkeit von der Temperatur 336, 351.
— Charakter der 283, 328, 331, 332, 337, 340, 361, 384.
— durch isomorphe Beimischung 325.
— durch Nachwirkung eines Zwanges 324.
Doppelsulfate mit $6H_2O$ 164, 230, 415.
Doppelverhältnis 53.
— rationales 31, 183.
Drehapparate 307.
Drehinversion 51.
Drehspiegelung 50.
Drehung einer Kugel 58.
Drehungsvermögen, Abhängigkeit von der Farbe 289, 327, 351.
— — — — Temperatur 327, 352.
— Beziehung zur Krystallform 296.
— optisches 288, 326, 343, 350.
— optisch zweiaxiger Krystalle 421.
— spezifisches 427.
Druckfestigkeit 446.
Dyakisdodekaëder 42, 64, 70, 94.

Einteilung der Krystalle nach Symmetrieeigenschaften 36, 52, 68, 179, 187, 205, 207, 212, 216, 221, 226, 233, 323, 421, 431, 442, 458, 463, 476, 485.
Eis 120, 224, 456.
Eisenglanz 121, 213, 216, 454.
Eisenkies 41, 94, 436, 443.
Eisenspat 223.
Eisenvitriol 164.
Elasticität 431.
Ellipsen, isotherme 211.
Ellipsoid der linearen Wärmeleitungsfähigkeit 210.
— Fresnel'sches 355.

Emissionsvermögen 322.
Enantiomorphie 62, 92, 97, 106, 109, 125, 135, 142, 147, 156, 168, 176, 426.
Epidot 164, 394, 396.
Erhitzungsapparat zum Reflexionsgoniometer 192.
— — Mikroskop 492.
Erwärmungskurve 492.
Erythrit 146, 206.
Euklas 381.

Färbung, empfindliche 283.
Fahlerz 75, 90.
Fenchonoxim 170.
Flächen gleichen Potentials 212.
— isotherme 210.
— vizinale 84.
Flächenschiller, orientierter 320.
Flächenwinkel, äußerer 13.
—, Beständigkeit der 2.
—, Einfluß der Temperatur 183, 193.
Fluorescenz 321.
Flußspat 5, 36, 43, 83, 232, 246, 323, 405, 435, 443, 448, 460.
Formen, einfache 4, 34.
— — Ableitung 38.
— gewendete 62, 426.
Formensymbol 35.
Fuchsin 249, 320.

Gangunterschied 272, 284, 317, 336, 375.
Glas 283, 323, 446, 448, 458.
Glauberit 163.
Gleitflächen 449.
Glimmer 165, 232, 287, 396, 442.
Glimmerkombinationen 428.
Glukose 158.
Gold 82, 318.
Granat 23, 86, 309.
Greenockit 105.
Grenzwinkel der Totalreflexion 256, 332, 372.
Guanidinkarbonat 143, 354.
Gyps 63, 164, 206, 232, 277, 281, 287, 381, 409, 442.

Härte 446.
Halbschattenvorrichtungen 276, 281.
Harnstoff 149.
Hauptazimut 317.
Hauptbrechungsindices 247, 328, 360, 371, 400, 409, 413, 415, 419.
Hauptbrechungsindex, Messung des mittleren 386.
Haupteinfallswinkel 317.
Hauptellipsoid 211.
Hauptisogyre 338.
Hauptkurven gleichen Gangunterschiedes 379.
Hemiëdrie 70.
Hexaëder 5, 36, 61, 80, 88, 92, 94, 97.
Hexagonale Krystalle 100, 188, 198, 205, 213, 223, 232, 234, 328, 350, 437, 443, 453, 461.
Hexakisoktaëder 39, 64, 80.
Hexakistetraëder 66, 70, 88.
Holoëdrie 70.
Hornblende 396.

Ikosaëder, regelmäßiges 53.
Ikositetraëder 80, 92, 94.
Immersionsflüssigkeiten 307.
Indexellipsoid 356.
Indexflächen 250, 331, 371.
Indices der Flächen 10.
— der Kanten 29.
— einfache 18.
— rationale 8, 27.
— Transformation der 19.
— Unabhängig von Temperaturänderungen 183.
Induktionsellipsoid 221.
Interferenzerscheinungen im senkrecht einfallenden polarisierten Lichte 270, 288, 337, 346, 377, 397, 407, 418.
— im konvergenten Lichte 296, 337, 346, 378, 397, 408, 418.
Interferenzfarben 276, 282, 290.
— komplementäre 279.
— Spektralanalyse der 278, 291.
Intensität einer ebenen Welle 269, 271.
Inversion 50.
Isogyren 299.
Isothermen auf Krystallflächen 201.

Jodsilber 105, 199, 490, 493.

Kaliumbromat 124.
Kaliumcadmiumsulfat 455.
Kaliumlithiumsulfat 110, 350.
Kaliummangansulfat 455.
Kaliumpermanganat 320.
Kaliumsulfat 230, 493.
Kaliumtetrathionat 171.
Kalkspat 6, 8, 46, 117, 189, 198, 208, 212, 224, 225, 226, 232, 238, 241, 248, 260, 276, 281, 297, 300, 315, 335, 337, 338, 438, 443, 448, 449.
Kampheroxim 170.
Kegel der Grenzstrahlen 252, 254, 332.
Kieselzinkerz 74, 160, 381.
Klinochlor 411.
Kobalt 319.
Kobaltblüte 396.
Kobaltglanz 96.

Körperfarbe 320.
Kompensator, Babinet'scher 284.
Kompressionskoeffizient 443.
Konische Refraktion 365.
Korund 121, 454.
Kryolith 163.
Krystallstruktur 6, 428.
Krystallsysteme 69.
Krystallzwilling 71, 280, 348, 398, 411.
Kupfer 82, 209, 318.
Kupferkies 149.
Kupferoxydul 93, 197.
Kupfervitriol 172.
Kurven gleichen Gangunterschiedes 298, 338.
— gleicher Polarisationsrichtung 298.

Labradorit 281.
Längsdilatation 431.
Laurineenkampher 131, 355, 428.
Leitungsfähigkeit dielektrischer Krystalle 232.
— elektrische 212, 226, 493.
— für Wärme 201.
Leucit 493.
Lichtvektor 266, 344.
Linearprojektion 25.
Linnéit 86.
Lithiumsulfat 168.
Löslichkeitskurve 493.
Lösungsoberfläche 78.

Magnesiumplatincyanür 4, 321, 342.
Magnesiumsulfat 156, 230, 405.
Magnetismus, induzierter 218.
Magnetit 85, 213.
Malonamid 167.
Maticokampher 131, 353, 428.
Mejonit 146.
Mellit 224.
Metallglanz 319.
Metallreflexion 316.
Metasantonsäure 159.
Methylbenzhydroxamsäure 96.
Methylenjodid 256.
Mikroskop 275, 285, 301, 392.
Milchzucker 169.
Mimetesit 109, 224.
Mischungen, isomorphe 325.
Moduln, piëzoelektrische 477.
Monobromnaphtalin 256.
Monokaliumphosphat 149.
Monokline Krystalle 162, 190, 201, 206, 223, 230, 232, 234, 407, 442, 444, 454.
Muscovit 165, 232, 287, 396, 442.
Mykose 158.

Natriumbromat 327.
— chlorat 97, 336, 436, 443, 461, 469, 479, 486.
— lithiumsulfat 124.
— nitrat 120, 224, 453.
— perjodat 135, 354.
— strontiumarseniat 99.
— sulfantimoniat 327.
Nephelin 110.
Newton'sche Farben 277, 339.
Nickel 318.
Nickelsulfat 143, 156, 223.
Nicol'sches Doppelprisma 263.
Normalenflächen 242, 244, 328, 343, 356, 360.
Normalstellung 274, 300, 339.

Oberfläche des Dehnungskoeffizienten 431.
— gleichen Gangunterschiedes 336, 375.
Oberflächenfarben 319.
Oberflächenfestigkeit 445.
Oktaëder 37, 61, 80, 92, 94.
Oligoklas 420.
Olivin 381.
Orthoklas 23, 166, 201, 407, 413.
Orthotoluidoisobuttersäureester 176.

Paratolylphenylketon 124.
Paratoluidoisobuttersäureester 171.
Patchoulikampher 428.
Pennin 311.
Pentaerythrit 141.
Pentagondodekaëder 41, 94, 97.
— regelmäßiges 53.
— tetraëdrisches 61, 70, 97.
Pentagonikositetraëder 61, 92.
Perioden der Deckbewegungsaxen 52.
Phenakit 134, 336.
Piëzoelektricität 471.
Pikrinsäure 161.
Pikromerit 164.
Pinakoide 152, 156, 160, 162, 168, 171, 172.
Plagioklase 173.
Plasticität 448.
Platin 319.
Pleochroismus 309.
Polarisation, cirkulare 285, 326, 343.
— dielektrische 225.
— elliptische 285, 316, 343.
— geradlinige 259, 261.
Polarisationsapparat für konvergentes Licht 297, 301, 389.
— für senkrecht einfallendes Licht 271.
Polarisationsazimut 317.
Polarisationsebene 261.
Polarisationsrichtung 262.
Polarisationswinkel 262.
Polfigur 20.

Polyeder, konvexe 1.
Prärosionsflächen 47, 128.
Prehnit 161.
Prismen 242, 330, 344, 369.
— dihexagonale 102, 104, 106, 115.
— ditetragonale 139, 141, 143, 149.
— ditrigonale 113, 122, 126.
— hexagonale 102, 104, 106, 107, 109, 113, 115, 122, 132.
— monokline 162.
— rhombische 152, 156, 160.
— tetragonale 139, 141, 143, 145, 147, 149, 150.
— trigonale 113, 114, 126, 135.
Projektion, stereographische 20.
Projektionsapparat 494.
Pyramiden, dihexagonale 65, 104.
— ditetragonale 65, 141.
— ditrigonale 65, 122.
— hexagonale 54, 104, 109, 122.
— rhombische 65, 160.
— tetragonale 54, 141, 147.
— trigonale 54, 122, 135.
Pyrargyrit 123.
Pyroelektricität 111, 462.
Pyromorphit 109.

Quarz 2, 46, 74, 75, 126, 198, 202, 208, 212, 232, 233, 248, 277, 278, 288, 334, 344, 345, 346, 349, 350, 422, 423, 424, 430, 439, 443, 447, 461, 469, 473, 478, 480, 486.
Quarzprisma, dreifaches 295.
Quecksilbercyanid 224.
Quecksilberjodid 200, 491.

Reflexion an Krystallflächen 314.
— ebener Wellen 237, 240, 314.
Reflexionsgoniometer 12, 192, 389.
Reflexionsvermögen 318.
Reguläre Krystalle 77, 188, 197, 205, 213, 222, 232, 234, 317, 323, 434, 443, 459.
Refraktion, konische, 365.
Resorcin 161.
Rhombische Krystalle 151, 189, 200, 206, 223, 230, 232, 234, 440, 444, 454.
Rhomboëder 63, 115, 126, 132.
Rohrzucker 76, 169, 383, 412, 427.
Rubidiumsulfat 402.
Rutil 139.

Salmiak 92, 197.
Sanidin 201, 409, 413.
Scheelit 145, 312.
Schiebungen nach Gleitflächen 449.
Schwefel 153, 163, 200, 229, 230, 366, 381, 404, 488.
Schwerspat 154, 297, 380, 381, 401, 440, 444.
Schwingungsrichtung im polarisierten Licht 264.
Seignettesalz 158, 230, 406, 479, 486.
Silber 82, 318.
Skalenoëder, ditrigonales 64, 115.
— tetragonales 67, 149.
Skolezit 171.
Soda 163.
Spangolith 124.
Spektrometer 245.
Spektrophotometer 312.
Sphenoide 168.
Spinell 17.
Spiralen, Airy'sche 347, 348, 353, 354.
Sprödigkeit 447.
Stahl 319.
Staurolith 155.
Stauroskop 276.
Steinsalz 83, 197, 208, 232, 247, 323, 436, 443, 444, 448, 450.
Störungen in der Krystallbildung 16.
Strahlenaxen 359.
Strahlenflächen 234, 238, 241, 328, 343, 355, 357.
Strömungskurven der Wärme 206.
Struvit 160.
Strychninsulfat 144, 354, 427.
Subtraktionslage 282.
Succinjodimid 141.
Sylvin 45, 92, 197, 247, 323, 436, 443, 460.
Symmetrie, allgemeine Definition 51.
Symmetrieaxen 68.
Symmetrie der Interferenzbilder 299, 337, 379.
Symmetrieebene 37, 50.
Symmetrieelemente, erzeugende 41.

Tellur 110.
Tellurwismut 314.
Temperaturgefäll 203.
Tetartoëdrie 71.
Tetraëder 60, 88, 97.
Tetragonale Krystalle 137, 188, 198, 205, 234, 328, 354, 440, 443.
Tetrakishexaëder 7, 10, 80, 88, 92.
Tetramethylolmethan 141.
Thermoelektrische Ströme 215.
Titanit 73, 166, 396.
Topas 155, 232, 370, 381, 383, 384, 398, 401, 441, 444.
Totalreflektometer 254.
Totalreflexion 253, 331, 372.
Translationen 456.
Trapezoëder, hexagonale 60, 106.
— tetragonale 60, 143.
— trigonale 60, 126.
Traubensaure Salze 426.
Traubensaures Ammonium-Natrium 167.
Traubensäure, wasserfreie 175.

Traubensäure, wasserhaltige 175.
Traubenzucker, wasserfreier 158.
Traubenzucker-Jodnatrium 130.
Trehalose 158.
Triakisoktaëder 80, 92, 94.
Triakistetraëder 88, 97.
Trikline Krystalle 172, 191, 206, 223, 234, 418, 442, 444, 455.
Triphenylmethan 161.
Turmalin 122, 223, 232, 310, 322, 343, 438, 443, 464, 471, 472, 476, 479, 480.

Umwandlungen, umkehrbare 90, 199, 351 487.
Umwandlungstemperatur 487, 490.
Umwandlungswärme 487, 493.
Unterschwefelsaures Blei 353.
— Calcium 353.
— Kalium 353.
— Strontium 353.
Uranyldoppelacetate 454.
Uranylnatriumacetat 327.

Vanadinit 109.
Vektorgrösse 177.
Vesuvian 140, 223, 339.
Viertelundulationsblättchen 288.
Vivianit 396.
Volumenänderungen bei einer homogenen Deformation 186, 443, 452.
— bei molekularen Umwandlungen 200, 488, 492.

Wärmeeffekte elektrischer Ströme 217.
Wärmeleitung 201.
Wärmeleitungsfähigkeit 203.
— lineare 209.
— normale 207.
Wärmeströmung 203.
Weinsäure 168, 366, 381, 384, 414, 427.
Weinsaure Salze 426.
Weinsaures Ammonium, neutrales 464.
— Antimonyl-Baryum 147.
— — + Kaliumnitrat 106.
— Antimonyl-Blei 112.
— — + Kaliumnitrat 106.
— Antimonyl-Kalium 158.
— — + Natriumsulfat 143.
— Antimonyl-Strontium 112.
— Caesium 130, 353.
— Kalium, neutrales 169.
— — saures 158.
— Kalium-Lithium 158.
— Kalium-Natrium 158, 230, 406, 479, 486.
— Rubidium 130, 353, 427.
— Strontium 176, 464.
Welle, einhüllende 235.
Wellenebene 236.
— elektromagnetische 267.
— Gleichung einer geradlinig polarisierten 267.
Wellennormale 240.
Willemit 135.
Winkel der optischen Axen 361, 373, 385.
— — Abhängigkeit von der Temperatur 402, 410, 413.
— der Strahlenaxen 359.
Winkelspiegel, räumliche 41.
Wismut 120, 213, 224, 453.
Wulfenit 145, 224.
Wurtzit 104.

Zerreissungsfestigkeit 444.
Zinkblende 75, 88, 468.
Zinkoxyd 104.
Zinksulfat 156.
Zinksulfid 104.
Zinnerz 139.
Zinnober 130, 352.
Zirkon 139, 224.
Zonengesetz 22, 183.
Zonenkreis 26.
Zusammendrückbarkeit 443.
Zwillinge 71, 280, 348, 398, 411.

Verlag von VEIT & COMP. in Leipzig.

PHYSIKALISCHE KRYSTALLOGRAPHIE.

Von

Dr. Th. Liebisch,

o. o. Professor der Mineralogie an der Universität Göttingen.

Mit 298 Abbildungen im Text und 9 Tafeln.

Lex. 8. 1891. geh. 25 *M.*

Der Verfasser hat sich die Aufgabe gestellt, die Summe unseres Wissens über die Physik der Krystalle zu einem übersichtlichen Ganzen zu gestalten und, wenn er auch bei seinem Leser nicht eingehende mathematische Kenntnisse voraussetzt, doch das Verständnis des physikalischen und mathematischen Zusammenhangs der so mannigfaltigen Erscheinungen zu eröffnen. Der leitende Gedanke, der sich durch das ganze Werk hindurchzieht und die verschiedenen, so heterogen scheinenden Gebiete zu einem einheitlichen Ganzen verknüpft, ist die krystallographische Symmetrie, welcher die physikalische Symmetrie entspricht. Diesem Plane gemäß ist in einer längeren Einleitung eine lichtvolle Darstellung der Symmetriegesetze der Krystalle vorausgeschickt.

Naturgemäß nehmen unter den dargestellten Erscheinungsgebieten die optischen Erscheinungen der Doppelbrechung und Interferenz eine hervorragende Stelle ein. Sie sind nicht nur am längsten und genauesten bekannt, sondern auch ihre Theorie ist am besten ausgebildet. Hat doch hauptsächlich auf diesem Gebiet die Undulationstheorie des Lichtes in den Händen von Fresnel, Hamilton, Neumann ihre größten Erfolge zu verzeichnen. Neueren Ursprungs ist das theoretische und experimentelle Studium des magnetischen und elektrischen Verhaltens der Krystalle, und besonders der elastischen Eigenschaften bei der Einwirkung der Biegung und Torsion. Alle diese Erscheinungsgebiete mit Einschluß der neuesten Untersuchungen finden in dem Buche eine eingehende, klare Darstellung, womöglich auf Grund einfacher geometrischer Anschauungen.

Der Leser, der sich die Mühe nimmt, der Darstellung des Buches mit Verständnis zu folgen, wird seine Arbeit reichlich belohnt finden.

(*Auszug aus einem Referat von Professor Dr. Heinrich Weber im N. Jahrbuch f. Mineralogie etc. 1891, Bd. I.*)

FSC
www.fsc.org
MIX
Papier | Fördert
gute Waldnutzung
FSC® C083411

Kolibri 360 GmbH
Ferdinand-Jühlke-Straße 7
99095 Erfurt, Deutschland
produktsicherheit@kolibri360.de